# 现代量子力学导论

张 林 编著

科学出版社

北京

# 内 容 简 介

本书是作者在长期从事量子力学教学实践和科学研究过程中所形成讲义的基础上，参考国内外新版量子力学教材，结合现代量子理论的发展趋势和教学改革的需要，经多年的反复修订编著而成。本书力求物理图像清晰，内容结构完整，逻辑连贯，在突出基础概念的同时反映现代量子力学的发展前沿。本书的特点是引入数学软件 Mathematica 作为辅助工具，借助其强大的符号解析和数值计算能力，将量子力学问题的处理简单化和形象化。数学软件的使用不仅能克服量子力学理论学习的数学困难，展示数学结果的物理图像，而且能提供处理和分析物理问题的研究方法，从而更好地将量子力学的基础内容和现代科学的前沿发展有机地结合起来。

本书可以作为高等院校理工科本科生和研究生的教学用书，也可以作为教师、研究人员和其他读者的参考书。

**图书在版编目(CIP)数据**

现代量子力学导论/张林编著. —北京：科学出版社，2023.6
ISBN 978-7-03-074048-9

Ⅰ. ①现… Ⅱ. ①张… Ⅲ. ①量子力学 Ⅳ. ①O413.1

中国版本图书馆 CIP 数据核字(2022)第 227402 号

责任编辑：宋无汗　郑小羽／责任校对：崔向琳
责任印制：赵　博／封面设计：陈　敬

科 学 出 版 社 出版
北京东黄城根北街 16 号
邮政编码：100717
http://www.sciencep.com
北京天宇星印刷厂印刷
科学出版社发行　各地新华书店经销
*
2023 年 6 月第 一 版　开本：720×1000　1/16
2024 年 5 月第二次印刷　印张：32 3/4
字数：660 000
**定价：298.00 元**
(如有印装质量问题，我社负责调换)

# 前　言

随着现代控制和工业加工技术不断向纳米尺度推进，时代经历了量子科学与技术的蓬勃发展，也见证了量子信息和量子计算的快速进步，而所有量子技术的理论基础都源自建立于 20 世纪初叶的量子力学。量子力学是研究微观体系动力学规律的一门学科，其研究对象是由大量微观粒子 (如分子、原子和亚原子层次的粒子) 所组成的微观系统。由于微观系统的典型尺度 (空间尺度纳米和时间尺度纳秒，统称为量子尺度) 对于宏观的人类而言过于微小和快速，所以人类对微观粒子动力学行为的认知必须通过宏观仪器的间接测量来获取。正因为人类对微观世界缺乏直观的经验感受，所以人类对量子尺度物理场景的理解，都以宏观世界的感知经验为基础，通过数学推理和逻辑想象逐步建立起来。因此，量子力学不仅图像抽象、理论复杂，而且对其物理意义的理解和哲学诠释也多种多样，所以量子理论的发展往往更加依赖于实验数据和数学计算，表现出公式复杂和难以理解的双重特点。

人类对微观粒子动力学行为的测量总是宏观的，而通过宏观的测量结果还原和认识微观粒子的动力学图像，并非是一个简单的可逆过程。在无数次对微观世界粒子行为测量的基础上，提出了一个重要的方程，即**薛定谔方程**，它能给出微观粒子动力学的统计规律，并且该方程的理论计算结果与实验测量结果完全一致。因此，薛定谔方程成为人们认识和理解微观世界动力学过程的基本工具，且成为量子力学课程的核心。人们对任何微观系统的认识和理解，都可以通过求解这个方程来实现，所以科学家们提出很多直接计算薛定谔方程的理论和方法，用来提高方程计算的速度和精度，这些理论和方法现在统一被称为**第一性原理计算**。

对于生活在宏观世界只有宏观物体运动经验的人类，要理解薛定谔方程所展现的微观结果往往存在以下障碍：① 求解薛定谔方程本身就是一个困难的数学问题。② 对薛定谔方程及其解所表现的基本原理和图像的理解存在问题。基于以上考虑，本书从基本物理模型和图像出发，利用国际上流行的数学软件作为辅助工具，首先解决量子力学课程中所遇到的数学困难，其次通过数学软件所包含的符号解析运算、数值计算、图像和动画展示等加深对量子力学基本理论的直观认识。本书试图避免量子力学的抽象和繁琐，选择和使用在符号计算领域表现突出的优秀数学软件 Mathematica (软件的基本介绍见附录 A) 作为计算和演示理论模型的工具，以解决数学上的困扰，更加注重于物理问题本身的理解和发展，对现代物理发展前沿中发挥着重要基础作用的量子力学概念和原理做一个系统而完整的介绍,从而使量子力学课程不仅能紧跟现代科学发展的步伐,而且能借助数学软件让教学内容变得更加具体、严谨和形象,最终在物理图像上让量子力学更加容易被大众所理解和接受。

本书在以往量子力学教学和科研工作的基础上逐步发展和修订而成,感谢陕西师范大学和在这里一起工作的同事们的鼓励和支持,感谢家人的理解,感谢工作中给予我帮助和支持的朋友们和众多的科研合作者。感谢在书稿准备和校对过程中付出劳动的我的学生们,他们不仅参与了本书部分内容的讨论、素材的准备,而且对其中的 Mathematica 程序和图形进行了测试和修正。本书是在参考了国内外众多量子力学教材的基础上编撰而成,感谢已经出版并被世界各地广泛使用且不断修订的杰出教材,感谢没有出版但在网络上积极分享的优秀总结和笔记,对这些素材内容、思想和理论的广泛吸收是本书产生价值和意义的基础。本书中所有的图形和计算都是在 Mathematica 数学软件平台之上完成的,感谢 Wolfram 公司的科学分享精神和开放代码资源,以及世界各地使用该软件并无私分享代码的科学工作者,正是他们的铺垫工作使得本书所有基于 Mathematica 软件的编程计算得以顺利完成。最后,感谢陕西师范大学研究生教育教学改革研究项目 (GERP20-16)、国家自然科学基金应急管理项目 (11447025)、国家自然科学基金委理论物理学科发展与学术交流平台项目 (11847308) 对本书的经费支持,感谢陕西师范大学物理学院和谐愉快的工作环境和自由宽松的学术氛围,让本书的写作顺利完成。

衷心希望这本《现代量子力学导论》能够给所有希望学习和使用量子力学的人们带来不一样的启发和快乐。

张 林

2023 年 3 月于西安

# 目　　录

# 第 1 章 绪 论

## 1.1 微观世界的波函数描述和动力学方程

### 1.1.1 微观粒子的波粒二象性

对微观系统的大量实验观测发现：构成系统的微观粒子都具有波粒二象性，即微观粒子的动力学行为可以表现出粒子性和波动性两种不同的宏观可观测属性。波动性和粒子性对于粒子的动力学行为而言，如同硬币的两个面，互相联系而不可分割。首先大量的实验发现，经典上被认为是波的电磁场在黑体辐射、光电效应和康普顿散射等实验中表现出明显的粒子性 (讨论见习题 1.1)，而被认为是粒子的电子在晶体衍射和双缝干涉等实验中表现出明显的波动性。随后被认为是粒子的原子、分子和大分子的双缝干涉实验也都证实了微观粒子的波动行为。这些微观粒子所表现出的波动特性最先被德布罗意 (de Broglie) 大胆推广，提出了**物质波**的概念和著名的**德布罗意关系**：

$$E = h\nu = \hbar\omega \tag{1.1}$$

$$\boldsymbol{p} = h\frac{\boldsymbol{n}}{\lambda} = \hbar\boldsymbol{k} \tag{1.2}$$

式 (1.1) 和式 (1.2) 的左边是描写微观粒子粒子属性的能量 $E$ 和动量 $\boldsymbol{p}$，右边则是对应微观粒子波动属性的频率 $\nu$ 和波长 $\lambda$ ($\boldsymbol{n}$ 为方向矢量，表示波传播方向的单位矢量)，而联系它们的比例系数即为著名的**普朗克常数** $h$ ($\hbar \equiv h/2\pi$)，这是在量子力学中正式出现的一个非常小的基本物理常数：

$$h = 6.62607015 \times 10^{-34}\,\mathrm{J \cdot s} \tag{1.3}$$

微观粒子的波粒二象性使得描述微观系统的方式发生了重大变化，无法利用描述宏观物体的位置、速度和加速度的方式来描述微观粒子的运动状态。由于实际的微观系统一般具有两个重要特征：① 构成体系的微观粒子的数目非常巨大，典型的数量级是**阿伏伽德罗常数** (Avogadro's number)：$10^{23}$；② 微观粒子的运动速度非常快，在纳米量级的空间内以接近光速的速度运动。对这样的微观系统，宏观的观测者根本无法通过粒子的位置和速度来描述整个系统的运动状态，原则上对这样的系统只能通过统计的方式进行描述，所以对微观量子系统的宏观描述只能采用统计和概率的方式。

### 1.1.2　波函数和薛定谔方程

基于微观系统的波动性，描述微观系统状态最合适的方式就是用具有统计性质的复变函数 (有强度和相位两个维度):

$$\Psi\left(\boldsymbol{r}, t\right) = R\left(\boldsymbol{r}, t\right) e^{i\theta(\boldsymbol{r}, t)} \tag{1.4}$$

其中，系统的"粒子性"体现在波函数的振幅上，振幅 $R\left(\boldsymbol{r}, t\right) = |\Psi\left(\boldsymbol{r}, t\right)|$ 描述系统粒子的统计测度，即概率幅度，而系统的"波动性"则体现在波函数的相位上。严格地讲，波函数的模方 $|\Psi\left(\boldsymbol{r}, t\right)|^2$ 用来表示微观物体在时空 $\left(\boldsymbol{r}, t\right)$ 处出现的概率，即粒子的概率密度分布。

经过大量的实验观测和对自由粒子平面波解的认识，薛定谔推测得到一个描述微观系统状态的偏微分方程，这个方程就是著名的**薛定谔方程:**

$$i\hbar \frac{\partial \Psi\left(\boldsymbol{r}, t\right)}{\partial t} = \hat{H}\left(\boldsymbol{r}, t\right) \Psi\left(\boldsymbol{r}, t\right) \tag{1.5}$$

其中，$\hat{H}\left(\boldsymbol{r}, t\right)$ 是系统的哈密顿量，代表了系统的总能量，由构成系统粒子的总动能和系统的所有势能共同决定:

$$\hat{H}\left(\boldsymbol{r}, t\right) = \sum_{j} \frac{\hat{\boldsymbol{p}}_j}{2m_j} + V\left(\boldsymbol{r}_1, \boldsymbol{r}_2, \cdots, \boldsymbol{r}_j, \cdots; t\right) \tag{1.6}$$

其中，位置矢量 $\boldsymbol{r} \equiv \left(\boldsymbol{r}_1, \boldsymbol{r}_2, \cdots, \boldsymbol{r}_j, \cdots\right)$；$\boldsymbol{r}_j$ 代表粒子 $j$ 的位置；$\hat{\boldsymbol{p}}_j$ 代表粒子 $j$ 的动量；$V(\boldsymbol{r}; t)$ 代表体系总的势能。

薛定谔方程 (1.5) 直观的物理意义就是体系波函数的演化是在体系能量的推动下进行的，给定初始波函数，体系在任意时刻的波函数可以通过求解薛定谔方程获得。从数学上讲，薛定谔方程是一个时间和空间不对等的偏微分方程，其特殊的形式决定了它有两个基本性质: ① 不满足相对论的洛伦兹变换。这一性质的存在使得有人把以式 (1.5) 为核心的量子力学称为**初等量子力学**或者**非相对论量子力学**。② 该偏微分方程是线性的。也就是说，如果 $\Psi_1, \Psi_2, \cdots$ 是薛定谔方程 (1.5) 的解，那么这些解的线性叠加 $c_1 \Psi_1 + c_2 \Psi_2 + \cdots$ 依然是薛定谔方程的解。这个性质在物理上引出了量子系统态的**叠加性原理**，在数学上决定了量子力学的数学基础是**线性代数**。

薛定谔方程的建立，可以通过自由粒子的平面波解反向进行形式上的推导 (见习题 1.3)，但严格证明薛定谔方程是不可能的，因此薛定谔方程是**第一性原理**的，有些教科书则直接把薛定谔方程作为量子力学的**基本公理或公设**之一。薛定谔方程的正确性最终只能通过实验来证明，到目前为止所有的实验结果都和薛定谔方

程 (1.5) 的计算结果一致。因此，目前量子力学的核心问题就是直接求解特定体系的薛定谔方程，从而得到体系的状态波函数和对应能级或波函数的演化过程，此即为量子力学的第一性原理计算。

### 1.1.3　波函数的物理意义

虽然对微观系统的状态引入波函数描述是认识微观世界的巨大进步，但对其物理意义的理解却一直存在激烈的争论。目前主流的诠释是玻恩 (Born) 的**概率波假设**，认为波函数的模方代表微观系统的概率分布，即 $|\Psi(\boldsymbol{r}, t)|^2$ 代表 $t$ 时刻微观粒子在空间 $\boldsymbol{r}$ 处单位体积内出现的概率 (见习题 1.4)。因此，波函数包含了微观体系所有粒子的统计信息，其对系统状态的描述是完备的。

波函数的统计解释决定了波函数作为复变函数的数学性质。物理上由于空间某一处的概率密度在某一时刻 $t$ 必须是确定的，所以波函数必须是**单值、有限**和**连续**的复函数，而且其在整个空间中是**可积**的：

$$\int |\Psi(\boldsymbol{r}, t)|^2 \, \mathrm{d}\boldsymbol{r} = 1 \tag{1.7}$$

其中，波函数对整个空间自由度的积分可归一化为 1(如果不强调空间积分维度，则积分体积元表示为 $\mathrm{d}\boldsymbol{r}$，除非需要明确积分维度，如 $\mathrm{d}^3\boldsymbol{r}$ 表示三维空间积分)。因此在某一时刻，对薛定谔方程 (1.5) 进行积分可以证明，只要势函数 $V(\boldsymbol{r}, t)$ 对于空间和时间是连续函数，那么波函数对空间的**一阶导数**在空间任何位置也是连续的。但对于空间某处如果势能出现不可积的奇点，那么波函数对空间的一阶导数就会出现跃变，从后文的一些实际例子将会看到这一点。

系统状态的波函数概率描述，导致定义于其上的物理学量都必须看成概率测度上的**随机量**，其相对于波函数来说就是**算符** (也称算子)。所以在量子力学框架下不能问某个力学量算符的值是多少，就如同不能问赌博中骰子的值是多少一样。对这样的随机量，只能谈其统计性质，如平均值、方差 (涨落)、高阶矩等。例如，系统中某个粒子 $j$ 的**动量** $\hat{\boldsymbol{p}}_j$ 就是实空间内粒子波函数对其空间自由度 $\boldsymbol{r}_j$ 的梯度算符 (为了区分算符，通常在变量字母上面加一个 ˆ 符号):

$$\hat{\boldsymbol{p}}_j = -\mathrm{i}\hbar\nabla_j \tag{1.8}$$

式 (1.8) 是一个非常重要的算符形式，其表明如果微观系统状态用实空间的波函数描述，动量就是波函数的空间梯度。为什么动量存在式 (1.8) 这样的形式？这依然来源于对自由粒子平面波解的计算和验证 (具体见习题 1.3)，式 (1.8) 作用在平面波上会自然给出与德布罗意关系式 (1.2) 相容的结果。

由于波函数的模方代表概率分布函数，根据薛定谔方程 (1.5)，可以非常方便地证明波函数所表达的概率密度对所有粒子在时空上守恒，其满足如下的连续性

方程 (见习题 1.5):

$$\frac{\partial \rho\left(\boldsymbol{r}, t\right)}{\partial t} + \nabla \cdot \boldsymbol{J}\left(\boldsymbol{r}, t\right) = 0 \tag{1.9}$$

其中, 概率密度 $\rho\left(\boldsymbol{r}, t\right) \equiv \left|\Psi\left(\boldsymbol{r}, t\right)\right|^{2} = \Psi\left(\boldsymbol{r}, t\right)\Psi^{*}\left(\boldsymbol{r}, t\right)$; **概率流密度函数**定义为

$$\boldsymbol{J}\left(\boldsymbol{r}, t\right) \equiv \frac{\mathrm{i}\hbar}{2m}\left[\Psi\left(\boldsymbol{r}, t\right)\nabla\Psi^{*}\left(\boldsymbol{r}, t\right) - \Psi^{*}\left(\boldsymbol{r}, t\right)\nabla\Psi\left(\boldsymbol{r}, t\right)\right] \tag{1.10}$$

显然以上的概率流密度函数也是一个分布函数, 其表达了粒子在 $t$ 时刻 $r$ 处单位时间通过单位面积的概率, 所以其量纲为 $\mathrm{m}^{-2}\mathrm{s}^{-1}$, 即概率每平方米每秒。注意式 (1.10) 中的梯度是对所有粒子空间自由度的梯度运算。连续性方程 (1.9) 代表了波函数所对应的粒子概率在空间 $V$ 上 (边界为 $\partial V$) 的守恒流动:

$$\frac{\partial}{\partial t}\int_{V}\rho\mathrm{d}\boldsymbol{r} = -\int_{V}\nabla \cdot \boldsymbol{J}\mathrm{d}\boldsymbol{r} = -\oint_{\partial V}\boldsymbol{J} \cdot \mathrm{d}S$$

有时为了使用方便, 上面的概率流密度函数还可写为如下形式:

$$\boldsymbol{J}\left(\boldsymbol{r}, t\right) = \frac{\hbar}{m}\mathrm{Im}\left[\Psi^{*}\nabla\Psi\right] = \frac{1}{m}\mathrm{Re}\left[\Psi^{*}\hat{\boldsymbol{p}}\Psi\right] = \mathrm{Re}\left[\Psi^{*}\hat{\boldsymbol{v}}\Psi\right] \tag{1.11}$$

其中, 动量算符 $\hat{\boldsymbol{p}} = m\hat{\boldsymbol{v}} = -\mathrm{i}\hbar\nabla$; $\hat{\boldsymbol{v}}$ 为粒子的速度。显然粒子的概率流密度具有广泛的含义, 如果粒子带电量 $q$, 那么其乘以电量就是电流密度 (单位为库仑每平方米每秒或安培每平方米); 如果粒子携带质量 $m$, 乘以质量就是质量流密度; 如果乘以能量就是能量流密度, 乘以热量就是热流密度, 等等。

## 1.2　薛定谔方程的第一性原理计算

### 1.2.1　方程求解的困难和基本近似

#### 1. 数值计算的困难

对于由 $N$ 个粒子组成的微观系统的薛定谔方程, 其包含系统全部统计信息的波函数 $\Psi(\boldsymbol{r}, t) \equiv \Psi(\boldsymbol{r}_1, \boldsymbol{r}_2, \cdots, \boldsymbol{r}_N, t)$ 理论上可以通过直接求解薛定谔方程获得, 但实际上这种计算一般是不可能完成的, 主要的原因是系统的**大自由度困难**。例如, 对单独一个苯分子而言, 其波函数的自由度在每个时刻都要包含 6 个碳原子核的自由度, 加上 36 个核外电子自由度, 总的空间自由度就有 $(6+36) \times 3 = 126$ 个。如果再加每个核和电子的自旋自由度, 那么总共就有 168 个基本自由度参与到波函数的计算和演化之中, 然而真实的苯仅 1 摩尔 (1mol) 物质就包含 $10^{23}$ 个苯分子, 这是一个非常巨大的数字, 即便对初始时刻波函数信息的存储或赋值都

是经典计算机无法完成的任务。所以不需要任何经验参数 (只包含基本物理常数) 直接从薛定谔方程出发进行真实系统的**第一性原理计算**基本是不可能的, 必须引入**近似方法**降低系统维度才能进行可行的经典波函数计算 (或采用非经典的量子并行计算)。

### 2. 基本的近似方法

为了有效进行基于薛定谔方程的第一性原理计算, 第一个重要的降低系统自由度的近似就是将原子核和电子的自由度进行分离,即**玻恩–奥本海默近似** (Born-Oppenheimer approximation, BOA)。该近似的原理是由于原子核的质量远大于电子的质量 (至少大 1800 多倍), 所以原子核的运动速度远小于电子, 这样原子核和电子的自由度就可以动力学分离, 电子快速的运动始终跟随着原子核的缓慢运动, 所以该近似也被称为**绝热近似**。BOA 假定分离了原子核和电子的自由度 (原子核和电子的波函数可以退耦合或分离), 可以只留下求解电子自由度的波函数 (原子核的运动由于缓慢可以近似忽略), 而原子核的自由度则退化为电子波函数的绝热参数 (此时电子波函数中原子核的自由度就变成相对固定的参数)。也就是说, 原始薛定谔方程的计算可以变成给定一组原子核的位置或状态后, 再求解电子自由度的波函数, 所以这样的计算又称为体系的**电子结构计算**。

然而即便减少了一部分原子核的自由度, 问题的求解变成了计算全同电子体系的问题,但体系的自由度依然是巨大的。这时虽然根据对称性可以用单电子波函数构造体系的多电子波函数, 进一步发展出如 Haree-Fock 等近似方法, 但这些计算依然无法解决电子体系的高自由度关联问题。后来在**霍恩伯格** (Hohenberg) 和**科恩** (Kohn) 等科学家的努力下发展出**密度泛函理论** (density functional theory, DFT)[1], 即将电子波函数的统计信息进一步简化, 认为全同电子体系的任何物理量都只是**电子密度** $\rho$ 的函数 (不区分每个电子的自由度), 这样波函数的自变量就变成了电子密度分布函数:

$$\Psi(\boldsymbol{r}_1, \boldsymbol{r}_2, \cdots, \boldsymbol{r}_j, \cdots; t) \to \rho(\boldsymbol{r}, t)$$

该近似抛掉了原始波函数中电子与电子之间更详细的高阶空间相关性等统计信息, 薛定谔方程可以进一步转化为在电子密度的基础上求解**科恩–沈吕九方程** (Kohn-Sham equation), 使得计算复杂度大大降低。现代的密度泛函计算, 无论是含时系统还是不含时系统, 由于密度泛函近似, 对于不同性质的体系 (如金属、半导体、有机聚合物或磁性材料等) 必须发展不同的密度泛函方法, 呈现出 DFT 计算策略上的复杂格局, 所以基于各种计算策略的商业软件和开源软件层出不穷, 如适用于周期结构体系的 VASP 软件, 擅长于建模的 MS 软件和适用于分子体系计算的 Gaussian 软件等。但无论如何, 关于求解不同系统的第一性原理计算,其困难都是来源于多体系统的大自由度，实际可行的计算都是必须建立在一定假设之上的近似计算 (非第一性原理计算)，所以要想获得系统完全严格的解析结果，只能考虑低自由度下的理想系统，即简单理想模型。

### 1.2.2 定态问题和单体系统

#### 1. 定态薛定谔方程

对于希望严格解析求解的薛定谔方程，第一个常见的简单模型就是系统的势函数不含时，此时的系统是一个保守系统，系统的总能量 $E$ 守恒，哈密顿量是一个动力学守恒量，此时系统的薛定谔方程就变为**定态薛定谔方程**。对于由 $N$ 个粒子组成的量子力学系统，如果粒子所处的势场是**保守势** (势能只依赖于粒子位置而不依赖于时间，如粒子处于不变的外场中或粒子之间的势不显含时间变量)，即 $V(\boldsymbol{r}, t) = V(\boldsymbol{r})$，此时波函数可写为时空自由度分离的形式：

$$\Psi(\boldsymbol{r}, t) = \psi(\boldsymbol{r}) \, \mathrm{e}^{-\mathrm{i}Et/\hbar} \tag{1.12}$$

将式 (1.12) 代入原始的薛定谔方程 (1.5) 中分离变量，可以得到系统的**定态薛定谔方程** (见习题 1.6) 为

$$\left[ \sum_j \frac{\hat{\boldsymbol{p}}_j}{2m_j} + V(\boldsymbol{r}) \right] \psi(\boldsymbol{r}) = E\psi(\boldsymbol{r}) \tag{1.13}$$

显然式 (1.13) 即为哈密顿量 $\hat{H}$ 的**本征方程** (本征方程的概念将在第 3 章中讨论)，其中分离变量常数 $E$ 代表体系的总能量，所以波函数 $\psi(\boldsymbol{r})$ 只依赖于位置坐标 $\boldsymbol{r} \equiv (\boldsymbol{r}_1, \boldsymbol{r}_2, \cdots, \boldsymbol{r}_N)$ 而不依赖于时间，称为系统的**定态解**。

#### 2. 定态解的统计性质

系统定态薛定谔方程的定态解或定态波函数，具有以下性质。

(1) 定态解所表达的粒子体系的空间概率密度分布函数 $\rho(\boldsymbol{r}) \equiv |\Psi(\boldsymbol{r}, t)|^2 = |\psi(\boldsymbol{r})|^2$ 不随时间改变。这是定态之所以被称为定态的原因之一。

(2) 定态上测量力学量算符的平均值不随时间改变。一个不显含时间的力学量算符 $\hat{Q}$ 在任意态 $\Psi(\boldsymbol{r}, t)$ 上的统计**平均值**可用下式计算：

$$\langle \hat{Q} \rangle = \int \Psi^*(\boldsymbol{r}, t) \, \hat{Q} \Psi(\boldsymbol{r}, t) \, \mathrm{d}\boldsymbol{r} \tag{1.14}$$

其中，尖括号 $\langle \cdot \rangle$ 表示态上的平均值。式 (1.14) 可以用来计算任意力学量算符的平均值，源于对经典统计平均值计算的类比。对于经典随机量 $Q$，测量其值会得

到样本空间上的一个随机数列：$\{q_1, q_2, q_3, \cdots\}$。假如 $N$ 次测量得到的随机序列为 $q_3, q_2, q_5, q_2, q_6, q_1, q_4, \cdots$，那么测量的平均值为

$$
\begin{aligned}
\overline{Q} &= \frac{q_3 + q_2 + q_5 + q_2 + q_6 + q_1 + q_4 + \cdots}{N} \\
&= \frac{N_1 q_1 + N_2 q_2 + N_3 q_3 + \cdots}{N} \\
&= \frac{N_1}{N} q_1 + \frac{N_2}{N} q_2 + \frac{N_3}{N} q_3 + \cdots
\end{aligned}
$$

其中，$N_1, N_2, N_3, \cdots$ 分别是测量序列中测量值是 $q_1, q_2, q_3, \cdots$ 的次数。显然在测量次数 $N \to \infty$ 的极限下，随机量 $Q$ 的平均值就变成了**期望值**，即

$$
\overline{Q} = \sum_j P_j q_j
$$

其中，$P_j$ 是测量值为 $q_j$ 的概率：$P_j = \lim_{N \to \infty}(N_j/N)$，指标 $j$ 取遍所有的样本空间。可见随机量 $Q$ 的期望值是测量值乘以该测量值出现的概率的和。所以如果样本空间是连续的，那么期望值的计算需要引入分布函数 $P(q)$，以上分立的求和将自然推广为积分：

$$
\overline{Q} = \int P(q)\, q \mathrm{d}q
$$

其中，$P(q)\,\mathrm{d}q$ 是随机量 $Q$ 取值为 $q$ 的概率，而 $P(q)$ 自然被称为概率密度函数。对比经典统计中的平均值求和规律，量子力学中的概率密度分布函数 $\rho(\boldsymbol{r}, t) = \Psi^*(\boldsymbol{r}, t)\Psi(\boldsymbol{r}, t)$ 恰恰对应于经典统计的概率密度函数 $P(q)$，而量子力学中的力学量算符 $\hat{Q}$ 因为是作用在波函数 $\Psi(\boldsymbol{r}, t)$ 上的运算，将力学量先作用在 $\Psi(\boldsymbol{r}, t)$ 上再乘以其共轭 $\Psi^*(\boldsymbol{r}, t)$ 后进行积分，故写成了式 (1.14) 的形式。

根据式 (1.14)，如果系统处于定态式 (1.12)，那么不显含时间的力学量在定态上的平均值将不依赖于时间：

$$
\langle \hat{Q} \rangle = \int \Psi^*(\boldsymbol{r}, t)\, \hat{H} \Psi(\boldsymbol{r}, t)\, \mathrm{d}\boldsymbol{r} = \int \psi^*(\boldsymbol{r})\, \hat{Q} \psi(\boldsymbol{r})\, \mathrm{d}\boldsymbol{r}
$$

(3) 系统处于定态的时候，系统的能量是确定的，也就是说定态是体系能量确定的态。从测量的角度来说，如果体系处于定态式 (1.12) 上，那么测量系统能量得到的值始终是 $E$。根据式 (1.14)，可以计算能量的平均值，能量的平均值就是系统力学量哈密顿量 $\hat{H}$ 的平均值：

$$
\langle \hat{H} \rangle = \int \Psi^*(\boldsymbol{r}, t)\, \hat{H} \Psi(\boldsymbol{r}, t)\, \mathrm{d}\boldsymbol{r} = \int \psi^*(\boldsymbol{r})\, \hat{H} \psi(\boldsymbol{r})\, \mathrm{d}\boldsymbol{r} = E
$$

在定态上系统能量的平均值不仅为固定值，其涨落也为零，即在定态上测量能量每次都会得到同一个值。根据经典统计，随机量的涨落用方差进行表征：$(\Delta Q)^2 = \overline{(Q - \overline{Q})^2} = \overline{Q^2} - \overline{Q}^2$。在量子力学中方差相应定义为

$$\Delta Q \equiv \sqrt{\left\langle (\hat{Q} - \langle \hat{Q} \rangle)^2 \right\rangle} = \sqrt{\langle \hat{Q}^2 \rangle - \langle \hat{Q} \rangle^2} \tag{1.15}$$

利用式 (1.15) 计算定态的能量方差：

$$\Delta E \equiv \sqrt{\left\langle (\hat{H} - \langle \hat{H} \rangle)^2 \right\rangle} = \sqrt{\overline{E^2} - \overline{E}^2} = 0$$

由此可见定态的能量是确定的，其涨落为零，也就是说每次在定态上测量能量，得到的值都是相同的或确定的，不存在值的涨落。

3. 单体定态问题

对于定态微分方程式 (1.13)，其解给出的是体系稳定的粒子结构分布，但其空间自由度依然巨大，所以可以继续发展出定态密度泛函的计算方法。但为了严格解析求解，必须将系统的自由度进行最大程度的简化，即先考察由一个粒子组成的小体系问题，此即**单体问题**。单体系统的解通常也被称为**单粒子态**。对于单体系统，薛定谔方程的原始形式为

$$i\hbar \frac{\partial \Psi(\boldsymbol{r}, t)}{\partial t} = \left[ -\frac{\hbar^2}{2m} \nabla^2 + V(\boldsymbol{r}) \right] \Psi(\boldsymbol{r}, t) \tag{1.16}$$

其中，$\boldsymbol{r}$ 为单个粒子的位置；$-\frac{\hbar^2}{2m} \nabla^2 = \hat{p}^2, \hat{\boldsymbol{p}} = -i\hbar \nabla$ 为粒子的动量算符。对于单体系统，在保守势场 $V(\boldsymbol{r}, t) = V(\boldsymbol{r})$ 条件下，波函数在时空分离变量后得到单体系统的定态薛定谔方程为

$$\hat{H}(\boldsymbol{r})\psi(\boldsymbol{r}) = \left[ -\frac{\hbar^2}{2m} \nabla^2 + V(\boldsymbol{r}) \right] \psi(\boldsymbol{r}) = E\psi(\boldsymbol{r}) \tag{1.17}$$

所以，对于数学上可以严格处理的量子力学的基本内容，方程 (1.16) 和方程 (1.17) 将是本书讨论的核心。本书前面大部分章节的内容将围绕在不同单体系统上求解定态薛定谔方程的解而展开，最后对含时系统和全同粒子组成的多体系统做进一步的介绍。本书将在 Mathematica 软件的辅助下，对薛定谔方程进行解析和数值处理，从而获得量子力学理论最基本的知识和方法。

# 习　题

1.1　请查阅文献和资料，分别介绍如下三个证实电磁波具有粒子性的著名实验：**黑体辐射** (black-body radiation)、**光电效应** (photoelectric effect) 和**康普顿散射** (Compton scattering)。

提示：**黑体辐射公式**　黑体是只辐射不吸收的理想物体。对黑体辐射场的测量发现，黑体辐射场中电磁波的频率在 $\nu$ 到 $\nu + \mathrm{d}\nu$ 的电磁场能量密度满足以下的黑体辐射公式：

$$\rho\left(\nu\right)\mathrm{d}\nu = \frac{8\pi h\nu^3}{c^3}\frac{1}{\mathrm{e}^{h\nu/k_\mathrm{B}T} - 1}\mathrm{d}\nu$$

其中，$h$ 为普朗克常数；$T$ 为黑体的温度；$k_\mathrm{B}$ 为玻尔兹曼常数；$c$ 为光速；$\nu$ 为辐射场的频率。普朗克解释黑体辐射公式的过程表明：电磁波和黑体的能量交换具有粒子性，从而产生了能量量子化的概念，光场的能量量子和频率成正比，即 $E \propto \nu$，其比例系数是一个常数 $h$，此即普朗克常数。

**光电效应公式**　当光入射到金属表面的时候，光波被金属中的电子吸收，电子会获得足够的能量从金属表面溢出，形成光电子或光电流，这就是光电效应。从金属表面溢出的光电子的能量满足如下的光电效应公式：

$$\frac{1}{2}m_\mathrm{e}v^2 = h\nu - W_0$$

其中，公式等号左边为电子脱出金属表面后的动能，$v$ 是电子脱出金属表面后的速度；等号右边 $h\nu$ 是光量子能量，$W_0$ 是电子脱出金属表面时需要克服的势能，由金属性质决定，称为金属的逸出功或束缚能。光电效应的瞬时性和截止频率的特点进一步明确了光场的粒子性，即光子的概念。

**康普顿散射公式**　高频率的电磁波 X 射线打到靶体材料上之后，被材料散射，通过实验测量散射方向不同角度 X 射线频率或波长的散射强度 (不同角度接收到的 X 射线散射场的频谱)，发现了如下的规律：

$$\Delta\lambda = \lambda_\mathrm{f} - \lambda_\mathrm{i} = \frac{h}{m_0 c}\left(1 - \cos\theta\right)$$

公式第二个等号左边为散射后 X 射线波长的变化，其中 $\lambda_\mathrm{i}$ 和 $\lambda_\mathrm{f}$ 分别为 X 射线入射和散射后的波长；公式第二个等号右边 $h$ 为普朗克常数，$m_0$ 为电子的静止质量，$c$ 为光速，$\theta$ 为散射方向与入射方向的夹角。公式表明，散射后 X 射线波长的变化随散射角的增大而增加，波长变化的系数 $h/(m_0 c) \approx 2.426 \times 10^{-3}\mathrm{nm}$ 称为电子的康普顿波长。康普顿散射实验进一步证实了光的粒子性。

1.2 请利用德布罗意关系估算温度为 $T$ 的理想气体中质量为 $m$ 的原子的德布罗意波长。提示：根据热力学能量均分原理，自由原子的动能为

$$E_k = \frac{p^2}{2m} = \frac{3}{2} k_B T \Rightarrow p = \sqrt{3mk_B T}$$

利用德布罗意关系式 (1.2)，可得

$$\lambda = \frac{h}{p} = \frac{h}{\sqrt{3mk_B T}}$$

1.3 根据自由粒子平面波解的复函数形式：

$$\Psi(\boldsymbol{r}, t) = A e^{\frac{i}{\hbar}(\boldsymbol{p} \cdot \boldsymbol{r} - Et)} \tag{1.18}$$

结合德布罗意关系，形式上推导自由粒子所满足的微分方程并推广到一般势场 $V(\boldsymbol{r}, t)$ 中粒子的薛定谔方程。利用自由粒子的能量关系和德布罗意关系，给出动量算符的表达式 (1.8)。

提示：为了简单起见，以一维形式为例。对于一维的经典平面波，描述其波动行为的波函数是 $\psi(x, t) = A\cos(kx - \omega t)$，如果写成复函数形式为

$$\psi(x, t) = A e^{i(kx - \omega t)} \tag{1.19}$$

下面根据自由粒子的解形式 (式 (1.19)) 来寻找该函数所满足的微分方程。对上面的平面波解分别求时间和空间的偏微分如下：

$$\frac{\partial}{\partial t}\psi(x, t) = A\frac{\partial}{\partial t} e^{i(kx - \omega t)} = -i\omega\psi(x, t)$$

$$\frac{\partial^2}{\partial x^2}\psi(x, t) = A\frac{\partial^2}{\partial x^2} e^{i(kx - \omega t)} = -k^2\psi(x, t)$$

对上面的第一个方程两边同时乘以 $i\hbar$ 有

$$i\hbar\frac{\partial}{\partial t}\psi(x, t) = \hbar\omega\psi(x, t) = E\psi(x, t) \tag{1.20}$$

其中利用了德布罗意关系 $E = \hbar\omega$。利用关系 $p = \hbar k$，对于自由粒子其能量 $E = p^2/2m = \hbar^2 k^2/2m$，代入式 (1.20) 有以下的等式成立：

$$i\hbar\frac{\partial}{\partial t}\psi(x, t) = E\psi(x, t) = \frac{p^2}{2m}\psi(x, t)$$

$$\mathrm{i}\hbar\frac{\partial}{\partial t}\psi(x,t)=\frac{\hbar^2 k^2}{2m}\psi(x,t)=-\frac{\hbar^2}{2m}\frac{\partial^2}{\partial x^2}\psi(x,t)$$

根据以上两个等式可以发现，如果用波函数式 (1.19) 描述自由粒子，其能量和动量分别对应以下两个作用于波函数上的**运算**：

$$E\to\mathrm{i}\hbar\frac{\partial}{\partial t},\quad p\to-\mathrm{i}\hbar\frac{\partial}{\partial x}\equiv\hat{p} \tag{1.21}$$

显然式 (1.21) 定义了一维动量算符 $\hat{p}$，它代表对波函数空间变量的一阶导数运算。最后得到一维平面波，即自由粒子所满足的微分方程：

$$\mathrm{i}\hbar\frac{\partial}{\partial t}\psi(x,t)=\frac{\hat{p}^2}{2m}\psi(x,t)=-\frac{\hbar^2}{2m}\frac{\partial^2}{\partial x^2}\psi(x,t)$$

显然方程第一个等号右边是自由粒子的能量算符。对于三维自由粒子，其总能量 $E$ 对应的算符自然推广为

$$E\to-\frac{\hbar^2}{2m}\left(\frac{\partial^2}{\partial x^2}+\frac{\partial^2}{\partial y^2}+\frac{\partial^2}{\partial z^2}\right)=-\frac{\hbar^2}{2m}\nabla^2\equiv\hat{H}$$

前文定义了系统的哈密顿量为 $\hat{H}$，代表系统的总能量，所以三维自由粒子的微分方程就可以写为

$$\mathrm{i}\hbar\frac{\partial}{\partial t}\psi(\boldsymbol{r},t)=\hat{H}\psi(\boldsymbol{r},t),\quad \hat{H}=\frac{\hat{\boldsymbol{p}}^2}{2m}=-\frac{\hbar^2}{2m}\nabla^2$$

那么，如果粒子处于势场 $V(\boldsymbol{r},t)$ 中，则总能量及其对应的哈密顿量算符为

$$E=\frac{\boldsymbol{p}^2}{2m}+V\to\hat{H}=\frac{\hat{\boldsymbol{p}}^2}{2m}+V=-\frac{\hbar^2}{2m}\nabla^2+V$$

上面的哈密顿量算符给出一般系统的薛定谔方程 (1.5)。当然，以上对薛定谔方程的证明理论上是唯象的，数学上是不严格的，该证明过程依赖于三个基本事实：① 自由粒子的平面波解；② 德布罗意关系；③ 能量守恒。

　　1.4 讨论波函数 $\varPsi(\boldsymbol{r},t)\mathrm{e}^{\mathrm{i}\theta}$ 和 $\varPsi(\boldsymbol{r},t)$ 的关系。提示：波函数 $\varPsi(\boldsymbol{r},t)\mathrm{e}^{\mathrm{i}\theta}$ 和 $\varPsi(\boldsymbol{r},t)$ 相差一个相位 $\theta$，所以二者不同。但如果相位 $\theta$ 不依赖于任何时空参数，是一个与系统任何参数都无关的常数，则根据波函数的物理意义，相差一个常数相位的波函数的模方完全相同，所以在物理意义上二者完全等价，代表系统的同一个状态。这种情况可以等效地看作一个函数相对于坐标系原点的一次整体平移，不会对函数造成本质的影响。

1.5  证明波函数对应的概率密度所满足的连续性方程 (1.9)。提示：从薛定谔方程 (1.5) 出发，对其求共轭得到 $\Psi^*\left(\boldsymbol{r},t\right)$ 的方程，然后在两个方程的左右两边分别乘以 $\Psi^*\left(\boldsymbol{r},t\right)$ 和 $\Psi\left(\boldsymbol{r},t\right)$ 得到：

$$\mathrm{i}\hbar\Psi^*\left(\boldsymbol{r},t\right)\frac{\partial\Psi\left(\boldsymbol{r},t\right)}{\partial t}=\Psi^*\left(\boldsymbol{r},t\right)\hat{H}\left(\boldsymbol{r},t\right)\Psi\left(\boldsymbol{r},t\right)$$

$$-\mathrm{i}\hbar\Psi\left(\boldsymbol{r},t\right)\frac{\partial\Psi^*\left(\boldsymbol{r},t\right)}{\partial t}=\Psi\left(\boldsymbol{r},t\right)\hat{H}\left(\boldsymbol{r},t\right)\Psi^*\left(\boldsymbol{r},t\right)$$

代入哈密顿量的形式并将以上两个方程相减，即可得到：

$$\begin{aligned}\mathrm{i}\hbar\frac{\partial}{\partial t}\left|\Psi\left(\boldsymbol{r},t\right)\right|^2&=\Psi^*\left(\boldsymbol{r},t\right)\left[-\frac{\hbar^2}{2m}\nabla^2+V\left(\boldsymbol{r},t\right)\right]\Psi\left(\boldsymbol{r},t\right)\\&\quad-\Psi\left(\boldsymbol{r},t\right)\left[-\frac{\hbar^2}{2m}\nabla^2+V\left(\boldsymbol{r},t\right)\right]\Psi^*\left(\boldsymbol{r},t\right)\\&=-\frac{\hbar^2}{2m}\left[\Psi^*\left(\boldsymbol{r},t\right)\nabla^2\Psi\left(\boldsymbol{r},t\right)-\Psi\left(\boldsymbol{r},t\right)\nabla^2\Psi^*\left(\boldsymbol{r},t\right)\right]\end{aligned}$$

整理并利用 $\nabla^2=\nabla\cdot\nabla$ 及 $\nabla\cdot\left(f\nabla g\right)=\nabla f\cdot\nabla g+f\nabla^2g$ 可以得到：

$$\begin{aligned}\frac{\partial}{\partial t}\rho&=\frac{\mathrm{i}\hbar}{2m}\left[\Psi^*\left(\boldsymbol{r},t\right)\nabla^2\Psi\left(\boldsymbol{r},t\right)-\Psi\left(\boldsymbol{r},t\right)\nabla^2\Psi^*\left(\boldsymbol{r},t\right)\right]\\&=\frac{\mathrm{i}\hbar}{2m}\nabla\cdot\left[\Psi^*\left(\boldsymbol{r},t\right)\nabla\Psi\left(\boldsymbol{r},t\right)-\Psi\left(\boldsymbol{r},t\right)\nabla\Psi^*\left(\boldsymbol{r},t\right)\right]\end{aligned}$$

整理以上结果并定义概率流密度 $\boldsymbol{J}$ 即可得到式 (1.9)。

1.6  请给出不含时哈密顿体系所满足的定态薛定谔方程 (1.13) 和定态解 (式 (1.12))。提示：假设体系哈密顿量不含时，则 $\hat{H}(\boldsymbol{r},t)=\hat{H}(\boldsymbol{r})$，那么原始薛定谔方程 (1.5) 的解可以写为分离变量的形式：

$$\Psi\left(\boldsymbol{r},t\right)=\psi\left(\boldsymbol{r}\right)\phi(t)$$

将以上的解代入薛定谔方程 (1.5) 中得到：

$$\mathrm{i}\hbar\psi\left(\boldsymbol{r}\right)\dot{\phi}\left(t\right)=\hat{H}\left(\boldsymbol{r}\right)\psi\left(\boldsymbol{r}\right)\phi(t) \tag{1.22}$$

其中，$\frac{\partial}{\partial t}\phi\left(t\right)\equiv\dot{\phi}\left(t\right)$。对式 (1.22) 进行整理可以得到一个变量分离的方程：

$$\mathrm{i}\hbar\frac{\dot{\phi}\left(t\right)}{\phi\left(t\right)}=\frac{1}{\psi\left(\boldsymbol{r}\right)}\hat{H}\left(\boldsymbol{r}\right)\psi\left(\boldsymbol{r}\right)=E$$

其中, 分离变量 $E$ 为不依赖于空间和时间的常数。这样偏微分方程 (1.5) 就退化分离为两个常微分方程:

$$\begin{cases} \dot{\phi}(t) = -\mathrm{i}\dfrac{E}{\hbar}\phi(t) \\ \hat{H}(\boldsymbol{r})\psi(\boldsymbol{r}) = E\psi(\boldsymbol{r}) \end{cases} \tag{1.23}$$

方程组 (1.23) 中第一个方程的解很容易得到:

$$\phi(t) = Ce^{-\mathrm{i}Et/\hbar}$$

其中, 积分常数 $C$ 可以取为 1, 或将 $C$ 归并到空间函数 $\psi(\boldsymbol{r})$ 部分中, 这样就可以得到定态解 (1.12)。方程组 (1.23) 中第二个方程即为定态薛定谔方程 (1.13), 其是哈密顿量的本征方程, 所以分离变量常数 $E$ 为体系的总能量。

# 第 2 章　一维定态问题及其应用

## 2.1　一维定态薛定谔方程

对于保守系统，单体薛定谔方程 (1.16) 可以通过分离变量转变为定态薛定谔方程 (1.17)。本章将从最简单的系统开始讨论单个粒子在**一维**势场 $V(x)$ 中的定态行为，此时一维系统的定态薛定谔方程为

$$\hat{H}(x)\psi(x) = -\frac{\hbar^2}{2m}\frac{\mathrm{d}^2\psi(x)}{\mathrm{d}x^2} + V(x)\psi(x) = E\psi(x) \tag{2.1}$$

其中，$x$ 是单体系统的一维坐标，其动量算符 $\hat{p} = -\mathrm{i}\hbar\mathrm{d}/\mathrm{d}x$。通过求解方程 (2.1)，单体系统总的定态波函数 $\Psi(x,t) = \psi(x)\mathrm{e}^{-\mathrm{i}Et/\hbar}$。方程 (2.1) 表示一维运动的粒子受到一维势场 $V(x)$ 作用后可能存在的稳定状态，在一定的边界条件下，方程存在多个稳定的波函数解 $\psi(x)$ 和本征能级 $E$。方程 (2.1) 给出的多个定态解其实是系统哈密顿量的本征态，根据第 1 章关于系统一般定态的讨论，一维定态的能量是守恒不变的，对应波函数在空间的概率分布及任意力学量 (不含时) 在定态上的统计性质都不随时间改变。

为了求解定态薛定谔方程 (2.1)，可以把方程写为如下标准形式：

$$\frac{\mathrm{d}^2\psi(x)}{\mathrm{d}x^2} = -\frac{2m}{\hbar^2}\left[E - V(x)\right]\psi(x) \tag{2.2}$$

显然定态薛定谔方程 (2.2) 解的形式依赖于粒子的能量 $E$。如果系统的势能函数 $V(x)$ 可以把粒子的运动约束在一个局域范围内，即 $E < V(x)$，波函数的解将满足 $\lim_{x\to\infty}\psi(x) = 0$，那么系统的解称为**束缚态**。对于束缚态，在一定边界条件的约束下，体系会存在多个束缚态和多个分立的能级 (量子化能量)。可以证明，对于一维的束缚态，如果势函数 $V(x)$ 在有限的范围内不存在奇点 (分段连续)，那么不存在一个本征能量对应多个本征态的问题，即一维束缚态不存在**能级简并** (见习题 2.1)。如果粒子的能量很高或体系的势能无法约束粒子处于局域态 (粒子可以运动到无穷远处，即 $\lim_{x\to\infty}\psi(x) \neq 0$)，则这样的状态称为**散射态**，因为这种情况一般会涉及粒子在某种局域势上的散射问题，而散射态的能级一般是连续的。为了更清晰地认识上述一维定态问题的特点，下面将从不同的具体物理问题出发，对不同的一维系统进行具体讨论。也就是说，对于不同的单粒子系统，如果给定了系统的势场 $V(x)$，接下来的问题就是求解该系统的定态薛定谔方程。

## 2.2　一维典型束缚态问题

### 2.2.1　一维无限深方势阱：量子阱

首先介绍一个量子力学中形式最为简单但概念上非常重要的一维势场：无限深方势阱。其势函数可表示为

$$V(x) = \begin{cases} 0, & 0 \leqslant x \leqslant a \\ \infty, & x < 0, x > a \end{cases} \tag{2.3}$$

势函数所描述的势阱如图 2.1(a) 所示。严格满足无限深方势阱的物理系统实际上并不存在，所以这是一个理想的一维系统模型，但其可以近似模拟一根纳米导线 (长度为 $a$) 内自由电子的行为 (如图 2.1(a) 底部所示)。

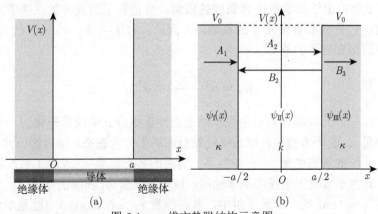

图 2.1　一维方势阱结构示意图

(a) 一维无限深方势阱示意图，底部为一根纳米导线示意图；(b) 一维有限深方势阱的示意图和各区域所使用的符号

#### 1. 定态波函数及其能级

虽然无限深方势阱是一个理想的简单模型 (理想量子阱)，但对理解很多实际约束系统的量子行为具有非常重要的基础意义。下面来求解单个粒子在无限深方势阱中的波函数和能级。将势函数 (2.3) 代入定态薛定谔方程 (2.1) 中，得到不同区域的定态薛定谔方程：

$$\begin{cases} -\dfrac{\hbar^2}{2m}\dfrac{\mathrm{d}^2\psi(x)}{\mathrm{d}x^2} = E\psi(x), & 0 \leqslant x \leqslant a \\ \psi(x) = 0, & x < 0, x > a \end{cases}$$

由于在阱外区域势能无穷大，波函数一定为零。在阱内势能等于零，阱内的定态薛定谔方程则是自由粒子的波动方程，可写成下面的简单形式：

$$\frac{\mathrm{d}^2\psi(x)}{\mathrm{d}x^2} = k^2\psi(x), \quad k = \frac{\sqrt{2mE}}{\hbar}, \quad E > 0 \tag{2.4}$$

其中，$k$ 为自由粒子的波数。

方程 (2.4) 是著名的谐振子方程，利用 Mathematica 的 DSolve[··] 命令可以给出如下等价的通解：

$$\psi(x) = A\sin(kx + B) \tag{2.5}$$

其中，$A$ 和 $B$ 为两个积分常数。根据波函数在空间的连续性条件，在 $x = 0$ 和 $x = a$ 的边界处波函数的值相等，即 $\psi(0) = \psi(a) = 0$，得到 $B = 0$ 和：

$$A\sin(ka) = 0 \Rightarrow k = n\frac{\pi}{a}, \quad n \in \mathbb{Z} \tag{2.6}$$

式 (2.6) 表明：由于波函数**边界条件的限制**，自由粒子的波函数在阱中的波数 $k$ 取**分立值**，它是基本波数 $\pi/a$ 的整数倍。因此，将 $k \to k_n = n\pi/a$ 代入式 (2.4) 的波数中，得到粒子的能量：

$$E_n = n^2\frac{\hbar^2\pi^2}{2ma^2} \equiv n^2\varepsilon_0 \tag{2.7}$$

由此可见，无限深方势阱中粒子的定态能量是分立的或**量子化**的，只能取基本特征能量 $\varepsilon_0$ 的平方数倍。把系统能量最低的态称为**基态**，由能级公式 (2.7) 可以发现，系统的基态能量 $\varepsilon_0$ 不能为零。势阱的基态能量 $\varepsilon_0$ 表现了系统能量的基本特征，其大小取决于系统的基本性质：粒子的质量 $m$ 和阱的宽度 $a$。例如，电子在宽度 $a = 1\text{nm}$ 的一维量子阱中，基态能量 $\varepsilon_0 \approx 0.37603\text{eV}$（能量单位 eV 称为**电子伏**，$1\text{eV} = (1.60217733 \pm 49 \times 10^{-19})\,\text{J}$）。图 2.2(a) 给出了阱宽为 10nm 的电子在无限深方势阱中能级为平方数倍基态能量的能级分布。

利用波函数的归一化条件（在整个空间积分等于 1），可以得到无限深方势阱波函数的具体形式为

$$\psi_n(x) = \sqrt{\frac{2}{a}}\sin\left(\frac{n\pi}{a}x\right), n = 1, 2, \cdots \tag{2.8}$$

当然，以上的波函数形式对应于图 2.1(a) 所示的势阱势函数的坐标选取，当 $V(x)$ 的坐标原点选在无限深方势阱中心时（阱宽保持不变），利用坐标系的平移关系，可以得到阱中的波函数形式为

$$\psi_n(x) = \sqrt{\frac{2}{a}}\sin\left[\frac{n\pi}{a}\left(x + \frac{a}{2}\right)\right], \quad n = 1, 2, \cdots$$

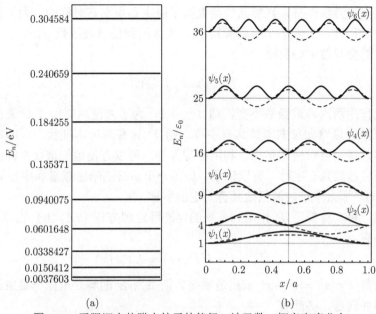

图 2.2　无限深方势阱中粒子的能级、波函数、概率密度分布

(a) 无限深方势阱的能级结构 (横线)，阱的宽度 $a=10$nm; (b) 无限深方势阱中对应波函数
(细虚线) 和概率密度分布 (粗实线)

### 2. 本征波函数的性质

利用 Mathematica 软件的 Plot[··] 命令可以非常方便地得到波函数 $\psi_n(x)$ 的图像，如图 2.2(b) 所示。图中纵轴代表粒子的能级位置 (以 $\varepsilon_0$ 为单位)，为著名的平方数能级排列。从图 2.2(b) 中可以看出，无限深方势阱中粒子的概率分布并非是均匀的，某些地方粒子出现的概率最大，称为波函数的**波腹**；某些地方粒子出现的概率为零，即此处波函数的值为零，称这些位置为波函数的**波节**。从图中可以看出波腹和波节数都会随粒子能量的增加而增大。从波函数图像的趋势可以预言，当 $n\to\infty$ 时，粒子在无限深方势阱中的分布将趋向经典的均匀分布：$\lim_{n\to\infty}|\psi_n(x)|^2=1/a$。

#### 1) 波函数的宇称

从图 2.2(b) 所示的波函数图像看，波函数沿阱中心具有某种空间对称性：对称 (偶函数) 或反对称 (奇函数)。波函数对中心的空间反演对称性称为**宇称** (parity)，即对一维情况而言，如果任意函数在 $x$ 处的值 $\psi(x)$ 和其空间反演 $-x$ 处的值 $\psi(-x)$ 满足 $\psi(-x)=\psi(x)$，则函数是关于中心零点具有对称性的偶函数，此时称函数具有偶宇称；如果满足 $\psi(-x)=-\psi(x)$，则函数是反对称的奇函数，称其具有奇宇称。波函数具有固定的宇称来源于系统的哈密顿量 (势函数) 的对称性，对于无限深方势阱而言，显然其势函数关于阱中心是左右对称的。为了更进一步说明这种对称性，引入一个**宇称算符** $\hat{P}$，其作用到任意波函数 $f(x)$ 上的性质就是对函数的空间做中心反演：

$$\hat{P}f(x) = f(-x) \tag{2.9}$$

显然连续作用两次，波函数不变，即 $\hat{P}^2 = 1$，为了方便后文用 1 代表任意维度的**单位算符**。显然如果态函数具有宇称，则 $\hat{P}$ 只有两种本征状态，即奇函数对应奇宇称，偶函数对应偶宇称。利用宇称算符，可以方便地知道什么样的系统其能量本征波函数具有宇称。可以证明，如果一个系统的哈密顿量和宇称算符对易：$[\hat{P}, \hat{H}] = 0$，那么系统的波函数具有一定的宇称。

**证明：** 将宇称算符 $\hat{P}$ 作用到系统的定态薛定谔方程 (2.1) 上，根据 $\hat{P}$ 和 $\hat{H}$ 相互对易有

$$\hat{P}\hat{H}\psi(x) = \hat{H}\hat{P}\psi(x) = E\hat{P}\psi(x) \tag{2.10}$$

可见波函数 $\hat{P}\psi(x) = \psi(-x)$ 依然是系统本征值为 $E$ 的解。根据一维束缚态不存在能级简并问题，必然有

$$\hat{P}\psi(x) = \psi(-x) = c\psi(x)$$

其中，$c$ 是实常数 (宇称是实际可观测的实数量)，说明 $\psi(x)$ 同时也是宇称算符 $\hat{P}$ 的本征态。作用两次结果不变表明 $c^2 = 1 \Rightarrow c = \pm 1$，所以系统的能量本征函数 $\psi(x)$ 具有固定的宇称，要么是奇宇称，要么是偶宇称。总之，如果宇称算符和体系哈密顿量对易，那么体系的能量本征态也是宇称算符的共同本征态，所以具有了固定的宇称。但什么条件下体系的哈密顿量和宇称算符对易呢？由上面的证明可以发现从式 (2.10) 可以得到一个结果：

$$\hat{H}(-x) = \hat{H}(x)$$

也就是说 $\hat{P}V(x) = V(-x) = V(x)$，即系统的势函数具有空间对称性 (见习题 2.2)。最后得到结论：如果系统的势函数具有空间反演对称性，那么系统的能量本征函数具有一定的宇称。所以对于无限深方势阱，从图 2.2(b) 可以清晰地看到所有的波函数 $\psi_n(x)$ 中，当 $n$ 为奇数时，波函数为偶函数，具有偶宇称，而当 $n$ 为偶数时，波函数为奇函数，具有奇宇称。

2) 波函数的正交完备性

利用 Mathematica 的符号运算可以非常简单地验证无限深方势阱的正弦波函数式 (2.8) 对态的量子化指标 $n$ 具有正交归一性：

$$\int_0^a \psi_n^*(x)\psi_m(x)\,\mathrm{d}x = \frac{2}{a}\int_0^a \sin\left(\frac{n\pi}{a}x\right)\sin\left(\frac{m\pi}{a}x\right)\mathrm{d}x = \delta_{nm}$$

上面的公式即是如下著名公式的特殊情况:

$$\frac{1}{2\pi}\int_0^{2\pi} \mathrm{e}^{\mathrm{i}(n-m)x}\mathrm{d}x = \delta_{nm} \tag{2.11}$$

根据数学分析中学过的**傅里叶级数** (Fourier series) 知识, 正弦波函数系是**完备的函数系**, 也就是说对任意的 $x$ 和 $t$ 的态函数, 都可以用无限深方势阱的本征能级波函数系展开:

$$\Psi(x,t) = \sum_{n=1}^{\infty} c_n \sqrt{\frac{2}{a}} \sin\left(\frac{n\pi}{a}x\right) \mathrm{e}^{-\mathrm{i}\omega_n t} \tag{2.12}$$

其中, $\omega_n = E_n/\hbar = n^2 \varepsilon_0/\hbar$ 为系统本征频率; 展开系数 $c_n$ 为复常数, 由系统的初始态 $\Psi(x,0)$ 决定:

$$c_n = \int \psi_n^*(x)\Psi(x,0)\mathrm{d}x$$

### 2.2.2　一维有限深方势阱: 量子线

通常具有实际意义的一维约束势都不会是无穷大的, 而是有限强度的, 这就是有限深方势阱的问题。为了更好地研究系统势场的对称性对系统量子状态的影响, 采用图 2.1(b) 所示的坐标系, 此时有限深方势阱的势函数可写为

$$V(x) = \begin{cases} V_0, & x < -a/2 \\ 0, & |x| < a/2 \\ V_0, & x > a/2 \end{cases} \tag{2.13}$$

其中, $V_0$ 为势阱的**深度**。显然由于势阱的对称性波函数一定具有宇称。

根据三个不同区域的定态薛定谔方程, 有如下束缚态解的形式 (粒子被约束于阱中, 能量满足 $0 < E < V_0$):

$$\psi(x) = \begin{cases} \psi_{\mathrm{I}}(x) = A_1 \mathrm{e}^{\kappa x}, & \kappa = \sqrt{2m(V_0-E)}/\hbar \\ \psi_{\mathrm{II}}(x) = A_2 \mathrm{e}^{\mathrm{i}kx} + B_2 \mathrm{e}^{-\mathrm{i}kx}, & k = \sqrt{2mE}/\hbar \\ \psi_{\mathrm{III}}(x) = B_3 \mathrm{e}^{-\kappa x}, & \kappa = \sqrt{2m(V_0-E)}/\hbar \end{cases} \tag{2.14}$$

显然阱两边区域的波数 $\kappa$ 是相等的, 中间区域是自由粒子的波数 $k$。根据三个区

域边界上 $(x = \pm a/2)$ 波函数及其一阶导数的连续性条件有

$$
\begin{bmatrix}
e^{-\kappa a/2} & -e^{-ika/2} & -e^{ika/2} & 0 \\
0 & -e^{ika/2} & -e^{-ika/2} & e^{-\kappa a/2} \\
\kappa e^{-\kappa a/2} & -ike^{-ika/2} & ike^{ika/2} & 0 \\
0 & -ike^{ika/2} & ike^{-ika/2} & -\kappa e^{-\kappa a/2}
\end{bmatrix}
\begin{pmatrix}
A_1 \\
A_2 \\
B_2 \\
B_3
\end{pmatrix} = 0 \qquad (2.15)
$$

要使得线性方程 (2.15) 有非零解，则方程等号左边矩阵的行列式必须等于零。根据这个条件利用 Mathematica 中求行列式的函数 Det[··] 得

$$
2k\kappa \cos (ka) + \left(\kappa^2 - k^2\right) \sin (ka) = 0 \qquad (2.16)
$$

显然式 (2.16) 可以给出有限深方势阱定态波函数的束缚态能级。为了求解超越方程 (2.16) 给出系统的能级，在 $ka \neq n\pi, n \in \mathbb{Z}$ 的条件下 (波数 $k = n\pi/a$ 时为无限深方势阱的情况)，化简式 (2.16) 得到：

$$
\tan (ka) = \frac{2k\kappa}{k^2 - \kappa^2} \qquad (2.17)
$$

代入式 (2.14) 中定义的波数，方程 (2.17) 给出了波函数存在的能量条件：

$$
\tan \sqrt{\frac{2ma^2}{\hbar^2}E} = \frac{2\sqrt{E\left(V_0 - E\right)}}{2E - V_0} \qquad (2.18)
$$

如果和无限深方势阱一样，取系统的特征能量 $\varepsilon_0$ 为单位，对电子而言可以进行能量估算 (势阱宽度 $a$ 的单位取 nm)：

$$
\varepsilon_0 (a) \equiv \frac{\hbar^2 \pi^2}{2ma^2} \approx \frac{0.37603}{a^2} \text{ eV}
$$

那么以能量 $\varepsilon_0$ 为单位，系统的能量满足超越方程：

$$
\tan \left(\pi\sqrt{E'}\right) = \frac{2\sqrt{E'\left(V_0' - E'\right)}}{2E' - V_0'} \qquad (2.19)
$$

其中，$E' = E/\varepsilon_0; V_0' = V_0/\varepsilon_0$。对于能量超越方程 (2.19) 的解，可以直接利用 Mathematica 的求根函数 FindRoot[··] 得到有限深方势阱在条件 $0 < E' \leqslant V_0'$ 下的能级数值 $E_n$，如图 2.3(a) 所示。图中显示有限深方势阱的能级比相应的无限深方势阱的对应能级要低，阱越浅则能级越低。图中的能级结构可以用函数作图法进行确定，即可以直接应用方程 (2.19) 等号左边和右边的函数曲线的交点来确

定。由于式 (2.19) 存在奇点，而且没有考虑波函数的奇偶性，所以对式 (2.19) 进行如下的改造：取系统特征波数单位 $k_0 \equiv \pi/a$ 来标度 $k$ 和 $\kappa$。这样可以引入新的无量纲波数：$\xi \equiv k/k_0 = \sqrt{E'} \geqslant 0, \eta \equiv \kappa/k_0 = \sqrt{V_0' - E'} \geqslant 0$。式 (2.19) 可以化简为两个方程 (见习题 2.4)：

$$\eta = \xi \tan\left(\frac{\pi}{2}\xi\right), \quad \text{或者 } \eta = -\xi \cot\left(\frac{\pi}{2}\xi\right) \tag{2.20}$$

根据 $k^2 + \kappa^2 = 2mV_0/\hbar^2$ 或上面的波矢定义很容易证明：

$$\xi^2 + \eta^2 = V_0' \Rightarrow \eta = \sqrt{V_0' - \xi^2} \tag{2.21}$$

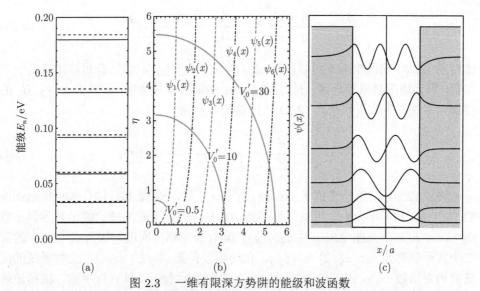

(a)　　　　　　　　　　(b)　　　　　　　　　　(c)

图 2.3　一维有限深方势阱的能级和波函数

(a) 有限深方势阱内的能级结构 (实线)，细虚线对应无限深方势阱的能级位置，阱高 $V_0' = 10$，阱宽 $a = 10\text{nm}$；(b) 函数作图法求波矢，虚线为式 (2.20) 前一个方程的函数图像，点划线为式 (2.20) 后一个方程的函数图像，实线是 $V_0' = 0.5$、$10$、$30$ 情况下式 (2.21) 的函数图像；(c) 有限深方势阱内束缚态波函数的图像

利用式 (2.20) 和式 (2.21) 进行 $\eta$ 对 $\xi$ 作图，结果如图 2.3(b) 所示，两个函数交点给出了波数 $\eta$ 和 $\xi$ 的值，也就是给出了体系的能量。显然，阱中粒子的能量 $E'$ 不能超过阱的高度 $V_0'$，如果高于阱高，波数 $\eta$ 变为虚数，系统的态将不是束缚态而成为散射态。图 2.3(b) 显示了不同势阱高度 $V_0'$ 下系统能级解的情况，随着势阱高度增加，有限深方势阱内的束缚态数目 (交点个数) 增加，而且无论阱有多浅，系统一定存在一个束缚态 (基态)。

由式 (2.20) 和式 (2.21) 得到系统的波矢后, 就可以确定体系的本征能量对应的波函数形式, 如图 2.3(c) 所示。波函数利用无量纲波数可表示为

$$\psi\left(x'\right) = \begin{cases} \psi_{\mathrm{I}}\left(x'\right) = A_1 \mathrm{e}^{\pi\eta x'}, & x' < -\dfrac{1}{2} \\[2mm] \psi_{\mathrm{II}}\left(x'\right) = A_2 \mathrm{e}^{\mathrm{i}\pi\xi x'} + B_2 \mathrm{e}^{-\mathrm{i}\pi\xi x'}, & |x'| < \dfrac{1}{2} \\[2mm] \psi_{\mathrm{III}}\left(x'\right) = B_3 \mathrm{e}^{-\pi\eta x'}, & x' > \dfrac{1}{2} \end{cases} \tag{2.22}$$

其中, $x' = x/a$。根据解式 (2.22) 的边界条件可以得到与式 (2.15) 相同的边界条件, 整理后可以得到以下等式:

$$\frac{A_2}{B_2} = -\frac{\eta + \mathrm{i}\xi}{\eta - \mathrm{i}\xi} \mathrm{e}^{\mathrm{i}\pi\xi}, \quad \frac{A_2}{B_2} = -\frac{\eta - \mathrm{i}\xi}{\eta + \mathrm{i}\xi} \mathrm{e}^{-\mathrm{i}\pi\xi} \tag{2.23}$$

比较式 (2.23) 的两个等式可以发现 $A_2/B_2 = (A_2/B_2)^*$, 结果表明该比值是一个实数, 那么虚部必须等于零。利用 Mathematica 的符号运算, 可以发现 $A_2/B_2$ 的虚部为零这个条件正好是式 (2.19), 比值的实部为

$$\frac{A_2}{B_2} = \frac{\xi^2 - \eta^2}{\xi^2 + \eta^2} \cos\left(\pi\xi\right) + \frac{2\xi\eta}{\xi^2 + \eta^2} \sin\left(\pi\xi\right) \tag{2.24}$$

将式 (2.20) 的第一个式子 $\tan(\pi\xi/2) = \eta/\xi$ 代入式 (2.24), 结合 Mathematica 的 FullSimplify[··] 命令, 可以化简得到 $A_2/B_2 = 1$, 此时系统的波函数为偶函数 $\psi_{\mathrm{II}} \propto \cos(\pi\xi x')$ (见图 2.3(b) 中的虚线), 具有偶宇称; 同理, 代入式 (2.20) 的第二个式子后得到 $\tan(\pi\xi/2) = -\xi/\eta$, 化简可以得到 $A_2/B_2 = -1$, 此时系统的波函数为奇函数 $\psi_{\mathrm{II}} \propto \sin(\pi\xi x')$ (见图 2.3(b) 中的点划线), 具有奇宇称。根据波函数的解式 (2.22), 利用 Mathematica 的求根公式 FindRoot[··], 可以求出奇偶波函数所对应的波矢, 并利用 Plot[··] 把有限深方势阱中的束缚态波函数的图像展示在图 2.3(c) 中, 从图中可以清楚地看到: 由于势能函数的对称性和阱深的有限性, 系统波函数具有一定的宇称并奇偶交替出现, 束缚态波函数的个数是有限的, 要求 $E_n \leqslant V_0$。

### 2.2.3 一维 $\delta$ 势阱: 量子点

下面讨论一个最简单的具有奇点的一维势场, 可以用来描述粒子垂直穿过量子薄膜的行为。此时粒子受到的局域势函数可写为 (图 2.4)

$$V\left(x\right) = -\alpha\delta\left(x\right) \tag{2.25}$$

其中，$\alpha > 0$ 为场强度密度，单位为焦耳·米；$\delta(x)$ 为著名的 **狄拉克 $\delta$ 函数** (Dirac delta function)，定义为 (更为详细的介绍见附录 B)

$$\delta(x) = \begin{cases} 0, & x \neq 0 \\ \infty, & x = 0 \end{cases}$$

$\delta(x)$ 函数不是严格意义上的函数，而是一个广义的分布函数 (或概率密度分布函数，此时单位是概率/米)，因为 $\delta(x)$ 函数满足：

$$\int_{-\infty}^{+\infty} \delta(x)\,\mathrm{d}x = 1$$

所以 $\delta(x)$ 函数又称为点分布函数，它有一个非常重要的积分性质，可以将任何一个连续函数在其分布点的值提取出来，即

$$\int_{-\infty}^{+\infty} f(x)\,\delta(x - x_0)\,\mathrm{d}x = f(x_0)$$

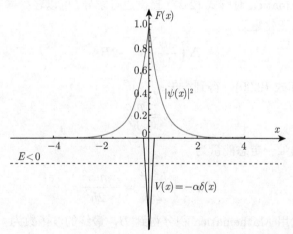

图 2.4　一维 $\delta$ 势阱示意图和阱中波函数的概率分布图

受到狄拉克势阱的分割，微观粒子在其奇点左右两侧均为一维自由粒子，满足同样的定态薛定谔方程：

$$-\frac{\hbar^2}{2m}\frac{\mathrm{d}^2}{\mathrm{d}x^2}\psi(x) = E\psi(x) \tag{2.26}$$

其解形式依赖于能量 $E$ 的正负。当 $E < 0$，粒子会形成束缚态，则式 (2.26) 等号左右区域的连续解为

$$\psi(x) = \begin{cases} Be^{\kappa x}, & x < 0 \\ Be^{-\kappa x}, & x \geqslant 0 \end{cases}, \quad \kappa = \frac{\sqrt{-2mE}}{\hbar} \tag{2.27}$$

其中，$\kappa$ 为自由粒子的波矢；$B$ 为积分常数。由于 $\delta(x)$ 函数的存在，势函数在零点为无穷大，所以在零点波函数的导数不再连续，但根据 $\delta(x)$ 函数的可积性，波函数的导数在穿越零点时会出现有限跳跃。为计算导数跃变，在零点附近一个小区域 $[-\varepsilon, +\varepsilon]$ 对定态薛定谔方程进行积分：

$$-\frac{\hbar^2}{2m} \int_{-\varepsilon}^{+\varepsilon} \frac{\mathrm{d}^2 \psi(x)}{\mathrm{d}x^2} \mathrm{d}x - \int_{-\varepsilon}^{+\varepsilon} \alpha \delta(x) \psi(x) \mathrm{d}x = E \int_{-\varepsilon}^{+\varepsilon} \psi(x) \mathrm{d}x$$

得到波函数导数的变化量为

$$\Delta\left(\frac{\mathrm{d}\psi}{\mathrm{d}x}\right) \equiv \lim_{x \to 0} \left(\frac{\mathrm{d}\psi}{\mathrm{d}x}\bigg|_{+\varepsilon} - \frac{\mathrm{d}\psi}{\mathrm{d}x}\bigg|_{-\varepsilon}\right) = -\frac{2m\alpha}{\hbar^2} \lim_{x \to 0} \int_{-\varepsilon}^{+\varepsilon} \delta(x) \psi(x) \mathrm{d}x,$$

也就是：

$$\Delta\left(\frac{\mathrm{d}\psi}{\mathrm{d}x}\right) = -\frac{2m\alpha}{\hbar^2} \psi(0) = -\frac{2m\alpha}{\hbar^2} B \tag{2.28}$$

通过 Mathematica 对解式 (2.27) 直接进行求导，可以轻松得到波函数在 $\delta(x)$ 左右两侧导数的变化量为

$$\Delta\left(\frac{\mathrm{d}\psi}{\mathrm{d}x}\right) = -2B\kappa \tag{2.29}$$

比较式 (2.28) 和式 (2.29)，得到波矢：

$$\kappa = \frac{m\alpha}{\hbar^2}$$

从而得到粒子的唯一定态能量为

$$E_0 = -\frac{\hbar^2 \kappa^2}{2m} = -\frac{m\alpha^2}{2\hbar^2} \tag{2.30}$$

根据归一化，利用 Mathematica 积分得到 $B$，最终的波函数为

$$\psi(x) = \frac{\sqrt{m\alpha}}{\hbar} e^{-m\alpha|x|/\hbar^2} \tag{2.31}$$

同样，利用 Plot[··] 命令，给出如图 2.4 所示波函数概率分布图像。波函数概率分布图像清楚地显示由于 $\delta$ 势阱的存在，波函数在 0 处不再光滑，其一阶导数有突变 (动量或波矢有突变)。从以上的讨论可以看出，无论 $\delta$ 势的强度 $\alpha$ 多么小，其总会存在一个束缚态，这就是量子的"引力奇点"一定存在束缚态的问题。

### 2.2.4　一维线性势：重力场中的粒子

对于一般连续的规则势场 $V(x)$，数学上总可以在某一个局域考察点附近把势函数展开为幂级数形式 (泰勒展开)：

$$V(x) = V(x_0) + V'(x_0)(x - x_0) + \frac{1}{2}V''(x_0)(x - x_0)^2 + \cdots \tag{2.32}$$

如果只关心粒子在某一个区域点附近的行为，尤其是在宏观变化非常缓慢的势场中 (如重力场中)，相对于微观粒子的运动范围而言，势函数的一阶导数 (梯度) 接近常数 $V'(x_0) \approx F$ (称为势场力的强度，势场力为势函数梯度的负值)，而其他更高阶导数趋近于零，这样就得到如下线性势：

$$V(x) \approx V(x_0) + F(x - x_0) \tag{2.33}$$

如果设置零势能点 $V(x_0) = 0$，并进行坐标平移变换，可得到最简单的一维线性势模型：

$$V(x) = Fx \tag{2.34}$$

显然式 (2.34) 所示的势场如果是重力场，则 $F = mg$，$m$ 为粒子质量，$g$ 为重力加速度；如果是电场，则 $F = q\mathcal{E}$，$q$ 为粒子电量，$\mathcal{E}$ 为电场强度。

对于处于式 (2.33) 所示的一般线性势场中的粒子，其定态薛定谔方程为

$$-\frac{\hbar^2}{2m}\frac{\mathrm{d}^2\psi(x)}{\mathrm{d}x^2} + [V(x_0) + F(x - x_0)]\psi(x) = E\psi(x) \tag{2.35}$$

为了方便求解，方程 (2.35) 可改写为

$$\frac{\mathrm{d}^2\psi(x)}{\mathrm{d}x^2} + [a + b(x - x_0)]\psi(x) = 0 \tag{2.36}$$

其中，

$$a = \frac{2m}{\hbar^2}[E - V(x_0)], \quad b = -\frac{2m}{\hbar^2}F \tag{2.37}$$

引入如下无量纲变量：

$$\xi = -\frac{a + b(x - x_0)}{b^{2/3}} \tag{2.38}$$

则方程 (2.36) 可化简为如下形式：

$$\frac{\mathrm{d}^2\psi(\xi)}{\mathrm{d}\xi^2} = \xi\psi(\xi) \tag{2.39}$$

方程 (2.39) 就是著名的**艾里微分方程** (Airy differential equation)，其解称为**艾里函数** (见附录 C)。利用 Mathematica 中求解微分方程的内部函数 DSlove[··]可以直接得到该方程的通解为两类线性无关的艾里函数的线性叠加：

$$\psi(\xi) = c_1 \mathrm{Ai}(\xi) + c_2 \mathrm{Bi}(\xi)$$

其中，$\mathrm{Ai}(\xi)$ 和 $\mathrm{Bi}(\xi)$ 是常见的第一类和第二类艾里函数，在 Mathematica 中分别表示为内部函数 AiryAi[$\xi$] 和 AiryBi[$\xi$]，其波函数图像如图 2.5(a) 所示。由于第二类艾里函数 $\mathrm{Bi}(\xi)$ 在空间 $x > 0$ 会发散，不符合波函数的实际要求需舍去，那么物理的波函数解为如下的第一类艾里函数：

$$\psi(x) = c_1 \mathrm{Ai}\left[ -\frac{a + b(x - x_0)}{b^{2/3}} \right] \tag{2.40}$$

利用 Mathematica 积分会发现艾里函数所表达的波函数 (式 (2.40)) 是平方不可积的，所以自由空间线性势场内粒子的能量是连续的。图 2.5(b) 展示了能量 $E = V(x_0)$ 的粒子在线性势 (式 (2.33)) (图中虚线所展示的线性势实际上需要非常大的粒子质量或场强度才能实现) 中波函数的空间概率分布。概率分布显示向右侧随着线性势的升高，粒子将在势场中消耗能量，从而波函数的概率分布将逐渐降低直至消失。粒子的能量 $E$ 越高，其波函数分布就越靠近右侧势能高的区域，而向左侧的波函数分布由于没有受到限制，粒子顺着势场降低可以到达无穷远处，所以艾里函数解式 (2.40) 不是束缚态解，理想艾里函数对应的能量或功率是无穷大的。鉴于这种情况，下面考虑实际线性势系统中的束缚态问题。

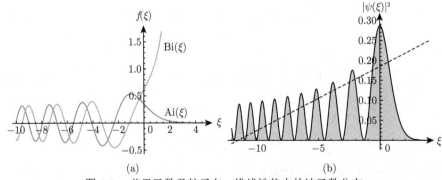

图 2.5    艾里函数及粒子在一维线性势中的波函数分布
(a) 第一类和第二类艾里函数的图像；(b) 一维线性势 (式 (2.33)) 中波函数在空间
$\xi = x/x_0, x_0 = b^{-1/3}$ 的概率分布示意图，虚线是线性势函数示意图

1. 地球表面重力场中的粒子

对于地球表面的重力场, 由于粒子不能到达表面以下, 取 $x = 0$ 处为表面势能零点, 向上为 $x$ 的正方向, 这样的势场可以表示为

$$V(x) = \begin{cases} \infty, & x \leqslant 0 \\ Fx, & x > 0 \end{cases} \tag{2.41}$$

其中, $F = mg$ 是常数 (该势场也可以模拟带电粒子 $q$ 在电场 $\mathcal{E}$ 中的运动行为, 此时 $F = q\mathcal{E}$)。根据前文对线性势场的讨论, 此时的重力势场是从零点 (地面) 开始随 $x$ 线性增加的 (注意如果取向上为正方向, 力的方向就向下)。

对于重力场中的**经典粒子**, 假设粒子从初始高度 $x_0$ 处**自由释放**, 那么它在 $t$ 时刻的位置满足:

$$x(t) = x_0 - \frac{1}{2}gt^2$$

显然粒子落到地面的时间 $\tau_0 \equiv \sqrt{2x_0/g}$。如果粒子落到地面 (此处势能无穷大) 发生弹性碰撞 (能量守恒), 那么粒子将向上做上抛运动:

$$x(t) = v_0 t - \frac{1}{2}gt^2 = \sqrt{2gx_0}t - \frac{1}{2}gt^2 \tag{2.42}$$

直到返回 $x_0$ 处, 然后又开始新一轮的周期运动。这个运动的周期 $T = 2\sqrt{2x_0/g} = 2\tau_0$(从 $x_0$ 处下落反弹又回到 $x_0$ 处的时间), 因此自由落体经典粒子的位置随时间 $t \in [0, T]$ 的变化规律满足 (如图 2.6(a) 所示):

$$x(t) = x_0\left(\sqrt{\frac{2g}{x_0}}t - \frac{1}{2}\frac{g}{x_0}t^2\right) = 4x_0\left[\frac{t}{T} - \left(\frac{t}{T}\right)^2\right] \tag{2.43}$$

如果对上述做周期运动经典粒子的位置进行大量的实验测量和统计, 可以得到粒子在重力场中不同位置的经典概率密度分布 [2](见习题 2.6):

$$P(x) = \frac{1}{2}\frac{1}{\sqrt{x_0(x_0 - x)}}, \quad 0 < x < x_0 \tag{2.44}$$

从图 2.6(b) 给出的经典粒子的统计分布来看, 粒子在最高位置 $x_0$ 处的概率最大 (发散), 显然由于经典粒子无法到达 $x > x_0$ 的区域, 所以经典概率在这一点的分布不连续, 从而成为经典概率分布的断点或奇点, 所以经典统计的这种性质来源于经典粒子的动力学是一个不存在随机性质的运动, 其在经典边界区域一定会存在概率的不连续性。

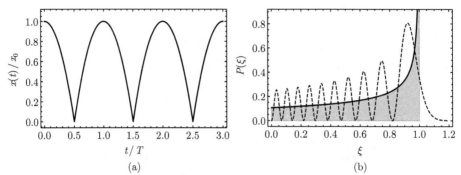

图 2.6    地球表面重力场中弹性小球自由落体的经典运动规律
(a) 粒子位置随时间的经典轨迹；(b) 粒子运动的经典概率密度分布，其中横坐标 $\xi = x/x_0$，
图中虚线为经典粒子对应的量子概率分布，粒子的能量取式 (2.48) 决定的能量 $E_{10}$

    然而微观粒子在重力场中的量子统计分布规律与经典粒子的统计结果是不同的，此时需要求解粒子的定态薛定谔方程：

$$-\frac{\hbar^2}{2m}\frac{\mathrm{d}^2\psi(x)}{\mathrm{d}x^2} + Fx\psi(x) = E\psi(x) \tag{2.45}$$

方程 (2.45) 可以化简成**艾里微分方程**的形式：

$$\frac{\mathrm{d}^2\psi(x)}{\mathrm{d}x^2} = \frac{2mF}{\hbar^2}\left(x - \frac{E}{F}\right)\psi(x) \tag{2.46}$$

根据艾里微分方程的性质 (参见附录 C)，可以得到方程 (2.46) 的解为

$$\psi(x) = c\mathrm{Ai}\left[\left(\frac{2mF}{\hbar^2}\right)^{1/3}\left(x - \frac{E}{F}\right)\right] \equiv c\mathrm{Ai}\left[\kappa(x - x_0)\right] \tag{2.47}$$

其中，$\kappa \equiv \left(\dfrac{2mF}{\hbar^2}\right)^{1/3}$ 为线性势决定的波矢，量纲为 1/米；$x_0 \equiv E/F$ 为经典位置平移量，单位为米；$c$ 为归一化系数。由于艾里函数 $\mathrm{Ai}[\kappa(x - x_0)]$ 的归一化系数依赖于艾里函数在 $\kappa x_0$ 处的值和导数的值，利用 Mathematica 可以很容易计算。例如，对于 $x_0 = 0$ 的情况，其归一化系数为

$$c = 3^{1/3}\Gamma\left(\frac{1}{3}\right)\sqrt{\kappa}$$

    艾里函数 $\mathrm{Ai}(x)$ 在右侧是满足束缚态条件的：$x \to \infty$, $\mathrm{Ai}(x) \to 0$；左侧由于 $x = 0$ 地面的限制，给出边界条件 $\psi(0) = 0$，此时粒子可以形成束缚态，能量则

变为分立值, 由边界条件决定, 即要求:

$$\psi\left(0\right) = 0 \Rightarrow \text{Ai}\left[-\left(\frac{2mF}{\hbar^2}\right)^{1/3}\frac{E}{F}\right] = 0$$

也就是说能量的分立值由艾里函数的零点 $\text{Ai}(\zeta_n) = 0$ 决定:

$$-\left(\frac{2mF}{\hbar^2}\right)^{1/3}\frac{E_n}{F} = \zeta_n \Rightarrow E_n = -\left(\frac{\hbar^2 F^2}{2m}\right)^{1/3}\zeta_n \tag{2.48}$$

利用 Mathematica 可以轻松计算地球表面重力场中微观粒子的能级 $E_n$ 和波函数 $\psi_n(x)$, 如图 2.7 所示。图 2.7(a) 采用**原子单位**[①]计算了粒子的不同能级 (水平虚线)、对应波函数 (细实线) 和概率密度分布 (粗实线)。该系统同样展示了一维束缚态的共同特征: 首先是能量的量子化 (边界条件决定), 其次是不同能量波函数 $\psi_n(x)$ 的正交性 (参见附录 C) 及完备性。从波函数的图像可以看出, 粒子的能量越高对应函数的节点越多, 从而越接近经典粒子的行为。

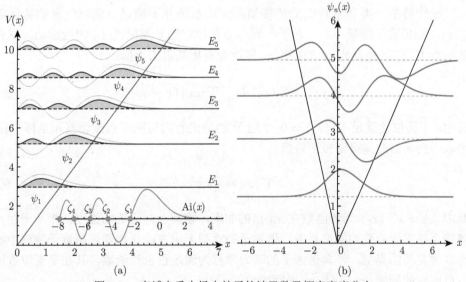

图 2.7　束缚态重力场中粒子的波函数及概率密度分布

(a) 地球表面重力场 (强度 $F = 2$) 中粒子的波函数 (细实线) 和概率密度分布 (粗实线), 为显示清楚波函数进行了放大, 下方插图为艾里函数的零点位置; (b) V 形势场中 (力场强度 $F_1 = -2, F_2 = 1$) 粒子的波函数图像, 图中水平虚线表示能级位置, 计算采用原子单位, 取

$$\hbar = m = 1$$

①　原子单位通常采用 $\hbar = m_e = e = 1$ 作为单位, 其中 $m_e$ 和 $e$ 一般取电子的质量和电量, 这样长度的单位可取氢原子中电子基态的玻尔半径 $a_0$, 能量的单位可取氢原子的基态能 $e^2/a_0 \equiv 1\,\text{H}$ (Hartree), 该能量单位有时表示为 $1\,\text{H} = 1\,\text{a.u.} = 2\,\text{Ry}$ (具体含义见第 4 章类氢原子)。

**2. V 形势场中的粒子**

另一种形成束缚态的线性约束势是用一个相反的线性势场来代替刚性平面来限制粒子的运动，这就形成所谓的 V 形线性势场模型：

$$V(x) = \begin{cases} F_1 x, & x < 0 \\ 0, & x = 0 \\ F_2 x, & x > 0 \end{cases} \tag{2.49}$$

显然式 (2.49) 所示的 V 形势场是非对称的，由两个力场强度为 $F_1$ 和 $F_2$ 的线性场组成。求解 V 形势场的定态薛定谔方程不需要引入新的方法，只需在不同区域求解线性势场的定态薛定谔方程，解都可以写为式 (2.40) 的形式，然后在 $x = 0$ 处把左右区域的解光滑地连接起来 (艾里函数的导数可用 Mathematica 的内部函数 AiryAiPrime[··] 计算)，从而得到分立的能量和波函数 (具体见习题 2.7)，该系统的能级和波函数图像如图 2.7(b) 所示。

## 2.2.5 一维谐振子势：平衡位置附近运动的粒子

线性势是一类非常特殊的势模型，一般系统并不满足。但对任意的势函数 $V(x)$，如果粒子能量不高，粒子一般总会在稳定的平衡位置 $x_0$ 附近运动，这样势函数 $V(x)$ 的展开式 (2.32) 在 $x_0$ 附近会有更高阶的近似：

$$V(x) = V(x_0) + \frac{1}{2}V''(x_0)(x - x_0)^2$$

其中，平衡位置满足 $V'(x_0) = 0$。对上面的势进行同样的零点能调整和坐标平移，可以得到著名的弹簧谐振子势模型：

$$V(x) = \frac{1}{2}kx^2 \tag{2.50}$$

其中，$k = V''(x_0)$ 为势函数在 $x_0$ 点的曲率，物理上对应势场强度，相当于经典弹簧系统发生应变的刚度系数。谐振子势模型无论在经典物理还是量子物理中都是非常重要的模型，经典谐振子的动力学行为满足正余弦函数，其在平衡位置附近以固定的频率 $\omega = \sqrt{k/m}$ 来回振动：

$$x(t) = x_0 + A\sin(\omega t + \phi) \tag{2.51}$$

但对于微观的谐振子，其行为则截然不同，下面采用两种处理方法来求解量子谐振子系统的定态薛定谔方程：

$$\left(-\frac{\hbar^2}{2m}\frac{\partial^2}{\partial x^2} + \frac{1}{2}m\omega^2 x^2\right)\psi(x) = E\psi(x) \tag{2.52}$$

其中，频率 $\omega$ 由谐振势强度 $k = V''(x_0)$ 决定，与经典系统一致。为求解式 (2.52)，引入无量纲量对其进行化简，得到方程：

$$\frac{\partial^2 \psi(\xi)}{\partial \xi^2} = (\xi^2 - K)\,\psi(\xi) \tag{2.53}$$

其中，

$$\xi = \sqrt{\frac{m\omega}{\hbar}}\, x \tag{2.54}$$

为无量纲的位置坐标；$K = E \left/ \left( \dfrac{1}{2}\hbar\omega \right) \right.$ 为无量纲的振子能量。下面详细求解谐振子的定态微分方程 (2.53)。

1. 解析方法

一个直接求解微分方程的标准方法就是解的幂级数展开方法，方程 (2.53) 的解函数一定可以用完备的幂级数展开，然后代入方程求出幂级数的系数即可。由于直接进行幂级数展开比较复杂，所以首先考虑方程 (2.53) 解的渐进展开行为。当 $\xi \to \infty$，则 $\xi^2 \gg K$，方程 (2.53) 变为

$$\frac{\partial^2 \psi(\xi)}{\partial \xi^2} = \xi^2 \psi(\xi)$$

其渐进通解利用 Mathematica 非常容易算出：$\psi(\xi) = A\mathrm{e}^{-\xi^2/2} + B\mathrm{e}^{\xi^2/2}$，其中 $A$ 和 $B$ 为积分常数。由于 $\xi \to \infty$ 时解的第二项发散，所以 $B = 0$，那么符合物理的无穷远渐进解的形式为 $\psi(\xi) \propto \mathrm{e}^{-\xi^2/2}$。根据渐进解的形式，方程 (2.53) 的解应具有如下的函数形式：

$$\psi(\xi) = h(\xi)\,\mathrm{e}^{-\xi^2/2} \tag{2.55}$$

其中，$h(\xi)$ 为 $\xi$ 的任意函数。将式 (2.55) 代入式 (2.53) 有

$$\frac{\mathrm{d}^2 h(\xi)}{\mathrm{d}\xi^2} - 2\xi \frac{\mathrm{d}h(\xi)}{\mathrm{d}\xi} + (K - 1)\,h(\xi) = 0 \tag{2.56}$$

再将函数 $h(\xi)$ 展开为幂级数形式：

$$h(\xi) = a_0 + a_1 \xi + a_2 \xi^2 + \cdots = \sum_{j=0}^{\infty} a_j \xi^j \tag{2.57}$$

并代入式 (2.56) 中，经过不同幂次的系数整理得到：

$$\sum_{j=0}^{\infty} \left[ (j+1)(j+2)\,a_{j+2} - 2j a_j + (K-1)\,a_j \right] \xi^j = 0 \tag{2.58}$$

由于幂函数是彼此线性独立的函数，所以式 (2.58) 要成立必须系数都等于零，这样就得到了如下系数之间的递推关系：

$$a_{j+2} = \frac{2j+1-K}{(j+1)(j+2)}a_j \tag{2.59}$$

根据递推关系式 (2.59) 可以发现，如果给定 $a_0$，则所有的偶次幂函数的系数都被确定，如果给定 $a_1$，则所有的奇次幂函数的系数都可以被确定，而 $a_0$ 和 $a_1$ 恰恰是二次微分方程 (2.56) 的两个积分常数。

为了不使波函数解式 (2.55) 在无穷远处 ($\xi \to \infty$) 发散，式 (2.57) 的级数必须是有限的。因为假如 $j$ 的取值无上限，那么由递推关系有

$$\lim_{j \to \infty} \frac{a_{j+2}}{a_j} = \lim_{j \to \infty} \frac{2j+1-K}{(j+1)(j+2)} \approx \frac{2}{j}$$

显然当 $j$ 很大的时候上面的递推关系给出以下的近似结果：

$$\lim_{j \to \infty} a_j \approx \frac{c_0}{(j/2)!}$$

其中，$c_0$ 为常数。将该近似结果代入式 (2.57) 和式 (2.55) 得到体系波函数：

$$\psi(\xi) \approx c_0 \left[ \sum_{j=0}^{\infty} \frac{1}{(j/2)!} \xi^j \right] e^{-\xi^2/2} = c_0 e^{\xi^2} e^{-\xi^2/2} = c_0 e^{\xi^2/2}$$

显然以上的波函数在无穷远处 ($\xi \to \infty$) 是发散的，这不符合物理实际。所以级数展开式 (2.57) 必须在 $j = j_{\max} \equiv n$ 以后截断，即要求 $j > n$ 时 $a_j = 0$。那么根据迭代关系有 $a_{n+2} = 0$，代入递推式 (2.59) 可以得到：

$$K = 2n+1 \equiv K_n$$

结合 $K_n = E / \left( \frac{1}{2}\hbar\omega \right)$ 的定义得到谐振子的能量为

$$E_n = \left( n + \frac{1}{2} \right)\hbar\omega \tag{2.60}$$

根据以上的讨论，函数 $h(\xi)$ 的幂级数展开必须在 $j = n$ 处截断，所以 $h(\xi)$ 可以看作是最高阶为 $n$ 次的多项式：$h_n(\xi) = \sum_{j}^{n} a_j \xi^j$，这个多项式根据递推关系

就是数学上的**厄米多项式** $H_n(\xi)$(取最高幂次的系数为 $2^n$)。Mathematica 中厄米多项式的内部函数为 HermiteH$[n, \xi]$,对应于数学上的定义如下:

$$H_n(\xi) = \mathrm{e}^{\xi^2}\left(-\frac{\partial}{\partial\xi}\right)^n \mathrm{e}^{-\xi^2}$$

该式恰好是微分方程 (2.56) 的解 (其中 $K-1$ 写为 $2n$),所以该方程也被称为**厄米方程**。将厄米多项式代入式 (2.55) 中,再利用 Mathematica 进行归一化,就得到谐振子的波函数解为

$$\psi_n(\xi) = \left(\frac{1}{\pi}\right)^{1/4}\frac{1}{\sqrt{2^n n!}}H_n(\xi)\,\mathrm{e}^{-\xi^2/2} \tag{2.61}$$

其中,波函数的归一化利用了厄米多项式的正交归一化关系:

$$\int_{-\infty}^{+\infty} \mathrm{e}^{-\xi^2}H_n(\xi)H_m(\xi)\,\mathrm{d}\xi = 2^n n!\sqrt{\pi}\delta_{nm}$$

和经典物体的运动可以用一系列不同频率谐振动的线性叠加来刻画一样,量子谐振子的本征波函数同样可以组成一个非常有用的完备函数系,用来展开描述任何一个量子系统的量子态演化,这个重要的函数系被称为**数态**,将在第 3 章中专门介绍。

2. 代数方法

另一种求解谐振子定态微分方程 (2.53) 的方法是引入特定算符,利用算符作用在波函数解上的性质进行方程的求解。为此引入新的变量算符:

$$\hat{a}_+ = \frac{1}{\sqrt{2}}\left(\xi - \frac{\partial}{\partial\xi}\right) \tag{2.62}$$

$$\hat{a}_- = \frac{1}{\sqrt{2}}\left(\xi + \frac{\partial}{\partial\xi}\right) \tag{2.63}$$

将以上两个新算符作用到任意波函数 $\psi(\xi)$ 上都有

$$\hat{a}_-\hat{a}_+ - \hat{a}_+\hat{a}_- = 1 \tag{2.64}$$

为方便求解谐振子的定态微分方程 (2.53),可以将该方程改写为

$$\left(\xi^2 - \frac{\partial^2}{\partial\xi^2}\right)\psi(\xi) = K\psi(\xi) \tag{2.65}$$

其可以用新引入的算符表示为

$$\left(\xi^2 - \frac{\partial^2}{\partial \xi^2}\right)\psi\left(\xi\right) = \left(2\hat{a}_-\hat{a}_+ - 1\right)\psi\left(\xi\right) = K\psi\left(\xi\right) \tag{2.66}$$

对方程 (2.66) 第二个等号两边乘以 $\hat{a}_-$，可以得到：

$$\left(2\hat{a}_-\hat{a}_+ - 1\right)\hat{a}_-\psi\left(\xi\right) = \left(K - 2\right)\hat{a}_-\psi\left(\xi\right)$$

这说明新的函数：

$$\psi_-\left(\xi\right) \equiv \hat{a}_-\psi\left(\xi\right) = \frac{1}{\sqrt{2}}\left[\xi\psi\left(\xi\right) + \frac{\partial\psi\left(\xi\right)}{\partial\xi}\right]$$

依然是方程 (2.65) 的解，只不过方程右边的本征能量减小为 $K - 2$，所以这个新引入的算子被称为**降算子**。但对真实的谐振子来说，其能量必须大于零，不能无限制地用降算子降低谐振子能量，所以总会发生截断，此时方程必须满足：

$$\hat{a}_-\psi_0\left(\xi\right) = 0 \tag{2.67}$$

其中，$\psi_0(\xi)$ 为系统能量最低的态。将 $\hat{a}_-$ 表达式 (2.63) 代入方程 (2.67) 得

$$\left(\xi + \frac{\partial}{\partial\xi}\right)\psi_0\left(\xi\right) = 0 \tag{2.68}$$

利用 Mathematica 可以轻易得到方程 (2.68) 归一化的解为

$$\psi_0\left(\xi\right) = \left(\frac{1}{\pi}\right)^{1/4}\mathrm{e}^{-\xi^2/2} \tag{2.69}$$

将解 (2.69) 代入定态薛定谔方程 (2.53) 可得到对应的本征能量 $K = 1$。

根据上面的讨论，可以发现算符 $\hat{a}_+$ 满足：

$$\left(2\hat{a}_-\hat{a}_+ - 1\right)\hat{a}_+\psi\left(\xi\right) = \left(K + 2\right)\hat{a}_+\psi\left(\xi\right) \tag{2.70}$$

同理式 (2.70) 表明：如果 $\psi\left(\xi\right)$ 为系统的本征态，那么 $\hat{a}_+\psi\left(\xi\right)$ 也是系统的本征态，其能量值 $K$ 升高了 2，所以 $\hat{a}_+$ 称为**升算子**。利用升算子可以不断作用到能量最低态，得到系统作用 $n$ 次的本征波函数为

$$\psi_n\left(\xi\right) = A_n\left(\hat{a}_+\right)^n\psi_0\left(\xi\right) \tag{2.71}$$

其中，$A_n$ 为生成态 $\psi_n(\xi)$ 的归一化系数，其能量 $K = 2n + 1$。利用谐振子的本征方程 (2.65) 和对易关系式 (2.64)，很容易得到：

$$\hat{a}_- \hat{a}_+ \psi_n(\xi) = (n+1)\psi_n(\xi), \quad \hat{a}_+ \hat{a}_- \psi_n(\xi) = n\psi_n(\xi) \tag{2.72}$$

如果假设波函数 $\psi_n(\xi)$ 是归一化的，即 $\int_{-\infty}^{+\infty} \psi_n^*(\xi)\psi_n(\xi)\mathrm{d}\xi = 1$，并假设 $\hat{a}_+\psi_n(\xi) = B\psi_{n+1}(\xi)$，那么对式 (2.72) 两边同乘以 $\psi_n^*(\xi)$ 再对 $\xi$ 积分，代入算符 $\hat{a}_\pm$ 的表达式，可以证明式 (2.72) 左边项 (left–hand side，LHS) 等于：

$$\begin{aligned}
\text{LHS} &= \int_{-\infty}^{+\infty} \psi_n^*(\xi)\, \hat{a}_- \hat{a}_+ \psi_n(\xi)\, \mathrm{d}\xi = \int_{-\infty}^{+\infty} \left[\hat{a}_+\psi_n(\xi)\right]^2 \mathrm{d}\xi \\
&= B^2 \int_{-\infty}^{+\infty} \psi_{n+1}^*(\xi)\,\psi_{n+1}(\xi)\,\mathrm{d}\xi
\end{aligned}$$

式 (2.72) 右边项 (right-hand side，RHS) 等于：

$$\text{RHS} = \int_{-\infty}^{+\infty} \psi_n^*(\xi)\,(n+1)\,\psi_n(\xi)\,\mathrm{d}\xi = n+1$$

所以如果要使得波函数 $\psi_{n+1}(\xi)$ 依然是归一化的，那么就有

$$\psi_{n+1}(\xi) = \frac{1}{\sqrt{n+1}}\hat{a}_+\psi_n(\xi)$$

结合式 (2.71)，自然就可以得到一般的归一化系数 $A_n = \dfrac{1}{\sqrt{n!}}$，从而给出谐振子的波函数为

$$\psi_n(\xi) = \left(\frac{1}{\pi}\right)^{1/4} \frac{1}{\sqrt{2^n n!}} \left(\xi - \frac{\partial}{\partial \xi}\right)^n \mathrm{e}^{-\xi^2/2} \tag{2.73}$$

显然代数方法获得的解式 (2.73) 和解析方法得到的解式 (2.61) 完全等价 (见习题 2.11)。

### 3. 谐振子空间分布图像和讨论

以上两种方法都给出了粒子在平衡位置附近运动的波函数，下面利用 Mathematica 对谐振子的运动规律进行讨论。图 2.8(a) 给出了谐振子最低的几个能级的波函数图像和概率分布，概率图 2.8(b) 展示了谐振子基态和高能态 $n = 15$ 的概率分布，以及与对应经典谐振子概率分布之间的比较。

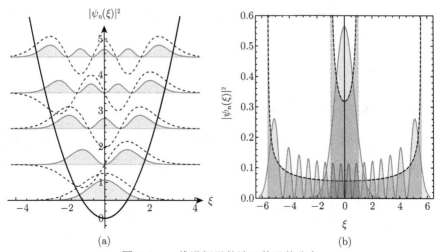

图 2.8    一维谐振子的波函数及其分布

(a) 谐振子最低的几个能级的波函数 (细虚线) 和概率分布 (带阴影的粗实线)，图中波函数在纵轴上的位置为能级的位置；(b) 谐振子基态 $|\psi_0|^2$ 和高能态 $|\psi_{15}|^2$ 的概率分布 (实线) 与对应经典谐振子概率分布 (虚线) 的比较

(1) 图 2.8(a) 清晰地展示了量子谐振子的最低能量为 $0.5\hbar\omega$，对应的基态波函数为高斯分布。这和经典谐振子的运动规律有本质区别，经典谐振子的最低能量可以为零，即经典谐振子可以彻底静止不动。但量子谐振子无法完全静止，其基态能的存在其实是很多物理现象和效应的根源，如绝对零度下真空涨落的存在，以及真空涨落导致的一些效应，再如其与原子光谱兰姆移动 (Lamb shift) 的关系等。基态谐振子空间和动量的高斯分布其实代表了基态量子噪声和涨落的存在及其统计性质，此时位置和动量的平均值都为零，而量子涨落分别对应各自高斯分布的方差：

$$\Delta x = x_{\mathrm{zpf}} = \sqrt{\frac{\hbar}{2m\omega}}, \quad \Delta p = p_{\mathrm{zpf}} = \sqrt{\frac{\hbar m\omega}{2}} \tag{2.74}$$

$\Delta x$ 和 $\Delta p$ 分别称为位置和动量的**零点涨落** (zero-point fluctuation),满足 $\Delta x\Delta p = \hbar/2$。从这个关系可以发现谐振子位置的涨落增大会导致动量涨落的减小，反之亦然，它们之间的这种矛盾关系称为海森堡 (Heisenberg) **不确定关系或测不准关系**，即位置涨落越小或位置测量越准确，动量的涨落越大或测量越不准确。谐振子位置涨落的大小可用 Mathematica 进行估算，在 100MHz 谐振子势场中电子的零点涨落为 $\Delta x \approx 760$ nm $(\Delta p \approx 6.93 \times 10^{-29}$ m/s)，这个涨落会随着势阱频率 (阱的约束强度) 的增大而减小，当势阱频率达到几百吉赫兹频段时，位置涨落将减小到几十个纳米范围，但也远大于固体系统中原子与原子之间的距离 (零点几个纳米)，由此可见一般的谐振子势太弱无法形成稳定的固体晶格结构，而这一结论最具代表性的例子就是液氦 (helium) 在非常低的温度下依然保持液态而不会凝固成固体。

(2) 图 2.8(b) 清晰地展示了量子谐振子运动的空间概率分布 (实线) 和经典谐振子运动的空间概率分布 (虚线) 截然不同。首先由于经典谐振子在平衡位置来回运动，如果不断大量测量谐振子的位置，会发现谐振子位置在 $\xi$ 到 $\xi + \mathrm{d}\xi$ 之间被测到的概率 $P(\xi)\mathrm{d}\xi$ 与其在此区间逗留的时间 $\mathrm{d}t$ 成正比：

$$P(\xi)\,\mathrm{d}\xi = \frac{2\mathrm{d}t}{T}$$

其中，$T$ 是谐振子来回运动的周期；分子中的 2 表示谐振子来回运动过程中有两次经过同一区域，从而有

$$P(\xi) = \frac{2\mathrm{d}t}{T\mathrm{d}\xi} = \frac{2}{T\dfrac{\mathrm{d}\xi}{\mathrm{d}t}} = \frac{2}{Tv}$$

其中，$v = \mathrm{d}\xi/\mathrm{d}t$ 是谐振子在 $\xi$ 到 $\xi + \mathrm{d}\xi$ 之间的运动速度。利用谐振子的运动方程 $\xi(t) = A\sin(\omega t + \phi)$，其中 $A$ 和 $\phi$ 分别为谐振子的振幅和初相位，可以得到：

$$v = \frac{\mathrm{d}\xi}{\mathrm{d}t} = A\omega\cos(\omega t + \phi) = A\omega\sqrt{1 - \frac{\xi^2}{A^2}}$$

将 $v$ 的表达式代入 $P(\xi)$ 即可得到归一化的经典概率分布：

$$P(\xi) = \frac{1}{\pi\sqrt{A^2 - \xi^2}} \tag{2.75}$$

式 (2.75) 所示的经典概率分布是一个在 $x = \pm A$ 处有奇点的分布，用 Mathematica 的积分函数 Integrate$[P(\xi), \{\xi, -A, A\}]$ 可以验证它是归一化的，分布图像如图 2.8(b) 中的虚线所示。首先，从图像可以发现经典谐振子运动的概率分布不会出现概率为零的地方 (波节)，其在 $\xi \in [-A, A]$ 是一个基本均匀的分布，只是在接近两边最大振幅处，概率快速增加到无穷大 (奇点)，因为这两处谐振子的速度趋近零，谐振子更容易被观测到，而中间谐振子速度最大所以概率最小。其次，从图 2.8(b) 中可以看出，当量子谐振子的能量越来越高的时候，量子的概率分布会越来越接近经典分布；对于量子谐振子而言，其在空间的运动范围可以超过经典谐振子振幅且到达经典谐振子不能到达的区域，即大于振幅的非经典区域，经典谐振子出现的概率等于零，而量子谐振子依然有一定的概率出现，这种情况的出现依然归因于量子系统状态波函数本身所包含的量子涨落。

### 2.2.6 一维库仑势：一维原子

下面讨论具有有限个奇点的一维非常规势场问题。除了无限深方势阱和 $\delta$ 势场外，一个最为重要的具有奇点的势场就是一维引力势或**库仑势** (Coulomb potential)，其势函数具有一个中心奇点。对于一维原子来说，其原子核会提供一个如下的束缚态库仑势：

$$V(x) = -\frac{Ze^2}{4\pi\epsilon_0 |x|} \equiv -\frac{\alpha}{|x|} \tag{2.76}$$

其中，$Ze$ 为原子核的电量；$\epsilon_0$ 为真空介电常数；$\alpha \equiv Ze^2/4\pi\epsilon_0 > 0$ 为库仑势强度，单位为焦耳·米 (J·m)。在如图 2.9(a) 所示的库仑势 (粗实线) 中粒子的定态薛定谔方程为

$$-\frac{\hbar^2}{2m}\frac{\mathrm{d}^2\psi(x)}{\mathrm{d}x^2} - \frac{\alpha}{|x|}\psi(x) = E\psi(x) \tag{2.77}$$

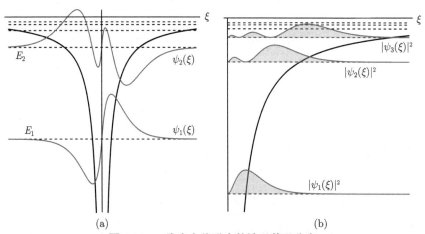

图 2.9    一维库仑势阱中的波函数及分布

(a) 一维对称库仑势 (粗实线) 阱中两个最低能级的本征波函数图像 (细实线)，波函数的纵轴位置代表能级的位置 (水平虚线)；(b) 一维受限表面库仑势场中粒子的波函数概率分布

方程 (2.77) 可以用来描述一维原子，即描述处于一维库仑场中粒子的行为。对于束缚态能量 $E < 0$，引入如下无量纲的变量[3,4]：

$$\xi = kx \equiv \frac{\sqrt{-2mE}}{\hbar}x, \quad \gamma = \frac{2m\alpha}{\hbar^2 k} = -\frac{k\alpha}{E} > 0 \tag{2.78}$$

可以将原来的定态薛定谔方程 (2.77) 简化为如下形式：

$$\frac{\mathrm{d}^2\psi(\xi)}{\mathrm{d}\xi^2} + \left(\frac{\gamma}{|\xi|} - 1\right)\psi(\xi) = 0 \tag{2.79}$$

1. 解析方法

根据前面介绍的常规幂级数展开方法，先考虑方程 (2.79) 的渐进行为。当 $|\xi| = |kx| \to \infty$ 时，方程变为

$$\frac{\mathrm{d}^2\psi(\xi)}{\mathrm{d}\xi^2} - \psi(\xi) = 0 \tag{2.80}$$

利用 Mathematica 可以得到渐进方程 (2.80) 符合物理实际的解: $\psi(\xi \to \infty) \propto \mathrm{e}^{-\xi}$。这样体系解的形式为 $\psi(\xi) = \mathrm{e}^{-\xi}u(\xi) \equiv \mathrm{e}^{-z/2}u(z)$，代入式 (2.79) 得到不同区域的方程为

$$\begin{cases} zu''(z) - zu'(z) - \dfrac{\gamma}{2}u(z) = 0, & z < 0 \\ zu''(z) - zu'(z) + \dfrac{\gamma}{2}u(z) = 0, & z > 0 \end{cases} \tag{2.81}$$

其中，$z \equiv 2\xi$。显然 $z = 0$ 的时候式 (2.81) 只能给出 $u(0) = 0$，因为从原始方程 (2.79) 可以发现在 $\xi \to 0$ 时势能 $V(\xi) \to -\infty$，粒子无论如何也不会出现在 0 这个位置，因为粒子的能量不可能变成负无穷大。然后代入 $u(z)$ 的幂级数展开形式，从而给出展开系数递推关系所决定的特殊函数。

由于 Mathematica 软件功能强大，可以利用其内部函数 DSolve[··] 直接求解不同区域的薛定谔方程 (2.79)，给出特殊函数所表达的解:

$$\psi(\xi) = \begin{cases} \xi\mathrm{e}^{-\xi}\left(c_1\,_1\mathrm{F}_1\left[1+\dfrac{\gamma}{2}, 2; 2\xi\right] + c_2\mathrm{U}\left[1+\dfrac{\gamma}{2}, 2; 2\xi\right]\right), & \xi < 0 \\ \xi\mathrm{e}^{-\xi}\left(c_1\,_1\mathrm{F}_1\left[1-\dfrac{\gamma}{2}, 2; 2\xi\right] + c_2\mathrm{U}\left[1-\dfrac{\gamma}{2}, 2; 2\xi\right]\right), & \xi > 0 \end{cases}$$

其中, $c_1$、$c_2$ 为积分常数；函数 $_1\mathrm{F}_1(a, b; z)$ 和 $\mathrm{U}(a, b; z)$ 是两个线性独立的特殊函数，数学上称为**库默合流超几何函数** (Kummer confluent hypergeometric function) (在 Mathematica 中这两个函数分别表示为 Hypergeometric1F1[$a, b; z$] 和 HypergeometricU[$a, b; z$]，其中 $a$、$b$ 是函数参数，$z$ 是自变量)。这些特殊函数有两个参数，它们是如下**库默微分方程**的两个线性独立解[5]:

$$x\frac{\mathrm{d}^2y(x)}{\mathrm{d}x^2} + (b - x)\frac{\mathrm{d}y(x)}{\mathrm{d}x} - ay(x) = 0 \tag{2.82}$$

根据库默微分方程 (2.82) 的形式，系统方程 (2.81) 即为 $b = 0$ 时的情况，所以它符合物理实际的解为 (忽略积分常数，见习题 2.12)

$$u(z) = \begin{cases} z\,_1\mathrm{F}_1\left[1+\dfrac{\gamma}{2}, 2; z\right], & z < 0 \\ z\,_1\mathrm{F}_1\left[1-\dfrac{\gamma}{2}, 2; z\right], & z > 0 \end{cases} \tag{2.83}$$

从而得到库仑系统的波函数解 ($A$ 和 $B$ 为波函数归一化系数):

$$\psi\left(\xi\right) = \begin{cases} A\xi e^{-\xi} {}_1F_1\left[1+\dfrac{\gamma}{2}, 2; 2\xi\right], & \xi < 0 \\[2mm] B\xi e^{-\xi} {}_1F_1\left[1-\dfrac{\gamma}{2}, 2; 2\xi\right], & \xi > 0 \end{cases} \tag{2.84}$$

首先,如果解 (2.84) 物理上存在 (平方可积),必须满足定态的束缚态边界条件,即当 $\xi \to \pm\infty$,波函数 $\psi(\xi) = 0$。根据函数 ${}_1F_1(a,b;x)$ 的渐进性质或者其级数必须是有限截断的幂级数 (多项式),且 $\gamma > 0$,则必须有

$$\frac{\gamma}{2} = n \Rightarrow \gamma = 2n, \quad n \in \mathbb{Z} \tag{2.85}$$

将条件 (2.85) 代入参数式 (2.78) 中,得到体系的量子化能量为

$$E_n = -\frac{m\alpha^2}{2\hbar^2}\frac{1}{n^2}, \quad n = 1, 2, 3, \cdots \tag{2.86}$$

由此可见被一维库仑势场约束的粒子,其能量正比于数 $n^{-2}$,和 $\delta$ 势阱的基态能量式 (2.30) 比较,发现能量 $E_n$ 和这里的 $E_1$ 相等,这表明了库仑势能和 $\delta$ 势阱在 $x = 0$ 附近的性质非常相似,库仑势是长程中心奇异势,而 $\delta$ 势是局域中心奇异势。一维库仑势的能级有一个非常有意思的结果就是如果电子将库仑势的所有能级都填满,那么系统的总体能量可以用**黎曼泽塔函数** (Riemann zeta function) 来表示,其收敛于固定值:

$$E_{\mathrm{T}} = E_1\left(\frac{1}{1^2} + \frac{1}{2^2} + \frac{1}{3^2} + \cdots\right) = E_1\zeta\left(2\right) = \frac{\pi^2}{6}E_1$$

其中,$\zeta(z)$ 是黎曼泽塔函数,该函数 $z = 2$ 的值为 $\pi^2/6$。

由于库仑势的对称性,波函数应该具有一定的宇称,所以根据波函数在零点的值,体系的波函数应该为

$$\psi\left(\xi\right) = \begin{cases} A\xi e^{-\xi} {}_1F_1\left[1+n, 2; 2\xi\right], & \xi < 0 \\[2mm] A\xi e^{-\xi} {}_1F_1\left[1-n, 2; 2\xi\right], & \xi > 0 \end{cases} \tag{2.87}$$

利用 Mathematica 给出的波函数图像如图 2.9(a) 所示,可以看出波函数反对称地分布在阱中心周围,波函数在原点是连续的并且光滑连接。波函数在原点的光滑连接可以利用函数 ${}_1F_1(a,b;x)$ 的展开性质 (见习题 2.12)

$$_1F_1\left[a, b; x\right] = 1, \quad \lim_{x \to 0} \frac{\mathrm{d}}{\mathrm{d}x} {}_1F_1\left[a, b; x\right] = \frac{a}{b}$$

进行证明。经过计算可以发现，左右波函数的导数经过库仑势中心的变化也为零，从而波函数在中心奇点是光滑连接的。

同样可以考虑空间右侧是半个库仑引力势场，左侧是一个波函数无法透过的无穷大势场 (如图 2.9(b) 所示)。这个模型可以粗略地模拟高势垒物体界面的库仑吸附问题，该问题的计算和上面的计算相同，粒子波函数的概率分布如图 2.9(b) 所示，单粒子分布情况和一维线性势的分布 (图 2.7(a)) 比较类似。

### 2. 动量表象：傅里叶变换方法

对于方程 (2.79) 的求解还可以在动量空间进行，即利用**傅里叶变换** (Fourier transformation) 方法把实空间的方程变换到动量空间，也就是采用动量表象下的薛定谔方程。这里所谓的动量表象就是把实空间的波函数对应到动量空间或波矢空间中去描述，此时波函数变为动量 $p$ 或波矢 $k$ 的函数。把实空间的波函数 $\psi(x)$ 对应到动量空间的波函数 $\phi(p)$ 通常采用如下变换：

$$\phi(p) = \frac{1}{\sqrt{2\pi}} \int_{-\infty}^{+\infty} \psi(x)\, \mathrm{e}^{-\mathrm{i}px/\hbar} \mathrm{d}x = \frac{1}{\sqrt{2\pi}} \int_{-\infty}^{+\infty} \psi(x)\, \mathrm{e}^{-\mathrm{i}kx} \mathrm{d}x \tag{2.88}$$

利用上面的变换关系，采用动量表象下的波函数 $\phi(p)$ 来描述粒子的态，那么可以得到如下作用于动量空间波函数上的算符对应：

$$\hat{p} \to p, \quad \hat{x} \to \mathrm{i}\hbar \frac{\mathrm{d}}{\mathrm{d}p} \tag{2.89}$$

为了和 Mathematica 默认的傅里叶变换定义一致，这里采用如下的**傅里叶变换形式** (与式 (2.88) 比较指数相差一个负号，不影响最终的计算结果)：

$$\phi(q) = \frac{1}{\sqrt{2\pi}} \int_{-\infty}^{+\infty} \psi(\xi)\, \mathrm{e}^{\mathrm{i}q\xi} \mathrm{d}\xi \tag{2.90}$$

那么库仑势中的薛定谔方程 (2.79) 经过傅里叶变换就变为

$$\left(q^2 + 1\right)\phi(q) - \gamma \frac{1}{\sqrt{2\pi}} \int_{-\infty}^{+\infty} \frac{\psi(\xi)}{|\xi|} \mathrm{e}^{\mathrm{i}q\xi} \mathrm{d}\xi = 0 \tag{2.91}$$

由于库仑势存在奇点，式 (2.91) 在奇点周围的积分将是这类问题的重点。

对积分的计算可以利用**卷积公式**的傅里叶变换得到。首先定义一维库仑势的傅里叶变换为

$$\varphi(q) = \frac{1}{\sqrt{2\pi}} \int_{-\infty}^{+\infty} \frac{1}{|\xi|} \mathrm{e}^{\mathrm{i}q\xi} \mathrm{d}\xi \tag{2.92}$$

然后得到卷积的傅里叶变换公式 (见习题 2.13)：

$$\frac{1}{\sqrt{2\pi}}\int_{-\infty}^{+\infty}\psi(\xi)\frac{1}{|\xi|}e^{iq\xi}d\xi = \frac{1}{\sqrt{2\pi}}\int_{-\infty}^{+\infty}\phi(q')\varphi(q-q')dq' \tag{2.93}$$

将卷积公式 (2.93) 代入式 (2.91)，得到 $q$(动量) 空间的积分方程为

$$(q^2+1)\phi(q)-\frac{\gamma}{\sqrt{2\pi}}\int_{-\infty}^{+\infty}\phi(q')\varphi(q-q')dq'=0 \tag{2.94}$$

下面来具体计算库仑势的傅里叶积分式 (2.92)。利用 Mathematica 自带的傅里叶变换函数 FourierTransform[··] 直接计算式 (2.92) 就可以得到：

$$\varphi(q)=-\sqrt{\frac{2}{\pi}}(c_0+\ln|q|)$$

其中，$c_0$ 是一个无理常数，在 Mathematica 中被表示为 EulerGamma，数学上称为**欧拉–马斯刻若尼常数** (Euler-Mascheroni constant)，所以就有

$$\varphi'(q)\equiv\frac{d\varphi(q)}{dq}=-\sqrt{\frac{2}{\pi}}\frac{1}{q} \tag{2.95}$$

其中，函数在 $q=0$ 处是奇点，没有定义。对式 (2.94) 进行关于 $q$ 的微分运算并代入式 (2.95) 有

$$(q^2+1)\phi'(q)+2q\phi(q)+\frac{\gamma}{\pi}\int_{-\infty}^{+\infty}\frac{\phi(q')}{q-q'}dq'=0 \tag{2.96}$$

式 (2.96) 最后一项的积分和一维电荷分布函数 $\phi(q')$ 在 $q$ 处的电势非常相似 (自变量是 $q$)。这个非常规的积分可以解析延拓到复平面，利用复变函数的柯西 (Cauchy) 积分公式进行计算 (具体见习题 2.14)：

$$\int_{-\infty}^{+\infty}\frac{\phi(q')}{q'-q}dq'=i\pi\phi(q) \tag{2.97}$$

将积分结果式 (2.97) 代入式 (2.96)，得到动量空间的薛定谔方程：

$$(q^2+1)\frac{d\phi(q)}{dq}+2\left(q+i\frac{\gamma}{2}\right)\phi(q)=0 \tag{2.98}$$

利用 Mathematica 的 DSlove[··] 函数可以得到方程 (2.98) 归一化的解：

$$\phi(q)=\sqrt{\frac{2}{\pi}}\frac{1}{1+q^2}e^{-i\gamma\arctan(q)} \tag{2.99}$$

由于 arctan($q$) 是多值函数，其主值区间为 $-\pi/2 < \arctan(q) < \pi/2$，而把 arctan($q$) 变为 $\arctan(q) + \pi$，波函数式 (2.99) 不应该发生改变，依此类推，动量空间的波函数才能保持单值性 [3,4]，所以有

$$e^{-i\gamma \arctan(q)} = e^{-i\gamma[\arctan(q)+\pi]} \Rightarrow e^{-i\gamma\pi} = 1 \tag{2.100}$$

根据条件式 (2.100)，可以得到式 (2.85)，即 $\gamma = 2n, n \in \mathbb{Z}$，从而给出和式 (2.86) 相同的能级公式。将 $\gamma = 2n$ 代入方程 (2.99) 中并对其进行式 (2.90) 所对应的**反傅里叶变换**，就可以得到体系的波函数 $\psi(\xi)$，这里不再讨论。

### 2.2.7　一维分子 Morse 势：分子的能谱

对于具有一维库仑势的原子而言，它们可以通过库仑场的相互作用形成稳态的原子团簇或大分子，而这些团簇或分子之间同样也存在一定的相互作用形成稳定的态，构成更为复杂的物质结构。下面就来考察团簇或分子之间的一维相互作用问题。分子之间的相互作用称为范德瓦耳斯 (van Der Waals) 相互作用，其中最简单的相互作用模型是两个分子之间的**莫尔斯势** (Morse potential)，其他类型的分子势如伦纳德–琼斯势 (Lennard-Jones potential) 等和 Morse 势有非常相似的性质 [6]。一般 Morse 势函数可写为

$$V(r) = D_e \left[1 - e^{-\alpha(r-r_e)}\right]^2 \tag{2.101}$$

其中，$r$ 是两个分子间的距离 (双原子分子指原子核间距，大分子指原子团质心距离)；$D_e$、$r_e$ 和 $\alpha$ 为 Morse 势的三个**经验参数**，由分子的性质决定，分别为分子的**解离能**、分子的平衡位置及和分子势场强性质有关的参数，势能图像如图 2.10(a) 上部的曲线所示。分子势最大的特点是其有解离能，因此存在有限个束缚态。由于 Morse 势在平衡位置 $r = r_e$ 附近可以和谐振势进行类比，所以将 Morse 势在平衡位置展开并和谐振势进行比较有

$$V(r) \approx D_e\alpha^2 (r - r_e)^2 \equiv \frac{1}{2} k_e (r - r_e)^2$$

这样 Morse 势指数参数 $\alpha$ 满足 (其量纲与波矢量纲 1/m 一致)：

$$\alpha = \sqrt{\frac{k_e}{2D_e}} = \omega_e \sqrt{\frac{m}{2D_e}}$$

其中，$k_e$ 为平衡位置处 Morse 势所对应的强度系数，$k_e = \partial^2 V(r)/\partial r^2|_{r=r_e}$；平衡位置处的谐振子频率定义为 $\omega_e \equiv \sqrt{k_e/m}$。对于两个不同的分子而言，分子势

中的 $m$ 为等效质量，也就是两个分子体系的**约化质量** $m = \dfrac{m_1 m_2}{m_1 + m_2}$。有时为了方便，标准的 Morse 势采用式 (2.101) 平方展开以后的形式：

$$V(r) = D_e \left[ e^{-2\alpha(r-r_e)} - 2e^{-\alpha(r-r_e)} \right] \tag{2.102}$$

其中，展开项中的常数项 $D_e$ 省略，相当于对势能曲线 (式 (2.101)) 向下进行了 $D_e$ 的平移，即在无穷远处势能式 (2.102) 的值趋于零 (见图 2.10(a) 下部的曲线)。

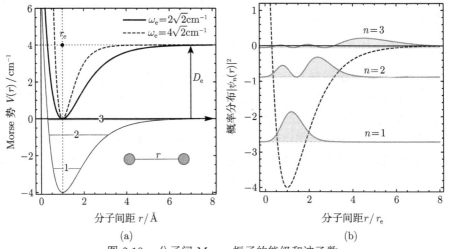

图 2.10    分子间 Morse 振子的能级和波函数

(a) 两分子间 Morse 势示意图，势参数 $D_e = 4\,\mathrm{cm}^{-1}$，$r_e = 0.1\,\mathrm{nm}$，分子约化质量 $m = 1\,\mathrm{amu}$(原子质量单位)，$\omega_e = 2\sqrt{2}\,\mathrm{cm}^{-1}$(粗实线) 和 $\omega_e = 4\sqrt{2}\,\mathrm{cm}^{-1}$(虚线)，下部实线是上部实线向下平移 $D_e$；(b) 对应于 (a) 下部 Morse 势场中振子能量最低的三个本征态的概率分布图像

在 Morse 势作用下的双原子分子体系可以称为 Morse 振子，其在 Morse 势场 (式 (2.102)) 中的定态薛定谔方程为

$$\left[ -\frac{\hbar^2}{2m} \frac{\partial^2}{\partial r^2} + V(r) \right] \psi(r) = E\psi(r) \tag{2.103}$$

此时束缚态能量 $E < 0$。为了求解方程 (2.103)，引入如下无量纲变量：

$$x = \alpha(r - r_e), \quad \lambda = \frac{\sqrt{2mD_e}}{\hbar\alpha} = \frac{2D_e}{\hbar\omega_e}, \quad \varepsilon = \frac{2m}{\hbar^2\alpha^2} E \tag{2.104}$$

则 Morse 振子的定态薛定谔方程 (2.103) 变为

$$\frac{\partial^2 \psi(x)}{\partial x^2} + \left[ \varepsilon - \lambda^2 \left( e^{-2x} - 2e^{-x} \right) \right] \psi(x) = 0 \tag{2.105}$$

对方程 (2.105) 进行变量代换: $y = 2\lambda e^{-x}$, 则方程 (2.105) 化简为如下标准的二阶变系数微分方程:

$$y^2 \frac{\mathrm{d}^2 \psi(y)}{\mathrm{d}y^2} + y \frac{\mathrm{d}\psi(y)}{\mathrm{d}y} + \left( \varepsilon + \lambda y - \frac{1}{4} y^2 \right) \psi(y) = 0 \qquad (2.106)$$

方程 (2.106) 的求解和谐振子问题类似, 可采用波函数 $\psi(y)$ 的幂级数展开, 得到展开系数的递推关系, 然后根据截断条件确定能级和波函数的多项式形式 (特殊函数)。其实利用 Mathematica 的 DSolve[··] 命令可直接求解方程 (2.106), 得到如下的解 (为方便定义正能量 $\epsilon \equiv -\varepsilon$):

$$\psi(y) = \mathrm{e}^{-\frac{y}{2}} y^{\sqrt{\epsilon}} \left[ c_1 \mathrm{U} \left( \lambda + \sqrt{\epsilon} - \frac{1}{2}, 2\sqrt{\epsilon} + 1; y \right) + c_2 \mathrm{L} \left( \lambda - \sqrt{\epsilon} - \frac{1}{2}, 2\sqrt{\epsilon}; y \right) \right]$$

其中, 函数 $\mathrm{U}(a, b; y)$ 为已知的合流超几何 U 函数; 函数 $\mathrm{L}(a, b; y)$ 一般称为**连带 (广义) 拉盖尔多项式** (参见附录 D)。根据波函数的定态条件 (无穷远处等于零) 和在零点的连续性 (不发散), 很容易得到 $c_1 = 0$, 并且连带拉盖尔多项式的参数必须满足:

$$\lambda - \sqrt{\epsilon} - \frac{1}{2} = n \Rightarrow \epsilon_n = \left( \lambda - n - \frac{1}{2} \right)^2, \quad n \in \mathbb{Z}$$

式中, 整数 $n$ 决定于 $\lambda$ 的值, 最大值取 $\lambda - 1/2$ 的整数部分, 即要求:

$$n = 0, 1, 2, \cdots, \left\lfloor \lambda - \frac{1}{2} \right\rfloor$$

其中, 最后一项 $\lfloor \lambda - 1/2 \rfloor$ 表示 $\lambda - 1/2$ 的整数部分。由此结合参数式 (2.104) 的定义, Morse 振子的能级公式为 (最后的常数项 $D_{\mathrm{e}}$ 可以略去)

$$E_n = \hbar \omega_{\mathrm{e}} \left( n + \frac{1}{2} \right) - \frac{\hbar^2 \omega_{\mathrm{e}}^2}{4D_{\mathrm{e}}} \left( n + \frac{1}{2} \right)^2 - D_{\mathrm{e}} \qquad (2.107)$$

显然 Morse 振子的能级低于对应谐振子的能级, 对应的归一化波函数为

$$\psi_n(y) = c_2 \mathrm{e}^{-\frac{y}{2}} y^{\sqrt{\epsilon}} \mathrm{L}\left( n, 2\sqrt{\epsilon}; y \right) = A_n \mathrm{e}^{-\frac{y}{2}} y^{\lambda - n - \frac{1}{2}} \mathrm{L}_n^{2\lambda - 2n - 1}(y) \qquad (2.108)$$

利用**拉盖尔多项式**的性质得到波函数归一化系数为

$$A_n = \sqrt{\frac{n!(2\lambda - 2n - 1)}{\Gamma(2\lambda - n)}}$$

波函数式 (2.108) 中的连带拉盖尔多项式则写为常规的形式 $L(a,b;y) \to L_a^b(y)$ 并代入变量 $y = 2\lambda e^{-x}$, Morse 振子最终的波函数解为

$$\psi_n(x) = A_n e^{-\lambda e^{-\alpha(r-r_e)}} \left[2\lambda e^{-\alpha(r-r_e)}\right]^{\lambda-n-\frac{1}{2}} L_n^{2\lambda-2n-1}\left[2\lambda e^{-\alpha(r-r_e)}\right] \quad (2.109)$$

其中，最重要的参数 $\lambda = 2D_e/\hbar\omega_e$，由 Morse 势的性质决定。利用 Mathematica 的作图函数可以计算和展示 Morse 振子的能级和波函数，如图 2.10(b) 所示。从图中可以看出，随着体系能量增加，振子在阱右边的概率增加，最后振子会脱离势场约束变为自由粒子，即两个分子组成的体系解离，表明分子间的化学键断裂至少需要的能量即为解离能 $D_e$。因为其他分子势模型和 Morse 势类似，其波函数和能级结构具有与 Morse 势基本相似的特征，在此不再讨论。

根据分子势定态薛定谔方程计算出的分子能级和波函数，可以通过分子光谱进行测量和检验。分子的总能级一般分为三部分能量：

$$E_{\text{mole}} = E_{\text{ele}} + E_{\text{vib}} + E_{\text{rot}} \quad (2.110)$$

其中，$E_{\text{ele}}$ 为分子的电子态能级 (电子处于基态或激发态的能量)；$E_{\text{vib}}$ 为分子振动能级；$E_{\text{rot}}$ 为分子转动能级 (原子核振动和转动的能量)。所以分子光谱的层次结构包括三部分：

$$\tilde{\nu} \equiv \frac{1}{\lambda} = \frac{1}{hc}\left[(E_{\text{ele}}^{\text{f}} - E_{\text{ele}}^{\text{i}}) + (E_{\text{vib}}^{\text{f}} - E_{\text{vib}}^{\text{i}}) + (E_{\text{rot}}^{\text{f}} - E_{\text{rot}}^{\text{i}})\right] \quad (2.111)$$

其中，$\tilde{\nu}$ 为光谱上通常用的**波数**，量纲为 $1/\text{m}$，在光谱中经常采用 $\text{cm}^{-1}$；$h$ 为普朗克常数；$c$ 为光速。上面光谱波数由三部分组成，第一部分是分子的内部电子态之间的跃迁 (上标 f 表示末态，i 表示初态)，第二部分较精细的谱线结构是分子振动能级间的跃迁，第三部分更精细的谱线结构由转动能级间的跃迁形成。前文计算得到的分子能级式 (2.107) 是两个原子或分子之间由于距离改变而产生的束缚态之间的跃迁，所以不同能级间的跃迁产生的光谱实际是 $D_e$ 和 $\omega_e$ 一定时 (固定的电子态) 的**分子振动谱**。分子振动能级间的跃迁所产生的谱线一般在中红外波段，能量在 0.1eV 到 1eV 之间。关于分子光谱的更为详细的讨论将在第 7 章中做定量描述。

## 2.3  一维典型散射态问题

2.2 节所讨论的问题都是微观粒子被约束在某种势阱中，粒子在空间只有局域分布，能量根据约束条件只能分立存在的束缚态问题。本节将讨论粒子的能量足够大，无法被势场约束在局域范围内的行为。由于此时粒子的能量一般是连续

的，所以考虑的问题将变成非局域粒子在局域势场 $V(x)$ 的作用下波函数所受到的影响，也就是波函数的散射问题，所以此类问题通常被称为系统的**散射态问题**。

### 2.3.1　自由粒子问题：波包及其演化

#### 1. 自由粒子的平面波解

最简单的散射态问题就是能量 $E > 0$ 的粒子不受任何势场影响下波函数的自由演化问题。对于自由的微观粒子而言，其哈密顿量为

$$\hat{H} = \frac{\hat{p}^2}{2m}$$

支配自由粒子波函数动力学行为的薛定谔方程为

$$\mathrm{i}\hbar\frac{\partial}{\partial t}\Psi(x,t) = -\frac{\hbar^2}{2m}\frac{\partial^2}{\partial x^2}\Psi(x,t) \tag{2.112}$$

显然二阶偏微分方程 (2.112) 有可分离变量的通解：

$$\Psi(x,t) = A\mathrm{e}^{\mathrm{i}(px-Et)/\hbar} + B\mathrm{e}^{-\mathrm{i}(px+Et)/\hbar} = A\mathrm{e}^{\mathrm{i}(kx-\omega t)/\hbar} + B\mathrm{e}^{-\mathrm{i}(kx+\omega t)} \tag{2.113}$$

其中，$A$、$B$ 为两个积分常数；自由粒子动量 $p = \hbar k$，$k$ 为对应的波矢；粒子能量 $E = p^2/(2m) > 0$，对应频率 $\omega = E/\hbar = \hbar k^2/2m$。根据自由粒子速度 $v = p/m = \hbar k/m$，通解 (式 (2.113)) 显然是振幅为 $A$ 的向右传播的平面波和振幅为 $B$ 的向左传播的平面波的线性叠加。由于自由粒子的运动没有边界的限制，其能量可以取任意值，所以平面波通解式 (2.113) 的动量 $p$ 或者波矢 $k$ 可以取任意连续的值。那么对具有一定动量 $p = \hbar k$ 或波矢 $k = \pm\sqrt{2mE}/\hbar$ 的自由粒子，其平面波解可以简单写为以下形式：

$$\Psi_p(x,t) = \psi_p(x)\mathrm{e}^{-\mathrm{i}Et/\hbar} = A\mathrm{e}^{\mathrm{i}px/\hbar}\mathrm{e}^{-\mathrm{i}\frac{\hbar k^2}{2m}t} = A\mathrm{e}^{\mathrm{i}(kx-\omega t)} \equiv \Psi_k(x,t) \tag{2.114}$$

其中，参数 $p$ 或 $k$ 可以取任意值，其值为正时表示向右传播的平面波，为负时表示向左传播的平面波。

对于自由粒子而言，一方面从经典角度看它是一个粒子，能量为 $E$ 的粒子的经典速度为

$$E = \frac{1}{2}mv_c^2 \Rightarrow v_c = \sqrt{\frac{2E}{m}} \tag{2.115}$$

另一方面从量子角度看它是平面波，根据平面波解式 (2.114)，能量为 $E$ 的自由粒子的波在空间的传播速度为

$$v_q = \frac{\omega}{k} = \frac{\hbar k}{2m} = \frac{\sqrt{2mE}}{2m} = \sqrt{\frac{E}{2m}} \tag{2.116}$$

比较式 (2.115) 和式 (2.116) 可以看出，经典速度 $v_c$ 和量子速度 $v_q$ 的关系是 $v_c = 2v_q$，也就是从经典整体去看粒子的运动速度是从微观波动角度去看粒子速度的 2 倍，这种不一致所造成的问题后文再仔细讨论。此处先给出结论：粒子的经典速度其实是从宏观的视角看到的整体速度，即粒子整体波包的群速度，而量子速度是从波的角度看到的平面波的相位传播速度。

2. 自由粒子平面波的归一化问题

从式 (2.114) 可以看出平面波分布在整个空间，不是局域的分布函数，所以无法归一化，也就是说平面波不是平方可积的函数。这个事实说明非局域平面波不能描述实际的体系。为了使得平面波能够近似描述实际系统，必须对平面波进行有效的归一化，对平面波有两种近似归一化的方法，一种是有限空间的平面波的箱归一化，另一种是广义的 $\delta$ 函数归一化。

首先介绍**箱归一化**方法。对于一维自由粒子的波函数当然不可能从 $x = -\infty$ 到 $x = +\infty$ 充满整个宇宙空间，所以需要把其限制在一个区域 $[0, L]$，并让这个区域在满足周期性边界条件的情况下分布于整个空间，或者让这个区域的大小最后趋于无穷大：$L \to \infty$。所以在这个区域内积分为 1 就可以确定归一化系数 $A$，该方法得到实系数的箱归一化平面波函数为

$$\Psi_p(x, t) = \frac{1}{\sqrt{L}} \mathrm{e}^{\mathrm{i}(px - Et)/\hbar} = \frac{1}{\sqrt{L}} \mathrm{e}^{\mathrm{i}(kx - \omega t)} \tag{2.117}$$

由于平面波函数满足区域空间周期性边界条件 $\Psi_k(0) = \Psi_k(L)$，局域内自由粒子的动量将受到限制而产生分立值：

$$\mathrm{e}^{\mathrm{i}pL/\hbar} = 1 \Rightarrow p_n = n\frac{2\pi\hbar}{L}, \quad n \in \mathbb{Z}$$

显然以上的波函数在 $L \to \infty$ 的情况下就可以描述理想的自由粒子的状态了，此时粒子的动量明显从分立取值逐渐变为连续取值。

其次介绍 $\delta$ 函数归一化方法。这种平面波归一化方法建立在自由粒子动量连续的基础上，对平面波概率密度函数在全空间积分：$\int_{-\infty}^{+\infty} \Psi_{p'}^*(x) \Psi_p(x) \, \mathrm{d}x$，可以这样计算：

$$\int_{-\infty}^{+\infty} \Psi_{p'}^*(x) \Psi_p(x) \, \mathrm{d}x = \int_{-\infty}^{+\infty} \mathrm{e}^{\mathrm{i}(p-p')x/\hbar} \mathrm{d}x = 2\pi\hbar\delta(p - p') \tag{2.118}$$

所以建立在如上积分基础上的平面波为 $\delta$ 归一化的波函数：

$$\Psi_p(x, t) = \frac{1}{\sqrt{2\pi\hbar}} \mathrm{e}^{\mathrm{i}(px - Et)/\hbar} = \frac{1}{\sqrt{2\pi\hbar}} \mathrm{e}^{\mathrm{i}(kx - \omega t)} \tag{2.119}$$

以上两种平面波的归一化函数，将在不同的情况下分别使用。

### 3. 自由粒子波包及其演化

自由粒子的平面波解不是平方可积函数，无法严格归一化，所以不能描述实际可观测的自由粒子的状态，因为现实中的粒子都会被限定在某一局域，不是理想的平面波或自由粒子，所以其一般的态应该是平面波叠加形成的**波包**：

$$\Psi(x,t) = \sum_k c_k \Psi_k(x,t) = \sum_k c_k \mathrm{e}^{\mathrm{i}\left(kx - \frac{\hbar k^2}{2m}t\right)}$$

其中，由于波矢 $k$ 可以从 $-\infty$ 到 $+\infty$ 连续取值 (平面波的完备性)，所以系数 $c_k$ 就变成 $k$ 的函数：$c_k \to \phi(k)$，叠加求和也就变成了积分：

$$\Psi(x,t) = \frac{1}{\sqrt{2\pi}} \int_{-\infty}^{+\infty} \phi(k)\, \mathrm{e}^{\mathrm{i}\left(kx - \frac{\hbar k^2}{2m}t\right)} \mathrm{d}k \tag{2.120}$$

其中，函数 $\phi(k)$ 称为自由粒子波包的**谱函数**，代表波包内波数为 $k$ 的平面波的幅度。该谱函数可以通过自由演化波包的初始分布 $\Psi(x,0)$ 得到。显然初始时刻 $(t=0)$ 根据式 (2.120) 有

$$\Psi(x,0) = \frac{1}{\sqrt{2\pi}} \int_{-\infty}^{+\infty} \phi(k)\, \mathrm{e}^{\mathrm{i}kx} \mathrm{d}k$$

所以谱函数 $\phi(k)$ 可以通过 $\Psi(x,0)$ 的**反傅里叶变换**得到：

$$\phi(k) = \frac{1}{\sqrt{2\pi}} \int_{-\infty}^{+\infty} \Psi(x,0)\, \mathrm{e}^{-\mathrm{i}kx} \mathrm{d}x \tag{2.121}$$

总之自由粒子的波包是平面波函数的叠加，其在任意时刻的波函数形式由初始波包的谱分布函数通过式 (2.120) 决定。

**例题 2.1**：假设自由粒子初始的波函数为矩形波，即初始波函数可写为

$$\Psi(x,0) = \begin{cases} A, & |x| < a \\ 0, & |x| \geqslant a \end{cases}$$

其中，$A$ 和 $a$ 分别为矩形波的高度和宽度。求自由粒子波包的自由演化情况。

**解**：首先对初始波函数归一化，可得 $A = 1/\sqrt{2a}$。把归一化的初始波函数代入式 (2.121) 中确定 $k$ 空间谱函数 $\phi(k)$ 为

$$\phi(k) = \frac{1}{\sqrt{2\pi}} \int_{-a}^{+a} \frac{1}{\sqrt{2a}} \mathrm{e}^{-\mathrm{i}kx} \mathrm{d}x = \sqrt{\frac{a}{\pi}} \frac{\sin(ka)}{ka}$$

　　图 2.11(a) 展示了不同半宽 $a$ 的初始矩形波包的谱函数 $\phi(k)$，显然矩形波包越宽，则谱函数越窄。当矩形波包宽度趋于无穷大的时候：$a \to \infty$，根据傅里叶变换，谱函数趋近于动量空间 $\delta$ 函数：$\phi(k) = \sqrt{\pi/a}\,\delta(k)$；反之亦然，矩形波包宽度趋于零 (空间 $\delta$ 函数)，则谱函数变成常数：$\phi(k) \to \sqrt{a/\pi}$。

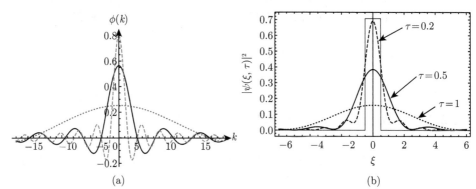

图 2.11　矩形波的谱函数及其自由演化

(a) 半宽 $a = 0.2$ (点线)、$a = 1$ (实线) 和 $a = 2$ (虚线) 的初始矩形波包所对应的谱函数；
(b) 矩形波在不同时刻 $\tau = 0.2$ (虚线)、$\tau = 0.5$ (实线) 和 $\tau = 1$ (点线) 的波包演化图像，参数 $a = 1$，时间 $\tau$ 的定义见正文

　　根据以上讨论，波包在任意时刻的波函数为

$$\Psi(x, t) = \frac{1}{\sqrt{2\pi}} \sqrt{\frac{a}{\pi}} \int_{-\infty}^{+\infty} \frac{\sin(ka)}{ka} \mathrm{e}^{\mathrm{i}\left(kx - \frac{\hbar k^2}{2m} t\right)} \mathrm{d}k$$

为方便计算，引入无量纲变量 $y = ka$、$\xi = x/a$ 和 $\tau = \hbar t/(2ma^2)$，则上面的积分简化为

$$\Psi(\xi, \tau) = \frac{1}{\pi\sqrt{2a}} \int_{-\infty}^{+\infty} \frac{\sin(y)}{y} \mathrm{e}^{\mathrm{i}(\xi y - \tau y^2)} \mathrm{d}y \tag{2.122}$$

　　积分式 (2.122) 不仅可以利用 Mathematica 的积分函数 Integrate[··] 进行数值计算，而且能够给出积分的解析结果。虽然利用积分函数无法直接给出积分函数，但如果把式 (2.122) 看成如下的傅里叶积分：

$$\Psi(\xi, \tau) = \frac{1}{\sqrt{2\pi}} \int_{-\infty}^{+\infty} \left[ \frac{1}{\sqrt{\pi a}} \frac{\sin(y)}{y} \mathrm{e}^{-\mathrm{i}\tau y^2} \right] \mathrm{e}^{\mathrm{i}\xi y} \mathrm{d}y$$

那么 Mathematica 可以给出由特殊函数即误差函数 Erf[··] 所表示的解：

$$\Psi(\xi, \tau) = \frac{\mathrm{Erf}\left[\dfrac{(-1)^{3/4}(\xi - 1)}{2\sqrt{\tau}}\right] - \mathrm{Erf}\left[\dfrac{(-1)^{3/4}(\xi + 1)}{2\sqrt{\tau}}\right]}{2\sqrt{2a}}$$

此解可以用来方便地计算初始为矩形的波包在任意时刻的演化过程，其结果和直接数值积分的结果是一致的。图 2.11(b) 是不同时刻矩形波包分布的演化曲线，清楚显示了矩形波包随时间不断扩散直至消失的过程，而波包整体上没有任何宏观的移动。因此，对于一个波包而言，虽然其分波会在空间中各自以不同的相速度自由传播而发生扩散，但波包的整体却可以没有任何移动，那么波包的运动到底由什么来刻画和描述，下面就来详细讨论这个问题。

4. 波包的色散和群速度

描述一般波包的运动会涉及两个方面的问题：波包整体的**群速度**和分波的**相速度**。对于真实微观粒子的态，其必须用局域的波包来描述，波包从傅里叶分析的角度可以看成一系列不同幅度的平面波的叠加，一般可以写为

$$\Psi(x,t) = \frac{1}{\sqrt{2\pi}} \int_{-\infty}^{+\infty} \phi(k) \, e^{i(kx-\omega t)} dk \qquad (2.123)$$

其中，$\omega$ 是波包的**频率**。由于波包是由不同波矢 $k$ 的分波叠加而成，所以其频率会和 $k$ 有关，一般是波矢 $k$ 的函数，可写为 $\omega(k)$，称为波包的**色散关系** (dispersion relation)，表示波包频率 (能量) 随波矢 (动量) 的变化。例如，对于前文讨论过的自由粒子，其色散关系是一条抛物线：$\omega(k) = (\hbar/2m)k^2$。对一般的波包，如果其局域分布有一个几何中心 (不是多峰的分布)，则其对应谱函数 $\phi(k)$ 也一般是单峰函数，也就是其谱函数会集中分布在某一波矢 $k_0$ 周围，那么在 $k_0$ 邻域即 $k = k_0 + s$(其中 $s \ll k_0$) 周围，波包积分函数式 (2.123) 可写为

$$\Psi(x,t) = \frac{1}{\sqrt{2\pi}} \int_{-\infty}^{+\infty} \phi(k_0+s) \, e^{i[(k_0+s)x-\omega(k_0+s)t]} ds \qquad (2.124)$$

显然式 (2.124) 中描述色散关系的频谱函数 $\omega(k_0+s)$ 也可以在 $k_0$ 处展开：

$$\omega(k_0+s) \approx \omega(k_0) + \omega'(k_0)s \equiv \omega_0 + \omega_0's \qquad (2.125)$$

其中，为简便起见，令 $\omega(k_0) \equiv \omega_0$ 和 $\omega'(k_0) = d\omega(k)/dk|_{k=k_0} \equiv \omega_0'$。将色散关系的展开式 (2.125) 代入式 (2.124)，则 $t$ 时刻的波包积分为

$$\Psi(x,t) = \frac{1}{\sqrt{2\pi}} \int_{-\infty}^{+\infty} \phi(k_0+s) \, e^{i[(k_0+s)x-(\omega_0 t+\omega_0's)t]} ds$$

$$\approx e^{-i(\omega_0-k_0\omega_0')t} \frac{1}{\sqrt{2\pi}} \int_{-\infty}^{+\infty} \phi(k_0+s) \, e^{i(k_0+s)(x-\omega_0't)} ds \qquad (2.126)$$

将式 (2.126) 和初始时刻的波包函数：

$$\Psi(x,0) = \frac{1}{\sqrt{2\pi}} \int_{-\infty}^{+\infty} \phi(k_0 + s) \, \mathrm{e}^{\mathrm{i}(k_0+s)x} \mathrm{d}s$$

进行比较可以发现，$t$ 时刻的波包相对初始波包而言除了整体的相位积累之外，波包其实是整体进行了一个空间移动：

$$\Psi(x,t) \approx \mathrm{e}^{-\mathrm{i}\left(\omega_0 - k_0 \omega_0'\right)t} \Psi\left(x - \omega_0' t, 0\right)$$

显然波包整体移动的速度为 $\omega_0'$，此即为波包的**群速度**：

$$v_g = \omega_0' = \frac{\mathrm{d}\omega(k)}{\mathrm{d}k} \tag{2.127}$$

从上面的推导过程来看，波包是一群不同频率平面波的叠加，而波包整体的运动速度，即群速度，是其色散关系频谱函数 $\omega(k)$ 在倒空间的梯度，它给出了波包整体在实空间的移动速度。对自由粒子的平面波函数来说，根据其抛物线型色散关系 $\omega(k) = (\hbar/2m)k^2$，其群速度 $v_g = \mathrm{d}\omega(k)/\mathrm{d}k = \hbar k/m = p/m = v_c$，这刚好对应于前面讨论的经典速度式 (2.115)，刻画了粒子的整体运动；对于描述自由粒子的平面波来说，波某一固定相位在空间的传播速度 $v_p = \omega(k)/k = p/2m = v_q$，显然就是前面从波的角度看自由粒子的所谓量子速度式 (2.116)，二者并不一致。对由大量按照不同幅度权重的平面波叠加起来的波包而言，波包的群速度刻画了粒子的整体运动，但由于不同平面波在介质中的相速度不同，导致各分波之间的相对相位发生变化，叠加波包的形状会因此发生改变。在某些情况下，波包形变会导致波包群速度因为波包中心位置提前而产生 "超光速" 或自加速等现象。为了认识波包色散关系所导致的演化效应，下面讨论线性势场中的本征函数艾里波包，在忽然去掉线性外场后波包自由演化的奇怪效应：**波包自加速现象**。

对于初态是艾里函数 (可通过相位调制方法进行制备) 的自由粒子，其动力学演化过程决定于具有如下初始条件的自由粒子的薛定谔方程：

$$\mathrm{i}\hbar \frac{\partial \psi(x,t)}{\partial t} = -\frac{\hbar^2}{2m} \frac{\partial^2}{\partial x^2} \psi(x,t), \quad \psi(x,0) = \mathrm{Ai}(\kappa x)$$

根据式 (2.121)，初始态艾里波包的谱函数为

$$\phi(k) = \frac{1}{\sqrt{2\pi}} \int_{-\infty}^{+\infty} \psi(x,0) \, \mathrm{e}^{-\mathrm{i}kx} \mathrm{d}x = \frac{1}{\sqrt{2\pi}} \int_{-\infty}^{+\infty} \mathrm{Ai}(\kappa x) \, \mathrm{e}^{-\mathrm{i}kx} \mathrm{d}x$$

利用 Mathematica 直接积分就能得到谱函数 $\phi(k)$，为方便可取：

$$\phi(k) = \frac{1}{\sqrt{2\pi\kappa}} \mathrm{e}^{\mathrm{i}\frac{k^3}{3\kappa^3}}$$

将 $\phi(k)$ 代入式 (2.120)，得到波包自由演化的波函数为

$$\psi\left(x,t\right)=\frac{1}{2\pi}\frac{1}{\kappa}\int_{-\infty}^{+\infty}\mathrm{e}^{\mathrm{i}\frac{k^3}{3\kappa^3}}\mathrm{e}^{\mathrm{i}\left(kx-\frac{\hbar k^2}{2m}t\right)}\mathrm{d}k=\frac{1}{2\pi\kappa}\int_{-\infty}^{+\infty}\mathrm{e}^{\mathrm{i}\left(kx-\frac{\hbar k^2}{2m}t+\frac{k^3}{3\kappa^3}\right)}\mathrm{d}k$$

利用附录 C 中的式 (C.5) 有

$$\mathrm{Ai}\left(x\right)=\frac{1}{2\pi}\int_{-\infty}^{+\infty}\mathrm{e}^{\mathrm{i}\left(\frac{1}{3}t^3+xt\right)}\mathrm{d}t$$

并借助于 Mathematica 的帮助可以计算得到 [7](见习题 2.15):

$$\psi\left(x,t\right)=\mathrm{e}^{\mathrm{i}\frac{\hbar\kappa^3t}{2m}\left(x-\frac{\hbar^2\kappa^3t^2}{6m^2}\right)}\mathrm{Ai}\left[\kappa\left(x-\frac{\hbar^2\kappa^3t^2}{4m^2}\right)\right] \tag{2.128}$$

式 (2.128) 给出了两个非常有意思的结果: ① 艾里波包在自由演化下依然是艾里波包，也就是艾里波包是一个没有扩散且形状保持不变的波包，只是艾里波包有一个整体的坐标平移，平移的速度即为波包的群速度:

$$x=\frac{\hbar^2\kappa^3t^2}{4m^2}\Rightarrow v=\dot{x}=\frac{\hbar^2\kappa^3}{2m^2}t \tag{2.129}$$

② 自由艾里波包的群速度随时间线性增加，或者说自由艾里波包在自己做匀加速运动，加速度 $a\equiv\dot{v}=\hbar^2\kappa^3/2m^2$ [7]。这是一个非常奇妙的结果，如果参照牛顿方程，自由加速的艾里波包似乎受到一个力 $F=\hbar^2\kappa^3/2m$ 的作用，结合线性力场 $V(x)=Fx$ 中粒子的艾里解 (式 (2.47)) 可以发现这个力恰恰对应于线性力 $F$。这个在经典视角下"出现"的力实际上就是艾里波包展开成平面波的各个分波按照谱函数相互叠加形成的效果，其量子叠加也可以等效成受到一个量子势的作用 (参见第 6 章中的玻姆理论)，而艾里波包的这种自加速行为目前已经在艾里光束等实验中获得了清晰的展现 [8]。

**例题 2.2:** 假如重力场中粒子的初始波函数为向 $x$ 正方向运动的高斯波包 (波包中心位置为 $x_0$，初始动量 $p_0=mv_0$，见式 (2.180)):

$$\Psi\left(x,0\right)=\frac{1}{\left(2\pi\right)^{1/4}\sqrt{\sigma_0}}\mathrm{e}^{-\frac{(x-x_0)^2}{4\sigma_0^2}}\mathrm{e}^{\mathrm{i}p_0x/\hbar} \tag{2.130}$$

试求任意时刻高斯波包在重力场 $V=Fx$ 中波函数 $\Psi(x,t)$ 及其演化规律。

**解:** 根据前面的讨论，重力场中粒子的定态薛定谔方程 (2.45) 的解为艾里函数解 (式 (2.47))。所以可以将高斯波包展开为艾里函数的线性叠加进行计算，但

由于艾里函数是单边开放的非束缚态波函数，其本征能量或本征值在自由空间是连续的，那么在实空间计算展开系数的积分比较复杂，所以在动量空间中直接求解该问题更方便。采用动量表象式 (2.89)，把线性势场 $V = Fx$ 中的薛定谔方程在动量空间可写为

$$\mathrm{i}\hbar\frac{\partial}{\partial t}\phi(p,t) = \frac{p^2}{2m}\phi(p,t) + \mathrm{i}\hbar F\frac{\partial}{\partial p}\phi(p,t)$$

显然上面的一阶偏微分方程可以整理为如下的标准形式：

$$\frac{\partial}{\partial t}\phi(p,t) - F\frac{\partial}{\partial p}\phi(p,t) = -\frac{\mathrm{i}}{2m\hbar}p^2\phi(p,t) \tag{2.131}$$

方程 (2.131) 具有典型的行波解，采用变量代换可得如下解 (见习题 2.17)：

$$\phi(p,t) = \phi_0\left(p + Ft\right)\mathrm{e}^{\frac{\mathrm{i}}{6m\hbar F}p^3} \tag{2.132}$$

其中，$\phi_0(p+Ft)$ 是自变量 $p+Ft$ 的任意函数。根据初始时刻波包在动量空间中的形式 (参见习题 2.16)：

$$\phi(p,0) = \sqrt{\sigma_0}\left(\frac{2}{\pi}\right)^{1/4}\mathrm{e}^{-\sigma_0^2(p-p_0)^2/\hbar^2}\mathrm{e}^{-\mathrm{i}x_0(p-p_0)/\hbar} = \phi_0(p)\,\mathrm{e}^{\frac{\mathrm{i}}{6m\hbar F}p^3}$$

可以确定任意的波函数 $\phi_0(p)$ 为

$$\phi_0(p) = \left(\frac{2\sigma_0^2}{\pi}\right)^{1/4}\mathrm{e}^{-\sigma_0^2(p-p_0)^2/\hbar^2}\mathrm{e}^{-\mathrm{i}(p-p_0)x_0/\hbar}\mathrm{e}^{-\mathrm{i}\frac{p^3}{6m\hbar F}} \tag{2.133}$$

将式 (2.133) 代入式 (2.132) 中可以得到动量空间的波函数解：

$$\phi(p,t) = \left(\frac{2\sigma_0^2}{\pi}\right)^{1/4}\mathrm{e}^{-\frac{\sigma_0^2}{\hbar^2}(p-p_0+Ft)^2}\mathrm{e}^{-\frac{\mathrm{i}}{\hbar}\left[\frac{t}{2m}p^2 + \left(x_0+\frac{Ft^2}{2m}\right)p + \left(\frac{F^2t^3}{6m}+Fx_0t-p_0x_0\right)\right]}$$

对谱函数 $\phi(p,t)$ 进行傅里叶变换到实空间，得到实空间的波函数如下：

$$\Psi(x,t) = \frac{\mathrm{e}^{-\frac{1}{4}\frac{\left[x-\left(x_0+\frac{Ft^2}{2m}\right)-\mathrm{i}\frac{2\sigma_0^2}{\hbar}(p_0-Ft)\right]^2}{\sigma_0^2+\mathrm{i}\frac{\hbar t}{2m}}}}{(2\pi)^{1/4}\sqrt{\sigma_0+\mathrm{i}\frac{\hbar t}{2m\sigma_0}}}\mathrm{e}^{-\frac{\sigma_0^2}{\hbar^2}(p_0-Ft)^2-\frac{\mathrm{i}}{\hbar}\left[\frac{F^2t^3}{6m}-(p_0-Ft)x_0\right]} \tag{2.134}$$

所以波函数在实空间的概率密度分布函数为

$$P(x,t) = |\Psi(x,t)|^2 = \frac{1}{\sqrt{2\pi}\sigma(t)}\mathrm{e}^{-\frac{1}{2}\frac{\left(x-x_0-v_0t+\frac{F}{2m}t^2\right)^2}{\sigma^2(t)}} \tag{2.135}$$

其中, 高斯波包的宽度 $\sigma(t)$ 随时间改变, 具体定义为 (参见习题 2.16)

$$\sigma(t) = \sigma_0 \sqrt{1 + \frac{t^2}{\tau^2}}, \quad \tau = \frac{2m\sigma_0^2}{\hbar} \tag{2.136}$$

式 (2.136) 中的自然时间单位 $\tau$ 表示高斯波包的方差从原来的 $\sigma_0$ 增长到 $\sigma_0$ 的两倍所需要的时间。如果粒子是电子, 波包的初始均方差 $\sigma_0 = 10^{-3}$m, 那么波包扩散为原来的两倍所需要的时间 $\tau \approx 0.017$s。

从粒子在重力场中的概率分布图 2.12(a) 可以看出, 高斯波包整体在重力场中做上抛运动 (向右), 粒子波包的平均位置 $\langle x \rangle = x_0 + v_0 t - \frac{1}{2}gt^2$, 群速度 $v_g = \langle v \rangle = v_0 - gt$, 根据式 (2.135) 可知整体波包会随着时间向左减速移动并不断扩散。但如果粒子从位置 $x_0$ 上抛后经过一段时间落到 $x = 0$ 处坚硬的地面上, 即粒子处于式 (2.41) 所示的束缚势场中时, 由于波函数在 $x = 0$ 处必须为零, 此处粒子就相当于碰撞在一个无限高的势垒上, 这就是**量子弹球** (quantum bouncing ball) 问题[9]。对于该问题的处理可以采用镜像波函数方法[10], 或者把高斯波包放在一个无限深方势阱里, 利用无限深方势阱的波函数对其进行展开并做截断计算, 波包的演化行为如图 2.12(b) 所示。由于波包在 $x = 0$ 处的反射, 粒子在此处会产生干涉条纹, 然后波包被彻底反射回来, 之后在重力场中到达一定高度又重新被重力场拉回地面再进行反射, 直到粒子波包由于扩散而最终弥散。

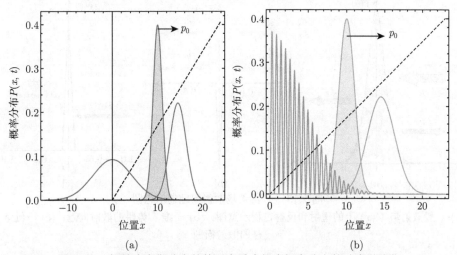

图 2.12　初始为高斯分布的粒子在重力场中概率分布的动力学演化

(a) 自由上抛粒子在初始位置 $x = 10$、最高位置 $x = 15$ 和 $x = 0$ 处的概率分布, 虚线代表重力势; (b) 受地面限制的上抛粒子在和 (a) 相同位置处的波包演化。计算参数 $x_0 = 10$, $p_0 = 3$, $\sigma_0 = 1$, $g = 1$, 取原子单位 $\hbar = m = 1$

### 2.3.2  一维 $\delta$ 势场的散射问题

对于粒子可以克服局域势阱的约束在很大的空间范围内运动的问题,统一可以看作粒子在局域势上的散射,所以只考虑局域势对粒子状态的宏观影响。最简单的一维散射问题就是粒子穿过局域势场后波函数的反射和透射问题。如图 2.13(a) 所示,根据概率流密度:

$$J = \frac{\mathrm{i}\hbar}{2m}\left[\psi(x)\frac{\partial}{\partial x}\psi^*(x) - \psi^*(x)\frac{\partial}{\partial x}\psi(x)\right] \tag{2.137}$$

可以定义波函数的反射率和透射率:

$$R = \frac{|J_R|}{|J_I|}, \quad T = \frac{|J_T|}{|J_I|} \tag{2.138}$$

其中,$J_I$、$J_R$ 和 $J_T$ 分别代表波函数的入射、反射和透射概率流密度。根据概率流密度守恒,显然有 $R + T = 1$。上面量子力学所给出的透射率 $T$ 表示一个粒子入射到势场 $V(x)$ 上有 $T$ 概率透射过去,而这个值一般需要对微观量子系统进行大量实验和观测才能得到。也就是说,粒子入射到势场 $V(x)$ 上 (如电子穿过一个由复合材料组成的薄膜) 的透射率 $T$ 实验上应该等于透过势垒的粒子数 $N_T$ 和总入射粒子数 $N$ 的比值:$T = \lim_{N\to\infty} N_T/N$。下面首先讨论粒子受到最简单的一维 $\delta(x)$ 势场的作用而发生的散射问题。

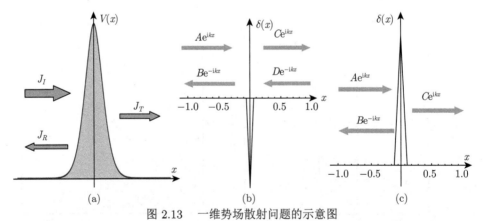

图 2.13   一维势场散射问题的示意图

(a) 一般散射势 $V(x)$ 上的透射和反射过程示意图; (b) 一维 $\delta$ 势阱的散射问题; (c) 一维 $\delta$ 势垒的散射问题

#### 1. 一维 $\delta$ 势阱的散射问题

首先考察入射粒子受到 $\delta$ 吸引势 $V(x) = -\alpha\delta(x)$ 时的情形 (如图 2.13(b) 所示)。和前面讨论 $\delta$ 势阱束缚态类似,如果入射粒子能量 $E \leqslant 0$,粒子将无法逃逸

出 $\delta$ 势阱的吸引，形成束缚态；如果粒子能量 $E > 0$，那么粒子可以克服 $\delta$ 势阱的吸引场形成散射态。在这种情况下，粒子的薛定谔方程 (2.26) 在 $\delta(x)$ 势两侧的散射解可写为

$$\psi(x) = \begin{cases} Ae^{ikx} + Be^{-ikx}, & x \leqslant 0 \\ Ce^{ikx} + De^{-ikx}, & x > 0 \end{cases}, \quad k = \frac{\sqrt{2mE}}{\hbar} \quad (2.139)$$

其中，$k$ 为自由粒子的波数。上面的通解具有非常明显的物理意义：其中左侧 ($x \leqslant 0$) 解的第一项 $Ae^{ikx}$ 表示向右传播的自由粒子的平面波 (动量 $p = \hbar k > 0$)，其振幅强度为 $A$；第二项 $Be^{-ikx}$ 表示向左传播的平面波 (动量 $p = -\hbar k$)，其振幅强度为 $B$。同理，右侧 ($x > 0$) 解的第一项 $Ce^{ikx}$ 表示向右传播的平面波，振幅为 $C$，第二项 $De^{-ikx}$ 表示向左传播的平面波，振幅为 $D$。那么根据波函数在 $x = 0$ 处的连续性边界条件有

$$A + B = C + D \quad (2.140)$$

同理，和束缚态的讨论相似，在 $x = 0$ 处由于 $\delta(x)$ 势发散 (无穷大)，波函数的导数在此处有跃变。首先根据波函数形式 (2.139) 计算得到左右两侧的波函数导数为

$$\psi'(x) = \begin{cases} ik\left(Ae^{ikx} - Be^{-ikx}\right), & x \leqslant 0 \\ ik\left(Ce^{ikx} - De^{-ikx}\right), & x > 0 \end{cases}$$

根据 $\psi'(x)$ 可以计算出波函数导数经过奇点 $x = 0$ 处的变化量：

$$\Delta\left(\frac{d\psi}{dx}\right) \equiv \psi'(0+) - \psi'(0-) = ik\left(C - D - A + B\right) \quad (2.141)$$

同理，波函数导数的跃变也可以通过对薛定谔方程的积分进行计算，得到和式 (2.28) 类似的结果：

$$\Delta\left(\frac{d\psi}{dx}\right) = -\frac{2m\alpha}{\hbar^2}\psi(0) = -\frac{2m\alpha}{\hbar^2}(A + B)$$

结合式 (2.141)，可以得到波函数导数在 $x = 0$ 处的边界条件：

$$ik\left(C - D - A + B\right) = -\frac{2m\alpha}{\hbar^2}(A + B) \quad (2.142)$$

由于在实际的散射实验中，粒子都是从一个方向入射到势场中，所以不失一般性，可以假设粒子从左侧入射到 $\delta(x)$ 势上 (如图 2.13(b)、(c) 所示)，那么 $A$ 就表示入射粒子的振幅，$B$ 表示反射波的振幅，$C$ 表示透射波的振幅，而 $D = 0$，

表明没有从右侧入射的粒子。这样波函数在 $x = 0$ 处的边界条件式 (2.140) 和式 (2.142) 就联合给出如下的系数关系：

$$B = \frac{\mathrm{i}\beta}{1 - \mathrm{i}\beta}A, \quad C = \frac{1}{1 - \mathrm{i}\beta}A, \quad \beta = \frac{m\alpha}{\hbar^2 k} \tag{2.143}$$

如果取粒子单位入射强度 $A = 1$，那么粒子入射到势垒上后反射和透射的波函数 (采用 $\delta$ 函数归一化) 为

$$\psi_I(x) = \frac{1}{\sqrt{2\pi}}\mathrm{e}^{\mathrm{i}kx}$$

$$\psi_R(x) = \frac{1}{\sqrt{2\pi}}\frac{\beta\sin kx - \beta^2\cos kx}{1 + \beta^2} + \mathrm{i}\frac{1}{\sqrt{2\pi}}\frac{\beta\cos kx + \beta^2\sin kx}{1 + \beta^2}$$

$$\psi_T(x) = \frac{1}{\sqrt{2\pi}}\frac{\cos kx - \beta\sin kx}{1 + \beta^2} + \mathrm{i}\frac{1}{\sqrt{2\pi}}\frac{\sin kx + \beta\cos kx}{1 + \beta^2}$$

波函数的实部和虚部图像如图 2.14(a) 所示，显然由于势函数在 $x = 0$ 处存在奇点，其波函数在 $x = 0$ 处不是光滑连接在一起的。

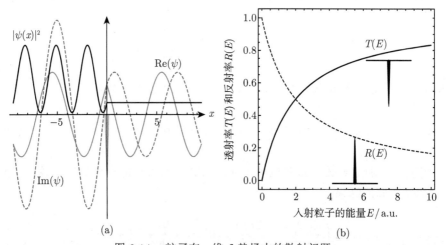

图 2.14   粒子在一维 $\delta$ 势场中的散射问题

(a) 粒子从左侧入射到 $\delta$ 势阱上波函数的概率分布 (粗实线)、实部 (细实线) 和虚部 (虚线) 图像，其中 $\alpha = 1, E = 0.5$；(b) 粒子在势阱上的透射率 $T(E)$ 随能量 $E$ 的变化曲线 (实线，$\alpha = 1$) 及在势垒上的反射率 $R(E)$ 随能量 $E$ 的变化曲线 (虚线，$\alpha = -1$)。计算采用原子单位 $m = \hbar = 1$

根据概率流密度式 (2.137) 可以计算出入射粒子概率流密度为

$$J_I = \frac{\mathrm{i}\hbar}{2m}\left[A\mathrm{e}^{\mathrm{i}kx}\frac{\partial}{\partial x}\left(A^*\mathrm{e}^{-\mathrm{i}kx}\right) - A^*\mathrm{e}^{-\mathrm{i}kx}\frac{\partial}{\partial x}\left(A\mathrm{e}^{\mathrm{i}kx}\right)\right] = \frac{\hbar k}{m}|A|^2$$

同理可证明反射波和透射波的概率流密度分别为 $J_R = -\dfrac{\hbar k}{m}|B|^2$ 和 $J_T = \dfrac{\hbar k}{m}|C|^2$。将上面的结果代入式 (2.138) 中，得到粒子的反射率和透射率为

$$R = \frac{|J_R|}{|J_I|} = \frac{\beta^2}{1+\beta^2} = \frac{1}{1+\dfrac{2\hbar^2 E}{m\alpha^2}} \tag{2.144}$$

$$T = \frac{|J_T|}{|J_I|} = \frac{1}{1+\beta^2} = \frac{1}{1+\dfrac{m\alpha^2}{2\hbar^2 E}} \tag{2.145}$$

显然结果满足 $R+T=1$。式 (2.145) 给出的透射率 $T$ 表示一个能量为 $E$ 的粒子入射到 $\delta$ 势垒上透射过去的概率为 $T(E)$，其随能量的改变而变化，如图 2.14(b) 中实线所示，随着能量的增加粒子的透射率增加。在实验室测量这个值一般是通过对大量微观粒子流进行测量 (入射粒子流必须能量稳定)。例如，让通过固定场加速后的电子穿过一个非常薄的绝缘薄膜，然后对一段时间内透过的粒子数 $N_R$ 进行测量，这样透射率即为 $R = \lim_{N\to\infty} N_R/N$。

2. 一维 $\delta$ 势垒的散射问题

下面简单讨论 $\delta$ 势垒上的散射问题。由于势垒散射和势阱散射没有本质上的区别，此处可以直接将势阱的 $\alpha \to -\alpha$ 即可变成势垒，而透射系数和反射系数没有任何改变，如反射系数：

$$R(E) = \frac{1}{1+\dfrac{2\hbar^2}{m\alpha^2}E} \tag{2.146}$$

势垒的反射系数 (式 (2.146)) 如图 2.14(b) 中虚线所示，其和势阱的反射曲线完全重合。因此对于势阱和势垒，粒子的透射率总是随粒子能量增加而趋近于 1。

### 2.3.3　一维阶梯势的散射：界面反射和透射

下面讨论一个最简单的非奇异势垒散射：阶梯势的散射。阶梯势可以用来近似描述粒子在两种不同材料表界面处的透射或反射行为，阶梯势的势函数可表示为

$$V(x) = \begin{cases} 0, & x < 0 \\ V_0, & x > 0 \end{cases} \tag{2.147}$$

如图 2.15 中灰色台阶所示。显然，粒子在阶梯势能下薛定谔方程在不同区域解的形式依赖于粒子的能量 $E$，下面分类进行讨论。

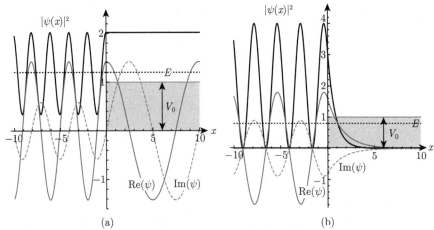

图 2.15    粒子在一维阶梯势上的散射问题

(a) 粒子能量 $E > V_0$ (水平点状线表示 $E = 1.2$) 时波函数的概率密度 (粗实线)、实部 (细实线) 和虚部 (虚线) 图像；(b) 粒子能量 $0 < E < V_0$ (水平点状线表示 $E = 0.8$) 时波函数概率密度 (粗实线)、实部 (细实线) 和虚部 (虚线) 图像。计算采用原子单位 $\hbar = m = 1$，$V_0 = 1$

### 1. 粒子能量：$E > V_0$

根据经典图像，如果粒子的能量高于台阶高度 $V_0$，粒子就可以进入台阶区域进行传播，那么波函数就会发生透射和反射。图 2.15(a) 中的水平点状线代表入射粒子能量 $E > V_0$，则不同区域粒子的定态薛定谔方程为

$$\begin{cases} \dfrac{\mathrm{d}^2 \psi(x)}{\mathrm{d}x^2} = -\dfrac{2mE}{\hbar^2} \psi(x) = -k^2 \psi(x), & x < 0 \\ \dfrac{\mathrm{d}^2 \psi(x)}{\mathrm{d}x^2} = -\dfrac{2m}{\hbar^2}(E - V_0) \psi(x) = -q^2 \psi(x), & x > 0 \end{cases}$$

对应区域的波函数解为

$$\begin{cases} \psi(x) = A\mathrm{e}^{\mathrm{i}kx} + B\mathrm{e}^{-\mathrm{i}kx}, & x < 0 \\ \psi(x) = C\mathrm{e}^{\mathrm{i}qx} + D\mathrm{e}^{-\mathrm{i}qx}, & x > 0 \end{cases}$$

其中，两个区域的波矢分别定义为

$$k = \frac{\sqrt{2mE}}{\hbar}, \quad q = \frac{\sqrt{2m(E - V_0)}}{\hbar}$$

和前面的讨论类似，如果粒子从左侧入射时 $D = 0$，并且在 $x = 0$ 处左右两个区域的波函数解必须光滑地连接在一起，从而有如下的边界条件：

$$A + B = C, \quad kA - kB = qC$$

从而给出系数之间的关系:

$$B = \frac{k-q}{k+q}A, \quad C = \frac{2k}{k+q}A$$

根据系数关系得到的波函数为 (取 $A = 1$)

$$\begin{cases} \psi(x) = \mathrm{e}^{\mathrm{i}kx} + \dfrac{k-q}{k+q}\mathrm{e}^{-\mathrm{i}kx}, & x < 0 \\[3mm] \psi(x) = \dfrac{2k}{k+q}\mathrm{e}^{\mathrm{i}qx}, & x > 0 \end{cases} \tag{2.148}$$

该波函数的图像如图 2.15(a) 所示 (平面波函数不能归一化, 其概率只有相对意义)。台阶左边 $x < 0$ 区域是入射波和反射波的叠加区, 右边 $x > 0$ 区域只有透射波, 概率密度为常数; 波函数的实部经过台阶势后振幅保持 $2k/(k+q)$ 不变但波矢减小, 而虚部振幅由左边的 $2q/(k+q)$ 增加为 $2k/(k+q)$。

结合概率流密度式 (2.137), 计算得到粒子在阶梯势上的入射、反射和透射概率流密度分别为

$$J_I = \frac{\hbar k}{m}|A|^2, \quad J_R = -\frac{\hbar k}{m}|B|^2, \quad J_T = \frac{\hbar q}{m}|C|^2$$

这样粒子的反射率和透射率分别为

$$R = \frac{|J_R|}{|J_I|} = \frac{|B|^2}{|A|^2} = \frac{|k-q|^2}{|k+q|^2} = \frac{(k-q)^2}{(k+q)^2}$$

$$T = \frac{|J_T|}{|J_I|} = \frac{|q|\,|C|^2}{|k|\,|A|^2} = \frac{4k\,|q|}{|k+q|^2} = \frac{4kq}{(k+q)^2}$$

显然 $R + T = 1$, 反射率随能量的变化如图 2.16 所示。在 $E > V_0$ 区域, 随能量增加粒子反射回来的概率快速减小, 这和经典的经验是一致的。

2. 粒子能量: $0 < E < V_0$

如果入射粒子的能量比台阶高度 $V_0$ 小, 此时可以直接将 $q \to \mathrm{i}q$, 并代入波函数式 (2.148), 可以发现透射波函数变成了 e 指数衰减的函数, 如图 2.15(b) 所示。这样透射波消失, 只有反射波, 此时反射率变为

$$R = \frac{|k-\mathrm{i}q|^2}{|k+\mathrm{i}q|^2} = 1$$

也就是粒子被全部反射回来, 反射率为 1, 如图 2.16 所示。这和经典粒子的结论也是一致的, 粒子能量小于势垒, 粒子将无法进入势垒传播, 即没有透射波。但量子力

学则给出不同的结论：粒子可以进入经典粒子无法到达的区域，即波有一定的穿透深度，进入势垒后指数快速衰减。这样的波有时被称为**倏逝波** (evanescent wave)，其穿透深度 $d$ 可以用波幅衰减到 $1/e$ 的深度来表示：$d = 1/q = \hbar/\sqrt{2m(V_0 - E)}$。如果两个材料界面势能差 $V_0 = 0.2\mathrm{eV}$，那么能量 $E = 0.1\mathrm{eV}$ 的电子倏逝波穿透台阶的深度 $d \approx 3.9\mathrm{nm}$。

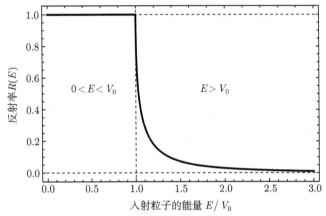

图 2.16　阶梯势上粒子的反射率 $R$ 随粒子能量 $E$ 的变化曲线
图中台阶势的势垒高度 $V_0 = 1$，计算采用原子单位 $\hbar = m = 1$

### 2.3.4　一维方势垒的散射：量子隧穿

下面讨论粒子穿过具有一定高度势垒的问题，其中最为简单的一个模型是粒子穿过一维方势垒的模型，如图 2.17(a) 所示，该势垒的势函数可写为

$$V(x) = \begin{cases} 0, & x < 0 \\ V_0, & 0 \leqslant x \leqslant a \\ 0, & x > a \end{cases} \tag{2.149}$$

势函数式 (2.149) 虽然是一个非常特殊的简单模型，但其是一般势垒函数 (如图 2.17(b) 所示) 散射问题的基础，因为一般势垒的散射可以微分为一系列宽度为 $\mathrm{d}x$ 的方势垒的散射问题然后进行积分获得。因此，首先来考察方势垒的散射问题。平台方势垒将空间分为三个区域，对应于图 2.17(a) 中三个区域的势函数，薛定谔方程分别为

$$\begin{cases} \dfrac{\mathrm{d}^2\psi_{\mathrm{I}}(x)}{\mathrm{d}x^2} = -\dfrac{2m}{\hbar^2}E\psi_{\mathrm{I}}(x), & x < 0 \\ \dfrac{\mathrm{d}^2\psi_{\mathrm{II}}(x)}{\mathrm{d}x^2} = -\dfrac{2m}{\hbar^2}(E-V_0)\psi_{\mathrm{II}}(x), & 0 \leqslant x \leqslant a \\ \dfrac{\mathrm{d}^2\psi_{\mathrm{III}}(x)}{\mathrm{d}x^2} = -\dfrac{2m}{\hbar^2}E\psi_{\mathrm{III}}(x), & x > a \end{cases}$$

依然和前面的讨论相同，不同区域定态薛定谔方程解的形式依赖于粒子能量 $E$ 和势垒高度 $V_0$ 的相对大小，下面分别进行讨论。

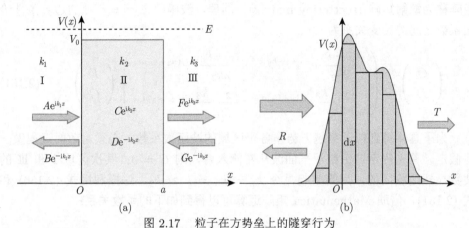

图 2.17　粒子在方势垒上的隧穿行为

(a) 方势垒的示意图，平台宽度 $a > 0$，高度 $V_0 > 0$；(b) 自由粒子入射到任意势垒 $V(x)$ 上，计算整体势垒透射率的微分积分示意图

### 1. 高能粒子穿越势垒的问题：$E > V_0$

首先考察粒子能量足够翻越势垒的散射态问题，即 $E > V_0$。根据经典物理的认识，此时粒子应该百分之百地翻越势垒而逃逸，但量子理论的结论依赖于这种能量条件下粒子在不同区域的解：

$$\begin{cases} \psi_{\mathrm{I}}(x) = A\mathrm{e}^{\mathrm{i}k_1 x} + B\mathrm{e}^{-\mathrm{i}k_1 x}, & k_1 = \sqrt{2mE}/\hbar \\ \psi_{\mathrm{II}}(x) = C\mathrm{e}^{\mathrm{i}k_2 x} + D\mathrm{e}^{-\mathrm{i}k_2 x}, & k_2 = \sqrt{2m(E-V_0)}/\hbar \\ \psi_{\mathrm{III}}(x) = F\mathrm{e}^{\mathrm{i}k_3 x} + G\mathrm{e}^{-\mathrm{i}k_3 x}, & k_3 = \sqrt{2mE}/\hbar \end{cases}$$

其中，系数 $A$、$B$、$C$、$D$、$F$、$G$ 分别代表三个区域传播的平面波振幅，其物理意义已经在前面讨论过。为了确定这些系数，需要利用波函数在 $x = 0$ 和 $x = a$ 处的边界条件，把各个区域的波函数光滑地连接起来。在 $x = 0$ 处 I 区和 II 区的波函数及其导数的连续性条件为

$$A + B = C + D, \quad k_1 A - k_1 B = k_2 C - k_2 D$$

把系数关系方程写为如下矩阵形式：

$$\begin{pmatrix} A \\ B \end{pmatrix} = \begin{pmatrix} \dfrac{k_1 + k_2}{2k_1} & \dfrac{k_1 - k_2}{2k_1} \\ \dfrac{k_1 - k_2}{2k_1} & \dfrac{k_1 + k_2}{2k_1} \end{pmatrix} \begin{pmatrix} C \\ D \end{pmatrix} \tag{2.150}$$

其中，联系系数 $(A, B)$ 和 $(C, D)$ 的变换矩阵通常被称为**传输矩阵** (transfer matrix) [11]。一般把入射到势垒上的系数 $(A, G)$ 与出射系数 $(B, F)$ 联系起来的矩阵称为**散射矩阵** (scattering matrix)。同理，波函数在 $x = a$ 处的边界条件给出系数之间的转变关系为

$$
\left( \begin{array}{c} C \\ D \end{array} \right) = \left( \begin{array}{cc} \dfrac{k_2 + k_3}{2k_2} \mathrm{e}^{-\mathrm{i}(k_2 - k_3)a} & \dfrac{k_2 - k_3}{2k_2} \mathrm{e}^{-\mathrm{i}(k_2 + k_3)a} \\ \dfrac{k_2 - k_3}{2k_2} \mathrm{e}^{\mathrm{i}(k_2 + k_3)a} & \dfrac{k_2 + k_3}{2k_2} \mathrm{e}^{\mathrm{i}(k_2 - k_3)a} \end{array} \right) \left( \begin{array}{c} F \\ G \end{array} \right) \tag{2.151}
$$

为了具体得到粒子穿越方势垒各个区域的波函数系数，必须对散射过程做一些假定。首先假定自由粒子平面波从左侧入射，则 $G = 0$；其次区域 I 和 III 的波数显然是相同的，为简单起见令 $k_1 = k_3 = k > k_2$，这样利用式 (2.150) 和式 (2.151)，借助 Mathematica 矩阵运算可以得到如下的系数关系：

$$
B = \frac{(k^2 - k_2^2) \sin(k_2 a)}{(k^2 + k_2^2) \sin(k_2 a) + 2\mathrm{i}kk_2 \cos(k_2 a)} A
$$

$$
C = \frac{2k(k + k_2)}{(k + k_2)^2 - (k - k_2)^2 \mathrm{e}^{2\mathrm{i}k_2 a}} A
$$

$$
D = \frac{-2k(k - k_2) \mathrm{e}^{2\mathrm{i}k_2 a}}{(k + k_2)^2 - (k - k_2)^2 \mathrm{e}^{2\mathrm{i}k_2 a}} A
$$

$$
F = \frac{2\mathrm{i}kk_2 \sin(k_2 a) \mathrm{e}^{-\mathrm{i}ka}}{(k^2 + k_2^2) \sin(k_2 a) + 2\mathrm{i}kk_2 \cos(k_2 a)} A
$$

图 2.18(a) 展示了高能粒子穿越方势垒的波函数分布。虽然粒子能量高于势垒，粒子有一部分透射过去，但依然有一定概率被反射回来。粒子在入射侧由于入射和反射粒子流的干涉概率分布发生振荡，进入势垒内部概率振荡幅度会升高 (相当于一个腔体)，而透射过去后由于没有粒子流干涉概率分布保持不变。根据以上的系数关系，可以计算出粒子在方势垒上的透射率为

$$
T = \frac{4k^2 k_2^2}{4k^2 k_2^2 + (k^2 - k_2^2)^2 \sin^2(k_2 a)} \tag{2.152}
$$

图 2.19(a) 展示了自由粒子在方势垒上的透射率随能量 $E$ 的变化，图形显示方势垒的透射率曲线和前文讨论过的 $\delta$ 势和阶梯势相比出现了某些截然不同的特点，粒子的透射率不再随粒子能量的增加而简单增加，而是出现了复杂的振荡行为并存在透射率为 1 的共振透射点 (图中竖直虚线)，此处粒子的能量为

$$
E = V_0 + n^2 \frac{\pi^2 \hbar^2}{2ma^2} \tag{2.153}
$$

显然共振透射能量公式 (2.153) 右边第二项和无限深方势阱的能量公式 (2.7) 一致，表明具有共振能量的粒子进入势垒后，克服 $V_0$ 势垒后剩下的能量会在势垒腔中形成隧穿共振，导致粒子可以不被阻挡地完全透射出去，这和光波的增透膜具有同样的原理，是粒子波动性的体现。

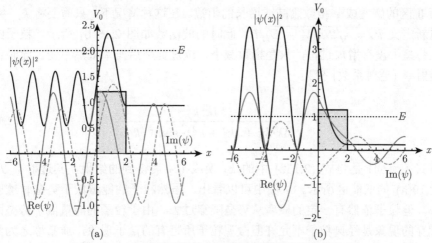

(a)　　　　　　　　　　　　　　　　　　(b)

图 2.18　自由粒子穿越方势垒的波函数及其概率分布

(a) 高能粒子 $(E=2)$ 穿越方势垒时波函数的概率密度 (粗实线)、实部 (细实线) 和虚部 (虚线) 图像；(b) 低能粒子 $(E=1)$ 波函数的概率密度 (粗实线)、实部 (细实线) 和虚部 (虚线) 图像。参数 $V_0 = 1.2, a = 2$，取原子单位 $\hbar = m = 1$

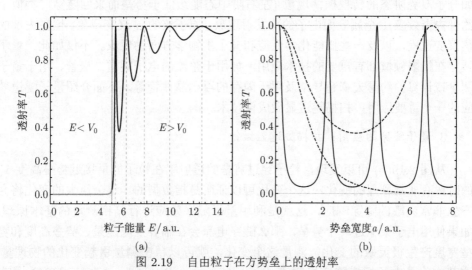

(a)　　　　　　　　　　　　　　　　　　(b)

图 2.19　自由粒子在方势垒上的透射率

(a) 透射率 $T$ 随能量 $E$ 的变化曲线，采用原子单位 $\hbar = m = 1$，势垒高度 $V_0 = 5$，宽度 $a = 4$；(b) 透射率 $T$ 随势垒宽度 $a$ 的变化曲线，图中实线、虚线和点划线对应的粒子能量分别为 $0.01V_0$、$0.9V_0$ 和 $1.1V_0$

## 2. 低能粒子的量子隧穿：$E < V_0$

对于能量低于势垒的粒子，根据经典理论，粒子是无法透过势垒的，会被全反射。量子情况下则需要求解 $0 < E < V_0$ 下的定态薛定谔方程，求解过程和高能粒子情形是一样的，只不过在势垒内部波矢 $k_2 = \sqrt{2m(E - V_0)}/\hbar$ 变成了复数，从而 II 区的解变成 e 指数衰减或增长的函数。在这种情况下，只需要将 $k_2 \to \mathrm{i}k_2$ 并重新定义 $k_2 = \sqrt{2m(V_0 - E)}/\hbar$，此时的波函数如图 2.18(b) 所示。粒子的概率在势垒中没有增加过程，只是指数减小，透过势垒后概率依然不变。此时粒子的透射率 (透射系数) 变为

$$T = \frac{4k^2 k_2^2}{4k^2 k_2^2 + (k^2 + k_2^2)^2 \sinh^2 (k_2 a)} \tag{2.154}$$

显然式 (2.154) 是将式 (2.152) 中的 $k_2$ 换成 $\mathrm{i}k_2$ 后得到的结果，其透射率 $T$ 如图 2.19(a) 的低能区所示。从图中可以看出，虽然粒子的能量低于势垒时透射率很小，但粒子依然有一定的概率从势垒隧穿过去。由于粒子的能量低于势垒而发生隧穿的现象是经典粒子不允许但微观粒子所特有的量子现象，通常称之为**量子隧穿**或**量子隧道效应** (quantum tunneling effect)。量子隧道效应在经典世界就如同 "穿墙术" 一样是一种不可能发生的现象，但在微观世界量子隧穿却是一种普遍存在的物理过程，它是很多物理效应的内在原因，可以用来解释许多物理现象，如分子双势阱态的转换振荡现象 (左右阱中态能级低于势垒而来回隧穿，类似于约瑟夫森效应)、金属表面电子的冷发射现象、原子核的 $\alpha$ 衰变现象、恒星内部的核聚变过程，以及一些低能化学反应和分子生物学方面的现象。不仅如此，量子隧穿在很多领域都有重要的技术应用，如用于整流的电子隧道二极管、用于量子测量或计算的约瑟夫森超导结及用于闪存的浮删晶体管等，下面介绍量子隧道效应的一个重要应用：扫描隧道显微成像技术。

## 3. 量子隧穿的应用：扫描隧道显微镜

从图 2.19(b) 可以发现，粒子穿过势垒的透射率在粒子能量接近势垒高度 $V_0$ 的时候有非常剧烈的变化，这个变化可以证明是指数型的。这个巨大的变化将会产生非常灵敏的隧穿响应，这就是利用量子隧穿效应进行精密测量的基本原理。如果使用电子束穿过一个势垒，那么隧穿电流会在临界点随能量、势垒高度和势垒宽度产生极灵敏的变化，测量这个变化，就可以精密测量引起变化的物理量，这其实就是电子**扫描隧道显微镜** (scanning tunneling microscopy, STM) 具有原子级超高分辨率的内在原因。为了理解电子扫描隧道显微镜的工作原理，利用式 (2.154) 进行一个简单的近似计算。当粒子的能量很小而势垒高度很大的时候，

可以发现：

$$k_2 = \frac{\sqrt{2m(V_0 - E)}}{\hbar} \to \frac{\sqrt{2mV_0}}{\hbar} \Rightarrow k_2 a \gg 1$$

其中，阱宽 $a$ 是一个较大的宏观量。那么在上面的条件下，透射率公式 (2.154) 分母中的正切函数可以近似为

$$\sinh^2(k_2 a) = \frac{e^{2k_2 a}}{4} + \frac{e^{-2k_2 a}}{4} - \frac{1}{2} \approx \frac{e^{2k_2 a}}{4}$$

从而透射率公式 (2.154) 近似为

$$T = \frac{1}{1 + \frac{(k^2 + k_2^2)^2}{4k^2 k_2^2} \sinh^2(k_2 a)} \approx \frac{1}{1 + \frac{(k^2 + k_2^2)^2}{16k^2 k_2^2} e^{2k_2 a}} \equiv T_1$$

$$\approx \frac{1}{\frac{(k^2 + k_2^2)^2}{16k^2 k_2^2} e^{2k_2 a}} = \frac{16k^2 k_2^2}{(k^2 + k_2^2)^2} e^{-2k_2 a} \equiv T_2 \tag{2.155}$$

将波数 $k = \sqrt{2mE}/\hbar$ 和 $k_2 = \sqrt{2m(V_0 - E)}/\hbar$ 代入式 (2.155)，得到低能粒子的透射率为

$$T \approx T_2 = 16 \frac{E}{V_0}\left(1 - \frac{E}{V_0}\right) e^{-2\frac{\sqrt{2m(V_0 - E)}}{\hbar} a} \equiv T_0 e^{-2\frac{\sqrt{2m(V_0 - E)}}{\hbar} a} \tag{2.156}$$

　　从式 (2.156) 可以看出，当具有一定能量 $E$ 的粒子穿过固定高度 $V_0$ 的势垒时，其透射率大小和势垒宽度成指数依赖关系，也就是说当势垒的宽度发生微小改变的时候，粒子的透射率呈典型的指数变化。如图 2.20 所示，图中上下两组不同斜率的线分别为不同势垒高度时的透射率，每组三条线分别代表透射率公式 (2.155)、低能条件下的近似公式 $T_1$ 和 $T_2$，它们在 $a$ 较大时差别很小。这就是用电子扫描隧道显微镜可以观察物质表面微小形貌的基本原理。扫描隧道显微镜的工作过程是用一个针尖在物体表面扫描移动，如图 2.20 中插图所示，针尖和样品表面的真空形成势垒，随着针尖移动势垒的宽度 $a$ 随表面凸凹不平的原子排列发生改变，针尖和样品之间的隧穿电流就会随势垒宽度 $a$ 发生改变，利用针尖和样品之间接入的电流表可以测出隧穿电流和表面位置高低的对应关系，然后根据电流强度大小涂上色差就能显示样品表面的形貌，如图 2.20 中插图下部所示。电子扫描隧道显微镜第一次让人类得到了原子量级分辨率的材料表面形貌，它对人类认识微观世界起到重要的推动作用。

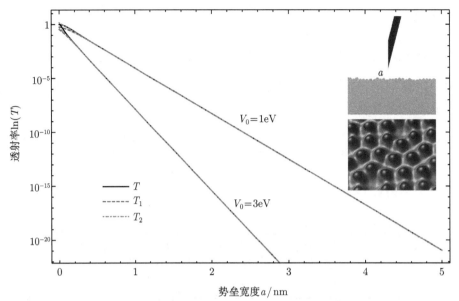

图 2.20    电子透射率 $\ln(T)$ 与势垒宽度 $a$ 的指数关系
图中纵轴取自然对数，电子能量 $E = 0.1\text{eV}$，右侧插图为材料表面示意图

当然实际的扫描隧道显微镜加载在针尖和样品间的势能函数不是简单的方势垒，而是由一个非常复杂的函数 $V(x)$ 支配，如图 2.17(b) 所示的一般势垒情况。但无论如何，利用微积分思想，可以先计算穿过 $x$ 处势垒高度为 $V(x)$ 宽度为 $\mathrm{d}x$ 方势垒的透射率：

$$\mathrm{d}T \approx T_0 \mathrm{e}^{-2\frac{\sqrt{2m[V(x)-E]}}{\hbar}\mathrm{d}x}$$

然后根据传输矩阵的思想，粒子穿过整个势垒 $V(x)$ 的透射率为所有微分透射率的乘积，即近似等于：

$$T \approx T_0 \mathrm{e}^{-\frac{2}{\hbar}\int \sqrt{2m[V(x)-E]}\mathrm{d}x} \tag{2.157}$$

显然式 (2.157) 也是一个近似公式。更为实际的计算隧穿电流的方法还需要考虑针尖的偏置电压、电子在针尖和样品表面的电子态及占有数分布，以及针尖形状等复杂因素，在此不再具体讨论。

## 2.4    一维双势阱问题：叠加态和量子隧穿振荡

本节讨论一个非常重要的既有束缚态又有散射态的复合型定态问题：粒子在**双势阱** (double well) 中的相关问题。在许多物理系统中有一类系统具有**双稳态**，这样的系统拥有一个非常重要的势场，就是存在两个能量稳定点 (极小值点) 的双势阱，如两个靠得很近的原子核所形成的势场模型或某种**手性分子** (具有左手和右手构象的分子) 所对应的分子模型。双势阱是一类非常重要的二态系统模型，该模型可以用来描述具有两种简并或近简并状态的系统在两个态之间发生转换而产生的一系列量子效应，如两个量子态的叠加态 (猫态)、两个态之间的量子隧穿所引起的能级分裂和振荡等现象，这些现象可以用来设计量子比特和逻辑门。最早费曼 (Feynman) 就曾设想利用氨分子 (ammonia molecule) 的两个简并态的叠加态来说明量子力学中的叠加原理和态的翻转隧穿过程。双势阱的数学模型有很多，下面选取两个典型的代表模型来进行考察。

### 2.4.1　方形双势阱模型

首先考虑一个最为简单的双势阱模型：由两个方势阱和一个中心方势垒组成的双阱势。此模型的势函数可写为如下的分段函数形式：

$$V(x) = \begin{cases} V_b, & -\infty < x < -\left(b + \dfrac{a}{2}\right) \\[2mm] 0, & -\left(b + \dfrac{a}{2}\right) < x < -\dfrac{a}{2} \\[2mm] V_0, & -\dfrac{a}{2} \leqslant x \leqslant \dfrac{a}{2} \\[2mm] 0, & \dfrac{a}{2} < x < b + \dfrac{a}{2} \\[2mm] V_b, & b + \dfrac{a}{2} \leqslant x < \infty \end{cases} \tag{2.158}$$

方形双势阱的参数、区域划分及边界转移矩阵如图 2.21 所示，双阱两边势垒高度为 $V_b$ (I 和 V 区)，高度为 $V_0$ 的中心势垒 (III 区) 把整个势阱分割为两个有限深方势阱区域 II 和 IV。定态薛定谔方程在各个区域解的形式依赖于粒子的能量 $E$。首先对于束缚态问题粒子能量 $E < V_b$，在 I 区和 V 区方程的解与有限深方势阱的解式 (2.14) 类似，而在 II 区和 IV 区粒子为自由粒子，只有在中间的 III 区根据粒子能量 $E$ 的大小可分为以下两种情况。

1. 粒子能量高于中心势垒

在此种情况下粒子的能量满足 $V_0 < E < V_b$，并假设粒子从左侧向右侧传播，则双阱系统各个区域的解为

$$\psi(x) = \begin{cases} \psi_{\mathrm{I}}(x) = A_1 \mathrm{e}^{\kappa x}, & \kappa = \sqrt{2m(V_b - E)}/\hbar \\[1mm] \psi_{\mathrm{II}}(x) = A_2 \mathrm{e}^{\mathrm{i}kx} + B_2 \mathrm{e}^{-\mathrm{i}kx}, & k = \sqrt{2mE}/\hbar \\[1mm] \psi_{\mathrm{III}}(x) = A_3 \mathrm{e}^{\mathrm{i}qx} + B_3 \mathrm{e}^{-\mathrm{i}qx}, & q = \sqrt{2m(E - V_0)}/\hbar \\[1mm] \psi_{\mathrm{IV}}(x) = A_4 \mathrm{e}^{\mathrm{i}kx} + B_4 \mathrm{e}^{-\mathrm{i}kx}, & k = \sqrt{2mE}/\hbar \\[1mm] \psi_{\mathrm{V}}(x) = B_5 \mathrm{e}^{-\kappa x}, & \kappa = \sqrt{2m(V_b - E)}/\hbar \end{cases} \tag{2.159}$$

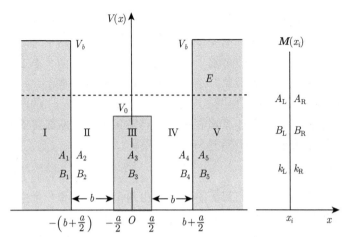

图 2.21　方形双势阱参数、区域划分及边界转移矩阵示意图

(左侧) 方形双势阱的参数标注及区域划分示意图；(右侧) 在 $x = x_i$ 处计算转移矩阵 $\boldsymbol{M}(x_i)$ 的示意图

　　给定粒子能量 $E$，方程 (2.159) 的解共有 8 个未知系数，而五个区域有四个边界：$x_1 = -b - \dfrac{a}{2}, x_2 = -\dfrac{a}{2}, x_3 = \dfrac{a}{2}, x_4 = b + \dfrac{a}{2}$，可给出 8 个边界条件来确定这 8 个系数。为了确定系统的能级 $E$，可将 8 个边界条件给出的方程组写为矩阵形式：$\boldsymbol{T}\vec{c} = 0$，其中 $\boldsymbol{T}$ 是 $8 \times 8$ 的矩阵 (此处省略)。8 个系数组成的矢量 $\vec{c} \equiv (A_1, A_2, B_2, A_3, B_3, A_4, B_4, B_5)^{\mathrm{T}}$ 存在不为零解的条件为矩阵 $\boldsymbol{T}$ 的行列式为零，即 $\det(\boldsymbol{T}) = 0$。利用这个条件，通过 Mathematica 的符号运算可以解出系统能级公式的隐性解析形式：

$$\left[\cos(2kb) + \frac{\kappa^2 - k^2}{2\kappa k} \sin(2kb)\right] \cos(qa) + \frac{(k^2 + \kappa^2)(k^2 - q^2)}{4\kappa k^2 q} \sin(qa)$$

$$= \left[\frac{(k^2 - \kappa^2)(k^2 + q^2)}{4\kappa k^2 q} \cos(2kb) + \frac{k^2 + q^2}{2kq} \sin(2kb)\right] \sin(qa) \tag{2.160}$$

再利用 Mathematica 的 FindRoot[··] 函数可以求出系统的全部能级。

　　对于以上这类由多个分段函数组成的一维系统模型，用**传输矩阵**计算能级和波函数非常方便 [11]。对于一般的一维定态薛定谔方程 (2.2)，无论粒子能量如何其通解一定存在两个展开常数 $A$ 和 $B$。如图 2.21 右侧图所示，假如在 $x = x_i$ 处有一个边界，边界左边波函数的两个系数分别为 $A_\mathrm{L}$ 和 $B_\mathrm{L}$，右边两个系数分别为 $A_\mathrm{R}$ 和 $B_\mathrm{R}$，那么点 $x_i$ 处的边界条件就能给出左右系数之间的转换关系，转换矩阵 $\boldsymbol{M}(x_i)$ 即为传输矩阵：

$$\begin{pmatrix} A_\mathrm{L} \\ B_\mathrm{L} \end{pmatrix} = \boldsymbol{M}(x_i) \begin{pmatrix} A_\mathrm{R} \\ B_\mathrm{R} \end{pmatrix} \equiv \begin{bmatrix} M_{11}(x_i) & M_{12}(x_i) \\ M_{21}(x_i) & M_{22}(x_i) \end{bmatrix} \begin{pmatrix} A_\mathrm{R} \\ B_\mathrm{R} \end{pmatrix}$$

如果在边界 $x_i$ 处左右波函数都为平面波:

$$\begin{cases} \psi_{\mathrm{L}}(x) = A_{\mathrm{L}}\mathrm{e}^{\mathrm{i}k_{\mathrm{L}}x} + B_{\mathrm{L}}\mathrm{e}^{-\mathrm{i}k_{\mathrm{L}}x} \\ \psi_{\mathrm{R}}(x) = A_{\mathrm{R}}\mathrm{e}^{\mathrm{i}k_{\mathrm{R}}x} + B_{\mathrm{R}}\mathrm{e}^{-\mathrm{i}k_{\mathrm{R}}x} \end{cases} \tag{2.161}$$

那么波函数式 (2.161) 在边界 $x_i$ 处的传输矩阵可具体写为

$$\boldsymbol{M}(x_i) = \begin{bmatrix} \mathrm{e}^{-\mathrm{i}k_{\mathrm{L}}x_i} & 0 \\ 0 & \mathrm{e}^{\mathrm{i}k_{\mathrm{L}}x_i} \end{bmatrix} \begin{bmatrix} \dfrac{k_{\mathrm{L}} + k_{\mathrm{R}}}{2k_{\mathrm{L}}} & \dfrac{k_{\mathrm{L}} - k_{\mathrm{R}}}{2k_{\mathrm{L}}} \\ \dfrac{k_{\mathrm{L}} - k_{\mathrm{R}}}{2k_{\mathrm{L}}} & \dfrac{k_{\mathrm{L}} + k_{\mathrm{R}}}{2k_{\mathrm{L}}} \end{bmatrix} \begin{bmatrix} \mathrm{e}^{\mathrm{i}k_{\mathrm{R}}x_i} & 0 \\ 0 & \mathrm{e}^{-\mathrm{i}k_{\mathrm{R}}x_i} \end{bmatrix}$$

$$= \begin{bmatrix} \dfrac{k_{\mathrm{L}} + k_{\mathrm{R}}}{2k_{\mathrm{L}}}\mathrm{e}^{-\mathrm{i}(k_{\mathrm{L}} - k_{\mathrm{R}})x_i} & \dfrac{k_{\mathrm{L}} - k_{\mathrm{R}}}{2k_{\mathrm{L}}}\mathrm{e}^{-\mathrm{i}(k_{\mathrm{L}} + k_{\mathrm{R}})x_i} \\ \dfrac{k_{\mathrm{L}} - k_{\mathrm{R}}}{2k_{\mathrm{L}}}\mathrm{e}^{\mathrm{i}(k_{\mathrm{L}} + k_{\mathrm{R}})x_i} & \dfrac{k_{\mathrm{L}} + k_{\mathrm{R}}}{2k_{\mathrm{L}}}\mathrm{e}^{\mathrm{i}(k_{\mathrm{L}} - k_{\mathrm{R}})x_i} \end{bmatrix} \tag{2.162}$$

从上面的计算过程可以发现, 左右两边系数的传输矩阵 (式 (2.162)) 由三个矩阵相乘得到, 中间的矩阵代表经过 $x_i$ 点处时由波矢量造成的幅度改变, 而两边的两个矩阵代表左右的波函数在 $x_i$ 处的相位变化, 这就是传输矩阵在边界处的物理意义[11]。所以在系统各个边界 $x_i$ 处应用传输矩阵 (式 (2.162)) 就可以方便地算出整个系统的能级和系数关系。

在如图 2.21 所示的双阱中, 利用波函数解式 (2.159) 在四个边界处的传输矩阵, 可以得到如下的系数关系 (每个区域波函数都具有式 (2.161) 的形式):

$$\begin{bmatrix} A_1 \\ B_1 \end{bmatrix} = \boldsymbol{M}\left(-b - \frac{a}{2}\right)\boldsymbol{M}\left(-\frac{a}{2}\right)\boldsymbol{M}\left(\frac{a}{2}\right)\boldsymbol{M}\left(b + \frac{a}{2}\right)\begin{bmatrix} A_5 \\ B_5 \end{bmatrix} \equiv \widetilde{\boldsymbol{M}}\begin{bmatrix} A_5 \\ B_5 \end{bmatrix}$$

利用各边界 $x_i$ 处传输矩阵 $\boldsymbol{M}(x_i)$ 的**逆矩阵**:

$$\boldsymbol{M}^{-1}\left(-b - \frac{a}{2}\right) = \begin{bmatrix} \dfrac{k - \mathrm{i}\kappa}{2k}\mathrm{e}^{-(\kappa - \mathrm{i}k)\left(b + \frac{a}{2}\right)} & \dfrac{k + \mathrm{i}\kappa}{2k}\mathrm{e}^{(\kappa + \mathrm{i}k)\left(b + \frac{a}{2}\right)} \\ \dfrac{k + \mathrm{i}\kappa}{2k}\mathrm{e}^{-(\kappa + \mathrm{i}k)\left(b + \frac{a}{2}\right)} & \dfrac{k - \mathrm{i}\kappa}{2k}\mathrm{e}^{(\kappa - \mathrm{i}k)\left(b + \frac{a}{2}\right)} \end{bmatrix}$$

$$\boldsymbol{M}^{-1}\left(-\frac{a}{2}\right) = \begin{bmatrix} \dfrac{q + k}{2q}\mathrm{e}^{\mathrm{i}(q - k)\frac{a}{2}} & \dfrac{q - k}{2q}\mathrm{e}^{\mathrm{i}(q + k)\frac{a}{2}} \\ \dfrac{q - k}{2q}\mathrm{e}^{-\mathrm{i}(q + k)\frac{a}{2}} & \dfrac{q + k}{2q}\mathrm{e}^{-\mathrm{i}(q - k)\frac{a}{2}} \end{bmatrix}$$

$$\boldsymbol{M}^{-1}\left(\frac{a}{2}\right) = \begin{bmatrix} \dfrac{k + q}{2k}\mathrm{e}^{-\mathrm{i}(k - q)\frac{a}{2}} & \dfrac{k - q}{2k}\mathrm{e}^{-\mathrm{i}(k + q)\frac{a}{2}} \\ \dfrac{k - q}{2k}\mathrm{e}^{\mathrm{i}(k + q)\frac{a}{2}} & \dfrac{k + q}{2k}\mathrm{e}^{\mathrm{i}(k - q)\frac{a}{2}} \end{bmatrix}$$

$$M^{-1}\left(b+\frac{a}{2}\right) = \begin{bmatrix} \dfrac{\kappa+\mathrm{i}k}{2\kappa}\mathrm{e}^{-(\kappa-\mathrm{i}k)\left(b+\frac{a}{2}\right)} & \dfrac{\kappa-\mathrm{i}k}{2\kappa}\mathrm{e}^{-(\kappa+\mathrm{i}k)\left(b+\frac{a}{2}\right)} \\ \dfrac{\kappa-\mathrm{i}k}{2\kappa}\mathrm{e}^{(\kappa+\mathrm{i}k)\left(b+\frac{a}{2}\right)} & \dfrac{\kappa+\mathrm{i}k}{2\kappa}\mathrm{e}^{(\kappa-\mathrm{i}k)\left(b+\frac{a}{2}\right)} \end{bmatrix}$$

可以计算出双阱中最左边波函数系数 $(A_1, B_1)$ 和最右边波函数系数 $(A_5, B_5)$ 之间的转换关系:

$$\begin{bmatrix} A_5 \\ B_5 \end{bmatrix} = \widetilde{\boldsymbol{M}}^{-1}\begin{bmatrix} A_1 \\ B_1 \end{bmatrix} \equiv \begin{pmatrix} \widetilde{M}_{11} & \widetilde{M}_{12} \\ \widetilde{M}_{21} & \widetilde{M}_{22} \end{pmatrix}\begin{bmatrix} A_1 \\ B_1 \end{bmatrix}$$

其中, 矩阵 $\widetilde{\boldsymbol{M}}^{-1}$ 是四个边界点处传输矩阵 $\boldsymbol{M}^{-1}(x_i)$ 乘积的逆:

$$\widetilde{\boldsymbol{M}}^{-1} = \boldsymbol{M}^{-1}\left(b+\frac{a}{2}\right)\boldsymbol{M}^{-1}\left(\frac{a}{2}\right)\boldsymbol{M}^{-1}\left(-\frac{a}{2}\right)\boldsymbol{M}^{-1}\left(-b-\frac{a}{2}\right) \tag{2.163}$$

最后根据解式 (2.159) 的形式, 有 $A_5 = 0$ 和 $B_1 = 0$, 从而得到如下的条件和系数关系 (其中 $[\boldsymbol{M}]_{ij}$ 表示方括号内矩阵的第 $i$ 行第 $j$ 列元素):

$$A_2 = \left[\boldsymbol{M}^{-1}\left(-b-\frac{a}{2}\right)\right]_{11}A_1$$

$$B_2 = \left[\boldsymbol{M}^{-1}\left(-b-\frac{a}{2}\right)\right]_{21}A_1$$

$$A_3 = \left[\boldsymbol{M}^{-1}\left(-\frac{a}{2}\right)\boldsymbol{M}^{-1}\left(-b-\frac{a}{2}\right)\right]_{11}A_1$$

$$B_3 = \left[\boldsymbol{M}^{-1}\left(-\frac{a}{2}\right)\boldsymbol{M}^{-1}\left(-b-\frac{a}{2}\right)\right]_{21}A_1$$

$$A_4 = \left[\boldsymbol{M}^{-1}\left(\frac{a}{2}\right)\boldsymbol{M}^{-1}\left(-\frac{a}{2}\right)\boldsymbol{M}^{-1}\left(-b-\frac{a}{2}\right)\right]_{11}A_1$$

$$B_4 = \left[\boldsymbol{M}^{-1}\left(\frac{a}{2}\right)\boldsymbol{M}^{-1}\left(-\frac{a}{2}\right)\boldsymbol{M}^{-1}\left(-b-\frac{a}{2}\right)\right]_{21}A_1$$

$$B_5 = \widetilde{M}_{21}A_1, \quad \widetilde{M}_{11} = 0$$

利用 Mathematica 的矩阵乘法运算可以方便地计算出传输矩阵 $\boldsymbol{M}(x_i)$ 和 $\widetilde{\boldsymbol{M}}$ 及其逆矩阵。首先通过输入条件 $\widetilde{M}_{11} = 0$ 可以得到系统的能级公式 (2.160)(利用 Mathematica 可以证明此处 $\widetilde{M}_{11} = 0$ 得到的能级公式和前面 $\det(\boldsymbol{T}) = 0$ 得到的能级公式 (2.160) 完全一致)。能级公式 (2.160) 虽然比较复杂, 但利用 Mathematica 可以轻松计算出双势阱系统的能级和波函数, 如图 2.22(a) 所示。由于势函数的对称性, 波函数呈现奇偶函数交替出现的宇称性质。由于粒子的能级高于势垒 $(E > V_0)$ 的波函数和有限深方势阱没有实质的不同, 在此不做过多讨论, 主要讨论粒子能量低于势垒 $V_0$ 的情况。

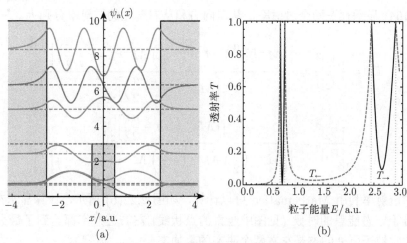

图 2.22　方形双势阱的能级、波函数图像及透射率

(a) 双势阱的能级 (平行虚线) 和波函数图像；(b) 双势阱内粒子左右透射率随能量的变化。参数 $V_0 = 3, a = 1, b = 2, V_b = 10$，取原子单位 $\hbar = m = 1$

## 2. 粒子能量低于中心势垒

在此种能量情况下 $0 < E < V_0$，除了 III 区的解不同其他各个区域的解形式都不会发生改变，而 III 区的解形式变为

$$\psi_{\text{III}}(x) = A_3 e^{q'x} + B_3 e^{-q'x}, \quad q' = \sqrt{2m(E - V_0)}/\hbar$$

显然和前面的情况相比较此处 $q' = \mathrm{i}q$，所以此处只需要将前面方程里的波矢 $q$ 做如下代换：$q \to -\mathrm{i}q'$，即可得到能量低于势垒情况下的波函数解和能级，见图 2.22(a) 中下部能量较低的能级。从图中可以看出，能量最低的两个态分别为偶宇称态 $\psi_1(x)$ 和奇宇称态 $\psi_2(x)$，它们的能量非常接近。这两个态可以近似看成两个独立势阱 (当势垒 $V_0 \to \infty$ 时单阱问题见习题 2.5) 左阱基态 $\psi_{\text{L}}(x)$ 和右阱基态 $\psi_{\text{R}}(x)$ 的偶宇称叠加 $\psi_1(x) \approx [\psi_{\text{L}}(x) + \psi_{\text{R}}(x)]/\sqrt{2}$ 和奇宇称叠加 $\psi_2(x) \approx [\psi_{\text{L}}(x) - \psi_{\text{R}}(x)]/\sqrt{2}$。此时这两个叠加态的能量由于 $\langle \psi_{\text{L}} | \psi_{\text{R}} \rangle = 0$ (两个独立阱的基态没有重叠) 都等于 $(E_{\text{L}} + E_{\text{R}})/2$，是简并的。如图 2.22(a) 所示，真实双阱系统中能量最低的两个能级是有差异的，二者的能量差 $\Delta E$ 称为简并能级的分裂。简并能级分裂的主要原因是粒子在有限高势垒上存在左右两个阱之间的量子隧穿。所以能级分裂的程度和透射率的大小相关，而透射率又依赖于势垒高度。粒子在两个阱内越过势垒的透射率决定于两个阱内波函数系数的关系 (粒子从左向右入射)：

$$\begin{bmatrix} A_4 \\ B_4 \end{bmatrix} = \boldsymbol{M}^{-1}\left(\frac{a}{2}\right) \boldsymbol{M}^{-1}\left(-\frac{a}{2}\right) \begin{bmatrix} A_2 \\ B_2 \end{bmatrix} \tag{2.164}$$

式 (2.164) 显示存在两个透射率，从左向右和从右向左的透射率分别为

$$T_{\rightarrow} = \frac{|A_4|^2}{|A_2|^2} = \frac{\left|\left[\boldsymbol{M}^{-1}\left(\frac{a}{2}\right)\boldsymbol{M}^{-1}\left(-\frac{a}{2}\right)\boldsymbol{M}^{-1}\left(-b-\frac{a}{2}\right)\right]_{11}\right|^2}{\left|\left[\boldsymbol{M}^{-1}\left(-b-\frac{a}{2}\right)\right]_{11}\right|^2}$$

$$T_{\leftarrow} = \frac{|B_2|^2}{|B_4|^2} = \frac{\left|\left[\boldsymbol{M}^{-1}\left(-b-\frac{a}{2}\right)\right]_{21}\right|^2}{\left|\left[\boldsymbol{M}^{-1}\left(\frac{a}{2}\right)\boldsymbol{M}^{-1}\left(-\frac{a}{2}\right)\boldsymbol{M}^{-1}\left(-b-\frac{a}{2}\right)\right]_{21}\right|^2}$$

上面的透射率利用 Mathematica 可以计算，如图 2.22(b) 所示，计算显示在粒子能量等于定态能量的时候 (见图中竖直的点状线) 左右透射率都达到了最大值 1，表明此时粒子所处的态是左右两个阱态的叠加态。

下面用无限深双势阱模型来讨论低能态的问题，也就是外部的势垒高度趋于无穷大的低能情形：$V_b \rightarrow \infty$，$E < V_0$ (图 2.23(a))。该极限模型和有限深双势阱模型没有本质的差别，最大的不同就是两边波函数不再是在 I 区和 V 区指数衰减，而是彻底无法进入两边区域，即 $\psi_{\mathrm{I}}(x) = \psi_{\mathrm{V}}(x) = 0$。III 区势垒的解分为偶宇称和奇宇称的时候可以给出解析表达式，该系统模型的优点就是可以方便地进行解析分析。对于偶宇称的解：$\psi_n^{\mathrm{e}}(-x) = \psi_n^{\mathrm{e}}(x)$，在边界处等于零的解具有如下形式：

$$\psi(x) = \begin{cases} \psi_{\mathrm{II}}(x) = -A\sin\left[k\left(x+b+\frac{a}{2}\right)\right], & -b-\frac{a}{2} < x < -\frac{a}{2} \\ \psi_{\mathrm{III}}^{\mathrm{e}}(x) = B\cosh(qx), & |x| \leqslant \frac{a}{2} \\ \psi_{\mathrm{IV}}(x) = A\sin\left[k\left(x-b-\frac{a}{2}\right)\right], & \frac{a}{2} < x < b+\frac{a}{2} \end{cases}$$

根据 $x = a/2$ 处边界条件，偶宇称波函数的波数 $k_n^{\mathrm{e}}$ 或能级 $E_n^{\mathrm{e}}$ 满足：

$$q\tanh\left(\frac{qa}{2}\right) = -k\cot(kb) \tag{2.165}$$

同理，对于奇宇称满足 $\psi_n^{\mathrm{o}}(-x) = -\psi_n^{\mathrm{o}}(x)$ 的解为

$$\psi(x) = \begin{cases} \psi_{\mathrm{II}}(x) = A\sin\left[k\left(x+b+\frac{a}{2}\right)\right], & -b-\frac{a}{2} < x < -\frac{a}{2} \\ \psi_{\mathrm{III}}^{\mathrm{o}}(x) = B\sinh(qx), & |x| \leqslant \frac{a}{2} \\ \psi_{\mathrm{IV}}(x) = A\sin\left[k\left(x-b-\frac{a}{2}\right)\right], & \frac{a}{2} < x < b+\frac{a}{2} \end{cases}$$

根据 $x = a/2$ 处的边界条件，奇宇称波数 $k_n^{\text{o}}$ 或能级 $E_n^{\text{o}}$ 由式 (2.166) 决定：

$$q \coth\left(\frac{qa}{2}\right) = -k\cot(kb) \tag{2.166}$$

利用解析结果，Mathematica 可以直接给出如图 2.23(a) 所示的能级 $E_n^{\text{e,o}}$ (水平虚线) 及归一化的波函数 $\psi_n^{\text{e,o}}(x)$ 图像。从图中可以看出它和有限深双势阱情况 (图 2.22(a)) 相比，波函数被压缩在双阱内，伴随着能级的统一提升，除此以外没有更为特殊的地方。当中间势垒为无穷大时：$V_0 \to \infty$，如图 2.23(b) 所示，根据无限深方势阱的解，两个独立阱中的波函数可分别写为

$$\varphi_n^{\text{L}}(x) = \sqrt{\frac{2}{b}} \sin\left[\frac{n\pi}{b}\left(x + \frac{a}{2} + b\right)\right]$$

$$\varphi_n^{\text{R}}(x) = -\sqrt{\frac{2}{b}} \sin\left[\frac{n\pi}{b}\left(x - \frac{a}{2} - b\right)\right]$$

二者能量是简并的，都是 $E_n = \dfrac{n^2\hbar^2\pi^2}{2mb^2}$。那么左右阱基态两个波函数的奇偶宇称叠加态分别为 $\psi_{\text{o}}(x) = [\varphi_1^{\text{R}}(x) - \varphi_1^{\text{L}}(x)]/\sqrt{2}$ 和 $\psi_{\text{e}}(x) = [\varphi_1^{\text{R}}(x) + \varphi_1^{\text{L}}(x)]/\sqrt{2}$，分别如图 2.23(b) 中实线和虚线所示，可以用来近似描述图 2.23(a) 中有限中心势垒的能量最低的两个态。其实这个结果可以应用后面近似方法中发展的微扰论来计算 (把中心势垒 $V_0$ 看作无限深方势阱的微扰)，这个结果刚好对应波函数的一阶近似波函数。

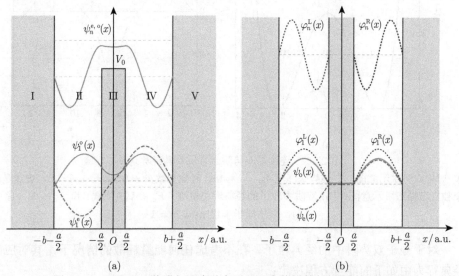

(a) 　　　　　　　　　　　　　　　(b)

图 2.23　无限深双势阱与两个独立无限深方势阱的能级和波函数比较

(a) 无限深双势阱 ($V_0 = 3$) 的能级 (水平虚线) 和波函数图像；(b) 两个独立无限深方势阱 ($V_0 \to \infty$) 的奇偶叠加态图像。其他参数：$a = 1, b = 2$

### 2.4.2　连续双势阱模型

下面讨论由光滑势函数形成的双势阱问题。由于这类具有两个极小值点的势函数比较多，主要考察如下的势函数形式 (其他的函数类似)：

$$V(x) = ax^4 - bx^2 + cx + d \qquad (2.167)$$

其中，势函数的参数 $a > 0, b > 0, c, d$ 为常数。参数 $c$ 称为非对称参数，它可以控制两个势阱的高度，而 $d$ 为势能零点，只是对势函数进行整体上下平移。从式 (2.167) 所示的势函数的形式出发可以对势函数进行改写，容易得到双阱的一些几何特征，如中间势垒高度 $V_0$、两阱底部之间的距离 $D$ 等：

$$V(x) = a\left(x^2 - \frac{b}{2a}\right)^2 + cx - \frac{b^2}{4a} + d \qquad (2.168)$$

如果取 $c = 0, d = b^2/4a$，则得到如图 2.24(a) 所示的对称双势阱，其势垒高度 $V_0$ 和左右阱底间距 $D$ 如图所示。

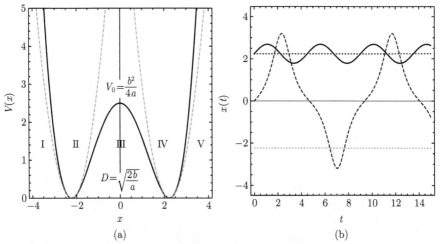

(a)　　　　　　　　　　　　　　　　　　(b)

图 2.24　连续型双势阱示意图及其经典运动

(a) 对称双势阱示意图，中心势垒高度 $V_0 = b^2/4a$，其他参数 $a = 0.1, b = 1, c = 0$，虚线是两个独立谐振势阱示意图；(b) 双阱中粒子的经典运动轨迹：$E_c < V_0$ (实线) 和 $E_c > V_0$ (虚曲线)，采用原子单位 $m = \hbar = 1$

对于处于双势阱中的经典粒子，在不考虑任何能量耗散的情况下，其对应的经典行为由如下的能量方程决定：

$$\frac{1}{2m}\left(\frac{\mathrm{d}x}{\mathrm{d}t}\right)^2 + V(x) = E_c \qquad (2.169)$$

其中，$E_c$ 为粒子总的经典能量。粒子在双势阱中的经典行为 $x(t)$ 可通过对方程 (2.169) 进行积分获得，利用 Mathematica 的 DSolve[··] 函数可以直接给出方程 (2.169) 用特殊积分函数所表达的解析解（此处略），其经典运动轨迹如图 2.24(b) 所示。粒子的经典解的形式依赖于经典能量 $E_c$ 的大小，如果能量小于中间势垒高度：$E_c < V_0$，经典粒子被约束在左阱或右阱（由初始条件决定）做局域振动，称为束缚态（实线）；当 $E_c > V_0$，经典粒子则可以越过势垒在左阱和右阱之间运动，称为全局态（虚曲线）。

如果将粒子看作微观粒子，其行为则决定于与式 (2.169) 相对应的定态薛定谔方程：

$$\left[ \frac{1}{2m} \left( -i\hbar \frac{d}{dx} \right)^2 + V(x) \right] \psi(x) = E\psi(x) \tag{2.170}$$

其中，$E$ 是粒子的量子能量。对于量子情况，由于双阱势场是一个非线性势，所以通常无法通过常规的级数展开法给出式 (2.170) 简单的解析波函数，一般的做法是利用谐振子态展开（两个谐振子势如图 2.24(a) 中的虚线所示），或利用后文介绍的量子微扰论求解。

事实上，利用 Mathematica 可以对定态薛定谔方程 (2.170) 进行数值计算。采用**打靶匹配方法**（利用 Demonstration 网站上的开源程序）可以计算任意双阱势系统的能级和波函数及其概率分布。图 2.25(a) 计算了双阱系统中能量最低的两个本征态（归一化系数取实数）偶宇称态 $\psi_1^e(x)$ 和奇宇称态 $\psi_2^o(x)$ 的概率分布和本征能量 $E$。计算显示两个态的能级差 $\Delta E \equiv E_2 - E_1$ 非常小，概率分布都具有明显的双峰结构。根据方形双势阱的讨论，这两个态可以看成粒子的左阱态 $\psi_L(x)$ 和右阱态 $\psi_R(x)$ 的叠加态，反之亦然：

$$\begin{aligned}
\psi_1^e(x) &= \frac{1}{\sqrt{2}} \left[ \psi_L(x) + \psi_R(x) \right] & \psi_L(x) &= \frac{1}{\sqrt{2}} \left[ \psi_1^e(x) + \psi_2^o(x) \right] \\
&\qquad\qquad\qquad\quad \Leftrightarrow & & \\
\psi_2^o(x) &= \frac{1}{\sqrt{2}} \left[ \psi_L(x) - \psi_R(x) \right] & \psi_R(x) &= \frac{1}{\sqrt{2}} \left[ \psi_1^e(x) - \psi_2^o(x) \right]
\end{aligned} \tag{2.171}$$

为了理解粒子在双势阱中处于量子叠加态时的独特性质，下面具体讨论一下位置叠加态的动力学过程。假如初始时刻粒子处于左阱态 $\psi_L(x)$，那么根据式 (2.171) 粒子在任意时刻的态为

$$\Psi(x,t) = \frac{1}{\sqrt{2}} \left[ \psi_1^e(x) e^{-i\omega_1 t} + \psi_2^o(x) e^{-i\omega_2 t} \right]$$

其中，$\omega_1$ 和 $\omega_2$ 是双势阱中能量最低的两个本征态的本征频率。显然任意时刻粒

子在双阱中的概率分布为

$$P(x,t) = |\Psi(x,t)|^2 = \frac{1}{2}\left[\psi_1^{\mathrm{e}}(x)\right]^2 + \frac{1}{2}\left[\psi_2^{\mathrm{o}}(x)\right]^2 + \psi_1^{\mathrm{e}}(x)\,\psi_2^{\mathrm{o}}(x)\cos(\delta t) \quad (2.172)$$

其中，$\delta \equiv \omega_2 - \omega_1 = (E_2 - E_1)/\hbar$ 为上述概率分布的振动频率。从粒子概率分布 $P(x,t)$ 的变化可以看出，粒子是在左右两个阱中来回振荡的，该现象称为**量子隧穿振荡**现象。初始时刻 $t=0$，概率分布为 $[\psi_1^{\mathrm{e}}(x) + \psi_2^{\mathrm{o}}(x)]^2/2 = |\psi_{\mathrm{L}}(x)|^2$；在 $t = \pi/\delta$ 时刻，概率分布变为 $[\psi_1^{\mathrm{e}}(x) - \psi_2^{\mathrm{o}}(x)]^2/2 = |\psi_{\mathrm{R}}(x)|^2$，粒子处于右阱态，如此反复振荡，其振荡频率决定于系统最低两个能级的分裂大小：$\delta = \Delta E/\hbar$。实验上可以通过测量振荡频率得到能级分裂或透射率，显然粒子从一个阱到另一个阱的隧穿时间 $\tau = \pi/\delta$。如果遂穿时间趋于无穷大，则 $\delta \to 0$，奇偶态简并，粒子会保持初态而不会发生任何隧穿。

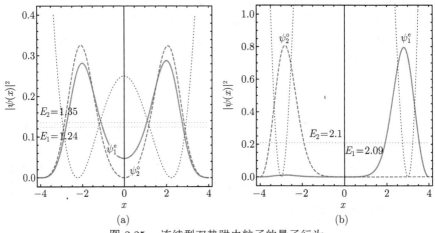

图 2.25　连续型双势阱内粒子的量子行为

(a) 双阱系统粒子最低两个能态偶宇称态 (实线) 和奇宇称态 (虚线) 的概率分布，阱参数与图 2.24(a) 相同；(b) 势垒高度和阱间距增加时 ($b = 1.8$) 右阱态 (实线) 和左阱态 (虚线) 的概率分布。采用原子单位 $m = \hbar = 1$

另外，根据粒子概率分布 $P(x,t)$ 随时间的变化，在 $t = \pi/(2\delta)$ 时刻 $\cos(\delta t) = 0$，粒子在阱中的概率分布变为

$$P\left(x, \frac{\pi}{2\delta}\right) = \frac{1}{2}\left[\psi_1^{\mathrm{e}}(x)\right]^2 + \frac{1}{2}\left[\psi_2^{\mathrm{o}}(x)\right]^2 = \frac{1}{2}\left[\psi_{\mathrm{L}}(x)\right]^2 + \frac{1}{2}\left[\psi_{\mathrm{R}}(x)\right]^2$$

显然此时粒子处于左右阱的概率都为 $1/2$，这是一个纯的左右阱态的叠加态，也就是在这个态上测量粒子，其既处于左阱中又处于右阱中，概率均为 $1/2$，所以这个态称为位置的**猫态**。理论上这个态在微观领域是允许存在的，而宏观领域是

不被允许的, 主要是因为对宏观体系来说, 系统会由于大尺度或大自由度等因素只会退相干为左阱态或者右阱态。

所以, 如果提高势垒高度 $V_0$ 或加大势阱之间的距离 $D$, 系统的两个左右阱叠加态 $\psi_1^e(x)$ 和 $\psi_2^o(x)$ 就退化为左阱态或右阱态 (如图 2.25(b) 所示), 此时能量变得几乎简并 ($\delta \to 0$, 波包概率在左右阱振荡的周期很长, 粒子透射率很小, 在 $\delta = 0$ 时不再发生概率振荡现象)。图 2.25(b) 显示随着势垒高度增加, 奇偶宇称叠加态的概率双峰分布会逐渐向单峰转变, 表明粒子叠加态逐渐消失而趋于经典的局域态。从动力学角度来讲, 如果逐渐增加势垒高度 $V_0$ 或势阱间距 $D$, 粒子的叠加态也会从猫态逐渐向左阱或右阱态过渡 (退相干), 而这个从叠加态向局域态的过渡也是随机的, 根据图 2.24(a) 中双势阱的对称性, 最后系统退相干到左阱或右阱态的概率应该都为 1/2。

# 习　　题

2.1　证明一维势阱 $V(x)$ 的束缚态不存在能级简并。提示: 利用定态薛定谔方程, 假设同一个本征值 $E$ 存在两个波函数 $\psi_1(x)$ 和 $\psi_2(x)$, 那么只要 $V(x)$ 对所有 $x$ 都不存在奇点, 就可以证明任意 $x$ 处 $\psi_1(x)\psi_2'(x) - \psi_2(x)\psi_1'(x) = C$, 其中 $C$ 为常数。根据束缚态概念, $x \to \infty$ 时两个波函数都为零, 那么可以证明 $C = 0$, 这样对其积分可以证明 $\psi_1(x) = c\psi_2(x)$, 其中 $c$ 是和 $x$ 无关的常数, 即两个态彼此不独立而线性相关, 所以为同一个态。

2.2　证明系统的势函数具有对称性: $\hat{V}(-x) = \hat{V}(x)$, 则体系的能量本征函数具有一定的宇称。提示: 根据 $\hat{H}$ 和 $\hat{P}$ 的对易关系 $\hat{P}\hat{H} = \hat{H}\hat{P}$, 将其作用到任意函数 $f(x)$ 上可以证明 $\hat{H}(-x)f(-x) = \hat{H}(x)f(-x)$, 即将 $\hat{H}(-x) = \hat{H}(x)$ 代入哈密顿量的具体形式可以证明 $\hat{V}(-x) = \hat{V}(x)$。

2.3　阱宽为 $a$ 的无限深方势阱中粒子处于基态, 当阱宽突然变化到 $2a$ 时, $t$ 时刻粒子处于什么态, 测量到粒子能量为原来值的概率是多少? 提示: 本题相当于阱宽为 $2a$ 的无限深方势阱中粒子的初态 $\Psi(x,0) = \sqrt{\dfrac{2}{a}} \sin\left(\dfrac{\pi}{a}x\right)$ 时求 $t$ 时刻粒子的状态 $\Psi(x,t)$。显然任意时刻粒子的波函数可以用阱宽为 $2a$ 的无限深方势阱的定态本征函数 $\psi_n(x,t) = \psi_n(x)\mathrm{e}^{-\mathrm{i}E_n t/\hbar}$ 展开:

$$\Psi(x,t) = \sum_{n=1}^{\infty} c_n \psi_n(x)\,\mathrm{e}^{-\mathrm{i}E_n t/\hbar} = \sum_{n=1}^{\infty} c_n \sqrt{\frac{2}{2a}} \sin\left(\frac{n\pi x}{2a}\right) \mathrm{e}^{-\mathrm{i}\hbar \frac{n^2\pi^2}{2(2a)^2}t}$$

其中, 展开系数为如下积分 (注意积分区域 $a < x < 2a$ 时初态值为零):

$$c_n = \int_0^{2a} \psi_n^*(x)\, \Psi(x,0)\, \mathrm{d}x = \frac{\sqrt{2}}{a} \int_0^a \sin\left(\frac{n\pi}{2a}x\right) \sin\left(\frac{\pi}{a}x\right)\, \mathrm{d}x$$

利用 Mathematica 进行计算，系数 $c_n = \dfrac{4\sqrt{2}}{\pi(4-n^2)} \sin\left(\dfrac{n\pi}{2}\right)$, $n \neq 2$; $c_2 = 1/\sqrt{2}$，

显然粒子处于新势阱的叠加态，测量能量为第一激发态能量的概率为 $|c_2|^2 = 1/2$。

2.4　请在有限深方势阱中利用式 (2.19) 证明式 (2.20)。提示: 代入标度后的
波数 $\xi$ 和 $\eta$, 式 (2.19) 可写为

$$\tan(\pi\xi) = \frac{2\xi\eta}{\xi^2 - \eta^2}$$

根据正切函数的分解公式:

$$\tan(2x) = \frac{2\tan(x)}{1 - \tan^2(x)}$$

对式 (2.19) 进行分解得

$$\tan\left(2\frac{\pi\xi}{2}\right) = \frac{2\left(\dfrac{\eta}{\xi}\right)}{1 - \left(\dfrac{\eta}{\xi}\right)^2} = \frac{2\left(-\dfrac{\xi}{\eta}\right)}{1 - \left(-\dfrac{\xi}{\eta}\right)^2}$$

对照上面的正切函数的分解公式，得到:

$$\tan\left(\frac{\pi\xi}{2}\right) = \frac{\eta}{\xi}, \quad \tan\left(\frac{\pi\xi}{2}\right) = -\frac{\xi}{\eta}$$

经过整理即可得到式 (2.20)，前一个对应偶宇称解的能级关系，后一个对应奇宇
称解的能级公式。此外，关系 $\tan^2\left(\dfrac{\pi\xi}{2}\right) = -1$ 并不能给出符合物理实际的解。

2.5　求解如下分段势阱的能级和波函数:

$$V(x) = \begin{cases} \infty, & x < 0 \\ 0, & 0 \leqslant x \leqslant a \\ V_0, & x > a \end{cases}$$

2.6　求解一维重力场中粒子的经典概率密度分布函数式 (2.44)。提示: 对经
典粒子在竖直方向重力场中的运动进行统计测量，粒子在 $x$ 到 $x + \mathrm{d}x$ 区间被测

到的概率决定于粒子在这个区间的停留时间:

$$P(x)\,\mathrm{d}x = \frac{2\mathrm{d}t}{T} \tag{2.173}$$

其中, 等号右边分数分子中的 2 表示一个周期 $T$ 内粒子会两次经过同一区间. 根据式 (2.173) 有

$$P(x) = \frac{2\mathrm{d}t}{T\mathrm{d}x} = \frac{2}{T\dfrac{\mathrm{d}x}{\mathrm{d}t}} = \frac{2}{Tv(x)}$$

其中, $v(x)$ 是粒子经过 $x$ 处的速度. 根据能量守恒粒子总能量为 $mgx_0$, 则粒子在高度 $x$ 处时满足 $\dfrac{1}{2}mv^2(x) + mgx = mgx_0$, 从而得到粒子的速度 $v(x)$ 并代入周期 $T$, 得到粒子随空间位置的分布概率密度:

$$P(x) = \frac{2}{2\sqrt{2x_0/g}\sqrt{2g(x_0 - x)}} = \frac{1}{2}\frac{1}{\sqrt{x_0(x_0 - x)}}$$

2.7　求解一维 $V$ 形线性势场 (式 (2.49)) 中粒子的波函数和能级. 提示: 参考线性势场的解 (式 (2.47)), 势场两个区域的解分别为

$$\psi_1(x) = c_1 \mathrm{Ai}\left[\left(\frac{2mF_1}{\hbar^2}\right)^{1/3}\left(x - \frac{E}{F_1}\right)\right], \quad x < 0$$

$$\psi_2(x) = c_2 \mathrm{Ai}\left[\left(\frac{2mF_2}{\hbar^2}\right)^{1/3}\left(x - \frac{E}{F_2}\right)\right], \quad x > 0$$

根据波函数在 $x = 0$ 处的两个连续性条件 (波函数及导数连续) 和波函数在整个空间归一化这三个条件, 可以确定能量 $E$ 和波函数的两个系数 $c_1$ 及 $c_2$ 三个未知量, 从而体系的能级和波函数获得严格求解.

2.8　证明一维谐振子能量本征方程级数解系数的递推关系式 (2.59).

2.9　利用如下的算符变换公式:

$$\hat{a}_+ = \frac{1}{\sqrt{2\hbar m\omega}}(m\omega x - \mathrm{i}\hat{p}),\ \hat{a}_- = \frac{1}{\sqrt{2\hbar m\omega}}(m\omega x + \mathrm{i}\hat{p})$$

代入动量算符 $\hat{p} = -\mathrm{i}\hbar\partial/\partial x$, 证明式 (2.62) 和式 (2.63).

2.10　证明新引入算符所满足的方程 (2.64).

2.11　请证明解析方法得到的解式 (2.61) 和代数方法得到的解式 (2.73) 是等价的. 提示: 首先利用如下算符公式

$$\xi - \frac{\partial}{\partial \xi} = -\mathrm{e}^{\xi^2/2}\frac{\partial}{\partial \xi}\mathrm{e}^{-\xi^2/2}$$

可以证明：

$$\left(\xi - \frac{\partial}{\partial \xi}\right)^n = e^{\xi^2/2}\left(-\frac{\partial}{\partial \xi}\right)^n e^{-\xi^2/2}$$

其次代入式 (2.73) 中得

$$\psi_n(\xi) = \frac{e^{-\xi^2/2}}{\pi^{1/4}\sqrt{2^n n!}}\left[e^{\xi^2}\left(-\frac{\partial}{\partial \xi}\right)^n e^{-\xi^2}\right] \equiv \frac{e^{-\xi^2/2}}{\pi^{1/4}\sqrt{2^n n!}} H_n(\xi)$$

此即为式 (2.61)，而上面方括号内的公式即为产生厄米多项式的罗德里格斯公式 (Rodrigues formula) [12]：

$$H_n(\xi) = (-1)^n e^{\xi^2}\frac{\partial^n}{\partial \xi^n}e^{-\xi^2}$$

2.12 请根据库默 (Kummer) 微分方程 (2.82)，证明库仑势场的波函数式 (2.83) 和量子化能量式 (2.86)。提示：库默微分方程 (2.82) 数学上有两个线性独立的解 [5]，一个解是

$$y_1(x) = {}_1F_1[a;b;x] = \sum_{n=0}^{\infty}\frac{(a)_n}{(b)_n}\frac{x^n}{n!}$$
$$= 1 + \frac{a}{b}\frac{x}{1!} + \frac{a(a+1)}{b(b+1)}\frac{x^2}{2!} + \cdots \tag{2.174}$$

其中，$(a)_n$ 称为 Pochhammer 符号，定义为

$$(a)_n = a(a+1)(a+2)(a+3)\cdots(a+n-1) \tag{2.175}$$

显然解 $y_1(x)$ 在 $b = 0, -1, -2, \cdots$ 时不存在或者没有定义。另一个线性独立的解为

$$y_2(x) = x^{1-b}\,{}_1F_1[a+1-b; 2-b; x]$$

显然根据 $(a)_n$ 的定义，解 $y_2(x)$ 在 $b = 2, 3, 4, \cdots$ 时不存在。将上面的结论应用到方程 (2.81) 中时发现此时 $b = 0$，所以物理上存在的解只有 $y_2(x)$，即可得到式 (2.83) 的解。根据解 $y_1(x)$ 的级数展开式 (2.174)，要使波函数满足定态条件，函数 ${}_1F_1[1 \pm \gamma/2; 2; 2\xi]$ 的级数必须截断，也就是总有一个最大的 $n_{\max}$ 让 $(a)_n$ 中 $a + n_{\max} - 1 = 0$，也就是

$$\left(1 \pm \frac{\gamma}{2}\right) + n_{\max} - 1 = 0$$

那么将 $\gamma > 0$ 时的上述条件 $\gamma = 2n_{\max}$ 代入参数式 (2.78) 即可得到式 (2.86)。当然这里之所以不采用另一个合流超几何函数 $U(a, b; x)$ 去分析，是因为这个函数其实是 $y_1(x)$ 和 $y_2(x)$ 函数的线性组合，分析起来比较复杂 [5]。

2.13　请证明库仑势场中求解定态薛定谔方程的傅里叶变换公式 (2.93)。提示：直接利用两个函数乘积的傅里叶变换等于两个函数傅里叶变换的卷积。

2.14　利用柯西积分公式证明非常规积分式 (2.97)。提示：首先延拓积分到整个复平面，计算如下的积分：

$$\oint_C Q(z)\,\mathrm{d}z \equiv \oint_C \frac{\phi(z)}{z - z_0}\,\mathrm{d}z$$

其中，$z = q + \mathrm{i}\epsilon$。由于这个问题积分函数的奇点在**实轴**上，即 $\epsilon = 0, z_0 = q_0$，所以取如图 2.26 所示的半圆形围道 $C$ 进行积分，这样上面的积分就分解为

$$\oint_C Q(z)\,\mathrm{d}z = \left(\int_{-R}^{q_0-r} + \int_{C_r} + \int_{q_0+r}^{+R} + \int_{C_R}\right) Q(z)\,\mathrm{d}z = 2\pi\mathrm{i} \sum_{\mathrm{Re}(z)>0} \mathrm{Res}\,[Q(z)]$$

其中，$\mathrm{Res}[Q(z)]$ 表示复变函数 $Q(z)$ 的**留数**；求和条件 $\mathrm{Re}(z) > 0$ 表示对上半复平面的留数进行求和。首先，由于动量空间的定态 $\phi(q)$ 具有良好的解析性质，所以 $Q(z)$ 函数在 $z \to \infty$ 时等于零，而且在实轴上只有一个一阶的奇点，在如图 2.26 所示的围道 $C$ 内再没有其他奇点存在，那么上面的四个积分里大半圆上 $C_R$ 的积分当满足极限 $R \to \infty$ 时等于零 (利用 Jordan 引理)，积分等式第一个等号右边也等于零，即

$$\left(\int_{-R}^{q_0-r} + \int_{q_0+r}^{+R} + \int_{C_r}\right) Q(z)\,\mathrm{d}z = 0 \tag{2.176}$$

下面考虑另一个极限 $r \to 0$，此时式 (2.176) 的前两项积分就可合并为

$$\lim_{r \to 0}\left(\int_{-R}^{q_0-r} + \int_{q_0+r}^{+R}\right) Q(z)\,\mathrm{d}z \equiv \mathrm{Pv}\int_{-R}^{+R} Q(q)\,\mathrm{d}q$$

此即为函数 $Q(z)$ 的**柯西主值**。这样积分在上面两个极限下变为

$$\oint_C Q(z)\,\mathrm{d}z = \mathrm{Pv}\int_{-\infty}^{+\infty} \frac{\phi(q)}{q - q_0}\,\mathrm{d}q + \int_{C_r} \frac{\phi(z)}{z - z_0}\,\mathrm{d}z = 0$$

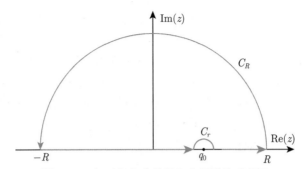

图 2.26    柯西积分非常规积分围道的示意图

图中 $r$ 和 $R$ 分别为小半圆和大半圆的半径，$q_0$ 是实轴上的一阶奇点

接下来计算 $C_r$ 上的积分。这个积分其实已经在很多复分析中的留数定理里给出过结果，为了说明复变函数围道积分在量子力学中的应用，这里做简单的分析。在 $C_r$ 上时可以令 $z = q_0 + r\mathrm{e}^{\mathrm{i}\theta}$，代入积分得到：

$$\int_{C_r} \frac{\phi(z)}{z-z_0}\mathrm{d}z = \int_{C_r} \frac{\phi\left(q_0 + r\mathrm{e}^{\mathrm{i}\theta}\right)\mathrm{i}r\mathrm{e}^{\mathrm{i}\theta}}{r\mathrm{e}^{\mathrm{i}\theta}}\mathrm{d}\theta = \mathrm{i}\int_\pi^0 \phi\left(q_0 + r\mathrm{e}^{\mathrm{i}\theta}\right)\mathrm{d}\theta$$

其中，由于动量空间的波函数在 $q_0$ 处是解析的，那么有

$$\phi\left(q_0 + r\mathrm{e}^{\mathrm{i}\theta}\right) = \phi(q_0) + r\mathrm{e}^{\mathrm{i}\theta}\phi'(q_0) + \cdots$$

这样在极限 $r \to 0$ 的时候，有

$$\lim_{r\to 0}\int_{C_r} \frac{\phi(z)}{z-z_0}\mathrm{d}z = \mathrm{i}\int_\pi^0 \phi(q_0)\mathrm{d}\theta = -\mathrm{i}\pi\phi(q_0)$$

最后就得到：

$$\int_{-\infty}^{+\infty} \frac{\phi(q)}{q-q_0}\mathrm{d}q = \mathrm{Pv}\int_{-\infty}^{+\infty} \frac{\phi(q)}{q-q_0}\mathrm{d}q = \mathrm{i}\pi\phi(q_0)$$

其中，Pv 表示**积分主值**，此即为非常规积分式 (2.97) 的结果。

2.15    一个自由粒子初始时刻的波包为艾里波包 $\Psi(x,0) = \mathrm{Ai}(\kappa x)$，请求解任意时刻艾里波包的演化波函数式 (2.128)。提示：对艾里函数谱求反傅里叶变换积分有

$$\psi(x,t) = \frac{1}{2\pi\kappa}\int_{-\infty}^{+\infty} \mathrm{e}^{\mathrm{i}\left(kx - \frac{\hbar k^2}{2m}t + \frac{k^3}{3\kappa^3}\right)}\mathrm{d}k$$

$$= \frac{1}{2\pi}\int_{-\infty}^{+\infty} \mathrm{e}^{\mathrm{i}\left(\frac{1}{3}k'^3 - \frac{\hbar\kappa^2 t}{2m}k'^2 + \kappa x k'\right)}\mathrm{d}k', \quad k' \equiv \frac{k}{\kappa}$$

$$= \frac{1}{2\pi} \mathrm{e}^{\mathrm{i}\frac{\tau^3}{3}} \int_{-\infty}^{+\infty} \mathrm{e}^{\mathrm{i}\left[\frac{1}{3}\left(k'-\tau\right)^3 + \left(\kappa x - \tau^2\right)k'\right]} \mathrm{d}k', \quad \tau \equiv \frac{\hbar\kappa^2 t}{2m}$$

$$= \mathrm{e}^{\mathrm{i}\left(\kappa\tau x - \frac{2}{3}\tau^3\right)} \frac{1}{2\pi} \int_{-\infty}^{+\infty} \mathrm{e}^{\mathrm{i}\left[\frac{1}{3}y^3 + \left(\kappa x - \tau^2\right)y\right]} \mathrm{d}y, \quad y \equiv k' - \tau$$

$$= \mathrm{e}^{\mathrm{i}\left(\kappa\tau x - \frac{2}{3}\tau^3\right)} \mathrm{Ai}\left(\kappa x - \tau^2\right)$$

将上面定义的参数 $\tau$ 代入，即可得到艾里波包的自由演化波函数：

$$\psi\left(x, t\right) = \mathrm{e}^{\mathrm{i}\frac{\hbar\kappa^3 t}{2m}\left(x - \frac{\hbar^2 \kappa^3}{6m^2}t^2\right)} \mathrm{Ai}\left[\kappa\left(x - \frac{\hbar^2 \kappa^3}{4m^2}t^2\right)\right]$$

2.16　一个自由粒子初始时刻的波包为高斯波包：

$$\Psi\left(x, 0\right) = A\mathrm{e}^{-ax^2}$$

请归一化波函数，然后求出任意时刻高斯波包的自由演化波函数 $\Psi(x, t)$。

提示：首先根据归一化条件，利用 Mathematica 的积分函数计算积分：

$$\mathrm{In}[] := \mathrm{Integrate}\left[|\Psi(x, 0)|^2, \{x, -\infty, +\infty\}\right]$$

$$\mathrm{Out}[] := |A|^2 \sqrt{\frac{\pi}{2a}}$$

程序不仅给出积分结果还会给出积分条件：$a \geqslant 0$。所以根据 $|A|^2 \sqrt{\pi/2a} = 1$，得到归一化的波函数为 ($A$ 取实数)

$$\Psi\left(x, 0\right) = \left(\frac{2a}{\pi}\right)^{1/4} \mathrm{e}^{-ax^2}$$

将归一化波函数代入式 (2.121)，可以得到 $k$ 空间归一化的谱函数 $\phi(k)$：

$$\phi\left(k\right) = \frac{1}{(2\pi a)^{1/4}} \mathrm{e}^{-\frac{k^2}{4a}}$$

下面讨论一般的**高斯波包**。高斯波包所对应的概率分布称为高斯分布或标准正态分布，其标准的形式可写为

$$P_{\mathrm{g}}(x, 0) = |\Psi_{\mathrm{g}}\left(x, 0\right)|^2 = \frac{1}{\sqrt{2\pi}\sigma_0} \mathrm{e}^{-\frac{1}{2}\left(\frac{x-x_0}{\sigma_0}\right)^2} \tag{2.177}$$

其中，$x_0$ 表示高斯分布的中心位置 (概率最大的位置)；$\sigma_0$ 表示高斯分布的宽度 (概率为 $1/\mathrm{e}$ 处的宽度 $\Delta_0 = 2\sigma_0$ 或者方差 $\Delta x = \sqrt{\langle x^2 \rangle - \langle x \rangle^2} = \sigma_0$) 分布满足归

一化: $\int P_{\mathrm{g}}(x)\mathrm{d}x = 1$。根据式 (2.121) 并利用 Mathematica 对高斯波包求反傅里叶变换，可得到动量空间谱函数：

$$\phi_{\mathrm{g}}(k) = \frac{1}{\sqrt{2\pi}} \int_{-\infty}^{+\infty} \left[ \frac{1}{(2\pi)^{1/4}\sqrt{\sigma_0}} \mathrm{e}^{-\frac{1}{4}\left(\frac{x-x_0}{\sigma_0}\right)^2} \right] \mathrm{e}^{-\mathrm{i}kx}\mathrm{d}x$$

$$= \sqrt{\sigma_0}\left(\frac{2}{\pi}\right)^{1/4} \mathrm{e}^{-k^2\sigma_0^2}\mathrm{e}^{-\mathrm{i}kx_0}$$

显然在 $k$ 空间 $|\phi_{\mathrm{g}}(k)|^2$ 也是高斯分布，其方差 $\Delta k = 1/(2\sigma_0)$。然后代入式 (2.120) 进行傅里叶变换，得到高斯波包自由演化的波函数：

$$\Psi_{\mathrm{g}}(x,t) = \frac{1}{(2\pi)^{1/4}\sqrt{\sigma_0 + \mathrm{i}\dfrac{\hbar t}{2m\sigma_0}}} \mathrm{e}^{-\frac{1}{4}\frac{(x-x_0)^2}{\sigma_0^2+\mathrm{i}\frac{\hbar t}{2m}}}$$

显然粒子在 $t$ 时刻的概率分布与初始分布 (式 (2.177)) 形式一样：

$$P_{\mathrm{g}}(x,t) = |\Psi_{\mathrm{g}}(x,t)|^2 = \frac{1}{\sqrt{2\pi}\sigma(t)} \mathrm{e}^{-\frac{1}{2}\left[\frac{x-x_0}{\sigma(t)}\right]^2} \tag{2.178}$$

唯一的区别是波包的宽度 $\sigma(t)$ 随时间发生了变化：

$$\sigma(t) = \sqrt{\sigma_0^2 + \left(\frac{\hbar}{2m\sigma_0}t\right)^2} = \sigma_0\sqrt{1 + \frac{t^2}{\tau^2}} \tag{2.179}$$

式 (2.179) 中引入了一个自然的时间单位: $\tau \equiv \dfrac{2m\sigma_0^2}{\hbar}$。

当然如果自由粒子的高斯波包不是静止的 (群速度不为零)，而是沿着 $x$ 方向以速度 $v_0 = p_0/m$ 运动，那么高斯波包的初始波函数可写为

$$\Psi(x,0) = \frac{1}{(2\pi)^{1/4}\sqrt{\sigma_0}} \mathrm{e}^{-\frac{(x-x_0)^2}{4\sigma_0^2}} \mathrm{e}^{\mathrm{i}p_0(x-x_0)/\hbar} \tag{2.180}$$

同样经过傅里叶反变换和变换，得出实空间随时间演化的波函数为

$$\Psi(x,t) = \frac{1}{(2\pi)^{1/4}\sqrt{\sigma_0 + \mathrm{i}\dfrac{\hbar t}{2m\sigma_0}}} \mathrm{e}^{-\frac{1}{4}\frac{(x-x_0-v_0t)^2}{\sigma_0^2+\mathrm{i}\frac{\hbar t}{2m}}} \mathrm{e}^{\mathrm{i}p_0\left(x-x_0-\frac{1}{2}v_0t\right)/\hbar} \tag{2.181}$$

显然此时波函数的概率分布为

$$P(x,t) = \frac{1}{\sqrt{2\pi}\sigma(t)}e^{-\frac{1}{2}\frac{(x-x_0-v_0 t)^2}{\sigma^2(t)}} \tag{2.182}$$

其中, 高斯波包的宽度 $\sigma(t)$ 由式 (2.179) 定义。高斯波包 (式 (2.182)) 在实空间中随时间演化的图像如图 2.27 所示。根据计算结果式 (2.182), 高斯波包在自由演化过程中其中心位置为 $\bar{x}(t) = x_0 + v_0 t$, 所以其整体群速度为 $\dot{\bar{x}} = v_0$。由于色散关系的存在, 高斯波包的宽度 $\sigma(t)$ 在传播过程会随时间不断增加。

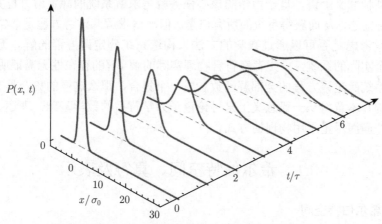

图 2.27  自由高斯波包在实空间中随时间的演化

空间单位取 $\sigma_0$, 时间单位取 $\tau$, 波包的初始位置在 $x_0 = 0$ 处, 初始速度 $v_0 = 2\sigma_0/\tau$

2.17  证明一维重力场中动量空间薛定谔方程 (2.131) 的解为式 (2.132)。

提示: 引入变量代换 $x = p + Ft, y = p$, 方程 (2.131) 等号左边为

$$\frac{\partial}{\partial t}\phi(x,y) - F\frac{\partial}{\partial p}\phi(x,y) = \left[\frac{\partial\phi(x,y)}{\partial x}\frac{\partial x}{\partial t} + \frac{\partial\phi(x,y)}{\partial y}\frac{\partial y}{\partial t}\right]$$

$$- F\left[\frac{\partial\phi(x,y)}{\partial x}\frac{\partial x}{\partial p} + \frac{\partial\phi(x,y)}{\partial y}\frac{\partial y}{\partial p}\right] = -F\frac{\partial\phi(x,y)}{\partial y}$$

从而得到新变量的微分方程为

$$\frac{\partial\phi(x,y)}{\partial y} = \frac{\mathrm{i}}{2m\hbar F}y^2\phi(x,y) \tag{2.183}$$

利用 Mathematica 中求解微分方程解的函数命令 DSolve[··] 可以直接得到方程 (2.183) 的解为

$$\phi(x,y) = c(x)\,\mathrm{e}^{\frac{\mathrm{i}}{6m\hbar F}y^3}$$

其中, $c(x)$ 是 $x$ 的任意函数。

# 第 3 章　量子力学的数学基础

本章将在求解一维定态问题的基础上对薛定谔方程的解做一个整体的数学考察。从某种意义上讲，量子力学的核心任务就是求解系统的薛定谔方程并得到系统的全部能态，从而获得系统的所有信息。但严格求解薛定谔方程是非常困难的，所以本章考虑是否可以通过数学的方法来构造系统薛定谔方程的解。无论如何，对于一个实际的系统，一定存在符合物理实际的解 (解的存在性无需证明)，如果把一个系统薛定谔方程的全部解函数看成一个集合，那么这样的集合具有什么性质和结构？本章将从一般意义上来讨论量子力学背后的数学基础，表述上不追求数学的严谨而尽量采用物理的方式。

## 3.1　希尔伯特空间、算符及表示

### 3.1.1　希尔伯特空间

如果把一个系统薛定谔方程的全部解函数看成一个集合，那么这个集合就构成了一个空间，数学家称其为**希尔伯特空间** (Hilbert space)。希尔伯特空间首先是一个**线性空间** (linear space)，如果把系统波函数集合里的每一个函数看成一个抽象的元素，那么这些元素在满足特定条件时就会构成一个特殊的集合：线性空间。为了说清楚线性空间和希尔伯特空间的关系，图 3.1 展示了数学上各类抽象空间之间的逻辑联系。如果采用抽象符号"$|\cdot\rangle$"来表示集合中的元素 (该符号将在后文专门介绍)，那么可以先定义一个集合 $V := \{|\psi\rangle, |\varphi\rangle, |\sigma\rangle, |\phi\rangle, \cdots\}$。如果在集合 $V$ 上能够规定元素的加法和数乘运算 (加法和数乘统称**线性运算**，其中数乘中的数 $c$ 属于一定的数域 $K$，如实数域 $\mathbb{R}$ 或复数域 $\mathbb{C}$)，则集合 $V$ 的元素就可以通过**线性组合**去构造集合内的任何元素，如 $|\psi\rangle = c_1|\varphi\rangle + c_2|\sigma\rangle + \cdots$，这样的集合 $V$ 就构成一个数域 $K$ 上的**线性空间**。线性空间是在线性运算下封闭的集合，即线性空间内的任何元素都可以用这个集合里某组元素的线性组合来表示。如果能在线性空间里找到一组代表元素 $\{|u_1\rangle, |u_2\rangle, \cdots, |u_n\rangle\}$ (元素个数为 $n$)，空间的任何元素都可以用这组元素线性表示，那么这组元素称为线性空间 $V$ 的一组**基** (basis)，在这组基下线性空间的元素就具有了**矢量**的特征。但要使线性空间能够存在一组有效的基 (如基是简单或有限的)，就需要对线性空间的元素进行适当规范，如**限制线性组合中加的次数和数乘的大小**，此时就需要引入**范数** (norm) 的

概念来衡量或规范元素的 "大小" (可以把范数当作矢量模的推广，一般用双线表示 $\|x\|$，中间的 $x$ 表示线性空间的矢量元素)。范数有多种，如果在线性空间上引入一定的范数，那么这个线性空间就被称为**赋范线性空间** (normed linear space)。有了范数之后就可以定义元素之间的 "**距离**" 概念 (如距离 $d(x,y) \equiv \|x-y\|$)，从而引入由矢量元素组成的**柯西序列** (Cauchy sequence)。如果赋范线性空间任何柯西序列的极限依然在这个空间内，则这个赋范线性空间就是**完备**的，完备的赋范线性空间称为**巴拿赫空间** (Banach space)。

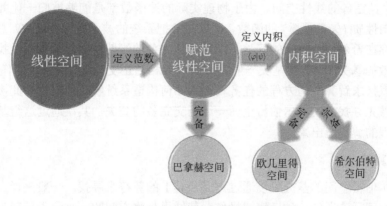

图 3.1 数学上各类抽象空间的逻辑关系

如果不在范数的基础上讨论空间的完备性，而是在线性空间首先定义元素之间的**内积** (inner product) 运算：$\langle \varphi | \psi \rangle$，那么线性空间就构成**内积空间**。对应于第 2 章一维系统的空间波函数元素时，内积可定义为

$$\langle \varphi | \psi \rangle = \int_{-\infty}^{+\infty} \varphi^*(x)\,\psi(x)\,\mathrm{d}x \in K \tag{3.1}$$

其中，数域 $K$ 一般为复数域 $\mathbb{C}$。内积在线性空间中是一个非常重要的概念，它定义了线性空间元素之间的某种运算规则 (此处没有采用数学上抽象的内积定义)。式 (3.1) 的定义表明波函数自身的内积 $\langle \psi | \psi \rangle$ 就是概率密度在全空间的积分，也就是说元素内积的存在性决定了函数的**平方可积性** (就是可归一化的，数学上称为 $L^2$ 空间)。显然根据式 (3.1) 对任何元素都有 $\langle \psi | \psi \rangle \geqslant 0$，从而通过内积就可以定义内积空间元素的**内积范数**：$\||\psi\rangle\|^2 = \langle \psi | \psi \rangle$ 或 $\||\psi\rangle\| = \sqrt{\langle \psi | \psi \rangle}$。所以通过内积不仅可以定义抽象元素的大小和方向 (例如，如果 $\langle \varphi | \psi \rangle = 0$ 就称这两个元素**垂直**或者**正交**)，还能定义元素间的距离测度 (如概率测度) 等概念。例如，对于内积的距离意义，有以下的三角不等式或施瓦茨 (Schwarz) 不等式 (证明见习题 3.1)：

$$|\langle\psi|\varphi\rangle|^2 \leqslant \langle\psi|\psi\rangle\langle\varphi|\varphi\rangle \tag{3.2}$$

所以在内积的基础上就可以考察任意柯西序列的极限问题，如果任意柯西序列的极限都包含在内积空间里，那么这样的封闭内积空间被称为**完备的内积空间**。在实数域 $\mathbb{R}$ 上完备的内积空间 (内积退化为矢量的点积) 称为**欧几里得空间** (Euclidean space，也称为**矢量空间**)，而在复数域 $\mathbb{C}$ 上完备的内积空间称为**希尔伯特空间**，此时经常用一个特殊的符号 $\mathcal{H}$ 来表示量子系统 $\hat{H}$ 所对应的希尔伯特空间。由此可见一个系统波函数的集合构成希尔伯特空间，它是定义了内积 (可积的) 并且完备的线性空间。由于物理实际的波函数都是能够被归一化并具有大小和方向性质 (矢量性质) 的函数，所以经常把系统的波函数称为**波矢**。总之，量子系统存在希尔伯特空间的好处是由于其是完备的线性空间，可以通过找到一组简单有效的**基矢** (为方便基矢一般大小归一并相互正交) 来构造系统的任意通解，从而将直接求解薛定谔方程的任务转化为如何构造系统解的问题。因此接下来的目标是首先寻找系统希尔伯特空间一组正交完备的基矢，其次通过这组基矢将薛定谔方程的解构造出来。

### 3.1.2 算符

希尔伯特空间的基矢可以通过定义于其上的算符来寻找。一般来说，算符是作用于空间元素上的一种运算或操作，其结果是将空间的一个元素转变为另外一个元素，用数学语言表述：

$$|\varphi\rangle = \hat{Q}|\psi\rangle \tag{3.3}$$

其中，$\hat{Q}$ 被称为算符，为了标示其是算符，一般在字母上加一个"帽子"。如果从集合的角度来看算符的话，算符可以对应为一个映射 $\hat{Q}: |\psi\rangle \mapsto |\varphi\rangle = \hat{Q}(|\varphi\rangle)$。因此算符 $\hat{A}$ 可以看作是希尔伯特空间上一个元素的集合 (称为算符的定义域，记为 $\mathcal{D}(\hat{A})$) 到另一个元素的集合 (称为值域) 的映射。例如，一维空间波函数 $\psi(x)$ 组成的希尔伯特空间上的动量算符 $\hat{p} = -\mathrm{i}\hbar\partial/\partial x$ 就是对函数的微分运算，其结果依然是该空间的一个函数 $\varphi(x) = -\mathrm{i}\hbar\psi'(x)$。所以对应于系统的波函数描述，系统的物理量一般对应于希尔伯特空间上的算符。

#### 1. 算符的运算

有了算符的定义，就可以定义算符之间的运算。由于算符是定义于空间元素 (波函数) 之上的运算，所以算符之间的运算由算符所作用空间上元素的性质来定义 (后文不再强调)。

1) 恒等算符

如果对空间任意元素 $|\psi\rangle$，都有 $\hat{I}|\psi\rangle = |\psi\rangle$，算符 $\hat{I}$ 就称为恒等算符，其实恒等算符就是作用在任何元素上都不变的算符，所以经常会把恒等算符简单记为

1, 为了强调其是具有一定维度的算符, 有时会写为 1 或 $\hat{I}$。

2) 等价算符

如果对空间的任意元素 $|\psi\rangle$, 都有 $\hat{A}|\psi\rangle = \hat{B}|\psi\rangle$, 那么就说两个算符 $\hat{A}$ 和 $\hat{B}$ 在该空间上等价, 记为 $\hat{A} = \hat{B}$。

3) 算符的加法

对空间的任意元素 $|\psi\rangle$, 如果算符 $\hat{A}$ 和 $\hat{B}$ 满足等价性 $(\hat{A}+\hat{B})|\psi\rangle = \hat{A}|\psi\rangle + \hat{B}|\psi\rangle$, 则 $\hat{A}+\hat{B}$ 定义了算符的加法。根据算符的等价性可以证明算符加法的交换律 $\hat{A}+\hat{B} = \hat{B}+\hat{A}$ 和结合律 $(\hat{A}+\hat{B})+\hat{C} = \hat{A}+(\hat{B}+\hat{C})$。

4) 算符的乘积

对空间的任意元素 $|\psi\rangle$, 如果有等价关系 $(\hat{A}\hat{B})|\psi\rangle = \hat{A}(\hat{B}|\psi\rangle)$, 则定义了算符的乘法 $\hat{A}\hat{B}$, 表示算符的连续作用。乘法一般不满足交换律 $\hat{A}\hat{B} \neq \hat{B}\hat{A}$, 但满足结合律 $(\hat{A}\hat{B})\hat{C} = \hat{A}(\hat{B}\hat{C})$。如果用算符自身的乘积定义算符的幂 $\hat{A}^n = \underbrace{\hat{A}\cdots\hat{A}}_{n}$, 那么就可以定义算符的函数 $f(\hat{A})$。例如, 算符的指数函数:

$$\mathrm{e}^{\hat{A}} = \sum_{n=0}^{\infty} \frac{\hat{A}^n}{n!} = 1 + A + \frac{1}{2}\hat{A}^2 + \cdots + \frac{\hat{A}^n}{n!} + \cdots \tag{3.4}$$

如果把算符看成时间的函数 $\hat{A}(t)$, 就可以定义算符对时间的导数了, 由于算符的导数和一般函数的导数定义类似, 在此不再赘述。

5) 逆算符

根据算符的等价性, 如果两个算符的乘积为单位算符 $\hat{I}$, 即对任意元素 $|\psi\rangle$ 有 $\hat{A}\hat{B}|\psi\rangle = \hat{I}|\psi\rangle = |\psi\rangle$, 那么就称算符 $\hat{A}$ 为算符 $\hat{B}$ 的左逆运算 (在左边相乘等于单位算符), 而算符 $\hat{B}$ 称为 $\hat{A}$ 的右逆运算 (在右边相乘等于单位算符)。如果一个算符 $\hat{A}$ 既存在左逆算符又存在右逆算符且相等, 即满足 $\hat{A}\hat{B} = \hat{B}\hat{A} = \hat{I}$, 那么称算符 $\hat{B}$ 为算符 $\hat{A}$ 或算符 $\hat{A}$ 为算符 $\hat{B}$ 的逆算符, 显然算符 $\hat{A}$ 和 $\hat{B}$ 互为逆算符。所以可以将算符 $\hat{A}$ 的逆算符记为 $\hat{A}^{-1}$, 即

$$\hat{A}\hat{A}^{-1} = \hat{A}^{-1}\hat{A} = \hat{I}$$

注意并非所有的算符都存在逆算符, 如后文将要讲到的投影算子就不存在逆算子, 后文将会给出算符存在逆算符的条件。

6) 算符的对易关系

由于一般情况下算符乘法不满足交换律, 为了考察乘法交换产生的不同, 可以定义算符的**对易关系**或对易子:

$$[\hat{A}, \hat{B}] \equiv \hat{A}\hat{B} - \hat{B}\hat{A} \tag{3.5}$$

根据定义，如果 $[\hat{A}, \hat{B}] = 0$，就称两个算符**对易**，满足乘法交换率，也就是两个算符作用于波函数时没有次序的区分。根据第 2 章对一维系统的讨论，计算对易关系 $[\hat{x}, \hat{p}_x]$。根据定义将其作用于任意函数 $\psi(x)$ 有

$$[\hat{x}, \hat{p}_x]\,\psi(x) = (\hat{x}\hat{p}_x - \hat{p}_x\hat{x})\,\psi(x) = \mathrm{i}\hbar\frac{\partial}{\partial x}x\psi(x) - \mathrm{i}\hbar x\frac{\partial\psi(x)}{\partial x}$$

$$= \mathrm{i}\hbar\psi(x) + \mathrm{i}\hbar x\frac{\partial\psi(x)}{\partial x} - \mathrm{i}\hbar x\frac{\partial\psi(x)}{\partial x} = \mathrm{i}\hbar\psi(x)$$

根据算符的等价性，就得到一个非常重要的位置和动量的对易关系：

$$[\hat{x}, \hat{p}_x] = \mathrm{i}\hbar \tag{3.6}$$

由于很多力学量算符都是空间算符和动量算符的函数，所以式 (3.6) 所示的对易关系是最基本的对易关系。显然该对易关系可以推广到其他维度：$[\hat{y}, \hat{p}_y] = \mathrm{i}\hbar$，$[\hat{z}, \hat{p}_z] = \mathrm{i}\hbar$。利用该对易关系，可以证明 $[\hat{x}, \hat{p}_x^n] = \mathrm{i}\hbar n\hat{p}_x^{n-1}$，从而有

$$[\hat{x}, f(\hat{p}_x)] = \mathrm{i}\hbar f'(\hat{p}_x), \quad [\hat{p}_x, f(\hat{x})] = -\mathrm{i}\hbar f'(\hat{x}) \tag{3.7}$$

其中，$f(\cdot)$ 是任意函数；$f'(\cdot)$ 是自变量的导函数。另外根据对易关系的定义，以下是一些计算复杂对易关系时用到的公式：

$$\left[\hat{A}, \hat{B}\right] = -\left[\hat{B}, \hat{A}\right], \left[c, \hat{B}\right] = \left[\hat{B}, c\right] = 0, \left[\hat{A}, \hat{B} + \hat{C}\right] = \left[\hat{A}, \hat{B}\right] + \left[\hat{A}, \hat{C}\right],$$

$$\left[\hat{A}, \hat{B}\hat{C}\right] = \left[\hat{A}, \hat{B}\right]\hat{C} + \hat{B}\left[\hat{A}, \hat{C}\right], \left[\hat{A}\hat{B}, \hat{C}\right] = \left[\hat{A}, \hat{C}\right]\hat{B} + \hat{A}\left[\hat{B}, \hat{C}\right]$$

其中，$c$ 是一个复常数。特别地，关于对易有一个重要的轮换关系：

$$\left[\hat{A}, \left[\hat{B}, \hat{C}\right]\right] + \left[\hat{C}, \left[\hat{A}, \hat{B}\right]\right] + \left[\hat{B}, \left[\hat{C}, \hat{A}\right]\right] = 0 \tag{3.8}$$

算符对易关系的重要性在于其可以给出量子力学中许多重要的公式，如结合算符指数函数 (式 (3.4)) 的定义可以证明如下非常重要的 Baker-Campbell-Hausdorff (BCH) 等式 (证明见习题 3.4)：

$$\mathrm{e}^{\lambda\hat{A}}\hat{B}\mathrm{e}^{-\lambda\hat{A}} = B + \lambda\left[\hat{A}, \hat{B}\right] + \frac{\lambda^2}{2!}\left[\hat{A}, \left[\hat{A}, \hat{B}\right]\right] + \frac{\lambda^3}{3!}\left[\hat{A}, \left[\hat{A}, \left[\hat{A}, \hat{B}\right]\right]\right] + \cdots \tag{3.9}$$

其中，$\lambda$ 是参数。特别地，如果令 $\lambda = \mathrm{i}t/\hbar$ 和 $\hat{A} = \hat{H}$，式 (3.9) 可以用来计算量子系统 $\hat{H}$ 某个算符 $\hat{B}$ 的演化 $\hat{B}(t)$。

### 2. 算符的谱和本征函数

下面考虑这样的一个简单问题：对于任意算符 $\hat{Q}$，能否找到一些波函数，使得 $\hat{Q}$ 作用到这些波函数上相当于一个数 $q \in K$ 乘以这些波函数：

$$\hat{Q}|\psi\rangle = q|\psi\rangle \tag{3.10}$$

方程 (3.10) 称为算符 $\hat{Q}$ 的**本征方程**，$|\psi\rangle$ 称为**本征态**，$q$ 则称为**本征值**。一般情况下，算符 $\hat{Q}$ 存在多个本征态和相应的本征值，所以可以把本征方程写为

$$\hat{Q}|\psi_n\rangle = q_n|\psi_n\rangle, \quad n = 1, 2, 3, \cdots$$

算符所有本征值的集合 $\{q_1, q_2, q_3, \cdots\}$ 称为这个算符的**谱**，记为 $\sigma(\hat{Q})$。

对于算符 $\hat{Q}$ 的本征谱 $\sigma(\hat{Q})$，第一个重要的概念就是谱的**简并**。有时候算符的某一个本征值 $q_n$ 会对应 $d$ 个**不同**的本征态，它们都满足算符的本征方程 (3.10)，那么就称算符 $\hat{Q}$ 的本征值 $q_n$ 是**简并**的，其**简并度**为 $d$，此时需要引入简并指标 $\alpha$ 区分不同简并波函数 (由于本征值 $q_n$ 相同，必须用另外的相关指标区分)，表示为 $|\psi_{n,\alpha}\rangle, \alpha = 1, 2, \cdots, d$。可以证明所有的简并波函数 $\{|\psi_{n,\alpha}\rangle, \alpha = 1, 2, \cdots, d\}$ 也构成一个封闭的 $d$ 维线性空间，称算符 $\hat{Q}$ 的本征值为 $q_n$ 的**简并子空间**。当然在简并子空间里也可以采用一定的正交归一化方法确定简并子空间一组正交归一的基矢。

根据算符的本征谱性质，还有一个重要概念就是**分立谱**和**连续谱**。如果算符 $\hat{Q}$ 的本征值是分立取值的，那就称算符 $\hat{Q}$ 具有分立谱。如果本征值是连续取值的，那么就称算符 $\hat{Q}$ 具有连续谱。后文讨论算符本征问题时，经常会分为分立谱和连续谱两种情况。

### 3. 厄米算符及其性质

一般情况下算符的概念是非常广义的，存在各种各样的算符，下面介绍一些具有特殊性质的算符，特别是在量子力学中非常重要的一些算符。

#### 1) 线性算符

如果一个算符满足如下的算符运算关系：

$$\hat{A}(c_1|\psi_1\rangle + c_2|\psi_2\rangle) = c_1\hat{A}|\psi_1\rangle + c_2\hat{A}|\psi_2\rangle \tag{3.11}$$

其中，$c_1$、$c_2$ 为任意常复数；$|\psi_1\rangle$、$|\psi_2\rangle$ 为希尔伯特空间任意两个元素，那么具有这样作用性质的算符 $\hat{A}$ 就称为**线性算符**。

线性算符是线性空间一类非常重要的算符，也就是整体作用等于部分作用的和，其保持了映射的结构。例如，系统的哈密顿量算符 $\hat{H}$ 就是线性算符，这就

决定了薛定谔方程解的线性叠加性质。线性算符给出了两个集合 (如波函数或波矢量集合) 之间的一个线性变换或线性映射, 由线性变换 $\hat{A}$ 的性质可以引出和线性变换相关的其他概念和定理, 如线性变换的**定义域** (domain)、**值域** (range) 和**核** (kernel) 的概念, 以及在这些概念上建立起来的线性变换 $\hat{A}$ 的**谱定理** (spectral theorem) 等, 此处不再详细讨论。

2) 厄米算符

厄米算符是另一类重要算符, 该算符和希尔伯特空间上的内积运算有重要联系, 即该算符的性质决定于其对内积的影响。首先利用内积运算定义**共轭算符**。如果存在两个算符 $\hat{F}$ 和 $\hat{G}$ 对任意两个元素的内积作用都满足:

$$\langle \varphi | \hat{F} \psi \rangle = \langle \hat{G} \varphi | \psi \rangle \tag{3.12}$$

那么就称这两个算符互为**共轭算符**或互为**伴算子**。根据内积的定义式 (3.1), 如果希尔伯特空间的元素为一维波函数, 式 (3.12) 所表达的意义是

$$\int_{-\infty}^{+\infty} \varphi^* (x) \hat{F} \psi (x) \, \mathrm{d}x = \int_{-\infty}^{+\infty} \left[ \hat{G} \varphi (x) \right]^* \psi (x) \, \mathrm{d}x$$

由于两个算符的共轭关系是相互的, 也就是说 $\hat{G}$ 是 $\hat{F}$ 的共轭算符, 同时 $\hat{F}$ 也是 $\hat{G}$ 的共轭算符, 这样就可以将算符 $\hat{G}$ 用符号 $\hat{F}^\dagger$ 代替, 即用 $\hat{G} \equiv \hat{F}^\dagger$ 直接表示 $\hat{F}$ 的共轭算符。显然由式 (3.12) 有 $\hat{G}^\dagger = (\hat{F}^\dagger)^\dagger = \hat{F}$, 所以式 (3.12) 可改写为 $\langle \varphi | \hat{F} \psi \rangle = \langle \hat{F}^\dagger \varphi | \psi \rangle$。

有了共轭或伴算子的概念, 那么厄米算符就是一类特殊的伴算子, 定义为如果一个算符的共轭算符或伴算子就是它自己, 那么这样的算符就称为**自伴算子** (self-adjoint operator) 或**厄米算符** (Hermitian operator), 用数学符号表示: 如果 $\hat{F}^\dagger = \hat{F}$, 则 $\hat{F}$ 为厄米算符。根据厄米算符的定义很容易证明:

$$\left( \hat{F} \hat{G} \right)^\dagger = \hat{G}^\dagger \hat{F}^\dagger = \hat{G} \hat{F} \neq \hat{F} \hat{G}$$

其中, $\hat{F}$ 和 $\hat{G}$ 都是厄米算符。也就是说, 两个厄米算符的乘积一般不是厄米算符, 除非两个算符互相对易。

### 3.1.3　厄米算符的谱定理

下面讨论希尔伯特空间上厄米算符的本征问题。根据厄米算符的谱可以将厄米算符分为两类: 分立谱算符和连续谱算符。分立谱的例子如第 2 章引入的宇称算符, 连续谱的例子如第 2 章自由粒子的哈密顿量算符。

## 1. 分立谱

对于具有分立谱的厄米算符，存在下面三个重要的**谱定理**。

**定理一**：厄米算符的本征值都是实数 (实谱)。

**定理二**：厄米算符不同本征值所对应的本征函数彼此正交。

**定理三**：厄米算符的本征函数系是完备的。

对于以上三个定理，前两个定理非常容易证明，而定理三的证明则比较复杂，但**完备性**对希尔伯特空间是非常重要的性质，它保证了希尔伯特空间任意元素都能完备地被厄米算符的本征函数系展开且完全等价。这样厄米算符的本征函数就能构成希尔伯特空间的一个有效的基矢，用以表示希尔伯特空间的任意函数，而这个基矢的个数即为希尔伯特空间的**维度**。显然如果厄米算符本征值的个数 (谱空间) 是有限的，那么其对应的希尔伯特空间维度就是有限的；如果本征值 (谱空间) 是无限的，那么希尔伯特空间的维度就是可数无限维的。

当然实际系统 $\hat{H}$ 所对应的希尔伯特空间 $\mathcal{H}$ 一般都是无穷维的，只有在一定的限制条件下，系统的希尔伯特空间才是有限维的。例如，第 2 章中求解的各类系统定态薛定谔方程的束缚态解 $\psi_n(x)$，都是系统哈密顿量厄米算符的本征函数，其个数只有在束缚态能量条件下才可能是有限的，而数学上完备的本征函数一般有无穷多个。例如，无限深方势阱的分立能级就有无限多个，对应的无限多个本征函数显然组成完备的**三角函数系**，整体的希尔伯特空间是无穷维的。对于有限深方势阱，束缚态的分立能级是有限的 (大于阱深的散射态能量是连续的)，所以其束缚态集合构成的函数空间是低能有限维的 (高能时的散射态具有连续谱，对应函数空间是无穷维的，所以系统整体的希尔伯特空间也是无穷维的)；对于谐振子系统，其哈密顿量算符的本征态是厄米多项式，显然也构成完备的厄米函数系，整体维度也是无穷维的。由此可见，对于一个真实的物理系统，虽然其完备希尔伯特空间的维度是无穷大的，但系统的能量总会被限制在一定的能量区域内，在这个能量区域内有限的希尔伯特空间称为系统希尔伯特空间的能量子空间或能量截断空间。

## 2. 连续谱

对于有些厄米算符，其本征值可连续取值，其对应的本征函数则是依赖于本征值的连续函数。对于连续谱，虽然可以把它看成由无穷多个分立的本征值形成，但其已经具有了新的特征。首先，连续谱对应的本征函数一般不满足归一化条件，即不是平方可积函数，所以内积在严格意义上并不存在，此时相应于分立谱的定理二和定理三就不再成立。但无论如何，可以将希尔伯特空间进行推广，引入不可积的波函数元素，使得数学上的希尔伯特空间成为物理的希尔伯特空间，让连续谱波函数满足广义的正交归一化条件 (如 $\delta$ 函数正交归一化)，从而定义相应的广义内积，保持其在物理希尔伯特空间的完备性。这样对于具有连续谱的厄米算符，其本征问题就依然满足前面的三个谱定理，而此时希尔伯特空间的维度显然是不可数无限维的。对于连续谱情况下这三个定理的严格证明也不再讨论，只以具体的例子来说明这种情况。

1) 动量算符

对于动量算符，首先它是一个厄米算符 (见习题 3.6)。从一维实空间出发，先考察一维动量算符的本征方程：

$$\hat{p} f_p(x) = -i\hbar \frac{d}{dx} f_p(x) = p f_p(x)$$

其中，$f_p(x)$ 表示本征值为 $p$ 的动量算符的本征函数。由于动量本征值 $p$ 可以连续取值，则其本征函数是依赖于 $p$ 的函数。上述动量算符本征方程的解为

$$f_p(x) = A e^{ipx/\hbar}$$

其中，$A$ 为积分常数。显然本征函数 $f_p(x)$ 就是第 2 章自由粒子哈密顿量的本征函数：平面波。该函数在全空间的模方积分无穷大 (平方不可积)，不满足希尔伯特空间元素的基本条件。但正如式 (2.118) 所讨论的，在全空间可以引入如下广义的 $\delta$ 函数正交归一化条件：

$$\int_{-\infty}^{+\infty} f_{p'}^*(x) f_p(x)\, dx = |A|^2 \int_{-\infty}^{+\infty} e^{i(p-p')x/\hbar}\, dx = |A|^2 2\pi\hbar\,\delta(p-p') = 1$$

在这种推广的正交归一化条件下，可以证明动量的本征函数 $f_p(x)$ 在物理推广的希尔伯特函数空间上依然是完备的，即任何 $x$ 的函数都可以被其线性展开：

$$\psi(x) = \int_{-\infty}^{+\infty} c_p f_p(x)\, dp = \frac{1}{\sqrt{2\pi\hbar}} \int_{-\infty}^{+\infty} c(p) e^{ipx/\hbar}\, dp$$

其中，展开式由于本征值的连续性由求和变成了积分，展开系数 $c_p$ 成为 $p$ 的函数：$c_p \equiv c(p)$，其由下式决定：

$$c(p) = \int_{-\infty}^{+\infty} f_p^*(x) \psi(x)\, dx = \frac{1}{\sqrt{2\pi\hbar}} \int_{-\infty}^{+\infty} \psi(x) e^{-ipx/\hbar}\, dx$$

显然动量空间的波函数 $c(p)$ 和实空间的波函数 $\psi(x)$ 互为傅里叶变换关系，在动量空间波函数 $c(p)$ 的框架下，利用它们之间的傅里叶变换关系在动量空间可以得到和式 (2.89) 一样的算符对应关系：$\hat{p} \to p$，而 $\hat{x} \to i\hbar d/dp$。

因此引入广义 $\delta$ 归一化条件之后，厄米算符依然满足前面的三个谱定理，所以函数 $c(p)$ 可看成动量波函数为基矢下的波函数表示。最后将动量算符推广到三维情况，其本征函数为

$$\psi_{\boldsymbol{p}}(\boldsymbol{r}) = \psi_{\boldsymbol{p}}(x,y,z) = \psi_{p_x}(x)\,\psi_{p_y}(y)\,\psi_{p_z}(z) = \frac{1}{(2\pi\hbar)^{3/2}}\mathrm{e}^{\mathrm{i}\boldsymbol{p}\cdot\boldsymbol{r}/\hbar} \tag{3.13}$$

显然在三维实空间，动量的本征值在直角坐标系可写为 $\boldsymbol{p} = p_x\boldsymbol{i} + p_y\boldsymbol{j} + p_z\boldsymbol{k}$，其对应的平面波本征函数在无穷维的希尔伯特空间也是完备的，可以构成所谓的**平面波基矢**，此时希尔伯特空间的维度是不可数无限维的。

2) 位置算符

在量子力学的框架下，粒子的位置对应位置算符，从一维实空间出发，它的本征方程为

$$\hat{x}g_{x_0}(x) = x_0 g_{x_0}(x)$$

其中，$x_0$ 为位置算符的本征值，对应于这个本征值的本征函数为 $g_{x_0}(x)$。显然对于粒子的位置而言可以取任意值，而位置取确定值 $x_0$ 时的状态可以用 $\delta$ 函数表示：

$$g_{x_0}(x) = A\delta(x - x_0) \tag{3.14}$$

其中，$A$ 为波函数归一化系数。显然位置算符的本征函数依然无法归一化，但和动量本征函数一样，可以推广为如下的广义 $\delta$ 函数归一化：

$$\int_{-\infty}^{+\infty} g_{x_1}^*(x)\,g_{x_2}(x)\,\mathrm{d}x = |A|^2 \int_{-\infty}^{+\infty} \delta(x-x_1)\,\delta(x-x_2)\,\mathrm{d}x = |A|^2\,\delta(x_1 - x_2)$$

根据上面的归一化关系，自然可以简单取 $A = 1$，这样位置算符的本征函数依然满足完备性，即任何函数都可以用位置算符的本征函数展开：

$$\psi(x) = \int_{-\infty}^{+\infty} \psi(x')\,g_{x'}(x)\,\mathrm{d}x' = \int_{-\infty}^{+\infty} \psi(x')\,\delta(x - x')\,\mathrm{d}x' \tag{3.15}$$

显然展开式 (3.15) 的成立是由狄拉克函数的性质决定的。以上的讨论从一维位置算符可以直接推广到三维情况，三维位置算符 $\hat{\boldsymbol{r}}$ 本征值为 $\boldsymbol{r}_0$ 的本征态为

$$g_{\boldsymbol{r}_0}(\boldsymbol{r}) = \delta(\boldsymbol{r} - \boldsymbol{r}_0) = \delta(x - x_0)\,\delta(y - y_0)\,\delta(z - z_0)$$

从以上的讨论可以发现，具有连续谱的位置算符在狄拉克函数归一化下同样满足厄米算符的三个谱定理。总之，数学上可以严格证明，对于广义希尔伯特空间上的厄米算符，无论其谱是分立的还是连续的，都满足厄米算符的三个谱定理。这样，厄米算符的本征函数完美提供了希尔伯特空间的一组**基矢**，可以用来线性展开希尔伯特空间上的任何元素。

### 3.1.4 狄拉克符号和量子态的表示

#### 1. 狄拉克符号的定义

在希尔伯特空间，最为重要的概念就是在任意元素 (如 $|\varphi\rangle$ 和 $|\psi\rangle$) 之间的内积运算：$\langle\varphi|\psi\rangle$，运算得到一个复数，见式 (3.1)。英国物理学家狄拉克 (Dirac) 根据内积运算的括号 (bracket) 表示：$\langle\cdot|\cdot\rangle$，引入了抽象空间元素的表达符号，称为狄拉克符号。狄拉克将内积括号 $\langle\cdot|\cdot\rangle$ 拆开成左右两部分，左边 $\langle\cdot|$ 称为**左矢** (bra)，右边 $|\cdot\rangle$ 称为**右矢** (ket)。这样所有的右矢构成右矢空间，所有左矢构成左矢空间，而且因为每一个右矢空间的右矢 $|\psi\rangle$ 都会在左矢空间对应一个左矢 $\langle\psi|$，所以这两个空间称为互为**对偶空间**。狄拉克符号对于抽象元素的表达和运算非常方便，具有强大的功能。例如，除了左矢 $\langle\psi|$ 左乘一个右矢 $|\varphi\rangle$ 构成的内积运算 $\langle\psi|\varphi\rangle$ 外，如果把左矢 $\langle\psi|$ 放右边，右矢 $|\psi\rangle$ 放左边，也同样具有物理意义，即构成一个**投影算子**：$\hat{P}_\psi = |\psi\rangle\langle\psi|$。该算符作用于任何其他矢量 $|\varphi\rangle$ 上时，其结果就会将 $|\varphi\rangle$ 投影到矢量 $|\psi\rangle$ 的方向：

$$\hat{P}_\psi|\varphi\rangle = (|\psi\rangle\langle\psi|)|\varphi\rangle = |\psi\rangle\langle\psi|\varphi\rangle = \langle\psi|\varphi\rangle|\psi\rangle$$

复系数 $\langle\psi|\varphi\rangle$ 恰好为两个矢量的内积。显然投影算子有一个重要的性质，即它是一个满足幂等关系 $\hat{P}_\psi^2 = \hat{P}_\psi$ 的线性算符。量子力学波矢量之间的投影和实数域欧几里得空间上矢量的投影类似，所以有时就将内积 $\langle\psi|\varphi\rangle$ 称为矢量 $|\varphi\rangle$ 向矢量 $|\psi\rangle$ 的**投影**。当然在希尔伯特空间，投影算子可以推广到不同的左矢和右矢之间，如 $|\varphi\rangle\langle\psi|$，此时该算符表示态 $|\psi\rangle$ 向态 $|\varphi\rangle$ 的**跃迁算符**，而 $|\langle\psi|\varphi\rangle|$ 则通常被称为两个态之间的**跃迁率**。

引入狄拉克符号后，许多抽象空间的表述就显得特别方便和简洁，如对于厄米算符的本征方程，可以一般地写为

$$\hat{Q}|q_i\rangle = q_i|q_i\rangle, \quad i = 1, 2, \cdots \tag{3.16}$$

其中，$q_i$ 为其本征值；$|q_i\rangle$ 为对应的本征态。那么，厄米算符本征态作为一组基的正交归一化和完备性条件就可以简单表示为

$$\langle q_i|q_j\rangle = \delta_{ij}, \quad \sum_i |q_i\rangle\langle q_i| = \sum_i \hat{P}_i = 1 \tag{3.17}$$

对于具有连续谱的厄米算符，其本征态正交完备性条件同样可以简单表示为

$$\langle q|q'\rangle = \delta(q - q'), \quad \int |q\rangle\langle q|\,\mathrm{d}q = 1 \tag{3.18}$$

例如, 对于三维动量算符 $\hat{\boldsymbol{p}}$ 和位置算符 $\hat{\boldsymbol{r}}$, 它们本征态的正交归一化条件可用狄拉克符号简单表示为

$$\langle \boldsymbol{p} | \boldsymbol{p}' \rangle = \delta (\boldsymbol{p} - \boldsymbol{p}'), \quad \int |\boldsymbol{p}\rangle \langle \boldsymbol{p}| \, \mathrm{d}\boldsymbol{p} = 1 \tag{3.19}$$

$$\langle \boldsymbol{r} | \boldsymbol{r}' \rangle = \delta (\boldsymbol{r} - \boldsymbol{r}'), \quad \int |\boldsymbol{r}\rangle \langle \boldsymbol{r}| \, \mathrm{d}\boldsymbol{r} = 1 \tag{3.20}$$

所以利用狄拉克符号和力学量算符本征态的完备性条件, 就可以将分立谱或连续谱算符 $\hat{Q}$ 用其本征值和本征函数表示 (厄米算符的谱定理):

$$\hat{Q} = \hat{Q} \sum_i |q_i\rangle \langle q_i| = \sum_i q_i |q_i\rangle \langle q_i|; \quad \hat{Q} = \int q |q\rangle \langle q| \, \mathrm{d}q \tag{3.21}$$

最后利用狄拉克符号, 薛定谔方程也可以简单写为如下形式:

$$\mathrm{i}\hbar \frac{\partial}{\partial t} |\Psi (t)\rangle = \hat{H}(t) |\Psi (t)\rangle \tag{3.22}$$

### 2. 量子态的表述: 投影算子和密度矩阵

根据上面对投影算子 $\hat{P}$ 的讨论, 投影算子是希尔伯特空间上满足幂等关系 $\hat{P}^2 = \hat{P}$ 的线性算符。进一步可以证明算符 $\hat{I} - \hat{P}$ 也构成希尔伯特空间的投影算子, 其中 $\hat{I}$ 是恒等算符。显然算子 $\hat{P}$ 和 $\hat{I} - \hat{P}$ 是两个相互垂直或彼此独立的算子, 即 $\hat{P}(\hat{I} - \hat{P}) = \hat{P} - \hat{P}^2 = 0$。关于投影算子及其在不同子空间的其他抽象理论, 此处不再进一步讨论。

假如希尔伯特空间有一组基矢 $\{|e_i\rangle, i = 1, 2, \cdots\}$, 则量子体系的某一量子态 $|\psi\rangle$ 可以展开为

$$|\psi\rangle = \sum_i a_i |e_i\rangle \tag{3.23}$$

将式 (3.23) 代入投影算子 $\hat{P}_\psi = |\psi\rangle \langle \psi|$ 中, 则在该基矢下投影算子可写为

$$\hat{P}_\psi = |\psi\rangle \langle \psi| = \sum_i \sum_j a_i a_j^* |e_i\rangle \langle e_j|$$

显然投影算子在该基矢下可以表示为矩阵, 其第 $i$ 行第 $j$ 列的矩阵元是 $a_i a_j^*$。由于态投影算子的重要性, 特别把这个算子称为**密度算子**, 一般用符号 $\hat{\rho}$ 表示, 即 $\hat{\rho} \equiv \hat{P}_\psi = |\psi\rangle \langle \psi|$, 而其在一定基矢下的矩阵则被称为**密度矩阵**。

密度算子或密度矩阵有如下的一些性质。首先密度算子是厄米算符: $\hat{\rho}^\dagger = \hat{\rho}$; 其次由态 $|\psi\rangle$ 的归一化可以证明, 密度矩阵的**迹** (trace) 等于 1, 即 $\mathrm{Tr}(\rho) = 1$,

进一步可以证明 $\mathrm{Tr}(\rho^2) = \mathrm{Tr}(\rho) = 1$，而满足这种性质的态 $|\psi\rangle$ 称为**纯态**。如果量子系统的纯态随其薛定谔方程演化：$\mathrm{i}\hbar\dfrac{\partial}{\partial t}|\psi(t)\rangle = \hat{H}(t)|\psi(t)\rangle$，则密度算子 $\hat{\rho}(t)$ 也随时间变化，其动力学方程为 (见习题 3.7)

$$\mathrm{i}\hbar\frac{\partial}{\partial t}\hat{\rho}(t) = [\hat{H}(t), \hat{\rho}(t)] \tag{3.24}$$

引入密度算子 $\hat{\rho}(t)$ 来描述量子系统态的优点就是密度算子不仅可以描述系统的纯态，而且能描述量子系统任意的**混合态** (系统以一定的概率处于某些量子纯态)，即可以把这种态看成是量子系统所组成的量子系综的状态。所以对于量子系统的一般态，用密度算子可以统一描述为

$$\hat{\rho} = \sum_n P_n |\psi_n\rangle\langle\psi_n| \equiv \sum_n P_n \hat{P}_n \tag{3.25}$$

其中，实系数 $P_n$ 表示系统投影于纯态 $|\psi_n\rangle$ 上的概率，而 $\hat{P}_n \equiv |\psi_n\rangle\langle\psi_n|$ 为投影算子，显然有 $\sum_n P_n = 1$。如果 $P_n = \delta_{nk}, n = 1, 2, \cdots$，那么系统只处于某一个纯态 $|\psi_k\rangle$，该描述自然回到纯态的密度算子形式。显然对混合态的密度算子，可以发现 $\mathrm{Tr}(\rho^2) \leqslant \mathrm{Tr}(\rho) = 1$ (证明见习题 3.8)。

混合态密度算子式 (3.25) 所表示的意义是系统处于一个混合叠加态，其具有两个层面的统计意义。首先是宏观的系综统计，即系统在纯态 $|\psi_n\rangle$ 上的概率分布为 $P_n$；其次是纯态的微观概率统计性质，即系统处于纯态 $|\psi_n\rangle$ 本身的统计性质。所以一个力学量 $\hat{Q}$ 的平均值在混合态上可以写为

$$\langle\hat{Q}\rangle = \sum_n P_n \langle\psi_n|\hat{Q}|\psi_n\rangle \tag{3.26}$$

将波函数 $|\psi_n\rangle$ 用 $\hat{Q}$ 的本征态 $|q_i\rangle$ 展开：$|\psi_n\rangle = \sum_i a_{ni}|q_i\rangle$。代入式 (3.26) 有

$$\langle\hat{Q}\rangle = \sum_n P_n \left(\sum_i q_i |a_{ni}|^2\right) = \sum_{n,i} P_n |a_{ni}|^2 q_i = \mathrm{Tr}\left(\hat{\rho}\hat{Q}\right) \tag{3.27}$$

其中，$\mathrm{Tr}$ 表示求迹运算。显然力学量在混合态上的平均是两个层面的统计平均 (对应两个求和指标)：指标 $n$ 上的平均是系综的统计平均或者对系统纯态分布的统计平均，指标 $i$ 上的平均是微观本征纯态上的平均。

所以利用密度算子或密度矩阵可以在更广泛的意义上描述系统的状态，对于不同的系统，由于其量子系综的统计性质不同，系统混合态中表达系综分布的 $P_n$

形式也不同。例如，在谐振子能量基矢 $\{|n\rangle, n = 0, 1, 2, \cdots\}$ 下，描述处于正则量子系综状态的密度矩阵可以写为

$$\hat{\rho} = \sum_n P_n |n\rangle\langle n| = \frac{1}{Z} \sum_n \mathrm{e}^{-\frac{\varepsilon_n}{k_\mathrm{B} T}} |n\rangle\langle n|$$

其中，$Z = \sum_n P_n = \sum_n \mathrm{e}^{-\frac{\varepsilon_n}{k_\mathrm{B} T}}$ 是概率的归一化系数。当然更为广义的 $P_n$ 形式会更为复杂，具体形式往往和系统及与环境的相互作用等因素密切相关。

## 3.2　表象及其变换

　　根据前文的讨论，对一个系统而言其薛定谔方程的解会构成一个希尔伯特空间，在希尔伯特空间里可以找到一组基矢对所有的元素进行展开表示，这就构成了表象概念。根据前面的讨论，希尔伯特空间上任意厄米算符 $\hat{Q}$ 的本征函数都可以给出希尔伯特空间一个完美基矢，如果在这个基矢下任何元素都可以用这个基矢展开，且展开系数可以完全描述任意元素并且和该元素**一一对应**，这时就称算符 $\hat{Q}$ 的本征函数系构成了希尔伯特空间元素的一个**表象** (representation)，称为 $Q$ 表象。为了完全确定物理上的波函数，实际上必须采用多个厄米算符共同的本征函数系才能构成一个表象去唯一确定一个波函数，因为单个厄米算符的本征函数有时无法**唯一**标定一个物理的波函数。例如，在某个希尔伯特空间上波函数具有多重**对称性**而存在简并，此时需要用多个厄米算符的本征值共同来唯一标定波函数才能构成一个确定的表象。

　　为了寻找一个确定的表象，首先考虑一个重要的问题，就是如果两个厄米算符对易，那么它们的本征函数系存在什么关系？这里有一个**定理**：如果两个厄米算符对易 $\hat{A}\hat{B} = \hat{B}\hat{A}$，那么算符 $\hat{A}$ 和 $\hat{B}$ 有共同的完备的本征函数系，反之也成立 (证明见习题 3.9)。这个定理表明在一个希尔伯特空间上要想唯一标定一个波函数，必须使用多个厄米算符才能消除波函数对某一个厄米算符本征值的简并问题。所以选择一组好的**相互对易**的厄米算符 $F := \{\hat{A}, \hat{B}, \cdots\}$ 的共同本征函数作为基矢，才能对波函数进行唯一的展开或标定，这组基矢就构成希尔伯特空间的一个**完备表象**，简称为 $F$ **表象**。

　　然而任何一个系统都存在多个力学量，定义在同一个系统希尔伯特空间上的厄米算符也不是唯一的，所以它们的本征函数系都可以提供一个完备的基矢，从而进一步构成不同的表象。一个好的表象一般会选取系统 $\hat{H}$ 的一组**守恒量**的共同本征态作为基矢，而系统守恒量和系统的对称性有重要联系。如果系统存在一个算符 $\hat{S}$ 和 $\hat{H}$ 对易：

$$\hat{S}\hat{H} = \hat{H}\hat{S} \Rightarrow [\hat{S}, \hat{H}] = 0 \tag{3.28}$$

那么就说系统 $\hat{H}$ 具有 $\hat{S}$ **对称性** (symmetry), 即系统哈密顿量在该算符的操作下保持不变, 而 $\hat{S}$ 则称为该对称性下的守恒量, 即 $\hat{H}$ 和 $\hat{S}$ 有共同的本征函数, 这个本征函数可以用 $\hat{H}$ 和 $\hat{S}$ 的本征值来标记和区分。如果系统 $\hat{H}$ 有多种对称性, 则系统存在多个和 $\hat{H}$ 对易的守恒量算符, 那么 $\hat{H}$ 和这些算符的本征值都可以用来标记它们共同的本征态。下面就从分立表象和连续表象的角度来分别讨论不同表象下波函数的表示及其在不同表象之间的变换关系。

### 3.2.1 分立谱表象及其变换

#### 1. 分立谱表象下的波函数和算符

如果 $F$ 表象的一组厄米算符的谱都是分立的, 那么就为希尔伯特空间选择了一个分立谱表象。假设 $F$ 表象共同本征函数所组成的基矢为 $\{|e_i\rangle, i = 1, 2, \cdots\}$, 它们满足式 (3.17) 所示的正交归一化条件 $\langle e_i|e_j\rangle = \delta_{ij}$ 和完备性条件 $\sum_i |e_i\rangle\langle e_i| = 1$, 而希尔伯特空间的维度决定于基矢的数目。在某个选定的分立谱表象下, 希尔伯特空间的任意元素 $|\psi\rangle$ 可以被表示为

$$|\psi\rangle = \left( \sum_i |e_i\rangle\langle e_i| \right) |\psi\rangle = \sum_i a_i |e_i\rangle$$

其中, 系数 $a_i = \langle e_i|\psi\rangle$。同理, 如果确定了基矢的排列顺序, 就可以把不同的元素 $|\psi\rangle$ 和 $|\varphi\rangle$ 表示为不同的列向量:

$$|\psi\rangle = \begin{pmatrix} a_1 \\ a_2 \\ \vdots \end{pmatrix}, \quad |\varphi\rangle = \begin{pmatrix} b_1 \\ b_2 \\ \vdots \end{pmatrix} \tag{3.29}$$

其中, 系数 $b_j = \langle e_j|\varphi\rangle$。那么对于与右矢对应的左矢而言, 根据内积定义, 左矢的表示显然为右矢的转置加复共轭:

$$\langle\psi| = (a_1^*, a_2^*, \cdots), \quad \langle\varphi| = (b_1^*, b_2^*, \cdots)$$

从而内积运算在固定表象下的运算为

$$\langle\psi|\varphi\rangle = (a_1^*, a_2^*, \cdots) \begin{pmatrix} b_1 \\ b_2 \\ \vdots \end{pmatrix} = a_1^* b_1 + a_2^* b_2 + \cdots \tag{3.30}$$

根据式 (3.30) 可以发现内积 $\langle\psi|\varphi\rangle$ 是厄米的：$\langle\psi|\varphi\rangle^\dagger = \langle\varphi|\psi\rangle^* = \langle\psi|\varphi\rangle$。所以在固定的表象下希尔伯特空间的任意元素 (左矢和右矢) 都对应一个**列向量**或**矢量**，所以波函数通常被称为波矢量。

根据算符的定义式 (3.3)，在一定的表象下，算符的运算 $|\varphi\rangle = \hat{Q}|\psi\rangle$ 就对应于如下的矩阵形式 (见习题 3.10)：

$$
\begin{pmatrix} b_1 \\ b_2 \\ \vdots \end{pmatrix} = \begin{pmatrix} Q_{11} & Q_{11} & \cdots \\ Q_{11} & Q_{11} & \cdots \\ \vdots & \vdots & \ddots \end{pmatrix} \begin{pmatrix} a_1 \\ a_2 \\ \vdots \end{pmatrix} \tag{3.31}
$$

其中，算符 $\hat{Q}$ 就成为一个**矩阵** $Q$，其矩阵元定义为 $Q_{ij} = \langle e_i|\hat{Q}|e_j\rangle$。所以在固定的表象下希尔伯特空间的算符就表示为矩阵。

根据算符在特定表象中的矩阵表示，下面简单讨论共轭算符或伴算子表示为矩阵的特点。根据共轭算符的定义，算符 $\hat{F}$ 的矩阵为 $F$，则其共轭算符 $\hat{F}^\dagger$ 的矩阵就对应于 $F$ 的转置加复共轭：$F^\dagger \equiv (F^*)^\mathrm{T}$。所以根据厄米算符的定义 $\langle\varphi|\hat{F}\psi\rangle = \langle\hat{F}^\dagger\varphi|\psi\rangle = \langle\hat{F}\varphi|\psi\rangle$ 可以证明厄米算符矩阵元满足 $F_{ij} = F_{ji}^*$，即厄米矩阵的转置共轭等于它本身：$(F^*)^\mathrm{T} = F$。对于厄米矩阵而言，其所有本征值都是实数，可以通过其正交归一化的本征矢量所构成的幺正变换进行对角化。总之，在固定的表象下，波函数可表示为列向量，算符可表示为矩阵，从这个意义上讲量子力学的数学基础就变成了复数域上的**线性代数**。

2. 分立谱表象下的薛定谔方程

在一定的分立谱表象下，薛定谔方程 $i\hbar\dfrac{\partial}{\partial t}|\psi(t)\rangle = \hat{H}|\psi(t)\rangle$ 自然可以写为如下的矩阵形式：

$$
i\hbar \begin{pmatrix} \dot{a}_1(t) \\ \dot{a}_2(t) \\ \vdots \\ \dot{a}_N(t) \end{pmatrix} = \begin{pmatrix} H_{11} & H_{12} & \cdots & H_{1N} \\ H_{21} & H_{22} & \cdots & H_{2N} \\ \vdots & \vdots & \ddots & \vdots \\ H_{N1} & H_{N2} & \cdots & H_{NN} \end{pmatrix} \begin{pmatrix} a_1(t) \\ a_2(t) \\ \vdots \\ a_N(t) \end{pmatrix} \tag{3.32}
$$

其中，波函数在表象下的向量元 $\dot{a}_i(t) \equiv \partial a_i(t)/\partial t$；哈密顿量算符 $\hat{H}$ 在表象下的矩阵 $H$ 同样定义为 $H_{ij} = \langle e_i|\hat{H}|e_j\rangle$。早期的量子力学被称为矩阵量子力学，其实就是**定态薛定谔方程**在一定表象下的矩阵形式：

$$
\begin{pmatrix}
H_{11} & H_{12} & \cdots & H_{1N} \\
H_{21} & H_{22} & \cdots & H_{2N} \\
\vdots & \vdots & \ddots & \vdots \\
H_{N1} & H_{N2} & \cdots & H_{NN}
\end{pmatrix}
\begin{pmatrix}
a_1 \\ a_2 \\ \vdots \\ a_N
\end{pmatrix}
= E
\begin{pmatrix}
a_1 \\ a_2 \\ \vdots \\ a_N
\end{pmatrix}
\tag{3.33}
$$

其中，$E$ 为定态系统哈密顿量的能级。以上定态薛定谔方程的求解，本质上就是求哈密顿矩阵的本征值和本征态，也就是对哈密顿矩阵的对角化过程。矩阵的对角化实际上就是通过表象变换寻找合适基矢的过程，而能不能找到合适的基矢让哈密顿矩阵对角化，则决定于能否找到与哈密顿矩阵阶数相同的线性独立的基矢，这就涉及表象变换的问题。

**3. 分立谱表象变换**

根据前面的讨论，希尔伯特空间的表象并非唯一，在不同的表象下波函数和算符的表示是不同的，下面考察同一个波函数或算符在不同表象下的关系。为了证明方便，假设希尔伯特空间的维度是 $N$(当然 $N$ 可以是无穷大)，在这个空间上存在两个表象，其基矢分别为 $\{|e_i\rangle, i = 1, 2, \cdots, N\}$ 和 $\{|e_i'\rangle, i = 1, 2, \cdots, N\}$。那么波函数 $|\psi\rangle$ 在两个不同表象中分别表示为

$$
|\psi\rangle = \sum_{i=1}^{N} a_i |e_i\rangle \to
\begin{pmatrix} a_1 \\ a_2 \\ \vdots \\ a_N \end{pmatrix}, \quad
|\psi\rangle = \sum_{j=1}^{N} a_j' |e_j'\rangle \to
\begin{pmatrix} a_1' \\ a_2' \\ \vdots \\ a_N' \end{pmatrix}
\tag{3.34}
$$

首先对式 (3.34) 第二个表象的展开式两边乘以第一个表象的左矢 $\langle e_i|$ 有

$$
a_i = \langle e_i|\psi\rangle = \langle e_i|\sum_{j=1}^{N} a_j'|e_j'\rangle = \sum_{j=1}^{N} a_j'\langle e_i|e_j'\rangle \equiv \sum_{j=1}^{N} S_{ij}a_j'
\tag{3.35}
$$

其中，**变换矩阵** $S$ 的矩阵元定义为 $S_{ij} = \langle e_i|e_j'\rangle$。把式 (3.35) 所决定的变换写成矩阵形式：

$$
\begin{pmatrix} a_1 \\ a_2 \\ \vdots \\ a_N \end{pmatrix} =
\begin{pmatrix}
S_{11} & S_{12} & \cdots & S_{1N} \\
S_{21} & S_{22} & \cdots & S_{2N} \\
\vdots & \vdots & \ddots & \vdots \\
S_{N1} & S_{N2} & \cdots & S_{NN}
\end{pmatrix}
\begin{pmatrix} a_1' \\ a_2' \\ \vdots \\ a_N' \end{pmatrix}
\tag{3.36}
$$

或简单写为向量形式 $\boldsymbol{\psi} = \boldsymbol{S}\boldsymbol{\psi}'$，或者写成表象变换形式 $|\psi'\rangle = \hat{S}^\dagger |\psi\rangle$。同理，对式 (3.34) 第一个表象展开式两边乘以 $\langle e'_j|$，得到：

$$a'_j = \langle e'_j|\psi\rangle = \langle e'_j| \sum_{i=1}^{N} a_i |e_i\rangle = \sum_{i=1}^{N} a_i \langle e'_j|e_i\rangle = \sum_{i=1}^{N} S_{ij}^* a_i \qquad (3.37)$$

其中，利用了关系：$\langle e'_j|e_i\rangle = \langle e_i|e'_j\rangle^* = S_{ij}^*$。将式 (3.37) 代入式 (3.35) 得到：

$$a_i = \sum_{j=1}^{N} S_{ij} a'_j = \sum_{j=1}^{N} S_{ij} \left( \sum_{i=1}^{N} S_{ij}^* a_i \right) = \left( \sum_{j=1}^{N} \sum_{i=1}^{N} S_{ij} S_{ij}^* \right) a_i$$

显然等式给出：

$$\sum_{j=1}^{N} \sum_{i=1}^{N} S_{ij} S_{ij}^* = 1 = \sum_{j=1}^{N} \sum_{i=1}^{N} S_{ij} S_{ji}^{*\mathrm{T}} \Rightarrow \hat{S}\hat{S}^\dagger = \hat{S}^\dagger \hat{S} = 1 \qquad (3.38)$$

上面的计算结果表明波矢在两个表象表示之间的变换满足**幺正变换**，即 $\boldsymbol{S}$ 变换矩阵为**幺正矩阵**，其矩阵元为 $S_{ij} = \langle e_i|e'_j\rangle$，由两个表象基矢之间的内积决定。根据幺正矩阵理论，对于任意维的一个幺正矩阵，其所有行向量或列向量 (把矩阵的每一行或者每一列看作一个矢量) 组成一个正交归一的矢量集合 (任意行或列向量的模为 1，不同的行或列向量之间彼此正交)，所以幺正变换不改变波函数对应列向量的大小 (模)，只改变其方向，也不改变任意两个波矢量的内积或夹角，即 $\langle \hat{S}\varphi|\hat{S}\psi\rangle = \langle \varphi|\hat{S}^\dagger \hat{S}\psi\rangle = \langle \varphi|\psi\rangle$。同理利用波矢之间的变换关系，算符 $\hat{F}$ 在第一个表象的矩阵表示为 $F_{ij} = \langle e_i|\hat{F}|e_j\rangle$，在第二个表象的矩阵表示为 $F'_{ij} = \langle e'_i|\hat{F}|e'_j\rangle$，则不同表象之间算符矩阵的变换关系满足：

$$F' = \boldsymbol{S}^\dagger F \boldsymbol{S} \qquad (3.39)$$

显然根据以上结果，幺正变换不改变算符所对应矩阵的本征值 (和表象无关)，继而也不改变算符矩阵的迹 (见习题 3.11)。

　　结论：如果希尔伯特空间存在两个不同表象，那么这两个表象下波函数列矢量和算符矩阵的变换关系都由一个幺正矩阵 $\boldsymbol{S}$ 联系起来。在此基础上考虑一个问题：是否存在一个表象变换让薛定谔方程 (3.32) 或式 (3.33) 中的哈密顿矩阵对角化，也就是是否存在让哈密顿量对角化的表象变换？显然这个问题的答案就是找到一个矩阵 $\boldsymbol{S}$ 让哈密顿矩阵 $H$ 满足 $\boldsymbol{S}^{-1} H \boldsymbol{S} = E$，其中 $E$ 是能量**对角矩阵**。显然 $\boldsymbol{S}$ 矩阵必须有逆矩阵，而存在逆矩阵的条件是 $\boldsymbol{S}$ 是**非奇异矩阵**，也就是其行列式不等于零：$\det(\boldsymbol{S}) \neq 0$。由于 $\boldsymbol{S}$ 矩阵恰恰可以由 $H$ 矩阵的本征矢量组成，所以如果 $n$ 阶 $H$ 矩阵存在 $n$ 个独立的本征矢，那么 $H$ 就可以对角化或存在对角表象。

### 3.2.2  连续谱表象及其变换

对于连续谱表象 $Q$，波函数的展开系数不再是分立的值而是连续的函数，对应的波函数利用连续表象的完备性条件式 (3.18) 有

$$|\psi\rangle = \left( \int |q\rangle \langle q| \, \mathrm{d}q \right) |\psi\rangle = \int |q\rangle \langle q|\psi\rangle \mathrm{d}q = \int \psi_q |q\rangle \, \mathrm{d}q \rightarrow \psi(q)$$

其中，展开系数 $\psi_q$ 是 $q$ 的连续函数 (展开系数无法全部罗列为列向量形式)，所以波函数在 $Q$ 表象的表示即为连续函数：$\psi(q) \equiv \langle q|\psi\rangle$。同理在连续谱表象中算符 $\hat{F}$ 可以利用 $Q$ 表象连续完备条件写为

$$\hat{F} = \left( \int |q\rangle \langle q| \, \mathrm{d}q \right) \hat{F} \left( \int |q'\rangle \langle q'| \, \mathrm{d}q' \right) = \iint \langle q| \hat{F} |q'\rangle \cdot |q\rangle \langle q'| \, \mathrm{d}q \mathrm{d}q'$$

所以在 $Q$ 表象下，算符 $\hat{F}$ 可表示为

$$\hat{F} \rightarrow F(q, q') \equiv \langle q| \hat{F} |q'\rangle$$

对连续谱表象，依然重点考虑位置和动量两个连续谱表象的具体例子。

1. 坐标表象下的波函数、算符和薛定谔方程

下面首先讨论一维坐标算符 $\hat{x}$ 的基矢 $|x\rangle$ 构成的表象，称为实空间表象或坐标表象。对于坐标算符 $\hat{x}$，在某个态上测量位置值为 $x_0$ 的本征态根据式 (3.14) 是空间位置的 $\delta$ 函数：

$$g_{x_0}(x) = \delta(x - x_0) \rightarrow |g_{x_0}\rangle \equiv |x_0\rangle$$

其中，狄拉克符号 $|x_0\rangle$ 表示粒子在 $x = x_0$ 处位置算符的本征态，满足 $\delta$ 函数归一化条件：$\langle x_1|x_2\rangle = \delta(x_1 - x_2)$。由于位置的连续性，坐标基矢 $|x\rangle$ 的完备性条件由式 (3.20) 给出：

$$|\psi\rangle = \left( \int |x\rangle \langle x| \, \mathrm{d}x \right) |\psi\rangle = \int |x\rangle \langle x|\psi\rangle \mathrm{d}x = \int \psi(x) |x\rangle \, \mathrm{d}x \rightarrow \psi(x)$$

其中，系数 $\psi(x) = \langle x|\psi\rangle$ 是波函数 $|\psi\rangle$ 在坐标表象中的表示。同理算符 $\hat{F}$ 在坐标表象下的矩阵元为连续函数：

$$\langle x| \hat{F} |x'\rangle = F_{xx'} \equiv F(x, x')$$

以上的讨论可以直接推广到三维坐标表象中，在此不再赘述。举一个例子，动量算符 $\hat{\boldsymbol{p}}$ 在坐标表象下的矩阵形式就可以写为 (参见习题 3.12)

$$\boldsymbol{p}_{rr'} \equiv \langle \boldsymbol{r}|\hat{\boldsymbol{p}}|\boldsymbol{r}'\rangle = -\mathrm{i}\hbar\nabla_r\delta\left(\boldsymbol{r}-\boldsymbol{r}'\right) \tag{3.40}$$

显然在三维坐标表象 $|\boldsymbol{r}\rangle$ 下，薛定谔方程 (3.22) 左乘位置本征函数 $\langle \boldsymbol{r}|$ 可以得到坐标表象下的薛定谔方程：

$$\mathrm{i}\hbar\frac{\partial}{\partial t}\Psi\left(\boldsymbol{r},t\right) = \hat{H}(\boldsymbol{r},-\mathrm{i}\hbar\nabla,t)\Psi\left(\boldsymbol{r},t\right)$$

其中，$\Psi(\boldsymbol{r},t) = \langle \boldsymbol{r}|\Psi(t)\rangle$ 是坐标表象下的波函数形式，而动量算符在坐标表象下为 $\hat{\boldsymbol{p}} = -\mathrm{i}\hbar\nabla$。显然引入表象概念之后，第 1 章直接给出的实空间的薛定谔方程 (1.5)，实际就是薛定谔方程在坐标表象下的形式。

最后需要说明的是在数值计算的时候，由于坐标表象下波函数是连续取值的函数，所以薛定谔方程严格地讲是无穷维的。但任何连续波函数在进行数值计算的时候都必须采用分立值，也就是采用有限空间网格化的表述形式，此时波函数取分立位置处的值，需要用到坐标算符的分立本征矢。例如，在长度为 $L$ 的一维空间区域内把坐标均匀分割为 $N$ 等份，则离散位置坐标的间隔为 $a = L/N$，坐标算符可取分立谱：$\boldsymbol{x} = (x_1, x_2, \cdots, x_N) \equiv (x_0+a, \cdots, x_0+Na)$，对应的基矢为 $\{|x_j\rangle, j = 1, \cdots, N\}$，分立谱正交完备性条件就变为 $\langle x_i|x_j\rangle = \delta(x_i - x_j) = \delta_{i,j}$，$\sum\limits_{j=1}^{N}|x_j\rangle\langle x_j| \approx 1$，从而波函数在截断分立的希尔伯特空间上可近似表示为 $N$ 维列向量：

$$\psi(x) \equiv \langle x|\psi\rangle \rightarrow \boldsymbol{\psi}_x = [\psi(x_1),\psi(x_2),\cdots,\psi(x_N)]^{\mathrm{T}} \equiv \begin{pmatrix} \psi_1 \\ \psi_2 \\ \vdots \\ \psi_N \end{pmatrix} \tag{3.41}$$

其中，T 表示转置。波函数近似表示为 $N$ 维列向量，其分量 $\psi_j \equiv \psi(x_j) = \langle x_j|\psi\rangle$，一般必须重新归一化，归一化的条件为 $\sum\limits_{j=1}^{N}|\psi_j|^2 = 1$。因此，如果采用如上的均匀取值：$x_j = x_0 + ja, j = 1, 2, \cdots, N$，那么波函数 $\boldsymbol{\psi}_x$ 归一化系数一般取 $1/\sqrt{L}$。此时无穷维坐标表象下的希尔伯特空间就变为 $N$ 维的截断希尔伯特空间，波函数表示形式即为截断坐标表象下的表示式 (3.41)。

在离散坐标表象中，希尔伯特空间的算符就变成了 $N \times N$ 的矩阵。例如，一维动量算符 $\hat{p} = -i\hbar\dfrac{d}{dx}$，根据式 (3.40)，其矩阵元函数形式为

$$p_{xx'} = \langle x|\hat{p}|x'\rangle = -i\hbar\frac{\partial}{\partial x}\delta(x-x') = i\hbar\frac{\partial}{\partial x'}\delta(x-x') \tag{3.42}$$

但对于分立坐标 $x_j = x_0 + ja, j = 1,2,\cdots,N$，由于波函数在分立的位置取值，经常引入**平移算子** $\hat{T}_a$ 使得波函数满足：

$$\hat{T}_a\psi(x_0) = \psi(x_0+a) = \psi(x_1)$$

所以具有以上平移性质的平移算子应具有如下形式 (证明见习题 3.14)：

$$\hat{T}_a = e^{i\hat{p}a/\hbar}, \tag{3.43}$$

其共轭算符：

$$\hat{T}_a^\dagger = e^{-i\hat{p}a/\hbar} = \hat{T}_{-a} \Rightarrow \hat{T}_a^\dagger\hat{T}_a = \hat{T}_a\hat{T}_a^\dagger = 1$$

根据平移算子的性质：$\hat{T}_a|x_j\rangle = |x_j+a\rangle = |x_{j+1}\rangle$，其在分立坐标表象下的矩阵元为 $\langle x_i|\hat{T}_a|x_j\rangle = \delta_{i,j+1}, \langle x_i|\hat{T}_a^\dagger|x_j\rangle = \delta_{i+1,j}$，写成矩阵形式为

$$T_a = \begin{pmatrix} 0 & & & \\ 1 & 0 & & \\ & \ddots & \ddots & \\ & & 1 & 0 \end{pmatrix}, \quad T_a^\dagger = \begin{pmatrix} 0 & 1 & & \\ & 0 & \ddots & \\ & & \ddots & 1 \\ & & & 0 \end{pmatrix} \tag{3.44}$$

显然以上的位置平移算子 $\hat{T}_a$、$\hat{T}_a^\dagger$ 和谐振子态的上升下降算子 $\hat{a}_+$、$\hat{a}_-$ 有非常相似的性质，如果将位置态简化写成 $|x_j\rangle \to |j\rangle$，令 $x_0 = 0$ 并让空间以 $a$ 为单位，就将 $\hat{x}|j\rangle = j|j\rangle$ 称为**位置数态**。显然平移算子可以写为

$$\hat{T}_a = \sum_{j=1}^N |j+1\rangle\langle j|, \quad \hat{T}_a^\dagger = \sum_{j=1}^N |j\rangle\langle j+1|$$

其中，$j$ 的取值可以取周期边界条件 $j+N = j$。位置算符 $\hat{x}$ 在位置数态上显然是对角矩阵：$\mathrm{diag}(1,2,\cdots,N)$。动量算符利用平移算子可以写为

$$\hat{p} = -i\hbar e^{-i\hat{p}a/\hbar}\frac{\partial}{\partial a}e^{i\hat{p}a/\hbar} = -i\hbar\hat{T}_a^\dagger\frac{\partial\hat{T}_a}{\partial a}$$

为了计算动量算符 $\hat{p}$ 在分立坐标表象下的矩阵元, 考虑如下的极限:

$$\hat{p} = -\mathrm{i}\hbar \lim_{a \to 0} \left[ \hat{T}_a^\dagger \frac{\partial \hat{T}_a}{\partial a} \right] = -\mathrm{i}\hbar \left. \frac{\partial}{\partial a} \right|_{a=0} \hat{T}_a$$

其中, 利用了 $\lim_{a \to 0} \hat{T}_a^\dagger = 1$, 后面的微分表示在 $a = 0$ 处对 $a$ 的微分运算。这样动量算符的矩阵元可以写为

$$\langle x_i | \hat{p} | x_j \rangle = -\mathrm{i}\hbar \langle x_i | \left. \frac{\partial}{\partial a} \right|_{a=0} | x_j + a \rangle = -\mathrm{i}\hbar \left. \frac{\partial}{\partial a} \right|_{a=0} \delta \left( x_i - x_j - a \right)$$

$$= -\mathrm{i}\hbar \left. \frac{\partial}{\partial a} \right|_{a=0} \langle x_i | x_{j+1} \rangle = -\mathrm{i}\hbar \left. \frac{\partial}{\partial a} \right|_{a=0} \delta_{i,j+1} \left( a \right)$$

显然动量算符在离散坐标表象下是非对角的。

对空间分立波函数式 (3.41) 进行离散傅里叶变换, 会得到 $N$ 维分立的动量空间的波函数 $\phi_p = \mathcal{F}[\psi_x]$, 其分量的数目 $\phi(p_j) \equiv \langle p_j | \phi \rangle$ 也是有限的, 所以动量 $p_j$ 也应该是分立的, 而且只有在动量表象 $|p_j\rangle$ 下动量算符 $\hat{p}$ 才是对角的。所以为了给出动量算符在分立坐标表象中的矩阵形式, 上面 $\delta$ 函数对 $a$ 的微分可采用中心差分的形式进行计算, 即得到如下结果 (动量单位采用 $\hbar/a$):

$$\langle x_i | \hat{p} | x_j \rangle = \frac{\mathrm{i}}{2} \begin{pmatrix} 0 & 1 & & \\ -1 & 0 & \ddots & \\ & \ddots & \ddots & 1 \\ & & -1 & 0 \end{pmatrix} = \frac{\mathrm{i}}{2} \left( T_a^\dagger - T_a \right) \tag{3.45}$$

显然结果式 (3.45) 等价于对波函数导数采用中心差分给出的结果:

$$\hat{p}\psi(x) = -\mathrm{i}\hbar \frac{\partial}{\partial x} \psi(x) \approx -\mathrm{i}\hbar \left[ \frac{\psi(x+a) - \psi(x-a)}{2a} \right] = \frac{\mathrm{i}\hbar}{2a} \left( \hat{T}_a^\dagger - \hat{T}_a \right) \psi(x)$$

也就是在离散坐标表象中得到了和差分结果 (式 (3.45)) 一致的结果:

$$\hat{p} = \frac{\mathrm{i}\hbar}{2a} \left( \hat{T}_a^\dagger - \hat{T}_a \right)$$

2. 动量表象下的波函数、算符和薛定谔方程

利用由动量的本征函数组成的基矢可以构成动量表象。动量算符的本征函数形式由式 (3.13) 给出:

$$\langle \boldsymbol{r} | \boldsymbol{p} \rangle = \psi_{\boldsymbol{p}}(\boldsymbol{r}) = \frac{1}{(2\pi\hbar)^{3/2}} \mathrm{e}^{\mathrm{i}\boldsymbol{p}\cdot\boldsymbol{r}/\hbar} \tag{3.46}$$

以这个函数为基矢，由动量本征函数完备性条件式 (3.19)，波函数展开为

$$|\psi\rangle = \left( \int |\boldsymbol{p}\rangle \langle \boldsymbol{p}| \, \mathrm{d}^3 \boldsymbol{p} \right) |\psi\rangle = \int \langle \boldsymbol{p}| \psi \rangle \, |\boldsymbol{p}\rangle \, \mathrm{d}^3 \boldsymbol{p} \equiv \int \psi(\boldsymbol{p}) \, |\boldsymbol{p}\rangle \, \mathrm{d}^3 \boldsymbol{p} \tag{3.47}$$

其中，波函数在动量表象中的表示即为展开系数 $\psi(\boldsymbol{p}) = \langle \boldsymbol{p}| \psi \rangle$。利用动量本征函数式 (3.46) 可以证明同一个波函数 $|\psi\rangle$ 在坐标表象和动量表象中的表示函数互为傅里叶变换。对式 (3.47) 等号两边乘以位置的本征函数 $\langle \boldsymbol{r}|$，得到：

$$\psi(\boldsymbol{r}) = \langle \boldsymbol{r}| \psi \rangle = \langle \boldsymbol{r}| \int \psi(\boldsymbol{p}) \, |\boldsymbol{p}\rangle \, \mathrm{d}^3 \boldsymbol{p} = \int \psi(\boldsymbol{p}) \, \langle \boldsymbol{r}| \boldsymbol{p}\rangle \mathrm{d}^3 \boldsymbol{p}$$

$$= \frac{1}{(2\pi\hbar)^{3/2}} \int \psi(\boldsymbol{p}) \, \mathrm{e}^{\mathrm{i}\boldsymbol{p}\cdot\boldsymbol{r}/\hbar} \mathrm{d}^3 \boldsymbol{p}$$

同理动量表象下算符 $\hat{F}$ 矩阵表示的矩阵元可写为

$$\langle \boldsymbol{p}| \hat{F} |\boldsymbol{p}'\rangle = F_{\boldsymbol{p}\boldsymbol{p}'} = F(\boldsymbol{p}, \boldsymbol{p}')$$

显然其矩阵表示是动量的双值函数。举一个简单而重要的例子，位置算符 $\hat{\boldsymbol{r}}$ 在动量表象中的表示为 (见习题 3.12)

$$\boldsymbol{r}(\boldsymbol{p}, \boldsymbol{p}') = \langle \boldsymbol{p}| \hat{\boldsymbol{r}} |\boldsymbol{p}'\rangle = \mathrm{i}\hbar \nabla_{\boldsymbol{p}} \delta(\boldsymbol{p} - \boldsymbol{p}') \tag{3.48}$$

从上面的计算可以看出位置算符 $\hat{\boldsymbol{r}}$ 在动量表象中的形式为 $\hat{\boldsymbol{r}} = \mathrm{i}\hbar\nabla_{\boldsymbol{p}}$，其中梯度算子是在动量空间对动量的梯度运算。例如，一维问题中动量在动量表象下就是 $\hat{p} = p$，而位置算符在动量表象下是 $\hat{x} = \mathrm{i}\hbar\dfrac{\mathrm{d}}{\mathrm{d}p}$。

在动量表象中，应用动量本征态的完备性条件式 (3.19)，薛定谔方程可以写为如下形式：

$$\mathrm{i}\hbar\frac{\partial}{\partial t}\Psi(\mathrm{i}\hbar\nabla_{\boldsymbol{p}}, t) = \hat{H}(\mathrm{i}\hbar\nabla_{\boldsymbol{p}}, \boldsymbol{p}, t)\Psi(\mathrm{i}\hbar\nabla_{\boldsymbol{p}}, t)$$

其中，位置算符在动量表象中的形式变为 $\hat{\boldsymbol{r}} = \mathrm{i}\hbar\nabla_{\boldsymbol{p}}$，薛定谔方程的自变量为 $\boldsymbol{p}$ 和 $t$。其实动量空间的薛定谔方程是实空间薛定谔方程经过傅里叶变换之后得到的方程，在薛定谔方程的自由演化求解中具有重要的意义，把坐标空间的波函数经过傅里叶变换转到动量空间中去计算薛定谔方程的波函数演化 (哈密顿量和动量对易) 有时是非常高效和快速的。

同样为了数值计算的需要，依然以一维波函数为例，可以采用分立的动量谱

和分立动量基矢在截断的动量空间来进行波函数的列向量表示：

$$\psi(p) \equiv \langle p|\psi\rangle \to \widetilde{\boldsymbol{\psi}}_p = \left[\tilde{\psi}(p_1), \tilde{\psi}(p_2), \cdots, \tilde{\psi}(p_N)\right]^{\mathrm{T}} \equiv \begin{pmatrix} \tilde{\psi}_1 \\ \tilde{\psi}_2 \\ \vdots \\ \tilde{\psi}_N \end{pmatrix} \tag{3.49}$$

其中，T 表示转置，波矢量的分量 $\tilde{\psi}_j \equiv \tilde{\psi}(p_j) = \langle p_j|\psi\rangle$，分立化的动量矢量定义为 $\boldsymbol{p} = (p_1, p_2, \cdots, p_N)$，同样动量空间的列向量波函数 $\widetilde{\boldsymbol{\psi}}_p$ 也必须是归一化的。对于分立化的动量表象，可以利用**箱归一化** (箱的边长为 $L$) 的分立动量的本征函数作为表象来表示自由粒子的波函数：

$$\tilde{\psi}_j \equiv \langle p_j|\psi\rangle \to \tilde{\psi}_j \equiv \psi_{p_j}(x) = \frac{1}{\sqrt{L}} \mathrm{e}^{\mathrm{i}\frac{2\pi j}{L}x}$$

其中，$p_j = p_0 + j\dfrac{2\pi\hbar}{L}, j = 1, \cdots, N$。同样在分立的 $N$ 维动量表象下，算符可写为 $N \times N$ 维的矩阵。显然只要 $N$ 足够大，分立的坐标本征态 $|x_l\rangle$ 和分立的动量本征态 $|k_j\rangle$ 互为**离散傅里叶变换** (discrete Fourier transformation)：

$$|k_j\rangle = \frac{1}{\sqrt{N}} \sum_{l=1}^{N} \mathrm{e}^{\mathrm{i}k_j x_l} |x_l\rangle \Leftrightarrow |x_l\rangle = \frac{1}{\sqrt{N}} \sum_{j=1}^{N} \mathrm{e}^{-\mathrm{i}k_j x_l} |k_j\rangle$$

其中，$x_l = l\dfrac{L}{N}$ 时 $k_j = j\dfrac{2\pi}{L}$。另外，分立表象可采用束缚在空间 $[0, a]$ 的无限深方势阱波函数作为动量平方的分立本征态 (见附录 B.3)：

$$|\varphi_n\rangle \to \langle x_j|\varphi_n\rangle = \varphi_n(x_j) = \sqrt{\frac{2}{a}} \sin\left(\frac{n\pi}{a}x_j\right) \tag{3.50}$$

其**动能**具有分立的本征值或动量的**大小**具有分立的本征值：

$$\hat{p}^2 |\varphi_n\rangle = p_n^2 |\varphi_n\rangle = \hbar^2 k_n^2 |\varphi_n\rangle = \left(\frac{\hbar\pi n}{a}\right)^2 |\varphi_n\rangle$$

则动量算符在 $N$ 维截断的动量表象下可以写为

$$\hat{p} = \sum_{n=1}^{N} p_n |\varphi_n\rangle \langle\varphi_n| = \sum_{n=1}^{N} \frac{\hbar\pi n}{a} |\varphi_n\rangle \langle\varphi_n|$$

此时动能算符在该截断表象下也是对角的：

$$\hat{T} \equiv \frac{\hat{p}^2}{2m} = \sum_{n=1}^{N} n^2 \frac{\pi^2 \hbar^2}{2ma^2} |\varphi_n\rangle \langle \varphi_n| \longmapsto T = \frac{\pi^2 \hbar^2}{2ma^2} \begin{pmatrix} 1^2 & & 0 \\ & \ddots & \\ 0 & & N^2 \end{pmatrix}$$

### 3. 连续表象变换理论

连续表象的变换和分立表象是类似的，在不同分立表象下波函数的向量表示之间是通过幺正矩阵 $S$ 进行变换的，而连续表象下波函数在不同表象之间则对应为某种**函数变换**。比如，波函数 $|\Psi\rangle$ 在坐标表象中的表示 $\Psi(\boldsymbol{r}) = \langle \boldsymbol{r}|\Psi\rangle$ 和动量表象中的表示 $\Psi(\boldsymbol{p}) = \langle \boldsymbol{p}|\Psi\rangle$ 是通过傅里叶变换联系的：

$$\Psi(\boldsymbol{r}) = \langle \boldsymbol{r}|\Psi\rangle = \langle \boldsymbol{r}| \left( \int |\boldsymbol{p}\rangle \langle \boldsymbol{p}| \, \mathrm{d}^3\boldsymbol{p} \right) |\Psi\rangle = \int \langle \boldsymbol{r}|\boldsymbol{p}\rangle \langle \boldsymbol{p}|\Psi\rangle \, \mathrm{d}^3\boldsymbol{p}$$

$$= \frac{1}{(2\pi\hbar)^{3/2}} \int \Psi(\boldsymbol{p}) \, \mathrm{e}^{\mathrm{i}\boldsymbol{p}\cdot\boldsymbol{r}/\hbar} \mathrm{d}^3\boldsymbol{p}$$

上面的证明只是在 $\langle \boldsymbol{r}|\Psi\rangle$ 内积中插入了动量表象的完备性条件。同理在 $\langle \boldsymbol{p}|\Psi\rangle$ 中插入坐标表象的完备性条件可以证明：

$$\Psi(\boldsymbol{p}) = \langle \boldsymbol{p}|\Psi\rangle = \frac{1}{(2\pi\hbar)^{3/2}} \int \Psi(\boldsymbol{r}) \, \mathrm{e}^{-\mathrm{i}\boldsymbol{p}\cdot\boldsymbol{r}/\hbar} \mathrm{d}^3\boldsymbol{r}$$

总之，对于其他的连续表象，依然可以利用如上的计算方法找到不同连续表象之间的函数变换关系，此处不再进行详细论述。

下面以一维波函数为例来简单讨论一下连续函数变换和分立幺正变换的关系。通常在进行数值计算的时候，不同表象的连续函数都必须离散化，此时就会涉及分立的坐标表象和动量表象之间的变换问题。在连续的时候两个表象间的连续变换关系是由式 (3.46) 给出的一个连续函数：

$$\langle x|p\rangle = \psi_p(x) = \frac{1}{(2\pi\hbar)^{1/2}} \mathrm{e}^{\mathrm{i}p\cdot x/\hbar} = \frac{1}{(2\pi\hbar)^{1/2}} \mathrm{e}^{\mathrm{i}kx}$$

该函数称为**核函数**，即不同表象的函数是通过核函数的**积分变换**联系起来的：

$$\Psi(x) = \langle x|\Psi\rangle = \int \langle x|p\rangle \langle p|\Psi\rangle \mathrm{d}p = \int \langle x|p\rangle \Psi(p) \, \mathrm{d}p$$

$$\Psi(p) = \langle p|\Psi\rangle = \int \langle p|x\rangle \langle x|\Psi\rangle \mathrm{d}x = \int \langle x|p\rangle^* \Psi(x) \, \mathrm{d}x$$

如果在分立的坐标和动量表象下，那么波函数的位置表示式 (3.41) 和动量表示式 (3.49) 就从连续的函数变换关系变为分立的幺正矩阵，该变换矩阵的矩阵元为 $\langle x_l|p_s\rangle = \mathrm{e}^{\mathrm{i}k_s x_l}$，其中分立坐标取 $x_l = (l-1)a$，$a$ 为空间的间隔 (步长)，分立的波矢在利用**箱归一化**的时候取 $k_s = (s-1)\dfrac{2\pi}{L}$，$\dfrac{2\pi}{L}$ 为波矢步长，指标 $l, s = 1, 2, 3, \cdots, N$ 为自然数。此时核函数变为

$$S_{ls} = \langle x_l|k_s\rangle = \mathrm{e}^{\mathrm{i}k_s x_l} = \mathrm{e}^{2\pi\mathrm{i}(s-1)(l-1)\frac{a}{L}} = \mathrm{e}^{2\pi\mathrm{i}(s-1)(l-1)/N} \tag{3.51}$$

其中，利用了空间离散化条件：$a = L/N$。如果把式 (3.51) 看成矩阵元 $S_{ls}$，则实空间和动量空间之间的离散变换矩阵可写为

$$\boldsymbol{S} = \frac{1}{\sqrt{N}}\begin{pmatrix} \mathrm{e}^{\mathrm{i}2\pi\frac{0\times 0}{N}} & 1 & 1 & \cdots & 1 \\ 1 & \mathrm{e}^{\mathrm{i}2\pi\frac{1\times 1}{N}} & \mathrm{e}^{\mathrm{i}2\pi\frac{1\times 2}{N}} & \cdots & \mathrm{e}^{\mathrm{i}2\pi\frac{1\times(N-1)}{N}} \\ 1 & \mathrm{e}^{\mathrm{i}2\pi\frac{2\times 1}{N}} & \mathrm{e}^{\mathrm{i}2\pi\frac{2\times 2}{N}} & \cdots & \mathrm{e}^{\mathrm{i}2\pi\frac{2\times(N-1)}{N}} \\ \vdots & \vdots & \vdots & \ddots & \vdots \\ 1 & \mathrm{e}^{\mathrm{i}2\pi\frac{(N-1)\times 1}{N}} & \mathrm{e}^{\mathrm{i}2\pi\frac{(N-1)\times 2}{N}} & \cdots & \mathrm{e}^{\mathrm{i}2\pi\frac{(N-1)\times(N-1)}{N}} \end{pmatrix}$$

其中，动量的间隔 $\delta p \equiv \hbar \cdot \delta k = \hbar\dfrac{2\pi}{L} = \dfrac{h}{L}$，空间坐标的间隔 $\delta x \equiv a$。分立以后 $\boldsymbol{S}$ 矩阵的归一化系数取 $1/\sqrt{N}$ 是为了确保其幺正性：$\boldsymbol{S}^{-1} = (\boldsymbol{S}^{\mathrm{T}})^*$。那么分立的动量表象和坐标表象之间的变换关系为

$$\boldsymbol{\psi}_x = \boldsymbol{S}\boldsymbol{\psi}_p \Rightarrow \begin{pmatrix} v_1 \\ v_2 \\ \vdots \\ v_N \end{pmatrix} = \boldsymbol{S}\begin{pmatrix} u_1 \\ u_2 \\ \vdots \\ u_N \end{pmatrix} \tag{3.52}$$

其中，动量表象下的波函数 $\boldsymbol{\psi}_p \to \boldsymbol{u}$ 和实空间的波函数 $\boldsymbol{\psi}_x \to \boldsymbol{v}$ 都是 $N$ 维列向量，维度决定于空间坐标的离散化程度，此处将空间 $L$ 分成了 $N$ 等份：$L = Na$。变换关系 (3.52) 即从连续的傅立叶变换变为分立坐标和动量空间的表象变换：**离散傅里叶变换**。在 Mathematica 中离散傅里叶变换及其逆变换可以用内部函数 Fourier[$\boldsymbol{u}$] 和 InverseFourier[$\boldsymbol{v}$] 来方便地实现[①]。

同理，如果取 $N$ 个无限深方势阱的本征函数式 (3.50) 为截断空间的基矢，此时离散动量对应的分立波矢形式为 $k_l = l\dfrac{\pi}{a}, l = 1, 2, \cdots, N$。注意此处的 $a$ 是阱的宽度，为波函数取值的整个区域大小，所以波矢的最小间隔 (步长) 变为 $\pi/a$。

---

① Mathematica 中离散傅里叶变换 Fourier[$\boldsymbol{u}$] 或离散傅里叶逆变换要求周期边界条件。

此时动量和坐标表象的傅里叶变换式 (3.52) 就变成了**离散正弦变换** (discrete sine transform) [13]：

$$S_{lj} = \langle x_l | p_j \rangle = \varphi_j(x_l) = \sqrt{\delta}\sqrt{\frac{2}{a}}\sin(k_j x_l) = \sqrt{\frac{2\delta}{a}}\sin\left(j\frac{\pi}{a}l\delta\right)$$

其中，离散的空间坐标取 $x_l = l\delta, l = 1, 2, \cdots, N$；空间网格的步长取 $\delta = \dfrac{a}{N+1}$，那么表象变换的矩阵元为

$$S_{jl} = \sqrt{\frac{2}{N+1}}\sin\left(j\frac{\pi}{N+1}l\right), \quad j, l = 1, 2, \cdots, N \tag{3.53}$$

在 Mathematica 中变换式 (3.53) 可用内部函数 FourierDST[$\boldsymbol{u}, m$] 来实现，其中 $m$ 用于选择不同的变换类型，式 (3.53) 的设置是 $m = 1$ 的类型。更为方便的是，离散正弦变换的逆变换就是其本身，在计算过程中非常简洁快速。

### 3.2.3　谐振子和复杂系统表象

下面介绍谐振子的两种具有重要应用的特殊表象，然后利用狄拉克符号对具有复杂希尔伯特空间结构的量子系统及其表象结构进行简单的介绍。

1. 谐振子的分立和连续表象

1) 数态和数态表象

根据第 2 章一维谐振子的代数方法，可以证明算符 $a_-$ 和 $a_+$ 互为共轭算符 (伴算符)，所以采用更为简洁的算符表示方法：$a_- \to \hat{a}, a_+ \to \hat{a}^\dagger$，由式 (2.62) 和式 (2.63) 可以得到湮灭算符 $\hat{a}$ 和产生算符 $\hat{a}^\dagger$ 的表达式为

$$\hat{a} = \frac{1}{\sqrt{2}}\left(\sqrt{\frac{m\omega}{\hbar}}\hat{x} + \mathrm{i}\frac{\hat{p}}{\sqrt{\hbar m\omega}}\right) \tag{3.54}$$

$$\hat{a}^\dagger = \frac{1}{\sqrt{2}}\left(\sqrt{\frac{m\omega}{\hbar}}\hat{x} - \mathrm{i}\frac{\hat{p}}{\sqrt{\hbar m\omega}}\right) \tag{3.55}$$

利用位置和动量的基本对易关系可以证明 $[\hat{a}, \hat{a}^\dagger] = 1$。对于谐振子的波函数，用狄拉克符号可简单表示为 $\psi_n(x) \to |n\rangle$。根据式 (2.72) 有

$$\hat{a}^\dagger \hat{a}|n\rangle = n|n\rangle, \quad n = 0, 1, \cdots$$

其中，$n$ 恰好为谐振子态的量子数，是 $\hat{a}^\dagger\hat{a}$ 的本征值，所以谐振子的本征态 $|n\rangle$ 又被称为**数态**或 **Fock 态**。这样用狄拉克符号有以下等式。

$$\hat{a}|n\rangle = \sqrt{n}|n-1\rangle, \quad \hat{a}^\dagger|n\rangle = \sqrt{n+1}|n+1\rangle \tag{3.56}$$

显然算符 $\hat{a}$ 使数态 $|n\rangle$ 的量子数 $n$ 减少 1，而 $\hat{a}^\dagger$ 使量子数 $n$ 增加 1，所以有时把 $\hat{a}$ 称为**湮灭算符**，$\hat{a}^\dagger$ 称为**产生算符**。总之，对谐振子的能量本征态，其组成的正交归一化的完备基矢，称为**占有数表象**或 **Fock 态表象**：

$$\langle n|m\rangle = \delta_{nm}, \quad \sum_n |n\rangle\langle n| = \sum_{n=0}^{\infty} \hat{P}_n = 1$$

2) 相干态和相干态表象

下面介绍谐振子的另一个重要的态：**相干态**。根据第 2 章的讨论，一维谐振子的数态 $|n\rangle$ 所揭示的谐振子概率分布与其经典统计行为截然不同，那是否能够找到一个量子态，其动力学行为与经典动力学行为非常接近？这个量子态就是薛定谔最先找到的相干态。现在常规的相干态定义为[14]

$$|\alpha\rangle = e^{-\frac{1}{2}|\alpha|^2} \sum_{n=0}^{\infty} \frac{\alpha^n}{\sqrt{n!}} |n\rangle \tag{3.57}$$

其中，$\alpha$ 是相干态的一个参数。显然态 (3.57) 是一个由无穷多个数态叠加在一起的叠加态，可以证明其是湮灭算符 $\hat{a}$ 的本征态 (见习题 3.15)：

$$\hat{a}|\alpha\rangle = \alpha|z\rangle \tag{3.58}$$

由于算符 $\hat{a}$ 不是厄米算符，其本征值 $\alpha$ 一般不是实数，而是一个复数。利用产生和湮灭算符的性质式 (3.56) 可以证明相干态能写为

$$|\alpha\rangle = e^{\alpha\hat{a}^\dagger - \alpha^*\hat{a}} |0\rangle = e^{-\frac{1}{2}|\alpha|^2} e^{\alpha\hat{a}^\dagger} |0\rangle$$

对于参数不同的相干态，它们之间并不正交：

$$\langle\alpha|\beta\rangle = e^{-\frac{1}{2}|\alpha|^2 - \frac{1}{2}|\beta|^2 + \alpha^*\beta}$$

但它们是完备的，可以组成一个**超完备**的基矢，称为**相干态表象**：

$$\int \frac{\mathrm{d}^2\alpha}{\pi} |\alpha\rangle\langle\alpha| = 1.$$

在实空间的坐标空间中，相干态的波函数形式为 (见习题 3.16)

$$\psi_\alpha(x) \equiv \langle x|\alpha\rangle = \left(\frac{m\omega}{\pi\hbar}\right)^{1/4} e^{\frac{1}{2}\left(\alpha^2 - |\alpha|^2\right)} e^{-\frac{1}{2}\left(\sqrt{\frac{m\omega}{\hbar}}x - \sqrt{2}\alpha\right)^2} \tag{3.59}$$

注意式 (3.59) 的项 $e^{\frac{1}{2}\left(\alpha^2 - |\alpha|^2\right)} = e^{-[\mathrm{Im}(\alpha)]^2} e^{\mathrm{i}\mathrm{Re}(\alpha)\mathrm{Im}(\alpha)}$ 比习题 3.16 中给出的解多了一个无关的相位，但并不影响波函数的概率密度分布 $|\psi_\alpha(x)|^2$。若初始时刻谐

振子处于相干态: $|\Psi(0)\rangle = |\alpha\rangle$, 则对应空间态 $\Psi(x,0) = \langle x|\alpha\rangle$ (其概率密度分布如图 3.2(a) 所示), 那么 $t$ 时刻相干态的演化满足:

$$|\Psi(t)\rangle = \sum_{n=0}^{\infty} a_n \mathrm{e}^{-\mathrm{i}E_n t/\hbar} |n\rangle, \quad E_n = \left(n + \frac{1}{2}\right)\hbar\omega \tag{3.60}$$

其中, 展开系数 $a_n$ 为

$$a_n = \langle n|\Psi(0)\rangle = \langle n|\alpha\rangle = \frac{\alpha^n}{\sqrt{n!}}\mathrm{e}^{-\frac{1}{2}|\alpha|^2}$$

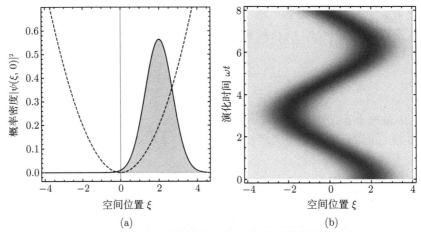

(a)                                                  (b)

图 3.2    相干态的概率密度分布及其随时间的演化

(a) 初始时刻相干态谐振子在谐振势 (虚线) 中的概率密度分布; (b) 相干态的分布随时间的演化图像, 图中横轴方向是位置 $\xi = \sqrt{m\omega/\hbar}x$, 纵轴方向是演化时间, 灰度代表概率大小。图中参数 $\alpha = \sqrt{2}$, 采用原子单位 $m = \hbar = 1$

将系数代入式 (3.60), 得到 $t$ 时刻的态:

$$|\Psi(t)\rangle = \mathrm{e}^{-\frac{1}{2}\omega t}\mathrm{e}^{-\frac{1}{2}|\alpha \mathrm{e}^{-\mathrm{i}\omega t}|^2} \sum_{n=0}^{\infty} \frac{(\alpha \mathrm{e}^{-\mathrm{i}\omega t})^n}{\sqrt{n!}} |n\rangle = \mathrm{e}^{-\frac{1}{2}\omega t} |\alpha(t)\rangle$$

其中, $\alpha(t) = \alpha \mathrm{e}^{-\mathrm{i}\omega t}$。因此, $t$ 时刻谐振子在实空间的态 $\Psi(x,t) \propto \langle x|\alpha(t)\rangle$, 其随时间的演化如图 3.2(b) 所示。显然如果谐振子初始时刻处于相干态, 那么它以后会一直处于相干态, 其运动演化行为和经典振子的振动非常相似。如果在这个态上考察振子位置 $\hat{x}$ 和动量 $\hat{p}$ 的平均值 $x(t) = \langle\Psi(t)|\hat{x}|\Psi(t)\rangle = \langle\alpha(t)|\hat{x}|\alpha(t)\rangle$ 和 $p(t) = \langle\Psi(t)|\hat{p}|\Psi(t)\rangle = \langle\alpha(t)|\hat{p}|\alpha(t)\rangle$ 随时间的演化, 则它们满足:

$$\frac{\mathrm{d}x(t)}{\mathrm{d}t} = \frac{p(t)}{m}, \quad \frac{\mathrm{d}p(t)}{\mathrm{d}t} = -m\omega^2 x(t) \tag{3.61}$$

显然方程 (3.61) 即为经典谐振子的动力学方程, 这就是相干态被称为最接近经典谐振子态的原因, 粒子的波函数是一个相干的波包 (如图 3.2 所示), 在谐振势阱中这个相干态波包的平均位置一直保持着和经典运动轨迹一样的振荡状态.

**2. 复杂系统的希尔伯特空间**

由于量子系统的复杂性, 下面来简单讨论一下复合系统所涉及的希尔伯特空间的结构和合成: **直和**和**直积**表象. 首先在有限维度的空间下讨论空间的直和与直积概念, 最后集中讨论一下物理上为处理无穷维希尔伯特空间而引入的有限维空间: **截断的希尔伯特空间** (truncated Hilbert space).

**1) 直和空间**

对于一个系统 $\hat{H}$, 其总的希尔伯特空间为 $\mathcal{H}$, 假设其基矢 $\{|w_1\rangle, |w_2\rangle, \cdots\}$ 可分开写为 $\{|u_1\rangle, |u_2\rangle, \cdots, |u_n\rangle; |v_1\rangle, |v_2\rangle, \cdots, |v_m\rangle\}$, 即该基矢可以分为两组: $\{|u_i\rangle, i = 1, 2, \cdots, n\}$ 和 $\{|v_j\rangle, j = 1, 2, \cdots, m\}$, 且每一组都各自完备, 构成两个希尔伯特**子空间**, 记为 $\mathcal{H}_1$ 和 $\mathcal{H}_2$, 则总的希尔伯特空间 $\mathcal{H}$ 可分解为两个**子空间的直和**, 直和一般用符号 $\oplus$ 表示, 表示为 $\mathcal{H} = \mathcal{H}_1 \oplus \mathcal{H}_2$. 那么在系统 $\mathcal{H}$ 空间中的任意一个元素 $|\Psi\rangle$ (波函数), 都可以唯一分解为 $|\Psi\rangle = |\psi\rangle \oplus |\varphi\rangle$, 其中 $|\psi\rangle \in \mathcal{H}_1, |\varphi\rangle \in \mathcal{H}_2$. 显然系统总的希尔伯特空间 $\mathcal{H}$ 的维度就是两个子空间维度之和: $n + m$, 所以波函数 $|\psi\rangle$ 和 $|\varphi\rangle$ 在各自子空间表象 $\mathcal{H}_1$ 和 $\mathcal{H}_2$ 中的表示形式和在总空间表象 $\mathcal{H}$ 中的直和形式可以分别写为

$$|\psi\rangle = \begin{pmatrix} a_1 \\ a_2 \\ \vdots \\ a_n \end{pmatrix}, |\varphi\rangle = \begin{pmatrix} b_1 \\ b_2 \\ \vdots \\ b_m \end{pmatrix}; \quad |\Psi\rangle = |\psi\rangle \oplus |\varphi\rangle = \left( \begin{array}{c} a_1 \\ a_2 \\ \vdots \\ a_n \\ \hline b_1 \\ b_2 \\ \vdots \\ b_m \end{array} \right)$$

同样在直和空间表象 $\mathcal{H}$ 上算符矩阵也可以分解为两个空间表象的块对角形式. 物理上这种复合量子系统经常发生在多能级相互耦合的体系中, 如前面讲的谐振子系统, 如果限制谐振子的能量, 让其只占据最低 4 个能级: $\{|0\rangle, |1\rangle, |2\rangle, |3\rangle\}$ (如不能被激发到 $n \geqslant 4$ 的高能级上). 此时系统被称为四能级系统, 显然其希尔伯特空间 $\mathcal{H}$ 为 4 维, 称为**截断的希尔伯特空间**. 然后加入外场对能级进行耦合, 这样的系统总体上是一个复合的量子系统 (谐振子加外场). 然而在适当的条件下,

总可以找到这个系统的一个表象 (基矢), 它能将系统哈密顿量分解成块对角形式, 如两个 $2 \times 2$ 块对角矩阵:

$$H = \left[ \begin{array}{c|c} A & 0 \\ \hline 0 & B \end{array} \right] = \left[ \begin{array}{cc|cc} a_{11} & a_{12} & & 0 \\ a_{21} & a_{22} & & \\ \hline & 0 & b_{11} & b_{12} \\ & & b_{21} & b_{22} \end{array} \right]$$

那么这 4 个基矢自然分解为两个 2 维的子空间, 形成系统的一个直和分解.

2) 直积空间

对于由多个子系统组成的多体量子系统而言, 每一个子系统都有自己对应的希尔伯特空间, 而这些子空间又相互独立, 所以总系统的希尔伯特空间就是这些子空间的**直积空间**. 同样, 假如一个系统由两个子系统组成, 各自的希尔伯特空间为 $\mathcal{H}_1$ 和 $\mathcal{H}_2$, 它们各自的基矢分别为 $\{|u_i\rangle, i = 1, 2, \cdots, n\}$ 和 $\{|v_i\rangle, i = 1, 2, \cdots, m\}$, 则总的希尔伯特空间 $\mathcal{H}$ 即为这两个**子空间的直积**, 记为 $\mathcal{H} = \mathcal{H}_1 \otimes \mathcal{H}_2$. 总系统的希尔伯特空间 $\mathcal{H}$ 的基矢可取两个子空间基矢的直积: $\{|u_i\rangle \otimes |v_j\rangle, i = 1, 2, \cdots, n; j = 1, 2, \cdots, m\}$, 通常两个子空间基矢的**直积态**构成直积表象, 基矢通常简写为 $|u_i, v_j\rangle \equiv |u_i\rangle \otimes |v_j\rangle$, 显然总的希尔伯特空间的维度为两个子空间维度的乘积: $n \times m$. 物理上这样的系统很多, 如由 $N$ 个独立谐振子组成的体系, 如果每个谐振子是二能级的 (截断的二维希尔伯特空间表象取基矢 $\{|0\rangle, |1\rangle\}$), 那么 $N$ 个二维空间直积表象的基矢个数为 $N$ 个 2 相乘, 即此 $N$ 体复合系统希尔伯特空间的维度大小为 $2^N$. 关于希尔伯特空间的直积和直积表象, 在后文多体量子系统中会详细介绍.

3) 截断空间

对于上述讨论直和与直积空间经常提到的谐振子而言, 其希尔伯特空间是无穷维的, 如其能量表象的基矢必须取 $\{|j\rangle, j = 1, 2, \cdots, \infty\}$ 才能保持完备性. 所以严格来讲, 物理上的很多系统, 其波矢的希尔伯特空间都是无穷维的, 但在实际计算的过程中, 无穷维是无法处理的, 此时可引入 $N$ 维截断希尔伯特空间表象来进行近似的数值计算. 此时基矢的完备性条件就变为

$$1 = \sum_{j=1}^{\infty} |j\rangle \langle j| \to \hat{P}_N = \sum_{j=1}^{N} |j\rangle \langle j| < 1$$

其中, 投影算子 $\hat{P}_N$ 显然不再等于单位算子 1, 而这个投影算子所对应的空间称为 $P$ 空间. 从而可以相应定义其补空间的投影算子为

$$\hat{Q}_N = 1 - \hat{P}_N \equiv 1 - \sum_{j=1}^{N} |j\rangle\langle j| = \sum_{j=N+1}^{\infty} |j\rangle\langle j|$$

所以任意希尔伯特空间的波矢可以写为

$$|\psi\rangle = \left(\hat{P}_N + \hat{Q}_N\right)|\psi\rangle = \hat{P}_N|\psi\rangle + \hat{Q}_N|\psi\rangle = \sum_{j=1}^{N} \psi_j|j\rangle + \sum_{l=N+1}^{\infty} \psi_l|l\rangle$$

其中，波函数的投影 $\psi_j = \langle j|\psi\rangle$ 分解为两部分，一部分是在截断空间内的投影：$j = 1, \cdots, N$；另一部分是截断空间之外的投影：$l = N+1, \cdots, \infty$。如果波函数在大量子数基态 $|l\rangle, l > N$ 上的投影或分布概率很小，其后一项就可以忽略，则给出截断空间表象上波函数的表示：

$$|\psi\rangle \approx \sum_{j=1}^{N} \psi_j|j\rangle \rightarrow \begin{pmatrix} \psi_1 \\ \vdots \\ \psi_N \end{pmatrix} \tag{3.62}$$

同理，对于全空间的任意算符 $\hat{A}$ 也可以写为

$$\hat{A} = (\hat{P}_N + \hat{Q}_N)\hat{A}(\hat{P}_N + \hat{Q}_N) = \hat{P}_N\hat{A}\hat{P}_N + \hat{P}_N\hat{A}\hat{Q}_N + \hat{Q}_N\hat{A}\hat{P}_N + \hat{Q}_N\hat{A}\hat{Q}_N$$

$$= \sum_{i,j=1} A_{ij}|i\rangle\langle j| + \sum_{j,l} A_{jl}|j\rangle\langle l| + \sum_{j,l} A_{lj}|l\rangle\langle j| + \sum_{l,k} A_{lk}|l\rangle\langle k|$$

显然算符 $\hat{A}$ 的矩阵元被投影算子 $\hat{P}_N$ 和 $\hat{Q}_N$ 分解为四个块矩阵，写成希尔伯特全空间表象的矩阵形式为

$$\hat{A} = \left[\begin{array}{c|c} A_{PP} & A_{PQ} \\ \hline A_{QP} & A_{QQ} \end{array}\right] = \left[\begin{array}{c|c} \begin{pmatrix} A_{11} & \cdots & A_{1N} \\ \vdots & \ddots & \vdots \\ A_{N1} & \cdots & A_{NN} \end{pmatrix} & (A_{lj}) \\ \hline (A_{jl}) & (A_{lk}) \end{array}\right]$$

算符被截断的四个块矩阵的矩阵元分别为块对角部分 $A_{PP} \mapsto A_{ij} = \langle i|\hat{A}|j\rangle$，其中 $i, j \leqslant N$，代表在截断空间内的表示；块对角部分 $A_{QQ} \mapsto A_{lk} = \langle l|\hat{A}|k\rangle$，其中 $k, l > N$，代表在补空间的表示；非块对角部分 $A_{PQ}$ 或 $A_{QP} \mapsto A_{lj} = \langle l|\hat{A}|j\rangle = A_{jl}^*$，代表截断空间和补空间的耦合部分。显然只要截断空间 $P$ 和补空间 $Q$ 耦合

很小, 可以忽略补空间部分, 得到截断表示:

$$\hat{A} \approx \sum_{i,j=1}^{N} A_{ij} |i\rangle \langle j| \longrightarrow A \approx \begin{bmatrix} A_{11} & \cdots & A_{1N} \\ \vdots & \ddots & \vdots \\ A_{N1} & \cdots & A_{NN} \end{bmatrix} \tag{3.63}$$

　　显然, 如果某一物理体系在某种表象下无法达到高量子数的态或与某些态不产生动力学的耦合, 系统都可以将希尔伯特空间进行截断, 在截断的空间内进行求解。例如, 系统的能量无法激发到高能量状态时采用低能截断, 或存在不耦合的不变子空间时, 可以在低维截断空间表象中进行近似处理。

# 3.3　量子系统的测量理论

　　3.2 节主要从数学的角度介绍了与量子力学有关的数学基础, 本节将重点讨论量子力学数学基础所联系的物理, 即量子力学的实验测量理论。量子力学所研究的微观世界对于宏观的人类而言, 只能通过宏观仪器的测量结果来认识, 对于微观粒子的测量主要有两个问题: ① 在量子系统上测量什么? ② 如何将测量结果和微观状态联系起来? 第 ① 个问题的答案是量子力学的测量是在系统的某一量子态上测量某一物理可观测量 (力学量) 的值。第 ② 个问题的答案是通过对宏观测量结果的分析建立合理的逻辑来还原微观世界的场景和规律。下面来具体讨论关于测量的问题。

## 3.3.1　力学量的测量

　　一个实际的测量系统本身是非常复杂的, 主要包括被测量的量子系统、宏观的测量仪器和复杂的测量环境。简单来讲, 量子力学的测量是在被测量子系统的某一量子态 $|\Psi\rangle$ 上测量某个力学量 $\hat{Q}$ 的值。首先需将量子系统准备在被测量的量子态上 (或者系统处于某一个特定态上), 然后利用宏观测量仪器通过某一微观耦合机制来测量某一个力学量的值, 得到的测量结果则是一系列实的随机数据。抛开测量的细节, 在量子系统的同一个态上多次测量力学量总会得到一些随机的实数序列, 通过对这些随机序列的数据进行分析得到相应的物理规律。根据这个基本事实, 量子力学有以下的测量理论和假设。

### 1. 物理可观测量和厄米算符

　　**假设一**: 在量子力学中, 每一个可观测的物理量都对应希尔伯特空间的厄米算符, 每次对该力学量的测量结果总是该厄米算符的本征值之一。

　　这个假设首先给出希尔伯特空间上算符和力学量之间的关系, 由于厄米算符的本征值是实数, 所以力学量自然对应厄米算符。其次力学量的测量结果总对应其本征值的一个**随机序列**。所以量子力学中的物理量都是**随机量**，其性质只能依靠测量值的统计性质来刻画，如平均值、方差等。力学随机量的统计样本空间就是厄米算符的谱空间。

为了说明这个结论，可以考虑一个相反的问题：是否存在一个量子态 $|\psi\rangle$，在这个态上每次测量力学量 $\hat{Q}$ 的值总会得到同一个值 $q$？显然在这个态上多次测量 $\hat{Q}$ 的结果是一个具有确定值 $q$ 的测量序列，所以该力学量的平均值一定为 $q$，即 $\langle \hat{Q} \rangle = q$，而且其方差 $\sigma^2$ 也为零，也就是说：

$$\sigma^2 = \langle (\hat{Q} - q)^2 \rangle = \langle \psi|(\hat{Q} - q)(\hat{Q} - q)|\psi\rangle = \langle (\hat{Q} - q)\psi|(\hat{Q} - q)|\psi\rangle = 0$$

上面的结果表明：

$$(\hat{Q} - q)|\psi\rangle = 0 \Rightarrow \hat{Q}|\psi\rangle = q|\psi\rangle$$

显然，这样的态是存在的，而这个态就是该力学量算符的**本征态**，测量到的值就是其**本征值** $q$，而且必须为实数。因此，最后的结论是力学量对应厄米算符，力学量具有特定测量值的态就是其本征态。

1) 分立谱的测量

如果力学量 $\hat{Q}$ 有多个本征态 $|\psi_n\rangle$ 和本征值 $q_n$，那么作为随机量，其测量值的样本空间只能是其谱空间。所以，对于一个一般的特定态 $|\varPsi\rangle$，在其上测量算符 $\hat{Q}$，就会得到该观测量本征值的一个随机序列。因为被测量的特定态 $|\varPsi\rangle$ 总可以用厄米算符 $\hat{Q}$ 完备的本征态展开：

$$|\varPsi\rangle = \sum_n c_n |\psi_n\rangle$$

所以在这个态上测量力学量的期望值就只能是：

$$\langle \hat{Q} \rangle = \langle \varPsi| \hat{Q} |\varPsi\rangle = \sum_n |c_n|^2 q_n \tag{3.64}$$

其中，$c_n = \langle \psi_n|\varPsi \rangle$ 是特定态 $|\varPsi\rangle$ 在本征态 $|\psi_n\rangle$ 上的投影。

2) 连续谱的测量

对于连续谱情况，上述的表述没有本质的不同，此时由于测量值的谱空间是连续的，测量值对应的本征值的概率将被**概率分布函数**所取代。同样以一维位置测量和动量测量为例来说明这种情况。

假如要测量一个处于特定态 $|\varPsi\rangle$ 的粒子的空间位置，每一次测量总会得到一个位置算符 $\hat{x}$ 的本征值：位置值。那么被测量粒子具有具体位置 $x'$ 的态显然对应位置算符的本征态：$\hat{x}|x'\rangle = x'|x'\rangle$，所以在态 $|\varPsi\rangle$ 上被测量粒子位置在 $x'$ 处的

概率依赖于其投影：$\Psi(x') = \langle x'|\Psi\rangle$。根据连续变量概率分布函数的意义，被测量粒子的位置值落在 $x'$ 到 $x' + \mathrm{d}x'$ 之间的概率为

$$|\Psi(x')|^2\mathrm{d}x' = |\langle x'|\Psi\rangle|^2\mathrm{d}x' = \langle\Psi|x'\rangle\langle x'|\Psi\rangle\mathrm{d}x'$$

显然全空间的测量积分 $\langle\Psi|\Psi\rangle = 1$。上面测量的概率结果和第 1 章对实空间波函数的概率解释是一致的，位置测量结果的平均值由式 (3.64) 的求和变成了积分。利用归一化条件：$\int|x'\rangle\langle x'|\,\mathrm{d}x' = 1$，位置测量结果的平均值为

$$\begin{aligned}\langle\hat{x}\rangle &= \langle\Psi|\,\hat{x}\,|\Psi\rangle = \langle\Psi|\,\hat{x}\left(\int|x'\rangle\langle x'|\,\mathrm{d}x'\right)|\Psi\rangle\\&= \int\langle\Psi|\,\hat{x}\,|x'\rangle\langle x'|\Psi\rangle\mathrm{d}x' = \int x'\langle\Psi|x'\rangle\langle x'|\Psi\rangle\mathrm{d}x'\\&= \int\Psi^*(x')x'\Psi(x')\mathrm{d}x' = \int|\Psi(x')|^2\mathrm{d}x'\cdot x'\end{aligned}$$

同理，如果在态 $|\Psi\rangle$ 上测量动量，动量的测量值为 $p$ 的概率密度即为态 $|\Psi\rangle$ 在动量本征函数 $|p\rangle$ 上投影的模平方：$|\Psi(p)|^2 = |\langle p|\Psi\rangle|^2$，所以被测量粒子的动量值落在 $p$ 到 $p + \mathrm{d}p$ 之间的概率为

$$|\Psi(p)|^2\mathrm{d}p = \langle\Psi|p\rangle\langle p|\Psi\rangle\mathrm{d}p$$

其平均值变为

$$\langle\hat{p}\rangle = \langle\Psi|\,\hat{p}\,|\Psi\rangle = \langle\Psi|\,\hat{p}\left(\int|p\rangle\langle p|\,\mathrm{d}p\right)|\Psi\rangle = \int|\Psi(p)|^2\mathrm{d}p\cdot p$$

总之，在任何态上测量某一力学量，无论测量值是连续谱还是分立谱，被测态总可以用该力学量的本征态展开 (利用完备性条件)，相应本征态展开系数的模方给出测量到对应本征值的概率或概率密度。

### 2. 测量的波包塌缩理论

下面考虑另外一个问题：如果在体系的某一个态 $|\Psi\rangle$ 上测量某一力学量 $\hat{Q}$，得到测量值为 $q_n$(对应本征态是 $|\psi_n\rangle$)，那么测量后体系的态是什么？

**假设二**：体系态经过测量将塌缩到测量值所对应的本征态上。

假设二给出的答案：测量值为 $q_n$，则 $|\Psi\rangle \rightarrow |\psi_n\rangle$。显然，这只是测量理论的一个合理假设，虽然保持了和其他假设的相容性 (不矛盾)，但无法被严格证明。首先测量得到的结果是被测量的本征值，而能给出确定本征值的态只能是其本征

态，这就预示着测量时被测态会收缩或投影到该本征值对应的本征态上，这样才能给出确定的测量值，那么测量所引起的态的变化为

$$|\Psi\rangle \rightarrow \frac{1}{\sqrt{\langle\Psi|\hat{P}_n|\Psi\rangle}}\hat{P}_n|\Psi\rangle$$

其中，$\hat{P}_n = |\psi_n\rangle\langle\psi_n|$ 是投影算子；$\hat{P}_n$ 前面的系数为归一化系数 (如果测量到的本征值 $q_n$ 是简并的，那么投影算子 $\hat{P}_n$ 用简并空间基矢的投影算子求和来表示投影到简并空间：$\hat{P}_n = \sum_{\nu}|\psi_{n,\nu}\rangle\langle\psi_{n,\nu}|$，其中 $\nu$ 为简并指标)。但这个投影过程在测量中的细节并不清楚，根据测量假设似乎是瞬间完成的，所以有的人把这个过程称为**测量塌缩**。假设二之所以合理，是因为量子实验测量中存在一个叫**量子芝诺效应** (quantum Zeno effect) 的现象，也就是如果对一个态进行持续快速的测量，那么系统的态就会始终保持在测量值的本征态上而不会发生演化和跃迁[15]。但这个效应依然只是提供了一个实验上的佐证而不是严格的证明。

### 3.3.2　测量的不确定关系

在实际的测量中总会面临在一个态 $|\Psi\rangle$ 上测量多个力学量的问题。如果两个算符对易，由于它们有共同的本征态，二者可以同时被精确测量或确定；如果两个算符不对易，则测量结果存在所谓的**不确定关系**。假如在态 $|\psi\rangle$ 上测量两个不对易的力学量 $\hat{F}$ 和 $\hat{G}$，它们之间的对易关系为 $[\hat{F},\hat{G}] = \mathrm{i}\hat{K}$(引入系数 i 使 $\hat{K}$ 为厄米算符，可对应一个观测量)。如果测量二者得到的平均值记为 $F \equiv \langle\hat{F}\rangle$ 和 $G \equiv \langle\hat{G}\rangle$，为进一步分析测量结果的涨落，定义涨落算符：

$$\Delta\hat{F} = \hat{F} - F, \quad \Delta\hat{G} = \hat{G} - G$$

根据涨落公式 (1.15)，在同一个态上测量两个力学量涨落的平方为

$$(\Delta F)^2 \equiv \langle(\Delta\hat{F})^2\rangle = \langle\hat{F}^2\rangle - \langle\hat{F}\rangle^2 = \langle\hat{F}^2\rangle - F^2,$$

$$(\Delta G)^2 \equiv \langle(\Delta\hat{G})^2\rangle = \langle\hat{G}^2\rangle - \langle\hat{G}\rangle^2 = \langle\hat{G}^2\rangle - G^2$$

下面在被测量的物理态 $|\psi\rangle$ 上构造另一个态：

$$|\Psi\rangle = (\xi\Delta\hat{F} - \mathrm{i}\Delta\hat{G})|\psi\rangle \tag{3.65}$$

其中，参数 $\xi$ 为实数。显然态 $|\Psi\rangle$ 也是一个物理上允许的量子态，那么其必然满足 $\langle\Psi|\Psi\rangle \geqslant 0$。该不等式的成立依赖于量子态的平方可积性及其概率解释，因为概率一定是大于等于零的。将该不等式代入式 (3.65) 有

$$\langle\Psi|\Psi\rangle = \langle\psi|(\xi\Delta\hat{F} + \mathrm{i}\Delta\hat{G})(\xi\Delta\hat{F} - \mathrm{i}\Delta\hat{G})|\psi\rangle$$

$$= \langle\psi| \left[ \xi^2(\Delta\hat{F})^2 - \mathrm{i}\xi \left( \Delta\hat{F}\Delta\hat{G} - \Delta\hat{G}\Delta\hat{F} \right) + (\Delta\hat{G})^2 \right] |\psi\rangle$$

$$= \xi^2 \langle\psi|(\Delta\hat{F})^2 |\psi\rangle - \mathrm{i}\xi\langle\psi|[\Delta\hat{F}, \Delta\hat{G}] |\psi\rangle + \langle\psi|(\Delta\hat{G})^2 |\psi\rangle$$

其中, 利用了对易关系: $[\Delta\hat{F}, \Delta\hat{G}] = \mathrm{i}\hat{K}$, 并定义 $K \equiv \langle\psi|\hat{K} |\psi\rangle$。进一步引入关于实参数 $\xi$ 的一元二次多项式函数 $P(\xi)$:

$$P(\xi) \equiv \langle\Psi|\Psi\rangle = (\Delta F)^2 \xi^2 + K\xi + (\Delta G)^2 \tag{3.66}$$

显然要使一元二次多项式函数 $P(\xi) \geqslant 0$, 那么函数的系数必须满足:

$$(\Delta F)^2 (\Delta G)^2 \geqslant \frac{1}{4}K^2 \tag{3.67}$$

或者可以简单写为

$$\Delta F \cdot \Delta G \geqslant \frac{1}{2}|K| = \frac{1}{2} \left| \langle\psi|[\hat{F}, \hat{G}]|\psi\rangle \right| \tag{3.68}$$

此即为同一个态 $|\psi\rangle$ 上两个力学量涨落之间的不确定关系或测不准关系。式 (3.68) 表明, 在同一个态上测量两个力学量, 它们涨落的乘积必然大于等于一个正的值, 这就是前面讨论谐振子时提到的海森堡不确定性关系或测不准关系: 两个不对易的力学量不可能同时获得精确的测量值。根据上面的证明过程来看, 不确定关系是量子力学**不确定性原理** (uncertainty principle) 的体现, 是波函数概率意义的必然结果, 不等式 (3.68) 的出发点是波函数的概率密度大于等于零, 结果具有明显的态依赖性。下面举两个重要的例子。

### 1. 位置和动量的不确定性关系

物理上最常见的测量, 就是在态 $|\psi\rangle$ 上测量粒子的位置 $\hat{x}$ 和动量 $\hat{p}$。根据二者的对易关系: $[\hat{x}, \hat{p}] = \mathrm{i}\hbar$, 应用式 (3.68) 得到不确定关系: $\Delta x \cdot \Delta p \geqslant \hbar/2$。显然对位置测量得越准确的态, 即测量位置的涨落 $\Delta x$ 越小, 其对动量的测量就越不准确, 即动量的涨落 $\Delta p$ 就越大, 而 $\Delta x \cdot \Delta p = \hbar/2$ 代表了最小测不准的量子极限。这个微观世界位置和动量的涨落关系, 说明了一个简单的道理; 位置越确定的粒子, 其动量的涨落范围一定很大, 不然 $\hat{x}$ 和 $\hat{p}$ 相空间分布的体积就可以趋近于零, 这个结果显然是微观世界粒子的状态具有大于零的随机涨落的一个统计表现。例如, 对无限深方势阱中约束的电子态而言, 如果阱宽 $a$ 越小, 粒子的位置越会被限定或确定: $\Delta x \sim a$, 而其基态能级 $E_1$ 就越高, 电子的动量涨落就越大: $\Delta p = \sqrt{p^2} = \sqrt{2mE_1} \sim \hbar/2a$。根据测不准关系对无限深方势阱基态能量的估算值 $E_1 = (\Delta p)^2/2m \sim \hbar^2/8ma^2$, 虽然低估了基态的能量值, 但其在数量级上基本是正确的。

### 2. 能量和时间的不确定性关系

类似地, 对一个态进行时间和能量的测量时也存在类似的测不准关系:

$$\Delta t \cdot \Delta E \geqslant \hbar/2 \tag{3.69}$$

不等式 (3.69) 的特殊性表现在时间虽然是一个可观测量, 但在量子力学中**时间**只是一个实参数 (与空间完全独立的非相对论时间), 没有与其对应的时间算符。所以在一个态上测量时间显然只和态的动力学演化过程有关, 测量到的时间涨落不是时间本身的涨落, 而是对态演化过程快慢的测量。当然对于相对论场粒子, 可以从位置和动量的不确定性关系得到时间和能量的不确定性关系:

$$p = E/c \Rightarrow \Delta x \cdot \Delta p = (c\Delta t) \cdot (\Delta E/c) = \Delta t \cdot \Delta E \geqslant \frac{\hbar}{2}$$

当然上面的证明是唯象的, 对于量子力学的时间和能量测量来说必须从薛定谔方程出发, 因为能量算符就是支配系统波函数演化的哈密顿量。首先考察某一力学量 $\hat{Q}$ 在某一个态 $|\Psi(t)\rangle$ 上的平均值随时间的演化情况:

$$i\hbar \frac{\mathrm{d}}{\mathrm{d}t}\langle \hat{Q}(t)\rangle = i\hbar \frac{\mathrm{d}}{\mathrm{d}t}\langle \Psi(t)|\hat{Q}(t)|\Psi(t)\rangle$$

$$= i\hbar \left[ \frac{\mathrm{d}\langle \Psi(t)|}{\mathrm{d}t}\hat{Q}(t)|\Psi(t)\rangle + \langle \Psi(t)|\frac{\mathrm{d}\hat{Q}(t)}{\mathrm{d}t}|\Psi\rangle + \langle \Psi(t)|\hat{Q}(t)\frac{\mathrm{d}|\Psi\rangle}{\mathrm{d}t} \right]$$

代入态 $|\Psi(t)\rangle$ 演化的薛定谔方程 $i\hbar \dfrac{\mathrm{d}|\Psi(t)\rangle}{\mathrm{d}t} = \hat{H}|\Psi(t)\rangle$ 有

$$i\hbar \frac{\mathrm{d}}{\mathrm{d}t}\langle \hat{Q}\rangle = \langle [\hat{Q}, \hat{H}]\rangle + i\hbar \left\langle \frac{\mathrm{d}\hat{Q}}{\mathrm{d}t} \right\rangle \tag{3.70}$$

方程 (3.70) 表明力学量平均值随时间的变化率由两部分决定: 力学量自身变化率的平均值; 力学量与哈密顿量对易关系的平均值。如果力学量本身不随时间变化, 那么平均值的变化只依赖于对易关系。如果算符 $\hat{Q}$ 和哈密顿量 $\hat{H}$ 也对易, 那么这个量的平均值将是不随时间变化的固定值, 此时这个力学量就称为系统的**守恒量**。但是, 一般情况下力学量 $\hat{Q}$ 和哈密顿量 $\hat{H}$ 不对易: $[\hat{Q}, \hat{H}] = i\hat{K}$, 所以根据不确定关系式 (3.67), 并结合式 (3.70) 有

$$\Delta Q \cdot \Delta H \geqslant \frac{1}{2}|K| = \left| \frac{1}{2i}\langle [\hat{Q}, \hat{H}]\rangle \right| = \left| \frac{\hbar}{2}\frac{\mathrm{d}}{\mathrm{d}t}\langle \hat{Q}\rangle - \frac{1}{2i}\left\langle \frac{\mathrm{d}\hat{Q}}{\mathrm{d}t} \right\rangle \right|$$

如果力学量 $\hat{Q}$ 不显含时间: $\mathrm{d}\hat{Q}/\mathrm{d}t = 0$, 那么就得到:

$$\Delta Q \cdot \Delta E \geqslant \frac{\hbar}{2} \left| \frac{\mathrm{d}\langle \hat{Q} \rangle}{\mathrm{d}t} \right| \tag{3.71}$$

式 (3.71) 揭示了可观测量的涨落 $\Delta Q$ 乘以系统的能量涨落 ($\Delta H \equiv \Delta E$) 大于等于该力学量平均值的变化速率。现在定义一个时间 $\Delta t$ 来度量观测量平均值变化一个标准偏差 $\Delta Q$ 所需要的时间:

$$\Delta t = \frac{\Delta Q}{\left| \mathrm{d}\langle \hat{Q} \rangle / \mathrm{d}t \right|}$$

将 $\Delta t$ 代入式 (3.71) 得到时间和能量的测不准关系式 (3.69)。时间和能量测不准关系表明, 如果可观测量平均值变化非常快, 那么体系的能量涨落一定很大。相反, 如果可观测量平均值变化很慢或者干脆不变, 那么系统能量涨落一定很小或者系统的能量是确定的没有任何涨落。

显然根据时间和能量涨落关系, 在定态上任何力学量的平均值不随时间改变, 所以要使系统的能量发生变化而有涨落, 那么系统的态必须是能量本征态的叠加态。下面用两个一维定态叠加态的能量变化来看时间和能量涨落的动力学表现。假如系统的态为

$$\Psi(x,t) = c_1 \psi_1(x) \mathrm{e}^{-\mathrm{i}E_1 t/\hbar} + c_2 \psi_2(x) \mathrm{e}^{-\mathrm{i}E_2 t/\hbar} \tag{3.72}$$

其中, 不失一般性, 系数 $c_1$ 和 $c_2$ 取实数; 空间波函数 $\psi_1(x)$ 和 $\psi_2(x)$ 可以为正交的实函数。测量叠加态 (式 (3.72)) 的能量得到的是 $E_1$ 和 $E_2$ 交替出现的一个随机序列 (假设 $E_2 > E_1$), 能量显然是有涨落的, 其涨落的最大区间范围是 $\Delta E = E_2 - E_1$。叠加态 (式 (3.72)) 的概率分布随时间呈周期变化:

$$\begin{aligned} P(x,t) &= |\Psi(x,t)|^2 \\ &= c_1^2 \psi_1^2(x) + c_2^2 \psi_2^2(x) + 2c_1 c_2 \psi_1(x) \psi_2(x) \cos\left( \frac{E_2 - E_1}{\hbar} t \right) \end{aligned}$$

系统在两个垂直的叠加态 $c_1\psi_1 + c_2\psi_2$ 和 $c_1\psi_1 - c_2\psi_2$ 之间周期变化, 变化快慢用周期 $\tau$ 来度量: $\tau = \dfrac{2\pi}{(E_2 - E_1)/\hbar} \equiv \Delta t$, 所以体系能量和时间涨落的乘积为

$$\Delta t \cdot \Delta E = \tau(E_2 - E_1) = 2\pi\hbar \geqslant \frac{\hbar}{2}$$

显然上述结果满足时间和能量的测不准关系。从上面的例子可以看出，系统在两个垂直态间的演化时间有一个下限，满足 $\tau = \Delta t \geqslant \dfrac{\hbar}{2\Delta E}$ [①]。

　　另外，时间和能量的涨落关系在测量原子能级寿命的时候有清晰的表现。假如一个辐射体从激发态自发跃迁到基态辐射光子，由于激发态的寿命为 $\tau$，单位时间内辐射体的原子辐射光子所产生的光场能量的涨落满足测不准关系：$\Delta E \leqslant \hbar/(2\Delta t)$，而这个辐射时间的不确定度 $\Delta t$ 与原子的自发辐射概率成反比，也就是如果激发态寿命长则辐射时间的不确定度就小：$\Delta t \approx \tau$。根据原子激发态寿命 $\tau$ 与其弛豫频率 $\gamma$ 的关系 (具体见第 6 章) 有

$$\Delta E \approx \frac{\hbar}{2\tau} = \frac{\hbar}{2}\gamma$$

显然如果测量到一个能级辐射的寿命很短，那么其能量的涨落 $\Delta E$ 一定很大，表现在其能级的谱线一定很宽，反之亦然。

# 习　题

　　3.1　证明三角不等式和施瓦茨不等式的等价性。提示：可以用施瓦茨不等式证明三角不等式，反之亦然。根据内积和内积范数的定义有

$$\||\psi\rangle + |\varphi\rangle\|^2 = ((\langle\psi| + \langle\varphi|)(|\psi\rangle + |\varphi\rangle)) = \langle\psi|\psi\rangle + \langle\psi|\varphi\rangle + \langle\varphi|\psi\rangle + \langle\varphi|\varphi\rangle$$

应用施瓦茨不等式 (3.2) 有

$$\||\psi\rangle + |\varphi\rangle\|^2 \leqslant \langle\psi|\psi\rangle + 2\sqrt{\langle\psi|\psi\rangle\langle\varphi|\varphi\rangle} + \langle\varphi|\varphi\rangle = (\||\psi\rangle\| + \||\varphi\rangle\|)^2$$

上式两边开方得到定义距离所满足的三角不等式：

$$\||\psi\rangle + |\varphi\rangle\| \leqslant \||\psi\rangle\| + \||\varphi\rangle\|$$

　　3.2　利用位置和动量的基本对易关系，证明 $[\hat{x}, \hat{p}_x^n] = \mathrm{i}\hbar n\hat{p}_x^{n-1}$。

　　3.3　证明对易关系的轮换性质式 (3.8)。

　　3.4　证明 BCH 等式 (3.9)。提示：定义参量 $\lambda$ 的解析函数为

$$\hat{F}(\lambda) = \mathrm{e}^{\lambda\hat{A}}\hat{B}\mathrm{e}^{-\lambda\hat{A}}$$

并在 $\lambda = 0$ 处展开为**泰勒级数** (Taylor series) 的形式：

$$\hat{F}(\lambda) = \hat{F}(0) + \lambda\hat{F}'(\lambda) + \frac{\lambda^2}{2!}\hat{F}^{(2)}(\lambda) + \frac{\lambda^3}{3!}\hat{F}^{(3)}(\lambda) + \cdots$$

---

① 实际上态演化时间的一个较为严格的下限是满足 $\Delta t \geqslant \dfrac{h}{4\Delta E}$ [16]。

显然在零处计算函数 $\hat{F}(\lambda)$ 的值 $\hat{F}(0) = \hat{B}$ 和各阶导数如下:

$$\hat{F}'(\lambda) = \frac{\mathrm{d}}{\mathrm{d}\lambda}\left(\mathrm{e}^{\lambda\hat{A}}\hat{B}\mathrm{e}^{-\lambda\hat{A}}\right) = \hat{A}\mathrm{e}^{\lambda\hat{A}}\hat{B}\mathrm{e}^{-\lambda\hat{A}} - \mathrm{e}^{\lambda\hat{A}}\hat{B}\mathrm{e}^{-\lambda\hat{A}}\hat{A} = \left[\hat{A}, \hat{F}(\lambda)\right]$$

$$\hat{F}^{(2)}(\lambda) = \left[\hat{A}, \hat{F}'(\lambda)\right] \Rightarrow \hat{F}^{(2)}(0) = \left[\hat{A}, \left[\hat{A}, \hat{F}(0)\right]\right]$$

$$\hat{F}^{(3)}(\lambda) = \left[\hat{A}, \hat{F}^{(2)}(\lambda)\right] \Rightarrow \hat{F}^{(3)}(0) = \left[\hat{A}, \left[\hat{A}, \left[\hat{A}, \hat{F}(0)\right]\right]\right]$$

$$\vdots$$

$$\hat{F}^{(n)}(\lambda) = \left[\hat{A}, \hat{F}^{(n-1)}(\lambda)\right]$$

将各阶导数代入泰勒级数展开式,即得式 (3.9)。特别地,如果对易关系满足:

$$\left[\hat{A}, [\hat{A}, \hat{B}]\right] = \alpha\hat{B}$$

那么有如下重要的公式:

$$\mathrm{e}^{\lambda\hat{A}}\hat{B}\mathrm{e}^{-\lambda\hat{A}} = \hat{B}\cosh\left(\lambda\sqrt{\alpha}\right) + \frac{1}{\sqrt{\alpha}}[\hat{A}, \hat{B}]\sinh\left(\lambda\sqrt{\alpha}\right) \tag{3.73}$$

显然当 $\alpha = 0$ 时利用极限公式 $\lim_{\alpha\to0}\sinh(\lambda\sqrt{\alpha})/\sqrt{\alpha} = \lambda$,有公式:

$$\mathrm{e}^{\lambda\hat{A}}\hat{B}\mathrm{e}^{-\lambda\hat{A}} = \hat{B} + \lambda[\hat{A}, \hat{B}] \tag{3.74}$$

3.5  对于分立谱厄米算符,证明谱定理一和定理二。

3.6  证明动量算符 $\hat{p} = -\mathrm{i}\hbar\dfrac{\mathrm{d}}{\mathrm{d}x}$ 是厄米算符。提示:利用厄米算符的定义得

$$\langle\psi|\hat{p}\varphi\rangle = \int_{-\infty}^{+\infty}\psi^*(x)\left(-\mathrm{i}\hbar\frac{\partial}{\partial x}\right)\varphi(x)\,\mathrm{d}x = -\mathrm{i}\hbar\int_{-\infty}^{+\infty}\psi^*(x)\frac{\partial\varphi(x)}{\partial x}\mathrm{d}x$$

$$= -\mathrm{i}\hbar\,\psi^*(x)\,\varphi(x)|_{-\infty}^{+\infty} + \mathrm{i}\hbar\int_{-\infty}^{+\infty}\frac{\partial\psi^*(x)}{\partial x}\varphi(x)\,\mathrm{d}x$$

$$= 0 + \int_{-\infty}^{+\infty}\left[-\mathrm{i}\hbar\frac{\partial}{\partial x}\psi(x)\right]^*\varphi(x)\,\mathrm{d}x = \langle\hat{p}\psi|\varphi\rangle$$

由上述证明还可以得到:

$$\left\langle\psi\left|\frac{\partial\varphi}{\partial x}\right.\right\rangle = -\left\langle\frac{\partial\psi}{\partial x}\left|\varphi\right.\right\rangle$$

3.7　证明密度算子 $\hat{\rho}(t)$ 的动力学方程 (3.24)。提示：首先根据系统的密度算子定义 $\hat{\rho}(t) = |\psi(t)\rangle\langle\psi(t)|$ 计算 $\frac{\partial}{\partial t}\hat{\rho}(t) = \frac{\partial|\psi(t)\rangle}{\partial t}\langle\psi(t)| + \text{H.c.}$，再结合系统薛定谔方程 $i\hbar\frac{\partial}{\partial t}|\psi(t)\rangle = \hat{H}(t)|\psi(t)\rangle$，即可证明。

3.8　证明混合态式 (3.25) 的密度矩阵 $\text{Tr}(\rho^2) \leqslant \text{Tr}(\rho) = 1$。提示：首先根据密度算子定义得到混合态的密度算子的平方为

$$\hat{\rho}^2 = \sum_{n,m} P_n P_m \langle\psi_n|\psi_m\rangle |\psi_n\rangle\langle\psi_m| \neq \hat{\rho} \tag{3.75}$$

然后利用完备基矢 $\{|e_i\rangle, i = 1, 2, \cdots\}$ 对式 (3.75) 进行求迹运算：

$$
\begin{aligned}
\text{Tr}\left(\hat{\rho}^2\right) &= \sum_i \langle e_i| \left(\sum_{n,m} P_n P_m \langle\psi_n|\psi_m\rangle |\psi_n\rangle\langle\psi_m|\right) |e_i\rangle \\
&= \sum_i \sum_{n,m} P_n P_m \langle\psi_n|\psi_m\rangle\langle e_k|\psi_n\rangle\langle\psi_m|e_k\rangle \\
&= \sum_{n,m} P_n P_m \langle\psi_n|\psi_m\rangle \sum_i \langle\psi_m|e_i\rangle\langle e_i|\psi_n\rangle \\
&= \sum_{n,m} P_n P_m \langle\psi_n|\psi_m\rangle\langle\psi_m|\psi_n\rangle = \sum_{n,m} P_n P_m |\langle\psi_n|\psi_m\rangle|^2 \\
&\leqslant \sum_{n,m} P_n P_m \langle\psi_n|\psi_n\rangle\langle\psi_m|\psi_m\rangle = \sum_n \sum_m P_n P_m \\
&= \left(\sum_n P_n\right)\left(\sum_m P_m\right) = 1
\end{aligned}
$$

上面的证明过程主要利用了基矢 $|e_i\rangle$ 的完备性关系和内积的施瓦茨 (Schwarz) 不等式 (3.2)：$|\langle\psi_n|\psi_m\rangle|^2 \leqslant \langle\psi_n|\psi_n\rangle\langle\psi_m|\psi_m\rangle$。

3.9　请证明如果两个厄米算符 $\hat{A}$ 和 $\hat{B}$ 对易：$[\hat{A}, \hat{B}] = 0$，则它们有共同的完备的本征函数系。

提示：其实这个定理有一个更广义的版本，即如果两个任意算符 $\hat{A}$ 和 $\hat{B}$(不要求是厄米算符) 都具有完备的本征函数系，那么若这两个算符彼此对易，则它们有共同的完备本征函数系。为简单起见采用分立谱形式，首先可以证明对于算符 $\hat{A}$，其存在完备本征函数系：

$$\hat{A}|a_n\rangle = a_n|a_n\rangle, \quad n = 1, 2, 3, \cdots$$

满足完备性：$\sum\limits_{n} |a_n\rangle \langle a_n| = 1$，则函数 $\hat{B}|a_n\rangle$ 依然是算符 $\hat{A}$ 的本征值为 $a_n$ 的本征态：

$$\hat{A}\left(\hat{B}|a_n\rangle\right) = \hat{B}\hat{A}|a_n\rangle = a_n\left(\hat{B}|a_n\rangle\right), \quad n = 1, 2, 3, \cdots$$

表明波函数 $\hat{B}|a_n\rangle$ 是算符 $\hat{A}$ 在本征值为 $a_n$ 的简并空间里的波函数。如果简并空间是一维的，即 $|a_n\rangle$ 不简并，则必有

$$\hat{B}|a_n\rangle = b_n|a_n\rangle$$

其中，$b_n$ 为不等于零的常数，在 $\langle a_n|a_n\rangle = 1$ 的情况下 $b_n = \mathrm{e}^{\mathrm{i}\theta_n}$，$\theta_n$ 为常数，显然对所有 $n$ 都成立，二者有共同完备的本征函数。如果 $|a_n\rangle$ 的简并空间维度 $d > 1$，那么有

$$\hat{B}|a_n\rangle = \sum_{\alpha=1}^{d} b_{n\alpha}|a_{n,\alpha}\rangle$$

显然算符 $\hat{B}$ 在 $d$ 维度简并空间是一个 $d \times d$ 的矩阵。可以对其对角化 ($\hat{B}$ 算符是非奇异算符) 从而得到所有的本征值 $\lambda_{n,\alpha}$，使其满足：

$$\hat{B}|a_{n,\alpha}\rangle = \lambda_{n,\alpha}|a_{n,\alpha}\rangle$$

显然简并情况下算符 $\hat{A}$ 的本征函数 $|a_{n,\alpha}\rangle$ 依然是算符 $\hat{B}$ 的本征函数，而且本征函数的个数也是相同的。同样这个结论对所有的 $n$ 都成立，结合非简并情况，定理得证。当然该定理的逆定理也成立。根据上述证明可以发现，在简并的情况下，算符 $\hat{A}$ 的本征值是无法唯一标定简并波函数的，需要引入与之对易的 $\hat{B}$ 算符，用其本征值来标定 $\hat{A}$ 算符简并空间里不同的波函数。如果对于 $\hat{B}$ 依然存在简并情况 (上面 $\lambda_{n,\alpha}$ 有重根)，那么必须再引入其他新的对易算符来继续标定简并的波函数，直到最后能够唯一地确定波函数为止。

3.10  请证明在固定表象下式 (3.3) 的表示为式 (3.31)。

提示：用狄拉克符号所表示的完备性条件乘到式 (3.3) 的两边，得

$$\left(\sum_j |e_j\rangle\langle e_j|\right)|\psi\rangle = \left(\sum_k |e_k\rangle\langle e_k|\right)\hat{Q}\left(\sum_j |e_j\rangle\langle e_j|\right)|\varphi\rangle$$

化简得到：

$$\sum_j \langle e_j|\psi\rangle|e_j\rangle = \sum_k \sum_j |e_k\rangle\langle e_k|\hat{Q}|e_j\rangle\langle e_j|\varphi\rangle \tag{3.76}$$

其中，令系数 $a_j = \langle e_j | \psi \rangle$，$b_j = \langle e_j | \varphi \rangle$；矩阵元 $Q_{kj} = \langle e_k | \hat{Q} | e_j \rangle$，那么式 (3.76) 可继续化简为

$$\sum_j a_j | e_j \rangle = \sum_k \sum_j | e_k \rangle Q_{kj} b_j = \sum_{k,j} Q_{kj} b_j | e_k \rangle$$

上式两边同乘以左矢 $\langle e_i |$ 有

$$\langle e_i | \sum_j a_j | e_j \rangle = \langle e_i | \sum_{k,j} Q_{kj} b_j | e_k \rangle = \sum_{k,j} Q_{kj} b_j \delta_{ik} = \sum_j Q_{ij} b_j$$

最后得到如下等式：

$$a_i = \sum_j Q_{ij} b_j$$

3.11　请证明算符的表象变换式 (3.39)，继而证明幺正变换不改变矩阵的本征值和迹。提示：根据波函数的表象变换关系，假如在表象 $\{|e_n\rangle\}$ 中的波函数记为 $|\psi\rangle$ 和 $|\varphi\rangle$，在表象 $\{|e_n'\rangle\}$ 中的波函数记为 $|\psi'\rangle$ 和 $|\varphi'\rangle$，那么根据式 (3.36) 波函数之间的关系为

$$|\psi'\rangle = \hat{S}^\dagger |\psi\rangle, \quad |\varphi'\rangle = \hat{S}^\dagger |\varphi\rangle$$

假如在表象 $\{|e_n\rangle\}$ 中算符 $\hat{F}$ 作用在波矢量 $|\psi\rangle$ 上的结果为 $|\varphi\rangle$，即 $|\varphi\rangle = \hat{F}|\psi\rangle$，那么在 $\{|e_n'\rangle\}$ 表象中有

$$|\varphi'\rangle = \hat{F}'|\psi'\rangle \Rightarrow \hat{S}^\dagger |\varphi\rangle = \hat{F}' \hat{S}^\dagger |\psi\rangle \Rightarrow |\varphi\rangle = \hat{S}\hat{F}'\hat{S}^\dagger |\psi\rangle = \hat{F}|\psi\rangle$$

然后根据幺正矩阵的性质 $\hat{S}^\dagger \hat{S} = \hat{S}\hat{S}^\dagger = \hat{I}$ 有

$$\hat{F} = \hat{S}\hat{F}'\hat{S}^\dagger \quad \text{或者} \quad \hat{F}' = \hat{S}^\dagger \hat{F}\hat{S}$$

利用力学量本征方程在两个表象下不同形式之间的关系可以证明本征值相等；利用迹的轮换关系有 $\mathrm{Tr}(\hat{F}') = \mathrm{Tr}(\hat{S}^\dagger \hat{F}\hat{S}) = \mathrm{Tr}(\hat{F}\hat{S}\hat{S}^\dagger) = \mathrm{Tr}(\hat{F})$。

3.12　请证明动量算符在坐标表象中的形式 (3.40) 及位置算符在动量表象中的表示式 (3.48)。提示：利用动量算符的归一化关系式 (3.20) 和动量的本征函数式 (3.46) 有

$$\langle \boldsymbol{r} | \hat{\boldsymbol{p}} | \boldsymbol{r}' \rangle = \langle \boldsymbol{r} | \left( \int | \boldsymbol{p} \rangle \langle \boldsymbol{p} | \,\mathrm{d}\boldsymbol{p} \right) \hat{\boldsymbol{p}} \left( \int | \boldsymbol{p}' \rangle \langle \boldsymbol{p}' | \,\mathrm{d}\boldsymbol{p}' \right) | \boldsymbol{r}' \rangle$$

$$= \int \langle \boldsymbol{r} | \boldsymbol{p} \rangle \langle \boldsymbol{p} | \,\mathrm{d}\boldsymbol{p} \int \hat{\boldsymbol{p}} | \boldsymbol{p}' \rangle \langle \boldsymbol{p}' | \boldsymbol{r}' \rangle \mathrm{d}\boldsymbol{p}'$$

$$= \frac{1}{(2\pi\hbar)^3} \int \mathrm{e}^{\mathrm{i}\boldsymbol{p}\cdot\boldsymbol{r}/\hbar} \mathrm{d}\boldsymbol{p} \int \langle \boldsymbol{p}|\,\hat{\boldsymbol{p}}'\,|\boldsymbol{p}'\rangle\, \mathrm{e}^{-\mathrm{i}\boldsymbol{p}'\cdot\boldsymbol{r}'/\hbar} \mathrm{d}\boldsymbol{p}'$$

$$= \frac{1}{(2\pi\hbar)^3} \int\int \mathrm{e}^{\mathrm{i}\boldsymbol{p}\cdot\boldsymbol{r}/\hbar} \mathrm{e}^{-\mathrm{i}\boldsymbol{p}'\cdot\boldsymbol{r}'/\hbar} \boldsymbol{p}' \delta\left(\boldsymbol{p}-\boldsymbol{p}'\right) \mathrm{d}\boldsymbol{p}\mathrm{d}\boldsymbol{p}'$$

$$= \frac{1}{(2\pi\hbar)^3} \int \boldsymbol{p}\,\mathrm{e}^{\mathrm{i}\boldsymbol{p}\cdot\left(\boldsymbol{r}-\boldsymbol{r}'\right)/\hbar} \mathrm{d}\boldsymbol{p}$$

$$= \frac{1}{(2\pi\hbar)^3} \left(-\mathrm{i}\hbar\nabla_r\right) \int \mathrm{e}^{\mathrm{i}\boldsymbol{p}\cdot\left(\boldsymbol{r}-\boldsymbol{r}'\right)/\hbar} \mathrm{d}\boldsymbol{p} = -\mathrm{i}\hbar\nabla_r \langle \boldsymbol{r}|\,\boldsymbol{r}'\rangle$$

$$= -\mathrm{i}\hbar\nabla_r \delta\left(\boldsymbol{r}-\boldsymbol{r}'\right)$$

其中, 梯度算子 $\nabla_r$ 的角标 $r$ 表示对空间位置 $r$ 求梯度。同理利用位置算符的归一化关系式 (3.19) 和动量的本征函数式 (3.46) 有

$$\langle \boldsymbol{p}|\,\hat{\boldsymbol{r}}\,|\boldsymbol{p}'\rangle = \langle \boldsymbol{p}|\left(\int |\boldsymbol{r}\rangle\,\langle \boldsymbol{r}|\,\mathrm{d}\boldsymbol{r}\right) \hat{\boldsymbol{r}} \left(\int |\boldsymbol{r}'\rangle\,\langle \boldsymbol{r}'|\,\mathrm{d}\boldsymbol{r}'\right) |\boldsymbol{p}'\rangle$$

$$= \int \langle \boldsymbol{p}|\,\boldsymbol{r}\rangle\,\langle \boldsymbol{r}|\,\mathrm{d}\boldsymbol{r} \int \hat{\boldsymbol{r}}\,|\boldsymbol{r}'\rangle\,\langle \boldsymbol{r}'|\,\boldsymbol{p}'\rangle \mathrm{d}\boldsymbol{r}'$$

$$= \frac{1}{(2\pi\hbar)^3} \int \mathrm{e}^{-\mathrm{i}\boldsymbol{p}\cdot\boldsymbol{r}/\hbar} \mathrm{d}\boldsymbol{r} \int \langle \boldsymbol{r}|\,\hat{\boldsymbol{r}}'\,|\boldsymbol{r}'\rangle\, \mathrm{e}^{\mathrm{i}\boldsymbol{p}'\cdot\boldsymbol{r}'/\hbar} \mathrm{d}\boldsymbol{r}'$$

$$= \frac{1}{(2\pi\hbar)^3} \int\int \mathrm{e}^{-\mathrm{i}\boldsymbol{p}\cdot\boldsymbol{r}/\hbar} \mathrm{e}^{\mathrm{i}\boldsymbol{p}'\cdot\boldsymbol{r}'/\hbar} \boldsymbol{r}' \delta\left(\boldsymbol{r}-\boldsymbol{r}'\right) \mathrm{d}\boldsymbol{r}\mathrm{d}\boldsymbol{r}'$$

$$= \frac{1}{(2\pi\hbar)^3} \int \boldsymbol{r}\,\mathrm{e}^{-\mathrm{i}\left(\boldsymbol{p}-\boldsymbol{p}'\right)\cdot\boldsymbol{r}/\hbar} \mathrm{d}\boldsymbol{r}$$

$$= \frac{1}{(2\pi\hbar)^3} \mathrm{i}\hbar\nabla_p \int \mathrm{e}^{-\mathrm{i}\left(\boldsymbol{p}-\boldsymbol{p}'\right)\cdot\boldsymbol{r}/\hbar} \mathrm{d}\boldsymbol{r} = \mathrm{i}\hbar\nabla_p \langle \boldsymbol{p}|\,\boldsymbol{p}'\rangle$$

$$= \mathrm{i}\hbar\nabla_p \delta\left(\boldsymbol{p}-\boldsymbol{p}'\right)$$

其中, 梯度算子 $\nabla_p$ 表示在动量空间对动量 $p$ 求梯度。

3.13    请证明在分立的坐标表象 $|x_j\rangle$ 下有

$$(x_i - x_j)\,\langle x_i|\,\hat{p}\,|x_j\rangle = \mathrm{i}\hbar\delta\left(x_i - x_j\right) \tag{3.77}$$

提示: 利用对易关系 $[\hat{x}, \hat{p}] = \mathrm{i}\hbar$, 两边乘以位置的本征态 $|x\rangle$ 有

$$\langle x|\,[\hat{x}, \hat{p}]\,|x'\rangle = \langle x|\,\mathrm{i}\hbar\,|x'\rangle = \mathrm{i}\hbar\delta\left(x - x'\right)$$

其中, 等式左边的对易关系又等于:

$$\langle x|\,(\hat{x}\hat{p} - \hat{p}\hat{x})\,|x'\rangle = \langle x|\,\hat{x}\hat{p}\,|x'\rangle - \langle x|\,\hat{p}\hat{x}\,|x'\rangle = (x - x')\,\langle x|\,\hat{p}\,|x'\rangle$$

最后两边相等得到连续取值时：

$$(x - x') \langle x| \hat{p} |x'\rangle = i\hbar\delta (x - x') \tag{3.78}$$

如果取分立的位置 $x \to x_i$ 和 $x' \to x_j$，即可以得到式 (3.77)。以上的结果表明，$x_i = x_j$ 时，$\langle x_i|\hat{p}|x_j\rangle$ 也是不确定的，而 $x_i \neq x_j$ 时，式 (3.78) 可以写为 (见附录 B 中的式 (B.8))

$$\langle x_i| \hat{p} |x_j\rangle = i\hbar \frac{\delta (x_i - x_j)}{x_i - x_j} = -i\hbar\delta' (x_i - x_j)$$

显然结果和连续坐标表象下的结果 (式 (3.42)) 一致。

　　3.14　证明平移算子具有式 (3.43) 的形式。提示：将式 (3.43) 作用在波函数 $\psi(x)$ 上，利用指数级数展开和泰勒级数有

$$\hat{T}_a\psi (x) = e^{i\hat{p}a/\hbar}\psi (x) = e^{a \frac{d}{dx}}\psi (x) = \sum_{n=0}^{\infty} \frac{a^n}{n!} \left(\frac{d}{dx}\right)^n \psi (x)$$

$$= \sum_{n=0}^{\infty} \frac{\psi^{(n)} (x)}{n!} a^n = \psi (x + a)$$

　　3.15　证明相干态 $|\alpha\rangle$ 是湮灭算符 $\hat{a}$ 的本征态，即式 (3.58)。提示：直接利用相干态的定义式 (3.57)，作用 $\hat{a}$，再利用式 (3.56) 即可证明。

　　3.16　证明相干态 $|\alpha\rangle$ 在坐标表象中的波函数。提示：利用 $\hat{a}$ 的本征方程式 (3.58)，两边同乘位置本征左矢 $\langle\xi|$，结合式 (2.63) 得到以下方程：

$$\langle\xi| \hat{a} |\alpha\rangle = \frac{1}{\sqrt{2}} \langle\xi| \left(\xi + \frac{\partial}{\partial\xi}\right) |\alpha\rangle = \alpha \langle\xi| \alpha\rangle$$

也就是得到如下的微分方程：

$$\left(\xi + \frac{\partial}{\partial\xi}\right) \psi (\xi) = \sqrt{2}\alpha\psi (\xi)$$

其中，波函数 $\psi (\xi) = \langle\xi| \alpha\rangle$，$\xi$ 是由式 (2.54) 定义的无量纲位置。上面的微分方程利用 Mathematica 直接求解得到归一化的波函数：

$$\psi (\xi) = \frac{e^{-[\text{Re}(\alpha)]^2}}{\pi^{1/4}} e^{-\frac{1}{2}\xi^2 + \sqrt{2}\alpha\xi} = \frac{e^{-[\text{Im}(\alpha)]^2}}{\pi^{1/4}} e^{-\frac{1}{2}(\xi - \sqrt{2}\alpha)^2} \tag{3.79}$$

其中，$\text{Re}(\alpha)$ 和 $\text{Im}(\alpha)$ 分别表示 $\alpha$ 的实部和虚部。在波函数 (3.79) 中代入式 (2.54) 即可得到式 (3.59)。

3.17　已知动量的表达式为 $\hat{\boldsymbol{p}} = -\mathrm{i}\hbar\nabla$，梯度算子在球坐标系下的表达式是

$$\nabla = \boldsymbol{e}_r\frac{\partial}{\partial r} + \boldsymbol{e}_\theta\frac{1}{r}\frac{\partial}{\partial\theta} + \boldsymbol{e}_\phi\frac{1}{r\sin\theta}\frac{\partial}{\partial\phi}$$

其中，$\boldsymbol{e}_r$、$\boldsymbol{e}_\theta$、$\boldsymbol{e}_\phi$ 为球坐标三个方向的单位矢量。如果将以上的梯度算子代入动量算符，会得到动量算符在球坐标系中的分量形式：

$$\hat{p}_r = -\mathrm{i}\hbar\frac{\partial}{\partial r}, \quad \hat{p}_\theta = -\mathrm{i}\hbar\frac{1}{r}\frac{\partial}{\partial\theta}, \quad \hat{p}_\phi = -\mathrm{i}\hbar\frac{1}{r\sin\theta}\frac{\partial}{\partial\phi}$$

请问上面给出的在球坐标系中动量算符 $\hat{\boldsymbol{p}}$ 的分量形式是否合适？如果不合适，给出合适的形式。提示：根据上面的算符形式，可以证明上面定义的 $\hat{p}_r$、$\hat{p}_\theta$、$\hat{p}_\phi$ 都不满足厄米算符的定义。例如，对于 $\hat{p}_r$，证明如下：

$$\begin{aligned}
\langle\varphi|\hat{p}_r\psi\rangle &= \int\varphi^*\left(r\right)\left[-\mathrm{i}\hbar\frac{\partial\psi\left(r\right)}{\partial r}\right]r^2\mathrm{d}r = -\mathrm{i}\hbar\int_0^{+\infty}r^2\varphi^*\frac{\partial\psi}{\partial r}\mathrm{d}r \\
&= -\mathrm{i}\hbar\left[\left.r^2\varphi^*\psi\right|_0^\infty - \int_0^{+\infty}\psi\frac{\partial}{\partial r}\left(r^2\varphi^*\right)\mathrm{d}r\right] \\
&= -\mathrm{i}\hbar\left[0 - \int_0^{+\infty}\psi\frac{\partial\varphi^*}{\partial r}r^2\mathrm{d}r - 2\int_0^{+\infty}\psi\varphi^*r\mathrm{d}r\right] \\
&= \mathrm{i}\hbar\int_0^{+\infty}\frac{\partial\varphi^*}{\partial r}\psi r^2\mathrm{d}r + 2\mathrm{i}\hbar\int_0^{+\infty}\psi\varphi^*r\mathrm{d}r \\
&= \int_0^{+\infty}\left(-\mathrm{i}\hbar\frac{\partial\varphi}{\partial r}\right)^*\psi r^2\mathrm{d}r + 2\mathrm{i}\hbar\int_0^{+\infty}\psi\varphi^*r\mathrm{d}r \\
&= \langle\hat{p}_r\varphi|\psi\rangle + 2\mathrm{i}\hbar\int_0^{+\infty}\psi\varphi^*r\mathrm{d}r \neq \langle\hat{p}_r\varphi|\psi\rangle
\end{aligned}$$

以上的证明表明，在球坐标下 $\hat{p}_r = -\mathrm{i}\hbar\partial/\partial r$ 的形式不符合厄米算符的要求。对量子力学而言，不能用上面的方式来定义球坐标下的动量算符，要想得到正确保持厄米性质的 $\hat{p}_r$，其定义可选取如下形式：

$$\hat{p}_r = \frac{1}{2}\left(\frac{\boldsymbol{r}}{r}\cdot\hat{\boldsymbol{p}} + \hat{\boldsymbol{p}}\cdot\frac{\boldsymbol{r}}{r}\right) \tag{3.80}$$

其中，$\boldsymbol{r} = r\boldsymbol{e}_r$ 为径向位置矢量，$r$ 为大小，$\boldsymbol{e}_r$ 为径向单位矢量。下面在球坐标系中计算动量算符 $\hat{p}_r$ 的具体形式，式 (3.80) 括号中第一项为 (注意右边的算符必须作用在任意波函数 $\psi(\boldsymbol{r})$ 上，并代入球坐标的梯度算子)

$$\left(\frac{\boldsymbol{r}}{r}\cdot\hat{\boldsymbol{p}}\right)\psi(\boldsymbol{r}) = \boldsymbol{e}_r\cdot\left[-\mathrm{i}\hbar\nabla\psi(\boldsymbol{r})\right] = -\mathrm{i}\hbar\frac{\partial}{\partial r}\psi(\boldsymbol{r})$$

式 (3.80) 括号中的第二项为 (直接采用直角坐标系)

$$
\begin{aligned}
\left(\hat{\boldsymbol{p}} \cdot \frac{\boldsymbol{r}}{r}\right) \psi(\boldsymbol{r}) &= -\mathrm{i}\hbar \nabla \cdot \left[\frac{\boldsymbol{r}}{r} \psi(\boldsymbol{r})\right] \\
&= -\mathrm{i}\hbar \left[\frac{\partial}{\partial x}\frac{x}{r}\psi(\boldsymbol{r}) + \frac{\partial}{\partial y}\frac{y}{r}\psi(\boldsymbol{r}) + \frac{\partial}{\partial z}\frac{z}{r}\psi(\boldsymbol{r})\right] \\
&= -\mathrm{i}\hbar \left[\frac{3}{r}\psi(\boldsymbol{r}) + x\frac{\partial}{\partial x}\frac{\psi(\boldsymbol{r})}{r} + y\frac{\partial}{\partial y}\frac{\psi(\boldsymbol{r})}{r} + z\frac{\partial}{\partial z}\frac{\psi(\boldsymbol{r})}{r}\right] \\
&= -\mathrm{i}\hbar \left[\frac{3}{r}\psi(\boldsymbol{r}) + (\boldsymbol{r} \cdot \nabla)\frac{\psi(\boldsymbol{r})}{r}\right] \\
&= -\mathrm{i}\hbar \left[\frac{3}{r}\psi(\boldsymbol{r}) + r\frac{\partial}{\partial r}\frac{\psi(\boldsymbol{r})}{r}\right] = -\mathrm{i}\hbar \left(\frac{\partial}{\partial r} + \frac{2}{r}\right)\psi(\boldsymbol{r})
\end{aligned}
$$

综合以上的结果, 得到径向方向的动量在球坐标系中的表达式:

$$
\hat{p}_r = -\mathrm{i}\hbar \left(\frac{\partial}{\partial r} + \frac{1}{r}\right) = -\mathrm{i}\hbar \frac{1}{r}\frac{\partial}{\partial r} r
$$

显然可以证明动量形式 (3.80) 是厄米算符。同理, 动量其他两个方向的分量在球坐标系中满足厄米性的表达式可取为

$$
\hat{p}_\theta = -\mathrm{i}\hbar \left(\frac{\partial}{\partial \theta} + \frac{1}{2}\cot\theta\right), \quad \hat{p}_\phi = -\mathrm{i}\hbar \frac{\partial}{\partial \phi}
$$

3.18 请证明期望值公式 (3.64)。

3.19 请用测不准关系估算一维谐振子的基态能量。

3.20 如何定义量子力学的时间反演算子, 它是不是厄米算符? 提示: 在量子力学里, 粒子状态演化满足薛定谔方程, 时间反演后粒子的行为应该依然满足薛定谔方程, 这样根据薛定谔方程可以证明: 如果 $\Psi(t)$ 是薛定谔方程的解 (哈密顿量是实数或厄米算符), 那么 $\Psi^*(-t)$ 也是薛定谔方程的解。这样量子力学的时间反演算子 $\hat{T}$ 应该定义为对任意波函数 $\Psi(t)$ 进行如下的运算:

$$
\hat{T}\Psi(t) = \Psi^*(-t)
$$

即时间反演是对波函数进行 $t \to -t$ 然后复共轭。利用厄米算符的定义可以发现, 时间反演算子是厄米算符, 但其不是满足式 (3.11) 的线性厄米算符, 而是**反线性厄米算符**, 即满足 $\hat{T}(c_1\psi_1 + c_2\psi_2) = c_1^*\hat{T}\psi_1 + c_2^*\hat{T}\psi_2$。根据时间反演波函数的表象变换: $|\Psi'\rangle = \hat{T}|\Psi\rangle$, 时间反演下位置算符 $\hat{\boldsymbol{r}}$ 不变、动量算符反号 (如动量 $\hat{\boldsymbol{p}}$、角动量 $\hat{\boldsymbol{L}}$ 或自旋角动量 $\hat{\boldsymbol{S}}$), 具体的变换如下:

$$
\hat{T}\hat{\boldsymbol{r}}\hat{T}^{-1} = \hat{\boldsymbol{r}}, \quad \hat{T}\hat{\boldsymbol{p}}\hat{T}^{-1} = -\hat{\boldsymbol{p}}, \quad \hat{T}\hat{\boldsymbol{L}}\hat{T}^{-1} = -\hat{\boldsymbol{L}}, \quad \hat{T}\hat{\boldsymbol{S}}\hat{T}^{-1} = -\hat{\boldsymbol{S}}
$$

# 第 4 章　高维定态问题及其应用

本章将处理高维单体系统的定态问题，主要对第 2 章中的一维定态系统向高维进行简单的推广。三维空间中粒子的定态薛定谔方程可写为

$$\left[-\frac{\hbar^2}{2m}\nabla^2 + V(\boldsymbol{r})\right]\psi(\boldsymbol{r}) = E\psi(\boldsymbol{r})$$

其定态解的形式为

$$\Psi(\boldsymbol{r},t) = \psi(\boldsymbol{r})\mathrm{e}^{-\mathrm{i}Et/\hbar}$$

为方便求解高维的定态薛定谔方程，对于不同的系统，根据其边界条件，可以选取不同的空间坐标系。

## 4.1　高维无限深势阱

### 4.1.1　二维无限深势阱: 量子围栏

#### 1. 二维方势阱

对于二维无限深方势阱，最为方便的坐标系就是直角坐标系，其二维定态薛定谔方程可写为

$$-\frac{\hbar^2}{2m}\left(\frac{\partial^2}{\partial x^2} + \frac{\partial^2}{\partial y^2}\right)\psi(x,y) + V(x,y)\psi(x,y) = E\psi(x,y) \tag{4.1}$$

其中，二维势函数在阱内 $V(x,y) = 0$, $0 < x < a$, $0 < y < b$, 在阱外 $V(x,y) = \infty$, 显然阱中粒子能量 $E > 0$。对于方程 (4.1),可以采用分离空间变量形式:$\psi(x,y) = X(x)Y(y)$, 代入式 (4.1) 有

$$\frac{1}{X(x)}\frac{\partial^2 X(x)}{\partial x^2} + \frac{1}{Y(y)}\frac{\partial^2 Y(y)}{\partial y^2} = -\frac{2mE}{\hbar^2} = -\frac{2m}{\hbar^2}(E_x + E_y) \tag{4.2}$$

其中，总能量 $E$ 等于 $x$ 方向和 $y$ 方向能量的和: $E = E_x + E_y$。

显然方程 (4.2) 等价为以下两个一维无限深势阱的方程:

$$\frac{\partial^2 X(x)}{\partial x^2} = -k_x^2 X(x), \quad \frac{\partial^2 Y(y)}{\partial y^2} = -k_y^2 Y(y)$$

其中，两个方向的波数 $k_x = \sqrt{2mE_x}/\hbar, k_y = \sqrt{2mE_y}/\hbar$。所以式 (4.1) 的解为

$$\psi_{n_x,n_y}(x,y) = \frac{2}{\sqrt{ab}} \sin\left(n_x \frac{\pi}{a} x\right) \sin\left(n_y \frac{\pi}{b} y\right)$$

其中，整数 $n_x$、$n_y$ 是两个方向的量子数。如果用抽象的狄拉克符号，上面本征态波函数可写为直积态：$|n_x n_y\rangle \equiv |n_x\rangle \otimes |n_y\rangle$，它对应的本征态能量为

$$E_{n_x,n_y} = \frac{\hbar^2}{2m}\left(\frac{\pi^2}{a^2}n_x^2 + \frac{\pi^2}{b^2}n_y^2\right)$$

显然这个结果是一维情况的简单推广，但是二维有一个非常重要的不同就是能量的**简并**问题。如果采用两个方向的特征能量 $\varepsilon_0^a = \frac{\hbar^2\pi^2}{2ma^2}$ 或 $\varepsilon_0^b = \frac{\hbar^2\pi^2}{2mb^2}$ 为单位 (如 $\varepsilon_0^a$)，体系的能量可以写为

$$E'_{n_x,n_y} = n_x^2 + r^2 n_y^2 \tag{4.3}$$

其中，$r \equiv a/b$ 为阱的几何比。式 (4.3) 表明，给定总能量 $E'$，会有多个 $n_x$ 和 $n_y$ 的解存在，此即能级的简并问题，对应于数学上就是一个数的平方**权重分解问题** (权重就是几何比 $r$)。例如，假定一个阱的几何比 $r = \sqrt{2}$，那么 $E' = n_x^2 + 2n_y^2$，如图 4.1(a) 所示，图中网格的每一个交点代表一个态，能量 $E'(n_x,n_y) = 27$ 的黑色曲线和格线的交点有两个位置 (箭头所指)，分别代表两组解：$|33\rangle = \psi_{33}(x,y)$ 和 $|51\rangle = \psi_{51}(x,y)$，所以该能级的简并度是 2。图 4.1(b) 是两个简并态的叠加

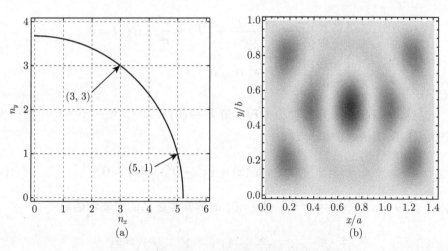

图 4.1　二维无限深方势阱的能级和波函数分布

(a) 二维势阱的能级简并。能量曲线 $E'(n_x,n_y) = 27$ (实线) 与其整数解 $(n_x,n_y)$ (箭头所指)。阱的几何比 $r = \sqrt{2}$；(b) 对应简并能级叠加态波函数的二维概率分布图像 (深色代表高概率)

态 $\psi(x,y) = (|33\rangle + |51\rangle)/\sqrt{2}$ 的概率分布图像,其能量依然是 $E' = 27$。最后当 $r = 1$ 时,能量简并分解对应整数的平方分解,简并度或解的个数和数学上著名的**高斯圆问题** (Gauss's circle problem) [17] 有重要联系。

2. 二维圆势阱

如果二维无限深势阱的阱边界是圆形的,那么利用极坐标求解方程则非常方便。在极坐标下,系统的势能可写为 $V(r) = 0, r \leqslant R_0$; $V(r) = \infty, r > R_0$。从而系统的定态薛定谔方程可写为 $(E > 0)$

$$\left(\nabla^2 + k^2\right)\psi(r,\theta) = 0, \quad k = \sqrt{\frac{2mE}{\hbar^2}} \tag{4.4}$$

方程 (4.4) 的波函数可以写成分离变量的形式:

$$\psi(r,\theta) = R(r)\Theta(\theta)$$

代入式 (4.4) 可得到 (采用极坐标下 $\nabla^2$ 的算子形式):

$$\frac{1}{R(r)}\left(r\frac{\mathrm{d}R(r)}{\mathrm{d}r} + r^2\frac{\mathrm{d}^2R(r)}{\mathrm{d}r^2}\right) + r^2k^2 = -\frac{1}{\Theta(\theta)}\frac{\partial^2\Theta(\theta)}{\partial\theta^2} = \nu^2$$

其中,$\nu^2$ 为**分离变量常数**。从而可以得到两个分离变量的方程:

$$\begin{cases} \dfrac{\mathrm{d}^2R(r)}{\mathrm{d}r^2} + \dfrac{1}{r}\dfrac{\mathrm{d}R(r)}{\mathrm{d}r} + \left(k^2 - \dfrac{\nu^2}{r^2}\right)R(r) = 0 \\ \dfrac{\mathrm{d}^2\Theta(\theta)}{\mathrm{d}\theta^2} + \nu^2\Theta(\theta) = 0 \end{cases} \tag{4.5}$$

显然,方程组 (4.5) 第二个方程的解为 $\Theta(\theta) \propto \mathrm{e}^{\mathrm{i}\nu\theta}$,第一个方程可以化为著名的**贝塞尔** (Bessel) 微分方程:

$$z^2w''(z) + zw'(z) + \left(z^2 - \nu^2\right)w(z) = 0 \tag{4.6}$$

其中,$z \to kr$,$R(r) \to w(z)$。式 (4.6) 的解就是著名的**贝塞尔函数**:

$$\mathrm{J}_{\pm\nu}(z) = \sum_{n=0}^{\infty}\frac{(-1)^n}{n!}\frac{1}{(n\pm\nu)!}\left(\frac{z}{2}\right)^{2n\pm\nu}$$

其中,参数 $\nu$ 是一个非负的实数。

根据贝塞尔函数的性质，如果 $\nu$ 不是整数，方程 (4.6) 的两个解函数 $J_{+\nu}(z)$ 和 $J_{-\nu}(z)$ 是彼此独立的，根据其**朗斯基行列式** (Wronskian determinant)：

$$\begin{vmatrix} J_\nu & J_{-\nu} \\ J'_\nu & J'_{-\nu} \end{vmatrix} = -\frac{2\sin(\nu\pi)}{\pi z} \neq 0$$

方程 (4.6) 的通解可以写为 ($c_1$、$c_2$ 为任意的积分常数)

$$w(z) = c_1 J_\nu(z) + c_2 J_{-\nu}(z) \tag{4.7}$$

但是如果 $\nu$ 是整数 $n$，朗斯基行列式等于零，则 $J_n(z)$ 和 $J_{-n}(z)$ 不再独立，它们之间满足：

$$J_{-n}(z) = (-1)^n J_n(z)$$

所以必须构造另外一个独立的解函数 $Y_n(z)$：

$$Y_n(z) = \lim_{\nu \to n} \frac{J_\nu(z)\cos(\nu z) - J_{-\nu}(z)}{\sin(\nu z)}$$

这样方程 (4.6) 的通解为

$$w(z) = c_1 J_n(z) + c_2 Y_n(z) \tag{4.8}$$

对于以上两个数学上的通解式 (4.7) 和式 (4.8)，下面考察其在物理上是否符合实际。由于物理上径向波函数 $\lim_{z \to 0} R(z)$ 不能趋向无穷，根据 Bessel 函数趋于 0 的渐进行为，对任意 $\nu$ 有

$$J_\nu(0) = \begin{cases} 1, & \nu = 0 \\ 0, & \nu > 0 \\ 0, & \nu = -1, -2, -3, \cdots \\ \infty, & \nu < 0, \nu \neq -1, -2, -3, \cdots \end{cases}, \quad Y_\nu(0) = -\infty$$

那么通解式 (4.7) 和式 (4.8) 都必须满足 $c_2 = 0$。因此，物理上允许的解为

$$R(z) = c_1 J_\nu(z), \quad \nu \geqslant 0 \tag{4.9}$$

其中，$c_1$ 为归一化系数。根据边界上波函数的连续性条件有

$$J_\nu(z_0) \equiv J_\nu(kR_0) = 0 \tag{4.10}$$

由边界条件式 (4.10) 可以发现圆形无限深势阱的能级由 Bessel 函数 $J_\nu(z)$ 的零点决定：

$$E_{\nu,\mu} = \frac{\hbar^2}{2mR_0^2} z_{\nu,\mu}^2 \qquad (4.11)$$

其中，$z_{\nu,\mu}$ 表示 Bessel 函数 $J_\nu(z)$ 的第 $\mu$ 个零点，在 Mathematica 中用函数 BesselJZero$[\nu, \mu]$ 可直接进行计算。显然二维无限深圆势阱的本征能级有两个量子数 $\nu$、$\mu$，对应于二维无限深方势阱的量子数 $n_x$、$n_y$，根据圆形阱的对称性或角向函数 $\Theta(\theta) \propto e^{i\nu\theta}$ 的周期性可以确定：$\nu, \mu \in \mathbb{Z}$。

根据以上的讨论，利用 Mathematica，图 4.2(a) 展示了 Bessel 函数图像及其零点值 (与 $z$ 轴的交点)，图 4.2(b) 给出了粒子在圆势阱中本征态的概率分布图像。从方程的解式 (4.9) 来看，对于一定半径 $R_0$ 的圆形阱，如果粒子的能量不满足式 (4.10) 的边界条件，那么阱中的波函数将不能稳定存在。

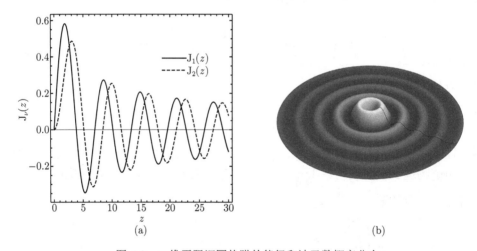

图 4.2　二维无限深圆势阱的能级和波函数概率分布

(a) Bessel 函数 $J_1(z)$ 和 $J_2(z)$ 的图像及其零点示意图；(b) $\nu = 1$ 时本征波函数的二维概率分布示意图

### 4.1.2　三维无限深势阱: 量子限域

1. 三维方势阱：量子盒子

从二维无限深方势阱向边界是立方体的三维无限深势阱的推广也是直接的，此时直角坐标系中的定态薛定谔方程变为

$$\left[ -\frac{\hbar^2}{2m}\left( \frac{\partial^2}{\partial x^2} + \frac{\partial^2}{\partial y^2} + \frac{\partial^2}{\partial z^2} \right) + V(x,y,z) \right] \psi(x,y,z) = E\psi(x,y,z) \qquad (4.12)$$

如果三维无限深方势阱的势能函数 $V(x, y, z) = 0, 0 \leqslant x \leqslant a, 0 \leqslant y \leqslant b, 0 \leqslant z \leqslant c$，那么在直角坐标系中，波函数三个方向可分离变量为 $\psi(x, y, z) = X(x) Y(y) Z(z)$，代入方程 (4.12) 得

$$-\frac{\hbar^2}{2m}\frac{\mathrm{d}^2 X}{\mathrm{d}x^2} = E_x X, \quad -\frac{\hbar^2}{2m}\frac{d^2 Y}{dy^2} = E_y Y, \quad -\frac{\hbar^2}{2m}\frac{d^2 Z}{dz^2} = E_z Z$$

其中，粒子总能量为三个方向能量和：$E = E_x + E_y + E_z$。显然上面的方程为三个方向上的一维无限深势阱问题，根据三个方向周期边界条件：$X(0) = X(a)$，$Y(0) = Y(b), Z(0) = Z(c)$，方程 (4.12) 归一化的解为

$$\psi_{n_x, n_y, n_z}(x, y, z) = \sqrt{\frac{8}{abc}} \sin(k_x x) \sin(k_y y) \sin(k_z z)$$

其中，三个方向的波矢 $k_{x,y,z} = \sqrt{2mE_{x,y,z}}/\hbar$。采用狄拉克符号上面的态可以简单写为 $|n_x n_y n_z\rangle$，其对应的能量为

$$E_{n_x, n_y, n_z} = \frac{\hbar^2 K^2}{2m} = \frac{\hbar^2 \pi^2}{2ma^2} n_x^2 + \frac{\hbar^2 \pi^2}{2mb^2} n_y^2 + \frac{\hbar^2 \pi^2}{2mc^2} n_z^2$$

其中，$K$ 为波矢的大小，波矢量定义为

$$\boldsymbol{K} = k_x \boldsymbol{i} + k_y \boldsymbol{j} + k_z \boldsymbol{k} = n_x \frac{\pi}{a} \boldsymbol{i} + n_y \frac{\pi}{b} \boldsymbol{j} + n_z \frac{\pi}{c} \boldsymbol{k}$$

由于三维方势阱问题和二维类似，三维粒子能量 $E_K = \hbar^2 K^2 / 2m$ 的简并解对应于平方数的三重权重分解问题：

$$E'_{n_x, n_y, n_z} = n_x^2 + r_y^2 n_y^2 + r_z^2 n_z^2 \tag{4.13}$$

其中，能量单位和几何比 $r_{y,z}$ 参照式 (4.3) 的定义。这样在三维能量空间或 $K$ 空间中可以把每一个态对应为一个点 $|n_x n_y n_z\rangle \to (n_x, n_y, n_z)$ 或 $(k_x, k_y, k_z)$，能量的简并分解数则对应一个固定半径的球面 (第一象限) 上点的个数。对于三维波函数的概率密度，Mathematica 可以提供三维密度图的波函数立体显示或进行三维概率分布动画展示，此处不再给出具体图像。

2. 三维球势阱：量子球

对于三维球形边界的无限深势阱，采用球坐标比较方便。球坐标下，系统的定态薛定谔方程变为

$$\left[ -\frac{\hbar^2}{2m_0} \nabla^2 + V(r, \theta, \phi) \right] \psi(r, \theta, \phi) = E \psi(r, \theta, \phi) \tag{4.14}$$

其中，$m_0$ 为三维球形势阱内约束粒子的质量。球坐标下拉普拉斯算子 $\nabla^2$ 的形式变为

$$\nabla^2 = \frac{1}{r^2}\frac{\partial}{\partial r}\left(r^2\frac{\partial}{\partial r}\right) + \frac{1}{r^2\sin\theta}\frac{\partial}{\partial\theta}\left(\sin\theta\frac{\partial}{\partial\theta}\right) + \frac{1}{r^2\sin^2\theta}\frac{\partial^2}{\partial\phi^2} \tag{4.15}$$

对于球势阱，其在球坐标下的势函数可写为

$$V(r) = \begin{cases} 0, & r < R_0 \\ \infty, & r > R_0 \end{cases}$$

其中，$R_0$ 为球的半径 (硬球模型)。由于球形势阱的势函数只是 $r$ 的函数，所以定态薛定谔方程 (4.14) 依然可以采用分离变量的方法将 $r$ 径向和 $(\theta,\phi)$ 角向的运动进行分离，即波函数可写为

$$\psi(r,\theta,\phi) = R(r)Y(\theta,\phi) \tag{4.16}$$

将式 (4.16) 代入式 (4.14) 中可以得到：

$$\frac{1}{R}\frac{\mathrm{d}}{\mathrm{d}r}\left(r^2\frac{\mathrm{d}R}{\mathrm{d}r}\right) - \frac{2m_0 r^2}{\hbar^2}[V(r)-E] = \beta \tag{4.17}$$

$$-\frac{1}{Y}\left[\frac{1}{\sin\theta}\frac{\partial}{\partial\theta}\left(\sin\theta\frac{\partial Y}{\partial\theta}\right) + \frac{1}{\sin^2\theta}\frac{\partial^2 Y}{\partial\phi^2}\right] = \beta \tag{4.18}$$

其中，分离变量常数 $\beta$ 通常具有 $\beta = l(l+1)$ 的形式 (见后文**角动量**部分)。方程 (4.17) 称为**径向方程**，方程 (4.18) 称为**角向方程**。由于角向方程 (4.18) 和系统的势函数没有任何关系，所以可先求解角向方程。同样采用分离变量的方法，角向方程 (4.18) 的解可以写为

$$Y(\theta,\phi) = \Theta(\theta)\Phi(\phi)$$

代入角向方程 (4.18) 中得到两个分离变量方程：

$$\frac{1}{\Theta}\left[\sin\theta\frac{\mathrm{d}}{\mathrm{d}\theta}\left(\sin\theta\frac{\mathrm{d}\Theta}{\mathrm{d}\theta}\right)\right] + l(l+1)\sin^2\theta = m^2, \tag{4.19}$$

$$-\frac{1}{\Phi}\frac{\mathrm{d}^2\Phi}{\mathrm{d}\phi^2} = m^2 \tag{4.20}$$

其中，分离变量参数通常取为 $m^2$。同样方程 (4.20) 利用 Mathematica 可以直接求解：$\Phi(\phi) = \mathrm{e}^{\mathrm{i}m\phi}$ (忽略了积分常数)。关于 $\theta$ 的方程 (4.20)，对其进行整理并令

$x = \cos\theta, \mathrm{d}x = -\sin\theta\mathrm{d}\theta$，可以得到如下方程：

$$(1-x^2)\frac{\mathrm{d}^2\Theta}{\mathrm{d}x^2} - 2x\frac{\mathrm{d}\Theta}{\mathrm{d}x} + \left[l(l+1) - \frac{m^2}{1-x^2}\right]\Theta = 0 \tag{4.21}$$

方程 (4.21) 是标准的**连带勒让德** (associated Legendre) **微分方程**，其解为

$$\Theta(\cos\theta) = A\mathrm{P}_l^m(\cos\theta)$$

其中，$\mathrm{P}_l^m(x)$ 称为**连带勒让德函数**，定义为

$$\mathrm{P}_l^m(x) \equiv (1-x^2)^{|m|/2}\left(\frac{\mathrm{d}}{\mathrm{d}x}\right)^{|m|}\mathrm{P}_l(x) \tag{4.22}$$

其中，参数 $l = 0,1,2,3,\cdots; m = -l, -l+1, \cdots, l-1, l$。显然函数式 (4.22) 的形式依赖于 $m^2$，和参数 $m$ 的正负无关。函数式 (4.22) 中的 $\mathrm{P}_l(x)$ 就是著名的 $l$ 阶**勒让德多项式**，其可以通过**罗德里格斯** (Rodrigues) 公式来生成：

$$\mathrm{P}_l(x) \equiv \frac{1}{2^l l!}\left(\frac{\mathrm{d}}{\mathrm{d}x}\right)^l(x^2-1)^l \tag{4.23}$$

　　勒让德多项式和连带勒让德多项式在 Mathematica 中已经固化为内部函数 (具体参见附录 E)，可以方便地进行数值计算和作图。最后角向方程 (4.18) 的解总体可写为下面的标准形式：

$$\mathrm{Y}_{lm}(\theta,\phi) = \Theta(\cos\theta)\Phi(\phi) = A_{lm}\mathrm{P}_l^m(\cos\theta)\,\mathrm{e}^{\mathrm{i}m\phi} \tag{4.24}$$

其中，$A_{lm}$ 为整体角向函数的归一化系数，通常取为 (见附录 E)

$$A_{lm} = \sqrt{\frac{2l+1}{4\pi}}\sqrt{\frac{(l-m)!}{(l+m)!}}$$

　　对于角向方程及其解的情况，本节就讨论到这里，后文将在中心力场中做进一步讨论，下面求解球势阱下的径向方程 (4.17)。首先引入一个变量代换：

$$u(r) \equiv rR(r)$$

径向方程变为

$$-\frac{\hbar^2}{2m}\frac{\mathrm{d}^2u(r)}{\mathrm{d}r^2} + \left[V(r) + \frac{\hbar^2}{2m}\frac{l(l+1)}{r^2}\right]u(r) = Eu(r) \tag{4.25}$$

由于在球形阱内 $V(r) = 0$，则径向方程 (4.25) 在球内简化为

$$\frac{\mathrm{d}^2 u(r)}{\mathrm{d}r^2} = \left[ \frac{l(l+1)}{r^2} - k^2 \right] u(r), \quad k \equiv \sqrt{\frac{2m_0 E}{\hbar^2}} \tag{4.26}$$

利用 Mathematica 求解微分方程 (4.26)，可以得到通解为特殊函数**球贝塞尔函数** (spherical Bessel function) 和**球诺伊曼函数** (spherical Neumann function) 的线性组合 ($A$ 和 $B$ 是线性组合系数)：

$$u(r) = Ar\mathrm{J}_l(kr) + Br\mathrm{N}_l(kr) \tag{4.27}$$

其中，$\mathrm{J}_l(x)$ 是 $l$ 阶球贝塞尔函数；$\mathrm{N}_l(x)$ 为 $l$ 阶球诺伊曼函数，分别定义如下：

$$\mathrm{J}_l(x) \equiv (-x)^l \left( \frac{1}{x} \frac{\mathrm{d}}{\mathrm{d}x} \right)^l \frac{\sin x}{x}$$

$$\mathrm{N}_l(x) \equiv -(-x)^l \left( \frac{1}{x} \frac{\mathrm{d}}{\mathrm{d}x} \right)^l \frac{\cos x}{x}$$

目前这两个特殊函数都已成为 Mathematica 的内部函数：SphericalBesselJ$[l, x]$ 和 SphericalBesselY$[l, x]$，可以用于计算和绘图展示 (如图 4.3 所示)。由于球诺伊曼函数在中心 $r \to 0$ 时是无穷大 (如图 4.3(b) 所示)，不符合物理实际，所以物理的解要求 $B = 0$，则径向解为

$$R(r) = u(r)/r = A\mathrm{J}_l(kr)$$

其中，$A$ 为归一化常数。粒子的波矢 $k = \sqrt{2m_0 E/\hbar^2}$，由边界条件获得

$$\mathrm{J}_l(kR_0) = 0 \tag{4.28}$$

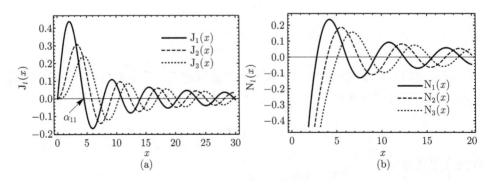

图 4.3　径向方程解的特殊函数图像

(a) 球贝塞尔函数 $\mathrm{J}_l(x)$ 的图像；(b) 球诺伊曼函数 $\mathrm{N}_l(x)$ 的图像

边界条件式 (4.28) 表明，$l$ 阶球 Bessel 函数的零点 $\alpha_l$ 给出波数：

$$k = \frac{\alpha_{nl}}{R_0}$$

其中，$\alpha_{nl}$ 表示 $l$ 阶球 Bessel 函数的第 $n$ 个零点 (如图 4.3(a) 所示)。这样就得到无限深球势阱内粒子的能级为

$$E_{n,l} = \frac{\hbar^2}{2m_0 R_0^2} \alpha_{nl}^2$$

加上角向的波函数，无限深球势阱内粒子的总体波函数为 (归一化系数为 $A_{nl}$)

$$\psi_{nlm}(r, \theta, \phi) = A_{nl} \mathrm{J}_l\left(\frac{\alpha_{nl}}{R_0} r\right) \mathrm{Y}_{lm}(\theta, \phi)$$

其中，$n$、$l$、$m$ 为波函数的三个量子数。利用 Mathematica 可以轻松算出球 Bessel 函数的零点，然后给出能级结构图，并画出波函数的图像 (略)。

# 4.2　高维谐振子

## 4.2.1　各向异性谐振子

显然把一维谐振子在直角坐标系中推广到二维或三维是非常简单的，可以直接求解三维谐振子定态薛定谔方程，利用 Mathematica 展示谐振子空间波函数的分布图像。在三维直角坐标空间中，谐振子的定态薛定谔方程为

$$\left[-\frac{\hbar^2}{2m}\left(\frac{\partial^2}{\partial x^2} + \frac{\partial^2}{\partial y^2} + \frac{\partial^2}{\partial z^2}\right) + V(x, y, z)\right] \psi(x, y, z) = E\psi(x, y, z)$$

其中，三维谐振子势为

$$V(x, y, z) = \frac{1}{2}m\omega_x^2 x^2 + \frac{1}{2}m\omega_y^2 y^2 + \frac{1}{2}m\omega_z^2 z^2 \tag{4.29}$$

其中，$\omega_x$、$\omega_y$、$\omega_z$ 是三个方向的谐振频率。由于三维谐振势为三个独立方向谐振势的和，可以采用分离变量的方法把波函数写为 $\psi(x, y, z) = X(x)Y(y)Z(z)$，代入三维定态薛定谔方程得到：

$$\frac{1}{X(x)}\left(-\frac{\hbar^2}{2m}\frac{\partial^2}{\partial x^2} + \frac{1}{2}m\omega_x^2 x^2\right) X(x)$$

$$+ \frac{1}{Y(y)} \left( -\frac{\hbar^2}{2m} \frac{\partial^2}{\partial y^2} + \frac{1}{2} m\omega_y^2 y^2 \right) Y(y)$$

$$+ \frac{1}{Z(z)} \left( -\frac{\hbar^2}{2m} \frac{\partial^2}{\partial z^2} + \frac{1}{2} m\omega_z^2 z^2 \right) Z(z) = E$$

显然如果把总体能量分解为 $E = E_x + E_y + E_z$，就可以得到三个方向的一维谐振子方程，参照一维解式 (2.61)，立刻得到三维谐振子的解：

$$\psi_{n_x n_y n_z}(\xi_x, \xi_y, \xi_z) = \frac{\left(\frac{1}{\pi}\right)^{\frac{3}{4}} e^{-\frac{1}{2}(\xi_x^2 + \xi_y^2 + \xi_z^2)}}{\sqrt{2^{n_x + n_y + n_z} n_x! n_y! n_z!}} H_{n_x}(\xi_x) H_{n_y}(\xi_y) H_{n_z}(\xi_z) \quad (4.30)$$

其中，$x$、$y$、$z$ 三个方向无量纲的坐标定义为

$$\xi_x = \sqrt{\frac{m\omega_x}{\hbar}} x, \ \xi_y = \sqrt{\frac{m\omega_y}{\hbar}} y, \ \xi_z = \sqrt{\frac{m\omega_z}{\hbar}} z \quad (4.31)$$

各方向的量子数分别为 $n_x$、$n_y$ 和 $n_z$。同样根据狄拉克符号，三维谐振子本征波函数可写为三个方向数态 $|n\rangle$ 的直积态：$|n_x n_y n_z\rangle \equiv |n_x\rangle \otimes |n_y\rangle \otimes |n_y\rangle$，对应的能量本征值为

$$E_{n_x, n_y, n_z} = \left( n_x + \frac{1}{2} \right) \hbar\omega_x + \left( n_y + \frac{1}{2} \right) \hbar\omega_y + \left( n_z + \frac{1}{2} \right) \hbar\omega_z \quad (4.32)$$

显然三维谐振子能级 $E_{n_x, n_y, n_z}$ 由三个量子数 $n_x$、$n_y$ 和 $n_z$ 决定。以上的直积态也可以参照一维谐振子问题，分别引入三个方向的升降算符 $\hat{a}^\dagger_{x,y,z}$ 和 $\hat{a}_{x,y,z}$，从基态 $|000\rangle$ 来生成所有的其他态，三维谐振子因为有更高的自由度所以具有更高的基态能：$\frac{\hbar}{2}(\omega_x + \omega_y + \omega_z)$。

三维谐振子的波函数在空间的概率密度分布由三个量子数决定，如三维谐振子处于态 $|211\rangle$，其能量为 $\hbar(2.5\omega_x + 1.5\omega_y + 1.5\omega_z)$，波函数的空间概率密度分布如图 4.4(a) 所示。由于空间三维密度函数不方便显示，可以给出三维谐振子的波函数概率密度分布在二维空间上的投影图像 (或者二维谐振子的分布图像)。直接利用波函数解式 (4.30) 在 Mathematica 中计算概率密度图，就得到如图 4.4(b) 所示的二维谐振子波函数 $|43\rangle \rightarrow \psi_{43}(x, y)$ 在 $xy$ 平面上的概率密度分布。

如果谐振子势是各向同性的，即 $\omega_x = \omega_y = \omega_z \equiv \omega$，那么三维谐振子的能级 $E_n = \left( n_x + n_y + n_z + \frac{3}{2} \right) \hbar\omega \equiv \left( n + \frac{3}{2} \right) \hbar\omega$，其能级结构和一维谐振子的能级结

构相同，为等间距的能级分布，基态能变成了 $\frac{3}{2}\hbar\omega$，能级 $E_n$ 的简并度 $d_n$ 为

$$d_n = \frac{1}{2}\left(n+1\right)\left(n+2\right) \tag{4.33}$$

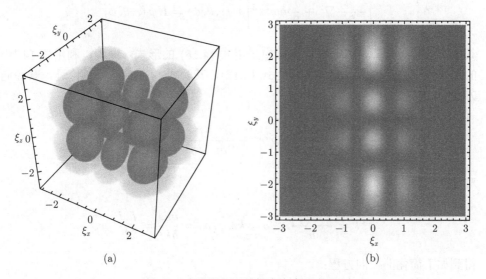

(a)                           (b)

图 4.4　高维谐振子的概率密度分布图

(a) 三维谐振子波函数 $|211\rangle$ 在立方盒子中的空间概率密度分布图；(b) 二维谐振子波函数 $|43\rangle$ 在二维平面上的概率密度分布图像。其中 $\omega_x = 2\omega_y$，空间坐标的单位取 $\sqrt{\hbar/m\omega_y}$

该简并度 $d_n$ 是给定一个整数 $n$ 把其分解为三个不同排列顺序的整数解的个数，也就是把 $n$ 个球放到三个不同抽屉里的不同放法数，或者是用两个挡板去分割 $n$ 个球的方法数，显然一共有 $d_n = \dfrac{(n+2)!}{2!n!}$ 种不同的分割排列方法。以上的讨论方法，可以直接推广到 $p$ 维各向同性谐振子，其能级 $E_n = \left(n + \dfrac{p}{2}\right)\hbar\omega$，能级简并度自然为 ($n$ 个球用 $p-1$ 个挡板去分割)

$$d_n = \frac{(n+p-1)!}{(p-1)!n!}$$

## 4.2.2　各向同性谐振子

下面详细讨论各向同性的三维谐振子问题。对于各向同性的谐振子：$\omega_x = \omega_y = \omega_z = \omega$，其势能函数式 (4.29) 可以写为

$$V\left(r\right) = \frac{1}{2}m\omega^2\left(x^2 + y^2 + z^2\right) = \frac{1}{2}m\omega^2 r^2 \tag{4.34}$$

势函数式 (4.34) 在球坐标中只和到谐振势中心的距离 $r$ 有关，具有明显的球对称性。这类球对称的势在后文将详细讨论，此处只讨论球坐标下三维各向同性谐振子的解。球坐标下三维各向同性谐振子的定态薛定谔方程为

$$\left[-\frac{\hbar^2}{2m}\nabla^2 + \frac{1}{2}m\omega^2 r^2\right]\psi\left(r,\theta,\phi\right) = E\psi\left(r,\theta,\phi\right)$$

其中，拉普拉斯算子 $\nabla^2$ 在球坐标中采用式 (4.15) 的形式。同理，利用式 (4.16) 的形式进行分离变量，角向方程为式 (4.18)，其解式 (4.24) 已经讨论过，其径向方程 (4.25) 变为

$$-\frac{\hbar^2}{2m}\frac{\mathrm{d}^2 u\left(r\right)}{\mathrm{d}r^2} + \left[\frac{1}{2}m\omega^2 r^2 + \frac{\hbar^2}{2m}\frac{l(l+1)}{r^2}\right]u\left(r\right) = Eu\left(r\right)$$

对径向方程引入如下的无量纲量：

$$k = \frac{\sqrt{2mE}}{\hbar}, \quad \rho = kr, \quad \rho_0 = \frac{m\omega}{\hbar k^2} = \frac{\hbar\omega}{2E}$$

得到如下简化的径向方程：

$$\frac{\mathrm{d}^2 u\left(\rho\right)}{\mathrm{d}\rho^2} + \left[1 - \rho_0^2\rho^2 - \frac{l(l+1)}{\rho^2}\right]u\left(\rho\right) = 0 \tag{4.35}$$

1. 方程的渐进解

利用和前面讨论一维谐振子问题一样的方法，先考虑方程 (4.35) 在中心 $\rho \to 0$ 和无穷远 $\rho \to \infty$ 处的渐进行为。当 $\rho \to 0$ 时，方程近似为

$$\frac{\mathrm{d}^2 u\left(\rho\right)}{\mathrm{d}\rho^2} - \frac{l(l+1)}{\rho^2}u\left(\rho\right) = 0$$

利用 Mathematica 中的函数 DSolve[··] 可以得到解：$u(\rho) = c_1\rho^{l+1} + c_2\rho^{-l}$，显然该解式中等号右边第二项在中心处发散应舍弃。同理，当 $\rho \to \infty$ 时渐进方程为

$$\frac{\mathrm{d}^2 u\left(\rho\right)}{\mathrm{d}\rho^2} - \rho_0^2\rho^2 u\left(\rho\right) = 0$$

同样利用 Mathematica 求解可以直接得到其通解形式：

$$u\left(\rho\right) = c_1\mathrm{ParabolicCylinderD}\left[-\frac{1}{2}, \sqrt{2\rho_0}\rho\right]$$

$$+c_2 \mathrm{ParabolicCylinderD}\left[-\frac{1}{2}, \mathrm{i}\sqrt{2\rho_0}\rho\right]$$

其中, 特殊函数 $\mathrm{ParabolicCylinderD}[\nu, z]$ 是 Mathematica 的内部函数, 称为**抛物柱面函数** (parabolic cylinder function), 数学上经常表示为 $\mathrm{D}_\nu(z)$, 它是**韦伯** (Weber) 微分方程 $y''(z) + \left(\nu + \dfrac{1}{2} - \dfrac{1}{4}z^2\right)y(z) = 0$ 的解, 其中 $\nu$ 是参数。用 Mathematica 可以验证解 $u(\rho)$ 中等号右边第二项是发散的应舍去, 第一项的渐进行为满足 $\mathrm{D}_{-1/2}(z \to \infty) \sim \mathrm{e}^{-\frac{1}{4}z^2}$, 也就是说此时的波函数满足 $u(\rho \to \infty) \sim \mathrm{e}^{-\frac{1}{2}\rho_0\rho^2}$。因此考虑了方程 (4.35) 的渐进行为之后, 方程 (4.35) 的解可取如下形式:

$$u(\rho) = \rho^{l+1}\mathrm{e}^{-\frac{1}{2}\rho_0\rho^2}v(\rho) \tag{4.36}$$

其中, $v(\rho)$ 是 $\rho$ 的任意函数。将式 (4.36) 代入方程 (4.35) 中得到:

$$\rho\frac{\mathrm{d}^2 v(\rho)}{\mathrm{d}\rho^2} + 2\left(l + 1 - \rho_0\rho^2\right)\frac{\mathrm{d}v(\rho)}{\mathrm{d}\rho} + \rho\left[1 - (2l+3)\rho_0\right]v(\rho) = 0 \tag{4.37}$$

下面利用幂级数的方法来求解微分方程 (4.37)。

### 2. 波函数的级数展开法

根据式 (4.36) 给出的解形式, 对 $v(\rho)$ 进行幂级数展开:

$$v(\rho) = \sum_{j=0}^{\infty} c_j \rho^j \tag{4.38}$$

其中, $c_j$ 是幂级数的展开系数。将展开式 (4.38) 代入方程 (4.37) 中并把相同幂次的项整理到一起得到:

$$(2l+2)c_1 + \sum_{j=0}^{\infty}\left[(j+2)(j+2l+3)c_{j+2} - \rho_0(2j+2l+3)c_j + c_j\right]\rho^{j+1} = 0$$

其中, 注意幂级数展开式最前面的是零次项或常数项, 而 $j = 0$ 时是 $\rho$ 的一次幂项。根据幂函数的线性无关性, 上面等式中所有幂次的系数都必须等于零, 从而得到 $c_1 = 0$ 及其他系数的递推关系为

$$c_{j+2} = \frac{(2j+2l+3)\rho_0 - 1}{(j+2)(j+2l+3)}c_j \tag{4.39}$$

根据以上的讨论, 幂级数展开式 (4.38) 中只存在 $\rho$ 的偶次幂项。

同样，对幂级数展开式 (4.38)，如果要保持波函数在无穷远处的收敛性 (不能趋于无穷大)，该幂级数必须截断，也就是说总存在一个最大的**偶次幂** $j_{max}$，而其他更高幂次的系数都为零。因此，由递推关系式 (4.39) 有

$$(2j_{max} + 2l + 3)\rho_0 - 1 = 0 \Rightarrow \rho_0 = \frac{1}{2(j_{max} + l) + 3} \tag{4.40}$$

根据 $\rho_0$ 的定义，通过式 (4.40) 可以得到和式 (4.32) 相同的三维各向同性谐振子的能级公式：

$$E_n = \left(n + \frac{3}{2}\right)\hbar\omega \equiv \left(2k + l + \frac{3}{2}\right)\hbar\omega \tag{4.41}$$

其中，**总量子数** $n$ 定义为 $n \equiv j_{max} + l$，此处 $j_{max} = 0, 2, 4, \cdots$ 为**偶数**，所以可以令 $j_{max} \equiv 2k, k = 0, 1, 2, \cdots$，显然总量子数 $n \equiv 2k + l$ 等价于前面讨论过的三个方向量子数的和 $n_x + n_y + n_z$，可以证明 $E_n$ 的简并度依然是式 (4.33)(见习题 4.2)。显然上面的能级公式来源于束缚态对其能量的要求，当展开式中多项式最高次幂达到 $j_{max}$ 时，根据递推关系式 (4.39) 系数 $c_{j_{max}+2}$ 将变号，系统将不再存在稳定的定态分布函数解。

由递推关系式 (4.39) 给出的多项式 $v(\rho) = \sum_{j=0}^{j_{max}} c_j \rho^j$ 和数学上著名的**连带拉盖尔多项式**有重要联系，具体可写为 (见习题 4.3)

$$v(\rho) = \sum_{j=0}^{n-l} c_j \rho^j = L_{\frac{1}{2}(n-l)}^{l+\frac{1}{2}}(\rho_0\rho^2) = L_{\frac{1}{2}(n-l)}^{l+\frac{1}{2}}\left(\frac{m\omega}{\hbar}r^2\right) \tag{4.42}$$

其中，$L_n^k(x)$ 为连带 (广义) 拉盖尔函数，它其实就是方程 (4.37) 的解，具体参照附录 D。最后三维各向同性谐振子的波函数解为 $\psi_{nlm}(r,\theta,\phi) = R_{nl}(r)Y_{lm}(\theta,\phi)$，它的径向波函数为

$$R_{nl}(r) = \frac{1}{r}u(\rho) = N_{nl}r^l e^{-\frac{m\omega}{2\hbar}r^2} L_{\frac{1}{2}(n-l)}^{l+\frac{1}{2}}\left(\frac{m\omega}{\hbar}r^2\right) \tag{4.43}$$

其中，$N_{nl}$ 为归一化系数。利用径向函数的归一化积分：

$$\int_0^{+\infty} |R_{nl}(r)|^2 r^2 dr = 1 \tag{4.44}$$

可得到如下的归一化系数 (具体见习题 4.4):

$$N_{nl} = \left(\frac{1}{\pi}\right)^{1/4} \left(\frac{m\omega}{\hbar}\right)^{l/2+3/4} \left[\frac{2^{\frac{n+l+4}{2}}\left(\frac{n-l}{2}\right)!}{(n+l+1)!!}\right]^{1/2} \tag{4.45}$$

最后引入径向无量纲量: $\xi \equiv \alpha r = \sqrt{m\omega/\hbar}\, r$, 得到三维各向同性谐振子的归一化径向波函数:

$$R_{nl}(\xi) = \left(\frac{1}{\pi}\right)^{1/4} \left[\frac{2^{\frac{n+l+4}{2}}\left(\frac{n-l}{2}\right)!}{(n+l+1)!!}\right]^{1/2} \alpha^{3/2}\xi^l \mathrm{e}^{-\frac{\xi^2}{2}} \mathrm{L}_{\frac{1}{2}(n-l)}^{l+\frac{1}{2}}\left(\xi^2\right) \tag{4.46}$$

## 4.3　三维中心势场和类氢原子

### 4.3.1　中心力场和径向方程

下面来集中讨论一类非常广泛且重要的中心力场问题。所谓的中心力场,就是其势函数只是 $r$ 的函数,不依赖于空间的角方向 $(\theta, \phi)$,所以是球对称的势场。其实前面求解的三维量子球和三维各向同性谐振子都属于这种具有球对称的势场。从前面的讨论可以看出,对于球对称的势场 $V(r)$,粒子的定态薛定谔方程 (4.14) 的解总可以径向和角向相互分离,即可以写成式 (4.16) 的形式,所以角向方程即为式 (4.18),而径向方程 (4.17) 的解依赖于球对称势的具体形式,分离变量以后一般中心力场的径向方程 (4.25) 可写为

$$\left[-\frac{\hbar^2}{2m}\frac{\mathrm{d}^2}{\mathrm{d}r^2} + V_{\mathrm{eff}}(r)\right] u(r) = Eu(r) \tag{4.47}$$

其中,径向的等效势 $V_{\mathrm{eff}}(r)$ 为

$$V_{\mathrm{eff}}(r) = V(r) + \frac{\hbar^2}{2m}\frac{l(l+1)}{r^2}$$

方程 (4.47) 表明,对于球对称的势场,其径向方程在径向出现了一个额外的和角动量有关的项,这一项一般被称为**离心势**,是由粒子对中心的转动角动量引起的。另外,所有的球对称势场都有一个非常重要的性质,就是势场中粒子的角动量是守恒的,因为中心力场的力矩总等于零,所以对中心力场而言角动量是重要的守恒量,这里先着重讨论一般的角动量问题。

### 4.3.2 角动量

1. 角动量算符及其本征问题

角动量在经典物理里表示粒子绕某个位置转动能力的大小，在量子力学里其对应于一个厄米矢量算符：

$$\hat{\boldsymbol{L}} = \hat{\boldsymbol{r}} \times \hat{\boldsymbol{p}}$$

根据**矢量积**的定义，角动量的三个分量算符在直角坐标系里自然写为

$$\hat{\boldsymbol{L}} = \hat{L}_x \boldsymbol{i} + \hat{L}_y \boldsymbol{j} + \hat{L}_z \boldsymbol{k} = \begin{vmatrix} \boldsymbol{i} & \boldsymbol{j} & \boldsymbol{k} \\ \hat{x} & \hat{y} & \hat{z} \\ \hat{p}_x & \hat{p}_y & \hat{p}_z \end{vmatrix} \tag{4.48}$$

在直角坐标系中利用算符最基本的对易关系：$[\hat{x}, \hat{p}_x] = \mathrm{i}\hbar$，$[\hat{y}, \hat{p}_y] = \mathrm{i}\hbar$，$[\hat{z}, \hat{p}_z] = \mathrm{i}\hbar$，可以非常容易地证明角动量三个分量算符 $\hat{L}_x$、$\hat{L}_y$、$\hat{L}_z$ 之间的对易关系为

$$\left[\hat{L}_x, \hat{L}_y\right] = \mathrm{i}\hbar \hat{L}_z, \quad \left[\hat{L}_y, \hat{L}_z\right] = \mathrm{i}\hbar \hat{L}_x, \quad \left[\hat{L}_z, \hat{L}_x\right] = \mathrm{i}\hbar \hat{L}_y \tag{4.49}$$

由于在中心力场中角动量对力心守恒，所以在球坐标系中考察角动量算符的本征函数和本征值问题。根据角动量算符的定义，球坐标下角动量的三个分量形式为 (见习题 4.6)

$$\hat{L}_x = \mathrm{i}\hbar \left( \sin\phi \frac{\partial}{\partial\theta} + \cot\theta \cos\phi \frac{\partial}{\partial\phi} \right) \tag{4.50}$$

$$\hat{L}_y = \mathrm{i}\hbar \left( \cot\theta \sin\phi \frac{\partial}{\partial\phi} - \cos\phi \frac{\partial}{\partial\theta} \right) \tag{4.51}$$

$$\hat{L}_z = -\mathrm{i}\hbar \frac{\partial}{\partial\phi} \tag{4.52}$$

利用 $\hat{L}^2 = \hat{L}_x^2 + \hat{L}_y^2 + \hat{L}_z^2$，可以得到角动量的平方在球坐标系中的形式：

$$\hat{L}^2 = -\hbar^2 \left[ \frac{1}{\sin\theta} \frac{\partial}{\partial\theta} \left( \sin\theta \frac{\partial}{\partial\theta} \right) + \frac{1}{\sin^2\theta} \frac{\partial^2}{\partial\phi^2} \right] \tag{4.53}$$

下面先讨论角动量的本征问题。由于角动量是一个矢量，在直角坐标系中，可以直接求解三个分量算符的本征方程，如在直角坐标系中对于 $\hat{L}_x$：

$$\hat{L}_x = y\hat{p}_z - z\hat{p}_y = \mathrm{i}\hbar \left( z\frac{\partial}{\partial y} - y\frac{\partial}{\partial z} \right)$$

其本征方程可以写为

$$\hat{L}_x g\left(y, z\right) = \mathrm{i}\hbar \left(z \frac{\partial}{\partial y} - y \frac{\partial}{\partial z}\right) g\left(y, z\right) = l_x g\left(y, z\right) \tag{4.54}$$

显然 $\hat{L}_x$ 的本征方程 (4.54) 是一个偏微分方程，本身不好求解，而且一共有三个方程。在球坐标系中问题同样复杂，除了 $\hat{L}_z$ 外，其他两个分量的本征方程更难求解。因此，可以采取另外的策略：对于一个矢量，除了用其分量来确定，还能通过其大小和方向 (某个分量) 来确定。显然根据角动量在球坐标系中的形式，$\hat{L}_z$ 形式简单，而 $\hat{L}^2$ 的本征方程就是方程 (4.18) 两边同乘以 $\hbar^2$：

$$\hat{L}^2 \mathrm{Y}_{lm}\left(\theta, \phi\right) = \beta\hbar^2 \mathrm{Y}_{lm}\left(\theta, \phi\right) = l\left(l+1\right)\hbar^2 \mathrm{Y}_{lm}\left(\theta, \phi\right) \tag{4.55}$$

也就是说，角动量平方的本征值 $\beta\hbar^2$ 具有 $l\left(l+1\right)\hbar^2$ 的形式 (证明见习题 4.7)，所以角动量的大小为 $\sqrt{l(l+1)}\hbar$。方程 (4.55) 的解函数 $\mathrm{Y}_{lm}(\theta, \phi)$ 已经由式 (4.24) 给出，称为**球谐函数**。$\hat{L}_z$ 的本征方程即为方程 (4.20)：

$$\hat{L}_z^2 \varPhi\left(\phi\right) = m^2\hbar^2 \varPhi\left(\phi\right) \Rightarrow \hat{L}_z \varPhi\left(\phi\right) = m\hbar \varPhi\left(\phi\right) \tag{4.56}$$

所以角动量 $z$ 分量的本征值为 $m\hbar$。由此可见球谐函数 $\mathrm{Y}_{lm}(\theta, \phi)$ 是 $\hat{L}^2$ 和 $\hat{L}_z$ 的共同本征态 ($[\hat{L}^2, \hat{L}_z] = 0$)，其中量子数 $l$ 被称为角量子数，$m$ 称为**磁量子数** (magnetic quantum number)。根据 $\hat{L}_z$ 的本征方程 (4.56)，其本征态解必须满足周期性条件：

$$\varPhi\left(\phi\right) = \varPhi\left(\phi + 2\pi\right) \Longrightarrow \mathrm{e}^{\mathrm{i}m\phi} = \mathrm{e}^{\mathrm{i}m(\phi+2\pi)} \Rightarrow \mathrm{e}^{\mathrm{i}m2\pi} = 1$$

即磁量子数 $m$ 取整数：$m = 0, \pm 1, \pm 2, \cdots$。根据连带勒让德函数时式 (4.22) 可以发现，当 $|m| > l$ 时连带勒让德函数等于零，所以磁量子数的取值范围受角量子数的限制：$|m| \leqslant l$；角量子数 $l$ 是连带勒让德微分方程 (4.21) 的最高幂次，所以取正整数：$l = 0, 1, 2, \cdots$，其大小没有限制，其值越大表示角动量越大。

总之，对于角动量，其本征函数是球谐函数 $\mathrm{Y}_{lm}(\theta, \phi)$：

$$\mathrm{Y}_{lm}\left(\theta, \phi\right) = \Theta\left(\cos\theta\right)\varPhi\left(\phi\right) = \epsilon\sqrt{\frac{2l+1}{4\pi}\frac{(l-|m|)!}{(l+|m|)!}}\mathrm{P}_l^m\left(\cos\theta\right)\mathrm{e}^{\mathrm{i}m\phi} \tag{4.57}$$

其中，归一化系数中为了方便引入一个因子 $\epsilon$，定义如下：

$$\epsilon = \begin{cases} (-1)^m, & m \geqslant 0 \\ 1, & m < 0 \end{cases}$$

球谐函数构成了角方向函数 $f(\theta,\phi)$ 的一个完备正交归一的函数基:

$$\int Y_{lm}^* Y_{l'm'} \mathrm{d}\Omega = \int_0^{2\pi} \int_0^{\pi} Y_{lm}^*(\theta,\phi) Y_{l'm'}(\theta,\phi) \sin\theta \mathrm{d}\theta \mathrm{d}\phi = \delta_{ll'}\delta_{mm'}$$

### 2. 角动量的狄拉克表示

用角动量表象所发展起来的角动量理论在量子力学中占有重要地位。引入狄拉克符号,角动量的本征态可以简单写为 $Y_{lm} \to |l,m\rangle$,这样角动量的本征方程为

$$\hat{L}^2 |l,m\rangle = l(l+1)\hbar^2 |l,m\rangle, \quad \hat{L}_z |l,m\rangle = m\hbar |l,m\rangle$$

角动量本征态的正交归一化条件和完备性条件为

$$\langle l,m|l'm'\rangle = \delta_{ll'}\delta_{mm'}, \quad \sum_{l=0}^{n-1}\sum_{m=-l}^{+l} |l,m\rangle\langle l,m| = 1$$

其中,$n > 0$ 是任意正整数,给出了角动量最大取值的上界 $l_{\max} = n-1$。给定 $n$,可以发现有 $n^2$ 个态组成完备的角动量的希尔伯特空间。对于其完备性,可以用球坐标系中任意函数 $f(\theta,\phi)$ 都可以用球谐函数 $Y_{lm}(\theta,\phi)$ 展开来理解。对于每一个角量子数大小为 $l$ 的角动量态,共有 $2l+1$ 个 $m$ 不同取值的本征态 $|l,m\rangle$,这些态构成一个完备的空间,称为角动量 $l$ 的子空间:

$$\sum_{m=-l}^{+l} |l,m\rangle\langle l,m| = 1$$

其完备性可以理解为任意的函数 $f(\phi)$ 都可以用三角级数 $\mathrm{e}^{im\phi}$ 来展开。

为了得到不同波函数 $|l,m\rangle$ 之间的关系,可以定义如下算子:

$$\hat{L}_+ = \hat{L}_x + \mathrm{i}\hat{L}_y, \quad \hat{L}_- = \hat{L}_x - \mathrm{i}\hat{L}_y \tag{4.58}$$

根据角动量三个分量之间的对易关系式 (4.49),可以证明如下对易关系:

$$\hat{L}^2 = \hat{L}_-\hat{L}_+ + \hat{L}_z^2 + \hbar\hat{L}_z = \hat{L}_+\hat{L}_- + \hat{L}_z^2 - \hbar\hat{L}_z \tag{4.59}$$

$$\left[\hat{L}_+, \hat{L}_-\right] = 2\hbar\hat{L}_z, \quad \left[\hat{L}_z, \hat{L}_\pm\right] = \pm\hbar\hat{L}_\pm \tag{4.60}$$

利用以上的对易关系可以证明 (见习题 4.7):

$$\hat{L}_\pm |l,m\rangle = \hbar\sqrt{l(l+1) - m(m\pm1)}\,|l,m\pm1\rangle \tag{4.61}$$

所以称 $\hat{L}_+$ 和 $\hat{L}_-$ 分别为磁量子数的升算子和降算子。

总之,对于所有的球对称问题,系统都具有旋转对称性,其角动量是守恒量 (哈密顿量和角动量算符对易),其角向方向的波函数都由球谐函数来描述。

### 4.3.3　类氢原子系统的波函数和能级

#### 1. 本征函数和能量

第 2 章介绍了一维库仑势场下的一维原子模型，下面来讨论三维库仑势场下的真实原子，即**类氢原子** (hydrogen-like atom) 系统。类氢原子系统就是只有一个电子的原子系统，显然严格来讲只有氢原子及其同位素是单电子原子，但可以将其他原子的离子 (只保留一个电子，如电离掉一个电子的氦离子) 或者内层排满 (统称原子实) 外层只有一个电子的原子 (如锂、钠、钾等碱金属原子) 近似看作类氢原子系统。严格来讲，类氢原子系统不是单体问题而是两体问题，其包含一个带正电 $Ze$ 的原子核 (实) 和一个带负电 $e$ 的电子。这里依然只考察简单的单体问题，即考察单个电子在固定的原子核周围运动的单电子行为，原子核只是提供了一个中心库仑势场：

$$V\left(r\right) = -\frac{Ze^2}{4\pi\epsilon_0}\frac{1}{r} \tag{4.62}$$

其中，$Z$ 是原子的核电荷数或原子序数 (atomic number)；$\epsilon_0$ 是真空的介电常数。那么类氢原子的径向方程 (4.17) 具体可写为

$$-\frac{\hbar^2}{2m}\frac{\mathrm{d}^2u\left(r\right)}{\mathrm{d}r^2} + \left[-\frac{Ze^2}{4\pi\epsilon_0}\frac{1}{r} + \frac{\hbar^2}{2m}\frac{l(l+1)}{r^2}\right]u\left(r\right) = Eu\left(r\right)$$

其中，$E$ 为类氢原子电子的总能量；$m$ 是电子的质量。如果假设无穷远处电子的能量为 $0$，那么当 $E < 0$ 时电子无法克服库仑势到达无穷远处，电子会形成束缚态；当 $E > 0$ 时电子可以远离原子核，此类问题即为高能电子被库仑势散射的问题。先考虑 $E < 0$ 的情况，此时径向方程可写为

$$\frac{\mathrm{d}^2u\left(r\right)}{\mathrm{d}r^2} = \left[k^2 - \frac{Zme^2}{2\pi\hbar^2\epsilon_0}\frac{1}{r} + \frac{l(l+1)}{r^2}\right]u\left(r\right) \tag{4.63}$$

其中，引入波数 $k \equiv \sqrt{-2mE/\hbar^2}$。为了求解式 (4.63)，采用与求解一维谐振子微分方程相同的步骤，首先引入无量纲的量 $\rho = kr$，化简方程为

$$\frac{\mathrm{d}^2u}{\mathrm{d}\rho^2} = \left[1 - \frac{\rho_0}{\rho} + \frac{l(l+1)}{\rho^2}\right]u \tag{4.64}$$

其中，常数 $\rho_0$ 定义为

$$\rho_0 \equiv \frac{Zme^2}{2\pi\epsilon_0\hbar^2k} \tag{4.65}$$

然后对式 (4.64) 进行解的渐进分析。

1) 解的渐进形式

当电子趋于无穷远时 $\rho \to \infty$，方程 (4.64) 退化为

$$\frac{\mathrm{d}^2 u}{\mathrm{d}\rho^2} = u$$

其通解为 $u(\rho) = A\mathrm{e}^{-\rho} + B\mathrm{e}^{\rho}$，而符合物理实际的束缚态解为 $u(\rho \gg 1) = A\mathrm{e}^{-\rho}$。当 $\rho \to 0$ 时，方程 (4.64) 退化为

$$\frac{\mathrm{d}^2 u}{\mathrm{d}\rho^2} = \frac{l(l+1)}{\rho^2} u$$

利用 Mathematica 可以直接给出通解为 $u(\rho) = C\rho^{l+1} + D\rho^{-l}$，而符合物理实际的解为 $u(\rho \ll 1) = C\rho^{l+1}$。考虑到解的渐进行为，类氢原子的解可以写成如下形式：

$$u(\rho) = \rho^{l+1}\mathrm{e}^{-\rho} v(\rho) \tag{4.66}$$

其中，$v(\rho)$ 为任意 $\rho$ 的函数。

2) 类氢原子的能级和波函数

将式 (4.66) 代入式 (4.64)，就有

$$\rho\frac{\mathrm{d}^2 v}{\mathrm{d}\rho^2} + 2(l+1-\rho)\frac{\mathrm{d}v}{\mathrm{d}\rho} + [\rho_0 - 2(l+1)]v(\rho) = 0 \tag{4.67}$$

现将方程 (4.67) 中的任意函数 $v(\rho)$ 展开为幂级数：

$$v(\rho) = \sum_{j=0}^{\infty} c_j \rho^j \tag{4.68}$$

将展开式 (4.68) 代入式 (4.67)，化简后就可以得到：

$$\sum_{j=0}^{\infty} \left[ j(j+1)c_{j+1} + 2(l+1)(j+1)c_{j+1} - 2jc_j + \rho_0 c_j - 2(l+1)c_j \right] \rho^j = 0$$

根据幂函数的线性无关性，可以得到不同幂函数 $\rho^j$ 前面的系数等于零：

$$(j+1)(j+2l+2)c_{j+1} + [\rho_0 - 2(j+l+1)]c_j = 0$$

则给出系数的递推关系为

$$c_{j+1} = \frac{2(j+l+1) - \rho_0}{(j+2l+2)(j+1)} c_j \tag{4.69}$$

利用 Mathematica 的极限运算, 可以得到:

$$\lim_{j \to \infty} \frac{2(j+l+1) - \rho_0}{(j+2l+2)(j+1)} = \frac{2}{j+1}$$

也就是当 $j$ 很大时:

$$c_j \approx \frac{2}{j} c_{j-1} = \frac{2}{j} \frac{2}{j-1} c_{j-2} = \frac{2^j}{j!} c_0$$

此时方程的解为

$$v(\rho) = \sum_{j=0}^{\infty} c_j \rho^j \approx c_0 \sum_{j=0}^{\infty} \frac{2^j}{j!} \rho^j = c_0 e^{2\rho}$$

代入式 (4.66) 中得到:

$$u(\rho) = \rho^{l+1} e^{-\rho} c_0 e^{2\rho} = c_0 \rho^{l+1} e^{\rho} \tag{4.70}$$

显然解 (4.70) 是发散的, 不符合束缚态的物理要求。可以得出结论: 幂级数展开式 (4.68) 中的 $j$ 不能没有上限, 也就是递推关系必须截断, 即 $j$ 有一个最大允许的值 $j_{\max}$, 当 $j > j_{\max}$ 时 $c_j = 0$。因此, 根据递推关系式 (4.69) 有

$$2(j_{\max} + l + 1) - \rho_0 = 0$$

如果令 $n \equiv j_{\max} + l + 1$, 并将其称为**主量子数**, 那么就有

$$\rho_0 = 2n = \frac{Zme^2}{2\pi\epsilon_0 \hbar^2 k} \tag{4.71}$$

结合波数 $k \equiv \sqrt{-2mE/\hbar^2}$, 就可以得到类氢原子的能级公式:

$$E_n = -\left[ \frac{m}{2\hbar^2} \left( \frac{Ze^2}{4\pi\epsilon_0} \right)^2 \right] \frac{1}{n^2} \equiv E_1 \frac{1}{n^2} \tag{4.72}$$

其中, 主量子数 $n = 1, 2, 3, \cdots$; $E_1$ 为类氢原子**基态能量** (电离能), 定义为

$$E_1 = -\frac{m}{2\hbar^2} \left( \frac{e^2}{4\pi\epsilon_0} \right)^2 Z^2 \approx -13.6 Z^2 \text{eV} \tag{4.73}$$

能级公式 (4.72) 最早是玻尔 (Bohr) 利用半经典的原子模型得到的, 所以也被称为**玻尔能级公式**。显然通过原子基态能量公式 (4.73) 可以定义一个能够方便

使用的原子能量单位 (a.u.)：$E_{\mathrm{H}} \equiv \dfrac{me_s^4}{\hbar^2} \approx 27.21\mathrm{eV}$，其中 $e_s \equiv e/\sqrt{4\pi\epsilon_0}$。1 个原子能量单位 $E_{\mathrm{H}}$ 称为 1 **哈特里** (Hartree)，记为 $1\,\mathrm{H}$。某些时候原子能量单位采用式 (4.73) 中 $Z = 1$ 时基态氢原子能量的绝对值，此时称为 1 **里德伯** (Rydberg)，记为 $1\,\mathrm{Ry}$，显然有 $1\,\mathrm{H} = 2\,\mathrm{Ry}$。

从式 (4.71) 可以发现径向波数也是量子化的：$k_n = \dfrac{Z}{na_0}$，所以玻尔能级又可以写为

$$E_n = -\frac{\hbar^2 k_n^2}{2m} = -\frac{\hbar^2}{ma_0^2}\frac{Z^2}{2n^2} = -E_{\mathrm{H}}\frac{Z^2}{2n^2} \tag{4.74}$$

其中，$a_0$ 被称为**玻尔半径**：

$$a_0 = \frac{4\pi\epsilon_0\hbar^2}{me^2} \approx 0.529 \times 10^{-10}\mathrm{m} \tag{4.75}$$

玻尔半径 $a_0$ 自然成为原子单位中的长度单位。如果定义类氢原子的玻尔半径 $a \equiv a_0/Z$，则结合式 (4.73) 基态能量用玻尔半径表示为

$$E_1 = -\frac{Ze^2}{4\pi\epsilon_0}\frac{1}{2a} \tag{4.76}$$

上面基态能量的大小相当于带 $Ze$ 的原子核和带 $e$ 的电子之间的距离为两倍的玻尔半径 $2a$ 时的库仑相互作用势能。

下面来确定 $v(\rho) = \sum\limits_{j=0}^{j_{\max}} c_j\rho^j$ 的具体形式。由递推关系式 (4.69) 给出的多项式 $v(\rho)$ 也可以用**连带拉盖尔多项式**表示：

$$v(\rho) = \sum_{j=0}^{n-l-1} c_j\rho^j = \mathrm{L}_{n-l-1}^{2l+1}(2\rho)$$

其中，连带拉盖尔多项式 $\mathrm{L}_n^k(x)$ 的定义请参照附录 D。利用连带拉盖尔多项式的性质，归一化的类氢原子径向波函数可写为

$$R_{nl}(r) = \frac{u(\rho)}{r} = \frac{1}{r}\rho^{l+1}\mathrm{e}^{-\rho}\mathrm{L}_{n-l-1}^{2l+1}(2\rho)$$

$$\equiv N_{nl}\left(\frac{2Z}{na_0}r\right)^l \mathrm{e}^{-\frac{Z}{na_0}r}\mathrm{L}_{n-l-1}^{2l+1}\left(\frac{2Z}{na_0}r\right) \tag{4.77}$$

其中，$N_{nl}$ 为径向波函数归一化系数。利用 Mathematica 进行归一化积分：

$$\int_0^{+\infty} |R_{nl}(r)|^2 r^2 \mathrm{d}r = \int_0^{+\infty} u_{nl}^2(r)\,\mathrm{d}r = 1$$

可以得到归一化系数 (见习题 4.8):

$$N_{nl} = \left(\frac{2Z}{na_0}\right)^{3/2} \sqrt{\frac{(n-l-1)!}{2n\,(n+l)!}} \tag{4.78}$$

所以类氢原子的径向归一化波函数为

$$R_{nl}\,(r) = \left(\frac{2Z}{na_0}\right)^{3/2} \sqrt{\frac{(n-l-1)!}{2n\,(n+l)!}} \left(\frac{2Z}{na_0}r\right)^l \mathrm{e}^{-\frac{Z}{na_0}r} \mathrm{L}_{n-l-1}^{2l+1}\left(\frac{2Z}{na_0}r\right) \tag{4.79}$$

根据计算结果可以发现, 类氢原子的径向归一化波函数 (式 (4.79)) 和三维各向同性谐振子的归一化径向波函数 (式 (4.46)) 具有一致的形式, 这就预示着这两个不同的系统在数学上是彼此等价的, 它们具有相同的物理对称性。

最后结合角向波函数 $\mathrm{Y}_{lm}(\theta,\phi)$, 类氢原子总的电子态波函数 (通常被称为类氢原子的**原子轨道**波函数) 为

$$\psi_{nlm}(r,\theta,\phi) = R_{nl}(r)\mathrm{Y}_{lm}(\theta,\phi), \quad E_n = \frac{E_1}{n^2} \tag{4.80}$$

显然类氢原子的原子轨道波函数依赖于三个量子数: 主量子数 $n = 1, 2, 3, \cdots$; 角量子数 $l = 0, 1, 2, \cdots, n-1$; 磁量子数 $m = -l, -l+1, \cdots, l-1, l$。所以类氢原子的原子轨道波函数可以用狄拉克符号简单表示为 $|nlm\rangle$, 显然如果给定主量子数 $n$, 原子轨道波函数 $|nlm\rangle$ 的简并度为 $\sum_{l=0}^{n-1}(2l+1) = n^2$。

### 4.3.4　类氢原子的电子云分布

根据原子轨道波函数 $\psi_{nlm}(r,\theta,\phi)$ 的物理意义, 类氢原子的电子在核外的概率密度分布为

$$W\,(r,\theta,\phi) = |\psi_{nlm}\,(r,\theta,\phi)|^2 = |R_{nl}\,(r)|^2\,|\mathrm{Y}_{lm}\,(\theta,\phi)|^2$$

可见电子径向分布和角向分布是彼此分离的。显然在空间位置 $(r,\theta,\phi)$ 处的体积元 $\mathrm{d}\tau = r^2\mathrm{d}r\mathrm{d}\Omega$ 内找到电子的概率在全空间的积分为

$$\int W\,(r,\theta,\phi)\,\mathrm{d}\tau = \int_0^{+\infty} |R_{nl}\,(r)|^2\,r^2\mathrm{d}r \int |\mathrm{Y}_{lm}\,(\theta,\phi)|^2\,\mathrm{d}\Omega = 1$$

表示电子在原子核外的概率积分等于径向概率和角向概率之积。下面分别从径向分布和角向分布两个方面来具体讨论电子在原子核外的分布情况。

### 1. 电子的径向分布

对于径向分布, 实际探测的是电子与核距离为 $r$ 到 $r+\mathrm{d}r$ 的径向概率 $w(r)\mathrm{d}r$, 它是总分布函数 $W(r,\theta,\phi)$ 对空间方位角 $\mathrm{d}\Omega = \sin\theta\mathrm{d}\theta\mathrm{d}\phi$ 的积分:

$$w_{nl}\left(r\right)\mathrm{d}r = \left|R_{nl}\left(r\right)\right|^2 r^2\mathrm{d}r\int\mathrm{d}\Omega\left|\mathrm{Y}_{lm}\left(\theta,\phi\right)\right|^2 = \left|R_{nl}\left(r\right)\right|^2 r^2\mathrm{d}r$$

其中, 角向分布是归一化的。所以径向的概率密度分布函数为

$$w_{nl}\left(r\right) = \left|R_{nl}\left(r\right)\right|^2 r^2 = u_{nl}^2\left(r\right)$$

其物理意义是在 $r$ 处单位厚度球壳内发现电子的概率。图 4.5(a) 给出了类氢原子的 3S 态 ($n = 3, l = 0$) 径向分布函数的图像 (粗实线), 从图中可见 3S 态的电子云是球对称 ($\mathrm{Y}_{00} = 1/\sqrt{4\pi}$) 的并分球层分布, $n = 3$ 时离核有 $n - l = 3$ 个位置处电子云的密度较高, 最外面第 3 个距离处电子云密度最高 (最可几半径 $\mathrm{d}w_{nl}(r)/\mathrm{d}r = 0$); 3P 态的电子云径向分布 (虚线) 有 $n - l = 2$ 个电子密度极大的位置。中心处是 1S 态的参考分布 (细实线), 其径向分布概率密度在中心处远高于 3S 态和 3P 态 (图中做了截断显示)。

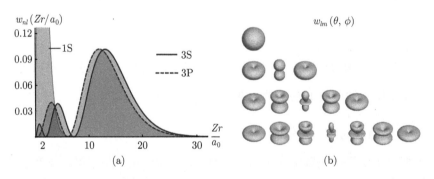

图 4.5　类氢原子的电子概率密度分布

(a) 电子径向分布函数 $w_{nl}(r)$ 的图像, 图中给出 1S 态 (细实线)、3S 态 (粗实线) 和 3P 态 (虚线) 的径向分布; (b) 电子角向分布函数 $w_{lm}(\theta,\phi)$ 的图像, 从上到下每一行分别是 $l = 0, 1, 2, 3$ 的角向分布图像

### 2. 电子的角向分布

同理, 在沿角 $(\theta,\phi)$ 方向立体角 $\mathrm{d}\Omega$ 中发现电子的概率是将波函数概率密度沿径向方向进行积分的结果:

$$w_{lm}\left(\theta,\phi\right)\mathrm{d}\Omega = \left|\mathrm{Y}_{lm}\left(\theta,\phi\right)\right|^2\mathrm{d}\Omega\int_0^{+\infty}\left|R_{nl}\left(r\right)\right|^2 r^2\mathrm{d}r = \left|\mathrm{Y}_{lm}\left(\theta,\phi\right)\right|^2\mathrm{d}\Omega$$

也就是说角向的概率密度函数为 (参照式 (4.57))

$$w_{lm}\left(\theta,\phi\right) = \left|\text{Y}_{lm}\left(\theta,\phi\right)\right|^2 = \left|\Theta\left(\theta\right)\right|^2$$

由此可见电子角向的概率密度分布与 $\phi$ 无关, 所以电子云分布是沿 $z$ 轴旋转对称的, 如图 4.5(b) 所示。图中所显示的是电子云的密度分布随角量子数变化的图像, 第一行是 $l=0$ 的角向函数 $\text{Y}_{00}$ 所刻画的电子云分布, 是 1 个在 $4\pi$ 立体角内均匀的球对称分布, 第二行是 $l=1$ 的 3 个 $m=-1,0,1$ 态 (从左到右) 的电子云分布, 依此类推, 第三行是 $l=2$ 的 5 个态的电子云分布, 第四行是 $l=3$ 共 7 个态的电子云分布。

下面利用 Mathematica 强大的图形显示能力, 给出电子在核外立体的概率密度分布: 电子云图像。图 4.6 显示的是氢原子处于定态 $\psi_{420}(r,\theta,\phi)$ 时在核外空间的概率密度 $\left|\psi_{nlm}\left(r,\theta,\phi\right)\right|^2$ 或电子云分布图像。图 4.6(a) 是立体的电子云图像 (由电子位置的大量测量点所表现出来的概率分布), 图 4.6(b) 是横截面上概率密度函数所展示的电子云分布图像 (概率大小由灰度表示, 越暗概率越大)。然而, 实际上电子云分布在实验上的测量是比较困难的, 而且测量往往都是间接的, 如可以利用强光去轰击某态上的电子让其产生电离, 然后去探测电子被光子散射后在不同方向的**动量分布**, 动量分布经傅里叶变换后就能得到电子态在实空间的分

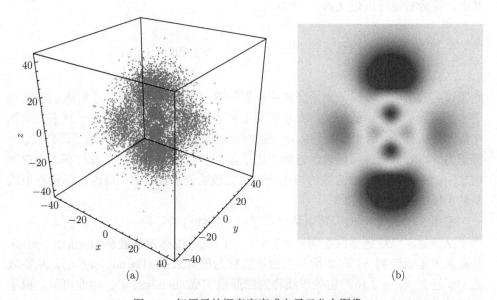

(a)　　　　　　　　　　　　　　　　　　　　(b)

图 4.6　氢原子的概率密度或电子云分布图像

(a) 氢原子处于 $\psi_{420}$ 态时电子云分布的立体图像; (b) 氢原子态 $\psi_{420}$ 的电子云在横截面上的
概率密度分布图像

布图像。从图 4.6 可以看出，电子云在核外的分布是有结构和方向的，这有助于对原子在组成分子时会形成一定的键长和键角有更为直观的理解和认识。

### 4.3.5  氢原子光谱

量子力学最为成功的典范之一就是对氢原子问题的求解及对氢原子光谱的完美解释。通过求解氢原子的薛定谔方程自然得到氢原子的能级公式：$E_n = E_1/n^2$，$E_1 \approx -13.6\text{eV}$。电子受电磁场的激发会在不同态上进行跃迁，假如原子初始从能量较高的态 $E_i$ 跃迁到能量较低的态 $E_f$，那么电子放出的光子的能量为

$$E_\nu = h\nu = E_i - E_f = E_1 \left( \frac{1}{n_i^2} - \frac{1}{n_f^2} \right) \tag{4.81}$$

通常在光谱测量中经常用到的是光谱的波数。根据光子波长和频率的关系 $\lambda = c/\nu$，式 (4.81) 可以写成另一种形式：

$$\frac{1}{\lambda} = \frac{E_1}{hc} \left( \frac{1}{n_i^2} - \frac{1}{n_f^2} \right) \tag{4.82}$$

其中，等号右边可以定义为一个常数：

$$R = \frac{|E_1|}{hc} = \frac{m}{4\pi\hbar^3 c} \left( \frac{Ze^2}{4\pi\epsilon_0} \right)^2 \approx 1.097 \times 10^7 \text{m}^{-1}$$

此即著名的出现在氢原子光谱公式中的**里德伯** (Rydberg) 常数。当时人们根据光谱数据得到了这个经验公式，并从实验上精确测量到这个常数，但一直不知道该常数和什么有关。后来玻尔 (Bohr) 通过半经典的轨道假设成功得到了该公式，而量子力学没有借助任何假设，自然给出了氢原子能级和里德伯常数与基本物理常数之间的关系，里德伯常数的理论值和实验值的误差在 $10^{-7}$ 以内，不得不说这是量子理论的一个奇迹。

根据光谱公式 (4.82)，可以将氢原子的光谱线分成不同的组系，如图 4.7 所示。电子从高能态跃迁到激发态 $n_f = 1$ 所产生的光谱线称为**莱曼系** (Lyman series)，从高激发态跃迁到 $n_f = 2$ 所产生的谱线称为**巴耳末系** (Balmer series)，从高激发态跃迁到 $n_f = 3$ 所产生的谱线称为**帕邢系** (Paschen series)。由此可见，原子光谱的各种谱系的分布结构决定于原子的能级结构，而其能级结构又决定于原子本身的结构性质，所以原子的光谱可以说是原子的指纹，可以用来识别原子的种类和性质。

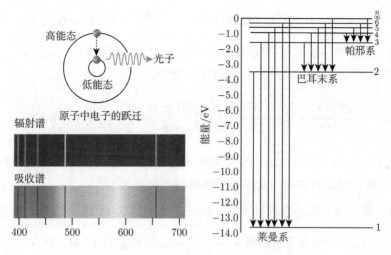

图 4.7 氢原子电子的跃迁和光谱系的形成示意图

最后简单讨论一下一般原子的光谱问题。原子光谱的本质决定于原子的能级结构，但实际精确计算原子的能级结构是非常困难的事情。虽然前文计算的氢原子能级结构已经非常准确，但依然没有考虑其他效应所导致的更为精细的能级结构变化 (具体见第 7 章内容)。更为复杂的是，多电子原子的能级结构计算、电子之间的相互作用及原子核的影响都会对能级结构产生一定改变。例如，对于钠原子，如果将钠原子看作类氢原子 (带单位正电荷的原子实加核外一个电子)，能级公式 (4.72) 给出的能级误差是非常大的，其根本无法解释钠原子著名的钠黄线——D 线 (D-line) 的准确位置及 D 线的双线结构。首先钠原子能级的能量由于电子分布的影响不仅仅依赖于主量子数 $n$，还依赖于轨道角动量 $l$ (如图 4.5 所示，3P 和 3S 态的电子云径向分布不同，导致能级依赖于角动量，具体见第 7 章多体系统中的多电子原子部分)；其次各种效应会引起能级的精细结构甚至超精细结构分裂，所以一般原子的谱线必须考虑更多复杂的因素才能计算准确。

# 习　题

4.1　令 $x = \cos\theta$，试从式 (4.20) 出发证明式 (4.21)。

4.2　请通过三维各向同性谐振子能级公式 (4.41) 证明 $E_n$ 的能级简并度 $d_n$ 依然是式 (4.33)。提示：根据能级公式 (4.41)，对于固定的 $n$，考察有多少个 $l$ 的值，每一个 $l$ 的值对应有 $2l+1$ 个不同的态。由能级公式可知 $l = n - 2k > 0$，而 $k$ 可取 $0, 1, 2, \cdots$。因此，$n$ 为偶数时 $l$ 可取所有的偶数：$n, n-2, \cdots, 0$，那么能级简并度 $d_n = \sum_{l=0,2,4,\cdots}^{n} (2l+1) = (n+2)(n+1)/2$；同理 $n$ 为奇数时 $l$ 可取所有

的奇数：$n, n-2, \cdots, 1$，那么简并度 $d_n = \sum\limits_{l=1,3,5,\cdots}^{n} (2l+1) = (n+2)(n+1)/2$。

4.3　请证明三维谐振子的 $v(\rho)$ 和连带拉盖尔多项式的关系式 (4.42)。提示：引入变量代换 $x = \rho_0 \rho^2$，则方程 (4.37) 就变成：

$$x \frac{\mathrm{d}^2 v(x)}{\mathrm{d}x^2} + \left(l + \frac{1}{2} + 1 - x\right) \frac{\mathrm{d}v(x)}{\mathrm{d}x} + \frac{1}{2}(n-l)v(x) = 0$$

其中利用了 $\rho_0 = 1/(2n+3)$。参照附录 D 会发现，上面的方程和连带拉盖尔方程 (D.2) 具有相同的形式，其解即为连带拉盖尔函数 $\mathrm{L}_{\frac{1}{2}(n-l)}^{l+\frac{1}{2}}(x)$。

4.4　请计算三维各向同性谐振子的归一化系数式 (4.45)。提示：利用径向波函数解式 (4.43)，引入无量纲量 $\xi = \sqrt{\dfrac{\hbar}{m\omega}}\, r$，则积分式 (4.44) 变为

$$\mathrm{N}_{nl}^2 \left(\frac{m\omega}{\hbar}\right)^{l+3/2} \int_0^{+\infty} \xi^{2l+2} \mathrm{e}^{-\xi^2} \left[\mathrm{L}_k^{l+\frac{1}{2}}(\xi^2)\right]^2 \mathrm{d}\xi = 1$$

为了计算上述的积分，引入变量代换：$x = \xi^2$，则上述积分变为

$$\mathrm{N}_{nl}^2 \left(\frac{m\omega}{\hbar}\right)^{l+3/2} \frac{1}{2} \int_0^{+\infty} x^{l+\frac{1}{2}} \mathrm{e}^{-x} \left[\mathrm{L}_k^{l+\frac{1}{2}}(x)\right]^2 \mathrm{d}x = 1$$

再利用下面的积分公式：

$$\int_0^{+\infty} x^{l+\frac{1}{2}} \mathrm{e}^{-x} \left[\mathrm{L}_k^{l+\frac{1}{2}}(x)\right]^2 \mathrm{d}x = \frac{\Gamma\left(k+l+\frac{3}{2}\right)}{k!} = \sqrt{\pi}\frac{(2k+2l+1)!!}{2^{k+l+1}k!}$$

其中，利用了**伽马函数**的性质 ($n$ 为大于零的整数)：

$$\Gamma\left(n+\frac{1}{2}\right) = \frac{(2n-1)(2n-3)\cdots 5 \cdot 3 \cdot 1}{2^n}\sqrt{\pi} \equiv \frac{(2n-1)!!}{2^n}\sqrt{\pi}$$

4.5　请根据角动量的定义式 (4.48)，利用基本的位置和动量算符的对易关系，证明式 (4.49)。

4.6　利用直角坐标系和球坐标系之间的关系，证明角动量三个分量的球坐标形式 (式 (4.50) ～ 式 (4.52))。提示：直角坐标系和球坐标系之间的变量关系为

$$\begin{cases} x = r\sin\theta\cos\phi \\ y = r\sin\theta\sin\phi \\ z = r\cos\theta \end{cases} \Rightarrow \begin{cases} r = \sqrt{x^2 + y^2 + z^2} \\ \cos\theta = \dfrac{z}{\sqrt{x^2 + y^2 + z^2}} \\ \tan\phi = \dfrac{y}{x} \end{cases}$$

利用上面的关系计算变量之间的微分关系，如：

$$\frac{\partial}{\partial x} = \frac{\partial}{\partial r}\frac{\partial r}{\partial x} + \frac{\partial}{\partial \theta}\frac{\partial \theta}{\partial x} + \frac{\partial}{\partial \phi}\frac{\partial \phi}{\partial x}$$

然后计算如下的微分：

$$\frac{\partial r}{\partial x} = \sin\theta\cos\phi, \qquad \frac{\partial \theta}{\partial x} = \frac{1}{r}\cos\theta\cos\phi, \qquad \frac{\partial \phi}{\partial x} = -\frac{\sin\phi}{r\sin\theta}$$

其他关系依此类推，最后代入直角坐标系角动量的分量表达式中即可。

4.7  请证明角动量平方 $\hat{L}^2$ 的本征值为 $\beta\hbar^2 = l(l+1)\hbar^2$ 及角动量升降算子的作用式 (4.61)。提示：如果 $\hat{L}^2$ 和 $\hat{L}_z$ 的本征方程分别为

$$\hat{L}^2 \left|\beta, \alpha\right\rangle = \hbar^2\beta \left|\beta, \alpha\right\rangle, \quad \hat{L}_z \left|\beta, \alpha\right\rangle = \hbar\alpha \left|\beta, \alpha\right\rangle$$

那么根据

$$\hbar^2\beta = \langle\beta, \alpha|\, \hat{L}^2 \,|\beta, \alpha\rangle = \langle\beta, \alpha|\left(\hat{L}_x^2 + \hat{L}_y^2 + \hat{L}_z^2\right)|\beta, \alpha\rangle \geqslant \langle\beta, \alpha|\, \hat{L}_z^2 \,|\beta, \alpha\rangle = \hbar^2\alpha^2$$

可以证明 $\beta \geqslant \alpha^2$，也就是 $\alpha$ 有上下界的限制：

$$-\sqrt{\beta} \leqslant \alpha \leqslant \sqrt{\beta} \tag{4.83}$$

另外根据对易关系式 (4.60)，可以证明：

$$\hat{L}^2\left(\hat{L}_\pm \left|\beta, \alpha\right\rangle\right) = \hat{L}_\pm\hat{L}^2 \left|\beta, \alpha\right\rangle = \hbar^2\beta\left(\hat{L}_\pm \left|\beta, \alpha\right\rangle\right)$$

$$\hat{L}_z\left(\hat{L}_\pm \left|\beta, \alpha\right\rangle\right) = \left(\hat{L}_\pm\hat{L}_z \pm \hbar\hat{L}_\pm\right)\left|\beta, \alpha\right\rangle = \hbar\left(\alpha \pm 1\right)\left(\hat{L}_\pm \left|\beta, \alpha\right\rangle\right)$$

显然如果 $|\beta, \alpha\rangle$ 是 $\hat{L}^2$ 的本征值为 $\hbar^2\beta$ 的本征态，那么不断作用 $\hat{L}_+$ 或 $\hat{L}_-$，根据式 (4.83) 给出的上下界的限制，就有如下整数 $n$ 个简并的本征态：

$$|\beta, \alpha_{\min}\rangle, \cdots, |\beta, \alpha-1\rangle, |\beta, \alpha\rangle, |\beta, \alpha+1\rangle, \cdots, |\beta, \alpha_{\max}\rangle$$

那么必然有 $\alpha_{\min} + n = \alpha_{\max}, n \in \mathbb{Z}$。再利用式 (4.59) 有

$$\hat{L}^2 |\beta, \alpha_{\max}\rangle = \hbar^2 \alpha_{\max} (\alpha_{\max} + 1) |\beta, \alpha_{\max}\rangle$$

$$\hat{L}^2 |\beta, \alpha_{\min}\rangle = \hbar^2 (-\alpha_{\min}) [(-\alpha_{\min}) + 1] |\beta, \alpha_{\min}\rangle$$

其中，利用了 $\alpha$ 的上下界：$\hat{L}_+|\beta, \alpha_{\max}\rangle = 0$ 和 $\hat{L}_-|\beta, \alpha_{\min}\rangle = 0$。这样就可以令 $\alpha_{\max} \equiv l = \dfrac{n}{2}$，那么就有 $\alpha_{\min} = \alpha_{\max} - n = -\dfrac{n}{2} = -l$，等式就可以统一写为

$$\hat{L}^2 |\beta, \alpha\rangle = \hbar^2 \beta |\beta, \alpha\rangle = \hbar^2 l (l+1) |\beta, \alpha\rangle$$

$$\hat{L}_z |\beta, \alpha\rangle = \hbar \alpha |\beta, \alpha\rangle, \quad \alpha = -l, -l+1, \cdots, l-1, l$$

最后根据以上本征态 $|\beta, \alpha\rangle$ 的本征值性质：$\beta = l(l+1), \alpha = m$，采用 $l$ 和 $m$ 来表示角动量的本征态，即有 $|\beta, \alpha\rangle \to |l, m\rangle$。

根据式 (4.59)，可以得到：

$$\langle l, m| \hat{L}_\pm \hat{L}_\mp |l, m\rangle = \langle l, m| (\hat{L}^2 - \hat{L}_z^2 \pm \hbar \hat{L}_z) |l, m\rangle = \hbar^2 [l(l+1) - m(m \pm 1)]$$

假设 (系数 $C_\mp$ 为常数)：

$$\hat{L}_\mp |l, m\rangle = C_\mp |l, m \mp 1\rangle$$

求厄米共轭就有

$$\langle l, m| \hat{L}_\pm = \langle l, m \mp 1| C_\mp^*$$

以上两个式子相乘就有

$$\langle l, m| \hat{L}_\pm \hat{L}_\mp |l, m\rangle = \langle l, m \mp 1| C_\mp^* C_\mp |l, m \mp 1\rangle = |C_\mp|^2$$

从而可得到实的 $C_\mp$ 为

$$C_\mp = \hbar \sqrt{l(l+1) - m(m \mp 1)}$$

4.8  请证明类氢原子径向波函数的归一化系数式 (4.78)。提示：利用连带拉盖尔多项式的积分性质为

$$\int_0^{+\infty} \mathrm{e}^{-x} x^{k+1} \left[ \mathrm{L}_n^k(x) \right]^2 \mathrm{d}x = (2n+k+1) \frac{(n+k)!}{n!}$$

4.9　请证明类氢原子波函数 $\psi_{nlm}(r,\theta,\phi)$ 的**空间反演**性质决定于角动量量子数 $l$。提示：对于空间反演 $\hat{P}\psi_{nlm}(\boldsymbol{r}) = \psi_{nlm}(-\boldsymbol{r})$，在球坐标系中 $\boldsymbol{r} \to -\boldsymbol{r}$ 对应于 $(r,\theta,\phi) \to (r,\pi-\theta,\pi+\phi)$，也就是 (参考附录 E 中球谐函数的性质)

$$\hat{P}\psi_{nlm}(r,\theta,\phi) = \hat{P}\left[R_{nl}(r)\mathrm{Y}_{lm}(\theta,\phi)\right] = R_{nl}(r)\mathrm{Y}_{lm}(\pi-\theta,\pi+\phi)$$
$$= R_{nl}(r)(-1)^l \mathrm{Y}_{lm}(\theta,\phi) = (-1)^l \psi_{nlm}(r,\theta,\phi)$$

显然类氢原子波函数的 $l$ 是偶数时为偶宇称，是奇数时为奇宇称。

# 第 5 章　量子力学近似方法

　　根据绪论中对量子第一性原理计算的论述，一般而言，能严格求解薛定谔方程并得到波函数解析解的系统是非常少的。为了能够对更多的量子系统进行理论分析，需要发展处理薛定谔方程的近似方法。近似求解薛定谔方程解的方法很多，如定态微扰论、变分原理、半经典 Wentzel-Kramers-Brillouin (WKB) 近似、路径积分理论和含时系统的绝热理论等，本章将从最基本的微扰论出发，逐步介绍量子力学中的主要近似方法。首先一类最直观的近似方法就是系统本身处于一个严格可解的状态上，其次受到一个外界的微扰影响，最后希望通过计算原来态的修正给出微扰后系统的状态，这就是**微扰理论**的基本思想。这个思想在力学 (天体摄动理论)、热力学 (准静态或近平衡系统) 等学科中都是一种非常常见的方法。在量子力学中如果微扰是不含时的，则称为**定态微扰**，如果微扰是含时的则称为**含时微扰**。对于定态微扰，又分为束缚态微扰理论和散射态微扰理论 (散射问题)，当然它们都可以统一于一个微扰框架之内。下面将从最简单的束缚态的定态微扰论出发来逐步介绍量子力学的近似方法。

## 5.1　束缚态微扰论

　　对于一类严格不能求解的定态系统，其哈密顿量 $\hat{H}$ 能够写成如下形式：

$$\hat{H} = \hat{H}_0 + \hat{H}' \tag{5.1}$$

其中，$\hat{H}_0$ 为一个严格可以求解的定态哈密顿量；$\hat{H}'$ 为在系统 $\hat{H}_0$ 上引入的不含时的微扰哈密顿量，而且其强度远小于 $\hat{H}_0$，为了标记微扰项的级次，可以引入一个辅助参数 $\lambda$ 来标记这种微扰的大小，如 $\hat{H}' \to \lambda \hat{H}'$，此时表示 $\hat{H}'$ 是一个一阶小量。那么系统的哈密顿量式 (5.1) 可以写为

$$\hat{H} = \hat{H}_0 + \lambda \hat{H}' \tag{5.2}$$

由于系统 $\hat{H}_0$ 严格可解，也就是该系统的本征态和本征值都是已知的：

$$\hat{H}_0 \left| n^0, \nu \right\rangle = E_n^0 \left| n^0, \nu \right\rangle \tag{5.3}$$

其中，$n^0 = 1, 2, 3, \cdots$ 为主量子数，为了强调其是未受微扰的原始系统哈密顿量 $\hat{H}_0$ 的本征态，给主量子数 $n$ 加了上标 0；$\nu = 1, 2, 3, \cdots, d_n$ 为这个主量子数对

应能态的简并指标，其简并度为 $d_n$。显然对 $\hat{H}_0$ 来说，其本征态组成一个正交归一完备的基矢：

$$\langle m^0, \nu \,|\, n^0, \nu' \rangle = \delta_{mn}; \quad \sum_n \sum_{\nu=1}^{d_n} |n^0, \nu\rangle \langle n^0, \nu| = 1 \tag{5.4}$$

因此，现在微扰论的任务是根据严格可解系统 $\hat{H}_0$ 的波函数 $|n^0, \nu\rangle$ 和能级 $E_n^0$ 来确定加入微扰 $\hat{H}'$ 后系统哈密顿量式 (5.1) 的波函数和能级。

### 5.1.1　非简并定态微扰论

首先讨论非简并系统 $\hat{H}_0$ 上的微扰理论，此时 $d_n = 1$，简并度指标可以忽略，即 $|n^0, \nu\rangle \to |n^0\rangle$，非简并原系统的本征方程可以写为

$$\hat{H}_0 |n^0\rangle = E_n^0 |n^0\rangle$$

在原系统定态方程的基础上求解微扰系统的定态薛定谔方程：

$$(\hat{H}_0 + \lambda \hat{H}') |n\rangle = E_n |n\rangle \tag{5.5}$$

其中，参数 $\lambda$ 是用来标定微扰级次的辅助量，求解出方程 (5.5) 的解后令 $\lambda = 1$ 即可。

由于 $\hat{H}'$ 为微扰项，受微扰后系统的波函数和能量都只是在原来的基础上发生了微小的变化，满足如下微扰小量的级数展开：

$$|n\rangle = |n^0\rangle + \lambda^1 |n^1\rangle + \lambda^2 |n^2\rangle + \lambda^3 |n^3\rangle + \cdots \tag{5.6}$$

$$E_n = E_n^0 + \lambda^1 E_n^{(1)} + \lambda^2 E_n^{(2)} + \lambda^3 E_n^{(3)} + \cdots \tag{5.7}$$

其中，$E_n^{(1)}, E_n^{(2)}, \cdots$ 分别是原来系统 $\hat{H}_0$ 第 $n$ 个能级 $E_n^0$ 的一级修正、二级修正等；$|n^1\rangle, |n^2\rangle, \cdots$ 分别是对应波函数的一级修正、二级修正等。对于波函数展开而言，自然要求其每一级展开都是正交的，即要求 $\langle n^i | n^j \rangle = \delta_{ij}$，这个条件要求微扰后的波函数是可以归一化的。

把两个微扰展开式 (5.6) 和式 (5.7) 代入式 (5.5) 中得到：

$$(\hat{H}_0 + \lambda \hat{H}') \left( \lambda^0 |n^0\rangle + \lambda^1 |n^1\rangle + \lambda^2 |n^2\rangle + \lambda^3 |n^3\rangle + \cdots \right)$$
$$= E_n \left( \lambda^0 |n^0\rangle + \lambda^1 |n^1\rangle + \lambda^2 |n^2\rangle + \lambda^3 |n^3\rangle + \cdots \right)$$

对上面的方程按 $\lambda$ 的幂次进行整理，可以得到如下的幂级数形式：

$$(\cdots)\lambda^0 + (\cdots)\lambda^1 + (\cdots)\lambda^2 + (\cdots)\lambda^3 + \cdots = 0 \tag{5.8}$$

要使等式 (5.8) 成立，则要求所有幂级数的系数都等于零，这样就得到如下的零级、一级、二级、三级等定态微扰方程：

$$\lambda^0 : \quad \hat{H}_0 \left| n^0 \right\rangle = E_n^0 \left| n^0 \right\rangle$$

$$\lambda^1 : \quad \hat{H}_0 \left| n^1 \right\rangle + \hat{H}' \left| n^0 \right\rangle = E_n^0 \left| n^1 \right\rangle + E_n^{(1)} \left| n^0 \right\rangle$$

$$\lambda^2 : \quad \hat{H}_0 \left| n^2 \right\rangle + \hat{H}' \left| n^1 \right\rangle = E_n^0 \left| n^2 \right\rangle + E_n^{(1)} \left| n^1 \right\rangle + E_n^{(2)} \left| n^0 \right\rangle$$

$$\lambda^3 : \quad \hat{H}_0 \left| n^3 \right\rangle + \hat{H}' \left| n^2 \right\rangle = E_n^0 \left| n^3 \right\rangle + E_n^{(1)} \left| n^2 \right\rangle + E_n^{(2)} \left| n^1 \right\rangle + E_n^{(3)} \left| n^0 \right\rangle$$

$$\vdots$$

上面的零级微扰方程就是原系统 $\hat{H}_0$ 的定态薛定谔方程，下面从一级微扰方程开始，逐级对能量和波函数的各级修正进行求解。

**1. 能量的一级修正**

对于一级微扰修正方程：

$$\hat{H}_0 \left| n^1 \right\rangle + \hat{H}' \left| n^0 \right\rangle = E_n^0 \left| n^1 \right\rangle + E_n^{(1)} \left| n^0 \right\rangle \tag{5.9}$$

首先寻找一级能量修正 $E_n^{(1)}$。给方程 (5.9) 两边乘以 $\left\langle n^0 \right|$ 得到：

$$\left\langle n^0 \right| \hat{H}_0 \left| n^1 \right\rangle + \left\langle n^0 \right| \hat{H}' \left| n^0 \right\rangle = \left\langle n^0 \right| E_n^0 \left| n^1 \right\rangle + \left\langle n^0 \right| E_n^{(1)} \left| n^0 \right\rangle$$

考虑到 $\left\langle n^0 \right| \hat{H}_0 = \left\langle n^0 \right| E_n^0$，$\left\langle n^0 | n^0 \right\rangle = 1$，自然有

$$E_n^{(1)} = \left\langle n^0 \right| \hat{H}' \left| n^0 \right\rangle \tag{5.10}$$

式 (5.10) 说明：对于原系统 $\hat{H}_0$ 的任何一个能级 $E_n^0$，引入微扰 $\hat{H}'$ 后，其能量的一级修正为微扰项 $\hat{H}'$ 在 $E_n^0$ 所对应的能态 $\left| n^0 \right\rangle$ 上的平均值。

**2. 波函数的一级修正**

现在需要利用原来系统波函数 $\left| n^0 \right\rangle$ 的完备性来求波函数的一级修正 $\left| n^1 \right\rangle$。由于微扰非常小，原系统 $\hat{H}_0$ 的希尔伯特空间依然会近似保持完备，那么波函数的一级修正波函数 $\left| n^1 \right\rangle$ 就可以用原来系统的波函数展开：

$$\left| n^1 \right\rangle = \sum_{m \neq n} c_m^n \left| m^0 \right\rangle \tag{5.11}$$

式 (5.11) 所示的一级修正波函数中已去除零级波函数的成分：$\left\langle n^0 | n^1 \right\rangle = 0$，即式中 $m \neq n$。这样只要求解出系数 $c_m^n$，就得到了一级修正波函数。

同样在一级微扰修正方程 (5.9) 两边乘以 $\langle m^0|, m \neq n$，得到：

$$\langle m^0| \hat{H}_0 |n^1\rangle + \langle m^0| \hat{H}' |n^0\rangle = \langle m^0| E_n^0 |n^1\rangle + \langle m^0| E_n^{(1)} |n^0\rangle \qquad (5.12)$$

根据正交性关系，式 (5.12) 中最后一项 $E_n^{(1)} \langle m^0|n^0\rangle = 0$，第一项 $\langle m^0| \hat{H}_0 = \langle m^0| E_m^0$，所以从式 (5.12) 得到式 (5.11) 中的系数：

$$c_m^n = \langle m^0|n^1\rangle = \frac{\langle m^0| \hat{H}' |n^0\rangle}{E_n^0 - E_m^0}$$

那么波函数 $|n^0\rangle$ 的一级修正公式为

$$|n^1\rangle = \sum_{m \neq n} \frac{\langle m^0| \hat{H}' |n^0\rangle}{E_n^0 - E_m^0} |m^0\rangle \qquad (5.13)$$

3. 能量的二级修正

重复上面的策略，从二级修正方程

$$\hat{H}_0 |n^2\rangle + \hat{H}' |n^1\rangle = E_n^0 |n^2\rangle + E_n^{(1)} |n^1\rangle + E_n^{(2)} |n^0\rangle \qquad (5.14)$$

出发求解能量的二级修正。在式 (5.14) 两边乘以 $\langle n^0|$ 得到：

$$\langle n^0| \hat{H}_0 |n^2\rangle + \langle n^0| \hat{H}' |n^1\rangle = \langle n^0| E_n^0 |n^2\rangle + \langle n^0| E_n^{(1)} |n^1\rangle + \langle n^0| E_n^{(2)} |n^0\rangle$$

其中，等式左右两边的第一项相等消去，利用波函数一级修正公式 (5.13) 得到等式右边第二项等于零，即 $E_n^{(1)} \langle n^0|n^1\rangle = 0$，从而化简得到：

$$E_n^{(2)} = \langle n^0| \hat{H}' |n^1\rangle \qquad (5.15)$$

将波函数的一级修正公式 (5.13) 代入式 (5.15) 得到能量的二级修正公式为

$$E_n^{(2)} = \sum_{m \neq n} \frac{\langle n^0| \hat{H}' |m^0\rangle \langle m^0| \hat{H}' |n^0\rangle}{E_n^0 - E_m^0} = \sum_{m \neq n} \frac{\left| \langle n^0| \hat{H}' |m^0\rangle \right|^2}{E_n^0 - E_m^0} \qquad (5.16)$$

其实根据各级微扰方程和波函数修正展开各级项的正交关系，式 (5.10) 和式 (5.15) 预示着能量各级修正项的递推关系如下：

$$E_n^{(k+1)} = \langle n^0| \hat{H}' |n^k\rangle, \quad k = 0, 1, 2, \cdots \qquad (5.17)$$

由此可见要计算出能量的 $k+1$ 级修正，必须先求出波函数的 $k$ 级修正。

4. 波函数的二级修正和多级展开

波函数的二级修正必须利用三级微扰方程来计算，计算过程和一级波函数修正类似，现在做一个统一的处理。为了进行一般波函数修正的计算，首先将系统定态薛定谔方程 (5.5) 改写为下面的形式[18]：

$$(E_n - \hat{H}_0)\,|n\rangle = \lambda \hat{H}'\,|n\rangle$$

为了方便求解，定义第 $n$ 个能级移动为 $\Delta_n \equiv E_n - E_n^0$，则上面方程可写为

$$(E_n^0 - \hat{H}_0)\,|n\rangle = (\lambda \hat{H}' - \Delta_n)\,|n\rangle \tag{5.18}$$

引入式 (5.18) 左边算子 $(E_n^0 - \hat{H}_0)$ 的逆算子，可以给出如下形式的解：

$$|n\rangle = \frac{1}{E_n^0 - \hat{H}_0}\left(\lambda \hat{H}' - \Delta_n\right)|n\rangle \tag{5.19}$$

由于逆算子 $(E_n^0 - \hat{H}_0)^{-1}$ 作用在态 $|n^0\rangle$ 上是发散的：$\frac{1}{E_n^0 - \hat{H}_0}\,|n^0\rangle = \infty$，也就是说其在态 $|n^0\rangle$ 上没有定义，这样就需要额外引入一个算子：

$$\hat{Q}_n = 1 - |n^0\rangle\langle n^0| = \sum_{m \neq n} |m^0\rangle\langle m^0|$$

它可以把 $|n\rangle$ 投影到和态 $|n^0\rangle$ 垂直的空间，这样式 (5.19) 在全空间才有意义。给式 (5.19) 两边同乘以 $\hat{Q}_n$，左边利用 $\hat{Q}_n|n\rangle = |n\rangle - |n^0\rangle\langle n^0|n\rangle = |n\rangle - |n^0\rangle$，而右边两个算符是对易的，则态的形式解可以写为

$$|n\rangle = |n^0\rangle + \frac{\hat{Q}_n}{E_n^0 - \hat{H}_0}\left(\lambda \hat{H}' - \Delta_n\right)|n\rangle \tag{5.20}$$

对式 (5.20) 可以进行不断的迭代，如迭代一次得到：

$$|n\rangle = |n^0\rangle + \frac{\hat{Q}_n}{E_n^0 - \hat{H}_0}\left(\lambda \hat{H}' - \Delta_n\right)\left[|n^0\rangle + \frac{\hat{Q}_n}{E_n^0 - \hat{H}_0}\left(\lambda \hat{H}' - \Delta_n\right)|n\rangle\right]$$

$$= |n^0\rangle + \frac{\hat{Q}_n}{E_n^0 - \hat{H}_0}\left(\lambda \hat{H}' - \Delta_n\right)|n^0\rangle + \left[\frac{\hat{Q}_n}{E_n^0 - \hat{H}_0}\left(\lambda \hat{H}' - \Delta_n\right)\right]^2|n\rangle$$

其中，第二个等号右边第一项即可给出波函数修正到一级的结果：

$$|n\rangle = |n^0\rangle + \frac{\hat{Q}_n}{E_n^0 - \hat{H}_0}\left(\lambda \hat{H}' - \Delta_n\right)|n^0\rangle$$

代入 $\hat{Q}_n$ 及能量修正的展开：$\Delta_n = \lambda E_n^{(1)} + \lambda^2 E_n^{(2)} + \lambda^3 E_n^{(3)} + \cdots$，可以得到一级修正的波函数解 ($\lambda = 1$)：

$$|n\rangle = |n^0\rangle + \lambda \frac{\hat{Q}_n}{E_n^0 - \hat{H}_0} \left( \hat{H}' - E_n^{(1)} \right) |n^0\rangle$$

$$= |n^0\rangle + \lambda \sum_{m \neq n} \frac{\langle m^0| \left( \hat{H}' - \langle n^0| \hat{H}' |n^0\rangle \right) |n^0\rangle}{E_n^0 - E_m^0} |m^0\rangle$$

$$= |n^0\rangle + \lambda \sum_{m \neq n} \frac{\langle m^0| \hat{H}' |n^0\rangle - \langle n^0| \hat{H}' |n^0\rangle \langle m^0| n^0\rangle}{E_n^0 - E_m^0} |m^0\rangle$$

$$= |n^0\rangle + \lambda \sum_{m \neq n} \frac{\langle m^0| \hat{H}' |n^0\rangle}{E_n^0 - E_m^0} |m^0\rangle$$

因此，一般情况下式 (5.20) 经过无穷次迭代有如下的形式解：

$$|n\rangle = |n^0\rangle + \hat{R}_n |n^0\rangle + \hat{R}_n^2 |n^0\rangle + \cdots + \hat{R}_n^n |n^0\rangle + \cdots = \frac{1}{1 - \hat{R}_n} |n^0\rangle \quad (5.21)$$

其中，新的算符 $\hat{R}_n$ 定义为

$$\hat{R}_n = \frac{\hat{Q}_n}{E_n^0 - \hat{H}_0} \left( \lambda \hat{H}' - \Delta_n \right) \quad (5.22)$$

由上面几何级数的收敛性可以看出，微扰论成立的条件就是级数的收敛性条件，即要求算符 $\hat{R}_n$ 不仅是**有界算符**而且必须小于 1(算符矩阵的范数小于 1)。所以在 $\hat{H}_0$ 的希尔伯特空间上，微扰论收敛或成立的条件是

$$\left| \frac{\langle m^0| \hat{H}' |n^0\rangle}{E_n^0 - E_m^0} \right| \ll 1$$

总之，利用迭代公式 (5.21) 可以求解波函数的二级修正、三级修正等，但可以预见结果会越来越复杂，所以对于定态微扰论来说，除非能够根据微扰公式找出一个有规律的微扰通项公式来进行级数求和，在可以得到一个收敛的解析结果时，才需要计算更高阶的微扰，除此以外求解高阶微扰的工作应该就此终止，因为高阶微扰公式的复杂性削弱了计算结果的理论意义。

### 例 5.1：受高斯势扰动的谐振子的能级结构

前面严格求解了一维双势阱的能级和波函数问题，这里利用微扰论来计算一个特殊的双阱势：受高斯势扰动的谐振势双势阱 (如图 5.1 所示)。系统总的哈密

顿量为 (其中 $\mu$ 为谐振子的**有效质量**)

$$\hat{H} = -\frac{\hbar^2}{2\mu}\frac{\mathrm{d}^2}{\mathrm{d}x^2} + \frac{1}{2}\mu\omega_0 x^2 + \alpha\mathrm{e}^{-\beta x^2} \tag{5.23}$$

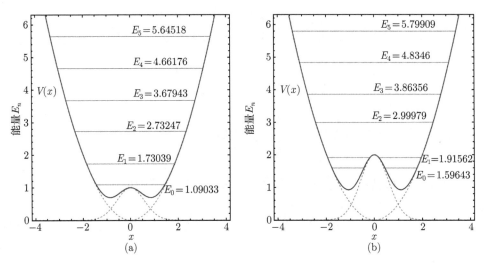

图 5.1   受高斯势扰动的谐振势双势阱示意图及能级结构

(a) 高斯势强度 $\alpha = 1$ 时的能级结构；(b) 高斯势强度 $\alpha = 2$ 时的能级结构。图中虚线分别是
谐振势和高斯势，参数 $\beta = 1.5$，计算采用原子单位 $\hbar = \mu = \omega = 1$

显然系统总体的势场 (式 (5.23)) 为谐振势 (等号右边第二项) 和高斯势 (等号右边
第三项) 的叠加，会形成一个如图 5.1 所示的双势阱。利用微扰论方法，当 $\alpha < \hbar\omega$
较小时，原来的系统可以分解为 $\hat{H}_0$ 和微扰项 $\hat{H}'$，分别为

$$\hat{H}_0 = -\frac{\hbar^2}{2\mu}\frac{\mathrm{d}^2}{\mathrm{d}x^2} + \frac{1}{2}\mu\omega_0 x^2$$

$$\hat{H}' = \alpha\mathrm{e}^{-\beta x^2}$$

根据微扰论，原谐振子系统的波函数 $|n^0\rangle$ 和能级 $E_n^0 = (n+1/2)\hbar\omega_0$ 是非简并的，
那么微扰系统能级精确到一级微扰修正的公式为 $E_n \approx E_n^0 + E_n^{(1)}$。根据式 (5.10)，
能量的一级修正为

$$E_n^{(1)} = \hat{H}'_{nn} = \langle n^0|\,\alpha\mathrm{e}^{-\beta\hat{x}^2}\,|n^0\rangle = \alpha\sum_{k=0}^{\infty}\frac{(-\beta)^k}{k!}\langle n^0|\,\hat{x}^{2k}\,|n^0\rangle \tag{5.24}$$

为计算一级修正矩阵元，利用湮灭和产生算符式 (3.54) 和式 (3.55)，可以得到：

$$\hat{x} = \sqrt{\frac{\hbar}{2\mu\omega}}\left(\hat{a}^\dagger + \hat{a}\right), \quad \hat{p} = \mathrm{i}\sqrt{\frac{\hbar\mu\omega}{2}}\left(\hat{a}^\dagger - \hat{a}\right) \tag{5.25}$$

则能量一级修正式 (5.24) 中的矩阵元可写为

$$\left\langle n^0\right| \hat{x}^{2k} \left| n^0\right\rangle = \left(\frac{\hbar}{2\mu\omega}\right)^k \left\langle n^0\right| \left(\hat{a}^\dagger + \hat{a}\right)^{2k} \left| n^0\right\rangle$$

由于湮灭和产生算符 $[\hat{a}, \hat{a}^\dagger] = 1$ 不对易，所以要想计算上面的矩阵元，必须用到如下**算符的二项式定理** (见习题 5.3)：

$$\left(\hat{a}^\dagger + \hat{a}\right)^{2k} = \sum_{r=0,2,4,\cdots}^{2k} \frac{(2k)!\left(\frac{1}{2}\right)^{\frac{2k-r}{2}}}{r!\left(\frac{2k-r}{2}\right)!} \sum_{l=0}^{r} \binom{r}{l} \left(\hat{a}^\dagger\right)^{r-l}\hat{a}^l \tag{5.26}$$

式 (5.26) 的求和指标 $r = 2k - 2m$，$m = 0, 1, \cdots, k$，显然是对所有的偶次求和。根据谐振子数态的正交性，式 (5.26) 中对 $l$ 求和时矩阵元不为零的项只能是 $r - l = l$ 的项，即 $l = r/2$，那么就有

$$\left\langle n^0\right| \left(\hat{a}^\dagger + \hat{a}\right)^{2k} \left| n^0\right\rangle = (2k)! \sum_{m=0}^{k} \frac{\left(\frac{1}{2}\right)^{k-m}}{(k-m)!\,(m!)^2} \frac{n!}{(n-m)!}$$

代入式 (5.24) 中得到能量的一级修正为

$$E_n^{(1)} = \alpha \sum_{k=0}^{\infty} \left(\frac{\hbar}{2\mu\omega}\right)^k \binom{2k}{k} \left(-\frac{\beta}{2}\right)^k \sum_{m=0}^{k} 2^m \binom{k}{m} \binom{n}{m} \tag{5.27}$$

当然在实际的数值计算中必须对以上的无穷求和做适当的截断，利用 Mathematica 的求和函数，图 5.1 给出了不同中间势垒强度下双势阱的能级结构，其结果准确显示了受高斯势场影响，系统势场由谐振势变成双势阱过程中能级的移动和最低两个能级通过耦合能级靠近的过程 (或者从 $\alpha$ 减小的方向来看，是左右两个谐振势基态能级的简并劈裂过程)。从图 5.1(b) 可以看到，双势阱最低两个能级耦合后会远离其他能级，形成一个相对独立的二能级空间，而这两个能级的能级间隔可以通过双阱中间势垒的高度来调整 (势垒越高，左右阱基态耦合越弱，能级间隔越小)。

### 5.1.2 简并定态微扰论

从非简并定态微扰的修正公式看，修正项中分母包含 $E_n^0 - E_m^0$ 的项，如果系统存在简并，那么这些项将趋于无穷大，所以对于简并情况需要单独进行讨论。此时 $d_n \geqslant 2$，这些简并的波函数 $|n^0, \nu\rangle$ 会组成维度是 $d_n$ 的简并空间，这个简并空间依然构成能量为 $E_n^0$ 的希尔伯特子空间。将这些简并的波函数一并考虑在内，可以使用与定态非简并微扰相同的方法进行微扰展开，此时零级微扰方程就把**一级微扰**方程的问题限定在了某个简并子空间。因此，可以直接在简并子空间中讨论系统受到定态微扰 $\hat{H}'$ 的能量一级修正问题。

若在 $d_n$ 维子空间里计算受到微扰 $\hat{H}'$ 影响第 $n$ 个能级的能量一级修正 $E_n^{(1)}$，需要在非简并情况下能量 $E_n^0$ 的一级修正是直接计算 $\hat{H}'$ 在态 $|n^0\rangle$ 上的平均值 $\langle \hat{H}' \rangle$；在简并情况下则转化为在简并空间中计算 $\hat{H}'$ 矩阵的本征值。首先将微扰项 $\hat{H}'$ 在简并空间表象下的本征方程写出来：

$$\begin{pmatrix} H'_{11} & H'_{12} & \cdots & H'_{1d_n} \\ H'_{21} & H'_{22} & \cdots & H'_{2d_n} \\ \vdots & \vdots & & \vdots \\ H'_{d_n 1} & H'_{d_n 2} & \cdots & H'_{d_n d_n} \end{pmatrix} \begin{pmatrix} c_1 \\ c_2 \\ \vdots \\ c_{d_n} \end{pmatrix} = E_n^{(1)} \begin{pmatrix} c_1 \\ c_2 \\ \vdots \\ c_{d_n} \end{pmatrix} \tag{5.28}$$

方程 (5.28) 左边的矩阵是微扰算符 $\hat{H}'$ 在 $d_n$ 维简并空间的矩阵形式，矩阵元 $H'_{\mu\nu} = \langle n^0, \mu | \hat{H}' | n^0, \nu \rangle$，$\mu, \nu = 1, 2, \cdots, d_n$；右边的本征值 $E_n^{(1)}$ 就是简并能级 $E_n^0$ 的能量一级修正。当 $d_n = 1$ 时，方程 (5.28) 自然退化为非简并能量一级修正公式 (5.10)。

求解方程 (5.28) 的久期方程，可以得到微扰矩阵 $H'$ 的 $d_n$ 个根，如果没有重根的话，原来简并的能级会发生不同的移动，能级会分裂为 $d_n$ 条，预示着能级 $E_n^0$ 完全去简并。但对于有重根的情况，能级 $E_n^0$ 就是部分去简并。简并预示着系统 $\hat{H}_0$ 有一定的对称性，如果简并被微扰 $\hat{H}'$ 作用后部分解除，则表示系统 $\hat{H}_0 + \hat{H}'$ 的简并度降低，也就是整个系统在微扰的作用下对称性降低。代入方程 (5.28) 求解出的某一个根 $E_{n,\alpha}^{(1)}$（其中角标 $\alpha$ 是根的标号），就可以得到其对应的本征矢量：

$$|\phi_\alpha\rangle = \sum_\nu c_\nu^\alpha |n^0, \nu\rangle = c_1^\alpha |n^0, 1\rangle + c_2^\alpha |n^0, 2\rangle + \cdots + c_{d_n}^\alpha |n^0, d_n\rangle \tag{5.29}$$

显然这些新的波函数 $|\phi_\alpha\rangle, \alpha = 1, 2, \cdots, d_n$ 是原来 $\hat{H}_0$ 波函数 $|n^0, \nu\rangle$ 的线性组合，它们满足：

$$(\hat{H}_0 + \hat{H}')|\phi_\alpha\rangle = (E_n^0 + E_{n,\alpha}^{(1)})|\phi_\alpha\rangle \tag{5.30}$$

由此可见，如果存在另外一个根满足 $E_{n,\beta}^{(1)} \neq E_{n,\alpha}^{(1)}$，那么这两个新的波函数就是正交的：$\langle\phi_\beta|\phi_\alpha\rangle = 0$。它们都是可以使 $\hat{H}'$ 对角化的**零级波函数**。所以简并空间的一级微扰实际就是寻找简并空间新的基矢 $|\phi_\alpha\rangle$ 让微扰 $\hat{H}'$ 对角化。

当然以上的简并问题可以通过寻找与 $\hat{H}_0$、$\hat{H}'$ 都对易的厄米算符 $\hat{A}$ 转化为非简并微扰问题进行处理，因为算符 $\hat{A}$ 的本征值 $\lambda_\alpha$ 可以用来区分原来简并能级 $E_n^0$ 的波函数，零级波函数采用算符 $\hat{A}$ 的本征函数 $|\phi_\alpha\rangle$ 即可。

对于更高一级的简并微扰修正，由于其他能级和部分简并的能级交叉，会出现非常复杂的各级修正指标体系[19]，所以在此不再讨论。下面通过一个具体的例子来加强对简并微扰方法的理解和应用。

### 例 5.2：氢原子的斯塔克效应 (Stark effect)

如果把氢原子放在静电场中 (如图 5.2 所示)，由于静电场对氢原子电子云的影响，氢原子的能级会发生改变，虽然这种变化很小，但可以通过观测氢原子的光谱表现出来。氢原子在外静电场作用下谱线发生分裂的现象叫静态的**斯塔克效应**。为了解释斯塔克效应，可以利用简并微扰来分析这个现象。

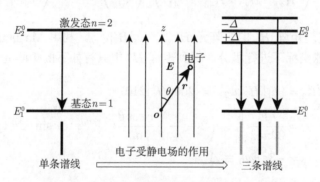

图 5.2  氢原子在静电场中的斯塔克效应示意图

选取氢原子从第一激发态到基态跃迁的光谱来分析静电场对光谱的影响。氢原子的第一激发态 $n = 2$ 的能量是 $E_2^0 = E_1^0/4 = -1/4$ Ry (1Ry $\approx$ 13.6eV)，简并度为 $n^2 = 4$，也就是有 4 个不同的波函数对应同一个能级：

$$|\psi_1\rangle \equiv |200\rangle = R_{20}(r)\,Y_{00}(\theta,\varphi) = \frac{1}{4\sqrt{2\pi}}a_0^{-3/2}\left(2 - \frac{r}{a_0}\right)e^{-r/2a_0}$$

$$|\psi_2\rangle \equiv |210\rangle = R_{20}(r)\,Y_{10}(\theta,\varphi) = \frac{1}{4\sqrt{2\pi}}a_0^{-3/2}\frac{r}{a_0}e^{-r/2a_0}\cos\theta$$

$$|\psi_3\rangle \equiv |211\rangle = R_{21}(r)\,Y_{11}(\theta,\varphi) = -\frac{1}{8\sqrt{2\pi}}a_0^{-3/2}\frac{r}{a_0}e^{-r/2a_0}\sin\theta e^{i\varphi}$$

$$|\psi_4\rangle \equiv |21,-1\rangle = R_{21}(r)\,\mathrm{Y}_{1,-1}(\theta,\varphi) = \frac{1}{8\sqrt{2\pi}}a_0^{-3/2}\frac{r}{a_0}\mathrm{e}^{-r/2a_0}\sin\theta\mathrm{e}^{-\mathrm{i}\varphi}$$

如果把处于第二激发态的氢原子放在如图 5.2所示的静电场中，则氢原子的电子受到的静电场作用 $\hat{H}'$ 为

$$\hat{H}' = e\boldsymbol{E}\cdot\boldsymbol{r} = eEz = eEr\cos\theta$$

由于外界电场的电场强度 (数量级约为 $10^2\mathrm{V/m}$) 比原子内部原子核提供的电场强度 (数量级约为 $10^{11}\mathrm{V/m}$) 弱很多，所以相互作用 $\hat{H}'$ 完全可以看作微扰。电子处于第一激发态的简并度 $d_n = 4$，所以在四维的简并空间中根据方程 (5.28)，微扰哈密顿量 $\hat{H}'$ 的本征方程为

$$\begin{pmatrix} H_{11}' & H_{12}' & H_{13}' & H_{14}' \\ H_{21}' & H_{22}' & H_{23}' & H_{24}' \\ H_{31}' & H_{32}' & H_{33}' & H_{34}' \\ H_{41}' & H_{42}' & H_{43}' & H_{44}' \end{pmatrix}\begin{pmatrix} c_1 \\ c_2 \\ c_3 \\ c_4 \end{pmatrix} = E_2^{(1)}\begin{pmatrix} c_1 \\ c_2 \\ c_3 \\ c_4 \end{pmatrix} \tag{5.31}$$

其中，等号左边矩阵 $H'$ 的矩阵元 $H_{ij}' = \langle\psi_i|\hat{H}'|\psi_j\rangle$。利用 Mathematica 代入波函数 $|\psi_i\rangle$ 在球坐标下进行积分，得到矩阵 $H'$ 中只有如下的矩阵元不为零：

$$H_{12}' = \langle\psi_1|\hat{H}'|\psi_2\rangle = \langle 200|\hat{H}'|210\rangle$$
$$= \frac{eE}{32\pi a_0^3}\int_0^{+\infty}\left(2-\frac{r}{a_0}\right)\frac{r\cos\theta}{a_0}\mathrm{e}^{-r/a_0}r^2\mathrm{d}r\sin\theta\mathrm{d}\theta\mathrm{d}\varphi$$
$$= -3eEa_0 \equiv \Delta$$

同理容易发现 $H_{21}' = (H_{12}')^* = \Delta$，这样求解方程 (5.31) 的久期方程：

$$\begin{vmatrix} -E_2^{(1)} & \Delta & 0 & 0 \\ \Delta & -E_2^{(1)} & 0 & 0 \\ 0 & 0 & -E_2^{(1)} & 0 \\ 0 & 0 & 0 & -E_2^{(1)} \end{vmatrix} = 0 \tag{5.32}$$

可以得到一级能量修正的 4 个根：

$$E_{2,1}^{(1)} = +3eEa_0, \quad E_{2,2}^{(1)} = -3eEa_0, \quad E_{2,3}^{(1)} = 0, \quad E_{2,4}^{(1)} = 0$$

显然 0 根是双重简并的，所以外加静电场对激发态能级是部分去简并的，氢原子的球对称被沿着 $z$ 轴方向的柱对称代替，总对称性降低。这样第一激发态能级发

生了分裂, 从一条变成了三条 (如图 5.2 所示), 对应新的波函数为原来简并的 4 个态的线性组合。将 4 个根分别代入方程 (5.31):

$$
\begin{pmatrix}
-E_{2,\alpha}^{(1)} & -3eEa_0 & 0 & 0 \\
-3eEa_0 & -E_{2,\alpha}^{(1)} & 0 & 0 \\
0 & 0 & -E_{2,\alpha}^{(1)} & 0 \\
0 & 0 & 0 & -E_{2,\alpha}^{(1)}
\end{pmatrix}
\begin{pmatrix}
c_1^\alpha \\
c_2^\alpha \\
c_3^\alpha \\
c_4^\alpha
\end{pmatrix} = 0
\tag{5.33}
$$

可以得到 $c_1^\alpha$、$c_2^\alpha$、$c_3^\alpha$ 和 $c_4^\alpha$, 这样对应的 4 个新态是

$$
|\phi_1\rangle = \frac{1}{\sqrt{2}} |\psi_1\rangle + \frac{1}{\sqrt{2}} |\psi_2\rangle = \frac{1}{\sqrt{2}} (|200\rangle + |210\rangle)
$$

$$
|\phi_2\rangle = \frac{1}{\sqrt{2}} |\psi_1\rangle - \frac{1}{\sqrt{2}} |\psi_2\rangle = \frac{1}{\sqrt{2}} (|200\rangle - |210\rangle)
$$

$$
|\phi_3\rangle = |\psi_3\rangle = |211\rangle
$$

$$
|\phi_4\rangle = |\psi_4\rangle = |21,-1\rangle
$$

显然前两个新的波函数对角化了方程 (5.33) 左边矩阵左上角 $2 \times 2$ 的子矩阵, 后两个已经对角化 $\hat{H}'$ 的波函数则保持不变。

　　如图 5.2 所示, 氢原子第一激发态向上和向下分别移动了 $|\Delta| = 3eEa_0$ 的能量, 能级从一条变为三条, 电子跃迁所发射的谱线则从原来的一条分裂成了三条, 且谱线之间的能级间隔也非常容易利用微扰论计算出来, 结果与观测相吻合, 自然解释了原子在静电场中谱线分裂的斯塔克效应。

## 5.2　散射态微扰论

　　5.1 节讨论了束缚态的定态微扰论, 主要关心的问题是微扰对系统束缚态能级和波函数的影响。本节主要讨论散射态的微扰论, 即**散射理论**。散射态的微扰论和束缚态的微扰论所关心的问题不同, 对于散射态主要关心粒子的入射态经局域力场 $V(\boldsymbol{r})$ 作用而发生改变的散射问题, 物理上讲就是研究入射粒子与靶粒子 (局域势场) 相互作用后, 其波函数在无穷远处的渐进行为, 然后根据作用后波函数或分布的变化来探测和反推局域势场的性质。

### 5.2.1　散射截面

　　如图 5.3 所示, 从经典的角度看, 一束粒子以稳定的**粒子流密度** (单位时间穿过单位面积的粒子数) 入射, 和势场 $V(\boldsymbol{r})$ 相互作用后被散射到空间各个方向, 图 5.3 具体展示了从两个不同位置 (不同入射参数 $b$) 入射以后粒子的经典散射轨

迹。实验中总是用一个有一定接收面的探测器 $P$ 来探测单位时间内接收到的被散射的粒子数目，所以控制稳定的入射流才能很好地研究散射以后粒子沿探测器放置的方位单位立体角所接收到的粒子数。假设单位时间内有 $\mathrm{d}N$ 个粒子被方位 $(\theta,\phi)$ 处立体角为 $\mathrm{d}\Omega$ 的探测器探测到，那么有

$$\mathrm{d}N \propto J_\mathrm{I}\mathrm{d}\Omega = \sigma J_\mathrm{I}\mathrm{d}\Omega \tag{5.34}$$

其中，$J_\mathrm{I}$ 为入射粒子流密度；$\sigma$ 为比例系数，其量纲为面积单位，所以被称为**微分散射截面**。根据式 (5.34) 可以发现散射截面 $\sigma = \sigma(\theta,\phi)$ 是单位入射粒子流密度下散射到 $(\theta,\phi)$ 方位单位立体角中的粒子数，实验中可以直接测量。如果微分散射截面对整个方位积分：$\sigma_\mathrm{T} = \displaystyle\int \sigma(\theta,\phi)\mathrm{d}\Omega$，则被称为**总散射截面**。

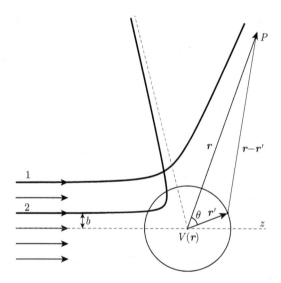

图 5.3　粒子在势场 $V(\boldsymbol{r})$ 上的散射过程示意图

粗实线 1 和 2 是以不同入射参数 $b$ 入射的粒子散射的经典轨迹，从左边入射的箭头表示入射粒子的波函数描述，散射方向用方位角 $(\theta,\phi)$ 来描述，$P$ 点代表散射方向无穷远处的探测位置

　　在量子力学的框架下，入射粒子流密度和波函数的概率流密度相联系，微分散射截面代表粒子散射后角方向的概率密度。在量子力学中，入射粒子的状态用波函数来描述，假设粒子初始的入射波函数为 $\psi(\boldsymbol{r},0)$ (图 5.3 中箭头指向代表波的入射方向)，因为散射态的能量必须足够克服势场的束缚，所以粒子的能量 $E > 0$，那么粒子与散射势 $V(\boldsymbol{r})$ 相互作用的定态薛定谔方程为

$$\left(\nabla^2 + k^2\right)\psi(\boldsymbol{r}) = U(\boldsymbol{r})\psi(\boldsymbol{r}) \tag{5.35}$$

其中，

$$k = \sqrt{\frac{2mE}{\hbar^2}}, \quad U(\boldsymbol{r}) = \frac{2m}{\hbar^2} V(\boldsymbol{r})$$

对于发生在局域势场 $U(r \to \infty) = 0$ 上的**弹性散射**问题，实际的测量总是发生在离局域势场中心很远的地方，那么只需考察方程 (5.35) 的散射解在无穷远处的渐进行为。此时，稳定的入射粒子态可以用平面波来表示，即入射粒子波函数 $\psi_1 = A e^{ikz}$，其中 $k$ 为入射波的波数，$A$ 为振幅；另外入射波被散射后在无穷远处观察是趋近于由中心向外传播的球面波：

$$\psi_2 = f(\theta, \phi) \frac{e^{ikr}}{r}$$

其中，$f(\theta, \phi)$ 仅是 $\theta$ 和 $\phi$ 的函数，与 $r$ 无关，表示粒子向各个方向散射的概率幅度，称为**散射振幅**。弹性散射波的波数 $k$ 和入射波相同，所以 $f(\theta, \phi)$ 是依赖于波数 $k$ 的散射振幅。那么考虑入射波函数，在无穷远处方程 (5.35) 的散射解具有如下的渐进形式：

$$\psi(r \to \infty, \theta, \phi) = \psi_1 + \psi_2 = A e^{ikz} + f(\theta, \phi) \frac{e^{ikr}}{r} \tag{5.36}$$

下面控制入射粒子流，令 $A = 1$，则 $|\psi_1|^2 = 1$，表示入射波单位体积内只有一个粒子入射，其入射波的概率流密度为

$$J_I = \frac{i\hbar}{2m} \left( \psi_1 \frac{\partial \psi_1^*}{\partial z} - \psi_1^* \frac{\partial \psi_1}{\partial z} \right) = \frac{i\hbar}{2m} (-ik - ik) = \frac{\hbar k}{m} = v$$

同理，球面散射波的概率流密度为

$$
\begin{aligned}
J_r &= \frac{i\hbar}{2m} \left( \psi_2 \frac{\partial \psi_2^*}{\partial r} - \psi_2^* \frac{\partial \psi_2}{\partial r} \right) \\
&= \frac{i\hbar}{2m} |f(\theta, \phi)|^2 \left( \frac{e^{ikr}}{r} \frac{\partial}{\partial r} \frac{e^{-ikr}}{r} - \frac{e^{-ikr}}{r} \frac{\partial}{\partial r} \frac{e^{ikr}}{r} \right) \\
&= \frac{i\hbar}{2m} |f(\theta, \phi)|^2 \left( -\frac{ik}{r^2} - \frac{ik}{r^2} \right) \\
&= \frac{v}{r^2} |f(\theta, \phi)|^2
\end{aligned}
$$

上面的概率流密度表示单位时间内穿过球面上单位面积的粒子数，所以单位时间内穿过接收面 $dS$ 的粒子数是

$$dN = J_r dS = \frac{v}{r^2} |f(\theta, \phi)|^2 dS = v |f(\theta, \phi)|^2 \frac{dS}{r^2} = v |f(\theta, \phi)|^2 d\Omega \tag{5.37}$$

比较式 (5.37) 和式 (5.34)，可以得到微分散射截面为

$$\sigma = |f(\theta,\phi)|^2 \tag{5.38}$$

由此可见，微分散射截面就是前面讨论的散射振幅。因此，如果求解散射态的定态薛定谔方程 (5.35)，给出散射态解 $\psi(\boldsymbol{r})$ 在无穷远处的渐进形式 (5.36)，就能确定散射振幅 $f(\theta,\phi)$，即可得到该局域势场的散射截面 $\sigma$。通过测量散射截面，就可以反推出什么样的势场产生了这样的散射振幅，从而确定势场的具体形式和性质。

### 5.2.2  局域中心力场散射的分波法

下面讨论一类重要的势场，即中心力场的散射问题。如果散射势 $U(r)$ 是球对称的，那么此时散射态的定态薛定谔方程 (5.35) 就变为

$$\left[\nabla^2 + k^2 - U(r)\right]\psi(r,\theta,\phi) = 0 \tag{5.39}$$

此时由第 4 章对中心力场束缚态的讨论，方程 (5.39) 的一般解为

$$\psi(r,\theta,\phi) = \sum_{lm} R(r)\mathrm{Y}_{l,m}(\theta,\phi) \tag{5.40}$$

由图 5.3 可知，粒子沿 $z$ 轴入射，关于 $z$ 轴对称，与 $\phi$ 无关，所以散射态 $\psi(r,\theta,\phi)$ 也应该与 $\phi$ 无关，因此方程 (5.39) 的解 (式 (5.40)) 中应取 $m=0$，即

$$\psi(r,\theta) = \sum_{l=0}^{\infty} R_l(r)P_l(\cos\theta) \tag{5.41}$$

波函数展开式 (5.41) 说明入射的平面波粒子经过中心力场散射后的态是不同角动量 $l$ 所对应的不同能量**分波**的叠加，其中 $R_l(r)P_l(\cos\theta)$ 称为第 $l$ 个分波。通常把 $l=0,1,2,\cdots$ 的分波分别称为 $s,p,d,\cdots$ 分波。根据前面对散射的讨论，此时系统的波函数在无穷远处的渐进形式 (式 (5.36)) 对中心力场而言应该为 (一般假定入射平面波振幅 $A=1$)

$$\psi(r\to\infty,\theta) = \mathrm{e}^{\mathrm{i}kz} + f(\theta)\frac{\mathrm{e}^{\mathrm{i}kr}}{r} \tag{5.42}$$

根据束缚态中心力场的讨论，散射态径向波函数 $R_l = u_l(r)/r$ 满足的径向方程为

$$\frac{\mathrm{d}^2 u_l(r)}{\mathrm{d}r^2} + \left[k^2 - U(r) - \frac{l(l+1)}{r^2}\right]u_l(r) = 0 \tag{5.43}$$

对于散射态, 计算 $r \to \infty$ 时径向方程 (5.43) 散射态的渐进解, 此时径向方程为

$$\frac{\mathrm{d}^2 u_l\left(r\right)}{\mathrm{d}r^2} + k^2 u_l\left(r\right) = 0$$

显然它的解为 $u_l\left(r\right) = A_l \sin\left(kr + \delta_l\right)$, 从而无穷远处波函数渐进解 (式 (5.41)) 为

$$\psi\left(r \to \infty, \theta\right) = \sum_{l=0}^{\infty} \frac{A_l}{r} \sin\left(kr + \delta_l\right) P_l\left(\cos\theta\right) \tag{5.44}$$

其中, $A_l$ 为分波振幅。显然式 (5.44) 和式 (5.42) 两个渐进解应该相等, 从而可以给出散射振幅 $f(\theta)$ 来确定散射截面。为了更好地比较两个渐进解, 将式 (5.42) 中的平面波做如下的展开[5]:

$$\mathrm{e}^{\mathrm{i}kz} = \mathrm{e}^{\mathrm{i}kr\cos\theta} = \sum_{l=0}^{\infty} \mathrm{i}^l \left(2l + 1\right) \mathrm{J}_l\left(kr\right) P_l\left(\cos\theta\right) \tag{5.45}$$

其中, $\mathrm{J}_l(x)$ 是前面提到的 $l$ 阶球贝塞尔函数, 其在无穷远处的渐进形式为

$$\mathrm{J}_l\left(kr \to \infty\right) \sim \frac{1}{kr} \sin\left(kr - \frac{l}{2}\pi\right) \tag{5.46}$$

渐进形式 (式 (5.46)) 可以利用 Mathematica 在 $\infty$ 处的级数展开自然给出。将式 (5.46) 代入式 (5.42), 然后与式 (5.44) 比较, 可以得到:

$$\sum_{l=0}^{\infty} \mathrm{i}^l \frac{2l+1}{kr} \sin\left(kr - \frac{l\pi}{2}\right) P_l + \frac{f(\theta)}{r} \mathrm{e}^{\mathrm{i}kr} = \sum_{l=0}^{\infty} \frac{A_l}{r} \sin\left(kr + \delta_l\right) P_l \tag{5.47}$$

对方程 (5.47) 进行化简, 就可以得到如下的系数关系 (见习题 5.4):

$$f(\theta) = \frac{1}{k} \sum_{l=0}^{\infty} \left(2l + 1\right) P_l\left(\cos\theta\right) \sin\left(\delta_l + \frac{l\pi}{2}\right) \mathrm{e}^{\mathrm{i}\left(\delta_l + \frac{l\pi}{2}\right)} \tag{5.48}$$

上面的结果式 (5.48) 表明, 在中心力场中弹性散射的散射振幅可以通过计算不同分波的相移 $\delta_l$ 来确定。由式 (5.46) 可知, 入射波中 $l$ 分波的初始相位为 $kr - \frac{1}{2}l\pi$, 经过势场散射后由式 (5.44) 可知相位变为 $kr + \delta_l$, 所以相位的移动为 $\delta_l' \equiv \delta_l + \frac{1}{2}l\pi$。通过求解径向方程 (5.43) 得到各**分波相移** $\delta_l'$ 后, 中心力场的微分散射截面为

$$\sigma\left(\theta\right) = \left|f(\theta)\right|^2 = \frac{1}{k^2} \left|\sum_{l=0}^{\infty} \left(2l + 1\right) P_l\left(\cos\theta\right) \sin\delta_l' \mathrm{e}^{\mathrm{i}\delta_l'}\right|^2$$

对其所有角方向进行积分，可得到**总散射截面**为

$$\sigma_{\mathrm{T}} = \int \sigma\left(\theta\right) \mathrm{d}\Omega = \frac{4\pi}{k^2} \sum_{l=0}^{\infty} \left(2l+1\right) \sin^2 \delta_l' \equiv \sum_{l=0}^{\infty} \sigma_l \tag{5.49}$$

其中，第 $l$ 个分波的总散射截面定义为

$$\sigma_l \equiv \frac{4\pi}{k^2}\left(2l+1\right)\sin^2 \delta_l'$$

由散射振幅公式 (5.48) 可以发现，当 $\theta = 0$ 时，散射振幅为

$$f(0) = \frac{1}{k} \sum_{l=0}^{\infty} \left(2l+1\right) \sin \delta_l' \mathrm{e}^{\mathrm{i}\delta_l'}$$

其中利用了 $P_l\left(\cos 0\right) = 1$，所以式 (5.49) 又可以写为

$$\sigma_{\mathrm{T}} = \frac{4\pi}{k^2} \mathrm{Im} f\left(0\right) \tag{5.50}$$

其中，$\mathrm{Im} f(0)$ 表示 $f(0)$ 的虚部。式 (5.50) 被称为**光学定理**，这个定理揭示了总的有效散射截面等于向前散射振幅 $f(0)$ (如图 5.3 所示，向前散射时 $\theta = 0$) 的虚部，表明向前入射波的概率减少 (入射平面波和散射波在正前方的相干相消，也就是入射波直接穿过势场而没有发生散射)，等于波散射到其他方向的概率和，这表明了概率的守恒，所以光学定理不仅对弹性散射适用，也适用于非弹性散射等各种其他散射情况，具有广泛的适用性。

对于散射截面的分波方法主要是计算各个分波的相移 $\delta_l$，在某些情况下只需要计算前面几个分波，如 $s$ 波、$p$ 波的相移就够了。下面来进行估算，假如局域势场 $U(r)$ 的作用半径为 $a$，也就是离散射中心 $r > a$ 处 $U(r)$ 的作用可以忽略不计。根据入射平面波的展开式 (5.45)，对于第 $l$ 分波，其强度大小决定于球贝塞尔函数 $\mathrm{J}_l(kr)$，其最大值在 $r \sim l/k$ (参考图 4.3(a) 所示的函数图像)。如果其极大值点落在局域势场作用半径之外，即 $l/k > a$，那势场对波的散射影响很小，其相移可以忽略不计，所以在实际计算微分散射截面的时候只需要计算分波数 $l < ka$ 的分波相移即可。因此当 $ka \ll 1$ 时，也就是入射粒子能量低时 (低能散射)，分波法只需要计算 $s$ 波的相移即可给出非常准确的散射截面。

### 5.2.3　格林函数方法：玻恩近似

上面讲的分波法适用于中心力场的低能散射问题，但对于能量高的入射粒子，散射截面的计算将非常麻烦 (需计算很多分波的相移)。下面介绍一种更为一般的近似方法来处理散射态的薛定谔方程 (5.35)。

### 1. 格林函数

假如能找到一个函数 $G(\boldsymbol{r})$，其满足如下的方程：

$$\left(\nabla_r^2 + k^2\right) G\left(\boldsymbol{r}\right) = \delta\left(\boldsymbol{r}\right) \tag{5.51}$$

其中，$\delta(\boldsymbol{r})$ 是空间狄拉克函数。通常把满足方程 (5.51) 的函数 $G(\boldsymbol{r})$ 称为**格林函数**。利用格林函数 $G(\boldsymbol{r})$ 就可以构造方程 (5.35) 的解 (见习题 5.6)：

$$\psi\left(\boldsymbol{r}\right) = \psi_0\left(\boldsymbol{r}\right) + \int \mathrm{d}^3 r' G\left(\boldsymbol{r} - \boldsymbol{r}'\right) U\left(\boldsymbol{r}'\right) \psi\left(\boldsymbol{r}'\right) \tag{5.52}$$

其中，函数 $\psi_0\left(\boldsymbol{r}\right)$ 满足齐次方程：

$$\left(\nabla^2 + k^2\right) \psi_0\left(\boldsymbol{r}\right) = 0$$

根据式 (5.52) 积分解的形式，适当选取满足一定边界条件的齐次解 $\psi_0(\boldsymbol{r})$ 和格林函数 $G(\boldsymbol{r})$ 就可以构造满足散射渐进条件式 (5.36) 的散射解。

下面首先来寻找满足式 (5.51) 的格林函数 $G(\boldsymbol{r})$。根据电磁学中静电场的**泊松方程**，对于点电荷所产生的势场，存在如下的格林函数 $G_{\pm}(\boldsymbol{r})$ 恰好满足式 (5.51) (见习题 5.7)：

$$G_{\pm}\left(\boldsymbol{r}\right) = -\frac{1}{4\pi} \frac{\mathrm{e}^{\pm ikr}}{r} \tag{5.53}$$

其中，格林函数的下标 "$\pm$" 分别表示向外和向内传播的球面波所对应的格林函数，可以分别称为向外和向内格林函数。对于局域散射问题，利用 $G_{\pm}(\boldsymbol{r})$ 构造的解式 (5.52) 要满足渐进条件式 (5.36)，那么自然取齐次解为入射平面波：$\psi_0(\boldsymbol{r}) = \mathrm{e}^{ikz} = \mathrm{e}^{i\boldsymbol{k}\cdot\boldsymbol{r}}$，其中 $\boldsymbol{k}$ 为入射波的波矢量。散射波用向外格林函数 $G_+(\boldsymbol{r})$ 来构造：

$$\psi\left(\boldsymbol{r}\right) = \mathrm{e}^{i\boldsymbol{k}\cdot\boldsymbol{r}} + \int \mathrm{d}^3 r' G_+\left(\boldsymbol{r} - \boldsymbol{r}'\right) U\left(\boldsymbol{r}'\right) \psi\left(\boldsymbol{r}'\right) \tag{5.54}$$

式 (5.54) 散射解的积分部分显然是在势场 $U(\boldsymbol{r}')$ 的作用范围内进行积分，如图 5.3所示，其在无穷远 $r \to \infty$ 处：

$$|\boldsymbol{r} - \boldsymbol{r}'| = \sqrt{\left(\boldsymbol{r} - \boldsymbol{r}'\right)^2} = r\sqrt{1 - 2\frac{\boldsymbol{r}\cdot\boldsymbol{r}'}{r^2} + \left(\frac{r'}{r}\right)^2} \approx r\left(1 - \frac{\boldsymbol{r}\cdot\boldsymbol{r}'}{r^2}\right)$$

从而对于波函数的渐进行为有

$$\mathrm{e}^{ik|\boldsymbol{r}-\boldsymbol{r}'|} \approx \mathrm{e}^{ikr\left(1 - \frac{\boldsymbol{r}\cdot\boldsymbol{r}'}{r^2}\right)} = \mathrm{e}^{\left(ikr - ik\frac{\boldsymbol{r}}{r}\cdot\boldsymbol{r}'\right)} \equiv \mathrm{e}^{ikr}\mathrm{e}^{-i\boldsymbol{k}_s\cdot\boldsymbol{r}'}$$

其中，$\boldsymbol{k}_s \equiv k\boldsymbol{r}/r$ 为散射粒子的波矢量 (参照图 5.3 的标注)。所以向外格林函数在 $r \to \infty$ 处的渐进行为满足：

$$G_+ \left( \boldsymbol{r} - \boldsymbol{r}' \right) = -\frac{1}{4\pi} \frac{\mathrm{e}^{\mathrm{i}k|\boldsymbol{r}-\boldsymbol{r}'|}}{|\boldsymbol{r}-\boldsymbol{r}'|} \approx -\frac{1}{4\pi} \frac{\mathrm{e}^{\mathrm{i}kr}}{r} \mathrm{e}^{-\mathrm{i}\boldsymbol{k}_s \cdot \boldsymbol{r}'} \tag{5.55}$$

代入式 (5.54) 得到：

$$\psi \left( \boldsymbol{r} \to \infty \right) = \mathrm{e}^{\mathrm{i}\boldsymbol{k} \cdot \boldsymbol{r}} - \frac{1}{4\pi} \frac{\mathrm{e}^{\mathrm{i}kr}}{r} \int \mathrm{d}^3 \boldsymbol{r}' \mathrm{e}^{-\mathrm{i}\boldsymbol{k}_s \cdot \boldsymbol{r}'} U \left( \boldsymbol{r}' \right) \psi \left( \boldsymbol{r}' \right)$$

显然 $\psi(\boldsymbol{r}')$ 在无穷远处的渐进行为应该与式 (5.36) 一致，这样通过格林函数方法得到的散射振幅为

$$f \left( \theta, \phi \right) = -\frac{1}{4\pi} \int \mathrm{d}^3 \boldsymbol{r}' \mathrm{e}^{-\mathrm{i}\boldsymbol{k}_s \cdot \boldsymbol{r}'} U \left( \boldsymbol{r}' \right) \psi \left( \boldsymbol{r}' \right) \tag{5.56}$$

**2. 玻恩近似**

根据格林函数构造的积分解 (式 (5.54))，可以采用迭代的方法来进行求解。式 (5.54) 右边的波函数 $\psi \left( \boldsymbol{r}' \right)$ 可以写为

$$\psi \left( \boldsymbol{r}' \right) = \mathrm{e}^{\mathrm{i}\boldsymbol{k} \cdot \boldsymbol{r}'} + \int \mathrm{d}^3 \boldsymbol{r}'' G_+ \left( \boldsymbol{r}' - \boldsymbol{r}'' \right) U \left( \boldsymbol{r}'' \right) \psi \left( \boldsymbol{r}'' \right)$$

将 $\psi(\boldsymbol{r}')$ 的形式代入式 (5.54) 中得到：

$$\psi \left( \boldsymbol{r} \right) = \mathrm{e}^{\mathrm{i}\boldsymbol{k} \cdot \boldsymbol{r}} + \int \mathrm{d}^3 \boldsymbol{r}' G_+ \left( \boldsymbol{r} - \boldsymbol{r}' \right) U \left( \boldsymbol{r}' \right) \mathrm{e}^{\mathrm{i}\boldsymbol{k} \cdot \boldsymbol{r}'}$$
$$+ \int \mathrm{d}^3 \boldsymbol{r}' \int \mathrm{d}^3 \boldsymbol{r}'' G_+ \left( \boldsymbol{r} - \boldsymbol{r}' \right) U \left( \boldsymbol{r}' \right) G_+ \left( \boldsymbol{r}' - \boldsymbol{r}'' \right) U \left( \boldsymbol{r}'' \right) \psi \left( \boldsymbol{r}'' \right)$$

继续上面的迭代过程，就可得到一个散射波函数的**玻恩展开** (Born expansion)，这个展开由于后面多重积分中势函数的乘积项越来越多，对应于散射的高阶散射过程，所以对于弱的散射场而言展开项将越来越小，从而可以近似忽略。最简单的是只保留玻恩展开的**第一项**，即只保留一阶散射过程：

$$\psi \left( \boldsymbol{r} \right) \approx \mathrm{e}^{\mathrm{i}\boldsymbol{k} \cdot \boldsymbol{r}} + \int \mathrm{d}^3 \boldsymbol{r}' G_+ \left( \boldsymbol{r} - \boldsymbol{r}' \right) U \left( \boldsymbol{r}' \right) \mathrm{e}^{\mathrm{i}\boldsymbol{k} \cdot \boldsymbol{r}'} \tag{5.57}$$

这个结果称为**玻恩近似**。从式 (5.57) 可以看出玻恩近似实则是入射波 $\mathrm{e}^{\mathrm{i}\boldsymbol{k} \cdot \boldsymbol{r}}$ 经过 $\boldsymbol{r}'$ 处势场 $U(\boldsymbol{r}')$ 的散射，形成振幅为 $G_+ \left( \boldsymbol{r} - \boldsymbol{r}' \right)$ 的散射子波的叠加。

所以在玻恩近似下, 从无穷远处探测到的散射振幅式 (5.56) 变为

$$f(\theta,\phi) = -\frac{1}{4\pi}\int \mathrm{d}^3 r' \mathrm{e}^{-\mathrm{i}(\boldsymbol{k}_\mathrm{s}-\boldsymbol{k})\cdot\boldsymbol{r}'} U(\boldsymbol{r}') \equiv -\frac{1}{4\pi}\int \mathrm{d}^3 r' \mathrm{e}^{-\mathrm{i}\boldsymbol{K}\cdot\boldsymbol{r}'} U(\boldsymbol{r}')$$

其中, 散射波矢 $\boldsymbol{K} \equiv \boldsymbol{k}_\mathrm{s} - \boldsymbol{k}$ 给出了入射波散射后波矢量的变化量, 所以一般称为**转移波矢**。由此可见, 玻恩近似下, 粒子波的散射振幅就等于势函数的傅里叶变换, 也就是微分散射截面可写为

$$\sigma(\theta,\phi) = \frac{m^2}{4\pi^2\hbar^4}\left|\int \mathrm{d}^3 r' \mathrm{e}^{-\mathrm{i}\boldsymbol{K}\cdot\boldsymbol{r}'} V(\boldsymbol{r}')\right|^2 \tag{5.58}$$

从玻恩近似下的微分散射截面式 (5.58) 可以看出, 在固定的散射方向上测量粒子的散射概率 ($\boldsymbol{k}_\mathrm{s}$ 一定), 微分散射截面随入射粒子能量 ($k$) 的变化而变化, 或者入射粒子能量一定, 在不同的方位 $P$ 会探测到不同的散射截面数据, 从而可以从探测结果给出势场 $V(\boldsymbol{r})$ 的信息。

3. 中心力场的弹性散射: $\alpha$ 粒子的散射

下面利用玻恩近似公式来考察非常重要的中心力场的弹性散射过程。对于弹性散射 $|\boldsymbol{k}_\mathrm{s}| = k$, 也就是入射波矢 $\boldsymbol{k}$ 大小不变而方向改变, 那么转移波矢的大小为

$$K = 2k\sin\frac{\theta}{2}$$

其中, $\theta$ 为入射方向和散射方向间的夹角, 即散射的方位角 (如图 5.3所示)。此时微分散射截面式 (5.58) 可以简化为

$$\begin{aligned}
\sigma(\theta) &= \frac{m^2}{4\pi^2\hbar^4}\left|\int_0^{+\infty} r'^2 V(r')\,\mathrm{d}r' \int_0^\pi \mathrm{e}^{-\mathrm{i}Kr'\cos\theta'}\sin\theta'\mathrm{d}\theta' \int_0^{2\pi}\mathrm{d}\phi'\right|^2 \\
&= \frac{4m^2}{\hbar^4 K^2}\left|\int_0^{+\infty} r'\sin(Kr)V(r')\,\mathrm{d}r'\right|^2
\end{aligned} \tag{5.59}$$

下面具体来考察一个带电量为 $qe$ ($e$ 为电子电量) 的粒子入射到原子序数为 $Z$ 的中性原子上的散射问题。由于原子周围电子的存在, 原子核所产生的中心力场被电子云所屏蔽, 则原子核屏蔽的库仑势和入射粒子间的相互作用势可表示为**汤川势** (Yukawa potential) 的形式:

$$V(r) = \frac{Zqe^2}{4\pi\epsilon_0}\frac{\mathrm{e}^{-\alpha r}}{r} \equiv V_0\frac{\mathrm{e}^{-\alpha r}}{r} \tag{5.60}$$

其中，$V_0$ 和 $\alpha$ 为常实数，$V_0$ 为势的强度，$V_0 > 0$ 为排斥势，$V_0 < 0$ 为吸引势；$\alpha$ 为势场的衰减系数，可以用来说明力场的作用范围，其典型的作用半径用 $1/\alpha$ 描写，$r$ 大于这个长度时势场会很快衰减为零。将上面的汤川势代入式 (5.59) 或式 (5.58) 中，粒子的微分散射截面为 (参考附录 F)

$$\sigma\left(\theta\right) = \frac{m^2}{4\pi^2\hbar^4}\left|\frac{4\pi V_0}{K^2+\alpha^2}\right|^2 = \frac{4m^2V_0^2}{\hbar^4}\frac{1}{\left(\alpha^2+4k^2\sin^2\dfrac{\theta}{2}\right)^2} \tag{5.61}$$

在 $\alpha \to 0$ 的时候，汤川势就趋近于库仑势，从而式 (5.61) 给出库仑势的微分散射截面公式：

$$\sigma\left(\theta\right) = \frac{4m^2V_0^2}{16k^4\hbar^4}\csc^4\frac{\theta}{2}$$

此即为卢瑟福 (Rutherford) 利用经典力学方法在不考虑电荷屏蔽的库仑势中推导出的**卢瑟福公式**。显然对于纯粹的库仑势场 ($\alpha \to 0$)，式 (5.61) 给出的总散射截面 (利用 Mathematica 直接积分)

$$\sigma_{\mathrm{T}} = \int \sigma\left(\theta\right)\mathrm{d}\Omega = \frac{4m^2V_0^2}{\hbar^4}\frac{4\pi}{\alpha^2\left(\alpha^2+4k^2\right)}$$

是无穷大的，所以原子核散射入射粒子的过程中一定存在电子云的屏蔽作用。只有在高能粒子入射到原子内层进行散射的时候 (接近核) 经典的卢瑟福公式才是适用的，而在低能散射情况下由于内层电子的屏蔽作用，微分散射截面更符合汤川势的散射特点。

## 5.3  定态变分方法

下面介绍量子力学中另外一种重要的近似方法：**变分法**。对于一个一般的量子系统 $\hat{H}$，虽然可能无法通过前面讲的微扰论来求解其本征值和本征态，但往往大多数情况下核心问题并不是求解系统全部的本征态和本征值，而是只要给出系统的基态和基态波函数就可以了。**变分原理** (variational principle) 就是用来对任何一个定态系统求解其基态本征值和本征函数的有效方法。当然变分原理在物理学上具有比本节所讲内容更为普适的意义，如经典分析力学中的欧拉方程及牛顿方程就是通过变分原理得到的，而在量子力学中变分原理不仅可以用来进行一般系统基态的确定，而且多体系统的重要方程如**哈特里–福克方程**及定态系统的**密度泛函理论**都以变分原理为基础。

### 5.3.1　变分原理：能量泛函的极值

假设任意体系的状态波函数为 $|\psi\rangle$，那么体系能量的平均值为

$$E\left(|\psi\rangle\right) \equiv \langle \hat{H} \rangle = \frac{\langle\psi|\,\hat{H}\,|\psi\rangle}{\langle\psi|\psi\rangle} \tag{5.62}$$

显然上面的平均能量 $E$ 是以波函数为自变量的函数，也就是说它是函数的函数，所以被称为**能量泛函** (energy functional) [5]。变分原理就是对任意的波函数 $|\psi\rangle$，其能量的平均值都满足：

$$E\left(|\psi\rangle\right) = \frac{\langle\psi|\,\hat{H}\,|\psi\rangle}{\langle\psi|\psi\rangle} \geqslant E_0 \tag{5.63}$$

其中，$E_0$ 为体系的基态能量。不等式 (5.63) 表面上看是一个平庸的结果，但它表明了系统的基态能量和波函数可以用能量泛函的极值来逼近获得，而当体系的波函数 $|\psi\rangle$ 恰好是体系的基态波函数 $|\psi_0\rangle$ 时，$\hat{H}$ 的期望值就恰好等于基态能量 $E_0$。不等式 (5.63) 给出了求解系统基态能量及波函数的方法，即**变分法**。其基本步骤是，首先选取含有参数 $\lambda_1, \lambda_2, \cdots$ 的**试探波函数** $|\psi\left(\lambda_1, \lambda_2, \cdots\right)\rangle$ 代入式 (5.62) 并求能量泛函的变分，得到如下的参数方程：

$$\frac{\mathrm{d}}{\mathrm{d}\lambda_j} E\left[|\psi\left(\lambda_1, \lambda_2, \cdots\right)\rangle\right] = 0, \quad j = 1, 2, \cdots \tag{5.64}$$

然后联立求解上面的参数方程，从而得到满足极值方程的参数 $\lambda_j$，求出泛函的极值能量 $E(\lambda_1, \lambda_2, \cdots)$ 就得到了基态 $E_0$ 的近似值及相应的基态波函数。

### 5.3.2　氦原子的基态能量

对于氦 (helium) 原子来说，其本质上是一个多体系统，它由带电量为 $2e$ 的原子核和核外两个电子构成。由于核的质量远大于电子，此时可以认为核不动，这样核的动力学和电子的动力学分离，也就是前面提到的玻恩–奥本海默近似。从而氦原子就变为两个电子在库仑场中的二体问题，其哈密顿量可写为

$$\hat{H}_{\mathrm{He}}\left(\boldsymbol{r}_1, \boldsymbol{r}_2\right) = -\frac{\hbar^2}{2m}\nabla_1^2 - \frac{e^2}{4\pi\epsilon_0}\frac{2}{r_1} - \frac{\hbar^2}{2m}\nabla_2^2 - \frac{e^2}{4\pi\epsilon_0}\frac{2}{r_2} + \frac{e^2}{4\pi\epsilon_0}\frac{1}{|\boldsymbol{r}_1 - \boldsymbol{r}_2|} \tag{5.65}$$

显然这个体系的定态薛定谔方程无法严格求解，此时就可以采用变分原理来估算氦原子的基态能量。实验上，可以通过电离两个电子来获得氦原子的能量，实验上精确测量到的氦原子的基态能量 $E_0 \approx -78.975\mathrm{eV}$。

下面利用变分法从理论上计算氦原子的基态能量。首先可以看到如果忽略哈密顿量式 (5.65) 的最后一项——电子和电子之间的相互作用 $\hat{V}_{ee}$，系统会变成两个独立的类氢原子系统，所以自然可以采用两个类氢原子基态的乘积作为氦原子基态的试探波函数：

$$\Psi_0\left(\boldsymbol{r}_1, \boldsymbol{r}_2\right) = \psi_{100}\left(\boldsymbol{r}_1\right) \psi_{100}\left(\boldsymbol{r}_2\right) \tag{5.66}$$

其中，类氢原子归一化的基态波函数为

$$\psi_{100}\left(\boldsymbol{r}\right) = \frac{1}{\sqrt{\pi}} \left(\frac{Z}{a_0}\right)^{\frac{3}{2}} \mathrm{e}^{-\frac{Z}{a_0}r} \tag{5.67}$$

此时类氢原子的原子序数 $Z = 2$(氦离子)，其**基态能量** $E_1 \approx -13.6 \times Z^2 \approx -54.4\mathrm{eV}$。将式 (5.67) 代入式 (5.66) 得到氦原子基态的试探波函数：

$$\Psi_0\left(\boldsymbol{r}_1, \boldsymbol{r}_2\right) = \frac{Z^3}{\pi a_0^3} \mathrm{e}^{-\frac{Z}{a_0}(r_1+r_2)} \tag{5.68}$$

其对应的能量为两个类氢原子的基态能量：$2E_1 \approx -108.8\mathrm{eV}$。显然这个能量离基态实验值还差得很远。下面先来计算试探波函数下的能量平均值：

$$E = \langle \hat{H}_{\mathrm{He}} \rangle = E_k + V + \langle \hat{V}_{ee} \rangle$$

其中，动能部分的积分 $E_k$ 为

$$E_k = \int \Psi_0^*\left(\boldsymbol{r}_1, \boldsymbol{r}_2\right) \left(-\frac{\hbar^2}{2m}\nabla_1^2 - \frac{\hbar^2}{2m}\nabla_2^2\right) \Psi_0\left(\boldsymbol{r}_1, \boldsymbol{r}_2\right) \mathrm{d}^3\boldsymbol{r}_1\mathrm{d}^3\boldsymbol{r}_2$$

代入试探波函数 (5.68) 进行积分：

$$E_k = -\frac{\hbar^2}{2m} \left(\frac{Z^3}{\pi a_0^3}\right)^2 \int \mathrm{e}^{-\frac{Z}{a_0}(r_1+r_2)} \left(\nabla_1^2 + \nabla_2^2\right) \mathrm{e}^{-\frac{Z}{a_0}(r_1+r_2)} \mathrm{d}^3\boldsymbol{r}_1\mathrm{d}^3\boldsymbol{r}_2 \tag{5.69}$$

积分式 (5.69) 有两个独立的积分体积元：$\mathrm{d}^3\boldsymbol{r}_1 = r_1^2\sin\theta_1\mathrm{d}r_1\mathrm{d}\theta_1\mathrm{d}\phi_1$ 和 $\mathrm{d}^3\boldsymbol{r}_2 = r_2^2\sin\theta_2\mathrm{d}r_2\mathrm{d}\theta_2\mathrm{d}\phi_2$，可以分别在其对应的球坐标下进行积分。利用 Mathematica 可以非常容易地计算积分式 (5.69)，Mathematica 有球坐标下进行拉普拉斯算子运算的函数 Laplacian[$\mathrm{e}^{-Zr/a_0}, \{r, \theta, \phi\}$, "Spherical"] 和积分函数 Integrate[$f(x), \{x, 0, \infty\}$]，二者结合可以轻易算出动能积分为

$$E_k = \frac{e^2}{4\pi\epsilon_0} \frac{Z^2}{a_0} \tag{5.70}$$

同理，氦原子哈密顿量的电子势能可以用 Mathematica 直接计算得到：

$$
\begin{aligned}
V &= \int \Psi_0^* \left(\boldsymbol{r}_1, \boldsymbol{r}_2\right) \left(-\frac{e^2}{4\pi\epsilon_0}\frac{2}{r_1} - \frac{e^2}{4\pi\epsilon_0}\frac{2}{r_2}\right) \Psi_0 \left(\boldsymbol{r}_1, \boldsymbol{r}_2\right) \mathrm{d}^3\boldsymbol{r}_1 \mathrm{d}^3\boldsymbol{r}_2 \\
&= -\frac{e^2}{4\pi\epsilon_0}\left(\frac{Z^3}{\pi a_0^3}\right)^2 \int \mathrm{e}^{-\frac{Z}{a_0}(r_1+r_2)}\left(\frac{2}{r_1} + \frac{2}{r_2}\right)\mathrm{e}^{-\frac{Z}{a_0}(r_1+r_2)}\mathrm{d}^3\boldsymbol{r}_1 \mathrm{d}^3\boldsymbol{r}_2 \\
&= -\frac{e^2}{4\pi\epsilon_0}\frac{4Z}{a_0}
\end{aligned}
\tag{5.71}
$$

最后，电子和电子之间的相互作用能量为

$$
\begin{aligned}
\langle \hat{V}_{ee} \rangle &= \frac{e^2}{4\pi\epsilon_0} \int \Psi_0^* \left(\boldsymbol{r}_1, \boldsymbol{r}_2\right) \frac{1}{|\boldsymbol{r}_1 - \boldsymbol{r}_2|} \Psi_0 \left(\boldsymbol{r}_1, \boldsymbol{r}_2\right) \mathrm{d}^3\boldsymbol{r}_1 \mathrm{d}^3\boldsymbol{r}_2 \\
&= \frac{e^2}{4\pi\epsilon_0}\left(\frac{Z^3}{\pi a_0^3}\right)^2 \int \mathrm{e}^{-\frac{2Z}{a_0}r_1}\mathrm{d}^3\boldsymbol{r}_1 \int \frac{\mathrm{e}^{-\frac{2Z}{a_0}r_2}}{|\boldsymbol{r}_1 - \boldsymbol{r}_2|}\mathrm{d}^3\boldsymbol{r}_2
\end{aligned}
\tag{5.72}
$$

式 (5.72) 可以先对 $\boldsymbol{r}_2$ 积分，再对 $\boldsymbol{r}_1$ 积分。根据三角形关系有

$$
|\boldsymbol{r}_1 - \boldsymbol{r}_2| = \sqrt{r_1^2 + r_2^2 - 2r_1 r_2 \cos\theta_2}
$$

其中，$\theta_2$ 是 $\boldsymbol{r}_1$ 和 $\boldsymbol{r}_2$ 之间的夹角。式 (5.72) 对 $\boldsymbol{r}_2$ 的积分为

$$
I_2 \equiv \int \frac{\mathrm{e}^{-\frac{2Z}{a_0}r_2}}{|\boldsymbol{r}_1 - \boldsymbol{r}_2|}\mathrm{d}^3\boldsymbol{r}_2 = 2\pi \int_0^{+\infty} \mathrm{e}^{-\frac{2Z}{a_0}r_2}r_2^2 \mathrm{d}r_2 \int_0^{\pi} \frac{\sin\theta_2}{\sqrt{r_1^2 + r_2^2 - 2r_1 r_2 \cos\theta_2}}\mathrm{d}\theta_2
$$

上面 $I_2$ 对 $\theta_2$ 的积分用 Mathematica 的积分函数给出的结果为

$$
\int_0^{\pi} \frac{\sin\theta_2}{\sqrt{r_1^2 + r_2^2 - 2r_1 r_2 \cos\theta_2}}\mathrm{d}\theta_2 = \frac{(r_1 - r_2) - |r_1 - r_2|}{r_1 r_2}, \quad r_1 \neq r_2
$$

将上述结果代入 $I_2$，继续利用 Mathematica 积分得到：

$$
\begin{aligned}
I_2 &= 2\pi \int_0^{r_1} \mathrm{e}^{-\frac{2Z}{a_0}r_2}r_2^2 \frac{2}{r_1}\mathrm{d}r_2 + 2\pi \int_{r_1}^{+\infty} \mathrm{e}^{-\frac{2Z}{a_0}r_2}r_2^2 \frac{2}{r_2}\mathrm{d}r_2 \\
&= \frac{\pi a_0^3}{Z^3 r_1}\left[1 - \left(1 + \frac{Zr_1}{a_0}\right)\mathrm{e}^{-\frac{2Z}{a_0}r_1}\right]
\end{aligned}
$$

将 $I_2$ 代入式 (5.72)，再用 Mathematica 对体积元 $\mathrm{d}^3\boldsymbol{r}_1 = r_1^2 \sin\theta_1 \mathrm{d}r_1 \mathrm{d}\theta_1 \mathrm{d}\phi_1$ 积分得到：

$$
\langle \hat{V}_{ee} \rangle = 4\pi \frac{e^2}{4\pi\epsilon_0}\frac{Z^3}{\pi a_0^3} \int \left[r_1 - \left(r_1 + \frac{Z}{a_0}r_1^2\right)\mathrm{e}^{-\frac{2Z}{a_0}r_1}\right]\mathrm{e}^{-\frac{2Z}{a_0}r_1}\mathrm{d}r_1
$$

$$= 4\pi \frac{e^2}{4\pi\epsilon_0} \frac{Z^3}{\pi a_0^3} \frac{5a_0^2}{32Z^2} = \frac{e^2}{4\pi\epsilon_0} \frac{5Z}{8a_0} \tag{5.73}$$

最后结合式 (5.70)、式 (5.71) 和式 (5.73)，得到系统的平均能量函数为

$$E(Z) = \frac{e^2}{4\pi\epsilon_0} \left( \frac{Z^2}{a_0} - \frac{4Z}{a_0} + \frac{5Z}{8a_0} \right) \tag{5.74}$$

其中，$Z$ 为能量函数的变分参数。能量函数式 (5.74) 对参数 $Z$ 求变分，得到 $E(Z)$ 为最小值的条件为

$$\frac{\mathrm{d}E(Z)}{\mathrm{d}Z} = 0 \Rightarrow Z^* = \frac{27}{16} = 1.6875 \tag{5.75}$$

方程 (5.75) 的解也是利用 Mathematica 直接求解的结果。显然此时变分给出原子的**等效核电荷数** $Z^* < 2$，表明了电子对氦原子核库仑场的屏蔽效应。将上面的 $Z^*$ 代入式 (5.74)，可以得到变分法给出的基态能量：

$$E(Z^*) = \left[ -\frac{m}{2\hbar^2} \left( \frac{e^2}{4\pi\epsilon_0} \right)^2 \right] \frac{3^6}{2^7} = \frac{729}{512} E_1 \approx -77.5\mathrm{eV} \tag{5.76}$$

显然上面变分计算值和实验值 $-78.975\,\mathrm{eV}$ 已经非常接近了，误差在 2% 以内。当然如果采用具有更多变分参数的更为复杂的试探波函数，可以预期利用变分法获得更为精确的基态能量[20]。

### 5.3.3　氢分子离子：化学键

本小节在变分法的基础上讨论一个非常基本的问题：氢分子离子的分子轨道和化学键概念。氢分子离子 $H_2^+$ 是由两个质子和一个电子组成的系统，严格来说是一个量子的三体问题，可以写出三个粒子的哈密顿量方程来求解其本征方程，问题比较复杂。如果首先采用玻恩–奥本海默近似 (BOA)，可以认为两个质子的位置固定，然后求解一个电子在两个质子的库仑场中的分布问题 (如图 5.4(a) 所示)，此时两个质子的距离 $R$ 就可以看作系统哈密顿量的参量，如果采用变分法，$R$ 就可以看作一个变分参量，那么系统的哈密顿量就可写为

$$\hat{H}(\boldsymbol{r}_1, \boldsymbol{r}_2, R) = -\frac{\hbar^2}{2m} \nabla^2 - \frac{e^2}{4\pi\epsilon_0 r_1} - \frac{e^2}{4\pi\epsilon_0 r_2} + \frac{e^2}{4\pi\epsilon_0 R} \tag{5.77}$$

其中，等号右边第一项是电子的动能；第二、三项是电子分别与质子 $p_1$、$p_2$ 之间的库仑相互作用能；第四项是两个质子之间的库仑排斥能。严格求解哈密顿量 (式 (5.77)) 本征方程给出 $H_2^+$ 量子态 (**分子轨道**) 非常复杂，下面采用变分法来讨论此问题。

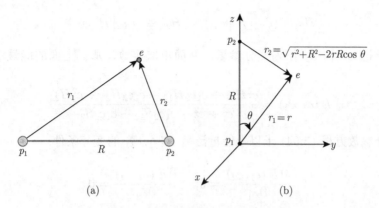

图 5.4　氢分子离子结构和变分计算坐标系示意图

(a) 氢分子离子的结构示意图；(b) 氢分子离子变分计算所选取的坐标系

要寻找氢分子离子哈密顿量 (式 (5.77)) 的基态, 一个最为合理的能量比较低的状态自然是一个质子和电子组成氢原子并处于基态, 另一个质子在无穷远处 $R \to \infty$, 则体系的能量即为氢原子基态能 $E_1 \approx -13.6\mathrm{eV}$。所以 $\mathrm{H}_2^+$ 的**分子轨道**基态的变分试探波函数可以取为

$$|\psi\rangle = c_1|\psi_{10}\rangle + c_2|\psi_{20}\rangle \tag{5.78}$$

其中, $c_1$ 和 $c_2$ 为原子轨道波函数的叠加系数。两个质子组成的氢原子的归一化基态原子轨道波函数在坐标空间的归一化形式为

$$\langle r_1|\psi_{10}\rangle \equiv \psi_0(r_1) = \frac{1}{\sqrt{\pi a_0^3}}\mathrm{e}^{-r_1/a_0}, \quad \langle r_2|\psi_{20}\rangle \equiv \psi_0(r_2) = \frac{1}{\sqrt{\pi a_0^3}}\mathrm{e}^{-r_2/a_0}$$

式 (5.78) 中把分子轨道波函数写成原子轨道波函数线性叠加的理论称为**原子轨道线性组合** (linear combination of atomic orbitals, LCAO) 理论。

利用 LCAO 理论构造的分子基态波函数 $|\psi\rangle$ 作为试探波函数, 进一步计算分子轨道基态的能量泛函:

$$E(c_1, c_2) = \frac{\langle\psi|\hat{H}|\psi\rangle}{\langle\psi|\psi\rangle} = \frac{|c_1|^2 H_{11} + c_1^* c_2 H_{12} + c_1 c_2^* H_{21} + |c_2|^2 H_{22}}{|c_1|^2 + |c_2|^2 + c_1^* c_2 S + c_1 c_2^* S^*}$$

其中, 原子轨道波函数的**重叠积分** $S$ 定义为

$$S_{12} = \langle\psi_{01}|\psi_{02}\rangle, \quad S_{21} = \langle\psi_{02}|\psi_{01}\rangle$$

表示两个基态原子轨道的重叠程度, 而哈密顿量的矩阵元定义为

$$H_{11} \equiv \langle\psi_{01}|\hat{H}|\psi_{01}\rangle, \quad H_{12} \equiv \langle\psi_{01}|\hat{H}|\psi_{02}\rangle$$

$$H_{21} \equiv \langle \psi_{02} | \hat{H} | \psi_{01} \rangle, \quad H_{22} \equiv \langle \psi_{02} | \hat{H} | \psi_{02} \rangle$$

如果把 $c_1$ 和 $c_2$ 作为变分参量，并简单取实数，那么上面的能量泛函可以简化为

$$E(c_1, c_2) = \frac{c_1^2 H_{11} + c_1 c_2 H_{12} + c_1 c_2 H_{21} + c_2^2 H_{22}}{c_1^2 + c_2^2 + c_1 c_2 S_{12} + c_1 c_2 S_{21}}$$

根据变分参数方程 (5.64) 求以上能量泛函 $E(c_1, c_2)$ 的变分条件：

$$\frac{\partial E(c_1, c_2)}{\partial c_1} = 0, \quad \frac{\partial E(c_1, c_2)}{\partial c_2} = 0$$

可得两个方程组成的方程组，写成矩阵形式为

$$\begin{pmatrix} 2(H_{11} - E) & H_{12} + H_{21} - (S_{12} + S_{21})E \\ H_{12} + H_{21} - (S_{12} + S_{21})E & 2(H_{22} - E) \end{pmatrix} \begin{pmatrix} c_1 \\ c_2 \end{pmatrix} = 0$$

如果定义如下的交换对称变量：

$$S = \frac{1}{2}(S_{12} + S_{21}), \quad F = \frac{1}{2}(H_{12} + H_{21})$$

则上面的方程组可写为

$$\begin{pmatrix} H_{11} - E & F - SE \\ F - SE & H_{22} - E \end{pmatrix} \begin{pmatrix} c_1 \\ c_2 \end{pmatrix} = 0 \tag{5.79}$$

要使方程 (5.79) 成立，其等号左边矩阵的行列式为零，这样就可以利用 Mathematica 的 Solve[··] 函数解出如下的能量本征值：

$$E_\pm = \frac{H_{11} + H_{22} - 2FS \pm \sqrt{(H_{11} - H_{22})^2 + 4(F - H_{11}S)(F - H_{22}S)}}{2(1 - S^2)}$$

由于两个氢原子的基态原子轨道波函数相同并且都是实函数，则重叠积分 $S_{12} = S_{21} \equiv S$；氢分子离子为对称分子，所以能量矩阵元满足 $H_{11} = H_{22} \equiv H_0, H_{12} = H_{21} \equiv F$，则能量本征值 $E_\pm$ 和对应的系数 $c_1$、$c_2$ 如下：

$$E_+ = \frac{H_0 + F}{1 + S}, \quad c_1 = c_2 = \frac{1}{\sqrt{1 + S}}$$

$$E_- = \frac{H_0 - F}{1 + S}, \quad c_1 = -c_2 = \frac{1}{\sqrt{1 - S}}$$

这样氢分子离子的两个变分基态为

$$|\psi\rangle_+ = \frac{1}{\sqrt{2(1+S)}}\left(|\psi_{01}\rangle + |\psi_{02}\rangle\right)$$

$$|\psi\rangle_- = \frac{1}{\sqrt{2(1-S)}}\left(|\psi_{01}\rangle - |\psi_{02}\rangle\right)$$

下面具体计算这两个分子态的能级和所对应的具体波函数。首先计算两个原子轨道电子态的重叠积分 $S$：

$$S = \langle\psi_{01}|\psi_{02}\rangle = \frac{1}{\pi a_0^3}\int \mathrm{e}^{-(r_1+r_2)/a_0}\mathrm{d}\boldsymbol{r}$$

为了计算方便，选取如图 5.4(b) 所示的坐标系，以质子 $p_1$ 为原点，质子 $p_2$ 在 $z$ 轴上，在这样的坐标系下有

$$r_1 = r, \quad r_2 = \sqrt{r^2 + R^2 - 2rR\cos\theta}$$

则重叠积分 $S$ 的具体形式为 (计算见习题 5.8)

$$S = \frac{1}{\pi a_0^3}\int_0^\infty\int_0^\pi\int_0^{2\pi}\mathrm{e}^{-(r+\sqrt{r^2+R^2-2rR\cos\theta})/a_0}r^2\sin\theta\mathrm{d}r\mathrm{d}\theta\mathrm{d}\phi$$

$$= \mathrm{e}^{-R/a_0}\left[1 + \left(\frac{R}{a_0}\right) + \frac{1}{3}\left(\frac{R}{a_0}\right)^2\right] \tag{5.80}$$

从式 (5.80) 可以看出重叠积分 $S$ 的物理意义就是两个原子轨道的重叠程度，显然 $S$ 随两个原子轨道之间距离 $R$ 的增加而指数下降，即 $\propto \mathrm{e}^{-R/a_0}$：当 $R\to\infty$ 时 $S\to 0$，当 $R\to 0$ 时 $S\to 1$，也就是当两个质子离得很远的时候重叠积分等于 0，很近的时候重叠积分等于 1。

其次计算对角项 $H_{11}$ 和 $H_{22}$。显然由于氢分子是对称的双原子分子，所以对角项应该满足 $H_{11} = H_{22} \equiv H_0$。首先计算 $H_{11}$：

$$H_{11} = \langle\psi_{01}|\hat{H}|\psi_{01}\rangle$$

$$= \langle\psi_{01}|\left(-\frac{\hbar^2}{2m}\nabla^2 - \frac{e^2}{4\pi\epsilon_0 r_1}\right)|\psi_{01}\rangle + \frac{e^2}{4\pi\epsilon_0 R}$$

$$+ \langle\psi_{01}|\left(-\frac{e^2}{4\pi\epsilon_0 r_2}\right)|\psi_{01}\rangle$$

$$= E_1 + \frac{e^2}{4\pi\epsilon_0 R} - \frac{e^2}{4\pi\epsilon_0}\langle\psi_{01}|\frac{1}{r_2}|\psi_{01}\rangle \equiv E_1 + J \tag{5.81}$$

式 (5.81) 第三个等号右边第一项为氢原子的基态能, 最后两项为**库仑积分** $J$: 库仑积分的第一项是两个质子 $p_1$ 和 $p_2$ 之间的库仑相互作用能 (大于零的排斥能), 显然和电子态没有关系 (表明核自由度 $R$ 和电子自由度 $r$ 是分离的); 第二项表示的是质子 $p_1$ 形成的氢原子基态电子云分布在质子 $p_2$ 的库仑场中的总能量。同理, 采用和计算重叠积分相同的坐标系, 库仑积分的计算结果为 (见习题 5.9)

$$J \equiv \frac{e^2}{4\pi\epsilon_0 R} - \frac{e^2}{4\pi\epsilon_0} \langle \psi_{01} | \frac{1}{r_2} | \psi_{01} \rangle = \frac{e^2}{4\pi\epsilon_0 a_0} \left( 1 + \frac{a_0}{R} \right) \mathrm{e}^{-2R/a_0} \tag{5.82}$$

结果显示库仑积分 $J$ 随原子核距离 $R$ 增加以更快的指数下降: $\propto \mathrm{e}^{-2R/a_0}$。同理, 根据对称性计算 $H_{22}$ 会给出相同的结果:

$$H_{22} = \langle \psi_{02} | \hat{H} | \psi_{02} \rangle = E_1 + \frac{e^2}{4\pi\epsilon_0 R} - \frac{e^2}{4\pi\epsilon_0} \langle \psi_{02} | \frac{1}{r_1} | \psi_{02} \rangle$$

$$= E_1 + J = H_{11} = H_0 \tag{5.83}$$

最后计算分子哈密顿量的非对角项 $F \equiv H_{12} = H_{21}$, 其结果如下:

$$H_{12} = E_1 S + \frac{e^2}{4\pi\epsilon_0} \left( \frac{S}{R} - \langle \psi_{01} | \frac{1}{r_1} | \psi_{02} \rangle \right) \equiv E_1 S + K = H_{21} \tag{5.84}$$

其中, $K$ 为**交换积分** (exchange integral), 计算结果为 (见习题 5.10)

$$K = \frac{e^2 S}{4\pi\epsilon_0 R} - \frac{e^2}{4\pi\epsilon_0} \langle \psi_{01} | \frac{1}{r_1} | \psi_{02} \rangle = \frac{e^2 S}{4\pi\epsilon_0 R} - \frac{e^2}{4\pi\epsilon_0} \langle \psi_{02} | \frac{1}{r_2} | \psi_{01} \rangle$$

$$= \frac{e^2}{4\pi\epsilon_0} \frac{S}{R} - \frac{e^2}{4\pi\epsilon_0} \left( \frac{1}{a_0} + \frac{R}{a_0^2} \right) \mathrm{e}^{-R/a_0} \tag{5.85}$$

交换积分 $K$ 的第一项是原子核相互作用的交换积分, 与电子态的重叠积分有关; 第二项来源于电子态的对称性, 物理上没有明显的经典意义。

综合以上的计算结果, 得到两个分子态及其相应的能量, 总结如下:

$$\psi_+ (r_1, r_2) = \frac{\psi_0 (r_1) + \psi_0 (r_2)}{\sqrt{2(1+S)}}, \quad E_+ = E_1 + \frac{J+K}{1+S} \tag{5.86}$$

$$\psi_- (r_1, r_2) = \frac{\psi_0 (r_1) - \psi_0 (r_2)}{\sqrt{2(1-S)}}, \quad E_- = E_1 + \frac{J-K}{1-S} \tag{5.87}$$

对于上面的重叠积分 $S$、库仑积分 $J$ 和交换积分 $K$, 如果采用玻尔半径 $a_0$ 为长度单位 (原子单位), 利用式 (4.76) 有 $-2E_1 = e^2/(4\pi\epsilon_0 a_0)$, 并取 $E_1 \approx -13.6\mathrm{eV}$

作为能量单位, 则它们的形式为

$$S = \left(1 + \xi + \frac{1}{3}\xi^2\right) e^{-\xi}$$

$$J' = -2\left(1 + \frac{1}{\xi}\right) e^{-2\xi}$$

$$K' = -\frac{2}{\xi} S(\xi) + 2(1+\xi) e^{-\xi} = -\frac{2}{\xi}\left(1 - \frac{2}{3}\xi^2\right) e^{-\xi}$$

其中, 无量纲量定义为 $\xi = R/a_0$、$J' = J/E_1$ 和 $K' = K/E_1$。最后得到氢分子离子两个分子轨道的能量公式如下:

$$E'_+(\xi) = 1 - \frac{2(1+\xi) e^{-2\xi} + 2\left(1 - \frac{2}{3}\xi^2\right) e^{-\xi}}{\xi + \xi\left(1 + \xi + \frac{1}{3}\xi^2\right) e^{-\xi}} \tag{5.88}$$

$$E'_-(\xi) = 1 - \frac{2(1+\xi) e^{-2\xi} - 2\left(1 - \frac{2}{3}\xi^2\right) e^{-\xi}}{\xi - \xi\left(1 + \xi + \frac{1}{3}\xi^2\right) e^{-\xi}} \tag{5.89}$$

氢分子离子的两个分子轨道能量 $E'_\pm(R)$ 随分子两个核之间距离 $R$ 的能量变化曲线如图 5.5(a) 所示。显然分子轨道的能量 $E'_+$ 可以低于氢原子的基态能量 $E_1$ 而形成能量更低的分子态 $\psi_+(r_1, r_2)$, 这样的分子态 (轨道) 称为**成键态** (轨道); 对应于 $E_-$ 的分子轨道 $\psi_-(r_1, r_2)$, 其能量总是高于 $E_1$, 所以该分子态称为**反键态**。从图 5.5(b) 可以看出, 成键态的电子云分布在两核中心的密度较大, 表现为电子云包裹着两个核 (见图中虚线所示的等密度线), 电荷密度在两个原子核之间的区域内增加, 体系总能量降低而产生成键效应; 反键态在两核中心处分布为零, 表现为两个电子云中心出现波节, 两个原子核之间的电荷密度减少, 这可以从波函数的形式看出。成键态 $\psi_+(r_1, r_2)$ 是两个氢原子轨道的对称叠加, 可以形成稳定的分子键; 反键态 $\psi_-(r_1, r_2)$ 是反对称叠加, 无法形成稳定的**化学键**。所以此处分子轨道的键能可以定义为 $|E_\pm(R_0) - E_1|$, 显然分子轨道的键能 $E_+$ 小于零 (放热), 可以形成稳定的化学键。

尽管利用变分原理给出了化学键的基本图像: 成键态的电子不是属于某一个原子核, 是从局域的原子轨道转变为围绕多个原子核运动而形成分子轨道, 电子的能量降低, 从而形成化学键。但以上的计算显然是极为粗略的, 如在两个核间距 $R \to 0$ 时上面的能量应该趋近于氦原子离子 $He^+$ 的基态能 $4E_1$, 但上面的

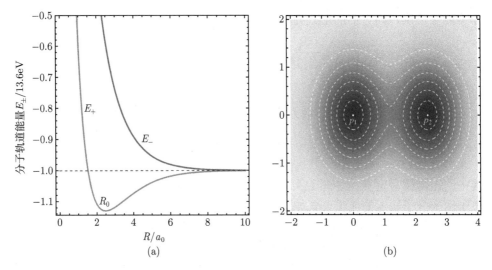

图 5.5  氢分子离子的分子能级和电子云密度分布

(a) 分子轨道能量随核间距的变化曲线；(b) 对应 $E_+$ 的成键轨道在 $z = 0$ 平面上的电子云密度分布，空间单位取 $a_0$，两个质子之间的距离 $R = 2.4a_0$

计算无法正确给出这个结果，所以为了提高计算的精度可以选取更多的变分参数，如核电荷数 $Z$ 等。当然变分法只能用于计算基态，对于处于激发态的其他分子轨道，则需要直接求解系统的哈密顿量本征方程，此处不再讨论。

<h2 style="text-align:center">习　　题</h2>

5.1　考虑一个一维谐振子，给其带上电荷 $q$ 并把它放入一个弱的外电场 $E$ 中，此时如果把谐振子受到的电场作用看成微扰：

$$\hat{H}' = -qEx = -qE\sqrt{\frac{\hbar}{2m\omega}}\left(\hat{a} + \hat{a}^\dagger\right)$$

请利用微扰理论计算谐振子系统能级的一级修正和二级修正。提示：在占有数表象中可以计算出谐振子所有能级的一级修正等于零，二级能量修正为 $-\hbar q^2 E^2 / (2m\omega)$，即谐振子能级被统一移动了一个常量 (平衡位置发生移动)。

5.2　请利用迭代公式 (5.21) 推导出波函数的二级修正公式。

5.3　请证明算符的二项式定理公式 (5.26)。提示：两个实数 $a$ 和 $b$ 的二项式展开为

$$(a+b)^n = \sum_{l=0}^{n}\binom{n}{l}a^{n-l}b^l \equiv \sum_{l=0}^{n}\frac{n!}{l!\,(n-l)!}a^{n-l}b^l$$

对于一般的两个不对易的算符 $\hat{A}$ 和 $\hat{B}$，其和的 $n$ 次幂 $(\hat{A}+\hat{B})^n$ 不存在一般的展开式。但如果 $[\hat{A},\hat{B}]=\hat{C}$，而 $\hat{C}$ 和 $\hat{A}$、$\hat{B}$ 都对易，那么可以给出算符的二项式定理如下：

$$\left(\hat{A}+\hat{B}\right)^n = \sum_{r=0,2,4,\cdots}^{n} \frac{n!\left(-\dfrac{\hat{C}}{2}\right)^{\frac{n-r}{2}}}{r!\left(\dfrac{n-r}{2}\right)!} \sum_{l=0}^{r} \begin{pmatrix} r \\ l \end{pmatrix} \hat{A}^{r-l}\hat{B}^l \tag{5.90}$$

对式 (5.90) 的证明要用到如下的**扎森豪斯公式** (Zassenhaus formula)：

$$\mathrm{e}^{\lambda\left(\hat{A}+\hat{B}\right)} = \mathrm{e}^{\lambda\hat{A}}\mathrm{e}^{\lambda\hat{B}}\mathrm{e}^{-\frac{\lambda^2}{2}[\hat{A},\hat{B}]} = \mathrm{e}^{\lambda\hat{A}}\mathrm{e}^{\lambda\hat{B}}\mathrm{e}^{-\frac{\lambda^2}{2}\hat{C}} \tag{5.91}$$

根据式 (5.91) 对式 (5.90) 两边进行幂级数展开：

$$\sum_{n=0}^{\infty} \frac{\left(\hat{A}+\hat{B}\right)^n}{n!}\lambda^n = \sum_{k,l,m=0}^{\infty} \frac{\hat{A}^k\hat{B}^l}{k!\,l!\,m!}\left(-\frac{\hat{C}}{2}\right)^m \lambda^{k+l+2m} \tag{5.92}$$

要使式 (5.92) 两边相等，$\lambda$ 的所有同次幂的系数都必须相等，从而有

$$\frac{\left(\hat{A}+\hat{B}\right)^n}{n!} = \sum_{k+l+2m=n} \frac{1}{k!\,l!\,m!}\hat{A}^k\hat{B}^l\left(-\frac{\hat{C}}{2}\right)^m \tag{5.93}$$

注意式 (5.93) 等号右边的求和项是对所有大于零的整数 $k$、$l$、$m$ 满足 $k+l+2m=n$ 的组合求和，如 $n=2$ 时符合条件的 $(k,l,m)$ 有四项，分别为 $(2,0,0)$、$(0,2,0)$、$(1,1,0)$ 和 $(0,0,1)$，结果为 $(\hat{A}+\hat{B})^2 = \hat{A}^2+\hat{B}^2-\hat{C}+2\hat{A}\hat{B}$。所以上面的求和在 $n$ 给定的情况下显然是两个指标的求和，可以令 $r=k+l$，得到：

$$\sum_{k,l} \frac{\left(-\dfrac{\hat{C}}{2}\right)^{\frac{n-k-l}{2}}}{k!l!\left(\dfrac{n-k-l}{2}\right)!}\hat{A}^k\hat{B}^l = \sum_{r=n-2m}\sum_{l} \frac{\left(-\dfrac{\hat{C}}{2}\right)^{\frac{n-r}{2}}}{l!\,(r-l)!\left(\dfrac{n-r}{2}\right)!}\hat{A}^{r-l}\hat{B}^l$$

$$= \sum_{r=n-2m} \frac{\left(-\dfrac{\hat{C}}{2}\right)^{\frac{n-r}{2}}}{r!\left(\dfrac{n-r}{2}\right)!}\left[\sum_{l=0}^{r}\begin{pmatrix} r \\ l \end{pmatrix}\hat{A}^{r-l}\hat{B}^l\right]$$

其中，中括号里的部分就是实数的二项式定理，显然算符的二项式定理是要对不同的整数 $r \geqslant 0$ 进行求和，此处 $r = n - 2m, m = 0, 1, \cdots$。所以最后得到的算符二项式定理为

$$\left(\hat{A} + \hat{B}\right)^n = \sum_{r=0,2,4,\cdots}^{n} \frac{n! \left(-\dfrac{\hat{C}}{2}\right)^{\frac{n-r}{2}}}{r! \left(\dfrac{n-r}{2}\right)!} \sum_{l=0}^{r} \begin{pmatrix} r \\ l \end{pmatrix} \hat{A}^{r-l} \hat{B}^l$$

显然如果 $\hat{A} \to \hat{a}^\dagger, \hat{B} \to \hat{a}$，则 $\hat{C} = -1$，再令 $n = 2k$，从而得到式 (5.26)。

5.4  请证明分波法的振幅公式 (5.48)。提示：将 $\sin x = \dfrac{1}{2\mathrm{i}} \left(\mathrm{e}^{\mathrm{i}x} - \mathrm{e}^{-\mathrm{i}x}\right)$ 代入式 (5.47) 中，经过整理得到的等式关系为

$$\sum_{l=0}^{\infty} \left[\mathrm{i}^l \mathrm{e}^{\mathrm{i}\frac{l\pi}{2}} (2l+1) - kA_l \mathrm{e}^{-\mathrm{i}\delta_l}\right] P_l\left(\cos\theta\right) \mathrm{e}^{-\mathrm{i}kr}$$

$$= \left\{2k\mathrm{i}f(\theta) + \sum_{l=0}^{\infty} \left[(2l+1) - kA_l \mathrm{e}^{\mathrm{i}\delta_l}\right] P_l\left(\cos\theta\right)\right\} \mathrm{e}^{\mathrm{i}kr}$$

其中，利用等式 $\mathrm{e}^{\mathrm{i}\frac{l\pi}{2}} = \mathrm{i}^l$ 进行了化简。由于 $\mathrm{e}^{\mathrm{i}kr}$ 和 $\mathrm{e}^{-\mathrm{i}kr}$ 线性独立，上面的等式要相等其系数必须为零，即

$$\sum_{l=0}^{\infty} \left[\mathrm{i}^l \mathrm{e}^{\mathrm{i}\frac{l\pi}{2}} (2l+1) - kA_l \mathrm{e}^{-\mathrm{i}\delta_l}\right] P_l\left(\cos\theta\right) = 0 \tag{5.94}$$

$$2k\mathrm{i}f(\theta) + \sum_{l=0}^{\infty} \left[(2l+1) - kA_l \mathrm{e}^{\mathrm{i}\delta_l}\right] P_l\left(\cos\theta\right) = 0 \tag{5.95}$$

方程 (5.94) 利用了 $P_l(\cos\theta)$ 的线性独立或正交性，其系数也必须等于零，给出各分波的振幅：

$$kA_l = (2l+1)\, \mathrm{e}^{\mathrm{i}\left(\delta_l + 2\frac{l\pi}{2}\right)}$$

将分波振幅 $A_l$ 代入方程 (5.95) 有

$$f(\theta) = \frac{1}{2k\mathrm{i}} \sum_{l=0}^{\infty} (2l+1) \left[\mathrm{e}^{2\mathrm{i}\left(\delta_l + \frac{l\pi}{2}\right)} - 1\right] P_l\left(\cos\theta\right)$$

最后得到公式：

$$\mathrm{e}^{2\mathrm{i}\left(\delta_l + \frac{l\pi}{2}\right)} = 1 + 2\mathrm{i}\mathrm{e}^{\mathrm{i}\left(\delta_l + \frac{l\pi}{2}\right)} \sin\left(\delta_l + \frac{l\pi}{2}\right)$$

5.5　请证明总散射截面公式 (5.49)。提示：积分利用附录 E 中勒让德多项式的正交归一化条件式 (E.4) 即可证明。

5.6　请证明散射态定态薛定谔方程 (5.35) 的解具有式 (5.52) 的形式。提示：将解式 (5.52) 代入式 (5.35) 显然成立，方程 (5.35) 的通解为其齐次方程的解 $\psi_0(\boldsymbol{r})$ 加它的一个特解：$\int \mathrm{d}^3 r' G(\boldsymbol{r} - \boldsymbol{r}') U(\boldsymbol{r}') \psi(\boldsymbol{r}')$。

5.7　请证明式 (5.53) 所给出的格林函数 $G_{\pm}(\boldsymbol{r})$ 是方程 (5.51) 的解。提示：首先根据处于零点处的点电荷的**泊松方程**可以给出如下的关系：

$$\nabla^2 \left( -\frac{1}{4\pi r} \right) = \delta(\boldsymbol{r}) \tag{5.96}$$

其中，$\delta(\boldsymbol{r})$ 为三维空间的狄拉克函数。利用球坐标下的拉普拉斯算子形式 (式 (4.15))，借助 Mathematica 的微分运算可以证明 $r \neq 0$ 时：

$$\left[ \frac{1}{r^2} \frac{\mathrm{d}}{\mathrm{d}r} \left( r^2 \frac{\mathrm{d}}{\mathrm{d}r} \right) \right] \frac{1}{r} = \left( \frac{\mathrm{d}^2}{\mathrm{d}r^2} + \frac{2}{r} \frac{\mathrm{d}}{\mathrm{d}r} \right) \frac{1}{r} = 0$$

当 $r \to 0$ 时可以预期 $\lim_{r \to 0} \nabla^2 \frac{1}{r} \to \delta(\boldsymbol{r})$。式 (5.96) 中系数 $-4\pi$ 根据球面积分获得，具体证明可参考文献 [21]。利用方程 (5.96) 和 $\nabla^2(uv) = u\nabla^2 v + 2\nabla u \cdot \nabla v + v\nabla^2 u$，即可证明：

$$\left( \nabla^2 + k^2 \right) G_{\pm}(\boldsymbol{r}) = \delta(\boldsymbol{r}) \tag{5.97}$$

当然也可以参考附录 F，直接采用傅里叶变换的方法严格求解式 (5.51)，从而得到 $G_{\pm}(\boldsymbol{r})$[22]。最后如果点电荷不在零处，而是在 $\boldsymbol{r}_0$ 处，那么式 (5.96) 的 $\delta(\boldsymbol{r}) \to \delta(\boldsymbol{r} - \boldsymbol{r}_0)$，相应的泊松方程变为

$$\nabla^2 \left( -\frac{1}{4\pi|\boldsymbol{r} - \boldsymbol{r}_0|} \right) = \delta(\boldsymbol{r} - \boldsymbol{r}_0)$$

此时的泊松方程可以利用电磁学中的高斯定理和电荷的电场强度公式进行证明。所以此种情况下格林函数 $G_{\pm}(\boldsymbol{r})$ 变为

$$G(\boldsymbol{r}; \boldsymbol{r}_0) = -\frac{1}{4\pi|\boldsymbol{r} - \boldsymbol{r}_0|}$$

其满足的方程 (5.97) 变为

$$\left( \nabla^2 + k^2 \right) G_{\pm}(\boldsymbol{r}; \boldsymbol{r}_0) = \delta(\boldsymbol{r} - \boldsymbol{r}_0)$$

5.8　请计算重叠积分式 (5.80)。提示：利用如图 5.4(b) 所示的坐标系，计算重叠积分为

$$S = \frac{2}{a_0^3} \int_0^{+\infty} r^2 \mathrm{e}^{-r/a_0} \underbrace{\left( \int_0^{\pi} \mathrm{e}^{-\sqrt{r^2+R^2-2rR\cos\theta}/a_0} \sin\theta \mathrm{d}\theta \right)}_{I_\theta} \mathrm{d}r \tag{5.98}$$

先计算积分式 (5.98) 括号中对 $\theta$ 的积分。此时令 $x \equiv \cos\theta$、$a \equiv (r^2 + R^2)/a_0^2$ 和 $b \equiv -2rR/a_0^2$，则积分变为

$$I_\theta = \int_0^{\pi} \mathrm{e}^{-\sqrt{r^2+R^2-2rR\cos\theta}/a_0} \sin\theta \mathrm{d}\theta = \int_{-1}^1 \mathrm{e}^{-\sqrt{a+bx}} \mathrm{d}x$$

利用 Mathematica 的积分函数 Integrate$[\mathrm{e}^{-\sqrt{a+bx}}, \{x, -1, 1\}]$ 可以得到：

$$\int_{-1}^1 \mathrm{e}^{-\sqrt{a+bx}} \mathrm{d}x = \frac{2}{b} \left[ \left(1 + \sqrt{a-b}\right) \mathrm{e}^{-\sqrt{a-b}} - \left(1 + \sqrt{a+b}\right) \mathrm{e}^{-\sqrt{a+b}} \right]$$

Mathematica 给出上述结果成立的条件是 $a + b \geqslant 0$，显然满足。代入前面定义的 $a$ 和 $b$ 的表达式可以得到：

$$I_\theta = -\frac{a_0^2}{rR} \left[ \left(1 + \frac{r}{a_0} + \frac{R}{a_0}\right) \mathrm{e}^{-(r+R)/a_0} - \left(1 + \left|\frac{r}{a_0} - \frac{R}{a_0}\right|\right) \mathrm{e}^{-|r-R|/a_0} \right]$$

将积分结果 $I_\theta$ 代入式 (5.98)，利用 Mathematica 求积分并化简可以得到：

$$S = \frac{2}{R'} \int_0^{+\infty} r' \mathrm{e}^{-r'} \left[ (1 + |r' - R'|) \mathrm{e}^{-|r'-R'|} - (1 + r' + R') \mathrm{e}^{-(r'+R')} \right] \mathrm{d}r'$$

$$= \frac{2}{R'} \int_0^{+\infty} (1 + |r' - R'|) \mathrm{e}^{-r'-|r'-R'|} r' \mathrm{d}r'$$

$$\quad - \frac{2}{R'} \mathrm{e}^{-R'} \int_0^{+\infty} (1 + R' + r') \mathrm{e}^{-2r'} r' \mathrm{d}r'$$

$$= \frac{2\mathrm{e}^{-R'}}{R'} \int_0^{R'} (1 + R' - r') r' \mathrm{d}r' + \frac{2\mathrm{e}^{R'}}{R'} \int_{R'}^{+\infty} (1 + r' - R') \mathrm{e}^{-2r'} r' \mathrm{d}r'$$

$$\quad - \frac{2}{R'} \mathrm{e}^{-R'} \frac{R' + 2}{4}$$

$$= \frac{2\mathrm{e}^{-R'}}{R'} \left( \frac{R'^2}{2} + \frac{R'^3}{6} \right) + \frac{2\mathrm{e}^{R'}}{R'} \frac{1}{4} \mathrm{e}^{-2R'} (2 + 3R') - \frac{\mathrm{e}^{-R'}}{2R'} (R' + 2)$$

$$= \mathrm{e}^{-R'} \left( 1 + R' + \frac{1}{3} R'^2 \right)$$

其中，代入 $r' = r/a_0, R' = R/a_0$ 即得到式 (5.80)。

5.9　请计算库仑积分的结果式 (5.82)。提示：库仑积分 $J$ 中只需要计算第二项的积分，采用和习题 5.8 一样的坐标系，则积分可计算为

$$I_{11} \equiv \langle \psi_{01}| \frac{1}{r_2} |\psi_{01}\rangle = \int \frac{|\psi_{01}(r_1)|^2}{r_2} \mathrm{d}^3 \boldsymbol{r}$$

$$= \frac{2}{a_0^3} \int_0^{+\infty} \mathrm{e}^{-2r/a_0} r^2 \mathrm{d}r \int_0^\pi \frac{\sin\theta \mathrm{d}\theta}{\sqrt{r^2 + R^2 - 2rR\cos\theta}}$$

$$= \frac{2}{a_0^3} \int_0^{+\infty} \mathrm{e}^{-2r/a_0} r^2 \mathrm{d}r \frac{r + R - |r - R|}{rR}$$

$$= \frac{4}{Ra_0^3} \int_0^R \mathrm{e}^{-2r/a_0} r^2 \mathrm{d}r + \frac{4}{a_0^3} \int_R^{+\infty} \mathrm{e}^{-2r/a_0} r \mathrm{d}r$$

$$= \frac{1}{R} - \left( \frac{1}{a_0} + \frac{1}{R} \right) \mathrm{e}^{-2R/a_0} = \langle \psi_{02}| \frac{1}{r_1} |\psi_{02}\rangle \equiv I_{22}$$

将上面的积分结果代入库仑积分，即可以得到式 (5.82)。

5.10　请计算式 (5.84) 中的交换积分 $K$。提示：在 $K$ 的计算中最主要的是计算如下的积分。

$$I_{12} = \langle \psi_{01}| \frac{1}{r_1} |\psi_{02}\rangle = \int \psi_0^*(r_1) \frac{1}{r_1} \psi_0(r_2) \mathrm{d}^3 \boldsymbol{r}$$

$$= \frac{1}{\pi a_0^3} \int \mathrm{e}^{-r_1/a_0} \frac{1}{r_1} \mathrm{e}^{-r_2/a_0} \mathrm{d}^3 \boldsymbol{r}$$

$$= \frac{2}{a_0^3} \int_0^{+\infty} \mathrm{e}^{-r/a_0} r \mathrm{d}r \int_0^\pi \mathrm{e}^{-\sqrt{r^2 + R^2 - 2rR\cos\theta}/a_0} \sin\theta \mathrm{d}\theta$$

$$= \frac{2}{a_0^3} \int_0^{+\infty} r \mathrm{e}^{-r/a_0} I_\theta \mathrm{d}r = \left( \frac{1}{a_0} + \frac{R}{a_0^2} \right) \mathrm{e}^{-R/a_0}$$

$$= \langle \psi_{02}| \frac{1}{r_2} |\psi_{01}\rangle$$

# 第 6 章 含时薛定谔方程

本章主要讨论量子系统的非定态含时问题，该部分与量子系统的含时控制有重要关系。由于此时系统的哈密顿量 $\hat{H}(t)$ 含时，系统不再是一个保守系统，能量会随时间而改变。对于远离平衡态分布的波函数演化，系统能量的改变一般是非常复杂的。对于大多数含时系统，其能量都是在外界驱动的基础上发生改变的，而被驱动微观系统的内部能态的形成是非常快的，即系统会形成瞬时态，这时候系统能量的变化大体分为两个过程：① 系统瞬时态能级的改变；② 系统在不同瞬时态能级间的跃迁。对于一般的含时系统，可以利用**演化算子**或代数算子的方法进行一般处理；对于有些特殊的含时系统，可以发展独特的理论方法。例如，如果系统的含时驱动部分很弱，可以发展含时微扰方法；如果系统的哈密顿量随时间的变化足够缓慢，可以发展含时系统的绝热理论和非绝热控制；如果系统的外界驱动是周期的，可以发展含时系统的**弗洛凯** (Floquet) 理论，等等。下面从最简单的含时微扰论出发，逐步讨论不同含时量子系统的含时动力学问题。

## 6.1 含时微扰论

第 5 章主要介绍了定态系统上的微扰理论，含时微扰和定态微扰类似，只是微扰部分 $\hat{H}'$ 是时间的函数：$\hat{H}' \to \hat{V}(t)$ (为了与定态微扰区分，含时微扰项符号改为 $V$)。现在系统总的哈密顿量可以写为

$$\hat{H}(t) = \hat{H}_0 + \hat{V}(t) \tag{6.1}$$

其中，$\hat{H}_0$ 是一个不含时的定态系统；$\hat{V}(t)$ 是一个含时的驱动微扰，同样 $\hat{V}(t)$ 部分相较 $\hat{H}_0$ 在任何时刻都很小。对于含时微扰论，和定态微扰一样，总哈密顿量的主要部分 $\hat{H}_0$ 的本征态和能级都是已知并可以严格求解的，即有

$$\hat{H}_0 |n\rangle = E_n |n\rangle; \quad \langle n| m\rangle = \delta_{nm}, \quad \sum_n |n\rangle \langle n| = 1$$

其中，$n$、$m$ 为态的指标。下面将通过 $\hat{H}_0$ 已知的希尔伯特空间来求解总系统 $\hat{H}(t)$ 的波函数和能级。

### 6.1.1　含时微扰的一般理论

对于没有受到微扰作用的定态系统 $\hat{H}_0$，它的一般态可以写为

$$|\psi(t)\rangle = \sum_n c_n \mathrm{e}^{-\mathrm{i}E_n t/\hbar} |n\rangle$$

其中，$c_n$ 是展开系数，对于未受微扰的定态系统 $c_n$ 是常数，预示着系统在各个态上的分布概率不随时间发生改变。但如果引入含时微扰 $V(t)$，在假设 $\hat{H}_0$ 的希尔伯特空间保持完备的基础上，系统 $\hat{H}(t)$ 的态依然可以写为

$$|\Psi(t)\rangle = \sum_n c_n(t) \mathrm{e}^{-\mathrm{i}E_n t/\hbar} |n\rangle \tag{6.2}$$

其中，展开系数 $c_n(t)$ 此时变成时间 $t$ 的函数。以上的假设在微扰驱动的情况下一般是合理的，所以根据系数 $c_n(t)$ 的物理意义，体系从初态出发在各个态上的分布概率 $P_n(t) = |c_n(t)|^2$ 将会随时间发生改变，由于总的概率 $\sum_n |c_n(t)|^2 = 1$，所以对于含时驱动系统的演化，会发生一种定态系统微扰所没有的新现象 (定态微扰是能级发生移动)：体系将会在 $\hat{H}_0$ 的各个能级之间发生**跃迁**。

将式 (6.2) 代入体系的薛定谔方程：

$$\mathrm{i}\hbar\frac{\partial}{\partial t}|\Psi(t)\rangle = \hat{H}(t)|\Psi(t)\rangle = \left[\hat{H}_0 + \hat{V}(t)\right]|\Psi(t)\rangle \tag{6.3}$$

在 $\hat{H}_0$ 表象下，得到系数 $c_m(t), m = 1, 2, \cdots$ 的动力学方程：

$$\dot{c}_m(t) = -\frac{\mathrm{i}}{\hbar}\sum_n V_{mn}(t)\mathrm{e}^{\mathrm{i}\omega_{mn}t}c_n(t) \tag{6.4}$$

其中，微扰跃迁矩阵元 $V_{mn}(t)$ 和跃迁频率 $\omega_{mn}$ 分别定义为

$$V_{mn}(t) = \langle m|\hat{V}(t)|n\rangle, \quad \omega_{mn} \equiv \frac{E_m - E_n}{\hbar} = \omega_m - \omega_n$$

为了更清晰地看到跃迁矩阵的规律，把方程 (6.4) 写成矩阵形式：

$$\mathrm{i}\hbar\begin{pmatrix} \dot{c}_1(t) \\ \dot{c}_2(t) \\ \dot{c}_3(t) \\ \vdots \end{pmatrix} = \begin{pmatrix} V_{11} & V_{12}\mathrm{e}^{\mathrm{i}\omega_{12}t} & V_{13}\mathrm{e}^{\mathrm{i}\omega_{13}t} & \cdots \\ V_{21}\mathrm{e}^{\mathrm{i}\omega_{21}t} & V_{22} & V_{23}\mathrm{e}^{\mathrm{i}\omega_{23}t} & \cdots \\ V_{31}\mathrm{e}^{\mathrm{i}\omega_{31}t} & V_{32}\mathrm{e}^{\mathrm{i}\omega_{32}t} & V_{33} & \cdots \\ \vdots & \vdots & \vdots & \end{pmatrix}\begin{pmatrix} c_1(t) \\ c_2(t) \\ c_3(t) \\ \vdots \end{pmatrix} \tag{6.5}$$

式 (6.5) 的微扰矩阵 $V(t)$ 是厄米矩阵：$V_{nm}(t) = V_{mn}^*(t)$。

### 6.1.2 含时微扰的级数展开方法

和定态微扰的处理方法相同，把 $\hat{V}(t)$ 作为一级微扰，哈密顿量写为 $\hat{H}(t) = \hat{H}_0 + \lambda \hat{V}(t)$，将系数 $c_n(t)$ 展开为辅助参量 $\lambda$ 的级数形式：

$$c_n(t) = c_n^{(0)}(t)\lambda^0 + c_n^{(1)}(t)\lambda^1 + c_n^{(2)}(t)\lambda^2 + \cdots$$

将级数展开代入方程 (6.4)，整理不同的微扰级次，得到以下的各级微扰方程：

$$\lambda^0: \qquad\qquad \mathrm{i}\hbar\dot{c}_m^{(0)}(t) = 0$$

$$\lambda^1: \quad \mathrm{i}\hbar\dot{c}_m^{(1)}(t) = \sum_n V_{mn}(t)\,\mathrm{e}^{\mathrm{i}\omega_{mn}t}c_n^{(0)}(t)$$

$$\lambda^2: \quad \mathrm{i}\hbar\dot{c}_m^{(2)}(t) = \sum_n V_{mn}(t)\,\mathrm{e}^{\mathrm{i}\omega_{mn}t}c_n^{(1)}(t)$$

$$\vdots$$

显然以上的微分方程存在一个一般的迭代规律，可以写为

$$\dot{c}_m^{(s+1)}(t) = -\frac{\mathrm{i}}{\hbar}\sum_n V_{mn}(t)\,\mathrm{e}^{\mathrm{i}\omega_{mn}t}c_n^{(s)}(t) \qquad (6.6)$$

其中，$s$ 是微扰级次的指标。所以只要给出了零级方程的解，即初始条件 $c_n^{(0)}(0)$，就可以通过以上方程逐级计算系数修正，直到达到足够的精度为止。

#### 1. 含时微扰的一级近似解

对于一般情况，方程 (6.6) 的解非常复杂，因为给定不同态上的初始概率后，各个态之间的概率会同时改变并相互影响，这是一个高维耦合体系的演化问题。所以只考虑一种非常简单但比较实际的情况，就是初始时刻系统 $\hat{H}_0$ 只处于其某一个本征态 $|i\rangle$ 上，然后在 $t=0$ 时加上微扰 $\hat{V}(t)$ 来考察体系态的演化。此时初始条件就变为 $c_n^{(0)}(0) = \delta_{ni}, n = 1, 2, 3, \cdots$，也就是只有 $c_i = 1$，其他系数都等于 0，这样根据一级微扰方程就可以得到：

$$\frac{\mathrm{d}}{\mathrm{d}t}c_n^{(1)}(t) = -\frac{\mathrm{i}}{\hbar}V_{ni}(t)\,\mathrm{e}^{\mathrm{i}\omega_{ni}t}$$

对上面的方程进行积分，可得到一级微扰解：

$$c_n^{(1)}(t) = -\frac{\mathrm{i}}{\hbar}\int_0^t V_{ni}(t')\,\mathrm{e}^{\mathrm{i}\omega_{ni}t'}\mathrm{d}t', \quad \text{其中 } n \neq i \qquad (6.7)$$

根据解式 (6.7)，得到任意时刻体系处于任意态 $|n\rangle$ $(n = 1, 2, \cdots)$ 上的概率为

$$P_n(t) \approx \left|c_n^{(1)}\right|^2 = \frac{1}{\hbar^2}\left|\int_0^t V_{ni}(t')\,\mathrm{e}^{\mathrm{i}\omega_{ni}t'}\mathrm{d}t'\right|^2$$

将一级微扰解式 (6.7) 代入式 (6.2)，得到体系一级微扰下的波函数解为

$$|\Psi(t)\rangle = |i\rangle \mathrm{e}^{-\mathrm{i}\omega_i t} - \frac{\mathrm{i}}{\hbar} \sum_{n \neq i} \int_0^t V_{ni}(t') \mathrm{e}^{\mathrm{i}\omega_{ni}t'} \mathrm{d}t' \cdot |n\rangle \mathrm{e}^{-\mathrm{i}\omega_n t}$$

1) 常数含时微扰过程

下面考虑一个非常简单的微扰过程。如图 6.1(a) 所示，系统 $\hat{H}_0$ 开始处于初态 $|i\rangle$ 上，在 $t = 0$ 时加上一个常数微扰 $\hat{V}(t) = \hat{V}$，其控制的过程可以用下面的时间分段函数来描述：

$$\hat{V}(t) = \begin{cases} 0, & t \leqslant 0 \\ \hat{V}, & t > 0 \end{cases} \tag{6.8}$$

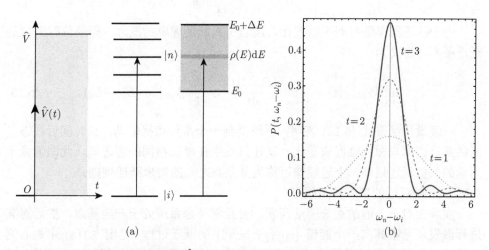

图 6.1　常数微扰 $\hat{V}(t)$ 下系统的跃迁过程和概率分布变化图
(a) 常数微扰 $\hat{V}(t)$ 的驱动过程示意图和能级跃迁，中间是分立态之间的跃迁，右边是分立态向能带的跃迁；(b) 系统在 $t = 1, 2, 3$ 时处于不同频率态上的瞬时概率分布情况

对于这个过程，根据微扰的一级微扰解式 (6.7) 有

$$c_n^{(1)}(t) = -\frac{\mathrm{i}}{\hbar} \int_0^t V_{ni}(t') \mathrm{e}^{\mathrm{i}\omega_{ni}t'} \mathrm{d}t' = \frac{V_{ni}}{\hbar} \frac{1 - \mathrm{e}^{\mathrm{i}\omega_{ni}t}}{\omega_{ni}} \tag{6.9}$$

其中，$V_{ni}(t') = \langle n| \hat{V} |i\rangle$ 为常数算符的矩阵元。所以在加上微扰后 $t$ 时刻，系统处于任意态 $|n\rangle$ 上的概率为

$$P_{i \to n}(t) = |c_n^{(1)}(t)|^2 = \frac{4|V_{ni}|^2}{\hbar^2 \omega_{ni}^2} \sin^2\left(\frac{\omega_{ni}}{2}t\right) = \frac{|V_{ni}|^2 t^2}{\hbar^2} \mathrm{sinc}^2\left(\frac{\omega_{ni}t}{2}\right) \tag{6.10}$$

其中，函数 $\mathrm{sinc}(x) = \sin(x)/x$ 是信号处理中著名的采样函数，也是 Mathematica 的内部函数，容易通过计算得知其满足 $\int_{-\infty}^{+\infty} \mathrm{sinc}\,(x)\,\mathrm{d}x = \pi$。

由以上的计算结果显示，系统在各个态上的跃迁概率是随时间不断发生变化的，如图 6.1(b) 所示，当长时间以后 $t \to \infty$，可以利用极限公式：

$$\lim_{t \to \infty} \frac{\sin^2 \omega t}{\omega^2} = \pi t \delta\,(\omega) \tag{6.11}$$

其中，$\delta(\omega)$ 为狄拉克 $\delta$ 函数。这样得到长时间的跃迁概率分布为

$$\lim_{t \to \infty} P_{i \to n}\,(t) = \frac{2\pi \,|V_{ni}|^2\, t}{\hbar^2} \delta\,(\omega_{ni}) = \frac{2\pi}{\hbar} t\, |V_{ni}|^2\, \delta\,(E_n - E_i) \tag{6.12}$$

由于跃迁概率随时间不断变化，所以引入**跃迁速率**的概念，即单位时间内的跃迁概率，定义为

$$\lim_{t \to \infty} W_{i \to n}\,(t) = \lim_{t \to \infty} \frac{\mathrm{d}P_{i \to n}\,(t)}{\mathrm{d}t} = \frac{2\pi}{\hbar}\, |V_{ni}|^2\, \delta\,(E_n - E_i) \tag{6.13}$$

一级微扰结果式 (6.13) 表明，系统受到一个常数微扰驱动，长时间后在态之间的跃迁速率与微扰强度成正比，跃迁只发生在能量相同的态之间，此即为量子力学的共振跃迁规则，上述规律可称为分立态之间的费米跃迁规则。

2) 能带跃迁的费米黄金规则

实际上对于一般的系统驱动问题，会经常考虑系统处于一定基态，然后对其进行激发，考察其向一个**能带** (energy band) 的跃迁过程 (见图 6.1(a) 中最右侧的跃迁示意图)，此时系统跃迁的末态 $|n\rangle$ 为一个能量连续的能级组成的能带。同样，利用式 (6.13) 和微积分思想，将末态能带进行微分，分割成能量宽度为 $\mathrm{d}E$ 的能级，然后对式 (6.13) 进行积分就可得到初态向能带的跃迁速率公式，即**费米黄金规则**。为了处理连续的能带，此处必须引入一个重要概念：态密度 (density of state)。态密度就是单位能级间隔内态的个数，用 $\rho(E)$ 表示。这样利用式 (6.13) 对整个能带积分，就得到从初态 $|i\rangle$ 到整个能带长时间的跃迁速率：

$$W_{i \to n}\,(t) = \frac{2\pi}{\hbar}\, |V_{ni}|^2 \int_{E_0}^{E_0 + \Delta E} \mathrm{d}E \rho\,(E)\, \delta\,(E - E_i) = \frac{2\pi}{\hbar}\, |V_{ni}|^2\, \rho\,(E_i) \tag{6.14}$$

其中，$V_{ni}$ 为能级 $|i\rangle$ 向能带的跃迁矩阵元；$n$ 为能带的指标。跃迁速率式 (6.14) 所表达的费米黄金规则表明：系统态在受到一定强度的微扰后向能带的跃迁速率与能带跃迁矩阵强度和能带的态密度成正比。

3) 自由粒子的态密度

为了更清晰地认识能带的态密度概念，考虑一个典型的例子就是电子的电离过程。电子的电离过程就是处于束缚态的电子向自由态能带的跃迁过程，在这个过程中末态的态密度决定了跃迁速率的大小，下面就具体计算一下自由电子的态密度 $\rho(E)$。自由粒子的本征态就是动量的本征态，即平面波。在动量算符本征问题里已经知道，自由粒子的能量是连续的，本征态平面波无法归一化。为了计算能量间隔 $E+\mathrm{d}E$ 内态的个数 $\mathrm{d}N$，首先采用箱归一化来计算态密度 $\rho(E) = \mathrm{d}N/\mathrm{d}E$，然后将箱的体积扩大到整个空间。因此，在一个边长为 $L$ 的立方体内归一化的自由粒子的本征态可以写为

$$\varphi\left(\boldsymbol{r}\right) = \frac{1}{\sqrt{L^3}}\mathrm{e}^{\mathrm{i}\boldsymbol{p}\cdot\boldsymbol{r}/\hbar} = \frac{1}{L^{3/2}}\mathrm{e}^{\mathrm{i}\boldsymbol{k}\cdot\boldsymbol{r}}$$

其中，动量 $\boldsymbol{p}$ (或波矢) 三个分量的本征值分别为

$$p_x = n_x\frac{2\pi\hbar}{L}, \quad p_y = n_y\frac{2\pi\hbar}{L}, \quad p_z = n_z\frac{2\pi\hbar}{L}$$

这样箱归一化的波函数可以用狄拉克符号写为 $|n_x, n_y, n_z\rangle$，即每一组整数 $(n_x, n_y, n_z)$ 就代表一个平面波的本征态，在动量空间就代表一个点，这样就可以在动量空间中通过计算点的个数来得到态的个数。如果这些点均匀地占满整个动量空间，那么动量空间每一个点 (态) 所占的动量空间体积平均为 $(2\pi\hbar/L)^3$。因此，在动量空间内动量在 $p_x \to p_x + \mathrm{d}p_x$，$p_y \to p_y + \mathrm{d}p_y$ 和 $p_z \to p_z + \mathrm{d}p_z$ 的体积 $\mathrm{d}V = \mathrm{d}p_x\mathrm{d}p_y\mathrm{d}p_z$ 内态的个数为

$$\mathrm{d}N(n_x, n_y, n_z) = \frac{\mathrm{d}V}{(2\pi\hbar/L)^3} = \left(\frac{L}{2\pi\hbar}\right)^3 \mathrm{d}p_x\mathrm{d}p_y\mathrm{d}p_z \tag{6.15}$$

对于某一个电离过程，如电子电离后末态的动能为固定的值：

$$E = \frac{p^2}{2m} \tag{6.16}$$

那么对于末态能量为 $E + \mathrm{d}E$ 的所有动量，本征态的个数就是在动量空间内动量在 $p$ 到 $p + \mathrm{d}p$ 的球壳体积内态的个数。所以在动量空间球坐标下，态的个数为

$$\mathrm{d}N(p, \theta, \phi) = \left(\frac{L}{2\pi\hbar}\right)^3 \mathrm{d}V = \left(\frac{L}{2\pi\hbar}\right)^3 p^2\sin\theta\mathrm{d}p\mathrm{d}\theta\mathrm{d}\phi \tag{6.17}$$

利用式 (6.16) 计算能量间隔 $\mathrm{d}E = p\mathrm{d}p/m$，然后代入态密度定义式有

$$\rho\left(\mathrm{d}E\right) \equiv \frac{\mathrm{d}N}{\mathrm{d}E} = \left(\frac{L}{2\pi\hbar}\right)^3 mp\sin\theta\mathrm{d}\theta\mathrm{d}\phi = \left(\frac{L}{2\pi\hbar}\right)^3 \sqrt{2m^3E}\mathrm{d}\Omega \tag{6.18}$$

其中，自由电子散射的立体角 $\mathrm{d}\Omega = \sin\theta\mathrm{d}\theta\mathrm{d}\phi$，这样就得到了自由粒子散射到 $(\theta,\phi)$ 方向单位立体角 $\mathrm{d}\Omega$ 内的态密度和散射能量 $E$ 的平方根成正比：$\rho\,(\mathrm{d}E)\,/\,\mathrm{d}\Omega \propto \sqrt{E}$。从而电离后自由粒子的能量 $E = p^2/2m$ 的态密度 (不分方向) 则是式 (6.18) 在整个方位上的积分：

$$\rho\,(E) = \int \rho\,(\mathrm{d}E)\,\mathrm{d}\Omega = \frac{4\pi V}{h^3}m\sqrt{2m}\sqrt{E} = \frac{2\pi V}{h^3}(2m)^{3/2}\sqrt{E} \tag{6.19}$$

其中，$V = L^3$ 为自由粒子箱归一化的箱体积。结论：三维自由粒子的态密度与能量的 1/2 次方成正比：$\rho(E) \propto E^{1/2}$。

以上的讨论有时在波矢 $k$ 空间里进行 (动量空间和波矢空间等价，相差一个普朗克常数：$\boldsymbol{p} = \hbar\boldsymbol{k}$)。根据式 (6.19)，自由粒子能量 $E_k = \hbar^2 k^2/(2m)$ 的态密度也可写为

$$\rho\,(E_k) = 4\pi\left(\frac{L}{2\pi\hbar}\right)^3 m\hbar k = \frac{2mV}{h^2}k \tag{6.20}$$

**2. 含时微扰的戴森级数展开方法**

将一级微扰解式 (6.7) 代入迭代方程 (6.6) 中，就可以得到含时微扰的二级修正解：

$$c_n^{(2)}\,(t) = \left(\frac{1}{\mathrm{i}\hbar}\right)^2 \sum_m \int_0^t \mathrm{d}t' \int_0^{t'} \mathrm{d}t'' V_{nm}\,(t') V_{mi}\,(t'')\,\mathrm{e}^{\mathrm{i}\omega_{nm}t'}\mathrm{e}^{\mathrm{i}\omega_{mi}t''} \tag{6.21}$$

由式 (6.21) 可见，二级过程的计算已相当复杂。但形式上，总可以不断地迭代获得更高阶的解，从而得到一个不同阶次的展开，这个积分展开经常被称为**戴森级数** (Dyson series)。下面引入**相互作用绘景** (interaction picture) 来具体计算这个级数展开的等价形式。在相互作用绘景中，态和算符的定义如下：

$$|\Psi\,(t)\rangle_{\mathrm{I}} = \mathrm{e}^{\mathrm{i}\hat{H}_0 t/\hbar}|\Psi\,(t)\rangle, \quad \hat{O}_{\mathrm{I}}\,(t) = \mathrm{e}^{\mathrm{i}\hat{H}_0 t/\hbar}\hat{O}\mathrm{e}^{-\mathrm{i}\hat{H}_0 t/\hbar} \tag{6.22}$$

其中，$|\Psi\,(t)\rangle_{\mathrm{I}}$ 和 $\hat{O}_{\mathrm{I}}\,(t)$ 分别代表相互作用绘景下的波函数和算符；$|\Psi\,(t)\rangle$ 和 $\hat{O}$ 分别代表原来的波函数和算符 (可称为**薛定谔绘景**)。因此，将式 (6.22) 代入薛定谔方程 (6.3) 中得到相互作用绘景下的薛定谔方程为

$$\mathrm{i}\hbar\frac{\partial}{\partial t}|\Psi\,(t)\rangle_{\mathrm{I}} = \hat{V}_{\mathrm{I}}\,(t)|\Psi\,(t)\rangle_{\mathrm{I}} \tag{6.23}$$

波函数的完备展开可写为 (相互作用绘景中系数用大写字母)

$$|\Psi\,(t)\rangle_{\mathrm{I}} = \sum_n C_n\,(t)\,|n\rangle$$

将上式代入薛定谔方程 (6.23)，得到相互作用绘景下展开系数 $C_m(t)$ 的动力学方程：

$$i\hbar\dot{C}_n(t) = \sum_m C_m(t) \langle n|\hat{V}_{\mathrm{I}}(t)|m\rangle = \sum_m V^{\mathrm{I}}_{nm}(t) C_m(t)$$

显然相互作用绘景下的系数方程等价于薛定谔绘景下的系数方程 (6.4)，但表述更为简洁：

$$\dot{C}_m(t) = -\frac{\mathrm{i}}{\hbar} \sum_n V^{\mathrm{I}}_{mn}(t) C_n(t)$$

如果假设系统的初始态为 $|\Psi(0)\rangle_{\mathrm{I}}$，那么利用**演化算子** (evolution operator) 来表示系统 $t$ 时刻的态：

$$|\Psi(t)\rangle_{\mathrm{I}} = \hat{U}_{\mathrm{I}}(t,t_0) |\Psi(0)\rangle_{\mathrm{I}}$$

将其代入薛定谔方程 (6.23) 中有

$$i\hbar\frac{\partial}{\partial t}\hat{U}_{\mathrm{I}}(t,t_0) = \hat{V}_{\mathrm{I}}(t) \hat{U}_{\mathrm{I}}(t,t_0)$$

其中，$\hat{U}_{\mathrm{I}}(t_0,t_0) = 1$。对上面的方程从 $t_0$ 到 $t$ 进行积分可得

$$\hat{U}_{\mathrm{I}}(t,t_0) = 1 - \frac{\mathrm{i}}{\hbar}\int_{t_0}^{t}\mathrm{d}t'\hat{V}_{\mathrm{I}}(t')\hat{U}_{\mathrm{I}}(t',t_0) \tag{6.24}$$

显然方程 (6.24) 也可以不断地进行自洽迭代，这样就会得到一个用演化算子表示的积分级数展开：

$$\hat{U}_{\mathrm{I}}(t,t_0) = \sum_{n=0}^{\infty}\left(\frac{1}{\mathrm{i}\hbar}\right)^n \int_{t_0}^{t}\mathrm{d}t_1\int_{t_0}^{t_1}\mathrm{d}t_2\cdots\int_{t_0}^{t_{n-1}}\mathrm{d}t_n\hat{V}_{\mathrm{I}}(t_1)\hat{V}_{\mathrm{I}}(t_2)\cdots\hat{V}_{\mathrm{I}}(t_n) \tag{6.25}$$

其中，对 $\hat{V}_{\mathrm{I}}(t)$ 的多重积分必须遵守时序：$t_0 \leqslant t_n \leqslant t_{n-1} \leqslant \cdots \leqslant t_2 \leqslant t_1 \leqslant t$，因为不同时刻的 $\hat{V}_{\mathrm{I}}(t)$ 是不对易的。通常这个演化算子的展开就被称为**戴森级数**。如果引入时序算子 $\hat{\mathbb{T}}$，然后把所有的时间积分上限都统一提升为 $t$，则上面的戴森级数可以写为非常简洁的形式 (见习题 6.1)：

$$\hat{U}_{\mathrm{I}}(t,t_0) = \hat{\mathbb{T}}\left(\mathrm{e}^{-\frac{\mathrm{i}}{\hbar}\int_{t_0}^{t}\mathrm{d}t' V_{\mathrm{I}}(t')}\right) \tag{6.26}$$

前面对含时系统薛定谔方程 (6.3) 的处理都是一般意义上的，没有引入任何的近似。下面考虑当哈密顿量中 $\hat{V}(t)$ 比 $\hat{H}_0$ 小很多时的微扰处理方法。与前面一

样，假设系统 $\hat{H}_0$ 初始 $t = t_0$ 时处于态 $|i\rangle$ 上，那么加上微扰 $\hat{V}(t)$ 后，根据前面的演化算子，$t$ 时刻系统的态为

$$|\Psi(t)\rangle_{\mathrm{I}} = \hat{U}_{\mathrm{I}}(t, t_0) |i\rangle = \sum_n |n\rangle \langle n| \hat{U}_{\mathrm{I}}(t, t_0) |i\rangle$$

$$= \sum_n \left[\langle n| \hat{U}_{\mathrm{I}}(t, t_0) |i\rangle\right] |n\rangle \equiv \sum_n C_n(t) |n\rangle$$

其中，系数 $C_n(t)$ 为

$$C_n(t) \equiv \langle n| \hat{U}_{\mathrm{I}}(t, t_0) |i\rangle$$

利用演化算子的戴森级数展开，自然就有

$$C_n(t) = \langle n| \sum_{n=0}^{\infty} \left(\frac{1}{\mathrm{i}\hbar}\right)^n \int_{t_0}^{t} \mathrm{d}t_1 \int_{t_0}^{t_1} \mathrm{d}t_2 \cdots \int_{t_0}^{t_{n-1}} \mathrm{d}t_n \hat{V}_{\mathrm{I}}(t_1) \hat{V}_{\mathrm{I}}(t_2) \cdots \hat{V}_{\mathrm{I}}(t_n) |i\rangle$$

$$= \delta_{ni} + \frac{1}{\mathrm{i}\hbar} \int_{t_0}^{t} \langle n| \hat{V}_{\mathrm{I}}(t_1) |i\rangle \, \mathrm{d}t_1$$

$$+ \left(\frac{1}{\mathrm{i}\hbar}\right)^2 \sum_m \int_{t_0}^{t} \mathrm{d}t_1 \int_{t_0}^{t_1} \mathrm{d}t_2 \langle n| \hat{V}_{\mathrm{I}}(t_1) |m\rangle \langle m| \hat{V}_{\mathrm{I}}(t_2) |i\rangle + \cdots$$

$$\equiv C_n^{(0)}(t) + C_n^{(1)}(t) + C_n^{(2)}(t) + \cdots$$

最后利用相互作用绘景与薛定谔绘景的关系式 (6.22)，就可以得到一级微扰公式 (6.7) 和二级微扰公式 (6.21)。对于以上的戴森级数解，如果 $\hat{V}(t)$ 足够小，级数总是收敛的。

### 3. 原子的辐射理论

本部分将在含时微扰论的框架下讨论原子辐射的基本理论。根据前面对氢原子的求解，原子内部电子在库仑场作用下会形成稳定的态 $\psi_{n,l,m}(r, \theta, \phi) \to |n, l, m\rangle$。如果把原子放入电磁场中，外部快速变化的电磁场相对于内部的库仑场来说可以看成含时微扰。根据含时微扰论，在电磁场的激发下，原子的电子将在原子不同的能态之间发生跃迁，下面就来考察电磁场对原子内电子态的影响。首先原子的电子和电磁场相互作用，总的哈密顿量为 (参照附录 J)

$$\hat{H} = \frac{[\hat{\boldsymbol{p}} + e\boldsymbol{A}(\boldsymbol{r}, t)]^2}{2m} - e\varphi(\boldsymbol{r}, t) + U(\boldsymbol{r}) \tag{6.27}$$

其中，$\hat{\boldsymbol{p}}$ 是电子的动量；$e$ 是电子的电量 (取正值)；$\boldsymbol{A}(\boldsymbol{r}, t)$ 和 $\varphi(\boldsymbol{r}, t)$ 分别为电磁场的**矢势**和**标势**；$U(\boldsymbol{r})$ 是电子所受到原子核的**库仑势**。哈密顿量式 (6.27) 展

开后利用库仑规范 $\nabla \cdot \boldsymbol{A} = 0$，选取适当的标势零点后可以化简为

$$\hat{H} = \hat{H}_0 + \hat{V}(t)$$

其中，原子的哈密顿量部分

$$\hat{H}_0 = \frac{\hat{p}^2}{2m} + U(\boldsymbol{r})$$

是整体系统哈密顿量的主要部分，而且其本征态和本征值都是已知的；微扰部分 $\hat{V}(t)$ 为 (参照习题 6.2 和附录 J)

$$\hat{V}(t) = \frac{e}{m}(\hat{\boldsymbol{p}} \cdot \boldsymbol{A}) + \frac{e^2}{2m}\boldsymbol{A}^2 \tag{6.28}$$

其描述的是电磁场和电子之间的相互作用，这个相互作用较为复杂，可以对其做进一步的简化。首先忽略高阶的顺磁相互作用 $\boldsymbol{A}^2$ (非线性二阶相互作用很弱，只有在高强度的电磁场中才考虑)。式 (6.28) 等号右边第一项等于 $\boldsymbol{J} \cdot \boldsymbol{A}$，从物理角度上讲是电子微电流 $\boldsymbol{J} = e\boldsymbol{v}$ 和电磁波的相互作用。因为电子在原子核周围形成一定形状的电子云分布，所以电磁场和电子云的相互作用可以这样考虑：电磁波的**电场**和电子云的相互作用，可以对电子云的电荷分布进行多级展开，即展开为净电荷 (中性原子无净电荷)、电偶极矩、电四极矩等，所以电场方面的相互作用主要是电偶极相互作用，其他高阶可以忽略；对于电流 $\boldsymbol{J}$ 产生的**磁场**和电子云的相互作用，同样展开以磁偶极矩为主，所以物理上相互作用中最为重要的是原子与电磁场的电偶极和磁偶极相互作用：

$$\hat{V}_E(t) = -\hat{\boldsymbol{D}} \cdot \boldsymbol{E}, \quad \hat{V}_B(t) = -\hat{\boldsymbol{M}} \cdot \boldsymbol{B} \tag{6.29}$$

其中，$\hat{\boldsymbol{D}}$ 是电子产生的电偶极矩；$\hat{\boldsymbol{M}}$ 是电子产生的磁偶极矩。对一个电子，其电偶极矩大小为 $D = |er|$，其中 $r$ 为电子到原子核的距离，数量级大体为玻尔半径 $a_0$。磁偶极矩的大小为 $M = |-(e/2m)\boldsymbol{L}|$ (参照习题 6.3)，其中电子轨道角动量 $\boldsymbol{L}$ 的大小在 $\hbar$ 数量级。

如果考虑最简单的电磁波场即**平面波**和原子的相互作用，那么平面波的电场强度和磁感应强度可分别写为

$$\boldsymbol{E}(\boldsymbol{r},t) = \mathscr{E}_0\boldsymbol{e}_\lambda\cos(\boldsymbol{k} \cdot \boldsymbol{r} - \omega t), \quad \boldsymbol{B}(\boldsymbol{r},t) = \boldsymbol{k} \times \frac{\boldsymbol{E}(\boldsymbol{k} \cdot \boldsymbol{r} - \omega t)}{|\boldsymbol{k}|} \tag{6.30}$$

其中，$\mathscr{E}_0$ 为电场强度的振幅；$\boldsymbol{e}_\lambda$ 为电场的偏振方向；$\omega$ 为电磁波频率。利用式 (6.29) 和式 (6.30) 可以大体估算电偶极和磁偶极相互作用的数量级：

$$\left|\frac{\hat{V}_B}{\hat{V}_E}\right| = \left|\frac{(e/2m)\,\boldsymbol{L} \cdot \boldsymbol{B}}{er \cdot \boldsymbol{E}}\right| \approx \left|\frac{(e/2m)\hbar\mathscr{E}_0}{ea_0\mathscr{E}_0c}\right| = \frac{1}{2}\frac{e^2}{4\pi\epsilon_0\hbar c} \equiv \frac{1}{2}\alpha$$

其中, 常数

$$\alpha \equiv \frac{e^2}{4\pi\epsilon_0\hbar c} \approx 1/137 \tag{6.31}$$

即为著名的**精细结构常数**。在以上的计算中还用到了平面波电场和磁场的关系: $\sqrt{\epsilon_0}\,|\boldsymbol{E}| = |\boldsymbol{B}|/\sqrt{\mu_0}$, 即 $|\boldsymbol{E}| = |\boldsymbol{B}|/\sqrt{\epsilon_0\mu_0} = c\,|\boldsymbol{B}|$。由此可见, 磁偶极相互作用比电偶极相互作用要小两个数量级, 可以忽略。这样平面电磁波和核外电子态的相互作用可以简化为电偶极相互作用, 微扰项可写为

$$\hat{V}(\boldsymbol{r}, t) = -\hat{\boldsymbol{D}} \cdot \boldsymbol{E} = 2\hat{V}\cos\left(\boldsymbol{k} \cdot \boldsymbol{r} - \omega t\right)$$

其中, $\hat{V} = (e\hat{\boldsymbol{r}} \cdot \mathscr{E}_0\hat{\boldsymbol{e}})/2$ 为电偶极耦合系数。由于电磁场的波长 (可见光波长为 $400 \sim 700\text{nm}$) 比起原子内电子的运动范围 (玻尔半径 $a_0 \approx 0.0529\text{nm}$) 要大得多, 原子内电子感受到的电场强度几乎不随空间变化: $|\boldsymbol{k} \cdot \boldsymbol{r}| \propto \frac{2\pi}{\lambda} a_0 \approx 10^{-4}$, 所以可以忽略, 这样上面的微扰在不考虑常数位相的基础上可以简化为

$$\hat{V}(t) \approx 2\hat{V}\cos\left(\omega t\right) = \hat{V}\left(\mathrm{e}^{-\mathrm{i}\omega t} + \mathrm{e}^{\mathrm{i}\omega t}\right) \tag{6.32}$$

假设初始时刻原子处于初态 $|i\rangle$, 然后原子受电磁场含时微扰 $\hat{V}(t)$ 作用, 利用式 (6.7) 可以得到 $t$ 时刻体系处于态 $|n\rangle$ 的概率幅为

$$\begin{aligned}
c_n^{(1)}(t) &= -\frac{\mathrm{i}}{\hbar} V_{ni} \int_0^t \left[\mathrm{e}^{\mathrm{i}(\omega_{ni}-\omega)t'} + \mathrm{e}^{\mathrm{i}(\omega_{ni}+\omega)t'}\right] \mathrm{d}t' \\
&= \frac{V_{ni}}{\hbar}\left[\frac{1 - \mathrm{e}^{\mathrm{i}(\omega_{ni}-\omega)t}}{\omega_{ni} - \omega} + \frac{1 - \mathrm{e}^{\mathrm{i}\omega_{ni}+\omega t}}{\omega_{ni} + \omega}\right]
\end{aligned} \tag{6.33}$$

为了方便起见, 定义 $\Omega_\pm = \omega_{ni} \pm \omega$, 那么可以得到原子 $t$ 时刻从初态 $|i\rangle$ 到态 $|n\rangle$ 的跃迁概率为

$$P_{i\to n}(t) = \frac{|V_{ni}|^2}{\hbar^2}\left[\frac{\sin^2\dfrac{\Omega_+ t}{2}}{\left(\dfrac{\Omega_+}{2}\right)^2} + \frac{\sin^2\dfrac{\Omega_- t}{2}}{\left(\dfrac{\Omega_-}{2}\right)^2} + \frac{2\sin\dfrac{\Omega_+ t}{2}\sin\dfrac{\Omega_- t}{2}}{\dfrac{\Omega_+}{2}\dfrac{\Omega_-}{2}}\cos\left(\omega t\right)\right]$$

图 6.2 展示了原子在不同时刻跃迁概率随原子能级跃迁频率 $\omega_{ni}$ 的分布, 从图中可以清楚地看到随着时间的增加, 跃迁概率越来越集中于电磁波和原子跃迁频率一致的地方, 即跃迁集中发生在能级共振的地方。利用与式 (6.9) 一样的讨论, 结合 $t \to \infty$ 的极限公式 (6.11), 得到长时间后原子的跃迁速率:

$$\lim_{t\to\infty} W_{i\to n}(t) = \frac{2\pi}{\hbar}|V_{ni}|^2\left[\delta\left(E_n - E_i - \hbar\omega\right) + \delta\left(E_n - E_i + \hbar\omega\right)\right] \tag{6.34}$$

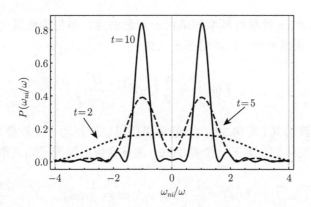

图 6.2　原子在不同时刻跃迁概率随原子能级跃迁频率 $\omega_{ni}$ 的分布

式 (6.34) 等号右边中括号内第一项给出跃迁共振条件：$E_n = E_i + \hbar\omega$，这个过程代表初态 $|i\rangle$ 吸收了一个光子的能量 $\hbar\omega$ 跃迁到高能态 $|n\rangle$，这个过程称为共振吸收或**受激吸收**；同样，第二项给出共振跃迁条件：$E_n = E_i - \hbar\omega$，代表初态 $|i\rangle$ 放出一个光子能量 $\hbar\omega$ 跃迁到低能态 $|n\rangle$，这个过程称为共振辐射或**受激辐射**。

原子辐射是原子受电磁波的激发而产生的跃迁过程，其跃迁速率的大小正比于如下跃迁矩阵元 $V_{ni}$ 的平方：

$$V_{ni} = \langle n| \hat{V} |i\rangle = \langle n| \frac{e\hat{\boldsymbol{r}} \cdot \mathscr{E}_0 \boldsymbol{e}_\lambda}{2} |i\rangle = \frac{1}{2} \langle n| \hat{D} \mathscr{E}_0 \cos\theta |i\rangle$$

$$= \frac{1}{2} \mathscr{E}_0 \cos\theta \langle n| \hat{D} |i\rangle = \frac{1}{2} \mathscr{E}_0 \cos\theta D_{ni}$$

其中，$\theta$ 是原子偶极矩的方向和平面波电场的偏振方向 $\boldsymbol{e}_\lambda$ 之间的夹角；$D_{ni}$ 是电偶极矩算符 $\hat{D} = e\hat{\boldsymbol{r}}$ 的矩阵元大小。结合式 (6.34)，最后得到单色线偏振的平面电磁波作用到原子上的跃迁速率公式：

$$\lim_{t \to \infty} W_{i \to n}(t) = \frac{\pi}{\hbar^2} \frac{1}{2} \mathscr{E}_0^2 |D_{ni}|^2 \cos^2\theta \left[ \delta(\omega_{ni} + \omega) + \delta(\omega_{ni} - \omega) \right] \tag{6.35}$$

1) 一般电磁场中原子的跃迁速率

对于一般的电磁场，其电场的偏振方向不一定是线偏的，可能是圆偏振或椭圆偏振，这样式 (6.35) 中 $\theta$ 的取值对跃迁速率的影响就必须进行各个方向的平均，即

$$\overline{\cos^2\theta} = \frac{1}{4\pi} \int d\Omega \cos^2\theta = \frac{1}{4\pi} \int_0^{2\pi} d\phi \int_0^\pi d\theta \sin\theta \cos^2\theta = \frac{1}{3}$$

同时一般电磁场的频率也不是单一的，其能量在不同频率有一个分布，电磁场的能量密度随着频率的分布函数称为**能量密度分布函数** $I(\omega)$，其物理意义

为电磁场在频率 $\omega$ 处单位频率间隔内的能量密度, 单位为焦耳每立方米每赫兹 (J/(m³·Hz))。根据电磁场的能量密度公式:

$$I\left(\omega,t\right) = \frac{1}{2}\left(\epsilon_0 \boldsymbol{E}^2 + \frac{\boldsymbol{B}^2}{\mu_0}\right) \tag{6.36}$$

依然利用平面波形式 (式 (6.30)) (一般电磁场可以展开为平面波叠加),发现 $I(\omega,t)$ 是随时间快速变化的, 对某一个频率成分能量密度的时间平均效果为

$$\overline{I\left(\omega,t\right)} = I\left(\omega\right) = \frac{1}{T}\int_0^T I\left(\omega,t\right)\mathrm{d}t = \frac{1}{2}\epsilon_0\mathscr{E}_0^2, \quad T = \frac{2\pi}{\omega} \tag{6.37}$$

将式 (6.37) 代入式 (6.35) 并考虑一般非偏振电磁场的情形, 那么在频率为 $\omega$、能量密度为 $I(\omega)$ 的电磁场激发下原子的跃迁速率为

$$\lim_{t\to\infty} W_{i\to n}\left(t\right) = \frac{1}{3}\frac{\pi}{\hbar^2\epsilon_0}I\left(\omega\right)\left|D_{ni}\right|^2\left[\delta\left(\omega_{ni}+\omega\right)+\delta\left(\omega_{ni}-\omega\right)\right] \tag{6.38}$$

对于具有各种频率分布的电磁场来说, 其对原子激发的总跃迁速率为对所有频率电磁波所激发的跃迁速率的积分:

$$\begin{aligned}
w_{i\to n} &= \frac{1}{3}\frac{\pi}{\hbar^2\epsilon_0}\left|D_{ni}\right|^2\int\mathrm{d}\omega I\left(\omega\right)\left[\delta\left(\omega_{ni}+\omega\right)+\delta\left(\omega_{ni}-\omega\right)\right], \\
w_{i\to n}^{\pm} &= \frac{1}{3}\frac{\pi}{\hbar^2\epsilon_0}\left|D_{ni}\right|^2 I\left(\pm\omega_{ni}\right)
\end{aligned} \tag{6.39}$$

其中,"+" 对应受激吸收过程;"−" 对应受激辐射过程。微扰论给出的跃迁速率公式 (6.39) 说明在一般电磁场中原子的跃迁速率与原子共振频率处电磁场的能量密度成正比, 而且受激吸收和受激辐射互为逆过程, 跃迁速率在具有频率对称的电磁场能量密度函数 $I(\omega) = I(-\omega)$ 中是相同的。

2) 电偶极跃迁的选择定则

根据式 (6.39), 无论受激辐射还是受激吸收, 其跃迁速率的大小都依赖于原子跃迁的初态和末态之间的偶极矩 $D_{ni}$。如果这个跃迁矩阵等于零, 那两个态之间即使有共振的电磁场激发也不会发生跃迁。下面就以类氢原子为例来计算一下这个矩阵元。此时取原子初态 $|i\rangle \to |n,l,m\rangle$, 末态 $|n\rangle \to |n',l',m'\rangle$, 那么原子电偶极矩的矩阵元为

$$\begin{aligned}
\boldsymbol{D}_{ni} &= \langle n|\,e\hat{r}\,|i\rangle = e\boldsymbol{r}_{ni} = e\,\langle n',l',m'|\,\hat{r}\,|n,l,m\rangle \\
&= e\,\langle n',l',m'|\,\hat{x}\boldsymbol{i}+\hat{y}\boldsymbol{j}+\hat{z}\boldsymbol{k}\,|n,l,m\rangle
\end{aligned} \tag{6.40}$$

所以偶极矩的三个分量为

$$D_{ni}^x = e \langle n', l', m' | \hat{x} | n, l, m \rangle$$
$$D_{ni}^y = e \langle n', l', m' | \hat{y} | n, l, m \rangle$$
$$D_{ni}^z = e \langle n', l', m' | \hat{z} | n, l, m \rangle$$

利用 $x$、$y$、$z$ 的球坐标形式 (见习题 4.6)，可以证明如下的关系：

$$\sin\theta e^{\pm i\phi} |n, l, m\rangle = c_1 |n, l+1, m\pm 1\rangle + c_2 |n, l-1, m\pm 1\rangle$$
$$\cos\theta |n, l, m\rangle = \pm c_3 |n, l+1, m\rangle + c_4 |n, l-1, m\rangle$$

其中，$c_1$、$c_2$、$c_3$、$c_4$ 是和 $l$、$m$ 有关的常数。利用原子态的正交归一化条件 $\langle n'l'm' | nlm \rangle = \delta_{n'n}\delta_{l'l}\delta_{m'm}$，可以发现 $\boldsymbol{D}_{ni}$ 的大小 $D_{ni}$ 不为零的条件是

$$l' = l \pm 1, \quad m' = m, m \pm 1 \tag{6.41}$$

式 (6.41) 称为电偶极跃迁的**选择定则**。电偶极跃迁的选择定则其实是角动量守恒的要求，说明光子具有 $l = 1$ 的角动量，初态和末态之间无论通过吸收一个光子还是辐射一个光子，都要求角动量守恒。

3) 爱因斯坦的原子辐射理论

经过含时微扰论的分析发现，原子在电磁场的作用下会有两个跃迁过程，一个是受激吸收过程，另一个为受激辐射过程，分别如图 6.3(a) 和 (b) 所示。然而实际的辐射系统 (气体或固体) 一般都由大量原子组成，所以这样的辐射系统其实是一个热力学系统。爱因斯坦对这个问题的考察发现，原子辐射如果根据微扰论只存在受激吸收和受激辐射这两个跃迁过程，所得结果和已有的热力学规律相悖。正是看到了这样的矛盾，爱因斯坦发现了原子辐射的**自发辐射**过程 (如图 6.3(c) 所示)，下面来介绍这个问题。

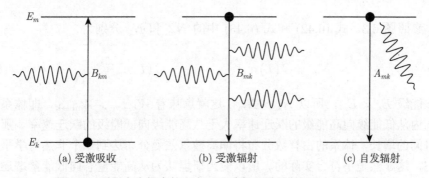

图 6.3　原子在光场中的三个跃迁过程及爱因斯坦 $A$、$B$ 系数

爱因斯坦认为，由于一个辐射系统是由大量的辐射原子构成的经典热力学系统，那么原子在不同能态上的占有数是有分布的，应该满足玻尔兹曼分布，也就是能量为 $E$ 的原子占有数应为

$$N = C\left(T\right) \mathrm{e}^{-\frac{E}{k_\mathrm{B}T}}$$

其中，$k_\mathrm{B}$ 为玻尔兹曼常数；$C\left(T\right)$ 为分布的归一化系数，是温度 $T$ 的函数。爱因斯坦认为原子从高能态 $|m\rangle$（能量 $E_m$）向低能态 $|k\rangle$（能量 $E_k$）的受激辐射过程的快慢应该和处于激发态 $|m\rangle$ 上原子个数 $N_m$ 成正比，如激发态如果没有原子，辐射过程就不会发生。除此以外，原子的辐射过程才和外界电磁场的能量密度成正比，这样从 $|m\rangle \to |k\rangle$ 的受激辐射跃迁速率应为

$$W_{m\to k} \propto I\left(\omega\right) N_m = B_{mk} I\left(\omega_{mk}\right) N_m \tag{6.42}$$

其中，比例系数 $B_{mk}$ 为爱因斯坦受激辐射 $B$ 系数。同理对于从 $|k\rangle$ 态到 $|m\rangle$ 态的受激吸收过程，其跃迁速率为

$$W_{k\to m} \propto I\left(\omega\right) N_k = B_{km} I\left(\omega_{km}\right) N_k \tag{6.43}$$

其中，$B_{km}$ 为爱因斯坦受激吸收 $B$ 系数。根据式 (6.39) 的计算结果，单个原子的受激辐射速率和受激吸收速率分别为

$$w_{m\to k} = \frac{1}{3}\frac{\pi}{\hbar^2\epsilon_0} \left|D_{mk}\right|^2 I\left(\omega_{mk}\right), \quad w_{k\to m} = \frac{1}{3}\frac{\pi}{\hbar^2\epsilon_0} \left|D_{km}\right|^2 I\left(\omega_{km}\right) \tag{6.44}$$

式 (6.44) 表示单个原子的爱因斯坦受激辐射系数和受激吸收系数是相等的:

$$B_{mk} = B_{km} = \frac{1}{3}\frac{\pi}{\hbar^2\epsilon_0} \left|D_{mk}\right|^2 \tag{6.45}$$

参照图 6.3，式 (6.42) 和式 (6.43) 中的 $N_m$ 和 $N_k$ 分别为

$$N_m = C\left(T\right) \mathrm{e}^{-\frac{E_m}{k_\mathrm{B}T}}, \quad N_k = C\left(T\right) \mathrm{e}^{-\frac{E_k}{k_\mathrm{B}T}} \tag{6.46}$$

由于能级 $E_k < E_m$，所以 $N_k > N_m$，这就意味着 $W_{k\to m} > W_{m\to k}$，即体系单位时间内从低能级向高能级的跃迁速率大于从高能级向低能级的跃迁速率。那么随着时间的增长，体系的占有数分布将偏离玻尔兹曼分布达到一个非热力学平衡的状态，这显然是不符合实际的。所以爱因斯坦认为从高能量态向低能量态还应该存在另一种和受激辐射过程不同的辐射过程: **自发辐射**。因为如果原子处于激发

态,那么在不需要任何电磁场激发的情况下原子会自发从激发态向低能量态跃迁,
所以这种自发辐射的跃迁速率由如下公式决定:

$$W_{m \to k}^{S} = A_{mk} N_m$$

其中, $A_{mk}$ 为爱因斯坦自发辐射 $A$ 系数,它的物理意义是单个原子单位时间内
从 $E_m$ 态向 $E_k$ 态的自发跃迁概率。这样加上自发辐射过程,体系的辐射和吸收
过程才能达到动态平衡:

$$W_{m \to k} = [B_{mk} I(\omega) + A_{mk}] N_m = B_{km} I(\omega) N_k = W_{k \to m} \qquad (6.47)$$

下面来具体计算爱因斯坦 $A$、$B$ 系数。根据式 (6.47) 和式 (6.46) 有

$$\frac{N_k}{N_m} = \frac{B_{mk} I(\omega) + A_{mk}}{B_{km} I(\omega)} = \frac{\mathrm{e}^{-\frac{E_k}{k_{\mathrm{B}} T}}}{\mathrm{e}^{-\frac{E_m}{k_{\mathrm{B}} T}}} = \mathrm{e}^{\hbar \omega_{mk} / k_{\mathrm{B}} T}$$

从而可以计算出电磁场能量密度分布函数:

$$I(\omega_{mk}) = \frac{A_{mk}}{B_{km} \mathrm{e}^{\hbar \omega_{mk} / (k_{\mathrm{B}} T)} - B_{mk}} = \frac{A_{mk}}{B_{km}} \frac{1}{\mathrm{e}^{\hbar \omega_{mk} / (k_{\mathrm{B}} T)} - \dfrac{B_{mk}}{B_{km}}} \qquad (6.48)$$

下面考虑一个处于平衡态的黑体辐射系统 (只有吸收没有辐射的理想系统,实
验上可以利用一个封闭的腔来模拟)。根据对黑体辐射场的测量,普朗克给出如下
黑体辐射电磁场能量密度分布公式:

$$\rho(\nu_{mk}) = 2\pi I(\omega_{mk}) = \frac{8\pi h \nu_{mk}^3}{c^3} \frac{1}{\mathrm{e}^{h \nu_{mk} / (k_{\mathrm{B}} T)} - 1}$$

其中, $\nu_{mk}$ 是黑体系统在任意两态之间跃迁所辐射电磁波的频率,所以 $\rho(\nu) \, \mathrm{d}\nu$
表示黑体辐射频率在 $\nu$ 到 $\nu + \mathrm{d}\nu$ 之间的辐射电磁场的能量密度。因此,在黑体
辐射场中结合式 (6.48) 会得到如下的关系:

$$\frac{A_{mk}}{B_{km}} \frac{1}{\mathrm{e}^{\hbar \omega_{mk} / (k_{\mathrm{B}} T)} - \dfrac{B_{mk}}{B_{km}}} = \frac{4h \nu_{mk}^3}{c^3} \frac{1}{\mathrm{e}^{h \nu_{mk} / (k_{\mathrm{B}} T)} - 1} \qquad (6.49)$$

对比式 (6.49) 等号两边,可以得到以下关系:

$$B_{mk} = B_{km}$$

$$A_{mk} = \frac{4h \nu_{mk}^3}{c^3} B_{km} = \frac{\hbar \omega_{mk}^3}{c^3 \pi^2} B_{km}$$

最后利用式 (6.45) 就可以得到：

$$B_{mk} = \frac{\pi}{3\hbar^2 \epsilon_0} |D_{mk}|^2 = \frac{\pi e^2}{3\hbar^2 \epsilon_0} |r_{mk}|^2 = \frac{4\pi^2 e_s^2}{3\hbar^2} |r_{mk}|^2 \tag{6.50}$$

$$A_{mk} = \frac{\hbar \omega_{mk}^3}{c^3 \pi^2} \frac{4\pi^2 e_s^2}{3\hbar^2} |r_{mk}|^2 = \frac{4 e_s^2 \omega_{mk}^3}{3\hbar c^3} |r_{mk}|^2 \tag{6.51}$$

其中，为了方便定义了参数 $e_s \equiv e/\sqrt{4\pi\epsilon_0}$。由此可见自发辐射系数也和原子的跃迁偶极矩有关，所以本质上来说自发辐射过程是由于原子和真空场中的偶极相互作用而发生的受激辐射过程。

4) 受激辐射的激光原理

由于原子的受激辐射和自发辐射的机理是不同的，受激辐射是受到电磁场激发的共振跃迁过程，而自发辐射是原子自发地从高能量的激发态跃迁到低能量态的随机辐射过程，所以这两个过程放出的光子的性质是不同的。受激辐射过程满足跃迁过程的共振守恒条件，光子的频率、传播方向和入射的光子 (可称为种子光) 是匹配的，具有一定的频率和方向，这种辐射产生的电磁场是**相干**的。自发辐射是一个自发的随机过程，放出的光子方向和时间都是随机的，这种辐射产生的电磁场是**非相干**的。因此，对于一个辐射系统或光源，受激辐射和自发辐射哪一个跃迁占主导地位，是决定光源性质的重要因素。根据自发辐射和受激辐射跃迁速率的比值：

$$\frac{A_{mk}}{B_{mk} I(\omega_{mk})} = e^{\hbar\omega_{mk}/(k_B T)} - 1$$

可以找到一个受激辐射和自发辐射跃迁速率相等的条件：

$$A_{mk} = B_{mk} I(\omega_{mk}) \Rightarrow \bar{\omega}_{mk} = (\ln 2) k_B T / \hbar \tag{6.52}$$

式 (6.52) 给出了如下结论：温度为 $T$ 的辐射体，辐射频率为 $\bar{\omega}_{mk}$ 的电磁波，其自发辐射和受激辐射速率是相同的。显然如果辐射体的温度 $T = 300\text{K}$，那么 $\bar{\omega}_{mk} = 2.9 \times 10^{13}\text{Hz}$，这个频率的电磁场接近微米波：$\lambda \approx 6 \times 10^{-5}\text{m}$。所以式 (6.52) 指出对于比微波波长更短的辐射，温度为 300K 的辐射体主要以自发辐射为主，而对于波长更长的波则受激辐射占主导地位。为了制造受激辐射占主导地位的相干可见光源，必须提高受激辐射速率。其中，通过把更多的原子抽运到激发态，增大激发态的占有数 (**粒子数反转**) 来提高受激辐射速率，利用受激辐射产生光放大而得到的相干光场就称为**激光**。

为了实现激光的粒子数反转而产生激光，图 6.4 给出了一个简单产生激光的三能级结构示意图。图 6.4 展示了利用简单三能级结构产生激光的原理：外部驱动场 (可通过化学能、电能或光能等形式) 不断将处于基态 $E_0$ 的原子抽运到瞬态

$E_2$, 瞬态的寿命非常短, 原子迅速通过自发辐射跃迁到一个亚稳态 $E_1$, 原子在亚稳态保持一段时间后也会通过自发辐射弛豫到基态 $E_0$, 然后又被驱动场抽运到瞬态 $E_2$, 如此反复进行, 亚稳态的原子占有数就不断积累, 从而大于基态的占有数, 实现粒子数反转。然后利用一束共振的种子光去激发亚稳态和基态之间的跃迁产生受激辐射, 种子光就被受激辐射放大产生了激光 (当然也可以不需要种子光自发地产生锁模激光)。所以在产生激光的能级中需要用到不同能级寿命的量子态, 下面简单介绍一下**能级寿命**的概念。

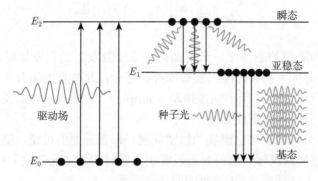

图 6.4　产生激光的三能级结构示意图

能级有寿命主要是因为自发辐射的存在, 根据自发辐射系数的物理意义, 单位时间内一个原子从激发态 $|m\rangle$ 向低能态 $|k\rangle$ 跃迁的概率 $W_m = \mathrm{d}P_m/\mathrm{d}t = A_{mk}$。假设 $t$ 时刻处于激发态的原子数目是 $N_m$, 那么经过 $\mathrm{d}t$ 时间发生自发辐射的原子数目为

$$\mathrm{d}N_m = -A_{mk}N_m\mathrm{d}t \tag{6.53}$$

其中, 负号代表激发态粒子数的减少。所以对式 (6.53) 进行积分就得到 $t$ 时刻处于激发态的原子数目:

$$N_m\left(t\right) = N_m\left(0\right)\mathrm{e}^{-A_{mk}t} = N_m\left(0\right)\mathrm{e}^{-\frac{t}{\tau_{mk}}} \tag{6.54}$$

其中, $N_m\left(0\right)$ 为 $t = 0$ 时的原子数目; 参数

$$\tau_{mk} = \frac{1}{A_{mk}}$$

可以定义为原子从 $|m\rangle$ 态衰变到 $|k\rangle$ 态的平均时间, 即可以定义为态 $|m\rangle$ 的**平均寿命**。根据式 (6.54), 态 $|m\rangle$ 的平均寿命 $\tau_{mk}$ 表示处于态 $E_m$ 的原子从初始数目衰减到原来的 $1/e \approx 0.368$ 时所用的时间, 具体可根据式 (6.51) 进行估算。如果

态 $|m\rangle$ 自发辐射衰变的通道很多,那么其寿命就可以定义为

$$\tau_m = \frac{1}{\sum\limits_k A_{mk}}$$

显然态的寿命要对所有的跃迁末态 $|k\rangle$ 求和。当然如果自发辐射的末态是一个能量连续的能带,那么求和就变成了积分:

$$\sum_k A_{mk} \to \int A_m\left(\omega\right)\rho\left(\omega\right)\mathrm{d}\omega$$

其中,$\rho(\omega)$ 为能带的态密度。无论如何,原子激发态的自发辐射决定了激发态向基态弛豫的时间 $\tau$,该时间代表态本身的寿命,此时总的辐射系数一般用符号 $\gamma \equiv 1/\tau$ 来表示,称为能级的**弛豫频率** (damping frequency),激发态的弛豫频率和激发态辐射谱线的**线宽**成正比。

下面简单讨论一下辐射谱线的线宽问题。根据前面的讨论,辐射体的原子从 $|m\rangle$ 态到 $|k\rangle$ 态的跃迁辐射出的光场强度 $I(t)$ 随时间的变化满足 $I(t) \propto N \propto \mathrm{e}^{-\gamma t}$,那么辐射场的电场强度 $E(t)$ 随时间的变化满足:

$$E\left(t\right) \approx \sqrt{I\left(t\right)} \propto \mathrm{e}^{-\gamma t/2}\mathrm{e}^{-\mathrm{i}\omega_{mk}t} \tag{6.55}$$

其中,$\omega_{mk}$ 是该辐射过程所产生的电场频率。显然对式 (6.55) 进行傅里叶变换,得到该辐射过程的谱函数为

$$\phi\left(\omega\right) \propto \int_0^{+\infty} E\left(t\right)\mathrm{e}^{\mathrm{i}\omega t}\mathrm{d}t = \int_0^{+\infty} \mathrm{e}^{-\gamma t/2}\mathrm{e}^{-\mathrm{i}\omega_{mk}t}\mathrm{e}^{\mathrm{i}\omega t}\mathrm{d}t = \frac{\mathrm{i}}{\omega - \omega_{mk} + \mathrm{i}\dfrac{\gamma}{2}}$$

所以辐射场的功率谱为

$$\left|\phi\left(\omega\right)\right|^2 \propto \frac{1}{\left(\omega - \omega_{mk}\right)^2 + \dfrac{\gamma^2}{4}} \tag{6.56}$$

根据式 (6.56),谱线为洛伦兹分布形式 (见附录 B3),谱线的**半峰全宽** (full width at half maximum, FWHM) 为 $\gamma$,$\gamma = 1/\tau$ 经常被称为谱线的**自然线宽** (natural line width)。原子激发态的谱线宽度除了自然线宽还和其他因素有关,如谱线由于热运动会产生**多普勒展宽** (Doppler broadening),原子碰撞会加速弛豫导致**碰撞展宽** (collisional broadening) 等,所以原子能级辐射总的线宽一般用 $\Gamma$ 表示,称为原子激发态总的弛豫系数。

## 6.2　绝热近似理论和几何相位

含时微扰论要求系统哈密顿量 $\hat{H}_0$ 受到的含时驱动 $\hat{V}(t)$ 非常弱,如果这个条件不满足,微扰的级数展开就可能不收敛,求解一级、二级近似的结果误差就非常大,微扰论的分析方法就会失效。本节在微扰论框架之外来考虑一般的含时系统问题。首先考虑一种含时系统 $\hat{H}(t)$,其哈密顿量含时部分虽然不满足微扰条件,但变化却非常缓慢: $\mathrm{d}\hat{V}(t)/\mathrm{d}t \sim 0$。也就是说,含时驱动也许很强,但变化却是缓慢的,在这种情况下有一个非常有用的理论:**绝热理论**,可以用来处理这类系统波函数的演化问题 [12,23]。

为了准确说明这种缓慢变化的物理含义,先举一个经典的例子:绝热单摆 [12]。对于一个固定的单摆,其在某一平面内周期振荡,如果有人拿着这个单摆缓慢地从一个地方走到另一个地方,移动足够缓慢,那么可以发现单摆会保持原来的运动状态不变。所以这里的缓慢具有两个时间尺度,一个是单摆的内部运动,其特征时间用振动周期 $T_{\mathrm{in}}$ 来表示;另一个是单摆的外部运动,用外部运动的周期 $T_{\mathrm{ex}}$ 来表示。如果满足 $T_{\mathrm{ex}} \gg T_{\mathrm{in}}$,那么单摆系统就在经历一个**绝热过程**。这个过程所导致内部和外部的运动可以近似地相互分离 (耦合很弱,几乎没有能量的交换),即体系的整个运动过程可以等效为固定单摆的外部位置,单独考察单摆的运动状态,然后改变外部位置,单独考察单摆的内部动力学状态,如此把两个相互耦合同时都在变化的过程变成了不耦合的两个独立的运动过程,一般情况下系统中变化非常缓慢的动力学量就成了系统内部动力学的**外部参量**,这就叫**绝热近似**。但是绝热过程有一个非常有趣的现象,虽然两个过程可以动力学解耦,但并非完全互不相关,如对单摆而言外部运动会缓慢改变单摆的振动平面,这就是著名的**傅科摆** (Foucault pendulum) 现象。地球自转对单摆运动而言是非常缓慢的变化 (地球自转周期 24h),但这个运动会让单摆的振动平面产生一个微小角度的偏转,这个几何角度在量子力学中被称为**几何相位**。

绝热近似在物理学中有着非常广泛的应用,尤其在量子系统的参数控制中具有突出的物理意义。对一个含时哈密顿系统 $\hat{H}(t)$,如果它是某些外部参量的函数 $\hat{H}(\boldsymbol{R})$,而这些参量 $\boldsymbol{R} = (R_1, R_2, \cdots, R_n)$ 都是随时间缓慢变化的函数 $\boldsymbol{R}(t)$,此时系统的动力学演化就可以利用绝热理论来处理。例如,考虑摆长缓慢变化的单摆系统,此时单摆的动力学过程符合绝热近似理论,所以其动力学规律,如单摆的周期应该和固定摆长的周期 $T_{\mathrm{in}} = 2\pi\sqrt{L/g}$ 具有相同的形式: $2\pi\sqrt{L(t)/g}$,此时单摆的摆长是系统缓慢变化的参数。再如,第 1 章提到的多体系统电子结构的计算中,系统原子核的运动比起电子的运动而言很慢,所以原子核的位置成为计算电子波函数的系统哈密顿量的外部参量,这就是前面提到的著名的**玻恩–奥本**

海默近似 (BOA)。

### 6.2.1　量子力学中的绝热近似理论

对于一个含时系统 $\hat{H}(t)$, 其态的演化遵从薛定谔方程:

$$i\hbar\frac{\partial\,|\Psi(t)\rangle}{\partial t} = \hat{H}(t)\,|\Psi(t)\rangle \tag{6.57}$$

如果体系的 $\hat{H}(t)$ 随时间缓慢变化, 那么有充分的理由认为, 在某个时刻系统一定存在能量瞬时本征态:

$$\hat{H}(t)\,|n(t)\rangle = E_n(t)\,|n(t)\rangle \tag{6.58}$$

根据哈密顿量算符的厄米性, 所有的瞬时本征态 $\{|n(t)\rangle, n = 1,2,3,\cdots\}$ 构成 $\hat{H}(t)$ 希尔伯特空间正交归一的基矢, 称为系统的**能量瞬时基**, 其是任意时刻系统哈密顿量的瞬时定态, 满足瞬时正交归一化条件:

$$\langle m(t)|n(t)\rangle = \delta_{mn}, \quad \sum_n |n(t)\rangle\langle n(t)| = 1$$

瞬时基假设数学上一般总是成立的, 但它对实际系统 $\hat{H}(t)$ 有很强的限制, 即要求系统的演化必须在每一时刻都存在正交归一并完备的量子瞬态 (方程 (6.58) 有解并完备)。此处为了方便讨论假定所有能级不存在简并 (简并情况将在需要的地方讨论), 在此假定下, 系统的哈密顿量可写为如下形式:

$$\hat{H}(t) = \sum_n E_n(t)\,|n(t)\rangle\langle n(t)| = \sum_n E_n(t)\,\hat{P}_n(t) \tag{6.59}$$

其中, $\hat{P}_n(t) \equiv |n(t)\rangle\langle n(t)|$ 即为瞬时基的投影算子。

对于瞬时基的本征能量 $E_n(t)$, 可以证明其随时间的变化率满足:

$$\frac{\mathrm{d}E_n(t)}{\mathrm{d}t} \equiv \dot{E}_n(t) = \langle n(t)|\,\dot{\hat{H}}(t)\,|n(t)\rangle$$

所以对于任意归一化的初始态 $|\Psi(0)\rangle = \sum_n a_n(0)\,|n(0)\rangle$, 它的能量为

$$E(0) = \sum_n |a_n(0)|^2 E_n(0) \tag{6.60}$$

其中, $\sum_n |a_n(0)|^2 = 1$。那么系统在任意 $t$ 时刻的波函数可写为

$$|\Psi(t)\rangle = \sum_n a_n(t)\,|n(t)\rangle \tag{6.61}$$

所以系统处于态 $|\Psi(t)\rangle$ 的能量为

$$E(t) = \langle\Psi(t)|\hat{H}(t)|\Psi(t)\rangle = \sum_n |a_n(t)|^2 E_n(t) \equiv \sum_n p_n(t) E_n(t) \tag{6.62}$$

比较式 (6.60) 和式 (6.62) 可以发现，系统能量 $E(t)$ 的变化依赖于两个方面的因素：一是瞬时态本身的能级 $E_n(t)$；二是态在瞬时能级上的概率分布 $p_n(t)$。所以系统能量的变化 $\dot{E}(t)$ 源于两个过程，一个是系统瞬时态能级本身的移动或变化，另一个是系统在瞬态能级之间的跃迁。

将式 (6.61) 代入系统的演化方程 (6.57) 中，得到分布系数 $a_n(t)$ 的动力学方程为

$$\mathrm{i}\hbar\dot{a}_n(t) = E_n(t)a_n(t) - \mathrm{i}\hbar\sum_m \langle n(t)|\dot{m}(t)\rangle a_m(t) \tag{6.63}$$

为求解方程 (6.63)，将方程等号右边的求和项分解为 $m = n$ 和 $m \neq n$ 两部分：

$$\dot{a}_n(t) = \mathrm{i}\left[-\frac{1}{\hbar}E_n(t) + \mathrm{i}\langle n(t)|\dot{n}(t)\rangle\right]a_n(t) - \sum_{m\neq n}\langle n(t)|\dot{m}(t)\rangle a_m(t) \tag{6.64}$$

这样可以自然引入如下的含时变换：

$$a_n(t) = A_n(t)\,\mathrm{e}^{\mathrm{i}\alpha_n(t)} \tag{6.65}$$

将系数的动力学方程式 (6.64) 化简为

$$\dot{A}_n(t) = -\sum_{m\neq n}\langle n(t)|\dot{m}(t)\rangle\mathrm{e}^{\mathrm{i}[\alpha_m(t)-\alpha_n(t)]}A_m(t) \tag{6.66}$$

其中，变换的绝热相位 $\alpha_n(t)$ 满足：

$$\dot{\alpha}_n(t) = -\frac{1}{\hbar}E_n(t) + \mathrm{i}\langle n(t)|\dot{n}(t)\rangle$$

对其积分以后就得到相位随时间的变化：

$$\alpha_n(t) \equiv \beta_n(t) + \gamma_n(t) \equiv -\frac{1}{\hbar}\int_0^t E_n(t')\mathrm{d}t' + \mathrm{i}\int_0^t \langle n(t')|\dot{n}(t')\rangle\mathrm{d}t' \tag{6.67}$$

由式 (6.67) 可知，**实数相位** $\alpha_n(t)$ 由两部分组成，第一部分 $\beta_n(t)$ 称为瞬时基的**动力学相位**，定义为

$$\beta_n(t) \equiv -\frac{1}{\hbar}\int_0^t E_n(t')\mathrm{d}t' \tag{6.68}$$

第二部分 $\gamma_n(t)$ 通常被称为瞬时基的**几何相位**，定义为

$$\gamma_n(t) \equiv \mathrm{i} \int_0^t \langle n\,(t')|\,\dot{n}\,(t')\rangle \mathrm{d}t' \tag{6.69}$$

根据方程式 (6.66) 的形式，可以发现其等号右边所表达的物理意义是系统态 $|\Psi(t)\rangle$ 在瞬时态 $|n(t)\rangle$ 上的概率幅变化由该瞬时态向其他态的跃迁形成，所以方程式 (6.66) 唯一表达的是瞬时态的跃迁过程，而跃迁率的大小决定于转移矩阵：$\langle n\,(t)|\,\dot{m}\,(t)\rangle, n \neq m$，可以证明其等价于 (见习题 6.5)：

$$\langle n\,(t)|\,\dot{m}\,(t)\rangle = \frac{\langle n(t)|\,\dot{\hat{H}}(t)\,|m(t)\rangle}{E_m(t) - E_n(t)} \tag{6.70}$$

如果定义 $\dot{\hat{H}}(t) = \mathrm{d}\hat{H}(t)/\mathrm{d}t$ 为系统**功率算符**[24]，那么这个跃迁矩阵的大小取决于系统功率作为微扰的一级波函数的修正系数 (可参考定态微扰展开式 (5.13) 的瞬时形式)。因此，当系统的哈密顿量随时间的变化率或系统功率非常小，即 $\mathrm{d}\hat{H}(t)/\mathrm{d}t \sim 0$ 时，满足 (见习题 6.5)：

$$\sum_{m \neq n} |\langle n\,(t)|\,\dot{m}\,(t)\rangle| = \sum_{m \neq n} \left| \frac{\langle n(t)|\,\dot{\hat{H}}(t)\,|m(t)\rangle}{E_m(t) - E_n(t)} \right| \ll 1 \tag{6.71}$$

式 (6.66) 等号右边的项都可以忽略，此时就有 $\dot{A}(t) \approx 0$。所以系统的解为

$$|\Psi(t)\rangle \approx \sum_n a_n(0) \mathrm{e}^{\mathrm{i}\alpha_n(t)} |n(t)\rangle \equiv |\Psi_{\mathrm{ad}}(t)\rangle \tag{6.72}$$

其中，$|\Psi_{\mathrm{ad}}(t)\rangle$ 称为系统的**绝热态**；实数相位 $\alpha_n(t) = \beta_n(t) + \gamma_n(t)$ 称为瞬时基的**绝热相位**，满足 $\alpha_n(0) = 0$。因此绝热态是体系的哈密顿量变化非常缓慢的条件下系统演化态的**近似解**，而态 $|\Psi_{\mathrm{ad}}(t)\rangle$ 则是系统经过严格绝热过程到达的绝热态。可以看到这个绝热态的能量为

$$E_{\mathrm{ad}}(t) = \sum_n |a_n(0)|^2 E_n(t) \tag{6.73}$$

比较式 (6.62) 和式 (6.73) 可以发现，绝热态的演化中其在各个态上的概率保持不变：$p_n(t) = p_n(0) = |a_n(0)|^2$，即不会发生瞬时态间的跃迁，每个瞬时态经过绝热过程只是相位发生了不同的改变，对应的能级发生了相应的移动。也就是说，如果系统初始态 $|\Psi(0)\rangle = |n(0)\rangle$，那么经过绝热演化变为

$$|n(0)\rangle \longrightarrow \mathrm{e}^{\mathrm{i}\alpha_n(t)}|n(t)\rangle = \mathrm{e}^{\mathrm{i}\beta_n(t)}\mathrm{e}^{\mathrm{i}\gamma_n(t)}|n(t)\rangle, \quad E_n(0) \longrightarrow E_n(t) \tag{6.74}$$

由此可见，绝热演化过程只是瞬时态的能级发生了移动，体系在瞬时态上的概率分布 $(p_n)$ 保持不变 (对于体系系综而言，占有数分布不变意味着体系没有发生热转移)。要使体系保持绝热演化，即要求体系每一时刻都近似保持在绝热态上，演化满足**绝热条件**式 (6.71)，那么体系单位时间内能量的变化量必须远小于能级间的最小间隔 (能隙)，所以系统在绝热演化中应尽量避免能级的简并交叉。在能级交叉、能级靠得很近或偶然简并情况下，系统将远离绝热态进行演化，非绝热耦合的跃迁过程将不能被忽略 [24]，绝热条件式 (6.71) 会带来诸多问题 [25,26]。对于体系不存在能隙时的绝热理论 [27] 及在简并空间上的绝热相位问题 [28,29] 都必须另作表述，此处不再讨论。

### 6.2.2　绝热几何相位

下面重点讨论一下绝热相位 $\alpha(t)$ 中的几何相位 $\gamma_n(t)$ 及其几何性质。一般而言，几何相位的几何性表现在态演化的某种参数空间中，下面来具体讨论这一问题。

#### 1. 参数空间中的贝里相位

假如一个体系的哈密顿量 $\hat{H}(t)$ 依赖于 $N$ 个含时参数：$R_1(t), R_2(t), \cdots, R_N(t)$，也就是系统的哈密顿量 $\hat{H}(t)$ 是这 $N$ 个系统参数的函数：

$$\hat{H}(t) = \hat{H}(R_1(t), R_2(t), \cdots, R_N(t)) \equiv \hat{H}(\boldsymbol{R}(t)) \tag{6.75}$$

其中，参数矢量 $\boldsymbol{R}(t) = R_1(t)\boldsymbol{e}_1 + R_2(t)\boldsymbol{e}_2 + \cdots + R_N(t)\boldsymbol{e}_N$ 为参数局域空间上的形式，其中 $\boldsymbol{e}_\mu, \mu = 1, \cdots, N$ 表示局域坐标 $R_\mu$ 方向的基矢。那么体系哈密顿量的瞬时本征态也是参数 $\boldsymbol{R}(t)$ 的函数，记为 $|n(\boldsymbol{R})\rangle$。因此在 $N$ 维参数空间中，每一时刻的参数 $\boldsymbol{R}(t)$ 都对应于参数空间中的一个点 $P$：

$$\boldsymbol{R}(t) \longleftrightarrow (R_1(t), R_2(t), \cdots, R_N(t))$$

参数 $\boldsymbol{R}(t)$ 的一个变化过程就对应于参数空间上的一条以 $t$ 为参数的 $N$ 维曲线 $C$。那么在参数曲线 $C$ 上每一个点 $P$ 处都存在一个系统 $\hat{H}(\boldsymbol{R})$ 的希尔伯特空间及其瞬时基矢 $\{|n(\boldsymbol{R})\rangle\}$。任意波函数 $|\Psi(\boldsymbol{R})\rangle$ 的动力学演化都可以对应为 $N$ 维 $\boldsymbol{R}$ 参数空间中波函数**矢量**在参数曲线上的变化。从而整体而言波函数 $|\Psi\rangle$ 在参数空间 $\boldsymbol{R}$ 上定义了一个波函数的**矢量场** $|\Psi(\boldsymbol{R})\rangle$。

在 $N$ 维 $\boldsymbol{R}$ 参数空间中，系统瞬时本征态基矢 $|n(t)\rangle$ 从 0 到 $t$ 绝热演化所积累的几何相位 (式 (6.69)) 在参数空间中看是沿着参数曲线 $C$ 从 $\boldsymbol{R}(0)$ 到 $\boldsymbol{R}(t)$ 波函数 $|n(\boldsymbol{R})\rangle$ **相位改变**的曲线积分，即可以写为

$$\gamma_n(t) = \mathrm{i} \int_0^t \langle n(t') | \dot{n}(t') \rangle \mathrm{d}t' = \mathrm{i} \int_C \langle n(\boldsymbol{R}) | \frac{\mathrm{d}}{\mathrm{d}\boldsymbol{R}} | n(\boldsymbol{R}) \rangle \cdot \frac{\mathrm{d}\boldsymbol{R}(t')}{\mathrm{d}t'} \mathrm{d}t'$$

$$=\mathrm{i}\int_C \langle n\,(\boldsymbol{R})\,|\frac{\mathrm{d}}{\mathrm{d}\boldsymbol{R}}|n\,(\boldsymbol{R})\rangle \cdot \mathrm{d}\boldsymbol{R}$$

$$=\mathrm{i}\int_{\boldsymbol{R}(0)}^{\boldsymbol{R}(t)} \langle n\,(\boldsymbol{R})\,|\nabla_R|n\,(\boldsymbol{R})\rangle \cdot \mathrm{d}\boldsymbol{R} \tag{6.76}$$

其中，$\nabla_R$ 为 $\boldsymbol{R}$ 参数空间的梯度算子；$\boldsymbol{R}(0)$ 和 $\boldsymbol{R}(t)$ 分别为曲线 $C$ 的初始点和终点。显然上面的相位决定于参数空间中参数的变化轨迹 (是定义于参数曲线上的函数)，其一般不是参数空间的单值函数。但如果沿着参数空间的一条闭合曲线 $C$ 积分，即从初始状态开始经过 $\tau$ 时间又回到了初始状态：

$$\boldsymbol{R}(\tau) = \boldsymbol{R}(0) \tag{6.77}$$

利用**斯托克斯公式** (Stokes formula)，几何相位式 (6.76) 的环路积分可写为[①]

$$\gamma_n(\tau) = \mathrm{i}\oint_C \langle n\,(\boldsymbol{R})\,|\nabla_R|n\,(\boldsymbol{R})\rangle \cdot \mathrm{d}\boldsymbol{R}$$

$$=\mathrm{i}\iint_S \nabla_R \times \langle n\,(\boldsymbol{R})\,|\nabla_R|n\,(\boldsymbol{R})\rangle \cdot \mathrm{d}\boldsymbol{S} \tag{6.78}$$

其中，$S$ 是参数空间闭合轨道 $C$ 所围成的曲面。显然上面的相位决定于参数空间中**矢量函数** $\boldsymbol{A}_n(\boldsymbol{R}) \equiv \mathrm{i}\langle n(\boldsymbol{R})|\nabla_R|n(\boldsymbol{R})\rangle$ 的**旋度**的面积分，也就是和矢量场 $\boldsymbol{A}$ 的旋量场性质有关。如果矢量场 $\boldsymbol{A}_n(\boldsymbol{R})$ 为无旋度的**保守场**，那么体系任何波函数在演化中所积累的几何相位都只和系统的初末参数 $\boldsymbol{R}(0)$ 和 $\boldsymbol{R}(t)$ 有关，而系统的循环过程所积累的几何相位始终为零 (不积累几何相位)。

然而一般情况下矢量场 $\boldsymbol{A}_n(\boldsymbol{R})$ 是有旋度分量的非保守场，那么可以证明上面循环过程所积累的几何相位在任意的规范变换下保持不变，是一个**规范不变量** (见习题 6.7)。所以态 $|n(0)\rangle$ 经过一个循环过程所积累的几何相位是一个可以观测的物理量，这个相位 1984 年被英国物理学家迈克尔·贝里 (Michael Berry) 在量子力学的范畴内重新发现，所以环路积分式 (6.78) 得到的几何相位 $\gamma_n(\tau)$ 通常被称为**贝里相位** (Berry phase)。贝里相位所展现的几何性质与数学中**纤维丛** (fiber bundle) 上的整体几何性质有重要的联系[30]。

2. 贝里联络和贝里曲率

根据以上的讨论，瞬时波函数 $|n(\boldsymbol{R})\rangle$ 的矢量场函数 $\boldsymbol{A}_n(\boldsymbol{R})$ 可以统称为波函数的"**矢势**"，类比于用电磁场的矢势可以定义波函数的**有效电磁感应强度**：

---

[①] 严格来讲，此处的斯托克斯公式应该用 $N$ 维参数空间里的外微分形式，而不是此处所使用的三维参数空间的旋度表述形式，可参考附录 G.2.2 的讨论。

$\boldsymbol{B}_n(\boldsymbol{R}) = \nabla_R \times \boldsymbol{A}_n(\boldsymbol{R})$，那么贝里相位式 (6.78) 可以表述为

$$\gamma_n(\tau) = \iint_S \nabla_R \times \boldsymbol{A}_n(\boldsymbol{R}) \cdot \mathrm{d}\boldsymbol{S} = \iint_S \boldsymbol{B}_n(\boldsymbol{R}) \cdot \mathrm{d}\boldsymbol{S} \tag{6.79}$$

显然以上相位是波函数的"有效磁场" $\boldsymbol{B}_n(\boldsymbol{R})$ 穿过闭合轨道 $C$ 所围成曲面 $S$ 的 **"磁通量"**。从数学的角度上讲，物理上引入的矢势 $\boldsymbol{A}_n(\boldsymbol{R})$ 叫作**贝里联络** (Berry connection) 或**贝里矢势** (Berry vector potential)[31]，具体可写为

$$\boldsymbol{A}_n(\boldsymbol{R}) = \mathrm{i}\langle n(\boldsymbol{R}) | \nabla_R | n(\boldsymbol{R})\rangle = \sum_{\mu=1}^{N} \mathrm{i}\langle n(\boldsymbol{R}) | \frac{\partial}{\partial R_\mu} | n(\boldsymbol{R})\rangle \boldsymbol{e}_\mu \equiv \sum_{\mu=1}^{N} A_n^\mu \boldsymbol{e}_\mu$$

其中，$\boldsymbol{e}_\mu$ 是参数空间 $R_\mu$ 方向的基矢。相应贝里联络的分量又可写为

$$A_\mu^{(n)} \equiv \mathrm{i}\langle n(\boldsymbol{R}) | \frac{\partial}{\partial R_\mu} | n(\boldsymbol{R})\rangle = \mathrm{i}\left\langle n(\boldsymbol{R}) \left\| \frac{\partial n(\boldsymbol{R})}{\partial R_\mu} \right\rangle \right. \tag{6.80}$$

为表示方便将指标 $n$ 放在右上角，内积形式 $\langle \cdot\|\cdot\rangle$ 没有写为正常形式 $\langle \cdot|\cdot\rangle$ 是为了在复杂的符号形式下更为清楚地表述概念。态 $|n(\boldsymbol{R})\rangle$ 上贝里联络 $\boldsymbol{A}_n(\boldsymbol{R})$ 的物理意义是波矢量 $|n(\boldsymbol{R})\rangle$ 在 $\boldsymbol{R}$ 空间变动 $\mathrm{d}\boldsymbol{R}$ 时相位的变化率 (相位梯度)。假如态矢量 $|n(\boldsymbol{R}+\Delta\boldsymbol{R})\rangle$ 相对于态矢量 $|n(\boldsymbol{R})\rangle$ 的角度变化为 $\Delta\gamma$，那么就有

$$\langle n(\boldsymbol{R}) | n(\boldsymbol{R}+\Delta\boldsymbol{R})\rangle = |\langle n(\boldsymbol{R}) | n(\boldsymbol{R}+\Delta\boldsymbol{R})\rangle| \mathrm{e}^{-\mathrm{i}\Delta\gamma}$$

其中，$|\cdot|$ 表示内积的模。从而可以得到矢量转动的角度 $\Delta\gamma$ 为

$$\Delta\gamma(\boldsymbol{R}) = \mathrm{i}\ln\left[\frac{\langle n(\boldsymbol{R}) | n(\boldsymbol{R}+\Delta\boldsymbol{R})\rangle}{|\langle n(\boldsymbol{R}) | n(\boldsymbol{R}+\Delta\boldsymbol{R})\rangle|}\right]$$

当取以上角度变化 $\Delta\gamma(\boldsymbol{R})$ 的极限时，就得到 $|n\rangle$ 上的贝里联络：

$$\boldsymbol{A}^{(n)} = \lim_{\Delta\boldsymbol{R}\to 0} \frac{\Delta\gamma(\boldsymbol{R})}{\Delta\boldsymbol{R}} = \frac{\mathrm{d}\gamma}{\mathrm{d}\boldsymbol{R}} = \mathrm{i}\langle n(\boldsymbol{R}) | \nabla_R | n(\boldsymbol{R})\rangle \tag{6.81}$$

由于波矢量的相位是周期性多值函数，所以贝里联络必然依赖于相位的**规范变换** (gauge transformation)。假如对波函数 $|n(\boldsymbol{R})\rangle$ 进行如下的规范变换：

$$|n(\boldsymbol{R})\rangle \longrightarrow \mathrm{e}^{\mathrm{i}\lambda(\boldsymbol{R})} |n(\boldsymbol{R})\rangle \tag{6.82}$$

那么相应贝里联络的变换为 $\boldsymbol{A}_n(\boldsymbol{R}) \longrightarrow \boldsymbol{A}'_n(\boldsymbol{R})$，其中：

$$\boldsymbol{A}'_n(\boldsymbol{R}) = \boldsymbol{A}_n(\boldsymbol{R}) - \nabla_R\lambda(\boldsymbol{R}) = \sum_{\mu=1}^{N}\left[A_\mu^{(n)} - \frac{\partial}{\partial R_\mu}\lambda(\boldsymbol{R})\right]\boldsymbol{e}_\mu$$

简单写成分量形式就是

$$A_\mu^{(n)} \longrightarrow A_\mu^{(n)} - \frac{\partial}{\partial R_\mu} \lambda\left(\boldsymbol{R}\right) \tag{6.83}$$

所以在规范变换式 (6.82) 下瞬时态的几何相位式 (6.76) 变为

$$\gamma_n'(t) = \gamma_n(t) + \lambda\left[\boldsymbol{R}\left(0\right)\right] - \lambda\left[\boldsymbol{R}\left(t\right)\right] \tag{6.84}$$

根据式 (6.84) 的计算结果,总可以选择合适的规范变换 (式 (6.82)) 中的相位函数 $\lambda[\boldsymbol{R}(t)]$,使得某个演化过程所积累的几何相位 $\gamma_n(t)$ 在规范变换后消失:$\gamma_n'(t) = 0$,也就是说只要规范相位函数 $\lambda[\boldsymbol{R}(t)]$ 满足:

$$\lambda\left[\boldsymbol{R}\left(t\right)\right] - \lambda\left[R\left(0\right)\right] = \gamma_n(t)$$

那么演化过程所积累的几何相位就会消失,由此可见这个可以规范掉的几何相位在物理上似乎并不重要。但是如果波函数演化在一条闭合曲线上进行时,可以证明贝里相位 $\gamma_n(\tau)$ 是一个**规范不变量**,即 $\gamma_n'(\tau) = \gamma_n(\tau)$ (见习题 6.7)。也就是此时该相位无法通过规范变换去除 (或规范变换只能使几何相位改变 $2\pi$ 的整数倍:$\gamma_n'(\tau) - \gamma_n(\tau) = 2n\pi, n \in \mathbb{Z}$),所以系统波函数 $|n(0)\rangle$ 经过一个绝热循环演化后变为 $|n(\tau)\rangle$,其相位变化中几何相位的部分是不可消除的。如果动力学相位能够通过一定方式消除的话,波函数绝热过程所积累的相位变化将全部为几何相位,其大小则只决定于参数空间中闭合曲线 $C$ 的**几何性质**,和具体的演化过程无关,这就是几何相位的物理意义。

因此对于式 (6.79) 中引入的 "有效磁场" $\boldsymbol{B}(\boldsymbol{R}) \equiv \nabla_R \times \boldsymbol{A}(\boldsymbol{R})$,数学上被称为**贝里曲率** (Berry curvature),其中用梯度算子 $\nabla$ 表示的矢量积形式 $\nabla \times \boldsymbol{A}$ 一般定义在三维参数空间 [32],而在 $N$ 维参数空间其形式一般对应于一个反对称二**阶张量** (参见附录 G),其分量具体形式可写为 [31]( 参见习题 6.8)

$$\begin{aligned} B_{\mu\nu}^{(n)}\left(\boldsymbol{R}\right) &= \frac{\partial}{\partial R^\mu} A_\nu^{(n)}\left(\boldsymbol{R}\right) - \frac{\partial}{\partial R^\nu} A_\mu^{(n)}\left(\boldsymbol{R}\right) \\ &= \mathrm{i}\left[\left\langle \frac{\partial n\left(\boldsymbol{R}\right)}{\partial R^\mu} \middle| \frac{\partial n\left(\boldsymbol{R}\right)}{\partial R^\nu} \right\rangle - \left\langle \frac{\partial n\left(\boldsymbol{R}\right)}{\partial R^\nu} \middle| \frac{\partial n\left(\boldsymbol{R}\right)}{\partial R^\mu} \right\rangle\right] \end{aligned} \tag{6.85}$$

其中,上标 "$(n)$" 表示在瞬时基 $|n(\boldsymbol{R})\rangle$ 上定义的张量,为了和附录 G 中的张量定义一致,此处将贝里矢势 $\boldsymbol{A}$ 的分量写为 $A_\nu^{(n)}$ 的形式。从而经过参数空间的闭合轨道,系统瞬时基积累的几何相位 (式 (6.79)) 就可写为 (见附录 G.2.2)

$$\gamma_n = \frac{1}{2} \iint_S B_{\mu\nu}^{(n)}\left(\boldsymbol{R}\right) \mathrm{d}R^\mu \wedge \mathrm{d}R^\nu \tag{6.86}$$

其中，面积微元 $\mathrm{d}S = \mathrm{d}R^\mu \wedge \mathrm{d}R^\nu$ 为高维参数空间面积微元的**外微分形式**，积分项是对指标 $\mu$ 和 $\nu$ 在所有参数上求和，求和采用了爱因斯坦约定 (具体参见附录 G.1)，高维参数空间的闭合轨道 $C$ 构成积分区域 $S$ 的边界。

如果参数空间是简单连通的三维参数空间，那么式 (6.85) 定义的贝里曲率张量就退化为矢量 $\boldsymbol{B}^{(n)}$ (一阶张量)，利用瞬时基 $|n(\boldsymbol{R})\rangle$ 的完备性条件和三维斯托克斯公式 (见附录 G.2.2)，贝里曲率 $\boldsymbol{B}^{(n)}$ 还可以写为如下的形式 (证明见习题 6.8)：

$$\boldsymbol{B}^{(n)} = -\mathrm{Im}\left[\sum_{m\neq n}\langle\nabla_R n|m\rangle \times \langle m|\nabla_R n\rangle\right]$$

其中，$|\nabla_R n\rangle \equiv \nabla_R|n(\boldsymbol{R})\rangle$。进一步写成分量形式 $B_{\mu\nu}^{(n)}$ 有 [31]

$$B_{\mu\nu}^{(n)} = \mathrm{i}\sum_{m\neq n}\frac{\langle n|\dfrac{\partial\hat{H}(\boldsymbol{R})}{\partial R^\mu}|m\rangle\langle m|\dfrac{\partial\hat{H}(\boldsymbol{R})}{\partial R^\nu}|n\rangle - \langle n|\dfrac{\partial\hat{H}(\boldsymbol{R})}{\partial R^\nu}|m\rangle\langle m|\dfrac{\partial\hat{H}(\boldsymbol{R})}{\partial R^\mu}|n\rangle}{\left(E_n - E_m\right)^2}$$

$$(6.87)$$

以上贝里曲率的形式具有和微扰公式 (5.16) 相似的形式，表明它代表了参数变化引起的系统能量的梯度响应 [33]。显然它的值不依赖于具体的瞬时基 $\{|n(t)\rangle \equiv |n(\boldsymbol{R}(t))\rangle\}$ 的选择，也就是在任何正交归一化的瞬时基 $\{|n(\boldsymbol{R})\rangle\}$ 上都可以计算贝里曲率，其只依赖于哈密顿量算符的梯度 $\nabla_R\hat{H}$，所以可以利用任意规范变换的波函数 $\{\mathrm{e}^{\mathrm{i}\lambda(\boldsymbol{R})}|n\rangle\}$ 去计算贝里曲率，说明了 $\boldsymbol{B}^{(n)}$ 或 $B_{\mu\nu}^{(n)}$ 不依赖于规范变换。另外根据式 (6.87) 的对称形式可以证明 [31]：

$$\sum_n B_{\mu\nu}^{(n)}(\boldsymbol{R}) = 0 \qquad\qquad (6.88)$$

式 (6.88) 表达了贝里曲率在整个函数空间上的守恒性。最后从式 (6.87) 的形式可以看出，贝里曲率在参数空间内的能量简并点处存在奇点，这些奇点可以等效为参数空间一个个有源的**磁单极子** (magnetic monopole) [34]。

关于理解贝里联络、贝里曲率和贝里相位等概念的一个最为典型和具体的例子就是电子的自旋态在磁场控制下沿着某条闭合参数路径的演化问题，这个问题将在第 7 章介绍粒子自旋及其动力学演化时进行具体讨论。

## 6.3　含时系统的一般理论和方法

下面考察一个含时系统的哈密顿量既不能做微扰处理，也不是缓慢变化的情况，也就是说本节将从一般意义上讨论量子力学的含时问题和对应含时薛定谔方程的求解方法。

### 6.3.1 描写系统演化的三种含时绘景

从量子力学的发展历史来看，量子力学最初所呈现的形式就是矩阵表述，根据第 3 章关于表象理论的讨论，这种矩阵表述其实就是从算符的角度去描述量子系统的演化，被称为矩阵量子力学。后来随着薛定谔方程的发现，抽象的矩阵量子力学的物理意义才变得更加清晰。现在求解一个量子系统的演化一般都是从系统的薛定谔方程出发，但表述系统演化的方式依然是多样的，将描述系统演化的不同表述方式称为**绘景** (picture)[①]。目前描述量子力学系统演化的含时表象有三个，分别为**薛定谔绘景**、**海森堡绘景**和**狄拉克绘景** (或经常被称为**相互作用绘景**)。根据含时系统问题的不同，下面将采用不同的含时表象或绘景来描述含时系统的动力学演化。

1. 薛定谔绘景：态的演化算符理论

在薛定谔绘景中，系统随时间的演化全部归结为系统波函数的演化，而作用于波函数之上的算符则不随时间变化，这个表象其实就是前面一直在使用的默认表述。那么在薛定谔绘景中，波函数的演化遵从薛定谔方程：

$$\mathrm{i}\hbar\frac{\partial}{\partial t}\left|\Psi_\mathrm{S}(t)\right\rangle=\hat{H}_\mathrm{S}(t)\left|\Psi_\mathrm{S}(t)\right\rangle \tag{6.89}$$

对于方程 (6.89) (此处为了标记绘景用 S 角标)，如果给定系统任意的初态 $|\Psi_S(t_0)\rangle$，则系统态的演化可以采用**演化算子**的形式给出：

$$\left|\Psi_\mathrm{S}(t)\right\rangle=\hat{U}_\mathrm{S}(t,t_0)\left|\Psi_\mathrm{S}(t_0)\right\rangle \tag{6.90}$$

将式 (6.90) 代入薛定谔方程 (6.89) 中有

$$\mathrm{i}\hbar\frac{\partial}{\partial t}\hat{U}_\mathrm{S}\left(t,t_0\right)=\hat{H}_\mathrm{S}\left(t\right)\hat{U}_\mathrm{S}\left(t,t_0\right) \tag{6.91}$$

其中，$\hat{U}_S(t_0,t_0)=1$。显然知道了演化算子 $\hat{U}_\mathrm{S}(t,t_0)$，系统从任何态出发的演化过程将完全确定。若系统的哈密顿量 $\hat{H}_\mathrm{S}(t)=\hat{H}_\mathrm{S}$ **不含时** (保守系统)，演化算子方程式 (6.91) 可以直接给出演化算子的解析形式：

$$\left|\Psi_\mathrm{S}(t)\right\rangle=\mathrm{e}^{-\mathrm{i}\hat{H}_\mathrm{S}t/\hbar}\left|\Psi_\mathrm{S}(t_0)\right\rangle \tag{6.92}$$

---

① 有的教科书依然称为表象[22]，在此处 picture 和 representation 的表象意义有所不同，在强调时间演化基矢的表象背景下一般称为绘景，但二者的表象本质是一致的，所以有时可以互用。

但遗憾的是一般含时哈密顿系统 $\hat{H}_{\mathrm{S}}(t)$ 的演化算子是难以计算的，其解可参见式 (6.26) 的计算过程，形式上一般可写为

$$\hat{U}_{\mathrm{S}}\left(t, t_0\right)=\hat{\mathbb{T}}\left(\mathrm{e}^{-\frac{\mathrm{i}}{\hbar} \int_{t_0}^{t} \hat{H}_{\mathrm{S}}(t') \mathrm{d} t'}\right) \tag{6.93}$$

其中，$\hat{\mathbb{T}}$ 为**时序算子**。其实演化算子计算的复杂度就来源于时序算子的存在，只有在一些特殊的情况下才能解析地计算这个时序算子的积分。

但无论如何，演化算子具有如下一些基本性质。首先演化算子是**么正算符**，其运算满足：

$$\hat{U}_{\mathrm{S}}\left(t_0, t_1\right)=\hat{U}_{\mathrm{S}}^{-1}\left(t_1, t_0\right)=\hat{U}_{\mathrm{S}}^{\dagger}\left(t_0, t_1\right) \tag{6.94}$$

$$\hat{U}_{\mathrm{S}}\left(t_3, t_0\right)=\hat{U}_{\mathrm{S}}\left(t_3, t_2\right) \hat{U}_{\mathrm{S}}\left(t_2, t_1\right) \hat{U}_{\mathrm{S}}\left(t_1, t_0\right) \tag{6.95}$$

演化算子的第一个性质式 (6.94) 表明量子态演化的可逆性 (存在时间逆算符)，第二个性质式 (6.95) 表明态演化的传递性。当然如果系统的哈密顿量 $\hat{H}_{\mathrm{S}}(t)$ 是分段函数，那么式 (6.95) 在分段时区内也成立，演化算子整体可写成分段演化算子的时序乘积形式。一般情况下，系统的哈密顿量和演化算子是一一对应的，反过来如果已知演化算子，则根据式 (6.91) 可以确定系统的哈密顿量：

$$\hat{H}_{\mathrm{S}}(t)=\mathrm{i} \hbar \frac{\partial \hat{U}_{\mathrm{S}}(t)}{\partial t} \hat{U}_{\mathrm{S}}^{\dagger}(t)=\hat{U}_{\mathrm{S}}(t)\left[\mathrm{i} \hbar \frac{\partial \hat{U}_{\mathrm{S}}(t)}{\partial t}\right]^{\dagger}=-\mathrm{i} \hbar \hat{U}_{\mathrm{S}}(t) \frac{\partial \hat{U}_{\mathrm{S}}^{\dagger}(t)}{\partial t} \tag{6.96}$$

但由于演化算子中时序算子 $\hat{\mathbb{T}}$ 的存在，演化算子式 (6.93) 的多重时间积分一般是很难计算的，为了具体给出演化算子的有效形式，只有在一些特殊的情况下式 (6.93) 才可以进行进一步的解析处理。

所以在薛定谔 S 绘景中，波函数的演化代表了系统的全部演化过程，定义在演化态上的力学量算符 $\hat{Q}$ 是不随时间改变的 (此处省略角标 S 就默认为是薛定谔绘景的算符)。根据前面的讨论，力学量是一个随机量，虽然其本身不随时间变化，但由于系统波函数的演化，算符测量过程中的统计量 (平均值、涨落等) 会随时间发生改变，如式 (3.70) 所描述的算符平均值的演化：

$$Q(t) \equiv\langle\hat{Q}\rangle_{\mathrm{S}}=\langle\Psi_{\mathrm{S}}(t)|\hat{Q}| \Psi_{\mathrm{S}}(t)\rangle \tag{6.97}$$

**2. 海森堡绘景：力学量的演化方程**

对于量子系统随时间进行的演化过程，还可以采用另外一种表述，如对力学量的平均值式 (6.97) 还可以进行如下的等效表述：

$$Q(t) \equiv\langle\Psi_{\mathrm{S}}(t)|\hat{Q}| \Psi_{\mathrm{S}}(t)\rangle=\langle\Psi_{\mathrm{S}}(t_0)|\hat{U}_{\mathrm{S}}^{\dagger}(t, t_0) \hat{Q} \hat{U}_{\mathrm{S}}(t, t_0)| \Psi_{\mathrm{S}}(t_0)\rangle$$

显然对于上面的计算, 可以定义如下的**含时算符** (采用角标 H 表示):

$$\hat{Q}_{\mathrm{H}}(t) \equiv \hat{U}_{\mathrm{S}}^{\dagger}(t, t_0)\hat{Q}\hat{U}_{\mathrm{S}}(t, t_0) = \hat{U}_{\mathrm{S}}^{\dagger}\hat{Q}\hat{U}_{\mathrm{S}} \tag{6.98}$$

那么力学量的平均值就可以写为

$$Q(t) = \langle \Psi_{\mathrm{S}}(t_0)|\hat{Q}_{\mathrm{H}}(t)|\Psi_{\mathrm{S}}(t_0)\rangle \tag{6.99}$$

对比式 (6.97) 和式 (6.99) 可以发现, 对于同一个力学量的平均值 $Q(t)$, 两个公式给出了两种计算力学量平均值的视角, 在式 (6.97) 所表达的薛定谔绘景中, 波函数是随时间演化的, 力学量则不随时间改变; 在式 (6.99) 所表达的表象中波函数则没有改变, 依然是初始态 $|\Psi_{\mathrm{S}}(t_0)\rangle$, 但力学量 $\hat{Q}_{\mathrm{H}}(t)$ 却是随时间改变的, 所以这种系统演化的表述称为**海森堡绘景**。两种绘景在物理上应该给出同一个测量结果, 但计算的表象视角则是不同的, 海森堡绘景和薛定谔绘景下波函数和力学量的关系为 (角标 S 表示薛定谔绘景)

$$|\Psi_{\mathrm{H}}(t)\rangle \equiv \hat{U}_{\mathrm{S}}^{\dagger}(t, t_0)|\Psi_{\mathrm{S}}(t)\rangle = |\Psi_{\mathrm{S}}(t_0)\rangle \tag{6.100}$$

$$\hat{H}_{\mathrm{H}}(t) \equiv \hat{U}_{\mathrm{S}}^{\dagger}(t, t_0)\hat{H}_{\mathrm{S}}(t)\,\hat{U}_{\mathrm{S}}(t, t_0) \tag{6.101}$$

那么根据两个含时表象之间的变换关系, 自然可以证明海森堡绘景下波函数不随时间发生演化:

$$\mathrm{i}\hbar \frac{\partial}{\partial t}|\Psi_{\mathrm{H}}(t)\rangle = 0 \tag{6.102}$$

其系统的演化完全由系统算符的演化来描写, 该绘景下任意算符 $\hat{Q}_H(t)$ 的演化满足 (见习题 6.9):

$$\frac{\mathrm{d}}{\mathrm{d}t}\hat{Q}_{\mathrm{H}}(t) = \frac{1}{\mathrm{i}\hbar}\left[\hat{Q}_{\mathrm{H}}, \hat{H}_{\mathrm{H}}\right] + \dot{\hat{Q}}_{\mathrm{H}} \tag{6.103}$$

其中, 最后一项表示海森堡绘景下的时间导数算符, 定义为

$$\dot{\hat{Q}}_{\mathrm{H}}(t) \equiv \hat{U}_{\mathrm{S}}^{\dagger}\dot{\hat{Q}}\hat{U}_{\mathrm{S}} = \hat{U}_{\mathrm{S}}^{\dagger}\frac{\partial \hat{Q}}{\partial t}\hat{U}_{\mathrm{S}}$$

　　描写算符的动力学方程 (6.103) 通常被称为算符的**海森堡方程**, 而海森堡方程等号右边出现的对时间的导数算符 $\dot{\hat{Q}}_{\mathrm{H}}$ 来源于薛定谔绘景下算符 $\hat{Q}(t)$ 本身是显含时间 $t$ 的算符, 其对时间的偏导数 $\partial\hat{Q}/\partial t$ 一般依然是一个算符 $\dot{\hat{Q}}$。

　　如果薛定谔绘景下算符 $\hat{Q}$ 本身不依赖于时间 (不是时间的函数), 那么它的海森堡动力学方程就变成通常的形式:

$$\frac{\mathrm{d}}{\mathrm{d}t}\hat{Q}_{\mathrm{H}}\left(t\right)=\frac{1}{\mathrm{i}\hbar}\left[\hat{Q}_{\mathrm{H}},\hat{H}_{\mathrm{H}}\right] \tag{6.104}$$

此时如果力学量 $\hat{Q}_{\mathrm{H}}(t)$ 和哈密顿量 $\hat{H}_{\mathrm{H}}(t)$ 对易，即 $[\hat{Q}_{\mathrm{H}},\hat{H}_{\mathrm{H}}]=0$，那么力学量 $\hat{Q}_{\mathrm{H}}(t)$ 就成为系统的**守恒量**，可以证明其在薛定谔绘景中也为守恒量：$[\hat{Q},\hat{H}_{\mathrm{S}}]=0$。进一步，如果系统的哈密顿量也不含时 (保守系统)，则演化算子 $\hat{U}_{\mathrm{S}}(t)$ 就可以写为积分形式，那么海森堡绘景中算符的定义就成为

$$\hat{Q}_{\mathrm{H}}\left(t\right)=\mathrm{e}^{\mathrm{i}\hat{H}_{\mathrm{S}}t/\hbar}\hat{Q}\mathrm{e}^{-\mathrm{i}\hat{H}_{\mathrm{S}}t/\hbar} \tag{6.105}$$

根据式 (6.105) 哈密顿量算符在薛定谔绘景和海森堡绘景中是一样的：$\hat{H}_{\mathrm{H}}=\hat{H}_{\mathrm{S}}$，这是因为系统的哈密顿量不含时间。此时系统算符的海森堡方程为

$$\mathrm{i}\hbar\frac{\mathrm{d}}{\mathrm{d}t}\hat{Q}_{\mathrm{H}}\left(t\right)=\mathrm{e}^{\mathrm{i}\hat{H}_{\mathrm{S}}t/\hbar}\left[\hat{Q},\hat{H}_{\mathrm{S}}\right]\mathrm{e}^{-\mathrm{i}\hat{H}_{\mathrm{S}}t/\hbar}\equiv\left[\hat{Q},\hat{H}_{\mathrm{S}}\right]_{\mathrm{H}}$$

其中，恒等号最后一项定义的是海森堡绘景下的对易算子。

下面讨论一下自由粒子，其哈密顿量 $\hat{H}_{\mathrm{S}}=\hat{\boldsymbol{p}}^2/2m$。在薛定谔绘景中自由粒子的演化由平面波来描述：$\langle\boldsymbol{r}|\varPsi_{\mathrm{S}}(t)\rangle=\varPsi_{\mathrm{S}}(\boldsymbol{r},t)=A\mathrm{e}^{\mathrm{i}(\boldsymbol{p}\cdot\boldsymbol{r}/\hbar-\omega t)}$。此时粒子位置的变化靠波函数上的平均值来刻画：$\boldsymbol{r}(t)=\langle\hat{\boldsymbol{r}}\rangle_{\mathrm{S}}$，所有的演化都是在波函数的图像上进行。在海森堡绘景中，其位置算符的动力学方程为

$$\frac{\mathrm{d}}{\mathrm{d}t}\hat{\boldsymbol{r}}_{\mathrm{H}}\left(t\right)=\frac{1}{\mathrm{i}\hbar}\left[\hat{\boldsymbol{r}}_{\mathrm{H}},\hat{H}_{\mathrm{H}}\right]=\frac{1}{\mathrm{i}\hbar}\mathrm{e}^{\mathrm{i}\hat{H}_{\mathrm{S}}t/\hbar}\left[\hat{\boldsymbol{r}},\hat{H}_{\mathrm{S}}\right]\mathrm{e}^{-\mathrm{i}\hat{H}_{\mathrm{S}}t/\hbar}$$

$$=\frac{1}{\mathrm{i}\hbar}\mathrm{e}^{\mathrm{i}\hat{H}_{\mathrm{S}}t/\hbar}\left[\hat{\boldsymbol{r}},\frac{\hat{\boldsymbol{p}}^2}{2m}\right]\mathrm{e}^{-\mathrm{i}\hat{H}_{\mathrm{S}}t/\hbar}=\mathrm{e}^{\mathrm{i}\hat{H}_{\mathrm{S}}t/\hbar}\frac{\hat{\boldsymbol{p}}}{m}\mathrm{e}^{-\mathrm{i}\hat{H}_{\mathrm{S}}t/\hbar}=\frac{\hat{\boldsymbol{p}}_{\mathrm{H}}}{m}$$

显然在海森堡绘景下，位置算符的动力学方程和经典自由粒子位矢的动力学方程在形式上是一致的。同理，对于前面讨论的一维谐振子：

$$\hat{H}_{\mathrm{S}}=\frac{\hat{p}^2}{2m}+\frac{1}{2}m\omega^2\hat{x}^2$$

该哈密顿量不含时，那么在海森堡绘景下谐振子算符的动力学方程为

$$\frac{\mathrm{d}}{\mathrm{d}t}\hat{x}_{\mathrm{H}}\left(t\right)=\frac{1}{\mathrm{i}\hbar}\left[\hat{x}_{\mathrm{H}},\hat{H}_{\mathrm{H}}\right]=\frac{1}{\mathrm{i}\hbar}\left[\hat{x},\hat{H}_{\mathrm{S}}\right]_H=\frac{\hat{p}_{\mathrm{H}}}{m}$$

$$\frac{\mathrm{d}}{\mathrm{d}t}\hat{p}_{\mathrm{H}}\left(t\right)=\frac{1}{\mathrm{i}\hbar}\left[\hat{p}_{\mathrm{H}},\hat{H}_{\mathrm{H}}\right]=\frac{1}{\mathrm{i}\hbar}\left[\hat{p},\hat{H}_{\mathrm{S}}\right]_H=-m\omega^2\hat{x}_{\mathrm{H}}$$

其中，海森堡绘景下的位置算符和动量算符由式 (6.105) 分别定义为

$$\hat{x}_{\mathrm{H}}\left(t\right)=\mathrm{e}^{\mathrm{i}\hat{H}_{\mathrm{S}}t/\hbar}\hat{x}\mathrm{e}^{-\mathrm{i}\hat{H}_{\mathrm{S}}t/\hbar},\quad\hat{p}_{\mathrm{H}}\left(t\right)=\mathrm{e}^{\mathrm{i}\hat{H}_{\mathrm{S}}t/\hbar}\hat{p}\mathrm{e}^{-\mathrm{i}\hat{H}_{\mathrm{S}}t/\hbar} \tag{6.106}$$

显然在海森堡绘景下，谐振子位置算符和动量算符的动力学方程和经典谐振子的牛顿方程在形式上也完全一致，其解为

$$\hat{x}_{\mathrm{H}}(t) = \hat{x}_0 \cos(\omega t) + \frac{\hat{p}_0}{m\omega} \sin(\omega t), \hat{p}_{\mathrm{H}}(t) = \hat{p}_0 \cos(\omega t) - m\omega \hat{x}_0 \sin(\omega t) \quad (6.107)$$

其中，初始的算符根据式 (6.106) 定义为 $\hat{x}_0 \equiv \hat{x}_{\mathrm{H}}(0) = \hat{x}, \hat{p}_0 \equiv \hat{p}_{\mathrm{H}}(0) = \hat{p}$。显然利用海森堡绘景下算符的定义式 (6.106) 和基本对易关系 $[\hat{x}, \hat{p}] = \mathrm{i}\hbar$，可以将式 (6.106) 中的指数函数展开计算得到算符解式 (6.107)。在海森堡绘景下由于算符的演化，不同时间位置算符和动量算符的对易关系也会依赖于时间：

$$[\hat{x}_{\mathrm{H}}(t_1), \hat{p}_{\mathrm{H}}(t_2)] = \mathrm{i}\hbar \cos\omega(t_2 - t_1)$$

显然当 $t_1 = t_2 = t$ 时对易关系和薛定谔绘景下的结果一致。

总之，采用海森堡绘景的好处是系统的演化直接用算符的动力学方程来表达，其表述形式和经典系统的动力学方程有很好的对应，在系统的演化中算符的动力学方程能更好地和系统的经典运动相互联系并进行更为直观的物理分析，这样就可以在唯象的意义下非常方便地引入算符的耗散、阻尼或随机动力学项 (一般由环境耦合导致)，得到系统的量子**海森堡–朗之万方程** (Heisenberg-Langevin equation)，用于方便地处理开放量子系统的问题。

### 3. 狄拉克绘景：相互作用绘景

上面介绍的两个系统演化绘景各有优点，可以考虑结合二者的优点引入一种中间的绘景：波函数和算符都在演化的表象。这种表象就是狄拉克表象或经常被称为**相互作用绘景**，在系统的哈密顿量可以分解为自由哈密顿量和相互作用哈密顿量时这种绘景使用起来非常方便：

$$\hat{H}_{\mathrm{S}}(t) = \hat{H}_0 + \hat{V}_{\mathrm{S}}(t) \tag{6.108}$$

其中，$\hat{H}_0$ 代表系统自由哈密顿量，是各个子系统自由状态时的哈密顿量，一般不显含时间；$\hat{V}_{\mathrm{S}}(t)$ 代表自由子系统之间的相互作用。显然哈密顿量的这种形式在前面讨论含时微扰论的时候已经有所涉及。此时引入相互作用绘景后波函数和算符分别定义为 (用下标 I 标记)

$$|\Psi_{\mathrm{I}}(t)\rangle = \hat{U}_0^\dagger |\Psi_{\mathrm{S}}(t)\rangle = \mathrm{e}^{\mathrm{i}\hat{H}_0 t/\hbar} |\Psi_{\mathrm{S}}(t)\rangle$$

$$\hat{Q}_{\mathrm{I}}(t) = \hat{U}_0^\dagger \hat{Q} \hat{U}_0 = \mathrm{e}^{\mathrm{i}\hat{H}_0 t/\hbar} \hat{Q} \mathrm{e}^{-\mathrm{i}\hat{H}_0 t/\hbar}$$

此时, 相互作用绘景下波函数的演化方程为 (见习题 6.10)

$$i\hbar \frac{\mathrm{d}}{\mathrm{d}t} |\Psi_{\mathrm{I}}(t)\rangle = \hat{V}_{\mathrm{I}}(t) |\Psi_{\mathrm{I}}(t)\rangle \tag{6.109}$$

其中, 相互作用绘景下的相互作用算符定义为 $\hat{V}_{\mathrm{I}}(t) = \hat{U}_0^\dagger \hat{V}_{\mathrm{S}}(t) \hat{U}_0$。在相互作用绘景下算符的演化方程变为 (见习题 6.10)

$$\frac{\mathrm{d}}{\mathrm{d}t} \hat{Q}_{\mathrm{I}}(t) = \frac{1}{i\hbar} \left[ \hat{Q}_{\mathrm{I}}, \hat{H}_{\mathrm{I}} \right] + \dot{\hat{Q}}_{\mathrm{I}} \tag{6.110}$$

其中, 相互作用绘景下的时间导数算符定义为

$$\dot{\hat{Q}}_{\mathrm{I}} \equiv \hat{U}_0^\dagger \dot{\hat{Q}} \hat{U}_0 = \hat{U}_0^\dagger \frac{\partial \hat{Q}}{\partial t} \hat{U}_0$$

显然可以看到, 在相互作用绘景中波函数的演化方程只决定于相互作用项 $\hat{V}_{\mathrm{I}}(t)$, 从而简化了波函数演化的运算。

总之, 从以上的讨论可以看出, 三个演化绘景之间其实是通过含时幺正变换联系起来的, 即采用了不同的含时基矢, 其在物理规律上始终是统一的, 如在三个绘景中计算同一个力学量平均值的变化应该给出和方程 (3.70) 完全相同的结果。后面将在此基础上引入不同含时表象的**绘景变换**方法来具体求解系统的演化算子的具体形式, 从而达到在一般含时表象之间的相互转换。

### 6.3.2　含时系统的演化算符理论

#### 1. 态演化算子的形式积分

对于一般的含时系统, 其哈密顿量 $\hat{H}(t)$ 具有一般的函数形式, 既不能写成含时微扰论的形式, 也不具有缓慢绝热变化的性质。为了清楚描述一般含时系统的量子理论, 将一般含时薛定谔方程重新表述如下 (后文的计算默认在薛定谔绘景下, 为方便省略角标 S):

$$i\hbar \frac{\partial}{\partial t} |\Psi(t)\rangle = \hat{H}(t) |\Psi(t)\rangle \tag{6.111}$$

对于方程 (6.111), 除直接采用差分法进行数值计算外, 一般的解析方法就是在任意初态 $\Psi(t_0)$ 上用演化算子给出任意时刻的解:

$$|\Psi(t)\rangle = \hat{U}(t, t_0) |\Psi(t_0)\rangle \tag{6.112}$$

所以如何找到系统的演化算子 $\hat{U}(t, t_0)$ 是求解含时系统的关键。根据前面的讨论可以知道, 演化算子 $\hat{U}(t, t_0)$ 的一般形式解为

$$\hat{U}\left(t, t_0\right) = \hat{\mathbb{T}}\left(\mathrm{e}^{-\frac{\mathrm{i}}{\hbar}\int_{t_0}^{t}\hat{H}(t')\mathrm{d}t'}\right) \tag{6.113}$$

其中, **时序算子** $\hat{\mathbb{T}}$ 从式 (6.25) 的计算过程来看是非常复杂的。下面介绍一些去除编时算子 $\hat{\mathbb{T}}$ 从而解析计算演化算子的一般理论和方法, 之后将在不同的含时绘景下具体计算一些特殊含时系统的演化算子。

2. 态演化算子的 Magnus 展开

任意含时系统 $\hat{H}(t)$ 演化算子解式 (6.113) 的多重时序积分式 (6.25) 有一个等价的表示形式, 称为演化算子的 **Magnus 展开**[13]:

$$\hat{U}\left(t, t_0\right) = \exp\left[\sum_{k=1}^{\infty}\hat{\Omega}_k\left(t, t_0\right)\right] \tag{6.114}$$

其中, $\hat{\Omega}_k(t, t_0)$ 依次为

$$\hat{\Omega}_1\left(t, t_0\right) = -\frac{\mathrm{i}}{\hbar}\int_{t_0}^{t}\mathrm{d}t_1\hat{H}\left(t_1\right)$$

$$\hat{\Omega}_2\left(t, t_0\right) = -\frac{1}{2\hbar^2}\int_{t_0}^{t}\mathrm{d}t_1\int_{t_0}^{t_1}\mathrm{d}t_2\left[\hat{H}\left(t_1\right), \hat{H}\left(t_2\right)\right]$$

$$\hat{\Omega}_3\left(t, t_0\right) = \frac{\mathrm{i}}{6\hbar^3}\int_{t_0}^{t}\mathrm{d}t_1\int_{t_0}^{t_1}\mathrm{d}t_2\int_{t_0}^{t_2}\mathrm{d}t_3\left[\hat{H}\left(t_1\right), \left[\hat{H}\left(t_2\right), \hat{H}\left(t_3\right)\right]\right]$$

$$+\frac{\mathrm{i}}{6\hbar^3}\int_{t_0}^{t}\mathrm{d}t_1\int_{t_0}^{t_1}\mathrm{d}t_2\int_{t_0}^{t_2}\mathrm{d}t_3\left[\hat{H}\left(t_3\right), \left[\hat{H}\left(t_2\right), \hat{H}\left(t_1\right)\right]\right]$$

$$\vdots$$

显然上面的无穷展开形式并不能简化式 (6.113) 中多重时序积分的计算, 但演化算子的 Magnus 展开首先揭示了一个重要的性质: 含时哈密顿系统演化算子的复杂性来源于不同时刻哈密顿量的**不对易性**。Magnus 展开的另一个重要意义在于其比式 (6.113) 更容易做分析和计算, 而且随着阶数 $k$ 的增加, 后面高阶项 $\Omega_k(t, t_0)$ 的收敛速度更快 (更快地趋于零), 而且如果对 Magnus 展开进行 $k$ 阶截断 (忽略掉 $\Omega_{k+1}(t, t_0)$ 及以后的高阶项), 演化算子依然能够保持**幺正性**。特别重要的是, 如果哈密顿量算符 $\hat{H}(t)$ 具有某种对称性和某种封闭的**李代数**结构 (李代数的知识请参照附录 H), 上面的 Magnus 展开就会出现自然的截断或出现某种重复并给出指数求和形式 (见后面内容), 那么演化算子的具体形式就能够被解析地计算出来。

### 3. 力学量的演化和动力学不变量

对于很多实际的含时量子系统, 如果其哈密顿量 $\hat{H}(t)$ 可以写为式 (6.108) 的形式, 采用相互作用绘景去计算系统力学量的演化将比直接求解态的演化算子更为方便。算符的演化可利用 BCH 展开式 (3.9) 计算 (见习题 6.11):

$$\hat{A}(t) = e^{i\hat{H}_0 t/\hbar}\hat{A}e^{-i\hat{H}_0 t/\hbar} = \hat{A} + \frac{it}{\hbar}\left[\hat{H}_0, \hat{A}\right] + \frac{1}{2!}\left(\frac{it}{\hbar}\right)^2\left[\hat{H}_0, \left[\hat{H}_0, \hat{A}\right]\right]$$

$$+ \frac{1}{3!}\left(\frac{it}{\hbar}\right)^3\left[\hat{H}_0, \left[\hat{H}_0, \left[\hat{H}_0, \hat{A}\right]\right]\right] + \cdots \tag{6.115}$$

式 (6.115) 在直接计算系统某个力学量的演化形式时将非常方便 (不用计算系统的态), 而且在某类系统中式 (6.115) 能给出截断或解析的结果, 比直接计算态的演化算子 $\hat{U}(t, t_0)$ 更容易和方便。

虽然在不同绘景中含时体系算子 $\hat{A}(t)$ 的演化形式不同, 但其平均值的演化方程 (3.70) 却是相同的, 鉴于这个特点, 这里引入一个非常重要的厄米算符: **动力学不变量** (dynamical invariant) [35]。含时系统 $\hat{H}(t)$ 的动力学不变量 $\hat{I}(t)$ 是指其平均值不随时间变化的物理量。根据方程 (3.70), 必然有

$$i\hbar\frac{d}{dt}\langle\hat{I}(t)\rangle = i\hbar\left\langle\frac{\partial\hat{I}}{\partial t}\right\rangle + \langle[\hat{I}, \hat{H}]\rangle = 0 \tag{6.116}$$

其中, 平均值 $\langle\hat{I}(t)\rangle = \langle\Psi(t)|\hat{I}(t)|\Psi(t)\rangle$, 而 $|\Psi(t)\rangle$ 为系统在任何绘景下的解。由于解 $|\Psi(t)\rangle$ 的任意性, 方程 (6.116) 给出动力学不变量 $\hat{I}(t)$ 所满足的方程:

$$i\hbar\frac{\partial\hat{I}(t)}{\partial t} = \left[\hat{H}(t), \hat{I}(t)\right] \tag{6.117}$$

利用动力学不变量 $\hat{I}(t)$ 完备的本征函数: $\hat{I}(t)|\phi_n(t)\rangle = \lambda_n|\phi_n(t)\rangle$, 可以将体系的波函数解 $|\Psi(t)\rangle$ 展开为

$$|\Psi(t)\rangle = \sum_n c_n e^{i\alpha_n(t)}|\phi_n(t)\rangle \tag{6.118}$$

其中, $\alpha_n(t)$ 为 Lewis-Riesenfeld 相位。利用不变量的本征函数 $|\phi_n(t)\rangle$, Lewis-Riesenfeld 相位 $\alpha_n(t)$ 可表示为和绝热相位非常相似的形式:

$$\alpha_n(t) = \int_0^t \langle\phi_n(\tau)|[i\hbar\frac{\partial}{\partial\tau} - \hat{H}(\tau)]|\phi_n(\tau)\rangle d\tau \tag{6.119}$$

### 6.3.3 态演化算符的解析方法

一般情况下，态演化算子具体的解析形式是无法给出的，但在某些特殊的系统中或情况下，演化算子可以给出解析的形式并能够进行严格分析。下面用演化算子方法来分析几类特殊情况下含时系统的演化动力学行为。

#### 1. 绝热过程的演化算子理论

先用演化算子的理论方法来重新表述一下前面讲过的绝热理论，即首先将绝热过程的描述算子化，然后推广到包含非绝热过程的一般含时演化上。对于 6.2 节讨论的绝热态 (式 (6.72))，可以引入**绝热演化算子**进行如下表述：

$$|\Psi_{\mathrm{ad}}(t)\rangle = \hat{U}_A(t,0)|\Psi(0)\rangle$$

其中，$|\Psi(0)\rangle$ 为系统初始态；幺正算子 $\hat{U}_A(t,0) \equiv \hat{U}_A(t)$ 称为**绝热演化算子** (以后默认初始时刻为零)。在方程 (6.58) 所定义的系统 $\hat{H}(t)$ 的正交归一完备瞬时基 $\{|n(t)\rangle\}$ 下，绝热演化算子可以表示为

$$\hat{U}_A(t) = \sum_n \mathrm{e}^{\mathrm{i}\alpha_n(t)}|n(t)\rangle\langle n(0)|$$

以上的绝热演化算子 $\hat{U}_A(t)$ 所对应的绝热薛定谔方程为

$$\mathrm{i}\hbar\frac{\mathrm{d}}{\mathrm{d}t}|\Psi_{\mathrm{ad}}(t)\rangle = \hat{H}_A(t)|\Psi_{\mathrm{ad}}(t)\rangle$$

其中，$\hat{H}_A(t)$ 为系统绝热演化的哈密顿量，表示系统在哈密顿量 $\hat{H}_A(t)$ 驱动下从任意初始态 $|\Psi(0)\rangle$ 出发将一直保持在绝热态 $|\Psi_{\mathrm{ad}}(t)\rangle$ 上。根据演化算子和哈密顿量的对应关系式 (6.96)，绝热演化哈密顿量 $\hat{H}_A(t)$ 可具体写为

$$\hat{H}_A(t) = \mathrm{i}\hbar\dot{\hat{U}}_A\hat{U}_A^\dagger = \mathrm{i}\hbar\sum_n|\dot{n}(t)\rangle\langle n(t)| - \sum_n\hbar\dot{\alpha}_n(t)|n(t)\rangle\langle n(t)|$$

其中,算符字母上面的点都表示对时间的导数,如 $\dot{\hat{U}}_A \equiv \mathrm{d}\hat{U}_A/\mathrm{d}t, |\dot{n}(t)\rangle \equiv \frac{\mathrm{d}}{\mathrm{d}t}|n(t)\rangle$，式 (6.67) 定义的绝热相位 $\alpha_n(t)$ 的时间导数 $\dot{\alpha}_n(t)$ 满足：

$$\hbar\dot{\alpha}_n(t) = \mathrm{i}\hbar\langle n(t)|\dot{n}(t)\rangle - E_n(t) \tag{6.120}$$

将绝热相位的导数式 (6.120) 代入绝热哈密顿量 $\hat{H}_A$ 有 (简写 $|n(t)\rangle \to |n\rangle$)

$$\hat{H}_A(t) = \sum_n E_n(t)|n\rangle\langle n| + \mathrm{i}\hbar\sum_n(|\dot{n}\rangle\langle n| - \langle n|\dot{n}\rangle|n\rangle\langle n|)$$

$$= \hat{H}(t) + \mathrm{i}\hbar \sum_n \left( |\dot{n}\rangle \langle n| + \langle \dot{n}|n\rangle \right) |n\rangle \langle n| \tag{6.121}$$

其中，哈密顿量 $\hat{H}(t)$ 是用来建立或引入瞬时基的量子系统，自然为

$$\hat{H}(t) = \sum_n E_n(t) |n(t)\rangle \langle n(t)|$$

式 (6.121) 第一个等号右边的求和项中应用了瞬时基的归一化条件：$\langle n|n\rangle = 1 \Rightarrow \langle n|\dot{n}\rangle = -\langle \dot{n}|n\rangle$。式 (6.121) 第二个等号右边第二项表明：要使系统从任意初始态 $|\Psi(0)\rangle$ 出发，始终保持在绝热态 $|\Psi_{\mathrm{ad}}(t)\rangle$ 上，其驱动哈密顿量 $\hat{H}_A(t)$ 必须在原来瞬时基系统 $\hat{H}(t)$ 上引入一个额外的驱动项：

$$\hat{H}_{\mathrm{cd}}(t) \equiv \mathrm{i}\hbar \sum_n \left( |\dot{n}\rangle \langle n| + \langle \dot{n}|n\rangle \right) |n\rangle \langle n| \tag{6.122}$$

$$= \mathrm{i}\hbar \sum_{n \neq m} \left( \sum_m \langle n|\dot{m}\rangle |n\rangle \langle m| \right) \tag{6.123}$$

参照前面的跃迁公式 (6.70)，可以看到 $\hat{H}_{\mathrm{cd}}(t)$ 的实际意义：系统以哈密顿量 $\hat{H}(t)$ 驱动系统进行态演化时，态演化一般并不是严格的绝热演化，实际的演化过程一定存在态的跃迁转移所导致的**非绝热过程** (如态 $|n\rangle \to |m\rangle$ 的转移)，而 $\hat{H}_{\mathrm{cd}}(t)$ 的引入则完全抵消了非绝热过程 (式 (6.123) 表示 $|n\rangle \to |m\rangle$ 的逆过程，即为 $|m\rangle \to |n\rangle$ 的跃迁转移之和)，所以 $\hat{H}_{\mathrm{cd}}(t)$ 经常被称为**反绝热哈密顿量** (counterdiabatic Hamiltonian)，它的引入确保了系统态的绝热演化[36]。从绝热哈密顿量式 (6.121) 的形式来看，在瞬时基 $|n(t)\rangle$ 上引入如下的**含时投影算子**比较方便：

$$\hat{P}_n(t) \equiv |n(t)\rangle \langle n(t)| = \hat{U}_A(t) \hat{P}_n(0) \hat{U}_A^\dagger(t)$$

其中，初始时刻的投影算子 $\hat{P}_n(0) \equiv |n(0)\rangle \langle n(0)|$。这样绝热哈密顿量 $\hat{H}_A(t)$ 就可以简单表示为 (见习题 6.12)

$$\hat{H}_A(t) = \sum_n E_n(t) \hat{P}_n(t) + \mathrm{i}\hbar \sum_n \dot{\hat{P}}_n(t) \hat{P}_n(t) \tag{6.124}$$

显然式 (6.124) 右边第二项即为反绝热哈密顿量，表示任意演化态投影在瞬时基 $|n(t)\rangle$ 上概率的变化量。为了方便应用，反绝热哈密顿量 $\hat{H}_{\mathrm{cd}}(t)$ 可以表述为不同的形式。例如，利用上面的投影算子，$\hat{H}_{\mathrm{cd}}(t)$ 还可以写为 (见习题 6.12)

$$\hat{H}_{\mathrm{cd}}(t) = \frac{\mathrm{i}\hbar}{2} \sum_n \left[ \dot{\hat{P}}_n(t), \hat{P}_n(t) \right] = \frac{1}{2} \sum_n \left[ [\hat{H}_{\mathrm{cd}}(t), \hat{P}_n(t)], \hat{P}_n(t) \right] \tag{6.125}$$

其中，应用了投影算子所满足的如下方程：

$$i\hbar \frac{d\hat{P}_n(t)}{dt} = \left[ \hat{H}_{cd}(t), \hat{P}_n(t) \right]$$

以上关于绝热算子的理论表述，经常被应用于绝热理论和非绝热捷径的控制理论中，在含时系统 $\hat{H}(t)$ 上引入 $\hat{H}_{cd}(t)$，从而设计系统绝热哈密顿量 $\hat{H}_A(t)$，进行**绝热捷径** (shortcuts to adiabaticity) 控制[37]。

2. 波函数的含时变换算子理论

对于一般的含时系统 $\hat{H}_0(t)$，其**原始绘景**下的薛定谔方程可写为如下形式 (默认为薛定谔绘景)：

$$i\hbar \frac{\partial}{\partial t} |\Psi(t)\rangle = \hat{H}_0(t) |\Psi(t)\rangle \tag{6.126}$$

其中，为了与原始的薛定谔方程区分其哈密顿量加了 0 的角标，这样原始系统的演化算子就表示为 $\hat{U}_0(t)$。对于方程 (6.126)，除直接采用数值计算外，解析求解原始绘景下的薛定谔方程是比较困难的，所以可以引入特殊的**含时变换算子** $\hat{U}_s(t)$，令

$$|\psi(t)\rangle = \hat{U}_s(t) |\Psi(t)\rangle \tag{6.127}$$

代入原始的薛定谔方程 (6.126) 中，薛定谔方程就变为

$$i\hbar \frac{\partial}{\partial t} |\psi(t)\rangle = \hat{H}_s(t) |\psi(t)\rangle \tag{6.128}$$

其中，变换以后的哈密顿量为

$$\hat{H}_s(t) = \hat{U}_s(t) \hat{H}_0(t) \hat{U}_s^{-1}(t) - i\hbar \hat{U}_s(t) \frac{\partial \hat{U}_s^{-1}(t)}{\partial t}$$

$$= \hat{U}_s(t) \hat{H}_0(t) \hat{U}_s^{-1}(t) + i\hbar \frac{\partial \hat{U}_s(t)}{\partial t} \hat{U}_s^{-1}(t) \tag{6.129}$$

由于以上的瞬时含时变换 $\hat{U}_s(t)$ 一般是一个正规变换 (存在逆算子)，那么变换以后的哈密顿量 $\hat{H}_s(t)$ 将不再保持其厄米性，这取决于变换算子 $\hat{U}_s(t)$ 的性质。当然如果算子 $\hat{U}_s(t)$ 是幺正算子：$\hat{U}_s^{-1}(t) = \hat{U}_s^\dagger(t)$，那么变换以后的哈密顿量 $\hat{H}_s(t)$ 将保持其厄米性：$\hat{H}_s^\dagger = \hat{H}_s$。

含时变换算子 $\hat{U}_s(t)$ 不仅可以是瞬时的**单时变换算子**，还可以具有式 (6.90) 中与演化算子解式 (6.93) 相类似的**双时变换形式** (此时含时算子依赖于初始时间

$t_0$ 和结束时间 $t$ 两个时间，代表了某种演化过程，不是瞬时的绘景变换)，在这种变换下式 (6.127) 可以重新写为 (角标用大写 $S$ 以示区分)

$$|\Psi(t)\rangle = \hat{U}_S^{-1}(t, t_0)|\psi(t_0)\rangle \tag{6.130}$$

那么根据含时变换自然就有

$$\hat{H}_S(t) \to \hat{H}_S(t) = \hat{U}_S^{-1}(t, t_0)\,\hat{H}_0(t)\,\hat{U}_S(t, t_0) - i\hbar \hat{U}_S^{-1}(t, t_0)\,\frac{\partial \hat{U}_S(t, t_0)}{\partial t}$$

若令 $\hat{H}_S(t) = 0$ 此即为演化算子在薛定谔绘景中的方程 (6.91)。所以从含时变换的意义上讲，薛定谔绘景、海森堡绘景和相互作用绘景是相互统一的，为了方便可以把经过含时变换 $\hat{U}_s(t)$ 后所对应的演化绘景统一称为**变换绘景**。

如果经过 $\hat{U}_s(t)$ 变换以后 $\hat{H}_s(t)$ 的形式得到了简化，如从含时哈密顿量变为不含时哈密顿量或者从复杂的形式变成对角的简单形式 [38]，那么新的薛定谔方程 (6.129) 就容易求解并得到 $|\psi(t)\rangle$，然后通过逆变换得到原始系统薛定谔方程 (6.126) 的解 $|\Psi(t)\rangle = \hat{U}_s^{-1}(t)|\psi(t)\rangle$。显然这种含时变换的方法总是能够找到可以有效简化 $\hat{H}_s(t)$ 的可逆变换 $\hat{U}_s(t)$，特别是当初始系统 $\hat{H}_0(t)$ 具有一定的代数结构时，这种变换会在某种代数算子下给出 $\hat{H}_s(t)$ 的简化形式 [38]。下面就讨论某些具有特殊对称结构和特殊物理意义的简单含时变换。

1) 含时 $U(1)$ 变换：广义几何相位

波函数的含时 $U(1)$ 变换也被称为波函数的**瞬时规范变换**，即引入变换 $\hat{U}_\phi(t) = e^{-i\phi(t)}$，其中相位 $\phi(t)$ 是一个只依赖于时间 $t$ 的实标量函数，显然这是一个幺正变换 (与式 (6.74) 所示的变换类似)：

$$|\psi(t)\rangle = \hat{U}_\phi(t)|\Psi(t)\rangle = e^{-i\phi(t)}|\Psi(t)\rangle \tag{6.131}$$

那么变换后的哈密顿量式 (6.129) 变为

$$\hat{H}_\phi(t) = \hat{H}_0(t) + \hbar\dot{\phi}(t) \tag{6.132}$$

其中，假设 $\hat{H}_0(t)$ 中不含对时间运算的算符。所以变换以后的薛定谔方程为

$$i\hbar\frac{\partial}{\partial t}|\psi(t)\rangle = \hat{H}_0(t)|\psi(t)\rangle + \hbar\dot{\phi}(t)|\psi(t)\rangle \tag{6.133}$$

如果两边乘以 $\langle\psi(t)|$，就得到：

$$\dot{\phi}(t) = -\frac{1}{\hbar}\langle\psi(t)|\,\hat{H}_0(t)\,|\psi(t)\rangle + i\langle\psi(t)|\frac{\partial}{\partial t}|\psi(t)\rangle$$

所以从规范变换的角度可以得到 $\phi(t)$ 从 $t=0$ 到 $t=\tau$ 的变化量为

$$\phi(\tau) - \phi(0) = -\frac{1}{\hbar} \int_0^\tau \langle \psi(t) | \hat{H}_0(t) | \psi(t) \rangle \, \mathrm{d}t + \mathrm{i} \int_0^\tau \langle \psi(t) | \frac{\partial}{\partial t} | \psi(t) \rangle \, \mathrm{d}t \qquad (6.134)$$

对比式 (6.134) 和式 (6.67)，规范变换 $U(1)$ 给出的相位改变量等于波函数 $|\psi(t)\rangle$ 的广义动力学相位 (式 (6.68)) 和几何相位 (式 (6.69)) 之和，即**广义绝热相位**：

$$\Delta\phi(\tau) \equiv \phi(\tau) - \phi(0) = \alpha_\psi(\tau) \equiv \beta_\psi(\tau) + \gamma_\psi(\tau)$$

其中，广义动力学相位和几何相位分别定义为

$$\beta_\psi(\tau) \equiv -\frac{1}{\hbar} \int_0^\tau \langle \psi(t) | \hat{H}_0(t) | \psi(t) \rangle \, \mathrm{d}t$$

$$\gamma_\psi(\tau) \equiv \mathrm{i} \int_0^\tau \langle \psi(t) | \frac{\partial}{\partial t} | \psi(t) \rangle \, \mathrm{d}t$$

根据式 (6.133) 可以看到，规范变换会影响原来系统 $\hat{H}_0(t)$ 的对角项 (无论在何种表象下)，能对原来系统的能级变化产生调制，其变换后的哈密顿量式 (6.132) 通过选择 $\hbar\dot{\phi}(t)$ 可以让 $\hat{H}_\phi(t)$ 的对角项消失，从而简化方程 (6.133) 的求解得到波函数 $|\psi(t)\rangle$，再通过逆变换 $|\Psi(t)\rangle = \mathrm{e}^{\mathrm{i}\phi(t)} |\psi(t)\rangle$ 得到原始系统的波函数 $|\Psi(t)\rangle$，其中相位 $\phi(t)$ 就是波函数 $|\psi(t)\rangle$ 的广义绝热相位。更为特殊的情况是，有些原始系统 $\hat{H}_0(t)$ 可以通过选择规范变换函数 $\phi(t)$ 让变换后的哈密顿量 $\hat{H}_\phi(t) = \hat{H}_0'$ 不含时，这样一个含时的 $\hat{H}_0(t)$ 问题就变成了一个 $\hat{H}_0'$ 的定态问题。显然，如果 $\phi(t) = \theta$ 是个常数的话，则表示系统 $\hat{H}_0$ 在 $U(1)$ 全局规范变换下不变，或称为系统具有 $U(1)$ 全局规范对称性。具有 $U(1)$ 对称性的电磁相互作用则对应于体系的电荷守恒。

2) 规范变换：纤维丛和联络

上面引入的含时 $U(1)$ 变换其实就是含时的规范变换，如果变换函数 $\phi$ 还依赖于空间坐标 $\boldsymbol{r}$，那么实空间波函数的**规范变换**可定义为 (可参考附录 J)

$$\psi(\boldsymbol{r}, t) = \mathrm{e}^{-\mathrm{i}\phi(\boldsymbol{r},t)/\hbar} \Psi(\boldsymbol{r}, t) \qquad (6.135)$$

以上的规范变换相当于引入了一个额外的**规范势**。变换后新的哈密顿量为

$$\hat{H}_\phi(t) = \mathrm{e}^{-\mathrm{i}\phi(\boldsymbol{r},t)/\hbar} \hat{H}_0(t) \, \mathrm{e}^{\mathrm{i}\phi(\boldsymbol{r},t)/\hbar} + \dot{\phi}(\boldsymbol{r}, t) \qquad (6.136)$$

其中，原始系统的哈密顿量如果假设为 $\hat{H}_0 = \hat{\boldsymbol{p}}^2/2m + V(\boldsymbol{r}, t)$，那么等号右边第一项动能算符中的动量算子和规范变换不对易，其变换关系为

$$\mathrm{e}^{-\mathrm{i}\phi(\boldsymbol{r},t)/\hbar} \hat{\boldsymbol{p}} \, \mathrm{e}^{\mathrm{i}\phi(\boldsymbol{r},t)/\hbar} = \hat{\boldsymbol{p}} + \nabla\phi(\boldsymbol{r}, t)$$

将动量算子 $\hat{\boldsymbol{p}}$ 的变换关系代入式 (6.136) 中得到如下的哈密顿量:

$$\hat{H}_\phi\left(t\right)=\frac{1}{2m}\left(\boldsymbol{p}+\nabla\phi\right)^2+V\left(\boldsymbol{r},t\right)+\dot{\phi} \tag{6.137}$$

显然以上的哈密顿量由于规范变换式 (6.135) 引入了额外的**规范场**: 场的矢量势为 $\nabla\phi$, 标量势为 $\dot{\phi}$ (具体可参见附录 J)。

　　上面的讨论表明实空间上的规范变换会带来实空间的矢量场和标量场, 下面将实空间的变换推广到广义的**参数空间**中。采用与前面讨论绝热相位一样的参数空间 $\boldsymbol{R}$, 对于定义于该参数空间上的系统 $\hat{H}_0(\boldsymbol{R})$ 和态 $|\Psi(\boldsymbol{R})\rangle$, 它们都是参数 $\boldsymbol{R}\equiv(R_1,R_2,\cdots,R_N)$ 的函数, 这个 $N$ 维的参数空间称为**底空间** (base space)。在底空间的任何一点 $\boldsymbol{R}$ 处, 都存在一个波函数的矢量空间 (或者存在一个希尔伯特空间 $\mathcal{H}_0(\boldsymbol{R})$), 给定某一个时刻, 就会有一个波矢量 "长" 在这个底空间 $\boldsymbol{R}$ 处, 如果从整个底空间上看, 就会出现如图 6.5 (a) 所示的图形, 波矢量就如同 "长在底空间上的一丛丛纤维", 所以数学上把这个底空间上的矢量空间称为**纤维空间** (fiber space)。最后, 数学上总体把底空间和纤维空间组成的**全空间**统一称为**纤维丛** (fiber bundle) [30]。

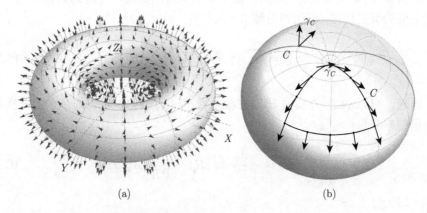

图 6.5　纤维丛和底空间上通过闭合路径的贝里相位示意图

(a) 纤维丛示意图, 参数底空间为两维的圆环面, 纤维空间是箭头表示的波矢量空间; (b) 沿底空间的两条闭合路径 $C$ 及其积分后的贝里相位 $\gamma_C$ 示意图

　　根据式 (6.81) 的讨论, 在参数底空间上相邻的两个点 $\boldsymbol{R}$ 和 $\boldsymbol{R}+\mathrm{d}\boldsymbol{R}$ 处两个波矢量 $|\Psi(\boldsymbol{R})\rangle$ 和 $|\Psi(\boldsymbol{R}+\mathrm{d}\boldsymbol{R})\rangle$ 之间的夹角 $\delta\gamma$ 可以定义为

$$\mathrm{e}^{-\mathrm{i}\delta\gamma}\equiv\frac{\langle\Psi(\boldsymbol{R})|\Psi(\boldsymbol{R}+\mathrm{d}\boldsymbol{R})\rangle}{|\langle\Psi(\boldsymbol{R})|\Psi(\boldsymbol{R}+\mathrm{d}\boldsymbol{R})\rangle|}\Rightarrow\delta\gamma=\mathrm{i}\langle\Psi(\boldsymbol{R})|\nabla_R|\Psi(\boldsymbol{R})\rangle\cdot\mathrm{d}\boldsymbol{R}$$

由此可见, 波函数 $|\Psi(\boldsymbol{R})\rangle$ 在参数底空间上移动时, 其矢量方向的变化量 $\delta\gamma$ 需要通过矢量 $\mathrm{i}\langle\Psi(\boldsymbol{R})|\nabla_R\Psi(\boldsymbol{R})\rangle$ 来联系, 而该角度的瞬时变化率 $\dot{\gamma}=0$ 就代表了波矢量在参数底空间 (局域) 保持角度不变的**平行输运** (parallel transport) 条件:

$$\dot{\gamma} = \lim_{\delta t \to 0} \frac{\delta\gamma}{\delta t} = \mathrm{i}\langle\Psi(\boldsymbol{R})|\nabla_R|\Psi(\boldsymbol{R})\rangle \cdot \dot{\boldsymbol{R}} = \mathrm{i}\langle\Psi(t)|\dot{\Psi}(t)\rangle = 0$$

显然沿参数底空间上的一条曲线对 $\dot{\gamma}$ 积分就能获得与式 (6.76) 类似的几何相位, 此处引入波函数 $|\Psi(\boldsymbol{R})\rangle$ 的矢量势或贝里联络 $\boldsymbol{A}(\boldsymbol{R})$ 为

$$\boldsymbol{A}(\boldsymbol{R}) \equiv \mathrm{i}\langle\Psi(\boldsymbol{R})|\nabla_R|\Psi(\boldsymbol{R})\rangle = -\mathrm{Im}\left[\langle\Psi(\boldsymbol{R})|\nabla_R\Psi(\boldsymbol{R})\rangle\right] \tag{6.138}$$

其中, $\nabla_R|\Psi(\boldsymbol{R})\rangle \equiv |\nabla_R\Psi(\boldsymbol{R})\rangle$ 可以看成参数底空间波函数梯度场, 并利用了条件: $\nabla_R\langle\Psi(\boldsymbol{R})|\Psi(\boldsymbol{R})\rangle = 0$。同理, 在波函数 $|\Psi(\boldsymbol{R})\rangle$ 上定义的贝里联络依然不是规范不变的, 也就是波函数乘以一个相位函数, 贝里联络会发生改变:

$$|\Psi(\boldsymbol{R})\rangle \to \mathrm{e}^{\mathrm{i}\phi(\boldsymbol{R})}|\Psi(\boldsymbol{R})\rangle \Leftrightarrow \boldsymbol{A}(\boldsymbol{R}) \to \boldsymbol{A}(\boldsymbol{R}) - \nabla_R\phi(\boldsymbol{R})$$

由此可见规范变换会引入一个无旋的保守**梯度场** $\nabla_R\phi(\boldsymbol{R})$。如果在底空间内找一条封闭曲线 $C$(如图 6.5(b) 所示), 则沿着这条封闭曲线积分得到的相位 $\gamma_C$ 即为规范不变的贝里相位 (证明和习题 6.7 类似):

$$\gamma_C = \sum_C \delta\gamma = \oint_C \boldsymbol{A}(\boldsymbol{R}) \cdot \mathrm{d}\boldsymbol{R} \tag{6.139}$$

同理, 可以从式 (6.138) 出发在波函数 $|\Psi(\boldsymbol{R})\rangle$ 上定义和式 (6.85) 一样的二阶贝里曲率张量:

$$B_{\mu\nu}(\boldsymbol{R}) = \frac{\partial}{\partial R^\mu}A_\nu(\boldsymbol{R}) - \frac{\partial}{\partial R^\nu}A_\mu(\boldsymbol{R}) \tag{6.140}$$

具体可写为

$$B_{\mu\nu}(\boldsymbol{R}) = \mathrm{i}\left[\left\langle\frac{\partial\Psi(\boldsymbol{R})}{\partial R^\mu}\bigg|\frac{\partial\Psi(\boldsymbol{R})}{\partial R^\nu}\right\rangle - \left\langle\frac{\partial\Psi(\boldsymbol{R})}{\partial R^\nu}\bigg|\frac{\partial\Psi(\boldsymbol{R})}{\partial R^\mu}\right\rangle\right] \tag{6.141}$$

最后在贝里曲率 $B_{\mu\nu}(\boldsymbol{R})$ 的基础上, 沿着参数底空间一条闭合曲线 $C$ 的线积分式 (6.139) 就可以写为贝里曲率在底空间曲面 $S$ 上的面积分 (注意 $C$ 为面 $S$ 的边界: $C \equiv \partial S$, 采用爱因斯坦求和约定, 具体见附录 G.2):

$$\gamma_C = \frac{1}{2}\iint_S B_{\mu\nu}(\boldsymbol{R})\,\mathrm{d}R_\mu \wedge \mathrm{d}R_\nu \tag{6.142}$$

由此可见，波函数 $|\Psi(\boldsymbol{R})\rangle$ 可以看成参数底空间 $\boldsymbol{R}$ 处的**矢量纤维**，其上可以定义曲率场，曲率场在参数底空间 $\boldsymbol{R}$ 上的面积分即为贝里相位 $\gamma_C$，它作为一种和矢量纤维丛整体几何性质相关的量，数学上称为**和乐** (holonomy) [30]。贝里相位决定于贝里曲率张量函数 $B_{\mu\nu}(\boldsymbol{R})$ 在参数底空间围绕"奇点"的积分通量，这些奇点可以等效为"磁单极子"，它与矢量纤维丛的**拓扑性质**紧密相关，在数学上对应不同的拓扑不变量，如著名的**陈数** (Chern number)，关于这些内容的简单应用，将在第 7 章自旋态控制和拓扑绝缘体中再做相应的介绍。

3. 演化算子的积分形式：瞬时哈密顿量可对角化方法

最为简单的含时情况是含时系统的哈密顿量 $\hat{H}(t)$ 在任何时刻都**对易**，即对任意时刻 $t$ 和 $t'$ 满足：

$$\left[\hat{H}(t), \hat{H}(t')\right] = 0$$

那么 Magnus 展开式 (6.114) 中所有的高阶对易项 $\hat{\Omega}_k(t,t_0), k \geqslant 2$ 都等于零，于是演化算子简化为

$$\hat{U}(t, t_0) = \exp\left[-\frac{\mathrm{i}}{\hbar}\int_{t_0}^{t}\mathrm{d}t'\hat{H}(t')\right] \tag{6.143}$$

在这种情况下哈密顿量的积分很容易被计算出来，然后演化算子的形式可以用 Mathematica 的 MatrixExp[··] 函数来进行解析或数值计算。上面演化算子的积分形式 (6.143) 是一类在非常特殊条件下才成立的结果：含时哈密顿量在任何时刻都必须对易。这个条件相当于在某一个绘景 (表象) 下 (可以分为定态基绘景和含时基绘景)，哈密顿**矩阵**在不同时刻都**彼此对易**。

任意 $n \times n$ 阶矩阵 $A$ 和 $B$ 相互对易 $(AB = BA)$ 的条件：存在一个非奇异矩阵 $C$ 能使矩阵 $A$ 和 $B$ 同时对角化，即 $C^{-1}AC$ 和 $C^{-1}BC$ 都为**对角矩阵**。当然这个条件也是一种非常特殊的矩阵对易条件，因为这要求矩阵 $A$ 和 $B$ 都是**可对角化**的，要么都有 $n$ 个不同的本征值，或都存在 $n$ 个线性不相关的特征向量，或者它们有共同的本征态。除此以外还有其他明显的对易条件，如 $A = f(B)$，$f$ 是任意的多项式函数①，当然其他更广义的对易条件依然存在 [39]。无论如何，上述的对易条件提供了一种得到式 (6.143) 解的方法：通过表象变换选取一个合适的基矢，如果让任何时刻哈密顿量 $\hat{H}(t)$ 在此基矢下的矩阵都对易，则演化算子式 (6.143) 的具体积分形式就可以得到。

所以一般地，对于一个含时系统的薛定谔方程：

$$\mathrm{i}\hbar\frac{\partial}{\partial t}|\Psi(t)\rangle = \hat{H}(t)|\Psi(t)\rangle \tag{6.144}$$

---

① 严格地讲，$f$ 不是任意的多项式函数，因为 $A$ 可以被 $B$ 表示，所以这个多项式的最高幂次必须满足一定要求。

引入一个非奇异的**含时参数变换** $\hat{S}(t)^{[38]}$：

$$|\psi(t)\rangle = \hat{S}(t)|\Psi(t)\rangle = \hat{S}\left[\boldsymbol{\lambda}(t)\right]|\Psi(t)\rangle \tag{6.145}$$

其中，$\boldsymbol{\lambda}(t) \equiv \{\lambda_1(t), \lambda_2(t), \lambda_3(t), \cdots\}$ 是含时变换参数。那么原始的薛定谔方程 (6.144) 就变为

$$i\hbar \frac{\partial}{\partial t}|\psi(t)\rangle = \hat{H}_s(t)|\psi(t)\rangle \tag{6.146}$$

其中，在新绘景下的哈密顿量为

$$\hat{H}_s(t) = \hat{S}(t)\,\hat{H}(t)\,\hat{S}^{-1}(t) - i\hbar \hat{S}(t)\,\frac{\partial}{\partial t}\hat{S}^{-1}(t) \tag{6.147}$$

如果调节或设计变换 $\hat{S}(t)$ 中的参数 $\boldsymbol{\lambda}(t)$，让 $\hat{H}_s(t)$ 成为**可对角矩阵** (可对易)，那么关于哈密顿量式 (6.147) 的演化算子就可以写为式 (6.143) 的形式：

$$\hat{U}_s(t, t_0) = \exp\left[-\frac{i}{\hbar}\int_{t_0}^t dt'\hat{H}_s(t')\right] \tag{6.148}$$

然后通过逆变换转回到原始的基矢绘景 (表象) 下，就得到原系统 $\hat{H}(t)$ 的演化算子为

$$\hat{U}(t, t_0) = \hat{S}^{-1}(t)\hat{U}_s(t, t_0)\,\hat{S}(t_0) \tag{6.149}$$

下面讨论 $\hat{S}(t)$ 变换绘景下 $\hat{H}_s(t)$ **可对角化**的意义。首先，根据式 (6.147) 要求变换 $\hat{S}(t)$ 存在并且是**正规变换** (可逆)。通常变换 $\hat{S}(t)$ 选幺正变换：$\hat{S}^{-1}(t) = \hat{S}^\dagger(t)$，也就是 $\hat{S}(t)\hat{S}^\dagger(t) = \hat{S}^\dagger(t)\hat{S}(t) = 1$，可以证明幺正变换以后的哈密顿量 $\hat{H}_s = \hat{S}\hat{H}\hat{S}^\dagger - i\hbar\hat{S}\cdot\partial_t\hat{S}$ 依然保持其厄米性，这种变换就是通常所说的**瞬时绘景变换**，$\hat{S}(t)$ 的正则性保证体系希尔伯特空间的维度不变。如果通过调节幺正变换 $\hat{S}(t)$ 中的参数，可以直接让 $\hat{H}_s(t)$ 对角化，那么在希尔伯特空间的变换表象下算符 $\hat{H}_s(t)$ 的对角矩阵 $H_s(t)$ 可写为

$$\hat{H}_s(t) \to H_s(t) = E_s(t) \equiv \begin{bmatrix} \epsilon_1^s(t) & & & \\ & \epsilon_2^s(t) & & \\ & & \ddots & \\ & & & \epsilon_n^s(t) \end{bmatrix}$$

其中，$\epsilon_n^s(t)$ 是变换绘景瞬时基的准能量：$\hat{H}_s(t)|\mu_n(t)\rangle = \epsilon_n^s(t)|\mu_n(t)\rangle$，而变换绘景的基矢定义为 $|\mu_n(t)\rangle \equiv \hat{S}(t)|n(t)\rangle$，可以统称为系统的一个与变换 $\hat{S}(t)$ 相关

的**辅助基矢** (auxiliary basis)，显然在辅助基矢下 $\hat{H}_s(t)$ 是对角化的。那么必然有 $[\hat{H}_s(t),\hat{H}_s(t')] = [E_s(t),E_s(t')] = 0$，此时变换绘景演化算子式 (6.148) 的矩阵形式就可以写为

$$
U_s(t,t_0) = \begin{bmatrix} e^{-\frac{i}{\hbar}\int_{t_0}^{t}\epsilon_1^s(t')\mathrm{d}t'} & & & \\ & e^{-\frac{i}{\hbar}\int_{t_0}^{t}\epsilon_2^s(t')\mathrm{d}t'} & & \\ & & \ddots & \\ & & & e^{-\frac{i}{\hbar}\int_{t_0}^{t}\epsilon_n^s(t')\mathrm{d}t'} \end{bmatrix} \tag{6.150}
$$

其次，如果 $\hat{S}(t)$ 绘景变换不能直接让 $\hat{H}_s(t)$ 对角化，但可以找到另一个可逆矩阵 $C$ 让矩阵 $H_s(t)$ 对角化：$C^{-1}H_s(t)C = E_s(t)$，那么此时：

$$
[\hat{H}_s(t),\hat{H}_s(t')] = [CE_s(t)C^{-1},CE_s(t')C^{-1}] = C[E_s(t),E_s(t')]C^{-1} = 0
$$

其中，矩阵 $CC^{-1} = 1$，也就是 $C$ 又定义了一个表象变换 (不含时)。因此，如果重新定义 $\hat{S}'(t) \equiv \hat{C}\hat{S}(t)$，则可以证明在新的 $\hat{S}'(t)$ 含时变换下式 (6.147) 所给出的哈密顿量 $\hat{H}_{s'}(t) = \hat{C}^{-1}\hat{H}_s(t)\hat{C}$ 就又可以直接被对角化了[38]。此时需要强调一种非常特殊的可对角化情况，就是 $\hat{S}(t)$ 变换下 $\hat{H}_s(t) = \varepsilon(t)f(\hat{A})$，其中 $f$ 为任意函数，算符 $\hat{A}$ 不含时，显然算符 $\hat{A}$ 的本征矢可以让 $\hat{H}_s(t)$ 对角化。

统一地，对于一般的含时系统 $\hat{H}(t)$，假设其瞬时基 (式 (6.58)) 下系统的初始态 $|\Psi(t_0)\rangle = \sum_n a_n(t_0)|n(t_0)\rangle$，那么根据 $\hat{S}(t)$ 变换下对角矩阵 $\hat{H}_s(t)$ 的演化算子式 (6.150) 和式 (6.149)，得到原系统 $\hat{H}(t)$ 任意时刻的态为

$$
\begin{aligned}
|\Psi(t)\rangle &= S^{-1}(t) \begin{bmatrix} e^{-\frac{i}{\hbar}\int_{t_0}^{t}\epsilon_1^s(t')\mathrm{d}t'} & & \\ & \ddots & \\ & & e^{-\frac{i}{\hbar}\int_{t_0}^{t}\epsilon_n^s(t')\mathrm{d}t'} \end{bmatrix} S(t_0) \begin{bmatrix} a_1(t_0) \\ \vdots \\ a_n(t_0) \end{bmatrix} \\
&= S^{-1}(t) \begin{bmatrix} a_1(0)e^{-\frac{i}{\hbar}\int_0^t \epsilon_1^s(t')\mathrm{d}t'} \\ \vdots \\ a_n(0)e^{-\frac{i}{\hbar}\int_0^t \epsilon_n^s(t')\mathrm{d}t'} \end{bmatrix}
\end{aligned} \tag{6.151}
$$

其中，取初始时间 $t_0 = 0$ 并让初始变换 $S(0) = 1$ 为对角矩阵。从式 (6.151) 可以发现，系统在含时变换绘景中只积累了动力学相位，通过逆变换 $S^{-1}(t)$ 形成了一个不同能级演化态的叠加态，揭示了系统瞬时态演化的相干叠加性。

显然系统 $\hat{U}_s(t)$ 解析形式的获得必须以能够找到含时变换 $\hat{S}(t)$ 为前提，下面就详细讨论一下如何找到 $\hat{S}(t)$ 并对角化 $\hat{H}(t)$ 的方法。首先要使式 (6.147) 成为对角矩阵，一个非常直接的方式是在某一绘景基矢下让矩阵 $H_s(t)$ 的第一项 $\mathcal{H} \equiv SHS^\dagger$ 的非对角元素和第二项 $\hbar\mathcal{A} \equiv i\hbar\dot{S}S^\dagger$ 的非对角元素相互抵消，从而给出含时变换 $\hat{S}(t)$ 的参数条件：$\mathcal{H}_{kl}(t) = \hbar\mathcal{A}_{kl}(t),\ k \neq l$。

为了更清楚地说明这个问题，下面引入几种不同表象下的基矢概念。对于一般的含时系统 $\hat{H}(t)$，总是在具有某些本征态的系统上进行外部的含时耦合操控，如在二能级或三能级系统上引入含时的电磁场进行操控，所以由原来系统自由的非耦合本征态组成的基矢就称为**裸态基**，这通常是一个不含时的定态基，可以表示为 $\{|k\rangle,\ k = 1, 2, \cdots, n\}$。在裸态基下系统的哈密顿量 $\hat{H}(t)$ 可以写为矩阵形式 $H(t)$，该矩阵的本征矢量则构成式 (6.58) 所定义的**瞬时基**：$\{|k(t)\rangle,\ k = 1, 2, \cdots, n\}$。如果选择绘景变换 $\hat{S}(t)$，其在裸态基下的矩阵为 $S(t)$，体系哈密顿量 $H(t)$ 在式 (6.147) 的变换下有

$$H_s(t) = SHS^{-1} - i\hbar S\dot{S}^{-1} \equiv \mathcal{H} - \hbar\mathcal{A} \tag{6.152}$$

如果让式 (6.152) 中的矩阵元满足以下条件：

$$\begin{cases} \mathcal{H}_{kl} - \hbar\mathcal{A}_{kl} = 0, & k \neq l \\ \mathcal{H}_{kk} - \hbar\mathcal{A}_{kk} = \epsilon_k^s(t), & k = 1, 2, \cdots, n \end{cases}$$

则矩阵 $H_s(t)$ 就可以对角化，从而根据对角化条件确定变换矩阵 $S(t)$。

另外，通过 $\hat{S}(t)$ 变换得到的变换绘景下的基一般称为**辅助基**，表示为 $\{|\mu_k(t)\rangle,\ k = 1, 2, \cdots, n\}$，其在裸态基表象下是一组列向量：$\{\boldsymbol{\mu}_k(t),\ k = 1, 2, \cdots, n\}$。为了对角化变换后的哈密顿量 $H_s(t)$，取如下矩阵：

$$P(t) = \begin{bmatrix} \boldsymbol{\mu}_1(t) & \boldsymbol{\mu}_2(t) & \cdots & \boldsymbol{\mu}_n(t) \end{bmatrix} \tag{6.153}$$

即用辅助基的列向量构成对角化矩阵，则根据矩阵的对角化理论，如果：

$$P^{-1}(t) H_s(t) P(t) = \begin{bmatrix} \epsilon_1^s(t) & & & \\ & \epsilon_2^s(t) & & \\ & & \ddots & \\ & & & \epsilon_n^s(t) \end{bmatrix}$$

那么辅助基 $|\mu_k(t)\rangle$ 必然是能够对角化哈密顿量 $\hat{H}_s$ 的本征态：

$$\hat{H}_s(t) |\mu_k(t)\rangle = \epsilon_k^s(t) |\mu_k(t)\rangle$$

也就是对角化 $H_s(t)$ 的辅助基 $|\mu_k(t)\rangle$ 和裸态基 $|k\rangle$ 之间存在如下变换关系：

$$|k\rangle = \hat{S}(t)\,|\mu_k(t)\rangle \tag{6.154}$$

那么对角化矩阵 $P(t)$ (式 (6.153)) 和变换矩阵 $S(t)$ 之间的关系为

$$S(t) = P^{\mathrm{T}}(t)$$

其中，T 为矩阵的转置运算符号。显然变换 $S(t)$ 可以将原系统 $H(t)$ 对角化。

最后介绍一种有用的含时基矢，称为**演化基矢**。假如可以找到彼此正交且完备的基函数 $\{|\Psi_\alpha(t)\rangle\}$，它们都满足**原始薛定谔方程** (6.144)：

$$i\hbar\frac{\partial}{\partial t}\,|\Psi_\alpha(t)\rangle = \hat{H}(t)\,|\Psi_\alpha(t)\rangle \tag{6.155}$$

而且它们彼此正交并具有完备性：

$$\langle\Psi_\alpha(t)\,|\Psi_\beta(t)\rangle = \delta_{\alpha\beta}, \quad \sum_\alpha |\Psi_\alpha(t)\rangle\,\langle\Psi_\alpha(t)| = 1 \tag{6.156}$$

那么这样的基矢由于其本身就是薛定谔方程 (6.144) 的**解**，所以被称为系统的**演化基**。由于演化基包含系统不同维度的演化信息 (相互正交的初始态)，所以它和瞬时基及其变换绘景的辅助基是不同性质的双时基矢，其在含时系统的求解过程中具有特殊的应用 (演化基和辅助基的关系见习题 6.13)，并在后文周期演化系统中会有所涉及，此处不再讨论。

4. 态演化算子的乘积形式：周期性循环系统

对于一般的含时系统 $\hat{H}(t)$，经常需要考察一个循环的控制过程，如对量子系统进行周期性驱动。这样系统的哈密顿量就具有了**周期性**，满足：

$$\hat{H}(t+\tau) = \hat{H}(t)$$

其中，$\tau$ 为系统循环周期。对于这类周期性系统，其演化算子可以利用 **Floquet 定理**做进一步的计算[40,41]。首先体系的薛定谔方程：

$$i\hbar\frac{\partial\,|\Psi(t)\rangle}{\partial t} = \hat{H}(t)\,|\Psi(t)\rangle \tag{6.157}$$

在一定的**瞬时表象**下可以转化为如下形式的矩阵方程 (假设系统 $\hat{H}(t)$ 的希尔伯特空间维度为 $n$)：

$$\dot{\boldsymbol{x}}(t) = \boldsymbol{A}(t)\,\boldsymbol{x}(t) \tag{6.158}$$

其中，$\boldsymbol{x}(t)$ 为波函数的系数向量；$\boldsymbol{A}(t)$ 为哈密顿量对应的 $n \times n$ 矩阵形式，它是时间的周期函数：$\boldsymbol{A}(t+\tau) = \boldsymbol{A}(t)$。微分方程 (6.158) 是一类被广泛研究的方程，发展出 Floquet 定理。根据该定理，方程 (6.158) 的解为

$$\boldsymbol{x}(t) = \sum_{j=1}^{n} c_j \mathrm{e}^{\mu_j t} \boldsymbol{y}_j(t) \tag{6.159}$$

其中，$c_j$ 是常数；$\boldsymbol{y}_j(t)$ 是周期矢量函数：$\boldsymbol{y}_j(t+\tau) = \boldsymbol{y}_j(t)$；$\mu_j$ 一般是复数，称为方程 (6.158) 的**特征指数**或 Floquet 指数。关于经典的 Floquet 定理在此不详细讨论，具体可以参考文献 [40] 等。

在量子力学领域，根据 Floquet 定理薛定谔方程 (6.157) 的解也具有 Floquet 解的形式 [41]：

$$|\Psi(t)\rangle = \mathrm{e}^{-\mathrm{i}\mathscr{E}t/\hbar} |\psi(t)\rangle = \mathrm{e}^{-\mathrm{i}\Omega t} |\psi(t)\rangle \tag{6.160}$$

其中，参数 $\mathscr{E} \equiv \hbar\Omega$ 为实数，是系统周期性所决定的**准 (赝) 能量** (quasi-energy)，并且 $|\psi(t)\rangle$ 是周期函数：

$$|\psi(t+\tau)\rangle = |\psi(t)\rangle$$

为突出系统哈密顿量的分立时间平移对称性，通常定义时间平移算子：

$$\hat{D}(\tau) |\Psi(t)\rangle = |\Psi(t+\tau)\rangle$$

利用薛定谔方程 (6.157) 和哈密顿量的周期性，可以证明平移算子和系统哈密顿量是可对易的：$[\hat{D}(\tau), \hat{H}(t)] = 0$，自然就可以得到 $\hat{D}(\tau)|\Psi(t)\rangle = \mathrm{e}^{-\mathrm{i}\Omega\tau}|\Psi(t)\rangle$，结果和解的形式 (6.160) 是一致的。

把准静态解的形式 (6.160) 代入薛定谔方程 (6.157) 中，就可以得到准静态薛定谔方程：

$$\left[ \hat{H}(t) - \mathrm{i}\hbar \frac{\partial}{\partial t} \right] |\psi(t)\rangle = \mathscr{E} |\psi(t)\rangle, \quad \mathscr{E} = \hbar\Omega \tag{6.161}$$

由于算符 $\mathrm{i}\hbar \dfrac{\partial}{\partial t}$ 是一个厄米算符，这样就可以引入一个新的厄米算符：

$$\mathscr{H}(t) \equiv \hat{H}(t) - \mathrm{i}\hbar \frac{\partial}{\partial t}$$

那么准静态薛定谔方程 (6.161) 就可以写为非常简单的形式：

$$\mathscr{H} |\psi(t)\rangle = \mathscr{E} |\psi(t)\rangle \tag{6.162}$$

显然原始的薛定谔方程 (6.157) 对应 $\mathscr{E} = 0$ 的特殊情况：$\hat{\mathscr{H}}|\Psi(t)\rangle = 0$。根据算符 $\hat{\mathscr{H}}$ 的厄米性，符合准静态薛定谔方程 (6.162) 的正交解有多个：

$$\hat{\mathscr{H}}|\psi_\alpha(t)\rangle = \mathscr{E}_\alpha|\psi_\alpha(t)\rangle \tag{6.163}$$

其中，$\mathscr{E}_\alpha$ 为系统的**准静态能量**；函数 $|\psi_\alpha(t)\rangle$ 为**准静态模式**。显然准静态波函数 $\{|\psi_\alpha(t)\rangle\}$ 是正交完备的，它是哈密顿量为 $\{\hat{H}(t) - \mathscr{E}_\alpha\}$ 的薛定谔方程的解，所以方程 (6.157) 的本征解为 $|\Psi_\alpha(t)\rangle = \mathrm{e}^{-\mathrm{i}\mathscr{E}_\alpha t/\hbar}|\psi_\alpha(t)\rangle$，也是正交完备的，则方程 (6.157) 的通解可以写为与经典解 (式 (6.159)) 相类似的形式：

$$|\Psi(t)\rangle = \sum_\alpha c_\alpha|\Psi_\alpha(t)\rangle = \sum_\alpha c_\alpha\mathrm{e}^{-\mathrm{i}\mathscr{E}_\alpha t/\hbar}|\psi_\alpha(t)\rangle \tag{6.164}$$

由于时间平移算子 $\hat{D}(\tau)$ 不显含时间 $t$：$\partial\hat{D}(\tau)/\partial t = 0$，它和准静态哈密顿量算符 $\hat{\mathscr{H}}$ 对易：$[\hat{D}(\tau), \hat{\mathscr{H}}] = 0$，那么准静态模式 $|\psi_\alpha(t)\rangle, \alpha = 1, 2, \cdots$ 同时也是时间平移算子 $\hat{D}(\tau)$ 的本征态：

$$\hat{D}(\tau)|\psi_\alpha(t)\rangle = \lambda_\alpha(\tau)|\psi_\alpha(t)\rangle = \mathrm{e}^{-\mathrm{i}\phi_\alpha(\tau)}|\psi_\alpha(t)\rangle = |\psi_\alpha(t)\rangle \tag{6.165}$$

其中，引入了算子 $\hat{D}(\tau)$ 本征值 $\lambda_\alpha$ 的相位 $\phi_\alpha(\tau)$，该相位称为模式**子相位**，来源于函数 $|\psi_\alpha(t)\rangle$ 的归一化和周期性。根据式 (6.165) 可定义准静态模式的子能级：

$$\varepsilon_\alpha(\tau) = \frac{\hbar}{\tau}\phi_\alpha(\tau) = \frac{\hbar}{\tau}2n\pi = n\hbar\omega_\tau$$

显然子能级 $\varepsilon_\alpha(\tau) = \varepsilon_0\dfrac{\phi_\alpha(\tau)}{2\pi} = n\varepsilon_0$ 随 $\phi_\alpha$ 具有周期性 (能量基本单位 $\varepsilon_0 \equiv h/\tau \equiv \hbar\omega_\tau$，$h$ 为普朗克常数，$\omega_\tau = 2\pi/\tau$ 为周期 $\tau$ 对应的圆频率)，所以考察波函数演化可以将子相位 $\phi_\alpha$ 限定在 $[-\pi, \pi]$ 区域。这样总的准静态能量 $\mathscr{E}_\alpha$ 就可以更精细地写为 $\mathscr{E}_\alpha \to \mathscr{E}_{\alpha n} = \mathscr{E}_\alpha + n\varepsilon_0 = \mathscr{E}_\alpha + n\hbar\omega_\tau$。

对于周期驱动的量子系统，态的演化同样可以采用时序演化算子 $\hat{U}(t, t_0)$ 来计算：$|\Psi(t)\rangle = \hat{U}(t, t_0)|\Psi(t_0)\rangle$。首先在一个周期 $\tau$ 内态的演化为

$$|\Psi(\tau + t_0)\rangle \equiv \hat{U}(t_0 + \tau, t_0)|\Psi(t_0)\rangle = \hat{D}(\tau)|\Psi(t_0)\rangle$$

显然此处一个周期内的演化算子 $\hat{U}(t_0 + \tau, t_0)$ 和前面定义的时间平移算子 $\hat{D}(\tau)$ 是等价的，但并不完全相同。那么重复前述过程有 (见习题 6.14)

$$|\Psi(n\tau + t_0)\rangle = \left[\hat{U}(t_0 + \tau, t_0)\right]^n|\Psi(t_0)\rangle = \hat{U}(n\tau + t_0, t_0)|\Psi(t_0)\rangle \tag{6.166}$$

这样体系的演化过程就可以分解为 $\hat{U}(\tau + t_0, t_0)$ 的乘积形式，所以系统的性质完全取决于初始态和 $\hat{U}(t_0 + \tau, t_0)$ 算子的性质。也就是说，对于一般周期体系的幺正演化算子 $\hat{U}(t + \tau, t_0)$，其演化可以分解为如下形式 (见习题 6.14)：

$$\hat{U}(t + \tau, t_0) = \hat{U}(t, t_0)\hat{U}(t_0 + \tau, t_0) \tag{6.167}$$

所以对于系统任意时间段 $T = t + n\tau, n \in \mathbb{Z}$ 内的演化，都可以转化为如下演化算子的乘积：$\hat{U}(T, t_0) \equiv \hat{U}(t + n\tau, t_0) = \hat{U}(t, t_0)\hat{U}(t_0 + n\tau, t_0) = \hat{U}(t, t_0)\hat{U}^n(t_0 + \tau, t_0)$，显然 $0 \leqslant t \leqslant \tau$ 是演化时间 $T$ 用 $\tau$ 取模后的余数，并且 $\hat{U}(t, t_0)$ 与 $\hat{U}(t_0 + \tau, t_0)$ 并不对易。所以周期系统的演化性质主要由幺正算子 $\hat{U}(t_0 + \tau, t_0)$ 决定，其只依赖于初始时间 $t_0$ 和周期 $\tau$：

$$\hat{U}(t_0 + \tau, t_0) = \hat{\mathbb{T}} \left[ \exp \left( -\frac{\mathrm{i}}{\hbar} \int_{t_0}^{t_0 + \tau} \hat{H}(t') \mathrm{d}t' \right) \right] \tag{6.168}$$

通常由式 (6.168) 所定义的特殊的幺正演化算符被称为 **Floquet 算符**，并被重新写为

$$\hat{U}_{\mathrm{F}}^{t_0}(\tau) \equiv \hat{U}(t_0 + \tau, t_0) = \mathrm{e}^{-\mathrm{i}\hat{H}_{\mathrm{F}}^{t_0} \tau / \hbar} \tag{6.169}$$

注意一个周期内的演化算子 $\hat{U}_{\mathrm{F}}^{t_0}(\tau)$ 和初始时刻 $t_0$ 相关，选取不同的初始时刻则该算符将不同，如初始时刻选为 $t_1 > t_0$ 时，Floquet 算符为

$$\begin{aligned}
\hat{U}_{\mathrm{F}}^{t_1}(\tau) &\equiv \hat{U}(t_1 + \tau, t_1) = \hat{U}(t_1 + \tau, t_0 + \tau)\hat{U}(t_0 + \tau, t_0)\hat{U}(t_0, t_1) \\
&= \hat{U}(t_1, t_0)\hat{U}_{\mathrm{F}}^{t_0}(\tau)\hat{U}^{-1}(t_1, t_0)
\end{aligned}$$

所以取 $t_0 = 0$ 时一般会简写为 $\hat{U}_{\mathrm{F}}(\tau)$，此时即可等价为时间平移算子 $\hat{D}(\tau)$。Floquet 算符 $\hat{U}_{\mathrm{F}}^{t_0}(\tau)$ 所对应的厄米算符 $\hat{H}_{\mathrm{F}}^{t_0}$ 有时被称为 **Folquet 哈密顿量**，根据式 (6.169) 该算符可写为

$$\hat{H}_{\mathrm{F}}^{t_0} = \frac{\mathrm{i}\hbar}{\tau} \ln \left[ \hat{U}_{\mathrm{F}}^{t_0}(\tau) \right] \tag{6.170}$$

显然厄米算符 $\hat{H}_{\mathrm{F}}^{t_0}$ 不含时间变量 $t$，但依赖于初始时间 $t_0$ (导致其不唯一)，并且满足周期性条件 $\hat{H}_{\mathrm{F}}^{t_0 + \tau} = \hat{H}_{\mathrm{F}}^{t_0}$，所以其准静态本征函数显然满足：

$$\hat{H}_{\mathrm{F}}^{t_0} |u_j(t_0)\rangle = \varepsilon_j |u_j(t_0)\rangle \tag{6.171}$$

其中，$\varepsilon_j$ 为周期演化的准静态能量；本征函数 $|u_j(t_0)\rangle$ 一般为 **Floquet 模式** (Floquet mode)，可以组成正交**完备**的基矢。同时在 $\hat{H}_{\mathrm{F}}^{t_0}$ 的本征函数表象下 Floquet 算符是对角化的：

$$\hat{U}_{\mathrm{F}}^{t_0}(\tau) |u_j(t_0)\rangle = \mathrm{e}^{-\mathrm{i}\hat{H}_{\mathrm{F}}^{t_0} \tau / \hbar} |u_j(t_0)\rangle = \mathrm{e}^{-\mathrm{i}\varepsilon_j \tau / \hbar} |u_j(t_0)\rangle \tag{6.172}$$

将式 (6.172) 代入式 (6.170) 中并利用 Floquet 模式作为表象，Folquet 哈密顿量则可以表示为投影算子的对角形式：

$$\hat{H}_{\mathrm{F}}^{t_0} = \sum_j \varepsilon_j \left| u_j \left( t_0 \right) \right\rangle \left\langle u_j \left( t_0 \right) \right|$$

根据 Floquet 模式的定义，对 $\left| u_j(t_0) \right\rangle$ 可以引入 Floquet 模式的**演化算子** $\hat{U}_{\mathrm{F}}(t, t_0)$，得到 $t$ 时刻的 Floquet 模式，即 **Floquet 态**：

$$\left| u_j \left( t \right) \right\rangle = \hat{U}_{\mathrm{F}} \left( t, t_0 \right) \left| u_j \left( t_0 \right) \right\rangle \tag{6.173}$$

其中，算符 $\hat{U}_{\mathrm{F}}(t, t_0)$ 满足双周期：$\hat{U}_{\mathrm{F}}(t + \tau, t_0) = \hat{U}_{\mathrm{F}}(t, t_0 + \tau) = \hat{U}_{\mathrm{F}}(t, t_0)$，而且 Floquet 态也满足**周期性**：$\left| u_j(t + \tau) \right\rangle = \left| u_j(t) \right\rangle$。根据 Floquet 模式的完备性：$\sum_j \left| u_j(t_0) \right\rangle \left\langle u_j(t_0) \right| = 1$ 和式 (6.173)，Floquet 模式演化算子可以表示为

$$\hat{U}_{\mathrm{F}} \left( t, t_0 \right) = \sum_j \left| u_j \left( t \right) \right\rangle \left\langle u_j \left( t_0 \right) \right|$$

利用完备的 Floquet 态可以构造如下一系列满足薛定谔方程 (6.157) 的完备的波函数解 (可构成式 (6.156) 所定义的**演化基**)：

$$\left| \Psi_j \left( t \right) \right\rangle = \mathrm{e}^{-\mathrm{i}\varepsilon_j(t - t_0)/\hbar} \left| u_j \left( t \right) \right\rangle = \mathrm{e}^{\mathrm{i}\varepsilon_j t_0/\hbar} \left[ \mathrm{e}^{-\mathrm{i}\varepsilon_j t/\hbar} \left| u_j \left( t \right) \right\rangle \right] \tag{6.174}$$

显然利用算子方法得到的准静态解 $\left| \Psi_j(t) \right\rangle$ 和式 (6.164) 中的准静态解 $\left| \Psi_\alpha(t) \right\rangle$ 只相差了一个初始时间所决定的相位项或一个常数规范变换因子。将解 $\left| \Psi_j(t) \right\rangle$ 代入薛定谔方程 (6.157) 中可以得到与式 (6.163) 相同的方程：

$$\left[ \hat{H} \left( t \right) - \mathrm{i}\hbar \frac{\partial}{\partial t} \right] \left| u_j \left( t \right) \right\rangle = \hat{\mathscr{H}} \left( t \right) \left| u_j \left( t \right) \right\rangle = \varepsilon_j \left| u_j \left( t \right) \right\rangle \tag{6.175}$$

从上面的表述可以得到 Floquet 模式的演化算子 $\hat{U}_{\mathrm{F}}(t, t_0)$ 和系统的演化算子 $\hat{U}(t, t_0)$ 之间的关系为 (见习题 6.15)

$$\hat{U} \left( t, t_0 \right) = \hat{U}_{\mathrm{F}} \left( t, t_0 \right) \mathrm{e}^{-\mathrm{i}\hat{H}_{\mathrm{F}}^{t_0}(t - t_0)/\hbar} \tag{6.176}$$

以上的结果可以用**含时变换理论**进行等价表述。如果对原始的薛定谔方程 (6.157) 采用如式 (6.130) 所示的双时变换：

$$\left| \Psi \left( t \right) \right\rangle = \hat{U}_{\mathrm{F}} \left( t, t_0 \right) \left| \psi \left( t \right) \right\rangle \Rightarrow \left| \psi \left( t \right) \right\rangle = \hat{U}_{\mathrm{F}}^{-1} \left( t, t_0 \right) \left| \Psi \left( t \right) \right\rangle$$

代入原始薛定谔方程得到变换以后的薛定谔方程为

$$i\hbar \frac{\partial |\psi(t)\rangle}{\partial t} = \hat{H}_{\mathrm{F}}(t, t_0)|\psi(t)\rangle$$

其中, 变换后的哈密顿量为

$$\begin{aligned}\hat{H}_{\mathrm{F}}(t, t_0) &= \hat{U}_{\mathrm{F}}^{-1}(t, t_0)\hat{H}(t)\hat{U}_{\mathrm{F}}(t, t_0) - i\hbar\hat{U}_{\mathrm{F}}^{-1}(t, t_0)\dot{\hat{U}}_{\mathrm{F}}(t, t_0)\\ &= \mathrm{e}^{-i\hat{H}_{\mathrm{F}}^{t_0}(t-t_0)/\hbar}\hat{U}^{-1}(t, t_0)\hat{U}(t, t_0)\hat{H}_{\mathrm{F}}^{t_0}\mathrm{e}^{i\hat{H}_{\mathrm{F}}^{t_0}(t-t_0)/\hbar} = \hat{H}_{\mathrm{F}}^{t_0}\end{aligned}$$

显然双时变换可以得到一个有效的只依赖于初始时刻 $t_0$ 的 Floquet 哈密顿量: $\hat{H}_{\mathrm{F}}(t, t_0) \to \hat{H}_{\mathrm{F}}^{t_0}$, 若其满足本征方程式 (6.171), 给出初始本征波函数 $|u_j(t_0)\rangle$, 从而通过式 (6.173) 得到完备的 Floquet 态 $|u_j(t)\rangle$。

根据以上的含时变换思想, 可以**一般性**地引入含时幺正变换 $\hat{U}_{\mathrm{F}}(t, t_0)$: $|\psi_{\mathrm{F}}(t)\rangle = \hat{U}_{\mathrm{F}}^{\dagger}(t, t_0)|\Psi(t)\rangle$ (注意该变换并不唯一, 所以可以与式 (6.176) 中的变换 $\hat{U}_{\mathrm{F}}(t, t_0)$ 不同), 使系统的薛定谔方程变为

$$i\hbar \frac{\partial |\psi_{\mathrm{F}}(t)\rangle}{\partial t} = \hat{H}_{\mathrm{F}}(t)|\psi_{\mathrm{F}}(t)\rangle$$

其中, 变换以后的有效哈密顿量为

$$\hat{H}_{\mathrm{F}}(t) = \hat{U}_{\mathrm{F}}^{\dagger}(t, t_0)\hat{H}(t)\hat{U}_{\mathrm{F}}(t, t_0) - i\hbar\hat{U}_{\mathrm{F}}^{\dagger}(t, t_0)\dot{\hat{U}}_{\mathrm{F}}(t, t_0)$$

幺正变换 $\hat{U}_{\mathrm{F}}(t, t_0)$ 可以让 $\hat{H}_{\mathrm{F}}(t)$ 直接变成不含时间 $t$ (但可能依赖于初始时刻 $t_0$) 的哈密顿量: $\hat{H}_{\mathrm{F}}(t) \to \hat{H}_{\mathrm{F}}$, $\hat{H}_{\mathrm{F}}$ 的本征态和本征值一般写为

$$\hat{H}_{\mathrm{F}}|\psi_\alpha(t)\rangle = \mu_\alpha|\psi_\alpha(t)\rangle$$

其中, 本征值 $\mu_\alpha$ 不含时; $|\psi_\alpha(t)\rangle$ 为准静态。根据逆变换, 系统原始态 $|\Psi(t)\rangle$ 任意时间段的演化算子为 (见习题 6.16)

$$\hat{U}(t_2, t_1) = \hat{U}_{\mathrm{F}}(t_2, t_0)\mathrm{e}^{-i\hat{H}_{\mathrm{F}}(t_2-t_1)/\hbar}\hat{U}_{\mathrm{F}}^{\dagger}(t_1, t_0) \tag{6.177}$$

显然当 $t_1 = t_0, t_2 = t$ 时, 必然得到和式 (6.176) 一样的结果:

$$\hat{U}(t, t_0) = \hat{U}_{\mathrm{F}}(t, t_0)\mathrm{e}^{-i\hat{H}_{\mathrm{F}}(t-t_0)/\hbar}\hat{U}_{\mathrm{F}}^{\dagger}(t_0, t_0) = \hat{U}_{\mathrm{F}}(t, t_0)\mathrm{e}^{-i\hat{H}_{\mathrm{F}}(t-t_0)/\hbar}$$

从而可以给出如下的 Floquet 算符[42]:

$$\hat{U}_{\mathrm{F}}^{t_0}(\tau) \equiv \hat{U}(t_0 + \tau, t_0) = \hat{U}_{\mathrm{F}}(t_0 + \tau, t_0)\mathrm{e}^{-i\hat{H}_{\mathrm{F}}\tau/\hbar}$$

对于周期系统，算符 $\hat{U}_{\mathrm{F}}(t, t_0)$ 满足周期性条件并且有 $\hat{U}_{\mathrm{F}}(t_0+\tau, t_0) = \hat{U}_{\mathrm{F}}(t_0, t_0) = 1$，那么以上的结果就等价于式 (6.169)。

由于式 (6.163) 或式 (6.175) 所表达的赝能级表象 $\{|\psi_\alpha(t)\rangle\}$ 或 $\{|u_j(t)\rangle\}$ 是完备的，所以薛定谔方程 (6.157) 的任意初始态可以表示为

$$|\Psi(0)\rangle = \sum_\alpha c_\alpha |\psi_\alpha(0)\rangle$$

其中，$c_\alpha \equiv c_\alpha(0) = \langle \psi_\alpha(0)|\Psi(0)\rangle$ 为复常数。这样在周期演化的系统 $\hat{H}(t)$ 中，根据 Floquet 解的形式 (6.160)，任意时刻系统的态就可以表示为

$$|\Psi(t)\rangle = \sum_\alpha c_\alpha |\Psi_\alpha(t)\rangle = \sum_\alpha c_\alpha \mathrm{e}^{-\mathrm{i}\mathscr{E}_\alpha t/\hbar}|\psi_\alpha(t)\rangle \tag{6.178}$$

其中，准静态满足周期性条件：

$$|\Psi_\alpha(t+\tau)\rangle = |\Psi_\alpha(t)\rangle = \mathrm{e}^{-\mathrm{i}\Omega_\alpha \tau}|\psi_\alpha(t)\rangle \tag{6.179}$$

其中，准静态本征频率 $\Omega_\alpha = \Omega_{\alpha 0} + n\dfrac{2\pi}{\tau} = \Omega_{\alpha 0} + n\omega_\tau$，$\Omega_{\alpha 0}$ 为任意的常数。

由于系统哈密顿量 $\hat{H}(t)$ 的周期性，系统存在一个特征频率 $\omega_\tau$，利用这个频率可以进一步对系统的哈密顿量 $\hat{H}(t)$ 做时间域的傅里叶级数展开[42]：

$$\hat{H}(t) = \hat{H}(t+\tau) = \sum_{n=-\infty}^{\infty} \hat{H}^{(n)}\mathrm{e}^{-\mathrm{i}n\omega_\tau t}$$

其中，哈密顿量在时间域的傅里叶变换定义为

$$\hat{H}^{(n)} \equiv \frac{1}{\tau}\int_0^\tau \hat{H}(t)\,\mathrm{e}^{\mathrm{i}n\omega_\tau t}\mathrm{d}t = \hat{H}^{\dagger(-n)} \tag{6.180}$$

同理对 Floquet 态 $|\Psi_\alpha(t)\rangle$ 中的周期函数 $|\psi_\alpha(t)\rangle$ 也可以做傅里叶级数展开：

$$|\Psi_\alpha(t)\rangle = \mathrm{e}^{-\mathrm{i}\Omega_\alpha t}|\psi_\alpha(t)\rangle = \mathrm{e}^{-\mathrm{i}\Omega_\alpha t}\sum_{n=-\infty}^{\infty}\mathrm{e}^{-\mathrm{i}n\omega_\tau t}|u_{\alpha,n}(t_0)\rangle$$

$$\equiv \mathrm{e}^{-\mathrm{i}\Omega_\alpha t}\sum_{n=-\infty}^{\infty}\mathrm{e}^{-\mathrm{i}n\omega_\tau t}|\alpha, n\rangle \tag{6.181}$$

其中，更为细致的赝能级函数 $|\alpha, n\rangle \equiv |u_{\alpha,n}(t_0)\rangle$ 为周期 Floquet 函数 $|\psi_\alpha(t)\rangle$ 傅里叶级数展开后频率为 $n\omega_\tau$ 的系数，定义为

$$|\alpha, n\rangle \equiv |u_{\alpha,n}(t_0)\rangle = \frac{1}{\tau}\int_{t_0}^{t_0+\tau}\mathrm{e}^{\mathrm{i}n\omega_\tau t}|\psi_\alpha(t)\rangle\,\mathrm{d}t \equiv \frac{1}{\tau}\int_{t_0}^{t_0+\tau}|\psi_{\alpha,n}(t)\rangle\,\mathrm{d}t$$

其中，$\alpha$ 为能带指标；$n$ 为 $\alpha$ 能带内的 Floquet 子能级指标，而且还可以定义如下的广义 Floquet 波函数 $|\psi_{\alpha,n}(t)\rangle$：

$$|\psi_{\alpha,n}(t)\rangle = |\psi_\alpha(t)\rangle\, \mathrm{e}^{in\omega_\tau t} \equiv |\psi_\alpha(t)\rangle\, |n\rangle, \quad |n\rangle \equiv \mathrm{e}^{in\omega_\tau t} \tag{6.182}$$

显然波函数 (式 (6.182)) 依然组成**正交完备**的基矢：$\langle\psi_{\alpha,n}(t)|\psi_{\beta,m}(t)\rangle = \delta_{\alpha\beta}\delta_{nm}$。所以通常把基矢 $\{|\psi_{\alpha,n}(t)\rangle\}$ 展开的希尔伯特空间称为广义或扩展的希尔伯特空间，在这样的基矢空间中，波函数的展开式 (6.178) 可以写为

$$|\Psi(t)\rangle = \sum_\alpha c_\alpha \mathrm{e}^{-i\mathscr{E}_\alpha t/\hbar}|\psi_\alpha(t)\rangle = \sum_{\alpha,n} c_\alpha \mathrm{e}^{-i\mathscr{E}_{\alpha n}t/\hbar}|\alpha,n\rangle \tag{6.183}$$

其中，能带 $\mathscr{E}_{\alpha n} = \mathscr{E}_\alpha + n\hbar\omega_\tau$，给出了准能级 $\mathscr{E}_\alpha$ 由周期驱动而形成的 Floquet 能带结构 (具体的例子见习题 6.17)。

5. 具有特定李代数结构的含时系统

另一类严格可解的含时系统就是系统 $\hat{H}(t)$ 具有某种特定的**封闭李代数**结构 (李代数是可解的，具体见附录 H)，这种情况经常发生在具有某种对称性的系统上。此时假设系统的哈密顿量可以写成某一有限维李代数生成元的线性函数 (通常不包括常数部分)：

$$\hat{H}(t) = \sum_{j=1}^n a_j(t)\hat{L}_j \tag{6.184}$$

其中，$a_j(t)$ 是含时的复系数；$\{\hat{L}_1, \hat{L}_2, \cdots, \hat{L}_n\}$ 是该封闭李代数结构的**生成元** (算符)，它们之间的对易关系为

$$\left[\hat{L}_i, \hat{L}_j\right] = i\hbar \sum_{k=1} \gamma_{ij}^k \hat{L}_k$$

其中，$\gamma_{ij}^k = -\gamma_{ji}^k$ 称为李代数的**结构因子**。需要说明的是，这组封闭的生成元的选取并非是唯一的，利用这组生成元，系统的演化算子可以表示为

$$\hat{U}(t) = \exp\left[\sum_{j=1}^n f_j(t)\hat{L}_j\right] \tag{6.185}$$

该形式的存在是因为演化算子的 Magnus 展开式 (6.114) 中，李代数生成元的对易封闭性 (可解李代数) 会造成有限的指数求和形式。式 (6.185) 中的含时参数 $\{f_j(t), j = 1, 2, \cdots, n\}$ 由哈密顿量的系数 $\{a_j(t), j = 1, 2, \cdots, n\}$ 和李代数的结

构常数共同确定。为了计算方便，可利用**扎森豪斯公式** [43] 将式 (6.185) 变换成**解耦合形式** (解耦合形式并非唯一，决定于指数算符乘积中指数算符的排列顺序)：

$$\hat{U}(t) = \prod_{j=1}^{n} \exp[g_j(t)\hat{L}_j] \tag{6.186}$$

其中，含时参数 $\{g_j(t), j = 1, 2, \cdots, n\}$ 和参数 $f_j(t)$ 有一定联系，但最终依然决定于 $a_j(t)$ 和李代数的结构因子 $\gamma_{ij}^k$。把演化算子的解耦形式 (6.186) 代入演化算子方程 (6.91)，可得到参数 $\boldsymbol{g}(t) = (g_1, g_2, \cdots, g_n)$ 的动力学方程 [44]：

$$\boldsymbol{a}(t) = \boldsymbol{u}(t)\dot{\boldsymbol{g}}(t) \tag{6.187}$$

或者写为分量形式：

$$a_j(t) = \sum_{k=1}^{n} u_{jk}(t)\dot{g}_k(t) \tag{6.188}$$

其中，矩阵元 $u_{jk}(t) = u_{jk}(g_1, g_2, \cdots, g_n)$，$j, k = 1, \cdots, n$ 为 $g_j(t)$ 的解析函数。如果方程 (6.187) 可解，矩阵 $\boldsymbol{u}(t)$ 是非奇异矩阵并且在任意时刻都存在逆矩阵，那么方程 (6.187) 可写为显式方程：

$$\dot{\boldsymbol{g}}(t) = \boldsymbol{u}^{-1}(t)\boldsymbol{a}(t) \tag{6.189}$$

方程 (6.189) 一般为非线性的方程组，可以用来描述初始量子态 (对应 $g_j(0) = 0$) 的动力演化过程，态的演化对应于 $\boldsymbol{g}$ 参数空间中的参数演化轨迹。如果这个参数方程组是非线性的，则这样的量子系统从动力学上就是复杂的，如果参数方程在一定参数条件下是混沌的，那么所对应的量子系统在这样的参数空间可以被认为是具有**量子混沌**的量子系统。

1) $\mathcal{SU}(2)$ 李代数结构：单量子比特的操控

下面先考虑一种非常简单的具有 $\mathcal{SU}(2)$ 李代数结构的系统 (见附录 H.3)，这样的系统在单量子比特操控如二能级系统和电子自旋系统中经常会遇到。对具有 $\mathcal{SU}(2)$ 群对称性的量子系统，其哈密顿量一般可以写为式 (6.184) 的形式：

$$\hat{H}(t) = a_1(t)\hat{L}_1 + a_2(t)\hat{L}_2 + a_3(t)\hat{L}_3 \tag{6.190}$$

其中，算子 $\hat{L}_i$ 满足如下 $\mathcal{SU}(2)$ 李代数的对易关系：

$$\left[\hat{L}_1, \hat{L}_2\right] = \mathrm{i}\hat{L}_3, \quad \left[\hat{L}_2, \hat{L}_3\right] = \mathrm{i}\hat{L}_1, \quad \left[\hat{L}_3, \hat{L}_1\right] = \mathrm{i}\hat{L}_2$$

利用 Levi-Civita 张量 (见附录 G.1)，以上的对易关系可以统一写为 $[\hat{L}_i, \hat{L}_j] = \mathrm{i} \sum\limits_{k=1}^{3} \epsilon_{ijk} \hat{L}_k$。利用 $\mathcal{SU}(2)$ 群生成元 $\{\hat{L}_1, \hat{L}_2, \hat{L}_3\}$，系统演化算子完备的解耦合形式 (6.186) 可选择为

$$\hat{U}(t) = \mathrm{e}^{-\mathrm{i} g_1(t) \hat{L}_1} \mathrm{e}^{-\mathrm{i} g_2(t) \hat{L}_2} \mathrm{e}^{-\mathrm{i} g_3(t) \hat{L}_3} \tag{6.191}$$

将式 (6.191) 代入演化算子方程 (6.91)，得到解耦合形式 (6.191) 对应的参数动力学方程为 (推导见习题 6.18)

$$\hbar \dot{g}_2 \sin g_3 + \hbar \dot{g}_1 \cos g_2 \cos g_3 = (a_2 \sin g_1 - a_3 \cos g_1) \sin g_2 \cos g_3$$
$$+ (a_2 \cos g_1 + a_3 \sin g_1) \sin g_3 + a_1 \cos g_2 \cos g_3 \tag{6.192a}$$
$$\hbar \dot{g}_2 \cos g_3 - \hbar \dot{g}_1 \cos g_2 \sin g_3 = (a_2 \cos g_1 + a_3 \sin g_1) \cos g_3$$
$$- (a_2 \sin g_1 - a_3 \cos g_1) \sin g_2 \sin g_3 - a_1 \cos g_2 \sin g_3 \tag{6.192b}$$
$$\hbar \dot{g}_3 + \hbar \dot{g}_1 \sin g_2 = (a_3 \cos g_1 - a_2 \sin g_1) \cos g_2 + a_1 \sin g_2 \tag{6.192c}$$

方程 (6.192) 给出参数 $\boldsymbol{g}(t)$ 的非线性方程组，很难算出 $\dot{\boldsymbol{g}}(t)$ 的显性方程 (6.189)。在初始条件 $g_i(0) = 0$ 下数值求解这个方程可以给出 $g_i(t), i = 1, 2, 3$，从而就可以计算系统的演化算子 $\hat{U}(t)$，从而得到系统态的演化过程。

显然方程 (6.192) 的具体形式依赖于所选取的 $\mathcal{SU}(2)$ 李代数算子和演化算子的解耦合形式 (6.191)。例如，如果另外选取三个算子为 $\{\hat{L}_\pm \equiv \hat{L}_1 \pm \mathrm{i} \hat{L}_2, \hat{L}_0 \equiv \hat{L}_3\}$，它们之间的对易关系变为

$$\left[\hat{L}_0, \hat{L}_\pm\right] = \pm \hat{L}_\pm, \quad \left[\hat{L}_+, \hat{L}_-\right] = 2 \hat{L}_0$$

则系统的哈密顿量算符可以用上面的新算子重新表示为如下形式：

$$\hat{H}(t) = a_0(t) \hat{L}_0 + a_+(t) \hat{L}_+ + a_-(t) \hat{L}_- \tag{6.193}$$

此时如果采用演化算子的解耦合形式为

$$\hat{U}(t) = \mathrm{e}^{-\mathrm{i} g_0(t) \hat{L}_0} \mathrm{e}^{-g_+(t) \hat{L}_+} \mathrm{e}^{-g_-(t) \hat{L}_-} \tag{6.194}$$

那么系统的参数动力学方程变为 (见习题 6.18)

$$\begin{bmatrix} g_+ g_- + \frac{1}{2} & \mathrm{i} g_- & 0 \\ g_- (g_+ g_- + 1) & \mathrm{i} g_-^2 & -\mathrm{i} \\ g_+ & \mathrm{i} & 0 \end{bmatrix} \begin{bmatrix} \hbar \dot{g}_0 \\ \hbar \dot{g}_+ \\ \hbar \dot{g}_- \end{bmatrix}$$

$$= \begin{bmatrix} g_+ g_- + \frac{1}{2} & -g_- \mathrm{e}^{\mathrm{i}g_0} & g_+ \left(g_+ g_- + 1\right) \mathrm{e}^{-\mathrm{i}g_0} \\ g_- \left(g_+ g_- + 1\right) & -g_-^2 \mathrm{e}^{\mathrm{i}g_0} & \left(g_+ g_- + 1\right)^2 \mathrm{e}^{-\mathrm{i}g_0} \\ g_+ & -\mathrm{e}^{\mathrm{i}g_0} & g_+^2 \mathrm{e}^{-\mathrm{i}g_0} \end{bmatrix} \begin{bmatrix} a_0 \\ a_+ \\ a_- \end{bmatrix} \qquad (6.195)$$

显然参数动力学方程 (6.195) 和方程 (6.192) 并不相同，但依然是一个非线性微分方程，此时通过方程系数矩阵的逆矩阵可以求出参数的力学方程的显性形式 (6.189)。但由于系数矩阵在某些参数范围内可能不存在逆矩阵，所以以参数动力学方程 (6.195) 在某些参数区域会出现奇点和发散点，从而导致波函数的演化会出现不连续甚至不可控的发散行为。

2) $SU(N)$ 李代数结构：量子可控性定理

如果一个体系哈密顿量的代数结构具有 $SU(N)$ 李代数的对称性 (具体的介绍见附录 H.4)，那么系统的哈密顿量 $\hat{H}(t)$ 可以利用李代数生成元算子表达为和式 (6.184) 等价的一般形式 (包括常数部分)：

$$\hat{H}(t) = h_0(t)\hat{I} + \sum_{\alpha=1}^{N^2-1} h_\alpha(t)\hat{L}_\alpha \qquad (6.196)$$

其中，$h_\alpha(t)$ 为时间的任意实函数。哈密顿量式的第一项为常数项，通常结合后面的项可写为 $\hat{H}_0(t) \equiv h_0(t)\hat{I}$，$\hat{I}$ 为单位算符，或者并入后面的对角项直接写为式 (6.184) 的形式，而常数项一般可通过规范变换去掉。式 (6.196) 的优势在于第一项通常可以看作是被控系统的**自由哈密顿量**，而后面的项可以认为是控制项或耦合项。同理，在 $SU(N)$ 李代数下利用演化算子的表示式 (6.185) 或式 (6.186) 可以得到系统参数 $\{h_\alpha(t)\}$ 的动力学方程，再根据参数方程组的解来确定态的演化，此处不再重复讨论，下面主要关注和含时系统密切相关的量子系统的可控问题。

为了和传统的量子控制理论相适应，此处采用和式 (6.196) 不同的传统符号来表达含时系统的哈密顿量[45,46]：

$$\hat{H}(t) = \hat{H}_0 + \sum_{\alpha=1}^{m} u_\alpha(t)\hat{H}_\alpha \qquad (6.197)$$

其中，$\hat{H}_0$ 表示被控系统的自由哈密顿量，在其本征表象下可写为对角矩阵：$\hat{H}_0 \to H_0 = \mathrm{diag}(\epsilon_1, \epsilon_2, \cdots, \epsilon_N)$，实数 $\epsilon_n, n = 1, 2, \cdots, N$ 为系统的 $N$ 个能级；$u_\alpha(t)$，$\alpha = 1, 2, \cdots, m$ 为 $m$ 个实函数，可以代表外界 $m$ 个独立的控制参数。因此，在 $\hat{H}_0$ 的能量表象 $\{|\varphi_n\rangle, n = 1, 2, \cdots, N\}$ 下，如果采用薛定谔绘景，那么系统波函数 $|\Psi(t)\rangle$ 展开系数的演化方程可写为

$$\mathrm{i}\hbar\dot{\boldsymbol{x}}(t) = H_0\boldsymbol{x}(t) + \sum_{\alpha=1}^{m} u_\alpha(t) H_\alpha \boldsymbol{x}(t) \qquad (6.198)$$

其中，$\boldsymbol{x}(t) = (x_1, x_2, \cdots, x_n)^{\mathrm{T}}$ 为波函数 $|\Psi(t)\rangle$ 的展开系数 $x_n(t) = \langle \varphi_n | \Psi(t) \rangle$ 所组成的列向量；$H_\alpha$ 为能量表象下对应厄米算符 $\hat{H}_\alpha$ 的矩阵表示。同理，如果采用演化算子的形式，系统演化算子矩阵的动力学方程为

$$i\hbar \dot{U}(t) = \left[ H_0 + \sum_{\alpha=1}^{m} u_\alpha(t) H_\alpha \right] U(t) \tag{6.199}$$

其中，$U(0) = I$ 为 $N$ 阶单位矩阵。

无论是从含时系统的控制方程 (6.198) 出发，还是从方程 (6.199) 出发分析系统态的动力学演化，都有以下关于量子含时系统的**可控性定理**。哈密顿量式 (6.197) 可以通过有限的外部控制场 $\{u_\alpha(t), \alpha = 1, 2, \cdots, m\}$ 控制，使得系统从某个初态出发到达希尔伯特空间任何态的**充分必要条件**是算符 $\{\hat{H}_0, \hat{H}_1, \cdots, \hat{H}_m\}$ 作为生成元 $\hat{L}_\alpha$ 可构成 $\mathcal{SU}(N)$ 李代数。也就是说，在 $\hat{H}_0$ 的 $N$ 维能量表象下，$m$ 个 $N \times N$ 矩阵 $\{H_0, H_1, \cdots, H_m\}$ 可对应产生 $\mathcal{SU}(N)$ 李代数的一个典型矩阵表示。根据 $\mathcal{SU}(N)$ 李代数的性质 (见附录 H.4)，生成元算符 $\{\hat{H}_\alpha, \alpha = 0, 1, \cdots, m\}$ 所对应的矩阵表示都应该是迹为零的厄米矩阵，也就是必须满足：$H_\alpha^\dagger \equiv (H_\alpha^*)^{\mathrm{T}} = H_\alpha$ 且 $\mathrm{Tr}(H_\alpha) = 0$。显然对于系统哈密顿量 $H_0$，总可以通过调整能级的零点让 $\mathrm{Tr}(H_0) = \sum\limits_{n=1}^{N} \epsilon_n = 0$。所以哈密顿量式 (6.197) 的可控制性就是指系统演化方程 (6.199) 所决定的演化算子 $U(t)$ 具有 $\mathrm{SU}(N)$ 李群的表示形式，即系统具有 $\mathrm{SU}(N)$ 群的对称性结构。

### 6.3.4　含时薛定谔方程的数值方法

对于以上具有特殊对称性质的含时系统哈密顿量 $\hat{H}(t)$，其演化算子可以具体地进行解析计算，但对于一般的含时系统，则无法给出系统演化算子的具体形式。在这种情况下，含时薛定谔方程只能采用数值的方法直接求解。求解含时系统的数值方法和具体技巧很多，其中最常见的一种方法是在含时微扰理论中建立起来的，将薛定谔方程变成展开系数动力学方程组 (6.4) (由于系数方程一般是无穷维的耦合方程组，必须在适当的条件下截断矩阵方程组 (6.5) 才能进行计算)，该方法是一种最常规的数值计算方法，可以在各类完备的基矢下将含时薛定谔方程变成系数的耦合方程，并采取不同的截断模式进行求解。除了此种常规的数值方法外，下面介绍另外两类基本的数值计算理论，为进一步进行量子力学含时少体问题的第一性原理计算奠定基本物理图像。

#### 1. 玻姆量子力学：量子势

首先讨论单粒子体系含时薛定谔方程一个有用的数值解法和相应理论：玻姆 (Bohm) 的**量子哈密顿–雅可比方程** (quantum Hamilton-Jacobi equation)[47]。这

种计算方法来源于玻姆等人提出的决定论性的量子力学诠释，该理论有时被称为德布罗意–玻姆量子理论，理论提出了**前导波模型** (pilot-wave model)[48]，可以用经典的轨道和附加场来解释量子力学，有时也被称为量子力学的**因果解释** (causal interpretation)。该理论引入一个辅助的**量子势**，从而可以用经典求解偏微分方程的数值方法求解对应的薛定谔方程。首先单个粒子在一含时势场中的薛定谔方程可写为

$$i\hbar\frac{\partial}{\partial t}\Psi\left(\boldsymbol{r},t\right) = -\frac{\hbar^2}{2m}\nabla^2\Psi\left(\boldsymbol{r},t\right) + V\left(\boldsymbol{r},t\right)\Psi\left(\boldsymbol{r},t\right) \tag{6.200}$$

对于体系一般的复变函数解，其总可以写为如下的极坐标函数形式：

$$\Psi\left(\boldsymbol{r},t\right) = R\left(\boldsymbol{r},t\right)\mathrm{e}^{iS(\boldsymbol{r},t)/\hbar} \tag{6.201}$$

其中，函数 $R(\boldsymbol{r},t)$ 和 $S(\boldsymbol{r},t)$ 都是实函数，分别表达了波函数的振幅和相位。将以上波函数的形式代入薛定谔方程 (6.200) 得到如下两个偏微分方程：

$$\frac{\partial}{\partial t}R^2\left(\boldsymbol{r},t\right) + \boldsymbol{\nabla}\cdot\left[R^2\left(\boldsymbol{r},t\right)\frac{\nabla S\left(\boldsymbol{r},t\right)}{m}\right] = 0 \tag{6.202}$$

$$\frac{\partial}{\partial t}S\left(\boldsymbol{r},t\right) + \frac{\left[\nabla S\left(\boldsymbol{r},t\right)\right]^2}{2m} + V\left(\boldsymbol{r},t\right) - \frac{\hbar^2}{2m}\frac{\nabla^2 R\left(\boldsymbol{r},t\right)}{R\left(\boldsymbol{r},t\right)} = 0 \tag{6.203}$$

显然由于粒子的概率密度 $\rho\left(\boldsymbol{r},t\right) \equiv |\Psi(\boldsymbol{r},t)|^2 = R^2\left(\boldsymbol{r},t\right)$，方程 (6.202) 给出了概率密度的连续性方程 (1.9)，表达了概率密度的守恒性：

$$\frac{\partial\rho}{\partial t} + \boldsymbol{\nabla}\cdot\boldsymbol{J} = 0 \tag{6.204}$$

其中，概率流密度可重新表述为

$$\boldsymbol{J} = R^2\frac{\nabla S}{m} \equiv \rho\frac{\nabla S}{m} \tag{6.205}$$

其中，$\boldsymbol{v}\left(\boldsymbol{r},t\right) = \dfrac{\nabla S}{m}$ 或者 $\nabla S = m\boldsymbol{v}\left(\boldsymbol{r},t\right) \equiv \boldsymbol{p}(\boldsymbol{r},t)$，可以对应为粒子的**速度**或**动量**。显然方程 (6.204) 是纯粹经典的方程，允许微观粒子在波函数 $\Psi$ 上定义轨道概念，其经典轨道方程可以写为

$$\dot{\boldsymbol{r}} = \boldsymbol{v} = \frac{\nabla S}{m} = \frac{\boldsymbol{J}}{\rho} = \frac{i\hbar}{2m}\frac{\Psi\nabla\Psi^* - \Psi^*\nabla\Psi}{|\Psi|^2}$$

方程 (6.203) 只有最后一项含有普朗克常数 $\hbar$，而且 $\hbar^2 \ll 1$，所以可以暂且忽略这一量子项，得到方程 (6.203) 的经典动力学方程如下：

$$\frac{\partial S}{\partial t} + \frac{(\nabla S)^2}{2m} + V(\boldsymbol{r}, t) = 0 \tag{6.206}$$

或者更直观地写为

$$\frac{\partial S}{\partial t} + \left[\frac{1}{2}m\boldsymbol{v}^2 + V(\boldsymbol{r}, t)\right] = 0 \tag{6.207}$$

显然方程 (6.207) 完全对应于经典系统的哈密顿–雅可比方程。因此如果考虑粒子的量子效应 (含 $\hbar$ 的项)，方程 (6.203) 就可以被称为**量子哈密顿–雅可比方程**，其等效的哈密顿量自然对应为

$$\hat{H}(t) = \frac{1}{2m}\left[\nabla S(\boldsymbol{r}, t)\right]^2 + V(\boldsymbol{r}, t) - \frac{\hbar^2}{2m}\frac{\nabla^2 R(\boldsymbol{r}, t)}{R(\boldsymbol{r}, t)}$$

其中，最后一项即为著名的**玻姆势能** (Bohm potential)[47]：

$$V_{\mathrm{B}} \equiv -\frac{\hbar^2}{2m}\frac{\nabla^2 R(\boldsymbol{r}, t)}{R(\boldsymbol{r}, t)} \tag{6.208}$$

上面引入的玻姆势能是量子力学所特有的量子势能项，来源于粒子的波动性质，显然这个势能依赖于原子波函数本身的分布 $R^2(\boldsymbol{r}, t)$ (因为粒子运动轨迹不仅仅是一条曲线而是一定的空间分布，是非局域的势场)，所以其没有对应的真实力场，不是经典对应存在的有实际力源的势能。依靠这个量子势，粒子的运动可以引入粒子**量子轨道** (在经典轨道上进行了量子修正) 的概念，粒子的位置 $\boldsymbol{r}(t)$ 就满足以下的量子牛顿方程：

$$m\frac{\mathrm{d}^2\boldsymbol{r}}{\mathrm{d}t^2} = -\nabla(V + V_{\mathrm{B}}) \tag{6.209}$$

显然上面的内容可以直接从单体系统推广到多体系统，在此不再讨论。对于上述偏微分方程的计算，则可以利用很多常见的数值方法对粒子在不同初值进行粒子轨道的计算。下面简单讨论一下该框架下的微扰论数值计算方法。

如果考虑量子效应 (含 $\hbar$ 的项)，可以通过小量 $\hbar$ 对方程 (6.202) 和方程 (6.203) 在经典哈密顿–雅可比方程 (经典轨道) 的基础上对实的相位函数 $S(\boldsymbol{r}, t)$ 进行级数展开 (因为 $\hbar$ 只包含在 $S(\boldsymbol{r}, t)$ 的方程中)：

$$S(\boldsymbol{r}, t) = S_0 + \hbar S_1 + \hbar^2 S_2 + \cdots$$

将以上方程代入方程 (6.203) 采用和微扰方法同样的策略将 $\hbar$ 不同级次的项进行整理形成不同级次的微扰方程 (显然 0 级方程就是经典哈密顿–雅可比方程 (6.207)),最后通过逐次逐级求解达到数值计算所要达到的精度。

为了计算方便,有时会将极坐标函数形式 (6.201) 直接写为如下简单的形式:

$$\Psi\left(\boldsymbol{r},t\right)=\mathrm{e}^{\mathrm{i}S(\boldsymbol{r},t)/\hbar}$$

显然此时将式 (6.201) 中的 $R(\boldsymbol{r},t)$ 吸收进新的相位函数 $S(\boldsymbol{r},t)$ 中,函数 $S(\boldsymbol{r},t)$ 一般不再是实函数,而是一个复变函数。将上面的解形式代入薛定谔方程 (6.200) 中,可以得到 $S(\boldsymbol{r},t)$ 所满足的方程:

$$\frac{\partial S}{\partial t}=\frac{\mathrm{i}\hbar}{2m}\nabla^2 S-\frac{1}{2m}\left(\nabla S\right)^2-V\left(\boldsymbol{r},t\right) \tag{6.210}$$

此时将函数 $S(\boldsymbol{r},t)$ 按 $\hbar$ 的级数进行展开:

$$S\left(\boldsymbol{r},t\right)=\sum_{k=0}^{\infty}\left(\frac{\hbar}{\mathrm{i}}\right)^k S_k\left(\boldsymbol{r}\right)=S_0+\left(\frac{\hbar}{\mathrm{i}}\right)S_1+\left(\frac{\hbar}{\mathrm{i}}\right)^2 S_2+\cdots$$

将上面的展开式代入薛定谔方程 (6.210) 中立刻得到各级的微分方程:

$$\frac{\partial S_0}{\partial t}=-\frac{1}{2m}\left(\nabla S_0\right)^2-V$$

$$\frac{\partial S_1}{\partial t}=-\frac{1}{2m}\left(\nabla^2 S_0+\nabla S_0\cdot\nabla S_1+\nabla S_1\cdot\nabla S_0\right)$$

$$\frac{\partial S_2}{\partial t}=-\frac{1}{2m}\left[\nabla^2 S_1+\nabla S_0\cdot\nabla S_2+\left(\nabla S_1\right)^2+\nabla S_2\cdot\nabla S_0\right]$$

$$\vdots$$

显然以上方程组的第一个方程即为经典的哈密顿–雅可比方程,而后面的高阶方程是在经典解 $S_0(\boldsymbol{r},t)$ 上的不断修正。上面的各阶偏微分方程显然可以通过通常的数值计算方法来计算,但计算的复杂度并没有因此获得简化。下面利用玻姆理论求解或分析粒子演化的几个具体问题。

**例 6.1:双缝干涉过程**

粒子的双缝干涉实验是表明粒子具有波动性质的重要实验。对双缝干涉来说,粒子穿过双缝后是自由运动的,即 $V=0$,而初始的波函数为两个缝所产生的高斯波包的等概率叠加态:

$$\Psi\left(x,0\right)=\frac{1}{\sqrt{2}}\left[\psi_1\left(x,0\right)+\psi_2\left(x,0\right)\right]$$

其中，缝 1 和缝 2 的波函数分别为 (单个高斯波包参照式 (2.180) 的形式)

$$\psi_1(x,0) = \frac{1}{(2\pi)^{1/4}\sqrt{\sigma_0}} e^{-\frac{(x+x_0)^2}{4\sigma_0^2}} e^{ip_0(x+x_0)/\hbar}$$

$$\psi_2(x,0) = \frac{1}{(2\pi)^{1/4}\sqrt{\sigma_0}} e^{-\frac{(x-x_0)^2}{4\sigma_0^2}} e^{ip_0(x-x_0)/\hbar}$$

其中，缝 1 和缝 2 的位置分别在 $-x_0$ 和 $+x_0$ 处，而波向右方传播的横向动量为 $p_0$。从上面的初态出发，自由粒子在任意时刻的波函数为

$$\Psi(x,t) = \frac{1}{\sqrt{2}}[\psi_1(x,t) + \psi_2(x,t)]$$

其中，两个缝的自由演化波函数分别为 (参考式 (2.181) 的形式)

$$\psi_1(x,t) = \frac{1}{(2\pi)^{1/4}\sqrt{\sigma_0 + i\dfrac{\hbar t}{2m\sigma_0}}} e^{-\frac{1}{4}\frac{(x+x_0-v_0t)^2}{\sigma_0^2 + i\frac{\hbar t}{2m}}} e^{ip_0\left(x+x_0-\frac{1}{2}v_0t\right)/\hbar}$$

$$\psi_2(x,t) = \frac{1}{(2\pi)^{1/4}\sqrt{\sigma_0 + i\dfrac{\hbar t}{2m\sigma_0}}} e^{-\frac{1}{4}\frac{(x-x_0-v_0t)^2}{\sigma_0^2 + i\frac{\hbar t}{2m}}} e^{ip_0\left(x-x_0-\frac{1}{2}v_0t\right)/\hbar}$$

利用以上的波函数就可以计算波函数从两个狭缝经过后，再经过 $t = L/c$ 时间 ($L$ 为屏幕到狭缝的垂直距离) 到达屏幕上的干涉条纹 (概率分布)。图 6.6(a) 为波函数的空间概率密度分布图，展示了波函数经过双缝后的演化和干涉过程，图 6.6(b) 对应给出了玻姆理论的轨道解释。图 6.6(b) 中的一条条轨道是利用量子轨道方程 (6.209) 进行计算的结果，轨道的初始位置在双缝 $x = \pm 1$ 周围基本均匀地取值，然后由其速度方程计算位置的演化。从图 6.6(b) 中可以清楚地看到由于量子势能的存在，玻姆轨道会出现分离和靠拢，大量轨道的**疏密**变化完全可以用来解释图 6.6(a) 所展示的量子波函数的双缝干涉现象。

**例 6.2：两个能级间的跃迁过程**

下面利用 Bohm 的因果量子理论即量子轨道的概念来解释一下一维谐振子在其两个能级之间的跃迁过程。根据第 2 章对一维谐振子的讨论，一维谐振子的定态波函数可写为

$$\psi_n(\xi,\tau) = \frac{1}{\pi^{1/4}\sqrt{2^n n!}} H_n(\xi) e^{-\xi^2/2} e^{-i\left(n+\frac{1}{2}\right)\tau}$$

其中，$\xi = \sqrt{\dfrac{m\omega}{\hbar}}\,x$ 和 $\tau = \omega t$ 分别为一维谐振子无量纲的位置和时间。系统初始处于两个本征能级 $|n\rangle$ 和 $|m\rangle$ 的叠加态时波函数的形式为

$$\Psi_{nm}\left(\xi,\tau\right) = \frac{1}{\sqrt{2}\pi^{1/4}}e^{-\frac{\xi^2+\mathrm{i}\tau}{2}}\left[\frac{H_n\left(\xi\right)}{\sqrt{2^n n!}}e^{-\mathrm{i}n\tau} + \frac{H_m\left(\xi\right)}{\sqrt{2^m m!}}e^{-\mathrm{i}m\tau}\right]$$

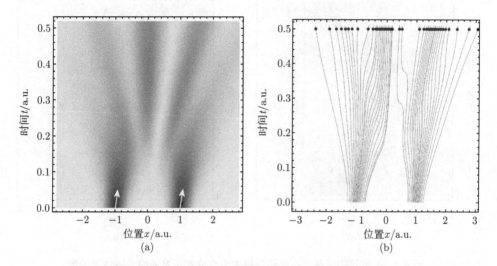

(a)　　　　　　　　　　　　　(b)

图 6.6　双缝干涉过程的概率密度分布及玻姆轨道理论图像

(a) 波函数的空间概率密度分布图；(b) 玻姆轨道理论图像，轨道末端的点代表末时刻粒子位置。波穿过双缝向 $x$ 方向的初动量 $p_0 = 1$ (表示倾斜入射，如图 (a) 中箭头所示)，初始高斯波包的方差 $\sigma_0 = 0.2$，双缝位置在 $x_0 = \pm 1$ 处，演化时间 $t = 0.5$，采用原子单位 $m = \hbar = 1$

例如，初始处于基态 $|0\rangle$ 和第一激发态 $|1\rangle$ 时任意时刻的波函数为

$$\Psi_{01}\left(\xi,\tau\right) = \frac{1}{\pi^{1/4}}e^{-\frac{\xi^2+\mathrm{i}\tau}{2}}\left(\frac{1}{\sqrt{2}} + \xi e^{-\mathrm{i}\tau}\right)$$

初始处于基态 $|0\rangle$ 和第二激发态 $|2\rangle$ 时任意时刻的波函数为

$$\Psi_{02}\left(\xi,\tau\right) = \frac{1}{\pi^{1/4}}e^{-\frac{\xi^2+\mathrm{i}\tau}{2}}\left[\frac{1}{\sqrt{2}} + \left(\xi^2 - \frac{1}{2}\right)e^{-2\mathrm{i}\tau}\right]$$

根据以上的波函数演化形式，可以计算波函数在两个态之间概率密度 (用灰度图表示，深色代表高密度) 随时间的演化过程，在实空间中概率密度分布表现为振子在高斯单峰分布和多峰分布之间的转化，其态的概率密度演化和对应玻姆轨

道分别由图 6.7(a) 和图 6.7(b) (图中细实线) 所示。显然图中玻姆轨道的疏密程度能够完全解释振子在空间的概率密度分布。粒子从不同的初始位置出发其轨道的径迹是不同的，因为粒子受到的量子势在空间不同时刻的分布也是不同的，大量粒子玻姆轨道的疏密程度统计结果就能够表现出谐振子在空间的概率密度分布的演化。

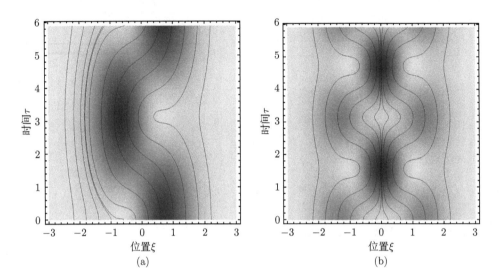

(a)                                                              (b)

图 6.7   一维谐振子叠加态演化的概率密度分布及对应的玻姆轨道图像

(a) 粒子的初始态为 $|0\rangle$ 和 $|1\rangle$ 叠加态时的波函数演化；(b) 粒子的初始态为 $|0\rangle$ 和 $|2\rangle$ 叠加态时的波函数演化。计算均采用原子单位 $m = \hbar = 1$

### 2. 分步傅里叶变换方法

前面讲述的玻姆轨道理论虽然可以用经典的图像去理解量子的行为，但其量子雅可比方程 (6.202) 和方程 (6.203) 往往比薛定谔方程更难求解。下面介绍一种在数值计算含时薛定谔方程中比较广泛使用的利用傅里叶变换来数值求解含时薛定谔方程的方法，尤其对于非线性含时薛定谔方程更为有效 [49]。

一般在三维的实空间需要求解如下的含时薛定谔方程：

$$i\hbar \frac{\partial \Psi(x, y, z, t)}{\partial t} = \left[ -\frac{\hbar^2}{2m} \nabla^2 + V(x, y, z, t) \right] \Psi(x, y, z, t)$$

为了书写方便，上面的方程可以整理后简单写为

$$i\dot{\Psi} = \left[ -\frac{\hbar}{2m} \nabla^2 + \frac{1}{\hbar} V_0 + \frac{1}{\hbar} (V - V_0) \right] \Psi$$

其中，为了突出量子与经典的不同贡献引入特定势场的平均势能 $V_0$ 部分，从而上面的含时薛定谔方程可以进一步写为

$$i\dot{\Psi}(\boldsymbol{r},t) = \widehat{\mathcal{H}}\Psi = (\widehat{\mathcal{D}} + \widehat{\mathcal{V}})\Psi(\boldsymbol{r},t) \tag{6.211}$$

其中，复合算符：

$$\widehat{\mathcal{D}} \equiv -\frac{\hbar}{2m}\nabla^2 + \frac{V_0}{\hbar} = -\frac{\hbar}{2m}\left(\frac{\partial^2}{\partial x^2} + \frac{\partial^2}{\partial y^2} + \frac{\partial^2}{\partial z^2}\right) + \frac{V_0}{\hbar}$$

$$\widehat{\mathcal{V}}(t) \equiv \frac{1}{\hbar}\left[V(x,y,z,t) - V_0\right]$$

对于含时薛定谔方程 (6.211) 有很多数值求解的方法，如直接对算子 $\widehat{\mathcal{D}}$ 和 $\widehat{\mathcal{V}}$ 进行差分，即将 $\widehat{\mathcal{D}}$ 和 $\widehat{\mathcal{V}}$ 在空间和时间上分立网格化，然后采用已有的差分数值计算方法进行计算即可；也可以将波函数 $\Psi(\boldsymbol{r},t)$ 用一组完备的基矢 $\varphi_j$ 展开：$\Psi(\boldsymbol{r},t) = \sum\limits_j a_j(t)\varphi_j(\boldsymbol{r},t)$，转化成系数 $a_j(t)$ 的微分方程组来求解。但由于各种计算偏微分方程方法的稳定性、准确性和效率不同，下面介绍一种比较精确且应用比较广泛的方法——**分步傅里叶方法** (split-step Fourier method, SSFM)。该方法不仅能够保持较高的精度，而且比较简单和稳定，利用 Mathematica 的傅里叶变换可以很容易实现。

SSFM 的本质是对幺正演化算子进行分解。对于含时薛定谔方程 (6.211)，其算子解可写为

$$\Psi(\boldsymbol{r},t+\Delta t) = \lim_{\Delta t \to 0}\mathrm{e}^{-\mathrm{i}(\widehat{\mathcal{D}}+\widehat{\mathcal{V}})\Delta t}\Psi(\boldsymbol{r},t) \approx \mathrm{e}^{-\mathrm{i}(\widehat{\mathcal{D}}+\widehat{\mathcal{V}})\Delta t}\Psi(\boldsymbol{r},t) \tag{6.212}$$

由于 $[\widehat{\mathcal{D}},\widehat{\mathcal{V}}] \neq 0$，对于上面指数算子的计算，可以在很短的时间 $\Delta t$ 内对其进行分解。对于一个指数算子，最一般的分解理论基于**李–特罗特乘积公式** (Lie-Trotter product formula) [50] (具体内容参照附录 I)：

$$\mathrm{e}^{-\mathrm{i}(\widehat{\mathcal{D}}+\widehat{\mathcal{V}})t} = \lim_{n\to\infty}\left[\exp\left(-\mathrm{i}\widehat{\mathcal{D}}\frac{t}{n}\right)\exp\left(-\mathrm{i}\widehat{\mathcal{V}}\frac{t}{n}\right)\right]^n \tag{6.213}$$

公式 (6.213) 其实就是对系统演化算子在一定时间内的一个演化乘积分解。如果定义时间步长 $\delta t \equiv \Delta t/n$，则公式 (6.213) 就可以写为

$$\mathrm{e}^{-\mathrm{i}(\widehat{\mathcal{D}}+\widehat{\mathcal{V}})\Delta t} \approx \underbrace{\left(\mathrm{e}^{-\mathrm{i}\widehat{\mathcal{D}}\delta t}\mathrm{e}^{\mathrm{i}\widehat{\mathcal{V}}\delta t}\right)\left(\mathrm{e}^{-\mathrm{i}\widehat{\mathcal{D}}\delta t}\mathrm{e}^{-\mathrm{i}\widehat{\mathcal{V}}\delta t}\right)\cdots\left(\mathrm{e}^{-\mathrm{i}\widehat{\mathcal{D}}\delta t}\mathrm{e}^{-\mathrm{i}\widehat{\mathcal{V}}\delta t}\right)}_{n}$$

显然上面的分解形式当步长 $\delta t$ 足够小或步数 $n$ 足够大时就是非常好的近似。当然如果 $\delta t$ 足够小，采用小的 $n$，如 $n = 1$ 就可以达到足够的精度：

$$\mathrm{e}^{-\mathrm{i}(\widehat{\mathcal{D}}+\widehat{\mathcal{V}})\delta t} \approx \mathrm{e}^{-\mathrm{i}\widehat{\mathcal{D}}\delta t}\mathrm{e}^{-\mathrm{i}\widehat{\mathcal{V}}\delta t}$$

以上的分解公式有时被称为 1 阶李–特罗特公式。当然在 SSFM 中一个经常用的精度和效率都较为理想的分解形式为

$$\mathrm{e}^{-\mathrm{i}(\widehat{\mathcal{D}}+\widehat{\mathcal{V}})\delta t} \approx \mathrm{e}^{-\mathrm{i}\widehat{\mathcal{D}}\delta t/2}\mathrm{e}^{-\mathrm{i}\widehat{\mathcal{V}}\delta t}\mathrm{e}^{-\mathrm{i}\widehat{\mathcal{D}}\delta t/2} \approx \mathrm{e}^{-\mathrm{i}\widehat{\mathcal{V}}\delta t/2}\mathrm{e}^{-\mathrm{i}\widehat{\mathcal{D}}\delta t}\mathrm{e}^{-\mathrm{i}\widehat{\mathcal{V}}\delta t/2} \tag{6.214}$$

其精度显然为 $\delta t^2$，更高精度的算法可参考文献 [49]。

为了说清楚分步计算的物理意义，以方程 (6.211) 的一维形式为例来说明以上的算法。对于一维微分方程：

$$\frac{\partial}{\partial t}\Psi(x,t) = -\mathrm{i}(\widehat{\mathcal{D}}+\widehat{\mathcal{V}})\Psi(x,t)$$

利用分解形式 (6.214) 的第一个分解顺序，上面方程的解可以写为

$$\Psi(x,t+\delta t) \approx \mathrm{e}^{-\mathrm{i}\widehat{\mathcal{D}}(x)\delta t/2}\mathrm{e}^{-\mathrm{i}\widehat{\mathcal{V}}(x,t)\delta t}\mathrm{e}^{-\mathrm{i}\widehat{\mathcal{D}}(x)\delta t/2}\Psi(x,t)$$

$$= \mathrm{e}^{-\mathrm{i}\left(-\frac{1}{2}\frac{\partial^2}{\partial x^2}+V_0\right)\frac{\delta t}{2}}\mathrm{e}^{-\mathrm{i}[V(x,t)-V_0]\delta t}\mathrm{e}^{-\mathrm{i}\left(-\frac{1}{2}\frac{\partial^2}{\partial x^2}+V_0\right)\frac{\delta t}{2}}\Psi(x,t) \tag{6.215}$$

对于分解形式 (6.215)，其算法的求解过程相当于如下的一个循环计算过程[49]：

$$\Psi_0 = \Psi(x,t)$$

$$\Psi_1 = \mathrm{e}^{-\mathrm{i}\left(-\frac{1}{2}\frac{\partial^2}{\partial x^2}+V_0\right)\frac{\delta t}{2}}\Psi_0$$

$$\Psi_2 = \mathrm{e}^{-\mathrm{i}[V(x,t)-V_0]\delta t}\Psi_1$$

$$\Psi(x,t+\delta t) = \mathrm{e}^{-\mathrm{i}\left(-\frac{1}{2}\frac{\partial^2}{\partial x^2}+V_0\right)\frac{\delta t}{2}}\Psi_2$$

其中，采用原子单位 $\hbar = m = 1$。以上计算过程的第一步为赋初值 $\Psi_0$，第二步解的形式相当于求解如下方程 (相当于令 $\widehat{\mathcal{V}} = 0$)：

$$\frac{\partial}{\partial t}\Psi_1(x,t) = -\mathrm{i}\widehat{\mathcal{D}}(x)\Psi_1(x,t) = -\mathrm{i}\left(-\frac{1}{2}\frac{\partial^2}{\partial x^2}+V_0\right)\Psi_1(x,t) \tag{6.216}$$

该方程可以采用傅里叶变换求解。根据附录 C 中式 (C.2) 所定义的傅里叶变换，式 (6.216) 在 $k$ 空间的解很容易得到：

$$\widetilde{\Psi}_1\left(k,t+\frac{\delta t}{2}\right) = \mathrm{e}^{-\mathrm{i}\left(\frac{k^2}{2}+V_0\right)\frac{\delta t}{2}}\widetilde{\Psi}_1(k,t)$$

然后将 $\widetilde{\Psi}_1$ 傅里叶变换到实空间再令 $\widehat{\mathcal{D}} = 0$，可以很容易在实空间解只存在 $\widehat{\mathcal{V}}$ 的薛定谔方程，得到下一个时刻的解 $\Psi(t + \delta t)$。根据上面的求解过程可以发现，原始的薛定谔方程可以逐次分步进行求解，求解中不断采用傅里叶和反傅里叶变换，最后得到一个时间步长后实空间的解为

$$\Psi(x, t+\delta t) = \mathcal{F}^{-1} \left[ \mathrm{e}^{-\mathrm{i}\left(\frac{k^2}{2}+V_0\right)\frac{\delta t}{2}} \mathcal{F} \left[ \mathrm{e}^{-\mathrm{i}[V(x,t)-V_0]\delta t} \mathcal{F}^{-1} \left[ \mathrm{e}^{-\mathrm{i}\left(\frac{k^2}{2}+V_0\right)\frac{\delta t}{2}} \mathcal{F}\left[\Psi\left(x, t\right)\right] \right] \right] \right]$$

$$(6.217)$$

其中，$\mathcal{F}$ 和 $\mathcal{F}^{-1}$ 分别表示实空间的傅里叶变换及其逆变换。

将以上的求解过程应用于一般三维薛定谔方程 (6.211) 的数值计算时，首先把空间网格化，主要目的是利用分立空间进行三维的**快速傅里叶变换** (fast Fourier transform, FFT)。也就是在某一个时刻 $t_i$，波函数在每一个网格化点 $(x_j, y_j, z_j)$ 处都有一个对应的复值 $\Psi(x_j, y_j, z_j), j = 1, 2, \cdots, N$，然后对实空间的波函数进行三维 FFT，得到动量空间的表示 $\widetilde{\Psi}(k_x, k_y, k_z)$，再乘以动量空间的动能演化算子，之后再快速傅里叶逆变换到实空间乘以势能的演化算子，如此反复进行。为了更为具体直观地描述计算过程，假如在一个 $N = 2^{10}$ 的二维 1024×1024 的空间网格点上给出某一时刻 $t_i$ 的空间波函数值 $\Psi(x_i, y_j) \equiv \psi_{i,j}$，其中 $x_i = x_0 + id, y_j = y_0 + jd$，$d$ 为空间离散网格的空间步长。为了方便，可将这些值写为由 $N^2$ 个元素组成的列向量：

$$\Psi = (\psi_{1,1}, \cdots, \psi_{N,1}, \psi_{2,1}, \cdots, \psi_{N,2}, \cdots, \psi_{N,N})^{\mathrm{T}}$$

那么这就相当于是在截断的空间表象上 (离散化以后不再是连续表象，而是 $N^2$ 维的位置空间的表象)，体系的哈密顿方程就写为如下矩阵形式：

$$\dot{\Psi} = \mathcal{K}\Psi = -\mathrm{i}[\mathcal{D} + \mathcal{V}(t)]\Psi$$

其中，$\mathcal{K} = -\mathrm{i}(\mathcal{D} + \mathcal{V})$ 在分立的空间表象下就变成 $N^2 \times N^2$ 的**反厄米矩阵** (skew-Hermitian matrix)：$\mathcal{K}^{\dagger} = -\mathcal{K}$。根据李代数理论，矩阵 $\mathcal{K}$ 可以看成李代数 $\mathcal{U}(N^2)$ 的一个元素，对应李群 $U(N^2)$ 的变换矩阵可以写为 $\mathrm{e}^{\mathcal{K}t}$，它可以将波矢量 $\Psi(0)$ 变换为 $\Psi(t) = \mathrm{e}^{\mathcal{K}t}\Psi(0)$。此时矩阵 $\mathcal{D}$ 和 $\mathcal{V}$ 对应的算符分别为

$$\widehat{\mathcal{D}} = -\frac{\hbar}{2m}\nabla^2 + \frac{1}{\hbar}V_0$$

$$\widehat{\mathcal{V}} = \frac{1}{\hbar}\left[V\left(x, y, z, t\right) - V_0\right]$$

其中，算符 $\widehat{\mathcal{D}}$ 在动量表象下是**对角矩阵**；$\widehat{\mathcal{V}}$ 在坐标表象下是**对角矩阵**，所以计算的时候需要不断采用 FFT 进行表象之间的转换，再利用式 (6.214) 或其他的分解

形式乘以不同表象下的对角矩阵，从而达到计算波函数演化的目的。用 SSFM 计算每一个时间演化步长 $\delta t$ 的具体步骤如下。

(1) 确定初始时刻实空间的波函数 $\Psi(x,y,z,t_0)$，并对其某一空间区域进行离散化 (如 $x$ 维度可采用式 (3.41) 分立化 $[x_0, x_0 + L]$ 的区域)，然后对其进行 FFT 把波函数从实空间变换到 $k$ 空间 $\widetilde{\Psi}(k_x,k_y,k_z,t_0)$。

(2) 对 $\widetilde{\Psi}(k_x,k_y,k_z,t_0)$ 直接乘以对角矩阵 $\mathrm{e}^{\mathrm{i}\frac{\hbar}{2m}\left(k_0^2-k_x^2-k_y^2-k_z^2\right)\frac{\delta t}{2}}$，其中平均波矢 $k_0 \equiv \dfrac{\sqrt{2mV_0}}{\hbar}$，其他各个方向的波矢量可采用相同的步长：$2\pi/L$。

(3) 对结果进行逆 FFT 到实空间，然后直接乘以 $\mathrm{e}^{-\mathrm{i}V(x,y,z,t_0)\delta t/\hbar}$。

(4) 对结果进行 FFT 到 $k$ 空间，再乘以 $\mathrm{e}^{\mathrm{i}\frac{\hbar}{2m}\left(k_0^2-k_x^2-k_y^2-k_z^2\right)\frac{\delta t}{2}}$。

(5) 最后进行逆 FFT 回到实空间，得到波函数 $\Psi(x,y,z,t_0+\delta t)$。

从上面计算一个时间步长 $\delta t$ 的波函数演化过程看，如果多次 (如 $n$ 次) 重复以上的计算步骤就可以连续给出波函数在一段时间 $T = n \cdot \delta t$ 内的演化。以上计算需要注意的是，空间离散步长 $d$ 和时间演化步长 $\delta t$ 在计算中必须匹配，如果时间步长 $\delta t$ 减小，相应的空间步长 $d$ 也必须减小，物理上要求 $d/\delta t$ 要远小于光速 $c$，不然计算会不稳定或不收敛而给出不符合物理实际的结果。以上算法的语言实现在 Mathematica 中是比较容易的，其中 SSFM 中的 FFT 及其逆变换可以用 Mathematica 的内部函数 Fourier[··] 和 InverseFourier[··] 来实现。下面就用 SSFM 来求解两类含时系统波函数的动力学演化过程 [13]。

**例 6.3：一维重力场中受驱动的粒子**

在第 2 章一维散射态问题的讨论中，已经利用傅里叶变换方法求解了高斯波包在重力场中的演化问题，并得到系统的波函数解式 (2.134)。下面在此基础上，进一步讨论重力场中的粒子受到外界周期驱动情况下系统的波函数演化 [13]。在重力场式 (2.135) 中，粒子会受重力影响在重力场方向做加速运动，如果该粒子带电荷量 $q$，就可以在其上加一个变化的电场对其进行驱动，最简单的就是加一个周期的驱动，此时系统的势能在 $x > 0$ 区域变为

$$V(x,t) = mgx + qE\sin(\omega t)x = mg\left[1 + A\sin(\omega t)\right]x \tag{6.218}$$

其中，重力场的调制系数 $A = \dfrac{qE}{mg}$ 为两种力场的强度之比；$\omega$ 为驱动的频率。对于一维重力场中的含时驱动问题，该哈密顿系统具有简单的李代数结构，由位置、动量和常数算符作为生成元构成 3 维 $\mathfrak{h}(1)$ 李代数结构 (具体参见附录 H)，可以利用平移算子的李代数变换理论来进行求解并给出解析解 [38,51]。此处只利用 SSFM 来数值求解此问题。

首先选粒子的初始波函数为形如式 (2.130) 的高斯波包形式:

$$\Psi(x,0) = \frac{1}{(2\pi)^{1/4}\sqrt{\sigma}} e^{-\frac{(x-x_0)^2}{4\sigma^2}} \tag{6.219}$$

其中, 粒子初始时刻处于 $x_0$ 的位置, 初始速度为零。显然数值计算时必须对波函数 $\Psi(x,0)$ 取位置分立化的函数值。考察波函数空间区域大小为 $L$, 把区间分为 $N+1$ 等份, 则空间网格步长 $d = L/(N+1)$。图 6.8(a) 给出了分立的 $N$ 维初始波函数 $\boldsymbol{\psi} \equiv \{\psi(x_1), \cdots, \psi(x_N)\}$ 的函数图像, 即 $\psi(x_j) \equiv \Psi(x_j, 0), j = 1, \cdots, N$ 的数值结果, 其中利用了 Mathematica 的归一化函数 Normalize$[\boldsymbol{\psi}]$ 对分立函数矢量进行了归一化。

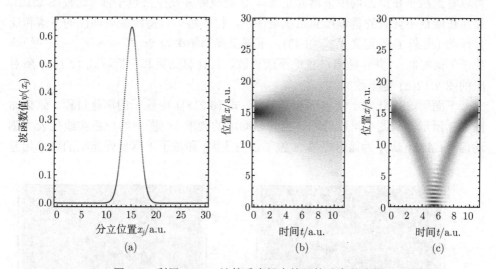

图 6.8　利用 SSFM 计算重力场中粒子的动力学演化

(a) 初始高斯波包 $\psi(x_j)$ 图像, $x_j = jd, j = 1, \cdots, N$, $N = 2^{10} = 1024$, 空间区域大小 $L = 30$, 步长 $d = \dfrac{30}{1025}$, 波包中心 $x_0 = 15$, 方差 $\sigma = 1$; (b) 自由粒子的波包演化; (c) 刚性表面重力场 $V(x) = mgx$ 中波包的概率分布演化

为了检验 SSFM 的可靠性, 先求解**自由粒子**的波包演化过程。此时自由粒子的哈密顿量只有动能部分, 则 $\delta t$ 时刻后的近似解为

$$\Psi(x, \delta t) = e^{-i\hat{H}\delta t/\hbar}\Psi(x,0) = \exp\left[-i\left(-\frac{\hbar}{2m}\nabla^2\right)\delta t\right]\Psi(x,0)$$

系统的演化只需要先对波函数 $\Psi(x,0) \to \boldsymbol{\psi} \equiv \{\psi(x_1), \cdots, \psi(x_N)\}$ 进行离散傅里叶变换, 然后乘以离散动能部分, 根据式 (6.217) 有

$$\psi(x, \delta t) = \mathcal{F}^{-1}\left[e^{-i\mathcal{D}\delta t}\mathcal{F}[\psi(x,0)]\right]$$

其中, 动能部分在动量表象中的矩阵 $\mathcal{D}$ 为

$$\mathcal{D} = \begin{pmatrix} -\dfrac{\hbar}{2m}k_1^2 & & 0 \\ & \ddots & \\ 0 & & -\dfrac{\hbar}{2m}k_N^2 \end{pmatrix}, \quad k_j = j\frac{\pi}{L}, j = 1, \cdots, N$$

计算结果如图 6.8(b) 所示, 从图中可以发现, 该方法计算的结果和解析结果式 (2.178) 是一致的, 波函数高斯波包由于色散关系会很快在空间扩散。加上重力场后, 图 6.8(c) 给出利用 SSFM 求解的重力场中粒子弹球问题的概率分布演化, 可以看到粒子在重力场中下落并在 $x = 0$ 处反弹并发生波包干涉 (比较图 2.12)。显然在能量不耗散的量子孤立系统条件下, 粒子将一直持续做周期性的下落和反弹运动 (周期 $T$ 的定义见式 (2.43), 下落反弹的频率为 $2\pi/T = \pi/\tau_0$, $\tau_0$ 为经典粒子下落时间), 并伴随着波包的不断扩散, 其计算结果和解析解式 (2.135) 所对应的图 2.12(b) 是一致的。

下面用 SSFM 来计算含时驱动势场 (式 (6.218)) 中粒子的演化过程, 结果如图 6.9 所示。从图中可以看出, 当外驱动场的频率 $\omega$ (图中的白色实线代表外驱动信号: $A\sin(\omega t)$, 为显示振幅 $A$ 做了适当放大) 和粒子下落反弹运动的频率相差

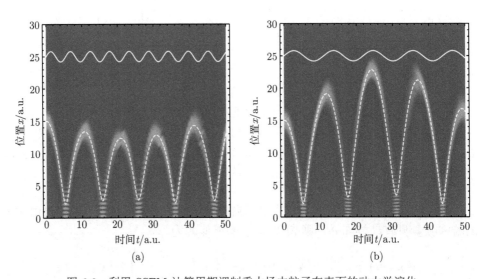

图 6.9  利用 SSFM 计算周期调制重力场中粒子在表面的动力学演化

(a) 调制频率 $\omega = 2\pi/\tau_0$; (b) 调制频率 $\omega = \pi/\tau_0$。图中的白色实线为外驱动信号示意图, 白色虚线为粒子平均位置的运动轨迹。计算取原子单位 $m = \hbar = g = 1$, 调制振幅 $A = 0.2$, 其他参数和图 6.8 相同

很大时, 粒子的行为能保持较好的周期运动行为, 但当外驱动场的频率 $\omega$ 和粒子下落反弹的频率一致, 即 $2\pi/T = \pi/\tau_0$ ($\tau_0$ 为下落时间) 时, 会发生驱动共振现象, 此时粒子的反弹高度会大于初始值, 其跳跃幅度会随时间不断发生改变, 动力学行为显著地受到外驱动信号的调制。随着外场调制振幅 $A$ 的不断增加, 粒子由于表面反弹的限制其对应的经典运动 (平均值) 会表现出随机的非线性动力学行为, 这就是著名的经典弹球模型 (bouncing ball model) [52,53]。此时系统的量子行为也会相应出现波包随时间的演化而发生破裂, 对应于经典粒子非线性混沌运动位置的分叉现象。

### 例 6.4: 含时非线性薛定谔方程的数值计算

首先一般的薛定谔方程是线性方程, 满足叠加原理, 所以其解可以构成一个希尔伯特空间, 然后才存在用一组基矢展开来求解薛定谔方程的方法。如果薛定谔方程是非线性的, 那么解的叠加性原理就不再成立, 所以此处**非线性薛定谔方程** (nonlinear Schödinger equation, NLSE) [54] 不是指方程本身是非线性的, 而是指其势能是依赖于系统波函数概率密度的非线性函数, 在处理多体问题的时候可以用来直观地刻画粒子之间的多体相互作用。用非线性薛定谔方程描述的最典型的问题为玻色–爱因斯坦凝聚体 (Bose-Einstein condensate, BEC) 或超流体的动力学行为和非线性光学材料中的光场传输, 其所涉及的问题是具有原子相互作用的冷原子的动力学问题和具有**克尔** (Kerr) 非线性的介质中光场传输问题, 前者的平均场方程称为 BEC 或超流体的 Gross-Pitaevskii 方程 (GPE) [55], 后者的平均场方程称为光场传输的 Lugiato-Lefever 方程 (LLE) [56]。

(1) 对于冷原子 BEC 中的 GPE, 其形式为

$$i\hbar \frac{\partial}{\partial t}\psi(\boldsymbol{r},t) = \left[-\frac{\hbar^2}{2m}\nabla^2 + V_{\text{ext}}(\boldsymbol{r},t) + g|\psi(\boldsymbol{r},t)|^2\right]\psi(\boldsymbol{r},t) \qquad (6.220)$$

其中, $m$ 是冷原子的质量; $V_{\text{ext}}(\boldsymbol{r},t)$ 是原子受到的外部控制场; $g|\psi|^2$ 是原子之间的和原子密度 $|\psi|^2$ 成正比的非线性势能, 其比例系数用来刻画原子之间集体相互作用的强度。BEC 系统的 GPE 其实是在多体原子系统哈密顿量基础上的一个近似方程 [55], 其非线性项中的原子间相互作用系数 $g = 4\pi\hbar^2 a/m$, 其中 $a$ 为原子间的低能 $s$ 波的散射长度。对于定态问题: $V_{\text{ext}}(\boldsymbol{r},t) \to V_{\text{ext}}(\boldsymbol{r})$, 从而定态的 GPE 为

$$\left[-\frac{\hbar^2}{2m}\nabla^2 + V_{\text{ext}}(\boldsymbol{r}) + g|\psi(\boldsymbol{r},t)|^2\right]\psi(\boldsymbol{r},t) = \mu\psi(\boldsymbol{r},t)$$

其中, $\mu$ 为冷原子 BEC 系统的**化学势** (总能量)。

(2) 对于在非线性介质中传播的电磁场，其满足以下的传输方程：

$$i\frac{\partial}{\partial t}A(\boldsymbol{r},t) = \left[\frac{1}{2}D\nabla^2 + \left(\delta\omega - i\frac{\kappa}{2}\right) - g|A|^2\right]A(\boldsymbol{r},t) + iF \tag{6.221}$$

其中，$A(\boldsymbol{r},t)$ 代表在非线性介质中传播的电磁波振幅的缓变包络函数，表示 $t$ 时刻介质 $\boldsymbol{r}$ 处的电磁场强度；参数 $D$ 代表波包在介质中群速度的色散系数；$g$ 代表介质的克尔非线性系数；$\kappa$ 代表电磁波在介质中的耗散系数；$\delta\omega = \omega_0 - \omega_p$ 代表驱动场频率 $\omega_p$ 和电磁波中心频率 $\omega_0$ 的失谐量；$F$ 代表驱动场的驱动强度：$F = \sqrt{\frac{\kappa\eta P_{\text{in}}}{\hbar\omega_0}}$，$P_{\text{in}}$ 代表驱动场的输入功率，$\eta$ 代表驱动场的耦合系数。显然如果没有驱动强度 $F = 0$ 和耗散系数 $\kappa = 0$，以上的 LLE 也有定态形式：

$$\left(\frac{1}{2}D\nabla^2 + \delta\omega - g|A|^2\right)A(\boldsymbol{r},t) = \varepsilon A(\boldsymbol{r},t)$$

其中，$\varepsilon$ 为介质中传播的电磁场某一模式的能量。

GPE 式 (6.220) 和 LLE 式 (6.221) 在数学上具有完全相同的形式，为了方便进行统一处理，对其都引入相应的无量纲量 (时间、长度和能量单位)，则方程可以统一写为如下形式：

$$i\frac{\partial}{\partial\tau}\varphi(\boldsymbol{\xi},\tau) = \left[-\frac{1}{2}\nabla^2 + U(\boldsymbol{\xi},\tau) + \lambda|\varphi(\boldsymbol{\xi},\tau)|^2\right]\varphi(\boldsymbol{\xi},\tau) \tag{6.222}$$

其中，$\lambda$ 为非线性薛定谔方程的非线性系数，依赖于波函数所表达的系统和与自身态 $\varphi$ 有关的非线性相互作用：当 $\lambda < 0$ 时为"吸引"型相互作用 (系统总能量 $\mu$ 会降低)，当 $\lambda > 0$ 时为"排斥"型相互作用 (系统总能量 $\mu$ 升高)；势能 $U(\boldsymbol{\xi},\tau)$ 相对来说称为不依赖于系统态的外部势场。

为了说明利用 SSFM 求解该问题的步骤，依然以一维 NLSE 问题为例来进行数值计算，计算的方程如下：

$$i\frac{\partial}{\partial\tau}\varphi(x,\tau) = \left[-\frac{1}{2}\frac{\partial^2}{\partial x^2} + U(x,\tau) + \lambda|\varphi(x,\tau)|^2\right]\varphi(x,\tau) \tag{6.223}$$

图 6.10 中的计算结果展示了系统在参量调制的谐振势场 $U(x,\tau) = \frac{1}{2}k(\tau)(x-\bar{x})^2$ 约束下波函数的不同演化过程。数值计算中含时势 $U(x,\tau)$ 的频率参量调制函数取简单的周期函数：$k(\tau) = k_0[1 + A\sin(\omega\tau)]$，其中 $\omega_0 = \sqrt{k_0/m}$ 为谐振势的频率，$\omega$ 为调制频率。$\bar{x}$ 为谐振势的平衡位置，初始的波函数采用如式 (6.219) 所示的中心 $x_0 \neq \bar{x}$ 的高斯波包 (相干态，可通过快速平移势阱获得)。图 6.10(a)

和 (b) 给出的是在普通不含参量调制 ($A = 0$) 的谐振势阱中高斯波包受不同类型非线性系数 $\lambda$ 影响的波包演化，显然高斯波包总体依然在势阱中来回振荡，不同非线性势场的作用影响了波包的局部分布 (图中虚线为不考虑非线性势时经典谐振子的运动轨迹)。计算显示，在具有排斥型非线性势场中波包会发生一定的展宽，而在吸引型非线性势场中则相反，波包在演化中会发生不同程度的空间聚束现象 (可以比较图 3.2(b) 中自由相干态波包的演化)。如果加上含时的频率参量调制 ($A = 0.2$)，如图 6.10(c) 和 (d) 所示，波包演化会表现出强烈的参量放大效应 (图中虚线表示参量振子的经典轨迹，显示振子振幅在不断变化)，计算显示含时频率调制会明显让波包分布在演化过程中更加趋于弥散。

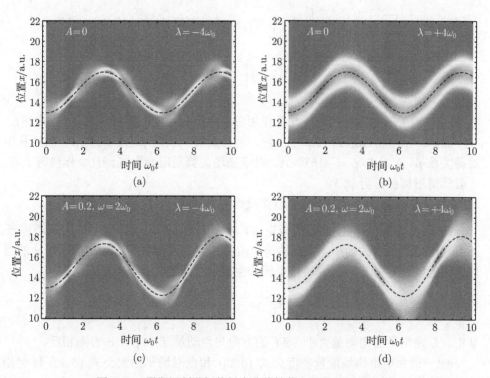

图 6.10　周期调制谐振势场中非线性薛定谔方程解的演化
(a) 无调制谐振势场中非线性引力势 $\lambda = -4\omega_0$ 时高斯波包的演化；(b) 无调制非线性斥力势 $\lambda = +4\omega_0$ 时高斯波包的演化；(c) 调制频率 $\omega = 2\omega_0$ 的谐振势中 $\lambda = -4\omega_0$ 时高斯波包的演化；(d) 调制频率 $\omega = 2\omega_0$ 的谐振势中 $\lambda = +4\omega_0$ 时高斯波包的演化

总之，从以上非线性薛定谔方程的计算结果来看，由于 SSFM 中所特有的傅里叶变换手段，其在非线性薛定谔方程数值计算时能给出更加稳定和可靠的结果，因此 SSFM 及其改进方法已经成为量子力学瞬时过程数值计算中一种比较流行的传统算法。

# 习　题

6.1　请证明演化算子的形式解式 (6.26)。

提示：从式 (6.25) 出发将时间积分上限统一设为 $t$，那么每一项的多重积分会在高维积分空间按不同的时间顺序重复计算 (第 $n$ 阶项的高维积分重复计算的次数为所有可能的时间积分顺序的排列数 $n!$)，此时必须引入系数 $1/n!$(只有一个顺序是时序算子所允许的)，这样积分就可以写为

$$\hat{U}_{\mathrm{I}}(t,t_0)=\sum_{n=0}^{\infty}\frac{1}{n!}\left(\frac{1}{\mathrm{i}\hbar}\right)^n\int_{t_0}^t\mathrm{d}t_1\int_{t_0}^t\mathrm{d}t_2\cdots\int_{t_0}^t\mathrm{d}t_n\hat{\mathbb{T}}\left[\hat{V}_{\mathrm{I}}(t_1)\hat{V}_{\mathrm{I}}(t_2)\cdots\hat{V}_{\mathrm{I}}(t_n)\right]$$

$$=\hat{\mathbb{T}}\sum_{n=0}^{\infty}\frac{1}{n!}\left[-\frac{\mathrm{i}}{\hbar}\int_{t_0}^t\mathrm{d}t'\hat{V}_{\mathrm{I}}(t')\right]^n=\hat{\mathbb{T}}\left[\mathrm{e}^{-\frac{\mathrm{i}}{\hbar}\int_{t_0}^t\mathrm{d}t'\hat{V}_{\mathrm{I}}(t')}\right]$$

6.2　请证明电磁场和电子相互作用总的哈密顿量中的微扰项表达式 (6.28)。

提示：从哈密顿量式 (6.27) 出发，展开后有一项是 $\hat{p}\cdot A+A\cdot\hat{p}$，然后利用对易关系 $\hat{p}\cdot A-A\cdot\hat{p}=-\mathrm{i}\hbar\nabla\cdot A$，对电磁场矢势采用库仑规范且令标势等于零。一般的情形可参见附录 J。

6.3　请用电子轨道电流推导磁偶极矩的表达式：$M=-\dfrac{e}{2m}L$。

提示：轨道电流产生的磁偶极矩 $M$ 的大小为 $M=IA$，其中 $I$ 为轨道电流，$A$ 为轨道电流围绕的面积。根据轨道电流的图像，假设电子在轨道半径为 $r$ 的圆形轨道上以速度 $v$ 运动，则轨道电流产生磁偶极矩的大小为

$$M=IA=-e\frac{v}{2\pi r}\pi r^2=-\frac{evr}{2}=-\frac{e}{2m}pr=-\frac{e}{2m}L$$

其中，$L$ 是电子的角动量大小。$M$ 的方向与角动量 $L=p\times r$ 方向相反。

6.4　请利用电磁场能量密度公式 (6.36) 和电磁场平面波公式 (6.30) 证明能量密度分布的时间平均效果公式 (6.37)。

6.5　请根据瞬时态的正交完备性条件证明式 (6.70) 并讨论和解释绝热条件式 (6.71)。提示：由于 $n\neq m$，所以 $\langle n(t)|\hat{H}(t)|m(t)\rangle=0$, 那么必然有

$$\frac{\mathrm{d}}{\mathrm{d}t}\langle n(t)|\hat{H}(t)|m(t)\rangle=0$$

上式等号左边利用求导公式展开后整理一下即可证明式 (6.70)。对于绝热条件式 (6.71) 近年来有很多讨论，主要的问题是在什么条件下可以忽略式 (6.64) 等号

右边的第二项，或者在什么条件下式 (6.66) 所表示的非绝热跃迁率 $\mathrm{d}A_n/\mathrm{d}t = 0$。围绕这个条件很多教科书上有不同的表述。例如，文献 [12] 中给出的条件是系统哈密顿量的变化率 (功率) 非常小，即 $\dot{H} \approx 0$；文献 [57] 和 [58] 中使用如下的**无量纲量**作为绝热演化的条件：

$$\sum_{n \neq m} \frac{\hbar \left| \langle n(t) | \dot{m}(t) \rangle \right|}{|E_n(t) - E_m(t)|} = \sum_{n \neq m} \frac{\hbar \left| \langle n(t) | \dot{\hat{H}}(t) | m(t) \rangle \right|}{(E_n(t) - E_m(t))^2} \ll 1 \tag{6.224}$$

由于以上的绝热条件在系统的演化中是相对于能级间隔而言的，那么如果演化中存在动力学简并，系统将必然产生非绝热跃迁，则该绝热条件将产生很大误差，所以围绕这个问题产生了很多后续的修正工作 [25, 26]。

6.6　请证明式 (6.67) 所定义的绝热相位 $\alpha_n(t)$ 是实函数。

6.7　请证明几何相位式 (6.78) 为规范不变量。提示：对于波函数的规范变换 $|n(t)\rangle \to \mathrm{e}^{\mathrm{i}\lambda(t)}|n(t)\rangle$，将新的波函数代入式 (6.69) 得

$$\gamma_n'(t) = \mathrm{i} \int_0^t \langle n(t')| \, \mathrm{e}^{-\mathrm{i}\lambda(t')} \frac{\mathrm{d}}{\mathrm{d}t'} \left[ \mathrm{e}^{\mathrm{i}\lambda(t')} |n(t')\rangle \right] \mathrm{d}t'$$

$$= \mathrm{i} \int_0^t \langle n(t')| \dot{n}(t') \rangle \mathrm{d}t' - \int_0^t \dot{\lambda}(t') \langle n(t')| n(t') \rangle \mathrm{d}t'$$

$$= \mathrm{i} \int_0^t \langle n(t')| \dot{n}(t') \rangle \mathrm{d}t' - \int_0^t \mathrm{d}\lambda(t') = \gamma_n(t) - [\lambda(t) - \lambda(0)]$$

显然，如果做一个周期运动 $\lambda(\tau) = \lambda(0)$，那么有 $\gamma_n'(\tau) = \gamma_n(\tau)$，即**周期循环下几何相位是规范不变的**。当然在一般的高维参数空间中，也可以证明贝里相位的规范不变性。首先在三维参数空间中经过一个参数循环的贝里相位可写为

$$\gamma(\tau) \equiv \gamma(C) = \mathrm{i} \oint_C \langle n(\boldsymbol{R})| \nabla_R |n(\boldsymbol{R})\rangle \cdot \mathrm{d}\boldsymbol{R} = \mathrm{i} \iint_S \nabla_R \times \langle n(\boldsymbol{R})| \nabla_R |n(\boldsymbol{R})\rangle \cdot \mathrm{d}\boldsymbol{S}$$

其中，$C$ 为参数空间一条闭合的参数曲线。对波函数进行规范变换：$|n(\boldsymbol{R})\rangle \to \mathrm{e}^{\mathrm{i}\lambda(\boldsymbol{R})}|n(\boldsymbol{R})\rangle$，上面积分式内的量 $\langle n(\boldsymbol{R})|\nabla_R|n(\boldsymbol{R})\rangle$ 变为

$$\langle n(\boldsymbol{R})| \, \mathrm{e}^{-\mathrm{i}\lambda_n(\boldsymbol{R})} \nabla_R \left[ \mathrm{e}^{\mathrm{i}\lambda_n(\boldsymbol{R})} |n(\boldsymbol{R})\rangle \right] = \langle n(\boldsymbol{R})| \, [\nabla_R + \mathrm{i}\nabla_R \lambda(\boldsymbol{R})] |n(\boldsymbol{R})\rangle$$

代入贝里相位的积分公式得

$$\gamma'(C) = \mathrm{i} \iint_S \nabla_R \times [\langle n(\boldsymbol{R})| \nabla_R |n(\boldsymbol{R})\rangle + \mathrm{i}\nabla_R \lambda(\boldsymbol{R})] \cdot \mathrm{d}\boldsymbol{S}$$

$$= \mathrm{i} \iint_S \nabla_R \times \langle n\left(\boldsymbol{R}\right) | \nabla_R | n\left(\boldsymbol{R}\right)\rangle \cdot \mathrm{d}\boldsymbol{S} = \gamma(C)$$

其中，利用了以下梯度的旋度等于零的关系：

$$\iint_S \nabla_R \times \nabla_R \lambda\left(\boldsymbol{R}\right) \cdot \mathrm{d}\boldsymbol{S} = 0$$

根据附录 G.2 中的斯托克斯公式 (G.24)，在一般的 $N > 3$ 维参数空间中梯度和旋度需要用到外积形式，即需要用外微分运算重新定义梯度算子 $\nabla$ 和旋度运算 $\nabla\times$，虽然形式比较复杂，但不影响结论，规范不变性质依然成立。

   6.8   请证明贝里曲率式 (6.85) 和另一个表示公式 (6.87)。提示：根据式 (6.80) 对贝里联络的定义，采用附录 G.2.2 中贝里曲率式 (G.25) 的标准形式：

$$A_\mu^{(n)} = \mathrm{i}\langle n\left(\boldsymbol{R}\right)| \frac{\partial}{\partial R^\mu} | n\left(\boldsymbol{R}\right)\rangle \equiv \mathrm{i}\left\langle n \left| \frac{\partial n}{\partial R^\mu} \right.\right\rangle \equiv \mathrm{i}\langle n | \partial_\mu n\rangle$$

其中，由 $\nabla_R\langle n|n\rangle = \langle \nabla_R n|n\rangle + \langle n|\nabla_R n\rangle = 0$ 可得 $\langle n|\nabla_R n\rangle$ 为纯虚数，即

$$\boldsymbol{A}^{(n)} = \mathrm{i}\langle n|\nabla_R n\rangle = -\mathrm{Im}\langle n|\nabla_R n\rangle$$

其中，Im 表示虚部。显然对于实矢量有 $\boldsymbol{A}^* = \boldsymbol{A}$。贝里联络的分量形式可写为

$$A_\mu = -\mathrm{Im}\left[\left(\langle n|\nabla_R n\rangle\right)_\mu\right] = -\mathrm{Im}\left[\left\langle n \left| \frac{\partial n}{\partial R^\mu} \right.\right\rangle\right] \equiv -\mathrm{Im}\left[\langle n | \partial_\mu n\rangle\right] = A_\mu^*$$

其中，上标 $(n)$ 为方便省略了。同理，对贝里曲率也采用如下的标准形式：

$$B_{\mu\nu} = \frac{\partial A_\nu}{\partial R^\mu} - \frac{\partial A_\mu}{\partial R^\nu} \equiv \partial_\mu A_\nu - \partial_\nu A_\mu$$

这样就有

$$\begin{aligned}
B_{\mu\nu} &= \mathrm{i}\frac{\partial}{\partial R^\mu}\langle n | \partial_\nu n\rangle - \mathrm{i}\frac{\partial}{\partial R^\nu}\langle n | \partial_\mu n\rangle \\
&= \mathrm{i}\left[\langle \partial_\mu n | \partial_\nu n\rangle + \langle n | \partial_\mu \partial_\nu n\rangle\right] - \mathrm{i}\left[\langle \partial_\nu n | \partial_\mu n\rangle + \langle n | \partial_\nu \partial_\mu n\rangle\right] \\
&= \mathrm{i}\left[\langle \partial_\mu n | \partial_\nu n\rangle - \langle \partial_\nu n | \partial_\mu n\rangle\right] \\
&= \mathrm{i}\left[\left\langle \frac{\partial n}{\partial R^\mu} \left| \right| \frac{\partial n}{\partial R^\nu} \right\rangle - \left\langle \frac{\partial n}{\partial R^\nu} \left| \right| \frac{\partial n}{\partial R^\mu} \right\rangle\right]
\end{aligned}$$

其中，利用了等式 $\langle n | \partial_\mu \partial_\nu n\rangle = \langle n | \partial_\nu \partial_\mu n\rangle$。显然上面的推导结果和式 (6.85) 是一致的，而且可以证明二阶贝里曲率张量是反对称的：$B_{\mu\nu} = -B_{\nu\mu}$，并且是实

函数：$B^*_{\mu\nu} = B_{\mu\nu}$，即满足：

$$\frac{1}{2}B_{\mu\nu} = -\mathrm{Im}\left[\langle\,\partial_\mu n\,|\,\partial_\nu n\,\rangle\right] = -\mathrm{Im}\left[\left\langle\frac{\partial n}{\partial R^\mu}\middle|\middle|\frac{\partial n}{\partial R^\nu}\right\rangle\right]$$

显然在**三维**的情况下，贝里曲率张量可以写为三维的矢量，利用附录 G.1 中的式 (G.16) 有

$$\begin{aligned}
B_{\mu\nu} \to B_i &= -\mathrm{Im}\left[\epsilon_{ijk}\langle\,\partial_j n\,|\,\partial_k n\,\rangle\right]\\
&= -\mathrm{Im}\left[\langle\nabla_R n|\times|\nabla_R n\rangle\right] = \mathrm{i}\,\langle\nabla_R n|\times|\nabla_R n\rangle\\
&= -\mathrm{Im}\left[\sum_m \epsilon_{ijk}\langle\,\partial_j n|m\rangle\langle m|\,\partial_k n\rangle\right]
\end{aligned}$$

其中，$\epsilon_{ijk}$ 为三维 Levi-Civita 符号，满足反对称性质：$\epsilon_{ijk} = -\epsilon_{ikj}$（见附录 G.1），从而定义在 $|n\rangle$ 上的贝里曲率矢量写为

$$\boldsymbol{B}^{(n)} = -\mathrm{Im}\left[\sum_m \langle\nabla_R n|m\rangle\times\langle m|\nabla_R n\rangle\right] = -\mathrm{Im}\left[\sum_{m\neq n}\langle\nabla_R n|m\rangle\times\langle m|\nabla_R n\rangle\right]$$

其中，$m = n$ 项是零。根据瞬时态的本征方程：

$$\hat{H}\,(\boldsymbol{R})\,|n\,(\boldsymbol{R})\rangle = E_n\,(\boldsymbol{R})\,|n\,(\boldsymbol{R})\rangle$$

两边同时作用梯度算子 $\nabla_R$ 有

$$\nabla_R\left(\hat{H}\,|n\rangle\right) = \nabla_R\left(E_n\,|n\rangle\right)$$

$$\left(\nabla_R\hat{H}\right)|n\rangle + \hat{H}\,|\nabla_R n\rangle = (\nabla_R E_n)\,|n\rangle + E_n\,|\nabla_R n\rangle$$

两边同乘以 $\langle m|$，并取 $m \neq n$，则得到：

$$\langle m|\left(\nabla_R\hat{H}\right)|n\rangle + \langle m|\,\hat{H}\,|\nabla_R n\rangle = \langle m|\,(\nabla_R E_n)\,|n\rangle + \langle m|\,E_n\,|\nabla_R n\rangle$$

$$\langle m|\left(\nabla_R\hat{H}\right)|n\rangle + E_m\langle m|\nabla_R n\rangle = (\nabla_R E_n)\,\langle m|n\rangle + E_n\langle m|\nabla_R n\rangle$$

化简整理得到：

$$\langle m\,|\nabla_R n\rangle = \frac{\langle m|\left(\nabla_R\hat{H}\right)|n\rangle}{(E_n - E_m)}$$

代入前面的贝里曲率矢量 $\boldsymbol{B}^{(n)}$ 中得到：

$$\boldsymbol{B}^{(n)} = -\mathrm{Im}\left[\sum_{m\neq n}\frac{\langle n|\left(\nabla_R\hat{H}\right)|m\rangle \times \langle m|\left(\nabla_R\hat{H}\right)|n\rangle}{(E_n-E_m)^2}\right] \tag{6.225}$$

利用矢量积的运算，式 (6.225) 显然等价于式 (6.87)。

6.9    请证明海森堡绘景下波函数和算符的动力学方程 (6.102) 和方程 (6.103)。
提示：方程 (6.102) 的证明比较简单，下面只详细证明方程 (6.103)。根据海森堡绘景和薛定谔绘景之间算符的关系：

$$\mathrm{i}\hbar\frac{\mathrm{d}}{\mathrm{d}t}\hat{Q}_\mathrm{H}(t) = \mathrm{i}\hbar\frac{\mathrm{d}}{\mathrm{d}t}\left[\hat{U}_\mathrm{S}^\dagger(t,t_0)\hat{Q}\hat{U}_\mathrm{S}(t,t_0)\right]$$
$$= \mathrm{i}\hbar\left[\frac{\mathrm{d}\hat{U}_\mathrm{S}^\dagger}{\mathrm{d}t}\hat{Q}\hat{U}_\mathrm{S} + \hat{U}_\mathrm{S}^\dagger\frac{\mathrm{d}\hat{Q}}{\mathrm{d}t}\hat{U}_\mathrm{S} + \hat{U}_\mathrm{S}^\dagger\hat{Q}\frac{\mathrm{d}\hat{U}_\mathrm{S}}{\mathrm{d}t}\right]$$

利用 $\hat{U}_\mathrm{S}^\dagger\hat{U}_\mathrm{S} = \hat{U}_\mathrm{S}\hat{U}_\mathrm{S}^\dagger = 1$ 和式 (6.91) 有

$$\frac{\mathrm{d}\hat{U}_\mathrm{S}^\dagger}{\mathrm{d}t}\hat{U}_\mathrm{S} = -\hat{U}_\mathrm{S}^\dagger\frac{\mathrm{d}\hat{U}_\mathrm{S}}{\mathrm{d}t},\quad \mathrm{i}\hbar\frac{\mathrm{d}\hat{U}_\mathrm{S}}{\mathrm{d}t} = \hat{H}_\mathrm{S}\hat{U}_\mathrm{S}$$

代入上面的等式得到：

$$\mathrm{i}\hbar\frac{\mathrm{d}}{\mathrm{d}t}\hat{Q}_\mathrm{H}(t) = \mathrm{i}\hbar\frac{\mathrm{d}\hat{U}_\mathrm{S}^\dagger}{\mathrm{d}t}\hat{U}_\mathrm{S}\left(\hat{U}_\mathrm{S}^\dagger\hat{Q}\hat{U}_\mathrm{S}\right) + \mathrm{i}\hbar\hat{U}_\mathrm{S}^\dagger\frac{\mathrm{d}\hat{Q}}{\mathrm{d}t}\hat{U}_\mathrm{S} + \hat{U}_\mathrm{S}^\dagger\hat{Q}\left(\mathrm{i}\hbar\frac{\mathrm{d}\hat{U}_\mathrm{S}}{\mathrm{d}t}\right)$$
$$= -\mathrm{i}\hbar\hat{U}_\mathrm{S}^\dagger\frac{\mathrm{d}\hat{U}_\mathrm{S}}{\mathrm{d}t}\hat{Q}_\mathrm{H} + \hat{U}_\mathrm{S}^\dagger\hat{Q}\hat{H}_\mathrm{S}\hat{U}_\mathrm{S} + \mathrm{i}\hbar\hat{U}_\mathrm{S}^\dagger\frac{\mathrm{d}\hat{Q}}{\mathrm{d}t}\hat{U}_\mathrm{S}$$
$$= -\left(\hat{U}_\mathrm{S}^\dagger\hat{H}_\mathrm{S}\hat{U}_\mathrm{S}\right)\hat{Q}_\mathrm{H} + \left(\hat{U}_\mathrm{S}^\dagger\hat{Q}\hat{U}_\mathrm{S}\right)\left(\hat{U}_\mathrm{S}^\dagger\hat{H}_\mathrm{S}\hat{U}_\mathrm{S}\right) + \mathrm{i}\hbar\hat{U}_\mathrm{S}^\dagger\frac{\mathrm{d}\hat{Q}}{\mathrm{d}t}\hat{U}_\mathrm{S}$$
$$= -\hat{H}_\mathrm{H}\hat{Q}_\mathrm{H} + \hat{Q}_\mathrm{H}\hat{H}_\mathrm{H} + \mathrm{i}\hbar\hat{U}_\mathrm{S}^\dagger\frac{\mathrm{d}\hat{Q}}{\mathrm{d}t}\hat{U}_\mathrm{S}$$
$$= \left[\hat{Q}_\mathrm{H},\hat{H}_\mathrm{H}\right] + \mathrm{i}\hbar\hat{U}_\mathrm{S}^\dagger\frac{\partial\hat{Q}}{\partial t}\hat{U}_\mathrm{S}$$

最后为了区分海森堡绘景和薛定谔绘景下对算符 $\hat{Q}$ 时间微商运算的不同含义，将薛定谔绘景下的时间导数写成了偏微分形式。

6.10    请证明狄拉克绘景中的波函数和算符动力学方程 (6.109) 和方程 (6.110)。
提示：根据海森堡绘景和薛定谔绘景之间波函数的关系有

$$\mathrm{i}\hbar\frac{\mathrm{d}}{\mathrm{d}t}|\Psi_\mathrm{I}(t)\rangle = \mathrm{i}\hbar\frac{\mathrm{d}}{\mathrm{d}t}\left[\hat{U}_{0,\mathrm{S}}^\dagger(t)|\Psi_\mathrm{S}(t)\rangle\right]$$

$$= \mathrm{i}\hbar \frac{\mathrm{d}\hat{U}_{0,\mathrm{S}}^{\dagger}(t)}{\mathrm{d}t} |\Psi_{\mathrm{S}}(t)\rangle + \hat{U}_{0,\mathrm{S}}^{\dagger}(t)\left(\mathrm{i}\hbar \frac{\mathrm{d}}{\mathrm{d}t}|\Psi_{\mathrm{S}}(t)\rangle\right)$$

$$= \mathrm{i}\hbar \frac{\mathrm{d}\hat{U}_{0,\mathrm{S}}^{\dagger}(t)}{\mathrm{d}t} |\Psi_{\mathrm{S}}(t)\rangle + \hat{U}_{0,\mathrm{S}}^{\dagger}(t)\hat{H}_{\mathrm{S}}(t)|\Psi_{\mathrm{S}}(t)\rangle$$

$$= -\mathrm{i}\hbar\hat{U}_{0,\mathrm{S}}^{\dagger}\frac{\mathrm{d}\hat{U}_{0,\mathrm{S}}}{\mathrm{d}t}\hat{U}_{0,\mathrm{S}}^{\dagger}|\Psi_{\mathrm{S}}(t)\rangle + \hat{U}_{0,\mathrm{S}}^{\dagger}(t)\hat{H}_{\mathrm{S}}(t)|\Psi_{\mathrm{S}}(t)\rangle$$

$$= \hat{U}_{0,\mathrm{S}}^{\dagger}\hat{H}_{\mathrm{S}}(t)\hat{U}_{0,\mathrm{S}}\hat{U}_{0,\mathrm{S}}^{\dagger}|\Psi_{\mathrm{S}}(t)\rangle - \mathrm{i}\hbar\hat{U}_{0,\mathrm{S}}^{\dagger}(t)\frac{\mathrm{d}\hat{U}_{0,\mathrm{S}}}{\mathrm{d}t}|\Psi_{\mathrm{I}}(t)\rangle$$

$$= \left[\hat{U}_{0,\mathrm{S}}^{\dagger}(t)\hat{H}_{\mathrm{S}}(t)\hat{U}_{0,\mathrm{S}}(t) - \mathrm{i}\hbar\hat{U}_{0,\mathrm{S}}^{\dagger}(t)\frac{\mathrm{d}\hat{U}_{0,\mathrm{S}}(t)}{\mathrm{d}t}\right]|\Psi_{\mathrm{I}}(t)\rangle$$

显然上面的式子不能再进一步计算, 因为 $\hat{U}_{0,\mathrm{S}}(t)$ 的具体形式不知道。但是当自由哈密顿量 $\hat{H}_{0,\mathrm{S}}$ 不显含时有

$$\hat{U}_{0,\mathrm{S}}(t) = \mathrm{e}^{-\mathrm{i}\hat{H}_{0,\mathrm{S}}t/\hbar} = \mathrm{e}^{\frac{\hat{H}_{0,\mathrm{S}}t}{\mathrm{i}\hbar}} \Rightarrow \frac{\mathrm{d}\hat{U}_{0,\mathrm{S}}(t)}{\mathrm{d}t} = \frac{\hat{H}_{0,\mathrm{S}}}{\mathrm{i}\hbar}\hat{U}_{0,\mathrm{S}}(t)$$

代入前面的等式立刻得到:

$$\mathrm{i}\hbar\frac{\mathrm{d}}{\mathrm{d}t}|\Psi_{\mathrm{I}}(t)\rangle = \hat{U}_{0,\mathrm{S}}^{\dagger}(t)\left[\hat{H}_{\mathrm{S}}(t) - \hat{H}_{0,\mathrm{S}}\right]\hat{U}_{0,\mathrm{S}}(t)|\Psi_{\mathrm{I}}(t)\rangle = \hat{V}_{\mathrm{I}}(t)|\Psi_{\mathrm{I}}(t)\rangle$$

同理, 对于相互作用绘景下的算符 $\hat{Q}_{\mathrm{I}}(t)$, 演化方程为

$$\mathrm{i}\hbar\frac{\mathrm{d}}{\mathrm{d}t}\hat{Q}_{\mathrm{I}}(t) = \mathrm{i}\hbar\frac{\mathrm{d}}{\mathrm{d}t}\left(\hat{U}_{0,\mathrm{S}}^{\dagger}\hat{Q}\hat{U}_{0,\mathrm{S}}\right) = \left[\hat{Q}_{\mathrm{I}}, \hat{H}_{\mathrm{I}}\right] + \mathrm{i}\hbar\hat{U}_{0,\mathrm{S}}^{\dagger}\frac{\partial\hat{Q}}{\partial t}\hat{U}_{0,\mathrm{S}}$$

6.11　请证明式 (6.115)。提示: 定义含参数的算符函数为

$$\hat{F}(s) = \mathrm{e}^{s\hat{B}}\hat{A}\mathrm{e}^{-s\hat{B}}$$

那么对 $s$ 求各阶导数, 就有

$$\hat{F}'(s) \equiv \frac{\mathrm{d}}{\mathrm{d}s}\hat{F}(s) = \mathrm{e}^{s\hat{B}}\hat{B}\hat{A}\mathrm{e}^{-s\hat{B}} - \mathrm{e}^{s\hat{B}}\hat{A}\hat{B}\mathrm{e}^{-s\hat{B}} = \mathrm{e}^{s\hat{B}}\left[\hat{B},\hat{A}\right]\mathrm{e}^{-s\hat{B}}$$

$$\hat{F}''(s) = \mathrm{e}^{s\hat{B}}\hat{B}\left[\hat{B},\hat{A}\right]\mathrm{e}^{-s\hat{B}} - \mathrm{e}^{s\hat{B}}\left[\hat{B},\hat{A}\right]\hat{B}\mathrm{e}^{-s\hat{B}} = \mathrm{e}^{s\hat{B}}\left[\hat{B},\left[\hat{B},\hat{A}\right]\right]\mathrm{e}^{-s\hat{B}}$$

$$\hat{F}'''(s) = \mathrm{e}^{s\hat{B}}\left[\hat{B},\left[\hat{B},\left[\hat{B},\hat{A}\right]\right]\right]\mathrm{e}^{-s\hat{B}}$$

$$\vdots$$

根据算符函数的泰勒展开：

$$\hat{F}(s) = \hat{F}(0) + s\hat{F}'(s) + \frac{1}{2!}s^2\hat{F}''(s) + \frac{1}{3!}s^3\hat{F}'''(s) + \cdots$$

代入各阶导数和 $s = \mathrm{i}t/\hbar$ 即可得到结果。

6.12  请证明式 (6.125)。提示：根据投影算子定义 $\hat{P}_n(t) \equiv |n(t)\rangle\langle n(t)|$，对其求时间的一阶导数可得

$$\dot{\hat{P}}_n(t) = |\dot{n}(t)\rangle\langle n(t)| + |n(t)\rangle\langle\dot{n}(t)|$$

然后右乘 $\hat{P}_n(t)$ 可得

$$\begin{aligned}
\dot{\hat{P}}_n(t)\hat{P}_n(t) &= |\dot{n}(t)\rangle\langle n(t)| + \langle\dot{n}(t)|n(t)\rangle|n(t)\rangle\langle n(t)| \\
&= |\dot{n}(t)\rangle\langle n(t)| - \langle n(t)|\dot{n}(t)\rangle|n(t)\rangle\langle n(t)|
\end{aligned}$$

其中，利用归一化条件 $\langle n(t)|n(t)\rangle = 1$ 得到 $\langle\dot{n}(t)|n(t)\rangle = -\langle n(t)|\dot{n}(t)\rangle$。结合式 (6.121) 或者式 (6.122)，就得到：

$$\hat{H}_{\mathrm{cd}}(t) = \mathrm{i}\hbar\sum_n \dot{\hat{P}}_n(t)\hat{P}_n(t)$$

然后利用完备性条件 $\sum_n \hat{P}_n^2(t) = \sum_n \hat{P}_n(t) = 1$ 可得

$$\sum_n \dot{\hat{P}}_n(t)\hat{P}_n(t) = -\sum_n \hat{P}_n(t)\dot{\hat{P}}_n(t)$$

这样就有

$$\begin{aligned}
\mathrm{i}\hbar\sum_n\left[\dot{\hat{P}}_n(t), \hat{P}_n(t)\right] &= \mathrm{i}\hbar\sum_n \dot{\hat{P}}_n(t)\hat{P}_n(t) - \mathrm{i}\hbar\sum_n \hat{P}_n(t)\dot{\hat{P}}_n(t) \\
&= 2\mathrm{i}\hbar\sum_n \dot{\hat{P}}_n(t)\hat{P}_n(t) = 2\hat{H}_{\mathrm{cd}}(t)
\end{aligned}$$

6.13  对于不同绘景中的含时基矢，都可以通过含时变换 $\hat{S}(t)$ 相互联系，请给出演化基 $\{|\Psi_\alpha(t)\rangle\}$ 和辅助基 $\{|\mu_k\rangle\}$ 之间的变换关系。提示：在某个封闭的希尔伯特空间中，演化基可以用辅助基展开为

$$|\Psi_\alpha(t)\rangle = \sum_l |\mu_l(t)\rangle C_{l\alpha}(t), \quad |\Psi_\alpha(0)\rangle = |\mu_l(0)\rangle$$

将上面的演化基代入薛定谔方程 $i\hbar\dfrac{\partial}{\partial t}|\Psi_\alpha(t)\rangle = \hat{H}(t)|\Psi_\alpha(t)\rangle$，即可得到：

$$\dot{C}_{k\alpha}(t) = \mathrm{i}\sum_l\left[\mathcal{A}_{kl}(t) - \frac{1}{\hbar}\mathcal{H}_{kl}(t)\right]C_{l\alpha}(t) \equiv \mathrm{i}\sum_l \mathcal{K}_{kl}(t)C_{l\alpha}(t) \qquad (6.226)$$

其中，辅助基下的矩阵元定义为

$$\mathcal{H}_{kl}(t) = \langle\mu_k(t)|\hat{H}(t)|\mu_l(t)\rangle, \quad \mathcal{A}_{kl}(t) = \mathrm{i}\langle\mu_k(t)|\frac{\partial}{\partial t}|\mu_l(t)\rangle$$

方程 (6.226) 写成矩阵形式为

$$\frac{\mathrm{d}}{\mathrm{d}t}\boldsymbol{C} = \mathrm{i}\mathcal{K}\boldsymbol{C} \Rightarrow \boldsymbol{C}(t) = \boldsymbol{C}(0)\hat{\mathbb{T}}\mathrm{e}^{\mathrm{i}\int_0^t \mathcal{K}(\tau)\mathrm{d}\tau} = \hat{\mathbb{T}}\mathrm{e}^{\mathrm{i}\int_0^t \mathcal{K}(\tau)\mathrm{d}\tau}$$

显然如果求解以上矩阵方程，就可以得到两个基矢之间变换的矩阵元 $C_{kl}(t)$。结合辅助基和裸态基的关系式 (6.154)，可以发现此处定义的矩阵 $\mathcal{H}$、$\mathcal{A}$ 和式 (6.152) 中在裸态基上定义的矩阵 $\mathcal{H}$、$\mathcal{A}$ 彼此等价。

6.14　请证明周期系统演化算子的分解形式 (6.166) 和式 (6.167)。提示：根据演化算子的积分式 (6.93) 有

$$\hat{U}(t_0 + n\tau, t_0) = \hat{\mathbb{T}}\left[\exp\left(-\frac{\mathrm{i}}{\hbar}\int_{t_0}^{t_0+n\tau}\hat{H}(t')\mathrm{d}t'\right)\right]$$

$$= \hat{\mathbb{T}}\left[\exp\left(-\frac{\mathrm{i}}{\hbar}\int_{t_0}^{t_0+\tau}\hat{H}(t')\mathrm{d}t' - \frac{\mathrm{i}}{\hbar}\int_{t_0+\tau}^{t_0+2\tau}\hat{H}(t')\mathrm{d}t'\cdots - \frac{\mathrm{i}}{\hbar}\int_{t_0+(n-1)\tau}^{t_0+n\tau}\hat{H}(t')\mathrm{d}t'\right)\right]$$

$$= \hat{\mathbb{T}}\left[\exp\left(-\frac{\mathrm{i}}{\hbar}\sum_{k=1}^{n}\int_{t_0+(k-1)\tau}^{t_0+k\tau}\hat{H}(t')\mathrm{d}t'\right)\right]$$

利用哈密顿量的周期性 $\hat{H}(t+\tau) = \hat{H}(t)$，这样对于任意一个周期内的积分，其积分的结果总是相等的，即

$$\int_{t_0+(k-1)\tau}^{t_0+k\tau}\hat{H}(t')\mathrm{d}t' = \int_{t_0}^{t_0+\tau}\hat{H}(t')\mathrm{d}t', \quad k = 1, 2, \cdots, n$$

那么这些积分都是对易的，这样就有

$$\hat{U}(t_0 + n\tau, t_0) = \hat{\mathbb{T}}\left[\prod_{k=1}^{n}\exp\left(-\frac{\mathrm{i}}{\hbar}\int_{t_0}^{t_0+\tau}\hat{H}(t')\mathrm{d}t'\right)\right]$$

$$= \prod_{k=1}^{n} \hat{\mathbb{T}} \left[ \exp\left( -\frac{i}{\hbar} \int_{t_0}^{t_0+\tau} \hat{H}(t') dt' \right) \right]$$

$$= \left[ \hat{U}(t_0+\tau, t_0) \right]^n \equiv \hat{U}^n(t_0+\tau, t_0)$$

此即为式 (6.166)。对于式 (6.167)，首先可以证明：

$$\hat{U}(t+\tau, \tau) = \hat{\mathbb{T}} \left[ \exp\left( -\frac{i}{\hbar} \int_{\tau}^{t+\tau} \hat{H}(t') dt' \right) \right]$$

$$= \hat{\mathbb{T}} \left[ \exp\left( -\frac{i}{\hbar} \int_{0}^{t} \hat{H}(t') dt' \right) \right] = \hat{U}(t, 0)$$

其中，利用了哈密顿量的周期性 $\hat{H}(t-\tau) = \hat{H}(t)$。为了方便取 $t_0 = 0$，则有

$$\hat{U}(t+\tau) \equiv \hat{U}(t+\tau, 0) = \hat{U}(t+\tau, \tau)\hat{U}(\tau, 0) = \hat{U}(t, 0)\hat{U}(\tau, 0) \equiv \hat{U}(t)\hat{U}(\tau)$$

如果考虑初始时刻 $t_0 \neq 0$，那么有

$$\hat{U}(t+\tau, t_0) = \hat{U}(t, t_0)\hat{U}(t_0+\tau, t_0)$$

反复利用上式迭代计算可以得到：

$$\hat{U}(t+n\tau, t_0) = \hat{U}(t, t_0)\hat{U}^n(t_0+\tau, t_0)$$

6.15    请证明周期性演化算子 $\hat{U}_F(t, t_0)$ 的表达式 (6.176)，并证明其周期性和其由式 (6.173) 得到的波函数 $|u_j(t)\rangle$ 的周期性。提示：根据周期系统波函数的解假设式 (6.174) 可以得到：

$$|\Psi_j(t)\rangle = \hat{U}(t, t_0)|\Psi_j(t_0)\rangle = \hat{U}(t, t_0)|u_j(t_0)\rangle = e^{-i\varepsilon_j(t-t_0)/\hbar}|u_j(t)\rangle$$

将第三个等号右边代入 $\hat{U}_F(t, t_0)$ 算子定义的函数式 (6.173) 中得到：

$$\hat{U}(t, t_0)|u_j(t_0)\rangle = e^{-i\varepsilon_j(t-t_0)/\hbar}\hat{U}_F(t, t_0)|u_j(t_0)\rangle$$

$$= \hat{U}_F(t, t_0) e^{-i\varepsilon_j(t-t_0)/\hbar}|u_j(t_0)\rangle$$

$$= \hat{U}_F(t, t_0) e^{-i\hat{H}_F^{t_0}(t-t_0)/\hbar}|u_j(t_0)\rangle$$

所以得到：

$$\hat{U}(t, t_0) = \hat{U}_F(t, t_0) e^{-i\hat{H}_F^{t_0}(t-t_0)/\hbar}, \quad \hat{U}_F(t, t_0) = \hat{U}(t, t_0) e^{i\hat{H}_F^{t_0}(t-t_0)/\hbar}$$

利用上面的算符表达式有

$$
\begin{aligned}
\hat{U}_{\mathrm{F}}(t+\tau,t_0) &= \hat{U}(t+\tau,t_0)\,\mathrm{e}^{\mathrm{i}\hat{H}_{\mathrm{F}}^{t_0}(t+\tau-t_0)/\hbar} \\
&= \hat{U}(t,t_0)\hat{U}(t_0+\tau,t_0)\,\mathrm{e}^{\mathrm{i}\hat{H}_{\mathrm{F}}^{t_0}(t+\tau-t_0)/\hbar} \\
&= \hat{U}(t,t_0)\,\mathrm{e}^{-\mathrm{i}\hat{H}_{\mathrm{F}}^{t_0}\tau/\hbar}\mathrm{e}^{\mathrm{i}\hat{H}_{\mathrm{F}}^{t_0}(t+\tau-t_0)/\hbar} = \hat{U}_{\mathrm{F}}(t,t_0)
\end{aligned}
$$

以上的推导中利用了式 (6.167) 和式 (6.169)。根据上面证明的 $\hat{U}_{\mathrm{F}}(t,t_0)$ 的周期性和式 (6.173) 自然有 $|u_j(t+\tau)\rangle = |u_j(t)\rangle$。

　　6.16　请利用含时**幺正变换** $|\psi(t)\rangle = \hat{S}(t)|\Psi(t)\rangle$ 一般性地证明演化算子的形式 (6.177)。提示：薛定谔方程 (6.157) 经过幺正变换后的方程为

$$
\mathrm{i}\hbar\frac{\partial}{\partial t}|\psi(t)\rangle = \left[\hat{S}(t)\hat{H}(t)\hat{S}^{\dagger}(t) - \mathrm{i}\hbar\hat{S}(t)\frac{\partial\hat{S}^{\dagger}(t)}{\partial t}\right]|\psi(t)\rangle \equiv \hat{H}_S|\psi(t)\rangle
$$

其中，经过幺正变换的哈密顿量 $\hat{H}_S$ 保持其厄米性并**不显含时间** $t$ (当然可以依赖于初始时刻 $t_0$)。这样可以选择 $\hat{H}_S$ 的本征态作为一个合适的对角基矢：

$$
\hat{H}_S|\psi_j(t)\rangle = \varepsilon_j|\psi_j(t)\rangle
$$

此时本征值 $\varepsilon_j$ 为实常数。这样本征态 $|\psi_j(t)\rangle$ 的演化算子就可以写为

$$
|\psi_j(t)\rangle = \hat{U}_S(t,t_0)|\psi_j(t_0)\rangle = \mathrm{e}^{-\mathrm{i}\hat{H}_S(t-t_0)/\hbar}|\psi_j(t_0)\rangle = \mathrm{e}^{-\mathrm{i}\varepsilon_j(t-t_0)/\hbar}|\psi_j(t_0)\rangle
$$

根据逆变换，上面的方程可以写为

$$
\hat{S}(t)|\Psi_j(t)\rangle = \hat{U}_S(t,t_0)\hat{S}(t_0)|\Psi_j(t_0)\rangle
$$

这样原始薛定谔方程解的时间演化算子方程就可以写为

$$
|\Psi_j(t)\rangle = \hat{U}(t,t_0)|\Psi_j(t_0)\rangle = \hat{S}^{\dagger}(t)\hat{U}_S(t,t_0)\hat{S}(t_0)|\Psi_j(t_0)\rangle
$$

那么任意时段的演化算子为

$$
\hat{U}(t,t_0) = \hat{S}^{\dagger}(t)\hat{U}_S(t,t_0)\hat{S}(t_0) = \hat{S}^{\dagger}(t)\mathrm{e}^{-\mathrm{i}\hat{H}_S(t-t_0)/\hbar}\hat{S}(t_0)
$$

如果令幺正算子 $\hat{S}(t)$ 为双时算子 $\hat{S}(t) \to \hat{U}_{\mathrm{F}}^{\dagger}(t,t_0)$，即可得到式 (6.177)。

　　6.17　已知受外场驱动的二能级系统的哈密顿量为

$$
H(t) = \hbar\begin{bmatrix} \omega_0/2 & 1+\lambda\cos(\nu t+\theta) \\ 1+\lambda\cos(\nu t+\theta) & -\omega_0/2 \end{bmatrix}
$$

请利用 Floquet 理论来求解该系统的准静态能级。提示：根据 Floquet 理论，周期函数 $\hat{H}(t)$ 解的 Floquet 模式 $|\psi_\alpha(t)\rangle$ 满足如下的动力学方程：

$$\left(\mathscr{E}_\alpha + \mathrm{i}\hbar\frac{\partial}{\partial t}\right)|\psi_\alpha(t)\rangle = \hat{H}(t)|\psi_\alpha(t)\rangle \tag{6.227}$$

将周期函数 $\hat{H}(t)$ 和 $|\psi_\alpha(t)\rangle$ 分别用傅里叶展开后代入式 (6.227) 得

$$\sum_n [(\mathscr{E}_\alpha + n\hbar\omega_\tau)|\alpha,n\rangle]\,\mathrm{e}^{-\mathrm{i}n\omega_\tau t} = \sum_m H^{(m)}\sum_n \mathrm{e}^{-\mathrm{i}(n+m)\omega_\tau t}|\alpha,n\rangle$$

调整和平移等式中的求和指标，等式两边相同频率成分前面的系数相等，则有

$$\mathscr{E}_{\alpha n}|\alpha,n\rangle = \sum_m H^{(m)}|\alpha,n-m\rangle \tag{6.228}$$

其中，准静态能量 $\mathscr{E}_{\alpha n} \equiv \mathscr{E}_\alpha + n\hbar\omega_\tau$。显然式 (6.228) 等价于：

$$\mathscr{E}_{\alpha n}|\alpha,n\rangle = \sum_m H^{(n-m)}|\alpha,m\rangle \tag{6.229}$$

其中，哈密顿量的矩阵系数 $H^{(n-m)} = \dfrac{1}{\tau}\displaystyle\int_0^\tau \mathrm{e}^{\mathrm{i}(n-m)\omega_\tau t}\hat{H}(t)\,\mathrm{d}t$。

根据式 (6.228) 或式 (6.229)，将其在表象 $|\alpha,n\rangle$ 下写为矩阵形式：

$$H_\mathrm{F}|\varphi_\alpha\rangle = \mathscr{E}_\alpha|\varphi_\alpha\rangle$$

其中，矩阵 $H_\mathrm{F}$ 和波矢 $|\varphi_\alpha\rangle$ 分别为

$$H_\mathrm{F} = \begin{bmatrix} \ddots & & \ddots & & \ddots & \\ \ddots & H^{(0)}+\hbar\omega_\tau & H^{(-1)} & H^{(-2)} & & \\ \ddots & H^{(1)} & H^{(0)} & H^{(-1)} & \ddots & \\ & H^{(2)} & H^{(1)} & H^{(0)}-\hbar\omega_\tau & \ddots & \\ & & \ddots & & \ddots & \ddots \end{bmatrix}, quad\ |\varphi_\alpha\rangle = \begin{bmatrix} \vdots \\ |\alpha,-1\rangle \\ |\alpha,0\rangle \\ |\alpha,1\rangle \\ \vdots \end{bmatrix}$$

上面的矩阵方程表明，系统的 Floquet 准能级 $\mathscr{E}_\alpha$ 可以通过对角化矩阵 $H_\mathrm{F}$ 获得，步骤如下：① 将体系哈密顿矩阵 $H(t)$ 进行傅里叶变换，由式 (6.180) 得到 $\hat{H}(t)$ 不同阶的傅里叶变换矩阵 $H^{(n)}$；② 构造 $H_\mathrm{F}$ 的矩阵形式；③ 在截断矢

量空间 $\{|\alpha, -N\rangle, \cdots, |\alpha, N\rangle\}$ 上求 $H_{\mathrm{F}}$ 的本征值 $\mathscr{E}_\alpha(\omega_0, \nu, \lambda, \theta)$。如果将系统多个能带一起考虑，则 Floquet 矩阵 $H_{\mathrm{F}}$ 的矩阵元可写为

$$\langle \alpha, n | \hat{H}_{\mathrm{F}} | \beta, m \rangle = H_{\alpha\beta}^{(n-m)} + n\hbar\omega_\tau \delta_{\alpha\beta} \delta_{nm}$$

其中，$\alpha$ 和 $\beta$ 为不同能带指标。对于二能级系统而言，$\alpha$ 和 $\beta$ 分别代表二能级系统的上能级和下能级。

6.18　请证明演化算子解耦合形式 (6.191) 所决定的系统的参数动力学方程 (6.192) 和解耦合形式 (6.194) 所决定的系统的参数动力学方程 (6.195)。

提示：将式 (6.191) 代入演化算子方程 (6.91) 得

$$\mathrm{i}\hbar\frac{\partial}{\partial t}\left[\mathrm{e}^{-\mathrm{i}g_1(t)\hat{L}_1}\mathrm{e}^{-\mathrm{i}g_2(t)\hat{L}_2}\mathrm{e}^{-\mathrm{i}g_3(t)\hat{L}_3}\right] = \hat{H}(t)\left[\mathrm{e}^{-\mathrm{i}g_1(t)\hat{L}_1}\mathrm{e}^{-\mathrm{i}g_2(t)\hat{L}_2}\mathrm{e}^{-\mathrm{i}g_3(t)\hat{L}_3}\right]$$

然后等式两边同乘以 $\hat{U}^{-1}(t)$ 得到：

$$\hbar\dot{g}_1\mathrm{e}^{\mathrm{i}g_3\hat{L}_3}\left(\mathrm{e}^{\mathrm{i}g_2\hat{L}_2}\hat{L}_1\mathrm{e}^{-\mathrm{i}g_2\hat{L}_2}\right)\mathrm{e}^{-\mathrm{i}g_3\hat{L}_3} + \hbar\dot{g}_2\left(\mathrm{e}^{\mathrm{i}g_3\hat{L}_3}\hat{L}_2\mathrm{e}^{-\mathrm{i}g_3\hat{L}_3}\right) + \hbar\dot{g}_3\hat{L}_3$$

$$= a_1\mathrm{e}^{\mathrm{i}g_3\hat{L}_3}\left(\mathrm{e}^{\mathrm{i}g_2\hat{L}_2}\hat{L}_1\mathrm{e}^{-\mathrm{i}g_2\hat{L}_2}\right)\mathrm{e}^{-\mathrm{i}g_3\hat{L}_3}$$

$$+ a_2\mathrm{e}^{\mathrm{i}g_3\hat{L}_3}\mathrm{e}^{\mathrm{i}g_2\hat{L}_2}\left(\mathrm{e}^{\mathrm{i}g_1\hat{L}_1}\hat{L}_2\mathrm{e}^{-\mathrm{i}g_1\hat{L}_1}\right)\mathrm{e}^{-\mathrm{i}g_2\hat{L}_2}\mathrm{e}^{-\mathrm{i}g_3\hat{L}_3}$$

$$+ a_3\mathrm{e}^{\mathrm{i}g_3\hat{L}_3}\mathrm{e}^{\mathrm{i}g_2\hat{L}_2}\left(\mathrm{e}^{\mathrm{i}g_1\hat{L}_1}\hat{L}_3\mathrm{e}^{-\mathrm{i}g_1\hat{L}_1}\right)\mathrm{e}^{-\mathrm{i}g_2\hat{L}_2}\mathrm{e}^{-\mathrm{i}g_3\hat{L}_3}$$

其中，$\dot{g}_i \equiv \mathrm{d}g_i/\mathrm{d}t$。以上方程涉及如下几个变换公式：

$$\mathrm{e}^{\mathrm{i}g_2(t)\hat{L}_2}\hat{L}_1\mathrm{e}^{-\mathrm{i}g_2(t)\hat{L}_2} = \cos[g_2(t)]\hat{L}_1 + \sin[g_2(t)]\hat{L}_3$$

$$\mathrm{e}^{\mathrm{i}g_3(t)\hat{L}_3}\hat{L}_1\mathrm{e}^{-\mathrm{i}g_3(t)\hat{L}_3} = \cos[g_3(t)]\hat{L}_1 - \sin[g_3(t)]\hat{L}_2$$

$$\mathrm{e}^{\mathrm{i}g_1(t)\hat{L}_1}\hat{L}_2\mathrm{e}^{-\mathrm{i}g_1(t)\hat{L}_1} = \cos[g_1(t)]\hat{L}_2 - \sin[g_1(t)]\hat{L}_3$$

$$\mathrm{e}^{\mathrm{i}g_3(t)\hat{L}_3}\hat{L}_2\mathrm{e}^{-\mathrm{i}g_3(t)\hat{L}_3} = \cos[g_3(t)]\hat{L}_2 + \sin[g_3(t)]\hat{L}_1$$

$$\mathrm{e}^{\mathrm{i}g_1(t)\hat{L}_1}\hat{L}_3\mathrm{e}^{-\mathrm{i}g_1(t)\hat{L}_1} = \cos[g_1(t)]\hat{L}_3 + \sin[g_1(t)]\hat{L}_2$$

$$\mathrm{e}^{\mathrm{i}g_2(t)\hat{L}_2}\hat{L}_3\mathrm{e}^{-\mathrm{i}g_2(t)\hat{L}_2} = \cos[g_2(t)]\hat{L}_3 - \sin[g_2(t)]\hat{L}_1$$

以上变换利用了式 (3.73) 中 $\alpha = 1$，$\lambda = \mathrm{i}g_i(t)$ 和 $\cosh(\mathrm{i}x) = \cos(x)$，$\sinh(\mathrm{i}x) = \mathrm{i}\sin(x)$。将以上变换代入方程中，整理等式两边不同生成元的系数，从而得到参数的动力学方程 (6.192)。

同理，如果选取算子 $\{\hat{L}_\pm, \hat{L}_0\}$ 和解耦合形式 (6.194)，则需要如下的变换关系：

$$\mathrm{e}^{\mathrm{i}g_0\hat{L}_0}\hat{L}_+\mathrm{e}^{-\mathrm{i}g_0\hat{L}_0} = \mathrm{e}^{\mathrm{i}g_0}\hat{L}_+$$

$$e^{ig_0\hat{L}_0}\hat{L}_-e^{-ig_0\hat{L}_0} = e^{-ig_0}\hat{L}_-$$

$$e^{g_-\hat{L}_-}\hat{L}_0e^{-g_-\hat{L}_-} = \hat{L}_0 + g_-\hat{L}_-$$

$$e^{g_+\hat{L}_+}\hat{L}_0e^{-g_+\hat{L}_+} = \hat{L}_0 - g_+\hat{L}_+$$

$$e^{g_+\hat{L}_+}\hat{L}_-e^{-g_+\hat{L}_+} = \hat{L}_- + 2g_+\hat{L}_0 - g_+^2\hat{L}_+$$

$$e^{g_-\hat{L}_-}\hat{L}_+e^{-g_-\hat{L}_-} = \hat{L}_+ - 2g_-\hat{L}_0 - g_-^2\hat{L}_-$$

将新变换关系代入演化算子方程即可得到不同的参数动力学方程 (6.195)。

# 第 7 章　多体系统量子力学

前 6 章所讨论的内容基本上是基于单体系统的量子力学问题,本章将全面考察多体系统的量子力学,即由多个粒子构成的量子系统的薛定谔方程的求解问题。从多粒子体系的角度,本章将在全同粒子体系的基本理论和多体描述的框架下,沿着从简单到复杂的逻辑顺序,首先介绍少体多电子费米子体系的原子系统,其次逐步扩充到分子体系,最后介绍简单固体系统的基本理论。下面首先介绍量子力学全同粒子体系的基本理论和统计描述。

根据第 1 章绪论中讨论过的多体量子系统的高自由度困难,一般由大量粒子组成的宏观系统,其薛定谔方程实际上不可解。但对于由少数粒子组成的少体量子系统,在现有的计算资源下可以近似求解。近似求解是因为多体系统本身存在较强的多体非线性耦合,即便是经典的三体问题,理论上都无法严格给出系统长时间的演化轨道,所以即便采用统计手段对多体系统进行量子力学的描述,依然不能克服多体系统内在的多自由度困难,所以多体问题一直以来都是物理学上的不可解问题。但幸运的是有一类多体系统,它由性质完全相同而宏观不能区分的粒子组成,这样的粒子称为**全同粒子**,而这样的系统称为**全同粒子体系**。对于此类系统,可以发展一套非常有效的近似方法来确定系统的量子态。那么什么叫量子力学框架下的全同粒子呢?举个例子,如电子,任何物质的电子在量子力学的实验探测上都是不可区分的,在量子力学的能量范围下 (不考虑相对论高能情况) 能探测到的电子是带电量为 $-e$、质量为 $m_e$ 并具有某种统计性质的粒子。如果实验上测量到一个未知粒子具有和上述测量电子完全相同的属性,那只能认定其为一个电子,除非发现其新的不同属性。所以在量子力学理论框架下,全同粒子是指固有属性或内禀属性都相同的粒子,其在量子力学的描述下是不可区分的。所以区分全同粒子的重要依据就是粒子的内禀属性,而在量子力学统计描述的框架下 (宏观测量的意义下),除了粒子的质量和电荷这两个基本内禀属性之外,粒子还有一种重要的可以测量到的内在属性:**自旋**。粒子的自旋属性严重影响了粒子状态的统计性质,是量子力学框架下可以观测到的粒子的重要内禀属性。

# 7.1 粒子的自旋及其物理效应

## 7.1.1 粒子自旋的发现和描述

### 1. 斯特恩–盖拉赫实验

微观粒子自旋属性 (自旋自由度) 的发现，源于一个著名的实验：斯特恩–盖拉赫 (Stern-Gerlach) 实验。参照用 Mathematica 画出的实验装置示意图 7.1，图中最左边的柱形腔是一个热炉，热炉中被加热的银原子蒸汽通过一个孔喷出后再经过一个水平的狭缝准直，然后经过一个非均匀的磁场，最终打到后方竖直的屏幕上。实验结果发现银原子束分成了上下两部分。对该实验结果的理解和解释成了当时发现这一现象后物理界最为热门的问题之一。

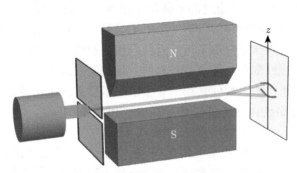

图 7.1    发现粒子自旋的斯特恩–盖拉赫实验装置示意图

下面来分析银原子束通过非均匀磁场分裂为两束的原因。首先银原子束分裂必然是受到磁场的作用力而发生偏转，而且银原子束里应该存在两种类型的原子，一种是受到磁场向上的力向上偏转，另一种则是受到向下的力向下偏转。在磁场中只有原子具有**磁矩**才会受到磁场作用而发生偏转。磁矩 $\boldsymbol{\mu}$ 在具有空间分布的磁场 $\boldsymbol{B}$ 中的相互作用力为

$$\boldsymbol{F} = -\nabla\left(-\boldsymbol{\mu}\cdot\boldsymbol{B}\right)$$

即磁矩受到磁力的大小为磁场能量在空间的负梯度。对于斯特恩–盖拉赫实验，具有磁矩的原子沿竖直 $z$ 方向的力为

$$F_z = \frac{\partial}{\partial z}\left(\boldsymbol{\mu}\cdot\boldsymbol{B}\right) = \mu_z\frac{\partial B_z}{\partial z} \tag{7.1}$$

式 (7.1) 表明只要磁场沿着竖直方向有梯度分布，那么就存在一个 $z$ 方向的力使具有磁矩 $\boldsymbol{\mu}$ 的原子 (沿竖直方向的投影为 $\mu_z$) 在竖直方向发生偏转。

那么现在的问题是银原子的磁矩 $\mu$ 到底来自哪里? 首先银原子核磁矩无法解释本实验的现象, 因为所有银原子的核磁矩宏观上都是一样的, 原子束不会因此宏观分裂为两条, 所以磁矩应该来源于核外电子。核外电子的磁矩首先应该来源于电子在核外绕核快速运动所产生的轨道电流激发的轨道磁矩。分析可知银原子的电子排布为 2 8 18 18 1, 其内层的 46 个电子是完全排满的, 电子云的总轨道磁矩应等于零, 所以产生原子束分裂的磁矩必然来源于最外层的第 47 个电子。问题是银原子外层的电子在整个实验中并没有被激发, 电子一直处于基态 (电子云是球形的), 其轨道角动量依然是零。但实验结果却是原子束发生了分裂, 所以这个存在的磁矩如果并非来源于电子的轨道自由度, 那么这个磁矩只能来源于电子其他自由度产生的磁矩, 而这个自由度只能是电子自身具有的内禀自由度, 通常称为电子的**自旋** (开始认为是电子自旋形成的磁矩)。后来其他的实验进一步证明, 电子的内禀自旋自由度所造成的磁矩并不是电子在实空间的自旋运动产生的, 而是电子具有宏观磁矩表现的纯本征属性, 该自旋自由度不存在经典对应, 是无法用经典的电荷运动产生磁矩的理论来计算和解释的, 它是电子的一个纯粹的量子属性。

当然表明电子具有自旋磁矩的实验不仅仅是斯特恩--盖拉赫实验, 光谱的精细结构 (如钠原子 3P 到 3S 跃迁的 D 黄线 ($\lambda \approx 589.3$nm) 其实是双线结构: $D_1$ 线和 $D_2$ 线)、反常的塞曼 (Zeeman) 效应 (例如, $D_1$ 线在弱磁场中分裂为 6 条, $D_2$ 线则分裂为 4 条) 和电子的顺磁共振谱等实验现象都必须借助于电子的自旋磁矩来解释。目前基于电子自旋的理论和应用已经很多, 如和电子自旋磁矩有关的巨磁阻效应、和自旋极化有关的自旋场效应晶体管, 由自旋所导致的电学和磁学效应发展形成了自旋电子学, 由自旋轨道耦合效应导致的自旋拓扑材料等都是目前重要的应用和研究方向。

2. 自旋角动量的描述

产生电子内禀磁矩的自由度称为**自旋**, 根据磁矩产生的物理意义, 轨道磁矩和电子自旋磁矩具有相同属性, 所以首先从经典的角度考察一下电子的**轨道磁矩**。根据经典轨道电流的图像, 电子的轨道电流 $I$ 所形成的磁矩大小定义为 $\mu_L = IA$, 其中 $I$ 是轨道电流, $A$ 是轨道电流环路围绕的面积, 磁矩方向满足右手螺旋法则。根据第 6 章得到的角动量和磁矩的关系 (见习题 6.3):

$$\boldsymbol{\mu}_L = -\frac{e}{2m}\boldsymbol{L}$$

其中, 电子轨道磁矩 $\boldsymbol{\mu}_L$ 的产生来源于电子的轨道角动量 $\boldsymbol{L}$, 比例系数正比于电子的荷质比。对于自旋磁矩 $\vec{\mu}_S$, 同样认为其来源于电子的自旋角动量 $\boldsymbol{S}$, 而比例系数则是轨道比例系数的 2 倍 (参照狄拉克的相对论电子理论):

$$\boldsymbol{\mu}_S = -\frac{e}{m}\boldsymbol{S}$$

自旋磁矩和轨道磁矩性质相同，唯一不同的是自旋磁矩不是由电子的运动产生，其并非来源于经典的电子自旋转动图像，而是电子的内禀属性造成的，其大小也是固定的，由电子的性质决定。实验上发现，自旋是所有微观粒子都具有的内禀自由度，对于不同的粒子其自旋的大小是不同的。

所以从量子角度来讲，为了对粒子自旋磁矩所对应的自旋角动量进行描述，引入一个自旋矢量算符 $\hat{\boldsymbol{S}}$，在直角坐标系中将其定义为

$$\hat{\boldsymbol{S}} = \hat{S}_x\boldsymbol{i} + \hat{S}_y\boldsymbol{j} + \hat{S}_z\boldsymbol{k}$$

其中，$\hat{S}_x$、$\hat{S}_y$、$\hat{S}_z$ 是自旋角动量算符在 $x$、$y$、$z$ 方向上的分量算符。由于自旋角动量算符性质和角动量算符一样，分量之间满足如下对易关系：

$$\left[\hat{S}_x, \hat{S}_y\right] = \mathrm{i}\hbar\hat{S}_z, \quad \left[\hat{S}_y, \quad \hat{S}_z\right] = \mathrm{i}\hbar\hat{S}_x, \quad \left[\hat{S}_z, \quad \hat{S}_x\right] = \mathrm{i}\hbar\hat{S}_y \qquad (7.2)$$

对于一般粒子的自旋及测量的本征值问题，和轨道角动量一样取自旋算符 $\hat{\boldsymbol{S}}^2$ 和 $\hat{S}_z$ 的共同本征态 $|s, m\rangle$，其本征方程为

$$\hat{\boldsymbol{S}}^2 |s, m_s\rangle = s(s+1)\hbar^2 |s, m_s\rangle$$
$$\hat{S}_z |s, m_s\rangle = m_s\hbar |s, m_s\rangle$$

其中，$s$ 为自旋量子数，表示自旋的大小；$m_s$ 为自旋的磁量子数，表示 $z$ 分量的大小。对于自旋量子数 $s$，可以取半整数：$s = \frac{1}{2}, 1, \frac{3}{2}, 2, \cdots$；对于固定大小的 $s$，其分量的取值：$m_s = -s, -s+1, \cdots, s-1, s$，共 $2s+1$ 个。同样可以定义自旋磁量子数的升降算符 $\hat{S}_\pm = \hat{S}_x \pm \mathrm{i}\hat{S}_y$，它满足式 (4.61)：

$$\hat{S}_\pm |s, m_s\rangle = \hbar\sqrt{s(s+1) - m_s(m_s \pm 1)}|s, m_s \pm 1\rangle \qquad (7.3)$$

因此，对于自旋量子数是 $s$ 的粒子，其自旋状态的本征态 $\chi(m_s) \equiv |s, m_s\rangle$ 有 $2s+1$ 个，以其为基矢所构成的希尔伯特空间的维度也就是 $2s+1$。那么在 $\{\hat{\boldsymbol{S}}^2, \hat{S}_z\}$ 的表象中任意自旋波函数 $|\chi(t)\rangle$ 都对应于具有 $2s+1$ 个分量的列向量，所以有时把自旋波函数 $|\chi(t)\rangle$ 称为 $2s+1$ 维**旋量** (spinor)。同理在该空间中，所有的自旋算符都对应于 $(2s+1) \times (2s+1)$ 的矩阵。

自旋作为粒子的内禀自由度，不同的粒子具有不同的固定自旋量子数 $s$，而构成物质的大部分重要费米子的自旋量子数 $s = 1/2$，如电子、质子、中子和夸克等基本粒子，所以它们都有两个自旋的状态：$|1/2, -1/2\rangle$ 和 $|1/2, 1/2\rangle$。大多数

玻色子，如光子其自旋量子数 $s=1$。其他的复合粒子，如 $\Delta$ 粒子的自旋量子数 $s=3/2$，重力子的自旋量子数 $s=2$ 等。后面将会看到自旋量子数不同的粒子将遵守不同的统计规律。由于自旋量子数 $s=1/2$ 粒子的重要性，下面将以自旋量子数 $s=1/2$ 的粒子为例，来讨论 $2\times1/2+1=2$ 维希尔伯特空间自旋算符 $\hat{S}$ 的矩阵形式 (泡利矩阵) 及其基本自旋动力学行为。最后根据与 $s=1/2$ 粒子同样的方法，简单讨论更高维自旋粒子的泡利矩阵 ($s=1$ 的三维情形见习题 7.3) 及其自旋态的动力学演化，这些算符矩阵和态演化都和二维情形相类似。

### 7.1.2　粒子自旋态的演化：量子比特的操控

现在以电子为例，来仔细考察自旋量子数 $s$ 为 $1/2$ 时粒子的自旋态、自旋算符及自旋的动力学演化问题。

#### 1. 自旋量子数为 $1/2$ 粒子的自旋本征表象

由于粒子的自旋量子数 $s=1/2$，所以该粒子的自旋角动量的本征态有两个，在不同场合，其本征态可以表示为如下的各种形式：

$$\left|\frac{1}{2},m_s\right\rangle=\begin{cases}\chi_+\equiv\left|\frac{1}{2},+\frac{1}{2}\right\rangle\equiv|\uparrow\rangle\equiv|0\rangle,\quad m_s=+\frac{1}{2}\\[2mm]\chi_-\equiv\left|\frac{1}{2},-\frac{1}{2}\right\rangle\equiv|\downarrow\rangle\equiv|1\rangle,\quad m_s=-\frac{1}{2}\end{cases}$$

上述的三种表示方式都可以用来表示自旋量子数 $s$ 为 $1/2$ 粒子的态。根据式 (7.1)，银原子磁矩在 $z$ 方向的投影决定于自旋角动量 $z$ 分量 $\hat{S}_z$ 的取值，而电子 $\hat{S}_z$ 只有两个取值 $+\hbar/2$ 和 $-\hbar/2$，这样斯特恩–盖拉赫实验中银原子在磁场梯度下自然会分为上下两束。显然这两个态组成一个二维自旋态希尔伯特空间的基矢 (裸态基)，粒子的任何一个自旋态 $\chi$ 都可以展开为该态的线性组合：

$$\chi=a\chi_++b\chi_-$$

其中，归一化要求为 $|a|^2+|b|^2=1$。显然对于这个二维的自旋空间表象，这些态分别可以对应于如下列向量：

$$\chi_+=|\uparrow\rangle=\begin{pmatrix}1\\0\end{pmatrix},\quad\chi_-=|\downarrow\rangle=\begin{pmatrix}0\\1\end{pmatrix}\Rightarrow\chi=\begin{pmatrix}a\\b\end{pmatrix}\tag{7.4}$$

根据归一化要求，对于自旋量子数 $s$ 为 $1/2$ 粒子的一般自旋态，可以令 $a=\cos(\theta/2)$，$b=\sin(\theta/2)e^{i\phi}$，即一般地自旋量子数 $s$ 为 $1/2$ 粒子的态可以表示为

$$\chi = \begin{bmatrix} a \\ b \end{bmatrix} = \begin{bmatrix} \cos\dfrac{\theta}{2} \\ \sin\dfrac{\theta}{2}\mathrm{e}^{\mathrm{i}\phi} \end{bmatrix} \longleftrightarrow (\theta, \phi) \tag{7.5}$$

显然上面自旋态的表示方式把态 $\chi$ 和单位球面上的坐标 $(\theta, \phi)$ 相互联系起来了，球面上的每一个点都对应于一个确定的自旋态，这个球被称为自旋态的**布洛赫球** (Bloch sphere)。如图 7.2(a) 所示，在布洛赫球上自旋上态 $|\uparrow\rangle$ 对应于 $(0,0)$ 即北极点，而下态 $|\downarrow\rangle$ 则对应 $(\pi, 0)$ 的南极点，其他的特殊态见图中的标注。特别地，还可以找到与参数态 (式 (7.5)) 垂直或正交的态 (形式并非唯一)：

$$\chi_\perp = \begin{bmatrix} -\sin\dfrac{\theta}{2}\mathrm{e}^{-\mathrm{i}\phi} \\ \cos\dfrac{\theta}{2} \end{bmatrix} \longleftrightarrow (\theta, \phi) \tag{7.6}$$

显然对布洛赫球面上的同一个点 $(\theta, \phi)$，态 $\chi_\perp$ 始终与态 $\chi$ 垂直：$\chi^\dagger \chi_\perp = \chi_\perp^\dagger \chi = 0$，其对应于切空间或对偶空间布洛赫球上的态 (如图 7.2(b) 所示)，这两个互相垂直的归一化的自旋态，自然也可以构成二维希尔伯特空间的一组基矢。

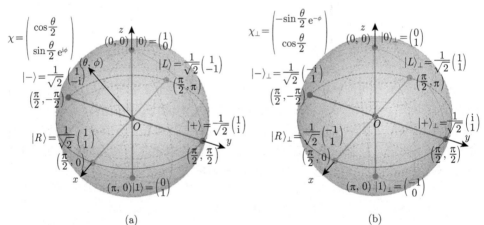

(a)                                                        (b)

图 7.2    自旋量子数为 1/2 粒子自旋态的布洛赫球及其所对应的特殊态

(a) 自旋态 $\chi$ 的布洛赫球及其所对应的态；(b) 自旋态 $\chi_\perp$ 的布洛赫球及其所对应的态。图中球表面上的六个实心点表示六个特殊的自旋态

根据第 3 章的算符理论，在二维自旋 $\{\hat{S}^2, \hat{S}_z\}$ 表象中，所有的自旋算符都对应于 $2\times 2$ 的矩阵。首先对于算符 $\hat{S}^2$ 和 $\hat{S}_z$，它们在自己的本征态表象中是对角矩阵：

$$\boldsymbol{S}^2 = \frac{3}{4}\hbar^2 \begin{pmatrix} 1 & 0 \\ 0 & 1 \end{pmatrix}, \quad S_z = \frac{\hbar}{2}\begin{pmatrix} 1 & 0 \\ 0 & -1 \end{pmatrix} \tag{7.7}$$

其对角元素就是算符的本征值。利用升降算符的运算法则式 (7.3)，可以得到如下的算符作用方程：

$$\hat{S}_+\chi_+ = 0, \quad \hat{S}_-\chi_+ = \hbar\chi_-, \quad \hat{S}_+\chi_- = \hbar\chi_+, \quad \hat{S}_-\chi_- = 0$$

利用上面的方程可以轻松得到：

$$S_+ = \hbar \begin{pmatrix} 0 & 1 \\ 0 & 0 \end{pmatrix}, \quad S_- = \hbar \begin{pmatrix} 0 & 0 \\ 1 & 0 \end{pmatrix}$$

继而利用 $\hat{S}_\pm = \hat{S}_x \pm \mathrm{i}\hat{S}_y$ 可以得到：

$$S_x = \frac{\hbar}{2} \begin{pmatrix} 0 & 1 \\ 1 & 0 \end{pmatrix}, \quad S_y = \frac{\hbar}{2} \begin{pmatrix} 0 & -\mathrm{i} \\ \mathrm{i} & 0 \end{pmatrix} \tag{7.8}$$

由于所有的自旋分量算符都有一个 $\hbar/2$ 的因子，所以泡利 (Pauli) 引入了 $\sigma$ 矩阵：$\hat{S} = \hbar\hat{\boldsymbol{\sigma}}/2$，得到著名的**泡利矩阵**：

$$\sigma_x = \begin{pmatrix} 0 & 1 \\ 1 & 0 \end{pmatrix}, \quad \sigma_y = \begin{pmatrix} 0 & -\mathrm{i} \\ \mathrm{i} & 0 \end{pmatrix}, \quad \sigma_z = \begin{pmatrix} 1 & 0 \\ 0 & -1 \end{pmatrix} \tag{7.9}$$

对于在自旋空间中的泡利矩阵，其特点是矩阵的迹都为零，而且可以非常容易地证明如下的泡利矩阵运算关系。首先是**互逆性**关系：

$$\hat{\sigma}_x^2 = \hat{\sigma}_y^2 = \hat{\sigma}_z^2 = 1$$

其次是满足对易关系：$[\hat{\sigma}_i, \hat{\sigma}_j] = 2\epsilon_{ijk}\hat{\sigma}_k$，其中 $\epsilon_{ijk}$ 为 Levi-Civita 符号 (见附录 G.1)。最后是满足**反对易关系** (anti-commutation relation) :$[\hat{A}, \hat{B}]_+ \equiv \hat{A}\hat{B} + \hat{B}\hat{A} = 0$(交换改变符号)，具体的反对易关系如下：

$$\hat{\sigma}_x\hat{\sigma}_y + \hat{\sigma}_y\hat{\sigma}_x = 0, \quad \hat{\sigma}_y\hat{\sigma}_z + \hat{\sigma}_z\hat{\sigma}_y = 0, \quad \hat{\sigma}_z\hat{\sigma}_x + \hat{\sigma}_x\hat{\sigma}_z = 0 \tag{7.10}$$

　2. 自旋量子数为 1/2 粒子的自旋动力学演化

　　对于自旋量子数为 1/2 粒子的自旋态 $\chi(t)$，可以通过电磁场对其进行操控，这样的系统由于存在两种本征的量子态 (二能级系统) 可以存储 0($|\uparrow\rangle$) 和 1($|\downarrow\rangle$) 两种状态，所以在量子信息中把它称为一个**量子比特** (qubit)。下面以电子自旋为例分析如何通过磁场来操控自旋量子比特的演化问题。假如对一个电子 $e$，加上一个磁场 $\boldsymbol{B}$，则其自旋磁矩会受到磁场的作用，哈密顿量算符为

$$\hat{H} = -\hat{\boldsymbol{\mu}}_S \cdot \boldsymbol{B} = -\gamma\hat{\boldsymbol{S}} \cdot \boldsymbol{B} = -\frac{\hbar\gamma}{2}\boldsymbol{B} \cdot \hat{\boldsymbol{\sigma}} \tag{7.11}$$

其中, $\gamma = -e/m$ 称为电子的**磁旋比**, 单位为 C/kg(库仑/千克) 或 Hz/T (赫兹/特斯拉)。自旋量子数为 1/2 粒子自旋态的演化决定于其薛定谔方程:

$$i\hbar \frac{\partial \chi(t)}{\partial t} = \hat{H} \chi(t) \tag{7.12}$$

其演化算子解在 $\hat{H}$ **不含时**的时候 (磁场的大小和方向都不改变) 可以写为

$$\chi(t) = e^{-i\hat{H}t/\hbar}\chi(0) = e^{\frac{i}{2}\hat{\boldsymbol{\sigma}}\cdot\boldsymbol{B}t}\chi(0)$$

如果先考虑非常简单的竖直方向 ($z$ 方向) 的**匀强磁场** $\boldsymbol{B} = B_0\boldsymbol{k}$, 那么在自旋表象下, 哈密顿量的矩阵形式为

$$\hat{H} = -\gamma\hat{\boldsymbol{S}}\cdot B_0\boldsymbol{k} = -\gamma B_0\hat{S}_z = -\frac{\hbar\gamma B_0}{2}\begin{pmatrix} 1 & 0 \\ 0 & -1 \end{pmatrix}$$

可见哈密顿量在这种情况下也是对角的, 也就是说态 $\chi_+(|\uparrow\rangle)$ 和 $\chi_-(|\downarrow\rangle)$ 是系统哈密顿量的本征态, 分别对应能量本征值 $E_+ = -\hbar\gamma B_0/2 = +\mu_B B_0$(高能量) 和 $E_- = +\hbar\gamma B_0/2 = -\mu_B B_0$(低能量)[1], 其中电子自旋磁矩的大小定义为 $\mu_B = |\hbar\gamma/2| = \hbar e/2m$, 称为**玻尔磁子** (Bohr magneton), 国际单位制中玻尔磁子 $\mu_B$ 的大小约为 $9.27400949(80)\times10^{-24}$J/T(焦耳/特斯拉)。所以在自旋表象下, 薛定谔方程 (7.12) 的矩阵形式为

$$i\hbar\begin{bmatrix} \dot{a}(t) \\ \dot{b}(t) \end{bmatrix} = -\frac{\hbar\gamma B_0}{2}\begin{bmatrix} 1 & 0 \\ 0 & -1 \end{bmatrix}\begin{bmatrix} a(t) \\ b(t) \end{bmatrix}$$

可以得到系统的自旋波函数解:

$$\chi(t) = \begin{bmatrix} a(0)e^{i\frac{\gamma B_0}{2}t} \\ b(0)e^{-i\frac{\gamma B_0}{2}t} \end{bmatrix} = \begin{bmatrix} \cos\frac{\alpha}{2}e^{i\frac{\gamma B_0}{2}t} \\ \sin\frac{\alpha}{2}e^{i\phi_0}e^{-i\frac{\gamma B_0}{2}t} \end{bmatrix} \tag{7.13}$$

由于初始态是归一化的: $|a(0)|^2 + |b(0)|^2 = 1$, 所以自然引入初始态 $\chi(0)$ 的布洛赫表示式 (7.5): $a(0) = \cos\frac{\alpha}{2}, b(0) = \sin\frac{\alpha}{2}\exp(i\phi_0)$。

在沿着 $z$ 方向的均匀磁场中, 通过一定的装置可以测量电子自旋在 $x$、$y$、$z$ 方向的值, 大量的测量首先可以给出电子自旋角动量在这三个方向分量的平均值

---

[1] 磁矩沿磁场方向为低能态, 电子自旋角动量与磁矩相反, 所以电子自旋角动量沿磁场方向为高能态。

随时间的演化规律。理论上电子自旋角动量三个分量的平均值可以利用前面给出的自旋波函数 $\chi(t)$ 来计算，结果如下 (见习题 7.4)：

$$\begin{cases} S_x(t) \equiv \left\langle \hat{S}_x \right\rangle = \chi^\dagger(t)\,\hat{S}_x\chi(t) = \dfrac{\hbar}{2}\sin\alpha\cos(\omega_0 t - \phi_0) \\[2mm] S_y(t) \equiv \left\langle \hat{S}_y \right\rangle = \chi^\dagger(t)\,\hat{S}_y\chi(t) = -\dfrac{\hbar}{2}\sin\alpha\sin(\omega_0 t - \phi_0) \\[2mm] S_z(t) \equiv \left\langle \hat{S}_z \right\rangle = \chi^\dagger(t)\,\hat{S}_z\chi(t) = \dfrac{\hbar}{2}\cos\alpha \end{cases} \tag{7.14}$$

其中，频率 $\omega_0 = \gamma B_0 = eB_0/m$ 表示电子自旋沿磁场方向进动的频率，称为电子自旋进动的**拉莫尔** (Larmor) **频率**。图 7.3(a) 展示了电子自旋角动量三个分量平均值 $\boldsymbol{S} = \langle\hat{\boldsymbol{S}}\rangle$ 随时间的演化，立体粗箭头表示自旋角动量 $\boldsymbol{S}$，长度表示大小，指向表示方向。显然自旋角动量 (或磁矩) 的方向在外磁场的作用下产生绕着磁场方向的**进动**，进动的拉莫尔频率 $\omega_0$ 和磁场强度 $B_0$ 成正比。

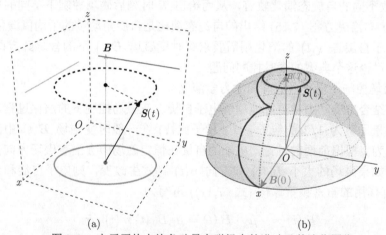

（a）　　　　　　　　　　　　　　　　　（b）

图 7.3　电子平均自旋角动量在磁场中的进动及其演化图像

(a) 平均自旋角动量在沿 $z$ 轴恒定磁场中的进动，参数 $\phi_0 = 0$，$\alpha = \pi/6$，$\omega = 2$；(b) 自旋角动量在方向改变的磁场中随时间的进动演化，细箭头指向为磁场方向，立体粗箭头指向代表角动量矢量 $\boldsymbol{S}$ 的方向，采用原子单位 $m = \hbar = 1$

上面的计算表明拉莫尔频率刚好等于电子在磁场中的**回旋频率**，而其回旋运动会产生一个与外磁场相反的磁场。所以电子自旋角动量进动的演化可以用经典磁矩 $\boldsymbol{\mu} = \gamma\boldsymbol{S}$ 受到磁场**力矩** (torque) $\boldsymbol{\tau} = \boldsymbol{\mu} \times \boldsymbol{B}$ 作用的动力学方程来描述：

$$\frac{\mathrm{d}}{\mathrm{d}t}\boldsymbol{S} = \boldsymbol{\tau} = \boldsymbol{\mu} \times \boldsymbol{B} = \gamma\boldsymbol{S} \times \boldsymbol{B} \tag{7.15}$$

其中，经典自旋角动量定义为 $\boldsymbol{S}(t) \equiv S_x \boldsymbol{i} + S_y \boldsymbol{j} + S_z \boldsymbol{k} = (S_x, S_y, S_z)$，而初始值 $\boldsymbol{S}(0) = \dfrac{\hbar}{2}(\sin\alpha\cos\phi_0, \sin\alpha\sin\phi_0, \cos\alpha)$，磁场 $\boldsymbol{B}(0) = (0, 0, B_0)$。方程 (7.15) 如果写为磁矩 $\boldsymbol{\mu}$ 的方程为 $\mathrm{d}\boldsymbol{\mu}/\mathrm{d}t = \boldsymbol{\mu} \times \gamma\boldsymbol{B}$，该方程经常被称为**布洛赫方程** (Bloch equation)，其在核磁共振领域经常用来描述核磁矩在磁场中的演化问题。显然根据以上的动力学方程，如果缓慢改变磁场的方向对电子进行某种操控，则电子角动量的进动轴会跟随外磁场方向的改变而改变。图 7.3(b) 利用动力学方程 (7.15) 计算了转动磁场中 $\boldsymbol{S}(t)$ 的演化过程 (粗实线)，初始磁场方向沿着 $x$ 轴正向：$\boldsymbol{B}(0) = B_0\boldsymbol{i}$，然后以一定速率沿着图中虚线转动经过 $T$ 时刻后转到 $z$ 轴的正方向 $\boldsymbol{B}(T) = B_0\boldsymbol{k}$，所以磁场方位角 $\theta(t)$ 的控制函数可以取：

$$\theta(t) = \frac{\pi}{2}\left(1 - \frac{t}{T}\right)$$

从图 7.3(b) 中电子态的演化轨迹可以看出，电子自旋角动量围绕瞬时 $\boldsymbol{B}(t)$ 方向以固定的拉莫尔频率 $\omega_0 = \gamma B_0$ 进动，所以磁场转动的快慢不同 (不同控制时间 $T$) 会导致不同的自旋态演化轨迹，从而给出 $T$ 时刻后磁场控制下不同的自旋末态。显然，布洛赫方程 (7.15) 给出的自旋态演化是自旋角动量的平均值演化过程，而实际电子自旋态 $\chi(t)$ 的演化则需要求解时变磁场 $\boldsymbol{B}(t)$ 下的含时薛定谔方程，下面具体讨论这个典型的含时控制问题。

1) 磁场控制下电子自旋态的动力学演化

为了结合自旋动力学更好地理解电子自旋态在磁场控制下的演化过程，下面讨论自旋量子数为 1/2 的粒子 (一个量子比特) 在一般时变磁场 $\boldsymbol{B}(t)$ 中的含时动力学行为。根据前面的讨论，电子的自旋在恒定磁场中会沿着磁场方向做拉莫尔进动。如果磁场的大小 $B_0(t)$ 和方向 $\boldsymbol{n}(t)$ 都发生改变，则电子自旋和外磁场 $\boldsymbol{B}(t)$ 相互作用的哈密顿量算符 (式 (7.11)) 可写为

$$\hat{H}(t) = -\hat{\boldsymbol{\mu}}_e \cdot \boldsymbol{B}(t) = \mu_{\mathrm{B}} B_0(t) \boldsymbol{n}(t) \cdot \hat{\boldsymbol{\sigma}}$$

其中，$\mu_{\mathrm{B}}$ 为玻尔磁子；$B_0(t)$ 为磁场的强度；$\boldsymbol{n}(t)$ 为磁场的方向矢量，根据球坐标磁场的方向矢量可写为 $\boldsymbol{n}(t) = [\sin\theta(t)\cos\phi(t), \sin\theta(t)\sin\phi(t), \cos\theta(t)]$。从而系统的含时哈密顿量可写为如下含时参数的形式：

$$\hat{H}(E_0, \theta, \phi) = \boldsymbol{h}(E_0, \theta, \phi) \cdot \boldsymbol{\sigma} = h_x \hat{\sigma}_x + h_y \hat{\sigma}_y + h_z \hat{\sigma}_z \tag{7.16}$$

其中，函数 $\boldsymbol{h}(E_0, \theta, \phi) \equiv \mu_{\mathrm{B}} B_0(t) \boldsymbol{n}(t) = E_0(t)\boldsymbol{n}(t)$，各分量分别为

$$\begin{cases} h_x(E_0, \theta, \phi) = E_0(t)\sin\theta(t)\cos\phi(t) \\ h_y(E_0, \theta, \phi) = E_0(t)\sin\theta(t)\sin\phi(t) \\ h_z(E_0, \theta, \phi) = E_0(t)\cos\theta(t) \end{cases} \tag{7.17}$$

其中，$E_0(t) \equiv \mu_{\rm B} B_0(t) = \hbar\omega_0(t)/2$，$\omega_0(t)$ 为在强度为 $B_0(t)$ 的磁场中电子自旋进动的拉莫尔频率，显然其随磁场强度的改变而改变。代入式 (7.17) 的参数函数 $h_x$、$h_y$、$h_z$ 和泡利矩阵 $\boldsymbol{\sigma}$，系统哈密顿量 $\hat{H}(t)$ 的矩阵形式 $H(t)$ 为

$$
\begin{aligned}
H(t) &= \begin{bmatrix} h_z(t) & h_x(t) - \mathrm{i}h_y(t) \\ h_x(t) + \mathrm{i}h_y(t) & -h_z(t) \end{bmatrix} \\
&= \frac{\hbar\omega_0(t)}{2} \begin{bmatrix} \cos\theta(t) & \sin\theta(t)\mathrm{e}^{-\mathrm{i}\phi(t)} \\ \sin\theta(t)\mathrm{e}^{\mathrm{i}\phi(t)} & -\cos\theta(t) \end{bmatrix}
\end{aligned} \tag{7.18}
$$

显然以上含时哈密顿量 $\hat{H}(t)$ 的两个瞬时本征态一般可取为

$$
|\chi_+(t)\rangle = \begin{bmatrix} \cos\dfrac{\theta(t)}{2} \\ \sin\dfrac{\theta(t)}{2}\mathrm{e}^{\mathrm{i}\phi(t)} \end{bmatrix}, \quad
|\chi_-(t)\rangle = \begin{bmatrix} -\sin\dfrac{\theta(t)}{2}\mathrm{e}^{-\mathrm{i}\phi(t)} \\ \cos\dfrac{\theta(t)}{2} \end{bmatrix} \tag{7.19}
$$

其满足瞬时哈密顿量的本征方程：

$$
\hat{H}(t)|\chi_\pm(t)\rangle = \pm E_0(t)|\chi_\pm(t)\rangle = \pm\frac{\hbar\omega_0(t)}{2}|\chi_\pm(t)\rangle
$$

可以验证以上两个瞬时态是归一化并彼此正交的，可以组成电子自旋态希尔伯特空间的两个**瞬时基**。对于任意电子自旋态 $\chi(t)$，根据式 (6.61) 可以展开为 $|\chi(t)\rangle = a_+(t)|\chi_+(t)\rangle + a_-(t)|\chi_-(t)\rangle$，代入含时系统薛定谔方程 (7.12)，得到自旋态系数的动力学方程 (6.63)，具体形式如下：

$$
\begin{bmatrix} \dot{a}_+ \\ \dot{a}_- \end{bmatrix} = \begin{bmatrix} -\dfrac{\mathrm{i}}{2}\omega_0(t) - \langle\chi_+|\dot{\chi}_+\rangle & -\langle\chi_+|\dot{\chi}_-\rangle \\ -\langle\chi_-|\dot{\chi}_+\rangle & \dfrac{\mathrm{i}}{2}\omega_0(t) - \langle\chi_-|\dot{\chi}_-\rangle \end{bmatrix} \begin{bmatrix} a_+ \\ a_- \end{bmatrix} \tag{7.20}
$$

其中，瞬时基随时间改变所造成的跃迁矩阵为

$$
\langle\chi_+(t)|\dot{\chi}_+(t)\rangle = \mathrm{i}\dot{\phi}(t)\sin^2\left[\frac{\theta(t)}{2}\right]
$$

$$
\langle\chi_+(t)|\dot{\chi}_-(t)\rangle = -\frac{1}{2}\left[\dot{\theta}(t) - \mathrm{i}\dot{\phi}(t)\sin\theta(t)\right]\mathrm{e}^{-\mathrm{i}\phi(t)}
$$

$$
\langle\chi_-(t)|\dot{\chi}_+(t)\rangle = \frac{1}{2}\left[\dot{\theta}(t) + \mathrm{i}\dot{\phi}(t)\sin\theta(t)\right]\mathrm{e}^{\mathrm{i}\phi(t)}
$$

$$\langle \chi_-(t)| \dot{\chi}_-(t) \rangle = -\mathrm{i}\dot{\phi}(t) \sin^2 \left[\frac{\theta(t)}{2}\right]$$

为了理解自旋态演化方程 (7.20) 中绝热过程 (对角项: 动力学相位和几何相位的变化) 和非绝热过程 (非对角项: 概率幅的变化) 的不同贡献, 根据第 6 章的绝热理论, 引入绝热含时变换式 (6.65) 将波函数展开为如下形式:

$$|\chi(t)\rangle = A_+(t)\mathrm{e}^{\mathrm{i}\alpha_+(t)}|\chi_+(t)\rangle + A_-(t)\mathrm{e}^{\mathrm{i}\alpha_-(t)}|\chi_-(t)\rangle \tag{7.21}$$

其中, $\alpha_\pm(t) = \beta_\pm(t) + \gamma_\pm(t)$, $\beta_\pm(t)$ 和 $\gamma_\pm(t)$ 分别为态演化过程中 $|\chi_\pm(t)\rangle$ 的动力学相位和几何相位, 定义分别见式 (6.68) 和式 (6.69)。将瞬时基展开式 (7.21) 代入薛定谔方程 (7.12) 中得到自旋态瞬时基系数的动力学方程 (6.66):

$$\begin{bmatrix} \dot{A}_+(t) \\ \dot{A}_-(t) \end{bmatrix} = \begin{bmatrix} 0 & \mathcal{F}(t) \\ -\mathcal{F}^*(t) & 0 \end{bmatrix} \begin{bmatrix} A_+(t) \\ A_-(t) \end{bmatrix} \tag{7.22}$$

其中, 非绝热跃迁过程的非对角元 $\mathcal{F}(t)$ 定义为

$$\mathcal{F}(t) \equiv \frac{1}{2}\left[\dot{\theta}(t) - \mathrm{i}\dot{\phi}(t)\sin\theta(t)\right]\mathrm{e}^{-\mathrm{i}[\alpha_+(t) - \alpha_-(t)]}\mathrm{e}^{-\mathrm{i}\phi(t)}$$

由方程 (7.22) 可以得到系数 $A_+(t)$ 的方程:

$$\ddot{A}_+(t) - \frac{\dot{\mathcal{F}}(t)}{\mathcal{F}(t)}\dot{A}_+(t) + |\mathcal{F}(t)|^2 A_+(t) = 0 \tag{7.23}$$

方程 (7.23) 的形式类似于 "阻尼振子" 的方程, 解 $A_+(t)$ 可以给出自旋态在布洛赫球上处于自旋态 $|\chi_+(t)\rangle$ 的概率 $P_+(t) = |A_+(t)|^2 = |a_+(t)|^2$ 随时间的非绝热演化过程。总之, 给定磁场的具体控制函数形式 $\boldsymbol{B}(t)$ 后, 通过求解自旋态的不同系数方程 (7.20) 或方程 (7.23) 就能得到电子自旋态演化的动力学过程。

由于自旋控制系统的哈密顿量式 (7.16) 可以用泡利矩阵表达, 而泡利矩阵算子构成封闭的 $\mathcal{SU}(2)$ 李代数, 所以可以采用波函数的含时变换算子理论来进行求解。根据自旋波函数 $|\chi(t)\rangle$ 的薛定谔方程及其在**裸态基** $\{\chi_+, \chi_-\}$ 上的展开有

$$\mathrm{i}\hbar\frac{\mathrm{d}}{\mathrm{d}t}|\chi(t)\rangle = \hat{H}(t)|\chi(t)\rangle, \quad |\chi(t)\rangle = \begin{bmatrix} a(t) \\ b(t) \end{bmatrix}$$

根据含时变换式 (6.127), 引入含时变换算子 $\hat{U}_S(t)$ 对自旋波函数 $|\chi(t)\rangle$ 采用如下的含时变换:

$$|\chi'(t)\rangle = \hat{U}_S(t)|\chi(t)\rangle = \mathrm{e}^{\mathrm{i}\frac{1}{2}g_z(t)\hat{\sigma}_z}|\chi(t)\rangle$$

在该变换下系统的哈密顿量变为

$$\hat{H}_S(t) = \mathrm{e}^{\mathrm{i}g_z(t)\frac{\hat{\sigma}_z}{2}}[h_x\hat{\sigma}_x + h_y\hat{\sigma}_y + h_z\hat{\sigma}_z]\mathrm{e}^{-\mathrm{i}g_z(t)\frac{\hat{\sigma}_z}{2}} - \hbar\dot{g}_z(t)\frac{\hat{\sigma}_z}{2} \tag{7.24}$$

根据哈密顿量所采用的 $\mathcal{SU}(2)$ 李代数变换关系，当变换参数取 $g_z(t) = \phi(t)$ 时可以将哈密顿量化简为如下的简单形式 (见习题 7.5)：

$$\hat{H}_S(t) = \frac{\hbar}{2}\omega_0(t)\sin\theta(t)\cdot\hat{\sigma}_x + \frac{\hbar}{2}\left[\omega_0(t)\cos\theta(t) - \dot{\phi}(t)\right]\hat{\sigma}_z \tag{7.25}$$

如果变换哈密顿量 $\hat{H}_S(t)$ 的波函数 $|\chi'(t)\rangle$ 可以求解出来，那么原始系统自旋波函数 $|\chi(t)\rangle$ 就可以写为

$$|\chi(t)\rangle = \mathrm{e}^{-\mathrm{i}\frac{1}{2}\phi(t)\hat{\sigma}_z}|\chi'(t)\rangle \tag{7.26}$$

下面具体讨论磁场的强度 $B_0(t) = B_0$ 不随时间改变而只是方向改变时，电子的自旋态在布洛赫球上的动力演化。先讨论一种典型的情况：假设控制磁场的方向沿着 $z$ 轴以角速度 $\omega$ 转动，如图 7.4(a) 所示，磁场方位角的控制函数采用模式：$\theta(t) = \alpha, \phi(t) = \omega t$，则体系的哈密顿量和瞬时态为

$$\hat{H}_1(t) = \frac{\hbar\omega_0}{2}\begin{bmatrix} \cos\alpha & \sin\alpha\mathrm{e}^{-\mathrm{i}\omega t} \\ \sin\alpha\mathrm{e}^{\mathrm{i}\omega t} & -\cos\alpha \end{bmatrix} \tag{7.27}$$

$$|\chi_+(t)\rangle = \begin{bmatrix} \cos\frac{\alpha}{2} \\ \sin\frac{\alpha}{2}\mathrm{e}^{\mathrm{i}\omega t} \end{bmatrix}, \quad |\chi_-(t)\rangle = \begin{bmatrix} -\sin\frac{\alpha}{2}\mathrm{e}^{-\mathrm{i}\omega t} \\ \cos\frac{\alpha}{2} \end{bmatrix} \tag{7.28}$$

将式 (7.27) 和式 (7.28) 代入式 (7.20) 中可以得到瞬时基系数的解 (可采用拉普拉斯变换方法或者直接利用 Mathematica 求解)：

$$a_+(t) = \left(\cos\frac{\Omega t}{2} - \mathrm{i}\frac{\omega_0 - \omega\cos\alpha}{\Omega}\sin\frac{\Omega t}{2}\right)\mathrm{e}^{-\mathrm{i}\omega t/2}$$

$$a_-(t) = -\mathrm{i}\left(\frac{\omega\sin\alpha}{\Omega}\sin\frac{\Omega t}{2}\right)\mathrm{e}^{\mathrm{i}\omega t/2}$$

其中，有效频率 $\Omega$ 定义为

$$\Omega = \sqrt{\omega^2 + \omega_0^2 - 2\omega\omega_0\cos\alpha} \tag{7.29}$$

假设初始时刻 $t = 0$ 时，磁场方向如图 7.4(a) 所示，此时电子的自旋沿着 $\boldsymbol{B}(0)$ 方向 (高能态)，所以自旋初始态 $|\chi(0)\rangle = |\chi_+(0)\rangle = \left(\cos\frac{\alpha}{2}, \sin\frac{\alpha}{2}\right)^{\mathrm{T}}$ (初始

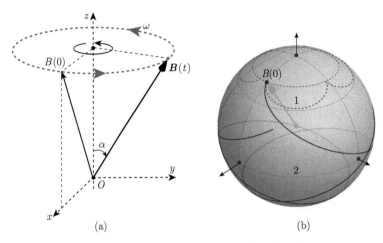

图 7.4    电子自旋态在变化磁场中的演化动力学

(a) 磁场绕 $z$ 轴匀速转动的示意图，粗箭头指向代表角磁场矢量 $\boldsymbol{B}$ 的方向；(b) 电子自旋角动量随时间的进动演化，曲线 1 和 2 为角动量矢量端点在球面上的演化轨迹．计算参数 $\alpha = \pi/6, \hbar = 1$，曲线 1 的磁场扫描频率 $\omega = 0.2\omega_0$，曲线 2 的 $\omega = 0.8\omega_0$

电子的自旋角动量沿着初始磁场方向)．利用上面得到的 $a_\pm(t)$ 可以计算出电子自旋角动量 $\boldsymbol{S}(t) = \langle \chi(t)|\hat{\boldsymbol{S}}|\chi(t)\rangle$ 在布洛赫球上随时间的进动演化，如图 7.4(b) 所示．从图中可以看到，当 $\omega$ 较大时，电子的角动量有一定的概率从与磁场相同的态跃迁到与磁场相反的态，跃迁概率可以用如下的跃迁矩阵元来刻画：

$$P_-(t) = |\langle \chi_-(t)|\chi(t)\rangle|^2 = |a_-(t)|^2 = \frac{\omega^2 \sin^2 \alpha}{\omega^2 + \omega_0^2 - 2\omega\omega_0 \cos \alpha} \sin^2 \frac{\Omega t}{2} \qquad (7.30)$$

显然电子自旋翻转的概率 $P_-(t)$ 随时间以频率 $\Omega$ 周期变化 (如图 7.5(a) 所示)，而变化的振幅会随相对频率比 $\omega_0/\omega$ 改变，当其满足一定条件时会出现电子自旋共振现象，也就是翻转变化振幅存在一个共振峰 (见图 7.5(a) 的插图)．当磁场扫描频率 $\omega$ 满足共振条件 $\omega_0 = \omega \cos \alpha$ 时电子的自旋态会完全从初始与磁场一致的自旋态翻转到与磁场相反的自旋态上．

同样，可以进一步考察在扫描磁场控制模式下式 (7.23) 所表达的含义．此时式 (7.23) 变为

$$\ddot{A}_+(t) - \mathrm{i}(\omega_0 - \omega \cos \alpha)\dot{A}_+(t) + \left(\frac{1}{4}\omega^2 \sin^2 \alpha\right) A_+(t) = 0$$

利用 Mathematica 求解微分方程可以给出该方程的通解为

$$A_+(t) = \left[\frac{\Omega + (\omega_0 - \omega \cos \alpha)}{2\Omega} \mathrm{e}^{-\frac{\mathrm{i}\Omega t}{2}} + \frac{\Omega - (\omega_0 - \omega \cos \alpha)}{2\Omega} \mathrm{e}^{\frac{\mathrm{i}\Omega t}{2}}\right] \mathrm{e}^{\frac{\mathrm{i}(\omega_0 - \omega \cos \alpha)t}{2}}$$

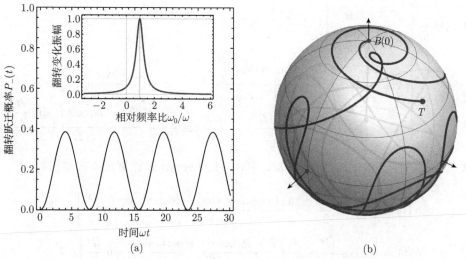

图 7.5　电子在旋转扫描磁场中的共振翻转行为和在复杂磁场中的演化过程

(a) 旋转磁场中翻转概率 $P_-(t)$ 随时间的改变，插图给出翻转变化振幅所表现出的共振现象，计算参数 $\alpha = \pi/6, \omega/\omega_0 = 0.7$；(b) 电子在复杂磁场控制模式下角动量的动力学演化。初始磁场方向沿着 $z$ 轴正向，初始自旋态 $|\chi\rangle = (1,0)$，磁场扫描频率满足

$$\theta_0 = 0, \omega_1 \equiv \dot{\theta} = 0.1\omega_0, \omega_2 \equiv \dot{\phi} = 0.8\omega_0$$

注意以上解的初始条件是 $A_+(0) = a_+(0) = 1, \dot{A}_+(0) = \mathcal{F}(0)A_+(0) = 0$。显然该解根据 $a_+(t) = A_+(t)\mathrm{e}^{\mathrm{i}\alpha_+(t)}$ 能给出与上面 $a_+(t)$ 一致的结果。

最后采用代数的方法来求解这个问题，显然经过变换式 (7.26)：$|\chi'(t)\rangle = \mathrm{e}^{\mathrm{i}\omega t/2}|\chi(t)\rangle$，含时的哈密顿量式 (7.27) 将变成不含时的 $\hat{H}_{1S}$：

$$\hat{H}_{1S} = \frac{\hbar}{2}\omega_0 \sin\alpha \cdot \hat{\sigma}_x + \frac{\hbar}{2}(\omega_0 \cos\alpha - \omega)\hat{\sigma}_z$$

因此系统的解就可以写为

$$|\chi(t)\rangle = \mathrm{e}^{-\mathrm{i}\frac{\omega t}{2}\hat{\sigma}_z}|\chi'(t)\rangle = \mathrm{e}^{-\mathrm{i}\frac{\omega t}{2}\hat{\sigma}_z}\mathrm{e}^{-\mathrm{i}\hat{H}_{1S}t/\hbar}|\chi'(0)\rangle$$
$$= \mathrm{e}^{-\mathrm{i}\frac{\omega t}{2}\hat{\sigma}_z}\mathrm{e}^{-\mathrm{i}t\left(\frac{\omega_0 \sin\alpha}{2}\hat{\sigma}_x + \frac{\omega_0 \cos\alpha - \omega}{2}\hat{\sigma}_z\right)}|\chi(0)\rangle \equiv \hat{U}_1(t)\hat{U}_2(t)|\chi(0)\rangle$$

代入 $\hat{\sigma}_x$、$\hat{\sigma}_z$ 的泡利矩阵形式，利用 Mathematica 的 MatrixExp[$\cdot\cdot$] 可以在裸态基矢 $\{|\uparrow\rangle, |\downarrow\rangle\}$ 下计算出如下结果：

$$\begin{bmatrix} a(t) \\ b(t) \end{bmatrix} = U_1(t)U_2(t)\begin{bmatrix} a(0) \\ b(0) \end{bmatrix}$$

其中，幺正算子 $\hat{U}_1(t)$ 和 $\hat{U}_2(t)$ 所对应的矩阵 $U_1(t)$ 和 $U_2(t)$ 分别为

$$U_1(t) = \begin{bmatrix} e^{-\frac{i\omega t}{2}} & 0 \\ 0 & e^{\frac{i\omega t}{2}} \end{bmatrix}$$

$$U_2(t) = \begin{bmatrix} \cos\dfrac{\Omega t}{2} + \dfrac{i(\omega - \omega_0 \cos\alpha)\sin\dfrac{\Omega t}{2}}{\Omega} & -i\dfrac{\omega_0 \sin\alpha}{\Omega}\sin\dfrac{\Omega t}{2} \\ -i\dfrac{\omega_0 \sin\alpha}{\Omega}\sin\dfrac{\Omega t}{2} & \cos\dfrac{\Omega t}{2} - \dfrac{i(\omega - \omega_0 \cos\alpha)\sin\dfrac{\Omega t}{2}}{\Omega} \end{bmatrix}$$

代入初始条件 $a(0) = a_0, b(0) = b_0$，利用 Mathematica 计算矩阵的乘积有

$$a(t) = \left[ a_0 \cos\frac{\Omega t}{2} + i\frac{a_0(\omega - \omega_0 \cos\alpha) - b_0\omega_0 \sin\alpha}{\Omega}\sin\frac{\Omega t}{2} \right] e^{-\frac{i\omega t}{2}}$$

$$b(t) = \left[ b_0 \cos\frac{\Omega t}{2} - i\frac{b_0(\omega - \omega_0 \cos\alpha) + a_0\omega_0 \sin\alpha}{\Omega}\sin\frac{\Omega t}{2} \right] e^{\frac{i\omega t}{2}}$$

显然，如果取和前面讨论一致的初始态：$a_0 = \cos(\alpha/2), b_0 = \sin(\alpha/2)$，那么就会得到一致的结果 (注意裸态基系数和瞬时基系数的区别) 为

$$a(t) = \left( \cos\frac{\Omega t}{2} + i\frac{\omega - \omega_0}{\Omega}\sin\frac{\Omega t}{2} \right)\cos\frac{\alpha}{2}e^{-\frac{i\omega t}{2}}$$

$$b(t) = \left( \cos\frac{\Omega t}{2} - i\frac{\omega + \omega_0}{\Omega}\sin\frac{\Omega t}{2} \right)\sin\frac{\alpha}{2}e^{\frac{i\omega t}{2}}$$

此处给出初始态为下态 $|\downarrow\rangle$：$a_0 = 0, b_0 = 1$ 时的态演化结果：

$$a(t) = -i\frac{\omega_0 \sin\alpha}{\Omega}\sin\frac{\Omega t}{2}e^{-\frac{i\omega t}{2}}$$

$$b(t) = \left( \cos\frac{\Omega t}{2} - i\frac{\omega - \omega_0 \cos\alpha}{\Omega}\sin\frac{\Omega t}{2} \right)e^{\frac{i\omega t}{2}}$$

所以电子在扫描磁场中被激发到上态 $|\uparrow\rangle$ 的概率为

$$P_\uparrow(t) = |a(t)|^2 = \frac{\omega_0^2 \sin^2\alpha}{\omega^2 + \omega_0^2 - 2\omega\omega_0 \cos\alpha}\sin^2\frac{\Omega t}{2} \tag{7.31}$$

显然由于参考基不同，翻转概率式 (7.31) 和式 (7.30) 的翻转概率演化不完全一致，虽然翻转概率振荡频率相同，但振幅的分子由 $\omega^2 \sin^2\alpha$ 变为 $\omega_0^2 \sin^2\alpha$。

最后简单讨论一下当磁场在更一般的控制模式下电子自旋态的动力学问题，此时系统哈密顿量式 (7.18) 中有三个含时参数 $\omega_0(t)$、$\theta(t)$、$\phi(t)$，以上的计算方

法很难给出严格的解析解,但可以利用常规的数值计算方法计算自旋波函数 $|\chi(t)\rangle$ 在裸态基或瞬时基下的展开系数 $a(t)$、$b(t)$ 或 $a_+(t)$、$a_-(t)$ 的动力学方程,从而给出电子自旋态的动力学演化。为了更符合实际,假设磁场由两部分组成,一部分是沿着轴向方向施加一个高强度的恒定磁场 $\boldsymbol{B}_{\parallel}$(可取 $z$ 轴方向并记为 $\boldsymbol{B}_z$),这个磁场的作用是让电子的两个自旋态之间产生适当的能级间隔;另一部分是引入一个附加的激励电磁场,记为 $\boldsymbol{B}(t)$,所以整体的控制磁场为 $\boldsymbol{B}(t) = \boldsymbol{B}_z\boldsymbol{k} + B_0(t)\boldsymbol{n}(t)$。那么自旋系统在裸态基下的哈密顿量为 (该磁场的设计可以构成如图 6.5(a) 所示的圆环面参数空间)

$$\hat{H}(t) = \frac{\hbar}{2}\begin{bmatrix} \Omega_0 + \omega_0(t)\cos\theta(t) & \omega_0(t)\sin\theta(t)\mathrm{e}^{-\mathrm{i}\phi(t)} \\ \omega_0(t)\sin\theta(t)\mathrm{e}^{\mathrm{i}\phi(t)} & -\Omega_0 - \omega_0(t)\cos\theta(t) \end{bmatrix}$$

其中,$\Omega_0 = \gamma B_z = eB_z/m$ 为恒定磁场产生的拉莫尔频率,而由扫描磁场产生的瞬时拉莫尔频率为 $\omega_0(t)$。此时体系的瞬时本征方程为

$$\hat{H}(t)|\chi_{\pm}(t)\rangle = E_{\pm}(t)|\chi_{\pm}(t)\rangle$$

其含参数的瞬时基本征能量可以写为 (瞬时基的本征函数略)

$$E_{\pm}(t) \equiv E_{\pm}(\Omega_0, \omega_0, \theta) = \pm\frac{\hbar}{2}\sqrt{\Omega_0^2 + \omega_0^2 + 2\Omega_0\omega_0\cos\theta}$$

在裸态基下波函数展开系数的演化方程为

$$\dot{a}(t) = -\frac{\mathrm{i}}{2}[\Omega_0 + \omega_0(t)\cos\theta(t)]\,a(t) - \frac{\mathrm{i}}{2}\omega_0(t)\sin\theta(t)\mathrm{e}^{-\mathrm{i}\phi(t)}b(t)$$

$$\dot{b}(t) = -\frac{\mathrm{i}}{2}\omega_0(t)\sin\theta(t)\mathrm{e}^{\mathrm{i}\phi(t)}a(t) + \frac{\mathrm{i}}{2}[\Omega_0 + \omega_0(t)\cos\theta(t)]\,b(t)$$

对于裸态基展开系数 $a(t)$、$b(t)$ 的方程,一般无法得到解析解,只能通过数值计算给出系统自旋态的演化。图 7.5(b) 计算了扫描磁场强度 $B_0$ 不变,而扫描方向控制函数为 $\theta(t) = \theta_0 + \omega_1 t, \phi(t) = \omega_2 t$ 时电子自旋角动量在布洛赫球上的演化轨迹。图 7.5(b) 显示电子自旋态在球面上形成非常复杂的演化轨迹 (图中 $T$ 表示演化的最终时间)。显然在磁场控制下要想准确获得最后的自旋态是非常困难的,这意味着要能够非常精准地控制磁场的作用时间 $T$(或电磁场脉冲的宽度),这在量子系统的控制中是非常苛刻的要求。那如何去设计控制参数并准确得到一个所需要的末态呢?下面就来讨论电子自旋态演化中的贝里相位,利用贝里相位的几何性质就可以通过设计特殊的参数路径对自旋态进行只依赖于参数路径拓扑性质的精准量子态操控。

2) 电子自旋态操控的贝里相位

为了结合电子的自旋动力学更好地理解第 6 章含时系统中量子态演化过程中参数空间的贝里相位,下面进一步讨论自旋量子数为 1/2 的粒子 (一个量子比特) 在系统参数变化下的几何相位问题。根据前面讨论的电子自旋系统 (式 (7.16)),系统参数空间可取为 $\boldsymbol{R} \equiv (E_0, \theta, \phi)$,三个参数对应于一个抽象的球坐标空间。如果参数 $E_0$ 不变 (磁场强度不变),那么参数底空间就变成一个半径为 $E_0$ 的**球面**。系统的两个绝热瞬时基可取如式 (7.19) 所示的形式:

$$|\chi_+(\theta, \phi)\rangle = \begin{bmatrix} \cos\dfrac{\theta}{2} \\[2mm] \sin\dfrac{\theta}{2}\mathrm{e}^{\mathrm{i}\phi} \end{bmatrix}, \quad |\chi_-(\theta, \phi)\rangle = \begin{bmatrix} -\sin\dfrac{\theta}{2}\mathrm{e}^{-\mathrm{i}\phi} \\[2mm] \cos\dfrac{\theta}{2} \end{bmatrix}$$

其满足瞬时基的薛定谔方程:

$$\hat{H}(\theta\,\phi)|\chi_\pm(\theta, \phi)\rangle = \pm E_0|\chi_\pm(\theta, \phi)\rangle$$

其中,$|\chi_+\rangle$ 为高能态,能量为 $+\dfrac{\hbar\omega_0}{2}$;$|\chi_-\rangle$ 为低能态,能量为 $-\dfrac{\hbar\omega_0}{2}$。

根据式 (6.80),上述两个瞬时基上定义的**贝里联络**为

$$\boldsymbol{A}_\pm = \mathrm{i}\langle\chi_\pm(\theta, \phi)|\nabla_R|\chi_\pm(\theta, \phi)\rangle \tag{7.32}$$

由于此时 $\boldsymbol{R}$ 参数空间为球坐标下的参数底空间:$\boldsymbol{R} \to (E_0, \theta\,\phi)$,所以球坐标下的梯度算符为

$$\nabla_R = \boldsymbol{e}_r\frac{\partial}{\partial r} + \boldsymbol{e}_\theta\frac{1}{r}\frac{\partial}{\partial\theta} + \boldsymbol{e}_\phi\frac{1}{r\sin\theta}\frac{\partial}{\partial\phi} \tag{7.33}$$

其中,$\boldsymbol{e}_r$、$\boldsymbol{e}_\theta$、$\boldsymbol{e}_\phi$ 为参数空间三个方向的单位矢量。将式 (7.33) 代入式 (7.32) 计算贝里联络矢量场的两个分量为 (态 $|\chi_\pm(\theta, \phi)\rangle$ 不依赖于径向参数 $r = E_0$)

$$A_\theta^\pm = \frac{\mathrm{i}}{r}\langle\chi_\pm(\theta, \phi)|\frac{\partial}{\partial\theta}|\chi_\pm(\theta, \phi)\rangle = 0$$

$$A_\phi^\pm = \frac{\mathrm{i}}{r\sin\theta}\langle\chi_\pm(\theta, \phi)|\frac{\partial}{\partial\phi}|\chi_\pm(\theta, \phi)\rangle = \mp\frac{1}{2E_0\sin\theta}(1 - \cos\theta)$$

最后在球面参数空间上两个瞬时基的贝里联络矢量场为

$$\boldsymbol{A}_\pm(\theta, \phi) = \mp\frac{1}{2E_0}\frac{1 - \cos\theta}{\sin\theta}\boldsymbol{e}_\phi = \mp\frac{1}{2E_0}\tan\frac{\theta}{2}\boldsymbol{e}_\phi$$

表明电子自旋态的贝里联络矢量沿着球坐标方位角 $e_\phi$ 方向旋转，且随 $\theta$ 增大而不断增大，其矢量场分布如图 7.6(a) 所示。显然根据球面上矢量场的性质，北极点为贝里联络矢量场的零点，南极点为其 $\infty$ 奇点。根据球坐标下的旋度公式，可以通过贝里联络场计算贝里曲率场 (见习题 7.6)：

$$\boldsymbol{B}_\pm = \nabla \times \boldsymbol{A}_\pm = \mp \frac{1}{2r^2} \boldsymbol{e}_r = \mp \frac{1}{2E_0^2} \boldsymbol{e}_r \tag{7.34}$$

显然上面的贝里曲率场强度几何上对应于半径为 $E_0$ 的球面**高斯曲率**的 $1/2$，物理上等效为一个位于球心处磁荷为 $\mp 1/2$ 的**磁单极子**[34](见图 7.6(b)，球心处磁荷发射的箭头指向表示贝里曲率场方向)。显然该贝里曲率场满足式 (6.88) 的守恒条件：$\boldsymbol{B}_+ + \boldsymbol{B}_- = 0$。

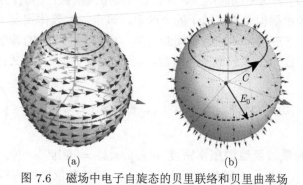

(a)       (b)

图 7.6　磁场中电子自旋态的贝里联络和贝里曲率场

(a) 球面参数空间上电子自旋态 $|\chi_-\rangle$ 的贝里联络矢量场示意图；(b) 球面上的闭合参数曲线<br>$C$ 及态 $|\chi_-\rangle$ 在球心处产生的等效磁荷

这样在球面的一条闭合参数曲线 $C$ 上，这两个态的贝里相位可以利用 $\boldsymbol{A}_\pm(\theta, \phi)$ 直接进行环路积分或利用 $\boldsymbol{B}_\pm$ 进行面积分 (曲线 $C$ 围绕的面)，积分的大小为轨道围绕的立体角。贝里联络沿图 7.6(b) 的参数曲线 $C$ 积分为

$$\gamma_\pm(\tau) = \oint_C \boldsymbol{A}^\pm(\boldsymbol{R}) \cdot d\boldsymbol{R} = \mp \oint_C \frac{1-\cos\theta}{2r\sin\theta} \boldsymbol{e}_\phi \cdot (r\sin\theta d\phi)\,\boldsymbol{e}_\phi$$

$$= \mp \frac{1}{2}(1-\cos\theta) \oint_C d\phi = \mp\pi(1-\cos\theta) \tag{7.35}$$

显然积分式 (7.35) 给出的贝里相位等于贝里曲率在 $C$ 绕成的面上的通量：

$$\gamma_\pm(\tau) = \iint_S \boldsymbol{B}^\pm \cdot d\boldsymbol{S} = \mp \iint_S \frac{1}{2r^2} \boldsymbol{e}_r \cdot r^2 d\Omega \boldsymbol{e}_r = \mp \frac{1}{2}\Omega(C)$$

其中，$\Omega(C)$ 就是曲线 $C$ 在球面上围绕的面积所对应的立体角度：$\Omega(C) = 2\pi(1-\cos\theta)$。参数曲线为赤道 (图 7.6(b) 中的虚线) 时 $\theta = \pi/2$，赤道围绕的面所对应

的立体角为 $2\pi$，那么贝里相位即为 $\gamma_\pm = \mp\pi$，预示着态 $|\chi_\pm\rangle$ 沿赤道所对应的参数轨道转一圈后相位反转，也就是说两个态之间发生了 $180°$ 翻转，即给出了态的非门操控。这种操控只依赖于参数轨道的几何性质，与演化过程中的动力学细节无关，所以有更为优越的精确性和稳定性。

### 7.1.3 粒子状态波函数的全描述和角动量的耦合

如果一个粒子既存在实空间轨道的运动又具有自旋的自由度，那么该粒子总的波函数 $|nlm; m_s\rangle$ 在实空间直角坐标系中自然可以写为

$$\langle x, y, z, t|nlm; m_s\rangle \equiv \Psi(x, y, z, t; m_s) = \psi(x, y, z, t)\chi(m_s)$$

其中，$\psi(x, y, z, t)$ 为实空间波函数，如电子的轨道波函数；$\chi(m_s)$ 是粒子的自旋状态波函数，二者相乘构成描写粒子的全函数，该全函数整体代表了空间波函数的希尔伯特空间和自旋的希尔伯特空间的直乘，组成一个更大的希尔伯特空间。例如，对自旋量子数为 $1/2$ 的电子波函数，可以展开为两分量形式：

$$\Psi(x, y, z, m_s, t) = \Psi_+(x, y, z, t)\chi_+ + \Psi_-(x, y, z, t)\chi_- \to \begin{pmatrix} \Psi_+ \\ \Psi_- \end{pmatrix}$$

这样两分量的旋量波函数的概率密度 $\rho(x, y, z, t) = \Psi^\dagger\Psi = |\Psi_+|^2 + |\Psi_-|^2$，其中 $|\Psi_\pm(x, y, z, t)|^2$ 表示 $t$ 时刻粒子在点 $(x, y, z)$ 处单位体积内找到自旋量子数为 $\pm\hbar/2$ 电子的概率。

对于由既有轨道角动量又有自旋角动量的粒子组成的原子，原子总的角动量如何描述？下面从两个粒子 (如两个电子或一个质子一个电子) 组成的复合粒子系统的总自旋角动量出发，来考察一般角动量的合成和耦合表象。对于两个有固定自旋的独立粒子，其本征态分别为 $|s_1, m_1\rangle$ 和 $|s_2, m_2\rangle$，则总系统的自旋态可以采用直接相乘的基矢：$|s_1, m_1; s_2, m_2\rangle \equiv |s_1, m_1\rangle \otimes |s_2, m_2\rangle$。该矢量所组成的希尔伯特空间即为两个自旋空间的**直积空间**，维度为 $(2s_1 + 1) + (2s_2 + 1)$，它们是算符 $\{\hat{S}_1^2, \hat{S}_{1z}, \hat{S}_2^2, \hat{S}_{2z}\}$ 的共同本征态，这个表象就是**直积表象**，有时候也称为**非耦合表象**。例如，对于两个自旋量子数都是 $1/2$ 的粒子，非耦合表象的态空间就是 4 维的，其直积空间的基矢可简单表示为

$$|\uparrow\uparrow\rangle, \quad |\uparrow\downarrow\rangle, \quad |\downarrow\uparrow\rangle, \quad |\downarrow\downarrow\rangle \tag{7.36}$$

用量子信息的语言就是两个量子比特的直积基矢：$\{|11\rangle, |10\rangle, |01\rangle, |00\rangle\}$。

此外，定义系统总的自旋角动量，即两个粒子自旋角动量的矢量和：

$$\hat{S} = \hat{S}_1 + \hat{S}_2$$

$\hat{\boldsymbol{S}}$ 的本征问题给出的本征态 $|s,m\rangle$ 是算符 $\{\hat{\boldsymbol{S}}^2, \hat{S}_z\}$ 的共同本征态，其本征值对应的量子数满足：$s = s_1 + s_2, s_1 + s_2 - 1, \cdots, |s_1 - s_2|; m = -s, \cdots, s$。它们其实是算符 $\{\hat{\boldsymbol{S}}^2, \hat{S}_z\ \hat{\boldsymbol{S}}_1^2, \hat{\boldsymbol{S}}_2^2\}$ 的共同本征态，构成了**耦合表象**，因为：

$$\hat{\boldsymbol{S}}^2 = \left(\hat{\boldsymbol{S}}_1 + \hat{\boldsymbol{S}}_2\right)^2 = \hat{\boldsymbol{S}}_1^2 + \hat{\boldsymbol{S}}_2^2 + 2\hat{\boldsymbol{S}}_1 \cdot \hat{\boldsymbol{S}}_2 \tag{7.37}$$

其中，量子数 $s_1$ 和 $s_2$ 对特定粒子是固定的。显然对于两个自旋量子数 $s_1 = s_2 = 1/2$ 的粒子来说，总量子数可以取值 $s = 1, 0$。对 $s = 1$ 的态有

$$|1, m\rangle = \begin{cases} |1, 1\rangle = |\uparrow\uparrow\rangle \\ |1, 0\rangle = \dfrac{1}{\sqrt{2}} \left(|\uparrow\downarrow\rangle + |\downarrow\uparrow\rangle\right) \\ |1, -1\rangle = |\downarrow\downarrow\rangle \end{cases} \tag{7.38}$$

将算符 $\{\hat{\boldsymbol{S}}^2, \hat{S}_z\}$ 作用到式 (7.38) 右边，可以证明这三个态属于 $s = 1, m = -1, 0, 1$，称为**自旋三重态**。例如，利用式 (7.37)，将 $\hat{\boldsymbol{S}}^2$ 作用到 $|1, 0\rangle$ 态上有

$$\begin{aligned} \hat{\boldsymbol{S}}^2 |1, 0\rangle &= \left(\hat{\boldsymbol{S}}_1^2 + \hat{\boldsymbol{S}}_2^2 + 2\hat{\boldsymbol{S}}_1 \cdot \hat{\boldsymbol{S}}_2\right) \frac{1}{\sqrt{2}} \left(|\uparrow\downarrow\rangle + |\downarrow\uparrow\rangle\right) \\ &= \left(\frac{3}{4}\hbar^2 + \frac{3}{4}\hbar^2 + 2\frac{\hbar^2}{4}\right) \frac{1}{\sqrt{2}} \left(|\downarrow\uparrow\rangle + |\uparrow\downarrow\rangle\right) \\ &= 2\hbar^2 \frac{1}{\sqrt{2}} \left(|\downarrow\uparrow\rangle + |\uparrow\downarrow\rangle\right) = 2\hbar^2 |1, 0\rangle \\ &= s(s+1)\hbar^2 |1, 0\rangle \end{aligned}$$

显然得到 $s = 1$。同理，对于 $s = 0$，只有一个态：

$$|0, 0\rangle = \frac{1}{\sqrt{2}} \left(|\uparrow\downarrow\rangle - |\downarrow\uparrow\rangle\right) \tag{7.39}$$

将算符 $\{\hat{\boldsymbol{S}}^2, \hat{S}_z\}$ 作用到上面的态，可以证明 $s = m = 0$，称为**自旋单态**。

根据以上对自旋角动量耦合的讨论，可以将自旋角动量的耦合推广到任意两个角动量的耦合，耦合的两个角动量可以是轨道角动量也可以是自旋角动量，统一用 $\hat{\boldsymbol{J}}_1$ 和 $\hat{\boldsymbol{J}}_2$ 来表示，它们各自的本征函数为 $|j_1, m_1\rangle$ 和 $|j_2, m_2\rangle$。那么非耦合表象的基矢为直积态 $|j_1, m_1; j_2, m_2\rangle \equiv |j_1, m_1\rangle \otimes |j_2, m_2\rangle$，即它们是算符 $\{\hat{\boldsymbol{J}}_1^2, \hat{J}_{1z}, \hat{\boldsymbol{J}}_2^2, \hat{J}_{2z}\}$ 的共同本征态，给定了 $j_1$ 和 $j_2$ 的值，总共态的个数为 $(2j_1 + 1)(2j_2 + 1)$。对于总的角动量算符 $\hat{\boldsymbol{J}} = \hat{\boldsymbol{J}}_1 + \hat{\boldsymbol{J}}_2$，其本征态为 $|j, m\rangle$。耦合表象是算符 $\{\hat{\boldsymbol{J}}^2, \hat{J}_z\ \hat{\boldsymbol{J}}_1^2, \hat{\boldsymbol{J}}_2^2\}$ 的共同本征态，耦合表象基矢可以完整表示为 $|j, m; j_1, j_2\rangle$，其中耦合后总角动量量子数的取值为

$$j = j_1 + j_2, \cdots, |j_1 - j_2| ; \quad m = m_1 + m_2 \tag{7.40}$$

同样, 耦合表象基矢的个数也应该为 $(2j_1 + 1)(2j_2 + 1)$, 但其改变了计算态个数的规则, 即以 $2j + 1$ 为一组进行求和计数, 其中 $j$ 的取值由式 (7.40) 给定, 利用 Mathematica 求和, 很容易验证 (不失一般性总可以假设 $j_1 > j_2$):

$$(2j_1 + 1)(2j_2 + 1) = \sum_{j=j_1-j_2}^{j_1+j_2} (2j + 1) \tag{7.41}$$

那么给定 $j_1$ 和 $j_2$, 非耦合表象和耦合表象基矢的完备性可分别写为

$$\sum_{m_1, m_2} |j_1, m_1; j_2, m_2\rangle \langle j_1, m_1; j_2, m_2| = 1$$

$$\sum_{j, m} |j, m; j_1, j_2\rangle \langle j, m; j_1, j_2| = 1$$

根据表象变换理论和表象的完备性关系, 耦合表象和非耦合表象的基矢之间存在着如下的表象变换:

$$|j, m; j_1, j_2\rangle = \sum_{m_1, m_2} C^j_{m_1 m_2} |j_1, m_1; j_2, m_2\rangle \tag{7.42}$$

其中, 系数 $C^j_{m_1 m_2}$ 定义为

$$C^j_{m_1 m_2} = \langle j_1, m_1; j_2, m_2 | j, m; j_1, j_2\rangle \tag{7.43}$$

该系数称为**克莱因–高登系数** (Clebsch-Gordan coefficient), 一般取实数。在 Mathematica 中有内部函数 ClebschGordan$[\{j_1, m_1\}, \{j_2, m_2\}, \{j, m\}]$, 可以用来计算系数 $C^j_{m_1 m_2}$ 的值。当然反过来, 非耦合表象也可以用耦合表象展开:

$$|j_1, m_1; j_2, m_2\rangle = \sum_{m_1, m_2} C^{m_1 m_2}_j |j, m; j_1, j_2\rangle \tag{7.44}$$

此时实的克莱因–高登系数为

$$C^{m_1 m_2}_j = \langle j, m; j_1, j_2 | j_1, m_1; j_2, m_2\rangle = C^j_{m_1 m_2} \tag{7.45}$$

对于克莱因–高登系数, 只有满足一定的条件才不等于零, 如要求 $m = m_1 + m_2$, 满足三角关系 $|j_1 - j_2| \leqslant j \leqslant j_1 + j_2$ 等。为了书写的方便和展现其对称性, 克莱因–高登系数可以表示为 $3j$ 符号 ($3j$ symbol), 而且 Mathematica 中也有内部函数

ThreeJSymbol$[\{j_1, m_1\}, \{j_2, m_2\}, \{j, m\}]$，它和内部函数 ClebschGordan$[\{j_1, m_1\},$ $\{j_2, m_2\}, \{j, m\}]$ 的关系为

$$\frac{\text{ClebschGordan}\left[\{j_1, m_1\}, \{j_2, m_2\}, \{j, m\}\right]}{\text{ThreeJSymbol}\left[\{j_1, m_1\}, \{j_2, m_2\}, \{j, m\}\right]} = (-1)^{m+j_1-j_2}\sqrt{2j+1}$$

总之从对称性上来讲，克莱因–高登系数的结构和 $SU(2)$ 群上 (角动量算符作为其生成元的群，见附录 H.3) 将两个不可约表示的直积**约化**为直和 (可以参考式 (7.41) 来理解) 的系数相联系。

### 7.1.4　电子自旋相关的物理效应

由于电子自旋的存在，其自旋磁矩和轨道磁矩会发生相互作用使得原子的能级发生改变，从而产生和电子自旋有关的物理效应。前面在介绍斯特恩–盖拉赫实验的时候介绍了电子自旋磁矩所导致光谱的精细结构和反常的塞曼效应，下面就来详细分析由电子自旋所导致的这两个问题。

1. 原子光谱的精细结构

依然以类氢原子为例来说明原子光谱的精细结构。根据前面的讨论，对于类氢原子的哈密顿量：

$$\hat{H}_0 = \frac{\hat{p}^2}{2m} + \hat{V}(r) = -\frac{\hbar^2}{2m}\nabla^2 - \frac{Ze^2}{4\pi\epsilon_0}\frac{1}{r} \tag{7.46}$$

其对应的能级间由于电磁场激发会产生跃迁而形成一定的谱线系。如果对其中某一条谱线进行更加精确的结构分析 (使用更高分辨率的光谱仪)，会发现它不是简单的一条谱线而是由多条谱线组成，即谱线具有**精细结构**甚至**超精细结构**。形成谱线精细结构的原因是能级由于存在其他相互作用而发生移动或分裂，而能级发生移动或分裂的原因很多，如**相对论效应**导致的能级修正，原子和真空场相互作用导致的能级移动 (**兰姆移动**)，电子自旋磁矩和角动量磁矩或原子核磁矩相互作用导致的能级分裂。这里首先考察最为重要的能级分裂：由自旋和轨道磁矩耦合引起的光谱精细结构。

1) 自旋轨道耦合引起的能级分裂

电子的轨道磁矩和自旋磁矩会发生相互作用而耦合，其哈密顿量为[12]

$$\hat{H}'_{\text{so}} = \frac{1}{2m^2c^2}\frac{1}{r}\frac{\mathrm{d}\hat{V}(r)}{\mathrm{d}r}\hat{\boldsymbol{L}}\cdot\hat{\boldsymbol{S}} = \frac{e^2}{8\pi\epsilon_0}\frac{1}{m^2c^2r^3}\hat{\boldsymbol{L}}\cdot\hat{\boldsymbol{S}} \equiv \xi(r)\hat{\boldsymbol{L}}\cdot\hat{\boldsymbol{S}} \tag{7.47}$$

其中，$m$ 为电子质量；$c$ 为光速；$r$ 为电子轨道半径；$\hat{V}(r)$ 为式 (7.46) 中的库仑势。由于电子以速度 $\hat{\boldsymbol{v}}$ 高速绕核旋转，对电子而言相当于核相对于电子以速度

$-\hat{\boldsymbol{v}}$ 高速旋转，核的高速旋转会形成一个磁场 $\boldsymbol{B} = -\boldsymbol{E} \times \hat{\boldsymbol{v}}/c^2$，该磁场将对电子的自旋磁矩产生作用，所以其能量为

$$\hat{H}'_{\mathrm{so}} = -\hat{\boldsymbol{\mu}}_e \cdot \boldsymbol{B} = -\frac{e}{m}\hat{\boldsymbol{S}} \cdot \frac{\boldsymbol{E} \times \hat{\boldsymbol{p}}}{mc^2} = -\frac{e\hbar}{2m^2c^2}\left(\boldsymbol{E} \times \hat{\boldsymbol{p}}\right) \cdot \hat{\boldsymbol{\sigma}} \tag{7.48}$$

此处电场强度 $\boldsymbol{E}$ 为库仑势的梯度：$\boldsymbol{E} = -\nabla V(r) = -\boldsymbol{e}_r \mathrm{d}V(r)/\mathrm{d}r$(注意式 (7.48) 的结果必须乘以 $1/2$ 的相对论因子才与正确的形式 (7.47) 相同)。因此电子的自旋轨道耦合是电子轨道磁矩和电子自旋磁矩的相互作用引起的，这个相互作用对原子系统 $\hat{H}_0$ 而言是微扰，其对原子能级将产生修正。$\hat{H}_0$ 的能态为 $|nlm_l\rangle$，考虑电子自旋时为 $|nlm_lm_s\rangle$，其在球坐标表象中是

$$\langle r,\theta,\phi|nlm_lm_s\rangle = \psi_{nlm_l}(r,\theta,\phi)\chi(m_s) = R_{nl}(r)Y_{lm_l}(\theta,\phi)\chi(m_s)$$

这个态所构成的表象称为直积表象或者非耦合表象。但在非耦合表象中 $\hat{H}'_{\mathrm{so}}$ 不是对角的，因为它和对角矩阵 $\hat{H}_0$ 不对易：$[\hat{H}_0, \hat{H}'_{\mathrm{so}}] \neq 0$。

此外，根据角动量耦合理论，可以定义一个总角动量：

$$\hat{\boldsymbol{J}} = \hat{\boldsymbol{L}} + \hat{\boldsymbol{S}} \tag{7.49}$$

总角动量的本征问题同样取算符 $\{\hat{\boldsymbol{J}}^2, \hat{J}_z\}$ 的共同本征态，标记为 $|j,m\rangle$。由于 $\hat{\boldsymbol{J}}^2$ 为

$$\hat{\boldsymbol{J}}^2 = \left(\hat{\boldsymbol{L}} + \hat{\boldsymbol{S}}\right)^2 = \hat{\boldsymbol{L}}^2 + \hat{\boldsymbol{S}}^2 + 2\hat{\boldsymbol{L}} \cdot \hat{\boldsymbol{S}}$$

可以证明其与轨道角动量和自旋角动量都对易：$[\hat{\boldsymbol{J}}^2, \hat{\boldsymbol{L}}^2] = [\hat{\boldsymbol{J}}^2, \hat{\boldsymbol{S}}^2] = 0$ (对电子而言 $\hat{\boldsymbol{S}}^2 = 3\hbar^2/4$ 本身就是常数)。这样总的角动量 $\hat{\boldsymbol{J}}$ 与整个体系 $\hat{H} = \hat{H}_0 + \hat{H}'_{\mathrm{so}}$ 对易：$[\hat{\boldsymbol{J}}^2, \hat{H}] = 0$，表明总角动量守恒。因此可以取 $\{\hat{H}_0, \hat{\boldsymbol{L}}^2, \hat{\boldsymbol{J}}^2, \hat{J}_z\}$ 的共同本征态作为基矢来计算能级修正，其中算符所对应的量子数 $n$、$l$、$j$、$m$ 都是好量子数，那么体系的原始态可取耦合表象基矢 $|nljm\rangle$，这样有

$$\begin{aligned}
\hat{H}_0|nljm\rangle &= E_n^0|nljm\rangle \\
\hat{\boldsymbol{J}}^2|nljm\rangle &= j(j+1)\hbar^2|nljm\rangle \\
\hat{\boldsymbol{L}}^2|nljm\rangle &= l(l+1)\hbar^2|nljm\rangle \\
\hat{\boldsymbol{S}}^2|nljm\rangle &= s(s+1)\hbar^2|nljm\rangle = \frac{3}{4}\hbar^2|nljm\rangle
\end{aligned} \tag{7.50}$$

上面的基矢在球坐标表象中可以写为

$$\psi(r,\theta,\phi,m) \equiv \langle r,\theta,\phi|nljm\rangle = R_{nl}(r)|ljm\rangle = R_{nl}(r)U_{ljm}(\theta,\phi,m)$$

显然在耦合表象中微扰 $\hat{H}'_{\text{so}}$ 是对角的，所以自旋轨道耦合引起的能级 $E_n^0$ 的一级修正可以直接计算为

$$E_{\text{so}}^{(1)} = \langle nljm| \hat{H}'_{\text{so}} |nljm \rangle = \int_0^{+\infty} R_{nl}^2 \left(r\right) \xi\left(r\right) r^2 \mathrm{d}r \langle ljm| \hat{\boldsymbol{L}} \cdot \hat{\boldsymbol{S}} |ljm \rangle$$

$$= \frac{\hbar^2}{2} \left[ j\left(j+1\right) - l\left(l+1\right) - \frac{3}{4} \right] \int_0^{+\infty} R_{nl}^2 \left(r\right) \xi\left(r\right) r^2 \mathrm{d}r$$

其中，计算 $\langle ljm| \hat{\boldsymbol{L}} \cdot \hat{\boldsymbol{S}} |ljm \rangle$ 时利用了 $2\hat{\boldsymbol{L}} \cdot \hat{\boldsymbol{S}} = \hat{\boldsymbol{J}}^2 - \hat{\boldsymbol{L}}^2 - \hat{\boldsymbol{S}}^2$ 并结合了式 (7.50)。对于径向 $r$ 的积分，计算结果如下 (具体见习题 7.8 的**克拉莫斯关系** (Kramers' relation)[59]，或直接利用 Mathematica 积分)：

$$\int_0^{+\infty} R_{nl}^2 \left(r\right) \xi\left(r\right) r^2 \mathrm{d}r = \frac{Z^4 e^2}{8\pi\epsilon_0 m^2 c^2} \frac{1}{l\left(l+1/2\right)\left(l+1\right) n^3 a_0^3}$$

代入能量的一级修正，得到：

$$E_{\text{so}}^{(1)} = \frac{Z^4 e^2 \hbar^2}{16\pi\epsilon_0 m^2 c^2 n^3 a_0^3} \frac{j\left(j+1\right) - l\left(l+1\right) - \dfrac{3}{4}}{l\left(l+1/2\right)\left(l+1\right)}$$

$$= \frac{\left(E_n^0\right)^2}{mc^2} \frac{n\left[ j\left(j+1\right) - l\left(l+1\right) - \dfrac{3}{4} \right]}{l\left(l+1/2\right)\left(l+1\right)} \tag{7.51}$$

对于自旋轨道耦合，量子数 $j$ 可以取两个值：$j = l+1/2, j = l-1/2$，代入式 (7.51) 得到修正以后的能量分别为

$$E_{n,l,j=l+1/2} = E_n^0 + \frac{\left(E_n^0\right)^2}{mc^2} \frac{n}{\left(l+1/2\right)\left(l+1\right)} \tag{7.52}$$

$$E_{n,l,j=l-1/2} = E_n^0 - \frac{\left(E_n^0\right)^2}{mc^2} \frac{n}{\left(l+1/2\right) l} \tag{7.53}$$

显然式 (7.52) 和式 (7.53) 表明电子能级 $E_n^0$ 在自旋轨道耦合作用下分裂为两条，能级分裂大小和轨道角动量的大小有关 ($l \neq 0$)，对应由自旋轨道耦合引起的光谱精细结构，其能级移动数量级约为原来能级的 $E_n^0/(mc^2) = -\alpha^2/(2n^2) \propto \alpha^2$，其中 $\alpha$ 为精细结构常数，定义见式 (6.31)。

2) 相对论修正引起的能级分裂

原子光谱精细结构中相对论效应引起的能级分裂和自旋轨道耦合相互作用具有同样的数量级，接下来讨论和相对论效应有关的光谱精细结构。根据相对论的

能量公式, 粒子的动能可写为

$$E_k = \sqrt{p^2 c^2 + m^2 c^4} - mc^2$$

其中, $p$ 为粒子的动量; $m$ 为粒子静止质量。显然相对论动能是粒子运动起来的总能量减去静止的总能量 (当 $p = 0$ 时动能为零), 在 $p/m \ll c$ 时, 相对论动能公式可以展开为小量 $p/mc$ 的级数 (利用 Mathematica 的 Series[··] 函数):

$$E_k = \frac{1}{mc^2} \left[ \sqrt{1 + \left(\frac{p}{mc}\right)^2} - 1 \right] = \frac{p^2}{2m} - \frac{p^4}{8m^3 c^2} + \cdots$$

因此相对论效应所引起的经典动能 $E_k = p^2/2m$ 的一阶修正哈密顿量为

$$\hat{H}'_{\mathrm{re}} = -\frac{\hat{p}^4}{8m^3 c^2}$$

其中, $\hat{p}$ 是对应的动量算符。根据定态微扰论, 能级 $E_n^0$ 的一阶能量修正为

$$E_{\mathrm{re}}^{(1)} = \langle \hat{H}'_{\mathrm{re}} \rangle = -\frac{1}{8m^3 c^2} \langle \psi_{nlm_l} | \hat{p}^4 | \psi_{nlm_l} \rangle = -\frac{1}{8m^3 c^2} \langle \hat{p}^2 \psi_{nlm_l} | \hat{p}^2 \psi_{nlm_l} \rangle$$

其中,

$$|\hat{p}^2 \psi_{nlm_l} \rangle \equiv \hat{p}^2 |\psi_{nlm_l}\rangle = 2m(E_n^0 - \hat{V}) |\psi_{nlm_l}\rangle$$

所以相对论的能级修正为

$$E_{\mathrm{re}}^{(1)} = -\frac{1}{2mc^2} \langle \psi_{nlm_l} | (E_n^0 - \hat{V})^2 | \psi_{nlm_l} \rangle$$

$$= -\frac{1}{2mc^2} \left[ (E_n^0)^2 - 2E_n^0 \langle \psi_{nlm_l} | \hat{V} | \psi_{nlm_l} \rangle + \langle \psi_{nlm_l} | \hat{V}^2 | \psi_{nlm_l} \rangle \right]$$

其中, 库仑势 $\hat{V}(r)$ 的平均值计算结果如下 (直接利用 Mathematica 的积分运算或参见习题 7.8 中的式 (7.356) 和式 (7.357)):

$$\langle \hat{V} \rangle = -\frac{e^2}{4\pi\epsilon_0} \langle \psi_{nlm_l} | \frac{1}{r} | \psi_{nlm_l} \rangle = -\frac{e^2}{4\pi\epsilon_0} \frac{1}{n^2 a}$$

$$\langle \hat{V}^2 \rangle = \left(\frac{e^2}{4\pi\epsilon_0}\right)^2 \langle \psi_{nlm_l} | \frac{1}{r^2} | \psi_{nlm_l} \rangle = \left(\frac{e^2}{4\pi\epsilon_0}\right)^2 \frac{1}{n^3 a^2 (l+1/2)}$$

其中, $a$ 为类氢原子的玻尔半径, $a \equiv a_0/Z$。将以上的平均值 $\langle \hat{V} \rangle$ 和 $\langle \hat{V}^2 \rangle$ 代入能量的一阶修正 $E_{\mathrm{re}}^{(1)}$ 中, 得到相对论的能量修正为

$$E_{\mathrm{re}}^{(1)} = -\frac{1}{2mc^2} \left[ (E_n^0)^2 + 2E_n^0 \left(\frac{e^2}{4\pi\epsilon_0}\right) \frac{1}{n^2 a} + \left(\frac{e^2}{4\pi\epsilon_0}\right)^2 \frac{1}{n^3 a^2 (l+1/2)} \right]$$

最后代入玻尔能级公式 (4.74) 和玻尔半径公式 (4.75)，得到类氢原子基态的相对论修正为

$$E_{\text{re}}^{(1)} = -\frac{(E_n^0)^2}{2mc^2}\left(\frac{4n}{l+\dfrac{1}{2}} - 3\right) \tag{7.54}$$

根据修正式 (7.54)，相对论效应引起的能级移动数量级和自旋轨道耦合相当，都为原来能级的 $|E_n^0/(mc^2)| = \alpha^2/(2n^2) \approx 2 \times 10^{-5}$。

因此类氢原子能级的**精细结构**来自于自旋轨道耦合修正 $E_{\text{so}}^{(1)}$ 和相对论修正 $E_{\text{re}}^{(1)}$，二者的能级修正都正比于精细结构常数的平方 $\alpha^2$，则总的能级移动 $E_{\text{fs}}^{(1)}$ 也正比于精细结构常数的平方，具体计算结果为

$$E_{\text{fs}}^{(1)} \equiv E_{\text{so}}^{(1)} + E_{\text{re}}^{(1)} = \frac{(E_n^0)^2}{2mc^2}\left(3 - \frac{4n}{j+\dfrac{1}{2}}\right) \tag{7.55}$$

上述的能量修正是普遍成立的 (对 $l=0$ 也成立[12])，可以验证当 $j=l+1/2$ 时能态对应的能量修正式 (7.55) 是修正式 (7.52) 和修正式 (7.54) 的和；当 $j=l-1/2$ 时是修正式 (7.53) 和修正式 (7.54) 的和。结合式 (4.73)，类氢原子精细结构的能级 $E_{nj}^{\text{fs}} = E_n^0 + E_{\text{fs}}^{(1)}$ 可写为

$$E_{nj}^{\text{fs}} = -(13.6\,\text{eV})\frac{Z^2}{n^2}\left[1 + \frac{\alpha^2}{n^2}\left(\frac{n}{j+\dfrac{1}{2}} - \frac{3}{4}\right)\right] \tag{7.56}$$

由式 (7.56) 可以发现，类氢原子能级所对应的精细结构态依赖于量子数 $n, j = l+s, m_j$；它是轨道态 $|nlm_l\rangle$ 和自旋态 $|sm_s\rangle$ 耦合的结果，所以原子能级所对应的耦合态在给定 $n, l, s$ 后可以写为 $|n, l, j, m_j\rangle$，其为精细结构修正后哈密顿量 $\hat{H} = \hat{H}_0 + \hat{H}_{\text{so}}' + \hat{H}_{\text{re}}' \equiv \hat{H}_0 + \hat{H}_{\text{sf}}'$ 的本征态。

最后根据以上结果讨论一下钠原子 D 线的双线结构问题。根据钠原子的能级结构 (图 7.7)，D 线是能级 3P 到能级 3S 的跃迁造成的，首先根据类氢原子的能级公式 (4.72) 可以发现能级 3P 和 3S 的能量是一样的：$E_3 = -1.51\text{eV}$，根本不会发生跃迁。但由于两个态的电子分布不同，能级大小还依赖于角动量量子数 $l$。由于 $l=0$ 时 3S 态的电子分布穿出 1S 电子云的程度大于 3P 态 (如图 4.5(a) 所示)，所以内层电子对 3S 态的屏蔽效应低于 3P 态，这样 3S 态的能量就低于 3P 态 (相当于原子的**等效核电荷数** $Z^*$ 对 3S 态大一些，可参照氢原子基态能计算中的式 (5.75) 来理解等效核电荷数)。实际上 3S 态的能量 $E_{3\text{s}} = -5.14\text{eV}$ ($Z^* = 1.845$)，3P 态的能量 $E_{3\text{p}} = -3.04\text{eV}$ ($Z^* = 1.419$)，所以 D 线的波长为 589nm。由于能级存在精细结构公式 (7.56)，不同态的能量还依赖于能级的总量子数 $j = l+s$，

所以对于 3P 态而言，$j = 1 + 1/2 = 3/2$ 的态 $3^2\mathrm{P}_{3/2}$ 和 $j = 1 - 1/2 = 1/2$ 的态 $3^2\mathrm{P}_{1/2}$ 的能量是不同的，其能量差 $\Delta E_{\mathrm{fs}} = 0.0021\mathrm{eV}$(或者波长差为 $0.597\mathrm{nm}$)，那么能级跃迁 $3\mathrm{P}_{3/2} \to 3\mathrm{S}_{1/2}$ 构成 $\mathrm{D}_2$ 线，波长为 $589\mathrm{nm}$ ($2.105\mathrm{eV}$)，跃迁 $3\mathrm{P}_{1/2} \to 3\mathrm{S}_{1/2}$ 构成 $\mathrm{D}_1$ 线，波长为 $589.6\mathrm{nm}$ ($2.103\mathrm{eV}$)，从而形成了钠原子 D 线的双线精细结构，如图 7.7 所示。

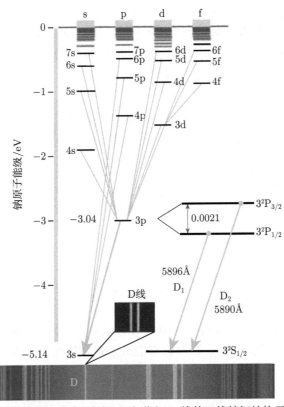

图 7.7　钠原子的能级结构 (上部)、光谱和 D 线的双线精细结构示意图 (底部)

### 2. 原子谱线的塞曼效应

下面讨论另外一个和自旋有关的原子谱线分裂效应。把一个原子 (辐射源) 放入一个稳定的外磁场中，原子的辐射光谱发生分裂的现象称为**塞曼效应** (Zeeman effect)。对电子而言，其轨道磁矩、自旋磁矩和外磁场 $\boldsymbol{B}$ 的相互作用为

$$\hat{H}'_{\mathrm{ze}} = -(\hat{\boldsymbol{\mu}}_L + \hat{\boldsymbol{\mu}}_S) \cdot \boldsymbol{B} = \frac{e}{2m}\left(\hat{\boldsymbol{L}} + 2\hat{\boldsymbol{S}}\right) \cdot \boldsymbol{B} \tag{7.57}$$

对于以上的相互作用 $\hat{H}'_{\mathrm{ze}}$，利用类氢原子的能级波函数 $|nlm_l\rangle \otimes |sm_s\rangle \equiv |nlsm_lm_s\rangle$(同样为了区分轨道和自旋磁量子数，磁量子数 $m$ 分别加了角标 $l$ 和 $s$)

作为初始态，在定态微扰的理论框架下来讨论塞曼效应。

通常如果原子中电子的自旋等于零，即 $\hat{S} = 0$，那么原子能级在沿 $z$ 轴方向外磁场 $B$ 中的能级分裂取决于角动量的分量量子数 $m_l$ 的取值，即能级会分裂为 $2l+1$ 条，此时根据跃迁选择定则 $\Delta m_l = 0, \pm 1$ 和能级移动公式 (7.57) 有 $E_{\text{ze}}^{(1)} = \dfrac{e\hbar}{2m} m_l B$，不同跃迁的能量差只有三种 $0, \pm\dfrac{e\hbar}{2m}B$，也就是谱线只会分裂为三条，该现象是塞曼 (Zeeman) 最早发现的，通常被称为**正常塞曼效应** (normal Zeeman effect)。但由于电子自旋的存在，即 $\hat{S} \neq 0$，使得问题变得复杂，这种和自旋有关必须借助于自旋才能解释清楚的塞曼效应通常被称为**反常塞曼效应** (anomalous Zeeman effect)。

由于自旋的存在，塞曼效应中依然存在自旋轨道修正 $\hat{H}'_{\text{so}}$ 和相对论修正 $\hat{H}'_{\text{re}}$ 共同带来的精细结构哈密顿量修正：$\hat{H}'_{\text{fs}} \equiv \hat{H}'_{\text{so}} + \hat{H}'_{\text{re}}$，那么系统总的哈密顿量为 $\hat{H}_0 + \hat{H}'_{\text{fs}} + \hat{H}'_{\text{ze}}$，所以根据两种相互作用 $\hat{H}'_{\text{fs}}$ 和 $\hat{H}'_{\text{ze}}$ 的相对大小，在不同的外部磁场强度下，两种相互作用的主次会发生改变，所以塞曼效应对不同的磁场强度具有不同的能级分裂结果 [12]，下面分别进行讨论。

1) 弱磁场中的塞曼效应

先讨论一种非常简单的情况，就是外部的磁场很弱，在这种情况下 $\hat{H}'_{\text{ze}} \ll \hat{H}'_{\text{fs}}$，此时内部的轨道磁矩和自旋磁矩会首先耦合在一起形成一个耦合的总体磁矩，然后和外部弱磁场进行相互作用。此时轨道耦合作用引起的精细结构能级式 (7.55) 所对应的耦合态 $|nljm_j\rangle$ 可以作为原始能态，塞曼效应项 $\hat{H}'_{\text{ze}}$ 可以看作在这个耦合能态上的微扰，则能级的一级微扰为

$$E_{\text{ze}}^{(1)} = \langle nljm_j| \hat{H}'_{\text{ze}} |nljm_j\rangle = \frac{e}{2m} \boldsymbol{B} \cdot \langle \hat{\boldsymbol{L}} + 2\hat{\boldsymbol{S}} \rangle = \frac{e}{2m} \boldsymbol{B} \cdot \langle \hat{\boldsymbol{J}} + \hat{\boldsymbol{S}} \rangle \tag{7.58}$$

其中，总角动量 $\hat{\boldsymbol{J}} = \hat{\boldsymbol{L}} + \hat{\boldsymbol{S}}$ 是守恒量，而自旋 $\hat{\boldsymbol{S}}$ 对 $|nljm_j\rangle$ 是非守恒量。当外磁场**很弱**不足以破坏 $LS$ 耦合时，在精细结构能级 $|nljm_j\rangle$ 上总角动量 $\hat{\boldsymbol{J}}$ 守恒，电子自旋 $\hat{\boldsymbol{S}}$ 会沿着守恒量 $\hat{\boldsymbol{J}}$ 做快速进动，所以自旋随时间的平均值必沿着 $\hat{\boldsymbol{J}}$ 方向 (如图 7.8(a) 所示)，所以等效的自旋矢量应该为

$$\hat{\boldsymbol{S}}_J = \frac{\hat{\boldsymbol{S}} \cdot \hat{\boldsymbol{J}}}{J^2} \hat{\boldsymbol{J}}$$

显然由于 $\hat{\boldsymbol{L}} = \hat{\boldsymbol{J}} - \hat{\boldsymbol{S}}$，也就是从 $\hat{\boldsymbol{L}}^2 = (\hat{\boldsymbol{J}} - \hat{\boldsymbol{S}})^2 = J^2 + S^2 - 2\hat{\boldsymbol{J}} \cdot \hat{\boldsymbol{S}}$ 可以得到：

$$\hat{\boldsymbol{S}} \cdot \hat{\boldsymbol{J}} = \frac{1}{2}\left(J^2 + S^2 - L^2\right) = \frac{\hbar^2}{2}\left[j\left(j+1\right) + s\left(s+1\right) - l\left(l+1\right)\right]$$

从而根据上面的平均值可以计算得到：

$$\langle \hat{\boldsymbol{L}} + 2\hat{\boldsymbol{S}} \rangle = \left\langle \left(1 + \frac{\boldsymbol{S} \cdot \boldsymbol{J}}{J^2}\right) \boldsymbol{J} \right\rangle = \left[1 + \frac{j\left(j+1\right) + s\left(s+1\right) - l\left(l+1\right)}{2j\left(j+1\right)}\right] \langle \boldsymbol{J} \rangle$$

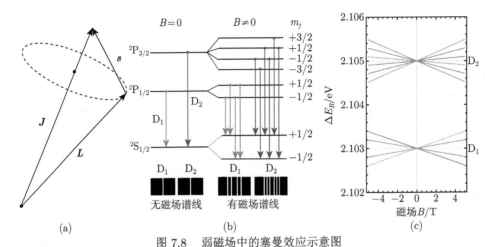

图 7.8    弱磁场中的塞曼效应示意图

(a) 弱磁场下原子的轨道自旋耦合；(b) 弱磁场下钠原子 $D_1$ 线和 $D_2$ 线的谱线分裂示意图；

(c) 磁场中能级移动 $\Delta E_B$ 随外磁场变化的示意图

其中，中括号里的部分一般被称为**朗德 $g$ 因子** (Landé g-factor)，记为 $g$。因此当外界磁场 $\boldsymbol{B}$ 取 $z$ 轴方向的时候，塞曼效应的能级修正式为

$$E_{\mathrm{ze}}^{(1)} = m_j g \mu_{\mathrm{B}} B \tag{7.59}$$

其中，$\mu_{\mathrm{B}} = e\hbar/(2m) \approx 5.788 \times 10^{-5} \mathrm{eV/T}$ (电子伏/特斯拉) 即为前面引入的玻尔磁子。因此对于原始的原子能级 $E_n^0$，其能级的移动是原子精细结构和塞曼效应能级移动的总和：

$$E_{njm_j} = E_n^0 + E_{\mathrm{fs}}^{(1)} + E_{\mathrm{ze}}^{(1)} = E_n^0 + \frac{\left(E_n^0\right)^2}{2mc^2}\left(3 - \frac{4n}{j + \dfrac{1}{2}}\right) + m_j g \mu_{\mathrm{B}} B \tag{7.60}$$

因此在精细结构耦合本征态 $|n, l, j, m_j\rangle$ 上，由于外磁场 $B$ 而引起的塞曼效应的能级移动只是最后一项，为方便记为 $\Delta E_B \equiv E_{\mathrm{ze}}^{(1)} = m_j g \mu_{\mathrm{B}} B$。

下面利用式 (7.60) 来讨论钠原子 D 线的反常塞曼效应。根据前面的讨论，钠原子的能级 $3^2\mathrm{P}_{1/2}$ 和 $3^2\mathrm{P}_{3/2}$ 到基态 $3^2\mathrm{S}_{1/2}$ 的跃迁形成两条钠黄线 (无磁场时的 $D_1$ 线和 $D_2$ 线如图 7.7 所示)。在加入磁场后，其最外层电子总的角量子数为 $j = l \pm 1/2$，代入塞曼效应能级修正式 (7.59) 有

$$\Delta E_B = m_j \left(1 \pm \frac{1}{2l + 1}\right) \mu_{\mathrm{B}} B \tag{7.61}$$

由式 (7.61) 可以发现加磁场后基态 $^2\mathrm{S}_{1/2}$ 的能级会分裂为 2 条：$j = 1/2, m_j = \pm 1/2$，而 $l = 0, s = 1/2$，得到其朗德因子 $g = 2$，从而其能量的移动为 $\Delta E_B(^2\mathrm{S}_{1/2}) =$

$2m_j\mu_{\mathrm{B}}B = \pm\mu_{\mathrm{B}}B$; 激发态 $^2\mathrm{P}_{1/2}$ 也分裂为 2 条: $j = 1/2, m_j = \pm1/2,$ 而 $l = 1, s = 1/2$, 其朗德因子 $g = 2/3$, 从而能量的移动为 $\Delta E_B(^2\mathrm{P}_{1/2}) = \dfrac{2}{3}m_j\mu_{\mathrm{B}}B = \pm\dfrac{1}{3}\mu_{\mathrm{B}}B$; 激发态 $^2P_{3/2}$ 则分裂为 4 条: $j = 3/2, m_j = -3/2, -1/2, 1/2, 3/2,$ 根据 $l = 1, s = 1/2$ 得到其朗德因子 $g = 4/3$, 能量的移动为 $\Delta E_B(^2\mathrm{P}_{3/2}) = \dfrac{4}{3}m_j\mu_{\mathrm{B}}B = \pm2\mu_{\mathrm{B}}B,$ $\pm\dfrac{2}{3}\mu_{\mathrm{B}}B$。如图 7.8(b) 所示, 加上磁场后根据偶极跃迁条件 $\Delta m_j = \pm1, 0$, 原来的 $\mathrm{D}_1$ 线分裂为 4 条, $\mathrm{D}_2$ 线分裂为 6 条, 分裂的条数随磁场强度 $B$ 线性增加 (如图 7.8(c) 所示)。

2) 强磁场中的塞曼效应

当外部磁场很强的时候, 轨道自旋耦合的精细结构 $\hat{H}'_{\mathrm{fs}}$ 成了微扰, 而塞曼效应占主导地位, 此时 $\hat{H}'_{\mathrm{ze}} \gg \hat{H}'_{\mathrm{fs}}$, 选择非耦合 $\hat{H}_0$ 的本征态 $|nlsm_lm_s\rangle$ 作为原始的态, 这样塞曼效应的能级分裂与自旋等于零情况下的塞曼效应相似, 此时的塞曼效应又被称为正常塞曼效应。因此当外部磁场 $\boldsymbol{B}$ 很强时, 自旋轨道耦合等效应相对较弱, 原子的轨道磁矩和自旋磁矩分别和外磁场都有很强的相互作用。如果假设外部磁场的方向沿 $z$ 轴方向: $\boldsymbol{B} = B\boldsymbol{k}$, 那么描写塞曼效应的相互作用式 (7.57) 可以写为

$$\hat{H}'_{\mathrm{ze}} = \frac{e}{2m}B\left(\hat{L}_z + 2\hat{S}_z\right)$$

从而非耦合的原始态在磁场中的能级移动为

$$\begin{aligned}
E^{(1)}_{\mathrm{ze}} &= \langle nlsm_lm_s|\,\hat{H}'_{\mathrm{ze}}\,|nlsm_lm_s\rangle = \frac{e}{2m}B\langle\hat{L}_z + 2\hat{S}_z\rangle \\
&= \frac{e}{2m}B\left(m_l + 2m_s\right)\hbar = \left(m_l + 2m_s\right)\mu_{\mathrm{B}}B
\end{aligned} \tag{7.62}$$

从式 (7.62) 可以看出能级的分裂只和 $m_l + 2m_s$ 有关, 所以能级的分裂间隔基本是均匀的, 根据跃迁选择定则这样会导致跃迁能量差值只有三种, 表明能级分裂回到了三条谱线的**正常塞曼效应**情况。原子在强磁场中的这种行为是科学家 Paschen 和 Back 发现的, 所以也称为 Paschen-Back 效应。为了更清楚地说明 Paschen-Back 效应, 依然以钠原子的 D 线为例, 强磁场中的能级分裂如图 7.9(a) 所示。对于基态 $^2\mathrm{S}_{1/2}$, 其 $l = 0, s = 1/2$, 则 $m_l + 2m_s = \pm1/2$, 能级分裂大小为 $\Delta E_B(^2\mathrm{S}_{1/2}) = \pm\mu_{\mathrm{B}}B/2$; 同理能级 $^2\mathrm{P}_{1/2}$ 和 $^2\mathrm{P}_{3/2}$, 它们的 $l = 1, s = 1/2$, 则 $m_l + 2m_s = \pm2, \pm1, 0$, 能级分裂大小为 $\Delta E_B(^2\mathrm{P}) = \pm2\mu_{\mathrm{B}}B, \pm\mu_{\mathrm{B}}B, 0$。图 7.9(a) 显示在磁场越来越强的时候, 中间的两个能级会越来越接近, 最后能级会变成五个等间距的能级, 这些均匀能级之间的跃迁, 根据跃迁选择定则只能出现三种跃迁的能级差, 所以强磁场的时候会回到三条谱线的情况 (严格来讲每一条谱线其

实是由两条离得很近的光谱组成)。当然可以在考虑精细结构的情况下去具体计算
图 7.9(a) 中给出的钠原子能级修正，但由于计算钠原子的能级移动比较复杂，后
面将用一个简单的类氢原子的例子来具体计算一般磁场强度下原子能级随外磁场
的变化情况。

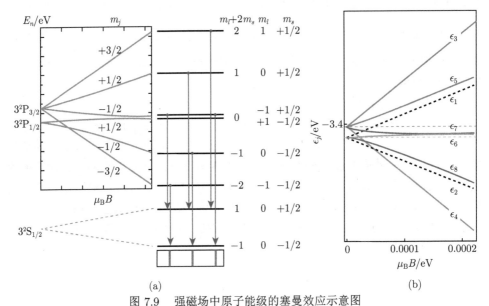

(a)　　　　　　　　　　(b)

图 7.9　强磁场中原子能级的塞曼效应示意图
(a) 不同强度磁场下钠原子的能级随磁场的分裂和强磁场下光谱的变化；(b) 类氢原子在
$n=2$ 时塞曼能级随磁场的分裂示意图

### 3) 一般磁场下的塞曼效应

当精细结构修正 $\hat{H}'_{fs}$ 和塞曼效应修正 $\hat{H}'_{ze}$ 的强度大小相当的时候，必须将
二者看作同一级的微扰，此时系统总的哈密顿量为 $\hat{H}_0 + \hat{H}'_{fs} + \hat{H}'_{ze}$，总的修正
$\hat{H}' = \hat{H}'_{fs} + \hat{H}'_{ze}$ 必须在 $\hat{H}_0$ 的基础上统一处理。在这种情况下 $\hat{H}_0$ 的非耦合原始
态是简并的 (简并度 $2n^2$)，需要利用简并空间的微扰论给出总微扰 $\hat{H}'$ 的矩阵形
式，然后求解本征值即可以给出能级的一级修正。同样如果继续讨论钠原子问题
的话，简并空间维度为 $2 \times 3^2 = 18$，求解起来非常复杂，所以给出一个简单例子，
讨论 $n=2$ 时类氢原子的情形，此时简并空间维度为 8。为了进一步简化运算，采
用前面介绍的精细结构本征态 $|j, m_j\rangle$ 作为基矢，也就是先把 $\hat{H}'_{fs}$ 对角化，然后对
角化 $\hat{H}'_{ze}$。对于耦合表象 $|j, m_j\rangle$ 和非耦合表象 $|l, m_l\rangle \otimes |s, m_s\rangle \equiv |l, m_l\rangle|s, m_s\rangle$，
采用耦合规则 $j = l+s, \cdots, |l-s|$，首先是 $l=0$，$s=1/2$ 时，$j=1/2$，一共有
2 个态；其次是 $l=1, s=1/2$ 时，$j=3/2, 1/2$，一共有 4+2=6 个态。接下来对
这 8 个态进行编号 [12]。首先 $j=1/2$ 的 2 个波函数：

$$|\psi_1\rangle \equiv \left|\frac{1}{2}, \frac{1}{2}\right\rangle = |0, 0\rangle \left|\frac{1}{2}, \frac{1}{2}\right\rangle$$

$$|\psi_2\rangle \equiv \left|\frac{1}{2}, -\frac{1}{2}\right\rangle = |0, 0\rangle \left|\frac{1}{2}, -\frac{1}{2}\right\rangle$$

其次 $j = 3/2$、$1/2$ 的 6 个波函数：

$$|\psi_3\rangle \equiv \left|\frac{3}{2}, \frac{3}{2}\right\rangle = |1, 1\rangle \left|\frac{1}{2}, \frac{1}{2}\right\rangle$$

$$|\psi_4\rangle \equiv \left|\frac{3}{2}, -\frac{3}{2}\right\rangle = |1, -1\rangle \left|\frac{1}{2}, -\frac{1}{2}\right\rangle$$

$$|\psi_5\rangle \equiv \left|\frac{3}{2}, \frac{1}{2}\right\rangle = \sqrt{\frac{2}{3}}\,|1, 0\rangle \left|\frac{1}{2}, \frac{1}{2}\right\rangle + \sqrt{\frac{1}{3}}\,|1, 1\rangle \left|\frac{1}{2}, -\frac{1}{2}\right\rangle$$

$$|\psi_6\rangle \equiv \left|\frac{1}{2}, \frac{1}{2}\right\rangle = -\sqrt{\frac{1}{3}}\,|1, 0\rangle \left|\frac{1}{2}, \frac{1}{2}\right\rangle + \sqrt{\frac{2}{3}}\,|1, 1\rangle \left|\frac{1}{2}, -\frac{1}{2}\right\rangle$$

$$|\psi_7\rangle \equiv \left|\frac{3}{2}, -\frac{1}{2}\right\rangle = \sqrt{\frac{1}{3}}\,|1, -1\rangle \left|\frac{1}{2}, \frac{1}{2}\right\rangle + \sqrt{\frac{2}{3}}\,|1, 0\rangle \left|\frac{1}{2}, -\frac{1}{2}\right\rangle$$

$$|\psi_8\rangle \equiv \left|\frac{1}{2}, -\frac{1}{2}\right\rangle = -\sqrt{\frac{2}{3}}\,|1, -1\rangle \left|\frac{1}{2}, \frac{1}{2}\right\rangle + \sqrt{\frac{1}{3}}\,|1, 0\rangle \left|\frac{1}{2}, -\frac{1}{2}\right\rangle$$

上面耦合波函数利用了式 (7.42) 中的展开形式。在以上的 8 个波函数上，可以计算 $\hat{H}' = \hat{H}'_{\text{fs}} + \hat{H}'_{\text{ze}}$ 的 $8 \times 8$ 维矩阵形式，显然 $\hat{H}'_{\text{fs}}$ 已经是对角的，只需要计算 $\hat{H}'_{\text{ze}}$ 的非对角元，最后微扰矩阵的计算结果如下：

$$-H' = \begin{bmatrix} 5\gamma - \beta & & & & & & & \\ & 5\gamma + \beta & & & & & & \\ & & \gamma - 2\beta & & & & & \\ & & & \gamma + 2\beta & & & & \\ & & & & \gamma - \dfrac{2\beta}{3} & \dfrac{\sqrt{2}\beta}{3} & & \\ & & & & \dfrac{\sqrt{2}\beta}{3} & 5\gamma - \dfrac{\beta}{3} & & \\ & & & & & & \gamma + \dfrac{2\beta}{3} & \dfrac{\sqrt{2}\beta}{3} \\ & & & & & & \dfrac{\sqrt{2}\beta}{3} & 5\gamma + \dfrac{\beta}{3} \end{bmatrix}$$

其中, 矩阵元的参数:

$$\beta \equiv \mu_{\mathrm{B}}B, \quad \gamma \equiv 13.6\frac{\alpha^2}{4n^2}\,\mathrm{eV} = \frac{13.6}{64}\alpha^2\,\mathrm{eV} \approx 1.13219 \times 10^{-5}\,\mathrm{eV}$$

求解矩阵 $H'$ 久期方程得到的本征值即为能量的一级修正 (注意上面的矩阵是 $-H'$)。由于 $H'$ 为分块对角矩阵, 前 4 个对角元已经给出了 4 个能量修正: $E_{2,1}^{(1)} = \beta - 5\gamma$, $E_{2,2}^{(1)} = -\beta - 5\gamma$, $E_{2,3}^{(1)} = 2\beta - \gamma$, $E_{2,4}^{(1)} = -2\beta - \gamma$, 所以只需要求解后两个 $2 \times 2$ 对角方阵的本征值, 利用 Mathematica 的 Eigenvalues[··] 函数可以计算出 4 个能量修正, 分别为

$$E_{2,5}^{(1)} = -3\gamma + \frac{\beta}{2} + \sqrt{\frac{1}{4}\beta^2 + \frac{2}{3}\beta\gamma + 4\gamma^2}$$

$$E_{2,6}^{(1)} = -3\gamma + \frac{\beta}{2} - \sqrt{\frac{1}{4}\beta^2 + \frac{2}{3}\beta\gamma + 4\gamma^2}$$

$$E_{2,7}^{(1)} = -3\gamma - \frac{\beta}{2} + \sqrt{\frac{1}{4}\beta^2 + \frac{2}{3}\beta\gamma + 4\gamma^2}$$

$$E_{2,8}^{(1)} = -3\gamma - \frac{\beta}{2} - \sqrt{\frac{1}{4}\beta^2 + \frac{2}{3}\beta\gamma + 4\gamma^2}$$

利用上面给出的 8 个能量修正, 得到 $E_2^0$ 的 8 个修正能级为

$$\epsilon_j = E_2^0 + E_{2,j}^{(1)}, \quad j = 1, 2, \cdots, 8$$

图 7.9(b) 展示了类氢原子在 $n = 2$ 时的 8 个塞曼分裂能级 $\epsilon_j$ 随磁场强度变化的图像。从图中可以看出, 当 $\beta = 0$ 时无外界磁场, 此时能级 $E_2^0$ 的分裂主要是精细结构造成的; 当磁场很弱的时候 $\beta \ll \gamma$, 塞曼效应变成弱磁场下的反常分裂, 而且能级的分裂随外磁场并非是线性变化的 (非直线); 当磁场越来越强时 $\beta \gg \gamma$, 能级 $\epsilon_1$ 和 $\epsilon_5$、$\epsilon_2$ 和 $\epsilon_8$、$\epsilon_6$ 和 $\epsilon_7$ 趋于一致, 最后只剩下 5 条间隔均匀的能级, 从而谱线又回到正常塞曼效应的范畴。

最后由于原子核自旋的存在, 核自旋和电子轨道及自旋的相互作用会构成原子能级的**超精细结构**分裂, 其对能级有更为精细的修正, 在微扰论的框架下依然可以对其进行详细计算, 此处将不再讨论。

## 7.2 全同粒子体系

经过 7.1 节对粒子自旋及其相关效应的讨论, 下面开始讨论量子多体系统的基本理论, 首先从最简单的多体系统出发, 介绍量子力学框架下全同粒子的概念。

量子力学的全同粒子是指无法通过粒子的固有内禀属性进行区分的粒子。固有内禀属性是指在粒子哈密顿量中所展现的基本属性,如粒子的质量、电荷和自旋。因此全同粒子就是在量子力学哈密顿量框架下无法区分的粒子。由全同粒子组成的多体系统称为**全同粒子体系**,如电子系、质子系、中子系、光子气、电子气、中子星等。显然,对于全同粒子体系,体系哈密顿量中每一个粒子 $i$ 的质量 $m_i$、电荷 $q_i$ 和自旋 $s_i$ 都是相同的。在经典力学框架下,即使两个粒子是全同的,它们仍然是可区分的,因为它们各自有不同的轨道位置。在量子力学中,粒子的状态用波函数描写,当两个全同粒子的波函数在空间中发生重叠的时候,无法区分哪个是“第一个”粒子,哪个是“第二个”粒子。因此,在量子理论中就有**全同粒子不可区分性原理**,也就是说当一个全同粒子体系中各粒子的波函数有重叠的时候,这些全同粒子是不可区分的。

### 7.2.1　二体系统

下面从最简单的双粒子体系出发,来说明由两个全同粒子组成的体系的量子力学描述,从而给出一般全同粒子多体系统量子力学描述的基本概念。

#### 1. 一般双粒子体系的量子力学描述

一般来讲,实空间中一个双粒子体系的波函数可表示为 $\Psi(\boldsymbol{r}_1, \boldsymbol{r}_2, t)$。其表达的物理意义是 $t$ 时刻粒子 1 在 $\boldsymbol{r}_1$ 处,粒子 2 在 $\boldsymbol{r}_2$ 处单位体积的概率为 $|\Psi(\boldsymbol{r}_1, \boldsymbol{r}_2, t)|^2$,或者 $|\Psi(\boldsymbol{r}_1, \boldsymbol{r}_2, t)|^2 \mathrm{d}^3\boldsymbol{r}_1 \mathrm{d}^3\boldsymbol{r}_2$ 表示 $t$ 时刻在 $\boldsymbol{r}_1$ 处体积 $\mathrm{d}^3\boldsymbol{r}_1$ 中找到第一个粒子,在 $\boldsymbol{r}_2$ 处体积 $\mathrm{d}^3\boldsymbol{r}_2$ 中找到第二个粒子的概率,两个粒子的波函数同样满足全空间 (6 维实空间) 的归一化条件:

$$\int |\Psi(\boldsymbol{r}_1, \boldsymbol{r}_2, t)|^2 \, \mathrm{d}^3\boldsymbol{r}_1 \mathrm{d}^3\boldsymbol{r}_2 = 1$$

如果对于这两个粒子,体系的哈密顿量为

$$\hat{H}(\boldsymbol{r}_1, \boldsymbol{r}_2, t) = -\frac{\hbar^2}{2m_1}\nabla_1^2 - \frac{\hbar^2}{2m_2}\nabla_2^2 + \hat{V}(\boldsymbol{r}_1, \boldsymbol{r}_2, t)$$

那么体系波函数的演化满足两个粒子的薛定谔方程:

$$\mathrm{i}\hbar\frac{\partial}{\partial t}\Psi(\boldsymbol{r}_1, \boldsymbol{r}_2, t) = \hat{H}(\boldsymbol{r}_1, \boldsymbol{r}_2, t)\Psi(\boldsymbol{r}_1, \boldsymbol{r}_2, t)$$

当然如果体系势能函数不含时,同样有双粒子体系的定态薛定谔方程:

$$-\frac{\hbar^2}{2m_1}\nabla_1^2\psi(\boldsymbol{r}_1, \boldsymbol{r}_2) - \frac{\hbar^2}{2m_2}\nabla_2^2\psi(\boldsymbol{r}_1, \boldsymbol{r}_2) + \hat{V}(\boldsymbol{r}_1, \boldsymbol{r}_2)\psi(\boldsymbol{r}_1, \boldsymbol{r}_2) = E\psi(\boldsymbol{r}_1, \boldsymbol{r}_2)$$

显然接下来就是对以上双粒子体系的薛定谔方程或定态薛定谔方程进行求解了。对于双粒子体系，定态薛定谔方程的求解并不是非常困难。例如，如果体系的势能函数只是两个粒子相对位置的函数：$\hat{V}(\boldsymbol{r}_1, \boldsymbol{r}_2) = \hat{V}(\boldsymbol{r}_1 - \boldsymbol{r}_2)$，那么就可以引入**相对坐标**和**质心坐标**：

$$\boldsymbol{r} = \boldsymbol{r}_1 - \boldsymbol{r}_2, \quad \boldsymbol{R} = \frac{m_1 \boldsymbol{r}_1 + m_2 \boldsymbol{r}_2}{m_1 + m_2}$$

将上面的定态薛定谔方程写为

$$-\frac{\hbar^2}{2M}\nabla_R^2\psi(\boldsymbol{R}, \boldsymbol{r}) - \frac{\hbar^2}{2m}\nabla_r^2\psi(\boldsymbol{R}, \boldsymbol{r}) + \hat{V}(\boldsymbol{r})\psi(\boldsymbol{R}, \boldsymbol{r}) = E\psi(\boldsymbol{R}, \boldsymbol{r})$$

其中，总质量和**约化质量** (reduced mass) 分别定义为

$$M = m_1 + m_2, \quad m = \frac{m_1 m_2}{m_1 + m_2} \tag{7.63}$$

如果体系整体不受任何外力场的作用 (此时势能 $V(\boldsymbol{r})$ 彻底与 $\boldsymbol{R}$ 无关)，那么波函数的质心运动和相对运动可以分离为

$$\psi(\boldsymbol{R}, \boldsymbol{r}) = u(\boldsymbol{R}) v(\boldsymbol{r})$$

代入双粒子体系定态薛定谔方程得到

$$-\frac{\hbar^2}{2M}\nabla_R^2 u(\boldsymbol{R}) = E_R u(\boldsymbol{R})$$

$$\left[-\frac{\hbar^2}{2m}\nabla_r^2 v(\boldsymbol{r}) + \hat{V}(\boldsymbol{r})\right] v(\boldsymbol{r}) = E_r v(\boldsymbol{r})$$

可见二体系统的总能量 $E = E_R + E_r$ 可分为质心的自由运动能量和两个粒子的相对运动能量。显然此时的二体问题可以通过质心坐标系约化为**单体问题**。然而到目前为止，对一般二体系统的量子力学描述并没有出现比单体量子体系描述更新的内容。下面就来考察如果这两个粒子是全同粒子的话，会产生怎样不同的描述方式。

2. 全同双粒子体系的量子力学描述

对于由两个无相互作用的全同粒子组成的系统，如果已知粒子 1 处于 $\psi_a(\boldsymbol{r})$ 态，粒子 2 处于 $\psi_b(\boldsymbol{r})$ 态，那么这个双粒子体系的总体波函数可以写成直积态：

$$\Psi(\boldsymbol{r}_1, \boldsymbol{r}_2) = \psi_a(\boldsymbol{r}_1)\psi_b(\boldsymbol{r}_2) \tag{7.64}$$

这个态是确定的，因为这是建立于能够区分粒子 1 和粒子 2 并知道它们确切处于哪个态时的结果。然而在量子力学框架下，由于粒子 1 和粒子 2 是全同的，也就是不可区分的，那么在宏观上只能测量到体系的总能量 $E = E_a + E_b$，也就是说只能知道双粒子体系中某一个粒子处于 $\psi_a(\boldsymbol{r})$ 态，而另一个粒子处于 $\psi_b(\boldsymbol{r})$ 态，根本无法知道是哪一个粒子在 $\psi_a(\boldsymbol{r})$ 态，哪一个粒子在 $\psi_b(\boldsymbol{r})$ 态，也就是在量子力学框架下，全同粒子体系的任何可观测量对于两粒子交换都是不可区分的，此即为全同粒子体系的**全同性原理**。因此体系能量观测值是 $E = E_a + E_b$ 的两粒子态一定还存在如下情况：

$$\Psi(\boldsymbol{r}_1, \boldsymbol{r}_2) = \psi_a(\boldsymbol{r}_2)\psi_b(\boldsymbol{r}_1) \tag{7.65}$$

也就是说，对于能量值 $E = E_a + E_b$ 的全同双粒子体系，式 (7.64) 和式 (7.65) 都是体系允许的态，而且这两个态出现的概率没有任何区别，那么在这种情况下，系统的态就应该写为这两个态的等概率叠加。这种叠加可以有两种方式，一种是同相叠加：

$$\Psi(\boldsymbol{r}_1, \boldsymbol{r}_2) = \frac{1}{\sqrt{2}}[\psi_a(\boldsymbol{r}_1)\psi_b(\boldsymbol{r}_2) + \psi_a(\boldsymbol{r}_2)\psi_b(\boldsymbol{r}_1)] \tag{7.66}$$

另一种是反相叠加：

$$\Psi(\boldsymbol{r}_1, \boldsymbol{r}_2) = \frac{1}{\sqrt{2}}[\psi_a(\boldsymbol{r}_1)\psi_b(\boldsymbol{r}_2) - \psi_a(\boldsymbol{r}_2)\psi_b(\boldsymbol{r}_1)] \tag{7.67}$$

那么问题是上面的叠加态为什么是两种？到底应该选取哪一种作为全同二体系统的波函数呢？首先讨论一下这两类叠加到底有什么不同。对上面的两种叠加态来说，它们对于粒子位置交换的性质是不同的，也就是说将两个粒子的位置进行互换：$\boldsymbol{r}_1 \leftrightarrows \boldsymbol{r}_2$，态式 (7.66) 将保持不变，而态式 (7.67) 反号。也就是说态式 (7.66) 是**交换对称**的，而态式 (7.67) 是**交换反对称**的。对于全同粒子组成的体系，其波函数到底是交换对称还是交换反对称，这种性质由什么来决定？答案就在 7.1 节所讲述的粒子自旋上：

(1) 自旋量子数是整数的粒子称为**玻色子** (boson)，由其组成的全同粒子体系的波函数满足交换对称性。

(2) 自旋量子数是半整数的粒子称为**费米子** (fermion)，由其组成的全同粒子体系的波函数满足交换反对称性。

对于玻色子和费米子组成的体系，由于其波函数的交换对称性不同，其统计性质会产生根本的差异。波函数的交换对称和交换反对称会分别得出两个重要的推论：**玻色-爱因斯坦凝聚** (Bose-Einstein condensation, BEC) 和**泡利不相容原理** (Pauli exclusion principle)。

对于两个全同粒子体系, 因为粒子全同, 各自的哈密顿量相同, 能级结构也相同。因此对于玻色子体系而言, 两个粒子可以处于同一个状态, 如果粒子的基态是 $\psi_0$, 对应能量是 $E_0$, 那么体系的粒子可以同时处于基态, 体系的总能量最低可达到 $2E_0$。对于多体玻色子系统, 体系内所有粒子都可以随着温度的降低最后聚集在基态上, 这种现象就被称为玻色–爱因斯坦凝聚现象 (更详细的关于玻色子系统 BEC 的讨论见 7.2.2 小节); 对于费米子体系, 如果两个粒子处于同一个状态, 式 (7.67) 立刻就等于零, 也就是说这样的状态不存在, 即两个粒子不能同时处于一样的状态, 这就是著名的泡利不相容原理。因此对于费米子体系, 系统的能量排布只能从低能级往上排, 在系统温度很低的时候, 低能态的所有能级都会被费米子填满, 形成**费米海**, 系统粒子占据的最高能级就称为**费米能级**。显然玻色子体系和费米子体系的这种不同性质是其波函数交换对称性和交换反对称性所带来的不同统计性质引起的, 玻色子体系满足的统计规律称为玻色–爱因斯坦统计, 费米子体系所满足的统计规律称为费米–狄拉克统计。

### 3. 交换积分的力学效应

波函数的交换对称性和交换反对称性不仅会导致不同的统计性质, 而且会产生粒子之间的某种 “力学效应”。下面通过计算两个玻色子和两个费米子之间的平均距离来考察交换对称性所引起的 **“交换力”** (exchange force)[12]。为计算方便, 只在一个维度上考察体系能量是 $E_a + E_b$ 的二体系统中两个粒子的距离。根据上面所讨论的经典粒子、玻色子和费米子的波函数形式 (7.64) 或式 (7.65)、式 (7.66) 和式 (7.67), 分别计算两个粒子的距离。由于经典粒子是可区分的, 其波函数为确定的直积态: $\Psi_C(x_1, x_2) = \psi_a(x_1)\psi_b(x_2)$ 或 $\Psi_C(x_1, x_2) = \psi_a(x_2)\psi_b(x_1)$。由两个玻色子组成的体系, 其波函数为

$$\Psi_S(x_1, x_2) = \frac{1}{\sqrt{2}}\left[\psi_a(x_1)\psi_b(x_2) + \psi_a(x_2)\psi_b(x_1)\right] \tag{7.68}$$

对于费米子, 其波函数为

$$\Psi_A(x_1, x_2) = \frac{1}{\sqrt{2}}\left[\psi_a(x_1)\psi_b(x_2) - \psi_a(x_2)\psi_b(x_1)\right] \tag{7.69}$$

两个粒子之间的平均距离可以由下面的量来度量:

$$\left\langle (x_1 - x_2)^2 \right\rangle = \left\langle x_1^2 \right\rangle + \left\langle x_2^2 \right\rangle - 2\left\langle x_1 x_2 \right\rangle \tag{7.70}$$

其中, 尖括号代表在体系态上的平均值。

首先对于可区分的两个经典粒子, 在态 $\Psi_C(x_1, x_2)$ 上两个粒子的距离为

$$\left\langle (x_1 - x_2)^2 \right\rangle_C = \left\langle x_1^2 \right\rangle_C + \left\langle x_2^2 \right\rangle_C - 2\left\langle x_1 x_2 \right\rangle_C$$

$$= \left\langle x^2 \right\rangle_a + \left\langle x^2 \right\rangle_b - 2 \left\langle x \right\rangle_a \left\langle x \right\rangle_b \tag{7.71}$$

对于玻色子体系，根据对称波函数式 (7.68) 计算的粒子间距为 (见习题 7.9)

$$\left\langle (x_1 - x_2)^2 \right\rangle_{\mathrm{S}} = \left\langle x_1^2 \right\rangle_{\mathrm{S}} + \left\langle x_2^2 \right\rangle_{\mathrm{S}} - 2 \left\langle x_1 x_2 \right\rangle_{\mathrm{S}}$$

$$= \left\langle x^2 \right\rangle_a + \left\langle x^2 \right\rangle_b - 2 \left\langle x \right\rangle_a \left\langle x \right\rangle_b - 2 \left| \left\langle x \right\rangle_{ab} \right|^2 \tag{7.72}$$

同理对费米子体系而言有

$$\left\langle (x_1 - x_2)^2 \right\rangle_{\mathrm{A}} = \left\langle x_1^2 \right\rangle_{\mathrm{A}} + \left\langle x_2^2 \right\rangle_{\mathrm{A}} - 2 \left\langle x_1 x_2 \right\rangle_{\mathrm{A}}$$

$$= \left\langle x^2 \right\rangle_a + \left\langle x^2 \right\rangle_b - 2 \left\langle x \right\rangle_a \left\langle x \right\rangle_b + 2 \left| \left\langle x \right\rangle_{ab} \right|^2 \tag{7.73}$$

　　根据以上的计算，玻色子和费米子之间的距离是不同的。对玻色子而言，由于波函数的对称性，两粒子之间比经典粒子更靠近；对费米子而言，其波函数的反对称让两个费米子离得更远。因此，从等效的意义上似乎两个玻色子之间有某种吸引力而费米子之间有某种排斥力。显然这种力的效果是由交换积分引起的：

$$\left\langle x \right\rangle_{ab} = \int \psi_a^* (x) \, x \psi_b (x) \, \mathrm{d}x \tag{7.74}$$

所以这种"力"被称为"交换力"[12]。很明显交换力并不是由力源引起的实际力场，而是由玻色子和费米子不同于经典波函数的描述所带来的力学效应，该"力"的存在和玻色子的凝聚及费米气体的内压力 (不相容) 等现象有关，可以通过这个"力"的图像对这些现象获得更为直观的理解。

### 7.2.2　多粒子体系和量子统计

1. 多粒子体系的交换对称性

　　根据 7.2.1 小节对双粒子体系的基本讨论，下面将在更一般的意义上讨论多粒子体系的描述问题。对于一个由 $N$ 个全同粒子组成的体系，由于全同粒子的不可区分性，任意粒子的哈密顿量都是相同的，所以体系的哈密顿量可以写为

$$\hat{H} (q_1, q_2, \cdots, q_N, t) = \sum_{\alpha=1}^{N} \hat{H}_0 (q_\alpha) + \hat{V} (q_1, q_2, \cdots, q_N, t) \tag{7.75}$$

其中，$q_\alpha$ 代表第 $\alpha$ 个全同粒子的总自由度，字母 $q$ 代表粒子所有的空间自由度和自旋自由度：$q \equiv \{r, s\}$，角标 $\alpha$ 代表粒子的编号：$\alpha = 1, 2, \cdots, N$。由于粒子是全同的，粒子的单体哈密顿量 $\hat{H}_0 (q)$ 的本征方程满足：

$$\hat{H}_0 (q) \varphi_j (q) = \varepsilon_j \varphi_j (q)$$

给出所有粒子的单粒子态 $\varphi_j(q)$ 和能级 $\varepsilon_j$，其中 $j$ 为粒子的能级编号，单粒子态可以按照能量从低到高的顺序进行编号：$j = 1, 2, 3, \cdots$。

如果粒子之间没有相互作用 $\hat{V} = 0$，那么对于 $N$ 个全同粒子系统，可以用单粒子态构造整体系统的状态。假如系统有 $n_1$ 个粒子处于 $\varepsilon_1$ 态，$n_2$ 个粒子处于 $\varepsilon_2$ 态，$n_j$ 个粒子处于 $\varepsilon_j$ 态，那么系统就给定了粒子在不同能级上的一个**粒子数排布**，其满足如下条件：

$$N = \sum_{j=1} n_j = n_1 + n_2 + \cdots + n_j + \cdots \tag{7.76}$$

$$E = \sum_{j=1} n_j \varepsilon_j = n_1 \varepsilon_1 + n_2 \varepsilon_2 + \cdots + n_j \varepsilon_j + \cdots \tag{7.77}$$

对于满足以上约束条件的多体系统，定义一个算符 $\hat{P}_{\alpha\beta}$，该算符称为粒子 $\alpha$ 和 $\beta$ 的**交换算符**，其作用到体系波函数上满足：

$$\hat{P}_{\alpha\beta}\Psi(q_1, \cdots, q_\alpha, \cdots, q_\beta, \cdots, q_N, t) = \Psi(q_1, \cdots, q_\beta, \cdots, q_\alpha, \cdots, q_N, t)$$

显然交换算符对于多粒子波函数而言就是交换两个粒子的自由度。

与二体系统的讨论类似，根据粒子的全同性原理，粒子位置交换以后的态和原来的态对任何可观测量都是不可区分的，它们都是系统的可能微观状态。但如果连续两次交换粒子的位置，那么相当于系统的波函数没有改变，所以对系统任意态，任意两个粒子间的交换算符都满足：

$$\hat{P}_{\alpha\beta}^2 = \hat{I} \equiv 1$$

其中，$\hat{I}$ 为单位算符。考察交换算符的本征问题，其本征值一定满足 $\lambda^2 = +1$，即 $\lambda = 1$ 或者 $\lambda = -1$，显然交换算符是一个厄米算符。

由于全同粒子体系粒子的全同性，系统的哈密顿量式 (7.75) 对任何两个粒子的交换算符 $\hat{P}$ 都应该满足交换不变性，即

$$\hat{P}\hat{H} = \hat{H}$$

其中，相互作用势 $\hat{V}(q_1, \cdots, q_N, t)$ 也满足交换对称性。根据交换算符 $\hat{P}$ 和哈密顿量算符 $\hat{H}$ 的厄米性，可以证明交换算符与系统哈密顿量算符对易：

$$\left[\hat{P}, \hat{H}\right] = 0$$

这就表明了全同粒子体系的波函数一定具有某种交换对称性，而交换对称算符的本征值只有 $+1$ 和 $-1$ 两个，那么全同粒子体系的波函数要么是**交换对称**的，要

么是**交换反对称**的，自旋为整数的玻色子体系的波函数是交换对称的，自旋为半整数的费米子体系的波函数是交换反对称的，这样就得到了和前面讨论二体系统时一致的结论。

2. 玻色子体系和费米子体系的波函数

由于全同粒子体系粒子的不可区分性，系统的哈密顿量在粒子交换下不会发生改变，这样体系由哈密顿量决定的波函数一定具有某种交换对称性，根据交换算符的性质，波函数只存在两种交换对称性质：交换对称和交换反对称。下面用单粒子态来构造多粒子体系满足交换对称性的波函数。

1) 玻色子体系的波函数

对于 $N$ 个玻色子组成的体系，假如粒子分别分布在态 $\varphi_i, \varphi_j, \cdots, \varphi_k$ 上，那么可以构造交换对称的玻色子体系的波函数如下：

$$\Psi_S(q_1, q_2, \cdots, q_N) = \sqrt{\frac{n_i! n_j! \cdots n_k!}{N!}} \sum_P \hat{P} \varphi_i(q_1) \varphi_j(q_2) \cdots \varphi_k(q_N) \qquad (7.78)$$

其中，$n_i, n_j, \cdots, n_k$ 分别为各个态上的粒子占有数；对 $P$ 求和是对所有不重复的交换 $\hat{P}$ 求和，求和项的个数就是 $N$ 个粒子在占有能级上的全排列数去掉那些在相同能级上的重复排列数。

为了说清楚这个问题，举一个简单例子。假如一个体系由三个全同的玻色子组成，玻色子之间没有相互作用。已知有两个玻色子处于 $\varphi_a$ 态 (能量为 $\varepsilon_a$)，另外一个玻色子处于 $\varphi_b$ 态 (能量为 $\varepsilon_b$)，请问对于具有这样占有数排布的玻色子系统，其波函数是什么？显然，从其中一个初始排布开始，如第一和第二个粒子处于 $\varphi_a$ 态，第三个粒子处于 $\varphi_b$ 态，这个态为 $\varphi_a(q_1)\varphi_a(q_2)\varphi_b(q_3)$，然后对其进行任意两个粒子的所有交换操作，可以得到如下的交换结果：

$$\begin{aligned} \hat{I} &: \quad \varphi_a(q_1)\varphi_a(q_2)\varphi_b(q_3) \\ \hat{P}_{12} &: \quad \varphi_a(q_2)\varphi_a(q_1)\varphi_b(q_3) \\ \hat{P}_{13} &: \quad \varphi_a(q_3)\varphi_a(q_2)\varphi_b(q_1) \\ \hat{P}_{23} &: \quad \varphi_a(q_1)\varphi_a(q_3)\varphi_b(q_2) \end{aligned}$$

显然由于粒子 1 和粒子 2 处于同一个态上，$\hat{P}_{12}$ 作用在初始排布上并没有产生新的直积态，这样交换产生的不同直积态的个数显然是 3 个，即 $3 = 3!/2!$，根据式 (7.78) 自然给出波函数归一化系数的值，所以该玻色子体系的波函数为

$$\Psi_S(q_1, q_2, q_3) = \frac{1}{\sqrt{3}} \varphi_a(q_1)\varphi_a(q_2)\varphi_b(q_3) + \frac{1}{\sqrt{3}} \varphi_b(q_1)\varphi_a(q_2)\varphi_a(q_3)$$

$$+\frac{1}{\sqrt{3}}\varphi_a\left(q_1\right)\varphi_b\left(q_2\right)\varphi_a\left(q_3\right)$$

显然系统的态为所有不重复交换直乘态的求和。

2) 费米子体系的波函数

对于 $N$ 个费米子组成的体系，由于一个能级上只能排布一个粒子，所以所有求和项的个数就是粒子在 $N$ 个态上的排列数，可以写为

$$\Psi_{\mathrm{A}}\left(q_1,\cdots,q_N\right)=\frac{1}{\sqrt{N!}}\begin{vmatrix}\varphi_i\left(q_1\right)&\varphi_i\left(q_2\right)&\cdots&\varphi_i\left(q_N\right)\\\varphi_j\left(q_1\right)&\varphi_j\left(q_2\right)&\cdots&\varphi_j\left(q_N\right)\\\vdots&\vdots&&\vdots\\\varphi_k\left(q_1\right)&\varphi_k\left(q_2\right)&\cdots&\varphi_k\left(q_N\right)\end{vmatrix}\quad(7.79)$$

以上的表达式就是著名的**斯莱特行列式** (Slater determinant)。同样，对于三个费米子体系，分别分布在三个态 $\varphi_a$、$\varphi_b$ 和 $\varphi_c$ 上，很显然就是三个粒子在三个态上的排列，项的总数是 $3!=6$，所以体系的波函数可以从式 (7.79) 轻松得到:

$$\Psi_{\mathrm{A}}\left(q_1,q_2,q_3\right)=\frac{1}{\sqrt{3!}}\begin{vmatrix}\varphi_a\left(q_1\right)&\varphi_a\left(q_2\right)&\varphi_a\left(q_3\right)\\\varphi_b\left(q_1\right)&\varphi_b\left(q_2\right)&\varphi_b\left(q_3\right)\\\varphi_c\left(q_1\right)&\varphi_c\left(q_2\right)&\varphi_c\left(q_3\right)\end{vmatrix}$$

对以上的波函数形式，可以验证如果任意交换两个粒子的自由度，波函数都会相应改变符号。

### 3. 全同粒子体系的微观态及量子统计分布

前面讨论的问题是在没有相互作用的多体系统中，利用全同粒子的单粒子态来构造体系的多体态，粒子的全同性要求玻色子和费米子体系的波函数分别必须是交换对称和交换反对称的。现在从另外一个角度讨论由具有一定能级结构的单粒子所组成的多体系统的量子统计问题。根据前面的讨论，全同粒子体系每一个粒子有相同的哈密顿量 $\hat{H}_0$，所以它们具有相同的能级结构和波函数。假设存在一个一般的单粒子势场 $\hat{V}(\boldsymbol{r})$，这个势场所给定的单粒子哈密顿量为

$$\hat{H}_0=\frac{\hat{p}}{2m}+\hat{V}\left(\boldsymbol{r}\right)$$

该单粒子体系的 $\hat{H}_0$ 具有一定的能级结构: $E_1,E_2,E_3,\cdots$，对应能级的简并度分别为 $d_1,d_2,d_3,\cdots$。这样在由 $N$ 个全同单粒子组成的多体粒子系统中，粒子会处于不同的能级，从而形成一定的能级排布: $N_1,N_2,N_3,\cdots$。那么考察这个多体系

统态的问题就变成求解对应于某种排布系统有多少种不同的排法 (或符合这个宏观排布的所有可能的微观状态数), 用 $Q(N_1, N_2, N_3, \cdots)$ 表示。显然这个排布数 $Q$ 和粒子的统计性质有关。

对于以上的排布数, 如果调节排布 $N_1, N_2, N_3, \cdots$, 对应的排布数 $Q$ 会发生改变, 所以对于一个处于平衡态的多体系统有这样一个最为直观的假设: 平衡态系统每一个微观态出现的概率是相等的 (**等概率假设**), 而且其微观态的数目也是最大的 (**最大微观态假设**)。这样对于一个总粒子数为 $N$, 总能量为 $E$ 的实际多粒子体系 $(N \to \infty)$, 其平衡态就是在如下的约束条件下:

$$N = \sum_{j=1}^{\infty} N_j, \quad E = \sum_{j=1}^{\infty} N_j E_j \tag{7.80}$$

确定使得排布数 $Q$ 达到极大值的排布: $\{N_1, N_2, N_3, \cdots\}$。

数学上有一个被称为**拉格朗日乘子法** (Lagrange method of multiplier) 的方法[5], 用于求解约束条件下的极值问题。为了计算简单方便, 定义一个新的 $G$ 函数:

$$G(N_1, N_2, \cdots; \alpha, \beta) \equiv \ln Q + \alpha \left( N - \sum_{j=1}^{\infty} N_j \right) + \beta \left( E - \sum_{j=1}^{\infty} N_j E_j \right) \tag{7.81}$$

其中, $\alpha$ 和 $\beta$ 是拉格朗日乘数因子, 分别与粒子数、能量的约束有关。根据该方法, 如果求出函数 $G$ 的极值, 就找到了函数 $\ln Q$ 的极值, 也就是 $Q$ 的极值, 所以可以通过如下的极值条件:

$$\frac{\partial G}{\partial N_j} = 0, \quad j = 1, 2, 3, \cdots \tag{7.82}$$

求出概率最大的排布 $\{N_j, j = 1, 2, 3 \cdots\}$, 得到系统最可几的平衡态分布规律。

1) 经典可区分粒子: 玻尔兹曼分布

首先对于经典粒子, 每个粒子是可以区分的, 那么排布数或微观态的个数为[12]

$$Q_C(N_1, N_2, \cdots) = N! \frac{d_1^{N_1}}{N_1!} \frac{d_2^{N_2}}{N_2!} \frac{d_3^{N_3}}{N_3!} \cdots = N! \prod_j \frac{d_j^{N_j}}{N_j} \tag{7.83}$$

根据等概率假设和最大微观态假设, 处于平衡态的经典多体系统, 其粒子数排布 $N_1, N_2, N_3, \cdots$ 可以通过求微观态 $Q_C$ 的极值来获得。

下面利用拉格朗日乘子法[5]，借助于 Mathematica 来计算 $Q_C$ 处于极值的排布。将式 (7.83) 代入式 (7.81) 有

$$G_C\left(N_1, N_2, \cdots; \alpha, \beta\right) = \ln\left(N!\right) + \sum_{j=1}^{\infty}\left[N_j \ln d_j - \ln\left(N_j!\right)\right]$$

$$+\alpha\left(N - \sum_{j=1}^{\infty} N_j\right) + \beta\left(E - \sum_{j=1}^{\infty} N_j E_j\right)$$

由于 $G_C$ 中的 $\ln(N_j!)$ 项比较难处理，所以在 $N_j$ 很大的情况下，利用如下的**斯特林级数** (Stirling's series)[5]：

$$\ln\Gamma\left(z+1\right) = \frac{1}{2}\ln\left(2\pi\right) + \left(z + \frac{1}{2}\right)\ln z - z + \frac{1}{12z} - \frac{1}{360z^3} + \cdots$$

对 $\ln(N_j!)$ 项进行级数展开并在 $N_j \gg 1$ 时忽略后面的项，得到近似公式：

$$\ln\left(N_j!\right) \approx \frac{1}{2}\ln\left(2\pi\right) + \left(N_j + \frac{1}{2}\right)\ln N_j - N_j \tag{7.84}$$

其中，利用了伽马 (Gamma) **函数** $\Gamma(z)$ 的自变量 $z$ 取整数时 $\Gamma\left(N_j + 1\right) = N_j!$(参考附录 C)。将以上经典粒子统计的 $G$ 函数 $G_C$ 代入式 (7.82) 得

$$\frac{\partial G_C}{\partial N_j} \approx \ln d_j - \ln N_j - \alpha - \beta E_j = 0 \tag{7.85}$$

其中，忽略了一阶小量 $-1/(2N_j)$，从而式 (7.85) 的解为

$$N_j = d_j \mathrm{e}^{-(\alpha + \beta E_j)}, \quad j = 1, 2, 3, \cdots \tag{7.86}$$

现在来确定此处引入的拉格朗日乘数因子 $\alpha$ 和 $\beta$ 到底代表了什么？首先可以肯定 $\alpha$ 和 $\beta$ 是和体系粒子数、能量有关的物理量。为了确定 $\alpha$ 和 $\beta$，首先利用一个特殊的具体系统来考察这两个拉格朗日乘数因子的表达式，然后看其是否是不依赖于特殊系统的普适量。此处选择一个非常重要的系统：**理想气体**。这个系统从量子的角度看是由全同的没有相互作用的粒子组成，粒子的质量为 $m$，被约束在体积为 $V$ 的立方体容器里，这种被整体约束的自由粒子多体系统就被称为**量子理想气体**。根据第 4 章对高维无限深势阱的量子盒子问题和自由电子动量本征函数态密度的讨论可以发现，自由量子理想气体中每个粒子的能量只有动能 $E_k = \hbar^2 k^2 / 2m$，由于其能量的连续性，粒子处于能量为 $E_k$ 的粒子态的**简并度**

(见态密度式 (6.20)，为 $k$ 的函数) 为

$$d_k = \rho(E_k)\,\mathrm{d}E_k = \frac{2mV}{h^2}k \cdot \frac{\hbar^2}{2m}2k\mathrm{d}k = \frac{V}{2\pi^2}k^2\mathrm{d}k$$

根据粒子的占有数分布式 (7.86)，量子理想气体的粒子总数为如下积分：

$$N = \int_0^{+\infty}\mathrm{e}^{-(\alpha+\beta E_k)}\mathrm{d}_k = \int_0^{+\infty}\frac{V}{2\pi^2}k^2\mathrm{e}^{-(\alpha+\beta E_k)}\mathrm{d}k = \frac{V}{2\pi^2}\mathrm{e}^{-\alpha}\int_0^{+\infty}k^2\mathrm{e}^{-\beta\frac{\hbar^2k^2}{2m}}\mathrm{d}k$$

利用 Mathematica 的积分函数 Integrate[··] 可以得到：

$$\int_0^{+\infty}k^2\mathrm{e}^{-\beta\frac{\hbar^2k^2}{2m}}\mathrm{d}k = \sqrt{\frac{\pi}{2}}\left(\frac{m}{\beta\hbar^2}\right)^{3/2}$$

代入粒子数积分就可以得到如下等式：

$$\mathrm{e}^{-\alpha} = \frac{N}{V}\left(\frac{2\pi\beta\hbar^2}{m}\right)^{3/2} \tag{7.87}$$

同理，计算整个理想气体的能量为

$$E = \int_0^{+\infty}E_k\mathrm{e}^{-(\alpha+\beta E_k)}\mathrm{d}_k = \frac{V\mathrm{e}^{-\alpha}}{2\pi^2}\frac{\hbar^2}{2m}\int_0^{+\infty}k^4\mathrm{e}^{-\frac{\beta\hbar^2k^2}{2m}}\mathrm{d}k = \frac{3V\mathrm{e}^{-\alpha}}{2\beta}\left(\frac{m}{2\pi\beta\hbar^2}\right)^{3/2}$$

代入等式 (7.87)，化简得到：

$$E = \frac{3N}{2\beta} \tag{7.88}$$

根据经典理想气体的内能公式，温度为 $T$ 的理想气体的总能量为

$$E = N\frac{3}{2}k_{\mathrm{B}}T \tag{7.89}$$

其中，$k_{\mathrm{B}}$ 为玻尔兹曼常数。比较总能量式 (7.88) 和式 (7.89) 的形式立刻可以得到：

$$\beta = \frac{1}{k_{\mathrm{B}}T} \tag{7.90}$$

虽然关系式 (7.90) 是通过与理想气体的内能对比得到的，但它是普遍成立的。根据经典玻尔兹曼统计式 (7.86) 的形式，显然拉格朗日乘法因子 $\alpha$ 乘以 $k_{\mathrm{B}}T$ 的量纲为能量，可以把它定义为**化学势** (chemical potential)：

$$\mu(T) = -\alpha k_{\mathrm{B}}T$$

对式 (7.87) 两边取自然对数，就可以得到理想气体的化学势为

$$\mu(T) = k_{\mathrm{B}}T\left(\ln\frac{N}{V} + \frac{3}{2}\ln\frac{2\pi\hbar^2}{mk_{\mathrm{B}}T}\right) \equiv k_{\mathrm{B}}T\left(\ln\overline{n} + \frac{3}{2}\ln\lambda_T^2\right) \tag{7.91}$$

其中，$\overline{n} \equiv N/V$ 表示理想气体的**粒子数密度**；$\lambda_T \equiv \sqrt{\dfrac{2\pi\hbar^2}{mk_{\mathrm{B}}T}} = \dfrac{h}{\sqrt{2\pi mk_{\mathrm{B}}T}}$ 表示理想气体粒子的**热波长**，其大小和热能与 $E = k_{\mathrm{B}}T = p^2/(2m)$ 的粒子所对应的**德布罗意波长**相当：$\lambda = h/p = h/\sqrt{2mk_{\mathrm{B}}T} \approx \lambda_T$。式 (7.91) 表明系统的化学势随粒子数密度的增大而升高，随系统温度的升高而降低。借助化学势的概念，把 $\alpha = -\beta\mu$ 代入玻尔兹曼分布式 (7.86) 中得到：

$$N_j = d_j\mathrm{e}^{-\beta(E_j-\mu)} \equiv zd_j\mathrm{e}^{-\beta E_j}, \quad z \equiv \mathrm{e}^{\beta\mu}$$

其中，定义的量 $z$ 在热力学与统计物理中称为**逸度** (fugacity)，是美国化学家路易斯 (Lewis) 引入的一个和化学势等价的量[60]，其和化学势一样可以给出系统在特定的条件下究竟会发生怎样的相变，即系统总是选择逸度低的相或总是从化学势较高的相转移到化学势较低的相。例如，在一定温度和压强下水的不同相 (气、固、液) 具有不同的逸度 (化学势)，所以水会平衡在逸度最低的相，而逸度在多组分气、固、液相共存的混合体系中是一个预言体系物态发展和演化的最好指标。其实逸度和化学势在判断系统相变方面是等效的，只不过逸度作为化学势的指数函数具有更好的解析性质。

最后，借助于化学势，就可以得到经典粒子在能量为 $\varepsilon$ 的态 (包括每一个简并态) 上的平均占有数 (归一化时称为占有数概率) 分布为

$$\lim_{N\to\infty}\frac{N_j}{N} \to n_c(\varepsilon) = z\mathrm{e}^{-\frac{\varepsilon}{k_{\mathrm{B}}T}} = \frac{1}{\mathrm{e}^{\beta(\varepsilon-\mu)}} \tag{7.92}$$

式 (7.92) 所给出的能级平均占有数 $n_c$ 随能级能量 $\varepsilon$ 的增加而指数减少的分布规律就称为**玻尔兹曼分布**。

2) 交换对称：玻色–爱因斯坦分布

对于玻色子系统，如果两个粒子处于相同的态，那么交换这两个粒子不会产生新的微观态，所以对于满足条件式 (7.80) 的排布，玻色子的总排布数为

$$Q_{\mathrm{B}}(N_1,\cdots) = \frac{(N_1+d_1-1)!}{N_1!(d_1-1)!}\frac{(N_2+d_2-1)!}{N_2!(d_2-1)!}\cdots = \prod_j\frac{(N_j+d_j-1)!}{N_j!(d_j-1)!} \tag{7.93}$$

采用和经典粒子一样的拉格朗日乘子法，玻色子体系的 $G$ 函数定义为

$$G_{\mathrm{B}}(N_1,N_2,\cdots;\alpha,\beta) = \sum_{j=1}^{\infty}\ln[(N_j+d_j-1)!] - \sum_{j=1}^{\infty}\ln(N_j!)$$

$$-\sum_{j=1}^{\infty} \ln\left[(d_j-1)!\right] + \alpha\left(N-\sum_{j=1}^{\infty} N_j\right) + \beta\left(E-\sum_{j=1}^{\infty} N_j E_j\right)$$

同理，当 $N_j \gg 1$ 时，采用斯特林近似公式 (7.84)，对上面的函数进行求导并近似为

$$\frac{\partial G_{\mathrm{B}}}{\partial N_j} \approx \ln\left(N_j+d_j-1\right) - \ln\left(N_j\right) - \alpha - \beta E_j = 0$$

从而得到玻色子体系粒子数分布：

$$N_j = \frac{d_j}{\mathrm{e}^{(\alpha+\beta E_j)}-1} \tag{7.94}$$

式 (7.94) 再次利用了 $N_j \gg 1$ 的条件，让 $N_j-1 \approx N_j$。

同理对于玻色全同粒子体系，拉格朗日乘法因子 $\alpha$ 和 $\beta$ 具有相同的物理意义，代入式 (7.94) 并考虑粒子处于能量为 $\varepsilon$ 能级上的最可几占有数或平均占有数，即可得到玻色–爱因斯坦分布：

$$n_b\left(\varepsilon\right) = \frac{1}{\mathrm{e}^{\beta(\varepsilon-\mu)}-1} \tag{7.95}$$

对于玻色–爱因斯坦分布，由于 $n_b(\varepsilon) > 0$，则必然有 $\mu < \varepsilon$，假如玻色子体系的基态能量为 $\varepsilon_0$，那么总有 $\mu < \varepsilon_0$。如果取基态能量为势能零点，那么玻色子系统的化学势一定小于零：$\mu \leqslant 0$。由于体系的粒子数是守恒的，那么化学势还受到如下条件的约束[61]：

$$\overline{n} = \frac{N}{V} = \frac{1}{V}\sum_j \frac{d_j}{\mathrm{e}^{\frac{\varepsilon_j-\mu}{k_{\mathrm{B}}T}}-1} \tag{7.96}$$

式 (7.96) 表明在系统粒子数密度 $\overline{n}$ 不变的情况下，化学势随着温度的降低会不断升高，当 $T \to 0$ 时化学势将趋近于最大值零 ($z = \mathrm{e}^{\beta\mu} \to 1$)。根据以上的讨论，在热力学 $N \to \infty$ 的极限条件下 (一般宏观系统的粒子数都非常巨大，而系统的粒子数密度 $\overline{n} = N/V$ 是有限的，因为此时系统的体积 $V \to \infty$)，系统分立的能级 $\varepsilon_j$ 将变得连续 (能级间隔远小于 $k_{\mathrm{B}}T$)，此时体系能级将变成连续的能带，所以能量为 $\varepsilon$ 能级的简并度将变为能量间隔 $[\varepsilon, \varepsilon+\mathrm{d}\varepsilon]$ 里态的个数，即 $d_j \to \rho(\varepsilon)\mathrm{d}\varepsilon$，式 (7.96) 的求和将变成如下的积分：

$$\overline{n} = \int \frac{\rho\left(\varepsilon\right)\mathrm{d}\varepsilon}{\mathrm{e}^{\frac{\varepsilon-\mu}{k_{\mathrm{B}}T}}-1} = \overline{n}_0 + \frac{1}{V}\int_0^{+\infty} \frac{\rho\left(\varepsilon\right)}{\mathrm{e}^{\frac{\varepsilon-\mu}{k_{\mathrm{B}}T}}-1}\mathrm{d}\varepsilon \tag{7.97}$$

其中，第一项 $\overline{n}_0 = \overline{n}(\varepsilon=0)$ 是能量 $\varepsilon = 0$ 的基态的粒子数密度；第二项是粒子处于激发态 $\varepsilon > 0$ 的粒子数密度。式 (7.97) 之所以能将能量为零的基态从积分中

分离出来，是因为在 $\varepsilon = 0$ 的时候，当 $T \to 0$ 逸度 $z \to 1$，根据式 (7.95) 基态上的占有数会趋于无穷大：

$$n_b\left(\varepsilon \to 0\right) = \lim_{T \to 0} \frac{z}{1-z} = \lim_{z \to 1} \frac{z}{1-z} \longrightarrow \infty$$

所以需要将基态的项分离出来单独进行讨论。将自由粒子的态密度公式 (6.19) 代入式 (7.97) 计算激发态粒子数密度：

$$\overline{n}_{\varepsilon > 0} = \overline{n} - \overline{n}_0 = \frac{2\pi}{h^3}(2m)^{3/2} \int_0^{+\infty} \frac{z\varepsilon^{1/2}}{e^{\beta\varepsilon} - z} d\varepsilon = \frac{2\pi}{h^3}(2m)^{3/2} \int_0^{+\infty} \frac{ze^{-\beta\varepsilon}\varepsilon^{1/2}}{1 - ze^{-\beta\varepsilon}} d\varepsilon$$

计算上面的积分得到 (见习题 7.10)：

$$\overline{n}_{\varepsilon > 0} = \frac{2\pi}{h^3}(2m)^{3/2} \int_0^{+\infty} \frac{ze^{-\beta\varepsilon}\varepsilon^{1/2}}{1 - ze^{-\beta\varepsilon}} d\varepsilon = \frac{1}{\lambda_T^3} g_{3/2}(z) = \frac{g_{3/2}(z)}{V_T} \tag{7.98}$$

其中，$V_T = \lambda_T^3$ 为**热波长体积**；函数 $g_{3/2}(z)$ 的定义见习题 7.10 中的式 (7.358)，为热波长体积内激发态粒子的个数：$g_{3/2}(z) = \overline{n}_{\varepsilon > 0} V_T$。根据基态粒子数 $N_0 \geqslant 0$ 的要求有

$$N_0 = N - \frac{V}{V_T} g_{3/2}(z) \geqslant 0 \Rightarrow g_{3/2}(z) \leqslant \frac{N}{V} V_T = \overline{n} V_T \tag{7.99}$$

根据式 (7.99)，当改变系统温度或粒子数密度时，总有一个温度很低的临界状态，此时函数 $g_{3/2}(z)$ 刚好取等号：

$$g_{3/2}(z) \longrightarrow g_{3/2}(z \to 1) = N \frac{V_{T_c}}{V} = \overline{n} V_{T_c} \tag{7.100}$$

式 (7.100) 的意义在于如果系统温度 $T$ 高于临界温度 $T_c$，则 $N_0 \approx 0$；当 $T < T_c$，则能量为零的态上将开始出现占有数。如图 7.10(a) 所示，函数 $g_{3/2}(z)$ 随逸度 $z$ 的增加 (温度 $T$ 在减小) 而增加，当 $g_{3/2}(1) = \overline{n} V_{T_c}$ 时发生相变，激发态粒子开始向能量为零的基态转变，此时给出的临界温度为

$$k_B T_c = \frac{h^2}{2\pi m} \left[ \frac{\dfrac{N}{V}}{\zeta(3/2)} \right]^{2/3} \approx \frac{h^2}{2\pi m} \left( \frac{\overline{n}}{2.612} \right)^{2/3}$$

其中，利用了 $g_{3/2}(1) = \zeta(3/2)$，费曼 Zeta 函数 $\zeta(3/2) \approx 2.612$。显然在临界温度 $T_c$ 附近，有 $g_{3/2}(z) \approx g_{3/2}(1)$，那么基态粒子数密度可写为

$$\overline{n}_0 = \overline{n} - \frac{g_{3/2}(z)}{V_T} \approx \overline{n} - \frac{g_{3/2}(1)}{V_T} = \overline{n}\left(1 - \frac{V_{T_c}}{V_T}\right) = \overline{n}\left[1 - \left(\frac{T}{T_c}\right)^{3/2}\right]$$

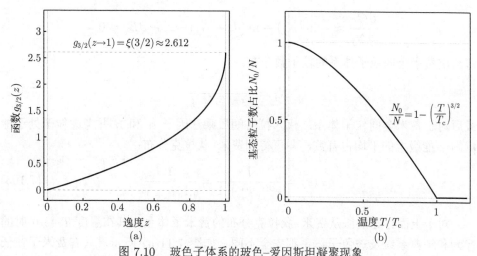

图 7.10　玻色子体系的玻色–爱因斯坦凝聚现象

(a) 函数 $g_{3/2}(z)$ 随逸度 $z$ 的变化, 上部水平虚线为 $\zeta(3/2)$ 的值; (b) 玻色子体系基态粒子数
占比随温度的变化曲线

也就是基态粒子数占总粒子数的比率为

$$\frac{N_0}{N} = 1 - \left(\frac{T}{T_c}\right)^{3/2}$$

图 7.10(b) 给出了基态粒子数占比 $N_0/N$ 随温度的变化曲线, 显然随着温度 $T$ 的减小系统在 $T_c$ 处发生粒子向基态凝聚的相变, 即发生了玻色–爱因斯坦凝聚现象, 图中显示玻色子体系发生 BEC 相变的临界指数为 1.5。

3) 交换反对称: 费米–狄拉克分布

对于全同费米子体系, 因为一个粒子只能占据一个态, 所以对于满足式 (7.80) 的一个排布, 费米子全同体系的微观态数目为

$$Q_{\mathrm{F}}(N_1,\cdots) = \frac{d_1!}{N_1!(d_1 - N_1)!}\frac{d_2!}{N_2!(d_2 - N_2)!}\cdots = \prod_j \frac{d_j!}{N_j!(d_j - N_j)!} \qquad (7.101)$$

利用与上面相同的方法, 费米子体系的 $G$ 函数为

$$G_{\mathrm{F}}(N_1, N_2, \cdots; \alpha, \beta) = \sum_{j=1}^{\infty} \ln(d_j!) - \sum_{j=1}^{\infty} \ln(N_j!) - \sum_{j=1}^{\infty} \ln[(d_j - N_j)!]$$

$$+ \alpha\left(N - \sum_{j=1}^{\infty} N_j\right) + \beta\left(E - \sum_{j=1}^{\infty} N_j E_j\right)$$

利用相同的近似方法, 对 $G_{\mathrm{F}}$ 函数求导, 得到:

$$\frac{\partial G_{\text{F}}}{\partial N_j} \approx -\ln\left(N_j\right) + \ln\left(d_j - N_j\right) - \alpha - \beta E_j = 0$$

即给出费米全同粒子体系的粒子数分布：

$$N_j = \frac{d_j}{\mathrm{e}^{\alpha + \beta E_j} + 1} \tag{7.102}$$

最后对于费米全同粒子体系，代入拉格朗日乘法因子 $\alpha$ 和 $\beta$ 并考虑粒子处于能量为 $\varepsilon$ 能级上的平均占有数，即可得到费米–狄拉克分布：

$$n_f\left(\varepsilon\right) = \frac{1}{\mathrm{e}^{\beta(\varepsilon - \mu)} + 1} = \frac{1}{\mathrm{e}^{\frac{\varepsilon - \mu}{k_{\text{B}} T}} + 1} \tag{7.103}$$

对于上面讨论的服从费米–狄拉克分布的费米子体系，其在温度 $T \to 0$ 时的行为和经典系统及玻色子体系都完全不同。如图 7.11(a) 所示，只有费米子在低能量态上的占有数不大于 1，这来源于泡利不相容原理的要求。如图 7.11(b) 所示，当费米子体系的温度 $T \to 0$ 的时候，系统的分布变为

$$n_f\left(\varepsilon\right) = \begin{cases} 1, & \varepsilon < \mu \\ 0, & \varepsilon > \mu \end{cases} \tag{7.104}$$

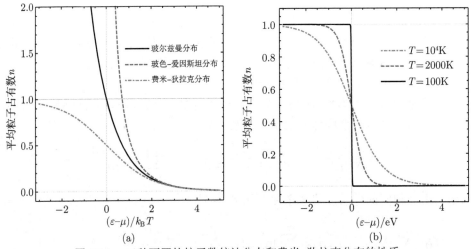

图 7.11　三种不同的粒子数统计分布和费米–狄拉克分布的性质
(a) 经典玻尔兹曼分布 (实线)、玻色–爱因斯坦分布 (虚线) 和费米–狄拉克分布 (点划线)；
(b) 不同温度下费米–狄拉克分布的变化

显然对于 $T = 0$ 的费米子体系，所有高于费米子体系化学势的能级都是空的，而低于化学势的能级都将被费米子填满，这个被费米子全部填满的体系称为**费米海**

(Fermi sea) 或**费米球** (Fermi sphere)。费米海表面或费米球表面就是被费米子占据的最高能级,称为**费米能级** (Fermi level),其能量 $\varepsilon_{\mathrm{F}}$ 称为**费米能** (Fermi energy)。显然温度 $T \to 0$ 时费米子体系的化学势就等于费米能, 所以有时费米–狄拉克分布式 (7.103) 中的化学势经常用费米能代替: $\mu \to \varepsilon_{\mathrm{F}}$。

## 7.3　原子和分子体系

本节开始讨论不同层次下具体的全同多粒子体系。首先讨论由多个电子构成的原子系统, 其次讨论由多个原子组成的多原子分子系统, 最后讨论由原子或分子组成的简单固体系统或凝聚态系统的基本理论。

### 7.3.1　多电子的原子体系

首先讨论多电子系统, 即原子系统, 其可以看成是由多个全同电子组成的费米子体系。对于原子而言, 原子核仅提供了一个库仑场 (此处不考虑原子核的自由度, 即 BOA 近似), 所以在这样的视角下, 原子系统就是在库仑场中的多电子体系, 其严格的哈密顿量为

$$\hat{H}_{\mathrm{A}} = \sum_{j=1}^{Z} \left( -\frac{\hbar^2}{2m} \nabla_j^2 - \frac{1}{4\pi\epsilon_0} \frac{Ze^2}{r_j} \right) + \frac{1}{2} \left( \frac{1}{4\pi\epsilon_0} \right) \sum_{j \neq k}^{Z} \frac{e^2}{|\boldsymbol{r}_j - \boldsymbol{r}_k|} \tag{7.105}$$

其中, $Z$ 为原子序数, 即原子库仑场内电子的个数。原子哈密顿量式 (7.105) 的第一项是所有电子的动能加势能, 最后一项是所有电子之间的库仑相互作用能。对于以上不含时的多体系统, 同样可以计算原子定态薛定谔方程的本征态和本征能量: $\hat{H}_{\mathrm{A}} \psi(\boldsymbol{r}_1, \boldsymbol{r}_2, \cdots, \boldsymbol{r}_Z) = E_{\mathrm{A}} \psi(\boldsymbol{r}_1, \boldsymbol{r}_2, \cdots, \boldsymbol{r}_Z)$。如果考虑电子的自旋状态, 那么多电子费米子体系总的波函数应具有交换反对称的解:

$$\Psi(\boldsymbol{q}_1, \boldsymbol{q}_2, \cdots, \boldsymbol{q}_N) = \psi(\boldsymbol{r}_1, \boldsymbol{r}_2, \cdots, \boldsymbol{r}_N) \chi(\boldsymbol{s}_1, \boldsymbol{s}_2, \cdots, \boldsymbol{s}_N) \tag{7.106}$$

其中, $\boldsymbol{q} = (\boldsymbol{r}, \boldsymbol{s})$ 代表电子的所有自由度, 包括轨道和自旋自由度。然而遗憾的是, 以上多体系统的态 $\Psi(\boldsymbol{q}_1, \boldsymbol{q}_2, \cdots, \boldsymbol{q}_N)$ 通常无法严格解出, 必须采用近似方法。以上定态薛定谔方程除了 $Z = 1$ 的单体问题 (氢原子), 即便是 $Z = 2$ 的氦原子的严格求解都是非常困难的。下面就从氦原子出发, 采用单体电子态作为构造波函数, 再利用微扰论的方法来近似求解其波函数和能级, 从而体会多体系统状态波函数和能级的复杂性, 最后介绍一种更为精确的处理多原子系统的**哈特里–福克** (Hartree-Fock) 平均场近似理论方法。

1. 氦原子

对于 $Z = 2$ 的氦原子, 其二体电子系统的哈密顿量为

$$\hat{H}_{\text{He}} = \left( -\frac{\hbar^2}{2m}\nabla_1^2 - \frac{1}{4\pi\epsilon_0}\frac{2e^2}{r_1} \right) + \left( -\frac{\hbar^2}{2m}\nabla_2^2 - \frac{1}{4\pi\epsilon_0}\frac{2e^2}{r_2} \right) + \frac{1}{4\pi\epsilon_0}\frac{e^2}{|\boldsymbol{r}_1 - \boldsymbol{r}_2|}$$

氦原子哈密顿量解析求解的困难来源于电子之间的库仑相互作用，这是一个具有奇点的势函数，尤其当 $\boldsymbol{r}_1 \to \boldsymbol{r}_2$ 时电子之间的库仑相互作用能会趋于无穷大，这在物理上是不允许的。对于该系统引入的质心坐标和相对坐标，也无法将其转化为单体问题 (有外在的库仑场存在)，所以尽管这是一个二体系统，其物理上允许的一般解析解并不存在。因此只能采用前面讲述的全同多体费米子体系的方法来近似讨论氦原子的状态。首先忽略电子之间的库仑相互作用，那么这个体系就是一个二体的全同费米子体系，其空间单粒子态就是 $Z = 2$ 类氢原子 (氦离子 $\text{He}^+$) 的本征态：$\psi_{nlm}(\boldsymbol{r})\chi(\boldsymbol{s})$，该单电子态为方便起见经常被称为**原子轨道** (atomic orbital)。下面用单电子态来近似构造氦原子的态式 (7.106)。对于氦原子体系两个全同电子的空间波函数，可以写为类氢原子能量 $E = E_n + E_{n'}$ 的直积态 $\psi(\boldsymbol{r}_1, \boldsymbol{r}_2)$ 的不同交换组合。双电子的自旋态 $\chi(\boldsymbol{s}_1, \boldsymbol{s}_2)$ 则根据空间波函数的交换对称和反对称选择相应的自旋单态式 (7.39) 或自旋三重态式 (7.38)。

对于氦原子的基态，其两个电子都应处于能量最低的单电子基态，则氦原子基态的空间波函数只能为 $\psi_{100}(\boldsymbol{r}_1)\psi_{100}(\boldsymbol{r}_2)$，具有交换对称性，那么其自旋只能处于交换反对称的自旋单态。此时氦原子基态能根据玻尔能级公式 (4.72) 可以估算为 $E_0 = -4 \times 13.6 - 4 \times 13.6 = -108.8\text{eV}$，显然这和实际实验测量值 $-78.975\text{eV}$ 相差很远，这当然来源于忽略了电子之间正的库仑相互作用。对于基态可以采用第 5 章介绍的变分近似方法，得到更为精确的能量式 (5.76)。此处利用单电子态的方法虽然只能给出基态定性的能级分析，但同样可以用于分析氦原子的激发态性质。

对于氦原子的激发态，如果有一个电子处于基态 $\psi_{100}$，而另一个电子处于激发态 $\psi_{nlm}$，那么其空间波函数根据交换对称性存在以下两种组合形式：

$$\psi(\boldsymbol{r}_1, \boldsymbol{r}_2) = \frac{1}{\sqrt{2}}\left[ \psi_{100}(\boldsymbol{r}_1)\psi_{nlm}(\boldsymbol{r}_2) \pm \psi_{nlm}(\boldsymbol{r}_1)\psi_{100}(\boldsymbol{r}_2) \right] \tag{7.107}$$

显然空间波函数具有不同的交换对称性：取"+"号，空间波函数交换对称，那么自旋波函数一定是交换反对称的自旋单态，处于这样状态的氦原子称为**仲氦** (para-helium)；取"−"号，空间波函数交换反对称，那么其自旋态一定是交换对称的自旋三重态，这样的氦原子被称为**正氦** (orthohelium)。从这个概念上讲，基态的氦原子只能是仲氦，激发态原子则可能是仲氦，也可能是正氦。由于仲氦的空间波函数交换对称，根据对交换积分 (式 (7.74)) "力学效应"的讨论，仲氦两个电子之间会相互"吸引"而靠近，这样造成两个电子之间的库仑相互作用较大；对于正氦则由于其空间波函数交换反对称而造成电子互相"排斥"远离，电子间库

仑相互作用能较小，导致正氦能量较仲氦要低。仲氦和正氦能量上的高低差异在
实验测量上能够充分表现出来。由此可见，简单忽略电子之间的相互作用，利用
单电子态结合费米全同粒子体系波函数的交换反对称性，就能发现最简单的多电
子原子氦的能级结构已呈现出复杂的状态。

2. 原子的电子排布结构：元素周期表

对于拥有更多电子的原子系统，其多体费米子所处的状态和能级就更为复杂。
下面从单电子原子能级的角度来考虑原子能级的构成，在忽略多体原子电子间库
仑相互作用的基础上，利用电子在单电子能态上的填充排布来理解原子的化学性
质，从而定性解释元素周期表的形成 (用 Mathematica 的内部函数 ColorData
["Atoms", "Panel"] 可以产生如图 7.12 所示的化学元素周期表)。

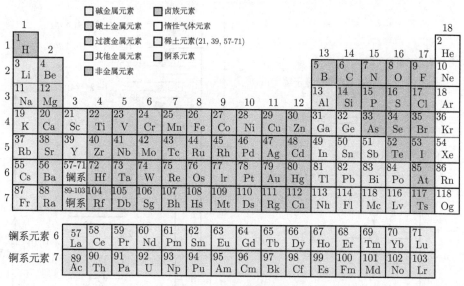

图 7.12　化学元素周期表

图中化学元素的不同灰度背景代表具有不同化学性质的一类元素

对类氢原子的单电子态，其考虑自旋后的能级简并度为 $2n^2$。电子将在这些态
上依次进行填充，从而形成以主量子数 $n$ 为指标的壳层结构，电子的排布数从低
到高依次应为 2, 8, 18, 32, 50, $\cdots$ 但由于电子之间的库仑排斥作用，电子实际的
壳层排布是 2, 8, 8, 18, 18, $\cdots$ 原子的化学性质主要由其最外层电子排布的状态
来决定，下面就从不同元素的电子排布来说明这个问题。首先单电子态用 $|n, l, m\rangle$
表示，由于电子为费米子，根据泡利不相容原理，多电子原子的电子会按照能量
由低到高的顺序在单电子态 $|n, l, m\rangle$ 上依次填充，也就是电子首先会填充到能量
较低的单电子态，然后按 $n$ 从小到大分壳层填充：$n = 1$ 称为 $K$ 壳层，$n = 2$ 称

为 $L$ 壳层，$n = 3$ 称为 $M$ 壳层，等等。但由于电子之间相互作用的影响，原子能级的能量还依赖于轨道和自旋等量子数，不同壳层的能级会出现能量交叉，填充就变得复杂，实际将按照如图 7.13 所示的顺序进行排布。对于特定的原子，其电子的排布用一定的符号表示。例如，对于碳原子，其电子的排布 (组态) 为

$$\mathrm{C} : (1\mathrm{s})^2 (2\mathrm{s})^2 (2\mathrm{p})^2 \tag{7.108}$$

6 号碳原子有六个电子，以上的排布中 $(1\mathrm{s})^2$ 表示 $n = 1$ 壳层角动量 $l = 0$ 的轨道上排布两个电子，$(2\mathrm{s})^2$ 表示 $n = 2$ 壳层角动量 $l = 0$ 的轨道上排布两个电子，$(2\mathrm{p})^2$ 表示 $n = 2$ 壳层角动量 $l = 1$ 的轨道上排布两个电子。这里由于电子的能级和轨道角动量相关，所以电子处于 $l = 0$ 态称为 s 轨道 (电子)，依此类推，$l = 1$ 称为 p 轨道，$l = 2$ 称为 d 轨道，$l = 3$ 称为 f 轨道，等等。

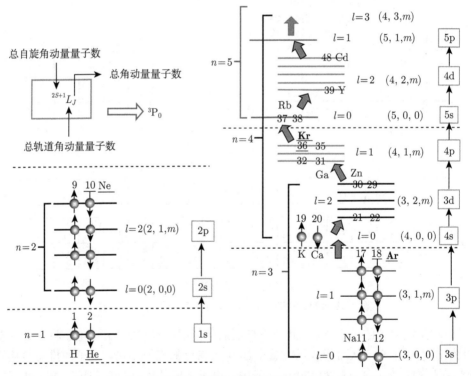

图 7.13    多电子原子的电子排布顺序示意图和原子的基态符号

上面碳原子的排布无法给出碳原子整体所处能量最低的态，因为碳原子最外层的两个 p 电子可以通过其自旋耦合处于自旋单态和自旋三重态，那么根据费米子体系波函数的反对称关系，处于自旋单态的两个 p 电子其轨道波函数必须是对称的，而处于自旋三重态时轨道波函数是反对称的，这样外层两个电子可以处于

不同的轨道组合态 (杂化态) 上, 那么问题是碳原子整体的基态 (能量最低的态) 到底是什么, 即碳原子的基态到底如何确定? 这个问题对多电子体系是比较复杂的, 需要对不同原子做精细的计算, 但**洪德 (Hund)** 根据经验总结出了几个**洪德定则** (Hund's rule) 来确定多电子原子的基态, 原子总体的基态一般用图 7.13 左上角的光谱符号来表示。图中给出的例子: 碳原子的基态为 $^3P_0$, 中间的轨道角动量一般用大写的字母表示, P 代表总轨道角动量 $L = 1$, 因为根据排布式 (7.108) 碳原子内层 1s 和 2s 轨道填满, 总轨道角动量和自旋角动量为零, 外层的两个 p 电子处于轨道角动量为 1 的态上, 所以原子总轨道角动量 $L = 1$。基态 $^3P_0$ 左上角 $2S + 1 = 3$ 表示原子总自旋角动量量子数 $S = 1$, 表明最外层两个 p 电子处于自旋三重态, 此时系统能量最低, 这恰恰是洪德定则的第一条: 在所有其他条件都一样的情况下, 总自旋量子数 $S$ 最大的态能量最低。对于总角动量 $\hat{J} = \hat{L} + \hat{S}$, 根据耦合规则可以取 $L + S = 1 + 1 = 2$ 到 $|L - S| = 1 - 1 = 0$ 的所有值, 但此处取零, 表明总角动量取最小值时能量最低, 这恰恰又是洪德定则之一: 给定 $L$、$S$, 如果某一壳层内电子的填充不到半满, 则总角动量量子数取极小值 $J = |L - S|$ 时态的能量最低, 填充大于半满时总角动量量子数取 $J = L + S$ 时能量最低, 显然碳原子属于前者, 所以 $J = 0$。当然以上基于单电子态的排布规律和基态能级讨论基于定性的经验规律, 更为严格的关于简单原子能态的确定可以通过前面讲的变分法来处理, 对于更加复杂的原子在结合反对称波函数的基础上, 可以使用**自洽场方法** (self-consistent field method)[62,63] 给出更为精确的单电子态或原子轨道, 从而更好地理解电子排布的洪德定则。

下面简单介绍 Hartree-Fock 等效平均场或自洽场方法, 用来计算原子更为精确的电子态 (原子轨道)[64]。现在不再采用直接忽略电子之间相互作用的类氢原子的单电子态作为基矢, 而是利用新的有效单电子态 (如在某种电子相互作用的等效场中的单电子态) 来构造整体原子的态, 假设原子存在一组正交归一化的单电子态:

$$\int \psi_{n_j}^* (\boldsymbol{r}) \psi_{n_k}^* (\boldsymbol{r}) \, \mathrm{d}\boldsymbol{r} = \delta_{jk}$$

其中, $n_j$、$n_k$ 是态指标; $\boldsymbol{r}$ 是空间自由度。当然如果考虑电子自旋, 单电子态可以写为 $\psi_{n_j}(\boldsymbol{r}) \to \psi_{n_j}(q)$, 其中 $q \equiv \{\boldsymbol{r}, \boldsymbol{s}\}$ 代表空间和自旋总自由度, 那么正交归一化条件的积分变为 $\mathrm{d}q$, 是实空间的积分 $\mathrm{d}\boldsymbol{r}$ 加对所有自旋指标 $s$ 的求和。此处为了方便表述只包含了空间坐标 $\boldsymbol{r}$。

假如原子的第 $j$ 个电子处于原子的有效单电子态: $|\psi_{n_j}\rangle \to \psi_{n_j}(\boldsymbol{r}_j)$ 上, 那么原子系统 $Z$ 个电子总的波函数就可以简单写为

$$\Psi (\boldsymbol{r}_1, \boldsymbol{r}_2, \cdots, \boldsymbol{r}_Z) = \prod_{j=1}^{Z} \psi_{n_j} (\boldsymbol{r}_j) \tag{7.109}$$

该直乘的原子波函数也被称为**哈特里乘积** (Hartree product) 形式。在这种情形下，原子哈密顿量式 (7.105) 可以写为如下形式：

$$\hat{H}_{\mathrm{A}} \equiv \sum_{j=1}^{Z} \hat{H}\left(\boldsymbol{r}_{j}\right) = \sum_{j=1}^{Z}\left[-\frac{\hbar^{2}}{2m}\nabla_{j}^{2} - \frac{Ze^{2}}{4\pi\epsilon_{0}}\frac{1}{r_{j}} + \frac{1}{2}J\left(\boldsymbol{r}_{j}\right)\right] \tag{7.110}$$

其中，右边中括号里第一项为第 $j$ 个电子的动能部分；第二项为 $j$ 电子处于原子核势场中的库仑势能；最后一项中的 $J(\boldsymbol{r}_{j})$ 表示第 $j$ 个电子受到其他所有电子总的库仑相互作用。Hartree 将 $J(\boldsymbol{r}_{j})$ 写成如下的平均势能形式：

$$J\left(\boldsymbol{r}_{j}\right) = \sum_{k\neq j}\left\langle\psi_{n_{k}}\right|\frac{e^{2}}{4\pi\epsilon_{0}r_{jk}}\left|\psi_{n_{k}}\right\rangle = \frac{e^{2}}{4\pi\epsilon_{0}}\sum_{k\neq j}\int\frac{\left|\psi_{n_{k}}\left(\boldsymbol{r}_{k}\right)\right|^{2}}{\left|\boldsymbol{r}_{j}-\boldsymbol{r}_{k}\right|}\mathrm{d}\boldsymbol{r}_{k} \tag{7.111}$$

其中，$\mathrm{d}\boldsymbol{r}_{k}$ 为对第 $k$ 个电子的积分体积元；$\left|\psi_{n_{k}}\left(\boldsymbol{r}_{k}\right)\right|^{2}$ 为 $k$ 电子的概率密度分布。显然以上积分所给出的势能是 $j$ 电子感受到的其他电子总的库仑相互作用的**平均场**，称为**平均场近似**或 **Hartree 近似**。那么体系的哈密顿量式 (7.110) 所对应单电子的本征方程对所有的电子具有相同的形式：

$$\hat{H}_{\mathrm{Ha}}\left(\boldsymbol{r}_{j}\right)\psi_{n_{j}}\left(\boldsymbol{r}_{j}\right) = E_{n_{j}}\psi_{n_{j}}\left(\boldsymbol{r}_{j}\right) \tag{7.112}$$

其中，第 $j$ 个电子的有效单粒子 Hartree 哈密顿量为

$$\hat{H}_{\mathrm{Ha}}\left(\boldsymbol{r}_{j}\right) = -\frac{\hbar^{2}}{2m}\nabla_{j}^{2} - \frac{Ze^{2}}{4\pi\epsilon_{0}}\frac{1}{r_{j}} + J\left(\boldsymbol{r}_{j}\right)$$

其中，$j = 1, 2, \cdots, Z$，显然原子 $Z$ 个电子的有效单体定态方程 (7.112) 是通过势能式 (7.111) 耦合在一起的方程组。考虑体系的全同对称性，平均场势能式 (7.111) 对任何电子都是相同的，体系总的波函数式 (7.109) 就可以采用以上 Hartree 方程 (7.112) 给出的原子轨道解 $\psi_{n_{j}}(\boldsymbol{r}_{j})$ 来构造。

将此处的计算和前面利用变分原理计算氢分子离子能级和能量时出现的库仑积分式 (5.82) 进行比较可以发现，此处的平均场势能式 (7.111) 其实就是电子间的库仑积分 $J$，而其他项如交换积分 $K$ 等此处没有出现，这是由于展开式 (7.109) 没有考虑体系波函数的交换对称性。Fock 考虑了这一问题，对费米子体系的波函数进一步采用式 (7.79) 的形式，从而对上面的 Hartree 势进行了修正，引入了交换积分项 $K(\boldsymbol{r}_{j})$，经过修正的方程 (7.112) 就被称为**哈特里-福克方程** (Hartree-Fock equation)：

$$\hat{H}_{\mathrm{HF}}\left(\boldsymbol{r}_{j}\right)\psi_{n_{j}}\left(\boldsymbol{r}_{j}\right) = E_{n_{j}}\psi_{n_{j}}\left(\boldsymbol{r}_{j}\right) \tag{7.113}$$

该方法被称为 Hartree-Fock 方法。Hartree-Fock 方程 (7.113) 所对应的等效 Hartree-Fock 哈密顿量变为

$$\hat{H}_{\mathrm{HF}}\left(\boldsymbol{r}_j\right) = -\frac{\hbar^2}{2m}\nabla_j^2 - \frac{Ze^2}{4\pi\epsilon_0}\frac{1}{r_j} + J\left(\boldsymbol{r}_j\right) + K\left(\boldsymbol{r}_j\right)$$

其中，由于交叉积分项所给出的交换积分势能 $K(\boldsymbol{r}_j)$ 为

$$K\left(\boldsymbol{r}_j\right) = -\sum_{k\neq j}\langle\psi_{n_k}|\frac{e^2}{4\pi\epsilon_0 r_{jk}}|\psi_{n_j}\rangle = -\frac{e^2}{4\pi\epsilon_0}\sum_{k\neq j}\int\frac{\psi_{n_k}^*\left(\boldsymbol{r}_k\right)\psi_{n_j}\left(\boldsymbol{r}_j\right)}{|\boldsymbol{r}_j - \boldsymbol{r}_k|}\mathrm{d}\boldsymbol{r}_k \quad (7.114)$$

显然方程的库仑积分和交换积分都来源于电子之间的库仑相互作用，可以统一定义一个等效的单粒子平均势能：$U(\boldsymbol{r}_j) \equiv J(\boldsymbol{r}_j) + K(\boldsymbol{r}_j)$。

由于 Hartree 方程 (7.112) 或 Hartree-Fock 方程 (7.113) 的变分特征 (利用变分原理推导 Hartree-Fock 方程的方法可以参考很多教科书，在此不再重复)，其解可采用变分原理下的自洽场方法进行求解，也就是首先利用前面直接忽略电子之间相互作用的**类氢原子态**作为初态或将原子态展开为一组带有变分系数的完备基作为初态，代入式 (7.111) 和式 (7.114) 解出平均场势能 $U(\boldsymbol{r})$(包括交换积分)，求解方程 (7.112) 或方程 (7.113)，给出新的原子轨道态，其次计算新的势场 $U(\boldsymbol{r})$，继续解方程 (7.112) 或方程 (7.113) 给出新的原子轨道波函数，如此不断迭代或不断改变变分参数，直到最后给出收敛的自洽结果，此即**自洽场方法**。

当然对于多电子原子系统能级结构的能态计算，总体而言可以通过更精确的方法进行数值求解，但鉴于基于第一性原理数值计算的复杂性，本节只定性地从单电子态和原子轨道的角度对原子的能级排布性质及电子能级结构给予了简单介绍和分析，关于原子体系电子结构全量子计算的其他理论 (如密度泛函理论等) 在此不做进一步讨论，而这些方面的商业计算软件也已经非常丰富，此处也将不再做详细的介绍。

## 7.3.2　多原子的分子体系

下面通过量子力学的基础理论，进一步认识和分析简单分子体系的一些基本性质。对于一个由 $N$ 个原子组成的分子体系，其 $N$ 个原子核用大写字母 $A, B, \cdots$ 编号，第 $A$ 个核的质量为 $M_A$，位置坐标用大写字符 $\boldsymbol{R}_A$ 表示；第 $A$ 个原子有 $Z_A$ 个电子，对分子的电子统一用 $i, j, \cdots$ 来编号，电子质量为 $m_\mathrm{e}$，第 $i$ 个电子的位置用小写字符 $\boldsymbol{r}_i$ 表示，那么分子的总哈密顿量为

$$\begin{aligned}
\hat{H}_{\mathrm{mole}} =\ & -\frac{\hbar^2}{2m_\mathrm{e}}\sum_{i=1}\nabla_i^2 - \sum_{A=1}^{N}\frac{\hbar^2}{2M_A}\nabla_{R_A}^2 - \sum_{A=1}^{N}\sum_{i=1}^{Z_A}\frac{Z_A e^2}{4\pi\epsilon_0 r_{iA}} \\
& + \sum_{A>B}\frac{Z_A Z_B e^2}{4\pi\epsilon_0 R_{AB}} + \frac{1}{2}\sum_{i\neq j}\frac{e^2}{4\pi\epsilon_0 r_{ij}}
\end{aligned} \quad (7.115)$$

分子的哈密顿量式 (7.115) 只考虑了分子最主要的电相互作用，其中第一项是所有电子的动能，用 $\hat{T}_e(\boldsymbol{r})$ 表示；第二项是所有原子核的动能，用 $\hat{T}_N(\boldsymbol{R})$ 表示；第三项是所有电子和核之间库仑相互作用能，用 $\hat{V}_{eN}(\boldsymbol{r},\boldsymbol{R})$ 表示；第四项为所有核之间的库仑排斥能，用 $\hat{V}_{NN}(\boldsymbol{R})$ 表示；第五项为所有电子之间的库仑排斥能，用 $\hat{V}_{ee}(\boldsymbol{r})$ 表示。从而整个分子体系哈密顿量 $\hat{H}_{mole}$ 的定态薛定谔方程可写为

$$\left[\hat{T}_e + \hat{V}_{ee} + \hat{V}_{eN}(\boldsymbol{r},\boldsymbol{R}) + \hat{T}_N + \hat{V}_{NN}\right]\Psi(\boldsymbol{r},\boldsymbol{R}) = E^{mole}\Psi(\boldsymbol{r},\boldsymbol{R}) \tag{7.116}$$

其中，$\Psi(\boldsymbol{r},\boldsymbol{R})$ 为分子的本征态或**分子轨道** (molecular orbital) 波函数，$\boldsymbol{r}$ 代表所有电子的自由度，$\boldsymbol{R}$ 代表所有原子核的自由度；$E^{mole}$ 为分子轨道波函数所对应的总能量。显然以上分子定态薛定谔方程波函数的实空间自由度为原子核的自由度加所有电子的自由度：$3N + 3\sum\limits_{A=1}^{N} Z_A$，此处没有考虑分子内所有核和电子的自旋自由度。由于分子高自由度的困难，分子体系定态薛定谔方程 (7.116) 的求解必须引入一定的近似方法才能实现。

首先一个非常重要的近似就是前面所说的**玻恩-奥本海默近似** (BOA)：原子核的运动和电子的运动相比非常缓慢，根据第 6 章的绝热理论，原子核和电子的自由度可以相互分离。此时，分子的波函数可写为 $\Psi(\boldsymbol{r},\boldsymbol{R}) \approx \varphi(\boldsymbol{r})\Phi(\boldsymbol{R})$，代入式 (7.116) 中可得到原子核和电子的耦合方程。由于方程 (7.116) 中耦合项 $\hat{V}_{eN}(\boldsymbol{r},\boldsymbol{R})$ 的存在，方程 (7.116) 无法将核自由度 $\boldsymbol{R}$ 和电子自由度 $\boldsymbol{r}$ 彻底分离而得到各自的退耦合方程，所以一个最为直观的处理方法是鉴于分子原子核的运动比起电子很慢，可以认为在某个时刻分子的原子核都固定不动 (此时原子核的 $\boldsymbol{R}$ 称为分子的一个**空间构型**)，而电子在该构型下可以迅速形成自己的定态，这样方程 (7.116) 就可以直接去掉所有核的自由度，得到分子体系电子的绝热定态薛定谔方程：

$$\left[\hat{T}_e(\boldsymbol{r}) + \hat{V}_{ee}(\boldsymbol{r}) + \hat{V}_{eN}(\boldsymbol{r};\boldsymbol{R})\right]\varphi(\boldsymbol{r};\boldsymbol{R}) = E^{ele}(\boldsymbol{R})\varphi(\boldsymbol{r};\boldsymbol{R}) \tag{7.117}$$

根据以上方程可以定义电子的总哈密顿量为

$$\hat{H}_{ele}(\boldsymbol{r};\boldsymbol{R}) = \hat{T}_e(\boldsymbol{r}) + \hat{V}_{ee}(\boldsymbol{r}) + \hat{V}_{eN}(\boldsymbol{r};\boldsymbol{R}) \tag{7.118}$$

注意此时分子体系电子的绝热哈密顿量 (式 (7.118)) 和绝热态波函数 (式 (7.117)) 的自变量形式发生了改变：$(\boldsymbol{r},\boldsymbol{R}) \rightarrow (\boldsymbol{r};\boldsymbol{R})$，其物理意义是在方程 (7.117) 中只有电子的自由度 $\boldsymbol{r}$，原子核的自由度 $\boldsymbol{R}$ 被冻结，它变成了绝热定态薛定谔方程 (7.117) 的**系统参数**。电子能量 $E^{ele}(\boldsymbol{R})$ 表示在位置 $\boldsymbol{R}$ 固定的分子构型下核所形成的库仑场中电子态的定态能量，所以方程 (7.117) 也被称为分

子的**电子结构方程**。方程 (7.117) 给出的分子轨道的绝热定态波函数有多个, 它们同样能够形成依赖于原子核参数 $\boldsymbol{R}$ 的一组正交完备的定态基矢:

$$\int \varphi_n^* (\boldsymbol{r}; \boldsymbol{R}) \, \varphi_m (\boldsymbol{r}; \boldsymbol{R}) \, \mathrm{d}\boldsymbol{r} = \delta_{nm} \tag{7.119}$$

在彻底分离的绝热近似下 $\Psi(\boldsymbol{r}, \boldsymbol{R}) \approx \varphi(\boldsymbol{r}) \Phi(\boldsymbol{R})$, 原子核的近似方程为

$$\hat{H}_{\mathrm{N}}(\boldsymbol{R}) \Phi(\boldsymbol{R}) \equiv \left[ \hat{T}_{\mathrm{N}}(\boldsymbol{R}) + \hat{V}_{\mathrm{NN}}(\boldsymbol{R}) \right] \Phi(\boldsymbol{R}) = E^{\mathrm{N}} \Phi(\boldsymbol{R}) \tag{7.120}$$

其中, $E^{\mathrm{N}}$ 为原子核的总能量。分子的总能量 $E^{\mathrm{mole}}(\boldsymbol{R}) = E^{\mathrm{ele}}(\boldsymbol{R}) + E^{\mathrm{N}}$, 其对应的完全分离的分子绝热波函数可写为 $\psi(\boldsymbol{r}, \boldsymbol{R}) \approx \varphi(\boldsymbol{r}; \boldsymbol{R}) \Phi(\boldsymbol{R})$, 其在 $\boldsymbol{r}$ 和 $\boldsymbol{R}$ 空间上都能够满足正交完备性条件:

$$\int \psi_n^* (\boldsymbol{r}, \boldsymbol{R}) \, \psi_m (\boldsymbol{r}, \boldsymbol{R}) \, \mathrm{d}\boldsymbol{r} \mathrm{d}\boldsymbol{R}$$

$$\approx \int \varphi_n^* (\boldsymbol{r}; \boldsymbol{R}) \, \varphi_m (\boldsymbol{r}; \boldsymbol{R}) \, \mathrm{d}\boldsymbol{r} \int \Phi_n^* (\boldsymbol{R}) \, \Phi_m (\boldsymbol{R}) \, \mathrm{d}\boldsymbol{R} = \delta_{nm} \tag{7.121}$$

通过以上的讨论可以发现, 绝热电子基矢 $\varphi_n(\boldsymbol{r}; \boldsymbol{R})$ 和原子核波函数 $\Phi(\boldsymbol{R})$ 在 $\boldsymbol{r}$ 和 $\boldsymbol{R}$ 空间的完备性分别依赖于电子函数和核函数的**完全分离**。更一般的严格分子轨道波函数 $\Psi(\boldsymbol{r}, \boldsymbol{R})$ 应该展开为绝热电子波函数 $\varphi(\boldsymbol{r}; \boldsymbol{R})$ 和原子核波函数 $\Phi(\boldsymbol{R})$ 的**线性叠加**[64, 65]:

$$\Psi(\boldsymbol{r}, \boldsymbol{R}) = \sum_n \Phi_n(\boldsymbol{R}) \varphi_n(\boldsymbol{r}; \boldsymbol{R}) \tag{7.122}$$

该展开称为**玻恩–黄昆展开** (Born-Huang expansion)[65], 其中展开系数 $\Phi_n(\boldsymbol{R})$ 是只和分子体系的原子核构型 $\boldsymbol{R}$ 有关的核函数, 它可以给出核的状态。显然将展开式 (7.122) 代入原始方程 (7.116) 中并利用绝热电子态的正交归一性条件式 (7.119) 即可得到分子体系原子核的定态薛定谔方程:

$$E_n^{\mathrm{ele}} \Phi_n(\boldsymbol{R}) + \sum_m W_{nm}(\boldsymbol{R}) + \hat{V}_{\mathrm{NN}}(\boldsymbol{R}) \Phi_n(\boldsymbol{R}) = E_n^{\mathrm{mole}} \Phi_n(\boldsymbol{R}) \tag{7.123}$$

其中, 原子核的动能部分作用在分子绝热态上所给出的 $W$ 项定义如下:

$$W_{nm}(\boldsymbol{R}) = \int \varphi_n^* (\boldsymbol{r}; \boldsymbol{R}) \, \hat{T}_{\mathrm{N}} \varphi_m (\boldsymbol{r}; \boldsymbol{R}) \Phi_m(\boldsymbol{R}) \, \mathrm{d}\boldsymbol{r} \tag{7.124}$$

显然积分式 (7.124) 中由于核的动能算子 $\hat{T}_{\mathrm{N}}(\boldsymbol{R})$ 作用在分子绝热态 $\psi_m(\boldsymbol{r}, \boldsymbol{R}) \equiv \varphi_m(\boldsymbol{r}; \boldsymbol{R}) \Phi_m(\boldsymbol{R})$ 上会引起不同原子核构型 $\boldsymbol{R}$ 下的电子绝热态 $\varphi_m(\boldsymbol{r}; \boldsymbol{R})$ 发生态混合, 其作用结果会得到如下的原子核方程 (具体参见习题 7.11):

$$\left[ E_n^{\mathrm{ele}}\left(\boldsymbol{R}\right) + \hat{T}_{\mathrm{N}} + \hat{V}_{\mathrm{NN}}\left(\boldsymbol{R}\right) \right] \Phi_n\left(\boldsymbol{R}\right) + T_{nn}\left(\boldsymbol{R}\right)\Phi_n\left(\boldsymbol{R}\right)$$

$$+ \sum_{m \neq n} \left[ T_{nm}\left(\boldsymbol{R}\right) + \hat{G}_{nm}\left(\boldsymbol{R}\right) \right] \Phi_m\left(\boldsymbol{R}\right) = E_n^{\mathrm{mole}}\Phi_n\left(\boldsymbol{R}\right) \qquad (7.125)$$

其中，矩阵元函数 $T_{mn}(\boldsymbol{R})$ 和 $\hat{G}_{mn}(\boldsymbol{R})$ 的定义可参见习题 7.11 中的式 (7.360) 和式 (7.361)。由原子核方程 (7.125) 可以发现，彻底绝热分离的近似方程 (7.120) 可看作是方程 (7.125) 的零级近似方程 (忽略所有的 $T_{mn}(\boldsymbol{R})$ 和 $\hat{G}_{mn}(\boldsymbol{R})$ 项)；Hartree 方程 (7.112) 可以看作是该方程的一阶近似方程 (在零级方程上加上 $T_{nn}(\boldsymbol{R})$ 项)。从 $\hat{G}_{mn}(\boldsymbol{R})$ 的定义式 (7.361) 可以看出该项和前面讨论的几何相位有重要联系[66]，更多的内容此处不再深入讨论。

显然以上对分子体系定态薛定谔方程的讨论中没有包含电子的自旋自由度及与自旋有关的效应 (参见前面电子自旋及相关的物理效应)，电子自旋对分子的电子态能级结构 $E^{\mathrm{ele}}$ 会产生更加复杂的影响。以上忽略原子核运动对电子结构影响的绝热理论在处理大分子体系时，由于其分子质量较大是非常好的近似，但对于一些简单的小分子体系或在高能条件下，分子的转动和核结构间的振动会极大影响电子的运动，此时就必须考虑原子核 $\boldsymbol{R}$ 的动力学方程。首先在绝热修正的意义下可以利用 BOA 框架下的修正展开式 (7.122) 对方程 (7.125) 进行高阶计算，最后如果在核运动非常快速的情况下就必须在 BOA 框架之外利用严格分子体系方程 (7.116) 进行从头计算了。下面以单个简单分子体系为例来具体说明以上所涉及的一些问题。

### 1. 双原子分子和分子光谱

最简单的分子是**双原子分子** (diatomic molecule)，下面在量子力学视角下讨论双原子分子的光谱和分子构成方面的基本概念[67]。自然界有很多双原子分子，如同类原子 (homonuclear) 组成的氢气分子 $H_2$、氮气分子 $N_2$、氧气分子 $O_2$、氯气分子 $Cl_2$ 等，不同原子 (heteronuclear) 组成的一氧化碳分子 CO、盐酸分子 HCl 等。严格来讲，对于分子体系可以直接求解单个分子体系的薛定谔方程来给定单分子的所有能级结构和化学性质，然后求解大量分子组成的多体系统薛定谔方程给出宏观分子体系的所有物理和化学性质。但由于系统的高自由度困难，这里只介绍**单个双原子分子**的求解问题。根据分子体系哈密顿量式 (7.115)，由两种原子核 $A$ 和 $B$ 组成的单个双原子分子的哈密顿量为

$$\hat{H}_{AB} = \hat{H}_A + \hat{H}_B + \hat{V}_{\mathrm{ee}} + \hat{H}_{\mathrm{N}} \qquad (7.126)$$

其中，$\hat{H}_A$ 和 $\hat{H}_B$ 代表两个核所对应原子的哈密顿量：

$$\hat{H}_A(\boldsymbol{r}, \boldsymbol{R}_A, \boldsymbol{R}_B) = -\frac{\hbar^2}{2m_{\mathrm{e}}} \sum_{i=1}^{Z_A} \nabla_i^2 - \sum_{i=1}^{Z_A} \frac{Z_A e^2}{4\pi\epsilon_0 r_{iA}}$$

$$\hat{H}_B(\boldsymbol{r}, \boldsymbol{R}_A, \boldsymbol{R}_B) = -\frac{\hbar^2}{2m_e} \sum_{i=1}^{Z_B} \nabla_i^2 - \sum_{i=1}^{Z_B} \frac{Z_B e^2}{4\pi\epsilon_0 r_{iB}}$$

$\hat{V}_{ee}$ 代表双原子分子所有电子之间的库仑相互作用:

$$\hat{V}_{ee}(\boldsymbol{r}) = \sum_{i>j} \frac{e^2}{4\pi\epsilon_0 r_{ij}} \tag{7.127}$$

式 (7.126) 中最后一项 $\hat{H}_N$ 代表双原子分子两个核的总能量:

$$\hat{H}_N(\boldsymbol{R}_A, \boldsymbol{R}_B) = -\frac{\hbar^2}{2M_A} \nabla_A^2 - \frac{\hbar^2}{2M_B} \nabla_B^2 + \frac{Z_A Z_B e^2}{4\pi\epsilon_0 R_{AB}} \tag{7.128}$$

　　显然直接忽略电子之间相互作用式 (7.127) 和原子核的能量式 (7.128), 就是前面所讲的利用原子直乘态的线性组合来直接构造分子轨道波函数的 LCAO 理论: 原子轨道线性组合理论[63]。然后对式 (7.127) 采用微扰理论。更为精确的计算是忽略原子核的能量式 (7.128), 在 BOA 条件下求解双原子分子的绝热电子波函数 $\varphi_n(\boldsymbol{r}; \boldsymbol{R})$(方程 (7.117) 的解) 和零级核方程 (7.120) 或高阶核方程 (7.125) 得到分子体系的分子轨道波函数。

　　由于双原子分子的特殊性, 对于两个原子核 $A$、$B$ 的描述可以引入前面讨论二体系统问题时引入的质心坐标和相对坐标:

$$\boldsymbol{Q} = \frac{M_A}{M} \boldsymbol{R}_A + \frac{M_B}{M} \boldsymbol{R}_B$$
$$\boldsymbol{R} = \boldsymbol{R}_B - \boldsymbol{R}_A$$

其中, $\boldsymbol{Q}$ 是两个核的质心坐标 (其中 $M$ 为两个核总质量: $M = M_A + M_B$); $\boldsymbol{R}$ 是两个核的相对坐标。对核引入质心坐标和相对坐标的主要目的是把原子核的哈密顿量简化为如下形式 (见习题 7.12):

$$\hat{H}_N(\boldsymbol{Q}, \boldsymbol{R}) = -\frac{\hbar^2}{2M} \nabla_Q^2 - \frac{\hbar^2}{2\mu} \nabla_R^2 + \frac{Z_A Z_B e^2}{4\pi\epsilon_0 R} \tag{7.129}$$

其中, $\mu \equiv (M_A M_B)/(M_A + M_B)$ 为两个原子核的**约化质量**。从而得到双原子分子体系在质心坐标和相对坐标下的定态方程:

$$\left( -\frac{\hbar^2}{2M} \nabla_Q^2 - \frac{\hbar^2}{2\mu} \nabla_R^2 + \frac{Z_A Z_B e^2}{4\pi\epsilon_0 R} + \hat{H}_{ele} \right) \Psi(\boldsymbol{r}, \boldsymbol{Q}, \boldsymbol{R}) = E \Psi(\boldsymbol{r}, \boldsymbol{Q}, \boldsymbol{R})$$

其中, 电子的哈密顿量 $\hat{H}_{ele} = \hat{H}_A + \hat{H}_B + \hat{V}_{ee}$; $E$ 为双原子分子总的能量。显然根据以上双原子分子的定态薛定谔方程形式, 其存在以下形式的分离变量解:

$$\Psi(\boldsymbol{r}, \boldsymbol{Q}, \boldsymbol{R}) = \Phi(\boldsymbol{Q}) \psi(\boldsymbol{r}, \boldsymbol{R})$$

代入定态方程可以得到质心方程:

$$-\frac{\hbar^2}{2M}\nabla_Q^2 \Phi(\boldsymbol{Q}) = E_{\text{cm}}\Phi(\boldsymbol{Q})$$

其中, $E_{\text{cm}}$ 为整个分子的**质心动能**。从而得到双原子分子的分子轨道方程:

$$\left(\hat{H}_{\text{ele}} - \frac{\hbar^2}{2\mu}\nabla_R^2 + \frac{Z_A Z_B e^2}{4\pi\epsilon_0 R}\right)\psi(\boldsymbol{r}, \boldsymbol{R}) = E^{\text{ab}}\psi(\boldsymbol{r}, \boldsymbol{R}) \tag{7.130}$$

其中, $E^{\text{ab}}$ 为分子内部的能量, 即分子原子核之间的相对运动和电子相对于质心系的能量, 所以分子的总体能量 $E = E_{\text{cm}} + E^{\text{ab}}$。显然双原子分子的分子轨道方程 (7.130) 由于引入了原子核的质心相对坐标, 原子核的自由度从 6 维降低为 3 维。对方程 (7.130) 如果首先将两个核完全固定, 那么核之间的相对动能消失, 其就直接退化为分子的电子结构方程 (7.117), 此处即

$$\hat{H}_{\text{ele}}\varphi_n(\boldsymbol{r}; R) = E_n^{\text{ele}}\varphi_n(\boldsymbol{r}; R)$$

以及零级核方程 (7.123), 此处即

$$\left(\hat{H}_{\text{ele}} + \frac{Z_A Z_B e^2}{4\pi\epsilon_0 R}\right)\psi_n(\boldsymbol{r}; R) = \left(E_n^{\text{ele}} + E_n^{\text{N}}\right)\psi_n(\boldsymbol{r}; R)$$

其中, 分子处于绝热分离态: $\psi_n(\boldsymbol{r}; R) = \varphi_n(\boldsymbol{r}; R)\Phi_n(R)$。注意此处的角标 "$n$" 和前面一般分子体系的能级有所不同, 这里的能级是去掉了质心能量后的能级指标。此时由于原子核固定, 原子核发生相对位置绝热改变的参数自由度进一步降低为 1 维。显然由于双原子分子的电子波函数 $\psi_n(\boldsymbol{r}; R)$ 应该具有轴对称解 (对称于固定的 $A$ 与 $B$ 原子核的连线), 当仅考虑核的慢变自由度 $R$ 时 (轴向方向固定), 根据前面的讨论, 二能级分子轨道方程 (7.130) 的解为不同 $R$ 构型下的绝热解的线性叠加: $\psi(\boldsymbol{r}, R) = \sum_n \varphi_n(\boldsymbol{r}; R)\Phi_n(R)$。从而可以使用电子结构方程 (7.125) 的一级近似核方程:

$$\left[-\frac{\hbar^2}{2\mu}\nabla_R^2 + E_n^{\text{ele}}(R) + \frac{Z_A Z_B e^2}{4\pi\epsilon_0 R} + T_{nn}(R)\right]\Phi_n(R) = E_n^{\text{mole}}\Phi_n(R) \tag{7.131}$$

其中, 分子的电子波函数为 $\varphi_n(\boldsymbol{r}; R)$ 时, 由于分子核间距发生改变而产生的能量为

$$T_{nn}(R) = -\frac{\hbar^2}{2\mu}\int \varphi_n^*(\boldsymbol{r}; R)\nabla_R^2\varphi_n(\boldsymbol{r}; R)\,\mathrm{d}\boldsymbol{r}$$

根据以上核的薛定谔方程, 可以定义一个分子的等效核势能:

$$U_n(R) = E_n^{\text{ele}}(R) + \frac{Z_A Z_B e^2}{4\pi\epsilon_0 R} + T_{nn}(R) \tag{7.132}$$

显然分子的核间势能 (式 (7.132)) 依赖于电子所处的态 $\varphi_n(\boldsymbol{r}; R)$, 对一般的分子而言, 其等效核势能 $U_n(R)$ 的形状类似于前面所讲的 Morse 分子势 (式 (2.101)), 势能曲线如图 2.10 或图 7.14(a) 所示。对于不同的电子态, 分子核势能的位置高低不同 (主要是电子态能量 $E_n^{\mathrm{ele}}$ 不同), 当然形状也有所改变 (可以认为是 Morse 势的三个经验拟合参数不同, 此处通过电子态计算 $T_{nn}$ 来获得)。

对于以上所讨论的原子核之间的势能, 现在以基态 $U_0(R) \to U(R)$ 为代表来对分子的核运动能量进行讨论。此时不再固定分子两核的轴向, 那么分子核的自由度又恢复为 3 维: $R \to \boldsymbol{R}$。显然双原子分子核的方程 (7.131) 变成了在第 2 章已经讨论过的分子在特定势下的定态薛定谔方程:

$$\left[ -\frac{\hbar^2}{2\mu}\nabla_R^2 + U(R) \right] \Phi_n(\boldsymbol{R}) = E_n^{\mathrm{mole}} \Phi_n(\boldsymbol{R}) \tag{7.133}$$

显然势能 $U(R)$ 只依赖于距离, 是球对称的, 可以在球坐标系下求解方程 (7.133) 的波函数 $\Phi_n(R, \theta, \phi)$ 和对应的分子核能级 $E_n^{\mathrm{mole}}$ [64], 此处略。求解方程 (7.133) 可以得到分子能级结构式 (2.110) 中的后两项, 也就是在双原子分子电子能级 $E_n^{\mathrm{ele}}$ 的基础上引入分子转动和振动能级, 其中**转动能级**为

$$E_J^{\mathrm{rot}} = J(J+1)B_{\mathrm{e}}, \quad B_{\mathrm{e}} \equiv \frac{\hbar^2}{2\mu R_{\mathrm{e}}^2} = \frac{\hbar^2}{2I} \tag{7.134}$$

其中, $J = 0, 1, 2, \cdots$ 为转动量子数; $B_{\mathrm{e}}$ 为**转动常数** (rotational constant); $I = \mu R_{\mathrm{e}}^2$ 为分子两个核处于平衡距离 $R_{\mathrm{e}}$ 时分子的转动惯量。如果核间 $U(R)$ 采用 Morse 势, 可以得到分子的非线性**振动能级** (见式 (2.107)):

$$E_\nu^{\mathrm{vib}} = \hbar\omega_{\mathrm{e}}\left(\nu+\frac{1}{2}\right)\left[1 - \chi_{\mathrm{e}}\left(\nu+\frac{1}{2}\right)\right], \quad \chi_{\mathrm{e}} = \frac{\hbar\omega_{\mathrm{e}}}{4D_{\mathrm{e}}} \tag{7.135}$$

其中, $\nu$ 为振动能级的量子数; $\chi_{\mathrm{e}}$ 为 Morse 势的**非谐振常数**, 其他参数的定义请参考式 (2.107)。这样分子的能级式 (2.110) 就可以具体写出:

$$E^{\mathrm{mole}}(n, \nu, J) = E_n^{\mathrm{ele}} + E_J^{\mathrm{rot}} + E_\nu^{\mathrm{vib}} \tag{7.136}$$

由能级式 (7.136) 可以看出, 分子的能级结构就是在分立的电子能级上叠加振动和转动能级而形成一定的能级结构 (如图 7.14(a) 所示), 而分子在不同分子能级上的跃迁就能形成分子复杂的谱线结构 [68]。

首先分子能级式 (7.136) 所给出的分子的三种能量构成中, 电子能级的能量 $E^{\mathrm{ele}}$ 最大, 其次是振动能级能量 $E^{\mathrm{vib}}$, 转动能级能量 $E^{\mathrm{rot}}$ 最小, 三者的数量级估算如下: 分子内电子能级的能量和原子内电子能级的能量相当, 都是库仑相互作

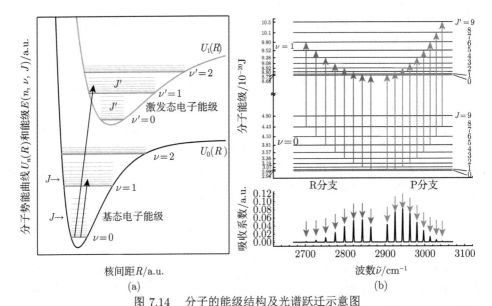

图 7.14    分子的能级结构及光谱跃迁示意图

(a) 分子的能级结构示意图，粗曲线代表分子的有效势能函数 $U_n(R)$，粗水平线是振动能级，
细水平线是转动能级；(b) 双原子分子 $^1H\,^{35}Cl$ 的转动–振动光谱，其中 $^{35}Cl$ 是核有 18 个中
子的氯同位素，分子其他参数见文献 [68]

用，为 $E^{\mathrm{ele}} \sim e^2/a_0 \equiv E_0$，其中 $a_0$ 为玻尔半径；核的振动能量为 $E^{\mathrm{vib}} \sim \sqrt{\dfrac{m_e}{M}} E_0$，

其中 $m_e/M \sim 10^{-4}$ 为电子质量和核质量之比；转动能量为 $E^{\mathrm{rot}} \sim \dfrac{m_e}{M} E_0$。三种
能量的比值大体为

$$E^{\mathrm{ele}} : E^{\mathrm{vib}} : E^{\mathrm{rot}} \approx 1 : \sqrt{\frac{m_e}{M}} : \frac{m_e}{M} \approx 1 : 10^{-2} : 10^{-4}$$

所以 $E^{\mathrm{ele}}$ 能量为十几个电子伏时，振动能量 $E^{\mathrm{vib}}$ 约为 0.1eV，转动能量 $E^{\mathrm{rot}}$ 约
为 $10^{-4}$eV，分子的能级会形成如图 7.14(a) 所示的层次结构。根据分子的能级结
构，分子不同态之间的跃迁会形成吸收谱或者辐射谱。在光谱分析中经常使用波
数的概念来标定光谱线：

$$\tilde{\nu} = \frac{\Delta E^{\mathrm{mole}}}{hc} = \frac{1}{hc} \left[ E^{\mathrm{mole}}\left(n', \nu', J'\right) - E^{\mathrm{mole}}\left(n, \nu, J\right) \right]$$

$$= \frac{\Delta E^{\mathrm{ele}}}{hc} + \frac{\Delta E^{\mathrm{vib}}}{hc} + \frac{\Delta E^{\mathrm{rot}}}{hc} = \tilde{\nu}_{\mathrm{ele}} + \tilde{\nu}_{\mathrm{vib}} + \tilde{\nu}_{\mathrm{rot}}$$

其中，$h$ 和 $c$ 分别为普朗克常数和光速，单位见前面关于式 (2.111) 的讨论。根据
以上各能量的数量级，电子态能级跃迁的波数范围为 $\tilde{\nu}_{\mathrm{ele}} \sim (10^4 - 10^5\ \mathrm{cm}^{-1})$，能

量落在紫外到可见光区域; 振动态间的跃迁波数范围为 $\tilde{\nu}_{\rm vib} \sim (10^2 - 10^3\,{\rm cm}^{-1})$, 能量在中近红外区域; 不同转动态间的跃迁波数范围为 $\tilde{\nu}_{\rm rot} \sim (10^0 - 10^2\,{\rm cm}^{-1})$, 能量在远红外到微波区域。

根据以上的计算结果, 分子的电子能级跃迁给出分子光谱的谱线窗口 (区域), 而振动和转动则给出窗口内谱线的精细结构, 如在某个窗口内分子的振动态和转动态之间的跃迁所形成的分子**转动–振动光谱** (rotation-vibration spectra)。当分子在不同能级跃迁时, 量子数 $\{\nu, J\} \to \{\nu', J'\}$, 利用转动能级公式 (7.134) 和振动能级公式 (7.135), 谱线的位置由量子数改变量和选择定则: $\Delta\nu = \pm 1, \Delta J = \pm 1$ 来决定。不同位置谱线的强弱还与分子在不同能级上的占有数有关, 如图 7.14(b) 所示。图中具体计算了分子 $^1{\rm H}^{35}{\rm Cl}$(元素左上角数字代表其质量数) 在 $\Delta\nu = 1$ 时的转动–振动光谱 [68]。光谱计算时所用到分子振动参数为 $\omega_{\rm e} = 2990.9460\,{\rm cm}^{-1}$, $D_{\rm e} = 5.3194 \times 10^{-4}\,{\rm cm}^{-1}$, 也就是 $\omega_{\rm e}\chi_{\rm e} = 52.8186\,{\rm cm}^{-1}$; 转动常数为 $B_{\rm e} = 10.59341\,{\rm cm}^{-1}$; 另外, 在计算谱线吸收系数的时候分子在能级 (此时主要是转动能级) 的占有数分布采用玻尔兹曼分布, 温度 $T = 200\,{\rm K}$。从数值计算结果来看, 分子的转动–振动光谱根据转动角动量 $J$ 的变化分为两个分支: 一支是 $\Delta J = 1$ 的能量比较高的跃迁 (图 7.14(b) 中左侧), 称为 R 分支; 另一支 $\Delta J = -1$ 是能量比较低的跃迁 (图 7.14(b) 中右侧) 形成的 P 分支光。$\Delta J = 0$ 的跃迁即所谓的 Q 分支在分子转动–振动光谱里一般不出现, 也就是说只有振动跃迁而没有转动跃迁一般是禁戒的。

在实验测量中所获得的分子谱线的轮廓和形状, 还依赖于分子体系光谱的线宽和光谱仪的分辨率, 如果要给出某个窗口内分子转动–振动光谱的细节, 系统的分辨率或线宽必须小于转动能级的波数间隔, 具体的影响参照图 7.15 所示。图 7.15 列出了不同温度 $T$、不同线宽 (谱线采用高斯轮廓, 其宽度用高斯分布的方差 $\sigma$ 表征) 和不同转动常数 $B_{\rm e}/hc$ 下分子的转动–振动光谱。根据前面的计算很容易得到图中齿状结构来源于转动能级的跃迁, 各条齿状谱线的能级间隔为 $2B_{\rm e}$, 当每一个齿的能级宽度 $\sigma > 2B_{\rm e}$ 时, 谱线将无法分辨转动能级而只显示出谱线的整体轮廓 (图 7.15(d))。

如果分子在电磁场中受到共振激发, 其电子会从一个电子态迅速跃迁到另一个电子态, 在此过程中由于电子分布的改变与核方程有耦合, 这样分子核的振动和转动也会发生改变, 根据前面所讲的原子与光场相互作用的爱因斯坦辐射理论, 电磁场与分子的相互作用中最重要的依然是电偶极相互作用, 那么分子在两个态 $|\Psi_m\rangle \equiv \varphi_n(\boldsymbol{r}; R)\Phi_{\nu, J}(R)$ 和 $|\Psi_k\rangle \equiv \varphi_{n'}(\boldsymbol{r}; R)\Phi_{\nu', J'}(R)$ 之间跃迁的光谱强度 (吸收谱或者荧光辐射谱的强度) 应正比于跃迁速率, 根据式 (6.42) 和式 (6.43), 分子在两个态之间的跃迁速率为

$$W_{m\to k} \propto |D_{mk}|^2 I(\omega_{mk}) N_m, \quad W_{k\to m} \propto |D_{km}|^2 I(\omega_{km}) N_k \tag{7.137}$$

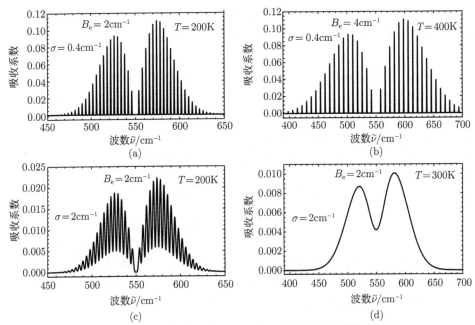

图 7.15    分子转动–振动光谱随温度、线宽和转动常数的变化

(a)~(d) 展示了不同温度、线宽和转动常数下分子转动–振动光谱轮廓, 分子的振动窗口取 $\omega_e/hc = 550\,\mathrm{cm}^{-1}$, 其他参数见图中的标注

其中, $I(\omega)$ 为共振激发场的强度; $N_{m,k}$ 为分子在态 $m,k$ 上的粒子数分布; 电偶极矩矢量大小 $D_{mk}$ 由下式决定:

$$D_{mk} = \langle \Psi_m | \widehat{\boldsymbol{D}} | \Psi_k \rangle \approx \langle \Phi_{\nu,J}(R) | \Phi_{\nu',J'}(R) \rangle \int \varphi_n^*(\boldsymbol{r};R) \widehat{\boldsymbol{D}} \varphi_{n'}^*(\boldsymbol{r};R) \, \mathrm{d}\boldsymbol{r}$$

其中, 最右边积分前面的系数为原子核状态的**重叠积分**。将偶极矩代入跃迁速率式 (7.137) 中, 得到原子核态重叠积分模的平方: $q_{\nu,\nu'} = |\langle \Phi_{\nu,J}(R) | \Phi_{\nu',J'}(R) \rangle|^2$, 该系数称为**弗兰克–康登系数** (Franck-Condon factor), 显然该系数的大小主要与原子核的振动状态有关。利用以上的跃迁速率公式就可以得到分子光谱中一个重要的原理, 用于解释电子振动跃迁的光谱强度。**弗兰克–康登原理** (Franck-Condon principle) 指出分子发生受激跃迁的时候, 振动能级的跃迁发生在 $q_{\nu,\nu'}$ 系数最大的两个振动态之间。弗兰克–康登系数的大小主要依赖于原子核之间的距离, 核距离越接近的两个态之间有效重叠积分就越大, 这样电子态的振动跃迁在如图 7.16(a) 所示垂直的两个振动态之间概率最大 (此时两个电子态对应的核间距相同, 如图 7.16(a) 中的垂直箭头所示)。根据以上理论可以利用 Morse 分子势能函数及其波函数解, 计算两个电子态之间的跃迁及其所产生的吸收光谱和荧光辐射光谱 (如图 7.16(b) 所示)。显然吸收和荧光辐射光谱的谱线具有近似的镜像特

征[68]，但由于激发态的分子通过非辐射的热过程弛豫后才进行辐射跃迁，所以荧光辐射光谱和吸收光谱会相对错开，荧光辐射光谱将向长波区域移动。图 7.16(b)中光谱的计算利用了 Mathematica 软件发布在 Demonstration 网站上的程序[69]，程序中所用到的参数在此不再列出。

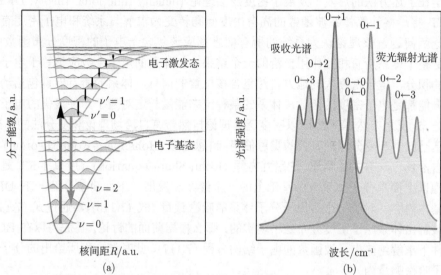

图 7.16　分子的吸收、荧光辐射过程及吸收光谱和荧光辐射光谱示意图

(a) 分子的能级跃迁示意图，垂直向上粗箭头表示吸收跃迁，右侧向下的粗长箭头表示荧光辐射跃迁，黑色短小箭头表示非辐射振动态跃迁的热弛豫过程；(b) 吸收过程和荧光辐射过程所对应的光谱线，左侧的是吸收光谱，右侧的是荧光辐射光谱，谱线每一个峰上的数字表示不同振动能级间的跃迁 $\nu \rightleftharpoons \nu'$

### 2. 多原子分子和计算化学

对于多原子分子而言，同样可以求解分子的电子结构方程 (7.117)，在电子结构方程的基础上得到原子核方程 (7.125)，在一级近似条件下参照式 (7.132) 给出分子原子核的势能函数 $U_n(\boldsymbol{R})$：

$$U_n(\boldsymbol{R}) = E_n^{\mathrm{ele}}(\boldsymbol{R}) + V_{\mathrm{NN}}(\boldsymbol{R}) + T_{nn}(\boldsymbol{R})$$

然而随着核自由度 $\boldsymbol{R}$ 的增加，双原子分子的势能曲线 $U(\boldsymbol{R})$ 对多原子分子就变成了**势能面** (potential energy surface, PES)。在势能面的基础上也可以发展出很多半经验的唯象理论，对多原子分子的许多性质做出合理的计算和预测，此处将不再进行具体模型的介绍和计算，下面将简单叙述该方法的自然发展及后来计算化学所建立起来的密度泛函理论[1,70]。

当然如果脱离建立于 BOA 之上的核势能函数方法, 对于不复杂的大分子可以采用不引入任何近似的第一性原理计算, 直接从薛定谔方程出发求解体系波函数。但这样的计算只局限于简单分子体系, 对于由大分子或多个复杂分子组成的体系是不现实的, 必须在 BOA 基础上发展更为广泛的计算化学方法。首先计算化学在上述方法的启发下发展了**密度泛函理论** (density functional theory, DFT)。DFT 将严格计算体系波函数的高自由度问题转变为求解与系统和电子密度有关的泛函问题, 该理论认为系统的所有信息都应该包含于电子的密度分布函数中, 它是整个体系所有相互作用自洽的一个结果, 如体系的电子个数应该等于电子密度的积分, 电子密度大的地方自然包含核位置的信息, 体系的所有能量包括动能和势能都是电子密度的函数, 体系的某种定态能量一定对应于一种最优的电子密度分布, 反之亦然, 等等。所以密度泛函理论自然带有自洽场理论和变分法的思想, 其基础就是和变分原理有关的**霍恩伯格–科恩定理** (Hohenberg-Kohn theorem) 及与自洽场方法有关的**科恩–沈吕九方程** (Kohn-Sham equation), 所以 DFT 是在处理以上简单分子体系方法基础上的一个继续和发展。下面简单介绍一下 DFT 的基本内容。对于一个多原子分子体系的哈密顿量 (式 (7.115)), 通过式 (7.116) 直接解出体系电子密度分布是不现实的, 那么根据前面的讨论, 首先可以在 BOA 条件下求解绝热电子波函数的电子结构方程 (7.117), 此时该方程所给出的分子的电子哈密顿量为

$$\hat{H}_{\mathrm{ele}} = \hat{T}_{\mathrm{e}} + \hat{V}_{\mathrm{eN}} + \hat{V}_{\mathrm{ee}} \tag{7.138}$$

此时式 (7.138) 中的物理量 (能量) 都是作用于电子波函数 $\varphi(\boldsymbol{r}, \boldsymbol{R})$ 上的算符, 波函数的自由度为所有电子和原子核自由度的总和。DFT 放弃了求解高自由度的波函数, 认为以上的严格哈密顿量 (式 (7.138)) 近似对应于如下的**能量泛函**:

$$E_{\mathrm{ele}}(\rho) = T_{\mathrm{e}}(\rho) + V_{\mathrm{eN}}(\rho) + V_{\mathrm{ee}}(\rho) \tag{7.139}$$

其中, $\rho(\boldsymbol{r}) = \sum_j |\varphi_j(\boldsymbol{r}, \boldsymbol{R})|^2$ 为电子总的**密度分布函数**, 此时电子多体自由度立刻变为三维, $\rho(\boldsymbol{r})$ 表示电子在 $\boldsymbol{r}$ 处单位体积内的电子数。这样严格哈密顿量的相互作用能量泛函就可以简单计算如下:

$$V_{\mathrm{eN}}(\rho) = -\frac{Z_A e^2}{4\pi\epsilon_0} \sum_{A=1}^{N} \int \frac{\rho(\boldsymbol{r})}{|\boldsymbol{r} - \boldsymbol{R}_A|} \mathrm{d}\boldsymbol{r}$$

$$V_{\mathrm{ee}}(\rho) = \frac{1}{2} \frac{e^2}{4\pi\epsilon_0} \iint \frac{\rho(\boldsymbol{r})\,\rho(\boldsymbol{r}')}{|\boldsymbol{r} - \boldsymbol{r}'|} \mathrm{d}\boldsymbol{r}\mathrm{d}\boldsymbol{r}'$$

显然和前面严格的哈密顿量式 (7.115) 比较可以发现, 哈密顿量 $\hat{V}_{\mathrm{eN}}$ 中对电子自由度的求和变成了三维密度积分, 哈密顿量 $\hat{V}_{\mathrm{ee}}$ 中对所有电子自由度的二

次求和变成了六维积分。最后将电子密度分布函数 $\rho(\boldsymbol{r})$ 代入系统严格哈密顿量式 (7.115) 中就能得到系统总能量：$E^{\text{tot}}(\rho) = E_{\text{ele}}(\rho) + T_{\text{N}}(\rho) + V_{\text{NN}}(\rho)$。此处原子核的动能泛函 $T_{\text{N}}(\rho)$ 和核相互作用泛函 $V_{\text{NN}}(\rho)$ 在 BOA 近似下与电子自由度分离，其与电子的密度分布无关，所以此处最重要的就是要计算电子的能量泛函 $E_{\text{ele}}(\rho)$。注意能量 $E_{\text{ele}}(\rho)$ 为给定 $\rho(\boldsymbol{r})$ 后代入能量泛函式 (7.139) 后计算出的电子能量，其和真实的电子能量 $E^{\text{ele}} = \langle\varphi|\hat{H}_{\text{ele}}|\varphi\rangle$ 是有差别的，这种差别来源于 DFT 的泛函近似，差别的大小依赖于电子密度分布函数 $\rho(\boldsymbol{r})$ 的近似和系统能量由电子密度分布函数决定的假设，可以统一将这种**差异**写为 $E_{\text{XC}}(\rho)$，通常这种差异来源于 DFT 所忽略的电子波函数高阶关联所带来的交叉关联或高阶关联项 (如在 Hartree-Fock 方程中所出现的交换积分项)，所以通常被称为**交换关联泛函** (exchange and correlation functional)，则系统利用 DFT 计算的电子能量泛函可以统一写为

$$E_{\text{ele}}(\rho) = T_{\text{e}}(\rho) + V_{\text{eN}}(\rho) + V_{\text{ee}}(\rho) + E_{\text{XC}}(\rho) \tag{7.140}$$

能量泛函式 (7.140) 采用不同的泛函形式,特别是选择不同的交换关联泛函 $E_{\text{XC}}(\rho)$ 就构成了不同的 DFT 方法，并获得不同的算法名称。

由于求解系统的电子结构方程 (7.117) 得到精确的电子密度分布 $\rho(\boldsymbol{r})$ 的复杂性，所以下面总结一下利用 DFT 思想求解复杂系统电子结构的方法：首先利用适当的近似方法给出系统波函数 (如利用高斯基或平面波基构造，或利用解出单电子无相互作用的电子波函数来构造)，其次计算和确定密度分布函数 $\rho(\boldsymbol{r})$，将其代入电子密度泛函 $E_{\text{ele}}(\rho)$ 中计算体系的能量，改变电子波函数的变分参数及体系的核结构 $\boldsymbol{R}$，继续反复计算体系能量泛函，直到体系的能量达到最低或收敛，从而确定体系能量、分子构型或材料性质。

## 7.4　固体系统的基础理论：能带

7.3 节讨论了复杂分子体系的密度泛函理论和量子计算方法，本节考察由原子或分子体系组成的简单固体 (态) 系统的基本量子模型和理论。

### 7.4.1　电子费米气体理论

为探讨固体系统中电子的运动行为，19 世纪末索末菲 (Sommerfeld) 等首先提出了固体系统的唯象理论：**自由电子气体模型**。该模型认为固体中的自由电子就如同气体一样充满了整个固体的内部。假设固体是一个长、宽、高分别为 $l_x$、$l_y$、$l_z$ 的长方体盒子 (见图 7.17左上角插图)，那么自由电子气的势能可写为

$$\hat{V}(x,y,z) = \begin{cases} 0, & 0 < x < l_x, 0 < y < l_y, 0 < z < l_z \\ \infty, & 其他 \end{cases}$$

所以自由电子气在固体盒子内的薛定谔方程为

$$-\frac{\hbar^2}{2m_{\mathrm{e}}}\nabla^2\psi\left(x,y,z\right)=E\psi\left(x,y,z\right)$$

根据第 4 章中对三维无限深势阱的讨论,自由电子气在箱中的归一化波函数为

$$\psi_{n_x,n_y,n_z}\left(x,y,z\right)=\sqrt{\frac{8}{l_xl_yl_z}}\sin\left(\frac{n_x\pi}{l_x}x\right)\sin\left(\frac{n_y\pi}{l_y}y\right)\sin\left(\frac{n_z\pi}{l_z}z\right)$$

其对应的能量为

$$E_{n_x,n_y,n_z}=\frac{\hbar^2\pi^2}{2m_{\mathrm{e}}}\left(\frac{n_x^2}{l_x^2}+\frac{n_y^2}{l_y^2}+\frac{n_z^2}{l_z^2}\right)=\frac{\hbar^2}{2m_{\mathrm{e}}}k^2$$

其中,$k$ 为三维自由电子波矢量的大小:$k^2=k_x^2+k_y^2+k_z^2$。在三维波矢 $k$ 空间 $(k_x,k_y,k_z)$ 每一个点就代表了自由电子的一个态 (如图 7.17所示,$k_{x,y,z}<0$ 时不给出新的自由电子态),结合前面对自由电子态密度的讨论,一个态占据 $k$ 空间的体积为 (图中小长方体的体积)

$$\frac{\pi^3}{l_xl_yl_z}=\frac{\pi^3}{V}$$

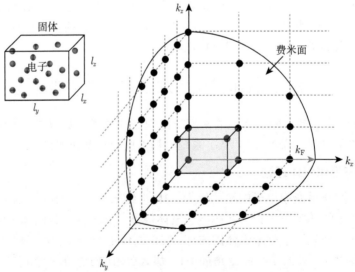

图 7.17    自由电子气在波矢 $k$ 空间内的态及排布的费米面

图中每一个黑色的点代表 $k$ 空间的一个态,箭头长度表示电子占据的最大波矢 $k_{\mathrm{F}}$,左上角的插图为固体系统模型示意图

其中，$V = l_x l_y l_z$ 为固体的体积。假如在固体内有 $N$ 个原子，每一个原子贡献 $q$ 个自由电子，那么这些电子会填充于电子态上，根据泡利不相容原理，在每一个态上只能填充两个电子，这样 $Nq$ 个电子就按能级从低到高的顺序不断填充，直到电子全部排完为止。假设电子填充的最高能级的波矢量大小为 $k_F$，那么这 $Nq$ 个电子在 $k$ 空间占据的相体积为

$$\frac{Nq}{2}\left(\frac{\pi^3}{V}\right) = \frac{1}{8}\left(\frac{4}{3}\pi k_F^3\right)$$

从而可以确定电子排布的能量最高态的波矢大小：

$$k_F = \left(3\pi^2 n_e\right)^{1/3}$$

其中，

$$n_e \equiv \frac{Nq}{V}$$

为固体内电子的密度，即固体单位体积内电子的个数。因此自由电子排布的最高能级的能量为

$$\varepsilon_F = \frac{\hbar^2 k_F^2}{2m_e} = \frac{\hbar^2}{2m_e}\left(3\pi^2 n_e\right)^{2/3} = \frac{\pi^2 \hbar^2}{2m_e}\left(\frac{3Nq}{\pi V}\right)^{2/3} \tag{7.141}$$

该能量被称为自由电子气的**费米能**。对自由电子气来说，电子排布到最高费米能量处时会在 $k$ 空间形成一个等能的球面，称为**费米面** (Fermi surface)，如图 7.17 所示。在费米面以下能级都被电子所填满 (未激发温度 $T = 0$，参见前面对费米–狄拉克统计的讨论)，形成一个费米球 (自由电子气的费米面是球面，形成一个球体，其他固体系统可能是一个复杂的费米面所包围的任意三维体)，则体系整个费米球的能量为

$$E_{\text{tot}} = 2\int_0^{\varepsilon_F} E_k \rho\left(E_k\right)\mathrm{d}E_k \tag{7.142}$$

其中，$\rho(E_k)$ 表示能量 $E_k = \hbar^2 k^2/2m_e$ 处自由电子态的**态密度**，如式 (6.20) 所示：$\rho(E_k) = 2m_e Vk/h^2$，$h = 2\pi\hbar$；态密度乘以 $\mathrm{d}E_k = \hbar^2 k\mathrm{d}k/m_e$ 表示此能量处有多少个态，这些态的个数乘以 $E_k$ 就是此能量处态的总能量；前面的系数 2 表示每一个态上填充两个电子，所以电子气的总能量就是对式 (7.142) 从 0 到费米能 $\varepsilon_F$ 进行积分，结果为

$$E_{\text{tot}} = \frac{\hbar^2 V}{2\pi^2 m_e}\int_0^{k_F} k^4 \mathrm{d}k = \frac{\hbar^2 V}{2\pi^2 m_e}\frac{1}{5}k_F^5 = Nq\frac{3}{5}\varepsilon_F \tag{7.143}$$

显然由式 (7.143) 可知每一个自由电子的平均能量为 $\dfrac{3}{5}\varepsilon_F$,对应自由电子的平均速度 $\bar{v}_F = \sqrt{1.2\varepsilon_F/m_e}$。对于金属中的电子,其平均速度的数量级大约在 $10^6$m/s。类比于热力学气体理论,自由电子气整体能量随着固体体积的改变会在固体面 (如图 7.17左上角所示) 上产生压强 $P$,其满足:

$$P = -\frac{\mathrm{d}E_{\mathrm{tot}}}{\mathrm{d}V} = -\frac{3Nq}{5}\frac{\mathrm{d}\varepsilon_F}{\mathrm{d}V} = \frac{2Nq\varepsilon_F}{5V} = \frac{2}{3}\frac{E_{\mathrm{tot}}}{V} = \frac{(3\pi^2)^{2/3}\,\hbar^2}{5m_e}n_e^{5/3}$$

上面推导用到了式 (7.141)。代入典型金属的电子密度 $n_e$,可以得到自由电子气体的内部压强可以达到大约 $10^6$ 个大气压,这个压强进一步有效平衡了核对电子的强大引力作用。显然该压强并非来源于电子之间的相互排斥作用,也不是来源于电子由于热运动碰撞器壁产生的热压强,而是来源于固体内自由电子在态上布居的泡利不相容原理。根据前面的讨论,泡利不相容原理来源于费米子体系的波函数反对称要求,所以该压强又被称为**简并压** (degeneracy pressure),或者根据前面对费米子之间波函数交换项所导致的电子内在“排斥力”的讨论,该压强也可称为**排斥压** (exclusion pressure)。

### 7.4.2　一维晶体和周期势:能带理论

显然,固体唯象理论的自由电子气体模型是一个非常粗糙的模型。**布洛赫** (Bloch) 认为固体中到处都是带正电的原子核,假设电子在固体中做自由运动太过简化。后来布洛赫用周期性的势场函数来表示原子核在固体内格点处对电子的相互作用,发展出了著名的**布洛赫定理** (Bloch theorem)。

1. 周期势场中的波函数:布洛赫定理

首先考察最简单的一维固体晶格,把它看作是一维原子链构成的一维固体系统来考虑一维周期势场中电子的运动问题。如图 7.18所示,对于由全同原子构成的一维晶格系统,假设晶格常数为 $a$,那么这些原子会在空间形成一维周期势 $V(x)$,满足:

$$V(x+a) = V(x)$$

电子在这样的周期势场中的定态薛定谔方程为

$$\hat{H}(x)\psi(x) = -\frac{\hbar^2}{2m}\frac{\mathrm{d}^2\psi(x)}{\mathrm{d}x^2} + V(x)\psi(x) = E\psi(x) \tag{7.144}$$

其中,$\psi(x)$ 为粒子在晶格体系内的非局域波函数,满足如下的相平移性质:

$$\psi(x+a) = e^{\mathrm{i}Ka}\psi(x) \tag{7.145}$$

其中,波矢 $K$ 是一个不依赖于 $x$ 的常数。

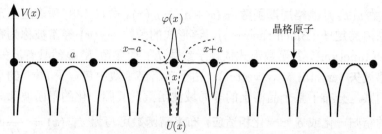

图 7.18　一维晶格中原子形成的周期势 $V(x)$ 的结构示意图
图中虚线为单个原子的局域势场 $U(x)$，$\varphi(x)$ 为原子的局域波函数

　　**证明：** 空间周期势场中波函数的相平移和势函数的平移不变性相联系，为此引入一个**平移算子** (displacement operator)，对任意的波函数 $\varphi(x)$ 定义为

$$\hat{D}(a)\varphi(x)=\varphi(x+a)$$

如果把平移算子作用到任意波函数 $\varphi(x)$ 和系统的哈密顿量上：

$$\hat{D}(a)\hat{H}(x)\varphi(x)=\hat{H}(x+a)\varphi(x+a)$$
$$=\left[\frac{\hat{p}^2}{2m}+V(x+a)\right]\varphi(x+a)=\left[\frac{\hat{p}^2}{2m}+V(x)\right]\varphi(x+a)$$
$$=\hat{H}(x)\hat{D}(a)\varphi(x)$$

由此可见平移算子和系统的哈密顿量对易：

$$\left[\hat{D}(a),\hat{H}(x)\right]=0$$

所以满足系统哈密顿量本征方程 (7.144) 的本征函数 $\psi(x)$ 同时也是平移算子的本征函数，其满足：

$$\hat{D}(a)\psi(x)=\psi(x+a)=\lambda\psi(x) \tag{7.146}$$

对式 (7.146) 两边的波函数求模方，并根据波函数的概率密度函数守恒得

$$\int_{-\infty}^{+\infty}|\psi(x+a)|^2\,\mathrm{d}x=|\lambda|^2\int_{-\infty}^{+\infty}|\psi(x)|^2\,\mathrm{d}x=|\lambda|^2=1$$

所以一般可以假定：

$$\lambda=\mathrm{e}^{\mathrm{i}Ka} \tag{7.147}$$

　　由于体系的波函数 $\psi(x)$ 具有式 (7.145) 所表达的相平移性质，所以对于一般具有周期平移不变性质的势场，其本征波函数可以写为如下形式：

$$\psi_K(x)=\mathrm{e}^{\mathrm{i}Kx}u(x) \tag{7.148}$$

其中，函数 $u(x)$ 是**晶格周期函数**：$u(x+a)=u(x)$。式 (7.148) 所表达的形式经常被称为**布洛赫定理** (Bloch theorem)，该形式的函数 $\psi_K(x)$ 经常被称为**布洛赫函数** (Bloch function)，其函数形式依赖于参数 $K$，而参数 $K$ 显然具有波矢的量纲，称为**晶格波矢** (crystal wave vector)。由于布洛赫函数中包含了 $\mathrm{e}^{\mathrm{i}Kx}$ 的平面波部分，表明其是分布于整个晶格上的非局域波函数，其归一化的平面波部分可以与平面波的箱归一化或 $\delta$ 归一化相适应，布洛赫函数可写为 $\psi_K(x)=\dfrac{1}{\sqrt{L}}\mathrm{e}^{\mathrm{i}Kx}u(x)$ 或 $\psi_K(x)=\dfrac{1}{\sqrt{2\pi}}\mathrm{e}^{\mathrm{i}Kx}u(x)$.

由于布洛赫函数是系统哈密顿量 $\hat{H}$ 的本征函数，不同本征值 $E_n$ 对应的布洛赫函数也是相互正交和完备的，所以无论采用何种归一化系数，布洛赫函数的正交归一化条件可统一写为

$$\int \psi_{n,K}^{*}(x)\,\psi_{m,K'}(x)\,\mathrm{d}x=\delta_{nm}\delta_{KK'} \tag{7.149}$$

完备性条件可以写为

$$\sum_{n,K}\psi_{n,K}^{*}(x)\,\psi_{n,K}(x')=\delta(x-x')$$

由于布洛赫函数在固体能带理论中具有重要的意义，下面先分析一下一维周期系统布洛赫函数的参数波矢 $K$ 到底由什么决定。

对于一个实际的有限系统，假设体系是由 $N$ 个原子形成的晶格结构，一般这个 $N$ 是一个非常巨大的数字 (阿伏伽德罗常数为 $6.022\times10^{23}$ 个/摩尔)，在这种情况下一般采用周期性边界条件来保证整个固体系统的势场 $V(x)$ 满足周期平移不变性 $V(x+a)=V(x)$，即要求在晶格内传播的波函数满足：

$$\psi_K(x+Na)=\psi_K(x)\Rightarrow\mathrm{e}^{\mathrm{i}NKa}=1 \tag{7.150}$$

可以得到：

$$K=\frac{2\pi n}{Na}=\frac{2\pi}{a}\frac{n}{N}\equiv 2q_0\frac{n}{N},\quad n=\pm1,\pm2,\cdots \tag{7.151}$$

为了方便，引入波矢量 $q_0\equiv\pi/a$，称为晶格的**基本波矢**，其由晶格的晶格常数 $a$ 决定。对于一般晶体而言 $q_0$ 是比较大的，但对超晶格结构而言一般较小。从式 (7.151) 可以看出 $K$ 的值是晶格基本波矢 $2q_0/N$ 的整数倍，所以晶格波矢 $K$ 在区间 $[-\pi/a,\pi/a]$ 共有 $N$ 个取值。对于一般宏观系统满足 $N\to\infty$，$K$ 的取值几乎就是连续的。因为一般固体系统的尺度 $L$ 是有限的，波函数必然会被限定在固体系统的尺度之内：$0<x<L$。此时自然可以使用固定边界条件 $\psi(0)=\psi(L)=0$，一般系

统的尺寸远大于晶格常数:$L \sim Na \gg a$,其中 $N$ 是一个非常大的数,那么同样有和式 (7.150) 一样的结论:$\psi_K(L) \approx \psi_K(Na) = \mathrm{e}^{\mathrm{i}NKa}\psi_K(0) = \psi_K(0) \Rightarrow \mathrm{e}^{\mathrm{i}NKa} = 1$。显然此时 $K$ 和式 (7.151) 的结论一致,如果体系足够宏观,$K$ 的取值也几乎是连续的。

显然在适当的周期势场 $V(x)$ 中,将布洛赫函数解的形式 (7.148) 代入定态薛定谔方程 (7.144) 中,可以得到多个定态波函数 $\psi_{n,K}(x)$ 所对应的多个晶格周期函数 $u_n(x)$ 的定态方程:

$$\left[\frac{(\hat{p} + \hbar K)^2}{2m} + V(x)\right] u_n(x) = E_n u_n(x) \tag{7.152}$$

其中,$E_n$ 为粒子的定态能量;粒子的动量算符 $\hat{p} = -\mathrm{i}\hbar\mathrm{d}/\mathrm{d}x$。如果对式 (7.152) 定义一个 $x$ 方向的一维总动量:$\hat{P} = \hat{p} + \hbar K$,那么方程 (7.152) 变为

$$\hat{H}_K(x)u_n(x) \equiv \left[\frac{\hat{P}^2}{2m} + V(x)\right] u_n(x) = E_n(K) u_n(x) \tag{7.153}$$

其中,动量 $\hbar K$ 通常称为**晶格动量** (crystal momentum);体系的能量 $E_n(K)$ 则依赖于晶格波矢 $K$。此时体系的能量是波矢 $K$ 的函数,所以能量 $E_n(K)$ 在适当的 $K$ 区间内会形成能带,指标 $n$ 可称为**能带指标**,而能带函数 $E_n(K)$ 则又称为能带的**色散关系**。由于 $u_n(x)$ 和 $V(x)$ 都是周期为 $a$ 的函数,所以在动量或波矢空间能带的色散关系 $E_n(K)$ 必然是周期为 $2\pi/a$ 的函数 (将 $K \to K + 2\pi/a$,式 (7.147) 不变或其相位保持不变)。所以一般可以将 $E_n(K)$ 的能带结构放在第一个周期区间 $[-\pi/a, \pi/a]$ 上考察,该区间通常被称为**第一布里渊区** (Brillouin zone, BZ)。

由于周期函数 $u_n(x)$ 也是厄米算符 $\hat{H}_K(x) \equiv \mathrm{e}^{-\mathrm{i}Kx}\hat{H}(x)\mathrm{e}^{\mathrm{i}Kx}$ 的本征态,所以 $u_n(x)$ 一般也是参数 $K$ 的函数 (在需要明确的时候写为 $u_{n,K}(x)$ 形式),而且不同 (实) 本征值能带 $E_n(K)$ 上的本征态 $u_n(x)$ 也是彼此正交的,所以也可以引入晶格函数 $u_n(x)$ 的正交归一化条件:$\int u_n^*(x)u_m(x)\mathrm{d}x = \delta_{nm}$。把其正交归一化条件和式 (7.149) 比较可以发现,由于 $u_n(x)$ 的周期性,它的正交归一化条件可以定义在空间的任何一个周期区间上。

根据布洛赫函数的形式,可以对其波矢 $K$ 做如下积分:

$$\frac{1}{2\pi} \int \psi_{n,K}(x)\,\mathrm{d}K = \frac{1}{2\pi} \int \mathrm{e}^{\mathrm{i}Kx}u_{n,K}(x)\,\mathrm{d}K \equiv w_n(x) \tag{7.154}$$

显然布洛赫函数在 $K$ 空间的积分式 (7.154) 给出另外一个函数 $w_n(x)$,它似乎是晶格函数 $u_{n,K}(x)$ 在 $K$ 空间的傅里叶变换。那么函数 $w_n(x)$ 表达的物理意义

到底是什么？考虑一种极端情况，假如晶格函数 $u_{n,K}(x)$ 不依赖于波矢 $K$，记为 $u_n(x)$，那么积分式 (7.154) 的结果为

$$w_n(x) = \frac{1}{2\pi} \int \mathrm{e}^{\mathrm{i}Kx} u_n(x)\, \mathrm{d}K = u_n(x) \frac{1}{2\pi} \int \mathrm{e}^{\mathrm{i}Kx}\, \mathrm{d}K = \delta(x) u_n(x)$$

显然得到的函数 $w_n(x) = \delta(x) u_n(x)$ 是一个强度为 $u_n(x)$ 的 $\delta$ 分布函数，是一个只在 $x = 0$ 处有值的局域分布函数，它在全空间的积分为 $u_n(0)$。

从上面的讨论可以看出，由于布洛赫函数中的 $u_n(x)$ 是一个全局分布的周期函数，所以其傅里叶变换函数必然是局域在 $x = 0$ 处的分布函数，所以式 (7.154) 所定义的函数通常被称为**万尼尔函数** (Wannier function)。根据上面对万尼尔函数的讨论，可以在任意点 $x'$ 处定义局域的万尼尔函数如下：

$$w_n(x - x') = \frac{1}{2\pi} \int \mathrm{e}^{-\mathrm{i}Kx'} \psi_{n,K}(x)\, \mathrm{d}K = \frac{1}{2\pi} \int \mathrm{e}^{\mathrm{i}K(x-x')} u_{n,K}(x)\, \mathrm{d}K$$

那么万尼尔函数就可以顺理成章地看成布洛赫函数的**傅里叶变换**了，其反傅里叶变换即为布洛赫函数：

$$\psi_{n,K}(x) = \int \mathrm{e}^{\mathrm{i}Kx'} w_n(x - x')\, \mathrm{d}x'$$

在周期为 $a$ 的晶格 $x_l, l \in \mathbb{Z}$ 上，标准的万尼尔函数可以定义于某个有限的波矢区域，如第一布里渊区而不是整个 $K$ 空间。例如，在第一布里渊区上，标准的万尼尔函数可定义为

$$w_n(x - x_l) = \frac{a}{2\pi} \int_{-\pi/a}^{\pi/a} \mathrm{e}^{-\mathrm{i}Kx_l} \psi_{n,K}(x)\, \mathrm{d}K = \frac{a}{2\pi} \int_{-\pi/a}^{\pi/a} \mathrm{e}^{\mathrm{i}K(x-x_l)} u_{n,K}(x)\, \mathrm{d}K$$

$$(7.155)$$

其中，积分前面的系数为第一布里渊区体积的倒数 $1/(2\pi/a)$。显然由于万尼尔函数和布洛赫函数**互为傅里叶变换**，所以万尼尔函数也可以构成一套正交归一完备的基矢：

$$\int w_n^*(x - x_l) w_m(x - x_h)\, \mathrm{d}x = \delta_{nm}\delta_{lh}$$

其中，$l$ 和 $h$ 均为整数，表示晶格位置。

    2. 简单周期势场：狄拉克梳

下面考虑用一个非常简单又基本的有限尺度周期势场，即由 $N$ 个狄拉克 $\delta$ 函数组成的一维晶格势：**狄拉克梳** (Dirac comb)，来模拟如图 7.18所示的固体晶格场，势函数 $V(x)$ 可表示为

$$V(x) = -\alpha \sum_{j=0}^{N-1} \delta(x - ja)$$

其中，$\alpha > 0$ 为势强度；$a$ 为晶格常数；晶格格点编号从 0 到 $N-1$，满足周期性边界条件。参照第 2 章单个一维 $\delta$ 势阱的解，自由粒子 (电子) 在多个 $\delta$ 函数组成的固体晶格中运动时，粒子总能量满足 $E > 0$。在第一个自由区域 $0 < x < a$ 内，波函数满足自由粒子的波函数方程：

$$-\frac{\hbar^2}{2m}\frac{\mathrm{d}^2\psi(x)}{\mathrm{d}x^2} = E\psi(x) \Rightarrow \frac{\mathrm{d}^2\psi(x)}{\mathrm{d}x^2} = -k^2\psi(x)$$

其中，波数定义为 $k = \sqrt{2mE}/\hbar$。显然这个方程的通解为

$$\psi(x) = A\sin(kx) + B\cos(kx), \quad 0 < x < a \tag{7.156}$$

根据布洛赫波函数的平移性质，立刻可以得到波函数在区域 $-a < x' < 0$ 的函数 $\psi(x')$，显然有 $x' = x - a$。根据坐标之间的关系得

$$\begin{aligned}\psi(x'+a) &= \psi(x) = A\sin(kx) + B\cos(kx)\\ &= A\sin[k(x'+a)] + B\cos[k(x'+a)]\end{aligned} \tag{7.157}$$

根据布洛赫定理式 (7.145)，方程 (7.157) 的左边还等于：

$$\psi(x'+a) = \mathrm{e}^{\mathrm{i}Ka}\psi(x')$$

结合以上两个方程，得到波函数在区域 $-a < x' < 0$ 解的形式：

$$\psi(x') = \mathrm{e}^{-\mathrm{i}Ka}[A\sin(kx'+ka) + B\cos(kx'+ka)] \tag{7.158}$$

根据式 (7.156) 和式 (7.158) 在 $x = 0$ 处的边界对接条件，首先是波函数的值在 $x = 0$ 处相等：

$$B = \mathrm{e}^{-\mathrm{i}Ka}[A\sin(ka) + B\cos(ka)] \tag{7.159}$$

其次就是波函数在 $x = 0$ 处的导数由于 $\delta$ 函数的存在会发生一个跃变，参考式 (2.29) 有

$$\Delta\left(\frac{\mathrm{d}\psi}{\mathrm{d}x}\right) = -\frac{2m\alpha}{\hbar^2}B$$

给出如下方程：

$$kA - \mathrm{e}^{-\mathrm{i}Ka}k[A\cos(ka) - B\sin(ka)] = -\frac{2m\alpha}{\hbar^2}B \tag{7.160}$$

联立式 (7.159) 和式 (7.160) 进行化简，可以得到如下的超越方程：

$$\cos(Ka) = \cos(ka) - \frac{m\alpha}{\hbar^2 k}\sin(ka) \tag{7.161}$$

方程 (7.161) 给出粒子在周期势场中所允许的能量值 $E = \hbar^2 k^2/(2m)$，也就是给出了能量色散关系 $E(K)$ 的隐式。根据式 (7.151) 可知，对大体系而言 $K$ 的取值几乎是连续的，所以式 (7.161) 其实是给出了自由粒子能级的能带结构。为了更为清晰地展示能带结构，定义如下无量纲的能量和参数：

$$E' = \frac{E}{\varepsilon_0}, \quad \varepsilon_0 \equiv \frac{\hbar^2}{2ma^2}, \quad \beta \equiv \frac{m\alpha a}{\hbar^2}$$

这样方程 (7.161) 就可以写为下面的形式：

$$\cos(Ka) = \cos\sqrt{E'} - \beta\frac{\sin\sqrt{E'}}{\sqrt{E'}} \tag{7.162}$$

利用 Mathematica 对能量隐式方程 (7.162) 进行图像求解，如图 7.19(a) 所示。式 (7.162) 左边函数 $\cos(Ka)$ 的值在图中两条虚线 $-1$ 和 $+1$ 之间，右边项是图中的黑实线，其落在两条虚线之间的部分 (阴影部分) 就是系统所允许的能量。从图中可以看出，能带随能量的提高会越来越宽。每条能带其实是由 $N$ 条靠得非常紧密的能级构成，在 $\cos(Ka)$ 的一个周期 $[0, 2\pi]$ 内其值从 1 变到 $-1$，由式 (7.151) 可以看出 $Ka$ 的 $N$ 个不同取值为 $\left[0, 2\pi\frac{1}{N}, 2\pi\frac{2}{N}, 2\pi\frac{3}{N}, \cdots, 2\pi\frac{N-1}{N}\right]$，确定了 $N$ 个子能级 $E(K_m)$，其中 $K_m = \frac{2\pi m}{a}, m = 0, 1, \cdots, N-1$。

显然，对于 $\delta$ 势阱中的电子，如果其能量 $E < 0$，其可以有一个局域的束缚态存在；对于非束缚态 $E > 0$，其能量在周期势阱下形成能带结构。当然如果取 $\delta$ 势强度 $\alpha < 0$，那么其晶格就是 $\delta$ 势垒组成的，式 (7.162) 右边的减号将变为加号，其能带结构没有本质变化，这利用 Mathematica 可以非常容易地发现，只是此时能带和带隙的宽度及位置发生了相应的改变。

为了理解式 (7.162) 给出的能量函数 $E(K)$，下面讨论一下狄拉克梳势场中能带 $E(K)$ 的性质。首先 $E(K)$ 是 $K$ 的周期函数：$E\left(K + \frac{2\pi}{a}\right) = E(K)$，这也可以利用式 (7.162) 左边项 $\cos(Ka)$ 的周期严格证明。因此可以把 $K$ 的取值限定在一个区间内，也就是取 $\left[-\frac{\pi}{a}, \frac{\pi}{a}\right]$ 的第一布里渊区。利用 Mathematica 的求根函数 FindRoot[··] 可以数值计算系统的能级随着 $K$ 在第一布里渊区的变化图像，如图 7.19(b) 所示。能级结构显示出对应于图 7.19(a) 的能带和带隙结构，由于狄拉克梳势场的对称性，各个能带的能谱对于 $K = 0$ 是左右对称的。

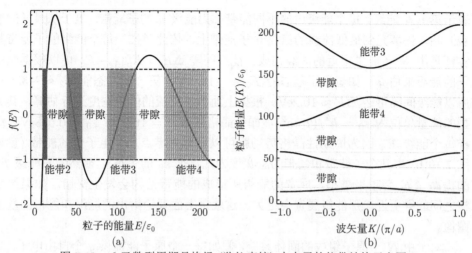

图 7.19　$\delta$ 函数型周期晶格场 (狄拉克梳) 中电子的能带结构示意图

(a) 利用函数图像法显示式 (7.162) 的能带结构；(b) 直接求解式 (7.162) 中 $E(K)$ 所得到的
能级结构。其中晶格场决定的参数 $\beta = 10$

### 3. 固体的能带理论及分类

　　根据以上对狄拉克梳周期势场的计算，可以发现周期势场会形成明显的能带结构。对于一个实际的固体系统，其空间结构由不同原子组成，每一个原子的原子核会按照一定的空间分布排列为某种结构，这些原子核在空间的分布可以形成某种空间点阵，以这些点阵为中心的核局域库仑势场 $U(\boldsymbol{r})$ 相互叠加，形成了一个统一的库仑势场分布 $V(\boldsymbol{r})$，然后电子就在这样的库仑场所决定的固体态上进行排布，构成固体系统。因此一般来说电子是在某种空间点阵形成的空间周期势场 $V(\boldsymbol{r})$(有些情况下是没有空间周期性势场的，如非晶体或玻璃态) 中运动，这样的复杂势场会形成丰富的固体单粒子态，然后电子根据能量由低到高填充到这些单粒子态上。如果不考虑电子之间的相互作用，电子的排布将不影响空间的点阵结构，各种周期的平移不变会在各个方向形成复杂交错的能带，电子和前面的自由电子气一样根据泡利不相容原理排布到最高能态上形成特定的费米面。然而实际的情况却非常复杂，电子和电子之间的相互作用不仅直接改变体系的能量，而且会影响空间点阵的分布从而改变 $V(\boldsymbol{r})$，所以这个问题最终又变成一个第一性原理计算的问题了。

　　下面还是从简单一维周期势场 $V(x)$ 的唯象理论出发来讨论这个复杂的问题。一般来说周期系统的定态薛定谔方程 (7.144) 具有多个解：

$$-\frac{\hbar^2}{2m}\frac{\mathrm{d}^2\psi_n\left(x\right)}{\mathrm{d}x^2} + V\left(x\right)\psi_n\left(x\right) = E_n\psi_n\left(x\right) \tag{7.163}$$

根据周期势场的平移不变性，每个能级都会形成自己的能带 $E_n(K)$，其中角标 $n$

表示第 $n$ 個能級, 每個能級內的不同能帶稱為能級 $n$ 的**子能帶**。電子從最低的能級開始, 先填充到最低能級的第 1 個子能帶上, 依此類推。每個能級的子能帶其實都是由 $N$ 條能量很近的能級構成。能級間隔 $\Delta E = E_{n+1} - E_n$ 可以根據氫原子的能級來估算, 如氫原子基態能 $E_1 \approx -13.6\text{eV}$, 第一激發態能 $E_2 \approx -3.4\text{eV}$, 所以能級間隔可達 $\Delta E \approx 10.2\text{eV}$。根據上面狄拉克梳的能帶寬度進行估算, 其典型的能量單位為 $\varepsilon_0 = \hbar^2/(2ma^2)$, 如果晶格常數 $a = 1\text{nm}$ 時 $\varepsilon_0 \approx 0.038\text{eV}$。這樣每個能級 $E_n$ 因為週期性晶格勢場就可以展寬為零點幾個電子伏的能帶 (參見圖 7.19(b) 中幾個子能帶和禁帶的總寬度為幾百個 $\varepsilon_0$ 的大小)。顯然隨著能級 $E_n$ 的提高 $\Delta E$ 會越來越小, 展寬的能級所形成的能帶結構會發生交錯。如果原子核之間靠得更近, 那能級展寬會更大, 這就是上面理論給出的能級和能帶的基本圖像。

對於由 $N$ 個原子組成的固體系統, 假如每一個原子能提供 $q$ 個自由電子, 那麼系統共有 $Nq$ 個自由電子需要填充到固體材料的最外層能級的能帶中。首先假如每一個原子提供了 1 個自由電子, 即 $q = 1$, 那麼系統就有 $N$ 個電子填充到最外層能級的一個子能帶的 $N$ 個子能級上。由於每個子能級可以填充 2 個電子, 所以該能帶是半滿的。對於半滿的能帶, 電子在外場作用下很容易發生能量提升而產生移動, 所以該材料表現為**金屬**的性質。如果每個原子提供 $q = 2$ 個自由電子, 那麼有 $2N$ 個自由電子填充到外層能帶上, 能帶是被填滿的。此時如果電子的能量要繼續增加的話, 必須越過一個帶隙才能到達第二個子能帶的底部, 所以電子能量的增加量必須至少大於帶隙的寬度。如果帶隙較大, 作用在電子上的電壓不是很高, 電子的能量就無法增加到足夠的程度越過能隙而產生移動, 從而表現為不導電的狀態, 此即為**絕緣體**。同理, 如果每個原子提供 3 個或更多電子, 或者給該固體材料**摻雜** (dope) 能提供更多自由電子的材料, 那麼對於能帶全滿的絕緣體材料, 就有多餘的電子填充到下一個更高的能帶上, 這樣體系的導電性質會介於導體和絕緣體之間, 被稱為**半導體** (semiconductor)。同樣在絕緣體內摻雜一些少電子的材料, 那麼本來全滿的能帶上就因為缺少電子而產生了一些帶正電的**空位** (hole), 這樣的材料同樣是導電性質介於導體和絕緣體之間的半導體。當然以上基於簡單狄拉克梳模型的能帶理論對固體材料的簡單分類只是概念上的, 更為精確的關於固體材料的導電性質必須在適當的模型下對電子的遷移過程做更為詳細的計算。

## 7.5 固體低維系統: 超晶格和緊束縛模型

### 7.5.1 一維週期勢場: 傳輸矩陣法

基於狄拉克梳的週期模型顯然是非常簡化的唯象模型, 下面進一步討論一般周期势场中粒子的行为, 本小节首先介绍一维一般势场下的标准**传输矩阵方法**[11]。此处采用格里菲斯 (Griffith) 的表述 [71] 给出经过一个局域势场后的传输矩阵关系。其次处理以该局域势场为单元构成的一维**超晶格** (superlattice) 结构的传输问题和能带结构[72]。最后在该周期势场模型下讨论一个最典型的简单模型。

对于一般的一维周期势场, 总可以将其分割为如图 7.20所示的一个个单元结构, 并先在某个单元结构区域内求解如下的定态薛定谔方程:

$$-\frac{\hbar^2}{2m}\frac{\partial^2}{\partial x^2}\psi(x) + V(x)\psi(x) = E\psi(x) \tag{7.164}$$

其中, $E$ 是粒子在某一个单元结构区域内的总能量。如图 7.20 所示, 局域势场 $V(x)$ 两边为自由区域, 波函数的一般解为向右和向左平面波的叠加; 中间势场区域大小为 $a$, 这个区域的波函数假设为 $\psi_a(x)$。现在就是要求解方程 (7.164), 得到左右两边系数 $(A_0, B_0)$ 和 $(A_1, B_1)$ 之间的矩阵转换关系。显然根据图 7.20中的不同区域, 波函数的形式如下:

$$\psi(x) = \begin{cases} A_0 e^{ik_0 x} + B_0 e^{-ik_0 x}, & x < 0 \\ \psi_a(x), & 0 < x < a \\ A_1 e^{ik_0 x} + B_1 e^{-ik_0 x}, & x > a \end{cases} \tag{7.165}$$

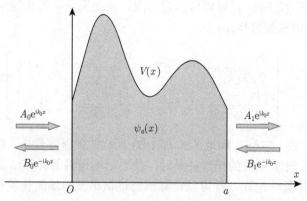

图 7.20　波函数经过某一个单元结构局域势场 $V(x)$ 的传输矩阵示意图

其中, 粒子在自由区域的能量为 $E_0$, 波矢 $k_0 = \sqrt{2mE_0}/\hbar$。根据波函数式 (7.165) 的边界条件, 引入如下左右自由区域系数的矩阵转换关系:

$$\begin{pmatrix} A_0 \\ B_0 \end{pmatrix} = \boldsymbol{M} \begin{pmatrix} A_1 \\ B_1 \end{pmatrix} = \begin{pmatrix} M_{11} & M_{12} \\ M_{21} & M_{22} \end{pmatrix} \begin{pmatrix} A_1 \\ B_1 \end{pmatrix} \tag{7.166}$$

其中，矩阵 $\boldsymbol{M}$ 就是前面已经提到的**传输矩阵** (transfer matrix)。根据薛定谔方程的时间反演不变性 (只要势能 $V(x)$ 是实函数) 和概率的守恒性条件，就可以得到传输矩阵必然有以下的形式和性质[11,71]：

$$\boldsymbol{M} = \begin{pmatrix} w & v \\ v^* & w^* \end{pmatrix}, \quad |w|^2 - |v|^2 = 1 \tag{7.167}$$

其中，令 $M_{11} = w, M_{12} = v$。由此可见，在如图 7.20 所示的结构中传输矩阵 $\boldsymbol{M}$ 是行列式为 1 的矩阵，但前面提到的传输矩阵 (2.162) 并不满足此处重新定义的传输矩阵的性质：$\det[\boldsymbol{M}(x_i)] = k_{\mathrm{R}}/k_{\mathrm{L}} \neq 1$。显然物理上传输矩阵 (2.162) 在 $x = x_i$ 处经过边界后左右的概率流密度必须守恒，所以利用式 (2.137) 计算波函数 (2.161) 在 $x = x_i$ 左右的概率流密度为

$$J_{\mathrm{L}} = \frac{\hbar k_{\mathrm{L}}}{m}\left(|A_{\mathrm{L}}|^2 - |B_{\mathrm{L}}|^2\right) = \frac{\hbar k_{\mathrm{R}}}{m}\left(|A_{\mathrm{R}}|^2 - |B_{\mathrm{R}}|^2\right) = J_{\mathrm{R}}$$

为了满足以上的概率守恒条件：$J_{\mathrm{L}} = J_{\mathrm{R}}$，必须将式 (2.161) 的平面波函数振幅做如下的调整替换[11]：

$$A_{\mathrm{L}} \to \frac{A_{\mathrm{L}}}{\sqrt{k_{\mathrm{L}}}}, B_{\mathrm{L}} \to \frac{B_{\mathrm{L}}}{\sqrt{k_{\mathrm{L}}}}; \quad A_{\mathrm{R}} \to \frac{A_{\mathrm{R}}}{\sqrt{k_{\mathrm{R}}}}, B_{\mathrm{R}} \to \frac{B_{\mathrm{R}}}{\sqrt{k_{\mathrm{R}}}}$$

相应的传输矩阵 (2.162) 就可以做适当修改，从而满足标准传输矩阵的基本性质 (直接引入以上的振幅替换)：

$$\boldsymbol{M}(x_i) = \begin{bmatrix} \dfrac{k_{\mathrm{L}} + k_{\mathrm{R}}}{2\sqrt{k_{\mathrm{L}}k_{\mathrm{R}}}}\mathrm{e}^{-\mathrm{i}(k_{\mathrm{L}}-k_{\mathrm{R}})x_i} & \dfrac{k_{\mathrm{L}} - k_{\mathrm{R}}}{2\sqrt{k_{\mathrm{L}}k_{\mathrm{R}}}}\mathrm{e}^{-\mathrm{i}(k_{\mathrm{L}}+k_{\mathrm{R}})x_i} \\ \dfrac{k_{\mathrm{L}} - k_{\mathrm{R}}}{2\sqrt{k_{\mathrm{L}}k_{\mathrm{R}}}}\mathrm{e}^{\mathrm{i}(k_{\mathrm{L}}+k_{\mathrm{R}})x_i} & \dfrac{k_{\mathrm{L}} + k_{\mathrm{R}}}{2\sqrt{k_{\mathrm{L}}k_{\mathrm{R}}}}\mathrm{e}^{\mathrm{i}(k_{\mathrm{L}}-k_{\mathrm{R}})x_i} \end{bmatrix} \tag{7.168}$$

显然传输矩阵 (式 (7.168)) 满足了式 (7.167) 所要求的基本性质，前面利用传输矩阵 (式 (2.162)) 计算系数的相对关系时，并不影响最终的计算结果。所以给定势能函数 $V(x)$ 的具体形式，就可以计算出经过该单元势场的传输矩阵式 (7.167)。和计算透射系数一样，对任何函数 $V(x)$ 都可以通过划分为平台势垒然后再积分的方法 (如图 2.17(b) 所示) 计算其传输矩阵 $\boldsymbol{M}$。

下面在已知单个任意函数 $V(x)$ 传输矩阵 $\boldsymbol{M}$ 的基础上，考察由该单元组成固体**超晶格**周期结构 (周期为 $L$) 时粒子的传输问题。如图 7.21所示，根据图中的标注，自由区域波函数 $\psi_n(x)$ 的递推关系如下：

$$\psi_n(x) = A_n\mathrm{e}^{\mathrm{i}k_0 x} + B_n\mathrm{e}^{-\mathrm{i}k_0 x}, \quad na + (n-1)b < x < na + nb$$

其中，$n = 0, 1, \cdots$，此处根据图中标注 $\psi_n(x)$ 可以认为是粒子经过第 $n$ 个单元后的波函数。根据以上的波函数关系，在 $x = 0$ 处波函数通过第一个 $V(x)$ 单元，其传输矩阵给出如下系数关系：

$$\begin{bmatrix} A_0 \\ B_0 \end{bmatrix} = \begin{bmatrix} w & v \\ v^* & w^* \end{bmatrix} \begin{bmatrix} A_1 \\ B_1 \end{bmatrix} \tag{7.169}$$

在 $x = a + b$ 处第二个 $V(x)$ 单元传输矩阵给出的系数关系为

$$\begin{bmatrix} A_1 \mathrm{e}^{\mathrm{i}k_0 b} \\ B_1 \mathrm{e}^{-\mathrm{i}k_0 b} \end{bmatrix} = \begin{bmatrix} w & v \\ v^* & w^* \end{bmatrix} \begin{bmatrix} A_2 \\ B_2 \end{bmatrix} \tag{7.170}$$

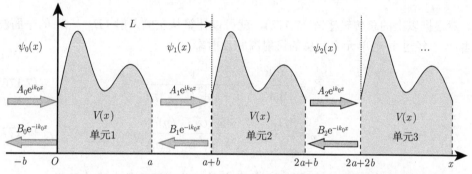

图 7.21　由一般势场 $V(x)$ 的单元构成的周期势性一维超晶格结构

此处需要注意的是传输矩阵在 $x = a$ 处给出的系数是 $A_1$、$B_1$，而第二个 $V(x)$ 单元传输矩阵给出的系数在 $x = a + b$ 处开始，所以波函数此时从 $x = a$ 处到 $x = a + b$ 处有一个自由传播相位差。如此不断进行，波函数经过第 $n$ 个 $V(x)$ 单元传输之后得到的总的递推关系为[71]

$$\begin{pmatrix} A_0 \\ B_0 \end{pmatrix} = \mathbf{R}^n \begin{bmatrix} \mathrm{e}^{\mathrm{i}k_0 b} & 0 \\ 0 & \mathrm{e}^{-\mathrm{i}k_0 b} \end{bmatrix} \begin{pmatrix} A_n \\ B_n \end{pmatrix} \equiv \mathbf{M}_n \begin{pmatrix} A_n \\ B_n \end{pmatrix} \tag{7.171}$$

其中，矩阵 $\mathbf{M}_n$ 定义为经过 $n$ 个单元后总的传输矩阵，而矩阵 $\mathbf{R}$ 定义为

$$\mathbf{R} \equiv \mathbf{M} \begin{bmatrix} \mathrm{e}^{-\mathrm{i}k_0 b} & 0 \\ 0 & \mathrm{e}^{\mathrm{i}k_0 b} \end{bmatrix} = \begin{bmatrix} w\mathrm{e}^{-\mathrm{i}k_0 b} & v\mathrm{e}^{\mathrm{i}k_0 b} \\ v^*\mathrm{e}^{-\mathrm{i}k_0 b} & w^*\mathrm{e}^{\mathrm{i}k_0 b} \end{bmatrix} \tag{7.172}$$

显然此处矩阵 $\mathbf{R}$ 的行列式 $\det[\mathbf{R}] = 1$，所以对于矩阵 $\mathbf{R}^n$ 的计算是可以进行的 (具体计算可参考相关文献)，此处只给出如下结果[71]：

$$\mathbf{R}^n = U_{n-1}(\eta)\mathbf{R} - U_{n-2}(\eta)\mathbf{I} \tag{7.173}$$

其中，$U_n(\eta)$ 是关于自变量 $\eta$ 的最高次数是 $n$ 的多项式 (约定 $U_n(\eta) = 0, n < 0$)，该多项式被称为第二类 $n$ 阶**切比雪夫多项式** (Chebyshev polynomial)[5]。用 Mathematica 内部函数 ChebyshevU$[n, \eta]$ 可以轻松得到任意 $n$ 阶自变量为 $\eta$ 的多项式。递推公式 (7.173) 给出了矩阵 $\boldsymbol{R}^n$ 和 $\boldsymbol{R}$ 的关系，$\boldsymbol{I}$ 是单位矩阵，此处自变量 $\eta$ 是矩阵 $\boldsymbol{R}$ 的**迹**：

$$\eta = \frac{1}{2}\mathrm{Tr}\,(\boldsymbol{R}) = \frac{1}{2}\left(w\mathrm{e}^{-\mathrm{i}k_0 b} + w^*\mathrm{e}^{\mathrm{i}k_0 b}\right) \tag{7.174}$$

最后将式 (7.173) 代入式 (7.171)，就得到经过 $n$ 个 $V(x)$ 单元之后系数 $(A_n, B_n)$ 和初始系数 $(A_0, B_0)$ 之间的总传输矩阵：

$$\boldsymbol{M}_n = \left[\begin{array}{cc} U_{n-1}(\eta)\,w - U_{n-2}(\eta)\,\mathrm{e}^{\mathrm{i}k_0 b} & U_{n-1}(\eta)\,v \\ U_{n-1}(\eta)\,v^* & U_{n-1}(\eta)\,w^* - U_{n-2}(\eta)\,\mathrm{e}^{-\mathrm{i}k_0 b} \end{array}\right] \tag{7.175}$$

显然根据以上的总传输矩阵 (7.175)，就可以计算从左侧入射 ($B_n = 0$) 的平面波 $A_0\mathrm{e}^{\mathrm{i}k_0 x}$ 经过 $n$ 个单元之后总的透射率和反射率：

$$T_n = \frac{|A_n|^2}{|A_0|^2} = \frac{1}{1 + |v|^2\,U_{n-1}^2(\eta)} \tag{7.176}$$

$$R_n = \frac{|B_0|^2}{|A_0|^2} = \frac{|v|^2\,U_{n-1}^2(\eta)}{1 + |v|^2\,U_{n-1}^2(\eta)} \tag{7.177}$$

显然满足 $T_n + R_n = 1$。下面利用以上的传输矩阵来讨论几个简单问题。

## 1. 一维 Kronig-Penney 模型

一个类似于狄拉克梳的非常重要的一维固体晶格唯象模型是建立在周期方势阱基础上的周期势场模型：**克勒尼希–彭尼模型** (Kronig-Penney model, KPM)。如图 7.22 所示，该模型周期方势垒的宽度为 $a$，高度为 $V_0$，势垒间隔为 $b$，所以势场 $V(x)$ 的周期为 $L = a + b$，$V(x + L) = V(x)$。结合前面讨论一维方势垒问题所用到的波函数形式，图中在 $x \in [-b, 0]$ 区域的波函数记为 $\psi_0(x)$，其向右和向左传播的平面波部分在图中已标出，振幅分别为 $A_0$ 和 $B_0$。同理在 $x \in [a, a+b]$ 区域的波函数记为 $\psi_1(x)$，其左右传播的平面波振幅为 $A_1$、$B_1$，如此依次类推。

下面利用传输矩阵方法来计算一下平台势单元的传输矩阵 $\boldsymbol{M}$。根据式 (7.169)，波函数在平台势上的整体传输矩阵 $\boldsymbol{M}$ 是 $x = 0$ 处的传输矩阵 $\boldsymbol{M}(0)$ 和 $x = a$ 处的传输矩阵 $\boldsymbol{M}(a)$ 共同作用的结果，也就是系数 $(A_0, B_0)$ 和 $(A_1, B_1)$ 之间的关系为

$$\left[\begin{array}{c} A_0 \\ B_0 \end{array}\right] = \boldsymbol{M}(0)\left[\begin{array}{cc} \mathrm{e}^{\mathrm{i}ka} & 0 \\ 0 & \mathrm{e}^{-\mathrm{i}ka} \end{array}\right]\boldsymbol{M}(a)\left[\begin{array}{c} A_1 \\ B_1 \end{array}\right] \tag{7.178}$$

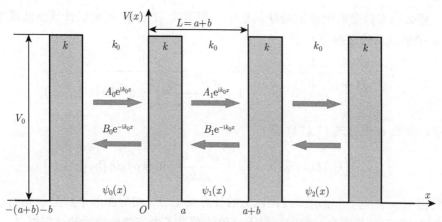

图 7.22　固体系统 Kronig-Penney 模型的周期平台势示意图

其中，必须注意的是波函数在势垒中自由传播了一段距离 $a$，积累了相位 $ka$，所以两个边界处的传输矩阵 $\boldsymbol{M}(0)$ 和 $\boldsymbol{M}(a)$ 之间必须乘以一个自由传播矩阵。利用式 (7.168) 给出的两个边界处的标准传输矩阵分别为

$$
\boldsymbol{M}(0)=\begin{bmatrix} \dfrac{k_0+k}{2\sqrt{kk_0}} & \dfrac{k_0-k}{2\sqrt{kk_0}} \\[2mm] \dfrac{k_0-k}{2\sqrt{kk_0}} & \dfrac{k_0+k}{2\sqrt{kk_0}} \end{bmatrix}; \boldsymbol{M}(a)=\begin{bmatrix} \dfrac{k+k_0}{2\sqrt{kk_0}}\mathrm{e}^{-\mathrm{i}(k-k_0)a} & \dfrac{k-k_0}{2\sqrt{kk_0}}\mathrm{e}^{-\mathrm{i}(k+k_0)a} \\[2mm] \dfrac{k-k_0}{2\sqrt{kk_0}}\mathrm{e}^{\mathrm{i}(k+k_0)a} & \dfrac{k+k_0}{2\sqrt{kk_0}}\mathrm{e}^{\mathrm{i}(k-k_0)a} \end{bmatrix}
$$

显然以上的两个传输矩阵和式 (2.150) 与式 (2.151) 本质上是一致的。此处势垒外和势垒内的波矢 (注意此处粒子能量 $E > V_0$ 时才存在平面波解的波矢，否则是指数下降的倏逝波解) 分别定义为

$$
k_0=\frac{\sqrt{2mE}}{\hbar}, \quad k=\frac{\sqrt{2m(E-V_0)}}{\hbar} \tag{7.179}
$$

利用 Mathematica 的符号计算能力，立刻从式 (7.178) 得到如下的关系：

$$
\begin{bmatrix} A_0 \\ B_0 \end{bmatrix}=\boldsymbol{M}\begin{bmatrix} A_1 \\ B_1 \end{bmatrix}\equiv\begin{bmatrix} w & v \\ v^* & w^* \end{bmatrix}\begin{bmatrix} A_1 \\ B_1 \end{bmatrix} \tag{7.180}
$$

其中，通过计算式 (7.178) 得到的传输矩阵 $\boldsymbol{M}$ 的矩阵元为

$$
w=\left[\cos(ka)-\mathrm{i}\frac{k^2+k_0^2}{2kk_0}\sin(ka)\right]\mathrm{e}^{\mathrm{i}k_0a}\equiv w_0\mathrm{e}^{\mathrm{i}k_0a}
$$

$$
v=-\mathrm{i}\frac{k^2-k_0^2}{2kk_0}\sin(ka)\,\mathrm{e}^{-\mathrm{i}k_0a}\equiv v_0\mathrm{e}^{-\mathrm{i}k_0a}
$$

那么在方势垒所组成的周期晶格中，利用式 (7.176) 就可以计算出波函数经过 $n$ 个势垒后的透射率：

$$T_n = \frac{1}{1 + |v|^2 U_{n-1}^2(\eta)} = \frac{1}{1 + \left(\dfrac{k^2 - k_0^2}{2k_0 k}\right)^2 \sin^2(ka) U_{n-1}^2(\eta)}$$

其中，参数 $\eta$ 根据式 (7.174) 有

$$\eta = \cos(ka)\cos[k_0(a-b)] + \frac{k^2 + k_0^2}{2kk_0}\sin(ka)\sin[k_0(a-b)]$$

显然当 $n = 1$ 时，$U_0(\eta) = 1$，以上的计算结果 $T_1$ 和前面单个势垒单元的透射率公式 (2.152) 是完全一致的。对于一般的经过多个方势垒单元的透射率 $T_n$，则如图 7.23 所示。从图 7.23(a) 中可以看出，随着单元数的增加透射率呈现出能带的特征，也就是在某些能量窗口，透射率都是 1，表明在该能量窗口波函数不受影响地在晶格中传播。图 7.23(b) 显示透射率随着晶格几何结构有非常大的变化，表现为粒子的共振透射 ($T = 1$) 能量强烈地依赖于波在晶格中的相位叠加和干涉。

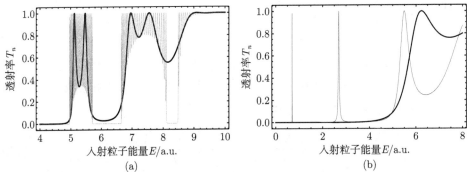

图 7.23    KPM 中波函数穿过 $n$ 个方势垒单元的透射率 $T_n$

(a) 透射率 $T_3$(黑色粗实线) 和 $T_{30}$(灰色细实线) 随着入射粒子能量在窗口 $[4,10]$ 处的变化，参数 $V_0 = 5, a = 1, b = 5$；(b) 势垒间隔 $b = 1$(黑色粗实线) 和 $b = 3$(灰色细实线) 下透射率 $T_2$ 在能量窗口 $[0,8]$ 处随入射粒子能量的变化，参数 $V_0 = 5, a = 1$。计算采用原子单位 $m = \hbar = 1$

对于方势垒形成的周期势场 KPM，如图 7.22 所示，根据布洛赫定理，周期性势垒中的任意波函数满足：

$$\Psi(x + L) = \mathrm{e}^{\mathrm{i}KL}\Psi(x) \tag{7.181}$$

所以有 $\psi_1(x) = \mathrm{e}^{\mathrm{i}KL}\psi_0(x)$，写成传输矩阵的列向量形式有

$$\left[\begin{array}{c} A_1 \mathrm{e}^{\mathrm{i}k_0 x} \\ B_1 \mathrm{e}^{-\mathrm{i}k_0 x} \end{array}\right] = \mathrm{e}^{\mathrm{i}KL} \left[\begin{array}{c} A_0 \mathrm{e}^{\mathrm{i}k_0 x} \\ B_0 \mathrm{e}^{-\mathrm{i}k_0 x} \end{array}\right] \tag{7.182}$$

根据式 (7.182) 可以得到 $x = 0$ 处和 $x = a + b$ 处波函数系数的关系:

$$\left[\begin{array}{c} A_0 \\ B_0 \end{array}\right] = \mathrm{e}^{-\mathrm{i}KL} \left[\begin{array}{cc} \mathrm{e}^{\mathrm{i}k_0(a+b)} & 0 \\ 0 & \mathrm{e}^{-\mathrm{i}k_0(a+b)} \end{array}\right] \left[\begin{array}{c} A_1 \\ B_1 \end{array}\right] \tag{7.183}$$

比较式 (7.180) 和式 (7.183),立刻得到:

$$\left[\begin{array}{cc} w_0 \mathrm{e}^{-\mathrm{i}k_0 b} - \mathrm{e}^{-\mathrm{i}KL} & v_0 \mathrm{e}^{-\mathrm{i}k_0(2a+b)} \\ v_0^* \mathrm{e}^{\mathrm{i}k_0(2a+b)} & w_0^* \mathrm{e}^{\mathrm{i}k_0 b} - \mathrm{e}^{-\mathrm{i}KL} \end{array}\right] \left[\begin{array}{c} A_1 \\ B_1 \end{array}\right] = 0$$

显然以上方程解存在的条件为矩阵的行列式等于零:

$$\det \left[\begin{array}{cc} w_0 \mathrm{e}^{-\mathrm{i}k_0 b} - \mathrm{e}^{-\mathrm{i}KL} & v_0 \mathrm{e}^{-\mathrm{i}k_0(2a+b)} \\ v_0^* \mathrm{e}^{\mathrm{i}k_0(2a+b)} & w_0^* \mathrm{e}^{\mathrm{i}k_0 b} - \mathrm{e}^{-\mathrm{i}KL} \end{array}\right] = 0$$

即得到:

$$\cos\left(KL\right) = \cos\left(ka\right)\cos\left(k_0 b\right) - \frac{k^2 + k_0^2}{2kk_0} \sin\left(ka\right)\sin\left(k_0 b\right) \tag{7.184}$$

将波矢式 (7.179) 代入式 (7.184) 可以得到 KPM 的能带结构,如图 7.24所示。显然 KPM 的能带结构和狄拉克梳类似,当然如果粒子的能量小于势垒的高度: $E < V_0$,能带公式 (7.184) 没有变化,解析结果只须做如下代换: $k \longrightarrow \mathrm{i}\kappa$。当然对于如上讨论的 KPM 超晶格结构,其超晶格基本波矢为 $q_0 = \pi/L$,超晶格的基本能量单元为

$$\varepsilon_0 = \frac{\hbar^2 \pi^2}{2mL^2} = \frac{\hbar^2 q_0^2}{2m}$$

波矢 $K$ 在第一布里渊区取值: $KL = \pi q, q \equiv K/q_0 \in [-1, 1]$。从图 7.24 所示的 KPM 超晶格结构的能带图像可以看出,体系能带位置强烈依赖于超晶格的结构常数 $a$ 和 $b$ 的比值及势垒的高度 $V_0$,而且能带的带宽随着粒子能量的增加而增加,而带隙随着粒子能量的增加会越来越小。

2. 一维光晶格中的原子

对于超晶格固体系统的周期势场可以通过光场非常方便地实现,而且该方法对于周期晶格的调控也非常灵活,此类利用光场的叠加形成光场强度或偏振等周期分布的系统称为**光晶格** (optical lattice)。当然超晶格系统也可以通过其他介质和方式获得,如由周期分布的不同折射率的材料组成的体系,由不同声波传输材

料 (声抗) 组成的声子晶体，等等。该系统在数学处理方式上是一致的，都可以用来模拟超晶格中不同粒子或场的传输特性。下面以最为简单的一维光学晶格为例，来计算一下光学晶格中原子的传输行为。

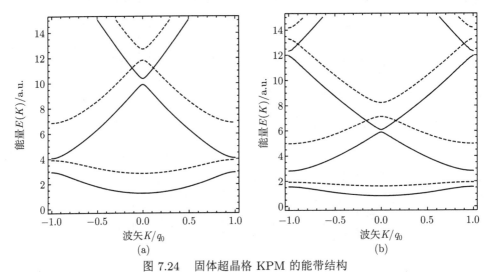

图 7.24    固体超晶格 KPM 的能带结构

(a) 超晶格结构常数 $a = 1, b = 0.5$，势垒高度 $V_0 = 2$(实线)，$V_0 = 5$(虚线)；(b) 超晶格结构常数 $a = 1, b = 1$，势垒高度 $V_0 = 2$ (实线)，$V_0 = 5$(虚线)。计算采用 $m = \hbar = 1$ 原子单位

根据前面定态微扰的讨论,原子与光场的相互作用主要为电偶极相互作用。对一维的光场而言，讨论简单的线偏振方向为 $\boldsymbol{e}_\lambda$ 沿 $x$ 方向电场强度分布为 $E(x) = \mathscr{E}(x) \cos(\omega_L t)$ 的光场与原子的相互作用问题。因此原子在电场强度为 $\boldsymbol{e}_\lambda E(x)$ 的一维光场中的哈密顿量为

$$\hat{H}(x) = \frac{\hat{p}}{2m} - \boldsymbol{D} \cdot \boldsymbol{e}_\lambda \mathscr{E}(x) \cos(\omega_L t)$$

其中，原子与光场相互作用的偶极矩 $\boldsymbol{D} = D\boldsymbol{e}_\mathrm{d}$ , $D$ 是偶极矩的大小，$\boldsymbol{e}_\mathrm{d}$ 是偶极矩的方向；$\omega_L$ 为激光场的频率；$\mathscr{E}(x)$ 为随空间变化的电场振幅函数。为简单起见，假设原子为二能级原子，原子二能级跃迁频率为 $\omega_a$，并且原子与光场的相互作用处于弱饱和 (弱激发) 大失谐 (失谐量 $\Delta = \omega_L - \omega_a \gg \Gamma$，$\Gamma$ 为原子的总弛豫频率) 状态 [73]，在此条件下体系的等效哈密顿量为 [74]

$$\hat{H}(x) = \frac{\hat{p}^2}{2m} + \hbar \frac{\Omega^2(x)}{\Delta}$$

其中，等效光场势函数 $\Omega(x) \equiv D\mathscr{E}(x) \cos\theta/\hbar$，$\theta$ 为原子偶极矩与光场偏振方向的夹角。如果利用光学腔内两列相对传波的平面波所形成的驻波来构成光晶格系

统，那么光场的波函数可写为 $\mathscr{E}(x) = \mathscr{E}_0 \sin(k_L x)$，其中 $k_L = 2\pi/\lambda$ 为光场波矢，$\lambda$ 为波长，$x \in [0, L]$，$L$ 为腔的长度。那么原子在一维光晶格中等效的光晶格势能为

$$U(x) = U_0 \sin^2(k_L \hat{x}) = \frac{1}{2} U_0 \left[1 - \cos(2k_L \hat{x})\right] \tag{7.185}$$

其中，$U_0 \equiv \hbar \Omega_0^2/\Delta = \hbar (D^2 \mathscr{E}_0^2 \cos^2 \theta)/\Delta$，可以称为光晶格的势垒高度，势场函数如图 7.25(a) 所示。显然此处的光晶格系统虽然满足周期性条件 $U(x + \lambda/2) = U(x)$，但和前面利用传输矩阵计算的分段势场不同，此处的势场函数在空间是整体不间断而连续的。当然可以利用前面的传输矩阵方法，令超晶格结构常数 $a = \lambda/2, b = 0$，然后在一个余弦函数势场单元上计算传输矩阵 (如取 $x \in [0, \lambda/2]$ 这个区间作为一个单元进行计算)，在传输矩阵基础上计算系统能带结构或透射系数。由于此处晶格势场为连续的余弦函数，所以可以在一定区域 (光学腔内) 直接求解如下的定态薛定谔方程：

$$-\frac{\hbar^2}{2m} \frac{\partial^2 \psi(x)}{\partial x^2} + \frac{U_0}{2} \left[1 - \cos(2k_L \hat{x})\right] \psi(x) = E \psi(x) \tag{7.186}$$

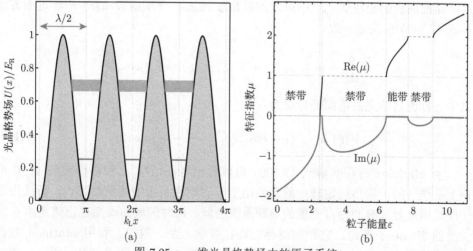

图 7.25　一维光晶格势场中的原子系统

(a) 一维光晶格势场 $U(x)$ 示意图，其中取 $U_0 = E_R$，图中的两条粗横线表示两个能级或能带；
(b) 光晶格势场 $V(\xi)$ 中 Mathieu 方程的特征指数 $\mu$，其中特征指数的实部用实线来强调能带部分，计算参数 $V_0 = 8E_R$

其中，$m$ 是原子质量；$E$ 为原子能量；$\psi(x)$ 为原子在光晶格中的波函数。对方程 (7.186) 引入无量纲量 $\xi = k_L x$，能量单元取**反冲能量** $E_R = \hbar^2 k_L^2/2m$，方程 (7.186) 化简为

$$\frac{\mathrm{d}^2\psi\left(\xi\right)}{\mathrm{d}\xi^2} + \left[\left(\mathcal{E} - \frac{V_0}{2}\right) + \frac{V_0}{2}\cos\left(2\xi\right)\right]\psi\left(\xi\right) = 0 \qquad (7.187)$$

其中，无量纲能量 $\mathcal{E} = E/E_R$；无量纲晶格势垒高度 $V_0 = U_0/E_R$。幸运的是微分方程 (7.187) 对应一个非常著名的方程：**马蒂厄方程** (Mathieu equation)，写成标准形式为[75]

$$\frac{\mathrm{d}^2\psi\left(\xi\right)}{\mathrm{d}\xi^2} + \left[a_0 - 2q_0\cos\left(2\xi\right)\right]\psi\left(\xi\right) = 0 \qquad (7.188)$$

其中，$a_0$ 和 $q_0$ 为 Mathieu 方程的两个参数，分别为

$$a_0 = \mathcal{E} - \frac{V_0}{2}, \quad q_0 = -\frac{V_0}{4} \qquad (7.189)$$

由于 Mathieu 方程 (7.188) 中势场具有周期性，其解具有布洛赫函数的形式：

$$\psi\left(\xi\right) = \mathrm{e}^{\mathrm{i}\mu\xi}u(\xi) \qquad (7.190)$$

其中，$\mu$ 一般来说是依赖于 $a_0$ 和 $q_0$ 的复变函数，此处被称为 Mathieu 方程解的**特征指数** (characteristic exponent)；函数 $u(\xi)$ 是一个与系统势场 $V(\xi)$ 具有相同周期的晶格函数：$u(\xi + \pi) = u(\xi)$。显然由于势场的周期性质，此处的特征指数 $\mu$ 就是前面讲的布洛赫定理中引入的晶格波矢 $K$，周期函数 $u(\xi)$ 所满足的方程和式 (7.152) 也完全一致：

$$\left(\frac{\mathrm{d}}{\mathrm{d}\xi} + \mathrm{i}\mu\right)^2 u_n(\xi) + V\left(\xi\right)u_n(\xi) = \mathcal{E}_n(\mu)u_n(\xi) \qquad (7.191)$$

其中，标度后的光晶格周期势场为

$$V(\xi) = \frac{V_0}{2}\left[1 - \cos(2\xi)\right] = \frac{V_0}{2} - \frac{V_0}{2}\cos(2\xi) \qquad (7.192)$$

由 Mathieu 方程的解式 (7.190) 可以看出特征指数 $\mu$ 和晶格波矢 $K$ 在理论上是统一的，布洛赫定理一般是给出空间周期性系统的波函数形式，特征指数一般是用来处理时间为自变量的周期系统的解，而时间域的周期理论就是第 6 章讲过的 Floquet 理论，它和布洛赫定理在数学上是一致的。利用 Mathieu 方程的特征指数 $\mu$，可以确定体系能量 $\mathcal{E}(\mu)$ 的能带结构。如图 7.25(b) 所示，当 $\mu$ 的虚部等于零，则实部区域给出能带结构，而 $\mu$ 的虚部不为零的区域则是禁带。利用 Mathematica 的内部函数 MathieuCharacteristicExponent[$a_0, q_0$] 可以方便地计算 Mathieu 方程的特征指数，图 7.25(b) 计算了特征指数 $\mu$ 的虚部和实部。虚部 $\mathrm{Im}(\mu) \neq 0$ 时波函数的解随 $\xi$ 会指数增长或指数减小 (见波函数指数部分 $\mathrm{e}^{-\mathrm{Im}(\mu)\xi}\mathrm{e}^{\mathrm{iRe}(\mu)\xi}u(\xi)$ 的变化)，此时波函数不稳定或不存在，该参数区域为禁带区域，特征指数的实部保持不变 (图中虚线)；在 $\mathrm{Im}(\mu) = 0$ 的区域才有稳定的波

函数，为能带区域，此时特征指数实部相当于布洛赫定理中连续改变的波矢，可以给出和图 7.24(b) 类似的能带结构 $\mathcal{E}(\mu)$（由图 7.25(b) 中的实线给出，注意图 7.25(b) 中的 $\mu$ 没有统一移动到 $[-1,1]$ 的布里渊区）。

利用 Mathematica 的 DSolve[··] 函数可以直接求解 Mathieu 方程 (7.188)，并给出如下的通解：

$$\psi(\xi) = c_1 C(a_0, q_0, \xi) + c_2 S(a_0, q_0, \xi)$$

其中，特殊函数 $C(a_0, q_0, \xi)$ 和 $S(a_0, q_0, \xi)$ 分别被称为**马丢偶函数和奇函数** (Mathieu even and odd function)[5,75]；$c_1$、$c_2$ 为边界条件确定的积分常数。显然根据线性独立的 Mathieu 奇偶函数的性质有 $c_1 = \psi(0)$, $c_2 = \psi'(0)$。利用边界条件可以给出光晶格中原子的波函数，因为 Mathieu 奇偶函数一般情况下是非周期的函数，所以在特定的晶格势场中，只有某些能带区间存在非周期的波函数解 $\propto e^{i\mathrm{Re}(\mu)\xi} u(\xi)$，如图 7.26(a) 所示，给出了第二和第三两个能带区域内原子波函数的概率分布。从数值计算可以发现只有在特殊的边界条件下，系统才存在对称的局域波函数解。

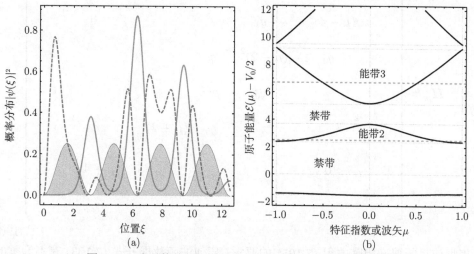

图 7.26　光晶格势场中原子波函数的概率分布和能带结构

(a) 光晶格 $V_0 = 8E_\mathrm{R}$ 中原子的概率分布函数，其中 $\mathcal{E} = 2.5$(实线)，$\mathcal{E} = 6.7$(虚线)，阴影曲线为光晶格势函数示意图；(b) 光晶格能带结构数值计算结果，水平虚线分别对应 (a) 中波函数的两个能量，其他参数与 (a) 相同

对于周期系统，除了上面介绍的利用传输矩阵和特征指数方法来确定系统的能带结构和波函数之外，还存在第三种计算周期系统波函数和能带的常用方法：波函数的傅里叶展开方法，或称为布洛赫波函数的傅里叶展开法。由于方程 (7.191) 的波函数 $u_n(x)$ 本身就是周期函数，所以其可以非常自然地展开为傅里叶级数形

式 (此处为了方便省略能带指标 $n$):

$$u(\xi) = \sum_{l=-\infty}^{\infty} c_l e^{2il\xi} \tag{7.193}$$

其中, $l$ 是整数指标。把式 (7.193) 代入式 (7.191) 或者式 (7.188), 消去指数函数, 可以得到如下系数的耦合递推方程:

$$\left[(\mu+2l)^2 - a_0\right] c_l + q_0\left(c_{l+1} + c_{l-1}\right) = 0 \tag{7.194}$$

上述的系数耦合递推方程 (7.194) 可以写为更直观的矩阵形式:

$$[\boldsymbol{H}_\mu - a_0 I]\,\boldsymbol{c} = 0 \tag{7.195}$$

其中, $\boldsymbol{c} = (\cdots, c_{-2}, c_{-1}, c_0, c_1, c_2, \cdots)^{\mathrm{T}}$ 为系数矢量; $I$ 为单位矩阵; $\boldsymbol{H}_\mu$ 为带有参数 $\mu$ 的和系统哈密顿量相关的矩阵:

$$\boldsymbol{H}_\mu = \begin{bmatrix} \ddots & & \ddots & & & & \\ \ddots & (\mu-4)^2 & q_0 & & & 0 & \\ & q_0 & (\mu-2)^2 & q_0 & & & \\ & & q_0 & \mu^2 & q_0 & & \\ & & & q_0 & (\mu+2)^2 & q_0 & \\ & 0 & & & q_0 & (\mu+4)^2 & \ddots \\ & & & & & \ddots & \ddots \end{bmatrix} \tag{7.196}$$

根据傅里叶展开矩阵方程 (7.195) 的要求, 要使波函数展开式 (7.193) 有不为零的系数解 $\boldsymbol{c}$, 矩阵 (7.196) 的行列式必须等于零:

$$\det\left(\boldsymbol{H}_\mu - a_0 I\right) = 0 \tag{7.197}$$

利用**三对角矩阵** (tridiagonal matrix) 行列式的性质 [75], 计算式 (7.197) 可以得到如下特征指数 $\mu$ 的方程 [76]:

$$\begin{cases} \sin^2\left(\dfrac{\pi\mu}{2}\right) = \Delta(0)\sin^2\left(\dfrac{\pi\sqrt{a_0}}{2}\right), & a_0 \neq (2n)^2 \\ \cos(\pi\mu) = 2\Delta(1) - 1, & a_0 = (2n)^2 \end{cases} \tag{7.198}$$

其中，$\Delta\left(\mu\right)$ 是如下的行列式：

$$
\Delta\left(\mu\right)
$$

$$
\equiv
\begin{vmatrix}
\ddots & & \ddots & & & & \\
\ddots & 1 & \dfrac{q_0}{\left(\mu-4\right)^2-a_0} & & & & 0 \\
& \dfrac{q_0}{\left(\mu-2\right)^2-a_0} & 1 & \dfrac{q_0}{\left(\mu-2\right)^2-a_0} & & & \\
& & \dfrac{q_0}{\mu^2-a_0} & 1 & \dfrac{q_0}{\mu^2-a_0} & & \\
& & & \dfrac{q_0}{\left(\mu+2\right)^2-a_0} & 1 & \dfrac{q_0}{\left(\mu+2\right)^2-a_0} & \\
& 0 & & & \dfrac{q_0}{\left(\mu+4\right)^2-a_0} & 1 & \ddots \\
& & & & & \ddots & \ddots
\end{vmatrix}
$$

　　根据上面的公式可以在 $l$ 的不同截断范围下进行波函数展开，然后计算特征指数方程 (7.198) 或者直接计算截断哈密顿量式 (7.196) 的本征值，给出能带结构。图 7.26(b) 就给出了截断范围为 $-2\leqslant l\leqslant 2$ 时体系的能带结构。从图中已经可以看出，$|l|\leqslant 2$ 的展开就已经能够给出非常准确的能带结构。波函数就可以写为本征值 $\mu$ 给定后所对应系数 $c_l$ 的叠加态：

$$
\psi_\mu\left(\xi\right)=\mathrm{e}^{\mathrm{i}\mu\xi}u\left(\xi\right)=\mathrm{e}^{\mathrm{i}\mu\xi}\sum_{l=-2}^{2}c_l\mathrm{e}^{\mathrm{i}2l\xi} \tag{7.199}
$$

显然以上的波函数并非足够好，但基本可以体现 Mathieu 方程解的准周期性质，当然体系在周期边界条件和固定边界条件下会形成具有某种对称性质的严格周期解，此处将不再讨论。将以上方法从一维 $x$ 向高维 $r$ 的推广也是直接的，此处也不再继续讨论。总之以上所讨论的光晶格模型可以更好地揭示周期系统的基本性质和主要特征，为后面讨论更加复杂的非唯象固体系统波函数的求解提供清晰的物理图像。

### 7.5.2　固体系统的紧束缚模型

　　下面介绍一个固体理论中更接近固体系统实际的重要理论模型：**紧束缚模型** (tight-binding model, TBM)。对于如图 7.18 所示的晶格系统，无论把系统的势场 $V\left(r\right)$ 近似为 $\delta$ 势阱单元组成的 Dirac 梳，还是把它近似成由方势阱单元组成的 Kronig-Penney 模型，或者把它看成是光晶格势阱的余弦函数，都是非常粗糙的固体系统的**唯象模型**。本小节将介绍真实原子核的势场如库仑势场或原子实的

屏蔽有效势场 $U(\boldsymbol{r})$ 在空间规则排列后形成的总势场 $V(\boldsymbol{r})$ 下更为真实的非唯象固态模型，这之中最简单的基础模型就是假定原子局域势场很强只需考虑近邻相互作用的紧束缚模型。更为深入全面的固体系统理论将在专门的固体物理课程中讲述 [77]，此处不做更详细讨论。

### 1. 紧束缚模型的哈密顿量

紧束缚模型是建立在 BOA 之上计算固体系统电子结构的一个基础模型，根据前面分子体系的哈密顿量式 (7.115)，可以将由 $N$ 个原子组成的固体系统的哈密顿量写为如下形式：

$$\hat{H} = \hat{T}_{\mathrm{e}} + \hat{V}_{\mathrm{eN}} + \hat{V}_{\mathrm{ee}}$$

$$= -\frac{\hbar^2}{2m_{\mathrm{e}}} \sum_{i=1} \nabla_i^2 - \sum_{A=1}^{N} \sum_{i=1}^{Z_A} \frac{Z_A e^2}{4\pi\epsilon_0 |\boldsymbol{r}_i - \boldsymbol{R}_A|} + \frac{1}{2} \sum_{i \neq j} \frac{e^2}{4\pi\epsilon_0 r_{ij}} \qquad (7.200)$$

其中，$\boldsymbol{R}_A$ 表示原子核的位置，指标 $A$ 遍历固体系统所有的原子核，所有 $\boldsymbol{R} \equiv \{\boldsymbol{R}_A\}$ 给出固体系统的晶格几何结构；$\boldsymbol{r} = \{\boldsymbol{r}_i\}$ 表示电子的位置，指标 $i$ 或者 $j$ 遍历固体系统内所有的电子。以上把电子和原子核作为独立粒子来整体对待的固体系统，由于其哈密顿量自由度巨大，波函数无法严格求解。但鉴于固体中不同原子的电子之间距离较远，相互作用很弱，所以固体系统哈密顿量式 (7.200) 可以近似看成以原子系统为单元的简单组合再加一个修正项：

$$\hat{H} = \sum_{A=1}^{N} \hat{H}_A + \Delta V(\boldsymbol{r}) \qquad (7.201)$$

其中，原子的哈密顿量为

$$\hat{H}_A(\boldsymbol{r}, \boldsymbol{R}) = -\frac{\hbar^2}{2m_{\mathrm{e}}} \sum_{i=1} \nabla_i^2 - \sum_{i=1}^{Z_A} \frac{Z_A e^2}{4\pi\epsilon_0 |\boldsymbol{r}_i - \boldsymbol{R}_A|} + \frac{1}{2} \sum_{i \neq j} \frac{e^2}{4\pi\epsilon_0 r_{ij}} \qquad (7.202)$$

注意虽然哈密顿量式 (7.201) 的数学形式在去掉 $\Delta V(\boldsymbol{r})$ 后和式 (7.200) 似乎完全相同，但其含义已经截然不同。哈密顿量式 (7.202) 中电子的求和指标 $i$ 或 $j$ 只局限于某个原子 $\hat{H}_A$ 单元内的所有电子，与其他原子的电子之间的所有相互作用最后都统一体现在 $\Delta V(\boldsymbol{r})$ 中。显然对于以上的原子哈密顿量 $\hat{H}_A$，利用前面讲过的原子理论，可以将其整体近似为单电子态的一个等效势场，无论是 Hartree 势还是 Hartree-Fock 势，或别的等效势场，都可以将原子的单电子哈密顿量 $\hat{H}_A$ 统一等效地写为

$$\hat{H}_A(\boldsymbol{r} - \boldsymbol{R}_A) = -\frac{\hbar^2}{2m_{\mathrm{e}}} \nabla^2 + U_A(\boldsymbol{r} - \boldsymbol{R}_A)$$

其中，$\boldsymbol{R}_A$ 为 $A$ 原子的位置；$U_A(\boldsymbol{r} - \boldsymbol{R}_A)$ 为原子的局域等效势。如果固体系统的原子都是同一类原子 (假定一个固体晶格点代表一个**原胞** (conventional cell)，原胞

内只包含一个同类原子), 且每一个原子核都只是近似提供了一个势场 $U(\boldsymbol{r} - \boldsymbol{R}_A)$, 那么在此基础上整个固体系统的**单电子**哈密顿量式 (7.201) 就可以写为

$$\hat{H}_{\mathrm{TB}}(\boldsymbol{r}) = -\frac{\hbar^2}{2m_{\mathrm{e}}}\nabla^2 + \sum_l U(\boldsymbol{r} - \boldsymbol{R}_l) + \Delta U(\boldsymbol{r}) \equiv -\frac{\hbar^2}{2m_{\mathrm{e}}}\nabla^2 + V(\boldsymbol{r}) \quad (7.203)$$

其中, $\Delta U(\boldsymbol{r})$ 为整个固体系统的势场 $V(\boldsymbol{r})$ 与局域原子势场的叠加场之间的差值, 其大小并不一定等于式 (7.201) 中的 $\Delta V(\boldsymbol{r})$(这决定于原子局域单电子等效势 $U(\boldsymbol{r})$ 的形式)。哈密顿量式 (7.203) 中为了方便将不同原子的求和指标 $A$ 改写成了**原子晶格位置**或原胞位置的指标 $l$, 所以这个把固体系统势场近似为 "原子局域场的叠加场和一个整体修正场之和" 的哈密顿量就是用来得到紧束缚模型的原始哈密顿量: $\hat{H}_{\mathrm{TB}}(\boldsymbol{r}) = \hat{H}_{\mathrm{atom}}(\boldsymbol{r}) + \Delta U(\boldsymbol{r})$。

2. 紧束缚模型的波函数描述

显然紧束缚模型的出发点是把固体系统总的哈密顿量分解为单原子的哈密顿量和原子与原子之间相互作用所引起的相互作用 $\Delta U(\boldsymbol{r})$ 两部分。根据紧束缚模型的原始哈密顿量式 (7.203), 固体系统的总势场 $V(\boldsymbol{r})$ 可写为

$$V(\boldsymbol{r}) = \sum_l U(\boldsymbol{r} - \boldsymbol{R}_l) + \Delta U(\boldsymbol{r}) \equiv V_{\mathrm{atom}}(\boldsymbol{r}) + \Delta U(\boldsymbol{r}) \quad (7.204)$$

显然如果整个固体系统的势场 $V(\boldsymbol{r})$ 是晶格 $\boldsymbol{R}_l$ 的周期函数, 可以证明相互作用项 $\Delta U(\boldsymbol{r})$ 也是周期函数。根据式 (7.204) 的势分解, 紧束缚模型有如下的基本假设: 固体系统的总势场可分解为较强的原子局域叠加势 $V_{\mathrm{atom}}(\boldsymbol{r})$(占主导地位) 和原子之间相互作用导致的 $\Delta U(\boldsymbol{r})$ 项 (相对较弱)。

对于处于 $\boldsymbol{R}_l$ 处的晶格原子 $\hat{H}_A(\boldsymbol{r} - \boldsymbol{R}_l)$, 其局域**原子轨道** (atomic orbital, AO) 波函数 $\varphi_\mu$ 满足:

$$\left[ -\frac{\hbar^2}{2m_{\mathrm{e}}}\nabla^2 + U(\boldsymbol{r} - \boldsymbol{R}_l) \right] \varphi_\mu(\boldsymbol{r} - \boldsymbol{R}_l) = \varepsilon_\mu \varphi_\mu(\boldsymbol{r} - \boldsymbol{R}_l) \quad (7.205)$$

其中, 指标 $\mu$ 为原子轨道指标; $\varepsilon_\mu$ 为原子轨道能量, 对应的原子轨道波函数为 $\varphi_\mu(\boldsymbol{r} - \boldsymbol{R}_l)$; 势 $U(\boldsymbol{r} - \boldsymbol{R}_l)$ 为原子相对于位置 $\boldsymbol{R}_l$ 的内部局域势场。因此对处于任意位置 $\boldsymbol{R}_l$ 处的原子, 其局域原子轨道波函数 $\varphi_\mu(\boldsymbol{r} - \boldsymbol{R}_l)$ 是局域正交归一且完备的: $\int \varphi_\mu^*(\boldsymbol{r} - \boldsymbol{R}_l)\varphi_\nu(\boldsymbol{r} - \boldsymbol{R}_l)\mathrm{d}\boldsymbol{r} = \delta_{\mu\nu}$。根据紧束缚假设, 局域势 $U(\boldsymbol{r} - \boldsymbol{R}_l)$ 在除 $\boldsymbol{R}_l$ 外其他格点位置处的势能非常弱, 可以忽略不计, 所以就有如下的单粒子定态薛定谔方程成立:

$$\hat{H}_{\mathrm{atom}}\varphi_\mu(\boldsymbol{r}) = \left[ -\frac{\hbar^2}{2m_{\mathrm{e}}}\nabla^2 + V_{\mathrm{atom}}(\boldsymbol{r}) \right] \varphi_\mu(\boldsymbol{r}) = \varepsilon_\mu \varphi_\mu(\boldsymbol{r}) \quad (7.206)$$

可见原子轨道 $\varphi_\mu(\boldsymbol{r})$ 是系统局域的单粒子态。

把 $\Delta U(\boldsymbol{r})$ 看成微扰，受原子之间相互作用 $\Delta U(\boldsymbol{r})$ 的影响，不同位置的原子轨道会发生重叠形成固体系统**非局域**的**晶格轨道** (crystal orbital) 或**分子轨道** (molecular orbital, MO)，对应的原子能级由于分裂移动而形成相应的能带结构，所以根据原子轨道 (AO) 波函数 $\varphi_\mu(\boldsymbol{r})$ 的完备性，分子轨道波函数 $\psi_n(\boldsymbol{r})$ 可以展开为格点局域原子轨道波函数的线性叠加 (LCAO 理论)：

$$\psi_n(\boldsymbol{r}) = \sum_l \varphi_n(\boldsymbol{r} - \boldsymbol{R}_l) b_n(\boldsymbol{R}_l) \tag{7.207}$$

其中，系数 $b_n(\boldsymbol{R}_l)$ 为晶格位置 $\boldsymbol{R}_l$ 处的函数，表示 $\boldsymbol{R}_l$ 处原子轨道波函数 $\varphi_n(\boldsymbol{r}-\boldsymbol{R}_l)$ 的**叠加系数**。原子轨道与分子轨道波函数一一对应，能带指标可以统一写为 $n$，表示不同位置的局域原子轨道叠加构成相应的分子轨道。

一般的固体系统可能会涉及多个能带的混合，那么系统总的波函数一般可以展开为多个分子轨道的叠加态：

$$\Psi(\boldsymbol{r}) = \sum_n c_n \psi_n(\boldsymbol{r}) \tag{7.208}$$

其中，$\psi_n(\boldsymbol{r})$ 为固体系统所涉及的分子轨道；$c_n$ 为分子轨道 (MO) 的叠加系数。如果固体系统是有限系统，系统波函数一般是有限个 MO 的混合叠加。在实际的计算中，一般取系统内原子最外层电子的原子轨道的叠加，如用 s、p、d 等轨道的线性叠加构成不同的分子轨道。显然希望以上引入的固体系统的分子轨道波函数能够彼此正交归一：$\int \psi_n^*(\boldsymbol{r})\psi_m(\boldsymbol{r})\mathrm{d}\boldsymbol{r} = \delta_{nm}$，但由于分子波函数的非局域性，其归一化和正交性一般都已不再严格满足[78]，需要引入一定的紧束缚近似条件后才能成立。在紧束缚假设下对相互作用项 $\Delta U(\boldsymbol{r})$ 的进一步近似处理构成了紧束缚理论的基本内容。结合相互作用的经验参数，紧束缚模型可以用来计算包括有限固体分子和无限周期系统的广泛固体系统问题。

### 3. 三维周期系统的紧束缚模型：分子轨道波函数

现在假定固体系统的总势场 $V(\boldsymbol{r})$ 为完美**周期势场**：$V(\boldsymbol{r}+\boldsymbol{R}) = V(\boldsymbol{r})$，则固体的三维基本晶格矢量 $\boldsymbol{R}$ 可定义为

$$\boldsymbol{R} = \boldsymbol{a}_1 + \boldsymbol{a}_2 + \boldsymbol{a}_3 = a_1 e_1 + a_2 e_2 + a_3 e_3$$

其中，$\boldsymbol{a}_i \equiv a_i e_i, i = 1, 2, 3$ 定义为固体内取定的三个晶轴方向的**晶格矢量**，其构架可形成一个晶格系统的**原胞**。那么在这样的固体晶格体系中，原子核或晶格的空间位置满足：

$$\boldsymbol{R}_l = l_1 \boldsymbol{a}_1 + l_2 \boldsymbol{a}_2 + l_3 \boldsymbol{a}_3 \tag{7.209}$$

其中，$l_1$、$l_2$、$l_3$ 为三个晶格方向的整数 ($\boldsymbol{R}_l$ 的角标 $l$ 表示格点标号，三维空间时代表三个分量 $l_1$、$l_2$、$l_3$)。根据固体系统势场的周期性，参照一维情况式 (7.148) 和式 (7.152)，三维晶格系统的**布洛赫函数**为

$$\psi_{\boldsymbol{K}}(\boldsymbol{r}) = \mathrm{e}^{\mathrm{i}\boldsymbol{K}\cdot\boldsymbol{r}} u_{\boldsymbol{K}}(\boldsymbol{r}) \tag{7.210}$$

其中，$\boldsymbol{K}$ 为三维晶格波矢；$u_{\boldsymbol{K}}(\boldsymbol{r})$ 为三维周期晶格函数：$u_{\boldsymbol{K}}(\boldsymbol{r}+\boldsymbol{R}_l) = u_{\boldsymbol{K}}(\boldsymbol{r})$，其满足三维周期系统的薛定谔方程：

$$\left[\frac{(\hat{\boldsymbol{p}}+\hbar\boldsymbol{K})^2}{2m} + V(\boldsymbol{r})\right] u_{n,\boldsymbol{K}}(\boldsymbol{r}) = E_n(\boldsymbol{K}) u_{n,\boldsymbol{K}}(\boldsymbol{r}) \tag{7.211}$$

其中，$n$ 为能带指标；$E_n(\boldsymbol{K})$ 为布洛赫函数 $\psi_{n,\boldsymbol{K}}(\boldsymbol{r})$ 对应的能量。根据三维晶格矢量式 (7.209) 的定义，体系满足上述方程的布洛赫函数 $\psi_{n,\boldsymbol{K}}(\boldsymbol{r}) = \langle\boldsymbol{r}|n,\boldsymbol{K}\rangle$，在三维原胞空间区域：

$$C \equiv \left\{\left[-\frac{a_1}{2}, \frac{a_1}{2}\right] \otimes \left[-\frac{a_2}{2}, \frac{a_2}{2}\right] \otimes \left[-\frac{a_3}{2}, \frac{a_3}{2}\right]\right\}$$

上具有如下的正交归一性：

$$\langle n,\boldsymbol{K}|m,\boldsymbol{K}'\rangle = \int_C \psi_{n,\boldsymbol{K}}^*(\boldsymbol{r})\psi_{m,\boldsymbol{K}'}(\boldsymbol{r})\mathrm{d}\boldsymbol{r} = \delta_{nm}\delta_{\boldsymbol{K}\boldsymbol{K}'}$$

和完备性条件：$\sum\limits_{n,\boldsymbol{K}} |n,\boldsymbol{K}\rangle\langle n,\boldsymbol{K}| = 1$。在连续的实空间可表述为

$$\langle\boldsymbol{r}|\boldsymbol{r}'\rangle = \langle\boldsymbol{r}|\left[\sum_{n,\boldsymbol{K}} |n,\boldsymbol{K}\rangle\langle n,\boldsymbol{K}|\right]|\boldsymbol{r}'\rangle = \sum_{n,\boldsymbol{K}} \psi_{n,\boldsymbol{K}}^*(\boldsymbol{r})\psi_{n,\boldsymbol{K}}(\boldsymbol{r}') = \delta(\boldsymbol{r}-\boldsymbol{r}')$$

以上的三重积分在直角坐标系中可在三维原胞 $C$ 上进行：

$$\int_C \mathrm{d}\boldsymbol{r} = \int_{-a_1/2}^{a_1/2} \mathrm{d}x \int_{-a_2/2}^{a_2/2} \mathrm{d}y \int_{-a_3/2}^{a_3/2} \mathrm{d}z$$

原胞积分区域的实空间体积 $V = a_1 a_2 a_3$。

同样，三维周期晶格系统的能带色散关系 $E_n(\boldsymbol{K})$ 也为周期函数，则可定义三维晶格波矢 $\boldsymbol{K}$ 的第一布里渊区：

$$\mathcal{B} \equiv \left\{\boldsymbol{K}\,\Big|\, -\frac{\pi}{a_i} \leqslant K_i \leqslant \frac{\pi}{a_i}, i = 1, 2, 3\right\} \tag{7.212}$$

在布里渊区 $\mathcal{B}$ 上同样根据式 (7.155) 可以引入局域**万尼尔函数**:

$$\langle r|n,l\rangle = w_n\left(r-R_l\right) = \frac{V}{(2\pi)^3}\int_{\mathcal{B}}\mathrm{e}^{-\mathrm{i}K\cdot R_l}\psi_{n,K}(r)\mathrm{d}K \tag{7.213}$$

由于布洛赫函数是非局域的波函数,而万尼尔函数是布洛赫函数的叠加,是局域在晶格 $R_l$ 处的波函数,三维晶格万尼尔函数也是正交归一完备的: $\langle n,l|m,h\rangle = \delta_{nm}\delta_{lh}, \sum_{n,l}|n,l\rangle\langle n,l| = 1$,在坐标表象中可写为

$$\int w_n^*\left(r-R_l\right)w_m\left(r-R_h\right)\mathrm{d}r = \delta_{nm}\delta_{lh}$$

$$\sum_{n,l} w_n^*\left(r-R_l\right)w_n\left(r'-R_l\right) = \delta\left(r-r'\right)$$

所以利用晶格点阵的分立反傅里叶变换,布洛赫函数也可用万尼尔函数表示:

$$\psi_{n,K}(r) = \sum_l \mathrm{e}^{\mathrm{i}K\cdot R_l} w_n\left(r-R_l\right) \tag{7.214}$$

下面借助以上介绍的三维晶格体系的布洛赫函数和万尼尔函数概念,在周期晶格系统上引入**紧束缚近似** (tight-binding approximation) 来处理哈密顿量式 (7.203),从而得到真正意义上的紧束缚模型的哈密顿量。首先对固体系统总的波函数式 (7.208) 进行归一化:

$$\int \Psi^*(r)\Psi(r)\mathrm{d}r = \sum_{n,m} c_n^* c_m \int \psi_n^*(r)\psi_m(r)\mathrm{d}r = 1 \tag{7.215}$$

为了计算式 (7.215) 中固体分子轨道函数波 $\psi_n(r)$ 间的内积,对于周期系统而言,根据布洛赫定理,固体系统波函数应首先满足如下关系:

$$\Psi\left(r+R_l\right) = \mathrm{e}^{\mathrm{i}K\cdot R_l}\Psi(r) \Rightarrow \psi_n\left(r+R_l\right) = \mathrm{e}^{\mathrm{i}K\cdot R_l}\psi_n(r)$$

其中,和前面的一维晶格情形类似,$K$ 为对应于固体或分子体系的三维晶格波矢。将固体或分子波函数的分解形式代入式 (7.207),采用新的格点求和指标 $h$ 可以得到:

$$\sum_h b_n\left(R_h\right)\varphi_n\left(r+R_l-R_h\right) = \mathrm{e}^{\mathrm{i}K\cdot R_l}\sum_h b_n\left(R_h\right)\varphi_n\left(r-R_h\right)$$

其中,求和指标 $h$ 和 $l$ 一样也是代表晶格位置的三个整数,求和遍历整个固体晶格位置。引入新的晶格坐标 $R_p \equiv R_h - R_l$,则上述方程就变为

$$\sum_p b_n\left(R_p+R_l\right)\varphi_n\left(r-R_p\right) = \sum_p \mathrm{e}^{\mathrm{i}K\cdot R_l}b_n\left(R_p\right)\varphi_n\left(r-R_p\right) \tag{7.216}$$

注意等式右边的求和哑指标改为 $p$，$p$ 依然是遍历整个固体晶格的整数格点。比较式 (7.216) 两端，自然就有如下的系数关系：

$$b_n\left(\boldsymbol{R}_p + \boldsymbol{R}_l\right) = \mathrm{e}^{\mathrm{i}\boldsymbol{K}\cdot\boldsymbol{R}_l} b_n\left(\boldsymbol{R}_p\right)$$

其中，指标 $p$ 和 $l$ 只要是晶格的整数坐标则都是成立的，所以在一个标定了晶格原点 0 的体系内，必然有如下的推论：

$$b_n\left(\boldsymbol{R}_l\right) = \mathrm{e}^{\mathrm{i}\boldsymbol{K}\cdot\boldsymbol{R}_l} b_n\left(0\right) \tag{7.217}$$

利用式 (7.217) 中原子轨道叠加系数 $b_n$ 的平移性质，代入固体分子轨道波函数 $\psi_n\left(\boldsymbol{r}\right)$ 就可以计算分子轨道波函数的归一化积分 (参见习题 7.14)：

$$1 = \int \psi_n^*\left(\boldsymbol{r}\right)\psi_n\left(\boldsymbol{r}\right)\mathrm{d}\boldsymbol{r} = N\left|b_n\left(0\right)\right|^2\left[1 + \sum_{p\neq 0} \mathrm{e}^{\mathrm{i}\boldsymbol{K}\cdot\boldsymbol{R}_p}\alpha_n\left(\boldsymbol{R}_p\right)\right] \tag{7.218}$$

其中，$N$ 为原子或格点总数；$\alpha_n\left(\boldsymbol{R}_p\right)$ 为不同格点原子轨道波函数的**重叠积分**：

$$\alpha_n\left(\boldsymbol{R}_p\right) \equiv \int \varphi_n^*\left(\boldsymbol{r}\right)\varphi_n\left(\boldsymbol{r} - \boldsymbol{R}_p\right)\mathrm{d}\boldsymbol{r} \tag{7.219}$$

这样就得到分子轨道波函数 $\psi_n(\boldsymbol{r})$ 归一化时原子轨道叠加系数 $b_n(0)$ 的值：

$$\left|b_n\left(0\right)\right|^2 = \frac{1}{N}\frac{1}{1 + \sum\limits_{p\neq 0} \mathrm{e}^{\mathrm{i}\boldsymbol{K}\cdot\boldsymbol{R}_p}\alpha_n\left(\boldsymbol{R}_p\right)} \tag{7.220}$$

由于固体系统中原子之间的距离 $\boldsymbol{R}_{p\neq 0}$ 一般比原子轨道尺度 (玻尔半径) 要大几个数量级，所以重叠积分式 (7.219) 非常小，可以忽略不计。这样利用平移条件就得到紧束缚近似下不同晶格原子轨道的**正交归一化条件**：

$$\alpha_n\left(\boldsymbol{R}_l; \boldsymbol{R}_p\right) \equiv \int \varphi_n^*\left(\boldsymbol{r} - \boldsymbol{R}_l\right)\varphi_n\left(\boldsymbol{r} - \boldsymbol{R}_p\right)\mathrm{d}\boldsymbol{r} = \delta_{lp} \tag{7.221}$$

式 (7.221) 的结果表明，不同位置原子的同一原子轨道由位置差异造成的重叠积分为零 (可参照氢分子离子的重叠积分式 (5.80)，其大小随原子之间的距离 $R$ 指数下降)。因此一般原子轨道的重叠积分都很小：$\alpha_n\left(\boldsymbol{R}_p\right) \approx 0$，那么由式 (7.220) 就有

$$b_n\left(0\right) \approx \frac{1}{\sqrt{N}}$$

代入式 (7.207) 中，得到紧束缚近似下固体分子轨道的 LCAO 波函数形式：

$$\psi_n\left(\boldsymbol{r}\right) \approx \frac{1}{\sqrt{N}}\sum_l \mathrm{e}^{\mathrm{i}\boldsymbol{K}\cdot\boldsymbol{R}_l}\varphi_n\left(\boldsymbol{r} - \boldsymbol{R}_l\right) \tag{7.222}$$

显然以上的固体分子轨道波函数 $\psi_n(r)$ 就是三维周期晶格系统的**布洛赫函数**, 其满足周期系统布洛赫定理所要求的波函数形式 (7.210):

$$\psi_n\left(\boldsymbol{r}\right) = \mathrm{e}^{\mathrm{i}\boldsymbol{K}\cdot\boldsymbol{r}} \left[ \frac{1}{\sqrt{N}} \sum_l \mathrm{e}^{-\mathrm{i}\boldsymbol{K}\cdot(\boldsymbol{r}-\boldsymbol{R}_l)} \varphi_n\left(\boldsymbol{r}-\boldsymbol{R}_l\right) \right] \equiv \mathrm{e}^{\mathrm{i}\boldsymbol{K}\cdot\boldsymbol{r}} u_n\left(\boldsymbol{r}\right)$$

其中, $u_n(\boldsymbol{r})$ 为周期函数, 满足 $u_n(\boldsymbol{r}+\boldsymbol{R}_l) = u_n(\boldsymbol{r})$。如果固体的晶格系统足够大, 布洛赫函数形式 (7.222) 显然可以看作是轨道波函数在晶格上的**离散傅里叶变换**, 所以根据反傅里叶变换有如下结论 (见习题 7.15):

$$\varphi_n\left(\boldsymbol{r}\right) = \frac{1}{\sqrt{N}} \sum_{\boldsymbol{K}} \mathrm{e}^{\mathrm{i}\boldsymbol{K}\cdot\boldsymbol{R}_l} \psi_n\left(\boldsymbol{r}-\boldsymbol{R}_l\right) \tag{7.223}$$

把式 (7.223) 和式 (7.214) 比较, 显然原子轨道 $\varphi_n(\boldsymbol{r})$ 就是相应分子轨道 $\psi_n(\boldsymbol{r})$ 的 Wannier 函数。

对于分子轨道布洛赫函数式 (7.222), 在重叠积分假设式 (7.221) 的条件下, 其归一化条件能够得到自洽的满足:

$$\int \psi_n^*\left(\boldsymbol{r}\right) \psi_n\left(\boldsymbol{r}\right) \mathrm{d}\boldsymbol{r} = \frac{1}{N} \sum_{l,h} \mathrm{e}^{-\mathrm{i}\boldsymbol{K}\cdot\boldsymbol{R}_l} \mathrm{e}^{\mathrm{i}\boldsymbol{K}\cdot\boldsymbol{R}_h} \int \varphi_n^*\left(\boldsymbol{r}-\boldsymbol{R}_l\right) \varphi_n\left(\boldsymbol{r}-\boldsymbol{R}_h\right) \mathrm{d}\boldsymbol{r}$$

$$= \frac{1}{N} \sum_{l,h} \mathrm{e}^{-\mathrm{i}\boldsymbol{K}\cdot\boldsymbol{R}_l} \mathrm{e}^{\mathrm{i}\boldsymbol{K}\cdot\boldsymbol{R}_h} \delta_{lh} = 1$$

但实际上分子轨道的内积 $\langle\psi_n|\psi_m\rangle$ 或不同**分子轨道的重叠积分**不为零:

$$\int \psi_n^*\left(\boldsymbol{r}\right) \psi_m\left(\boldsymbol{r}\right) \mathrm{d}\boldsymbol{r} = \sum_l \mathrm{e}^{\mathrm{i}\boldsymbol{K}\cdot\boldsymbol{R}_l} \alpha_{nm}\left(\boldsymbol{R}_l\right) = \delta_{nm} + \sum_{l\neq 0} \mathrm{e}^{\mathrm{i}\boldsymbol{K}\cdot\boldsymbol{R}_l} \alpha_{nm}\left(\boldsymbol{R}_l\right) \tag{7.224}$$

其中, 不同格点不同**原子轨道的重叠积分** $\alpha_{nm}\left(\boldsymbol{R}_l\right)$ 定义为

$$\alpha_{nm}\left(\boldsymbol{R}_l\right) = \int \varphi_n^*\left(\boldsymbol{r}\right) \varphi_m\left(\boldsymbol{r}-\boldsymbol{R}_l\right) \mathrm{d}\boldsymbol{r} \tag{7.225}$$

原子轨道重叠积分式 (7.225) 表示两个相距 $\boldsymbol{R}_l$ 的晶格原子处于不同原子轨道 $\varphi_n$ 和 $\varphi_m$ 的重叠积分, 显然只有相同晶格处 $\boldsymbol{R}_l = 0$ 时原子轨道波函数存在正交性: $\alpha_{nm}(0) = \delta_{nm}$; 不同晶格处 $\boldsymbol{R}_l \neq 0$ 时, 相同原子轨道波函数 $(n = m)$ 的重叠积分为式 (7.219), 在紧束缚近似下假定其非常小是近似正交的: $\alpha_{nn}\left(\boldsymbol{R}_l\right) = \alpha_n\left(\boldsymbol{R}_l\right) = 0$, 但对于不同原子轨道波函数 $(n \neq m)$ 的重叠积分严格意义上不等于零: $\alpha_{nm}\left(\boldsymbol{R}_l\right) \neq 0$, 需要进一步引入紧束缚近似条件。

### 4. 紧束缚模型的能带色散关系

由于固体系统晶格参数 $\boldsymbol{R}_l$ 的出现，非局域的分子轨道不再满足严格的正交条件，所以需进一步引入紧束缚近似来确定系统 (式 (7.203)) 的能带结构 $E(\boldsymbol{K})$，该能带结构所对应的定态薛定谔方程为

$$\hat{H}_{\mathrm{TB}}\Psi(\boldsymbol{r}) = E(\boldsymbol{K})\Psi(\boldsymbol{r}) \tag{7.226}$$

其中，$\Psi(\boldsymbol{r})$ 为体系 $\hat{H}_{\mathrm{TB}}$ 的本征能量为 $E(\boldsymbol{K})$ 的本征函数。下面分别采用两组不同的基矢来计算系统的本征方程 (7.226)，给出体系的能带色散关系。

首先选择正交归一的**原子轨道** $\{\varphi_n(\boldsymbol{r})\}$ 作为原始基矢，考虑体系的某一个本征波函数 $\Psi(\boldsymbol{r})$，代入波函数的分子轨道展开式 (7.208)，给方程 (7.226) 左右两边同乘以原子轨道波函数 $\varphi_n^*(\boldsymbol{r})$ 并积分，则本征方程变为

$$\sum_m c_m \int \varphi_n^*(\boldsymbol{r}) \hat{H}_{\mathrm{TB}} \psi_m(\boldsymbol{r})\,\mathrm{d}\boldsymbol{r} = E(\boldsymbol{K}) \sum_m c_m \int \varphi_n^*(\boldsymbol{r}) \psi_m(\boldsymbol{r})\,\mathrm{d}\boldsymbol{r}$$

代入分子轨道的原子轨道展开式 (7.207) 和固体系统哈密顿量式 (7.203)，经过计算可以给出以下的能带公式 (具体见习题 7.16):

$$E_n(\boldsymbol{K}) = \varepsilon_n + \frac{\sum_m \beta_{nm} c_m + \sum_m \sum_{l\neq 0} \mathrm{e}^{\mathrm{i}\boldsymbol{K}\cdot\boldsymbol{R}_l} \gamma_{nm}(\boldsymbol{R}_l) c_m}{c_n + \sum_m \sum_{l\neq 0} \mathrm{e}^{\mathrm{i}\boldsymbol{K}\cdot\boldsymbol{R}_l} \alpha_{nm}(\boldsymbol{R}_l) c_m} \tag{7.227}$$

其中，**原子轨道重叠积分** $\alpha_{nm}(\boldsymbol{R}_l)$ 的定义见式 (7.225); $\gamma_{nm}(\boldsymbol{R}_l)$ 定义为

$$\gamma_{nm}(\boldsymbol{R}_l) \equiv \int \varphi_n^*(\boldsymbol{r}) \Delta U(\boldsymbol{r}) \varphi_m(\boldsymbol{r}-\boldsymbol{R}_l)\,\mathrm{d}\boldsymbol{r} \tag{7.228}$$

$$\beta_{nm} \equiv \gamma_{nm}(0) = \int \varphi_n^*(\boldsymbol{r}) \Delta U(\boldsymbol{r}) \varphi_m(\boldsymbol{r})\,\mathrm{d}\boldsymbol{r} \tag{7.229}$$

其中，积分 $\gamma_{nm}(\boldsymbol{R}_l)$ 的物理意义表示不同晶格点的不同原子轨道之间由于相互作用 $\Delta U(\boldsymbol{r})$ 而产生的**交换或转移积分**; $\beta_{nm}$ 表示同一个格点上不同原子轨道由于 $\Delta U(\boldsymbol{r})$ 而产生的相互交换作用能，表达了其他晶格原子对本格点原子能级的影响。

其次如果选择并不正交的分子轨道波函数 $\{\psi_n(\boldsymbol{r})\}$ 作为基矢 [78]，在系统本征态 $\Psi(\boldsymbol{r})$ 利用分子轨道波函数展开式 (7.208) 的情况下，系统的能量泛函可写为

$$E(\boldsymbol{K}) = \frac{\langle\Psi|\hat{H}_{\mathrm{TB}}|\Psi\rangle}{\langle\Psi|\Psi\rangle} = \frac{\sum_{n,m} c_n^* c_m \langle\psi_n|\hat{H}_{\mathrm{TB}}|\psi_m\rangle}{\sum_{n,m} c_n^* c_m \langle\psi_n|\psi_m\rangle} \tag{7.230}$$

其中，同样以分子轨道的原子轨道展开式 (7.207) 为基础计算系统哈密顿量的矩阵元 $H_{nm}(\boldsymbol{K})$，最后的结果为

$$H_{nm}(\boldsymbol{K}) \equiv \langle \psi_n | \hat{H}_{\mathrm{TB}} | \psi_m \rangle$$

$$= \int \psi_n^*\,(\boldsymbol{r})\,\hat{H}_{\mathrm{atom}}\,(\boldsymbol{r})\,\psi_m\,(\boldsymbol{r})\,\mathrm{d}\boldsymbol{r} + \int \psi_n^*\,(\boldsymbol{r})\,\Delta U\,(\boldsymbol{r})\,\psi_m\,(\boldsymbol{r})\,\mathrm{d}\boldsymbol{r}$$

$$= \varepsilon_n \sum_l \mathrm{e}^{\mathrm{i}\boldsymbol{K}\cdot\boldsymbol{R}_l}\alpha_{nm}\,(\boldsymbol{R}_l) + \sum_l \mathrm{e}^{\mathrm{i}\boldsymbol{K}\cdot\boldsymbol{R}_l}\gamma_{nm}\,(\boldsymbol{R}_l) \tag{7.231}$$

$$= (\varepsilon_n \delta_{nm} + \beta_{nm}) + \sum_{l\neq 0} \mathrm{e}^{\mathrm{i}\boldsymbol{K}\cdot\boldsymbol{R}_l}\left[\varepsilon_n \alpha_{nm}\,(\boldsymbol{R}_l) + \gamma_{nm}\,(\boldsymbol{R}_l)\right] \tag{7.232}$$

注意能量矩阵元式 (7.232) 中的求和指标依然可分为电子的求和 (电子态 $n$、$m$) 和原子核的求和 (晶格 $l$、$p$、$h$ 等)。显然以上能量由两部分组成，一部分为格点上原子的能量，称为**格点能** (on-site energy)，另一部分为不同格点原子之间的能量，称为**格点间的能量** (inter-site energy)。当体系处于波函数 (式 (7.208)) 上时，由于晶格或分子轨道波函数一般并不正交，如果以波函数 $\varPsi(\boldsymbol{r})$ 的叠加系数 $c_n^*$ 为变分参量 (参考 5.3.3 小节关于氢分子离子的计算)，由系统能量泛函 $E(\boldsymbol{K})$ 式 (7.230) 可以导出如下的变分方程：

$$\sum_m H_{nm}\,(\boldsymbol{K})\,c_m = \sum_m E(\boldsymbol{K}) \sum_l \mathrm{e}^{\mathrm{i}\boldsymbol{K}\cdot\boldsymbol{R}_l}\alpha_{nm}\,(\boldsymbol{R}_l)\,c_m \tag{7.233}$$

写成矩阵方程形式即为

$$\boldsymbol{Hc} = E(\boldsymbol{K})\boldsymbol{Sc} \tag{7.234}$$

其中，$\boldsymbol{S}$ 为分子基函数的**重叠积分**，其矩阵元 $S_{nm} \equiv \langle \psi_n | \psi_m \rangle$。要使得以上矩阵方程的系数 $\boldsymbol{c}$ 有解，那么以上矩阵方程的行列式必然等于零，即有久期方程：

$$\det\left[H_{nm}\,(\boldsymbol{K}) - E(\boldsymbol{K}) \sum_l \mathrm{e}^{\mathrm{i}\boldsymbol{K}\cdot\boldsymbol{R}_l}\alpha_{nm}\,(\boldsymbol{R}_l)\right] = 0 \tag{7.235}$$

求解久期方程 (7.235) 可以得到多个解：$E_n(K), n = 1, 2, \cdots$，有几个分子轨道的混合就有几个解存在 (叠加系数 $c_n$ 的个数)[78]。

根据式 (7.233) 并结合式 (7.232)，就可以重新推导出能带公式 (7.227)，表明了两种计算方法的**等价性**。对式 (7.233) 的左边定义 $\mathcal{E}_n(\boldsymbol{K}) \equiv \sum_m H_{nm}(\boldsymbol{K})c_m$，代入式 (7.231) 有

$$\mathcal{E}_n\,(\boldsymbol{K}) = \varepsilon_n \sum_{l,m} \mathrm{e}^{\mathrm{i}\boldsymbol{K}\cdot\boldsymbol{R}_l}\alpha_{nm}\,(\boldsymbol{R}_l)\,c_m + \sum_{l,m} \mathrm{e}^{\mathrm{i}\boldsymbol{K}\cdot\boldsymbol{R}_l}\gamma_{nm}\,(\boldsymbol{R}_l)\,c_m \tag{7.236}$$

结合式 (7.233) 立刻得到：

$$\mathcal{E}_n\,(\boldsymbol{K}) = E(\boldsymbol{K}) \sum_{m,l} \mathrm{e}^{\mathrm{i}\boldsymbol{K}\cdot\boldsymbol{R}_l}\alpha_{nm}\,(\boldsymbol{R}_l)\,c_m \tag{7.237}$$

显然式 (7.237) 表明固体晶格的总能带函数 $E(\boldsymbol{K})$ 和能带函数 $\mathcal{E}_n(\boldsymbol{K})$ 之间有一个带间重叠积分的系数关系。根据定态薛定谔方程 (7.226) 显然可得到 $\mathcal{E}_n(\boldsymbol{K}) = \langle\psi_n|\hat{H}_{\mathrm{TB}}|\Psi\rangle = E(\boldsymbol{K})\langle\psi_n|\Psi\rangle$ 为系统总能带在分子轨道 $\psi_n(\boldsymbol{r})$ 上的投影。

如果忽略分子轨道的重叠积分，即近似认为分子轨道是正交归一的函数：$\langle\psi_n|\psi_m\rangle = \delta_{nm}$，可以进一步给出**紧束缚近似条件** (结合条件式 (7.221))：

$$\sum_{l \neq 0} \mathrm{e}^{\mathrm{i}\boldsymbol{K}\cdot\boldsymbol{R}_l}\alpha_{nm}(\boldsymbol{R}_l) \approx 0 \Rightarrow \int \varphi_n^*(\boldsymbol{r})\varphi_m(\boldsymbol{r} - \boldsymbol{R}_l)\,\mathrm{d}\boldsymbol{r} \approx 0 \qquad (7.238)$$

将近似正交条件式 (7.238) 代入式 (7.237) 有 $\mathcal{E}_n(\boldsymbol{K}) = E(\boldsymbol{K})\sum_m c_m\delta_{nm} = c_n E(\boldsymbol{K})$，代入式 (7.230) 有 $E(\boldsymbol{K}) = \sum_n c_n^*\mathcal{E}_n(\boldsymbol{K})$。最后代入能带公式 (7.227) 可得到紧束缚模型在忽略重叠积分时的能带公式：

$$\mathcal{E}_n(\boldsymbol{K}) = c_n E_n(\boldsymbol{K}) = c_n\varepsilon_n + \sum_m \beta_{nm}c_m + \sum_{l \neq 0}\sum_m \mathrm{e}^{\mathrm{i}\boldsymbol{K}\cdot\boldsymbol{R}_l}\gamma_{nm}(\boldsymbol{R}_l)c_m \qquad (7.239)$$

当然上面得到的紧束缚模型的能带公式 (7.239) 和能带公式 (7.227) 并不相同，这里需要强调两点：① 能带公式 (7.227) 是在考虑重叠积分下的能带公式，而式 (7.239) 是在重叠积分为零的情况下的能带公式；② 当体系的态处于某一个分子轨道的时候，即 $c_n = 1$ 时，能带公式 (7.239) 将给出某个分子轨道的能带公式 $\mathcal{E}_n(\boldsymbol{K}) = E_n(\boldsymbol{K})$；③ 显然对分子能带 $E_n(\boldsymbol{K})$ 的计算可以在只包含 $\boldsymbol{R}_l, l = 0, \pm1$ 求和项的条件下进行，此时称为紧束缚模型的**近邻相互作用** (nearest-neighbor interaction) 近似，下面就利用上述的紧束缚模型公式，来具体计算一些简单系统的能带性质。

5. 简单晶格体系的紧束缚模型及其能带结构

先计算一维简单晶格 TBM 的能带结构，其晶格结构如图 7.18所示。该简单一维链只包含一种原子构成的晶格，链上只有一种排列周期 $a$。首先该一维晶格系统的布洛赫波函数式 (7.222) 可写为

$$\psi_n(x) = \frac{1}{\sqrt{N}}\sum_l \mathrm{e}^{\mathrm{i}Kx_l}\varphi_n(x - x_l) = \frac{1}{\sqrt{N}}\sum_l \mathrm{e}^{\mathrm{i}Kla}\varphi_n(x - la) \qquad (7.240)$$

显然以上的固体轨道波函数满足布洛赫定理：$\psi_n(x + a) = \mathrm{e}^{\mathrm{i}Ka}\psi_n(x)$。如果系统就处于晶格 (分子) 轨道波函数 $\Psi(x) = \psi_n(x)$ 上体系的能量为

$$E_n(K) = \int \psi_n^*(x)\hat{H}_{\mathrm{TB}}(x)\psi_n(x)\,\mathrm{d}x$$

$$= \sum_p \mathrm{e}^{\mathrm{i}Kx_p}\int \varphi_n^*(x)\hat{H}_{\mathrm{TB}}(x)\varphi_n(x - x_p)\,\mathrm{d}x \qquad (7.241)$$

其中，一维晶格系统的哈密顿量根据式 (7.203) 可写为

$$\hat{H}_{\text{TB}}(x) = -\frac{\hbar^2}{2m_{\text{e}}}\frac{\text{d}^2}{\text{d}x^2} + V(x) = -\frac{\hbar^2}{2m_{\text{e}}}\frac{\text{d}^2}{\text{d}x^2} + \sum_l U(x - x_l) + \Delta U(x)$$

其中，一维固体晶格周期势场：$V(x+a) = V(x)$；势 $U(x-x_l)$ 为位置处于 $x_l \equiv la$ 的原子局域势场，如式 (2.76) 所示的库仑势；$\Delta U(x)$ 为其他原子相互作用后形成的非局域势，满足 $\Delta U(x+a) = \Delta U(x)$。对处于 $x = x_l$ 的单个原子而言，其局域的原子轨道波函数满足：

$$\left[-\frac{\hbar^2}{2m_{\text{e}}}\frac{\text{d}^2}{\text{d}x^2} + U(x - x_l)\right]\varphi_n(x - x_l) = \varepsilon_n\varphi_n(x - x_l) \tag{7.242}$$

以上原子轨道波函数 $\{\varphi_{n,l}(x), n = 1, 2, \cdots\}$ 构成正交归一的完备基矢 (具体的形式可参照第 2 章介绍的一维原子库仑势的波函数及能级)。直接将晶格 (分子) 轨道波函数式 (7.240) 和哈密顿量 $\hat{H}_{\text{TB}}(x)$ 代入式 (7.241)，积分就可以得到：

$$E_n(K) = \varepsilon_n + \beta_{nn} + \varepsilon_n\sum_{l\neq 0}\text{e}^{\text{i}Kx_l}\alpha_{nn}(x_l) + \sum_{l\neq 0}\text{e}^{\text{i}Kx_l}\gamma_{nn}(x_l) \tag{7.243}$$

显然此时根据式 (7.232) 有 $E_n(K) = H_{nn}(K)$。或者直接由式 (7.227) 在 $c_m = \delta_{nm}$ 的条件下 (系统处于分子轨道能带 $n$ 上) 也可以得到：

$$E_n(K) = \varepsilon_n + \frac{\beta_{nn} + \sum\limits_{l\neq 0}\text{e}^{\text{i}Ka}\gamma_{nn}(x_l)}{1 + \sum\limits_{l\neq 0}\text{e}^{\text{i}Ka}\alpha_{nn}(x_l)} \tag{7.244}$$

其中，体系的积分参数表示为

$$\alpha_{nn}(x_l) = \int \varphi_n^*(x)\,\varphi_n(x - x_l)\,\text{d}x$$

$$\beta_{nn} = \int \varphi_n^*(x)\,\Delta U(x)\,\varphi_n(x)\,\text{d}x$$

$$\gamma_{nn}(x_l) = \int \varphi_n^*(x)\,\Delta U(x)\,\varphi_n(x - x_l)\,\text{d}x$$

显然结果与利用变分法计算氢分子离子的结果式 (5.86) 和式 (5.87) 是一致的。

由于原子之间的相互影响随着距离指数下降，现在只需考虑 $l = \pm 1$ 的**近邻相互作用**就已足够，因此计算式 (7.243) 所示的函数 $E_n(K)$：

$$E_n(K) = \varepsilon_n + \beta_{nn} + \varepsilon_n\left[\text{e}^{\text{i}Ka}\alpha_{nn}(a) + \text{e}^{-\text{i}Ka}\alpha_{nn}(-a)\right]$$
$$+ \left[\text{e}^{\text{i}Ka}\gamma_{nn}(a) + \text{e}^{-\text{i}Ka}\gamma_{nn}(-a)\right]$$

下面来具体考察三种积分参数 $\alpha$、$\beta$ 和 $\gamma$。结合式 (7.221) 所示的重叠积分和式 (7.228) 所示的交换积分，具体参数的计算如下：

$$\alpha_n \equiv \alpha_{nn}(a) = \int \varphi_n^*(x)\,\varphi_n(x-a)\,\mathrm{d}x = \alpha_{nn}^*(-a) \tag{7.245}$$

$$\beta_n \equiv \beta_{nn} = \int \varphi_n^*(x)\,U(x-a)\,\varphi_n(x)\,\mathrm{d}x \tag{7.246}$$

$$\gamma_n \equiv \gamma_{nn}(a) = \int \varphi_n^*(x)\,U(x-a)\,\varphi_n(x-a)\,\mathrm{d}x = \gamma_{nn}^*(-a) \tag{7.247}$$

显然 $\alpha_n$ 和 $\gamma_n$ 牵扯到相邻两个晶格原子之间的相互跃迁，有时称为格点间的**转移系数** (hopping parameter)；$\beta_n$ 为相邻原子的局域势场对原子自身能级的影响，有时称为格间格点能，它和格内格点能 $\varepsilon_n$ 一起统称为晶格的**格点能**。将参数代入能带公式有

$$E_n(K) = (\varepsilon_n + \beta_n) + 2\varepsilon_n|\alpha_n|\cos(Ka+\theta_\alpha) + 2|\gamma_n|\cos(Ka+\theta_\gamma)$$

其中，参数 $\alpha_n = |\alpha_n|\mathrm{e}^{\mathrm{i}\theta_\alpha}$，$\gamma_n = |\gamma_n|\mathrm{e}^{\mathrm{i}\theta_\gamma}$。为简单起见，参数都可以取实数，而且假定不同晶格的原子轨道重叠积分等于零 (实际系统参数 $\alpha$ 一般很小，$\gamma_n$ 一般是负的)，那么有

$$E_n(K) = (\varepsilon_n + \beta_n) + 2\gamma_n\cos(Ka) \tag{7.248}$$

式 (7.248) 显然是一般能带公式 (7.244) 在 $\alpha_{nm}(\pm a) = 0$，$c_m = \delta_{nm}$ 条件下给出的结果。如果系统涉及多个能带 $n$ 的叠加，则可以利用式 (7.227) 或式 (7.236) 进行计算，但计算结果依然会保持和式 (7.248) 类似的形式。

一维 TBM 可以直接推广到二维。假如二维晶格为简单**正方形晶格**，其 $x$ 和 $y$ 方向的晶格常数分别为 $a$ 和 $b$。考虑重叠积分并且只考虑近邻相互作用，根据一维能带公式 (7.244) 和式 (7.248)，其能带的色散关系为

$$E_n(K_x, K_y) = \varepsilon_n + \frac{\beta_n + \gamma_n(a)\cos(K_x a) + \gamma_n(b)\cos(K_y b)}{1 + \alpha_n(a)\cos(K_x a) + \alpha_n(b)\cos(K_y b)}$$

其中，$\alpha_n(a)$、$\alpha_n(b)$ 和 $\gamma_n(a)$、$\gamma_n(b)$ 分别为 $x$、$y$ 方向的重叠积分和交换积分，都取实数；$\beta_n$ 为二维整体格间格点能。如果依然采用紧束缚条件下重叠积分为零的条件，那么二维晶格的能带色散公式为

$$E_n(K_x, K_y) = \varepsilon_n' + 2\gamma(a)\cos(K_x a) + 2\gamma(b)\cos(K_y b) \tag{7.249}$$

其中，$\varepsilon_n' = \varepsilon_n + \beta_n$ 为修正后原子轨道的格点能。能带色散公式 (7.249) 所展现的典型能带结构如图 7.27 所示，利用 Mathematica 的作图函数 Plot[··]，图 7.27(a)

给出了晶格 $x$ 方向紧束缚第一布里渊区基态能带结构示意图，为了便于展示能量 $\varepsilon_n$ 取了正值；图 7.27(b) 则给出了能带典型的三维立体结构。

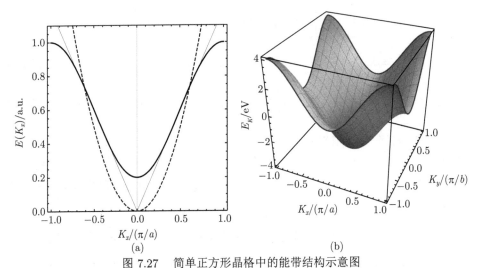

图 7.27　简单正方形晶格中的能带结构示意图

(a) 二维晶格 $K_x$ 方向的紧束缚基态能带结构 (粗实线) 示意图，其中虚线是自由粒子的色散曲线，细实线是线性色散关系，参数 $\varepsilon'_n = 0.6, \gamma = -0.2$；(b) 二维正方形晶格的三维立体能带结构示意图

　　同样可以将二维正方形晶格直接推广到三维简单立方晶格 (三个方向的晶格常数为 $a$、$b$、$c$)，同样在不考虑重叠积分的情形下只考虑近邻相互作用的晶格求和并利用三角函数关系，最终自然得到能带色散关系的形式为

$$E_n(\boldsymbol{K}) = \varepsilon'_n + 2\gamma(a)\cos(K_x a) + 2\gamma(b)\cos(K_y b) + 2\gamma(c)\cos(K_z c)$$

　　显然以上能带色散关系选择了 $K_x$、$K_y$、$K_z$ 三个方向，在实际的实验和晶体计算中对不同的晶格结构往往会选取有代表性 (高对称) 的三个方向来表征其能带结构。最后需要说明的是，对于其他复杂的二维 (如石墨烯晶格) 或三维 (如金刚石结构) 晶体结构，其能带结构与图 7.27所展示的简单晶格能带结构是类似的，色散曲线可能有适当的移动和形变，但曲线轮廓并没有实质性的不同。后面将介绍利用 Mathematica 程序开发的紧束缚模型的计算软件包并进行具体的实例计算，计算结果显示复杂晶格的色散曲线是处于自由粒子抛物型能带 (如图 7.27(a) 中虚线所示) 和石墨烯线性能带 (如图 7.27(a) 中细实线所示) 之间的类似于简单晶格的能带构型 (如图 7.27(b) 所示)，只不过复杂晶格体系中出现了更多具有不同对称性的方向，但每一个对称方向的色散曲线相对于简单立方结构而言基本上是类似的。

6. 紧束缚模型的二次量子化形式

经过对以上简单晶格体系模型的计算，接下来介绍紧束缚模型的另一种表述模式：二次量子化形式。所谓二次量子化，从数学形式上讲是将波函数场算符化的过程，也就是将波函数用一组正交归一化模式或基矢展开 (如用原子轨道波函数或分子轨道波函数或其他正交归一的波函数 $\{|j\rangle\}$ 为基矢来展开，$j$ 为基矢指标 (一般是一组完备的量子数)，其在坐标空间写为 $\psi_j(\boldsymbol{r}) \equiv \langle \boldsymbol{r}|j\rangle$)。在该基矢下波函数的展开系数不再看作是经典的**振幅**，而是成了相应的**算符** (系数的复共轭就是共轭算符)，即系统波函数写为**场算符**形式：

$$\Psi\left(\boldsymbol{r}\right) = \sum_j c_j \psi_j\left(\boldsymbol{r}\right) \Rightarrow \hat{\Psi}\left(\boldsymbol{r}\right) = \sum_j \hat{c}_j \psi_j\left(\boldsymbol{r}\right) \tag{7.250}$$

其中，系数算符及其共轭算符就可以反过来写为

$$\hat{c}_j = \int \psi_j^*\left(\boldsymbol{r}\right) \hat{\Psi}\left(\boldsymbol{r}\right) \mathrm{d}\boldsymbol{r}, \quad \hat{c}_j^\dagger = \int \psi_j^*\left(\boldsymbol{r}\right) \hat{\Psi}^\dagger\left(\boldsymbol{r}\right) \mathrm{d}\boldsymbol{r} \tag{7.251}$$

此时系数算符 $\hat{c}_j$ 和 $\hat{c}_j^\dagger$ 分别被称为湮灭和产生算符，表示湮灭或产生一个准粒子态 $\psi_j(\boldsymbol{r})$。如果湮灭或产生的是玻色子的态 $\psi_j(\boldsymbol{r})$，则满足对易关系 $[\hat{c}_j, \hat{c}_j^\dagger] = 1$；如果是费米子的态，则满足反对易关系 $[\hat{c}_j, \hat{c}_j^\dagger]_+ \equiv \hat{c}_j \hat{c}_j^\dagger + \hat{c}_j^\dagger \hat{c}_j = 1$。这里需要强调的是，基矢不同，基矢态的指标 $j$ 则不同，如取原子轨道为基矢，指标 $j \equiv \{n, l\}$ 包括轨道指标 $n$ 和晶格位置指标 $l$，如果考虑自旋还得加上自旋自由度指标 $\sigma$，此时 $j = \{n\sigma l\}$，则其产生 (湮灭) 算符表示为 $\hat{c}_{n\sigma l}^\dagger (\hat{c}_{n\sigma l})$。如果在实空间表示在格点 $\boldsymbol{R}_l$ 处产生 (湮灭) 一个处于原子轨道 $n$、自旋为 $\sigma$ 的粒子，则粒子的态 $\psi_{n,\sigma,l}(\boldsymbol{r}) \equiv \langle \boldsymbol{r}|n, \sigma, l\rangle = \varphi_n(\boldsymbol{r} - \boldsymbol{R}_l)\chi_\sigma$。显然算符 $\hat{c}_{n\sigma l}^\dagger \hat{c}_{n\sigma l}$ 表达了这种波函数的场强度或粒子的数目，称为**粒子数算符**，其本征态 $|N_c\rangle$ 中的 $N_c$ 表示系统处于 $c$ 模式态 (用狄拉克符号时 $c$ 模式态可以表示为 $|n\sigma l\rangle$，三个指标代表三个自由度，其能量 $E_{nl\sigma}$ 为模式能) 的**占有数**。

波函数被看成场算符之后，原来作用在波函数上的算符就变成了这些系数算符的组合，如二次量子化哈密顿量算符可写为

$$\hat{\mathcal{H}} = \int \hat{\Psi}^\dagger\left(\boldsymbol{r}\right) \hat{H}\left(\boldsymbol{r}\right) \hat{\Psi}\left(\boldsymbol{r}\right) \mathrm{d}\boldsymbol{r} \tag{7.252}$$

根据对最简单晶格系统坐标空间紧束缚模型的讨论，紧束缚模型的二次量子化哈密顿量算符 (式 (7.252)) 可以简单对应为

$$\hat{\mathcal{H}}_{\mathrm{TB}} = \sum_l \varepsilon_{nl} \hat{c}_{nl}^\dagger \hat{c}_{nl} + \sum_{l,h} \left( t_{lh}^n \hat{c}_{nl}^\dagger \hat{c}_{nh} + \mathrm{H.c.} \right) \tag{7.253}$$

其中，H.c. 表示括号中前面项的厄米共轭项；指标 $j = \{nl\}$ 为晶格位置 $l$ 和晶格态 $|n\rangle$；$\varepsilon_{nl}$ 为晶格 $l$ 处粒子处于 $|n\rangle$ 态的格点能量；$t_{lh}^n$ 为晶格 $l$ 和 $h$ 间由于相互作用 $\Delta U(\boldsymbol{r})$ 而产生的格间跃迁能量 (如前面讨论的 $\beta$ 和 $\gamma$ 系数)。此时系统的算符 $\hat{c}_{nl}^\dagger$ 表示在晶格位置 $\boldsymbol{R}_l$ 处产生一个 $c$ 模式态为 $|n, l\rangle$ 的粒子。如果选取原子轨道波函数 $\varphi_n$ 为基本模式 (原子轨道波函数作为基矢)，则粒子的态在坐标空间即为

$$\varphi_n(\boldsymbol{r} - \boldsymbol{R}_l) \equiv \langle \boldsymbol{r} | n, l \rangle$$

所以根据式 (7.253)，最简单的一维有限系统的近邻紧束缚模型经常写为

$$\hat{\mathcal{H}}_{\mathrm{TB}} = \sum_{l=1}^{M} \varepsilon_l \hat{c}_l^\dagger \hat{c}_l + \sum_{l=1}^{M-1} \left( t_l \hat{c}_l^\dagger \hat{c}_{l+1} + \mathrm{H.c.} \right) \tag{7.254}$$

其中，$\varepsilon_l$ 为格点 $l$ 处的格点能；$t_l$ 为相邻两个格点 $l$ 和 $l+1$ 之间的跃迁能，根据式 (7.245) 有 $t_l = \alpha_n(a)$；求和上界 $M$ 为一维晶格系统的格点数或**链长**。哈密顿量式 (7.254) 可写为如下的矩阵形式：

$$\hat{\mathcal{H}}_{\mathrm{TB}} = (\hat{c}_1^\dagger, \hat{c}_2^\dagger, \hat{c}_3^\dagger, \cdots, \hat{c}_M^\dagger) \begin{pmatrix} \varepsilon_1 & t_1 & 0 & \cdots & t_M^* \\ t_1^* & \varepsilon_2 & t_2 & \cdots & 0 \\ 0 & t_2^* & \varepsilon_3 & \cdots & 0 \\ \vdots & \vdots & \vdots & \ddots & \vdots \\ t_M & 0 & 0 & t_{M-1}^* & \varepsilon_M \end{pmatrix} \begin{pmatrix} \hat{c}_1 \\ \hat{c}_2 \\ \hat{c}_3 \\ \vdots \\ \hat{c}_M \end{pmatrix} \tag{7.255}$$

通常场算符展开式 (7.250) 的表象采用格点单粒子态基矢，如式 (7.242) 所示的原子态基矢，即 $|\psi_j\rangle \to |n, l\rangle = \varphi_n(x - x_l)$，在该基矢所构成的表象下一维晶格体系的哈密顿矩阵形式 $H_{nm}$ 包含了一维有限原子链的周期性边界条件：$|n, l + M\rangle = |n, l\rangle$，也就是链是闭合封闭的。如果体系是一维开放链，那么 $t_M = 0$，矩阵就变成**三对角矩阵**，是近邻紧束缚模型的典型形式。

现在考察一下格点**位置数态** $|l\rangle$ 的概念，也就是 $\hat{c}_l^\dagger \hat{c}_l$ 的位置本征态，即满足 $\hat{c}_l^\dagger \hat{c}_l |l\rangle = \lambda_l |l\rangle$。此处纯粹的位置数态和一般的**粒子数态**是不同的，算符 $\hat{c}_l^\dagger (\hat{c}_l)$ 只表示在晶格位置 $l$ 处产生 (湮灭) 一个粒子，至于产生或湮灭的这个粒子的态则由展开基矢 (用来计算格点能 $\varepsilon_l$ 和转移系数 $t_l$ 的完备正交归一的态) 的态量子数决定，如 $\hat{c}_{nl}^\dagger$ 表示在 $x_l$ 位置产生了一个态为 $|n\rangle$ 的粒子，此时 $\hat{c}_{nl}^\dagger \hat{c}_{nl}$ 的本征态就变成了粒子数态。如果除此之外还有其他量子数如自旋 $\sigma$ 指标，则算符为 $\hat{c}_{n\sigma l}^\dagger$，表示在 $x_l$ 处产生一个态为 $|n, \sigma\rangle = \varphi_n(x - x_l)\chi(\sigma)$ 的粒子。因此如果算符 $\hat{c}_l^\dagger \hat{c}_l$ 只有位置一个指标，则只表示在位置 $l$ 处有一个场粒子，其本征值只能取 $|\lambda_l| = 1$。

这样产生算符 $\hat{c}_l^{\dagger}$ 的意义就是在 $x_l$ 处产生了一个位置数态：$|l\rangle = \hat{c}_l^{\dagger}|0\rangle$。当 $l = 1$ 时有

$$\hat{c}_1^{\dagger}|l\rangle = |l+1\rangle, \quad \hat{c}_1|l\rangle = |l-1\rangle$$

显然该位置产生算子 $\hat{c}_1^{\dagger}$ 或湮灭算子 $\hat{c}_1$ 就是式 (3.43) 所定义的位置**平移算子**，即有如下对应：$\hat{c}_1^{\dagger} \leftrightarrow \hat{T}_a, \hat{c}_1 \leftrightarrow \hat{T}_a^{\dagger}$。

如果系统原子链相邻晶格的相互作用是对称的并处于同一个原子态，则 $t_l = t$，此时系统的波函数满足周期性条件，波函数 $|l\rangle$ 在坐标空间具有最简单的布洛赫函数的平面波形式 (平移算子的本征函数)：

$$\langle x|l\rangle = |x_l\rangle = \frac{1}{\sqrt{M}}e^{iKx_l}, \quad x_l = la \tag{7.256}$$

其中，波函数前面的归一化系数 $1/\sqrt{M}$ 表示粒子在 $x_l$ 处的概率为 $1/M$。显然利用位置数态 $|l\rangle$ 就可以将哈密顿量式 (7.254) 改写为如下形式：

$$\hat{H}_{\mathrm{TB}} = \sum_{l=1}^{M}\varepsilon_l|l\rangle\langle l| + \sum_{l=1}^{M-1}(t_l|l+1\rangle\langle l| + \mathrm{H.c.}) \tag{7.257}$$

其中，$\varepsilon_l$ 仅表示在位置 $l$ 处的格点能；$t_l$ 仅表示位置交换所发生的能量变化。如果把该位置函数所对应的算符 $\hat{c}_l^{\dagger}$ 转换到动量 $p = \hbar K$ 空间或者波矢 $K$ 空间的算符，则其可写为

$$\hat{c}_l^{\dagger} = \frac{1}{\sqrt{M}}\sum_K \hat{c}_K^{\dagger}e^{-iKx_l} \leftrightarrow \hat{c}_K^{\dagger} = \frac{1}{\sqrt{M}}\sum_l \hat{c}_l^{\dagger}e^{iKx_l} \tag{7.258}$$

显然 $\hat{c}_l^{\dagger}$ 和 $\hat{c}_K^{\dagger}$ 互为傅里叶算符，也就是说局域的位置算符 $\hat{c}_l^{\dagger}$ 表示在 $x = x_l$ 处产生一个粒子，而 $\hat{c}_K^{\dagger}$ 则表示全局地产生一个动量为 $\hbar K$ 的粒子：$\hat{c}_K^{\dagger}|0\rangle = |K\rangle$。将式 (7.258) 代入哈密顿量式 (7.254) 或式 (7.257) 可以得到动量空间对角化的哈密顿量形式 (见习题 7.17)：

$$\hat{\mathcal{H}}_{\mathrm{TB}}(K) = \sum_K\left[\varepsilon_K + (te^{iKa} + t^*e^{-iKa})\right]\hat{c}_K^{\dagger}\hat{c}_K \equiv \sum_K E(K)\hat{c}_K^{\dagger}\hat{c}_K \tag{7.259}$$

当取 $t_l = t$ 时动量空间对角化的能量色散关系为 (见习题 7.17)

$$E(K) = \varepsilon(K) + (te^{iKa} + t^*e^{-iKa}) = \varepsilon(K) + 2t\cos(Ka) \tag{7.260}$$

其中，选择 $t$ 为实数，式 (7.260) 即为近邻简单一维链紧束缚模型典型的色散关系。显然得到的结果和式 (7.248) 的计算结果是相同的。因此，如果考虑不同的能带指标 $n$，$M$ 维空间表象的哈密顿量式 (7.253) 将变成如下形式：

$$\hat{\mathcal{H}}_{\mathrm{TB}}(K) = \sum_K \hat{c}_K^{\dagger}E_n(K)\hat{c}_K \tag{7.261}$$

其中，第 $n$ 个能带的色散关系 $E_n(K)$ 将从式 (7.260) 变为

$$E_n(K) = \varepsilon_n(K) + 2t_n \cos(Ka)$$

利用哈密顿量的二次量子化形式，可以非常方便地将低维系统推广到具有更多自由度的高维系统，如考虑能带 $n$、自旋 $\sigma$ 和晶格 $\boldsymbol{R}_l$ 的准粒子态时，近邻紧束缚模型的哈密顿量可以写为

$$\hat{\mathcal{H}}_{\mathrm{TB}} = \sum_{n,\sigma,l} \varepsilon_{ln\sigma} \hat{c}_{ln\sigma}^\dagger \hat{c}_{ln\sigma} + \sum_{n,m,\sigma,\{l,h\}} \left( t_{lh}^{nm\sigma} \hat{c}_{ln\sigma}^\dagger \hat{c}_{hm\sigma} + \mathrm{H.c.} \right)$$

其中，晶格指标 $\{l,h\}$ 表示近邻相互作用 $|l-h|=1$，当然也可以表示包含次近邻相互作用 $|l-h|=2$，等等；产生算子 $\hat{c}_{ln\sigma}^\dagger$ 或湮灭算子 $\hat{c}_{ln\sigma}$ 的物理意义是在晶格 $l$ 处产生或湮灭一个处于能带 $n$ 上自旋为 $\sigma$ 的准粒子。显然第一项为能带格点能量，后一项为带内或带间两个不同格点准粒子的跃迁能量 (系数 $t_{lh}^{nm\sigma}$ 为跃迁系数或二体相互作用能量)，来源于不同格点之间的相互作用。如果上面的哈密顿量还包含粒子和粒子之间的相互作用，如 $t_n \sum_l \hat{c}_{ln}^\dagger \hat{c}_{ln} \hat{c}_{ln}^\dagger \hat{c}_{ln}$ 项，以上模型可以非常简洁地推广到其他模型，如 Hubbard 紧束缚模型等[79]。

### 7. 紧束缚模型的分子和晶格计算示例

下面介绍一个利用 Mathematica 程序开发的基于紧束缚模型计算分子结构和晶格系统的专业软件包：MathemaTB Package[79]。本小节不具体涉及该软件包的计算理论和程序构建[79]，只是通过对两个简单例子的计算来展示该软件包计算特定系统的电子态分布和能带结构的功能。该软件包可以用来产生 (手动输入或从数据库获取分子坐标文件) 和显示复杂分子结构、构造各种晶格类型的点阵结构并计算系统的能带、电子分布和态密度等信息。

#### 1) 蒽分子

首先利用 MathemaTB Package 软件包程序计算单个**蒽分子** ($C_{14}H_{10}$) 的能级和电子云分布。图 7.28(a) 显示蒽分子由三个苯环连接而成，其整体自由度在不考虑原子核的情况下波函数包含 94 个电子的坐标 (不考虑电子自旋自由度)。但在利用紧束缚理论计算的时候，通常只考虑原子的**最外层电子态**。蒽分子有 14 个碳原子，最外层电子共有 $14 \times 4 = 56$ 个，而 10 个氢原子一共有 10 个外层电子。碳原子的外层电子轨道波函数 2s 轨道有 14 个，2p 轨道有 $14 \times 3 = 52$ 个，而氢原子有 10 个 1s 轨道 (当然由于氢原子 1s 轨道电子束缚能很大，根据紧束缚模型这 10 个原子轨道可以忽略，对计算结果影响不大)。根据 LCAO 理论，蒽的分子轨道可以写为 $14 + 52 = 66$ 个原子轨道的叠加态，从而在该基矢下系统哈密顿量为 $66 \times 66$ 阶矩阵。通过软件包中的程序求解系统的久期方程，可以得到蒽分

子的 66 个能级，结果如图 7.28(b) 中的横线所示，能级 (编号 $n$) 是按照从低到高的顺序排列。显然对于有限的分子而言，其能级结构是分立的，但图中显示部分能级已经靠得很近，表明三个苯环排列在一起的能级结构已经表现出能带和能隙的雏形。同样利用软件包中的函数可以计算每一个能级所对应的电子态波函数，并能方便显示波函数所表达的电子密度分布。图 7.28(c) 计算了分子轨道 $n = 13$ 和 $n = 22$ 的电子云分布。当然该软件包内还提供了考虑电子自旋时的能态计算及态密度等的运算，在此从略。

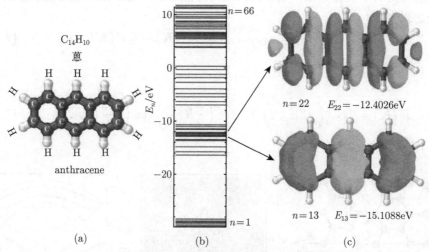

图 7.28　蒽分子轨道能级和电子分布示意图
(a) 蒽分子的结构示意图；(b) 蒽分子轨道的能级排列；(c) 能级 $n = 13$ 和 $n = 22$ 分子轨道的电子云分布图。计算参数：碳原子 2p 轨道格点能量 $\varepsilon_{2\mathrm{p}} = -3.7\mathrm{eV}$，近邻跃迁系数 $t_1^{2\mathrm{p}} = -5.5\mathrm{eV}$，次近邻跃迁系数 $t_2^{2\mathrm{p}} = -1.5\mathrm{eV}$；碳原子 2s 轨道能量 $\varepsilon_{2\mathrm{s}} = -3\mathrm{eV}$，近邻跃迁系数 $t_1^{2\mathrm{s}} = -5\mathrm{eV}$

图 7.28 中所展示的利用紧束缚理论所给出的能级结构和分子轨道电子云分布，其计算精度依赖于紧束缚模型中的参数设置，图 7.28 中所采用的紧束缚参数其实并不准确，所以计算结果只是示范性的。根据式 (7.225)、式 (7.228) 和式 (7.229)，这些具体参数可以通过原子轨道波函数 (或者利用自由电子模型的平面波基矢) 结合库仑势场 $U(\boldsymbol{r}) = -Ze^2/(4\pi\epsilon_0 \boldsymbol{r})$ 所决定的格间相互作用势 $\Delta U(\boldsymbol{r})$ 来详细计算，或者借助实验或其他经验数值来确定。显然紧束缚模型及其之上的改进方法的确能够提供一种在第一性原理计算之外快速计算复杂多体固体系统的半经验方法。

2) 石墨烯纳米带

利用 MathemaTB Package 软件包的紧束缚方法，图 7.29计算了石墨烯纳米带的结构能带色散关系及其对应能态的电子云密度分布。关于石墨烯能带计算的文献很多，其一般的晶格结构可以利用软件包中定义的分子构型函数产生并给出图 7.29(a) 所示的晶格结构，在此不再列出图中所示的二维石墨烯具体的晶格矢量：$a_1$、$a_2$；$\delta_1$、$\delta_2$、$\delta_3$。在石墨烯六角形晶格体系上计算的电子云密度分布如图 7.29(a) 中的灰度图所示，其中越亮的区域表示电子云密度越大。图 7.29(b) 和 (c) 则分别给出石墨烯带的二维色散关系的密度图和沿着石墨烯**锯齿型** (zig-zag) 方向波矢 $K_{zz}$ 的六个色散关系 (如图 7.29(b) 中的白色虚线所示)，能量密度图中颜色越暗则表示能量越低，其中的曲线为等能曲线。实际上石墨烯能带公式的解析表达式为[80]

$$E_{\pm}(\boldsymbol{K}) = \varepsilon_{2p} \pm t_1\sqrt{3 + F(\boldsymbol{K})} - t_2 F(\boldsymbol{K}) \tag{7.262}$$

其中，结构函数 $F(\boldsymbol{K})$ 定义为

$$F(\boldsymbol{K}) = 2\cos\left(\sqrt{3}K_{ac}a\right) + 4\cos\left(\frac{3}{2}K_{zz}a\right)\cos\left(\frac{\sqrt{3}}{2}K_{ac}a\right) \tag{7.263}$$

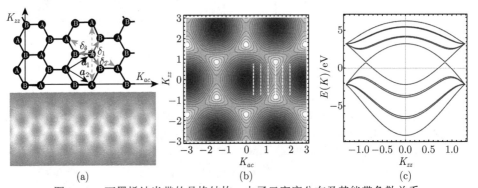

图 7.29　石墨烯纳米带的晶格结构、电子云密度分布及其能带色散关系

(a) 石墨烯纳米带的晶格结构 (上) 和电子云密度分布 (下)，晶格结构中的实线箭头为 A 型碳原子位矢 $a_1, a_2$ 及三个近邻原子的晶格矢量 $\delta_i$，虚线箭头为次近邻四个原子的晶格矢量；(b) 石墨烯二维能带结构图，颜色越暗能量越低，细实线代表等能线；(c) 石墨烯沿着 $K_{zz}$ 方向第一布里渊区内的能带色散曲线 (对应于 (b) 中的白色虚线)。计算参数：碳原子 2p 轨道格点能设为基点 $\varepsilon_{2p} = 0$，近邻跃迁系数 $t_1 = -2.7\text{eV}$，次近邻跃迁系数 $t_2 = -0.27\text{eV}$

其中，$K_{ac}$ 为石墨烯**扶手型** (arm-chair) 方向的波矢；$K_{zz}$ 为沿着锯齿型方向的波矢。$t_1$ 为近邻跃迁系数，$t_2$ 为次近邻跃迁系数。利用解析形式 (7.262) 可以对数值计算结果进行检验，至于该软件包的其他功能和计算细节将不再论述。总之，紧束缚方法是一种比较接近实际系统的较为有效的计算多体尤其是晶格系统的理论方法，其理论模型简单，计算速度快，并具有一定的计算精度，只是在计算中

其紧束缚参数需要借助于实验和理论的拟合得到，所以其已经不再是量子力学意义上原始的第一性原理计算方法了 [81]。

## 7.6　电磁场中的固体系统：拓扑绝缘体

本节讨论带电粒子在电磁场作用下的动力学行为，电磁场中带电粒子的动力学行为受电磁场和粒子所处晶格势场的双重作用。从经典角度来看，电磁场中带电量为 $q$、质量为 $m$ 的粒子受电场和磁场力即洛伦兹力的作用，会呈现出复杂的运动状态，其经典运动轨迹由牛顿方程决定 (见附录 J 中方程 (J.1))：

$$m\ddot{\boldsymbol{r}}(t) = q\boldsymbol{E}(\boldsymbol{r},t) + q\dot{\boldsymbol{r}} \times \boldsymbol{B}(\boldsymbol{r},t) \tag{7.264}$$

如果从微观的角度来考察电子的动力学行为，其动力学行为则满足电磁场下的薛定谔方程 (参照附录 J)：

$$i\hbar\frac{\partial}{\partial t}\Psi(\boldsymbol{r},t) = \left[\frac{1}{2m}\left(\hat{\boldsymbol{p}} - q\boldsymbol{A}\right)^2 + q\varphi + V(\boldsymbol{r},t)\right]\Psi(\boldsymbol{r},t) \tag{7.265}$$

其中，电磁场用标势 $\varphi(\boldsymbol{r},t)$ 和矢势 $\boldsymbol{A}(\boldsymbol{r},t)$ 来描写；$V(\boldsymbol{r},t)$ 代表带电粒子所受到的晶格势场或其他外势场。下面就从方程 (7.265) 出发来讨论不同体系中带电粒子在特殊电磁场中的动力学行为。

### 7.6.1　磁场中的自由电子气体：朗道能级

首先讨论固体系统中只有磁场或只有电场存在时粒子的动力学行为，固体系统的晶格势场用 $V(\boldsymbol{r},t)$ 描述。依然以电子为例，先讨论最为简单的固体模型：自由电子气体模型，即把固体系统看作 $V(\boldsymbol{r},t)=0$ 的自由电子气体，只引入匀强磁场 $\boldsymbol{B}$，也就是考虑自由电子气体在均匀磁场 $\boldsymbol{B}$ 中的行为。

不失一般性，假设外部均匀磁场沿 $z$ 轴方向 (如图 7.30(a) 所示)，即磁感应强度 $\boldsymbol{B} \equiv (B_x, B_y, B_z) = (0,0,B)$，此处采用**朗道规范** (Landau gauge)，即取矢势 $\boldsymbol{A}_1 = (-By,0,0)$(如图 7.30(a) 中插图所示) 或者 $\boldsymbol{A}_2 = (0,Bx,0)$。显然朗道规范属于库仑规范的一种，满足 $\nabla \cdot \boldsymbol{A}_1 = \nabla \cdot \boldsymbol{A}_2 = 0$ (利用 Mathematica 的内部函数 Div$[A,x,y,z]$ 可以验证二者散度都为零)。根据附录 J 中的式 (J.2)，上述两种矢势都能产生沿 $z$ 轴方向的磁场：$\nabla \times \boldsymbol{A}_1 = \nabla \times \boldsymbol{A}_2 = (0,0,B)$(可以用 Mathematica 的内部函数 Curl$[\boldsymbol{A},\{x,y,z\}]$ 计算)。当然还存在其他规范也可以产生沿 $z$ 轴的磁场，如经常采用的**对称规范** (symmetric gauge)，取矢势为 $\boldsymbol{A}' = \boldsymbol{B} \times \boldsymbol{r}/2 = (-By/2, Bx/2, 0)$，显然对称规范是朗道规范两种矢势的对称平均值：$\boldsymbol{A}' = (\boldsymbol{A}_1 + \boldsymbol{A}_2)/2$。这两种等价的规范之间相差一个变换函数 $f = -Bxy/2$，

该函数的梯度用 Mathematica 的内部梯度函数计算: $\mathrm{Grad}[f, x, y, z] = \nabla f = (-By/2, -Bx/2, 0)$, 显然它们之间的关系是 $\boldsymbol{A}_1 = \boldsymbol{A}' + \nabla f$ 及 $\boldsymbol{A}_2 = \boldsymbol{A}' - \nabla f$。

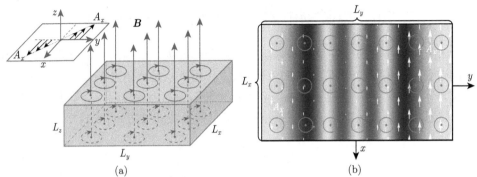

图 7.30    自由电子气在沿 $z$ 轴方向均匀磁场中的图像和行为

(a) 匀强磁场中自由电子气的经典图像及朗道能级示意图; (b) 电子波函数 $\psi_3(x, y, 0)$ 的概率密度分布 (颜色越深表示密度越大) 和朗道规范下的矢量场 $\boldsymbol{A} = (-By, 0\,0)$ 在 $xy$ 平面上的分布 (白色箭头, 取 $B = 1$), 图中箭头的指向表示矢势的方向, 箭头的长短表示矢势大小, 圆环表示经典电子的回旋轨道

### 1. 直角坐标系下的朗道能级

在直角坐标系中, 一般采用朗道规范 $\boldsymbol{A}_1 = (-By, 0, 0)$, 带电粒子在匀强磁场中的定态薛定谔方程为 (参考附录 J 中的一般薛定谔方程 (J.6) 并令 $\Psi(\boldsymbol{r}, t) = \psi(x, y, z)\mathrm{e}^{\mathrm{i}Et/\hbar}$ 即得到定态薛定谔方程)

$$\frac{1}{2m_{\mathrm{e}}}\left[(\hat{p}_x - eB_y)^2 + \hat{p}_y^2 + \hat{p}_z^2\right]\psi(x, y, z) = E\psi(x, y, z) \tag{7.266}$$

其中, 电子的电量 $q = -e$, 质量为 $m_{\mathrm{e}}$。对于方程 (7.266) 动量 $\hat{p}_x$ 和 $\hat{p}_z$ 是守恒量, 因为力学量 $\{\hat{H}, \hat{p}_x, \hat{p}_z\}$ 相互对易, 所示它们的共同本征态具有以下形式:

$$\psi(x, y, z) = \mathrm{e}^{\mathrm{i}p_x x/\hbar}\mathrm{e}^{\mathrm{i}p_z z/\hbar}\chi(y) \tag{7.267}$$

其中, $p_x$、$p_z$ 为常数。将解式 (7.267) 代入定态薛定谔方程 (7.266) 中有

$$-\frac{\hbar^2}{2m_{\mathrm{e}}}\frac{\mathrm{d}^2\chi}{\mathrm{d}y^2} + \frac{1}{2}m_{\mathrm{e}}\left(\frac{eB}{m_{\mathrm{e}}}\right)^2\left(y - \frac{\hbar k_x}{eB}\right)^2\chi(y) = \left(E - \frac{p_z^2}{2m_{\mathrm{e}}}\right)\chi(y) \tag{7.268}$$

显然方程 (7.268) 对应于如下 "谐振子" 的本征方程:

$$\left[-\frac{\hbar^2}{2m_{\mathrm{e}}}\frac{\partial^2}{\partial y^2} + \frac{1}{2}m_{\mathrm{e}}\omega^2(y - y_0)^2\right]\chi(y) = \mathcal{E}\chi(y) \tag{7.269}$$

其中，$\omega$ 对应于电子在磁场 $B$ 中的**拉莫尔频率**；$y_0$ 对应谐振势的平衡位置：

$$\omega \equiv \frac{eB}{m_e}, \quad y_0 \equiv \frac{\hbar k_x}{eB} \tag{7.270}$$

从经典的角度理解，方程 (7.269) 就相当于沿着 $z$ 方向的磁场引入了一个沿着 $y$ 方向的磁约束**谐振势**，电子在该约束势场中做圆周运动 (振荡)，所以拉莫尔频率 $\omega$ 又称为电子在磁场中的**回旋频率** (cyclotron frequency)，其越大表明谐振势越强；参数 $y_0$ 则表示动量为 $\hbar k_x$ 的电子在磁场 $B$ 中的**经典回旋半径**，代表了磁场引入的谐振势的中心位置或平衡位置 (能量的最低点)。

根据谐振子的能级 $\mathcal{E}_n$，电子在均匀磁场中的总能量变成分立能级：

$$E_n = \frac{p_z^2}{2m_e} + \mathcal{E}_n = \frac{p_z^2}{2m_e} + \left(n + \frac{1}{2}\right)\hbar\omega \tag{7.271}$$

此分立能级经常被称为**朗道能级** (Landau level)。其中分立能级的拉莫尔频率 $\omega = eB/m_e$ 即为经典电子在匀强磁场 $\boldsymbol{B}$ 中的回旋频率，所以从经典角度看电子在磁场中绕磁场做频率为 $\omega$ 的匀速圆周运动。从量子角度看，电子在磁场中的行为类似谐振子，所以其解由波函数式 (2.61) 给出：

$$\chi_n(\xi_y) = \left(\frac{1}{\pi}\right)^{1/4} \frac{1}{\sqrt{2^n n!}} H_n(\xi_y - \xi_0)\, \mathrm{e}^{-(\xi_y - \xi_0)^2/2} \tag{7.272}$$

其中，无量纲量 $\xi_y \equiv y/l_B$，$\xi_0 \equiv y_0/l_B = k_x l_B$，空间的标度 $l_B$ 为

$$l_B \equiv \sqrt{\frac{\hbar}{m_e\omega}} = \sqrt{\frac{\hbar}{eB}} \tag{7.273}$$

$l_B$ 称为**磁长度**，由所加的磁场强度决定，磁场越强磁长度越短。

电子在电磁场中总的波函数写成无量纲的空间坐标为

$$\psi_{n,k_x,k_z}(\xi_x, \xi_y, \xi_z) = \frac{1}{2\pi\hbar}\mathrm{e}^{ik_x l_B \xi_x}\mathrm{e}^{ik_z l_B \xi_z}\frac{\pi^{-1/4}}{\sqrt{2^n n!}} H_n(\xi_y - k_x l_B)\, \mathrm{e}^{-\frac{(\xi_y - k_x l_B)^2}{2}} \tag{7.274}$$

其中，无量纲的空间坐标定义为 $\xi_x \equiv x/l_B, \xi_y \equiv y/l_B, \xi_z \equiv z/l_B$。显然上面的波函数在 $x$ 和 $z$ 方向上是平面波，可以取 $\delta$ 归一化形式，而在 $y$ 方向是谐振子的波函数。根据波函数式 (7.274)，图 7.30(b) 展示了 $n = 3$ 时电子在 $z = 0$ 平面上的概率密度。波函数式 (7.274) 所对应的能量式 (7.271) 可写为

$$E_n(k_z) = \frac{\hbar^2}{2m_e}k_z^2 + \left(n + \frac{1}{2}\right)\hbar\omega$$

以上朗道能级 $E_n(k_z)$ 中分立的能量部分为谐振子能级，可以进一步写为

$$\mathcal{E}_n = \left(n+\frac{1}{2}\right)\hbar\omega = \left(n+\frac{1}{2}\right)\frac{\hbar e}{m_e}B \equiv -\mu_z B$$

其中，$\mu_z$ 为电子沿着 $z$ 轴方向的磁矩：

$$\mu_z = -\left(n+\frac{1}{2}\right)\frac{\hbar e}{m_e}$$

显然该磁矩为负，表现为抗磁性，称为朗道抗磁性，这与经典的情况一致。经典的电荷在磁场中做圆周运动 (如图 7.30(b) 中圆圈所示)，其回旋频率即为 $\omega$，电荷做圆周运动所产生的磁场一定和外加磁场的方向相反，也就是总表现为抗磁性。因此朗道能级上电子的磁矩是基本磁矩玻尔磁子 $\mu_B$ 的**负奇数倍**。

假设以上的系统是二维电子气并局限在如图 7.30(b) 所示的宽和长分别为 $L_x$ 和 $L_y$ 的矩形内 $(L_z \to 0)$。由于朗道能级的波函数式 (7.274) 依赖于 $x$ 方向的波矢 $k_x$，所以二维朗道能级 $E_n(k_z)$ 的简并度决定了电子在该朗道能级上有多少个波函数可以排布。因为波函数依赖于 $k_x$，所以 $k_x$ 的数目决定了朗道能级 $E_n$ 的**简并度** $d_n$。对于有限的二维材料，假定 $x$ 方向固体内波函数满足**周期边界条件**：$\psi(x+L_x) = \psi(x)$，即

$$e^{ik_x(x+L_x)} = e^{ik_x x} \Rightarrow k_x = \frac{2\pi}{L_x}n_x, \quad n_x \in Z$$

从而谐振子波函数的平衡位置 $y_0$ 为 (代入式 (7.270) 中)

$$y_0 \equiv \frac{\hbar k_x}{eB} = \frac{2\pi\hbar}{eBL_x}n_x \tag{7.275}$$

根据式 (7.275)，要求 $y$ 方向的平衡位置 $y_0$ 必须位于材料在 $y$ 方向的尺度之内，即 $y_0 \leqslant L_y$，这样由式 (7.275) 得到态的量子数 $n_x$ 或简并度要求为

$$d_n \equiv n_x \leqslant \frac{eBL_xL_y}{h} \equiv \frac{e}{h}BS \equiv \frac{\Phi}{\Phi_0} \tag{7.276}$$

其中，$\Phi = BS = BL_xL_y$ 为通过二维电子气体材料的磁通量；$\Phi_0 \equiv h/e$ 为由物理常数决定的普适常数，称为**元磁通量**，大小为 $\Phi_0 \approx 4.13567 \times 10^{-15}$ 韦伯，是一个非常小的数。由此可见，对于任何一个朗道能级 $E_n$，一共有 $n_x$ 个简并态 $\psi_n(n_x)$ 可以供电子填充，所以朗道能级的简并度等于外磁场通过体系的总磁通中包含元磁通的数目，显然其是**量子化**的。

以上有限系统对波函数数目的限制要求波函数的平衡位置 $y_0$ 必须小于等于 $L_y$，那么当波函数的中心位置 $y_0 = L_y$ 的时候，这个态将处于体系的最边界处，所以这样的态称为**边界态** (edge state)，边界态由于处于边界从而具有和内部态或**体态** (bulk state) 不同的性质，它会导致一些奇特的物理现象。

### 2. 柱坐标下的朗道能级

前面在朗道规范 $\boldsymbol{A}_1$ 下 (采用 $\boldsymbol{A}_2$ 规范是类似的，在 $\boldsymbol{A}_2$ 规范下磁场引入的谐振势场在 $x$ 方向，其他都对应相同) 讨论了三维直角坐标系中的波函数解及对应的朗道能级，并讨论了二维情形下朗道能级的简并问题。下面采用另一种常见的对称规范 $\boldsymbol{A}' = (-By/2, Bx/2, 0)$ 并在柱坐标系中来讨论朗道能级及其波函数，继而讨论对称规范磁场中的二维电子气体问题。

由于外界所加的磁场在 $z$ 方向，所以系统自然满足柱对称条件，采用柱坐标 $(r, \theta, z)$ 是方便的。在柱坐标下，采用对称的矢势 $\boldsymbol{A}'$ 则比较方便：

$$A_r = 0, \quad A_\theta = \frac{1}{2}Br, \quad A_z = 0 \tag{7.277}$$

显然有 $\boldsymbol{B} = \nabla \times \boldsymbol{A}' = (0, 0, B)$ (见习题 7.18)，其中矢量场 $\boldsymbol{A}'$ 的分布如图 7.31(a) 中的箭头所示。在柱坐标下，匀强磁场作用下的自由电子气系统的哈密顿量为 (见习题 7.19)

$$\hat{H}(r, \theta, z) = -\frac{\hbar^2}{2m_e}\left(\frac{\partial^2}{\partial r^2} + \frac{1}{r}\frac{\partial}{\partial r} + \frac{1}{r^2}\frac{\partial^2}{\partial \theta^2} + \frac{\partial^2}{\partial z^2}\right) - \mathrm{i}\frac{\hbar Be}{2m_e}\frac{\partial}{\partial \theta} + \frac{B^2 e^2}{8m_e}r^2 \tag{7.278}$$

其波函数 $\psi(r, \theta, z)$ 满足定态薛定谔方程 $\hat{H}(r,\theta,z)\psi(r,\theta,z) = E\psi(r,\theta,z)$。利用分离变量法，波函数可以分解为 $\psi(r, \theta, z) = R(r)\mathrm{e}^{im\theta}\mathrm{e}^{ik_z z}$，代入定态薛定谔方程得到径向方程为 (注意 $m$ 为电子的磁量子数)

$$-\frac{\hbar^2}{2m_e}\left[\frac{\mathrm{d}^2 R(r)}{\mathrm{d}r^2} + \frac{1}{r}\frac{\mathrm{d}R(r)}{\mathrm{d}r} - \left(k_z^2 + \frac{m^2}{r^2}\right)R(r)\right]$$
$$+ \left(\frac{B^2 e^2}{8m_e}r^2 + \frac{\hbar m Be}{2m_e}\right)R(r) = ER(r) \tag{7.279}$$

对方程 (7.279) 进行化简得到如下径向方程：

$$R''(r) + \frac{1}{r}R'(r) - \frac{m^2}{r^2}R(r) + \left(K^2 - k_z^2 - \frac{m}{l_B^2} - \frac{1}{4l_B^4}r^2\right)R(r) = 0 \tag{7.280}$$

其中，电子总的波数定义为 $K = \sqrt{2m_e E}/\hbar$；磁长度 $l_B$ 定义为式 (7.273)。显然如图 7.31(a) 所示的环形矢势 $A_\theta$ 产生了一个径向方向的旋转对称的抛物型谐振势 (比较直角坐标系下 $\boldsymbol{A}_1$ 规范所产生的沿 $y$ 方向的抛物势)。

微分方程 (7.280) 可以利用 Mathematica 获得如下的解 (见习题 7.20)：

$$R_{n,m}(\xi) = \sqrt{\frac{n!}{2^m(n+m)!}}\,\xi^m \mathrm{e}^{-\frac{\xi^2}{4}} \mathrm{L}_n^m\left(\frac{1}{2}\xi^2\right) \tag{7.281}$$

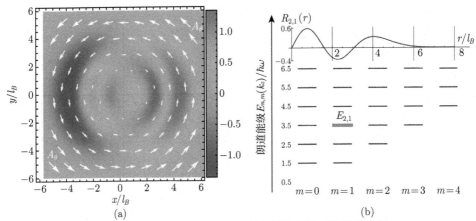

图 7.31    对称规范磁场中电子的朗道能级波函数及其能级

(a) 柱坐标下在沿着 $z$ 轴方向均匀磁场 (图中白色箭头展示了对称规范矢量场 $\boldsymbol{A}'$ 在 $xy$ 平面 $z=0$ 上的分布) 中朗道波函数 $\psi_{2,1}(r,\theta,0)$ 的实部在 $xy$ 平面的分布；(b) 二维自由电子在均匀磁场中的朗道能级，能级上部是 (a) 中电子波函数对应的沿着径向的波函数分布，其中粗实线的能级为 $E_{2,1}$

其中，柱坐标径向无量纲量 $\xi \equiv r/l_B$；函数 $\mathrm{L}_n^m(\xi)$ 为连带拉盖尔函数 (见附录 D)。所以自由电子气体在沿 $z$ 轴方向的匀强磁场 $B$ 中的波函数为

$$\psi_{n,m}(\xi,\theta,z) = \sqrt{\frac{n!}{2^m(n+m)!}}\,\xi^m \mathrm{e}^{-\frac{\xi^2}{4}}\mathrm{L}_n^m\left(\frac{1}{2}\xi^2\right)\mathrm{e}^{\mathrm{i}m\theta}\mathrm{e}^{\mathrm{i}k_z z} \tag{7.282}$$

其对应波函数的朗道能级为

$$E_{n,m}(k_z) = \left(n+m+\frac{1}{2}\right)\hbar\omega + \frac{\hbar^2 k_z^2}{2m_\mathrm{e}}, \quad \omega = \frac{eB}{m_\mathrm{e}} \tag{7.283}$$

显然对称规范下朗道能级首先在磁场方向对 $k_z$ 是连续的能带 (自由电子)，在垂直磁场方向能级是分立的二维谐振子，能级依赖于量子数 $n$、$m$。

对于二维电子气体而言，$z$ 方向不激发，所以在 $k_z=0$ 时朗道能级的简并度和直角坐标系中的 $\boldsymbol{A}_1$ 规范一样。对于有限的系统而言，其态简并度决定于朗道能级所对应波函数的分布范围或边界限制。朗道能级 $E_{n,m}(k_z=0)$ 的能级分布如图 7.31(b) 所示，态的能量依赖于两个量子数 $n$ 和 $m$，而给定 $n$ 时态的简并度 $d_n$ 取决于磁量子数 $m$ 的取值范围。在 $\boldsymbol{A}_1$ 规范中，由于只有 $y$ 方向有谐振势的约束，所以体系波函数 (式 (7.274)) 的个数受 $x$ 方向量子数 $n_x$ 的限制，得出其简并度决定于磁场通过系统的磁通。此处根据对称规范体系波函数 (式 (7.282)) 的旋转对称性 (径向分布 $R_{2,1}(\xi=r/l_B)$ 见图 7.31(b) 中的上部曲线)，波函数 $\psi_n(\xi,\theta)$

在径向 $\xi$ 处 (以 $l_B$ 为单位) 宽度为 $\mathrm{d}\xi$ 的环内的概率为

$$\mathrm{d}P_n\left(\xi\right)=\left|\psi_{n,m}\left(\xi,\theta\right)\right|^2 2\pi\xi\mathrm{d}\xi=R_{n,m}^2\left(\xi\right)2\pi\xi\mathrm{d}\xi\propto\xi^{2m+1}\mathrm{e}^{-\frac{\xi^2}{2}}\left[\mathrm{L}_n^m\left(\frac{\xi^2}{2}\right)\right]^2\mathrm{d}\xi$$

从而朗道能级波函数 $\psi_n(\xi,\theta)$ 径向方向的概率密度为

$$\rho_n\left(\xi\right)\equiv\frac{\mathrm{d}P_n\left(\xi\right)}{\mathrm{d}\xi}\propto\xi^{2m+1}\mathrm{e}^{-\frac{\xi^2}{2}}\left[\mathrm{L}_n^m\left(\frac{\xi^2}{2}\right)\right]^2$$

根据概率密度的环状分布, 可以利用 $\rho_n'(\xi)=0$ 得到概率密度最大和最小的半径, 其中波函数分布最大的半径 $\xi^{\max}$ 必须小于体系的尺寸半径 $R/l_B$。例如, 对 $n=0$ 的基态而言, 波函数 $\psi_0(\xi,\theta)$ 概率密度为零的最大半径经过计算为 $\xi_0^{\max}=\sqrt{2m+1}$, 根据其大小必须小于体系尺寸半径 $R/l_B$ 的条件可以给出磁量子数的取值范围:

$$m<\frac{R^2}{2l_B^2}-\frac{1}{2}\approx\frac{B\pi R^2}{h/e}=\frac{BS}{h/e}=\frac{\Phi}{\Phi_0}\equiv d_n \tag{7.284}$$

其中, 磁长度 $l_B$ 的定义见式 (7.273); 元磁通量 $\Phi_0\equiv h/e$ 的定义和式 (7.276) 一致。由此可见对称规范波函数的简并度 $d_n$ 和 $\boldsymbol{A}_1$ 或 $\boldsymbol{A}_2$ 规范的结论基本是一致的: 能级的简并度决定于磁场通过有限系统的磁通量, 并且是**量子化**的。由于对于任意一个宏观系统其磁通量 $\Phi$ 比起微观元磁通量 $\Phi_0$ 来说要大得多, 所以朗道能级的简并度 $d_n$ 往往非常高。

　　由于有限系统对磁量子数 $m$ 的限制, 体系同样会出现特殊的边界态, 固体系统边界态的存在, 对于理解很多现象如量子霍尔效应等有重要作用。

### 7.6.2　电场中晶格电子的运动: 布洛赫振荡

　　本小节讨论固体系统中电子在受到外电场作用时在晶格中的动力学行为。同样先考虑最简单的一维晶格体系中电子只受到均匀电场 $E$ 作用的情形, 此时体系的哈密顿量可写为

$$\hat{H}(x)=-\frac{\hbar^2}{2m_\mathrm{e}}\frac{\mathrm{d}^2}{\mathrm{d}x^2}+V\left(x\right)-eEx$$

其中, 晶格势场满足 $V(x+a)=V(x)$, 但系统整体的势由于电场的引入不再满足周期性条件。由于上面的哈密顿量不含时, 所以其所对应薛定谔方程的解根据式 (6.92) 可写为

$$\psi\left(x,t\right)=\hat{U}\left(t,0\right)\psi\left(x,0\right)=\mathrm{e}^{-\mathrm{i}\hat{H}(x)t/\hbar}\psi\left(x,0\right) \tag{7.285}$$

其中，$\psi(x,0)$ 为体系中电子的初始波函数。根据前面晶格系统的布洛赫理论，可以计算以上波函数解 $\psi(x,t)$ 的平移波函数 $\psi(x+a,t)$：

$$\psi(x+a,t) = e^{-i\hat{H}(x+a)t/\hbar}\psi(x+a,0) \tag{7.286}$$

其中，哈密顿量的平移为

$$\hat{H}(x+a) = -\frac{\hbar^2}{2m_e}\frac{d^2}{dx^2} + V(x+a) - eE(x+a)$$

$$= \left[-\frac{\hbar^2}{2m_e}\frac{d^2}{dx^2} + V(x) - eEx\right] - eEa$$

$$= \hat{H}(x) - eEa$$

此时假设 $t=0$ 时引入电场 $E$，那么在 $t=0$ 时体系的势能是周期的，则初始波函数满足 $\psi(x+a,0) = e^{iK(0)a}\psi(x,0)$，其中 $K(0)$ 为 $t=0$ 时的晶格波矢。将上面的平移结果代入式 (7.286) 有

$$\psi(x+a,t) = e^{ieEat/\hbar}e^{iK(0)a}e^{-i\hat{H}(x)t/\hbar}\psi(x,0) = e^{iK(t)a}\psi(x,t) \tag{7.287}$$

其中，$t$ 时刻的波矢 $K(t)$ 为

$$K(t) = K(0) + \frac{eE}{\hbar}t \tag{7.288}$$

显然在晶格场中加入电场后波函数在晶格中的平移性质式 (7.287) 和布洛赫定理式 (7.145) 所表达的性质完全一致，只不过此时波矢 $K$ 依赖于时间，此时的晶格动量 $P(t) = \hbar K(t)$ 随时间不断增加，其导数根据式 (7.288) 满足牛顿方程：$dP(t)/dt = eE = F$。对电子而言，其在晶格中的波函数是一个波包，整个波包受电场力 $F$ 作用所产生的加速度应为**群速度**的导数：

$$a_g = \frac{dv_g}{dt} = \frac{dv_g}{dK}\frac{dK}{dt} = \frac{d}{dK}\left[\frac{d\omega(K)}{dK}\right]\frac{1}{\hbar}\frac{d(\hbar K)}{dt}$$

$$= \frac{d^2\omega(K)}{dK^2}\frac{eE}{\hbar} = \frac{F}{\hbar^2}\frac{d^2E(K)}{dK^2}$$

上面的推导利用了波包群速度的定义式 (2.127) 并假定 $E(K) = \hbar\omega(K)$。这样就可以得到如下等效的牛顿方程：

$$F = \frac{\hbar}{\frac{d^2}{dK^2}\omega(K)}a_g \equiv m_e(K)a_g$$

其中引入了电子的**有效质量** (effective mass):

$$m_e(K) = \frac{\hbar}{\dfrac{\mathrm{d}^2}{\mathrm{d}K^2}\omega(K)} = \frac{\hbar}{\omega''(K)} \tag{7.289}$$

有时候为了方便，电子在晶格中的有效质量定义为其自由状态下的质量 $m_0$ 的相对值：

$$m_e^*(K) = \frac{m_e(K)}{m_0}$$

因此只要知道电子在晶格势场 $V(x)$ 中的能带色散关系：$E(K) = \hbar\omega(K)$，就可以得到波包在电场中整体的运动情况。例如，对于一维简单晶格的色散关系式 (7.248)，粒子在该晶格上波包 $\psi_n(x)$ 的群速度为

$$v_g = \frac{1}{\hbar}\frac{\partial}{\partial K}E_n(K) = -\frac{2\gamma_n a}{\hbar}\sin(Ka) \tag{7.290}$$

根据式 (7.289)，粒子的等效质量为

$$m(K) = \frac{\hbar^2}{\dfrac{\partial^2 E(K)}{\partial K^2}} = \frac{\hbar^2}{-2\gamma_n a^2 \cos(Ka)}$$

因此，如果在此晶格方向加上电场 $E$，波包整体的运动位置 $x_g(t)$ 则可以用群速度 $v_g(t)$ 对时间的积分得到：

$$x_g(t) = \int v_g(t)\,\mathrm{d}t = -\frac{2\gamma_n a}{\hbar}\int \sin[K(t)a]\,\mathrm{d}t$$

其中，晶格波矢 $K(t)$ 由式 (7.288) 决定。假定初始时刻 $K(0) = 0$，那么代入 $K(t)$ 并进行积分有

$$x_g(t) = -\frac{2\gamma_n a}{\hbar}\int \sin\left(\frac{eEa}{\hbar}t\right)\mathrm{d}t = \frac{2\gamma_n}{eE}\cos\left(\frac{eEa}{\hbar}t\right) \tag{7.291}$$

显然上面的结果表明粒子的波包在晶格方向的加速场中会发生整体振荡，这种振荡称为**布洛赫振荡** (Bloch oscillation)，其振荡的频率为

$$\omega_B = eEa/\hbar = Fa/\hbar \tag{7.292}$$

显然布洛赫振荡频率正比于加速场的强度 $F$ 和晶格常数 $a$，所以 $\hbar\omega_B$ 就是粒子在经过一个晶格常数后加速场对其所做的功。布洛赫振荡现象是固体物理学中粒

子的一种特殊输运现象, 描述了当一个恒定的力作用在一个周期势内粒子 (如电子) 上时粒子在周期晶格场上所产生的振荡现象, 它是 Bloch 和 Zener 在研究晶体的电学性质时首次提出的。他们预测在一个恒定的电场作用下, 完美晶体中的电子运动是振荡的, 而不是匀加速或匀速直线运动。然而在天然晶体中, 由于晶格缺陷对电子的散射作用, 这种现象往往非常难以观察到, 但在半导体超晶格系统、光晶格中的冷原子系统、光子晶体和小尺寸约瑟夫森结等理想物理系统中都已观察到了这种振荡现象 [82]。

下面将一维晶体加上 "偏压" 电场的系统推广到三维晶格系统中。利用了如下的一般含时哈密顿量:

$$\hat{H}(t) = \frac{\hat{\boldsymbol{p}}^2}{2m} + V(\boldsymbol{r}) + \boldsymbol{F}(t) \cdot \boldsymbol{r} \tag{7.293}$$

其中, 三维晶格势场 $V(\boldsymbol{r})$ 满足完美晶体条件: $V(\boldsymbol{r} + \boldsymbol{R}_l) = V(\boldsymbol{r})$, 其中 $\boldsymbol{R}_l$ 为晶格矢量, 定义见式 (7.209)。晶格中引入的力场 $\boldsymbol{F}(t)$ 可写为

$$\boldsymbol{F}(t) = \boldsymbol{F}_0 + \boldsymbol{F}_\omega(t)$$

其中, $\boldsymbol{F}_0$ 为 "直流" 偏置部分; $\boldsymbol{F}_\omega(t)$ 为 "交流" 部分。力场通常采用周期驱动: $\boldsymbol{F}_\omega(t + 2\pi/\omega) = \boldsymbol{F}_\omega(t)$, 或者其变化满足: $\int_0^{2\pi/\omega} \boldsymbol{F}_\omega(\tau) \mathrm{d}\tau = 0$。

对哈密顿量式 (7.293), 需求解如下含时系统的薛定谔方程:

$$\mathrm{i}\hbar \frac{\partial}{\partial t} \Psi(\boldsymbol{r}, t) = \left[ \frac{\hat{\boldsymbol{p}}^2}{2m} + V(\boldsymbol{r}) + \boldsymbol{F}(t) \cdot \boldsymbol{r} \right] \Psi(\boldsymbol{r}, t)$$

根据第 6 章的含时变换算子理论, 利用式 (6.127) 引入如下变换:

$$\psi(\boldsymbol{r}, t) = \hat{U}_k(t) \Psi(\boldsymbol{r}, t) = \mathrm{e}^{\mathrm{i}\boldsymbol{k}(t) \cdot \boldsymbol{r}} \Psi(\boldsymbol{r}, t) \tag{7.294}$$

其中, $\boldsymbol{k}(t)$ 一般为实的时变函数。变换以后的薛定谔方程为

$$\mathrm{i}\hbar \frac{\partial}{\partial t} \psi(\boldsymbol{r}, t) = \hat{H}_k(t) \psi(\boldsymbol{r}, t) \tag{7.295}$$

其中, 哈密顿量 $\hat{H}_k(t)$ 变为 (参照式 (6.135) 的结果)

$$\hat{H}_k(t) = \frac{[\hat{\boldsymbol{p}} - \hbar \boldsymbol{k}(t)]^2}{2m} + V(\boldsymbol{r}) + \left[ \boldsymbol{F}(t) - \hbar \dot{\boldsymbol{k}}(t) \right] \cdot \boldsymbol{r}$$

其中, $\dot{\boldsymbol{k}}(t) \equiv \mathrm{d}\boldsymbol{k}(t)/\mathrm{d}t$ 为变换参数 $\boldsymbol{k}(t)$ 对时间的一阶导数。如果令参数:

$$\hbar \dot{\boldsymbol{k}}(t) = \boldsymbol{F}(t) \Rightarrow \boldsymbol{k}(t) = \boldsymbol{k}(0) + \frac{1}{\hbar} \int_0^t \boldsymbol{F}(\tau) \mathrm{d}\tau \tag{7.296}$$

那么系统的哈密顿量就重新变成周期势场内粒子的运动, 只是此时粒子的动量在随时间发生改变, 变换以后系统的薛定谔方程为

$$\mathrm{i}\hbar\frac{\partial}{\partial t}\psi\left(\boldsymbol{r},t\right)=\left[\frac{\hat{\boldsymbol{p}}^2(t)}{2m}+V\left(\boldsymbol{r}\right)\right]\psi\left(\boldsymbol{r},t\right) \tag{7.297}$$

薛定谔方程 (7.297) 中含时的动量算符定义为 $\hat{\boldsymbol{p}}(t)=\hat{\boldsymbol{p}}-\hbar\boldsymbol{k}(t)$, 其依然是一个厄米算符, 它与位置算符 $\hat{\boldsymbol{r}}$ 的对易关系依然保持不变。所以方程 (7.297) 和周期势场薛定谔方程的解的形式一样, 具有如式 (7.210) 的形式: $\psi_{\boldsymbol{K}}\left(\boldsymbol{r}\right)=\mathrm{e}^{\mathrm{i}\boldsymbol{K}\cdot\boldsymbol{r}}u_{\boldsymbol{K}}\left(\boldsymbol{r}\right)$。如果将该形式的布洛赫函数代入薛定谔方程 (7.295) 中, 即可得到与式 (7.211) 类似的方程:

$$\left\{\frac{\left[\hat{\boldsymbol{p}}+\hbar\boldsymbol{K}(t)\right]^2}{2m}+V\left(\boldsymbol{r}\right)\right\}u_n(\boldsymbol{r})=E_n\left[\boldsymbol{K}(t)\right]u_n(\boldsymbol{r}) \tag{7.298}$$

其中, 含时的晶格波矢 $\boldsymbol{K}(t)$ 定义为 (结合式 (7.296))

$$\boldsymbol{K}(t)=\boldsymbol{K}-\boldsymbol{k}\left(t\right)=\boldsymbol{K}-\left[\boldsymbol{k}(0)+\frac{1}{\hbar}\int_0^t\boldsymbol{F}(\tau)\mathrm{d}\tau\right] \tag{7.299}$$

因此, 如果通过一定的方法, 如紧束缚方法或平面波展开方法, 求解出周期系统的晶格函数 $u_{n,\boldsymbol{K}}(\boldsymbol{r})$, 那么最终体系 (式 (7.293)) 的解就可以写为

$$\varPsi_{n,\boldsymbol{K}(t)}\left(\boldsymbol{r},t\right)=\mathrm{e}^{\mathrm{i}\boldsymbol{K}(t)\cdot\boldsymbol{r}}u_{n,\boldsymbol{K}(t)}\left(\boldsymbol{r}\right)$$

其所对应的能带在某一时刻即为严格周期系统的能带 $E_n\left(\boldsymbol{K}\right)$。同理, 如果得到了三维体系的能带色散关系, 那么对于电子的波包就可以计算其群速度:

$$\boldsymbol{v}_g=\frac{1}{\hbar}\nabla_K E_n\left(\boldsymbol{K}\right)$$

其中, $\nabla_K$ 表示在 $\boldsymbol{K}$ 空间的梯度。电子波包的群位置就可以写为

$$\boldsymbol{x}_g\left(t\right)=\boldsymbol{x}_g\left(0\right)+\frac{1}{\hbar}\int_0^t\left[\nabla_K E_n\left(\boldsymbol{K}\right)\right]_{\boldsymbol{K}\to\boldsymbol{K}(\tau)}\mathrm{d}\tau$$

其中, $\boldsymbol{K}\to\boldsymbol{K}\left(\tau\right)$ 表示对波矢 $\boldsymbol{K}$ 计算梯度后代入随时间变化的波矢式 (7.299) 再进行积分, 继而给出电子在力场中运动时总体的布洛赫振荡模式。显然电子在晶格内的波包振荡模式依赖于不同能带的色散关系和偏置力场的变化, 这些不同能带上电子波包的布洛赫振荡在运动中会互相叠加, 最后会形成晶格中稳定传播的电子波包模式, 从而展现丰富的空间结构和传输特性。例如, 对于周期力场驱动的晶格系统, 结合周期含时系统的 Floquet 定理可将波函数写为

$$\varPsi_{n,\boldsymbol{K}(t)}\left(\boldsymbol{r},t\right)=\mathrm{e}^{\mathrm{i}[\boldsymbol{K}(t)\cdot\boldsymbol{r}-\varOmega_n t]}u_{n,\boldsymbol{K}(t)}\left(\boldsymbol{r}\right)$$

其中，$\Omega_n$ 为 $n$ 能带内周期驱动所激发的本征频率，其值可参考式 (6.179)。显然上面的波函数形式表明，周期驱动的外场会在晶格系统内激发多个波矢量随时间改变的平面波，称为**晶格行波**。这些晶格行波会相互叠加并进一步调制不同能带内波包的布洛赫振荡 (偏置场使得周期势场成为洗衣板 (washboard) 势能，倾斜的能带会发生带间的 Zener 隧穿)，这些波包振荡也会相互叠加，最后在适应边界条件的情况下形成复杂的电子激发态，能展现出电子在驱动晶格系统上丰富的动力学行为。

### 7.6.3 磁场和电场中的二维电子气体：霍尔效应

本小节讨论在磁场和电场都存在时电子在一类最为重要的低维固态薄膜系统中的量子理论，该系统是很多量子器件的核心构件，所以其上的物理概念在固态量子理论中具有基础性的地位。对于导电薄膜或介质边界处的自由电子而言，描写其在固体中的运动规律可用二维自由电子气模型 (见固体的自由电子气模型)。如果在二维电子气上加入电磁场，则电子的行为将由方程 (7.265) 决定。对于该方程，前面首先引入均匀磁场，分别在朗道规范 $\boldsymbol{A}_1$ 和对称规范 $\boldsymbol{A}'$ 下讨论了直角坐标系和柱坐标系中自由电子气的朗道能级及其波函数解，并讨论了二维情形下的朗道能级及其简并问题。其次又单独引入静电场或变化的力场，讨论了电子波包在晶格场中的布洛赫振荡。下面考虑磁场和电场都存在时的基本问题，即在同时引入均匀磁场和偏置电场的情况下，讨论二维电子气体的行为及相关效应：**霍尔效应** (Hall effect)。

#### 1. 经典霍尔效应

首先从经典宏观的角度来考虑二维电子气体在电场和磁场都存在时的运动行为。如图 7.32所示，在二维自由电子气上沿 $z$ 轴方向加一个匀强磁场 $\boldsymbol{B} = B\boldsymbol{k}$，并在与磁场垂直的 $xy$ 平面内加上一个电场 $\boldsymbol{E} = E_x\boldsymbol{i} + E_y\boldsymbol{j}$，此时由于平面内电场 $\boldsymbol{E}$ 的存在，电子将在 $xy$ 平面内产生一个稳恒的电流场。如图 7.32右上角所示，如果不考虑电流的分布细节，$y$ 方向的电场在平面内产生的整体电流强度为 $I$(用如图所示的电流表 A 测量)，那么美国物理学家**霍尔** (Hall) 发现在如图所示的 $x$ 方向产生了一个电压。这个现象是霍尔在 1879 年发现的，后来就被称为**霍尔效应**，这个电压就称为霍尔电压 $V_{\mathrm{H}}$。

这个现象的经典解释非常简单，就是电荷 $q$ 在磁场中会受到洛伦兹力的作用，从而在 $x$ 方向产生偏转 (如图 7.32 左下角所示)，电荷的分离和积累会在 $x$ 方向形成内部电压 $V_{\mathrm{H}}$，当电压所产生的内部电场和洛伦兹力平衡的时候该电荷的偏转和积累结束，如此就可以得到霍尔电压的表达式 (以电子作为载流子时 $q = -e$)：

$$V_{\mathrm{H}} = -\frac{BI}{n_{\mathrm{e}}ed} \equiv R_{\mathrm{H}}\frac{BI}{d} \tag{7.300}$$

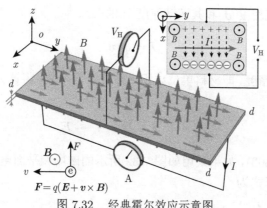

图 7.32　经典霍尔效应示意图

右上角是平面内的霍尔效应示意图，左下角为电子在磁场中所受到的洛伦兹力示意图

其中，$R_H = -1/(n_e e)$ 称为**霍尔系数**，霍尔系数公式中 $n_e$ 为电子的密度 (单位体积内载流子即电子的个数)，$e$ 为电子电量；$B$ 为磁场的电磁感应强度；$I$ 为总体电流强度；$d$ 为平面沿着磁场方向介质的厚度。有时候霍尔效应可以用**霍尔电阻** (或电阻率) 来刻画，霍尔电阻定义为单位电流所产生的霍尔电压：

$$R = \frac{V_H}{I} = \frac{B}{n_e e d} \tag{7.301}$$

其中，霍尔电阻 $R$(电阻率 $\rho$) 的量纲为欧姆 (欧姆米)。当然也可以用电导率 $\sigma = 1/\rho$ 来刻画霍尔效应，电导率即为电阻率的导数。

上面对霍尔效应整体的经典描述显然是粗糙的，而且霍尔电阻式 (7.301) 所表达的意义是模糊的，因为霍尔电压和电流并非在一个方向，这就使得霍尔效应的上述宏观讨论不够完全。对一个实际的三维霍尔材料，其 $y$ 方向所加的直流电压在材料平面内产生的电场不能简单地只考虑 $y$ 方向的总体电流。对平面电流场来说，需要采用二维的电流密度 $\boldsymbol{J} = J_x \boldsymbol{i} + J_y \boldsymbol{j}$ 来刻画。下面从载流子 $q$ 的经典运动方程出发来讨论电场和磁场中载流子的运动行为。根据载流子所受到的洛伦兹力 $\boldsymbol{F} = q(\boldsymbol{E} + \boldsymbol{v} \times \boldsymbol{B})$，考虑载流子运动中与晶格及其他载流子碰撞所导致的弛豫，其动力学方程为 (该方程所对应的模型经常被称为 Drude 模型)

$$m\frac{d\boldsymbol{v}}{dt} = q(\boldsymbol{E} + \boldsymbol{v} \times \boldsymbol{B}) - \frac{m\boldsymbol{v}}{\tau}$$

其中，$\tau$ 为载流子的弛豫时间或者**散射时间** (scattering time)，可以近似认为是载流子两次碰撞之间的平均间隔时间。对于以上的经典方程，当洛伦兹力和内部电场平衡时，有平衡解 $d\boldsymbol{v}/dt = 0$，由此得到：

$$\boldsymbol{v} - \frac{q\tau}{m}\boldsymbol{v} \times \boldsymbol{B} = \frac{q\tau}{m}\boldsymbol{E} \tag{7.302}$$

载流子的微观电流密度 $J$ 和其运动速度 $v$ 的关系为

$$J = qnv$$

其中, $n$ 为 **载流子密度**, 即材料单位体积内载流子的个数。将该关系代入式 (7.302) 中, 可以得到:

$$J - \frac{q\tau}{m} J \times B = \frac{q^2 n\tau}{m} E \tag{7.303}$$

对于方程 (7.303), 如果采用如图 7.32 所示的磁场和平面电场的配置模式, 将它们都写成矩阵形式为

$$J = J_x i + J_y j = \begin{pmatrix} J_x \\ J_y \\ 0 \end{pmatrix}, \quad B = Bk = \begin{pmatrix} 0 \\ 0 \\ B \end{pmatrix}, \quad E = \begin{pmatrix} E_x \\ E_y \\ 0 \end{pmatrix}$$

将上面的矢量代入方程 (7.303), 就得到经典载流子霍尔效应的二维平面矩阵方程

$$\begin{pmatrix} J_x \\ J_y \end{pmatrix} = \frac{\sigma_0}{1 + \omega_B^2 \tau^2} \begin{pmatrix} 1 & \omega_B \tau \\ -\omega_B \tau & 1 \end{pmatrix} \begin{pmatrix} E_x \\ E_y \end{pmatrix} \tag{7.304}$$

其中, 载流子回旋频率 $\omega_B$ 和自由载流子 (无磁场时) 的电导率 $\sigma_0$ 分别定义为

$$\omega_B = \frac{qB}{m}, \quad \sigma_0 = \frac{q^2 n\tau}{m}$$

显然方程 (7.304) 和微观欧姆定律 $J = \sigma E$ 对应, 于是引入 **电导率张量** (conductivity tensor) (电导率的单位为西门子每米: S/m):

$$\sigma = \begin{pmatrix} \sigma_{xx} & \sigma_{xy} \\ \sigma_{yx} & \sigma_{yy} \end{pmatrix} = \sigma_0 \begin{pmatrix} \dfrac{1}{1 + \omega_B^2 \tau^2} & \dfrac{\omega_B \tau}{1 + \omega_B^2 \tau^2} \\ -\dfrac{\omega_B \tau}{1 + \omega_B^2 \tau^2} & \dfrac{1}{1 + \omega_B^2 \tau^2} \end{pmatrix}$$

当然, 实验测量霍尔效应的时候, 可以非常容易地测出霍尔电阻, 所以刻画霍尔效应一般使用 **电阻率张量** (resistivity tensor) 来表示 (电阻率的单位为欧姆米: $\Omega$m)。显然电阻率是电导率的导数, 当电导率是张量的时候, 电阻率就为电导率张量的逆:

$$\rho = \begin{pmatrix} \rho_{xx} & \rho_{xy} \\ \rho_{yx} & \rho_{yy} \end{pmatrix} = \frac{1}{\sigma} = \sigma^{-1} = \frac{1}{\sigma_0} \begin{pmatrix} 1 & \omega_B \tau \\ -\omega_B \tau & 1 \end{pmatrix} \tag{7.305}$$

下面计算如图 7.32 所示系统平面载流子为电子时的电阻率, 此时载流子的电量 $q = e$, 质量 $m = m_e$, 电子密度 $n = n_e$, 电子的回旋频率 $\omega_B = \omega$, 代入电阻率方程 (7.305), 得到电阻率 $\rho$ 张量的矩阵元为

$$\rho_{xx} = \rho_{yy} = \frac{1}{\sigma_0} = \frac{m_e}{e^2 n_e \tau} \tag{7.306}$$

$$\rho_{xy} = -\rho_{yx} = \frac{\omega\tau}{\sigma_0} = \frac{m_e\omega}{e^2 n_e} = \frac{B}{n_e e} \tag{7.307}$$

显然以上电阻率 $\rho_{xy}$ 有非常好的性质, 它不仅不依赖于电子在材料中的散射时间 $\tau$, 而且实验上可以通过测量 $x$ 方向的电压和 $y$ 方向的电流直接得到:

$$R = R_{xy} = \frac{V_x}{I_y} = \frac{E_x L_x}{J_y L_x d} = \frac{E_x}{J_y d} = \frac{\rho_{xy}}{d}$$

显然此处得到的 $R$ 和式 (7.301) 给出的结果是一致的, 即电阻率 $\rho_{xy}$ 恰好等于霍尔电阻乘以样品厚度, 即 $\rho_{xy} = Rd$, 所以 $\rho_{xy}$ 被称为**霍尔电阻率** (注意如果此处电流密度 $J$ 取平面电流密度时, $d = 1$, 则霍尔电阻就等于平面电阻率: $R = \rho_{xx}$)。根据以上讨论, 如果实验上测量霍尔电阻, 得到的经典霍尔效应电阻率随外部磁场变化曲线如图 7.33(a) 所示, 满足式 (7.306) 和式 (7.307) 所预言的规律。电阻率 $\rho_{xx} = \rho_{yy} = E_y / J_y$ 一般称为**纵向电阻率** (电阻率张量的对角元), 显然它不随着外磁场 $B$ 发生改变, 是一条水平的直线, 其大小依赖于电子的散射时间 $\tau$。当 $\tau \to \infty$ 时即电子在样品尺度内没有发生任何散射时, $x$ 方向的电阻或电阻率 $\rho_{xx} = \frac{\sigma_{xx}}{\sigma_{xx}^2 + \sigma_{xy}^2} \to 0$, 此时 $x$ 方向成为**完美导体**或超导体, 但这并不意味着 $\sigma_{xx} = 0$(电导率等于零预示着**完美绝缘体**), 因为还有横向的电导率 $\sigma_{xy}$ 存在[83]。霍尔电阻率 $\rho_{xy}$ 随着磁场强度的增加而增加, 成线性关系。这也是霍尔效应获得应用的前提, 可以用来做测量磁场或者电流的霍尔传感器。

### 2. 量子霍尔效应

经典霍尔效应是在大尺度、高能量的情况下电子在电场和磁场中的一种宏观运动现象, 此时电子的量子涨落效应非常微弱, 电子的宏观运动不受量子效应的影响。但当体系温度降低或者磁场很强的时候, 电子运动的量子效应就会变得非常明显, 此时的量子效应会左右经典霍尔效应的细节规律, 即量子霍尔效应 (quantum Hall effect, QHE)。对于量子霍尔效应, 根据其细节的精细度, 可以分为整数量子霍尔效应和分数量子霍尔效应。

### 1) 整数量子霍尔效应

整数量子霍尔效应是德国物理学家克劳斯 · 冯 · 克利青 (Klaus von Klitzing) 等 [84] 在 1980 年发现的。他们在金属氧化物半导体场效应管 (metal-oxide-semi

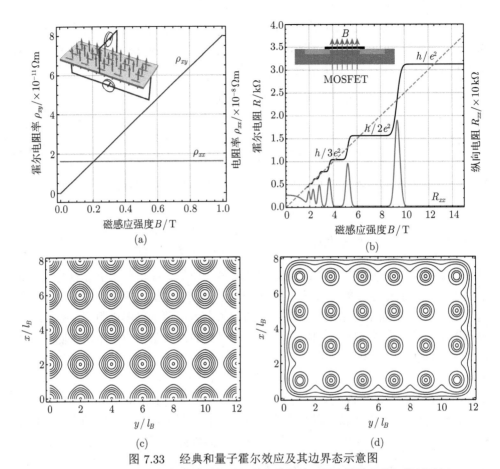

图 7.33　经典和量子霍尔效应及其边界态示意图

(a) 经典霍尔效应的电阻率随外部磁场的变化曲线。图中计算参数：散射时间
$\tau = 2.8 \times 10^{-14}$s，电子密度 $n_e = 7.8 \times 10^{28}$ 个/立方米；(b) 整数量子霍尔效应的霍尔电阻
(左侧) 和纵向电阻 (右侧) 随磁场的变化曲线，其中虚线为经典霍尔效应所对应的线；(c) 经典
电子在磁场中的边界态和内部态示意图；(d) 量子霍尔效应中电子态分布等效势能的等高线及
其所形成的边界态示意图

conductor field effect transistor，MOSFET) 的二维平面材料上 (如图 7.33(b) 左
上角的插图所示) 测量到电阻率随外磁场的曲线如图 7.33(b) 所示。和经典霍尔
效应电阻率图 7.33(a) 比较会发现，此时霍尔电阻率 $\rho_{xy}$ 和 $\rho_{xx}$ 在经典对应的曲
线上出现了更多的变化细节。首先霍尔电阻 $R = \rho_{xy}d$ 出现了整数的平台 (如果霍
尔电阻是**表面电阻**，$d = 1$，$\rho$ 则为表面电阻率，单位为欧姆)，这个平台处的霍尔
电阻为

$$R = \rho_{xy} = \frac{2\pi\hbar}{e^2}\frac{1}{\nu}, \quad \nu = 1, 2, 3, \cdots \tag{7.308}$$

显然霍尔电阻的平台精确地出现在 $h/e^2 \approx 25812.807\,\Omega$(欧姆) 的整数倍分之一处，其与测量的材料本身没有关系，只决定于基本物理常数，所以 $h/e^2$ 被称为量子电阻 (quantum of resistance) 或克利青常数，目前它已经成为电阻率测量的一个标准单位。从图 7.33(b) 中还可以发现，在霍尔电阻平台处纵向电阻 $R_{xx}$ 等于零 (相当于散射时间 $\tau \to \infty$)，而在霍尔电阻从一个平台上升到另外一个平台的磁场 $B$ 处纵向电阻会出现一个脉冲式的尖峰。

对于整数量子霍尔效应这一奇特现象的**定性**理解可以用电子在朗道能级上的排布来说明，由于朗道能级简并度的限制，如式 (7.276) 和式 (7.284)，$N$ 个电子在朗道能级上排布的最高能量称为费米能量，如果费米能量落在某一个朗道能带 (耗散、杂质或其他随机过程导致分立费米能级展宽为能带) 的外部，预示着朗道能级已被全部填满 (所有能量相等的简并能级被电子占据)，那么改变磁场 $B$，朗道能级简并度发生改变，填满的朗道能级是局域态，如图 7.33(c)、(d) 所示，对导电率并不产生贡献，所以电阻不会改变。此时正因为朗道能级被全部填满，所以电子在能带内无法进行弹性散射 (被电场加速后与晶格等的散射)，而要进行带间的非弹性散射需要克服 $\hbar\omega$ 的朗道能带带隙，所以散射时间 $\tau$ 会很大，根据式 (7.306) 纵向电阻为零。如果在适当的磁场下，费米能级落在朗道能级的内部，此时增加电子的能量，电子会通过非局域的边界态被电场加速，从而磁场越强电阻越大，电阻会发生跃变。

然而对于量子霍尔效应的**定量**解释必须通过求解该系统的薛定谔方程来完成。依然采用如图 7.32 所示的系统构建，首先利用二维自由电子气模型 $V(x,y) = 0$，在朗道规范 $\boldsymbol{A}_1 = (-By, 0, 0)$ 的基础上二维体系的定态薛定谔方程可写为

$$\left[ \frac{(\hat{p}_x - eBy)^2}{2m_{\mathrm{e}}} + \frac{\hat{p}_y^2}{2m_{\mathrm{e}}} - eE_y y \right] \psi(x,y) = E\psi(x,y)$$

显然这个方程是前面讲的磁场和电场分别存在时系统定态薛定谔方程的结合。同理根据式 (7.267) 引入变换：

$$\psi(x,y) = \mathrm{e}^{\mathrm{i}p_x x/\hbar}\chi(y) = \mathrm{e}^{\mathrm{i}k_x x}\chi(y)$$

并代入上面的方程中有

$$\left[ -\frac{\hbar^2}{2m_{\mathrm{e}}} \frac{\partial^2}{\partial y^2} + \frac{1}{2}m_{\mathrm{e}}\omega^2 (y - y_0')^2 \right] \chi(y) = (E - \mathcal{E})\chi(y) \tag{7.309}$$

其中，新的回旋半径或谐振势的平衡位置 $y_0'$ 定义为

$$y_0' = y_0 + \frac{eE_y}{m_{\mathrm{e}}\omega^2} = k_x l_B^2 + \frac{m_{\mathrm{e}}\bar{v}_x}{eB}, \quad \bar{v}_x \equiv \frac{E_y}{B}$$

其中，$\bar{v}_x$ 表示 $E_y$ 方向电场中电子沿着 $x$ 方向的**漂移速度**：$eE_y = e\bar{v}_x B$。方程 (7.309) 中 $x$ 方向自由电子能量及电场导致的能量总体平移 $\mathcal{E}$ 定义为

$$\mathcal{E} \equiv E_x - \frac{1}{2}m_{\mathrm{e}}\left(v_x - \bar{v}_x\right)^2, \quad E_x = \frac{\hbar^2 k_x^2}{2m_{\mathrm{e}}} = \frac{1}{2}m_{\mathrm{e}}v_x^2$$

显然方程 (7.309) 是谐振子系统的本征方程，自然满足：

$$\left[-\frac{\hbar^2}{2m_{\mathrm{e}}}\frac{\partial^2}{\partial y^2} + \frac{1}{2}m_{\mathrm{e}}\omega^2\left(y - y_0'\right)^2\right]\chi_n(y) = \mathcal{E}_n\chi_n(y) \tag{7.310}$$

其中，谐振子的能量 $\mathcal{E}_n = \left(n + \frac{1}{2}\right)\hbar\omega$，所以体系总能量 $E_n = \mathcal{E}_n + \mathcal{E}$。比较方程 (7.310) 和方程 (7.269) 可以发现，方程的形式是完全一样的，只不过经典回旋半径由于电场 $E_y$ 方向电子的运动进行了修正，从 $y_0$ 变成了 $y_0'$，能量也由于电场中电子沿 $y$ 方向的运动而改变。所以方程 (7.309) 解的性质没有因为引入电场而发生根本的改变，只是朗道能级的简并度会受到电场的作用而发生改变，对霍尔效应的解释也和前面经典的解释基本相同。为了讨论方便，将图 7.32 所示系统的朗道能级 $E_{n,k_x}$ 及朗道能级波函数 $\psi_{n,k_x}(x,y) = \langle x,y|n,k_x\rangle$ 表示如下：

$$\psi_{n,k_x}(x,y) = \frac{\mathrm{e}^{\mathrm{i}k_x x}}{\sqrt{L_x}}\frac{\pi^{-1/4}}{\sqrt{2^n n!}}H_n(y - y_0')\mathrm{e}^{-\frac{(y-y_0')^2}{2}} \equiv \bar{\psi}_{k_x}(x)\chi_n(y - y_0')$$

$$E_{n,k_x} = (n + \frac{1}{2})\hbar\omega + \frac{1}{2}m_{\mathrm{e}}v_x^2 - \frac{1}{2}m_{\mathrm{e}}\left(v_x - \bar{v}_x\right)^2$$

$$= (n + \frac{1}{2})\hbar\omega + \frac{\hbar k_x}{B}E_y - \frac{m_{\mathrm{e}}}{2B^2}E_y^2$$

其中，$x$ 方向平面波 $\bar{\psi}_{k_x}(x)$ 采用箱归一化的形式。显然对于朗道能态 $|n,k_x\rangle$，其能量 $E_n(k_x)$ 的简并度 $d_n'$ 取决于 $k_x$ 的取值，如果把 MOSFET 平面看成二维的无限深方势阱，则 $k_x = n_x 2\pi/L_x, n_x \in \mathbb{Z}$，那么简并度决定于可以取多少个 $n_x$。显然对于谐振子波函数，其平衡位置必须满足 $y_0' = \left(k_x + \frac{eE_y}{\hbar\omega}\right)l_B^2 \leqslant L_y$，这就预示着 $n_x$ 满足如下关系 (可以和式 (7.276) 进行比较)：

$$n_x \leqslant \frac{L_x L_y}{2\pi l_B^2} - \frac{eE_y L_x}{2\pi\hbar\omega} = \frac{1}{\Phi_0}\left(\Phi - \frac{E_y L_x}{\omega}\right) = \frac{\Phi'}{\Phi_0} \equiv d_n' \tag{7.311}$$

其中，设 $d_n'$ 为 $n_x$ 所允许的最大量子数，即简并度。显然比较式 (7.311) 和式 (7.276) 可以发现，电场 $E_y$ 产生的电流产生了新的磁通量 $\Phi'$，它对朗道能级的简并度造成影响，使得简并度降低 (对称性降低)。

对于上述朗道能级波函数 $|n, k_x\rangle$，其指标 $n$ 是分立的，而 $k_x$ 是连续的，其完备性可写为

$$\sum_n \int |n, k_x\rangle \langle n, k_x| \frac{\mathrm{d}k_x}{2\pi} = 1$$

所以系统的波函数可以展开为上述朗道能级波函数 $\psi_{n,k_x}(x, y)$ 的线性叠加：

$$\Psi(x, y) = \sum_n \int \frac{\mathrm{d}k_x}{2\pi} \psi_{n,k_x}(x, y) c_n(k_x) \tag{7.312}$$

这样根据附录 J 中式 (J.9) 计算的电子作为载流子的电流密度分布为

$$\boldsymbol{J} = -\frac{e}{2m_e} \left[ \Psi^*(x, y)(-\mathrm{i}\hbar\nabla + e\boldsymbol{A}_1)\Psi(x, y) + \Psi(x, y)(\mathrm{i}\hbar\nabla + e\boldsymbol{A}_1)\Psi^*(x, y) \right],$$

其中，库仑规范采用 $\boldsymbol{A}_1$ 规范，即 $\boldsymbol{A}_1 = -By\boldsymbol{i}$；二维梯度算子 $\nabla = \dfrac{\partial}{\partial x}\boldsymbol{i} + \dfrac{\partial}{\partial y}\boldsymbol{j}$。电流密度分布写成分量形式为

$$J_x = \frac{e}{2m_e}(\Psi\hat{p}_x\Psi^* - \Psi^*\hat{p}_x\Psi) + \frac{e^2 B}{m_e} y |\Psi|^2 \tag{7.313}$$

$$J_y = \frac{e}{2m_e}(\Psi\hat{p}_y\Psi^* - \Psi^*\hat{p}_y\Psi) \tag{7.314}$$

其中，$\hat{p}_x = -\mathrm{i}\hbar\partial/\partial x$ 和 $\hat{p}_y = -\mathrm{i}\hbar\partial/\partial y$ 为粒子的机械动量。

显然根据谐振子波函数的性质，宏观的平均值 $\bar{J}_y = -\dfrac{e}{m}\langle\Psi|\hat{p}_y|\Psi\rangle = 0$，所以现在只需要计算宏观平均的电流密度 $\bar{J}_x$（见习题 7.22）：

$$\bar{J}_x = \int J_x(x, y)\,\mathrm{d}x\mathrm{d}y = \sum_n \int \frac{\mathrm{d}k_x}{2\pi} |c_n(k_x)|^2 \frac{eE_y}{B} \tag{7.315}$$

由于系统波函数 $\Psi(x, y)$ 的叠加系数 $c_n(k_x)$ 决定于系统所处的具体状态，而 $|c_n(k_x)|^2$ 给出系统的电子在朗道能级上的概率分布，显然对于费米子体系，可以近似认为电子在朗道能级上的分布满足如下关系：

$$|c_n(k_x)|^2 = f(E_n) |\phi_n(k_x)|^2$$

其中，$f(E_n)$ 为粒子数的费米–狄拉克分布；$\phi_n(k_x)$ 为系统处于朗道能级 $n$ 态时波包在 $x$ 方向的谱函数。考虑系统温度 $T = 0$ 时的霍尔效应，此时系统电子在朗道能级上从低到高完全排布，从而形成费米体系 Slater 形式的基态，假如费米能级排布的最高态量子数为 $\nu$，则对费米–狄拉克分布求和的结果应该为态或电子数的面密度：$\nu/S$；对 $k_x$ 的积分应该得到态的简并度 $d'_n$（参见朗道能级的讨论式 (7.276)、式 (7.284) 及式 (7.311)）：

$$\bar{J}_x = \sum_n^\nu \int \frac{\mathrm{d}k_x}{2\pi} f(E_n) \left|\phi_n(k_x)\right|^2 \frac{eE_y}{B} = \frac{\nu}{S} d'_n \frac{eE_y}{B} = \frac{\nu e}{SB} \frac{\Phi'}{\Phi_0} E_y \qquad (7.316)$$

以上的电流密度结果给出了 $\bar{J}_x = \sigma_{xy} E_y$ 的量子化关系:

$$\sigma_{xy} = \frac{\bar{J}_x}{E_y} = \frac{\nu e}{SB} \frac{\Phi'}{\Phi_0} \approx \frac{e^2}{h} \nu \qquad (7.317)$$

显然 $\sigma_{xy}$ 与式 (7.308) 互为倒数,是量子化的,其大小决定于磁场 $B$ 通过系统的磁通量 $\Phi'$(其值受到 $E_y$ 方向电流所产生磁通量的影响),大小为元磁通量 $\Phi_0 = h/e$ 的整数倍。所以式 (7.317) 自然解释了式 (7.308) 所表达的整数量子霍尔效应。

然而以上计算电导率的方法是简单粗糙的,无法在激发态时给出式 (7.304) 这样的线性关系: $\boldsymbol{J} = \sigma \boldsymbol{E}$。利用式 (7.313) 和式 (7.314) 计算有限体系的电流密度比较困难,因为不仅交叉项系数 $c_m^*(k'_x) c_n(k_x)$ 的计算困难,而且朗道能级的边界条件在激发态下不能再采用无限深势阱的边界条件,所以一般不采用这种方法计算,而是在线性响应理论下计算电流响应的线性电导率,即利用**久保公式** (Kubo formula) [85-88]:

$$\sigma_{ij}(\omega) = \frac{\mathrm{i}\hbar e^2}{V} \sum_{n,m} \frac{f(E_n) - f(E_m)}{E_m - E_n} \frac{\langle n|\hat{v}_i|m\rangle \langle m|\hat{v}_j|n\rangle}{E_n - E_m + \hbar\omega - \mathrm{i}\hbar\eta} \qquad (7.318)$$

其中,角标 $i, j = x, y$; $V$ 为系统体积,如果系统是二维平面则 $V \to S = L_x L_y$; 为了表示方便,量子态 $|n\rangle$、$|m\rangle$ 中的指标 $n$、$m$ 代表系统量子态的所有量子数指标; $\eta$ 为时域积分时为避免发散引入的小量。电导率 $\sigma_{ij}(\omega)$ 表示在驱动电场频率为 $\omega$ 时,系统产生的频域电流密度响应函数:

$$\begin{bmatrix} J_x(\omega) \\ J_y(\omega) \end{bmatrix} = \begin{bmatrix} \sigma_{xx}(\omega) & \sigma_{xy}(\omega) \\ \sigma_{yx}(\omega) & \sigma_{yy}(\omega) \end{bmatrix} \begin{bmatrix} E_x(\omega) \\ E_y(\omega) \end{bmatrix}$$

利用电导率公式 (7.318),重新讨论低温 $(T = 0)$ 情况下的直流响应: $\omega \to 0$。首先在低温条件下 $T \to 0$,根据费米–狄拉克分布 $f(E)$ 的特点 (如式 (7.104) 所示), $f(E)$ 对 $E_n$ 和 $E_m$ 将变成阶梯函数 $\Theta(\varepsilon_F - E_{n,m})$(阶梯函数定义见附录 B 中的式 (B.3), $T = 0$ 时费米能级等于系统化学势: $\varepsilon_F = \mu$),对态 $n$、$m$ 的求和只有两种情况: $E_m < \varepsilon_F < E_n$ 或 $E_n < \varepsilon_F < E_m$(所有 $E_n = E_m$ 的求和项都等于零),所以在取 $\omega - \mathrm{i}\eta \to 0$ 时直流电导率 $\sigma_{xy}$ 可写为

$$\sigma_{xy}(0) = \frac{\mathrm{i}\hbar e^2}{V} \sum_{n,m} \frac{\left[\Theta(\varepsilon_F - E_m) - \Theta(\varepsilon_F - E_n)\right]}{(E_n - E_m)^2} \langle n|\hat{v}_x|m\rangle \langle m|\hat{v}_y|n\rangle$$

$$= \frac{\mathrm{i}\hbar e^2}{V} \sum_{E_m < \varepsilon_F < E_n} \frac{\langle n|\hat{v}_x|m\rangle \langle m|\hat{v}_y|n\rangle - \langle n|\hat{v}_y|m\rangle \langle m|\hat{v}_x|n\rangle}{(E_n - E_m)^2} \qquad (7.319)$$

注意式 (7.319) 中双重求和对指标 $n$、$m$ 的要求为 $E_m < \varepsilon_\mathrm{F}$、$E_n > \varepsilon_\mathrm{F}$，在求和推导中由于阶梯函数 $\Theta(\varepsilon_\mathrm{F} - E_m) - \Theta(\varepsilon_\mathrm{F} - E_n)$ 的存在，对于求和条件 $E_m < \varepsilon_\mathrm{F} < E_n$ 其求和结果为 $+1$，对于 $E_n < \varepsilon_\mathrm{F} < E_m$ 其求和结果为 $-1$。对于式 (7.319) 中速度算符 $\hat{v}_x$ 和 $\hat{v}_y$ 的矩阵元，利用它们的海森堡方程有

$$
\begin{aligned}
\langle n| \hat{v}_x |m\rangle &= \langle n| \frac{\mathrm{d}\hat{x}}{\mathrm{d}t} |m\rangle = \langle n| \frac{[\hat{x}, \hat{H}]}{\mathrm{i}\hbar} |m\rangle = \frac{E_m - E_n}{\mathrm{i}\hbar} \langle n| \hat{x} |m\rangle \\
&= \frac{E_m - E_n}{\hbar} \langle n| \frac{\partial}{\partial k_x} |m\rangle = \frac{E_m - E_n}{\hbar} \langle n \,|\, \partial_{k_x} m\rangle
\end{aligned}
$$

其中，$\hat{H}$ 为系统的哈密顿量：$\hat{H}|n\rangle = E_n|n\rangle$；位置算符 $\hat{x}$ 利用了其在动量空间的形式：$\hat{x} = \mathrm{i}\hbar \partial/\partial p = \mathrm{i}\partial/\partial k_x$。同理以相同的办法计算 $\hat{v}_y$ 的矩阵元有

$$
\langle m| \hat{v}_y |n\rangle = \frac{E_n - E_m}{\hbar} \langle m| \frac{\partial}{\partial k_y} |n\rangle = \frac{E_m - E_n}{\hbar} \langle \partial_{k_y} m \,|\, n\rangle
$$

其中，利用了厄米算符的性质：$\langle m \,|\, \partial_{k_y} n\rangle = -\langle \partial_{k_y} m \,|\, n\rangle$。将所有矩阵元代入电导率公式 (7.319) 中有

$$
\sigma_{xy} = \frac{\mathrm{i}e^2}{\hbar V} \sum_{E_m < \varepsilon_\mathrm{F},\, E_n > \varepsilon_\mathrm{F}} \langle n \,|\, \partial_{k_x} m\rangle \langle \partial_{k_y} m \,|\, n\rangle - \langle \partial_{k_y} n \,|\, m\rangle \langle m \,|\, \partial_{k_x} n\rangle \qquad (7.320)
$$

利用能级的完备性关系：$\sum_n |n\rangle\langle n| = 1$，可以将求和指标 $n$ 的费米面以上能级的求和变为费米面以下能级的求和：

$$
\sum_{E_n > \varepsilon_\mathrm{F}} |n\rangle\langle n| = 1 - \sum_{E_n < \varepsilon_\mathrm{F}} |n\rangle\langle n| \qquad (7.321)
$$

将式 (7.321) 代入电导率函数式 (7.320) 将有两项求和，根据能级求和指标 $n$、$m$ 的对称性 ($n$ 和 $m$ 互换结果不变)，对费米面能级以下能级的双重求和项将相互抵消，求和项只留下了单个指标 $n$ 的费米面能级以下能级的求和：

$$
\sigma_{xy}(k_x, k_y) = \frac{\mathrm{i}e^2}{\hbar V} \sum_{E_n < \varepsilon_\mathrm{F}} \left[ \langle \partial_{k_y} n | \partial_{k_x} n\rangle - \langle \partial_{k_x} n | \partial_{k_y} n\rangle \right]
$$

电导率 $\sigma_{xy}(k_x, k_y)$ 对所有的波矢量 (动量) 在二维布里渊区 (周期性晶格系统) 积分 (布里渊区的体积为 $(2\pi)^2/V$)，得到总的电导率为

$$
\overline{\sigma}_{xy} = \frac{V}{(2\pi)^2} \int_{\mathrm{BZ}} \mathrm{d}k_x \mathrm{d}k_y \, \sigma_{xy}(k_x, k_y)
$$

$$= \frac{\mathrm{i}e^2}{2\pi\hbar} \int_{\mathrm{BZ}} \frac{\mathrm{d}k_x\mathrm{d}k_y}{2\pi} \sum_{E_n<\varepsilon_\mathrm{F}} \left[ \left\langle \frac{\partial n}{\partial k_y} \bigg| \frac{\partial n}{\partial k_x} \right\rangle - \left\langle \frac{\partial n}{\partial k_x} \bigg| \frac{\partial n}{\partial k_y} \right\rangle \right]$$

$$= \frac{e^2}{h} \sum_{E_n<\varepsilon_\mathrm{F}} \int_{\mathrm{BZ}} \frac{\mathrm{d}k_x\mathrm{d}k_y}{2\pi} \left[ \mathrm{i}\left\langle \frac{\partial n}{\partial k_y} \bigg| \frac{\partial n}{\partial k_x} \right\rangle - \mathrm{i}\left\langle \frac{\partial n}{\partial k_x} \bigg| \frac{\partial n}{\partial k_y} \right\rangle \right] \quad (7.322)$$

显然电导率公式 (7.322) 中的积分部分对应于几何相位式 (6.86)，方括号中的部分对应于式 (6.85) 所定义的贝里曲率 $B_{\mu\nu}^{(n)}$，此时系统参数为动量空间的波矢：$|n(\boldsymbol{R})\rangle \to |n(k_x,k_y)\rangle$，所以根据式 (6.80) 可定义如下的贝里矢势：

$$A_x^{(n)} = -\mathrm{i}\left\langle n \bigg| \frac{\partial n}{\partial k_x} \right\rangle, \quad A_y^{(n)} = -\mathrm{i}\left\langle n \bigg| \frac{\partial n}{\partial k_y} \right\rangle$$

这样电导率公式 (7.322) 就可以写为

$$\overline{\sigma}_{xy} = \frac{e^2}{h} \sum_{E_n<\varepsilon_\mathrm{F}} \int_{\mathrm{BZ}} \frac{\mathrm{d}k_x\mathrm{d}k_y}{2\pi} \left( -\frac{\partial}{\partial k_y} A_x^{(n)} + \frac{\partial}{\partial k_x} A_y^{(n)} \right)$$

$$= \frac{e^2}{h} \sum_{E_n<\varepsilon_\mathrm{F}} \frac{1}{2\pi} \int_{\mathrm{BZ}} \mathrm{d}k_x\mathrm{d}k_y B_{xy}^{(n)} = \frac{e^2}{h} \left( \frac{1}{2\pi} \sum_{E_n<\varepsilon_\mathrm{F}} \gamma_n \right)$$

以上的计算结果表明，体系的电导率和体系费米能级以下所有排布态在动量空间的**总几何相位**有关，其具有量子化的特征。如果体系的量子态为 $|\Psi\rangle$，那么该态在波矢空间会产生一个梯度矢量场，这个矢量场上可以定义贝里曲率，该波矢空间的曲率沿费米面积分就得到体系的几何相位，而这个几何相位就是参数空间贝里曲率的通量 (磁通)，它除以 $2\pi$ 就是著名的**陈数** (Chern number)[31]，其一般取整数 $\nu$。根据陈数的几何意义，它是系统 $\boldsymbol{k}$ 空间能量色散曲面整体几何性质的**欧拉示性数** (Euler characteristic)，展现系统态的整体几何性质，所以霍尔效应是量子体系波函数矢量场拓扑几何性质的反映。

对于如图 7.32 所示的二维系统，如果考虑晶格体系的周期性，那么其二维布里渊区会形成 $\{k_x,k_y\}$ 空间的一个环面 (如图 6.5(a) 所示)。对于环面而言，电子在环面上的局域态所产生的磁通量等于零，只有绕大环和小环的非局域态才能产生有效的磁通量变化，如图 7.33(d) 所示。图 7.33(d) 中内部的局域态是束缚态，在电场作用下不会沿等能线移动，而边界处的非局域边界态则不同，电子如果进入边界态的等能线就能绕着大环 ($y$ 方向) 或小环 ($x$ 方向) 产生电流而影响系统的磁通量，这就是量子霍尔效应和边界态的关系。所以系统的边界态对物体的物理性质会产生非常重要的影响，在一定的条件下会形成具有特殊物态的物体：拓扑绝缘体。

2) 分数量子霍尔效应

下面简单介绍一下 $\nu$ 取分数时的量子霍尔效应, 即在更细节的地方电导率或霍尔电阻的平台满足[89]:

$$R = \rho_{xy} = \frac{h}{e^2}\frac{1}{\nu}, \quad \nu = \frac{p}{2ps+1}, \quad p = 1,2,\cdots; s = 0,1,2,\cdots$$

显然 $s = 0$ 的时候表示如图 7.33(b) 所示的整数量子霍尔效应, 其他更细小的分数平台如图 7.34所示。分数量子霍尔效应在 1982 年由美国贝尔实验室三位科学家 Tsui、Stormer 和 Gossard 发现[90], 该效应展示了电子间通过强关联相互作用而产生的更加丰富的多粒子状态。

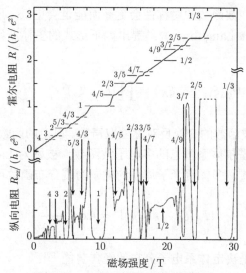

图 7.34　分数量子霍尔效应示意图

图中上部分为霍尔电阻 $R = \rho_{xy}$ 随磁场强度的变化曲线, 下部分为纵向电阻 $R_{xx} = \rho_{xx}$ 随磁场强度的变化曲线。该图来源于参考文献 [90] 和 [91]

对于分数量子霍尔效应的解释, 需要用到具有整体对称性的矢势规范 $\boldsymbol{A}' = (-By/2, Bx/2, 0)$ 下的朗道能级波函数。在对称规范下体系的朗道能级波函数形式如式 (7.282) 所示, 在低温时第 $j$ 个电子的单粒子基态可以写为

$$\psi_0\left(\xi_j\right) = A_0\xi_j^m \mathrm{e}^{-\frac{1}{4}|\xi_j|^2}$$

其中, $A_0$ 为基态归一化系数; 极坐标 $\xi_j$ 在复平面可以写为 $\xi_j = x_j + \mathrm{i}y_j$。那么体系总的波函数应该处于朗道能级波函数的叠加态上, 而且这个叠加态必须满足任意粒子之间的交换反对称性 (费米子)。由于电子在低温条件下不能像玻色子那样都处于相同的量子基态, 所以各个电子必须处于磁量子数 $m$ 不同的朗道基态

能级上 (假设电子数 $N$ 小于朗道能级的简并度 $d_n$, 见式 (7.284) 的讨论), 根据费米子多体量子态的 Slater 形式有

$$\Psi(\xi_1, \cdots, \xi_N) = \begin{vmatrix} \xi_1^0 & \xi_2^0 & \cdots & \xi_N^0 \\ \xi_1^1 & \xi_2^1 & \cdots & \xi_N^1 \\ \vdots & \vdots & \cdots & \vdots \\ \xi_1^N & \xi_2^N & \cdots & \xi_N^N \end{vmatrix} \prod_{j=1}^{N} e^{-\frac{1}{4}|\xi_j|^2} = \prod_{i<j}^{N} (\xi_i - \xi_j) e^{-\frac{1}{4}\sum_{j}^{N}|\xi_j|^2}$$

然而由于朗道能级不同磁量子数 $m$ 的能量是简并的, 所以 $N$ 个电子在选择不同的 $m$ 轨道时可以有多种不同的选择组合, 而且每一个电子基态波函数的 $\xi^m$ 部分在趋于相同的时候, 波函数的对称性会更高而能量会更低, 所以美国物理学家罗伯特·劳林 (Robert Laughlin) 最早提出如下形式的多体波函数来进一步降低系统的能量:

$$\Psi_q(\xi_1, \cdots, \xi_N) = \prod_{i<j}^{N} (\xi_i - \xi_j)^q e^{-\frac{1}{4}\sum_{j}^{N}|\xi_j|^2}$$

其中, 幂次 $q$ 根据波函数的交换反对称性取**奇数**。以上的函数是 Laughlin 最早提出的描述分数量子霍尔体系基态的多电子波函数, 被称为 Laughlin 函数 [92]。根据以上的波函数形式, 多体费米子体系的电子密度分布函数可写为

$$|\Psi_q(\xi_1, \cdots, \xi_N)|^2 = \exp\left(-\frac{\Phi}{q}\right)$$

其中, $\Phi$ 可以看成是决定体系电子分布的经典势能 [92]:

$$\Phi(\xi_1, \cdots, \xi_N) = -\sum_{i<j}^{N} 2q^2 \ln|\xi_i - \xi_j| + \frac{1}{2}q\sum_{j}^{N} |\xi_j|^2 \tag{7.323}$$

显然以上的势能 $\Phi$ 是二维电子气体 (电荷) 分布所对应的等效经典势能, 其物理意义可以结合电荷分布的泊松方程来理解。二维平面上带电量为 $Q$ 的点电荷在 $\xi_0$ 处所产生的经典电势为 (见习题 7.23)

$$\phi(\xi) = -\frac{2Q}{4\pi\epsilon_0} \ln|\xi - \xi_0| \tag{7.324}$$

根据势能式 (7.324), 立刻可以发现体系势能式 (7.323) 的第一项表示平面上两个电子之间相互作用所产生的势能总和, 电子的等效电荷为 $q$; 式 (7.323) 的第二项表示电荷 $q$ 受到磁场约束而产生的谐振势能, 等效为面电荷分布为 $\rho_2 = -\epsilon_0 2Nq$

的正电荷背景对电子的吸引势 (见习题 7.23)。由此可见电子通过相互作用会形成等效电荷为 $q$ 的复合电子或准粒子，从而降低了系统能量，而这些电荷为 $q$ 的复合电子或准粒子所带来的效果就是其产生的霍尔电阻可以带来 $\nu = 1/q$ 的平台，此处 $q$ 一般为奇数 (波函数交换对称性要求 $q$ 取奇数，但如图 7.34 所示也存在如 $\nu = 1/2$ 的平台)。

### 7.6.4　拓扑绝缘体：SSH 模型

前面介绍量子霍尔效应时提到了非局域边界态的概念，边界态的出现使得物体在几何边界处的性质发生了根本改变，本小节将简单介绍一类由稳定边界态所导致的特殊物体：拓扑绝缘体[93-96]。简单来说，拓扑绝缘体整体是一个绝缘体，但由于边界态的出现，其在边界处却成了导体。本小节将避开拓扑绝缘体的完整理论[88]，依然从一个简单的量子模型实例出发，来介绍关于拓扑绝缘体的基本量子概念。

#### 1. 一维拓扑绝缘体 SSH 模型

前面介绍量子霍尔效应的时候，基本都是在自由电子气模型的基础上讨论的，没有考虑体系具体的晶格结构。下面将脱离简单自由电子气模型，在特定的晶格结构基础上来考虑体系特殊的量子态特性，先介绍一个最简单的一维系统模型：**苏-施里弗-黑格** (Su-Schrieffer-Heeger，SSH) 模型[97]，并用该模型来逐步讲述拓扑绝缘体的基本概念。

一维 SSH 模型的晶格结构如图 7.35 所示，该模型是为了描述聚乙炔 (poly-acetylene) 分子链而抽象形成的模型，其一维链由 A 和 B 两种原子组成的**二聚体** (dimer)(图中灰色椭圆) 构成。A、B 原子分别形成各自的**子晶格** (sublattice)，一维链的晶格常数为 $a$ 和 $b$(假设 A 和 B 的子晶格的格点数都为 $M$，或由 $M$ 个二聚体晶胞组成，则系统总格点数为 $2M$)，其中各个原子之间的相互作用 (跃迁系数) 如图中连线所示，分别记为 $t_1$、$t_2$、$t_A$、$t_B$，在图中已经标出。那么以格点能为**基点** (A 和 B 原子的格点能都设为零)，系统的紧束缚哈密顿量在坐标空间

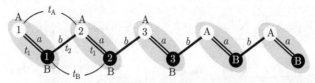

图 7.35　一维 SSH 模型晶格结构示意图

图中白、黑圆圈分别代表 A、B 两种不同的原子，灰色椭圆代表 A、B 原子组成的二聚体晶胞。晶胞内外原子之间的近邻相互作用系数用 $t_1$(双线) 和 $t_2$(单线) 表示，晶胞间原子的次近邻相互作用以 $t_A$ 和 $t_B$ 表示 (弧线)

中的一般二次量子化形式为 [98]

$$\hat{\mathcal{H}}_{\text{ssh}} = \sum_{l=1}^{M} \left( t_1 \hat{c}_{l,\text{A}}^{\dagger} \hat{c}_{l,\text{B}} + \text{H.c.} \right) + \sum_{l=1}^{M} \left( t_2 \hat{c}_{l,\text{B}}^{\dagger} \hat{c}_{l+1,\text{A}} + \text{H.c.} \right)$$

$$+ \sum_{l=1}^{M} \left( t_{\text{A}} \hat{c}_{l,\text{A}}^{\dagger} \hat{c}_{l+1,\text{A}} + \text{H.c.} \right) + \sum_{l=1}^{M} \left( t_{\text{B}} \hat{c}_{l,\text{B}}^{\dagger} \hat{c}_{l+1,\text{B}} + \text{H.c.} \right) \quad (7.325)$$

其中, $\hat{c}_{l,\text{A/B}}^{\dagger}$ 和 $\hat{c}_{l,\text{A/B}}$ 分别为 A/B 型原子晶格在晶胞 $l$ 处晶格波函数模式的产生和湮灭算符 (场算符定义见式 (7.251))。以上 SSH 模型的哈密顿量式 (7.325) 由四项构成, 前两项为较强的近邻相互作用, 后两项为较弱的晶胞间的次近邻相互作用, 有时候后两项会忽略, 或者忽略其中一项 (只考虑晶胞间某一个相互作用), 从而构成不同的 SSH 扩展模型。

采用和处理式 (7.255) 相似的方法, SSH 模型哈密顿量式 (7.325) 在坐标表象波函数格点基矢 $(|1\text{A}\rangle, |1\text{B}\rangle, |2\text{A}\rangle, |2\text{B}\rangle, \cdots)^{\text{T}}$ 下的矩阵形式为

$$\hat{\mathcal{H}}_{\text{ssh}} \to H_{\text{ssh}} = \begin{bmatrix} 0 & t_1 & t_{\text{A}} & 0 & & & \\ t_1^* & 0 & t_2 & t_{\text{B}} & & & \\ t_{\text{A}}^* & t_2^* & 0 & t_1 & t_{\text{A}} & 0 & \\ 0 & t_{\text{B}}^* & t_1^* & 0 & t_2 & t_{\text{B}} & \\ & & t_{\text{A}}^* & t_2^* & 0 & t_1 & \ddots \\ & & 0 & t_{\text{B}}^* & t_1^* & 0 & \ddots & t_{\text{B}} \\ & & & & \ddots & \ddots & \ddots & t_1 \\ & & & & & t_{\text{B}}^* & t_1^* & 0 \end{bmatrix}_{2M \times 2M} . \quad (7.326)$$

同理, 以上的哈密顿矩阵在动量表象中的对角化需要引入下面的算子变换, 把坐标表象的算子 $\hat{c}_l$ 直接变换到动量表象的算子 $\hat{c}_k$:

$$\hat{c}_{l,\text{A}} = \frac{1}{\sqrt{M}} \sum_{k_{\text{A}}} \hat{c}_{k_{\text{A}}} e^{\text{i} k_{\text{A}} x_l^{\text{A}}}, \quad \hat{c}_{l,\text{A}}^{\dagger} = \frac{1}{\sqrt{M}} \sum_{k_{\text{A}}} \hat{c}_{k_{\text{A}}}^{\dagger} e^{-\text{i} k_{\text{A}} x_l^{\text{A}}}$$

$$\hat{c}_{l,\text{B}} = \frac{1}{\sqrt{M}} \sum_{k_{\text{B}}} \hat{c}_{k_{\text{B}}} e^{\text{i} k_{\text{B}} x_l^{\text{B}}}, \quad \hat{c}_{l,\text{B}}^{\dagger} = \frac{1}{\sqrt{M}} \sum_{k_{\text{B}}} \hat{c}_{k_{\text{B}}}^{\dagger} e^{-\text{i} k_{\text{B}} x_l^{\text{B}}}$$

其中, $x_l^{\text{A}}$ 和 $x_l^{\text{B}}$ 分别为 A 原子和 B 原子的晶格坐标, 如果取统一的晶格坐标系, 那么有 $x_l^{\text{B}} = x_l^{\text{A}} + a$ 和 $x_{l+1}^{\text{A,B}} = x_l^{\text{A,B}} + a + b$。

为了对 SSH 模型晶格系统对角化有一个更一般的认识，可以看到 SSH 系统哈密顿矩阵式 (7.326) 具有"二聚体"特征，其可以表示为二阶子矩阵组成的块三对角矩阵形式：

$$H_{\text{ssh}} = \begin{bmatrix} U_1 & T_1 & & & T_M^\dagger \\ T_1^\dagger & U_2 & T_2 & & \\ & T_2^\dagger & U_3 & \ddots & \\ & & \ddots & \ddots & T_{M-1} \\ T_M & & & T_{M-1}^\dagger & U_M \end{bmatrix} \tag{7.327}$$

其中，$U_l$ 和 $T_l$ 为二聚体 ($l$ 表示晶胞位置) 所对应的 $2 \times 2$ 矩阵，分别代表晶胞内相互作用系数矩阵和晶胞间转移系数矩阵。利用晶胞矩阵形式，不仅可以将系统推广到非全同二聚体 (指不同晶胞的紧束缚参数矩阵不同) 构成的一维链晶格结构，也可以推广为不同多聚物分子 (晶胞) 的一维链模型。矩阵式 (7.327) 引入了左下角和右上角的元素 $T_M$ 和 $T_M^\dagger$，表明该矩阵还可以用来描写周期性的闭环结构，如果考虑有限的开环系统，则 $T_M = T_M^\dagger = 0$。对于此处的 SSH 模型，其晶胞内相互作用系数矩阵 $U_l$ 和晶胞间转移系数矩阵 $T_l$ 都相同：

$$U_l = \begin{bmatrix} 0 & t_1 \\ t_1^* & 0 \end{bmatrix} = U, \quad T_l = \begin{bmatrix} t_A & 0 \\ t_2 & t_B \end{bmatrix} = T \tag{7.328}$$

现在对块三对角矩阵式 (7.327) 进行和式 (7.255) 类似的对角化，只不过此时紧束缚参数都变成了**参数矩阵**。利用位置算符在动量空间的形式进行哈密顿量的对角化实际上是对其进行傅里叶变换，此处引入晶胞空间算符的傅里叶变换算子：

$$\hat{C}_l = \frac{1}{\sqrt{M}} \sum_K \hat{C}_K e^{iKX_l}, \quad \hat{C}_l^\dagger = \frac{1}{\sqrt{M}} \sum_K \hat{C}_K^\dagger e^{-iKX_l} \tag{7.329}$$

其中，$\hat{C}_l \equiv (\hat{c}_{l,A}, \hat{c}_{l,B})^T$ 为晶胞在 $X_l$ 处的粒子**湮灭算符** ($X_l$ 代表第 $l$ 个晶胞的位置)。对于由二聚体晶胞组成的晶格结构，其晶胞的晶格参数 $c \equiv a + b$ (晶胞之间的链距离：$X_{l+1} - X_l = c$)。那么 SSH 系统哈密顿量可重新表述为

$$\hat{\mathcal{H}}_{\text{ssh}} = \sum_l \hat{C}_l^\dagger U_l \hat{C}_l + \sum_l \left( \hat{C}_l^\dagger T_l \hat{C}_{l+1} + \hat{C}_{l+1}^\dagger T_l^\dagger \hat{C}_l \right) \tag{7.330}$$

注意以上的表述由于系数 $U_l$ 或 $T_l$ 变成了系数矩阵，所以其位置不能如式 (7.254) 那样随便放置到算符前面，此时晶胞算符 $\hat{C}_l$ 实际上是包含了晶格 A 和 B 的两分量算符，即**矢量算符**：$\hat{C}_l^\dagger \equiv (\hat{c}_{l,A}^\dagger, \hat{c}_{l,B}^\dagger)$。将式 (7.329) 代入哈密顿量式 (7.330) 中，

就得到动量空间中对角化的哈密顿量形式 (见习题 7.24):

$$\hat{\mathcal{H}}_{\mathrm{ssh}}(K) = \sum_K \hat{C}_K^\dagger H(K) \hat{C}_K \tag{7.331}$$

其中, $H(K)$ 是在动量空间上定义的晶胞的二阶能量哈密顿矩阵, 通常称为**哈密顿量的核** (kernel of the Hamiltonian):

$$H(K) = U + Te^{iKc} + T^\dagger e^{-iKc}$$

代入相互作用系数矩阵式 (7.328) 并令紧束缚参数 $t_j = |t_j|e^{i\theta_j}, j = 1, 2, \mathrm{A}, \mathrm{B}$, 则二阶能量哈密顿矩阵具体可写为

$$H(K) = \begin{bmatrix} t_\mathrm{A}e^{iKc} + t_\mathrm{A}^*e^{-iKc} & t_1 + t_2^*e^{-iKc} \\ t_1^* + t_2e^{iKc} & t_\mathrm{B}e^{iKc} + t_\mathrm{B}^*e^{-iKc} \end{bmatrix}$$
$$= \begin{bmatrix} 2|t_\mathrm{A}|\cos(Kc+\theta_\mathrm{A}) & |t_1|e^{i\theta_1} + |t_2|e^{-i(Kc+\theta_2)} \\ |t_1|e^{-i\theta_1} + |t_2|e^{i(Kc+\theta_2)} & 2|t_\mathrm{B}|\cos(Kc+\theta_\mathrm{B}) \end{bmatrix} \tag{7.332}$$

通常为了方便, 可以用泡利矩阵 $\boldsymbol{\sigma} = (\sigma_x, \sigma_y, \sigma_z)$ 对以上的二维子空间矩阵 (7.332) 进行一般的表示 (设 $I$ 为二阶单位矩阵):

$$H(K) = \boldsymbol{h} \cdot \boldsymbol{\sigma} = h_0 I + h_x\sigma_x + h_y\sigma_y + h_z\sigma_z = \begin{bmatrix} h_0 + h_z & h_x - ih_y \\ h_x + ih_y & h_0 - h_z \end{bmatrix} \tag{7.333}$$

此处矢量函数 $\boldsymbol{h}(K)$ 的各个分量为

$$h_0(K) = |t_\mathrm{A}|\cos(Kc+\theta_\mathrm{A}) + |t_\mathrm{B}|\cos(Kc+\theta_\mathrm{B})$$
$$h_x(K) = |t_1|\cos\theta_1 + |t_2|\cos(Kc+\theta_2)$$
$$h_y(K) = -|t_1|\sin\theta_1 + |t_2|\sin(Kc+\theta_2)$$
$$h_z(K) = |t_\mathrm{A}|\cos(Kc+\theta_\mathrm{A}) - |t_\mathrm{B}|\cos(Kc+\theta_\mathrm{B})$$

对体系二维子空间的能量矩阵 $H(K)$ 进行对角化, 可以得到系统两条能带的色散关系如下:

$$E_\pm(K) = h_0(K) \pm \sqrt{h_x^2 + h_y^2 + h_z^2} = h_0(K) \pm |\boldsymbol{h}(K)|$$

传统的 SSH 模型通常不考虑次近邻相互作用, 即 $t_\mathrm{A} = t_\mathrm{B} = 0$, 此时体系的哈密顿量简化为

$$H_0(K) = h_x\sigma_x + h_y\sigma_y = \begin{bmatrix} 0 & h_x - ih_y \\ h_x + ih_y & 0 \end{bmatrix} \equiv \begin{bmatrix} 0 & z^* \\ z & 0 \end{bmatrix} \tag{7.334}$$

其中，**复函数** $z$ 定义为 $z \equiv h_x + ih_y$。此时式 (7.334) 对应的能带色散关系变为

$$E_\pm(K) = \pm\sqrt{t_1^2 + t_2^2 + 2t_1 t_2 \cos(Kc + \theta_1 + \theta_2)} \qquad (7.335)$$

其中，为了方便将参数的绝对值去掉：$|t_1| \to t_1 > 0, |t_2| \to t_2 > 0$。

传统 SSH 二聚体模型的色散关系式 (7.335) 在不同参数下的能带结构如图 7.36 所示，其能带结构有如下特点：① 当链间跃迁系数 $t_1 = 0$ 或 $t_2 = 0$ 时，系统的能量不随波矢而改变：$E(K) = \pm t_{1,2}$，也就是能量只由不等于零的转移系数决定，此时一维链已经断裂成多个分立的全同二聚体子系统；② 当 $t_1 \neq t_2$ 时，体系两条能带的色散关系具有**能隙**（两条能带之间的最小能量间隔）：$\Delta = 2|t_1 - t_2|$。此种情况下由于下部价带和上部导带之间存在能隙，体系呈现绝缘体的特征，能隙 $\Delta$ 的大小决定于体系近邻相互作用的非对称性；③当链间相互作用对称时：$t_1 = t_2$，体系价带和导带之间不存在能隙，则体系表现出金属的特征。显然在一般情况下（存在环境噪声涨落和系统杂质缺陷等因素），完全对称情况的出现是非常偶然的，所以 SSH 模型所描写的体系整体一般是绝缘体，但当体系存在能隙时，会出现一种特殊的局域态（边界态），该态可以连接导带和价带产生金属性质。这种材料整体是绝缘体，但在特殊边界态出现的情况下系统会呈现金属特性。边界态的出现不是偶然的，它是被系统的拓扑性质所决定和保护的，所以这种材料一般被称为**拓扑绝缘体**。

### 2. 系统的拓扑性质：欧拉示性数

为了说清楚 SSH 模型所描写的绝缘体在除偶然简并 $t_1 = t_2$ 情况外所产生的金属特征和系统的拓扑性质及边界态的关系，先简单考察一下拓扑绝缘体的**拓扑性质**。对于具有一定晶格结构的系统，根据布洛赫定理，系统波函数具有布洛赫函数的形式：$\Psi_n(\boldsymbol{r}) = e^{i\boldsymbol{K}\cdot\boldsymbol{r}} u_n(\boldsymbol{r})$，其中晶格周期函数 $u_n(\boldsymbol{r})$ 满足方程 (7.211)，其在 $K$ 空间可写为 $u_n(\boldsymbol{K})$，对应的能级为 $E_n(\boldsymbol{K})$，也是 $K$ 空间的周期函数。所以选取 $K$ 空间的布里渊区 $\mathcal{B}$ 之后，$\mathcal{B}$ 可以看成波函数 $u_n(\boldsymbol{K})$ 定义的**底空间**。对 $K$ 空间周期的布里渊区而言，一维底空间是一个圆环，二维底空间是一个环面，三维底空间是一个超曲面。在这个波矢底空间中，可以定义如式 (6.80) 或式 (6.138) 形式的晶格波函数的联络矢量场 [99]：

$$\boldsymbol{A}^{(n)}(\boldsymbol{K}) \equiv i\langle u_n(\boldsymbol{K})|\nabla_K|u_n(\boldsymbol{K})\rangle \qquad (7.336)$$

其分量函数形式为

$$A_\mu^{(n)}(\boldsymbol{K}) \equiv i\langle u_n(\boldsymbol{K})|\frac{\partial}{\partial K_\mu}|u_n(\boldsymbol{K})\rangle = i\langle u_n(\boldsymbol{K})|\frac{\partial u_n(\boldsymbol{K})}{\partial K_\mu}\rangle$$

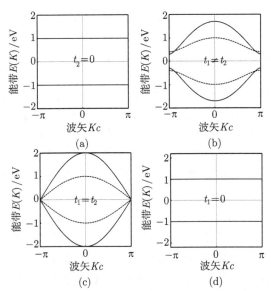

图 7.36    SSH 模型不同参数下的能带结构示意图

(a) $t_1 = 1, t_2 = 0$；(b) $t_1 = 1, t_2 = 0.7$(实线) 和 $t_1 = 0.3, t_2 = 0.7$(虚线)；(c)
$t_1 = 1, t_2 = 1$(实线) 和 $t_1 = 0.5, t_2 = 0.5$(虚线)；(d) $t_1 = 0, t_2 = 1$。参数的辐角取
$$\theta_1 = \theta_2 = 0$$

其中，$n$ 为能带指标；$\mu$ 为波矢 $\boldsymbol{K}$ 的独立分量指标，如 $\mu = x, y, z$。所以在这样的一个矢量场上，就可以定义如下贝里曲率：

$$B_{\mu\nu}\left(\boldsymbol{K}\right) = \frac{\partial A_\nu\left(\boldsymbol{K}\right)}{\partial K_\mu} - \frac{\partial A_\mu\left(\boldsymbol{K}\right)}{\partial K_\nu}$$

$$= \mathrm{i}\left[\left\langle\frac{\partial u_n\left(\boldsymbol{K}\right)}{\partial K_\mu}\bigg|\frac{\partial u_n\left(\boldsymbol{K}\right)}{\partial K_\nu}\right\rangle - \left\langle\frac{\partial u_n\left(\boldsymbol{K}\right)}{\partial K_\nu}\bigg|\frac{\partial u_n\left(\boldsymbol{K}\right)}{\partial K_\mu}\right\rangle\right]$$

其中，为了方便省略了贝里曲率的能带指标 $n$。对于波函数密度分布曲面的曲率而言，一个重要的拓扑不变量就是贝里曲率在布里渊区底空间上的积分 (注意高维 $K$ 空间上的积分使用爱因斯坦求和约定，见附录 G 中的式 (G.24))：

$$\chi = \frac{1}{2\pi}\iint_\mathcal{B}\frac{1}{2}B_{\mu\nu}\left(\boldsymbol{K}\right)\mathrm{d}K_\mu \wedge \mathrm{d}K_\nu \tag{7.337}$$

式 (7.337) 的积分 $\chi$ 对应于微分几何中曲面的**欧拉示性数**，它是一个曲面几何性质的拓扑不变量。例如，一个半径为 $R$ 的球面的**高斯曲率**为 $G = 1/R^2$，如果沿球面对高斯曲率进行积分有

$$\chi = \frac{1}{2\pi}\int G\mathrm{d}S = \frac{1}{2\pi}\int\frac{1}{R^2}\mathrm{d}S = 2$$

以上的积分 $\chi = 2$ 就是球面的欧拉示性数，它就是一个**拓扑不变量**。拓扑不变量就是几何体在连续形变下保持不变的性质，从这个意义上讲球面和 (凸) 多面体就是拓扑等价的，无论球面连续变形成什么样的多面体，其欧拉示性数保持 2 不变。显然根据前面对贝里相位式 (6.142) 的讨论，式 (7.337) 所定义的积分其实就是纤维丛空间的欧拉示性数，即**陈数** (Chern number)，它是纤维丛空间上函数曲面的拓扑不变量。

下面回到 SSH 模型上，考察该模型的拓扑性质及欧拉示性数。对于一维 SSH 模型其参数空间 $K$ 是一维的，所以其一维布里渊区所代表的参数底空间为一个圆环 $S^1$(圆环的欧拉示性数是 0)，在其上定义的波函数构成的局域等价于圆柱面的**纤维丛**。利用 $K$ 空间传统 SSH 模型的哈密顿量式 (7.334) 和本征值式 (7.335)，体系晶格波函数 $u(K)$ 的本征方程为

$$H_0(K)u_\pm(K) = E_\pm(K)u_\pm(K)$$

显然其归一化的两个解为

$$u_\pm(K) = \frac{1}{\sqrt{2}}\begin{pmatrix} \pm\frac{z^*}{|z|} \\ 1 \end{pmatrix} = \frac{1}{\sqrt{2}}\begin{pmatrix} \pm e^{-i\phi(K)} \\ 1 \end{pmatrix} \tag{7.338}$$

其中，$z$ 的复角定义为 $\tan\phi \equiv h_y/h_x$。此种情况下积分式 (7.337) 直接变成对贝里联络式 (7.336) 的曲线积分。为了了解清楚此处讨论的拓扑不变量 $\chi$ 和前面讲的贝里相位 $\gamma$ 的关系，首先计算函数的**贝里联络** (见习题 7.25)：

$$A(K) = i\langle u_\pm(K)|\frac{d}{dK}|u_\pm(K)\rangle = \frac{1}{2}\frac{h_x\frac{dh_y}{dK} - h_y\frac{dh_x}{dK}}{h_x^2 + h_y^2} \tag{7.339}$$

根据贝里相位式 (6.78) 的定义，自然有

$$\gamma = \oint_C A(K)dK = \frac{1}{2}\oint_C \frac{h_x dh_y - h_y dh_x}{h_x^2 + h_y^2} \tag{7.340}$$

其中，$C$ 为布里渊区上的一条封闭曲线。显然式 (7.340) 给出的贝里相位积分和如下的积分有密切关系：

$$w(C,0) = \frac{1}{2\pi i}\oint_C \frac{dz}{z} = \frac{1}{2\pi}\oint_C \frac{h_x dh_y - h_y dh_x}{h_x^2 + h_y^2} \tag{7.341}$$

式 (7.341) 所定义的积分 $w(C,0)$ 通常被称为**绕数** (winding number)，表示沿复平面上封闭曲线 $C$ 走一圈复函数 $z(k) = h_x(k) + ih_y(k)$ 绕 $z = 0$ 点旋转的圈

数[96]。绕数规定顺时针方向为负，逆时针方向为正。显然绕数 $w$ 和贝里相位 $\gamma$ 及式 (7.337) 所示的欧拉示性数 $\chi$ 之间的关系为 (注意采用本书所使用的定义)

$$\chi = \frac{\gamma}{2\pi} = \frac{w}{2}$$

从上面的关系可以看出绕数 $w$ 和贝里相位 $\gamma$ 都是系统等价的拓扑不变量，所以对一维模型，一般将绕数作为系统拓扑不变量的代表。

对于传统 SSH 模型，代入 $h_x$ 和 $h_y$ 就可以计算在不同相互作用参数下的绕数：

$$w = \frac{1}{\pi} \int_{-\pi}^{\pi} \frac{t_2^2 + t_1 t_2 \cos(k + \theta)}{t_1^2 + t_2^2 + 2t_1 t_2 \cos(k + \theta)} \mathrm{d}k \tag{7.342}$$

其中，$k \equiv Kc$；$\theta = \theta_1 + \theta_2$。图 7.37(a)~(d) 展示的是 $t_1 = 0.5$ 时参数 $t_2$ 从 0 不断增加时复参数 $z = h_x + \mathrm{i}h_y$ 的实部 $h_x(k)$ 和虚部 $h_y(k)$ 在参数 $k$ 改变一个周期 (如从 $-\pi$ 到 $\pi$) 时所形成的参数曲线，箭头指向表示参数 $k$ 增加时曲线的环绕方向。此处的参数曲线为一个圆，半径为 $t_2$，圆心到中心 $z = 0$(图中用小圆圈表示) 的距离为 $t_1$。积分式 (7.342) 所给出的绕数由 $t_1$ 和 $t_2$ 的相对值来决定，显然在简并情况下 $t_1 = t_2$ 时 (见图 7.37(c)，此时圆环穿过原点)，由式 (7.342) 算出的绕数 $w = 1$ (绕数积分式 (7.342) 可利用复数的留数定理来计算，此处略)。当 $t_2 < t_1$ 时绕数 $w = 0$(如图 7.37(a)、(b) 所示，原点在圆环外部)。当 $t_2 > t_1$ 时，绕数 $w = 1$(如图 7.37(d) 所示，原点在圆环内部)。所以在二聚体间相互作用参数 $t_2$ 从 0 不断增加，当它等于二聚体内部相互作用参数 $t_1$ 时，根据绕数的物理意义，系统发生了拓扑相变，此时图 7.37(c) 中的参数曲线开始包围原点，绕数从 0 变为 1。

体系波函数 $u_\pm(k)$ 发生的这种拓扑相变在底空间布里渊区上预示着波函数贝里相位 $\gamma = w\pi$ 的改变：波函数 $u_\pm(k)$ 绕布里渊区旋转一周其相位 $-\phi(k)$ 回到初始值的情况转变为绕布里渊区旋转两周才能回到初始值，变化如图 7.37(e) 和 (f) 所示。显然从纤维丛的角度来看，$t_2/t_1 < 1$ 时波矢量变化形成一个普通的简单柱面，如图 7.37(e) 所示，当 $t_2/t_1 \geqslant 1$ 时则形成了一个**默比乌斯**面，如图 7.37(f) 所示，这种波函数的转变预示着其能量从价带可以连续地到达导带，此时系统的最大特征是出现了有全局贡献的特殊态和相应的从价带到导带的色散曲线。但从图 7.36(b) 中的能带色散关系却看不到这一点，在 $t_2/t_1 < 1$(实线) 或者 $t_2/t_1 > 1$(虚线) 时体系都存在能隙，图中导带和价带的色散曲线在底空间上是各自独立分离的，并没有出现从价带到导带的色散曲线，只有在图 7.36(c) 中 $t_2/t_1 = 1$ 时才能看到价带和导带连接在一起 (不存在能隙)。然而对实际的**有限系统**而言，体系态的拓扑性质保证了当 $t_1 \neq t_2$ 且价带和导带有能隙时依然存在连接价带和导带的色散曲线和与之对应的特殊态：边界态，而且边界态的色散曲线是受系统拓

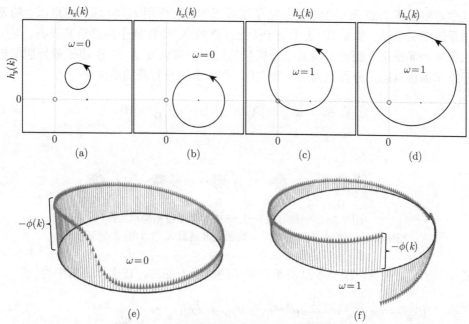

图 7.37　SSH 模型的绕数和拓扑相变的示意图

(a) $t_2 = 0$，$\theta = 0$(黑点) 和 $t_2 = 0.2$，$\theta = -\pi/4$(黑实线) 的参数曲线；(b) $t_2 = 0.3$，$\theta = 0$ 的参数曲线；(c) $t_2 = 0.5$，$\theta = -\pi/4$ 的参数曲线；(d) $t_2 = 0.7$，$\theta = -\pi/4$ 的参数曲线；(e) 绕数 $w = 0$ 时体系波函数 $u_\pm(k)$ 在底空间 (黑色圆环) 上绕布里渊区转一圈后相位不变 (箭头长度代表相位 $\phi(k)$ 的大小)；(f) 绕数 $\omega = 1$ 时体系波函数绕布里渊区转一圈后相位改变 $\pi$

扑性质保护而稳定存在的 (不会因为环境噪声和缺陷涨落而发生改变或消失)，下面就来详细讨论这个和拓扑性质有关的边界态及其在能隙中引入的色散关系。

### 3. 拓扑边界态

由于边界态只有在**有限系统**中才对系统的行为产生重要的影响，所以在式 (7.335) 所表达的色散关系中根本看不到 $t_1 \neq t_2$ 时连接价带和导带的色散曲线 (参照图 7.36 所示)，这是因为色散关系式 (7.335) 是在系统的原胞 (格点) 数 $M \to \infty$ 时给出的结果 (见习题 7.17 中的正交条件式 (7.363)，其在 $M \to \infty$ 时才严格成立)。所以对实际的有限系统，只能通过求解坐标空间哈密顿矩阵式 (7.326) 的本征值来确定边界态的能级结构。

对于如图 7.38所示的一维有限开链 SSH 模型的晶格结构，为了更清楚地在特定的基矢上计算边界态，采用 SSH 模型哈密顿量式 (7.325) 的如下形式：

$$\hat{H}_{\text{ssh}} = \sum_{l=1}^{M} \left( t_1 \left| l, \text{A} \right\rangle \left\langle l, \text{B} \right| + \text{H.c.} \right) + \sum_{l=1}^{M-1} \left( t_2 \left| l, \text{B} \right\rangle \left\langle l+1, \text{A} \right| + \text{H.c.} \right) \qquad (7.343)$$

其中，根据图 7.35 所示的模型忽略了次近邻的相互作用 $t_A$ 和 $t_B$。注意以上哈密顿量的基矢 $|l, A\rangle$ 和 $|l, B\rangle$ 表示处于 $l$ 处晶胞内 A 或 B 原子的晶格基矢态。对于二聚体的晶格态，根据前面紧束缚模型的讨论，可以取 A 和 B 原子最外层单电子态作为格点态，分别记为 $|A\rangle$ 和 $|B\rangle$，则哈密顿量算符的基矢可写为

$$|l, A\rangle = |l\rangle_A \otimes |A\rangle, \quad |l, B\rangle = |l\rangle_B \otimes |B\rangle \tag{7.344}$$

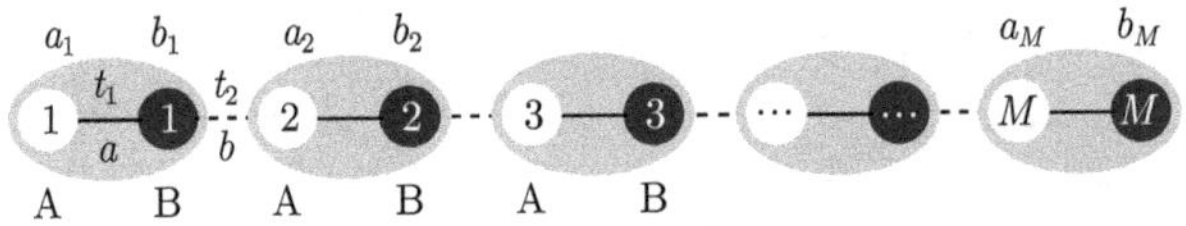

图 7.38    一维有限开链 SSH 模型晶格结构示意图

图中所标注的 $a_1, b_1, a_2, b_2, \cdots$ 为系统波函数式 (7.346) 的展开系数

其中，$|l\rangle_{A,B}$ 为 A、B 原子晶格平移算子的位置本征态，在坐标表象中为

$$|l\rangle_A \to \langle x\,|l\rangle_A = \frac{1}{\sqrt{M}}e^{ik_A x_l^A}, \quad |l\rangle_B \to \langle x\,|l\rangle_B = \frac{1}{\sqrt{M}}e^{ik_B x_l^B} \tag{7.345}$$

其中，$x_l^A$ 和 $x_l^B$ 分别为子晶格格点 A 和格点 B 的坐标；$k_A$ 和 $k_B$ 分别为对应子晶格的晶格波矢。对于哈密顿量式 (7.343)，需要求解有限系统的矩阵定态薛定谔方程：$\hat{H}_{ssh}|\Psi\rangle = E|\Psi\rangle$。例如，体系的原胞数 $M = 3$ 时**开放链**的一维 SSH 模型定态薛定谔方程的矩阵形式为

$$
\begin{bmatrix}
0 & t_1 & & & & \\
t_1^* & 0 & t_2 & & 0 & \\
& t_2^* & 0 & t_1 & & \\
& & t_1^* & 0 & t_2 & \\
0 & & & t_2^* & 0 & t_1 \\
& & & & t_1^* & 0
\end{bmatrix}
\begin{bmatrix}
a_1 e^{ik_A x_1^A} \\
b_1 e^{ik_B x_1^B} \\
a_2 e^{ik_A x_2^A} \\
b_2 e^{ik_B x_2^B} \\
a_3 e^{ik_A x_2^A} \\
b_3 e^{ik_B x_2^B}
\end{bmatrix}
= E
\begin{bmatrix}
a_1 e^{ik_A x_1^A} \\
b_1 e^{ik_B x_1^B} \\
a_2 e^{ik_A x_2^A} \\
b_2 e^{ik_B x_2^B} \\
a_3 e^{ik_A x_2^A} \\
b_3 e^{ik_B x_2^B}
\end{bmatrix}
$$

其中，波函数在坐标表象中的展开形式为

$$\Psi(x) = \langle x\,|\Psi\rangle = \frac{1}{\sqrt{M}}\sum_{l=1}^{M}\left[a_l e^{ik_A x_l^A}|A\rangle + b_l e^{ik_B x_l^B}|B\rangle\right] \tag{7.346}$$

图 7.39 计算了原胞数 $M = 20$ 时一维**开链**系统的能级及其对应的边界态随作用参数 $t_2/t_1$ 的变化。图 7.39(a) 给出了系统能级色散关系随 $t_2/t_1$ 的变化情况，图中的实线与式 (7.335) 给出的解析结果重合，带圆圈的线是求解有限系统哈密顿量给出的能级结果。显然计算中在 $t_2/t_1 = 1$ 之后系统出现了一条能量为零的

线 (如图中的圆圈所示), 而无限系统严格解式 (7.335) 只给出 $t_2 = t_1$ 处一个能量零点, 有限系统这条能量为零的线就是有限系统边界态出现的标志。图 7.39(b) 数值计算了 $t_2/t_1 = 2$ 时的能量本征值, 图中的两个插图分别给出了两种能量本征值所对应波函数 (列向量) 系数的强度分布图: $|a_l|^2$、$|b_l|^2$, 其中右下角为本征值为零的态 (**零模态**) 所对应的概率分布。从图中可以看出, 零模态集中分布在左右两个边界处, 是处于边界的局域态, 可称为**零模边界态**。为了更好地计算边界态, 可将边界态展开为基矢态 $|l, \text{A}\rangle$ 和 $|l, \text{B}\rangle$ 的叠加:

$$|\Psi_{\text{e}}\rangle = \sum_{l=1}^{M} (a_l |l, \text{A}\rangle + b_l |l, \text{B}\rangle) \tag{7.347}$$

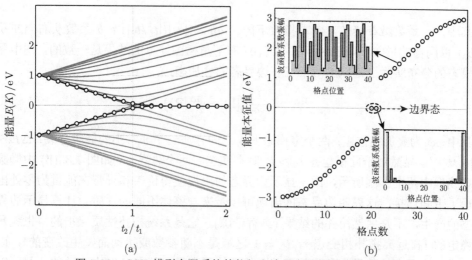

(a)  (b)

图 7.39　SSH 模型有限系统的能级和边界态随作用参数的变化
(a) 系统能级随参数比值 $t_2/t_1$ 的变化情况, 实线为无限系统色散关系式 (7.335) 给出的结果, 带圆圈的线为求解有限哈密顿矩阵式 (7.326)($M = 20$ 开链) 的带间能级结果; (b) $t_2/t_1 = 2$ 时系统的能级及中间态、边界态的分布

其满足本征值为零的定态方程:

$$\hat{H}_{\text{ssh}} |\Psi_{\text{e}}\rangle = \hat{H}_{\text{ssh}} \sum_{l=1}^{M} (a_l |l, \text{A}\rangle + b_l |l, \text{B}\rangle) = 0 \tag{7.348}$$

由式 (7.348) 可以得到如下系数的递推方程:

$$t_1^* a_l + t_2 a_{l+1} = 0, \quad t_2^* b_l + t_1 b_{l+1} = 0 \tag{7.349}$$

由于系统是开链有限的, 所以有边界条件 $b_1 = a_M = 0$, 那么式 (7.349) 给出的递推关系可以得到如下结果:

$$a_{l+1} = -\frac{t_1^*}{t_2} a_l \Rightarrow a_l = \left(-\frac{t_1^*}{t_2}\right)^{l-1} a_1$$

$$b_l = -\frac{t_1}{t_2^*} b_{l+1} \Rightarrow b_l = \left(-\frac{t_1}{t_2^*}\right)^{M-l} b_M$$

从上面的系数递推关系可以看到当 $M \to \infty$ 时 (热力学极限)，体系在 $|t_1/t_2| < 1$ 时显然有 $\lim_{M\to\infty} a_M = 0$ 和 $b_1 = 0$，所以在链的左端态只有 $a$ 系数而无 $b$ 系数；同理在链的右端可以得到 $a_M = 0$ 但 $b_M$ 最大，所以右端态只有 $b$ 系数而没有 $a$ 系数，这样左右两端的边界态可分别写为

$$|\mathrm{L}\rangle = \sum_{l=1}^{M} a_l \, |l, \mathrm{A}\rangle \,, \quad |\mathrm{R}\rangle = \sum_{l=1}^{M} b_l \, |l, \mathrm{B}\rangle$$

其中，$a$ 系数沿着链从左向右指数下降：$|a_l| \sim |a_1|(|t_1/t_2|)^l$；$b$ 系数从右向左从 $b_M$ 以同样的指数下降，这和图 7.39(b) 右下角插图计算的结果是一致的，图中零模态的分布实际上是以上两个左右边界态的叠加态：

$$|\pm\rangle = \frac{1}{\sqrt{2}} \left(|\mathrm{L}\rangle \pm \mathrm{e}^{\mathrm{i}\phi} \, |\mathrm{R}\rangle\right)$$

其中，$\phi$ 为叠加相位差；两个零模态 $|\pm\rangle$ 之间存在一个非常小的能级分裂：$\Delta E \sim |t_1/t_2|^M$。显然对于此模型在 $t_2 > t_1$ 时存在左右两个边界态，如图 7.39(b) 中椭圆虚线框中两个圆圈所示，图中显示边界态的出现使得价带和导带在能量为零处出现了带间连接，这表明边界态的出现可以带来与整体不同的性质。计算显示边界态的产生，不是偶然简并的结果 (具有带隙)，它是系统拓扑性质保护的，也就是稳定的 (在远离拓扑相变点 $t_1/t_2 = 1$ 区域是不随参数或扰动而发生改变的)，而且系统边界态的数目是和绕数相关联的拓扑不变量。从图 7.37中绕数的计算可以发现绕数从 0 到 1 的条件是 $t_2 > t_1$，这和边界态零模式出现的条件是一致的。为了了解清楚 SSH 模型中边界态和拓扑绕数的对应关系，定义如下子晶格的投影算子：

$$\hat{P}_{\mathrm{A}} = \sum_{l=1}^{M} \hat{c}_{l,\mathrm{A}}^{\dagger} \hat{c}_{l,\mathrm{A}} = \sum_{l=1}^{M} |l, \mathrm{A}\rangle \langle l, \mathrm{A}| \,, \quad \hat{P}_{\mathrm{B}} = \sum_{l=1}^{M} \hat{c}_{l,\mathrm{B}}^{\dagger} \hat{c}_{l,\mathrm{B}} = \sum_{l=1}^{M} |l, \mathrm{B}\rangle \langle l, \mathrm{B}|$$

容易证明以上的子晶格投影算子满足如下关系：

$$\hat{P}_{\mathrm{A}} \hat{H}_{\mathrm{ssh}} \hat{P}_{\mathrm{A}}^{\dagger} = \hat{P}_{\mathrm{B}} \hat{H}_{\mathrm{ssh}} \hat{P}_{\mathrm{B}}^{\dagger} = 0 \qquad (7.350)$$

从而存在如下的厄米算符：

$$\hat{\Sigma}_z = \hat{P}_{\mathrm{A}} - \hat{P}_{\mathrm{B}}$$

根据子晶格投影算子的性质，算符 $\hat{\Sigma}_z$ 具有如下的性质：

$$\hat{\Sigma}_z \hat{H}_{\mathrm{ssh}} = -\hat{H}_{\mathrm{ssh}} \hat{\Sigma}_z \Rightarrow [\hat{\Sigma}_z, \hat{H}_{\mathrm{ssh}}]_+ \equiv \hat{\Sigma}_z \hat{H}_{\mathrm{ssh}} + \hat{H}_{\mathrm{ssh}} \hat{\Sigma}_z = 0$$

由此可见算符 $\hat{\Sigma}_z$ 和系统哈密顿量 $\hat{H}_{\mathrm{ssh}}$ 互为**反对易**，这和前面在表象中利用对易式 (3.28) 所表达的系统**对易对称性**有所不同，其表述了系统哈密顿量的另一种对称性，称为**手性对称** (chiral symmetry)。因此从更广义的角度可以引入系统的**手性对称算子**。所谓手性对称算子 $\hat{\Gamma}$，是一类与体系哈密顿量 $\hat{H}$ 反对易的算子：$\hat{\Gamma}\hat{H} = -\hat{H}\hat{\Gamma}$。它是一类特殊的厄米幺正算子：$\hat{\Gamma}^\dagger = \hat{\Gamma}$，$\hat{\Gamma}^\dagger \hat{\Gamma} = \hat{\Gamma}\hat{\Gamma}^\dagger = 1$。显然手性对称算子和交换算子或宇称算符类似，是平方单位矩阵：$\hat{\Gamma}^2 = 1$。但手性对称算子是反对易的，反对易会引出如下的**结论** (证明见习题 7.26)：

如果体系 $\hat{H}$ 存在本征值是 $E_n$ 的本征函数 $|\psi_n\rangle$，则其必然存在另一个本征能量是 $-E_n$ 的本征函数 $\hat{\Gamma}|\psi_n\rangle$，而且二者线性独立：$\langle \psi_n | \hat{\Gamma} | \psi_n \rangle = 0$。

对应于此处 SSH 二聚体模型的手性对称算子 $\hat{\Sigma}_z = \hat{\sigma}_z$，其满足 $\hat{\sigma}_z \hat{H}_{\mathrm{ssh}} \hat{\sigma}_z = -\hat{H}_{\mathrm{ssh}}$。因此，SSH 模型手性对称的性质不仅决定了图 7.39(b) 中能量本征值的正负对称性和边界态成对出现的计算结果，而且还可以证明具有手性对称的系统：$\hat{H}(k) = h_x(k)\sigma_x + h_y(k)\sigma_y$ (见习题 7.26)，其 $E_n(k) = 0$ 的态总是成对出现和消失，那么左边界态 $|\mathrm{L}\rangle$ 的个数 $N_\mathrm{A}$ 与右边界态的数目 $N_\mathrm{B}$ 相差 $N_\mathrm{A} - N_\mathrm{B}$ 则是不变的，它是和系统整体的绕数相关联的拓扑不变量。也就是当系统的参数 $t_1$ 和 $t_2$ 发生变化的时候，边界态总是成对出现，从而保护了左右边界态的净数目 $N_\mathrm{A} - N_\mathrm{B}$ 保持不变。只有在发生拓扑相变的时候，边界态的净数目才会发生改变，这显然是系统手性对称所保护的结果。

对于更高维如二维和三维的拓扑绝缘体，在此将不再继续讨论，拓扑绝缘体的边界态是固体系统中与材料整体拓扑性质有关的特殊量子态，对其基本概念的认识和理解已经成为现代量子力学的基础内容，更详尽的内容可以参考更为专业的书籍[93-96]。

# 习　　题

**7.1**　请证明自旋 $1/2$ 的粒子的自旋分量算符 $\hat{S}_x$ 和 $\hat{S}_y$ 在自旋表象 $\{\hat{\boldsymbol{S}}^2, \hat{S}_z\}$ 下的矩阵形式 (7.8)，并证明 $\hat{S}_x \chi_\pm = \dfrac{\hbar}{2}\chi_\mp$，$\hat{S}_y \chi_\pm = \pm\mathrm{i}\dfrac{\hbar}{2}\chi_\mp$。

**7.2**　请计算自旋分量算符 $\hat{S}_x$ 和 $\hat{S}_y$ 的本征态和本征值。

**7.3**　请计算 $s = 1$ 时粒子自旋算符的矩阵形式。提示：首先 $\hat{S}_z$ 为对角矩阵，对角元为 $\hbar, 0, -\hbar$，其次利用自旋角动量的上升下降算子公式 (7.3) 可以得到 $\hat{S}_\pm$，

最后求出 $\hat{S}_x$、$\hat{S}_y$、$\hat{S}_z$，结果如下 ($\hbar = 1$)：

$$
\hat{S}_x = \begin{pmatrix} 0 & \frac{1}{\sqrt{2}} & 0 \\ \frac{1}{\sqrt{2}} & 0 & \frac{1}{\sqrt{2}} \\ 0 & \frac{1}{\sqrt{2}} & 0 \end{pmatrix}, \hat{S}_y = \begin{pmatrix} 0 & -\frac{\mathrm{i}}{\sqrt{2}} & 0 \\ \frac{\mathrm{i}}{\sqrt{2}} & 0 & -\frac{\mathrm{i}}{\sqrt{2}} \\ 0 & \frac{\mathrm{i}}{\sqrt{2}} & 0 \end{pmatrix}, \hat{S}_z = \begin{pmatrix} 1 & 0 & 0 \\ 0 & 0 & 0 \\ 0 & 0 & -1 \end{pmatrix}
$$

　　7.4　证明电子自旋分量平均值的方程 (7.14)。提示：根据波函数解式 (7.13) 的矩阵形式有

$$
\left\langle \hat{S}_x \right\rangle = \chi^\dagger(t)\hat{S}_x\chi(t) = \left[ \cos\left(\frac{\alpha}{2}\right)\mathrm{e}^{-\frac{1}{2}\omega_0 t}, \ \sin\left(\frac{\alpha}{2}\right)\mathrm{e}^{\frac{1}{2}(\omega_0 t - \phi_0)} \right]
$$
$$
\times \frac{\hbar}{2}\begin{pmatrix} 0 & 1 \\ 1 & 0 \end{pmatrix}\begin{bmatrix} \cos\left(\frac{\alpha}{2}\right)\mathrm{e}^{\frac{1}{2}\omega_0 t} \\ \sin\left(\frac{\alpha}{2}\right)\mathrm{e}^{-\frac{1}{2}(\omega_0 t - \phi_0)} \end{bmatrix}
$$
$$
= \frac{\hbar}{2}\sin\alpha\cos(\omega_0 t - \phi_0)
$$

其中，$\omega_0 \equiv \gamma B_0$。同理可计算 $\langle \hat{S}_y \rangle$ 和 $\langle \hat{S}_z \rangle$。

　　7.5　请证明对角化哈密顿量式 (7.25)。提示：根据式 (7.24)，变换哈密顿量为

$$
\hat{H}_S(t) = h_x\mathrm{e}^{\mathrm{i}\frac{g_z}{2}\hat{\sigma}_z}\hat{\sigma}_x\mathrm{e}^{-\mathrm{i}\frac{g_z}{2}\hat{\sigma}_z} + h_y\mathrm{e}^{\mathrm{i}\frac{g_z}{2}\hat{\sigma}_z}\hat{\sigma}_y\mathrm{e}^{-\mathrm{i}\frac{g_z}{2}\hat{\sigma}_z} + \left(h_z - \hbar\frac{\dot{g}_z}{2}\right)\hat{\sigma}_z \qquad (7.351)
$$

其中，两个变换关系可利用第 6 章习题 6.18 给出的公式，具体如下：

$$
\mathrm{e}^{\mathrm{i}g_z(t)\frac{\hat{\sigma}_z}{2}}\frac{\hat{\sigma}_x}{2}\mathrm{e}^{-\mathrm{i}g_z(t)\frac{\hat{\sigma}_z}{2}} = \cos g_z\frac{\hat{\sigma}_x}{2} - \sin g_z\frac{\hat{\sigma}_y}{2}
$$
$$
\mathrm{e}^{\mathrm{i}g_z(t)\frac{\hat{\sigma}_z}{2}}\frac{\hat{\sigma}_y}{2}\mathrm{e}^{-\mathrm{i}g_z(t)\frac{\hat{\sigma}_z}{2}} = \cos g_z\frac{\hat{\sigma}_y}{2} + \sin g_z\frac{\hat{\sigma}_x}{2}
$$

将以上变换公式代入式 (7.351) 中有

$$
\hat{H}_S(t) = (h_x\cos g_z + h_y\sin g_z)\hat{\sigma}_x + (h_z - \hbar\dot{g}_z)\hat{\sigma}_z
$$
$$
+ (h_y\cos g_z - h_x\sin g_z)\hat{\sigma}_y
$$

显然要使得上面得到的哈密顿量 $\hat{H}_S(t)$ 获得化简，可以令 $g_z(t) = \phi(t)$，这样代入 $h_x$、$h_y$、$h_z$ 函数，就有

$$
\hat{H}_S(t) = \frac{\hbar}{2}(\omega_0\sin\theta)\hat{\sigma}_x + \frac{\hbar}{2}\left(\omega_0\cos\theta - \dot{\phi}\right)\hat{\sigma}_z
$$

7.6　请证明电子自旋态 $|\chi_\pm\rangle$ 的贝里曲率式 (7.34)。提示：对于在球坐标 $(r,\theta,\phi)$ 下的任意矢量：$\boldsymbol{A} = A_r \boldsymbol{e}_r + A_\theta \boldsymbol{e}_\theta + A_\phi \boldsymbol{e}_\phi$。利用球坐标下的旋度公式，矢量 $\boldsymbol{A}$ 的旋度可以写为

$$\nabla \times \boldsymbol{A} = \frac{1}{r^2 \sin\theta} \begin{vmatrix} \boldsymbol{e}_r & r\boldsymbol{e}_\theta & r\sin\theta \boldsymbol{e}_\phi \\ \dfrac{\partial}{\partial r} & \dfrac{\partial}{\partial \theta} & \dfrac{\partial}{\partial \phi} \\ A_r & rA_\theta & r\sin\theta A_\phi \end{vmatrix}$$

代入贝里联络矢量 $\boldsymbol{A}_\pm = \mp \dfrac{1-\cos\theta}{2r\sin\theta}\boldsymbol{e}_\phi$，即可得到式 (7.34)：

$$\boldsymbol{B}^\pm = \nabla \times \boldsymbol{A}^\pm = \mp \frac{1}{2r^2}\boldsymbol{e}_r = \mp \frac{1}{2E_0^2}\boldsymbol{e}_r$$

其中，需要注意的是径向方向时 $r = E_0$。

7.7　请证明两个粒子自旋算符的乘积 $\hat{\boldsymbol{S}}_1 \cdot \hat{\boldsymbol{S}}_2$ 作用到直积态式 (7.36) 上的结果。提示：应用习题 7.1 的结论，可以证明：

$$\left(\hat{\boldsymbol{S}}_1 \cdot \hat{\boldsymbol{S}}_2\right)|\uparrow\uparrow\rangle = \frac{\hbar^2}{4}|\uparrow\uparrow\rangle$$

$$\left(\hat{\boldsymbol{S}}_1 \cdot \hat{\boldsymbol{S}}_2\right)|\downarrow\downarrow\rangle = \frac{\hbar^2}{4}|\downarrow\downarrow\rangle$$

$$\left(\hat{\boldsymbol{S}}_1 \cdot \hat{\boldsymbol{S}}_2\right)|\uparrow\downarrow\rangle = \frac{\hbar^2}{4}\left(2|\downarrow\uparrow\rangle - |\uparrow\downarrow\rangle\right)$$

$$\left(\hat{\boldsymbol{S}}_1 \cdot \hat{\boldsymbol{S}}_2\right)|\downarrow\uparrow\rangle = \frac{\hbar^2}{4}\left(2|\uparrow\downarrow\rangle - |\downarrow\uparrow\rangle\right)$$

7.8　请证明**克拉莫斯** (Kramers) 关系，并计算库仑势在类氢原子态 $|\psi_{n,l,m_l}\rangle$ 上的平均值。提示：首先在类氢原子态上计算 $r$ 的任意函数 $f(r)$ 的平均值为

$$\langle f(r) \rangle = \int_0^{+\infty} R_{nl}^2(r) f(r) r^2 \mathrm{d}r = \int_0^{+\infty} u^2(r) f(r) \mathrm{d}r$$

要计算如上任意 $r$ 函数的平均值，只要求出 $r$ 的任意幂次 $r^s$ 的平均值即可。所以利用类氢原子的径向方程 (4.64) 并代入量子化条件式 (4.71)：$\rho_0 = 2n, \rho = kr = Zr/na_0$，类氢原子的径向方程变为

$$\frac{\mathrm{d}^2 u}{\mathrm{d}r^2} \equiv u'' = \left[\frac{Z^2}{a_0^2 n^2} - \frac{2Z}{a_0 r} + \frac{l(l+1)}{r^2}\right] u \tag{7.352}$$

对方程 (7.352) 两边乘以 $u$ 再求 $r$ 的任意 $s$ 幂次 $r^s$ 的平均值，有

$$\int_0^{+\infty} u r^s u'' \mathrm{d}r = \frac{Z^2}{a_0^2 n^2}\langle r^s \rangle - \frac{2Z}{a_0}\langle r^{s-1}\rangle + l(l+1)\langle r^{s-2}\rangle \tag{7.353}$$

下面主要求方程 (7.353) 左边的积分。利用分部积分公式：

$$\int_0^{+\infty} w\mathrm{d}v = [wv]_0^\infty - \int_0^{+\infty} v\mathrm{d}w$$

其中，可以令 $w = ur^s$，$\mathrm{d}v = u''\mathrm{d}r$，那么就有 $[wv]_0^\infty = [ur^s u']_0^\infty = 0$(因为 $u(0) = 0$ 和 $u(\infty) = 0$)，所以就有

$$\int_0^{+\infty} u r^s u'' \mathrm{d}r = -\int_0^{+\infty} u' \mathrm{d}(ur^s) = \underbrace{-\int_0^{+\infty} u' r^s u' \mathrm{d}r}_{I_1} \underbrace{- s\int_0^{+\infty} u' r^{s-1} u \mathrm{d}r}_{I_2}$$

先算以上积分式第二个等号右边的第一个积分 $I_1$。同理继续分部积分，此时令 $w = (u')^2$，$\mathrm{d}v = r^s\mathrm{d}r$，则第一个积分可化为

$$I_1 = \int_0^{+\infty} (u')^2 r^s \mathrm{d}r = -\frac{2}{s+1}\int_0^{+\infty} u' r^{s+1} u'' \mathrm{d}r$$

显然上面的积分可以代入 $u''$ 即式 (7.352)，则积分变为

$$\int_0^{+\infty} u' r^{s+1} u'' \mathrm{d}r = \int_0^{+\infty} u' r^{s+1}\left[\frac{Z^2}{a_0^2 n^2} - \frac{2Z}{a_0 r} + \frac{l(l+1)}{r^2}\right] u\mathrm{d}r$$

$$= \frac{Z^2}{a_0^2 n^2}\int_0^{+\infty} u' r^{s+1} u\mathrm{d}r - \frac{2Z}{a_0}\int_0^{+\infty} u' r^s u\mathrm{d}r + l(l+1)\int_0^{+\infty} u' r^{s-1} u\mathrm{d}r$$

上面的积分涉及第二个积分 $I_2$ 的计算。对于第二个积分 $I_2$，令 $w = ur^{s-1}$，$\mathrm{d}v = u'\mathrm{d}r$，则

$$I_2 = \int_0^{+\infty} u r^{s-1} u' \mathrm{d}r = -\int_0^{+\infty} u r^{s-1} u' \mathrm{d}r - (s-1)\langle r^{s-2}\rangle$$

上式第二个等号右边的第一项依然等于 $I_2$，那么第二个积分为

$$I_2 = -\frac{s-1}{2}\langle r^{s-2}\rangle \tag{7.354}$$

最后将 $I_1$(通过式 (7.354) 计算) 和 $I_2$ 代入式 (7.353)，进行整理即可得到著名的 **克拉莫斯关系**：

$$\frac{s+1}{n^2}\langle r^s \rangle - (2s+1)a\langle r^{s-1}\rangle + \frac{s}{4}\left[(2l+1)^2 - s^2\right]a^2\langle r^{s-2}\rangle = 0 \tag{7.355}$$

其中，核电荷数为 $Z$ 的类氢原子的玻尔半径 $a$ 定义为 $a = a_0/Z$。

下面计算相对论修正中用到的库仑势及其平方的平均值。计算库仑势的平均值相当于计算 $1/r$ 的平均值 $\langle 1/r \rangle$，所以可以令 $s = 0$，利用克拉莫斯关系有

$$\frac{1}{n^2} - a\langle r^{-1} \rangle = 0 \Rightarrow \left\langle \frac{1}{r} \right\rangle = \frac{1}{n^2 a} \tag{7.356}$$

为了计算库仑势平方的平均值，需要寻求 $1/r^2$ 的平均值。克拉莫斯关系式 (7.355) 令 $s = -1$ 有

$$a\langle r^{-2} \rangle - \frac{1}{4}\left[ (2l+1)^2 - 1 \right] a^2 \langle r^{-3} \rangle = 0$$

也就是说：

$$\left\langle \frac{1}{r^2} \right\rangle = \frac{a}{4}\left[ (2l+1)^2 - 1 \right] \left\langle \frac{1}{r^3} \right\rangle$$

所以要求出 $\langle 1/r^2 \rangle$ 的平均值根据克拉莫斯关系必须知道 $\langle 1/r^3 \rangle$ 的平均值。显然要计算 $r^s$ 平均值的克拉莫斯递推关系，必须计算出 $\langle 1/r^2 \rangle$ 或 $\langle 1/r^3 \rangle$。事实上计算 $\langle 1/r^2 \rangle$ 可直接利用径向方程 (4.64) 并借助于**赫尔曼–费恩曼定理** (Hellmann-Feynman theorem)。也就是对于一个含参数的哈密顿量，假设其定态薛定谔方程为

$$\hat{H}(\lambda)|\psi(\lambda)\rangle = E(\lambda)|\psi(\lambda)\rangle$$

其中，参数为 $\lambda$。如果波函数 $|\psi(\lambda)\rangle$ 归一化：$\langle \psi(\lambda)|\psi(\lambda)\rangle = 1$，那么就有 $E(\lambda) = \langle \psi(\lambda)\hat{H}(\lambda)|\psi(\lambda)\rangle$。所以能量对参数 $\lambda$ 求导有

$$\frac{\mathrm{d}E(\lambda)}{\mathrm{d}\lambda} = \frac{\mathrm{d}\langle\psi(\lambda)|}{\mathrm{d}\lambda}\hat{H}|\psi\rangle + \langle\psi|\frac{\mathrm{d}\hat{H}(\lambda)}{\mathrm{d}\lambda}|\psi\rangle + \langle\psi|\hat{H}\frac{\mathrm{d}|\psi(\lambda)\rangle}{\mathrm{d}\lambda}$$

$$= E(\lambda)\left[\frac{\mathrm{d}\langle\psi(\lambda)|}{\mathrm{d}\lambda}|\psi\rangle + \langle\psi|\frac{\mathrm{d}|\psi(\lambda)\rangle}{\mathrm{d}\lambda}\right] + \langle\psi|\frac{\mathrm{d}\hat{H}(\lambda)}{\mathrm{d}\lambda}|\psi\rangle$$

$$= \langle\psi(\lambda)|\frac{\mathrm{d}\hat{H}(\lambda)}{\mathrm{d}\lambda}|\psi(\lambda)\rangle$$

此即为赫尔曼–费恩曼定理。根据该定理将参数 $\lambda \to l$，有 $\mathrm{d}E(l)/\mathrm{d}l = \langle \mathrm{d}\hat{H}(l)/\mathrm{d}l \rangle$，代入能级公式和哈密顿量，最后计算给出：

$$\left\langle \frac{1}{r^2} \right\rangle = \frac{1}{\left(l + \dfrac{1}{2}\right)n^3 a^2} \tag{7.357}$$

7.9 请证明式 (7.71)、式 (7.72) 和式 (7.73)。

提示：根据不同态的计算表达式 (7.70)，其中由于 $x_1$ 和 $x_2$ 是哑指标，计算中可以用 $x$ 代替。例如，对于积分：

$$\langle x_1 \rangle_a = \int |\psi_a(x_1)|^2 x_1 dx_1 = \int |\psi_a(x_2)|^2 x_2 dx_2 = \langle x_2 \rangle_a \equiv \langle x \rangle_a$$

$$\langle x_1^2 \rangle_a = \int |\psi_a(x_1)|^2 x_1^2 dx_1 = \int |\psi_a(x_2)|^2 x_2^2 dx_2 = \langle x_2^2 \rangle_a \equiv \langle x^2 \rangle_a$$

其中，用到的积分有

$$\langle x \rangle_a = \int |\psi_a(x)|^2 x dx, \quad \langle x^2 \rangle_a = \int |\psi_a(x)|^2 x^2 dx$$

$$\langle x \rangle_b = \int |\psi_b(x)|^2 x dx, \quad \langle x^2 \rangle_b = \int |\psi_b(x)|^2 x^2 dx$$

$$\langle x \rangle_{ab} = \int \psi_a^*(x) x \psi_b(x) dx, \quad \langle x \rangle_{ba} = \int \psi_b^*(x) x \psi_a(x) dx$$

7.10 请证明玻色子体系激发态的粒子数密度积分结果式 (7.98)。提示：将如下的展开式 (对于玻色子体系 $0 \leqslant z \leqslant 1$，则 $ze^{-\beta\varepsilon} < 1$)：

$$\frac{ze^{-\beta\varepsilon}}{1 - ze^{-\beta\varepsilon}} = ze^{-\beta\varepsilon} \sum_{l=0}^{\infty} z^l e^{-l\beta\varepsilon} = \sum_{l=0}^{\infty} z^{l+1} e^{-(l+1)\beta\varepsilon} = \sum_{l=1}^{\infty} z^l e^{-l\beta\varepsilon}$$

代入积分中得到：

$$\int_0^{+\infty} \frac{ze^{-\beta\varepsilon}}{1 - ze^{-\beta\varepsilon}} \varepsilon^{1/2} d\varepsilon = \sum_{l=1}^{\infty} z^l \int_0^{+\infty} e^{-l\beta\varepsilon} \varepsilon^{1/2} d\varepsilon$$

$$= \sum_{l=1}^{+\infty} \frac{z^l}{(l\beta)^{3/2}} \int_0^{\infty} x^{1/2} e^{-x} dx$$

$$= \sum_{l=1}^{\infty} \frac{z^l}{(l\beta)^{3/2}} \Gamma\left(\frac{3}{2}\right)$$

以上积分引用了变量代换 $x = l\beta\varepsilon$，其中 $\Gamma(3/2) = \sqrt{\pi}/2$ 为伽马函数 (见附录 C 的式 (C.6))。将上面的积分代入激发态的粒子数密度积分得到：

$$\bar{n}_{\varepsilon>0} = \frac{2\pi}{h^3}(2m)^{3/2} \int_0^{+\infty} \frac{ze^{-\beta\varepsilon}\varepsilon^{1/2}}{1 - ze^{-\beta\varepsilon}} d\varepsilon = \left(\frac{2\pi m}{h^2\beta}\right)^{3/2} \sum_{l=1}^{\infty} \frac{z^l}{l^{3/2}}$$

$$= \left( \frac{2\pi m k_\mathrm{B} T}{h^2} \right)^{3/2} \sum_{l=1}^{\infty} \frac{z^l}{l^{3/2}} = \frac{1}{\lambda_T^3} g_{3/2}(z)$$

其中, 函数 $g_{3/2}(z)$ 定义为

$$g_{3/2}(z) \equiv \sum_{l=1}^{\infty} \frac{z^l}{l^{3/2}} = z + \frac{z^2}{2\sqrt{2}} + \frac{z^3}{3\sqrt{3}} + \cdots \tag{7.358}$$

7.11 请证明原子核的方程 (7.125)。提示: 利用积分式 (7.124) 中核动能算符 $\hat{T}_\mathrm{N}(\boldsymbol{R})$ 的作用规则并利用如下的公式:

$$\nabla_R^2 \varphi(\boldsymbol{R}) \Phi(\boldsymbol{R}) = \varphi(\boldsymbol{R}) \nabla_R^2 \Phi(\boldsymbol{R}) + \Phi(\boldsymbol{R}) \nabla_R^2 \varphi(\boldsymbol{R}) + 2 \nabla_R \varphi(\boldsymbol{R}) \cdot \nabla_R \Phi(\boldsymbol{R})$$

可以得到:

$$\hat{T}_\mathrm{N} \varphi_m(\boldsymbol{r}; \boldsymbol{R}) \Phi_m(\boldsymbol{R}) = \varphi_m(\boldsymbol{r}; \boldsymbol{R}) \hat{T}_\mathrm{N} \Phi_m(\boldsymbol{R}) + \Phi_m(\boldsymbol{R}) \hat{T}_\mathrm{N} \varphi_m(\boldsymbol{r}; \boldsymbol{R})$$
$$- \sum_{A=1}^{N} \frac{\hbar^2}{M_A} \left[ \nabla_{R_A} \varphi_m(\boldsymbol{r}; \boldsymbol{R}) \cdot \nabla_{R_A} \Phi_m(\boldsymbol{R}) \right]$$

代入式 (7.124) 可以得到:

$$W_{nm}(\boldsymbol{R}) = \delta_{nm} \hat{T}_\mathrm{N} \Phi_m(\boldsymbol{R}) + T_{nm}(\boldsymbol{R}) \Phi_m(\boldsymbol{R})$$
$$- \sum_{A=1}^{N} \frac{\hbar^2}{M_A} \int \varphi_n^*(\boldsymbol{r}; \boldsymbol{R}) \nabla_{R_A} \varphi_m(\boldsymbol{r}; \boldsymbol{R}) \, \mathrm{d}\boldsymbol{r} \cdot \nabla_{R_A} \Phi_m(\boldsymbol{R})$$

继续将 $W_{nm}(\boldsymbol{R})$ 代入原子核定态薛定谔方程 (7.123) 中得到:

$$\left[ E_n^\mathrm{ele}(\boldsymbol{R}) + \hat{T}_\mathrm{N} + V_\mathrm{NN}(\boldsymbol{R}) \right] \Phi_n(\boldsymbol{R})$$
$$+ \sum_m \left[ T_{nm}(\boldsymbol{R}) + \hat{G}_{nm}(\boldsymbol{R}) \right] \Phi_m(\boldsymbol{R}) = E_n^\mathrm{mole} \Phi_n(\boldsymbol{R}) \tag{7.359}$$

其中, 矩阵元函数为

$$T_{nm}(\boldsymbol{R}) = \int \varphi_n^*(\boldsymbol{r}; \boldsymbol{R}) \hat{T}_\mathrm{N} \varphi_m(\boldsymbol{r}; \boldsymbol{R}) \, \mathrm{d}\boldsymbol{r} = \langle \varphi_n(\boldsymbol{R}) | \hat{T}_\mathrm{N} | \varphi_m(\boldsymbol{R}) \rangle \tag{7.360}$$

矩阵元算符 $\hat{G}_{nm}(\boldsymbol{R})$ 定义为

$$\hat{G}_{nm}(\boldsymbol{R}) = - \sum_{A=1}^{N} \frac{\hbar^2}{M_A} \int \varphi_n^*(\boldsymbol{r}; \boldsymbol{R}) \nabla_{R_A} \varphi_m(\boldsymbol{r}; \boldsymbol{R}) \, \mathrm{d}\boldsymbol{r} \cdot \nabla_{R_A}$$

$$= -\sum_{A=1}^{N} \frac{\hbar^2}{M_A} \langle \varphi_n\left(\boldsymbol{R}\right) | \nabla_{R_A} | \varphi_m\left(\boldsymbol{R}\right) \rangle \cdot \nabla_{R_A} \qquad (7.361)$$

根据正交归一化条件式 (7.119)，上面矩阵元算符满足：

$$\hat{G}_{nm}\left(\boldsymbol{R}\right) = -\hat{G}_{mn}\left(\boldsymbol{R}\right)$$

这显然表明其对角元等于零：$\hat{G}_{nn}(\boldsymbol{R}) = 0$。根据如上性质将式 (7.359) 重新整理，立刻得到：

$$\left[E_n^{\text{ele}}\left(\boldsymbol{R}\right) + \hat{T}_{\text{N}} + V_{\text{NN}}\left(\boldsymbol{R}\right) + T_{nn}\left(\boldsymbol{R}\right)\right] \Phi_n\left(\boldsymbol{R}\right) + T_{nn}\left(\boldsymbol{R}\right) \Phi_n\left(\boldsymbol{R}\right)$$

$$+ \sum_{m \neq n} \left[T_{nm}\left(\boldsymbol{R}\right) + \hat{G}_{nm}\left(\boldsymbol{R}\right)\right] \Phi_m\left(\boldsymbol{R}\right) = E_n^{\text{mole}} \Phi_n\left(\boldsymbol{R}\right)$$

其中，$E_n^{\text{mole}}$ 为分子轨道的总能量；$\Phi_n(\boldsymbol{R})$ 为分子轨道对应原子核的波函数。

    7.12   请证明双原子分子的核哈密顿量式 (7.129)。提示：主要是利用质心坐标和相对坐标的关系，可以得到如下的变换关系：

$$\nabla_A^2 = \left(\frac{M_A}{M}\right)^2 \nabla_Q^2 + \nabla_R^2 - \frac{2M_A}{M} \nabla_Q \cdot \nabla_R$$

$$\nabla_B^2 = \left(\frac{M_B}{M}\right)^2 \nabla_Q^2 + \nabla_R^2 + \frac{2M_B}{M} \nabla_Q \cdot \nabla_R$$

然后代入式 (7.128) 即可得到式 (7.129)。

    7.13   请利用变分原理推导分子体系的 Hartree-Fock 方程。

    7.14   请证明分子或固体轨道波函数的归一化积分式 (7.218)。提示：代入波函数 $\psi(\boldsymbol{r})$，有

$$1 = \int \psi_n^*\left(\boldsymbol{r}\right) \psi_n\left(\boldsymbol{r}\right) \mathrm{d}\boldsymbol{r}$$

$$= \int \left[\sum_l b_n^*\left(\boldsymbol{R}_l\right) \varphi_n^*\left(\boldsymbol{r} - \boldsymbol{R}_l\right)\right] \left[\sum_h b_n\left(\boldsymbol{R}_h\right) \varphi_n\left(\boldsymbol{r} - \boldsymbol{R}_h\right)\right] \mathrm{d}\boldsymbol{r}$$

$$= \sum_l b_n^*\left(\boldsymbol{R}_l\right) \sum_h b_n\left(\boldsymbol{R}_h\right) \int \varphi_n^*\left(\boldsymbol{r} - \boldsymbol{R}_l\right) \varphi_n\left(\boldsymbol{r} - \boldsymbol{R}_h\right) \mathrm{d}\boldsymbol{r}$$

$$= b_n^*\left(0\right) b_n\left(0\right) \sum_l \sum_h \mathrm{e}^{-\mathrm{i}\boldsymbol{K}\cdot\boldsymbol{R}_l} \mathrm{e}^{\mathrm{i}\boldsymbol{K}\cdot\boldsymbol{R}_h} \int \varphi_n^*\left(\boldsymbol{r} - \boldsymbol{R}_l\right) \varphi_n\left(\boldsymbol{r} - \boldsymbol{R}_h\right) \mathrm{d}\boldsymbol{r}$$

$$= \left| b_n \left( 0 \right) \right|^2 N \sum_p \mathrm{e}^{\mathrm{i} \boldsymbol{K} \cdot \boldsymbol{R}_p} \int \varphi_n^* \left( \boldsymbol{r} \right) \varphi_n \left( \boldsymbol{r} - \boldsymbol{R}_p \right) \mathrm{d} \boldsymbol{r}$$

其中，$N$ 为固体系统中原子的总数 (或者晶格格点的总数)。将其中 $p$ 的求和分解为 $p = 0$ 和 $p \neq 0$ 两部分，即可得到式 (7.218)。

　　7.15　请证明万尼尔函数 $\psi_n$ 和原子轨道波函数 $\varphi_n$ 互为傅里叶变换的关系式 (7.223)。提示：根据函数式 (7.222) 的反傅里叶变换，自然有

$$\varphi_n \left( \boldsymbol{r} - \boldsymbol{R}_l \right) = \frac{1}{\sqrt{N}} \sum_{\boldsymbol{K}} \mathrm{e}^{-\mathrm{i} \boldsymbol{K} \cdot \boldsymbol{R}_l} \psi_n \left( \boldsymbol{r} \right)$$

对其进行变量代换：$\boldsymbol{r}' = \boldsymbol{r} + \boldsymbol{R}_l$，那么有

$$\varphi_n \left( \boldsymbol{r}' \right) = \frac{1}{\sqrt{N}} \sum_{\boldsymbol{K}} \mathrm{e}^{-\mathrm{i} \boldsymbol{K} \cdot \boldsymbol{R}_l} \psi_n \left( \boldsymbol{r}' + \boldsymbol{R}_l \right) = \frac{1}{\sqrt{N}} \sum_{\boldsymbol{K}} \mathrm{e}^{\mathrm{i} \boldsymbol{K} \cdot \left( -\boldsymbol{R}_l \right)} \psi_n \left[ \boldsymbol{r}' - \left( -\boldsymbol{R}_l \right) \right]$$

显然由于晶格体系的对称性 $-\boldsymbol{R}_l$ 可以换成 $\boldsymbol{R}_l$，从而得到式 (7.223)。

　　7.16　请证明紧束缚系统的能带公式 (7.227)。提示：将系统哈密顿量式 (7.203) 代入方程得

$$\sum_m c_m \int \varphi_n^* \left( \boldsymbol{r} \right) \left[ \hat{H}_{\mathrm{atom}} + \Delta U \left( \boldsymbol{r} \right) \right] \psi_m \left( \boldsymbol{r} \right) \mathrm{d} \boldsymbol{r} = E \left( \boldsymbol{K} \right) \sum_m c_m \int \varphi_n^* \left( \boldsymbol{r} \right) \psi_m \left( \boldsymbol{r} \right) \mathrm{d} \boldsymbol{r}$$

其中，利用式 (7.206) 立刻得到：

$$\left[ E \left( \boldsymbol{K} \right) - \varepsilon_n \right] \sum_m c_m \underbrace{\int \varphi_n^* \left( \boldsymbol{r} \right) \psi_m \left( \boldsymbol{r} \right) \mathrm{d} \boldsymbol{r}}_{S_{nm}} = \sum_m c_m \underbrace{\int \varphi_n^* \left( \boldsymbol{r} \right) \Delta U \left( \boldsymbol{r} \right) \psi_m \left( \boldsymbol{r} \right) \mathrm{d} \boldsymbol{r}}_{J_{nm}}$$

代入分子轨道波函数式 (7.223)，上面等式左边原子轨道和分子轨道的重叠积分为

$$S_{nm} = \int \varphi_n^* \left( \boldsymbol{r} \right) \psi_m \left( \boldsymbol{r} \right) \mathrm{d} \boldsymbol{r}$$

$$= \frac{1}{\sqrt{N}} \sum_l \mathrm{e}^{\mathrm{i} \boldsymbol{K} \cdot \boldsymbol{R}_l} \int \varphi_n^* \left( \boldsymbol{r} \right) \varphi_m \left( \boldsymbol{r} - \boldsymbol{R}_l \right) \mathrm{d} \boldsymbol{r}$$

$$\equiv \frac{1}{\sqrt{N}} \sum_l \mathrm{e}^{\mathrm{i} \boldsymbol{K} \cdot \boldsymbol{R}_l} \alpha_{nm} \left( \boldsymbol{R}_l \right)$$

等式右边原子轨道和分子轨道的交换积分为

$$J_{nm} = \int \varphi_n^* \left( \boldsymbol{r} \right) \Delta U \left( \boldsymbol{r} \right) \psi_m \left( \boldsymbol{r} \right) \mathrm{d} \boldsymbol{r}$$

$$= \frac{1}{\sqrt{N}} \sum_l \mathrm{e}^{\mathrm{i}\boldsymbol{K} \cdot \boldsymbol{R}_l} \int \varphi_n^* (\boldsymbol{r}) \, \Delta U (\boldsymbol{r}) \, \varphi_m (\boldsymbol{r} - \boldsymbol{R}_l) \, \mathrm{d}\boldsymbol{r}$$

$$\equiv \frac{1}{\sqrt{N}} \sum_l \mathrm{e}^{\mathrm{i}\boldsymbol{K} \cdot \boldsymbol{R}_l} \gamma_{nm} (\boldsymbol{R}_l)$$

代入两个积分立刻得到以下等式:

$$E(\boldsymbol{K}) - \varepsilon_n = \frac{\sum\limits_m c_m J_{nm}}{\sum\limits_m c_m S_{nm}} = \frac{\sum\limits_m \sum\limits_l \mathrm{e}^{\mathrm{i}\boldsymbol{K} \cdot \boldsymbol{R}_l} \gamma_{nm} (\boldsymbol{R}_l) c_m}{\sum\limits_m \sum\limits_l \mathrm{e}^{\mathrm{i}\boldsymbol{K} \cdot \boldsymbol{R}_l} \alpha_{nm} (\boldsymbol{R}_l) c_m} \tag{7.362}$$

再利用原子轨道波函数重叠积分的正交归一化条件 $\alpha_{nm} (0) = \delta_{nm}$ 和交叉积分 $\gamma_{nm} (0) = \beta_{nm}$ 的定义有

$$\sum_l \mathrm{e}^{\mathrm{i}\boldsymbol{K} \cdot \boldsymbol{R}_l} \alpha_{nm} (\boldsymbol{R}_l) = \delta_{nm} + \sum_{l \neq 0} \mathrm{e}^{\mathrm{i}\boldsymbol{K} \cdot \boldsymbol{R}_l} \alpha_{nm} (\boldsymbol{R}_l)$$

$$\sum_l \mathrm{e}^{\mathrm{i}\boldsymbol{K} \cdot \boldsymbol{R}_l} \gamma_{nm} (\boldsymbol{R}_l) = \beta_{nm} + \sum_{l \neq 0} \mathrm{e}^{\mathrm{i}\boldsymbol{K} \cdot \boldsymbol{R}_l} \gamma_{nm} (\boldsymbol{R}_l)$$

将上面的两个等式代入式 (7.362) 中得到式 (7.227) 所给出的能带公式。

7.17 请证明近邻简单一维链紧束缚模型的色散关系式 (7.260)。

提示:将动量空间的算符展开式 (7.258) 及其共轭算符代入哈密顿量式 (7.254) 中有

$$\begin{aligned} \hat{\mathcal{H}}_{\mathrm{TB}} &= \sum_l \varepsilon_l \hat{c}_l^\dagger \hat{c}_l + \sum_l \left( t \hat{c}_l^\dagger \hat{c}_{l+1} + t^* \hat{c}_{l+1}^\dagger \hat{c}_l \right) \\ &= \frac{1}{M} \sum_l \sum_{K,K'} \varepsilon_l \hat{c}_K^\dagger \mathrm{e}^{\mathrm{i}(K'-K)x_l} \hat{c}_{K'} \\ &\quad + \left( \frac{1}{M} \sum_l \sum_{K,K'} t \hat{c}_K^\dagger \mathrm{e}^{\mathrm{i}(K'-K)x_l} \mathrm{e}^{\mathrm{i}K'a} \hat{c}_{K'} + \mathrm{H.c.} \right) \end{aligned}$$

利用如下的正交条件:

$$\frac{1}{M} \sum_l \mathrm{e}^{\mathrm{i}(K-K')x_l} = \delta_{KK'}, \quad \frac{1}{M} \sum_K \mathrm{e}^{\mathrm{i}K(x_l - x_{l'})} = \delta_{ll'} \tag{7.363}$$

其中,分立求和 $l$ 有 $M$ 项, $K$ 相对应也有 $M$ 项。应用以上的正交关系有

$$\hat{\mathcal{H}}_{\mathrm{TB}} (K) = \sum_{K,K'} \varepsilon_K \hat{c}_K^\dagger \delta_{K'K} \hat{c}_{K'} + \left( t \sum_{K,K'} \hat{c}_K^\dagger \delta_{K'K} \mathrm{e}^{\mathrm{i}K'a} \hat{c}_{K'} + \mathrm{H.c.} \right)$$

$$= \sum_K \varepsilon_K \hat{c}_K^\dagger \hat{c}_K + t \sum_K \hat{c}_K^\dagger \hat{c}_K \mathrm{e}^{\mathrm{i}Ka} + t^* \sum_K \hat{c}_K^\dagger \hat{c}_K \mathrm{e}^{-\mathrm{i}Ka}$$

$$= \sum_K \varepsilon_K \hat{c}_K^\dagger \hat{c}_K + \sum_K \hat{c}_K^\dagger \left( t\mathrm{e}^{\mathrm{i}Ka} + t^*\mathrm{e}^{-\mathrm{i}Ka} \right) \hat{c}_K$$

$$= \sum_K \hat{c}_K^\dagger \left[ \varepsilon_K + \left( t\mathrm{e}^{\mathrm{i}Ka} + t^*\mathrm{e}^{-\mathrm{i}Ka} \right) \right] \hat{c}_K$$

$$\equiv \sum_K \hat{c}_K^\dagger E\left(K\right) \hat{c}_K$$

显然在 $K$ 空间, 哈密顿量是对角化的, 体系的对角化能量, 即色散关系为

$$E\left(K\right) = \varepsilon(K) + \left( t\mathrm{e}^{\mathrm{i}Ka} + t^*\mathrm{e}^{-\mathrm{i}Ka} \right)$$

如果取 $t$ 为实数, 那么色散关系为

$$E\left(K\right) = \varepsilon(K) + 2t\cos\left(Ka\right)$$

　　7.18　请将对称规范 $\boldsymbol{A}' = \boldsymbol{B} \times \boldsymbol{r}/2 = (-By/2, Bx/2, 0)$ 的直角坐标形式变换到柱坐标形式 (7.277)。提示: 关于坐标系的变化, 主要涉及两个坐标系基矢之间的幺正变换矩阵。柱坐标基矢量 $(\boldsymbol{e}_r, \boldsymbol{e}_\theta, \boldsymbol{e}_z)$ 和直角坐标基矢量 $(\boldsymbol{e}_x, \boldsymbol{e}_y, \boldsymbol{e}_z)$ 之间的幺正变换为

$$\begin{pmatrix} \boldsymbol{e}_r \\ \boldsymbol{e}_\theta \\ \boldsymbol{e}_z \end{pmatrix} = \begin{pmatrix} \cos\theta & \sin\theta & 0 \\ -\sin\theta & \cos\theta & 0 \\ 0 & 0 & 1 \end{pmatrix} \begin{pmatrix} \boldsymbol{e}_x \\ \boldsymbol{e}_y \\ \boldsymbol{e}_z \end{pmatrix}$$

从而矢量势在柱坐标下的分量为

$$\begin{pmatrix} A_r \\ A_\theta \\ A_z \end{pmatrix} = \begin{pmatrix} \cos\theta & \sin\theta & 0 \\ -\sin\theta & \cos\theta & 0 \\ 0 & 0 & 1 \end{pmatrix} \begin{pmatrix} -\dfrac{B}{2}r\sin\theta \\ \dfrac{B}{2}r\cos\theta \\ 0 \end{pmatrix} = \begin{pmatrix} 0 \\ \dfrac{B}{2}r \\ 0 \end{pmatrix}$$

其实柱坐标形式可以直接利用 Mathematica 的内部函数来转换, 代码如下:

In[1]:=TransformedField["Cartesian" → "Cylindrical", $\left\{ -\dfrac{By}{2}, \dfrac{Bx}{2}, 0 \right\}$,

$\{x, y, z\} \rightarrow \{r, \theta, zz\}$] (* 柱坐标写成 $zz$ 避免与直角坐标 $z$ 相同 *)

Out[1]:=$\left\{ 0, \dfrac{Br}{2}, 0 \right\}$

同样用柱坐标下的旋量函数可以计算 $\boldsymbol{B} = \nabla \times \boldsymbol{A}'$:

$$\text{In[2]:= Curl}\left[\left\{0, \frac{Br}{2}, 0\right\}, \{r, \theta, z\}, \text{``Cylindrical''}\right]$$

$$\text{Out[2]:=}\{0, 0, B\}$$

7.19　请证明柱坐标下二维电子气体的哈密顿量式 (7.278)。提示：根据附录 J 中的式 (J.8)，在只有磁场时满足库仑规范的二维电子气系统的哈密顿量为

$$\hat{H} = \frac{\boldsymbol{p}^2}{2m_e} - \frac{q}{m_e}(\boldsymbol{A} \cdot \hat{\boldsymbol{p}}) + \frac{q^2}{2m_e}\boldsymbol{A}^2 = -\frac{\hbar^2}{2m_e}\nabla^2 - \mathrm{i}\frac{\hbar e}{m_e}(\boldsymbol{A} \cdot \nabla) + \frac{e^2}{2m_e}\boldsymbol{A}^2$$

其中，电子的电量 $q = -e$，质量为 $m_e$。将**柱坐标**下的 $\nabla$ 和 $\nabla^2$ 形式：

$$\nabla = \boldsymbol{e}_r\frac{\partial}{\partial r} + \boldsymbol{e}_\theta\frac{1}{r}\frac{\partial}{\partial \theta} + \boldsymbol{e}_z\frac{\partial}{\partial z}$$

$$\nabla^2 = \frac{\partial^2}{\partial r^2} + \frac{1}{r}\frac{\partial}{\partial r} + \frac{1}{r^2}\frac{\partial^2}{\partial \theta^2} + \frac{\partial^2}{\partial z^2}$$

代入对称规范式 (7.277)，可以得到系统的哈密顿量：

$$\hat{H}(r,\theta,z) = -\frac{\hbar^2}{2m_e}\left(\frac{\partial^2}{\partial r^2} + \frac{1}{r}\frac{\partial}{\partial r} + \frac{1}{r^2}\frac{\partial^2}{\partial \theta^2} + \frac{\partial^2}{\partial z^2}\right) - \mathrm{i}\frac{\hbar Be}{2m_e}\frac{\partial}{\partial \theta} + \frac{B^2e^2}{8m_e}r^2$$

7.20　利用 Mathematica 求解径向微分方程 (7.280)。提示：根据该方程的形式需要求解如下方程：

$$R''(r) + \frac{1}{r}R'(r) - \frac{m^2}{r^2}R(r) + (k^2 - c^2r^2)R(r) = 0$$

其中，参数的定义为

$$k^2 \equiv K^2 - k_z^2 - \frac{m}{l_B^2}, \quad c^2 \equiv \frac{1}{4l_B^4} \tag{7.364}$$

利用 Mathematica 的内部函数 DSolve[··] 求解径向微分方程，代码如下：

$$\text{In[3]:=DSolve}\left[R''[r] + \frac{1}{r}R'[r] - \frac{m^2}{r^2}R[r] + (k^2 - c^2r^2)R[r] == 0, R[r], r\right]$$

执行以上命令后 Mathematica 直接给出的解为 (没有经过化简)

$$R(r) \to c_1\frac{2^{\frac{m+1}{2}}\mathrm{e}^{-\frac{cr^2}{2}}(r^2)^{\frac{m+1}{2}}\text{HypergeometricU}\left[\frac{2c - k^2 + 2cm}{4c}, m+1; cr^2\right]}{r}$$

$$+c_2 \frac{2^{\frac{m+1}{2}} \mathrm{e}^{-\frac{cr^2}{2}} \left(r^2\right)^{\frac{m+1}{2}} \mathrm{LaguerreL}\left[-\frac{2c-k^2+2cm}{4c}, m; cr^2\right]}{r}$$

其中，$c_1$ 和 $c_2$ 是 Mathematica 给出的积分常数，显然 Mathematica 给出的通解是合流超几何函数 HypergeometricU$[a, b; z]$ 和拉盖尔函数 LaguerreL$[n, a; x]$ 两个特殊函数的叠加。将式 (7.364) 定义的参数 $k$ 和 $c$ 代入上面的解，并对解进行化简就得到如下解的形式 (不再采用 Mathematica 的函数符号)：

$$R(r) = c_1 \xi^m \mathrm{e}^{-\frac{\xi^2}{4}} \mathrm{U}\left[-n, m+1; \frac{1}{2}\xi^2\right] + c_2 \xi^m \mathrm{e}^{-\frac{\xi^2}{4}} \mathrm{L}_n^m\left(\frac{1}{2}\xi^2\right)$$

其中，径向无量纲量 $\xi = r/l_B$；主量子数 $n$ 定义为 (其中 $m$ 为磁量子数)

$$n \equiv \frac{1}{2}\left(k^2 l_B^2 - m - 1\right) = \frac{1}{2}\left(K^2 l_B^2 - k_z^2 l_B^2 - 2m - 1\right) \tag{7.365}$$

最后根据物理边界条件的要求，合流超几何函数 U$[-n, m+1; \xi]$ 不满足 $\xi \to \infty$ 时的物理边界条件，所以舍弃，最后给出的解为

$$R_{n,m}(\xi) = A_n \xi^m \mathrm{e}^{-\frac{\xi^2}{4}} \mathrm{L}_n^m\left(\frac{1}{2}\xi^2\right)$$

其中，归一化系数为 $A_n$。根据柱坐标径向积分公式有

$$\int_0^{+\infty} R_{n,m}^2(\xi)\xi\mathrm{d}\xi = |A_n|^2 \int_0^{+\infty} \xi^{2m+1} \mathrm{e}^{-\frac{\xi^2}{2}} \mathrm{L}_n^m\left(\frac{\xi^2}{2}\right) \mathrm{L}_n^m\left(\frac{\xi^2}{2}\right) \mathrm{d}\xi = 1$$

对以上的积分方程做变量代换 $x = \xi^2/2, \mathrm{d}x = \xi\mathrm{d}\xi$，则上面的积分方程变为

$$|A_n|^2 \int_0^{+\infty} 2^m x^m \mathrm{e}^{-x} \mathrm{L}_n^m(x) \mathrm{L}_n^m(x) \mathrm{d}x = 1$$

参照附录 D 中拉盖尔函数的积分性质，最后得到归一化系数为

$$A_n = \sqrt{\frac{n!}{2^m (n+m)!}}$$

7.21　请证明经典霍尔效应的霍尔电压公式 (7.300)。

7.22　请证明量子霍尔效应 $x$ 方向平均电流密度 $\bar{J}_x$ 的公式 (7.315)。提示：将式 (7.313) 代入体系一般波函数式 (7.312) 有

$$\bar{J}_x = \int J_x(x, y)\,\mathrm{d}x\mathrm{d}y$$

$$= \frac{e}{m_{\mathrm{e}}} \mathrm{Re} \left[ \int \Psi \hat{p}_x \Psi^* \mathrm{d}x\mathrm{d}y \right] + \frac{e^2 B}{m_{\mathrm{e}}} \int \Psi y \Psi^* \mathrm{d}x\mathrm{d}y$$

$$= \frac{e}{m_{\mathrm{e}}} \sum_n \int \frac{\mathrm{d}k_x}{2\pi} \left| c_n\left(k_x\right) \right|^2 \left(-\hbar k_x\right) + \frac{e^2 B}{m_{\mathrm{e}}} \sum_n \int \frac{\mathrm{d}k_x}{2\pi} \left| c_n\left(k_x\right) \right|^2 y_0'$$

$$= \sum_n \int \frac{\mathrm{d}k_x}{2\pi} \left| c_n\left(k_x\right) \right|^2 \left( \frac{e^2 B}{m_{\mathrm{e}}} y_0' - \frac{e\hbar k_x}{m_{\mathrm{e}}} \right)$$

$$= \sum_n \int \frac{\mathrm{d}k_x}{2\pi} \left| c_n\left(k_x\right) \right|^2 \frac{eE_y}{B}$$

其中利用了朗道能级波函数 $\psi_{n,k_x}(x,y)$ 的性质和 $y_0'$ 的定义。

　　7.23　请利用电荷分布的泊松方程求解二维平面上点电荷所产生的经典电势式 (7.324)。提示：根据电荷分布 $\rho(\boldsymbol{r})$ 的**泊松方程**：

$$\nabla^2 \phi\left(\boldsymbol{r}\right) = -\frac{\rho\left(\boldsymbol{r}\right)}{\epsilon_0} \tag{7.366}$$

其中，$\rho(\boldsymbol{r})$ 为电荷分布，单位为库仑每立方米 ($\mathrm{C/m^3}$)；$\epsilon_0$ 为真空介电常数，单位为法拉第每米 ($\mathrm{F/m}$)；$\phi(\boldsymbol{r})$ 为电荷分布所产生的电势，单位为伏特 (V)。对于在三维空间中 $\boldsymbol{r}_0$ 处带电量为 $Q$ 的点电荷，其电荷分布函数为 $\rho(\boldsymbol{r}) = Q\delta(\boldsymbol{r} - \boldsymbol{r}_0)$，则其泊松方程变为

$$\nabla^2 \phi\left(\boldsymbol{r}\right) = -\frac{Q}{\epsilon_0} \delta\left(\boldsymbol{r} - \boldsymbol{r}_0\right)$$

其解就是点电荷的势能公式：

$$\phi\left(\boldsymbol{r}\right) = \frac{Q}{4\pi\epsilon_0} \frac{1}{|\boldsymbol{r} - \boldsymbol{r}_0|}$$

　　然而对于二维平面上电荷的分布来说 ($\delta$ 函数为二维分布函数，此时 $\boldsymbol{r} = (x,y)$，其单位为每平方米，所以 $\rho$ 的单位为库仑每平方米)，以上方程的势能函数解则变为

$$\phi\left(\boldsymbol{r}\right) = -\frac{Q}{4\pi\epsilon_0} \ln |\boldsymbol{r} - \boldsymbol{r}_0|^2$$

将二维坐标变量 $\boldsymbol{r} \to \xi$，则处于平面 $\xi_0$ 处带电量为 $Q$ 的点电荷所产生的势能为

$$\phi\left(\xi\right) = -\frac{Q}{4\pi\epsilon_0} \ln |\xi - \xi_0|^2$$

将式 (7.323) 的第二项代入泊松方程 (7.366) 有

$$
\rho_2 = -\epsilon_0 \nabla^2 \left( \frac{1}{2} q \sum_j^N |\xi_j|^2 \right) = -\frac{1}{2} \epsilon_0 q \sum_j^N \nabla_j^2 |\xi_j|^2
$$

$$
= -\frac{1}{2} \epsilon_0 q \sum_j^N \left[ \left( \frac{\mathrm{d}^2}{\mathrm{d}\xi_j^2} + \frac{1}{\xi_j} \frac{\mathrm{d}}{\mathrm{d}\xi_j} \right) |\xi_j|^2 \right]
$$

$$
= -\frac{1}{2} \epsilon_0 q \left( 4N \right) = -\epsilon_0 2Nq
$$

**7.24**　请证明动量空间 SSH 系统的哈密顿量式 (7.331)。

提示：将式 (7.329) 代入位置空间哈密顿量式 (7.330) 中有

$$
\hat{\mathcal{H}}_{\mathrm{ssh}} = \sum_{K,K'} \hat{C}_K^\dagger U \hat{C}_{K'} \left( \frac{1}{M} \sum_l \mathrm{e}^{\mathrm{i}(K'-K)X_l} \right)
$$

$$
+ \left( \sum_{K,K'} \hat{C}_K^\dagger T \hat{C}_{K'} \frac{1}{M} \sum_l \mathrm{e}^{\mathrm{i}(K'-K)X_l} \mathrm{e}^{\mathrm{i}K'c} + \mathrm{H.c.} \right)
$$

$$
= \sum_{K,K'} \hat{C}_K^\dagger U \hat{C}_{K'} \delta_{KK'} + \left( \sum_{K,K'} \hat{C}_K^\dagger T \hat{C}_{K'} \delta_{KK'} \mathrm{e}^{\mathrm{i}K'c} + \mathrm{H.c.} \right)
$$

$$
= \sum_K \hat{C}_K^\dagger U \hat{C}_K + \sum_K \hat{C}_K^\dagger T \hat{C}_K \mathrm{e}^{\mathrm{i}Kc} + \sum_K \hat{C}_K^\dagger T^\dagger \hat{C}_K \mathrm{e}^{-\mathrm{i}Kc}
$$

$$
= \sum_K \hat{C}_K^\dagger \left( U + T\mathrm{e}^{\mathrm{i}Kc} + T^\dagger \mathrm{e}^{-\mathrm{i}Kc} \right) \hat{C}_K
$$

对以上结果进行整理并定义矩阵 $H(K)$，即可得到式 (7.331)。

**7.25**　请证明传统 SSH 模型的贝里联络计算结果式 (7.339)。提示：根据贝里联络的定义式 (7.336) 和晶格波函数解式 (7.338) 有

$$
A(K) = \mathrm{i} \langle u_\pm(K)| \frac{\mathrm{d}}{\mathrm{d}K} |u_\pm(K)\rangle
$$

$$
= \mathrm{i} \frac{1}{2} \left( \pm \frac{z}{|z|}, \ 1 \right) \frac{\mathrm{d}}{\mathrm{d}K} \left( \begin{array}{c} \pm \frac{z^*}{|z|} \\ 1 \end{array} \right) = \frac{\mathrm{i}}{2} \frac{z}{|z|} \frac{\mathrm{d}}{\mathrm{d}K} \frac{z^*}{|z|}
$$

代入 $z(K) \equiv h_x(K) + \mathrm{i}h_y(K)$ 并计算对波矢的微分有

$$
A(K) = \frac{\mathrm{i}}{2} \left[ \frac{h_x + \mathrm{i}h_y}{\sqrt{h_x^2 + h_y^2}} \frac{\mathrm{d}}{\mathrm{d}K} \left( \frac{h_x - \mathrm{i}h_y}{\sqrt{h_x^2 + h_y^2}} \right) \right]
$$

$$= \frac{\mathrm{i}}{2}\left[\mathrm{i}\frac{h_y\dfrac{\mathrm{d}h_x}{\mathrm{d}K} - h_x\dfrac{\mathrm{d}h_y}{\mathrm{d}K}}{h_x^2 + h_y^2}\right] = \frac{1}{2}\frac{h_x\dfrac{\mathrm{d}h_y}{\mathrm{d}K} - h_y\dfrac{\mathrm{d}h_x}{\mathrm{d}K}}{h_x^2 + h_y^2}$$

**7.26** 请证明手性对称算子 $\hat{\varGamma}$ 会导致体系 $\hat{H}$ 存在成对的能量为 $\pm E_n$ 的系统本征态。提示：根据体系的本征方程为

$$\hat{H}|\psi_n\rangle = E_n|\psi_n\rangle$$

将手性对称算子 $\hat{\varGamma}$ 作用到方程两边并利用手性对称算子的性质有

$$\hat{\varGamma}\hat{H}|\psi_n\rangle = -\hat{H}\hat{\varGamma}|\psi_n\rangle = E_n\hat{\varGamma}|\psi_n\rangle$$

从而得到：

$$\hat{H}(\hat{\varGamma}|\psi_n\rangle) = -E_n(\hat{\varGamma}|\psi_n\rangle)$$

由此可见体系必然存在波函数 $\hat{\varGamma}|\psi_n\rangle$，其本征值为 $-E_n$。由于手性对称算子 $\hat{\varGamma}$ 的厄米性，当 $E_n \neq 0$ 时，$E_n \neq -E_n$，显然本征函数 $|\psi_n\rangle$ 和 $\hat{\varGamma}|\psi_n\rangle$ 彼此独立正交，即 $\langle\psi_n|\hat{\varGamma}|\psi_n\rangle$；当 $E_n = 0$ 时，由上面的公式可知此时 $\hat{H}\hat{\varGamma} = \hat{\varGamma}\hat{H}$，函数 $|\psi_n\rangle$ 和 $\hat{\varGamma}|\psi_n\rangle$ 组成零能级点简并空间，并且 $|\psi_n\rangle$ 是 $\hat{\varGamma}$ 的本征态：$\hat{\varGamma}|\psi_n\rangle = \pm|\psi_n\rangle$。

显然对于 SSH 二聚体模型式 (7.333)，其手性对称算子 $\hat{\varSigma}_z = \hat{\sigma}_z$。根据手性对称性质有 $\sigma_z H(K)\sigma_z = -H(K)$，再结合 Pauli 矩阵反对易关系式 (7.10) 可以证明对于一般的二聚物 (dimer) 子晶格系统，其哈密顿量满足：

$$\begin{aligned}\sigma_z H(K)\sigma_z &= h_0 I + h_x\sigma_z\sigma_x\sigma_z + h_y\sigma_z\sigma_y\sigma_z + h_z\sigma_z \\ &= h_0 I - h_x\sigma_x - h_y\sigma_y + h_z\sigma_z \\ -H(K) &= -h_0 I - h_x\sigma_x - h_y\sigma_y - h_z\sigma_z\end{aligned}$$

显然有

$$h_0(K) = h_z(K) = 0$$

也就是对于具有手性对称性的二维体系哈密顿量 $H(K)$，一定具有如下形式：

$$H(K) = \begin{bmatrix} 0 & h_x - \mathrm{i}h_y \\ h_x + \mathrm{i}h_y & 0 \end{bmatrix}$$

# 参 考 文 献

[1] KOHN K. Nobel lecture: Electronic structure of matter-wave functions and density functionals[J]. Reviews of Modern Physics, 1999, 71(5): 1253-1266.

[2] BERBERAN-SANTOS N N, BODUNOV E N, POGLIANI L. Classical and quantum study of the motion of a particle in a gravitational field[J]. Journal of Mathematical Chemistry, 2005, 37(2): 101-115.

[3] REYES J A, CASTILLO-MUSSOT DEL M. 1D Schrödinger equation with Coulomb-type potentials[J]. Journal of Physics A: Mathematical and General, 1999, 32(10): 2017-2025.

[4] RAN Y, XUE L, HU S, et al. On the Coulomb-type potential of the one-dimensional Schrödinger equation[J]. Journal of Physics A: Mathematical and General, 2000, 33(50): 9265-9272.

[5] ARFKEN G L, WEBER H J. Mathematical Methods for Physicists[M]. 6th ed. Singapore: Elsevier Academic Press, 1995.

[6] LIM T C. The relationship between Lennard-Jones (12-6) and Morse potential functions[J]. Zeitschrift für Naturforschung A, 2003, 58(11): 615-617.

[7] BERRY M V, BALAZS N L. Nonspreading wave packets[J]. American Journal of Physics, 1979, 47(3): 264-267.

[8] SIVILOGLOU G A, BROKY J, DOGARIU A, et al. Observation of accelerating Airy beams[J]. Physical Review Letters, 2007, 99(21): 213901.

[9] BANACLOCHE G J. A quantum bouncing ball[J]. American Journal of Physics, 1999, 67(9): 776-782.

[10] ANDREWS M. Wave packets bouncing off walls[J]. American Journal of Physics, 1998, 66(3): 252-254.

[11] LEVI A F J. Applied Quantum Mechanics[M]. Cambridge: Cambridge University Press, 2003.

[12] GRIFFITHS D J. Introduction to Quantum Mechanics[M]. Upper Saddle River: Pearson Education, 2005.

[13] ROMAN S. Using Mathematica for Quantum Mechanics[M]. Singapore: Springer Nature, 2019.

[14] KLAUDER J R, SKAGERSTAM B S. Coherent States: Applications in Physics and Mathematical Physics[M]. Singapore: World Scientific, 1985.

[15] ITANO W M, HEINZEN D J, BOLLINGER J J, et al. Quantum Zeno effect[J]. Physical Review A, 1990, 41(5): 2295-2300.

[16] ANANDAN J, AHARONOV Y. Geometry of quantum evolution[J]. Physical Review Letters, 1990, 65(14): 1697-1700.

[17] WEISSTEIN E W. Gauss's circle problem, Wolfram MathWorld[OL]. [2008-09-06]. https://mathworld.wolfram.com/GausssCircleProblem.html.

[18] SAKURAI J J, NAPOLITANO J. Modern Quantum Mechanics[M]. 2nd ed. San Francisco: Addison-Wesley, 2010.

[19] 喀兴林. 高等量子力学 [M]. 2 版. 北京: 高等教育出版社，2001.

[20] DRAKE G W F, CASSAR M M, NISTOR R A. Ground-state energies for helium, H⁻, and Ps⁻[J]. Physical Review A, 2002, 65(5): 054501.

[21] COHEN-TANNOUDJI C, DIU B, LALOË F. 量子力学: 第二卷 [M]. 陈星奎，刘家谟，译. 北京：高等教育出版社，2016.

[22] 曾谨言. 量子力学教程 [M]. 3 版. 北京：科学出版社，2017.

[23] MESSIAH A. Quantum Mechanics[M]. New York: Dover Publications, 1999.

[24] ZHANG L, LIU J P. The upper bound function of nonadiabatic dynamics in parametric driving quantum systems[J]. Chines Physics B, 2019, 28(8): 080301.

[25] MARZLIN K P, SANDERS B C. Inconsistency in the application of the adiabatic theorem[J]. Physical Review Letters, 2004, 93(16): 160408.

[26] TONG D M, SINGH K, KWEK L C, et al. Quantitative conditions do not guarantee the validity of the adiabatic approximation[J]. Physical Review Letters, 2005, 95(11): 110407.

[27] AVRON J E, ELGART A. Adiabatic theorem without a gap condition[J]. Communications in Mathematical Physics, 1999, 203(2): 445-463.

[28] WILCZEK F, ZEE A. Appearance of gauge structure in simple dynamical systems[J]. Physics Review Letters, 1984, 52(24): 2111-2114.

[29] ZANARDI P, RASETTI M. Holonomic quantum computation[J]. Physics Letters A, 1999, 264(2-3): 94-99.

[30] SIMON B. Holonomy, the quantum adiabatic theorem, and Berry's phase[J]. Physical Review Letters, 1983, 51(24): 2167-2170.

[31] XIAO D, CHANG M C, NIU QIAN. Berry phase effects on electronic properties[J]. Reviews of Modern Physics, 2010, 82(3): 1959-2007.

[32] MASSEY W S. Cross products of vectors in higher dimensional Euclidean spaces[J]. The American Mathematical Monthly, 1983, 90(10): 697-701.

[33] RIGOLIN G, ORTIZ G, PONCE V H. Beyond the quantum adiabatic approximation: Adiabatic perturbation theory[J]. Physical Review A, 2008, 78(5): 052508.

[34] SHANKAR R. Topological insulators—A review[J]. arXiv:1804. 06471v1, 2018.

[35] LEWIS H R, RIESENFELD W B. An exact quantum theory of the time-dependent harmonic oscillator and of a charged particle in a time-dependent electromagnetic field[J]. Journal of Mathematical Physics, 1969, 10(8): 1458-1473.

[36] BERRY M V. Transitionless quantum driving[J]. Journal of Physics A: Mathematical and Theoretical, 2009, 42(36):365303.

[37] GUÉR-ODELIN D, RUSCHHAUPT A, KIELY A, et al. Shortcuts to adiabaticity: Concepts, methods, and applications[J]. Reviews of Modern Physics, 2019, 91(4):045001.

[38] ZHANG L, ZHANG W P. Lie transformation method on quantum state evolution of a general time-dependent driven and damped parametric oscillator[J]. Annal of Physics, 2016, 373(10): 424-455.

[39] DE LA SEN M. The Necessary and sufficient condition for a set of matrices to commute and related results[C]. Proceedings of the World Congress on Engineering, London, 2009, 2: 1061-1070.

[40] KLAUSMEIER C A. Floquet theory: A useful tool for understanding nonequilibrium dynamics[J]. Theoretical Ecology, 2008, 1(3): 153-161.

[41] SAMBE H. Steady states and quasienergies of a quantum-mechanical system in an oscillating field[J]. Physical Review A, 1973, 7(6): 2203-2213.

[42] ECKARDT A. Colloquium: Atomic quantum gases in periodically driven optical lattices[J]. Reviews of Modern Physics, 2017, 89(1): 011004.

[43] CASAS F, MURUA A, NADINIC M. Efficient computation of the Zassenhaus formula[J]. Computer Physics Communications, 2012, 183(11): 2386-2391.

[44] FERNÁNDEZ F M. Time-evolution operator and Lie algebras[J]. Physical Review A, 1989, 40(1): 41-44.

[45] CONG S. Control of Quantum System: Theory and Method[M]. Singapore: John Wiley and Sons Singapore Pte. Ltd., 2014.

[46] SCHIRMER S G, FU H, SOLOMON A I. Complete controllability of quantum systems[J]. Physical Review A, 2001, 63(6): 063410.

[47] HOLLAND P R. The Quantum Theory of Motion: An Account of the de Broglie-Bohm Causal Interpretation of Quantum Mechanics[M]. Cambridge: Cambridge University Press, 1993.

[48] BOHM D. A suggested interpretation of the quantum theory in terms of "hidden" variables[J]. Physical Review, 1952, 85(2): 166-179.

[49] JAVANAINEN J, RUOSTEKOSKI J. Symbolic calculation in development of algorithms: Split-step methods for the Gross-Pitaevskii equation[J]. Journal of Physics A: Mathematical and General, 2006, 39(12): L179-L184.

[50] TROTTER H. On the product of semi-groups of operators[J]. Proceedings of the American Mathematical Society, 1959, 10(5): 545-551.

[51] FENG M. Complete solution of the Schrödinger equation for the time-dependent linear potential[J]. Physical Review A, 2001, 64(3): 034101.

[52] GUCKENHEIMER J, HOLMES P J. Nonlinear Oscillations, Dynamical Systems, and Bifurcations of Vector Fields[M]. New York: Springer-Verlag, 1993.

[53] TUFILLARO N B, ABBOT T, REILLY J P. An Experimental Approach to Nonlinear Dynamics and Chaos[M]. Boston: Addison-Wesley, 1992.

[54] FIBICH G. The Nonlinear Schrödinger Equation: Singular Solutions and Optical Collapse[M]. Cham Switzerland: Springer, 2015.

[55] KEVREKIDIS P G, FRANTZESKAKIS D J, CGONZALEZ C R. Emergent Nonlinear Phenomena in Bose-Einstein Condensates: Theory and Experiment, Springer Series on Atomic, Optical, and Plasma Physics[M]. Berlin: Springer-Verlag, 2008.

[56] LUGIATO L, PRATI F, BRAMBILLA M. Nonlinear Optical Systems[M]. Cambridge: Cambridge University Press, 2015.

[57] SCHIFF L I. Quantum Mechanics[M]. New York: McGraw-Hill Book Co., 1949.

[58] BRANSDEN B H, JOACHAIN C J. Introduction to Quantum Mechanics[M]. New York: Longman Publishing Group, 1989.

[59] BEKER H. A simple calculation of $\langle 1/r^2 \rangle$ for the hydrogen atom and the three dimensional harmonic oscillator[J]. American Journal of Physics, 1997, 65(11): 1118-1119.

[60] LEWIS G N. The osmotic pressure of concentrated solutions, and the laws of the prefect solution[J]. Journal of the American Chemical Society, 1908, 30(5): 668-683.

[61] 汪志诚. 热力学·统计物理 [M]. 5 版. 北京: 高等教育出版社, 2013.

[62] IVANOV S. Theoretical and Quantum Mechanics: Fundamentals for Chemists[M]. Dordrecht: Springer, 2006.

[63] PAULING L, WILSON E B. Introduction to Quantum Mechanics with Applications to Chemistry[M]. New York: McGraw-Hill Education, 1935.

[64] FITTS D D. Principles of Quantum Mechanics: As Applied to Chemistry and Chemical Physics[M]. Cambridge: Cambridge University Press, 2002.

[65] BORN M, HUANG K. Dynamical Theory of Crystal Lattices[M]. Oxford: Oxford University Press, 1954.

[66] MEAD C A. The geometric phase in molecular systems[J]. Reviews of Modern Physics, 1992, 64(1): 51-85.

[67] HUBER K P, HERZBERG G. Molecular Spectra and Molecular Structure[M]. Boston: Springer, 1979.

[68] BLINDER S M. Introduction to Quantum Mechanics[M]. Amsterdam: Elsevier, 2004.

[69] BLINDER S M. Franck-Condon principle in vibronic transitions[DB/OL]. [2012-01-04]. http://demonstrations.wolfram.com/ FranckCondonPrincipleInVibronicTransitions/.

[70] JONES R O, GUNNARSSON O. The density functional formalism, its applications and prospects[J]. Reviews of Modern Physics, 1989, 61(3): 689-746.

[71] GRIFFITHS D J, STEINKE C A. Waves in locally periodic media[J]. American Journal of Physics, 2000, 69(2): 137-154.

[72] TSU R. Superlattice to Nanoelectronics[M]. 2nd ed. Amsterdam: Elsevier Ltd., 2011.

[73] MEYSTRE P. Atom Optics[M]. New York: Springer-Verlag, 2001.

[74] ZHANG L. Introduction to Light-Matter Interaction: The Typical Models and Methods[M]. 北京: 科学出版社, 2020.

[75] MCLACHLAN N W. Theory and Applications of Mathieu Functions[M]. Oxford: Oxiford University Press, 1947.

[76] COÏSSON R, VERNIZZI G, YANG X. Mathieu functions and numerical solutions of the Mathieu equation[C]. IEEE International Workshop on Open-source Software for Scientific Computation, Guiyang, 2009: 3-10.

[77] KITTEL C. Introduction to Solid State Physics[M]. New Jork: John Wiley and Sons, Inc., 2005.

[78] LÖWDIN P. On the non-orthogonality problem connected with the use of atomic wave functions in the theory of molecules and crystals[J]. The Journal of Chemical Physics, 1950, 18(3): 365-375.

[79] JACOBSE P H. MathemaTB: A Mathematica package for tight-binding calculations[J]. Computer Physics Communications, 2019, 244(6): 392-408.

[80] CASTRO NETO A H, GUINEA F, PERES N M R, et al. The electronic properties of graphene[J]. Reviews of Modern Physics, 2009, 81(1): 109-162.

[81] MATTHEW W, FOULKES C. Tight-binding models and density functional theory[J]. Physical Review B, 1998, 39(17): 520-536.

[82] BREID B M, WITTHAUT D, KORSCH H J. Bloch-Zener oscillations[J]. New Journal of Physics, 2006, 8(7): 110.

[83] MENG S. Integer quantum Hall effect, proseminar in theoretical Physics[C]. Proseminar in Theoretical Physics, Zurich, 2018.

[84] KLITZING K V, DORDA G, PEPPER M. Method for high-accuracy determination of the fine-structure constant based on quantized Hall resistance[J]. Physical Reviews Letter, 1980, 45(6):494-497.

[85] TONG D. Lectures on the quantum Hall effect[J]. arXiv:1606.06687v2, 2016.

[86] DUNLAP R A. Electrons in Solids: Contemporary Topics[M]. Bristol UK: Morgan and Claypool Publishers, 2019.

[87] RAMMER J. Quantum Transport Theory[M]. Boulder: Westview Press, 2004.

[88] TKACHOV G. Topological Insulators: The Physics of Spin Helicity in Quantum Transport[M]. Boca Raton: Pan Stanford Publishing, 2016.

[89] MURTHY G, SHANKAR R. Hamiltonian theories of the fractional quantum Hall effect[J]. Reviews of Modern Physics, 2003, 75(4): 1101-1158.

[90] STORMER H L, TSUI D C, GOSSARD A C. The fractional quantum Hall effect[J]. Reviews of Modern Physics, 1999, 71(2): S298-S305.

[91] STORMER H L. Nobel lecture: The fractional quantum Hall effect[J]. Reviews of Modern Physics, 1999, 71(4): 875-889.

[92] LAUGHLIN R B. Anomalous quantum Hall effect: An incompressible quantum fluid with fractionally charged excitations[J]. Physical Review Letters, 1983, 50(18): 1395-1398.

[93] BERNEVIG B A. Topological Insulators and Topological Superconductors[M]. Princeton: Princeton University Press, 2013.

[94] HASAN M Z, KANE C L. Colloquium: Topological insulators[J]. Reviews of Modern Physics, 2010, 82(4): 3045-3067.

[95] QI X L, ZHANG S C. Topological insulators and superconductors[J]. Reviews of Modern Physics, 2011, 83(4): 1057-1110.

[96] ASBÓTHTH J K, LÁSZLÓ, OROSZLÁNY L, et al. A Short Course on Topological Insulators: Band Structure and Edge States in One and Two Dimensions[M]. Heidelberg: Springer International Publishing Switzerland, 2016.

[97] SU W P, SCHRIEFFER J R, HEEGER A J. Solitons in polyacetylene[J]. Physical Review Letters, 1979, 42(25): 1698-1701.

[98] LI L H, XU Z H, CHEN S. Topological phases of generalized Su-Schrieffer-Heeger models[J]. Physical Review B, 2014, 89(8): 085111.

[99] ZAK J. Berry's phase for energy bands in solids[J]. Physical Review Letters, 1989, 62(23): 2747-2750.

[100] THALLER B. Visual Quantum Mechanics[M]. New York: Springer, 2000.

[101] THALLER B. Advanced Visual Quantum Mechanics[M]. New York: Springer-Verlag, 2004.

[102] FEAGIN J F. Quantum Methods with Mathematica[M]. New York: Springer-Verlag, 1994.

[103] HALL B C. Quantum Theory for Mathematicians[M]. New York: Springer, 2013.

[104] 量子力学应用的函数 [OL]. https://reference.wolfram.com/language/ guide/ FunctionsUsedInQuantumMechanics.html.

[105] WOLFRAM S. A New Kind of Science[M]. Champaign: Wolfram Media, 2002.

[106] MORRIS R. Lorenz attractor[DB/OL]. [2011-03-07]. https:// demonstrations.wolfram. com/ LorenzAttractor/.

[107] 余扬政, 冯承天. 物理学中的几何方法 [M]. 北京: 高等教育出版社, 1998.

[108] HARPER C. Analytic Methods in Physics[M]. Berlin: WILEY-VCH VerLag, 1999.

[109] PORAT B. A Gentle Introduction to Tensors[R]. Haifa Israel: Technion, 2014.

[110] HUMPHREY J E. Introduction to Lie Algebras and Representation Theory[M]. New York: Springer-Verlag, 1973.

[111] HALL B C. Lie Group, Lie Algebras, and Representations: An Elementary Introduction[M]. 2nd ed. Heidelberg: Springer, 2015.

[112] WOIT P. Lie Group, Quantum Theory, Groups and Representations: An Introduction[M]. Cham: Springer International Publishing, 2017.

[113] VEDENSKY D D, EVANS T S. Symmetry, Groups, and Representations in Physics[M]. London: Imperial College Press, 2014.

# 附录 A  Mathematica 软件基础

## A.1  Mathematica 概述

Wolfram Mathematica(简称 Mathematica) 是一款功能强大的科学计算软件，由创立美国 Wolfram 公司 (位于美国伊利诺伊州的香槟市) 的物理学家 Stephen Wolfram 领导的团队开发。自 1988 年推出 Mathematica 1.0 版以来，不断吸收数学、物理、生物、化学、计算机、工程等领域的数据和研究成果，版本持续升级，内容不断更新和丰富，于 2019 年推出 Mathematica 12.0 版，2021 年推出 Mathematica 12.2 版，2022 年推出 Mathematica 13.1 版。学习和使用该软件，可以很快成为数学分析和数值计算方面的专家，以解决自己领域的实际问题。在科学教育和研究中引入 Mathematica 这样的数学工具，目前已经成为国内外众多大学和科研机构教育和研发工作的必备支撑和流行趋势。

### A.1.1  符号计算的流行软件

Mathematica、MatLab 和 Maple 软件并称为数值符号计算领域三大卓越的数学软件，Mathematica 在数学分析和符号运算方面的表现尤其突出。Mathematica 采用自然直观的语言符号，提供强大的内部函数 (6000 多个) 支撑，很好地结合了符号和数值计算、图形和图像处理、编程语言、文本系统，以及与其他应用程序和数据库的连接，能写出非常高效的运行代码，成为全球大学和研究机构广泛采用的通用计算系统和数学工具，在科学研究领域和工程开发领域都产生了重要而深远的影响。其重要版本 12.0 不仅丰富了符号和数值计算的功能，提升了几何计算能力、图形和图像及音频的处理能力，除扩充了机器学习、神经网络、设备连接等功能函数外，还集成了网络、不同终端和云端系统，极大扩展了 Mathematica 的应用范围和使用方式。

独特的符号系统不仅让 Mathematica 拥有全新的语言界面，而且 Mathematica 的程序包 (package) 构建模式让该软件可以被不同领域的专家自行开发，产生有效的专业程序包，促使软件专业功能的不断提升。起初 Mathematica 主要应用于物理科学、工程学和数学领域，随着版本的扩充升级，Mathematica 已经在化学材料、生物医学、社会学、经济学、统计学、地理学、工程设计、计算机科学、软件开发和人工智能等领域获得广泛应用。更重要的是，在教育领域, 很多世界一流的科学家、教师和学生一直都是 Mathematica 的忠实用户, 他们不仅开发出成千上万的教学软件包, 而且学生版 Mathematica 已经成为全球理工科学生重要的学习工具。起初 Mathematica 的主要使用者是从事理论研究的数学工作者和科研人员、从事一线工作的工程技术人员及学校里的学生和教师, 现在 Mathematica 的用户几乎覆盖了各个行业, 除了研究科学、数学和计算机的专业人士之外, 还包括艺术家、作曲家、语言家、企业家和律师及为数众多的 Mathematica 爱好者。目前该软件已成为许多社会机构的标准工具, 包括银行系统、金融企业、政府机构、网络公司等。现在, Mathematica 拥有将近 100 个专业软件包, 有十几种期刊和将近 200 种书籍及众多的网站专门介绍和研究这个软件系统, 现在 Mathematica 已经成为每年数以万计的重要科技论文的基石和进行各种技术开发的常用工具, 显示了该软件自身优异的内在品质。

### A.1.2　软件的功能和应用

Mathematica 提供了非常强大的符号运算和图形处理功能, 能够完成数学符号运算、图形绘制、动画演示和视频制作等多种图像操作。Mathematica 的基本模块主要基于 C 语言开发, 具有很好的系统移植性, 目前该软件运行的操作平台有 Windows 系列、Macintosh 系列和 Unix 系列操作系统。

对于教学和科研人员来讲, Mathematica 最重要的功能就是其强大的符号计算能力。符号计算又称为计算机代数, 计算机代数系统是进行符号运算的软件, 通俗地说就是用计算机推导数学公式, 如对表达式进行因式分解、公式化简、微分、积分、解代数方程、求常微分和偏微分方程的通解等。Mathematica 作为符号运算突出的软件, 其符号运算功能可以分成四大类: ① 初等数学和多项式。可以进行各种数和初等函数的四则运算与多项式的合并、展开、因式分解与化简等。② 微积分。可以求复杂函数的极限、导数 (包括高阶导数和偏导数等)、不定积分和定积分 (包括多重积分), 将函数展成幂级数, 进行无穷级数求和及各种积分变换。③ 线性代数。可进行行列式的计算、矩阵的各种运算 (加法、乘法、求逆矩阵等)、解线性方程组、求特征值和特征向量、进行矩阵分解等。④ 解方程组。能严格解各类方程组 (包括微分方程组)。数值计算方面, Mathematica 不仅可以进行任意精度的数值 (实复数) 计算, 而且其拥有众多的数值计算函数, 能满足线性代数、插值与拟合、数值积分、微分方程数值解、求极值、线性规划及概率统计等方面的常用计算需求。此外, Mathematica 具备卓越的绘图和图像处理能力, 能绘制各种复杂多自变量函数的二维曲线和三维曲面的彩色图像, 并根据需要自由地选择函数参数改变图形显示的范围和精度, 甚至可以进行动画展示和设计, 并将图形和动画以需要的各种文件格式输出使用。在工程方面,

Mathematica 已经成为行业开发和制造设计的标准，世界上许多重要新产品的设计都依靠 Mathematica 的支撑。在商业中，Mathematica 在复杂的金融模型帮助下被广泛地应用于企业的投资规划和市场分析。同时，Mathematica 也被广泛应用于计算机科学和软件系统的开发工作。在物理学方面，Mathematica 更是获得了广泛使用，其中以 Mathematica 为软件开发工具的量子力学教程得到迅速发展，早期比较著名的教材，如 *Visual Quantum Mechanics*[100]、*Advanced Visual Quantum Mechanics*[101]，最近几年比较有影响力的教材，如 *Using Mathematica for Quantum Mechanics*[13]、*Quantum Methods with Mathematica*[102]、*Quantum Theory for Mathematicians*[103] 等。

## A.2　Mathematica 运行实例

Mathematica 分为两部分：内核 (kernel) 和前端 (notebook)。内核对表达式 (Wolfram 语言代码) 进行解释，并且返回结果表达式。前端提供了一个图形用户界面 (graphical user interface, GUI)，只要打开软件，点击新文档 (new document)，用户就可以创建和编辑一个笔记本文档 (notebook，文件名的格式为 filename.nb)，该笔记本文档对用户来说就像拿到一张白纸，可以随意书写程序代码和其他格式化的文本 (如公式、文字注释、图像等) 并进行运行。软件提供方便的交互式输入模板，支持大多数标准文字处理，还包含多语种的拼写检查器。文档采用层次结构化处理，可对文档像 LaTeX 文本一样进行题目 (title)、子题目 (subtitle)、章 (chapter)、节 (section、subsection) 等层次的划分。文档也可以表示为幻灯片形式，便于进行展示演讲。软件同样提供方便的输出模式，可使用 Mathematica 程序创建、编辑和修改文档图形并转化为其他各种格式进行输出。更为重要的是，Mathematica 简单易学，命令易学易记，运行非常方便。用户既可以进行交互式"对话"，逐个执行命令，也可以进行"批处理"，对多个命令组成的程序，一次性完成指定的任务。Mathematica 提供了全面的帮助文档和模拟程序示例，是系统学习 Mathematica 的最好资料。

下面通过一些简单的程序实例来考察该软件的强大功能，下面所用到的程序代码其实不都需要从头编写，Mathematica 专门开辟有一个程序展示网站，在软件的 Help 菜单里有个"Demonstrates... 展示"的词条，点击就可以到达 Mathematica 展示项目的网站，网站上面有很多世界各地使用者上传的各种领域的程序代码，直接下载就能执行。除此以外，Mathematica 还有专门的数学知识库网站 Wolfram MathWorld，上面有丰富和详细的数学知识和数学资料供用户学习和参考使用。

## A.2.1　数值运算和数据处理

Mathematica 可以进行任意精度数字的运算，如计算无理数 $e/\pi$：可以显示小数点后面任意精度的位数，如显示有效数字 100 位的代码如下：

In[1]:= N[e/π,100]

Out[1]:= 0.8652559794322650872177747896460896174287446239...

上面代码开头的符号 "In[1]:=" 是系统自然给定的默认标识符，表示输入的代码编号为 [1]；该标识符后面的内容 "N[e/π, 100]" 才是在文件中实际需要输入的代码。"Out[1]:=" 表示输入 [1] 的对应输出。

其次，Mathematica 可以轻松获得任意物理常数 (联网获取)，软件内置了 289 个物理常数 (由版本决定)，可以直接使用或进行物理常数的计算：

In[2]:= Length[EntityList["PhysicalConstant"]]

Out[2]:= 302

上面代码给出数据库中物理常数的数目，这个数目随着 Wolfram 对数据库的更新而变化 (增加)。下面介绍量子力学中重要的普朗克 (Plank) 常数，该常数可以输出各种单位的数值，如输出有效数字达 10 位的国际单位值：

In[3]:= N[UnitConvert[Quantity[1,"PlanckConstant"],"SIBase"],10]

Out[3]:= $6.626070150 \times 10^{-34}$ kg m$^2$/s

此处需要说明的是，Mathematica 不仅可以完成符号和算数运算，而且可以完成变量单位的转换、简化和运算，以及进行简单的量纲分析。

数据处理和加工是 Mathematica 软件的重要功能 (广义讲任何软件都是进行数据处理)，如各类数据的产生、整合、运算，以及数据的统计分析和数据的拟合等方面，Mathematica 都有相应的函数进行处理，本书在量子力学的部分章节中都有用到，在此不做举例说明。

## A.2.2　多项式、线性代数和函数的运算

多项式运算是传统计算机代数的核心，Mathematica 提供了完备的多项式算法，如多项式求和、化简、因式分解，求多项式极限，多项式方程求根，以及多项式的结构运算等。例如，对多项式进行因式分解：

In[4]:= Factor[$x^2 - px - qx + pq$]

Out[4]:= $(p-x)(q-x)$

上面多项式因式分解的内部函数命令为 Factor[··]：前面的函数名为 Factor，就是英文的直接含义；后面方括号 [ ] 内的 ·· 指代的是函数的自变量或表达式等。多项式方程求根运算，如给出一元三次多项式方程的求根公式：

In[5]:=Solve[$ax^3 + bx^2 + cx + d == 0, x$]

由于输出的公式太过复杂，输出结果在此省略。

Mathematica 具有非常强大的关于函数的符号运算和数值运算的功能，如求函数极限、函数级数展开、函数微分和积分运算等，在此不做举例，只举一些简单的例子。例如，Mathematica 提供非常丰富的内部特殊函数，不仅可以对它们进行解析运算，还可以计算函数任意精度的值，如下面这个在统计物理计算中经常用到的著名积分：

$$\int_0^{+\infty} \frac{x^{s-1}}{e^x - 1} dx = \Gamma(s)\zeta(s) \tag{A.1}$$

其中，$\Gamma(s)$ 为特殊函数**伽马函数** (Gamma function)：

$$\Gamma(s) = \int_0^{+\infty} x^{s-1} e^{-x} dx \tag{A.2}$$

$\zeta(s)$ 为著名的**黎曼泽塔函数** (Riemann's zeta function)：

$$\zeta(s) = \sum_{n=1}^{\infty} \frac{1}{n^s} = \frac{1}{1^s} + \frac{1}{2^s} + \frac{1}{3^s} + \frac{1}{4^s} + \cdots \tag{A.3}$$

积分公式 (A.1) 可以用如下的 Mathematica 代码得到：

In[6]:= Integrate$\left[\frac{x^{s-1}}{e^x - 1}, \{x, 0, \infty\}\right]$

Out[6]:=Gamma[s]PolyLog[s, 1] if Re[s] > 1

上面的输出结果中 Gamma[s] 就是 Mathematica 的内部伽马函数，而内部函数 PolyLog[s, 1] 称为**多重对数函数** (polylogarithm)，内部函数 PolyLog[s, x] 在数学上一般记为 $\text{Li}_s(x)$，定义为

$$\text{Li}_s(x) = \sum_{k=1}^{\infty} \frac{x^k}{k^s}$$

显然有 PolyLog[s, 1] $\rightarrow$ $\text{Li}_s(1) = \zeta(s)$，代入积分结果即为积分公式 (A.1)。用 Mathematica 的内部函数 Zeta[s] 可以计算黎曼泽塔函数的精确值：

In[6]:= Zeta[2]

Out[6]:=$\frac{\pi^2}{6}$

该结果是一个非常著名的级数求和结果：

$$\zeta(2) = 1 + \frac{1}{2^2} + \frac{1}{3^2} + \frac{1}{4^2} + \cdots = \frac{\pi^2}{6} \tag{A.4}$$

当然除了特殊函数的解析或精确计算，也可以进行函数任意精度的数值计算，如数值计算 $\zeta(z)$ 到 11 位有效数字：

In[7]:= N[Zeta[3],12]

Out[7]:= 1.20205690316

Mathematica 还可以自己定义普通函数甚至复合函数，并对函数进行任意次的迭代操作和计算。为了代码的更为简洁和高效，Mathematica 经常引入各种特殊符号，如 "@, #, &, *, //, /." 等。例如，定义一个如下的复合函数：

In[8]:= fce = Cos@*Exp;

In[9]:= fce[x]

In[10]:= N[fce[iπ], 8]

Out[9]:= Cos[e$^x$]

Out[10]:= 0.54030231

上面的输入代码 In[8] 定义了一个复合函数 $\cos(e^x)$，但句末是分号，不输出；后两个输出，一个是输出 Out[9] 给出复合函数形式，另一个对应 Out[10] 给出复合函数在 $\cos(i\pi)$ 包含 8 位有效数字的值。利用特殊符号计算函数 fce 在 iπ 处值的代码还可以简写为

In[11]:= fce@iπ

Out[11]:= πCos[e$^i$]

显然上面的输出结果 Out[11] 是不对的，可以检验一下：

In[12]:= fce[iπ]

Out[12]:= Cos[1]

上面代码 In[11] 的错误在于 @ 运算是权重最高的运算，所以代码 Out[11] 实际上优先计算了 fce[i]，然后才乘以 π，结果当然与 fce[iπ] 不同，正确的写法是 fce@(iπ)，可以加个括号运行一下，此时输出的结果就为正确的：Cos[1]。

Mathematica 当然可以进行矢量和矩阵的任何计算和操作，包括矩阵的各种分解等高级运算，甚至可以处理任意阶张量的一些基本运算。由于这也是最基本的内容，在此不再给出实例进行展示了。下面主要介绍列表或数组的操作，如可以利用内部函数 Table[··] 定义数组 f，然后对数组的每一个元素都计算它的平方数。在计算之前先清理之前定义的变量：

In[13]:= Clear[fce]

上面代码中 Clear[fce] 函数是清除对 fce 的定义，默认没有输出。如果后面程序要继续用到前面定义过的字符串 fce，需要清除，不然可能会出现错误。当然可以用新的字符，如果记不住前面定义过的变量，那可以统一用 Quit[] 命令全部清除。

In[14]:= f = Table[2$n$ + 1, {$n$, 0, 9}]

Map[#²&, f]

Out[14]:= {1, 3, 5, 7, 9, 11, 13, 15, 17, 19}

Out[15]:= {1, 9, 25, 49, 81, 121, 169, 225, 289, 361}

上面代码 In[14] 是一次输入两行代码，实际是两个输入，所以对应输出也是两个。对数组 f 所有元素的平方操作可以用更为简洁的符号命令：

In[16]:= #²&/@f

Out[16]:= {1, 9, 25, 49, 81, 121, 169, 225, 289, 361}

如果要实现把数组 f 的所有元素都加起来的操作，则代码为

In[17]:= Apply[Plus,f]

Out[17]:= 100

上面的求和可以用非常简洁的特殊符号来表示：

In[18]:= Plus@@f

Out[18]:= 100

其中，符号 @@ 表示把其前面的加法 Plus 运算作用在数组 f 的所有元素上并给出一个结果，如果要全部乘起来再平方，则代码为

In[19]:= Times@@f²

Out[19]:= 428670161650355625

注意代码 In[19] 的运算中 @@ 是比平方更高级的运算，所以代码先计算了 f 所有元素的乘积，然后才进行平方运算，其结果虽然和 Times@@(f²) 的结果在乘法计算上是相同的，但如果是加法的话，如代码 Plus@@f²，其结果和 Plus@@(f²) 是不同的。总之，Mathematica 不仅可以让用户自己定义各类复杂的函数并进行复杂的运算，而且其本身也已经提供了大量对函数进行解析分析和数值计算的内部函数，尤其对于量子力学所涉及的各类特殊函数，Mathematica 都有相应的内部函数提供使用 [104]。使用任何函数，其自变量的性质和数据结构是 Mathematica 语法要求的关键。

### A.2.3  图形输出、音频处理和动画演示

对函数或数据的图形输出来说，Mathematica 给出了非常丰富的函数命令，首先利用各种函数命令可以轻松画出某些函数、等式或不等式的二维/三维图像，如利用 Plot[··] 画出三角函数 $\sin(\theta)$、$\sin(3\theta)$ 和 $\frac{1}{11}\sum_{n=0}^{10}\sin[(2n+1)\theta]$ 的图像；其次利用 ParametricPlot[··] 参数函数作图，如两个振动耦合的二维李萨如 (Lissajous) 图，用下面的代码定义 Fig1 和 Fig2，然后横排输出：

In[20]:= Quit[ ]; (∗ 清除所有变量的定义和值 ∗)

上面的代码是先清除全部定义的变量 (系统将清空前面所有的输入和定义,后

面的输入将不会接着分配号码 [21]，而是从 [1] 重新开始分配)，代码后面是注释和说明，格式是 "(∗ 注释内容 ∗)"。

In[1]:= Fig1 = Plot[{Sin[$\theta$], Sin[$3\theta$], Sum[Sin[$(2n+1)\theta$], {$n, 0, 10$}]/11}, {$\theta$, 0, $2\pi$}, PlotRange→ {$-1, 1$}, Frame→True, FrameStyle→Directive[Black, 15], FrameTicks→ {{{$-1, 0, 1$},None},{{$0, \pi/2, \pi, 3\pi/2, 2\pi$ },None}}];

Fig2 = GraphicsGrid[Table[ParametricPlot[{Sin[$\omega_1 t$], Sin[$\omega_2 t + \pi/4$]}, {$t, 0, 2\pi$ }, Axes→False], {$\omega_1, 4$ }, {$\omega_2, 4$}]];

GraphicsRow[{Fig1, Fig2}, Spacings→0, Frame→All]

Out[3]:=

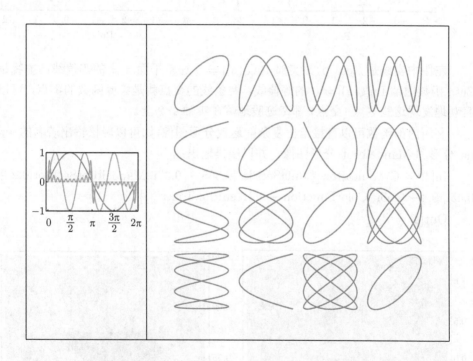

上面程序的输入显然是三次输入，所以最后一次输出是针对最后一次输入的输出 Out[3]，前面两次输出由于句末用分号 ";" 所以没有输出。

对于隐函数，可以利用 Contuour[··] 给出其不同值的等值线图形，如为了展示著名的**黎曼猜想** (Riemann conjecture)，所有非平凡的 Zeta 函数的零点都在实部为 1/2 的虚轴上。可以利用 Demostration 网站上的代码 (此处略去)，给出 Zeta 函数实部和虚部都为零的等值线图像 (左图) 和 $|\zeta(z)| = 0.1$ 的等值线图像 (右图)，代码输出的结果如下：

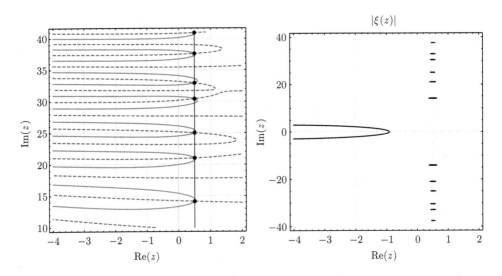

左图中实线是 Zeta 函数实部 $\mathrm{Re}[\zeta(z)] = 0$ 在复平面 $z$ 上的等值线, 虚线是 Zeta 函数虚部 $\mathrm{Im}[\zeta(z)] = 0$ 的等值线, 两条线的交点就是黎曼函数的零点, 可以直观地发现这些零点 (交点) 都奇迹般地落在实轴 $1/2$ 上。

利用内部函数可以直接给出复杂的迭代分形图像, 如可以轻松输出著名的 Julia 分形和 Mandelbrot 分形图像, 并以横排输出:

In[4]:= GraphicsRow[{JuliaSetPlot[0.365 − 0.37i],MandelbrotSetPlot[0.2 + 0.45i, 0.4 + 0.65i, ColorFunction →"GreenPinkTones"]}]

Out[4]:=

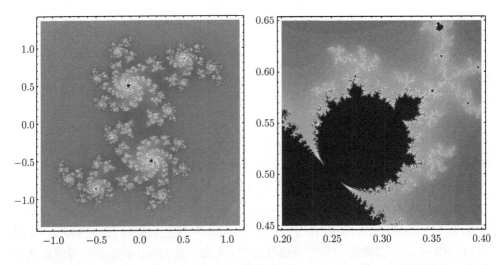

除了以上的已知函数或迭代关系的图像之外, Mathematica 还提供了二维或

三维的矢量图如 VectorPlot[··] 或流线图 SteamPlot[··]，以及其他的各类 Plot 图如极坐标图 PolarPlot[··]、实部虚部图 ReImPlot[··] 等。例如：

In[5]:=field[{x_, y_}] = {x − y − x(x² + y²), x + y − y(x² + y²)};

Fig3=VectorPlot[Evaluate[field[x, y]], {x, −2, 2}, {y, −2, 2}, VectorPoints → Flatten[Table[p = {Cos[2πt], Sin[2πt]}; {(3/4) p, (5/4) p}, t, Range[20]/20], 1], StreamPoints → 15, StreamStyle → Black, StreamScale → None];

Fig4=StreamPlot[{−1 − x² + y, 1 + x − y²}, {x, −3, 3}, {y, −3, 3}, StreamPoints→ 30];

Fig5=PolarPlot[Sin[5θ, {θ, 0, π}, Frame → True, PlotStyle → Black];

GraphicsRow[{Fig3, Fig4, Fig5}]

Out[9]:=

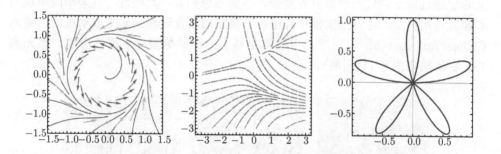

上面输出的平面图从左到右分别是矢量场图、流线图和极坐标图，当然对于上面三种类型的图，Mathematica 都有对应的三维图形命令。在量子力学中经常用到的密度分布图 DensityPlot3D[··]，可以用来展示粒子在空间的概率分布。当然除了上面这些已知解析函数的作图功能外，Mathematica 还可以对数值计算后的各种数据结构进行图形展示，在此不再介绍。下面介绍 Mathematica 在**几何图论**中的作图功能和利用代码进行模拟演化的**元胞自动机** (cellular automata)。

Mathematica 在图论中的应用相当广泛，首先它可以画出任意结构的网络图形，如作出图论中的**彼得森** (Petersen) 图，这是一种简单的轴对称非平面图，特点是没有回路 (非哈密顿图)，如输出一个标准彼得森图，然后得到其对应的网络邻接矩阵，并画出邻接矩阵的图像，代码如下：

In[10]:= G52 = PetersenGraph[5, 2, VertexLabels → "Name"]

AdjacencyMatrix[G52]

ArrayPlot[%]

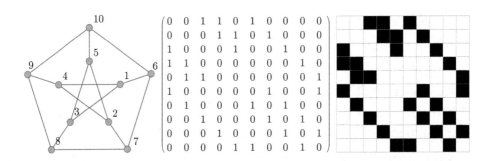

为了排版方便，把软件输入代码 In[10]、In[11]、In[12] 三次输出的图形放在同一行进行显示，最左边的图形是输出一个 10 个节点的彼得森图，然后输出它的邻接矩阵 (中间的图)，最后输出邻接矩阵的图形显示 (最右边的图)，其中矩阵元素为 1 的地方显示黑方块，为 0 的地方显示白方块。

元胞自动机是 Mathematica 一个非常重要的功能函数，这也是 Wolfram 本人希望通过简单的代码模拟世界复杂表象的思想初衷。元胞自动机采用简单规则和相互作用关系，可以用来模拟几乎所有系统的演化过程。元胞自动机的函数为 CellularAutomaton[··]。下面六个图形是基于六种简单演化规则输出的一维元胞自动机的演化图形 (代码略)。

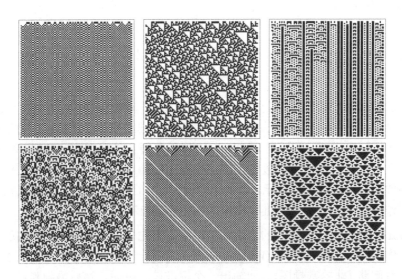

上面图形是演化初始值是 100 个随机排列的 0 和 1 的数组 (第 1 行)，然后演化了 100 步后的整体图形 (纵向 100 行)，可见初始值的多样性或随机性加不同的演化规则会生成非常复杂的图案。元胞自动机是 Wolfram 的一种新科学的基本思想之一，也是其利用简单规则 (代码) 解释客观世界复杂表象的重要体现[105]。需要说明的是，Mathematica 利用文件输出命令 Export[··] 能将演化的过程制作为

动画演示, 如利用 Manipulate[··]、Animate[··]、Dynamic[··] 甚至 Table[··] 产生多帧图像或数据, 通过输出得到各种格式的视频播放文件。

当然 Mathemaica 还提供了各种函数的变换, 如常用的傅里叶 (Fourier) 变换、拉普拉斯 (Laplace) 变换、小波变换和卷积等, 以及建立在各类算法基础上的对各种图像、音频和视频进行更为复杂的处理和识别, 如图像插值、图像的转换, 以及条形码或二维码的识别和生成等, 在此不再进行介绍。

### A.2.4　求解微分方程和方程组

在 Mathematica 的 Demostrations 网站上可以下载求解各种微分方程组的程序, 如混沌吸引子领域求解著名的洛伦兹 (Lorentz) 方程:

$$
\begin{cases}
\dfrac{\mathrm{d}x}{\mathrm{d}t} = \sigma\,(y - x) \\[2mm]
\dfrac{\mathrm{d}y}{\mathrm{d}t} = -xz + rx - y \\[2mm]
\dfrac{\mathrm{d}z}{\mathrm{d}t} = xy - bz
\end{cases}
$$

该方程组是一个有三个变量的非线性微分方程组, 该方程组的解揭示了气象领域著名的**蝴蝶效应**混沌吸引子。网站上关于该方程组的代码是共享的 (在此省略)[106], 稍作修改后输出的结果如下:

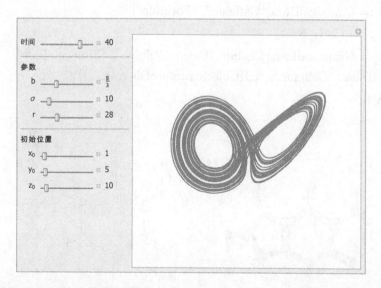

上面微分方程轨迹图像的输出是由 Manipulate[··] 函数所给出的动态三维图, 其中左边面板上的时间、参数和初始位置这些量都可以通过手动拉动按钮来改变,

从而蝴蝶形的混沌吸引子图像也会随之改变。用鼠标选中该三维图，可以任意转动查看图形的任何角度。当然可以利用输出命令 Export[··] 输出不同格式的演化动画文件进行展示。

### A.2.5　与其他语言的交互性和网络云平台

Mathematica 和其他高级语言 (如 C 语言、Fortran 语言、Python 语言等) 都能进行简单的交互，可以调用 C、Fortran、Python 等语言的输出并转化为 Mathematica 的表示形式，也可以将 Mathematica 的输出转化为 C 语言、Fortran 语言及 Tex 格式，甚至还可以在 C 语言等其他语言中嵌入 Mathematica 语句，同时也增强了 Mathematica 的功能。Mathematica 提供输入函数 Import[··] 和输出函数 Export[··] 进行数据、图像、公式等的不同格式的输入输出，非常方便快捷。

Mathematica 如果联网各类网站和云平台，可以展示更加强大的数据获取和计算功能。Mathematica 的函数程序不仅能直接下载任何已知网址的网页上的各种数据和文件，还可以连接 Wolfram 公司或其他机构建立的各类数据库，能及时获得各个领域的数据。程序可以直接下载很多有用的社会经济、人口、地理等数据并根据数据生成各种各样的图形。

在化学方面，Mathematica 可以根据要求给出不同化学分子的图像，或者直接联网下载分子库中的化学分子结构。例如，下面的代码给出咖啡因 (caffeine) 分子的分子式和各种结构图像：

In[2]:= ChemicalData["Caffeine", "Formula"]

Out[2]:= $C_8H_{10}N_4O_2$

In[3]:= GraphicsRow[{ChemicalData["Caffeine", "MoleculePlot"], ChemicalData ["Caffeine", "CHColorStructureDiagram"]}]

Out[3]:=

　　总之，上面的简单实例并不能完全展现 Mathematica 的强大功能，只要掌握了 Mathematica 软件，就可以成为一个具备基本数学知识并掌握所有科学数据和工具的人，就可以自由处理所涉及领域的很多解析计算和数据模拟问题。Mathematica 带给量子力学的是，学习量子力学将不再纠缠于数学上的复杂计算，而更加注重数学思想的应用和物理概念的理解，也不再因为无法快速掌握数学上已有的成果和知识而倍感困惑，使用者在 Mathematica 的帮助下能够彻底摆脱由于数学计算上难以实现而产生的障碍。Mathematica 为量子力学的学习带来更为具体直观的感受和美妙生动的体验，从而使用者更加容易深刻理解微观世界的奇特现象和抽象场景。

# 附录 B 狄拉克函数及其性质

## B.1 狄拉克函数的定义

英国物理学家狄拉克 (Dirac) 所引入的狄拉克 $\delta$ **函数** (Dirac's delta function) 一般是指具有如下性质的**分布函数**:

$$\delta(x) \equiv \begin{cases} 0, & x \neq 0 \\ \infty, & x = 0 \end{cases} \tag{B.1}$$

并且其满足如下的归一化可积条件:

$$\int_{-\infty}^{+\infty} \delta(x)\, \mathrm{d}x = 1$$

显然狄拉克 $\delta$ 函数不是一般严格意义上的函数, 因为其在 $x = 0$ 点处是无穷大, 在该点其实是没有定义的**奇点** (singularity), 但它又是一个具有良好性质的分布函数, 因为其积分为 1, 所以狄拉克 $\delta(x)$ 函数的量纲是自变量 $x$ 单位的倒数。根据狄拉克 $\delta(x)$ 函数的定义, 其最重要的性质表现在和其他任意函数 $f(x)$ 的积分性质上:

$$\int_{-\infty}^{+\infty} f(x)\, \delta(x - x_0)\, \mathrm{d}x = f(x_0) \tag{B.2}$$

$\delta(x)$ 函数的另一种定义来源于如下的**阶梯函数** $\Theta(x)$:

$$\Theta(x) \equiv \begin{cases} 1, & x > 0 \\ 0, & x < 0 \end{cases} \Rightarrow \Theta(x - x_0) \equiv \begin{cases} 1, & x > x_0 \\ 0, & x < x_0 \end{cases} \tag{B.3}$$

定义式 (B.3) 中的第二个式子利用了坐标平移。阶梯函数显然是在阶梯点不连续的函数, 有时候可以作为截断函数使用, 因为其在阶梯点以下是 0, 以上才是 1, 如积分区域的选择: $\int_{-\infty}^{+\infty} f(x)\Theta(x - x_0)\mathrm{d}x = \int_{x_0}^{+\infty} f(x)\mathrm{d}x$。由于阶梯函数定义式 (B.3) 在阶梯点处没有定义, 所以为了求微分等运算的方便, 经常采用如下定义的阶梯函数：

$$\Theta(x) \equiv \begin{cases} 1, & x > 0 \\ \dfrac{1}{2}, & x = 0 \\ 0, & x < 0 \end{cases} \Rightarrow \Theta(x - x_0) \equiv \begin{cases} 1, & x > x_0 \\ \dfrac{1}{2}, & x = x_0 \\ 0, & x < x_0 \end{cases} \tag{B.4}$$

式 (B.4) 所定义的阶梯函数通常称为**亥维赛阶跃函数** (Heaviside step function)，其对应于**符号函数** $2\Theta(x) - 1 = |x|/x$。狄拉克 $\delta(x)$ 函数和亥维赛阶跃函数 $\Theta(x)$ 在 Mathematica 软件都是内部函数，分别为 DiracDelta[$x$] 和 Heaviside-Theta[$x$]，都可以被直接调用进行微分、积分等运算。

这样在如上定义的任何阶梯函数的基础上，$\delta(x)$ 函数就可以定义为阶梯函数的导函数，显然有

$$\delta(x - x_0) \equiv \frac{\mathrm{d}}{\mathrm{d}x}\Theta(x - x_0) = \begin{cases} 0, & x \neq x_0 \\ \infty, & x = x_0 \end{cases} \tag{B.5}$$

显然以上定义在阶跃点 $x_0$ 处相当于进行如下的运算：

$$\delta(x - x_0) = \lim_{\varepsilon \to 0} \frac{\Theta(x - x_0 + \varepsilon) - \Theta(x - x_0 - \varepsilon)}{2\varepsilon}$$

利用以上 $\delta(x)$ 函数的定义，可以把复杂函数的 $\delta(x)$ 函数形式分解为简单形式，如对函数 $f(x) = x^2 - a^2$ 的 $\delta(x)$ 函数为 $\delta[f(x)] = \delta(x^2 - a^2)$，用阶跃函数证明其可以分解为

$$\delta(x^2 - a^2) = \frac{1}{2|a|}[\delta(x - a) + \delta(x + a)]$$

更一般地，如果有函数：

$$f(x) = (x - x_0)(x - x_1)(x - x_2)\cdots(x - x_n)$$

其中，要求 $x_0 < x_1 < x_2 < \cdots < x_n$，那么可以证明：

$$\delta[f(x)] = \sum_{k=0}^{n} \frac{1}{|f'(x_k)|}\delta(x - x_k)$$

以上的 $\delta(x)$ 函数及其导数可以直接推广到三维。例如，在直角坐标系中有

$$\delta(\boldsymbol{r} - \boldsymbol{r}_0) = \delta(x - x_0)\delta(y - y_0)\delta(z - z_0)$$

其中，$r$ 是三维矢量，其分量在直角坐标系中是 $(x, y, z)$；$r_0$ 对应 $(x_0, y_0, z_0)$。在柱坐标系中：

$$\delta\left(\boldsymbol{r}-\boldsymbol{r}_0\right)=\frac{1}{r}\delta\left(r-r_0\right)\delta\left(\theta-\theta_0\right)\delta\left(z-z_0\right)$$

在球坐标系中：

$$\delta\left(\boldsymbol{r}-\boldsymbol{r}_0\right)=\frac{1}{r\sin^2\theta}\delta\left(r-r_0\right)\delta\left(\theta-\theta_0\right)\delta\left(\phi-\phi_0\right)$$

同样三维 $\delta(x)$ 函数的三维积分为

$$\int_{-\infty}^{+\infty}f\left(\boldsymbol{r}\right)\delta\left(\boldsymbol{r}-\boldsymbol{r}_0\right)\mathrm{d}^3\boldsymbol{r}=f\left(\boldsymbol{r}_0\right)$$

## B.2  狄拉克函数及其微分的性质

除了如式 (B.2) 所示的积分性质外，$\delta(x)$ 函数及其导函数分别是偶函数和奇函数，并存在标度规律：

$$\delta\left(x-x_0\right)=\delta\left(x_0-x\right),\quad\delta'\left(x-x_0\right)=-\delta'\left(x_0-x\right),\quad\delta\left(ax\right)=\frac{\delta\left(x\right)}{|a|}\quad\text{(B.6)}$$

由于 $\delta(x)$ 函数是通过连续但不光滑的阶梯函数 $\Theta(x)$ 的导数定义的，所以其具有更高的奇异性，同理其导函数 $\delta'(x)$ 则要进行如下运算：

$$\delta'\left(x-x_0\right)=\lim_{\varepsilon\to0}\frac{\delta\left(x-x_0+\varepsilon\right)-\delta\left(x-x_0-\varepsilon\right)}{2\varepsilon}$$

$$=\lim_{\varepsilon\to0}\frac{\Theta\left(x-x_0+2\varepsilon\right)-2\Theta\left(x-x_0\right)+\Theta\left(x-x_0-2\varepsilon\right)}{\left(2\varepsilon\right)^2}$$

显然以上的计算表明 $\delta'(x)$ 具有更高的奇异性。但和 $\delta(x)$ 函数类似，$\delta'(x)$ 与任意函数的积分能表现出很好的性质，所以 $\delta'(x)$ 函数同样可以通过与具有良好性质的试探波函数 $f(x)$ 的积分来定义：

$$\int_{-\infty}^{+\infty}f\left(x\right)\delta'\left(x-x_0\right)\mathrm{d}x=-f'\left(x_0\right)$$

显然只要函数 $f(x)$ 在 $x=x_0$ 处一阶可微就可以。同理对于一般的 $\delta(x)$ 函数的任意 $n$ 阶导函数定义为

$$\int_{-\infty}^{+\infty}f\left(x\right)\delta^{(n)}\left(x-x_0\right)\mathrm{d}x=(-1)^n f^{(n)}\left(x_0\right)\quad\text{(B.7)}$$

有了以上关于 $\delta(x)$ 函数及其导函数的定义, 得到以下有用的等式:

$$x\delta(x)=0,\quad x\delta'(x)=-\delta(x),\quad x^2\delta''(x)=2\delta(x) \tag{B.8}$$

## B.3　狄拉克函数和其他函数的关系

下面给出一些常用的分布函数序列, 它们的极限最后都收敛于 $\delta$ 分布函数。首先是非常直观的宽度趋于零的等概率柱状分布函数:

$$\delta(x)=\lim_{a\to 0}f_a(x),\quad f_a(x)\equiv\begin{cases}\dfrac{1}{a},&|x|\leqslant\dfrac{a}{2}\\[2mm]\infty,&|x|>\dfrac{a}{2}\end{cases}$$

其次是**高斯分布函数**和**洛伦兹分布函数**宽度趋于零的极限:

$$\delta(x)=\lim_{\sigma\to 0}\frac{1}{\sigma\sqrt{\pi}}e^{-\frac{x^2}{\sigma^2}}=\lim_{a\to\infty}\sqrt{\frac{a}{\pi}}e^{-ax^2}$$

$$\delta(x)=\lim_{\varepsilon\to 0+}\frac{1}{\pi}\frac{\varepsilon}{x^2+\varepsilon^2}=\lim_{\delta\to\infty}\frac{1}{\pi}\frac{\delta}{1+\delta^2 x^2}$$

以及 Sinc 函数或**采样函数** (sampling function) 的极限:

$$\delta(x)=\lim_{k\to\infty}\frac{1}{\pi}\frac{\sin(kx)}{x}=\lim_{k\to\infty}\frac{1}{k\pi}\frac{\sin^2(kx)}{x^2}=\lim_{k\to\infty}\frac{1}{2\pi}\frac{\sin\left[\left(k+\frac{1}{2}\right)x\right]}{\sin\left(\frac{1}{2}x\right)}$$

还有许多特殊分布或特殊函数如艾里函数 $\mathrm{Ai}(x)$ 和贝塞尔函数 $\mathrm{J}_n(x)$ 的极限:

$$\delta(x)=\lim_{\varepsilon\to 0}\frac{\varepsilon}{2}|x|^{\varepsilon-1}=\lim_{\varepsilon\to 0}\frac{1}{\varepsilon}\mathrm{Ai}\left(\frac{x}{\varepsilon}\right)=\lim_{\varepsilon\to 0}\frac{1}{\varepsilon}\mathrm{J}_{1/\varepsilon}\left(\frac{x+1}{\varepsilon}\right)$$

利用以上函数序列, 可以得到以下和 $\delta(x)$ 函数有关的微分和积分关系。例如, 根据定义式 (B.5) 符号函数的微分关系为

$$\delta(x)=\frac{\mathrm{d}}{\mathrm{d}x}\left[\frac{1}{2}\left(1+\frac{|x|}{x}\right)\right]=\frac{1}{2}\frac{\mathrm{d}}{\mathrm{d}x}\left(\frac{|x|}{x}\right)$$

对数函数的微分关系为

$$\frac{\mathrm{d}}{\mathrm{d}x}\ln x=\frac{1}{x}-\mathrm{i}\pi\delta(x)$$

经常用到的傅里叶积分关系：

$$\frac{1}{2\pi\hbar}\int_{-\infty}^{+\infty}\mathrm{e}^{\mathrm{i}px/\hbar}\mathrm{d}x=\delta\left(p\right),\quad\frac{1}{2\pi}\int_{-\infty}^{+\infty}\mathrm{e}^{\mathrm{i}(k-k_0)x}\mathrm{d}x=\delta\left(k-k_0\right)$$

以及如下复函数积分的分立 $\delta$ 正交关系：

$$\delta_{mn}=\int\frac{\mathrm{d}z}{2\pi\mathrm{i}}\frac{z^m}{z^{n+1}}\Rightarrow\delta_{mn}=\frac{1}{2\pi}\int\mathrm{e}^{\mathrm{i}k(m-n)}\mathrm{d}k \tag{B.9}$$

任意函数 $f(x)$ 和 $\delta(x)$ 函数的**卷积** (convolution) 公式：

$$f\left(x\right)*\delta\left(x+x_0\right)\equiv\int_{-\infty}^{+\infty}f\left(x'\right)\delta\left[x'-\left(x+x_0\right)\right]\mathrm{d}x'=f\left(x+x_0\right)$$

另外通过定义于某个区间 $[a,b]$ 的正交完备基矢 $\{\psi_n(x)\}$，任意函数 $f(x)$ 可以展开为

$$f\left(x\right)=\sum_m c_m\psi_m\left(x\right),c_m=\int_a^b\psi_m^*\left(x\right)f\left(x\right)\mathrm{d}x,\quad\int_a^b\psi_m^*\left(x\right)\psi_n\left(x\right)\mathrm{d}x=\delta_{mn}$$

那么当 $x,x_0\in[a,b]$ 时，有如下关系：

$$\sum_n\psi_n^*\left(x\right)\psi_n\left(x_0\right)=\delta\left(x-x_0\right) \tag{B.10}$$

(1) 如果在整个 $[-\infty,+\infty]$ 区间取如下完备的箱归一化平面波基矢 (注意此处 $a>0$，采用箱子的大小范围)：

$$\psi_n\left(x\right)=\frac{1}{\sqrt{a}}\mathrm{e}^{\mathrm{i}\frac{2\pi n}{a}x},\quad n=-\infty,\cdots,+\infty$$

那么根据式 (B.9) 可以证明其正交完备性：

$$\int_{-\infty}^{+\infty}\psi_m^*\left(x\right)\psi_n\left(x\right)\mathrm{d}x=\frac{1}{a}\int_{-\infty}^{+\infty}\mathrm{e}^{\mathrm{i}\frac{2\pi}{a}(n-m)x}\mathrm{d}x=\delta_{mn}$$

所以可以根据式 (B.10) 证明如下的等式 (取 $x_0=0$ 并且 $|x|<\dfrac{a}{2}$)：

$$\delta\left(x\right)=\frac{1}{a}\sum_{n=-\infty}^{\infty}\mathrm{e}^{\mathrm{i}n\frac{2\pi}{a}x}=\sum_{n=-\infty}^{\infty}\delta\left(x-na\right) \tag{B.11}$$

如果将 $x$ 的值在全空间进行拓展,展开项会变成空间周期为 $a$ 的周期函数,称为**狄拉克梳**或者**沙哈函数** (Shah function),利用其作为空间周期函数的傅里叶级数展开可以证明式 (B.11)。如果在时间域内,狄拉克梳则被称为以周期 $T$ 发射的超短脉冲序列:

$$\frac{1}{T} \sum_{n=-\infty}^{\infty} \mathrm{e}^{\mathrm{i}n\frac{2\pi}{T}t} = \sum_{n=-\infty}^{\infty} \delta\left(t - nT\right)$$

(2) 如果取 $[0,a]$ 区间内无限深势阱的本征波函数为完备基矢:

$$\varphi_n\left(x\right) = \sqrt{\frac{2}{a}} \sin\left(\frac{n\pi}{a}x\right), \quad n = 1, 2, \cdots, \infty$$

该波函数显然是动能算子 $\hat{p}^2$ 的本征函数: $\hat{p}^2\varphi_n(x) = \left(\frac{\hbar\pi n}{a}\right)^2 \varphi_n(x)$。当然如果只考虑速率 (速度大小),那么该本征函数也是速率算符的本征函数。根据式 (B.10) 有 (注意取值范围为 $|x - x_j| < \dfrac{a}{2}$)

$$\frac{2}{a} \sum_{n=1}^{\infty} \sin\left(\frac{n\pi}{a}x\right) \sin\left(\frac{n\pi}{a}x_j\right) = \delta\left(x - x_j\right)$$

# 附录 C  艾里函数及其性质

## C.1  艾  里  函  数

第一类**艾里函数** (Airy function)$\mathrm{Ai}(x)$ 是如下二阶微分方程的一个解：

$$\frac{\mathrm{d}^2 y(x)}{\mathrm{d}x^2} = xy(x) \tag{C.1}$$

该方程被称为**艾里方程**，可用**傅里叶变换**求解。定义如下的傅里叶变换：

$$\tilde{y}(k) = \int_{-\infty}^{+\infty} y(x)\,\mathrm{e}^{-\mathrm{i}kx}\mathrm{d}x, \quad y(x) = \frac{1}{2\pi}\int_{-\infty}^{+\infty} \tilde{y}(k)\,\mathrm{e}^{\mathrm{i}kx}\mathrm{d}x \tag{C.2}$$

对方程 (C.1) 两边进行傅里叶变换：

$$\int_{-\infty}^{+\infty} \frac{\mathrm{d}^2 y(x)}{\mathrm{d}x^2}\mathrm{e}^{-\mathrm{i}kx}\mathrm{d}x = \int_{-\infty}^{+\infty} xy(x)\,\mathrm{e}^{-\mathrm{i}kx}\mathrm{d}x$$

利用傅里叶变换的性质，可以得到：

$$(\mathrm{i}k)^2\,\tilde{y}(k) = \mathrm{i}\frac{\mathrm{d}\tilde{y}(k)}{\mathrm{d}k} \Rightarrow \frac{\mathrm{d}\tilde{y}(k)}{\mathrm{d}k} = \mathrm{i}k^2\tilde{y}(k) \tag{C.3}$$

方程 (C.3) 的解显然可以通过直接积分得到：

$$\tilde{y}(k) = \mathrm{e}^{\mathrm{i}k^3/3} \tag{C.4}$$

对式 (C.4) 进行反傅里叶变换，就得到方程 (C.1) 的解，定义为第一类艾里函数：

$$\mathrm{Ai}(x) \equiv \frac{1}{2\pi}\int_{-\infty}^{+\infty}\mathrm{e}^{\mathrm{i}\left(\frac{1}{3}k^3 + kx\right)}\mathrm{d}k = \frac{1}{\pi}\int_0^{+\infty}\cos\left(\frac{1}{3}k^3 + kx\right)\mathrm{d}k \tag{C.5}$$

式 (C.5) 可以展开为级数, 得到如下艾里函数的级数展开形式:

$$\mathrm{Ai}\left(x\right) = \frac{1}{\pi 3^{2/3}} \sum_{n=0}^{\infty} \frac{\Gamma\left(\dfrac{n+1}{3}\right)}{n!} \sin\left(\frac{2\left(n+1\right)\pi}{3}\right) \left(3^{1/3}x\right)^{n}$$

其中, $\Gamma(x)$ 是**伽马函数** (Gamma function), 定义为

$$\Gamma\left(x\right) = \int_{0}^{+\infty} t^{x-1}\mathrm{e}^{-t}\mathrm{d}t \tag{C.6}$$

当 $x$ 为整数 $n$ 时有 $\Gamma(n) = (n-1)!!$。在 Mathematica 中第一类艾里函数和伽马函数都有内部函数可用于各种计算, 分别为 AiryAi[$x$] 和 Gamma[$x$]。

从上面的求解过程来看, 显然第一类艾里函数 $\mathrm{Ai}(x)$ 是满足方程 (C.1) 的一个特解:

$$\frac{\mathrm{d}^2}{\mathrm{d}x^2}\mathrm{Ai}\left(x\right) = x\mathrm{Ai}\left(x\right)$$

然而事实上对于任意的边界条件, 方程 (C.1) 的一般通解为

$$y\left(x\right) = c_1\mathrm{Ai}\left(x\right) + c_2\mathrm{Bi}\left(x\right) \tag{C.7}$$

其中, $\mathrm{Bi}(x)$ 被称为第二类艾里函数, 和第一类艾里函数 $\mathrm{Ai}(x)$ 是彼此线性无关的; 系数 $c_1$ 和 $c_2$ 则由方程所在物理问题的边界条件决定。例如, 在 $x = 0$ 处艾里函数及其导数的值分别为

$$\mathrm{Ai}(0) = \frac{1}{3^{2/3}\Gamma\left(\dfrac{2}{3}\right)} \approx 0.355028, \quad \mathrm{Ai}'(0) = -\frac{1}{3^{1/3}\Gamma\left(\dfrac{1}{3}\right)} \approx -0.258819$$

$$\mathrm{Bi}(0) = \frac{1}{3^{1/6}\Gamma\left(\dfrac{2}{3}\right)} \approx 0.614927, \quad \mathrm{Bi}'(0) = \frac{3^{1/6}}{\Gamma\left(\dfrac{1}{3}\right)} \approx 0.448288$$

## C.2　艾里函数的性质

下面介绍艾里函数 $\mathrm{Ai}(x)$ 的一些有用性质。首先是艾里函数有如下的正交关系:

$$\int_{-\infty}^{+\infty} \mathrm{Ai}\left(x - x_1\right)\mathrm{Ai}\left(x - x_2\right)\mathrm{d}x = \delta\left(x_1 - x_2\right)$$

其次是艾里方程解的平移和标度变换关系。如果艾里方程 (C.1) 的解为 $y(x) = \mathrm{Ai}(x)$，那么以下方程的解为

(1) 坐标平移方程：

$$\frac{\mathrm{d}^2 y\,(x)}{\mathrm{d}x^2} = (x - x_0)\,y\,(x)\,, \quad \text{解为 } y\,(x) = \mathrm{Ai}\,(x - x_0)$$

(2) 标度变换方程：

$$\frac{\mathrm{d}^2 y\,(x)}{\mathrm{d}x^2} = b^3\,(x - x_0)\,y\,(x)\,, \quad \text{解为 } y\,(x) = \mathrm{Ai}\,[b\,(x - x_0)]$$

# 附录 D  拉盖尔多项式及函数

连带 (广义) 拉盖尔多项式 (associated Laguerre polynomial) 定义为

$$L_n^k(x) \equiv (-1)^k \frac{\mathrm{d}^k}{\mathrm{d}x^k} L_{n+k}(x) = \sum_{j=0}^{n} \frac{(n+k)!}{(n-j)!\,(k+j)!} \frac{(-x)^j}{j!} \tag{D.1}$$

它是如下常微分方程的解:

$$x\frac{\mathrm{d}^2 L_n^k(x)}{\mathrm{d}x^2} + (k+1-x)\frac{\mathrm{d}L_n^k(x)}{\mathrm{d}x} + nL_n^k(x) = 0 \tag{D.2}$$

根据定义得 $n$ 和 $k$ 都是正**整数**。式 (D.1) 中的 $L_n(x)$ 为 $n$ 阶拉盖尔多项式,定义为

$$L_n(x) \equiv \frac{\mathrm{e}^x}{n!} \frac{\mathrm{d}^n}{\mathrm{d}x^n} (x^n \mathrm{e}^{-x}) = \sum_{j=0}^{n} \frac{n!}{(n-j)!\,j!} \frac{(-x)^j}{j!} \tag{D.3}$$

它是如下二阶拉盖尔微分方程的解:

$$x\frac{\mathrm{d}^2 L_n(x)}{\mathrm{d}x^2} + (1-x)\frac{\mathrm{d}L_n(x)}{\mathrm{d}x} + nL_n(x) = 0$$

显然 $L_n^0(x) = L_n(x)$。利用 Mathematica 可以轻易获得多项式 $L_0(x), L_1(x), \cdots$ 的具体形式,并能轻松验证它们满足上面的微分方程。拉盖尔多项式和连带拉盖尔多项式满足如下的加权正交归一化关系 [5]:

$$\int_0^{+\infty} \mathrm{e}^{-x} L_n(x) L_{n'}(x) \,\mathrm{d}x = \delta_{nn'}$$

$$\int_0^{+\infty} \mathrm{e}^{-x} x^k L_n^k(x) L_{n'}^k(x) \,\mathrm{d}x = \frac{(n+k)!}{n!} \delta_{nn'}$$

如果连带拉盖尔多项式 $L_n^k$ 中的 $k$ 不局限于整数 $(k \to \alpha)$,此时得到的推广的连带拉盖尔多项式 $L_n^\alpha(x)$ 则一般称为**连带拉盖尔函数** (associated Laguerre function)，其满足的方程也可以由式 (D.2) 推广到库默微分方程 (2.82)，此时连带拉盖尔函数和合流超几何函数存在如下关系：

$$L_n^\alpha(x) = \frac{\Gamma(\alpha + 1 + n)}{\Gamma(\alpha + 1)n!} \, {}_1F_1\left[-n; \alpha + 1; x\right]$$

# 附录 E 勒让德多项式和球谐函数

这里具体讨论一下勒让德多项式 (Legendre polynomial) 和连带勒让德多项式 (associated Legendre polynomial) 在 Mathematica 中的定义。在 Mathematica 中勒让德多项式的内部函数对应为 $P_l(x) \to \mathrm{LegendreP}[l, x]$，其定义式即为式 (4.23)。连带勒让德函数对应为 Mathematica 内部函数 $P_l^m(x) \to \mathrm{LegendreP}[l, m, x]$，但其定义不是由式 (4.23) 和式 (4.22) 共同决定的结果，因为式 (4.22) 中 $m$ 取了绝对值，而 Mathematica 中连带勒让德函数的 $m$ 不限制其取绝对值，也就是可以取正值也可以取负值，其定义如下：

$$P_l^m(x) = (-1)^m \frac{1}{2^l l!} \left(1 - x^2\right)^{m/2} \left(\frac{\mathrm{d}}{\mathrm{d}x}\right)^{l+m} \left(x^2 - 1\right)^l \tag{E.1}$$

显然上面定义的函数中参数 $m$ 取 $+m$ 和 $-m$ 的结果是不一样的，它们之间的关系满足：

$$P_l^{-m}(x) = \frac{(l-m)!}{(l+m)!} P_l^m(x) \tag{E.2}$$

下面给出几个 Legendre 多项式 $P_l(x)$(左列) 和连带 Legendre 多项式 $P_l^m(x)$(右列) 的具体函数形式：

$$P_0(x) = 1, \qquad\qquad P_2^{-2}(x) = \frac{1}{8}\left(1 - x^2\right)$$

$$P_1(x) = x, \qquad\qquad P_2^{-1}(x) = \frac{1}{2}x\sqrt{1 - x^2}$$

$$P_2(x) = \frac{1}{2}\left(3x^2 - 1\right), \qquad P_2^0(x) = \frac{1}{2}\left(3x^2 - 1\right)$$

$$P_3(x) = \frac{1}{2}\left(5x^3 - 3x\right), \qquad P_2^1(x) = -3x\sqrt{1 - x^2}$$

$$P_4(x) = \frac{1}{8}\left(35x^4 - 30x^2 - 3\right), \quad P_2^2(x) = 3\left(1 - x^2\right)$$

从上面的公式可以看出 $P_l(x)$ 当 $l = 0, 2, 4, \cdots$ 为偶数时具有偶宇称，当 $l = 1, 3, \cdots$ 为奇数时具有奇宇称。Legendre 多项式也是正交归一化的多项式，其满足：

$$\int_{-1}^{1} P_l(x) P_{l'}(x) \, \mathrm{d}x = \frac{2}{2l + 1} \delta_{ll'} \tag{E.3}$$

连带 Legendre 多项式 $P_l^m(x)$ 当 $l = 1, 3, \cdots$ 为奇数的时候不是多项式 (其中有 $\sqrt{1 - x^2}$ 项)，而且很容易验证式 (E.1) 和式 (E.2) 都成立。

利用 Mathematica 软件，对于以上的 Legendre 多项式及连带 Legendre 多项式给出的图像分别如图 E.1(a) 和 (b) 所示。同样 Mathematica 可以验证连带 Legendre 多项式的正交归一化条件：

$$\int_{-1}^{1} P_l^m(x) P_{l'}^m(x)\, dx = \frac{2}{2l+1} \frac{(l+m)!}{(l-m)!} \delta_{ll'} \tag{E.4}$$

其中，当 $m = 0$ 时自然回到 Legendre 多项式的正交归一化关系式 (E.3)。

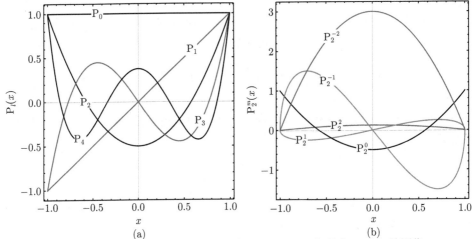

图 E.1　Legendre 多项式 $P_l(x)$ 和连带 Legendre 多项式 $P_l^m(x)$ 的图像
(a) Legendre 多项式 $P_l(x), l = 0, 1, 2, 3, 4$ 的图像；(b) 连带 Legendre 多项式
$P_l^m(x), l = 2, m = -2, -1, 0, 1, 2$ 的图像

对于球谐函数 $Y_{l,m}(\theta, \phi)$，在 Mathematica 中也有相应的专门内部函数，其函数名为 SphericalHarmonicY$[l, m, \theta, \phi]$，用上面的连带勒让德多项式表示为

$$Y_{l,m}(\theta, \phi) = \sqrt{\frac{2l+1}{4\pi}} \sqrt{\frac{(l-m)!}{(l+m)!}} P_l^m(\cos\theta)\, e^{im\phi} \tag{E.5}$$

利用上面的球谐函数定义，给出如下几个 $l = 3$ 的球谐函数：

$$Y_{3,\pm 3}(\theta, \phi) = \mp \frac{1}{8} \sqrt{\frac{35}{\pi}} \sin^3\theta e^{\pm 3i\phi}$$

$$Y_{3,\pm 2}(\theta, \phi) = \frac{1}{4} \sqrt{\frac{105}{2\pi}} \cos\theta \sin^2\theta e^{\pm 2i\phi}$$

$$Y_{3,\pm 1}(\theta,\phi) = \pm\frac{1}{8}\sqrt{\frac{21}{\pi}}\left(5\cos^2\theta-1\right)e^{\pm i\phi}$$

$$Y_{3,0}(\theta,\phi) = \frac{1}{4}\sqrt{\frac{7}{\pi}}\left(5\cos^3\theta-3\cos\theta\right)$$

由于球谐函数 $Y_{l,m}(\theta,\phi)$ 是复函数，可以利用 Mathematica 的内部函数 SphericalPlot3D$[r,\theta,\phi]$ 轻松给出上面几个球谐函数的分布图像，如图 E.2所示。图中显示的是球坐标下 $r=|Y_{l,m}(\theta,\phi)|^2$ 的图像，用半径大小表示 $|Y_{l,m}(\theta,\phi)|^2$ 在 $(\theta,\phi)$ 处的值，显然其大小只依赖于 $\theta$ 且不随 $\phi$ 改变，所以函数的图像是关于竖直 $z$ 轴旋转对称的。利用 Mathematica 可以验证球谐函数的**空间反演**性质：$Y_{l,m}(\pi-\theta,\pi+\phi)=(-1)^l Y_{l,m}(\theta,\phi)$。

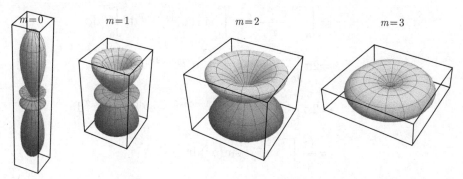

图 E.2　球谐函数 $|Y_{3,m}(\theta,\phi)|^2$ 的分布图

显然式 (E.5) 定义的球谐函数满足：

$$Y_{l,-m}(\theta,\phi) = Y_{l,m}^{*}(\theta,\phi)$$

以及正交归一化条件：

$$\int Y_{l,m}^{*}(\theta,\phi)\,Y_{l',m'}(\theta,\phi)\,\mathrm{d}\Omega = \delta_{ll'}\delta_{mm'}$$

其中，球坐标下立体角积分元 $\mathrm{d}\Omega = \sin\theta\mathrm{d}\theta\mathrm{d}\phi$。

# 附录 F　库仑势场的傅里叶变换

为了计算库仑势 $1/r$ 的傅里叶变换，先考察**汤川势** (Yukawa potential)$\mathrm{e}^{-\alpha r}/r$ 的傅里叶变换，然后令 $\alpha = 0$，得到 $1/r$ 的傅里叶变换。汤川势 $\mathrm{e}^{-\alpha r}/r$ 的三维傅里叶变换为

$$
\begin{aligned}
\mathcal{F}\left[\frac{\mathrm{e}^{-\alpha r}}{r}\right] &= \int \mathrm{d}^3\boldsymbol{r}\, \frac{\mathrm{e}^{-\alpha r}}{r}\mathrm{e}^{-\mathrm{i}\boldsymbol{q}\cdot\boldsymbol{r}} \\
&= \int_0^{+\infty} \frac{\mathrm{e}^{-\alpha r}}{r} r^2 \mathrm{d}r \int_0^{\pi} \sin\theta\, \mathrm{e}^{-\mathrm{i}qr\cos\theta}\mathrm{d}\theta \int_0^{2\pi}\mathrm{d}\phi \\
&= 2\pi \int_0^{+\infty} \frac{\mathrm{e}^{-\alpha r}}{r} r^2 \mathrm{d}r \int_0^{\pi} \mathrm{e}^{-\mathrm{i}qr\cos\theta}\mathrm{d}(-\cos\theta) \\
&= 2\pi \int_0^{+\infty} \frac{\mathrm{e}^{-\alpha r}}{r}\frac{1}{\mathrm{i}qr}\left(\mathrm{e}^{\mathrm{i}qr\cos\theta} - \mathrm{e}^{-\mathrm{i}qr\cos\theta}\right)r^2\mathrm{d}r \\
&= \frac{4\pi}{q}\int_0^{+\infty} \mathrm{e}^{-\alpha r}\sin(qr)\mathrm{d}r \\
&= \frac{4\pi}{q}\mathrm{Im}\left[\int_0^{+\infty}\mathrm{e}^{-\alpha r}\mathrm{e}^{\mathrm{i}qr}\mathrm{d}r\right] \\
&= \frac{4\pi}{q}\mathrm{Im}\left[\int_0^{+\infty}\mathrm{e}^{(\mathrm{i}q-\alpha)r}\mathrm{d}r\right] \\
&= \frac{4\pi}{q}\mathrm{Im}\left[\frac{\mathrm{e}^{(\mathrm{i}q-\alpha)r}}{\mathrm{i}q-\alpha}\right]_0^{+\infty} \\
&= -\frac{4\pi}{q}\left(\frac{\mathrm{e}^{-\alpha r}[q\cos(qr)+\alpha\sin(qr)]}{q^2+\alpha^2}\right)_0^{+\infty} \\
&= \frac{4\pi}{q^2+\alpha^2}
\end{aligned}
\tag{F.1}
$$

特殊地如果令 $\alpha = 0$，得库仑势 $1/r$ 的傅里叶变换为

$$
\mathcal{F}\left[\frac{1}{r}\right] = \frac{4\pi}{q^2}
\tag{F.2}
$$

# 附录 G  张量、外微分和高维斯托克斯公式

## G.1  张量及其运算

张量 (tensor)，就是在一定的抽象空间上定义的一个和空间方向有关的 (物理) 量。由于在抽象的线性空间中总可以定义一个坐标系 (如在希尔伯特空间上可以选择一个表象)，这个量在该坐标系中的分量就是和坐标系指标有关的函数。举一个简单的例子，在三维实空间中，取直角坐标系 $\{x, y, z\}$，那么对于一个矢量 $\boldsymbol{A}$，它有三个分量 $A_i, i = x, y, z$，则它就可以构成一个张量，只不过因为其只有一个分量指标 (角标)，所以矢量可以看作**一阶张量**。物理上所遇到的刚体的转动惯量 $\boldsymbol{J}$，其分量为 $J_{ij}, i, j = x, y, z$，显然它的分量有两个和坐标有关的指标，称为**二阶张量**，它一共有 $3^2 = 9$ 个分量。从这个意义上讲，**零阶张量**就是一个**标量** (没有分量指标的标量)。所以一般的 $n$ 阶张量就可以相应定义为

$$\boldsymbol{T} \equiv T_{ij \cdots k}, \quad \underbrace{i, j, \cdots, k}_{n \text{个}} = x, y, z \tag{G.1}$$

显然根据定义式 (G.1) 张量有 $n$ 个指标，称为在三维实空间上定义的 $n$ **阶张量**，其共有 $3^n$ 个分量。一般地，如果在 $m$ 维空间上定义 $n$ 阶张量，其必然有 $m^n$ 个分量。由于张量是在一定的空间上定义的，而空间上存在不同的坐标系，所以张量的概念也可以根据不同坐标系中张量分量的**变换规则**来定义。下面从熟悉的概念，如数组、标量和矢量的角度来讨论张量的形成和变换。

### G.1.1  并矢、外积和张量积

在数据分析方面，$n$ 阶张量可以和 $n$ 维数组联系起来，如零阶张量就是零维数组也就是一个数，一阶张量就是一维数组，二阶张量就是二维数组也就是一个矩阵，等等。张量和**并矢**也有直接的联系。并矢是物理学家看待张量的方法，也就是把两个矢量并排放在一起构成一个张量，如把矢量 $\boldsymbol{A}$ 和 $\boldsymbol{B}$ 放在一起的并矢记为 $\boldsymbol{AB}$。具体地，如果假设矢量是三维实空间定义的矢量：$\boldsymbol{A} = (A_x, A_y, A_z)$ 和 $\boldsymbol{B} = (B_x, B_y, B_z)$，则**并矢**定义为

$$\boldsymbol{AB} = \boldsymbol{A}^{\mathrm{T}}\cdot\boldsymbol{B} = \begin{pmatrix} A_x & A_y & A_z \end{pmatrix} \begin{pmatrix} B_x \\ B_y \\ B_z \end{pmatrix} = \begin{bmatrix} A_xB_x & A_xB_y & A_xB_z \\ A_yB_x & A_yB_y & A_yB_z \\ A_zB_x & A_zB_y & A_zB_z \end{bmatrix} \quad \text{(G.2)}$$

显然上面并矢的运算利用了矢量 $\boldsymbol{A}$ 的转置 $\boldsymbol{A}^{\mathrm{T}}$ 左乘矢量 $\boldsymbol{B}$, 其结果是一个矩阵, 所以一般情况下 $\boldsymbol{AB} \neq \boldsymbol{BA}$。在某一个坐标表象下, 如直角坐标表象 $\{\boldsymbol{i},\boldsymbol{j},\boldsymbol{k}\}$ 下, 可以把两个矢量分别写为 $\boldsymbol{A} = A_x\boldsymbol{i} + A_y\boldsymbol{j} + A_z\boldsymbol{k}$ 和 $\boldsymbol{B} = B_x\boldsymbol{i} + B_y\boldsymbol{j} + B_z\boldsymbol{k}$, 那么二者的并矢可写为

$$\boldsymbol{AB} = (A_x\boldsymbol{i} + A_y\boldsymbol{j} + A_z\boldsymbol{k})(B_x\boldsymbol{i} + B_y\boldsymbol{j} + B_z\boldsymbol{k})$$

$$= A_xB_x\boldsymbol{ii} + A_xB_y\boldsymbol{ij} + A_xB_z\boldsymbol{ik} + A_yB_x\boldsymbol{ji} + \cdots \quad \text{(G.3)}$$

显然上面基矢之间的并矢共有 9 个, 表明并矢有 9 个分量, 而且 $\boldsymbol{ij} \neq \boldsymbol{ji}$。

无论利用式 (G.3) 还是式 (G.2) 定义并矢, 表述起来都显得极为不方便, 在高阶并矢的具体运算中会显得非常复杂。如果从数学的角度去看这种运算, 并矢其实就是两个矢量的一种**外积运算**。在第 3 章中介绍了两个抽象波矢之间的**内积运算**为 $\langle\psi|\varphi\rangle$, 它可以看成实数空间两个矢量之间标量积 $\boldsymbol{A}\cdot\boldsymbol{B}$ (dot product) 的推广; $|\varphi\rangle\langle\psi|$ 被称为跃迁算符 (波矢相同时为投影算子), 其在数学上则对应为两个矢量的**外积运算** (outer product), 其运算法则显然和上面并矢的运算规则式 (G.2) 是相似的。但并矢不能看成是两个矢量之间矢量积 $\boldsymbol{A}\times\boldsymbol{B}$ (cross product) 的推广, 因为矢量积相当于两个矢量 (一阶张量) 经过运算依然得到一阶张量, 而不是二阶张量。所以一般地对于两个矢量 $\boldsymbol{A}$ 和 $\boldsymbol{B}$, 其并矢就构成一个二阶张量, 同理三个矢量的并矢 $\boldsymbol{ABC}$ 可以看成是三阶张量, 依此类推。从张量的角度来看矢量的标量积、矢量积或并矢, 相当于不同阶的张量通过各种运算来改变张量的指标个数, 从而得到不同阶的张量, 所以可以统一看成张量的某种运算。

有了张量的概念, 就可以引入张量之间的运算, 如张量的加法 (同阶) 和数乘, 这两个运算相对简单。两个张量的乘积运算数学上被称为**张量积** (tensor product), 而物理上就是前面讲的直积或并矢, 一般在张量的框架下用符号 $\otimes$ 表示张量积。上面简单的讨论只是从张量的构造角度出发的, 没有涉及张量所定义的空间上不同坐标系间的变换问题。下面从变换的角度进一步讨论张量及其相关的数学概念: 逆变矢量、协变矢量和张量。

### G.1.2　逆变矢量、协变矢量和张量

为了便于推广, 此处将前面提到的定义张量的线性空间的坐标系基矢写为 $\{e_i, i = 1,2\cdots\}$, 如对于三维实空间有 $\{x,y,z\} \rightarrow \{e_1, e_2, e_3\}$, 那么对于 $m$

维矢量空间，其基矢就很容易表示为 $\{e_1, e_2, \cdots, e_m\}$。下面先以最简单的二维空间为例来介绍矢量在不同二维基上的表示和变换，然后推广为一般 $m$ 维的情况。

对于二维空间的任一矢量 $\boldsymbol{A}$，在基矢 $\{e_1, e_2\}$ 下可以规范地表示为

$$\boldsymbol{A} = e_1 A^1 + e_2 A^2 = \begin{bmatrix} e_1 & e_2 \end{bmatrix} \begin{bmatrix} A^1 \\ A^2 \end{bmatrix} \tag{G.4}$$

其中，特意将矢量 $\boldsymbol{A}$ 的表示写为上面的标准形式，此处把 $\boldsymbol{A}$ 的分量指标写为上标而不是通常的下标 (注意区分上标和幂次) 是因为这种矢量的变换关系和下面要介绍的下标分量的矢量变换关系是不同的，所以要加以区分。那么在这个二维空间中，又存在另外一种基矢 $\{e_1', e_2'\}$，又可以将矢量 $\boldsymbol{A}$ 表示为

$$\boldsymbol{A} = e_1' A'^1 + e_2' A'^2 = \begin{bmatrix} e_1' & e_2' \end{bmatrix} \begin{bmatrix} A'^1 \\ A'^2 \end{bmatrix} \tag{G.5}$$

显然两种表示尽管分量不同但依然是同一个矢量。从上面的讨论可知，矢量 $\boldsymbol{A}$ 分量的改变是旧基矢 $\{e_1, e_2\}$ 变成了新基矢 $\{e_1', e_2'\}$ 导致的。这样新旧基矢间的变换关系为 (可参照量子力学不同表象之间变换如式 (3.34) 的讨论)

$$e_1' = e_1 S_1^1 + e_2 S_1^2$$
$$e_2' = e_1 S_2^1 + e_2 S_2^2$$

写成上面规范格式的矩阵形式为

$$\begin{bmatrix} e_1' & e_2' \end{bmatrix} = \begin{bmatrix} e_1 & e_2 \end{bmatrix} \begin{bmatrix} S_1^1 & S_2^1 \\ S_1^2 & S_2^2 \end{bmatrix} \equiv \begin{bmatrix} e_1 & e_2 \end{bmatrix} S \tag{G.6}$$

显然上面定义的矩阵 $S$ 给出了两个不同基矢之间的变换关系，称为基矢之间的**正变换矩阵**。在这个变换矩阵中**行指标**用上标，**列指标**用下标，和通常的矩阵元下标的左右指标相对应。同理，和式 (3.38) 的讨论一样，在新基矢中旧基矢的表示为式 (G.6) 的逆，写为

$$\begin{bmatrix} e_1 & e_2 \end{bmatrix} = \begin{bmatrix} e_1' & e_2' \end{bmatrix} S^{-1} \equiv \begin{bmatrix} e_1' & e_2' \end{bmatrix} R \tag{G.7}$$

其中，矩阵 $R \equiv S^{-1}$ 为正变换矩阵 $S$ 的逆矩阵，称为**逆变换矩阵**。显然有 $SR = RS = 1$。有了基矢之间的正变换和逆变换矩阵之后，任意矢量 $\boldsymbol{A}$ 在两个基矢中的表示式 (G.4) 和式 (G.5) 必须相等，由此便得到任意矢量分量在新旧基矢下的

变换关系:

$$\left[\begin{array}{c} A'^1 \\ A'^2 \end{array}\right] = R \left[\begin{array}{c} A^1 \\ A^2 \end{array}\right] \tag{G.8}$$

$$\left[\begin{array}{c} A^1 \\ A^2 \end{array}\right] = S \left[\begin{array}{c} A'^1 \\ A'^2 \end{array}\right] \tag{G.9}$$

最后从变换的角度总结一下上述矢量变换的特点: 当基矢的变换是正变换 $S$ 的时候 (见式 (G.6)), 矢量的变换按照 $S$ 的逆变换 $R$ 进行 (见式 (G.8)), 或者当基矢的变换是逆变换 $R$ 的时候 (见式 (G.7)), 矢量的变换按照正变换 $S$ 进行 (见式 (G.9)), 总之矢量的变换总是以基矢变换的逆变换进行, 所以把式 (G.4) 定义的具有这种变换性质的矢量称为**逆变矢量** (contravariant vector), 对于逆变矢量的分量指标一般使用式 (G.4) 所定义的**上标**来表示。

上面定义的二维逆变矢量可以直接推广到 $m$ 维, 就此引入几个符号和规定以方便**逆变矢量**的表示:

$$\boldsymbol{A} = \sum_{i=1}^{m} \boldsymbol{e}_i A^i = \sum_{j=1}^{m} \boldsymbol{e}_j A^j \equiv \boldsymbol{e}_j A^j \tag{G.10}$$

式 (G.10) 表示一个求和, 其不依赖于求和指标 $i$ 或 $j$ 的符号选取, 可以选取任意指标符号, 所以这个求和指标称为**隐指标** (implicit notation) 或**哑指标** (dummy indice)。式 (G.10) 的最后一项为了简单将求和符号去掉并做约定: 一上一下两个相同指标表示求和, 这个约定被称为**爱因斯坦求和约定**。这样对任意维逆变矢量的变换关系就可以简单写为

$$\begin{aligned} \boldsymbol{e}'_i = \boldsymbol{e}_j S_i^j, \quad A'^i = R_j^i A^j \\ \boldsymbol{e}_i = \boldsymbol{e}'_j R_i^j, \quad A^i = S_j^i A'^j \end{aligned} \tag{G.11}$$

显然从式 (G.11) 可以发现一上一下相同指标求和之后会消失, 这种现象通常称为**指标缩并**。根据此处的规范表示和求和约定, 相同的指标只能在一个表达式中出现两次 (一上一下), 多于两次的表达式是错误的 (应该采用不同指标)。

根据上面对逆变矢量的讨论, 还存在另一类矢量 $\boldsymbol{B}$, 其基矢用符号 $\bar{\boldsymbol{e}}$ 表示, 那么如果基矢 $\{\boldsymbol{e}_1, \boldsymbol{e}_2\}$ 进行正变换, 基矢 $\{\bar{\boldsymbol{e}}^1, \bar{\boldsymbol{e}}^2\}$ 则是按照逆变换进行的, 而矢量 $\boldsymbol{B}$ 是按照正变换进行的, 这类矢量称为**协变矢量** (covariant vector)。对于这类矢量, 使用和逆变矢量相对应的指标表示方法, 即基矢的指标为上标, 矢量分

量的指标为**下标**，则和逆变矢量式 (G.4) 对应，协变矢量 $\boldsymbol{B}$ 表示为

$$
\boldsymbol{B} = B_1\bar{e}^1 + B_2\bar{e}^2 = \left[\begin{array}{cc} B_1 & B_2 \end{array}\right]\left[\begin{array}{c} \bar{e}^1 \\ \bar{e}^2 \end{array}\right]
$$

推广协变矢量到一般情况时，$\boldsymbol{B} = B_j\bar{e}^j$，对应于变换关系式 (G.11) 的变换变为

$$
\begin{aligned}
\bar{e}'^i &= R^i_j\bar{e}^j, \quad B'_i = B_jS^j_i \\
\bar{e}^i &= S^i_j\bar{e}'^j, \quad B_i = B'_jR^j_i
\end{aligned}
\tag{G.12}
$$

比较式 (G.12) 和式 (G.11) 可以发现逆变矢量和协变矢量的变换是不同的，所以一般逆变矢量的分量指标用上标 (逆变指标)，而协变矢量的分量指标用下标 (协变指标)，逆变和协变指标在坐标变换时具有不同的变换规则。

下面在变换的基础上定义如下的 $n$ 阶**混合张量**，它的分量有 $n$ 个指标，其中 $r$ 个指标是**逆变指标** (上标)，$s$ 个指标是**协变指标** (下标)，所以这个有 $n = r + s$ 个指标的张量定义为 $T^{i_1\cdots i_r}_{j_1\cdots j_s}$，其**变换规则**显然为

$$
T'^{i_1i_2\cdots i_r}_{j_1j_1\cdots j_s} = R^{i_1}_{k_1}R^{i_2}_{k_2}\cdots R^{i_r}_{k_r}T^{k_1k_2\cdots k_r}_{l_1l_2\cdots l_s}S^{l_1}_{j_1}S^{l_2}_{j_1}\cdots S^{l_s}_{j_s}
\tag{G.13}
$$

显然这个张量的逆变指标 (上标) 用逆变换 $R$ 进行，而协变指标 (下标) 用正变换 $S$ 进行。比较张量定义式 (G.1) 可以发现，前面 $n$ 阶张量的指标因为没有考虑不同的变换规则而没有上下标的区分 (或者从这里的定义来看，前面是定义了一个纯 $n$ 阶协变张量)。

因此，根据张量的变换关系或者根据 $S$ 或 $R$ 的变换矩阵可以将张量分为不同性质的张量。例如，前面讲的二维实空间的直角坐标系 (其基矢通常取 $\{i,j\}$)，其新坐标系是通过逆时针旋转 $\theta$ 角度形成的基矢 $\{i',j'\}$，那么反映新旧基矢变换关系的 $S$ 矩阵为

$$
\left[\begin{array}{cc} i' & j' \end{array}\right] = \left[\begin{array}{cc} i & j \end{array}\right]\left[\begin{array}{cc} \cos\theta & -\sin\theta \\ \sin\theta & \cos\theta \end{array}\right] \equiv \left[\begin{array}{cc} i & j \end{array}\right]S
$$

显然所有的 $S$ 构成 SO(2) 群，那么如果在二维空间上定义一个二阶的纯逆变张量 $T^{i_1i_2}$，其变换规则根据式 (G.13) 为

$$
T'^{i_1i_2} = R^{i_1}_{k_1}R^{i_2}_{k_2}T^{k_1k_2}, \quad R = S^{-1} = \left[\begin{array}{cc} \cos\theta & \sin\theta \\ -\sin\theta & \cos\theta \end{array}\right]
\tag{G.14}
$$

根据前面约定的上下标分别对应行列指标,可以写出二阶逆变张量四个分量 $\{T^{11},T^{12}, T^{21}, T^{22}\}$ 的变换关系, 如果将式 (G.14) 写成矩阵形式有

$$\begin{bmatrix} T'^{11} \\ T'^{12} \\ T'^{21} \\ T'^{22} \end{bmatrix} = (R \otimes R) \begin{bmatrix} T^{11} \\ T^{12} \\ T^{21} \\ T^{22} \end{bmatrix}$$

此时在此二维实空间上定义的具有这种 SO(2) 变换性质的张量就称为 SO(2) 群的逆变张量。

### G.1.3 两个重要的赝张量: $\delta_{ij}$ 和 $\epsilon_{ijk}$

下面介绍两个重要的张量,一个是克罗内克 $\delta$ 函数 (Kronecker delta function),该函数一般可以是任意维的张量, 如 $\delta_{ijk\cdots}$, 如果角标 $ijk\cdots$ 全部相同,其值为 1,其他情况其值都为 0。在 Mathematica 软件中该函数写为 KroneckerDelta $[i,j,k,\cdots]$。下面介绍经常用到的有两个指标的 $\delta$ 函数,此时如果记为 $\delta_{ij}$,它可以看成一个协变的二阶张量,定义如下:

$$\delta_{ij} = \begin{cases} 1, & i = j \\ 0, & i \neq j \end{cases}$$

当然上面的张量不是严格意义上的张量,而是一个 $\delta$ 函数的符号,仅仅代表了上面定义的内容。根据张量的一般变换规则式 (G.13) 有

$$\delta'_{ij} = R_i^l R_j^m \delta_{lm} = \delta_{lm}$$

显然 $\delta_{ij}$ 函数的变换不依赖于坐标系变换,因为其本身就不依赖于坐标系,而是一个定义。所以从张量的角度看,其指标可以都写在上面为逆变张量或者一上一下为混合张量形式,无论怎样其都只是一个特定的定义,一般会写为协变张量的下标形式, 经常被称为 Kronecker 符号。

有了上面定义的 $\delta_{ij}$ 函数符号,再利用爱因斯坦求和约定,就可以方便地表示某些复杂的矢量运算形式。例如,两个逆变矢量 $\boldsymbol{A} = \boldsymbol{e}_j A^j$ 和 $\boldsymbol{B} = \boldsymbol{e}_j B^j$ 的标量积可写为

$$\boldsymbol{A} \cdot \boldsymbol{B} = \sum_i A^i B^i \equiv \delta_{ij} A^i B^j$$

另一个有用的反对称张量就是 Levi-Civita 张量。对于一般高阶的 Levi-Civita 张量, 可以记为 $\epsilon_{ijklmn\cdots}$, 根据标记其可以看成一个协变张量, 在 Mathematica

中也有内部函数: LeviCivitaTensor$[d]$, 其中 $d$ 为指标的个数或张量的阶数。此处不讨论一般阶的 Levi-Civita 张量, 只以经常用到的三维空间的三阶 Levi-Civita 张量为例, 其具体定义如下:

$$\epsilon_{ijk} = \begin{cases} 1, & \text{如果 } ijk \text{ 是 123 的偶次置换} \\ -1, & \text{如果 } ijk \text{ 是 123 的奇次置换} \\ 0, & \text{如果 } ijk \text{ 中任意两个指标相同} \end{cases} \qquad (G.15)$$

虽然上面定义的 $\epsilon_{ijk}$ 的分量个数按照张量个数应为 $3^3 = 27$, 但其也不是严格意义上的张量, 因为其变换关系也和一般张量不同不依赖于坐标系变换:

$$\epsilon'_{ijk} = R_i^l R_j^m R_k^n \delta_{lmn} = \epsilon_{lmm}$$

显然上面的符号也只是定义了一个函数, 代表了式 (G.15) 定义的内容, 所以 $\epsilon_{ijk}$ 也叫 Levi-Civita 符号。显然 Levi-Civita 符号所有的指标都不相同时才有值, 具体定义: 如果指标 $ijk$ 为标准序 123 经过偶次置换即 $ijk = 123, 231, 312$ 时值定义为 1, 奇次置换即 $ijk = 132, 213, 321$ 时值定义为 $-1$, 指标中只要有相同的值就是 0, 如 $ijk = 112, 122, 331$ 等, 所以其是一个反对称的张量。Levi-Civita 符号的引入, 可以用来简化三维矢量运算的表示形式。例如, 对于上面的三维逆变矢量 $\boldsymbol{A}$ 和 $\boldsymbol{B}$, 其矢量积 $\boldsymbol{A} \times \boldsymbol{B}$ 也是一个三维矢量 (此处限定矢量为三维的是因为三维矢量的矢量积是确定的并且有明确的几何意义[32]), 那么利用矢量积第 $i$ 个分量的 $\epsilon_{ijk}$ 表示可以轻松进行如下的计算:

$$(\boldsymbol{A} \times \boldsymbol{B})_i = \epsilon_{ijk} A^j B^k \Rightarrow \boldsymbol{A} \cdot (\boldsymbol{B} \times \boldsymbol{C}) = \epsilon_{ijk} A^i B^j C^k \qquad (G.16)$$

另外上面讲的 $\delta_{ij}$ 和 $\epsilon_{ijk}$ 有如下一些非常有用的关系:

$$\epsilon_{ijk}\epsilon_{ilm} = \delta_{jl}\delta_{km} - \delta_{jm}\delta_{kl}, \quad \epsilon_{ijk}\epsilon_{ijl} = 2\delta_{kl}, \quad \epsilon_{ijk}\epsilon_{ijk} = 6$$

最后利用 Levi-Civita 符号计算一个在介绍贝里曲率过程中需要用到的关系: $\nabla \times \nabla a$, 其中 $a$ 为标量函数。如果把梯度 $\nabla a$ 的第 $i$ 个分量写为 $(\nabla a)_i = \partial_i a \equiv \dfrac{\partial a}{\partial x^i}$, 那么有

$$(\nabla \times \nabla a)_i = \epsilon_{ijk} \partial_j \partial_k a \qquad (G.17)$$

## G.2　外微分和高维斯托克斯公式

根据前面对张量的讨论, 在某个空间上 (一般可以定义一个矢量空间) 不同基矢之间的变换性质对张量的表示形式是非常重要的, 但张量本身应该不依赖于基

矢的选取，也就是在基矢变换下具有不变性。下面离开对张量的讨论，具体关注空间上不同基矢的选取和不同基矢间的变换关系问题。为了直观起见，依然回到前面的二维实空间来讨论问题。在二维实空间可以选取不同的坐标系 (如直角坐标系或极坐标系) 来表示某个物理量 (张量) 或规律 (方程) 的具体形式，那么物理量在不同坐标系中的各个分量的表达式或方程的具体形式显然依赖于坐标系的选择，但在不同坐标系中分量间的变换或方程所表达的规律是确定的，由这个量或规律的本质决定。其实物理学的主要问题 (物理概念和规律) 就是发现在一定坐标系变换下某种不变的东西。

### G.2.1  外积及外微分形式

现在首先在二维坐标空间讨论坐标系的选取和它们之间的变换问题，然后推广到高维空间上。假如二维空间原始的坐标系就是简单的直角坐标系 $\{x,y\}$，而新的坐标系取 $\{u,v\}$，两个坐标系之间存在如下的关系：

$$u = u(x,y), \quad v = v(x,y)$$

下面在不同坐标系下计算某个量的**面积分**。在直角坐标系下，一个二维空间上的**物理量** $F$ 可以想象成定义在二维空间上某个函数 $P(x,y)$ 在面 $S$ 上的积分 (如一个曲面的质量为密度函数对曲面的积分)：

$$F = \iint_S P(x,y)\,\mathrm{d}x\mathrm{d}y$$

其在新坐标系 $\{u,v\}$ 下的面积分应该不变 (不依赖于坐标系)，即

$$F = \iint_S P(x,y)\,\mathrm{d}x\mathrm{d}y = \iint_D P(x(u,v),y(u,v))\,J\mathrm{d}u\mathrm{d}v \tag{G.18}$$

其中，$D$ 是新坐标系 $\{u,v\}$ 的积分区域；矩阵 $J$ 为变量代换下的**雅可比行列式** (Jacobi determinant)：

$$J = \frac{\partial(x,y)}{\partial(u,v)} \equiv \begin{vmatrix} \dfrac{\partial x}{\partial u} & \dfrac{\partial x}{\partial v} \\[2mm] \dfrac{\partial y}{\partial u} & \dfrac{\partial y}{\partial v} \end{vmatrix} \tag{G.19}$$

对于物理量 $F$ 的积分式 (G.18)：如果交换两个自变量的积分顺序其结果应该不变，所以有

$$F = \iint_S P\left(x, y\right) \mathrm{d}y\mathrm{d}x = \iint_S P\left(x\left(u, v\right), y\left(u, v\right)\right) J'\mathrm{d}u\mathrm{d}v$$

其中，行列式 $J'$ 为

$$J' = \frac{\partial\left(y, x\right)}{\partial\left(u, v\right)} \equiv \begin{vmatrix} \dfrac{\partial y}{\partial u} & \dfrac{\partial y}{\partial v} \\[2mm] \dfrac{\partial x}{\partial u} & \dfrac{\partial x}{\partial v} \end{vmatrix} = -J$$

显然以上的数学形式产生了一个矛盾：$F = -F$。为了解决这个矛盾，引入**外积**
(exterior product) 的概念，即把 $\mathrm{d}x\mathrm{d}y$ 写为 $\mathrm{d}x \wedge \mathrm{d}y$，将 $\mathrm{d}x \wedge \mathrm{d}y$ 称为微元的**外微分**形式，让微元的外微分乘积满足交换反对称的性质：

$$\mathrm{d}y \wedge \mathrm{d}x = -\mathrm{d}x \wedge \mathrm{d}y \tag{G.20}$$

显然外微分满足 $\mathrm{d}x \wedge \mathrm{d}x = 0$，即相同微分元的外积运算为 0。所以，如果把微元 $\mathrm{d}x$ 和 $\mathrm{d}y$ 看作**矢量**，从外积的这个性质来看，其非常类似于矢量的矢量积运算，所以一定程度上可以说外积是矢量积的一种推广，类似于内积是矢量标量积的推广。

引入外积运算的概念会对以上的积分带来很大方便，并保持物理量或规律在不同坐标系下不变的自洽性。在这个外积的运算下，还可以导出一个非常直观的结论：

$$\begin{aligned} \mathrm{d}x \wedge \mathrm{d}y &= \left(\frac{\partial x}{\partial u}\mathrm{d}u + \frac{\partial x}{\partial v}\mathrm{d}v\right) \wedge \left(\frac{\partial y}{\partial u}\mathrm{d}u + \frac{\partial y}{\partial v}\mathrm{d}v\right) \\ &= \frac{\partial x}{\partial u}\frac{\partial y}{\partial v}\mathrm{d}u \wedge \mathrm{d}v + \frac{\partial x}{\partial v}\frac{\partial y}{\partial u}\mathrm{d}v \wedge \mathrm{d}u \\ &= \left(\frac{\partial x}{\partial u}\frac{\partial y}{\partial v} - \frac{\partial x}{\partial v}\frac{\partial y}{\partial u}\right)\mathrm{d}u \wedge \mathrm{d}v \\ &= J\mathrm{d}u \wedge \mathrm{d}v \end{aligned}$$

显然以上推导自然得到了积分式 (G.18) 经坐标变换后的一个直观结果：$\mathrm{d}x \wedge \mathrm{d}y = J\mathrm{d}u \wedge \mathrm{d}v$。因为积分函数 $P$ 的积分区域不依赖于坐标系的选择，所以在积分变换中引入外积运算是简洁有效的，此时由于坐标变换产生的雅可比行列式会自动引入积分，积分形式在坐标变换中保持了形式上的不变性。

根据外微分的反对称性质式 (G.20)，在三维的实空间 $\{x, y, z\}$ 中，因为只有三个方向的微元 $\mathrm{d}x$、$\mathrm{d}y$、$\mathrm{d}z$，所以其外微分只存在 0、1、2、3 阶形式，分别定

义如下[107]。0 阶形式为

$$\omega^0 = f(x, y, z)$$

显然外微分 0 阶形式就是三维空间的所有标量函数,只有一项。1 阶形式为

$$\omega^1 = X(x, y, z)\mathrm{d}x + Y(x, y, z)\mathrm{d}y + Z(x, y, z)\mathrm{d}z$$

显然其为标量形式乘以 1 阶微元,如 $f(x, y, z) \wedge \mathrm{d}x = f(x, y, z)\mathrm{d}x$,共有三项。一般外微分的 2 阶形式定义为

$$\omega^2 = P(x, y, z)\mathrm{d}y \wedge \mathrm{d}z + Q(x, y, z)\mathrm{d}z \wedge \mathrm{d}x + R(x, y, z)\mathrm{d}x \wedge \mathrm{d}y$$

也是三项和。3 阶外微分形式只有一项:

$$\omega^3 = \rho(x, y, z)\mathrm{d}x \wedge \mathrm{d}y \wedge \mathrm{d}z$$

因为在三维空间上不存在更高阶的外微分形式,所以如果对低一阶的外微分进行微分,那么其会变为高一阶的外微分形式,如:

$$\mathrm{d}\omega^2 = \frac{\partial P}{\partial x}\mathrm{d}x \wedge (\mathrm{d}y \wedge \mathrm{d}z) + \frac{\partial Q}{\partial y}\mathrm{d}y \wedge (\mathrm{d}z \wedge \mathrm{d}x) + \frac{\partial R}{\partial z}\mathrm{d}z \wedge (\mathrm{d}x \wedge \mathrm{d}y)$$

$$= \left(\frac{\partial P}{\partial x} + \frac{\partial Q}{\partial y} + \frac{\partial R}{\partial z}\right)\mathrm{d}x \wedge \mathrm{d}y \wedge \mathrm{d}z = \omega^3$$

以上的外微分形式自然可以推广到 $N > 3$ 维空间 $\{x^1, x^2, \cdots, x^N\}$ 上,其上的外微分形式有 $N + 1$ 种。同样 0 阶外微分就是标量函数 $f(x^1, x^2, \cdots, x^N)$,只有 $C_N^0 = 1$ 项;1 阶外微分就是 $\omega^1 = F_j \mathrm{d}x^j$,为 $C_N^1 = N$ 项之和;2 阶外微分形式就是 $\omega^2 = F_{ij}\mathrm{d}x^i \wedge \mathrm{d}x^j$,为 $C_N^2 = N(N-1)/2$ 项之和,等等,所以总共的项数为 $\sum\limits_{j=0}^{N} C_N^j = 2^N$ 个。

### G.2.2　高维斯托克斯公式

利用外微分形式,可以将低维空间的复杂关系非常简单地推广到高维情形。例如,在一维空间里一个非常重要的积分公式——**牛顿–莱布尼茨公式**:

$$\int_a^b f\mathrm{d}x = \int_a^b \mathrm{d}F = F(b) - F(a) \tag{G.21}$$

在高维空间上用外微分就可以写为统一的简单形式:

$$\iint_D \mathrm{d}\omega = \int_{\partial D} \omega \tag{G.22}$$

其中，$\partial D$ 表示区域 $D$ 的边界，显然 $\partial D$ 的维度比 $D$ 低一维。式 (G.22) 的意义就是在整个区域内高阶外微分的积分等于其低一阶外微分在边界上的运算，这就是著名的任意维度空间上的**斯托克斯公式** (Stokes' theorem)。显然对于一维空间 $x$ 而言，如果外微分取 0 阶形式 $\omega = F(x)$，那么高一阶的外微分 $\mathrm{d}\omega = \dfrac{\mathrm{d}F}{\mathrm{d}x} \wedge \mathrm{d}x \equiv f\mathrm{d}x$，代入式 (G.22) 就能得到式 (G.21)。其他的二维和三维特殊情况下，斯托克斯公式也可以方便地获得验证，此处将不再讨论。

为了重点说明式 (6.86) 的外微分形式，需要在 $N$ 维 $\boldsymbol{R}$ 参数空间上一般地来讨论外微分的面积积分公式。取 $N$ 维参数空间上 1 阶外微分形式：

$$\omega^1 = \sum_{\mu=1}^{N} A_\mu\,(\boldsymbol{R})\,\mathrm{d}R^\mu \equiv A_\mu \mathrm{d}R^\mu \tag{G.23}$$

其中采用了爱因斯坦求和约定。对式 (G.23) 进行外微分运算：

$$\begin{aligned}
\mathrm{d}\omega^1 &= \mathrm{d}\left(A_\mu \mathrm{d}R^\mu\right) = \mathrm{d}A_\mu \wedge \mathrm{d}R^\mu = \frac{\partial A_\mu}{\partial R^\nu}\mathrm{d}R^\nu \wedge \mathrm{d}R^\mu \\
&= \frac{1}{2}\left(\frac{\partial A_\mu}{\partial R^\nu}\mathrm{d}R^\nu \wedge \mathrm{d}R^\mu + \frac{\partial A_\nu}{\partial R^\mu}\mathrm{d}R^\mu \wedge \mathrm{d}R^\nu\right) \\
&= \frac{1}{2}\left(\frac{\partial A_\nu}{\partial R^\mu} - \frac{\partial A_\mu}{\partial R^\nu}\right)\mathrm{d}R^\mu \wedge \mathrm{d}R^\nu \\
&= \frac{1}{2}B_{\mu\nu}\mathrm{d}R^\mu \wedge \mathrm{d}R^\nu
\end{aligned}$$

注意以上推导中利用了指标 $\mu \leftrightarrow \nu$ 置换不改变 $\mathrm{d}\omega^1$ 的结果。将以上的形式代入斯托克斯公式 (G.22) 立刻得到如下的积分公式：

$$\frac{1}{2}\iint_D B_{\mu\nu}\mathrm{d}R^\mu \wedge \mathrm{d}R^\nu = \oint_{\partial D} A_\mu \mathrm{d}R^\mu = \gamma \tag{G.24}$$

其中，$\partial D$ 是 $N$ 维参数空间中的一条超曲线；$D$ 是曲线所围成的超曲面。积分函数贝里曲率的定义和式 (6.85) 是一致的：

$$B_{\mu\nu} \equiv \frac{\partial A_\nu}{\partial R^\mu} - \frac{\partial A_\mu}{\partial R^\nu} \tag{G.25}$$

显然如果参数空间 $\boldsymbol{R}$ 是三维的，上面的张量 $B_{\mu\nu}$ 就退化为三维矢量 (赝矢量) 形式，即 $B_{\mu\nu} \to \boldsymbol{B}(\boldsymbol{R}) = \nabla_R \times \boldsymbol{A}(\boldsymbol{R})$，此时可以得到不用爱因斯坦求和约定的常规积分形式：

$$\gamma = \oint \boldsymbol{A}(\boldsymbol{R}) \cdot \mathrm{d}\boldsymbol{R} = \iint_S \nabla_R \times \boldsymbol{A}(\boldsymbol{R}) \cdot \mathrm{d}\boldsymbol{S} = \iint_S \boldsymbol{B}(\boldsymbol{R}) \cdot \mathrm{d}\boldsymbol{S} \qquad (\mathrm{G.26})$$

最后需要说明的是，本附录所涉及的数学内容只是关于张量和外微分的简单介绍，没有采用严格的数学形式和严密的逻辑推导，更为准确详细的内容可参考相关文献，如文献 [107]~ [109] 等。

# 附录 H  群、李群和李代数简介

## H.1  群 和 李 群

在研究对称性问题的时候，**群** (group) 是一个非常有用的数学工具，下面简单介绍一下关于群的基础知识。数学上假设一个由很多抽象**元素**组成的集合 $G$，在这个集合上可以定义元素之间的某种封闭运算或操作 "$\circ$"：$G \circ G \to G$(该要求有时称为群运算的**封闭性**)。该运算需满足以下条件：

(1) 满足**结合律**：对任意元素 $g, h, f \in G$，有 $(g \circ h) \circ f = g \circ (h \circ f)$；

(2) 存在**单位元**：对任意元素 $g \in G$，有 $e \in G$ 满足 $e \circ g = g \circ e = g$；

(3) 存在**逆元**：对任意元素 $g \in G$，都存在 $h \in G$ 使得 $g \circ h = h \circ g = e$。

群上定义的操作 "$\circ$" 是两个群元素之间的**二元运算** (binary operation)，所以有时称为**合成** (composition)，或者直接称为**乘法** (multiplication)。为了方便起见有时会将 "$\circ$" 省略，如 $g \circ h \equiv gh$，所以通常也将 $g \circ g$ 写为 $g^2$，$g \circ g \circ g \equiv g^3$，等等。在这个运算意义上 $e$ 通常称为群的**单位元**，群元素 $g$ 的逆元也通常写为 $g^{-1}$。可以证明任何群元的逆元都是**唯一**的。

根据群的定义，最简单的群就是由单位元 $e$ 构成的群。可以证明对于群元 $g \in G$，如果 $g^2 = g$，则 $g = e$，显然这表明群的单位元是唯一的。如果将群元的**幂次方**推广到任意整数，即定义 $g^n, n \in \mathbb{Z}$，其中 $n$ 为负数时定义为逆操作 $n$ 次：$g^{-n} \equiv (g^{-1})^n$，所以为了统一可以直接定义 $g^0 = e$。

有了以上群的定义或约定，就可以引入群的一些其他的重要概念。例如，群的性质方面，如群的**阶数** (order)：群元素的个数称为群的阶数。根据群的阶数是有限的还是无限的可以把群分为**有限群** (finite group) 和**无限群** (infinite group)。如果群的运算满足交换律 $gh = hg$，则这样的群称为**阿贝尔群** (Abelian group)，不满足交换律称为**非阿贝尔群** (non-Abelian group)；根据群元素的分立和连续性质可将群分为分立群和连续群；如果群元是有界和封闭的，那么就称群是**紧致的** (compact)，等等。群的关系方面，如子群，群的同构、同态、群的矩阵 (线性) 表示等概念，在此不做介绍，下面只重点介绍李群。

**李群** (Lie group) 是以著名的挪威数学家索菲斯·李 (Sophus Lie) 来命名的一类群，它是一类和对称变换有关的特殊连续群 (对于连续群，其**维度** $d$ 定义为独立连续实参数的个数，所以李群是有限维的连续群，具体见下面李群的例子)，本附录不关注李群的抽象理论，只关心和线性变换有关的李群的矩阵表示，即**矩阵李群** (matrix Lie group)。最为典型的矩阵李群称为**一般线性群** (general linear group)，它是由定义在数域 $K$ 上的 $n \times n$ 矩阵构成的，用符号 $\mathrm{GL}(n, K)$ 表示，其定义如下：

$$\mathrm{GL}(n, K) :\equiv \{g = A_{n \times n} |\det(A_{n \times n}) \neq 0\}$$

其中，群元素 $g$ 是行列式不等于零的 $n \times n$ 矩阵 $A_{n \times n}$(矩阵作为群元素必须有逆元)，$n$ 是矩阵 $A$ 的维度；$K$ 是矩阵 $A$ 的元 $a_{ij}$ 取值的数域 (如实数域 $\mathbb{R}$ 或复数域 $\mathbb{C}$)。由实数域 $\mathbb{R}^n$ 上的可逆线性变换矩阵组成的李群，称为一般线性矩阵实李群，记为 $\mathrm{GL}(n, \mathbb{R})$，其矩阵 $A$ 有 $n^2$ 个矩阵元 $a_{ij}$，也就是具有 $n^2$ 个实参数，所以李群 $\mathrm{GL}(n, \mathbb{R})$ 的维度 $d = n^2$；同理复数域 $\mathbb{C}^n$ 上的可逆线性变换矩阵组成的复李群记为 $\mathrm{GL}(n, \mathbb{C})$，其有 $2n^2$ 个参数，即李群 $\mathrm{GL}(n, \mathbb{C})$ 的维度 $d = 2n^2$。

一般线性李群 $\mathrm{GL}(n)$(不强调数域时可省略 $K$) 有三个非常重要的子群。**第一个**称为**特殊线性群** $\mathrm{SL}(n)$，其定义为

$$\mathrm{SL}(n) :\equiv \{g = A_{n \times n} \in \mathrm{GL}(n) |\det(A_{n \times n}) = 1\}$$

显然上述特殊线性矩阵李群是由**保体积线性变换** (volume-preserving linear transformation) 矩阵组成的，其在实数域上的 $\mathrm{SL}(n, \mathbb{R})$ 群是一个具有 $n^2 - 1$ 个实参数的实李群，而复李群 $\mathrm{SL}(n, \mathbb{C})$ 有 $2n^2 - 2$ 个独立的实参数。

**第二个**重要子群称为**空间转动群**，由于运算规则不同，分为实空间转动李群和复空间转动李群两类。首先对于实空间转动李群，记为 $\mathrm{O}(n, \mathbb{R}) \equiv \mathrm{O}(n)$，定义为

$$\mathrm{O}(n, \mathbb{R}) :\equiv \left\{g = A_{n \times n} \in \mathrm{GL}(n, \mathbb{R}) | A_{n \times n} A_{n \times n}^{\mathrm{T}} = 1\right\}$$

其中，$A_{n \times n}^{\mathrm{T}}$ 表示对矩阵 $A_{n \times n}$ 求转置。该群又称为**正交群** (矩阵为正交矩阵，分为空间转动变换和空间反射变换)，根据变换矩阵的行列式是 1 或者 $-1$ 分为两个不连通的子群。对于 $\mathrm{O}(n)$ 群，条件 $A_{n \times n} A_{n \times n}^{\mathrm{T}} = 1$ 会对原来 $\mathrm{GL}(n, \mathbb{R})$ 群的 $n^2$ 个群元素 $a_{ij}$ 产生 $\frac{1}{2}n(n+1)$ 个限制，因为 $AA^{\mathrm{T}}$ 是**对称矩阵** (symmetric matrix)，即 $(AA^{\mathrm{T}})^{\mathrm{T}} = AA^{\mathrm{T}}$，所以 $n$ 维对称矩阵的独立元素有 $\frac{1}{2}n(n+1)$ 个，那么 $AA^{\mathrm{T}} = 1$ 会产生 $\frac{1}{2}n(n+1)$ 个方程，所以连续群 $\mathrm{O}(n)$ 的参数有 $n^2 - \frac{1}{2}n(n+1) = \frac{1}{2}n(n-1)$ 个。如果将实空间转动李群的行列式限制为 1，则构成纯实空间转动李群的一个重要子群 $\mathrm{SO}(n, \mathbb{R}) \equiv \mathrm{SO}(n)$，定义为

$$\mathrm{SO}(n) :\equiv \{g = A_{n \times n} \in \mathrm{O}(n, \mathbb{R}) |\det(A_{n \times n}) = 1\} = \mathrm{O}(n, \mathbb{R}) \cap \mathrm{SL}(n, \mathbb{R})$$

显然似乎由于 SO$(n)$ 群限制了行列式等于 1 降低了自由度，但其实该限制只是对行列式取了正号，其已经包含在 $AA^\mathrm{T}=1$ 的限制中，不会带来新的限制，所以 SO$(n)$ 群的维度依然为 $d=\dfrac{1}{2}n(n-1)$。其次如果考虑在复数空间上的转动，则转动群称为**幺正群**，记为 U$(n,\mathbb{C})$，定义为

$$\mathrm{U}(n,\mathbb{C}) :\equiv \left\{ g = A_{n\times n} \in \mathrm{GL}(n,\mathbb{C}) \,\middle|\, A_{n\times n}A_{n\times n}^{\dagger} = 1 \right\}$$

其中，由于矩阵 $A_{n\times n}$ 为复数矩阵，所以实数域的矩阵转置 $A_{n\times n}^\mathrm{T}$ 就变成了复数域的厄米共轭 $A_{n\times n}^{\dagger}$(矩阵转置加复共轭)，显然其独立实参数的个数为 $2n^2-n^2=n^2$。同理，如果规定其行列式为 1，则得到特殊的幺正矩阵群 SU$(n,\mathbb{C})=$ U$(n,\mathbb{C})\cap$ SL$(n,\mathbb{C})$，由于幺正群默认就是在复数域上，所以一般简写为 SU$(n)$，其群参数有 $n^2-1$ 个。

第三个重要的子群称为**辛群** (symplectic group)，群符号记为 SP$(n,K)$，具体定义为

$$\mathrm{SP}(2n,K) :\equiv \left\{ g = A_{2n\times 2n} \in \mathrm{GL}(2n,K) \,\middle|\, A_{2n\times 2n}J_{2n\times 2n}A_{2n\times 2n}^{\mathrm{T}} = 1 \right\}$$

其中，**反对称矩阵** (skew-symmetric matrix)$J_{2n\times 2n}$ 定义为

$$J = \begin{pmatrix} 0 & I_n \\ -I_n & 0 \end{pmatrix}$$

其中，$I_n$ 是 $n\times n$ 单位矩阵，反对称矩阵的定义是 $J^\mathrm{T}=-J$。辛群 SP$(2n,\mathbb{R})$ 的维数 $d=2n^2+n$，其在哈密顿系统的正则变换中得到广泛应用。

## H.2 李代数的一般概念

下面以物理和直观的方式 (不拘泥于数学语言的严格性) 介绍李代数的概念。**李代数** (Lie algebra) $\mathcal{L}$ 也是在一定数域 $K$ 上定义的一个特殊的矢量空间。假如一个矢量空间中的元素表示为一些矢量的集合 $\{g,h,f,\cdots\}$，那么在任意两个元素之间可以定义一个如下的运算：

$$[g,h] \equiv gh - hg \tag{H.1}$$

上述的运算经常被称为**李括号** (Lie bracket)，有时更一般性地被称为**李乘积** (Lie product)。上述的李乘积可以对应为算符的对易关系 (对易子)，也可以对应为经典力学中的**泊松括号**。如果该矢量空间中所有元素的李乘积满足如下的运算法则：

$$[g,g] = 0 \tag{H.2}$$

$$[f,[g,h]] + [g,[h,f]] + [h,[f,g]] = 0 \tag{H.3}$$

则这个矢量空间就构成一个李代数 $\mathcal{L}$。由李乘积法则式 (H.2) 可以证明 $[g,h] = -[h,g]$，所以将式 (H.2) 称为李乘积的**反对称法则** (skew-symmetric law)；李乘积的轮换封闭法则式 (H.3) 又被称为**雅可比恒等式** (Jacobi identity)。

一个经常见到的李代数就是由所有相互对易的元素组成的矢量空间，被称为**阿贝尔 (Abelian) 李代数**。一维的李代数 (注意李代数的维度就是对应李群维度，不是其表示空间的维度) 一定是阿贝尔李代数。另一个经常用到的典型李代数就是由 $n \times n$ 阶矩阵组成的集合，称为**一般线性李代数** (general linear Lie algebra)，经常被表示为 $\mathcal{GL}(n)$，如果强调数域 $K$ 则写为 $\mathcal{GL}(n,K)$。对应于李群的分类，一般线性李代数 $\mathcal{GL}(n)$ 也包含三类非常重要的子代数：特殊线性李代数 $\mathcal{SL}(n)$、转动群李代数 $\mathcal{O}(n)$ 和辛群李代数 $\mathcal{SP}(2n)$。

显然，根据李代数两个运算法则式 (H.2) 和式 (H.3) 一般无法得到李乘积的**结合律**，即 $[f,[g,h]] \neq [[f,g],h]$，所以一般李代数是**非结合代数**。由于李代数首先是一个矢量空间 (假设维度为 $d$)，所以在其上总可以选取一组元素形成一个基矢 $\{e_1, e_2, \cdots, e_d\}$，那么基矢元素之间的李乘积就可以用如下基矢来表示：

$$[e_i, e_j] = \sum_{k=1}^{d} \gamma_{ij}^k e_k$$

其中，展开系数 $\gamma_{ij}^k$ 被称为李代数的**结构常数**。显然根据运算法则式 (H.2) 和式 (H.3)，结构常数满足：

$$\gamma_{ii}^k = 0, \quad \gamma_{ij}^k = -\gamma_{ji}^k, \quad \sum_k \left( \gamma_{ij}^k \gamma_{kl}^m + \gamma_{jl}^k \gamma_{ki}^m + \gamma_{li}^k \gamma_{kj}^m \right) = 0$$

如果李代数 $\mathcal{L}$ 所对应的矢量空间存在一个子空间 $\mathcal{G}$，该子空间的所有元素也在李乘积下保持封闭性，也就是这个子空间的任意两个元素的李乘积都在这个子空间中，用数学语言表述：对所有 $g, h \in \mathcal{G}$ 都有 $[g,h] \in \mathcal{G}$，那么这个矢量子空间 $\mathcal{G}$ 就构成李代数的一个子空间，称为**李子代数** (Lie subalgebra)，记为 $\mathcal{G} \subset \mathcal{L}$。例如，所有的 $n \times n$ 阶上三角矩阵就是李代数 $\mathcal{GL}(n,K)$ 的李子代数，记为 $\mathcal{T}(n,K)$；显然所有 $n \times n$ 阶对角矩阵也是 $\mathcal{GL}(n,K)$ 的李子代数表示，并且是阿贝尔的，记为 $\mathcal{D}(n,K)$。

如果对李代数 $\mathcal{L}$ 的任意两个元素都进行一次李乘积，在得到的所有李乘积元素的集合中 (这个集合一般会大于等于原来的李代数集合) 能找到一个李子代数 $\mathcal{A}$：$\mathcal{A} \subset \mathcal{L}$。李子代数 $\mathcal{A}$ 和李代数 $\mathcal{L}$ 的所有元素的李乘积都会落在这个李子代数 $\mathcal{A}$ 中，用数学语言表述：对任意 $g \in \mathcal{A}, h \in \mathcal{L}$，都有 $[g,h] \in \mathcal{A}$，那

么这个李子代数 $\mathcal{A}$ 就称为李代数 $\mathcal{L}$ 的一个**理想** (或称为不变李子代数)，记为 $\mathcal{A} = \mathrm{Ideal}[\mathcal{L}]$。显然 $0$ 和 $\mathcal{L}$ 都是李代数 $\mathcal{L}$ 的平庸理想，只有平庸理想而无非平庸理想的李代数被认为是**单纯的** (simple)。下面利用理想的概念来介绍李代数的另一个重要的概念：李代数的**导出代数** (derived subalgebra)。李代数 $\mathcal{L}$ 任意两个元素进行李乘积后得到元素的集合：$\mathcal{L}' := \{[g,h]|\forall g,h \in \mathcal{L}\}$ 或者 $\mathcal{L}' := [\mathcal{L},\mathcal{L}]$，该集合 $\mathcal{L}'$ 的理想称为李代数 $\mathcal{L}$ 的导出代数，记为 $\mathcal{L}^{(1)} = \mathrm{Ideal}[\mathcal{L}']$。重复以上操作得 $\mathcal{L}^{(2)} = \mathrm{Ideal}[\mathcal{L}''], \mathcal{L}'' := [\mathcal{L}',\mathcal{L}'] \cdots$，可以得到一系列的导出代数：$\mathcal{L}^{(1)}, \mathcal{L}^{(2)}, \cdots, \mathcal{L}^{(r)}, \cdots$。可以证明对李代数 $\mathcal{L}$ 任意次的导出代数 $\mathcal{L}^{(r)}$ 都是李代数 $\mathcal{L}$ 的理想。这样，如果对于 $n$ 有 $\mathcal{L}^{(n)} = 0$，则称李代数 $\mathcal{L}$ 为**可解李代数** (solvable Lie algebra)。

从李代数的李乘积 (对易子) 运算法则可以发现，这个运算反映了任意两个元素交换所产生的不同，所以李代数和对称 (交换) 变换有关，是研究对称性最为重要的数学工具之一。事实上李代数和**李群** (Lie group) 紧密相关，如果李群是描写连续变换对称性的工具，那么李代数就是反映李群**单位元**附近无穷小局域的对称性结构 (切空间)。从这个意义上讲李代数的元素被称为李群在其单位元 $e$ 附近的**生成元** (generator)，也就是任何李群元素 $g$ 都可以用其对应李代数的生成元在李群单位元附近产生。根据前面对矩阵李群的讨论，可以将李群元素表示为

$$g = \exp\left(\mathrm{i}\sum_{j=1}^{d} x_j \hat{L}_j\right) \tag{H.4}$$

其中，$x_j$ 为连续取值的**实参数**；$d$ 为李群的维度；$\hat{L}_j$ 为生成元，它是一个厄米矩阵 (为了和实数区分写成了算符形式)。一般来讲简单李代数的生成元满足以下对易关系：

$$\left[\hat{L}_i, \hat{L}_j\right] = \sum_{k=1}^{d} \gamma_{ij}^k \hat{L}_k \tag{H.5}$$

其中，$\gamma_{ij}^k$ 为李代数的**结构常数**，$i,j,k = 1,2,\cdots,d$；$d$ 为李代数所对应李群的维度。由于结构常数是李代数生成元特有的常数，所以可以根据不同李代数所特有的结构常数来识别不同的李代数。例如，由一维的位置和动量 $\{\hat{x},\hat{p},c\}$($c$ 为常数) 三个生成元构成的代数称为**维格纳–海森堡代数** (Wigner-Heisenberg algebra)，记为 $\mathfrak{h}(1)$。一般对于 $n$ 维空间，有 $n$ 个位置和动量作为生成元，构成的维格纳–海森堡代数记为 $\mathfrak{h}(n)$，代数维度为 $2n+1$。关于李代数和李群更详细的内容可以参考文献 [110]~ [113] 等。

# H.3　$\mathcal{SU}(2)$ 李代数及其表示

下面来讨论一个最为简单但非常重要的李代数：$\mathcal{SU}(2)$ 李代数。根据式 (H.5)，李代数 $\mathcal{SU}(2)$ 的三个生成元满足如下的对易关系：

$$\left[\hat{L}_1, \hat{L}_2\right] = \mathrm{i}\hat{L}_3, \quad \left[\hat{L}_2, \hat{L}_3\right] = \mathrm{i}\hat{L}_1, \quad \left[\hat{L}_3, \hat{L}_1\right] = \mathrm{i}\hat{L}_2 \tag{H.6}$$

显然 $\mathcal{SU}(2)$ 李代数生成元与角动量三个分量的对易关系相似，可见其与角动量算符有重要的联系。根据对易关系，如果让式 (H.6) 中的三个生成元与第 7 章中描写粒子 1/2 自旋角动量的泡利矩阵式 (7.9) 建立如下联系：

$$\hat{L}_1 = \frac{1}{2}\hat{\sigma}_x, \quad \hat{L}_2 = \frac{1}{2}\hat{\sigma}_y, \quad \hat{L}_3 = \frac{1}{2}\hat{\sigma}_z \tag{H.7}$$

那么可以证明它们完全满足 $\mathcal{SU}(2)$ 的对易关系式 (H.6)。$\mathcal{SU}(2)$ 李代数的矩阵表示和 SU(2) 李群的矩阵表示有着紧密的联系，在线性矢量空间，矩阵就是一种变换。在复数域上考虑二维矢量空间 $\boldsymbol{x} \equiv (x_1, x_2)$ 上的线性变换：

$$\begin{pmatrix} x_1' \\ x_2' \end{pmatrix} = \begin{pmatrix} a & b \\ c & d \end{pmatrix} \begin{pmatrix} x_1 \\ x_2 \end{pmatrix} \equiv A \begin{pmatrix} x_1 \\ x_2 \end{pmatrix}$$

其中，$a$、$b$、$c$、$d$ 是任意复数，所以矩阵有 $2 \times 2^2 = 8$ 个独立实参数。以上的二维矩阵实际上形成了一个具有四个复参数的李群，根据前面的介绍该群就是一般线性群，记为 $\mathrm{GL}(2, \mathbb{C})$，其中 $\mathbb{C}$ 表示复数域。

显然要使矩阵 $A$ 构成一个 SU(2) 群的矩阵表示，一般线性变换矩阵 $A$ 必须满足如下的约束条件：要求变换下矢量的模保持不变，即要求 $|x_1'|^2 + |x_2'|^2 = |x_1|^2 + |x_2|^2$。这个条件给出如下三个约束方程：

$$|a|^2 + |b|^2 = 1, \quad |c|^2 + |d|^2 = 1, \quad ab^* + cd^* = 0$$

以上的条件等价于 $A^\dagger A = AA^\dagger = 1$(该条件产生 $n^2 = 4$ 个参数约束条件)，即要求矩阵 $A$ 是一个行列式 $\det(A) = 1$(该条件产生 1 个约束条件) 的幺正矩阵。鉴于此，矩阵 $A$ 被称为行列式为 1 的特殊幺正矩阵 (字母 SU 表示特殊的幺正矩阵，其独立实参数的个数为 $8 - 4 - 1 = 3$)，所以其一般形式可以写为

$$A(a, b) = \begin{pmatrix} a & b \\ -b^* & a^* \end{pmatrix}, \quad |a|^2 + |b|^2 = 1 \tag{H.8}$$

显然此时矩阵 $A$ 有三个独立的连续参数，那么所有满足式 (H.8) 的矩阵 $A$ 就构成
了一个具有三个连续实参数的矩阵 SU(2) 李群 (独立实参数的个数为 $2^2 - 1 = 3$)。
从上面 $A$ 的形式来看，如果将复数 $a$ 和 $b$ 写成实部和虚部的形式，自然可以将
$A$ 展开成泡利矩阵的形式 [113]：

$$A = \begin{pmatrix} a_R + \mathrm{i}a_I & b_R + \mathrm{i}b_I \\ -b_R + \mathrm{i}b_I & a_R - \mathrm{i}a_I \end{pmatrix} = a_R \hat{I} + \mathrm{i}(b_I \hat{\sigma}_x + b_R \hat{\sigma}_y + a_I \hat{\sigma}_z)$$

$$\equiv a_R \hat{I} + \mathrm{i}\boldsymbol{u} \cdot \hat{\boldsymbol{\sigma}}$$

其中，定义了三维矢量 $\boldsymbol{u} \equiv \{b_I, b_R, a_I\}$ 和三维泡利算符 $\hat{\boldsymbol{\sigma}} \equiv \{\hat{\sigma}_x, \hat{\sigma}_y, \hat{\sigma}_z\}$。其实
以上的展开式是矩阵 $A$ 在单位矩阵 $\hat{I}$ 附近展开为三个独立参数所对应的三个无
穷小生成元的形式，所以 $\mathcal{SU}(2)$ **李代数**或 SU(2) **李群**的维数为 3。为了进一步
了解这种联系，根据 $a_R^2 + (b_I^2 + b_R^2 + a_I^2) \equiv a_R^2 + |\boldsymbol{u}|^2 = 1$ 可以定义 $a_R = \cos\dfrac{\theta}{2}$，
$|\boldsymbol{u}| = \sin\dfrac{\theta}{2}$，这样矩阵 $A$ 就可以进一步写为

$$A(\boldsymbol{n}, \theta) = \cos\frac{\theta}{2}\hat{I} + \mathrm{i}\sin\frac{\theta}{2}\boldsymbol{n} \cdot \hat{\boldsymbol{\sigma}} = \mathrm{e}^{\mathrm{i}\theta\boldsymbol{n}\cdot\boldsymbol{\sigma}/2} \tag{H.9}$$

其中，单位矢量 $\boldsymbol{n} \equiv \boldsymbol{u}/|\boldsymbol{u}|$，$|\boldsymbol{u}|$ 为矢量 $\boldsymbol{u}$ 的模 (证明要用到泡利矩阵的性质：
$(\boldsymbol{n}\cdot\boldsymbol{\sigma})^2 = \hat{I}$，此式即为式 (H.4) 在 $d = 3$ 时的情形)。根据表示式 (H.9)，$A(\boldsymbol{n}, \theta)$ 是一
个周期为 $4\pi$ 而不是 $2\pi$ 的特殊转动群：$A(\boldsymbol{n}, 0) = 1$，$A(\boldsymbol{n}, 2\pi) = -1$，$A(\boldsymbol{n}, 4\pi) = 1$，
所以其不同于一般的转动群，类似于在**默比乌斯带** (Möbius strip) 上的一个转动。
显然，以上 SU(2) 李群的 $A(\boldsymbol{n}, \theta)$ 展开对应于单位矩阵 $\hat{I}$ 附近 ($\theta \ll 1$) 的三个生
成元，刚好就是如式 (H.7) 所定义的三个算子：

$$A(\boldsymbol{n}, \theta) \approx \hat{I} + \mathrm{i}\theta\boldsymbol{n} \cdot \frac{\hat{\boldsymbol{\sigma}}}{2} = \hat{I} + \mathrm{i}\boldsymbol{\theta} \cdot \hat{\boldsymbol{L}} = \hat{I} + \mathrm{i}\sum_{j=1}^{3} \theta_j \hat{L}_j$$

其中，群参数矢量定义为 $\boldsymbol{\theta} = \theta\boldsymbol{n}$；无穷小生成元矢量 $\hat{\boldsymbol{L}} = \{\hat{L}_1, \hat{L}_2, \hat{L}_3\}$，其无穷
小生成元可定义为

$$\hat{L}_j = -\mathrm{i}\left.\frac{\partial A(\theta_1, \theta_2, \theta_3)}{\partial \theta_j}\right|_{\theta_j \to 0}, \quad j = 1, 2, 3$$

当然，还可以将复数 $a$ 和 $b$ 写成指数形式，如 $a = \cos\dfrac{\theta_1}{2}\mathrm{e}^{\mathrm{i}(\theta_2+\theta_3)/2}$，$b = $

$\sin\dfrac{\theta_1}{2}\mathrm{e}^{\mathrm{i}(\theta_2-\theta_3)/2}$，此时 SU(2) 李群矩阵式 (H.8) 有时可以表示为

$$A(\theta_1,\theta_2,\theta_3)=\begin{bmatrix} \cos\dfrac{\theta_1}{2}\mathrm{e}^{\mathrm{i}(\theta_2+\theta_3)/2} & \sin\dfrac{\theta_1}{2}\mathrm{e}^{\mathrm{i}(\theta_2-\theta_3)/2} \\[2mm] -\sin\dfrac{\theta_1}{2}\mathrm{e}^{-\mathrm{i}(\theta_2-\theta_3)/2} & \cos\dfrac{\theta_1}{2}\mathrm{e}^{-\mathrm{i}(\theta_2+\theta_3)/2} \end{bmatrix}$$

其中，三个参数的取值范围分别为 $0\leqslant\theta_1\leqslant\pi,0\leqslant\theta_2\leqslant4\pi,0\leqslant\theta_3\leqslant2\pi$。

从上面的讨论来看，李代数 $\mathcal{SU}(2)$ 在二维矢量变换下和泡利矩阵有紧密的联系，所以其矩阵表象和自旋角动量为 1/2 粒子的波函数紧密相关，所以 $\mathcal{SU}(2)$ 李代数所对应的 $2\times2$ 李群有时也被称为自旋群，记为 Spin(3)，它的 $2\times2$ 矩阵形式是在自旋角动量 1/2 粒子的波函数表象中建立的最低维度的二维表示，如泡利矩阵，是在算符 $\hat\sigma^2$ 和 $\hat\sigma_z$ 的共同本征态表象下的二维表示。所以此处的维度要和李代数或李群的维度相区别，这里李代数矩阵表示的维度是指**表象的维度**。例如，$\mathcal{SU}(2)$ 李代数的矩阵表示还可以在具有更大自旋角动量粒子波函数的表象下建立，如 $\mathcal{SU}(2)$ 的三维矩阵表示就是在自旋角动量为 1 的自旋表象下建立的，如果采用 $\hat\sigma_z$ 表象，则三维的泡利矩阵表示为

$$\hat\sigma_x=\frac{1}{\sqrt2}\begin{pmatrix} 0 & 1 & 0 \\ 1 & 0 & 1 \\ 0 & 1 & 0 \end{pmatrix},\quad \hat\sigma_y=\frac{1}{\sqrt2}\begin{pmatrix} 0 & -\mathrm{i} & 0 \\ \mathrm{i} & 0 & -\mathrm{i} \\ 0 & \mathrm{i} & 0 \end{pmatrix},\quad \hat\sigma_z=\begin{pmatrix} 1 & 0 & 0 \\ 0 & 0 & 0 \\ 0 & 0 & -1 \end{pmatrix}$$

从上面的表示可以看出，无论 $\mathcal{SU}(2)$ 李代数生成元的表示矩阵是多少维的，其表示矩阵都是厄米矩阵，而且矩阵的迹都为零。

下面来看 $\mathcal{SU}(2)$ 李代数的算子实现。$\mathcal{SU}(2)$ 李代数算子的表示方式有很多，如用得最多的**施温格玻色子表示** (Schwinger boson representation)，其用两个互相对易的玻色子算子 $\{\hat a_1,\hat a_2\}$ 来构造 $\mathcal{SU}(2)$ 算子：

$$\hat L_1=\frac{1}{2}\left(\hat a_1^\dagger a_2+\hat a_2^\dagger a_1\right)$$

$$\hat L_2=-\frac{\mathrm{i}}{2}\left(\hat a_1^\dagger a_2-\hat a_2^\dagger a_1\right)$$

$$\hat L_3=\frac{1}{2}\left(\hat a_1^\dagger a_1-\hat a_2^\dagger a_2\right)$$

显然可以轻易地证明上面定义的三个算符满足 $\mathcal{SU}(2)$ 的对易关系式 (H.6)。在实际应用中，这两个玻色子算符可以对应于两个独立的一维谐振子模式，也可以代表一个二维谐振子的两个不同维度。

# H.4　$\mathcal{SU}(N)$ 李代数及其表示

根据前面对 SU(2) 李群及其李代数 $\mathcal{SU}(2)$ 的讨论，可以直接将其推广到一般的 SU($N$) 李群及其李代数 $\mathcal{SU}(N)$ 表示。SU($N$) 李群的矩阵表示 $A$ 依然是对 $N$ 维复矢量 $\boldsymbol{x} \equiv (x_1, x_2, \cdots, x_N)$ 的特殊线性变换矩阵，即**特殊的幺正变换矩阵** ($AA^\dagger = A^\dagger A = 1, \det(A) = 1$)，所以其群参数的个数为 $N^2 - 1$，对应的无穷小生成元就有 $N^2 - 1$ 个 $N$ 维矩阵表示。类似于 SU(2) 李群的表示式 (H.9)，SU($N$) 李群的矩阵元素也可以相应表示为

$$A\left(\theta_1, \theta_2, \cdots, \theta_{N^2-1}\right) = \exp\left(i \sum_{\alpha=1}^{N^2-1} \theta_\alpha \hat{L}_\alpha\right) \tag{H.10}$$

其中，无穷小生成元 $\hat{L}_\alpha$ 和二维泡利矩阵类似在一定的表象下是**迹为零的厄米矩阵**：$\hat{L}_\alpha^\dagger = \hat{L}_\alpha, \mathrm{Tr}(\hat{L}_\alpha) = 0$。以上的两个性质可以根据式 (H.10) 得到证明。首先利用 $AA^\dagger = A^\dagger A = 1$ 可以证明 $\hat{L}_\alpha^\dagger = \hat{L}_\alpha$；其次利用 $\det(A) = 1$ 和公式 $\det(e^B) = e^{\mathrm{Tr}(B)}$，其中 $B$ 为任意维的复数矩阵，可以证明 $\mathrm{Tr}(\hat{L}_\alpha) = 0$。同样这些无穷小生成元所对应的迹为零的厄米矩阵满足如下对易关系：

$$\left[\hat{L}_\alpha, \hat{L}_\beta\right] = i \sum_{\gamma=1}^{N^2-1} c_{\alpha\beta}^\gamma \hat{L}_\gamma \tag{H.11}$$

其中，$c_{\alpha\beta}^\gamma$ 一般为反对称的实常数 (前面有系数 i)，被称为 SU($N$) 群的**结构常数**。显然 SU(2) 群的结构常数等于反对称的 Levi-Civita 张量：$c_{\alpha\beta}^\gamma = \epsilon_{\alpha\beta\gamma}$。

和前面讨论 $\mathcal{SU}(2)$ 李代数的矩阵表示一样，在 $N$ 维复矢量空间上的幺正变换矩阵 $A$ 直接给出 SU($N$) 群的 $N$ 维矩阵表示，从而给出了 SU($N$) 群的无穷小生成元 $\hat{L}_\alpha$ 的 $N$ 维矩阵表示 $L_\alpha$，通常把这种表示称为 SU($N$) 群或 $\mathcal{SU}(N)$ 李代数的**典型表示** (defining representation) 或**基本表示** (fundamental representation)。对于典型表示，可以采用如下的规范化约定：

$$\mathrm{Tr}\left(L_\alpha L_\beta\right) = \frac{1}{2}\delta_{\alpha\beta} \tag{H.12}$$

即两个生成元矩阵表示乘积的迹满足如上的正交规范化约定式 (H.12)。根据这个约定，典型表示下生成元 $\hat{L}_\alpha$ 的矩阵表示 $L_\alpha$ 的元素满足如下关系：

$$(L_\alpha)_{ij}(L_\alpha)_{kl} = \frac{1}{2}\left(\delta_{il}\delta_{jk} - \frac{1}{N}\delta_{ij}\delta_{lk}\right)$$

其中，$L_\alpha$ 为生成元的矩阵表示；矩阵元的指标 $i, j, k, l = 1, 2, \cdots, N$。

同理，以上 $N^2 - 1$ 维 SU($N$) 李群或 $\mathcal{SU}(N)$ 李代数的矩阵表示可以在不同表象下表示成不同维的矩阵，而且其表示有无穷多种，其中有一种最为直接的利用李乘积定义的表示，称为**伴随表示** (adjoint representation)，记为 $\mathrm{ad}(\hat{L}_\alpha)$，定义为

$$\mathrm{ad}(\hat{L}_\alpha)\hat{L}_\beta \equiv \left[\hat{L}_\alpha, \hat{L}_\beta\right]$$

显然根据式 (H.11)，伴随表象下的表示矩阵 $M_\alpha \equiv \mathrm{ad}(\hat{L}_\alpha)$ 的第 $\beta$ 行第 $\gamma$ 列矩阵元为

$$(M_\alpha)_{\beta\gamma} = \left[\mathrm{ad}(\hat{L}_\alpha)\right]_{\beta\gamma} = \mathrm{i}c_{\alpha\beta}^\gamma$$

其中，伴随表示的矩阵元角标 $\alpha, \beta, \gamma = 1, 2, \cdots, N^2 - 1$。显然伴随表示就是利用生成元本身形成的表象 (所有生成元又形成一个线性空间) 来表示生成元自身，所以其矩阵表示的维数和生成元的个数是一致的，自然为 $N^2 - 1$ 维表示。

# 附录 I  李—特罗特乘积公式

对于任意两个定义于 $N$ 维希尔伯特空间的线性算符 $\hat{A}$ 和 $\hat{B}$,有以下的李乘积公式:

$$e^{\hat{A}+\hat{B}} = \lim_{n\to\infty} \left(e^{\hat{A}/n}e^{\hat{B}/n}\right)^n \tag{I.1}$$

显然如果在希尔伯特空间取一定的 $N$ 维表象,那么算符 $\hat{A}$ 和 $\hat{B}$ 即对应为 $N \times N$ 矩阵。公式 (I.1) 是由索菲斯 · 李在 $A$ 和 $B$ 是两个方阵 (实数或复数方矩阵) 的基础上第一次提出来的,随后特罗特 (Trotter) 将该公式推广到希尔伯特空间任意两个正定的厄米算符上。所以公式 (I.1) 一般被称为**李—特罗特乘积公式** (Lie-Trotter product formula)。

由于李–特罗特乘积公式和量子力学中的演化算子有密切的联系,所以有时候引入一个时间参数 $t > 0$ 把该公式写为

$$e^{-i(A+B)t} = \lim_{n\to\infty} \left(e^{-iA\frac{t}{n}}e^{-iB\frac{t}{n}}\right)^n \tag{I.2}$$

公式 (I.2) 和前面讲的 BCH 公式 (6.115) 有密切的联系,BCH 公式可以看成是李–特罗特乘积公式的一个简单近似,所以可以用公式 (I.2) 估算 BCH 公式的截断误差。

# 附录 J  电磁场中的带电粒子

本附录补充讨论一下电磁场中带电粒子的运动问题。由于电磁场中电场和磁场对电荷的相互作用，带电粒子的运动有不同的表现。

## J.1  经 典 描 述

首先考虑一个质量为 $m$、带电量为 $q$ 的经典电荷在电磁场中运动，根据牛顿第二定律，该电荷的运动决定于其在电磁场中所受的电场力和磁场力，即**洛伦兹力**：

$$\boldsymbol{F} = q\boldsymbol{E}(\boldsymbol{r}, t) + q\dot{\boldsymbol{r}} \times \boldsymbol{B}(\boldsymbol{r}, t) = m\ddot{\boldsymbol{r}}(t) \tag{J.1}$$

其中，$\boldsymbol{E}(\boldsymbol{r}, t)$ 为电磁场的电场强度；$\boldsymbol{B}(\boldsymbol{r}, t)$ 为电磁场的电磁感应强度。对于电磁场而言，一般可以用两个基本的场量来描述：① 电磁场的**标势** (电势)$\varphi(\boldsymbol{r}, t)$；② 电磁场的**矢势** $\boldsymbol{A}(\boldsymbol{r}, t)$。这两个量的变化规律决定于电磁场的**麦克斯韦方程**，它们给出了电磁场的电场强度和电磁感应强度：

$$\boldsymbol{E}(\boldsymbol{r}, t) = -\nabla\varphi(\boldsymbol{r}, t) - \frac{\partial \boldsymbol{A}(\boldsymbol{r}, t)}{\partial t}, \quad \boldsymbol{B}(\boldsymbol{r}, t) = \nabla \times \boldsymbol{A}(\boldsymbol{r}, t) \tag{J.2}$$

所以在电磁场中带电量为 $q$ 的粒子和电磁场的相互作用能量 (哈密顿量) 为

$$H(\boldsymbol{r}, t) = \frac{1}{2m} \left[ \boldsymbol{p} - q\boldsymbol{A}(\boldsymbol{r}, t) \right]^2 + q\varphi(\boldsymbol{r}, t) \tag{J.3}$$

为什么采用如式 (J.3) 所示的哈密顿量形式？因为根据哈密顿量的正则方程：

$$\dot{\boldsymbol{r}} = \frac{\partial H}{\partial \boldsymbol{p}}, \quad \dot{\boldsymbol{p}} = -\frac{\partial H}{\partial \boldsymbol{r}} \tag{J.4}$$

可以立刻得到式 (J.1)。显然式 (J.4) 中的动量 $\boldsymbol{p}$ 满足哈密顿量的正则方程，所以该动量被称为**正则动量**，它和粒子的机械动量 $m\boldsymbol{v} = m\dot{\boldsymbol{r}}$ 是不同的，利用哈密顿量正则方程的第一个方程可以证明 $\boldsymbol{p} = m\boldsymbol{v} + q\boldsymbol{A}$。

从式 (J.2) 可以发现所描写电磁场的可测量：电场强度 $\boldsymbol{E}(\boldsymbol{r}, t)$ 和电磁感应强度 $\boldsymbol{B}(\boldsymbol{r}, t)$ 在用标势 $\varphi(\boldsymbol{r}, t)$ 和矢势 $\boldsymbol{A}(\boldsymbol{r}, t)$ 描写时，它们在如下的变换下保持

不变:

$$A \to A' = A + \nabla f, \quad \varphi \to \varphi' = \varphi - \frac{\partial f}{\partial t} \tag{J.5}$$

其中，$f(r,t)$ 为任意标量函数。此即为电磁场标势和矢势的**规范变换**。规范变换的存在让所描写电磁场的标势和矢势不再唯一，为了使用的方便，电磁场存在不同的规范选择。

## J.2 量子描述

把经典哈密顿量式 (J.3) 对应于量子哈密顿量 $\hat{H}$ 后，粒子在电磁场中的行为用波函数 $\Psi(r,t)$ 刻画，其满足的薛定谔方程为

$$\mathrm{i}\hbar\frac{\partial}{\partial t}\Psi(r,t) = \left[\frac{1}{2m}\left(\hat{p} - q\boldsymbol{A}\right)^2 + q\varphi\right]\Psi(r,t) \tag{J.6}$$

其中，$\hat{p} = -\mathrm{i}\hbar\nabla$ 被称为正则动量算符 (canonical momentum operator)，因为其是位置算符的共轭算子 (满足正则对易关系); $m\hat{\boldsymbol{v}} = \hat{p} - q\boldsymbol{A}$ 被称为机械动量 (mechanical momentum)，因为它就是实际测量到的动量。由于规范变换式 (J.5) 的存在，在量子情形下也存在相应的**量子规范变换**，即在规范变换 (式 (J.5)) 下，薛定谔方程 (J.6) 保持不变，或者说在电磁场 $(\boldsymbol{A},\varphi)$ 中带电粒子的波函数 $\Psi(r,t)$ 满足薛定谔方程 (J.6)，规范变换后 $(\boldsymbol{A}',\varphi')$ 的波函数 $\Psi'(r,t)$ 依然满足薛定谔方程 (J.6)，但波函数 $\Psi'(r,t)$ 变为

$$\Psi'(r,t) = \mathrm{e}^{\mathrm{i}qf(r,t)/\hbar}\Psi(r,t) \tag{J.7}$$

此即为波函数 $\Psi(r,t)$ 的量子规范变换，相当于为其引入一个局域的相位因子 $qf(r,t)/\hbar$，从而对应于在电磁场中引入了一个等效的规范场: $(\nabla f, -\dot{f})$。

为进一步简化薛定谔方程 (J.6)，将方程中的动能部分 $(\hat{p} - q\boldsymbol{A})^2/2m$ 展开得

$$\frac{1}{2m}\left(\hat{p} - q\boldsymbol{A}\right)\cdot\left(\hat{p} - q\boldsymbol{A}\right) = \frac{\hat{p}^2}{2m} - \frac{q}{2m}(\hat{p}\cdot\boldsymbol{A} + \boldsymbol{A}\cdot\hat{p}) + \frac{q^2}{2m}\boldsymbol{A}^2$$

利用对易关系: $[\hat{p}, \boldsymbol{A}] = -\mathrm{i}\hbar\nabla\cdot\boldsymbol{A}$(参考对易关系式 (3.7) 可证明) 和**库仑规范**: $\nabla\cdot\boldsymbol{A} = 0$(库仑规范取矢量场的散度为零，表示矢量场是纵向无源的有旋场，即横波场)，薛定谔方程 (J.6) 最后可化简为

$$\mathrm{i}\hbar\frac{\partial}{\partial t}\Psi(r,t) = \left[\frac{\hat{p}^2}{2m} - \frac{q}{m}(\boldsymbol{A}\cdot\hat{p}) + \frac{q^2}{2m}\boldsymbol{A}^2 + q\varphi\right]\Psi(r,t) \tag{J.8}$$

由于电磁场中的薛定谔方程 (J.6) 和无电磁场时的薛定谔方程 (1.16) 的形式不同 (式 (J.6) 中出现电磁场的矢势和标势),所以在电磁场中粒子所满足的连续性方程 (1.9) 中概率流密度函数 (式 (1.10)) 将变成如下形式:

$$J\left(r,t\right) = \Psi^*\left(r,t\right)\frac{\hat{p}-qA}{2m}\Psi\left(r,t\right) + \Psi\left(r,t\right)\left[\frac{\hat{p}-qA}{2m}\Psi\left(r,t\right)\right]^* \qquad (\text{J.9})$$

注意电磁场中的概率流密度函数形式和式 (1.11) 的最主要区别是,粒子在电磁场的动量使用的是正则动量,当没有电磁场即 $A=0$ 时二者是完全一样的。为了方便,有时把式 (J.9) 写为二次量子化形式:

$$\hat{J}\left(r,t\right) = \hat{\Psi}^{\dagger}\left(r,t\right)\frac{\hat{p}-qA}{2m}\hat{\Psi}\left(r,t\right) + \left[\frac{\hat{p}-qA}{2m}\hat{\Psi}\left(r,t\right)\right]^{\dagger}\hat{\Psi}\left(r,t\right)$$

对于电子 $q=-e$ 而言,有以下的电流密度公式:

$$J = -\mathrm{Re}\left[\Psi^*\left(e\hat{v}\Psi\right)\right]$$

其中,电子速度 $\hat{v}$ 为机械速度:

$$\hat{v} = \frac{1}{m_{\mathrm{e}}}\left(\hat{p}+eA\right)$$